国家出版基金项目
NATIONAL PUBLICATION FOUNDATION

"十四五"时期国家重点出版物出版专项规划项目

浙江昆虫志

第八卷

双 翅 目

长角亚目

吴 鸿 杨 定 主编

科学出版社

北 京

内 容 简 介

本卷志记述浙江双翅目长角亚目 8 个总科，包括褶蚊总科（褶蚊科 1 属 3 种）、毫蚊总科（毫蚊科 2 属 3 种）、大蚊总科（烛大蚊科 3 属 3 种、沼大蚊科 24 属 44 种、窗大蚊科 1 属 1 种、大蚊科 13 属 61 种）、蛾蠓总科（网蚊科 1 属 1 种、蛾蠓科 2 属 6 种）、蚊总科（蚋科 1 属 3 种、细蚊科 2 属 6 种、蚊科 8 属 23 种、蠓科 9 属 75 种）、摇蚊总科（摇蚊科 72 属 189 种）、毛蚊总科（毛蚊科 3 属 20 种）、眼蕈蚊总科（瘿蚊科 17 属 25 种、张翅菌蚊科 1 属 1 种、扁角菌蚊科 7 属 19 种、菌蚊科 29 属 195 种、眼蕈蚊科 18 属 150 种）等，共 19 科 214 属 828 种。这些记录是在检视大量标本的基础上，并考证了以往的相关文献确认的。文中配有 574 幅形态特征图，提供了分属和分种的检索表；文末附有中名索引和学名索引。

本卷志可为昆虫学、生物多样性保护、生物地理学研究提供研究资料，同时可供农、林、牧、畜、渔、环境保护和生物多样性保护等工作者参考使用。

图书在版编目（CIP）数据

浙江昆虫志. 第八卷，双翅目 长角亚目 / 吴鸿，杨定主编. —北京：科学出版社. 2023.3

"十四五"时期国家重点出版物出版专项规划项目

国家出版基金项目

ISBN 978-7-03-069281-8

Ⅰ. ①浙… Ⅱ. ①吴… ②杨… Ⅲ. ①昆虫志-浙江 ②双翅目-昆虫志-浙江 ③长角亚目-昆虫志-浙江 Ⅳ. ①Q968.225.5 ②Q969.440.8

中国版本图书馆 CIP 数据核字(2022)第 084935 号

责任编辑：李 悦 孙 青 / 责任校对：宁辉彩
责任印制：肖 兴 / 封面设计：北京蓝正合融广告有限公司

科学出版社 出版
北京东黄城根北街 16 号
邮政编码：100717
http://www.sciencep.com

中国科学院印刷厂 印刷
科学出版社发行 各地新华书店经销

*

2023 年 3 月第 一 版 开本：889×1194 1/16
2023 年 3 月第一次印刷 印张：36 1/2 插页 2
字数：1 225 000
定价：588.00 元
(如有印装质量问题，我社负责调换)

《浙江昆虫志》编辑委员会

《浙江昆虫志 第八卷 双翅目 长角亚目》
编写人员

主　编　吴　鸿　杨　定

副主编　林晓龙　黄俊浩

作者及参加编写单位（按研究类群排序）

褶　蚊　科

　　康泽辉　张　晓（青岛农业大学）

　　杨　定（中国农业大学）

毫　蚊　科

　　康泽辉　张　晓（青岛农业大学）

　　杨　定（中国农业大学）

烛　大　蚊　科

　　刘启飞（福建农林大学）

　　李　彦（沈阳农业大学）

　　杨　定（中国农业大学）

沼　大　蚊　科

　　张　晓（青岛农业大学）

　　张　冰（中国农业大学）

　　康泽辉（青岛农业大学）

　　杨　定（中国农业大学）

窗　大　蚊　科

　　任金龙（新疆农业大学）

　　杨　定（中国农业大学）

大　蚊　科

  李　彦（沈阳农业大学）

  刘启飞（福建农林大学）

  任金龙（新疆农业大学）

  张　冰　杨棋程　杨　定（中国农业大学）

网　蚊　科

  康泽辉　张　晓（青岛农业大学）

  杨　定（中国农业大学）

蛾　蠓　科

  席玉强　尹新明（河南农业大学）

  杨　定（中国农业大学）

蚋　　科

  王玉玉（河北农业大学）

  杨　定（中国农业大学）

细　蚊　科

  康泽辉　张　晓（青岛农业大学）

  杨　定（中国农业大学）

蚊　　科

  付文博　郭　静　闫振天　陈　斌　袁　缓（重庆师范大学）

蠓　　科

  张玉琼　常琼琼　侯晓晖（遵义医科大学）

摇　蚊　科

  林晓龙（上海海洋大学）

  王新华（南开大学）

  齐　鑫（台州学院）

毛　蚊　科

  李　竹（国家自然博物馆）

杨　定（中国农业大学）

瘿　蚊　科

　　焦克龙（天津农学院）

　　卜文俊（南开大学）

　　李　军　姜玉霞（肇庆学院）

张翅菌蚊科

　　王青云　黄俊浩　吴　鸿（浙江农林大学）

扁角菌蚊科

　　王青云　黄俊浩　吴　鸿（浙江农林大学）

菌　蚊　科

　　王青云　黄俊浩（浙江农业大学）

　　张苏炯（浙江省磐安大盘山昆虫研究所）

　　吴　鸿（浙江农林大学）

眼蕈蚊科

　　黄俊浩　王青云（浙江农业大学）

　　张苏炯（浙江省磐安大盘山昆虫研究所）

　　吴　鸿（浙江农林大学）

《浙江昆虫志》序一

　　浙江省地处亚热带，气候宜人，集山水海洋之地利，生物资源极为丰富，已知的昆虫种类就有 1 万多种。浙江省昆虫资源的研究历来受到国内外关注，长期以来大批昆虫学分类工作者对浙江省进行了广泛的资源调查，积累了丰富的原始资料。因此，系统地研究这一地域的昆虫区系，其意义与价值不言而喻。吴鸿教授及其团队曾多次负责对浙江天目山等各重点生态地区的昆虫资源种类的详细调查，编撰了一些专著，这些广泛、系统而深入的调查为浙江省昆虫资源的调查与整合提供了翔实的基础信息。在此基础上，为了进一步摸清浙江省的昆虫种类、分布与为害情况，2016 年由浙江省林业有害生物防治检疫局（现浙江省森林病虫害防治总站）和浙江省林学会发起，委托浙江农林大学实施，先后邀请全国几十家科研院所，300 多位昆虫分类专家学者在浙江省内开展昆虫资源的野外补充调查与标本采集、鉴定，并且系统编写《浙江昆虫志》。

　　历时六年，在国内最优秀昆虫分类专家学者的共同努力下，《浙江昆虫志》即将按类群分卷出版面世，这是一套较为系统和完整的昆虫资源志书，包含了昆虫纲所有主要类群，更为可贵的是，《浙江昆虫志》参照《中国动物志》的编写规格，有较高的学术价值，同时该志对动物资源保护、持续利用、有害生物控制和濒危物种保护均具有现实意义，对浙江地区的生物多样性保护、研究及昆虫学事业的发展具有重要推动作用。

　　《浙江昆虫志》的问世，体现了项目主持者和组织者的勤奋敬业，彰显了我国昆虫学家的执着与追求、努力与奋进的优良品质，展示了最新的科研成果。《浙江昆虫志》的出版将为浙江省昆虫区系的深入研究奠定良好基础。浙江地区还有一些类群有待广大昆虫研究者继续努力工作，也希望越来越多的同仁能在国家和地方相关部门的支持下开展昆虫志的编写工作，这不但对生物多样性研究具有重大贡献，也将造福我们的子孙后代。

印象初

河北大学生命科学学院

中国科学院院士

2022 年 1 月 18 日

《浙江昆虫志》序二

　　浙江地处中国东南沿海，地形自西南向东北倾斜，大致可分为浙北平原、浙西中山丘陵、浙东丘陵、中部金衢盆地、浙南山地、东南沿海平原及海滨岛屿 6 个地形区。浙江复杂的生态环境成就了极高的生物多样性。关于浙江的生物资源、区系组成、分布格局等，植物和大型动物都有较为系统的研究，如 20 世纪 80 年代《浙江植物志》和《浙江动物志》陆续问世，但是无脊椎动物的研究却较为零散。90 年代末至今，浙江省先后对天目山、百山祖、清凉峰等重点生态地区的昆虫资源种类进行了广泛、系统的科学考察和研究，先后出版《天目山昆虫》《华东百山祖昆虫》《浙江清凉峰昆虫》等专著。1983 年、2003 年和 2015 年，由浙江省林业厅部署，浙江省还进行过三次林业有害生物普查。但历史上，浙江省一直没有对全省范围的昆虫资源进行系统整理，也没有建立统一的物种信息系统。

　　2016 年，浙江省林业有害生物防治检疫局（现浙江省森林病虫害防治总站）和浙江省林学会发起，委托浙江农林大学组织实施，联合中国科学院、南开大学、浙江大学、西北农林科技大学、中国农业大学、中南林业科技大学、河北大学、华南农业大学、扬州大学、浙江自然博物馆等单位共同合作，开始展开对浙江省昆虫资源的实质性调查和编纂工作。六年来，在全国三百多位专家学者的共同努力下，编纂工作顺利完成。《浙江昆虫志》参照《中国动物志》编写，系统、全面地介绍了不同阶元的鉴别特征，提供了各类群的检索表，并附形态特征图。全书各卷册分别由该领域知名专家编写，有力地保证了《浙江昆虫志》的质量和水平，使这套志书具有很高的科学价值和应用价值。

　　昆虫是自然界中最繁盛的动物类群，种类多、数量大、分布广、适应性强，与人们的生产生活关系复杂而密切，既有害虫也有大量有益昆虫，是生态系统中重要的组成部分。《浙江昆虫志》不仅有助于人们全面了解浙江省丰富的昆虫资源，还可供农、林、牧、畜、渔、生物学、环境保护和生物多样性保护等工作者参考使用，可为昆虫资源保护、持续利用和有害生物控制提供理论依据。该丛书的出版将对保护森林资源、促进森林健康和生态系统的保护起到重要作用，并且对浙江省设立"生态红线"和"物种红线"的研究与监测，以及创建"两美浙江"等具有重要意义。

　　《浙江昆虫志》必将以它丰富的科学资料和广泛的应用价值为我国的动物学文献宝库增添新的宝藏。

康乐

中国科学院动物研究所

中国科学院院士

2022 年 1 月 30 日

《浙江昆虫志》前言

生物多样性是人类赖以生存和发展的重要基础，是地球生命所需要的物质、能量和生存条件的根本保障。中国是生物多样性最为丰富的国家之一，也同样面临着生物多样性不断丧失的严峻问题。生物多样性的丧失，直接威胁到人类的食品、健康、环境和安全等。国家高度重视生物多样性的保护，下大力气改善生态环境，改变生物资源的利用方式，促进生物多样性研究的不断深入。

浙江区域是我国华东地区一道重要的生态屏障，和谐稳定的自然生态系统为长三角地区经济快速发展提供了有力保障。浙江省地处中国东南沿海长江三角洲南翼，东临东海，南接福建，西与江西、安徽相连，北与上海、江苏接壤，位于北纬 27°02′～31°11′，东经 118°01′～123°10′，陆地面积 10.55 万 km²，森林面积 608.12 万 hm²，森林覆盖率为 61.17%（按省同口径计算，含一般灌木），森林生态系统多样性较好，森林植被类型、森林类型、乔木林龄组类型较丰富。湿地生态系统中湿地植物和植被、湿地野生动物均相当丰富。目前浙江省建有数量众多、类型丰富、功能多样的各级各类自然保护地。有 1 处国家公园体制试点区（钱江源国家公园）、311 处省级及以上自然保护地，其中 27 处自然保护区、128 处森林公园、59 处风景名胜区、67 处湿地公园、15 处地质公园、15 处海洋公园（海洋特别保护区），自然保护地总面积 1.4 万 km²，占全省陆域的 13.3%。

浙江素有"东南植物宝库"之称，是中国植物物种多样性最丰富的省份之一，有高等植物 6100 余种，在中东南植物区系中占有重要的地位；珍稀濒危植物众多，其中国家一级重点保护野生植物 11 种，国家二级重点保护野生植物 104 种；浙江特有种超过 200 种，如百山祖冷杉、普陀鹅耳枥、天目铁木等物种。陆生野生脊椎动物有 790 种，约占全国总数的 27%，列入浙江省级以上重点保护野生动物 373 种，其中国家一级重点保护动物 54 种，国家二级保护动物 138 种，像中华凤头燕鸥、华南梅花鹿、黑麂等都是以浙江为主要分布区的珍稀濒危野生动物。

昆虫是现今陆生动物中最为繁盛的一个类群，约占动物界已知种类的 3/4，是生物多样性的重要组成部分，在生态系统中占有独特而重要的地位，与人类具有密切而复杂的关系，为世界创造了巨大精神和物质财富，如家喻户晓的家蚕、蜜蜂和冬虫夏草等资源昆虫。

浙江集山水海洋之地利，地理位置优越，地形复杂多样，气候温和湿润，加之第四纪以来未受冰川的严重影响，森林覆盖率高，造就了丰富多样的生境类型，保存着大量珍稀生物物种，这种有利的自然条件给昆虫的生息繁衍提供了便利。昆虫种类复杂多样，资源极为丰富，珍稀物种荟萃。

浙江昆虫研究由来已久，早在北魏郦道元所著《水经注》中，就有浙江天目山的山川、霜木情况的记载。明代医药学家李时珍在编撰《本草纲目》时，曾到天目山实地考察采集，书中收有产于天目山的养生之药数百种，其中不乏有昆虫药。明代《西天目山祖山志》生殖篇虫族中有山蚕、蚱蜢、蜣螂、蛱蝶、蜻蜓、蝉等昆虫的明确记载。由此可见,自古以来,浙江的昆虫就已引起人们的广泛关注。

20 世纪 40 年代之前,法国人郑璧尔(Octave Piel,1876~1945)(曾任上海震旦博物馆馆长)曾分别赴浙江四明山和舟山进行昆虫标本的采集,于 1916 年、1926 年、1929 年、1935 年、1936 年及 1937 年又多次到浙江天目山和莫干山采集,其中,1935~1937 年的采集规模大、类群广。他采集的标本数量大、影响深远,依据他所采标本就有相关 24 篇文章在学术期刊上发表,其中 80 种的模式标本产于天目山。

浙江是中国现代昆虫学研究的发源地之一。1924 年浙江昆虫局成立,曾多次派人赴浙江各地采集昆虫标本,国内昆虫学家也纷纷来浙采集,如胡经甫、祝汝佐、柳支英、程淦藩等,这些采集的昆虫标本现保存于中国科学院动物研究所、中国科学院上海昆虫博物馆(原中国科学院上海昆虫研究所)及浙江大学。据此有不少研究论文发表,其中包括大量新种。同时,浙江省昆虫局创办了《昆虫与植病》和《浙江省昆虫局年刊》等。《昆虫与植病》是我国第一份中文昆虫期刊,共出版 100 多期。

20 世纪 80 年代末至今,浙江省开展了一系列昆虫分类区系研究,特别是 1983 年和 2003 年分别进行了林业有害生物普查,分别鉴定出林业昆虫 1585 种和 2139 种。陈其瑚主编的《浙江植物病虫志 昆虫篇》(第一集 1990 年,第二集 1993 年)共记述 26 目 5106 种(包括蜱螨目),并将浙江全省划分成 6 个昆虫地理区。1993 年童雪松主编的《浙江蝶类志》记述鳞翅目蝶类 11 科 340 种。2001 年方志刚主编的《浙江昆虫名录》收录六足类 4 纲 30 目 447 科 9563 种。2015 年宋立主编的《浙江白蚁》记述白蚁 4 科 17 属 62 种。2019 年李泽建等在《浙江天目山蝴蝶图鉴》中记述蝴蝶 5 科 123 属 247 种,2020 年李泽建等在《百山祖国家公园蝴蝶图鉴 第 I 卷》中记述蝴蝶 5 科 140 属 283 种。

中国科学院上海昆虫研究所尹文英院士曾于 1987 年主持国家自然科学基金重点项目"亚热带森林土壤动物区系及其在森林生态平衡中的作用",在天目山采得昆虫纲标本 3.7 万余号,鉴定出 12 目 123 种,并于 1992 年编撰了《中国亚热带土壤动物》一书,该项目研究成果曾获中国科学院自然科学二等奖。

浙江大学(原浙江农业大学)何俊华和陈学新教授团队在我国著名寄生蜂分类学家祝汝佐教授(1900~1981)所奠定的文献资料与研究标本的坚实基础上,开展了农林业害虫寄生性天敌昆虫资源的深入系统分类研究,取得丰硕成果,撰写专著 20 余册,如《中国经济昆虫志 第五十一册 膜翅目 姬蜂科》《中国动物志 昆虫纲 第十八卷 膜翅目 茧蜂科(一)》《中国动物志 昆虫纲 第二十九卷 膜翅目 螯蜂科》《中国动物志 昆虫纲 第三十七卷 膜翅目 茧蜂科(二)》《中国动物志 昆虫纲 第五十六卷 膜翅目 细蜂总科(一)》等。2004 年何俊华教授又联合相关专家编著了《浙江蜂类志》,共记录浙江蜂类 59 科 631 属 1687 种,其中模式产地在浙江的就有 437 种。

浙江农林大学(原浙江林学院)吴鸿教授团队先后对浙江各重点生态地区的昆虫资源进行了广泛、系统的科学考察和研究,联合全国有关科研院所的昆虫分类学家,吴鸿教授作为主编或者参编者先后编撰了《浙江古田山昆虫和大型真菌》《华东百山祖昆虫》《龙王山昆虫》《天目山昆虫》《浙江乌岩岭昆虫及其森林健康评价》《浙江凤阳山昆虫》《浙江清凉峰昆虫》《浙江九龙山昆虫》等图书,书中发表了众多的新属、新种、中国新记录科、新记录属和新记录种。2014~2020 年吴鸿教授作为总主编之一还编撰了《天目山动物志》（共 11 卷），其中记述六足类动物 32 目 388 科 5000 余种。上述科学考察以及本次《浙江昆虫志》编撰项目为浙江当地和全国培养了一批昆虫分类学人才并积累了 100 万号昆虫标本。

通过上述大型有组织的昆虫科学考察，不仅查清了浙江省重要保护区内的昆虫种类资源，而且为全国积累了珍贵的昆虫标本。这些标本、专著及考察成果对于浙江省乃至全国昆虫类群的系统研究具有重要意义，不仅推动了浙江地区昆虫多样性的研究，也让更多的人认识到生物多样性的重要性。然而，前期科学考察的采集和研究的广度和深度都不能反映整个浙江地区的昆虫全貌。

昆虫多样性的保护、研究、管理和监测等许多工作都需要有翔实的物种信息作为基础。昆虫分类鉴定往往是一项逐渐接近真理（正确物种）的工作，有时甚至需要多次更正才能找到真正的归属。过去的一些观测仪器和研究手段的限制，导致部分属种鉴定有误，现代电子光学显微成像技术及 DNA 条形码分子鉴定技术极大推动了昆虫物种的更精准鉴定，此次《浙江昆虫志》对过去一些长期误鉴的属种和疑难属种进行了系统订正。

为了全面系统地了解浙江省昆虫种类的组成、发生情况、分布规律，为了益虫开发利用和有害昆虫的防控，以及为生物多样性研究和持续利用提供科学依据，2016 年 7 月 "浙江省昆虫资源调查、信息管理与编撰" 项目正式开始实施，该项目由浙江省林业有害生物防治检疫局（现浙江省森林病虫害防治总站）和浙江省林学会发起，委托浙江农林大学组织，联合全国相关昆虫分类专家合作。《浙江昆虫志》编委会组织全国 30 余家单位 300 余位昆虫分类学者共同编写，共分 16 卷：第一卷由杜予州教授主编，包含原尾纲、弹尾纲、双尾纲，以及昆虫纲的石蛃目、衣鱼目、蜉蝣目、蜻蜓目、襀翅目、等翅目、螳䗛目、螳螂目、蛳虫目、直翅目和革翅目；第二卷由花保祯教授主编，包括昆虫纲啮虫目、缨翅目、广翅目、蛇蛉目、脉翅目、长翅目和毛翅目；第三卷由张雅林教授主编，包含昆虫纲半翅目同翅亚目；第四卷由卜文俊和刘国卿教授主编，包含昆虫纲半翅目异翅亚目；第五卷由李利珍教授和白明研究员主编，包含昆虫纲鞘翅目原鞘亚目、藻食亚目、肉食亚目、牙甲总科、阎甲总科、隐翅虫总科、金龟总科、沼甲总科；第六卷由任国栋教授主编，包含昆虫纲鞘翅目花甲总科、吉丁甲总科、丸甲总科、叩甲总科、长蠹总科、郭公甲总科、扁甲总科、瓢甲总科、拟步甲总科；第七卷由杨星科研究员主编，包含昆虫纲鞘翅目叶甲总科和象甲总科；第八卷由吴鸿和杨定教授主编，包含昆虫纲双翅目长角亚目；第九卷由杨定和姚刚教授主编，包含昆虫纲双翅目短角亚目虻总科、水虻总科、食虫虻总科、舞虻总科、蚤蝇总科、蚜蝇总科、眼蝇总科、实蝇总科、小粪蝇总科、缟蝇总科、沼蝇总科、鸟蝇总科、水蝇总科、突眼蝇总科和禾蝇总科；第十卷由薛万琦和张春田教授主编，包含昆虫纲双翅目短角亚目蝇总科、狂蝇总科；第十一卷由李后魂教授主编，包含昆虫纲鳞翅目小蛾类；第十二卷由韩红香副研究员和姜楠博士主编，包含昆虫纲鳞翅目大蛾类；第十三卷由王敏和范骁凌教授主编，包含昆虫纲鳞翅目蝶类；第十四卷由魏美才教授主编，包含昆虫纲膜翅目 "广腰亚目"；第十五卷由陈学新和王义平教授主编、第十六卷由陈学新教授主编，这两卷内容为昆虫纲膜翅目细腰亚目。16 卷共记述浙江省六足类 1 万余种，各卷所收录物种的截止时间为 2021 年 12 月。

《浙江昆虫志》各卷主编由昆虫各类群权威顶级分类专家担任，他们是各单位的学科带头人或国家杰出青年科学基金获得者、973 计划首席专家和各专业学会的理事长和副理事长等,他们中有不少人都参与了《中国动物志》的编写工作,从而有力地保证了《浙江昆虫志》整套 16 卷学术内容的高水平和高质量,反映了我国昆虫分类学者对昆虫分类区系研究的最新成果。《浙江昆虫志》是迄今为止对浙江省昆虫种类资源最为完整的科学记载,体现了国际一流水平,16 卷《浙江昆虫志》汇集了上万张图片,除黑白特征图外,还有大量成虫整体或局部特征彩色照片,这些图片精美、细致,能充分、直观地展示物种的分类形态鉴别特征。

浙江省林业局对《浙江昆虫志》的编撰出版一直给予关注,在其领导与支持下获得浙江省财政厅的经费资助。在科学考察过程中得到了浙江省各市、县(市、区)林业部门的大力支持和帮助,特别是浙江天目山国家级自然保护区管理局、浙江清凉峰国家级自然保护区管理局、宁波四明山国家森林公园、钱江源国家公园、浙江仙霞岭省级自然保护区管理局、浙江九龙山国家级自然保护区管理局、景宁望东垟高山湿地自然保护区管理局和舟山市自然资源和规划局也给予了大力协助。同时也感谢国家出版基金和科学出版社的资助与支持,保证了 16 卷《浙江昆虫志》的顺利出版。

中国科学院印象初院士和康乐院士欣然为本志作序。借此付梓之际,我们谨向以上单位和个人,以及在本项目执行过程中给予关怀、鼓励、支持、指导、帮助和做出贡献的同志表示衷心的感谢!

限于资料和编研时间等多方面因素,书中难免有不足之处,恳盼各位同行和专家及读者不吝赐教。

《浙江昆虫志》编辑委员会

2022 年 3 月

《浙江昆虫志》编写说明

　　本志收录的种类原则上是浙江省内各个自然保护区和舟山群岛野外采集获得的昆虫种类。昆虫纲的分类系统参考袁锋等 2006 年编著的《昆虫分类学》第二版。其中，广义的昆虫纲已提升为六足总纲 Hexapoda，分为原尾纲 Protura、弹尾纲 Collembola、双尾纲 Diplura 和昆虫纲 Insecta。目前，狭义的昆虫纲仅包含无翅亚纲的石蛃目 Microcoryphia 和衣鱼目 Zygentoma 以及有翅亚纲。本志采用六足总纲的分类系统。考虑到编写的系统性、完整性和连续性，各卷所包含类群如下：第一卷包含原尾纲、弹尾纲、双尾纲，以及昆虫纲的石蛃目、衣鱼目、蜉蝣目、蜻蜓目、襀翅目、等翅目、蜚蠊目、螳螂目、蛸虫目、直翅目和革翅目；第二卷包含昆虫纲的啮虫目、缨翅目、广翅目、蛇蛉目、脉翅目、长翅目和毛翅目；第三卷包含昆虫纲的半翅目同翅亚目；第四卷包含昆虫纲的半翅目异翅亚目；第五卷、第六卷和第七卷包含昆虫纲的鞘翅目；第八卷、第九卷和第十卷包含昆虫纲的双翅目；第十一卷、第十二卷和第十三卷包含昆虫纲的鳞翅目；第十四卷、第十五卷和第十六卷包含昆虫纲的膜翅目。

　　由于篇幅限制，本志所涉昆虫物种均仅提供原始引证，部分物种同时提供了最新的引证信息。为了物种鉴定的快速化和便捷化，所有包括 2 个以上分类阶元的目、科、亚科、属，以及物种均依据形态特征编写了对应的分类检索表。本志关于浙江省内分布情况的记录，除了之前有记录但是分布记录不详且本次调查未采到标本的种类外，所有种类都尽可能反映其详细的分布信息。限于篇幅，浙江省内的分布信息以地级市、市辖区、县级市、县、自治县为单位按顺序编写，如浙江（安吉、临安）；由于四明山国家级自然保护区地跨多个市（县），因此，该地的分布信息保留为四明山。对于省外分布地则只写到省份、自治区、直辖市和特区等名称，参照《中国动物志》的编写规则，按顺序排列。对于国外分布地则只写到国家或地区名称，各个国家名称参照国际惯例按顺序排列，以逗号隔开。浙江省分布地名称和行政区划资料截至 2020 年，具体如下。

　　湖州：吴兴、南浔、德清、长兴、安吉

　　嘉兴：南湖、秀洲、嘉善、海盐、海宁、平湖、桐乡

　　杭州：上城、下城、江干、拱墅、西湖、滨江、萧山、余杭、富阳、临安、桐庐、淳安、建德

　　绍兴：越城、柯桥、上虞、新昌、诸暨、嵊州

　　宁波：海曙、江北、北仑、镇海、鄞州、奉化、象山、宁海、余姚、慈溪

　　舟山：定海、普陀、岱山、嵊泗

　　金华：婺城、金东、武义、浦江、磐安、兰溪、义乌、东阳、永康

　　台州：椒江、黄岩、路桥、三门、天台、仙居、温岭、临海、玉环

　　衢州：柯城、衢江、常山、开化、龙游、江山

　　丽水：莲都、青田、缙云、遂昌、松阳、云和、庆元、景宁、龙泉

　　温州：鹿城、龙湾、瓯海、洞头、永嘉、平阳、苍南、文成、泰顺、瑞安、乐清

目　录

双翅目 Diptera

双翅目 Diptera

双翅目成虫体微小到中型，极少大型，包括蚊、蠓、虻、蝇等。成虫只有 1 对发达的膜质前翅，后翅退化为棒翅（即平衡棒）。复眼发达，几乎占头的大部分；单眼 3 个或缺失。触角多样：长角亚目为丝状，一般 6 节以上，多者达 40 节；短角亚目，触角一般 3 节；环裂次目中，第 3 节较大，背面着生触角芒，此芒多型，如栉状、羽状、毳毛状等；短角亚目第 3 节末端有一长突起，称节芒，有的第 3 节分为若干亚节。口器舐吸式或刺吸式，上颚不明显，下唇扩张成 1 对肉质的瓣。前、后胸退化，中胸特别发达，骨片分化明显；前翅发达，膜质，翅脉复杂，多翅室或翅脉简单；后翅为 1 对平衡棒；极少数种类翅退化或缺失；翅脉常有消失或合并现象。跗节 5 节，爪及爪垫各 1 对，一般有 1 个爪间突。腹部分节明显，11 节或 4–5 节。雄虫末端数节形成尾器，雌虫常无产卵器。完全变态。幼虫为无足型或蛆型，头部明显或缩入前胸内，口器和足退化。

目前，全世界双翅目昆虫已知 16 万种，保守估计现有生物种为 40 万至 80 万种。双翅目昆虫多数种类个体较小、色泽暗淡、身体柔软，许多种类鉴别困难且研究基础薄弱，该目昆虫存在更多的未知物种等待被认知和描述。双翅目昆虫生活习性各式各样，适应性极强，表现出高度的物种多样性和生活环境多样性，常常被认为是物种最丰富的昆虫类群。双翅目昆虫对维持陆地生态系统功能发挥着重要作用，部分种类是农业、林业的重要害虫或益虫，有些种类为害人类及其他哺乳动物，甚至传播多种流行疾病，引起瘟疫。

目前中国已记录双翅目昆虫 113 科 17 827 种，《浙江昆虫志》分 3 卷共记录浙江双翅目昆虫 56 科 589 属 1802 种。这些记录是在野外调查和检视大量标本的基础上，并考证了以往的相关文献确认的。作者们对实际研究过的种类进行了比较详细的形态描述，每个种均列有生物学特征、有关文献和分布等，多数物种配有形态特征图，提供了分属和种的检索表；文末附有中名索引和学名索引。

第一章　褶蚊总科 Ptychopteroidea

一、褶蚊科 Ptychopteridae

主要特征：褶蚊科昆虫属双翅目长角亚目。体细长，中等大小，与大蚊科昆虫相似，有"细腰大蚊科"之称。体色为棕色或黑色，胸部和腹部常具黄色条纹。翅细长，翅脉间具明显的纵褶；一条位于径脉 R 与中脉 M 之间，横穿中横脉；另一条在肘脉 Cu 与臀脉 A 之间；平衡棒基部具小棒状附属物，称前平衡棒。足细长，在幻褶纹亚科中常具有黑白条纹。幼虫细长，纺锤形，后气门式。头腔完整突出，骨化强烈。上颚 2 节，具 1–3 节外齿。腹部前三腹节具 3 对瘤状腹足，每对腹足具顶端爪。肛区形成细长可收缩的呼吸管，后缘端部具呼吸孔。幼虫生活在潮湿的泥土或腐殖质丰富的环境中，为腐食性，是重要的有机质分解者。成虫一般生活在潮湿的沼泽地或水边茂密的植被中。

分布：世界已知 3 属 70 余种，中国已知 2 属 14 种，浙江分布 1 属 3 种。

1. 褶蚊属 *Ptychoptera* Meigen, 1803

Ptychoptera Meigen, 1803: 262. Type species: *Tipula contaminata* Linnaeus, 1758 (by designation of Latreelle, 1810).

Liriope Meigen, 1800: 14. Type species: *Tipula contaminata* Linnaeus, 1758 (suppressed by I.C.Z.N., 1910).

Paraptychoptera Tonnoir, 1919: 115. Type species: *Ptychoptera paludosa* Meigen, 1804 (original designation).

主要特征：触角鞭节具 13 节，呈圆柱形。足细长，一般为黄棕色至深棕色，前足胫节具 1 根锥状刺，中足和后足均具 2 根同样大小的锥状刺。翅上常具深棕色斑块，翅脉 M_{1+2} 分 2 支。腹部末端膨大，第 9 背板具 1 对后缘突起，呈各种形状。生殖刺突常分支。

分布：世界广布，已知 70 种左右，中国已知 11 种。

分种检索表

1. 体全部为黑色；CuA_1 脉中部具明显椭圆形云斑 ···小丽褶蚊 *P. bellula*
- 体为黑黄相间色； CuA_1 脉中部不具明显椭圆形云斑···2
2. 第 9 背板末端分叉 ···古田山褶蚊 *P. gutianshana*
- 第 9 背板末端不分叉 ···龙王山褶蚊 *P. longwangshana*

（1）小丽褶蚊 *Ptychoptera bellula* Alexander, 1937（图 1-1）

Ptychoptera bellula Alexander, 1937: 367.

特征：黑色种。平衡棒柄部黄色，棒部黑色。翅具较重斑块；翅基部具 1 个较大的椭圆形斑块；Rs 基部具 1 个呈不规则四边形的棕色斑块；CuA_1 脉中部具 1 个长椭圆形棕色斑块；A 脉端部具 1 个椭圆形斑块；翅脉中部和端部具 2 条较宽的棕色条带。Rs 长，约为 R_{4+5} 的 3/4。

分布：浙江（德清）、江西。

图 1-1　小丽褶蚊 *Ptychoptera bellula* Alexander, 1937（引自 Shao and Kang，2021）

翅

（2）古田山褶蚊 *Ptychoptera gutianshana* Yang *et* Chen, 1995（图 1-2）

Ptychoptera gutianshana Yang *et* Chen, 1995: 180.

　　特征：体长 7–8 mm，翅长 7–8 mm。头部大部分深黑色。触角呈黄色，柄节与梗节具棕色斑；柄节与梗节较粗短，鞭节第 1 节最长；喙黄色；下颚须细长，黄色。胸部一致呈黑色，光亮；足基节呈黄色，前缘具棕色斑；转节黄色；腿节大部分呈黄色，后缘逐渐加深；胫节黄色，细长，跗节一致呈黄色。翅烟黄色，半透明，翅上具 2 个椭圆形的棕色斑和 2 条明显的棕色斑带：Rs 基部和 CuA$_1$ 脉中部各具 1 个棕色斑块；翅中部和靠端部各具 1 条棕色斑带。翅脉棕色，脉序特点：Sc 脉与 C 脉的合并处达到 R$_{2+3}$ 基部 1/3 处；Rs 较长，但短于 R$_{4+5}$，约为 r–m 的 1.5 倍；R$_{4+5}$ 的分叉等于其柄部。腹部第 1 背板呈黑色，第 2 背板基部黑色，端部黄色；第 3 背板大部分呈黄色，后缘呈黑色；第 4–6 背板呈黑色；腹板第 1–3 节呈黄色，第 4–6 节呈黑色。雄性外生殖器：第 9 背板具一对后缘突起，每个突起简单，基部宽，后缘渐细且向下弯曲，末端分叉。下生殖板“W”形，前缘具 1 对肾形叶片，后缘中部具 3 个突起，中部突起呈乳突状，上具较浓密长毛，两端具指状突起。生殖刺突为宽大的叶片，呈不规则四边形；端部具一个椭圆形叶片，上具较浓密短毛。

　　分布：浙江（开化）。

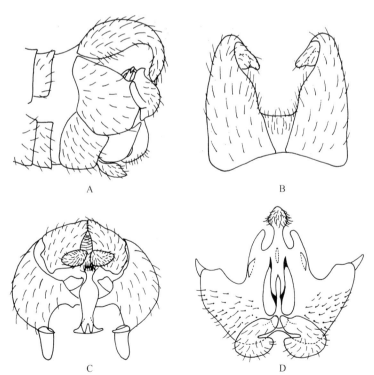

图 1-2　古田山褶蚊 *Ptychoptera gutianshana* Yang *et* Chen, 1995（引自 Shao and Kang，2021）

A. ♂腹部末端，侧视；B. 第 9 背板，背视；C. 生殖基节和生殖刺突，背视；D. 下生殖板，腹视

（3）龙王山褶蚊 *Ptychoptera longwangshana* Yang *et* Chen, 1998

Ptychoptera longwangshana Yang *et* Chen, 1998: 240.

　　特征：体长 9 mm，翅长 8 mm。头部小，褐色，复眼黑色，半球状，无单眼；触角 15 节，黄色，基部 2 节短粗具黑斑，第 3 节最长，以后均相似而渐细，疏生金黄色毛；下颚须细长，与触角均等，黄色，具 5 节，端节极细长；喙短粗，黄色，唇瓣很大，呈 1 对卵状叶，上有 1 条褐色纵纹。胸部粗壮，大部分黑色光亮，前胸及肩胛黄色，小盾片隆凸，后背片发达；足黄色至黄褐色，基节具褐斑，后足基节几乎全部为暗褐色；腿节末端及胫节两端黑褐，3 对足的胫节距式为 1–2–2，跗节 5 节，基跗节长于其余 4 节，后者黑色，末 3 节能卷折，爪小，呈褐色。翅狭长，淡烟黄色而透明，脉黄褐色明显，前缘黄褐，翅中及端部各具 1 褐色横带，基半有 2 褐斑。腹部粗壮而基部细，黄色，具明显黑斑；腹端粗大，大部分黑色，背面的一对背针突呈钩状下弯而末端又微翘，末端不分叉，肢基片宽大，端部的生殖突短小，第 9 腹板端生一对黄色向上卷翘的槽状附器。

　　分布：浙江（安吉）。

第二章 毫蚊总科 Trichoceroidea

二、毫蚊科 Trichoceridae

主要特征：体小至中型，细长纤弱，体长 3–8 mm。体色为黄色、棕色或黑色。体翅多毛，形态与大蚊科昆虫相似。头部具 3 个单眼。翅脉具 2 条 A 脉，A_2 脉短且强烈向下弯曲。腹部细长，具 9 节，腹节第 1 节消失。幼虫圆柱形，双呼吸型。体具一个完全外露的头腔，分 11 个体节，每一体节又分为 2 小节。腹部末节分为 4 个叶片。幼虫生活在潮湿且腐殖质较为丰富的土壤、岩屑、尸体、鼠洞或鸟粪便中。部分属种的成虫喜寒冷，常生活在低地或高纬度地区或在早春未融化的雪地表面活动。

分布：世界已知 2 亚科 6 属 110 余种，中国已知 2 属 14 种，浙江分布 2 属 3 种。

（一）跗毫蚊亚科 Paracladurinae

主要特征：盘室不存在或小且窄，五角形、楔形。m-cu 脉在 M_4 脉和 Cu 脉之间，不与盘室相接。跗节第 1 节极短，约为第 2 节的 1/10。雌虫具一个受精囊。

分布：此亚科世界广布，已知 3 属，中国仅知 1 属。

2. 跗毫蚊属 *Paracladura* Brunetti, 1911

Paracladura Brunetti, 1911: 286. Type species: *Paracladura gracilis* Brunetti, 1911 (original designation).

主要特征：后基节与下前侧片合并，很小。跗节第 1 节很短，为第 2 节的 1/10–1/8。翅脉 r-m 到达 dm 室中部，dm 室呈五角形，翅脉 m-cu 存在。生殖基节桥明显，圆形。雌虫具一个受精囊。

分布：世界广布，已知 30 种左右，中国已知 8 种，浙江分布 2 种。

（4）背饰跗毫蚊 *Paracladura dorsocompta* Yang *et* Yang, 1995（图 2-1）

Paracladura dorsocompta Yang *et* Yang, 1995: 176.

特征：体长 3.2–3.5 mm，翅长 4.0 mm。淡黄褐色种，胸背具明显褐斑。头部仅复眼黑色，单眼基部具小黑斑；触角长约 2.5 mm，纤细，端部色更淡；喙及须均为淡色。胸部粗壮，背面隆凸，淡黄褐色；前胸背板基部具短的褐边，中胸前盾片有 3 条褐色纵纹，其前端相连，盾片两侧具淡褐色近三角形大斑；小盾片与后背片淡褐色；胸侧黄褐，具大块褐斑。足淡黄褐色，跗节色更淡。翅较宽，透明，脉淡黄褐色，明显，无任何斑纹；中盘室狭长，2 条横脉间的一段 M_3 直，臀域宽；平衡棒白色，棒部淡褐色。腹部淡黄褐色，近乎透明，第 1 节背板及腹端淡褐色，尾器淡黄褐色，生殖突狭长，生殖基节短粗，阳基侧突细长而弧弯，阳茎长而突伸。

分布：浙江（开化）。

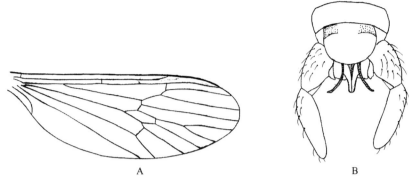

图 2-1　背饰跗毫蚊 *Paracladura dorsocompta* Yang *et* Yang, 1995（仿自 Yang and Yang, 1995）

A. 翅；B.♂腹部末端，背视

（5）浙跗毫蚊 *Paracladura zheana* Yang *et* Yang, 1995（图 2-2）

Paracladura zheana Yang *et* Yang, 1995: 176.

特征：体长 4.0 mm，翅长 4.2–4.5 mm。体大部分呈黄褐色，胸部具不明显的褐斑。头部黄褐，仅复眼和单眼的基部后方黑色；触角长约 2.5 mm，褐色，端部不明显变细，毛长而显著；喙及须褐色。胸部粗壮，背面膨隆，背板中央及盾片两侧具淡褐斑，小盾片和后背片淡褐，侧板在中后足基部上方具大块褐斑；足全部黄褐色。翅狭长，中部较宽，全部淡灰色，无斑纹，脉黄褐色、很明显，中盘室 dm 后缘的 M_3 脉在中横脉 m-cu 的一段弧弯；平衡棒柄部白色，棒部褐色。腹部几乎全部黄褐色，各节有不明显的褐色横纹；产卵器尾须淡黄褐色，仅略下弯。

分布：浙江（开化）。

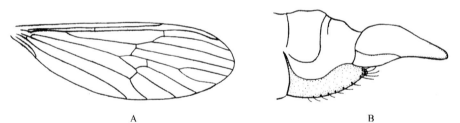

图 2-2　浙跗毫蚊 *Paracladura zheana* Yang *et* Yang, 1995（仿自 Yang *et* Yang, 1995）

A. 翅；B.♀腹部末端，侧视

（二）毫蚊亚科 Trichocerinae

主要特征：盘室中到大型；m-cu 脉接近 M_{3+4} 脉；跗节第 1 节较短，约为第 2 节的 3/10；A_2 脉短到中等长度；具 3 个受精囊。

分布：此亚科世界广布，已知 3 属 60 余种，中国仅知 1 属 8 种。

3. 毫蚊属 *Trichocera* Meigen, 1803

Petaurista Meigen, 1800: 15. Type species: *Tipula hiemalis* de Geer, 1776 (by designation of Coquillett, 1910) (Suppressed by I.C.Z.N., 1963).

Melusina Meigen, 1800: 19. Type species: *Tipula regelationis* Linnaeus, 1758 (by designation of Hendel, 1908) (Suppressed by I.C.Z.N., 1963).

Trichocera Meigen, 1803: 262. Type species: *Tipula hiemalis* de Geer, 1776 (monotypy).

主要特征：跗节第 1 节比第 2 节长；胫节刺成对，明显易见；A₂ 脉短而向内弯；雌虫具 3 个受精囊。

分布：世界广布，已知 110 种左右，中国已知 6 种，浙江分布 1 种。

（6）单斑毫蚊 *Trichocera unimaculata* Yang *et* Yang, 1995（图 2-3）

Trichocera unimaculata Yang *et* Yang, 1995: 175.

特征：体长 4.0–5.5 mm，翅长 5.5–6.0 mm。头部一致呈黄棕色，具黄棕色毛。复眼黑色，小眼间光裸无毛；单眼基部各有 1 个黑斑。触角棕色。胸部背板膨隆，大部分呈棕色，小盾片呈黄色。胸部侧片一致呈棕色。足细长；基节与转节呈黄棕色，转节前端具黑色斑块；腿节黄棕色，末端颜色稍深；胫节棕色，胫节距式为 1–2–2；跗节棕色。足上毛呈深棕色。翅浅灰色，脉棕色明显；翅上仅 r-m 横脉处有一淡褐色云斑。亚前缘脉与前缘脉的合并处达到 R₂ 脉与 R₁ 脉的合并处；Rs 基部弯曲；m-cu 脉与 M₃ 基部一段平行；A₁ 脉端部稍弯。平衡棒柄部白色，棒部褐色。腹部细长，腹部大部分呈黄棕色，背板多数节的两端褐色而中段色淡，腹端第 8 节、第 9 节短而全为棕色。雄性外生殖器：第 9 背板和第 9 腹板合并成一个环。第 9 背板横宽，后缘向下凸；生殖基节短粗肿胀，上具均匀深色毛；生殖基节桥细长而端圆；生殖刺突长于生殖基节，细长呈指状，基部内缘具较小的瘤状突，瘤状突上具几根毛，其他地方具均匀深色毛。阳茎侧突侧部宽大，呈三角形；基部为宽大叶片，阳茎侧突下半部极细长，弯曲呈钩状。

分布：浙江（临安、开化）。

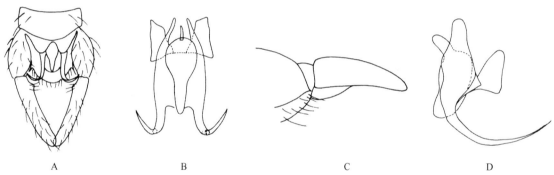

A　　　　　　　　B　　　　　　　　C　　　　　　　　D

图 2-3　单斑毫蚊 *Trichocera unimaculata* Yang *et* Yang, 1995
A. ♂腹部末端，背视；B. 阳茎复合体，腹视；C. ♀腹部末端，侧视；D. 阳茎复合体，侧视

第三章　大蚊总科 Tipuloidea

三、烛大蚊科 Cylindrotomidae

主要特征：体各型，喙短，无鼻突，触角 16 节，下颚须一般较短，有些种类下颚须末节延长。Sc 末端游离，Rs 仅分 2 支。胫节有距。雌虫产卵瓣缩短。幼虫植食性，取食苔藓和草本植物。

分布：世界已知 9 属 71 种，中国已知 6 属 19 种，浙江分布 3 属 3 种。

分属检索表

1. 翅 M 脉有 3 支伸达翅缘 ·· 烛大蚊属 *Cylindrotoma*
- 翅 M 脉有 2 支伸达翅缘 ··· 2
2. CuA$_1$ 在端室前进入 M 脉 ··· 叉烛大蚊属 *Diogma*
- CuA$_1$ 在端室基部 1/4 处进入 M 脉 ··· 多孔烛大蚊属 *Triogma*

4. 烛大蚊属 *Cylindrotoma* Macquart, 1834

Cylindrotoma Macquart, 1834: 107. Type species: *Limnobia distinctissima* Meigen, 1818 (by designation of Westwood, 1840).

主要特征：触角第 1 节短。胸部无明显刻点。翅无 R$_{1+2}$，M 脉有 3 支伸达翅缘，M$_{1+2}$ 具分叉。CuA$_1$ 在端室下端中部进入 M 脉。雌虫第 10 背板长，分 2 叉。

分布：世界广布，已知 22 种，中国记录 8 种，浙江分布 1 种。

（7）台湾烛大蚊 *Cylindrotoma taiwania* (Alexander, 1929)（图 3-1）

Cyttaromyia taiwania Alexander, 1929: 523.

特征：体长约 7 mm，前翅长 7 mm。大体黑色。头暗黑色，无刻点。触角暗褐色，雄虫触角约与体长等长，雄虫复眼在头顶前部近相接。胸部黑色，胸部侧板黑色，侧背膜区浅黄色。足基节黑色，转节暗黄色，股节暗黄色，端部略带褐色，胫节褐黄色，端部略暗，跗节暗黄色，向端部变为黑色。翅有灰褐色云状斑，无翅痣。无 Sc$_1$，Sc$_2$ 结束于 Rs 分叉处前。腹部长，褐黑色，生殖节黑色。

分布：浙江（杭州）、台湾。

图 3-1　台湾烛大蚊 *Cylindrotoma taiwania* (Alexander, 1929)（仿自 Alexander, 1929a）
前翅

5. 叉烛大蚊属 *Diogma* Edwards, 1938

Diogma Edwards, 1938: 17. Type species: *Limnobia glabrata* Meigen, 1818 (original designation).

主要特征：胸部无刻点，有光泽。翅 M 脉有 2 支伸达翅缘，CuA$_1$ 在端室前进入 M 脉。

分布：古北区、东洋区。世界记录 6 种，中国记录 3 种，浙江分布 1 种。

（8）中华叉烛大蚊 *Diogma sinensis* Yang *et* Yang, 1995（图 3-2）

Diogma sinensis Yang *et* Yang, 1995: 421.

特征：体长 11.7 mm，前翅长 11.4 mm。大体黄色。头黄色，后头有一大黑斑。触角暗黄褐色，柄节黄色。胸部黄色，前胸背板带有不明显的褐色。中胸背板有 3 个黑色纵斑，侧斑和中斑之间的区域黄褐色，中斑被一淡色中纵纹分开。盾片两侧各有 1 个黑斑。小盾片黑褐色，中部黄色，中背片浅褐色，两侧黄色。足基节和转节黄色，腿节和胫节黄褐色，末端黑色；跗节褐色。翅略带黄褐色，翅痣不明显，褐色，无 Sc$_1$。腹部黄褐色，背板两侧浅褐色至褐色。雄虫第 9 背板宽大，端缘有一深的近"V"形凹缺，生殖突长爪状。

分布：浙江（庆元）。

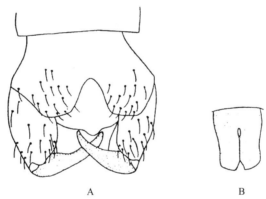

图 3-2　中华叉烛大蚊 *Diogma sinensis* Yang *et* Yang, 1995（仿自杨定和杨集昆，1995）

A. ♂腹部末端，背视；B. 阳茎，腹视

6. 多孔烛大蚊属 *Triogma* Schiner, 1863

Triogma Schiner, 1863: 223. Type species: *Limnobia nudicornis* Schummel, 1829 (original designation).

主要特征：头和中胸前盾沟有许多深的孔状刻痕。胸部暗哑无光泽，前盾沟深而明显。翅 M 脉有 2 支伸达翅缘，CuA$_1$ 在端室基部 1/4 处进入 M 脉。

分布：古北区、东洋区、新北区。世界记录 5 种，中国记录 1 种，浙江分布 1 种。

（9）叉端多孔烛大蚊 *Triogma nimbipennis* Alexander, 1941（图 3-3）

Triogma nimbipennis Alexander, 1941: 407.

特征：体长 13–15 mm，前翅长 11–12.5 mm。大体暗灰色。鼻突灰色，下颚须黑色。触角黑色，雄虫触角明显长于雌虫。雄虫触角鞭节各节基部有小的近三角形的短突。头褐灰色，头顶前部亮灰色。胸部暗褐色，具粉被。前盾片纵纹处呈凹槽状。侧板哑褐灰色。足基节灰色，转节褐黄色，股节褐黑色，基部暗黄色，胫节褐黑色，基部亮褐黑色，跗节褐黑色。腹部长，黑灰色。第9背板侧缘向外突出呈兔耳状，生殖突狭长，端半部略变细。

　　分布：浙江（德清）、福建。

图 3-3　叉端多孔烛大蚊 *Triogma nimbipennis* Alexander, 1941（仿自 Alexander, 1941a）
A. 前翅；B.♂第 9 背板，背视；C. 抱握器，侧视

四、沼大蚊科 Limoniidae

主要特征：体小至中型，个别种类为大型。体细长，褐色至黑色或黄色有黑斑。喙短，无鼻突。口器位于喙的末端，下颚须一般为 4 节。复眼明显分开，无单眼。触角通常 14–16 节，鞭节卵形、圆筒形或栉形。中胸背板发达；中胸盾片有"V"形盾间缝。足细长，基节发达，转节较短，胫节有或无端距。翅长（个别属部分或完全退化），基部较窄，有 9–12 条纵脉，臀脉 2 条，亚前缘脉终止于翅前缘。腹部长，雄性末端一般明显膨大，生殖刺突通常分为内外两部分；雌性末端较尖。

生物学：沼大蚊生活环境很广泛，全世界几乎所有的生境中都有沼大蚊分布，但大部分沼大蚊科昆虫喜欢温暖潮湿的环境，尤其是枯枝落叶层较多、腐殖质较为丰富的水边。极少数种类生活在干旱的沙漠、寒冷的冬天或高海拔的山间。幼虫为陆生、水生或半水生，大多数为腐食性，有一些种类为害植物地下部分，包括水稻、小麦以及牧草等。沼大蚊成虫飞翔一般比较缓慢，基本不取食，少数种类的雄虫有群飞习性。生活周期一般分为卵、幼虫 4 个龄期、蛹期及较短的成虫期。生活史受地理环境条件影响较大，但大多数种类一年 1 代或 2 代。

分布：世界广布，已知 11 000 种左右，中国记录 66 属 691 种，浙江分布 24 属 44 种。

分亚科检索表

1. 雄虫外生殖刺突肥大无色，较钝 ························· 指大蚊亚科 Dactylolabinae
- 雄虫外生殖刺突强烈硬化，顶端尖 ·· 2
2. 足一般具胫节距；M_1 脉和 M_2 脉一般分开，M 脉有 3 支达翅缘 ········· 拟大蚊亚科 Limnophilinae
- 足一般无胫节距；M_1 脉和 M_2 脉一般合并，M 脉有 2 支达翅缘 ································ 3
3. Rs 脉一般有 3 分支 ··· 雪大蚊亚科 Chioneinae
- Rs 脉一般有 2 分支 ··· 沼大蚊亚科 Limoniinae

（一）雪大蚊亚科 Chioneinae

主要特征：体细长，体型一般为小到中型，个别种类为大型。触角通常 14–16 节。翅脉 Rs 大部分有 3 支到达翅缘；很少种类 Rs 分 2 支。M_1 和 M_2 一般合并，M 脉分 2 支。腹部长，雄性端部一般明显膨大，生殖刺突通常分为内外两部分，雌性末端较尖。

分布：世界广布，已知 4400 种左右，中国记录 218 种，浙江分布 7 种。

分属检索表

1. 翅上具 3–4 条深色横带 ··· 奇斑大蚊属 *Gymnastes*
- 翅上不具 3–4 条深色横带 ·· 2
2. 中后足基节基部较大分开，后基节大 ································· 绵大蚊属 *Erioptera*
- 中后足基节仅基部稍分开，后基节小 ·· 3
3. R_2 存在 ··· 4
- R_2 缺失 ··· 5
4. A_2 室短；全身具浓密的长毛；胸基部窄，足短且粗，密布刚毛；生殖刺突未分开 ····· 毛大蚊属 *Dasymallomyia*
- A_2 室长；身上有时具毛，但后胸盾片光裸；生殖刺突具 2 分支，其中一支退化成一个瘤状突起 ····· 磨大蚊属 *Molophilus*
5. R_3 室小，R_4 长度不足 R_{2+3+4} 的 2 倍 ····················· 奇角大蚊属 *Idiocera*
- R_3 室大，R_4 长度至少为 R_{2+3+4} 的 2 倍 ··················· 圆大蚊属 *Ellipteroides*

7. 毛大蚊属 *Dasymallomyia* Brunetti, 1911

Dasymallomyia Brunetti, 1911: 304. Type species: *Dasymallomyia signata* Brunetti, 1911 (monotypy).

主要特征：体型较小，翅为 3 mm 左右；翅透明，具微毛，翅上 Sc_1 比 Sc_2 长，但远比 Rs 短；R_2 存在且靠近 R_1 基部；A_2 室短且窄，臀角不存在；全身具浓密的长毛；胸基部窄，足短且粗，密布刚毛；生殖刺突未分开。

分布：古北区、东洋区。世界已知 8 种，中国记录 3 种，浙江分布 1 种。

（10）棒毛大蚊 *Dasymallomyia clausa* Alexander, 1940（图 3-4）

Dasymallomyia clausa Alexander, 1940a: 115.

特征：喙深棕色，须灰棕色。触角柄节和梗节亮黄色；鞭节两色；各鞭节第 1 节基部呈黄色，其他部分呈深棕色；第 1 鞭节底面畸形，其他鞭节呈卵圆形；最后一节略短于倒数第 2 节；触角上轮生毛长，长于触角每节。头浅灰色。前胸背板中部浅黄色，两边黑色。中胸前盾片中部具 3 条较宽的亮黑色条纹，其他部分呈橙黄色；两侧的 2 条条纹达到盾片边缘；两肩区呈黄色；盾片大部分呈黑色，中部和后面部分呈黄色；小盾片和后背片呈亮黑色；在一些种类中，前盾片 3 条条纹较窄。侧片主要呈黑色，背外侧、腹外侧和中部黄色。平衡棒较短，呈灰黄色，柄部颜色略深。前足基节呈黑色，其他基节和所有转节呈黄色；腿节大部分呈黄色，端部具深色较窄的环；胫节和跗节 1 节呈黄色，其他跗节为黑色。足上具明显的毛。翅黄色透明，前缘脉区域呈亮黄色，翅斑、前缘脉及 M_2 室外缘呈棕色；Rs 与 Sc_2 基部呈深棕色；脉棕色，前缘脉亮黄色。脉序：Sc_1 端部远离 Rs 分叉处，Sc_2 远离 Sc_1 端部；R_{2+3+4} 与 Rs 呈一条直线；R_2 室为正常宽度；R_2 脉与 R_{3+4} 长度相等，或略长于 R_{3+4}；第 1 M_2 室闭合；m-cu 脉为其室长度的 1/4。腹部背板黑色，腹部末端具黄色环；腹片两色，在两侧和基部具棕色三角形，有时两三角形相连并扩展为半环状条带。

分布：浙江（临安）。

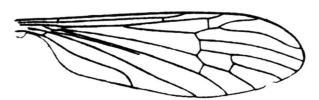

图 3-4　棒毛大蚊 *Dasymallomyia clausa* Alexander, 1940（仿自 Alexander, 1940a）
翅

8. 圆大蚊属 *Ellipteroides* Becker, 1907

Ellipteroides Becker, 1907: 239. Type species: *Ellipteroides piceus* Becker, 1907 (monotypy).

主要特征：体小至中型。中后足基节仅基部稍分开，后基节小。R_2 缺失，R_3 室大，R_4 长度至少为 R_{2+3+4} 的 2 倍。

分布：世界广布，已知 123 种，中国记录 10 种，浙江分布 1 种。

（11）天目山圆大蚊 *Ellipteroides* (*Protogonomyia*) *tienmuensis* (Alexander, 1940)（图 3-5）

Gonomyia tienmuensis Alexander, 1940a: 117.

Ellipteroides (*Protogonomyia*) *tienmuensis*: Alexander *et* Alexander, 1973: 194.

特征：喙和须呈黑色。触角中等长度；柄节黑色，其他节呈深棕色，鞭节呈长椭圆形；触角上毛明显。头一致呈黑色，具稀疏软毛，头顶较宽。前胸和中胸暗黑色；中胸盾片具微毛。平衡棒黑色。足黑色。翅具较重的黑色的斑块，长而狭窄的翅斑呈深棕色；翅脉和毛呈深棕色。脉序：Sc_1 端部终止于 Rs 分叉的上部，Sc_2 为 Sc_1 长度的 2/3，R_3 很长，为 R_{2+3+4} 的 2 倍；m-cu 在或者远离 M 的分叉，距离明显。腹部深棕色，各节后边缘呈黑色，腹部末端黑色。雄性外生殖器：具外生殖刺突，生殖基节矮胖，具明显毛；3 个生殖刺突明显，长度基本一致；外生殖刺突为 1 个平整光滑的叶片，从狭窄的基部逐渐形成一个截形的端部，截形端部具 1 个侧边的短的尖端；内中生殖刺突尖端为两裂瓣，2 个突起较短，长度基本一致，外侧的形成 1 个细长的刺，内侧的则为 1 个端部较钝的叶片状突起；生殖刺突主轴上长有较粗的长毛；内生殖刺突基部具 1 个光裸的指状突起，靠近远端 2/3 处具明显的刚毛，端部内侧刚毛呈梳状；阳茎端部为一个短的弯曲的灰白色钩，阳茎表面具稀疏长毛。

分布：浙江（临安）。

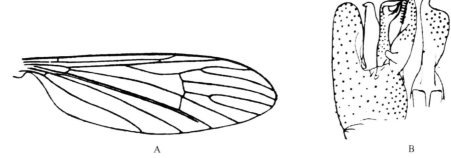

图 3-5　天目山圆大蚊 *Ellipteroides* (*Protogonomyia*) *tienmuensis* (Alexander, 1940)（仿自 Alexander, 1940a）
A. 翅；B. ♂端节，背视

9. 绵大蚊属 *Erioptera* Meigen, 1803

Erioptera Meigen, 1803: 262. Type species: *Erioptera lutea* Meigen, 1804 (by designation of Coquillett, 1910).

Polymeda Meigen, 1800: 14. Type species: *Erioptera lutea* Meigen, 1804 (by designation of Coquillett, 1910).

主要特征：体小至中型。中后足基节基部较大分开，后基节大。Sc_1 端部长，约为 CuA_1 基部长的 3 倍或更长，A_2 长且稍弯曲，达翅中部或更长，A_1 与 A_2 距离较近。

分布：世界广布，已知 291 种，中国记录 15 种，浙江分布 1 种。

（12）东洋绵大蚊 *Erioptera* (*Erioptera*) *orientalis* Brunetti, 1912（图 3-6）

Erioptera (*Erioptera*) *orientalis* Brunetti, 1912: 453.

Erioptera (*Erioptera*) *dictenidia* Alexander, 1921: 115.

特征：头顶和后头深灰色，具黑色毛。喙黄色，下颚须深棕色。触角柄节黄色，梗节灰色，鞭节浅棕黄色。胸部棕灰色，侧板黄色，具不明显条纹。Sc_1 端部超过 Rs 分叉处，长，CuA_1 基部未达 M 分叉处。平衡棒黄色。

分布：浙江、江苏；韩国，日本，印度，马来西亚。

图 3-6　东洋绵大蚊 *Erioptera* (*Erioptera*) *orientalis* Brunetti, 1912（仿自 Edwards, 1928a）
♂端节，背视

10. 奇斑大蚊属 *Gymnastes* **Brunetti, 1911**

Gymnastes Brunetti, 1911: 281. Type species: *Gymnastes violaceus* Brunetti, 1911 (monotypy).

主要特征：体小至中型。触角 16 节；足胫节不具刺；翅上具 3–4 条深色横带，Rs 分为 R_{2+3+4} 与 R_5，m-cu 位于翅中部或端部，M_1 和 M_2 融合，M 有 2 支达翅缘。

分布：世界广布，已知 42 种，中国已知 5 种，浙江分布 1 种。

（13）黄胫平裸大蚊 *Gymnastes* (*Paragymnastes*) *flavitibia apicatus* **Alexander, 1940**

Gymnastes (*Paragymnastes*) *flavitibia apicatus* Alexander, 1940a: 115.

特征：后足腿节具 1 个较宽阔的黑色的环；前足腿节一致呈黑色；中足腿节大部分呈黑色，1/3 处具 1 个较窄的黄色的环；后足腿节增长且呈棒状，膨大部分几乎全为黑色，基部很窄，部分呈灰色；后足胫节第 1 节大部分呈黄色，仅基部 1/5 处具深色环，其他节呈黑色。翅基部具一深色条带。

分布：浙江（临安）。

11. 奇角大蚊属 *Idiocera* **Dale, 1842**

Idiocera Dale, 1842: 431, 433. Type species: *Limnobia sexguttata* Dale, 1842 (monotypy).

Pseudogonomyia Santos Abreu, 1923: 139. Type species: *Pseudogonomyia filicina* Santos Abreu, 1923 (monotypy).

主要特征：体小至中型。中后足基节仅基部稍分开，后基节小。R_2 缺失，R_3 室小，R_4 长度不足 R_{2+3+4} 的 2 倍。

分布：世界广布，已知 139 种，中国已知 12 种，浙江分布 1 种。

（14）泰奇角大蚊 *Idiocera* (*Idiocera*) *teranishii* **(Alexander, 1921)**（图 3-7）

Gonomyia (*Ptilostena*) *teranishii* Alexander, 1921: 118.

Idiocera (*Idiocera*) *teranishii*: Savchenko *et al.*, 1992: 219.

特征：整体浅灰色。前盾片具 2 窄棕色条纹。侧板黄色，背侧棕色。足黄色，翅黄灰色，前缘域黄色，翅痣处、Rs 起始处、R_2 端部、R_3、A_2 端部、翅弦等处具棕色斑，CuA_1 基部未达 M 分叉处。腹部背板深棕色，每节后缘灰色；腹板浅棕黄色，基部 1 节黄色，中部几节具黑色，每节后缘黄色。

分布：浙江（杭州）、福建、四川；俄罗斯，日本。

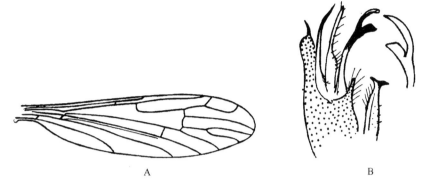

图 3-7　泰奇角大蚊 *Idiocera* (*Idiocera*) *teranishii* (Alexander, 1921)（仿自 Alexander, 1958）

A. 翅；B. ♂端节，背视

12. 磨大蚊属 *Molophilus* Curtis, 1833

Molophilus Curtis, 1833: 444. Type species: *Molophilus brevipennis* Curtis, 1833 (original designation).

Archimolophilus Enderlein, 1938: 669. Type species: *Archimolophilus selkirkianus* Enderlein, 1938 (monotypy).

主要特征：体中型，翅为 8 mm 左右。翅脉具浓密长毛；后胸背板不具长毛；A_2 室长且宽，臀角存在；生殖刺突具 2 分支，其中一支退化成一个瘤状突起。

分布：世界广布，已知 1021 种，中国已知 31 种，浙江分布 2 种。

（15）双磨大蚊 *Molophilus* (*Molophilus*) *duplicatus* Alexander, 1940（图 3-8）

Molophilus (*Molophilus*) *duplicatus* Alexander, 1940a: 118.

特征：喙和须呈黑色。触角中等长度，呈深棕色；鞭节呈卵圆形，基部几节较短，具截形的边缘；触角上毛轮明显。头深灰棕色。胸部大部分呈深棕色，前背片侧部呈晕黄色。平衡棒具柔软的黄毛。前足基节深色，中足和后足基节灰白色；转节呈黄色；足其他节呈棕黑色，后足胫节基部微亮。翅较宽阔，透明或略带深色；翅脉和脉上长毛深棕色，前缘脉边缘毛长而浓密，脉序：R_2 脉在 r-m 的远端；M_3 室的柄部为 m-cu 脉的 2 倍；A_2 脉长，结束于 M_3 室柄部的外对面。腹部一致呈棕黑色。雄性外生殖器：背侧生殖基节

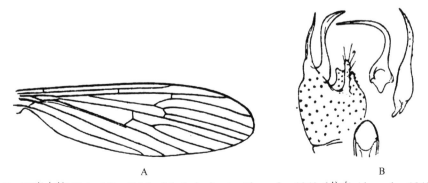

图 3-8　双磨大蚊 *Molophilus* (*Molophilus*) *duplicatus* Alexander, 1940（仿自 Alexander, 1940a）

A. 翅；B. ♂端节，背视

突具 2 个骨化的棒，靠外侧的较细长且弯曲，基部膨胀；内侧突与外侧突长度相等，弯曲，端部为扁平的叶片；腹侧生殖基节突小而细长；外生殖刺突为一细长弯曲的棒，靠近端部逐渐变窄，顶端尖；内生殖刺突短，长度与背侧生殖基节突背叶片相等，较简单，基部宽大，端部较尖；阳茎端片端部钝圆。

　　分布：浙江（临安）。

（16）浙江磨大蚊 *Molophilus* (*Molophilus*) *velvetus* Alexander, 1926（图 3-9）

Molophilus velvetus Alexander, 1926: 367.

　　特征：整体浅灰色。头黄色，头顶中央蓝灰色。触角短，基部黄色，末几节逐渐变为棕色。喙和下颚须棕黑色。侧板深棕色。足深棕色。平衡棒球部色深。腹部深棕色。生殖基节侧角具 1 细长的叶突。
　　分布：浙江（宁波）。

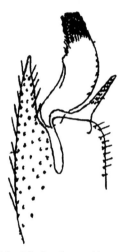

图 3-9　浙江磨大蚊 *Molophilus* (*Molophilus*) *velvetus* Alexander, 1926　（仿自 Alexander, 1926）
♂端节，背视

（二）指大蚊亚科 Dactylolabinae

　　主要特征：体细长，体型一般为中型。触角通常 16 节。翅脉 Rs 有 3 分支到达翅缘；M_1 和 M_2 不合并，M 脉分 3 支。腹部长，雄虫外生殖刺突肥大无色，较钝。
　　分布：古北区、新北区。世界已知 68 种，中国记录 2 种，浙江分布 2 种。

13. 指大蚊属 *Dactylolabis* Osten Sacken, 1860

Dactylolabis Osten Sacken, 1860: 240. Type species: *Limnophila montana* Osten Sacken, 1860 (monotypy).

　　主要特征：体细长，体型一般为中型。触角通常 16 节。翅脉 Rs 有 3 分支到达翅缘；M_1 和 M_2 不合并，M 脉分 3 支。腹部长，雄虫外生殖刺突肥大无色，较钝。
　　分布：古北区、新北区。世界已知 56 种，中国记录 2 种，浙江分布 2 种。

（17）细指大蚊 *Dactylolabis* (*Dactylolabis*) *gracilistylus* Alexander, 1926（图 3-10）

Dactylolabis (*Dactylolabis*) *gracilistylus* Alexander, 1926: 372.

特征：整体深灰色。喙和下颚须深棕色。前盾片具 4 棕色条纹。侧板亮灰色。Sc_1 达 Rs 分叉处，CuA_1 基部未达 M 分叉处。平衡棒深棕色，棒部基部黄色。生殖基节细长，长度约为宽度的 2 倍。

分布：浙江（宁波）。

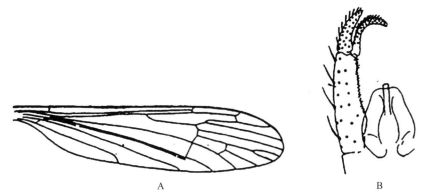

图 3-10 细指大蚊 *Dactylolabis* (*Dactylolabis*) *gracilistylus* Alexander, 1926（仿自 Alexander, 1926）

A. 翅；B.♂端节，背视

（18）莫干指大蚊 *Dactylolabis* (*Dactylolabis*) *mokanica* Alexander, 1940（图 3-11）

Dactylolabis (*Dactylolabis*) *mokanica* Alexander, 1940b: 22.

特征：整体深灰色。头深灰色。喙深灰色，下颚须黑色。前盾片色深。足基节基部黑色，端部浅黄色；腿节棕黄色，端部棕黑色。Sc_1 超过 Rs 分叉处，CuA_1 基部超过 M 分叉处，约位于 m 室 1/3 处。

分布：浙江（德清）。

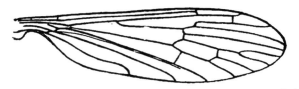

图 3-11 莫干指大蚊 *Dactylolabis* (*Dactylolabis*) *mokanica* Alexander, 1940（仿自 Alexander, 1940b）

翅

（三）拟大蚊亚科 Limnophilinae

主要特征：体细长，体型一般为中到大型，个别种类体型较小。翅脉 Rs 有 2 分支到达翅缘；M_1 和 M_2 一般不合并，M 脉分 3 支。腹部长，雄性端部一般明显膨大，生殖刺突通常分为内外两部分，雌性末端较尖。

分布：世界广布，已知 2700 种左右，中国记录 150 种左右，浙江分布 10 种。

分属检索表

1. bm 室有一条加横脉 ·· 原大蚊属 *Eloeophila*

- bm 室无加横脉 ·· 2

2. 触角鞭节 13 节 ··· 艾大蚊属 *Epiphragma*

- 触角鞭节小于 10 节 ··· 3

3. 体中到大型，体色大部分为黑色；触角 4–8 节 ··························· 锦大蚊属 *Hexatoma*

- 体中型，体色大部分呈褐色；触角 11 节 ································· 康大蚊属 *Conosia*

14. 康大蚊属 *Conosia* van der Wulp, 1880

Conosia van der Wulp, 1880: 159. Type species: *Limnobia irrorata* Wiedemann, 1828 (original designation).

主要特征： 体褐色，复眼之间有 1 对沟，且在腹面相接，触角鞭节 9 节，下颚须部分融合，末节膨大。中胸背板前缘尖三角形，翅狭长，C 室有许多横脉，且被深褐色斑包围，沿着各个纵脉密布褐色的小斑点。

分布： 世界广布，已知 11 种，中国已知 3 种，浙江分布 1 种。

（19）露毛康大蚊 *Conosia irrorata* (Wiedemann, 1828)（图 3-12）

Limnobia irrorata Wiedemann, 1828: 574.

Conosia irrorata: Alexander *et* Alexander, 1973: 175.

特征： 雄虫体长 11.0–12.0 mm，翅长 9.0–10.5 mm。头部褐色，被粉。两眼之间有一对沟。毛褐色。触角 0.7–0.9 mm。基节和梗节褐色，鞭节 9 节，第 1 节葱头状，其余各节卵形至圆柱形，端部各节加长，触角毛轮比各节长。喙黄褐色，具褐色毛。下颚须黑褐色，具褐色毛。胸部黄褐色，被粉。前胸背板黄褐色。前盾片黄褐色，中间有一条褐色线，线两侧有纵排的褐色斑点。盾片、小盾片及中背片褐色。侧板黄褐色，上前侧片褐色。毛黄色。足黄色。翅白色透明，Rs 基部、分叉处及 A₂ 端部有浅褐色斑纹，C 室所有横脉均有褐色斑点包围，Rs 基部弯折成钝角，r-m 直，超过 m-m，m-cu 位于 dm 室 1/4 处。A₂ 脉很长，端部向下弯折。平衡棒 0.6–0.9 mm，黄褐色，球端部褐色。腹部背板 1–5 黄褐色，有小的深褐色斑点，背板 6–9 褐色，有小的深褐色斑点。腹板 1–6 黄褐色，有小的深褐色斑点，腹板 7–9 褐色，有小的深褐色斑点，被粉，毛黄色。第 9 背板后缘微凸。外生殖刺突镰刀状。内生殖刺突中间膨大，端部突然弯曲呈细钩状。基节突较细，端部弯曲处膨大。雌虫体长 14.5–17.0 mm，翅长 11.5–13.0 mm。色型和特征与雄虫相似。

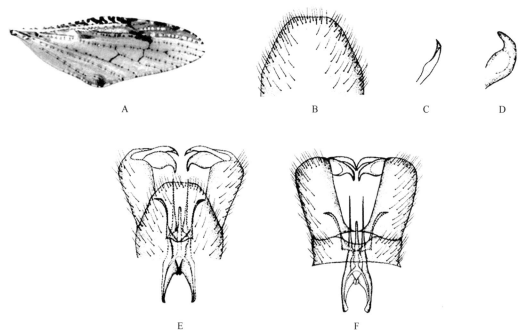

图 3-12　露毛康大蚊 *Conosia irrorata* (Wiedemann, 1828)

A. 翅；B. 第 9 背板，背视；C. 外生殖刺突，侧视；D. 内生殖刺突，侧视；E.♂端节，背视；F.♂端节，腹视

分布： 浙江（临安、普陀、庆元）、湖北、江西、湖南、福建、广东、广西、四川、贵州、云南；印度，

尼泊尔，泰国，斯里兰卡，菲律宾，马来西亚，印度尼西亚，以色列，科威特，澳大利亚，斐济，巴布亚新几内亚，埃及，利比里亚，马达加斯加，马拉维，莫桑比克，尼日利亚，南非，乌干达，津巴布韦。

15. 原大蚊属 *Eloeophila* Rondani, 1856

Eloeophila Rondani, 1856: 182. Type species: *Limnobia marmorata* Meigen, 1818 (original designation).
Ephelia Schiner, 1863: 222. Type species: *Limnobia marmorata* Meigen, 1818 (by designation of Brunetti 1912).

主要特征：体褐色。触角14节，黄色。翅宽，有点状、带状斑；bm 室有1条加横脉。第9背板缺刻两边各有1个近三角形叶突。

分布：古北区、东洋区、旧热带区。该属世界已知102种，中国已知6种，浙江分布1种。

（20）苏氏原大蚊 *Eloeophila suensoni* (Alexander, 1926)

Limnophila (*Eloeophila*) *suensoni* Alexander, 1926: 373.
Eloeophila suensoni: Savchenko *et al.*, 1992: 219.

特征：雄虫体长 6.0 mm，翅长 7.0 mm。头部黑褐色，被粉，毛褐色。喙褐色，具褐色毛。下颚须黑褐色，具褐色毛。胸部灰褐色，被粉，前胸背板黄褐色；前盾片黄褐色，盾片、小盾片及中背片褐色；侧板黄褐色，上前侧片褐色。胸部毛黄色。足黄色具黄色毛。翅灰色透明，整体具大量斑纹，Rs 基部、分叉处及 A$_2$ 端部有浅褐色斑纹，bm 室有 1 条加横脉，周围有褐色斑纹；R$_2$ 周围有大片深褐色斑纹。A$_2$ 脉很长。平衡棒黄褐色，球端部褐色。腹部深褐色。第 9 背板后缘具少量刚毛。外生殖刺突镰刀状，内生殖刺突中间膨大，端部突然弯曲呈细钩状。

分布：浙江（宁波）。

16. 艾大蚊属 *Epiphragma* Osten Sacken, 1860

Epiphragma Osten Sacken, 1860: 238. Type species: *Limnophila pavonina* Osten Sacken, 1860 (by designation of Coquillett 1910).

主要特征：体褐色，触角鞭节基部 2–3 节愈合，黄色，翅宽，有点状、带状和单眼状斑。C 室有 1 条加横脉，第 9 背板缺刻两边各有 1 个近三角形叶突。

分布：世界广布，已知 150 种，中国已知 21 种，浙江分布 1 种。

（21）弱艾大蚊 *Epiphragma* (*Epiphragma*) *evanescens* Alexander, 1940（图 3-13）

Epiphragma (*Epiphragma*) *evanescens* Alexander, 1940c: 130.

特征：雄虫体长 10 mm，翅长 9 mm。头部黄褐色，被粉。眼眶淡黄色。两眼之间有瘤突。毛黑色。触角长 1.5 mm。柄节和梗节黑褐色，鞭节 13 节，基部 2 节愈合，黄色，其余为褐色，鞭节圆柱形，向端部逐渐增长，触角毛轮长于各节。喙黄褐色，具黑色毛。胸部褐色，被粉。前胸背板具 1 条黑褐色条带。前盾片前半部分亮黄褐色，后半部分黄色，有 4 条黑褐色纵纹，达盾间缝，中间 2 条细长。盾片黄褐色。小盾片褐色。中背片黑褐色。侧板褐色，部分区域色浅。脉黑色。基节褐色，中部黄色；转节黄褐色；腿节黄色，近端部具黑褐色环；胫节黄色，有一距；跗节黄色。毛黑色。翅白色透明，有复杂斑纹，主要为单眼斑，无深色缘。翅基部褐色，前半部分具有 2 个大的单眼斑。一透明条带位于 Rs 中部，加横脉位于其中，沿着翅弦有一大的椭圆形斑，另外一较小的椭圆形斑位于 dm 室端部附近，并与一圆斑相连，每条纵脉端部均有褐色斑点，两褐色斑分别位于 Cu 室和 A_1 室中部和端部，A_2 室有 3 个小的褐色斑点。Rs 向下的短分支几乎不可见，R_{2+3+4} 长于 R_{2+3}，R_{2+3+4} 几乎直，约与 Rs 成一条直线，m-cu 弯曲，约位于 dm 室的 1/4 处。平衡棒长 1.3 mm，褐色，柄基部和球端部淡黄色。腹部背板黑褐色，中部具一黄褐色横线，后缘淡黄色。腹板 1–4 黄褐色，腹板 5–9 颜色逐渐加深。毛褐色。第 9 背板后缘中间有一"V"形缺刻，两侧叶突近三角形。外生殖刺突端部弯成细钩状。内生殖刺突相对较长，端部钝圆。基节突较短，基部近长方形，柄部与基部成钝角，楔形，中部交叉，阳茎很长，且弯曲。雌虫体长 8.2 mm，翅长 8.5 mm。色型与雄虫相似。尾须红褐色，下瓣黄褐色。

　　分布：浙江（临安、龙泉）、湖北。

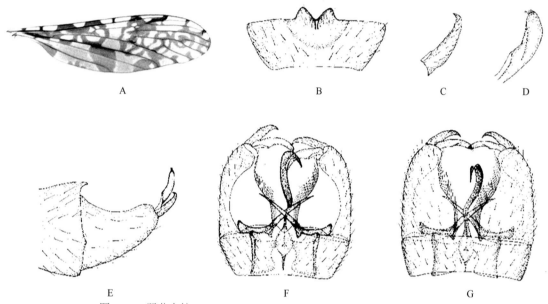

图 3-13　弱艾大蚊 *Epiphragma* (*Epiphragma*) *evanescens* Alexander, 1940

A. 翅；B. 第 9 背板，背视；C. 外生殖刺突，侧视；D. 内生殖刺突，侧视；E. ♂端节，侧视；F. ♂端节，背视；G. ♂端节，腹视

17. 锦大蚊属 *Hexatoma* Latreille, 1809

Hexatoma Latreille, 1809: 260. Type species: *Hexatoma nigra* Latreille, 1809 (monotypy).

Trimacromera Enderlein, 1936: 23. Type species: *Nematocera nubeculosa* Burmeister, 1829 (monotypy).

　　主要特征：体中到大型；触角 4–8 节，鞭节有时很长；一些种类体色黑色光亮，胸部背板具 3 个黑色隆凸；一些亚属 dm 室不存在，翅脉 M 仅一支达到翅缘；而一些亚属 dm 室存在，翅脉 M 有 2 支或 3 支伸达翅缘。

　　分布：世界广布，已知 590 种，中国已知 76 种，浙江分布 7 种。

分种检索表

1. 翅具 dm 室，不具 m_1 室（锦大蚊亚属 *Hexatoma*）⋯⋯⋯⋯⋯⋯⋯⋯⋯⋯⋯⋯⋯⋯⋯⋯⋯ 江西锦大蚊 *H.*(*H.*)*kiangsiana*

- 翅不具 dm 室（绒锦大蚊亚属 *Eriocera*）⋯⋯⋯⋯⋯⋯⋯⋯⋯⋯⋯⋯⋯⋯⋯⋯⋯⋯⋯⋯⋯⋯⋯⋯⋯⋯⋯⋯⋯⋯⋯ 2

2. 翅具 m_1 室 ⋯⋯⋯ 3

- 翅不具 m_1 室 ⋯⋯ 5

3. R_3 与 R_{2+3} 近长 ⋯⋯⋯⋯⋯⋯⋯⋯⋯⋯⋯⋯⋯⋯⋯⋯⋯⋯⋯⋯⋯⋯⋯⋯⋯⋯⋯⋯⋯ 莫干锦大蚊 *H.* (*E.*) *pieliana*

- R_3 远长于 R_{2+3} ⋯⋯⋯ 4

4. M_1 远长于 M_{1+2} ·· 后突锦大蚊 *H. (E.) posticata*

- M_1 与 M_{1+2} 近长 ··· 广州锦大蚊 *H. (E.) cantonensis*

5. 翅浅褐色，不具白斑 ·· 彼氏锦大蚊 *H. (E.) pieli*

- 翅深褐色，具白斑 ·· 6

6. 翅斑月牙状；m-cu 接近 dm 室中部 ·· 香港锦大蚊 *H. (E.) hilpa*

- 翅斑卵状；m-cu 接近 dm 室端部 ·· 大卫锦大蚊 *H. (E.) davidi*

（22）广州锦大蚊 *Hexatoma (Eriocera) cantonensis* Alexander, 1938（图 3-14）

Hexatoma (Eriocera) cantonensis Alexander, 1938: 124.

　　特征：雄虫体长 10–16 mm，翅长 10.5–16 mm，翅宽 3.5–4 mm。喙和须为白色。触角 8 节，呈黑色。鞭节各节圆柱形，各节长度逐渐减短，最后 2 节长度几乎相等。头黑色，具粗大的黑色刚毛；头顶瘤突不明显。胸部呈暗黑色；前盾片具 4 条黑色光亮条带，中部 2 条被一条较窄的绒黑色的线分开；中部的盾片叶光亮。侧片黑色。平衡棒和足一致呈黑色。翅微黑色，烟状透明，肘脉和臀角略灰色；前缘脉前面具 1 个黄色明亮区域，包括部分 r_1 室、R 脉和 M 脉，延伸到翅缘；脉黑色。翅脉除 C、M_3 和 M_4，其上都具大量的毛。脉序：R_{2+3+4} 短于 R_{2+3}；R_{1+2} 很长，为 R_{2+3+4} 的 1.5–2 倍；第 1 M_2 室内端呈弓形角；M_1 室很小，长度各异；m-cu 脉在第 1 M_2 室前面或者中部，M_1 与 M_{1+2} 近长。腹部一致呈黑色，不具环斑。雌虫体长 20–22 mm，翅长 15–17 mm，触角长 4 mm。触角 9 节，黑色。腹部一致呈黑色，生殖器橙色；尾须细长。

　　分布：浙江（临安）、江西、广东。

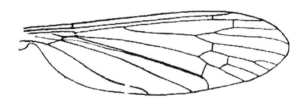

图 3-14　广州锦大蚊 *Hexatoma (Eriocera) cantonensis* Alexander, 1938（仿自 Alexander, 1938a）
翅

（23）大卫锦大蚊 *Hexatoma (Eriocera) davidi* (Alexander, 1923)（图 3-15）

Eriocera davidi Alexander, 1923: 295.

Hexatoma (Eriocera) davidi: Alexander *et* Alexander, 1973: 144.

　　特征：触角 8 节。翅具白色盘室，变窄；R、M 室同样变窄；白色区域两侧具小的灰白色斑块，m-cu 靠近 dm 室端部。爪具齿。中胸一致呈黑色，前盾片、盾片和小盾片具明显直立刚毛。

　　分布：浙江（临安）、江西、福建、广东、四川。

图 3-15　大卫锦大蚊 *Hexatoma (Eriocera) davidi* (Alexander, 1923)
翅

（24）香港锦大蚊 *Hexatoma (Eriocera) hilpa* **(Walker, 1848)**（图 3-16）

Eriocera hilpa Walker, 1848: 79.

Hexatoma (Eriocera) hilpa: Alexander *et* Alexander, 1973: 146.

特征：雄虫体长 7.0 mm，翅长 7.3 mm。触角长 2.0 mm。触角 8 节，呈黑色。鞭节各节圆柱形，各节长度逐渐减短，最后 2 节长度几乎相等。头黑色，具粗大的黑色刚毛；头顶瘤突不明显。胸部呈暗黑色；前盾片具 4 条黑色光亮条带，中部 2 条被一条较窄的绒黑色的线分开；中部的盾片叶光亮。侧片黑色。平衡棒和足一致呈黑色。腿棕色，具黑褐色刚毛。翅微黑色，烟状透明，肘脉和臀角略灰色；前缘脉前面具 1 个白色明亮区域，镰刀状，延伸到翅缘；脉黑色。翅脉上都具大量的毛。腹部前部具银白色光泽。外生殖刺突镰刀状。内生殖刺突中间膨大，端部突然弯曲呈细钩状。基节突较细，端部弯曲处膨大。

分布：浙江（临安）、安徽、广东、香港。

图 3-16　香港锦大蚊 *Hexatoma (Eriocera) hilpa* (Walker, 1848)
翅

（25）彼氏锦大蚊 *Hexatoma (Eriocera) pieli* **Alexander, 1937**（图 3-17）

Hexatoma (Eriocera) pieli Alexander, 1937: 81.

特征：雄虫体长 8.5 mm，翅长 8 mm，翅宽 4.8 mm。喙和须为黑色。触角 8 节，呈黑色。鞭节各节圆柱形，各节长度逐渐减短，最后 2 节长度几乎相等。头绒黑色，具粗大的黑色刚毛。胸部呈绒黑色；前盾片具 4 条黑色光亮条带，中部 2 条被一条较窄的绒黑色的线分开；中部的盾片叶光亮。侧片黑色。平衡棒和足一致呈黑色。翅微黑色，烟状透明，肘脉和臀角略灰色；前缘脉前面具 1 个黄色明亮区域；脉黑色。翅脉 r_4 具一长斜脉，连接 R_5 和 M_{1+2}。腹部一致呈黑色，不具环斑。

分布：浙江（舟山）。

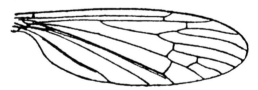

图 3-17　彼氏锦大蚊 *Hexatoma (Eriocera) pieli* Alexander, 1937（仿自 Alexander, 1937b）
翅

（26）莫干锦大蚊 *Hexatoma (Eriocera) pieliana* **Alexander, 1940**（图 3-18）

Hexatoma (Eriocera) pieliana Alexander, 1940b: 23.

特征：雄虫体长 21 mm，翅长 19 mm，触角长约 6 mm。头部灰褐色，喙和下颚须呈黑色；颊后缘被白色粉；头顶瘤突简单。触角 11 节，柄节和梗节呈黑色，梗节末端呈红棕色；鞭节 1–3 节呈黄色，其他节呈黑色。前胸盾片灰褐色。中胸盾片具 4 条带，内缘中部 2 条带光裸，后缘微增宽并呈绒黑色，两侧 2 条带一致呈绒棕色。前盾片肩部和两侧被白色的粉，前盾片被稀疏较短的毛。中胸后部盾片一致呈黑色，小盾片具明显的直立黑色毛。中背片很光滑。胸部侧片灰褐色。平衡棒灰褐色。各足基节呈褐色，前足转节呈灰褐色，其他转节呈褐色，足仅剩后足完好。腿节大部分呈灰褐色。胫节大部分呈灰褐色。翅大部分呈灰褐色，具棕色纵带。翅 C 和 Sc 室具较宽的棕带。深棕色的带从 R 脉延伸到 Cu 脉，再到 A 脉，R_3 与 R_{2+3} 近长。翅脉棕色。腹部呈橙黄色。生殖节和产卵器呈亮橙色，尾须细长。

　　分布：浙江（德清）。

图 3-18　莫干锦大蚊 *Hexatoma* (*Eriocera*) *pieliana* Alexander, 1940（仿自 Alexander, 1940b）
翅

（27）后突锦大蚊 *Hexatoma* (*Eriocera*) *posticata* Alexander, 1937（图 3-19）

Hexatoma (*Eriocera*) *posticata* Alexander, 1937: 85.

　　特征：雄虫体长 21 mm，翅长 19 mm，触角长约 6 mm。头部一致呈黑色，喙和下颚须呈黑色；颊后缘被白色粉；头顶瘤突简单。触角 11 节，柄节和梗节呈黑色，梗节末端呈红棕色；鞭节 1–3 节呈黄色，其他节呈黑色；鞭节最末端一节长度为前一节的 2 倍。前胸盾片呈沥青色。中胸盾片具 4 条带，内缘中部 2 条带光裸，后缘微增宽并呈绒黑色，两侧 2 条带一致呈绒棕色。前盾片肩部和两侧被白色的粉，前盾片被稀疏较短的毛。中胸后部盾片一致呈黑色，小盾片具明显的直立黑色毛。中背片很光滑。胸部侧片黑色。平衡棒黑色。各足基节呈黑色，前足转节呈红棕色，其他转节呈黑色，足仅剩后足完好。腿节大部分呈黄色，端部变窄并明显呈黑色。胫节大部分呈黄色，端部变窄并明显呈黑色。跗节被破坏。翅大部分呈亮黄色，具棕色纵带。翅 C 和 Sc 室具较宽的棕带。深棕色的带从 R 脉延伸到 Cu 脉，再到 A 脉。翅脉棕色。脉序：R_{2+3+4} 等长或略长于 R_{2+3}，M_1 远长于 M_{1+2}。腹部呈黑色，各节基部较亮，第 2 腹节基部较亮区域扩大。第 7 和第 8 节的光亮部分较明显。生殖节和产卵器呈亮橙色，尾须细长。

　　分布：浙江（临安）。

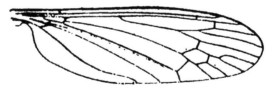

图 3-19　后突锦大蚊 *Hexatoma* (*Eriocera*) *posticata* Alexander, 1937（仿自 Alexander, 1937b）
翅

（28）江西锦大蚊 *Hexatoma* (*Hexatoma*) *kiangsiana* Alexander, 1937（图 3-20）

Hexatoma (*Hexatoma*) *kiangsiana* Alexander, 1937: 77.

　　特征：雄虫体长 7.0 mm，翅长 7.3 mm，触角长 2.0 mm。喙和下颚须呈黑色，下颚须后 4 节长且明显。触角 8 节，呈黑色，第 1 鞭节约为第 2 鞭节的 3 倍；第 3 鞭节为第 2 鞭节的 2 倍；第 4 节为第 3 节的 1.5 倍；最后 2 鞭节较短，2 节长度相等，长度约为第 2 鞭节长度的一半；头黑色，稀疏的被白色的粉。头顶瘤突微凹。胸部黑色，前盾片中央被粉，具 3 条光亮条纹，盾片和后背片被较重的白粉。侧片黑色，被灰色的粉。平衡棒黑色。足基节被较重的灰色粉被；转节黑色；腿节大部分呈黑色，仅基部一小节呈黄色；

足其他节黑色。翅淡黑色，具小的卵圆形深棕色斑点，翅脉黑棕色。翅面大部分具浓密微毛，仅 C 脉、R_{1+2}、R_2 和 Cu_1 端部不具毛。翅脉 Sc_1 终止于 Rs 分叉处，Sc_2 在其端部；Rs 与 R 等长；R_{1+2} 略长于 R_2 或 R_{2+3}，m-cu 靠近于 M 分叉处，翅具 dm 室，不具 m_1 室。腹部一致呈黑色。

　　分布：浙江（临安）、江西。

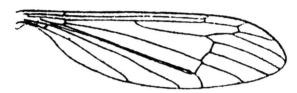

图 3-20　江西锦大蚊 *Hexatoma* (*Hexatoma*) *kiangsiana* Alexander, 1937（仿自 Alexander, 1937b）
翅

（四）沼大蚊亚科 Limoniinae

　　主要特征：体细长，小至中型，个别种类为大型。喙短，个别种类长，无鼻突。口器位于喙的末端。复眼明显分开，无单眼。触角通常 14–16 节，鞭节卵形、圆筒形或栉形。中胸背板发达；中胸盾片有"V"形盾间缝。足细长，胫节一般无端距。翅长，基部较窄；翅脉 Rs 有 2 支到达翅缘；M_1 和 M_2 一般合并，M 脉有 2 支达翅缘。腹部长，雄性端部一般明显膨大，生殖刺突通常分为内外两部分，雌性末端较尖。

　　分布：世界广布，已知 3900 种左右，中国记录 316 种，浙江分布 25 种。

分属检索表

1. CuA 室具明显纵向褶皱 ··· 褶大蚊属 *Dicranoptycha*
- CuA 室无明显纵向褶皱 ··· 2
2. 喙延长，超过头部剩余部分 ··· 3
- 喙短，未超过头部剩余部分 ·· 4
3. 喙一般为头部剩余部分长度的 2 倍 ·································· 光大蚊属 *Helius*
- 喙细长，至少为体长的一半，有时超过体长 ·················· 象大蚊属 *Elephantomyia*
4. R_2 脉终止于 C 脉 ··· 初光大蚊属 *Protohelius*
- R_2 脉终止于 R_1 脉或缺失 ··· 5
5. 触角 16 节 ··· 6
- 触角 14 节或更少 ··· 8
6. CuA_2 脉明显向下弯曲，末端与 A_1 脉融合 ················· 弯脉大蚊属 *Trentepohlia*
- CuA_2 脉未明显弯曲 ··· 7
7. dm 室闭合 ··· 安大蚊属 *Antocha*
- dm 室开放 ··· 笛大蚊属 *Elliptera*
8. 唇瓣延长，但喙短 ··· 长唇大蚊属 *Geranomyia*
- 唇瓣未延长 ··· 9
9. 触角鞭节栉形（雄虫）或桃形（雌虫）···················· 栉形大蚊属 *Rhipidia*
- 触角鞭节简单，一般为卵圆形或圆柱形 ······································ 10
10. R_1 脉纵向，长度至少为 R_2 脉的 2 倍 ··················· 沼大蚊属 *Limonia*
- R_1 脉或多或少横向，长度与 R_2 脉等长或略长 ······················· 11
11. 翅长超过 10.0 mm ··· 次沼大蚊属 *Metalimnobia*
- 翅长不超过 10.0 mm ··· 12
12. 下颚须 2 节；Sc_1 脉端部远超过 Rs 脉基部，甚至达 Rs 脉分叉处 ············ 短须大蚊属 *Achyrolimonia*

-　下颚须 4 节；Sc₁ 脉端部略超过 Rs 脉基部，至多达 Rs 脉中点处 ························· **细大蚊属 *Dicranomyia***

18. 短须大蚊属 *Achyrolimonia* Alexander, 1965

Achyrolimonia Alexander, 1965: 48 (as subgenus of *Limonia*). Type species: *Limnonia trigonia* Edwards, 1919 (original designation).

主要特征：体小或中型，很少有大型。触角鞭节通常 12 节，鞭节基部几节近球形，具短梗和短轮毛，端部几节加长，具很长的轮毛。喙短于头长。下颚须 2 节。R₂ 通常存在；R₄ 和 R₅ 融合至翅缘；Rs 只有 2 纵脉分支达翅缘（R₃ 和 R₄₊₅）；翅前缘一般具少量近圆形棕色大斑；M 两分支达翅缘。Sc₁ 脉端部远超过 Rs 脉基部，甚至达 Rs 脉分叉处。雄虫末端外生殖刺突外侧常具细微的粗糙点，喙刺 1 根或 2 根，一般着生于很长的喙突上，表面不着生附突。

分布：世界广布，已知 35 种，中国已知 4 种，浙江分布 2 种。

（29）雾短须大蚊 *Achyrolimonia neonebulosa* (Alexander, 1924)（图 3-21）

Limonia neonebulosa Alexander, 1924: 555.

Achyrolimonia neonebulosa: Savchenko *et al.*, 1992: 330.

特征：前盾片棕色，具 1 深棕色纵条纹，两侧具深棕色圆斑。侧板棕色，部分区域色浅。雄虫翅棕色，具棕黑色斑：前缘域具 5 处圆斑，分别位于 Rs 起始处和分叉处、Sc 分叉处、R₁ 端部以及覆盖 R₂；沿翅弦等横脉具棕黑色宽斑带。翅脉棕黑色。Sc₁ 端部约位于 Rs 的 3/4 处，Sc₂ 靠近 Sc₁ 端部，CuA₁ 基部超过 M 分叉处。生殖器棕黄色。生殖基节大，基部具大叶突，叶突端部具突，突上具 6 刺。外生殖刺突略弯曲。内生殖刺突大，具长喙突；喙突基部具长瘤突，瘤突端部具 1 喙刺。阳基侧突弯曲，顶端尖，2/3 位置处具小尖齿。

分布：浙江（具体县不详）、四川；俄罗斯，日本，伊朗，欧洲，北美洲。

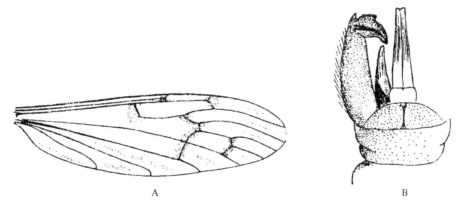

图 3-21　雾短须大蚊 *Achyrolimonia neonebulosa* (Alexander, 1924)（仿自 Alexander, 1913）
A. 翅；B. ♂端节，背视

（30）突短须大蚊 *Achyrolimonia protrusa* (Alexander, 1936)（图 3-22）

Limonia protrusa Alexander, 1936: 412.

Achyrolimonia protrusa: Savchenko *et al.*, 1992: 330.

特征：雄虫触角鞭节长0.6 mm。棕色。第1节圆柱形，每节较前一节变细，末节延长，长度约为倒数第2节的1.5倍。头部具棕色毛。前盾片棕黑色，两侧浅黄色。侧板深棕色，腹半部色浅。足腿节棕色，基部色浅；胫节和跗节深棕色。毛深棕色。翅透明，略带棕黄色，仅翅痣处具卵圆形斑。翅脉棕黄色。Sc₁端部约位于Rs的2/3处，Sc₂靠近Sc₁端部，CuA₁基部位于M分叉处。

分布：浙江（宁波）。

图 3-22　突短须大蚊 *Achyrolimonia protrusa* (Alexander, 1936)（仿自 Alexander, 1936a）
翅

19. 安大蚊属 *Antocha* Osten Sacken, 1860

Antocha Osten Sacken, 1860: 219. Type species: *Antocha saxicola* Osten Sacken, 1860 (by designation of Coquillett, 1910).

Taphrophila Rondani, 1856: 185. Type species: *Limnobia inusta* Rondani, 1856, not Meigen, 1818 (misidentified type species) (original designation).

主要特征：体小或中型，很少有大型。触角 14 鞭节。复眼光裸。喙短，长度小于头长。胫节距不存在。翅上无长毛。臀角突出，几乎为直角，CuA_2 室无明显褶皱。Sc_1 短或中等长度，Sc_2 超过 Rs 起点处；Rs 有 2 分支，与 R_1 不平行，R_2 存在或缺失，若存在与 r-m 相对，终止于 R_1 脉，R_{2+3} 与 R_3 之和与 Rs 等长或稍短；dm 室闭合，CuA_1 基部超过 M 分叉处。

分布：世界广布，已知 158 种，中国已知 31 种，浙江分布 4 种。

分种检索表

1. 翅 dm 室因 m 脉缺失而开放（安大蚊亚属 *Antocha*）·································· 连安大蚊 *A. (A.) confluenta*
- 翅 dm 室闭合 ··· 印度安大蚊 *A. (A.) indica*
2. 触角隐约双色，鞭节各节基部色浅，端部色深（缘安大蚊亚属 *Orimargula*）·········· 黄安大蚊 *A. (O.) flavella*
- 触角鞭节整体深棕色 ··· 棕纹安大蚊 *A. (O.) fuscolineata*

（31）连安大蚊 *Antocha (Antocha) confluenta* Alexander, 1926（图 3-23）

Antocha confluenta Alexander, 1926: 364.

特征：体长 5.0–5.5 mm，翅长 5.5–6.0 mm。整体棕灰色。触角深棕色。喙浅黄色。胸部侧板腹侧浅灰色。翅透明，具 1 暗斑。dm 室因 m 脉缺失而开放。

分布：浙江（宁波）。

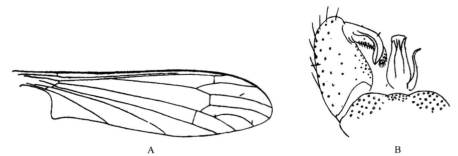

图 3-23　连安大蚊 *Antocha (Antocha) confluenta* Alexander, 1926（仿自 Alexander, 1926）
A. 翅；B. ♂端节，背视

（32）印度安大蚊 Antocha (Antocha) indica Brunetti, 1912（图 3-24）

Antocha indica Brunetti, 1912: 426.

　　特征：体长 4.0–5.0 mm。头部黄色。后头深灰色。复眼明显分离。触角黑色，具浓密浅色软毛，各节卵圆形。柄节黄色，梗节很短，黑色。喙和下颚须棕色，具刚毛。胸部黄色。背板 3 条深色条纹近乎相邻。盾片和后胸背板棕灰色，略具粉。侧板黄色。足黄色或棕黄色。翅无色透明，前缘域黄色，无翅痣。翅脉黄色，翅中域处翅脉具小毛。Sc_1 端部靠近 Rs 末端，CuA_1 基部未达 M 分叉处。腹部棕黄色。模式标本腹部两侧各具 1 条深色纵线。生殖器中等大小，黄色。

　　分布：浙江（临安）、四川；印度，马来西亚。

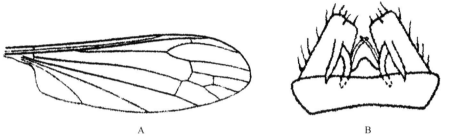

图 3-24　印度安大蚊 Antocha (Antocha) indica Brunetti, 1912（仿自 Joseph, 1976）
A.翅；B.♂端节，背视

（33）黄安大蚊 Antocha (Orimargula) flavella (Alexander, 1926)

Orimargula flavella flavella Alexander, 1926: 366.

　　特征：雌虫体长 3.5–3.7 mm，翅长 4.5 mm。整体浅黄色。头部浅银灰色。触角隐约双色，鞭节各节基部色浅，端部色深，末几节色深。喙浅黄色。翅半透明，翅脉色浅。

　　分布：浙江（宁波）。

（34）棕纹安大蚊 Antocha (Orimargula) fuscolineata (Alexander, 1926)（图 3-25）

Orimargula flavella fuscolineata Alexander, 1926: 366.

　　特征：雌虫体长 4.0 mm，翅长 4.8 mm。整体浅黄色。头部浅银灰色。触角鞭节深棕色。喙浅黄色。前盾片具 1 深棕色宽纵条纹。翅半透明，翅脉色浅。

　　分布：浙江（宁波）。

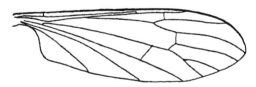

图 3-25　棕纹安大蚊 Antocha (Orimargula) fuscolineata (Alexander, 1926)（仿自 Alexander, 1926）
翅

20. 细大蚊属 Dicranomyia Stephens, 1829

Furcomyia Meigen, 1818: 133. Type species: Limnobia lutea Meigen, 1818 (monotypy).

Tedotea Santos Abreu, 1923: 143. Type species: Tedotea domestica Santos Abreu, 1923 (monotypy).

主要特征： 体小或中型，很少有大型。触角 12 鞭节，鞭节卵形或圆柱形。复眼光裸，两复眼背面边缘弧形，两者较大分开。喙短，长度小于头长。下颚须 4 节，胫节距不存在，跗节色深。Sc_1 短或中等长度，至多达 Rs 中点处，Sc_2 超过 Rs 起点处；Rs 有 2 分支，R_2 存在，R_1 末端横向弯折，几乎与 R_2 等长；A_1 室无加横脉。

分布： 世界广布，已知 1116 种，中国已知 76 种，浙江分布 6 种。

分种检索表

1. 翅狭长，Rs 极短（真突细大蚊亚属 *Euglochina*）··庄细大蚊 *D. (E.) dignitosa*
- 翅非上所述 ··2
2. Sc_1 长，约与 Rs 等长（黑细大蚊亚属 *Melanolimonia*）·······························平行细大蚊 *D. (M.) paramorio paramorio*
- Sc_1 非上所述 ··3
3. 生殖基节背侧具 1 瘤突，瘤突上具毛（突细大蚊亚属 *Glochina*）····················污翼细大蚊 *D. (G.) sordidipennis*
- 生殖基节背侧不具瘤突（细大蚊亚属 *Dicranomyia*）··4
4. CuA_1 基部位于 M 分叉处 ··齿细大蚊 *D. (D.) rectidens*
- CuA_1 基部未达 M 分叉处 ···5
5. 前盾片黄灰色，具 3 条黑色纵条纹 ··新细大蚊 *D. (D.) neopulchripennis*
- 前盾片亮黑色，无条纹 ··黑细大蚊 *D. (D.) pammelas*

（35）新细大蚊 *Dicranomyia (Dicranomyia) neopulchripennis* Alexander, 1940（图 3-26）

Limonia neopulchripennis Alexander, 1940b: 19.

特征： 前胸背板两侧色浅。前盾片具 3 条黑色纵条纹。翅白色透明，具棕黑色斑：前缘域具 5 个较大的斑，最后一个斑覆盖翅尖的大部分；M 和 CuA 之间被斑覆盖；各纵脉端部具大斑。Sc_1 端部位于 Rs 起始处，Sc_2 缺失，CuA_1 基部未达 M 分叉处。内生殖刺突较小，喙突中间位置处具瘤突，瘤突上具 1 根长喙刺。

分布： 浙江（临安）、江西。

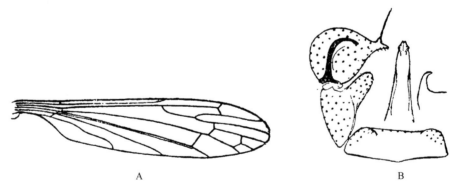

图 3-26　新细大蚊 *Dicranomyia (Dicranomyia) neopulchripennis* Alexander, 1940（仿自 Alexander, 1940b）

A. 翅；B. ♂端节，背视

（36）黑细大蚊 *Dicranomyia (Dicranomyia) pammelas* Alexander, 1925

Dicranomyia pammelas Alexander, 1925a: 433.

特征： 雄虫体长 7.0 mm，翅长 7.2 mm。头部黑色，散布白色粉。前头窄。触角柄节黑色；鞭节棕色，卵圆形，逐节加长、加黑。喙和下颚须黑色。前胸背板和中胸背板亮黑色，无条纹，后侧背片靠近头部的边缘具 1 排银色细绒毛。足基节亮黑色，顶端色浅；转节浅黄色；前足腿节黑色，基部 1/4 浅黄色，亚端部具 1 个浅黄色窄环；中足、后足腿节浅黄色，顶端加黑；胫节黄色，顶端明显色深；跗节棕色至黑色。翅白色，半透明，基部和前缘域明显浅黄色，端部大范围加黑；1 个深棕色斑覆盖 Sc 端部和 Rs 起始处；翅痣深棕色，卵圆形；Rs 分叉处具 1 个圆形斑，几乎与翅痣相接；翅弦和 dm 室外侧具明显条带；M 室、各纵脉端部以及沿 Cu 脉具明显的翅斑；臀角颜色或多或少加深。翅脉深棕色，斑覆盖处黄色。Sc_1 端部位于 Rs 起始处，Sc_1 长，约与 Rs 等长，Sc_2 靠近 Sc_1 端部，CuA_1 基部未达 M 分叉处。平衡棒黄色，球部顶端深棕色。腹部黑色。各节后缘色浅。生殖器黑色。

分布：浙江（临安）；日本。

（37）齿细大蚊 *Dicranomyia (Dicranomyia) rectidens* (Alexander, 1934)（图 3-27）

Limonia rectidens Alexander, 1934: 323.

Dicranomyia (Dicranomyia) rectidens: Savchenko *et al.*, 1992: 339.

特征：雄虫体长 4.0–4.2 mm，翅长 4.8–5.0 mm。头部深灰色。触角黑色。喙灰色。下颚须黑色。胸部灰色。前盾片黄灰色，具 3 条黑色纵条纹，中央条纹深棕色，两侧条纹不明显。盾片中间区域和小盾片砖红色。侧板深灰色。足基节深棕色；转节浅黄色；腿节棕黄色，端部明显加黑；胫节棕色；跗节棕色，端部深棕色。翅灰色，具稀疏的深棕灰色斑：C 室具 5 或 6 棕色斑。翅脉棕色。Sc_1 端部未达 Rs 起始处，Sc_2 靠近 Sc_1 端部，CuA_1 基部位于 M 分叉处。平衡棒色浅，球部色深。腹部棕黑色。生殖器棕黑色。第 9 背板后缘中部具 1 明显 "V" 形凹；两侧突厚，具大量刚毛。生殖突基节具 1 明显的叶突。外生殖刺突弯曲，顶端尖。内生殖刺突小；喙突细小，具 2 根小、直的喙刺。阳基侧突顶部短，加黑，顶端尖。雌虫体长 5.0–5.5 mm，翅长 5.5–6.0 mm。与雄虫相似。

分布：浙江（临安）、江西、四川；斯里兰卡。

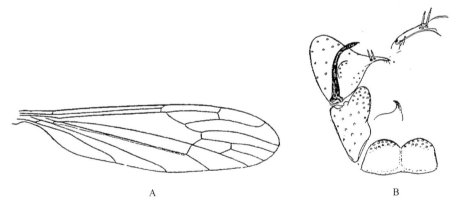

图 3-27 齿细大蚊 *Dicranomyia (Dicranomyia) rectidens* (Alexander, 1934)（仿自 Alexander, 1934a）
A.翅；B.♂端节，背视

（38）庄细大蚊 *Dicranomyia (Euglochina) dignitosa* (Alexander, 1931)（图 3-28）

Limonia dignitosa Alexander, 1931: 351.

Dicranomyia (Euglochina) dignitosa: Savchenko *et al.*, 1992: 343.

特征：雄虫体长 7.5–8.0 mm，翅长 4.8–5.0 mm。头部黑色。触角黑色，相对较长。鞭节长卵圆形，顶端具深色光裸的颈；各节具 1 根非常长的轮毛。喙和下颚须棕色。胸部深棕色。足基节和转节棕红色；腿节和胫节黑色；跗节全部雪白色。翅棕色，基部近透明。翅狭长，Rs 极短。翅痣卵圆形，深棕色。翅脉棕黑色。Sc_1 端部未达 Rs 起始处，两者间距约为 Rs 的 2 倍，Sc_2 长度不定，CuA_1 基部超过 M 分叉处。平衡棒长，砖红色，球部深棕色。腹部棕黑色。腹板基部色浅。雌虫体长 7.0–7.5 mm，翅长 7.0–8.0 mm。与雄虫相似。

分布：浙江（临安）、江西、四川。

图 3-28　庄细大蚊 *Dicranomyia* (*Euglochina*) *dignitosa* (Alexander, 1931)（仿自 Alexander, 1931）
翅

（39）污翼细大蚊 *Dicranomyia* (*Glochina*) *sordidipennis* (Alexander, 1940)（图 3-29）

Limonia sordidipennis Alexander, 1940a: 111.

Dicranomyia (*Glochina*) *sordidipennis*: Savchenko *et al.*, 1992: 345.

　　特征：雄虫体长 6.0 mm，翅长 7.0 mm。头部深灰色。前头窄，具 1 条中隆线。触角柄节棕色；梗节和鞭节黑色。鞭节从短卵圆形逐节加长，最后一节很长，约为倒数第 2 节的 1.5 倍。喙和下颚须黑色。胸部前盾片灰色，具 3 条黑色纵条纹，中间条纹前半部略收缩。背板后部棕黑色，被白色粉。侧板棕色，被白色粉。足基节黑色，散被白色粉；转节黄色；腿节浅棕黄色，靠近端部色深；胫节和跗节棕色。翅窄，棕色，卵形翅痣深棕色，Rs 分叉处、M 分叉处及弓脉处具模糊的斑。翅脉棕色，斑覆盖处颜色加深。Sc_1端部位于 Rs 起始处前一点，Sc_2 靠近 Sc_1 端部，CuA_1 基部位于 M 分叉处。平衡棒相对较长，棒部黄色，球部色深。腹部深棕色。基部几节腹板浅黄色。第 9 背板横向，后缘直或中部略凹；刚毛弱，沿后缘分布。生殖突基节具 1 个简单的叶突，叶突上具 5 根或 6 根长刚毛，对侧具 1 簇（约 8 根）刚毛，此外未见明显体刺。外生殖刺突顶端细长，尖。内生殖刺突中等大小；喙突上面分离的 2 个小瘤突上各具 1 根喙刺。阳基侧突顶部加黑，弯向侧面或甚至略微向下弯曲，边缘具 1 个或 2 个小齿。

　　分布：浙江（临安）；俄罗斯。

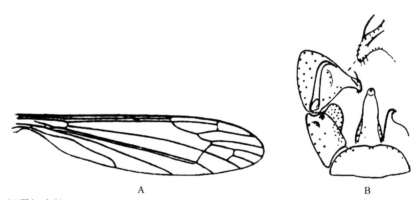

图 3-29　污翼细大蚊 *Dicranomyia* (*Glochina*) *sordidipennis* (Alexander, 1940)（仿自 Alexander, 1940a）
A.翅；B.♂端节，背视

（40）平行细大蚊 *Dicranomyia* (*Melanolimonia*) *paramorio paramorio* Alexander, 1926（图 3-30）

Dicranomyia paramorio Alexander, 1926: 363.

Dicranomyia (*Melanolimonia*) *paramorio paramorio*: Savchenko *et al.*, 1992: 349.

　　特征：雄虫体长 4.0 mm，翅长 5.8 mm。雌虫体长 6.2 mm，翅长 7.0 mm。触角整体黑色。胸部侧板具大量白粉。雄性外生殖器外生殖刺突棒状，端部尖；内生殖刺突喙突具 1 浅色长刺。

　　分布：浙江（宁波）、台湾；俄罗斯。

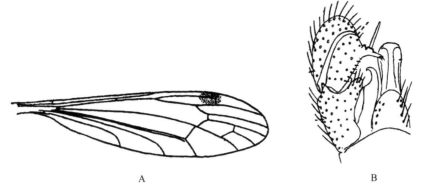

图 3-30　平行细大蚊 *Dicranomyia* (*Melanolimonia*) *paramorio paramorio* Alexander, 1926（仿自 Alexander, 1926）

A.翅；B.♂端节，背视

21. 褶大蚊属 *Dicranoptycha* Osten Sacken, 1860

Marginomyia Meigen, 1818: 147. Type species: *Limnobia cinerascens* Meigen, 1818 (monotypy).

Dicranoptycha Osten Sacken, 1860: 217. Type species: *Dicranoptycha germana* Osten Sacken, 1860 (by designation of Coquillett, 1910).

Ulugbekia Savchenko, 1970: 564. Type species: *Dicranoptycha mirabilis* Savchenko, 1970.

主要特征：体小或中型，很少有大型。触角 14 鞭节。复眼光裸。喙短，长度小于头长。胫节距不存在。翅上无长毛。臀角不明显，CuA 室具明显纵向褶皱。Sc_1 短或中等长度，Sc_2 超过 Rs 起点处；Rs 有 2 分支，R_2 存在且终止于 R_1 脉，R_{2+3} 与 R_3 之和是 Rs 长度的 3–5 倍；dm 室存在或缺失，CuA_1 基部超过 M 分叉处。

分布：世界广布，已知 87 种，中国已知 8 种，浙江分布 1 种。

（41）亮褶大蚊 *Dicranoptycha phallosomica* Alexander, 1937（图 3-31）

Dicranoptycha phallosomica Alexander, 1937: 71.

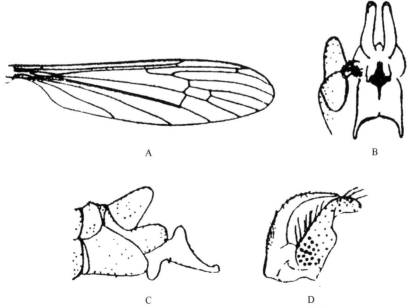

图 3-31　亮褶大蚊 *Dicranoptycha phallosomica* Alexander, 1937（仿自 Alexander, 1937b）

A.翅；B.♂末端，背视；C.♂末端，侧视；D. 生殖刺突，背视

特征：前盾片具 3 条近融合的棕色宽纵条纹。侧板具 1 条明显的棕黑色纵条纹，该条纹从颈部延伸到中背片。翅透明，略带浅棕黄色。Sc_1 端部靠近 r-m，CuA_1 基部超过 M 分叉处，约位于 dm 室 1/5 位置处。

分布：浙江（临安）、江西。

22. 象大蚊属 *Elephantomyia* Osten Sacken, 1860

Elephantomyia Osten Sacken, 1860: 220. Type species: *Limnobiorhynchus canadensis* Westwood, 1835 (by designation of Osten Sacken, 1860) [= *Elephantomyia westwoodi* Osten Sacken, 1869].

主要特征：体中型。触角鞭节 12 节。复眼光裸。喙延长，至少为体长的一半，有时超过体长。R_{1+2} 存在；R_2 通常存在；R_4 和 R_5 融合至翅缘；Rs 只有 2 纵脉分支达翅缘（R_3 和 R_{4+5}）；M 两分支达翅缘。

分布：世界广布，已知 132 种，中国已知 10 种，浙江分布 1 种。

（42）天目山象大蚊 *Elephantomyia* (*Elephantomyodes*) *tianmushana* Zhang, Li *et* Yang, 2015（图 3-32）

Elephantomyia (*Elephantomyodes*) *tianmushana* Zhang, Li *et* Yang, 2015: 560.

特征：喙长略超过体长的一半。前盾片黄色至棕黄色。侧板黄色。跗节第 1 节端半部雪白色。翅痣处色深；CuA_1 基部超过 M 分叉处，最远至 dm 室 1/4 处，A_2 室较狭短。腹部背板黄色，后部黑色。

分布：浙江（临安）。

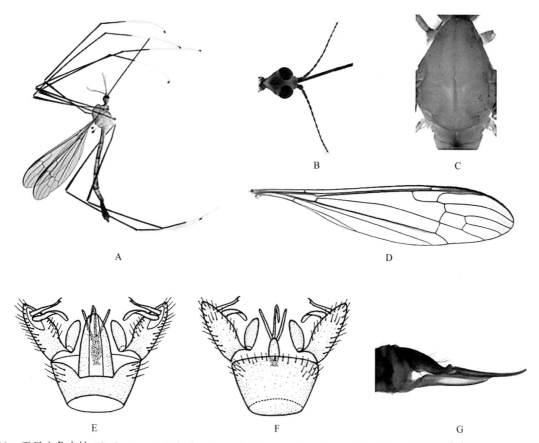

图 3-32　天目山象大蚊 *Elephantomyia* (*Elephantomyodes*) *tianmushana* Zhang, Li *et* Yang, 2015（仿自 Zhang *et al*., 2015）
A. ♂整体，侧视；B. ♂头部，背视；C. 胸部，背视；D. 翅；E. ♂末端，背视；F. ♂末端，腹视；G. ♀外生殖器，侧视

23. 笛大蚊属 *Elliptera* Schiner, 1863

Elliptera Schiner, 1863: 222. Type species: *Elliptera omissa* Schiner, 1863 (original designation).

Ellipoptera Bergroth, 1913: 576. Unjustified emendation of *Elliptera*.

主要特征：体小或中型，很少有大型。触角 14 鞭节。复眼光裸。喙短，长度小于头长。胫节距不存在。Sc_1 短或中等长度，Sc_2 超过 Rs 起点处；Rs 有 2 分支，与 R_1 平行且靠近，R_2 缺失；dm 室开放。

分布：古北区、东洋区和新北区。世界已知 11 种，中国已知 2 种，浙江分布 1 种。

（43）杰氏笛大蚊 *Elliptera jacoti* Alexander, 1925（图 3-33）

Elliptera jacoti Alexander, 1925b: 388.

特征：雄虫体长 7.0 mm，翅长 9.5 mm。头部黑色，被灰色粉，头前部尤为明显。触角棕黑色。喙和下颚须深棕黑色。前胸背板和中胸背板亮黑色，散布白色粉。前盾片两侧更加明显。小盾片两侧后方略带红色。侧板黑色，被白色粉。足基节黄色，基部色深，前足色深区域较大；转节棕黄色。翅棕色，翅痣区域颜色不加深。翅脉浅棕色。Sc_1 端部位于 Rs 中部，M_3 基部缺失导致 dm 室开放，CuA_1 基部未达 M 分叉处。平衡棒深棕色，基部黄色。腹部背板棕黑色，被白色粉。腹板中部色浅。雌虫体长 6.0 mm，翅长 8.0 mm。与雄虫相似。

分布：浙江（临安）、山东；俄罗斯，朝鲜。

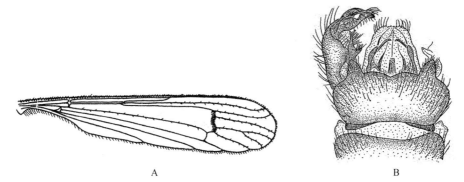

A   B

图 3-33　杰氏笛大蚊 *Elliptera jacoti* Alexander, 1925（仿自 Savchenko and Krivolutskaya, 1976）
A. 翅；B. ♂端节，背视

24. 长唇大蚊属 *Geranomyia* Haliday, 1833

Geranomyia Haliday, 1833: 154. Type species: *Geranomyia unicolor* Haliday, 1833 (monotypy).

Parageranomyia Santos Abreu, 1923: 100. Type species: *Parageranomyia palmensis* Santos Abreu, 1923 (monotypy).

主要特征：体小或中型，很少有大型。触角不超过 14 节。唇瓣明显延长。喙短，未超过头部剩余部分。Cu 室无明显纵向褶皱。

分布：世界广布，已知 341 种，中国已知 26 种，浙江分布 2 种。

（44）休氏长唇大蚊 *Geranomyia suensoniana* Alexander, 1929（图 3-34）

Limonia suensoniana Alexander, 1929: 330.

Geranomyia suensoniana: Savchenko *et al.*, 1992: 354.

特征：前盾片黄色，具 3 条棕色纵条纹。侧板浅黄色，有 1 条棕色纵条纹从颈部延伸到中背片。翅前缘域具 6 个分离的斑，第 6 个翅斑覆盖大部分翅尖，在 R₃ 室内具 1 圆形透明区域；部分斑沿翅弦断断续续分布，另有部分沿 M_3 基部和 m-m 分布。Sc_1 端部位于 Rs 分叉处前一点，CuA_1 基部远未达 M 分叉处，距离接近其自身长度。内生殖刺突肥大；喙突小，中部具 1 小瘤突，瘤突上具 2 根较短喙刺，内侧喙刺略短。

分布：浙江（宁波）。

图 3-34　休氏长唇大蚊 *Geranomyia suensoniana* Alexander, 1929（仿自 Zhang *et al.*, 2016）

翅

（45）细刺长唇大蚊 *Geranomyia tenuispinosa* (Alexander, 1929)（图 3-35）

Limonia tenuispinosa Alexander, 1929: 329.

Geranomyia tenuispinosa: Savchenko *et al.*, 1992: 355.

特征：前盾片棕黄色，具 3 条棕色纵条纹。侧板棕黄色，有一条明显的棕色纵条纹从颈部延伸到中背片。翅前缘域具 6 个明显的斑，部分斑沿翅弦、M_3 基部和 m-m 分布。Sc_1 端部靠近 Rs 的 2/3 处，CuA_1 基部远未达 M 分叉处。内生殖刺突肥大；喙突细长，基部具 1 细长喙刺，近基部具细长的瘤突，瘤突上具 1 根细长喙刺。

分布：浙江（宁波）、江西、福建、广东。

图 3-35　细刺长唇大蚊 *Geranomyia tenuispinosa* (Alexander, 1929)（仿自 Zhang *et al.*, 2016）

翅

25. 光大蚊属 *Helius* Lepeletier *et* Serville, 1828

Megarhina Lepeletier *et* Serville, 1828: 585. Type species: *Limnobia longirostris* Meigen, 1818 (monotypy).

Helius Lepeletier *et* Serville, 1828: 655 (unjustified new name for *Megarhina* Lepeletier *et* Serville, 1828). Type species: *Limnobia longirostris* Meigen, 1818 (autom.).

Leptorhina Stephens, 1829: 243. Type species: *Limnobia longirostris* Meigen, 1818 (monotypy).

Rhamphidia Meigen, 1830: 281. Type species: *Limnobia longirostris* Meigen, 1818 (by designation of Westwood, 1840).

主要特征：体小或中型，很少有大型。触角 14 鞭节。复眼光裸。喙长于头长，一般约为头长的 2 倍。胫节距不存在。Sc_1 短或中等长度，Sc_2 超过 Rs 起点处；Rs 有 2 分支，R_2 缺失。

分布：世界广布，已知 231 种，中国已知 23 种，浙江分布 2 种。

（46）日本光大蚊 *Helius* (*Helius*) *nipponensis* (Alexander, 1913)

Rhamphidia nipponensis Alexander, 1913: 207.

Helius (*Helius*) *nipponensis*: Savchenko *et al.*, 1992: 321.

　　特征：喙长明显小于头部剩余部分。前盾片浅棕色，具 3 条深棕色宽纵条纹。R_1 端部突然弯曲，末端与前缘脉近垂直，Rs 分叉处超过 r-m，Sc_1 端部未达 Rs 分叉处，CuA_1 基部略超过 M 分叉处。

　　分布：浙江（杭州）；日本。

（47）天目光大蚊 *Helius* (*Helius*) *tienmuanus* Alexander, 1940（图 3-36）

Helius (*Helius*) *tienmuanus* Alexander, 1940c: 129.

　　特征：头部暗黑色。前头很窄。触角黑色。喙中等长度，几乎等于剩余头长，黑色。下颚须黑色。前胸背板深棕色，中胸背板深棕色。前盾片无条纹。小盾片两侧黄色，被白色粉。侧板深棕色。足基节和转节棕黑色；腿节棕色；胫节浅棕色，靠近端部色浅；跗节白色或黄白色。翅浅棕色，C 室、Sc 室及翅痣处深棕色。翅脉棕色。Sc_1 端部未达 Rs 分叉处，Sc_2 靠近 Sc_1 端部，CuA_1 基部超过 M 分叉处。平衡棒棕黑色。腹部背板棕黑色。腹板色略浅，腹部毛棕黑色。生殖突基节圆锥形。外生殖刺突短，端部具 2 个明显不等的齿，靠近基部的齿非常小。内生殖刺突很长，明显长于外生殖刺突，顶端 1/3 变细。生殖突色浅，呈扁平片状，顶端伸出细长尖；基部外缘具 1 个小的淡色叶或突起。阳茎螺旋状盘旋。

　　分布：浙江（临安）。

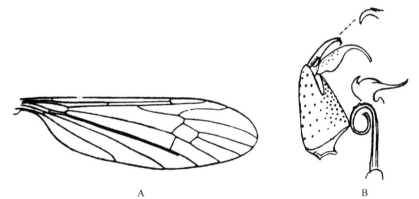

　　图 3-36　天目光大蚊 *Helius* (*Helius*) *tienmuanus* Alexander, 1940（仿自 Alexander, 1940c）
A. 翅；B. ♂端节，背视

26. 沼大蚊属 *Limonia* Meigen, 1803

Limonia Meigen, 1803: 262. Type species: *Tipula tripunctata* Fabricius, 1782 (by designation of Westwood, 1840) [=*Tipula phragmitidis* Schrank, 1781].

Limnomyza Rondani, 1856: 185. Type species: *Tipula tripunctata* Fabricius, 1781 (original designation).

　　主要特征：体小或中型，很少有大型。触角 12 鞭节，鞭节卵形或圆柱形。复眼光裸。喙短，长度小于头长。胫节距不存在。Sc_1 短或中等长度，Sc_2 超过 Rs 起点处；Rs 有 2 分支，R_2 存在，R_1 脉纵向，长度至少为 R_2 脉的 2 倍；A_1 室无加横脉。雄虫内生殖刺突背侧无额外的长突。

分布：世界广布，已知 218 种，中国已知 24 种，浙江分布 1 种。

（48）黑沼大蚊 *Limonia atrisoma* Alexander, 1940

Limonia atrisoma Alexander, 1940b: 17.

　　特征：雄虫体长12.0 mm，翅长11.0 mm。头部黑色，被灰白色粉。毛黑色。触角长1.8 mm。柄节黑色，梗节棕黄色，鞭节黑色。鞭节各节细长，柱状。喙和下颚须黑色，均具黑色毛。胸部黑色，被灰白色粉。前胸背板和前盾片黑色。盾片黑色，中间区域棕黄色。小盾片和中背片黑色。侧板黑色。毛白色。基节和转节棕黄色；腿节棕黄色，基部色浅，端部棕黑色；胫节和跗节棕黑色。毛棕黑色。翅透明，带棕黑色，翅痣处深棕黑色。翅脉黑色。Sc_1端部接近Rs中部，Sc_2靠近Sc_1端部，CuA_1基部未达M分叉处。平衡棒长约1.2 mm，浅黄色，球部颜色加深。腹部棕黑色至黑色。背板黑色。腹板棕黑色。毛白色。第10背板黑色。尾须和下瓣橘黄色，基部色深。尾须端部明显超出下瓣，超出部分约占自身长度的一半。

　　分布：浙江（临安）。

27. 次沼大蚊属 *Metalimnobia* Matsumura, 1911

Metalimnobia Matsumura, 1911: 63. Type species: *Metalimnobia vittata* Matsumura, 1911 (original designation) [= *Tipula bifasciata* Schrank, 1781].

　　主要特征：体中或大型，翅长超过 10.0 mm。触角 12 鞭节，鞭节卵形或圆柱形。复眼光裸。喙短，长度小于头长。下颚须 4 节。胫节距不存在，跗节色深。Sc_1 中等长度，达 Rs 分叉处，Sc_2 超过 Rs 起点处；Rs 有 2 分支，R_2 存在，R_1 末端横向弯折，几乎与 R_2 等长；A_1 室无加横脉。内生殖刺突分为 3 个叶突。

　　分布：世界广布，已知 56 种，中国已知 9 种，浙江分布 1 种。

（49）黄翼次沼大蚊 *Metalimnobia* (*Metalimnobia*) *xanthopteroides xanthopteroides* (Riedel, 1917)

Limnobia xanthopteroides Riedel, 1917: 110.

Metalimnobia (*Metalimnobia*) *xanthopteroides xanthopteroides*: Alexander *et* Alexander, 1973: 111.

　　特征：前盾片具 4 黑色纵条纹：中间 2 条纹细长，两侧条纹短粗。腿节深棕色，近端部具黄色环。翅黄色透明，具深棕色斑点。腹部棕色。外生殖刺突细长，微弯曲，逐渐变细。内生殖刺突分 3 叶。阳基侧突较细，外缘稍弯曲。

　　分布：浙江（临安）、台湾、四川。

28. 初光大蚊属 *Protohelius* Alexander, 1928

Protohelius Alexander, 1928: 466. Type species: *Protohelius issikii* Alexander, 1928 (original designation).

　　主要特征：体小或中型，很少有大型。触角 14 鞭节。复眼光裸。喙短，长度小于头长。胫节距不存在。Sc_1 短或中等长度，Sc_2 超过 Rs 起点处；Rs 有 2 分支，R_2 存在，终止于 C 脉。

　　分布：古北区、东洋区和新热带区。世界已知 7 种，中国已知 3 种，浙江分布 1 种。

（50）黑初光大蚊 *Protohelius nigricolor* Alexander, 1940（图 3-37）

Protohelius nigricolor Alexander, 1940a: 113.

　　特征：雄虫体长 7.0 mm，翅长 7.5 mm。头部棕灰色，头后部深棕色。前头相对较窄，略大于触角柄节直径。复眼相对较大，小眼纤弱。触角长 2.5 mm，15 节，黑色。鞭节加长，长度超过轮毛。喙黑色，散被白色粉。胸部黑色，表面略带光泽或稍被灰色粉。足基节黑色，散被白色粉；转节黄色；前足腿节黑色，仅基部色亮，中足、后足腿节黄色，顶端加黑；胫节黄色，顶端加黑，前足色较深；跗节棕色至黑色。翅色暗，前弓脉区域黄色；翅痣短卵圆形，深棕色，明显。翅脉深棕色，前弓脉区域内色亮。Sc_1 端部明显超过 Rs 分叉处，Sc_2 距 R_{1+2} 比距 Sc_1 近，CuA_1 基部位于或超过 M 分叉处。平衡棒棒部白色，略带深色，球部深棕色。腹部黑色。生殖基节色略浅。雌虫体长 8.5–9.0 mm，翅长 8.0 mm。与雄虫相似。生殖器橙色。尾须基部黄色，顶端色深。

　　分布：浙江（临安）。

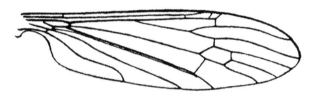

图 3-37　黑初光大蚊 *Protohelius nigricolor* Alexander, 1940（仿自 Alexander, 1940a）
翅

29. 栉形大蚊属 *Rhipidia* Meigen, 1818

Rhipidia Meigen, 1818: 153. Type species: *Rhipidia maculata* Meigen, 1818 (monotypy).
Conorhipidia Alexander, 1914: 117. Type species: *Rhipidia conica* Alexander, 1914 (original designation).

　　主要特征：体小或中型，很少有大型。触角鞭节通常 12 节，但有时较少；雄虫触角鞭节或多或少加长，双栉形、单栉形或似栉形；雌虫触角鞭节不发达，桃形。喙短于头长。R_2 通常存在；R_4 和 R_5 融合至翅缘；Rs 只有 2 纵脉分支达翅缘（R_3 和 R_{4+5}）；M_2 分支达翅缘。雄虫生殖刺突一般末端有 2 根或更多喙刺。

　　分布：世界广布，已知 220 余种，中国已知 21 种，浙江分布 1 种。

（51）长突栉形大蚊 *Rhipidia* (*Rhipidia*) *longa* Zhang, Li *et* Yang, 2014（图 3-38）

Rhipidia (*Rhipidia*) *longa* Zhang, Li *et* Yang, 2014: 218.

　　特征：头部棕色，被灰白色粉。毛棕色。触角长约 1.6 mm。柄节和梗节棕黄色，第 1–9 鞭节浅黄色，各节基部和栉枝棕黄色，其余各鞭节棕黄色。第 1 鞭节短而肥大；第 2–9 鞭节各有 2 个栉枝，最长的栉枝位于第 5 鞭节，约为对应鞭节长度的 1.5 倍；第 10 和第 11 鞭节加大；最后一节鞭节加长，超过倒数第 2 鞭节。喙和下颚须棕色，均具棕色毛。胸部棕色，被灰白色粉。前胸背板棕色。前盾片棕色至棕黄色。盾片、小盾片和中背片棕黄色。侧板棕黄色，有一条明显的棕色纵条纹从颈部延伸到腹部基部。毛白色。基节棕色；转节浅黄色；腿节黄色，端部棕黄色；胫节棕黄色，端部颜色加深；跗节棕黄色。毛棕色。翅灰白色，所有翅室均分布有浅灰色斑，翅前端具 5 个或 6 个颜色较深较大的斑，这些斑一般位于 Sc 室基部、Sc 室中部、Rs 起始处、Sc 分叉处、Rs 分叉处、R_1 端部。翅脉浅黄色，斑覆盖处颜色加深。Sc_1 端部约位于 Rs 中间处，Sc_2 靠近 Sc_1 端部，CuA_1 基部未达 M 分叉处。平衡棒长 0.7 mm，白色，球部颜色略微加深。腹部棕色至棕黄色。毛白色。第 9 背板后缘中间凹陷。生殖突基节有一简单的叶突。外生殖刺突在长度的 2/3 处弯曲，顶端突然变细，呈刺状。内生殖刺突中等大小；喙突长，近顶端 1/3 位置具 4 根长喙刺。阳基侧突顶部加黑，顶端尖。

分布：浙江（泰顺）、陕西、福建、台湾、重庆、四川、云南。

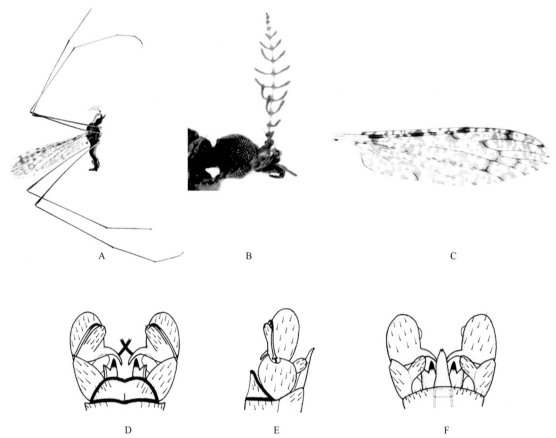

A　　　　　　　　　　　　　B　　　　　　　　　　　　　C

D　　　　　　　　　　　　　E　　　　　　　　　　　　　F

图 3-38　长突栉形大蚊 *Rhipidia* (*Rhipidia*) *longa* Zhang, Li *et* Yang, 2014（仿自 Zhang *et al*., 2014）
A.♂整体，侧视；B.♂头部，侧视；C. 翅；D.♂末端，背视；E.♂末端，侧视；F.♂末端，腹视

30. 弯脉大蚊属 *Trentepohlia* Bigot, 1854

Trentepohlia Bigot, 1854: 456, 473. Type species: *Limnobia limnobioides* Bigot, 1854 (original designation) [= *Limnobia trentepohlii* Wiedemann, 1828].

Mongomioides Brunetti, 1911: 296. Type species: *Limnobia trentepohlii* Wiedemann, 1828 (original designation).

主要特征：体小型。复眼光裸。胫节距不存在。Sc_1 短或中等长度，Sc_2 超过 Rs 起点处；Rs 有 2 分支，分为 R_{2+3} 与 R_{4+5}；M_1 和 M_2 融合，M 有 2 支达翅缘；CuA_1 基部位于翅中部或基部，CuA_2 向下弯折，末端与 A_1 融合。

分布：世界广布，已知 298 种，中国已知 15 种，浙江分布 2 种。

（52）翼弯脉大蚊 *Trentepohlia* (*Mongoma*) *pennipes* (Osten Sacken, 1888)

Mongoma pennipes Osten Sacken, 1888: 204.

Trentepohlia (*Mongoma*) *pennipes*: Alexander *et* Alexander, 1973: 220.

特征：雄虫体长 7.0 mm。雌虫体长 7.5 mm，翅长 7.1 mm。头部浅灰色。喙黄色。下颚须灰棕色。翅透明，翅痣处浅棕色。Sc_1 端部远超过 Rs 分叉处，CuA_1 基部未达 M 分叉处，CuA_1 强烈下弯，其顶点位于 A_1 顶点之前。翅脉棕黑色。

分布：浙江（具体县不详）、台湾、海南；印度，斯里兰卡，菲律宾，马来西亚，印度尼西亚，巴布亚新几内亚，莫桑比克，塞舌尔。

（53）双束弯脉大蚊 Trentepohlia (Trentepohlia) bifascigera Alexander, 1940（图 3-39）

Trentepohlia bifascigera Alexander, 1940a: 114.

特征：雌虫体长 7.0 mm，翅长 5.3 mm。头部深灰色。前头窄。触角柄节和梗节黑色；鞭节浅棕色，端部几节深棕色。鞭节相对较长，长卵圆形至长柱形。喙和下颚须黑色。胸部黑色，表面略带光泽。足基节棕黑色，后足基节顶端色亮；其余浅黄色，仅跗节末 2 节浅棕色。翅白色，半透明，前弓脉区域和前缘域偏黄；具 2 个明显的棕色条带；翅基部（包括 Cu 室和 A 室）色深，并通过沿 Cu 脉的条带与中部深色区域相连。翅脉浅黄色，有翅斑处翅脉色深，亚端部条带处色很浅甚至几乎不明显。Sc_1 端部明显超过 Rs 分叉处，M_3 基部缺失导致 dm 室开放，CuA_1 基部位于 M 分叉处，CuA_1 强烈下弯，其顶点与 A_1 顶点重合。平衡棒色深，棒部基部黄色。腹部黑色。产卵器下瓣强烈黄色。

分布：浙江（临安）。

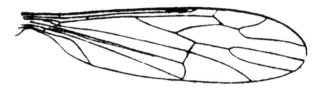

图 3-39 双束弯脉大蚊 Trentepohlia (Trentepohlia) bifascigera Alexander, 1940（仿自 Alexander, 1940a）

翅

五、窗大蚊科 Pediciidae

主要特征：体中型至大型；复眼中单眼间一般具毛；后基节骨片小，中足和后足相邻；胫节距式 1–2–2；翅面常宽大，翅脉 Sc_1 长，Sc_2 可达 Rs 的基部至翅中部，Rs 分出 3 条径脉；雄性生殖叶具齿状突。

分布：世界已知 500 余种，中国已知 35 种，浙江分布 1 属 1 种。

31. 窗大蚊属 *Pedicia* Latreille, 1809

Pedicia Latreille, 1809: 255. Type species: *Tipula rivosa* Linnaeus, 1758.

主要特征：体大型，翅长 11–20 mm；头顶具瘤状突；下颚须末节非常长；触角 15–16 节，向后拱弯，未至胸后缘；后基节骨片小，中足和后足相邻；胫节距式 1–2–2；翅常具有特殊的斑纹（三角形斑或点状斑）。

分布：古北区、东洋区和新北区。世界已知 65 种，中国已知 2 种，浙江分布 1 种。

（54）短尾窗大蚊 *Pedicia (Pedicia) subfalcata* Alexander, 1941（图 3-40）

Pedicia (Pedicia) subfalcata Alexander, 1941: 410.

特征：中胸前盾片银黄色，具棕色中纵斑；前腿节黑色，后腿节暗黄色（端部黑色）。翅具黑色斑纹，翅缘为白色月形纹；Rs 基部至翅弦处具内混亮黄色的淡色斑；在 r_2 室近 R_2 具白色点状斑；m_1 室具短柄。腹部背板具棕色中纵斑，纵斑侧缘棕黑色。

分布：浙江（庆元）、福建。

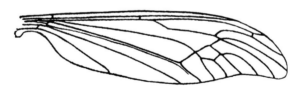

图 3-40　短尾窗大蚊 *Pedicia (Pedicia) subfalcata* Alexander, 1941（♂）（仿自 Alexander, 1941a）
翅

六、大蚊科 Tipulidae

主要特征：体小到大型，细长，多灰色、黄色、褐色至黑色等，个别较艳丽。头端部延伸成喙，其背面端部常具向前延伸的鼻突。唇瓣位于喙的末端；下颚须 4 节，且末节较长，一般长于其余各节之和。复眼明显分开，无单眼。触角通常 13 节，鞭节多为圆筒形，基部多膨大，有时呈锯齿状或栉状。前胸背板较发达；中胸背板发达，中胸盾片有"V"形横沟。足细长，基节发达，转节较短，胫节有或无端距。翅狭长（个别种类部分或完全退化），基部较窄，形成翅柄；有 9–12 条纵脉伸达翅缘，其中臀脉 2 条（A_1、A_2）；基室较长，至少为翅长的一半；除少数种类外均无 Sc_1，Sc_2 终止于前缘脉。腹部长，雄性端部一般明显膨大，通常具 2 对生殖突，即生殖叶和抱握器；雌性腹部末端较尖，个别短缩，通常有 1 对细长的尾须，其下方具 1 对较宽短的产卵瓣。

幼虫体长筒形，具 11 节，包括 3 胸节和 8 腹节。半头型，大部分缩入前胸内，触角仅 1 节，无单眼；头后部有纵裂，背面 2 个，腹面 1 个。体末端呈截形，具 1 对圆形气门，围绕有 3 对指突。

分布：世界已知 38 属约 4500 种，中国记录 18 属近 500 种，浙江分布 13 属 61 种。

分属检索表

10. 头顶有尖锐锥状突起；雄虫翅前缘有突起 ·· 尖头大蚊属 *Brithura*

- 头顶平坦或隆起，但不呈锐刺状；雄虫翅前缘无突起 ··· 11

11. 翅 A_2 贴近翅后缘，a_2 室极狭窄；前足胫节无距 ······························· 印大蚊属 *Indotipula*

- 翅 A_2 不贴近翅后缘，a_2 室较宽；前足胫节有距 ··· 12

12. Rs 短，其起点十分靠近 Sc_2 在 R 上的汇入点；m_1 室无柄或仅有短柄 ··········· 短柄大蚊属 *Nephrotoma*

- Rs 较长，其起点远离 Sc_2 与 R_1 的交汇点；m_1 室具柄 ······························· 大蚊属 *Tipula*

32. 尖头大蚊属 *Brithura* Edwards, 1916

Brithura Edwards, 1916: 262. Type species: *Brithura conifrons* Edwards, 1916 (original designation) [= *Tipula imperfecta* Brunetti, 1913].

主要特征：体粗壮，头顶有尖锐锥状突起，触角有明显触角毛轮。侧背瘤突大，背面常有银色微毛。部分种的雄虫翅前缘对着翅痣处向外突出，大多数有 Sc_1，雌虫翅前缘不突出，无 Sc_1。Rs 强烈弯曲。

分布：古北区、东洋区。世界已知 18 种，中国记录 12 种，浙江分布有 2 种。

（55）细刺尖头大蚊 *Brithura fractistigma* Alexander, 1925（图 3-41）

Brithura fractistigma Alexander, 1925c: 392.

特征：体长 27–31 mm，前翅长 21–24 mm。头部黑褐色。头顶瘤突大而明显，黑褐色。喙和鼻突暗褐色。触角柄节黑褐色，梗节浅褐色，鞭节暗褐色。胸部栗褐色。前盾片栗褐色，有 3 条黑褐色纵带，盾片稍浅的栗褐色。小盾片黑褐色。中背片褐色。背侧区黄褐色。胸部侧板亮褐色，前侧片上有银色斑。足基节黑褐色，转节深褐色；股节基部黄色，向端部变为黑褐色并有 1 褐黄色亚端环；胫节红褐色，基部黄色；跗节红褐色。翅黄色，翅前缘对着翅痣处膨大，外侧有 1 尖锐小齿突。腹部背板褐黑色，侧后缘白色。腹板褐色。雄虫第 9 背板后缘宽 "U" 形凹陷，内有 2 中突。第 9 腹板下缘端部伸出呈结节状。生殖叶近三角形，端部细长，外叶外侧有 1 弯向后缘的细小指突，内叶后弯，端部略呈钩状。抱握器长而直，端部钝。

分布：浙江（庆元）、湖北、江西、福建、海南、贵州。

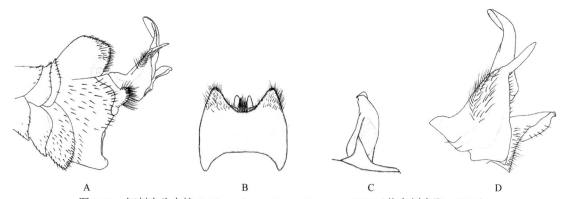

图 3-41　细刺尖头大蚊 *Brithura fractistigma* Alexander, 1925（仿自刘启飞，2011）
A. ♂腹部末端，侧视；B. ♂第 9 背板，背视；C. ♂抱握器，侧视；D. ♂生殖叶，侧视

（56）环带尖头大蚊 *Brithura sancta* Alexander, 1929（图 3-42）

Brithura sancta Alexander, 1929c: 317.

特征：体长 30 mm，前翅长 22–28 mm。头部黄褐色。头顶瘤突黑褐色。触角褐黄色。胸部红褐色。前盾片黄褐色，有 3 条浅红褐色纵带，前盾片侧缘红褐色。小盾片浅黑褐色，侧面灰白色。中背片暗褐色。胸部侧板浅褐色，有灰色斑。足基节和转节红褐色；股节黄褐色，端部黑色并有 1 黄色亚端环；胫节黄褐色，基部黄色；跗节黑褐色。翅灰黄色，翅前缘对着翅痣处不膨大。腹部背板黑褐色，侧后缘白色。腹板暗黄褐色。雄虫第 9 背板后缘中部 "V" 形深凹。第 9 腹板下缘端部伸出呈结节状。生殖叶近三角形，后缘外侧有小突，内侧有小钩突。抱握器端部钝。

分布：浙江（庆元）、北京、河北、河南、湖北。

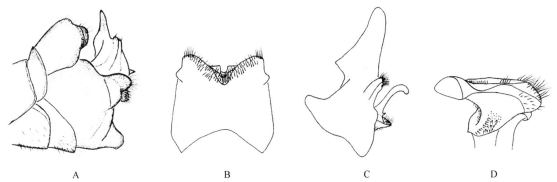

图 3-42　环带尖头大蚊 *Brithura sancta* Alexander, 1929（仿自刘启飞，2011）
A. ♂腹部末端，侧视；B. ♂第 9 背板，背视；C. 生殖叶，侧视；D. 抱握器，侧视

33. 栉大蚊属 *Ctenophora* Meigen, 1803

Ctenophora Meigen, 1803: 263. Type species: *Tipula pectinicornis* Linnaeus, 1758 (by designation of Westwood, 1840).

主要特征：体多中到大型。雄虫触角栉状，第 2–9 鞭节各具 2 对侧枝，且基侧枝明显长于端侧枝，第 10 鞭节仅基部具 1 对长侧枝，各侧枝被毛短而不明显；雌虫触角短缩，13 节，略呈锯齿状，各鞭节短粗，末节十分短小。胸侧具毛。

分布：古北区、东洋区、新北区。世界已知 25 种，中国记录 5 种，浙江分布 2 种。

（57）尖喙栉大蚊 *Ctenophora* (*Cnemoncosis*) *fastuosa* Loew, 1871（图 3-43）

Ctenophora fastuosa Loew, 1871: 25.

Ctenophora (*Cnemoncosis*) *fastuosa*: Oosterbroek *et al.*, 2006: 143.

特征：雄虫体长 20 mm，前翅长 15 mm。雌虫体长 20–25 mm，前翅长 13–17 mm。头顶黑色；喙黄色；触角黑色。胸部黄色；中胸前盾片具 3 条黑色宽纵斑；盾片黑色，侧后缘黄色；中背片盘区黑色；胸侧黄色，部分黑色。前足、中足基节黄色，后足基节黑色且具粉被，后足胫节基部黑色，中部偏后具 1 白色宽环。翅透明，前缘域暗黄色，翅痣处具 1 大的圆形黑斑。腹部背板黄色，具 1 连贯的黑色中纵斑，向后渐宽，末端 2 节完全黑色。

分布：浙江、黑龙江；俄罗斯，乌兹别克斯坦，乌克兰，罗马尼亚，捷克，波兰，德国，保加利亚，克罗地亚。

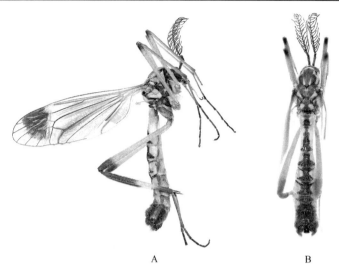

图 3-43　尖喙栉大蚊 *Ctenophora (Cnemoncosis) fastuosa* Loew, 1871
A. ♂，侧视；B. ♂，背视

（58）淡斑栉大蚊 *Ctenophora (Ctenophora) perjocosa* Alexander, 1940（图 3-44）

Ctenophora perjocosa Alexander, 1940c: 2.
Flabellifera perjocosa Savchenko, 1973: 247.

　　特征：雄虫体长 20 mm，前翅长 13 mm。雌虫体长 18–20 mm，前翅长 13–17 mm。头部黄色，头顶前

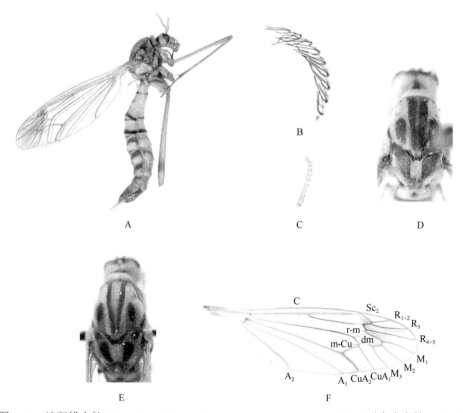

图 3-44　淡斑栉大蚊 *Ctenophora (Ctenophora) perjocosa* Alexander, 1940（引自李彦等，2016）
A. ♀，侧视；B. ♂触角，侧视；C. ♀触角，侧视；D. ♂胸部，背视；E. ♀胸部，背视；F. 前翅（翅脉：A. 臀脉；C. 前缘脉；CuA. 前肘脉；dm. 中
盘室；M. 中脉；m-cu. 中肘横脉；R. 径脉；r-m. 径中横脉；Sc. 亚前缘脉）

部具 1 较细的黑色横斑，中部具另一较宽的黑色横斑；喙短，黄色，鼻突较粗，末端平截。雄虫触角较长，栉状，第 2–9 鞭节各具 2 对侧枝，且基侧枝明显长于端侧枝，第 10 鞭节仅基部具 1 对长侧枝，各节黄色，侧枝较深；雌虫触角长约 2 mm，念珠状，橙黄色，末鞭节十分短小，各鞭节基部具短刺状轮毛。胸部黄色；中胸前盾片具 4 条黑色纵斑，雄虫纵斑较宽，雌虫较窄；盾片 2 叶各具 2 个黑色斑，雄虫斑块较大，前后相连，雌虫斑块较小，前后分离；小盾片黄色至棕黄色；中背片淡黄色，盘区具 1 个浅褐色三角形斑。胸侧黄色，部分黑色。足黄色，后足腿节具 1 个褐色亚端环；胫节橙黄色，后足胫节基部约 1/5 黄色，其后具 1 个浅褐色亚基环，及 1 个宽的白色亚端环；跗节黑色，但基跗节棕黄色，仅末端黑色；胫节距式 1–2–2。翅浅黄色，翅痣棕黄色，翅端部呈浅棕色。腹部背板橙色，第 1–3 节近后缘具黑色横斑，第 2、第 3 节具黑色中纵斑且分别与后方的横斑相连，第 4 节及之后各节近基部具宽的褐色横斑，末几节几乎一致橙红色；腹板第 2、第 3 节黄色且近后缘具黑色横斑。

　　分布：浙江（临安）、四川。

34. 偶栉大蚊属 *Dictenidia* Brulle, 1833

Dictenidia Brulle, 1833: 401. Type species: *Tipula bimaculata* Linnaeus, 1760 (original designation).

Dictenidia: Enderlein, 1912: 25.

　　主要特征：体多小到中型。雄虫触角栉状，首鞭节近中部具 1 根侧枝，第 2–10 鞭节各具 2 个长侧枝，分别位于各节基部和中部或近端部，基侧枝比端侧枝粗长，末节细长无侧枝；雌虫触角短粗，端部几节宽大于长。

　　分布：古北区、东洋区。世界已知 22 种，中国记录 15 种，浙江分布 3 种。

分种检索表

1. 翅痣处具 1 大的深色斑块，自翅痣向后延伸至盘室基部 ·· 2
- 翅痣斑较小，不向后延伸 ··· 长脉偶栉大蚊 *Di. luteicostalis longisector*
2. Rs 基部无大斑；br 室基部透明、不加深；r_5 室端部具微毛 ··················· 双斑偶栉大蚊 *Di. bimaculata*
- Rs 基部具大的圆斑；br 室基部呈浅灰褐色；r_5 室端部不具微毛 ··············· 暗胸偶栉大蚊 *Di. stalactitica*

（59）双斑偶栉大蚊 *Dictenidia bimaculata* (Linnaeus, 1760)（图 3-45）

Tipula bimaculata Linnaeus, 1760: 433.

Dictenidia bimaculata: Alexander, 1925d: 14.

　　特征：雄虫体长 11–14 mm，前翅长 9.5–13 mm；雌虫体长 14–20 mm，前翅长 11–15 mm。体黑色。触角黑褐色。翅具 2 个深色斑，一在翅痣处，较大，自翅痣向后扩展至中盘室；一在翅端，较小，r_5 室端部具微毛。

　　分布：浙江、河北、山东、四川；俄罗斯，蒙古国，朝鲜，吉尔吉斯斯坦，哈萨克斯坦，伊朗，阿塞拜疆，格鲁吉亚，亚美尼亚，土耳其，欧洲。

图 3-45　双斑偶栉大蚊 *Dictenidia bimaculata* (Linnaeus, 1760)（仿自 Savchenko, 1973）

♂，侧视

（60）长脉偶栉大蚊 *Dictenidia luteicostalis longisector* Alexander, 1941（图 3-46）

Dictenidia luteicostalis longisector Alexander, 1941a: 381.

特征：雌虫体长约 14 mm，前翅长约 12 mm。头部黄色，头顶具 1 个宽 "T" 形黑斑连接两复眼；喙黄色，鼻突不明显。触角 11 节，黄色，锯齿状。下颚须黄色。胸部亮黄色；中胸前盾片具 3 条亮黑色纵斑，中斑宽阔。胸侧黄色，中胸上前侧片具大的黄褐色区。足黄色，前足、中足较短，后足较长；后足胫节膨大、微弯，近中部具 1 个宽的黑色环，末端黑色环较窄；跗节均呈黑色，但前足、中足基跗节基部略浅。翅浅灰黄色；翅痣深褐色；翅端部具 1 个褐色斑，布及各径分室端部约 2/5、M_1 室端部约 2/3 及 M_2 室前端角。翅脉深褐色。Rs 十分长，约为 CuA_1 基段长的 3 倍。平衡棒黄色。腹部黄色，背板近后缘及侧缘略呈浅褐色。

分布：浙江（临安）、福建。

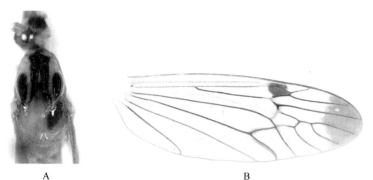

图 3-46　长脉偶栉大蚊 *Dictenidia luteicostalis longisector* Alexander, 1941（仿自李彦等，2016）

A. ♀胸部，背视；B. 前翅

（61）暗胸偶栉大蚊 *Dictenidia stalactitica* Alexander, 1941（图 3-47）

Dictenidia stalactitica Alexander, 1941a: 379.

特征：雄虫体长约 14 mm，前翅长 12.5 mm。头部深褐色、光亮；头顶前部较宽；喙短，灰黄色，背侧较深。触角长约 7 mm，柄节褐色，梗节、鞭节黑色；鞭节栉状，首鞭节近中部具 1 根侧枝，长约为该鞭节长的 2 倍，第 2–10 鞭节基部和近中部各具 1 根长侧枝，基侧枝比端侧枝粗长；末节细长无侧枝。前胸背板灰黄色，两侧较深；中胸前盾片灰黄色，具 3 条黑色纵斑；盾片、小盾片及中背片黑色。胸侧灰黄色，背缘膜质区浅黄色。足基节棕黄色；转节灰黄色；腿节棕黄色，末端黑色，且具 1 个略呈浅黄色的亚端环；胫节褐色，后足胫节具 1 个窄的黄白色亚基环；跗节黑色。翅透明，翅痣褐色，br 室基部、翅末端呈浅灰褐色，Rs 起点附近、翅弦前部附近各具 1 个灰褐色斑。翅脉深褐色。Rs 基部弯折，长约为 CuA_1 基段长的 2.5 倍；dm 室呈扁五边形；m_1 室具柄。平衡棒灰黄色，球部深褐色。腹部灰黄色，背板具 1 条黑色中纵斑，侧斑不明显；腹板后缘附近黑色；末几节黑色。

分布：浙江（临安）、福建。

图 3-47 暗胸偶栉大蚊 Dictenidia stalactitica Alexander, 1941（仿自李彦等，2016）
A. ♂触角，侧视；B. 前翅

35. 纤足大蚊属 *Dolichopeza* Curtis, 1825

Dolichopeza Curtis, 1825: 62. Type species: *Dolichopeza sylvicola* Curtis, 1825 (original designation) [= *Tipula albipes* Strom, 1768].

Apeilesis Macquart, 1846: 136. Type species: *Apeilesis cinerea* Macquart, 1846 (monotypy).

主要特征：体小型，足细长丝状。喙短，无鼻突。翅透明，前缘或有不规则黑色斑，无 Sc_1，大部分无 R_{1+2}，Sc_2 进入 R_1 的位置对着 Rs 的分叉处，盘室有或无，翅面端部有或无微毛。

分布：世界广布，已知 11 亚属 320 种，中国记录 6 亚属 35 种，浙江分布 4 种。

分种检索表

1. 翅有盘室（山纤足大蚊亚属 Oropeza）···································· 福建山纤足大蚊 *Do. (O.) fokiensis*
- 翅无盘室（裸纤足大蚊亚属 Nesopeza）··· 2
2. 胸部侧板有暗褐色带，第 9 背板凹陷中央和两侧均有突起 ···················· 扁刃裸纤足大蚊 *Do. (Nes.) tarsalis*
- 胸部侧板颜色一致 ··· 3
3. 腹部背板各节中央有横带 ··· 腹凹裸纤足大蚊 *Do. (Nes.) leucocnemis*
- 腹部背板各节呈双色，中央无横带 ······················· 三叉裸纤足大蚊 *Do. (Nes.) incisuralis*

（62）三叉裸纤足大蚊 *Dolichopeza (Nesopeza) incisuralis* Alexander, 1940（图 3-48）

Dolichopeza (Nesopeza) incisuralis Alexander, 1940c: 128.

特征：体长 9 mm，前翅长 9 mm。头大体褐黄色，喙短，无鼻突。触角柄节和梗节黄色，鞭节黄褐色。胸部黄褐色，中胸前盾片有 4 条暗黄褐色的纵带，小盾片浅黄褐色。足基节褐黄色，转节黄色，股节黄色，胫节白色，基部略偏黄，极端部褐黄色，跗节完全白色。腹部暗黄褐色，各节均有 1 宽的暗黄色环，使各节背板呈双色，腹板颜色与背板相似。雄虫第 9 背板后缘有 3 个突起，中突更长。生殖叶近卵圆形；抱握器喙细长，基喙宽大，近方形。第 8 腹板后缘向后突出呈扁平叶状，中间有深凹。

分布：浙江（临安、龙泉）。

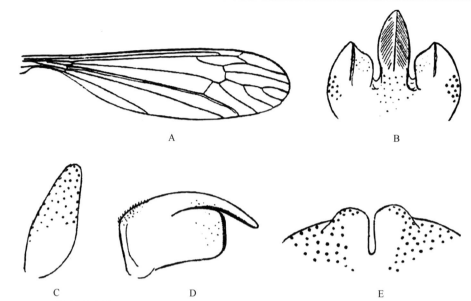

图 3-48　三叉裸纤足大蚊 *Dolichopeza* (*Nesopeza*) *incisuralis* Alexander, 1940（仿自 Alexander, 1940b）
A. 前翅；B.♂第 9 背板，背视；C.♂生殖叶，侧视；D.♂抱握器，侧视；E.♂第 8 腹板，腹视

（63）腹凹裸纤足大蚊 *Dolichopeza* (*Nesopeza*) *leucocnemis* Alexander, 1940（图 3-49）

Dolichopeza (*Nesopeza*) *leucocnemis* Alexander, 1940c: 126.

　　特征：体长 8 mm，前翅长 8 mm。头浅黄褐色，喙短，无鼻突。头顶黄色，后头浅褐黄色，眼眶浅黄色。触角柄节与喙相似的浅黄褐色，梗节浅黄褐色，鞭节浅黄色。胸部大体褐黄色，中胸前盾片浅褐黄色，有 3 条略深的浅褐色带；盾片浅褐色；小盾片褐色；中背片褐色；胸部侧板暗褐黄色。足基节与侧板相似的暗褐黄色；转节浅黄褐色；股节黄白色，端部褐色；胫节浅黄白色，跗节白色。腹部背板褐色，包括基部 2 节在内各节中部有暗黄色横带；腹板与背板相似。雄虫第 9 背板极度变黑，后缘凹陷，两侧扁平突起，中间"U"形深凹陷无突起。生殖叶扁平；抱握器喙细长，基部有小突，基喙圆钝宽大。第 8 腹板后缘平。

　　分布：浙江（临安、龙泉）。

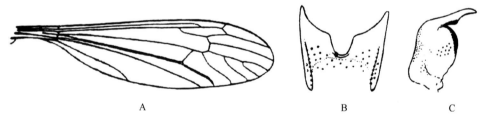

图 3-49　腹凹裸纤足大蚊 *Dolichopeza* (*Nesopeza*) *leucocnemis* Alexander, 1940（仿自 Alexander, 1940c）
A. 前翅；B.♂第 9 背板，背视；C. 抱握器，侧视

（64）扁刃裸纤足大蚊 *Dolichopeza* (*Nesopeza*) *tarsalis* (Alexander, 1919)（图 3-50）

Nesopeza tarsalis Alexander, 1919: 347.

Dolichopeza (*Nesopeza*) *tarsalis*: Savchenko, 1983: 444.

　　特征：大体褐色。头浅黄色，向后变为暗褐色。喙和下颚须暗褐色。触角柄节浅黄色，鞭节暗褐色。胸部侧板浅黄色，前胸侧板至腹侧片之间有条宽的暗褐色带。足股节褐色；胫节暗褐色；基跗节暗褐色，但端部 1/5 和其余跗节白色。翅 Rs 短，约为 R$_{2+3}$ 的一半。腹部背板暗褐色，各节基部暗，端部色稍浅；腹板明显双色，后缘黑色，中间有黄色环带。雄性外生殖器黑色，第 9 背板后缘两侧各有 1 个叶状突，中间有 1 对相对的黑色刺突。生殖叶杆状，阳茎突出，中间两侧各有 1 个扁平的刃状突，端部有 2 个刺突。第 9 腹板后缘凹陷，凹陷两侧各有 1 叶突。

分布：浙江（宁波）；俄罗斯，日本。

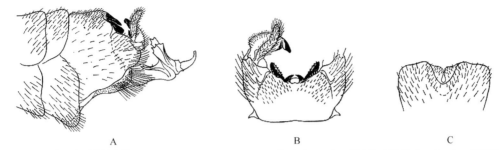

图 3-50　扁刃裸纤足大蚊 *Dolichopeza* (*Nesopeza*) *tarsalis* (Alexander, 1919)（仿自 Savchenko, 1983）
A.♂腹部末端，侧视；B.♂腹部末端，背视；C.♂第 8 腹板，腹视

（65）福建山纤足大蚊 *Dolichopeza (Oropeza) fokiensis* Alexander, 1938（图 3-51）

Dolichopeza (*Oropeza*) *fokiensis* Alexander, 1938b: 224.

特征：体长 12 mm，前翅长 11 mm。头暗褐黄色。喙短，褐色，无鼻突。触角柄节黄色，梗节浅褐黄色，鞭节暗褐色，各节端部褐黄色。胸部黄褐色。中胸前盾片褐黑色，侧缘棕色，有 3 条深棕色纵带；盾片黄褐色；小盾片褐黄色；中背片褐色。足基节浅褐黄色；转节黄色；股节暗黄色，端部褐色；胫节浅褐色；基部和端部变色；跗节白色。翅浅褐色。翅痣暗褐色，两侧各有 1 块白斑。前缘室黄色。腹部背板褐色，腹板褐黄色。第 9 背板后缘凹陷，中间突起，两侧各有 1 个小齿突，侧缘下方各有 1 个长的钝突。第 9 腹板后缘端部中间有一对朝后的突起。

分布：浙江（龙泉）、福建、贵州。

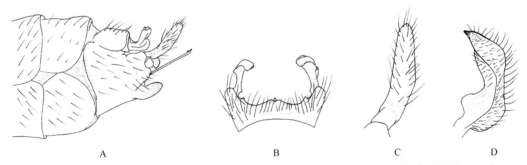

图 3-51　福建山纤足大蚊 *Dolichopeza* (*Oropeza*) *fokiensis* Alexander, 1938（仿自刘启飞, 2011）
A.♂腹部末端，侧视；B.♂第 9 背板，背视；C.♂生殖叶，侧视；D.♂抱握器，侧视

36. 棘膝大蚊属 *Holorusia* Loew, 1863

Holorusia Loew, 1863: 276. Type species: *Holorusia rubiginosa* Loew, 1863 (monotypy) [= *Holorusia hespera* Arnaud *et* Byers, 1990].

Ctenacroscelis Enderlein, 1912: 1. Type species: *Ctenacroscelis dohrnianus* Enderlein, 1912 (original designation).

主要特征：体中到大型，喙长，鼻突有或无。触角鞭节柱状或各节中部略突出呈锯状。足股节端部有梳状刚毛。翅腋瓣无毛，除前缘室和亚前缘室黄色或褐色外，翅面少斑纹。Rs 与 CuA$_1$ 基部约等长，R$_3$ 中部向下弯曲，R$_{4+5}$ 中部向上弯曲，使 r$_3$ 室中间变窄。雄虫第 9 背板常有 "U" 形或 "V" 形凹缺，两侧或有长毛，第 8 腹板后缘端部常凹陷，两侧或有毛簇。生殖叶宽而短，抱握器细长，表面和端部多凹陷。

分布：世界广布，已知 118 种，中国记录 21 种，浙江分布 4 种。

分种检索表

（66）变色棘膝大蚊 *Holorusia brobdignagia* (Westwood, 1876)

Tipula brobdignagia Westwood, 1876: 504.

Ctenacroscelis brobdignagia Edwards, 1921b: 114.

Holorusia brobdignagia: Vane-Wright, 1967: 536.

　　特征：头部黄色。喙褐色，上缘褐黄色，有鼻突。触角褐黄色。胸部黄褐色。前胸背板黄色，中间黄褐色。前盾片黄色，有 3 个灰褐色纵斑，斑缘暗黄褐色，中斑被 1 条棕褐色细带分开，后端不明显。盾片黄褐色，两侧叶广泛的灰褐色；小盾片暗黄色，两侧褐色；中背片褐色，中间有条很宽的黄色纵带，约为中背片宽的 1/3。胸部侧板黄色，颈至翅基有条褐色细带。翅浅褐黄色，亚前缘室稍深的褐黄色。腹部棕褐色，背板中央有 1 条宽的褐黄色纵带。腹板黄色。雄虫第 9 背板后缘"V"形凹缺，侧叶无黄色长毛，仅有少量短毛；生殖叶端部圆钝；抱握器基部有小的隆突，前缘近端部有小凹陷。第 8 腹板后缘突出，后缘中间"U"形凹陷，两侧有长毛簇。

　　分布：浙江（安吉、临安）、河南、陕西、湖北、江西、海南。

（67）黑缘棘膝大蚊 *Holorusia calliergon* (Alexander, 1940)（图 3-52）

Ctenacroscelis calliergon Alexander, 1940b: 6.

Holorusia calliergon: Vane-Wright, 1967: 536.

　　特征：体长 25 mm，翅长 29 mm。头褐色。喙长，褐色，有短的褐色鼻突。后头褐色，有 1 深褐色的中带。触角柄节褐色，梗节暗褐黄色，鞭节各节中部明显突出，突起末端有 1 根毛。胸部大体褐黄色。中胸前盾片与前胸背板相似的褐黄色，有 4 条暗灰色带，带缘浅黑色，约占带宽的 1/4，前盾片侧缘深黄色。胸部侧板背侧区至翅基部黄色，颈至侧背瘤突有 1 条黄褐色带，前足基部至中背片下方黄白色，下前侧片下半部分和后基片黑色。足基节黄灰色；转节黄褐色；股节浅褐黄色，端部褐色；胫节浅褐黄色，端部略带褐色；跗节褐色。翅灰白色有褐色斑，C 室和 Sc 室黄色。腹部褐黑色。背板侧缘略红棕色；腹板褐黑色。第 9 背板中部深裂至近基部，后缘窄的"U"形凹缺，端部斜截，背面有短的浓密的毛；生殖叶宽叶状，

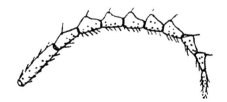

A　　　　　　　　　　　　　　　　　　　　　　　　　　　　　　　B

图 3-52　黑缘棘膝大蚊 *Holorusia calliergon* (Alexander, 1940)（仿自 Alexander, 1940b）

A. ♂触角，侧视；B. 翅

前缘略突出，后缘圆弧形，顶端有尖突。第 8 腹板后缘平整，基本无毛。

分布：浙江（临安）。

（68）棒突棘膝大蚊 *Holorusia clavipes* (Edwards, 1921)（图 3-53）

Ctenacroscelis clavipes Edwards, 1921b: 111.

Holorusia clavipes: Vane-Wright, 1967: 536.

特征：雄虫体长 23–25 mm，翅长 31–35 mm。雌虫体长 31–37 mm，翅长 32–38 mm。头大体黄色。喙长，红棕色，下半部黑褐色，鼻突红棕色。后头有 1 条灰黄色的纵带。触角柄节和梗节暗黄色，鞭节近柱状，略微向下凸出，第 1 节褐黄色，端部各节逐渐变为褐色。胸部大体黄色。中胸前盾片暗褐黄色，有 4 条浅灰褐色纵带；盾片灰褐色；小盾片褐黄色，前半部浅红棕色；中背片红棕色，中部有 1 条很细的浅黄色纵带，在后缘处扩大呈斑状。胸部侧板浅黄色，上前侧片有 1 小块灰色斑，颈部至翅基有 1 条褐色带。足基节浅黄色，前足基节前缘有块灰色斑；转节浅黄色；股节暗黄色，端部黑色；胫节暗黄色，端部黑色；跗节暗褐黄色，端部黑色。翅浅灰褐色，前缘室和亚前缘室黄色，翅痣褐色。腹部黑褐色，侧缘黄色，背板中部有 1 条宽的褐黄色纵带，终止于第 6 背板。腹板暗黄色。第 9 背板红棕色，后缘宽的 "V" 形凹缺，两侧各有 1 簇黄色长毛；第 8 腹板后缘 "U" 形凹缺，两侧各有 1 簇黄色短毛。生殖叶近长方形，后缘略凹陷；抱握器细长，端部内弯并有小突起，近端部向两侧膨大，基部有 1 宽的钝突。

分布：浙江（临安、龙泉）、福建、台湾、广东、海南、贵州。

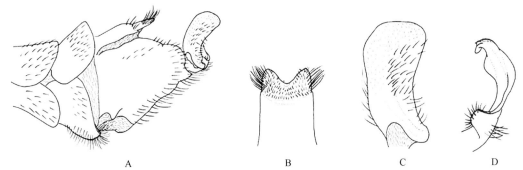

图 3-53　棒突棘膝大蚊 *Holorusia clavipes* (Edwards, 1921)（仿自李彦等，2016）
A. ♂腹部末端，侧视；B. ♂第 9 背板，背视；C. 生殖叶，侧视；D. 抱握器，侧视

（69）黄棘膝大蚊 *Holorusia flava flava* (Brunetti, 1911)（图 3-54）

Tipula flava Brunetti, 1911: 252.

Holorusia flava: Vane-Wright, 1967: 535.

特征：雄虫体长 23–27 mm，翅长 23–27 mm。头全部黄色。喙长，无鼻突。触角柄节和梗节黄色，鞭节暗黄色，均匀分布有很短的褐色毛。胸部全黄色或略偏暗的黄色。中胸前盾片有 4 条稍浅的黄色纵带或无；中背片稍浅的黄色。足基节和转节与胸相似的黄色；股节暗黄色；胫节黄褐色，端部暗褐色；跗节暗褐色。翅褐灰色，前缘室和亚前缘室黄色。腹部黄色，向端部略变深，背板侧缘略带黄褐色。第 9 背板中部稍隆起，后缘浅的 "V" 形凹缺，背板后半部中间纵向向下凹陷至背板中部，有短的浓密的毛；第 8 腹板后缘中部突出，有短的刷状毛。生殖叶近三角形，顶端钝，后缘内侧近基部有 1 弯向背部的指状突，端部略膨大；抱握器细长，端部膨大扁平，有小的黑色刺状毛，近端部扭曲，两侧各有 1 扁平突起，中间内侧和近基部外侧各有 1 隆突。

分布：浙江（龙泉）、江西、海南、四川、云南；印度，缅甸，马来西亚，印度尼西亚。

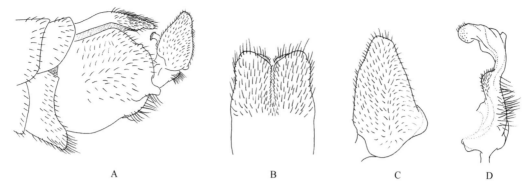

图 3-54　黄棘膝大蚊 *Holorusia flava flava* (Brunetti, 1911)（仿自刘启飞，2011）

A. ♂腹部末端，侧视；B. ♂第 9 背板，背视；C. 生殖叶，侧视；D. 抱握器，侧视

37. 印大蚊属 *Indotipula* Edwards, 1931

Tipula (*Indotipula*) Edwards, 1931: 81. Type species: *Tipula walkeri* Brunetti, 1911 (original designation).

Indotipula: Savchenko, 1983: 532.

主要特征：体中型，喙短，鼻突明显。触角鞭节柱状，有触角毛轮。胫节距式 0–0–2 或 0–1–2，后足胫节 2 个距大小不同。翅痣光裸，R_{1+2} 完整，Rs 中等长度，与 CuA_1 基部约等长，A_2 极靠近翅后缘，a_2 室窄带状或近线状。雄虫第 9 背板与第 9 腹板分离，第 9 背板后缘中部伸出，上有黑色刺突。

分布：世界广布，已知 68 种，中国记录 3 种，浙江分布 2 种。

（70）苏氏印大蚊 *Indotipula suensoni* (Alexander, 1925)（图 3-55）

Tipula suensoni Alexander, 1925b: 89.

Indotipula suensoni: Yang, 2003: 3.

特征：头褐黄色。喙黄褐色，上缘浅褐黄色。胸部背板浅褐黄色，有 4 条黄褐色纵带。翅 a_2 室较宽。雄性外生殖器：第 9 背板后缘有 2 个大的黑色叶状突，表面具细小刺突。第 9 腹板后缘中部具一簇长毛。

分布：浙江（杭州）、福建。

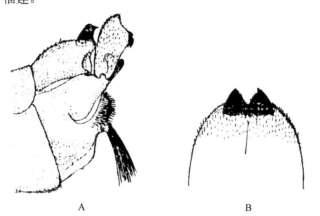

图 3-55　苏氏印大蚊 *Indotipula suensoni* (Alexander, 1925)（仿自 Alexander, 1925b）

A. ♂腹部末端，侧视；B. ♂第 9 背板，背视

（71）萨雅印大蚊 *Indotipula yamata subyamata* (Alexander, 1933)（图 3-56）

Tipula (*Indotipula*) *subyamata* Alexander, 1933: 136.

Indotipula yamata subyamata: Savchenko, 1983: 537.

特征：雄虫体长 11–17 mm，翅长 14–16 mm。头大体灰褐色。喙长，褐黄色，下半部褐色。后头暗灰黑色，有 1 条细的黑色纵带。触角柄节黄色，端部明显浅褐色；梗节浅褐色，鞭节近柱状，褐色。胸部大体黄色。中胸前盾片黄色，前缘极端部棕色，有 4 条暗棕黄色纵带。足基节暗褐色；转节浅黄色；股节基部浅黄色，向端部变为黑褐色；胫节褐黄色，端部红棕色；跗节黄褐色，端部黑色。翅浅黄色，C 室和 Sc 室黄色，翅痣褐色。腹部褐色，侧缘黄色。腹板黄褐色。第 9 背板红棕色，后缘突起基部宽。第 9 腹板后缘中部无毛簇。生殖叶窄刃状，顶端钝，后缘仅有少量短毛；抱握器喙粗壮，端部钝，后缘有 18 根毛。

分布：浙江（温州）、湖北、海南、重庆。

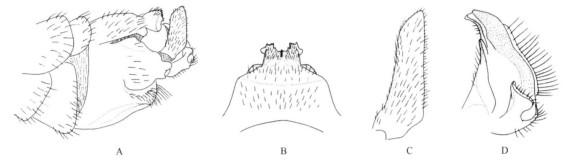

图 3-56　萨雅印大蚊 *Indotipula yamata subyamata* (Alexander, 1933)（仿自刘启飞，2011）
A. ♂腹部末端，侧视；B. ♂第 9 背板，背视；C. 生殖叶，侧视；D. 抱握器，侧视

38. 瘦腹大蚊属 *Leptotarsus* Guerin-Meneville, 1831

Leptotarsus Guerin-Meneville, 1831: 20. Type species: *Leptotarsus macquartii* Guerin-Meneville, 1831 (monotypy).

Semnotes Westwood, 1876: 501. Type species: *Semnotes imperatoria* Westwood, 1876 (by designation of Pierre, 1926).

主要特征：喙短，有或无鼻突。触角线形，柄节大，圆柱状，鞭节无触角毛轮，但各节基部和端部均有毛，鞭节长在各亚属有明显区别，且有雌雄二型现象，部分亚属雄虫触角可超过体长，而雌虫触角仅相当于胸长。腹部细长，生殖基节不增厚扩大，生殖叶宽大叶状。

分布：世界广布，主要分布在新热带区和澳洲区。世界已知 20 亚属 323 种，中国记录 1 亚属 8 种，浙江分布 1 种。

（72）金黄龙大蚊 *Leptotarsus (Longurio) fulvus* (Edwards, 1916)（图 3-57）

Longurio fulvus Edwards, 1916: 262.

Leptotarsus (Longurio) fulvus: Oosterbroek et Theowald, 1992: 68.

特征：雄虫体长 17.5–18.0 mm，前翅长 15.0–16.0 mm。头橘黄色。喙短，鼻突约与喙等长。触角很短，约 1 mm，柄节暗橘黄色，梗节和鞭节暗红棕色，鞭节上的毛约为各节长的 3 倍。胸部一致的橘黄色，中胸前盾片橘黄色，有 4 条红棕色条带，中带被一细的橘黄色十字分为 4 块；盾片有 2 条相似的红棕色带，端部略外弯。足股节黑褐色，端部黑色，胫节黑褐色，端部黑色，跗节黑色。翅褐黄色，翅痣褐色；Rs 长，约为 R_{4+5} 基段的 3 倍。腹部橘黄色，第 1 背板基部红棕色，第 7 腹节节外端部和第 8、第 9 腹节黑色，腹板中间有 1 条细的断续的黑色纵带。雄性外生殖器：第 9 背板宽大于长；生殖基节长；生殖叶披针形，端部钝，被长毛；抱握器端部具钝的喙突，后缘有 2 个钝的突起，下部的突起上有浓密的棕黄色长毛，上部的突起后缘有 3 个或 4 个黑色刺突，前缘下半部略向外突出。

分布：浙江（临安）、江西、福建、台湾、广西。

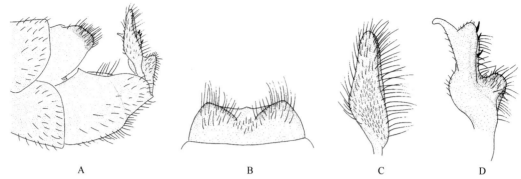

图 3-57 金黄龙大蚊 *Leptotarsus* (*Longurio*) *fulvus* (Edwards, 1916)（仿自李彦等，2016）
A. ♂腹部末端，侧视；B. ♂第9背板，背视；C. 生殖叶，侧视；D. 抱握器，侧视

39. 叉纤足大蚊属 *Macgregoromyia* Alexander, 1929

Macgregoromyia Alexander, 1929b: 251. Type species: *Macgregoromyia benguetensis* Alexander, 1929 (original designation).

主要特征：喙短，有明显鼻突，无头顶瘤突。Sc_2 在 Rs 分叉后进入 R_1，R_{1+2} 有或无或呈刺状，Rs 弯曲，r-m 在 Rs 分叉前进入 Rs 或在 Rs 分叉后一点进入 R_{4+5}，R_{4+5} 基半部平直，外半部向后弯曲，盘室小，通常位于翅中部，翅端部翅室深，部分种有毛。

分布：古北区、东洋区。世界已知 15 种，中国记录 7 种，浙江分布 1 种。

（73）福建叉纤足大蚊 *Macgregoromyia fohkienensis* Alexander, 1949（图 3-58）

Macgregoromyia fohkienensis Alexander, 1949a: 186.

特征：体长9 mm，翅长12 mm。头暗褐色，触角柄节和梗节淡黄色，鞭节黑色，但基鞭节基部浅黄色。胸部浅黄色，有暗褐色斑。翅r_3室和m_1室端部有毛。Rs短，比r-m略长，r-m与Rs相交，无R_{1+2}。腹部黄褐色。

分布：浙江（龙泉）、福建。

图 3-58 福建叉纤足大蚊 *Macgregoromyia fohkienensis* Alexander, 1949（仿自刘启飞，2011）
翅

40. 短柄大蚊属 *Nephrotoma* Meigen, 1803

Nephrotoma Meigen, 1803: 262. Type species: *Tipula dorsalis* Fabricius, 1781 (monotypy).

Pales Meigen, 1800: 14. Type species: *Tipula dorsalis* Fabricius, 1781 (by designation of Hendel, 1908). Name suppressed by I.C.Z.N., 1963.

Pachyrhina Macquart, 1834: 88. Type species: *Tipula crocata* Linnaeus, 1758 (by designation of Westwood, 1840).

Pachyrina; *Pachyrrhina*; *Pachyrhyna*: authors, unjustified emendation.

主要特征：喙短，约为头长的一半；额中等宽，有隆起的瘤突；雄虫触角可达头胸长之和，而雌虫约为头长的 2 倍，鞭节形状为近圆柱形至肾形，有软毛和触角毛轮。翅一般透明无杂色斑；翅痣颜色从勉强可见到黑色；Sc$_2$ 在 Rs 起源处进入 R$_1$，Rs 很短，直而斜，m$_1$ 室无柄或仅有短柄，CuA$_1$ 在 M 的分叉前进入 M。腹部细长。雄虫第 9 背板不与第 9 腹板完全愈合。生殖叶常肉质，或多或少平的叶状。雌虫产卵器尾须长。产卵瓣比尾须短。

　　分布：世界广布，已知 474 种，中国记录 89 种，浙江分布 8 种。

分种检索表

1. 中胸前盾片无明显色斑 ··· 黄盾短柄大蚊 *N. flavonota*
- 中胸前盾片有 3 条明显色斑 ·· 2
2. 中胸前盾片侧斑直，外侧无色斑 ·· 3
- 中胸前盾片侧斑外弯，或外侧有色斑 ·· 4
3. 翅前缘室和亚前缘室褐色 ··· 峨眉短柄大蚊 *N. omeiana*
- 翅前缘室和亚前缘室颜色不加深，与翅其他部位颜色一致 ··············· 浙江短柄大蚊 *N. zhejiangensis*
4. 中胸前盾片侧斑直，外侧有颜色不一致的色斑 ·· 5
- 中胸前盾片侧斑外弯 ·· 6
5. 中背片仅后缘具浅黄褐色带 ·· 黑突短柄大蚊 *N. nigrostylata*
- 中背片中央和后缘均有褐色带 ··· 多突短柄大蚊 *N. virgata*
6. 翅前缘室和亚前缘室颜色不加深，腹部背板中部的纵带宽而明显 ·········· 双叶短柄大蚊 *N. biarmigera*
- 翅前缘室或亚前缘室颜色加深，腹部背板中部的纵带不连续 ··· 7
7. 腹部背板中部的纵斑在各节呈三角形 ··· 尖突短柄大蚊 *N. impigra*
- 腹部背板中部的纵斑呈带状 ··· 中突短柄大蚊 *N. medioproducta*

（74）双叶短柄大蚊 *Nephrotoma biarmigera* Alexander, 1935（图 3-59）

Nephrotoma biarmigera Alexander, 1935b: 198.

　　特征：雄虫体长 11–12 mm，前翅长 12–13 mm。雌虫体长 15 mm，前翅长 13.5 mm。大体黄色。中胸前盾片有 3 条亮黑色纵带，外缘绒黑色，侧斑略外弯。盾片黄色，中背片黄色，后缘略呈红色。胸部侧板黄色，具红色斑。足股节黄色，端部略微变暗。翅一致浅褐黄色，仅翅痣浅褐色。腹部黄色，背板具 3 条带，中带宽而明显。第 7、第 8 节及第 9 背板中部黑色。

　　分布：浙江（宁波、龙泉）。

　　　A　　　　　　　　　　　　　　　　B

图 3-59　双叶短柄大蚊 *Nephrotoma biarmigera* Alexander, 1935（仿自 Alexander, 1935b）

A. 前翅；B. ♂第 9 背板，背视

（75）黄盾短柄大蚊 *Nephrotoma flavonota* (Alexander, 1914)（图 3-60）

Pachyrhina flavonota Alexander, 1914: 158.

Pales flavonota Savchenko, 1973: 94.

Nephrotoma flavonota: Oosterbroek, 1985: 251.

　　特征：雄虫体长 12 mm，前翅长 10.6 mm。雌虫体长 14.6 mm，前翅长 14 mm。头亮黄色，无明显色斑。触角黄色。中胸前盾片橘黄色，有边缘模糊的暗色纵带，前盾沟中部有 1 褐色斑。盾片和中背片无明显色斑。胸部侧板浅黄色。足股节暗黄色，端部略微变暗。跗节褐色。翅端部略呈浅褐色。腹部浅黄色，背板中部和侧面略带暗色带。第 8、第 9 节褐色。第 9 背板后缘浅"V"形凹陷，中部两侧向外伸出呈钝突。

　　分布：浙江（龙泉）、福建、海南；俄罗斯，日本。

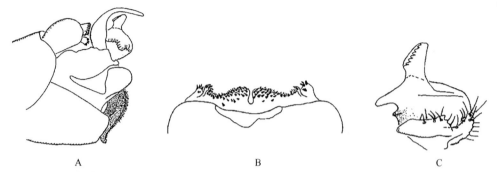

图 3-60　黄盾短柄大蚊 *Nephrotoma flavonota* (Alexander, 1914)（仿自 Oosterbroek, 1985）

A. ♂腹部末端，侧视；B. ♂第 9 背板，背视；C. 抱握器，侧视

（76）尖突短柄大蚊 *Nephrotoma impigra impigra* Alexander, 1935（图 3-61）

Nephrotoma impigra Alexander, 1935a: 137.

Pales impigra Savchenko, 1973: 47.

　　特征：雄虫体长 9.5–11.0 mm，前翅长 10.5–12.0 mm。雌虫体长 11.0–13.0 mm，前翅长 11.5–13.0 mm。头黄色。后头有一窄的褐色斑。触角柄节黄色，梗节黄褐色，鞭节黑褐色。胸部黄色。中胸前盾片黄色，有 3 个深褐色纵斑，侧斑前端略外弯。盾片黄色，两侧各有 1 个深褐色斑。后背片黄色，具 1 浅褐色纵斑，后缘褐色。胸部侧板黄色，前翅下方至棒翅有 1 条褐色带。足基节和转节黄色；股节褐色，基部黄色；胫节和跗节褐色。翅浅灰黄色，亚前缘室浅褐色。腹部黄色。背板具三角形的褐色斑。雄虫腹端第 9 背板后缘平截，生有很多刺状毛突，中部有 1 细的凹陷，两侧各有 1 个细长的尖突。生殖叶披针形，端部钝；抱握器背脊突上有 1 小的平滑冠状突。第 8 腹板后缘平截，第 9 腹板底部向内凹陷。

　　分布：浙江（龙泉）、湖北、江西、福建、四川；俄罗斯。

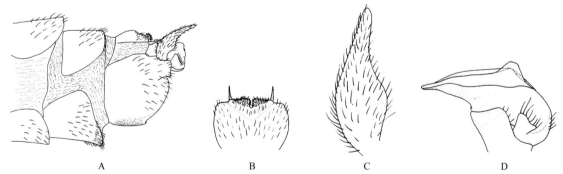

图 3-61　尖突短柄大蚊 *Nephrotoma impigra impigra* Alexander, 1935（仿自刘启飞，2011）

A. ♂腹部末端，侧视；B. ♂第 9 背板，背视；C. 生殖叶，侧视；D. 抱握器，侧视

（77）中突短柄大蚊 *Nephrotoma medioproducta* Alexander, 1940（图 3-62）

Nephrotoma medioproducta Alexander, 1940c: 125.

　　特征：雄虫体长 10 mm，前翅长 11.5 mm。头部暗黄色，触角柄节、梗节和基鞭节黄色，其余鞭节褐色。胸部大体黄色。中胸前盾片褐黄色，有 3 条褐色纵斑，侧斑端部略外弯。中背片后缘和侧缘红棕色。翅黄色，前缘室褐黄色，亚前缘室暗黄色，翅端部烟褐色。足基节和转节红褐色，股节褐黄色，端部略呈褐黑色，胫节褐色，跗节向端部变成黑色。腹部背板黄色，有带状黑色中纵斑，腹板黄色，后缘黑色，第 8 腹板完全黑色。第 9 背板中部向外伸出，呈宽三角形，两侧各有 1 个细的刺突。外生殖刺突细长，内生殖刺突端部尖细，后缘有 1 个三角形的叶状突。

　　分布：浙江（临安、龙泉）。

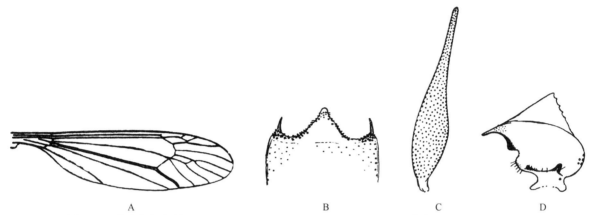

图 3-62　中突短柄大蚊 *Nephrotoma medioproducta* Alexander, 1940（仿自 Alexander, 1940c）

A. 前翅；B.♂第 9 背板，背视；C.♂生殖叶，侧视；D.♂抱握器，侧视

（78）黑突短柄大蚊 *Nephrotoma nigrostylata* Alexander, 1935（图 3-63）

Nephrotoma nigrostylata Alexander, 1935b: 204.

Pales nigrostylata Savchenko, 1973: 121.

　　特征：雄虫体长 9.0–10.0 mm，前翅长 8.0–9.0 mm。头黄色。头顶至后头有 1 条细的浅褐色带。触角柄节、梗节和基鞭节黄色，其余鞭节黑褐色，基部膨大处黑色。胸部黄色。中胸前盾片黄色，有 3 个亮棕褐色纵斑，侧斑端部外侧有 1 个黑褐色斑。盾片黄色，两侧各有 1 个棕褐色斑。中背片黄色，仅后缘有 1 浅黄褐色横斑。胸部侧板黄色。足基节黄色；转节黄色；股节黄色，端部略带黑褐色；胫节浅黄褐色；跗节黄褐色。翅浅灰黄色，翅痣褐色且被毛。腹部黄色，背板中央和侧缘具不连续的黑色纵带。腹板黄色具不连续的黑色中纵斑。第 8、第 9 节完全黑色。雄虫腹端第 9 背板后缘中央具小浅凹，两侧各有 1 个黑色扁平叶突，生有很多刺状毛突。生殖叶近杆状，外端部后缘规则锯齿状突起；抱握器细长，喙基部下缘有 1 钝的小突，外侧有 1 脊突，外基叶粗壮。第 8 腹板后缘具舌状中突。

　　分布：浙江（龙泉）、湖北、江西、福建、广西、重庆、贵州；俄罗斯。

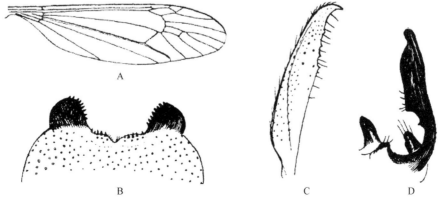

图 3-63　黑突短柄大蚊 *Nephrotoma nigrostylata* Alexander, 1935（仿自 Alexander, 1935b）

A. 前翅；B.♂第 9 背板，背视；C. 生殖叶，侧视；D.♂抱握器，侧视

（79）峨眉短柄大蚊 *Nephrotoma omeiana* Alexander, 1935（图 3-64）

Nephrotoma omeiana Alexander, 1935a: 144.

Pales omeiana Savchenko, 1973: 45.

　　特征：雄虫体长 13.5 mm，前翅长 11.0 mm。雌虫体长 11.0–13.0 mm，前翅长 11.5–13.0 mm。头黄色。后头斑浅褐色，不明显。触角柄节、梗节和基鞭节黄色，其余鞭节呈双色，基部黑褐色，端部黄褐色，各节近端部膨大。胸部黄色。中胸前盾片黄色，有 3 个棕褐色纵斑，侧斑直，端部外侧无暗斑。后背片中间浅黄色，两侧和后缘明显黄褐色。足基节暗黄色；转节暗黄色；股节暗黄色，端部略带黑褐色；胫节黄褐色，基部暗黄色，端部黑褐色；跗节黑褐色。翅浅黄色，前缘室和亚前缘室以及翅端部褐色。腹部黄色，背板侧缘具不连续的褐色带。雄腹端第 9 背板后端收缩，后缘中央有 1 对叶状钝突，上有细小刺突；生殖叶近三角形，端部钝；抱握器基部具钝突，喙短而钝。第 8 腹板后缘凹陷。

　　分布：浙江（丽水）、江苏、湖北、福建、台湾、广西、四川、贵州；俄罗斯。

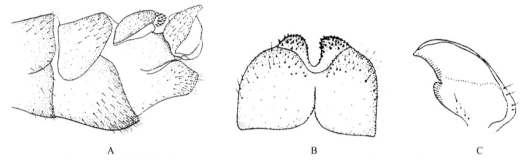

　　　　　A　　　　　　　　　　　　　　B　　　　　　　　　　　　　C

图 3-64　峨眉短柄大蚊 *Nephrotoma omeiana* Alexander, 1935（仿自刘启飞, 2011）

A. ♂腹部末端，侧视；B. ♂第 9 背板，背视；C. 抱握器，侧视

（80）多突短柄大蚊 *Nephrotoma virgata* (Coquillett, 1898)（图 3-65）

Pachyrhina virgata Coquillett, 1898: 306.

Nephrotoma virgata: Oosterbroek, 1985: 271.

　　特征：雄虫体长 10.0–11.0 mm，前翅长 10.0–11.0 mm。雌虫体长 14.0 mm，前翅长 13.0 mm。头黄色。后头有一小块褐色斑。触角柄节和梗节黄色，鞭节黑色，各节中央略凹陷。胸部黄色。中胸前盾片黄色，有 3 个深褐色纵斑，侧斑直，端部外侧紧接 1 个浅褐色斑，看起来似外弯。盾片两侧各有 1 个深褐色斑。中背片黄色，中央和后缘各有 1 条深褐色带。胸部侧板黄色，前侧片和后基节上夹杂有浅红棕色的斑，侧

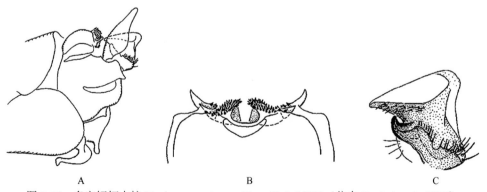

　　　　　A　　　　　　　　　　　　　B　　　　　　　　　　　　　C

图 3-65　多突短柄大蚊 *Nephrotoma virgata* (Coquillett, 1898)（仿自 Oosterbroek, 1985）

A. ♂腹部末端，侧视；B. ♂第 9 背板，背视；C. 抱握器，侧视

背片褐色。足股节和胫节暗黄色，极端部褐色，跗节黄褐色，向端部变为黑褐色。翅浅黄色，亚前缘室浅褐色。腹部橘黄色，各节背板具黑褐色中纵斑，在各节前缘和后缘断开，不形成纵带。腹板橘黄色，第 8 腹板两侧黑褐色。雄腹端第 9 背板中央有 1 对相对的突起，上有很多黑色刺突，两侧各有 1 个伸向外侧的尖突，内侧基部有黑色刺突。生殖叶披针形，端部钝；抱握器基喙略向上钩弯，背脊突有明显平滑冠饰。第 8 腹板后缘凹陷，第 9 腹板后缘有个向下伸出的肉质中突。

　　分布：浙江（丽水）、安徽、湖北、四川；俄罗斯，朝鲜，韩国，日本。

（81）浙江短柄大蚊 *Nephrotoma zhejiangensis* Yang *et* Yang, 1995（图 3-66）

Nephrotoma zhejiangensis Yang *et* Yang, 1995: 420.

　　特征：体长 16 mm，前翅长 14 mm。头部黄色，后头无明显斑纹。触角黑褐色，但柄节、梗节和基鞭节黄色。胸部黄色，中胸前盾片有 3 个黑色纵斑，侧斑直，中斑被一黄色楔形纵纹分开；"V" 形沟中部略有浅褐色；盾片两侧各有一黑斑，其前侧缘褐色；后背片后部有 1 对几乎相接的黄褐色斑。足黄色，胫节和跗节浅褐色至褐色，腿节和胫节末端黑色。翅近白色透明，仅翅痣浅褐色。腹部黄色，但背面黄褐色，侧缘褐色。雄腹端第 9 背板端缘中央略凹陷，两侧各有一侧角突；外生殖突宽大，但端部明显缩小；内生殖突有一背冠；第 8 腹板末端有一扭突；第 9 腹板腹面也有一扭突。

　　分布：浙江（丽水）。

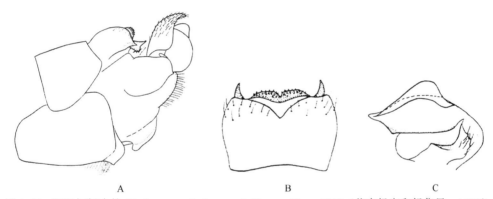

　　图 3-66　浙江短柄大蚊 *Nephrotoma zhejiangensis* Yang *et* Yang, 1995（仿自杨定和杨集昆，1995）
A. ♂腹部末端，侧视；B. ♂第 9 背板，背视；C. 抱握器，侧视

41. 短栉大蚊属 *Prionota* van der Wulp, 1885

Prionota van der Wulp, 1885: 1. Type species: *Prionota nigriceps* van der Wulp, 1885 (monotypy).

　　主要特征：体中型，喙短，鼻突小。头顶无突起。触角中间鞭节端部有 1 个短的栉状突，栉突长度不超过鞭节长，有触角毛轮。翅痣光裸，无 Sc$_1$，R$_{1+2}$ 完整，Rs 长而直。
　　分布：东古北区、东洋区。世界已知 2 亚属 8 种，中国记录 1 亚属 2 种，浙江分布 1 种。

（82）黑顶短栉大蚊 *Prionota* (*Plocimas*) *magnifica* (Enderlein, 1921)　（图 3-67）

Plocimas magnifica Enderlein, 1921: 226.

　　特征：雄虫体长 18–30 mm。雌虫体长 31–36 mm，翅长 21.0 mm。头黄色。头顶黄色，中部有一三角形浅褐色斑；后头红棕色。触角柄节暗黄色；梗节黄色；鞭节向端部逐渐变短，第 1 节近端部有短的栉状突，其余各节基部和近端部各有 1 个栉状突，各节基部栉状突暗黄色，端部黄色，各节基部有长毛形成触角毛轮。胸部大体黄色，中胸前盾片黄色，有 4 条浅栗褐色带，中带靠近，被 1 条更浅的栗色带分开；盾片黄色，中间和前端部各有 1 块大的浅栗色斑；小盾片浅灰褐色，两侧黄色；中背片黄色，具宽的浅黄褐色中带。胸部侧板黄色杂有浅褐色斑，仅上前侧片顶部有 2 块明显的浅褐色斑。足股节褐黄色，端部色略深；胫节褐黄色，端部浅褐色；跗节褐色。翅浅黄色，C 室和 Sc 室黄色，翅痣褐色。腹部暗褐黄色。雄虫第 9 背板与第 9 腹板愈合，第 9 背板后缘宽而深的"V"形凹缺。生殖叶基部宽，向端部逐渐收缩；抱握器分 2 支，向前弯曲，喙端部窄。

　　分布：浙江（庆元）、江西、福建、广东。

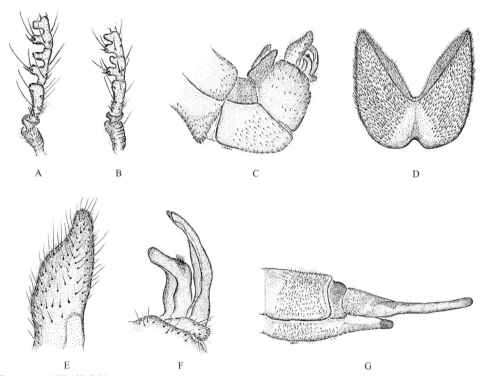

图 3-67　黑顶短栉大蚊 Prionota (Plocimas) magnifica (Enderlein, 1921)（仿自 Yang and Young, 2007）
A. ♂触角（基部）；B. ♀触角（基部）；C. ♂腹部末端，侧视；D. ♂第 9 背板，背视；E. 生殖叶，侧视；F. 抱握器，侧视；G. ♀产卵器，侧视

42. 比栉大蚊属 Pselliophora Osten Sacken, 1887

Pselliophora Osten Sacken, 1887: 165. Type species: Tipula laeta Fabricius, 1794 (by designation of Enderlein, 1912).

　　主要特征：雄虫触角首鞭节近端部腹面具 1 个突起，第 2–10 鞭节各具 2 对相似的长侧枝，各侧枝密被细长绒毛；雌虫触角 10–12 节，近念珠状。胸侧光裸无毛。

　　分布：世界广布，已知 111 种，中国记录 27 种，浙江分布 4 种。

分种检索表

1. 前翅灰黄色、透明，除翅痣附近外无深色区；胸部橙色，中胸前盾片具 4 条黑色纵斑 ·· **拟蜂比栉大蚊 Ps. xanthopimplina**
- 前翅褐色，或间杂黄色；胸部不如上述 ·· 2
2. 翅几乎一致烟褐色，仅翅弦附近具淡黄色或白色斑 ······················· **烟翅比栉大蚊 Ps. fumiplena**
- 翅基部黄色 ·· 3

3. 足腿节黄色 ··· 双斑比栉大蚊 *Ps. bifascipennis*

- 足腿节黄褐色 ·· 基黄比栉大蚊 *Ps. flavibasis*

（83）双斑比栉大蚊 *Pselliophora bifascipennis* Brunetti, 1911（图 3-68）

Pselliophora bifascipennis Brunetti, 1911: 241.

Pselliophora compta var. *nigrithorax* Enderlein, 1921: 221.

特征：头部暗褐色；触角暗黄色；口须黄褐色。胸部黄色或暗褐色；前胸暗黄色；中胸前盾片暗黄色，具 3 条暗褐色纵斑，中斑较宽；小盾片暗褐色；中背片黄色，盘区较暗。足基节暗褐色，但前足基节前部发黄；腿节、胫节黄色，胫节具白色亚基环；跗节黑色，但基跗节黄色而末端呈褐色。

分布：浙江（舟山）、辽宁、内蒙古、北京、河北、山东、江苏、上海、广东；日本。

图 3-68　双斑比栉大蚊 *Pselliophora bifascipennis* Brunetti, 1911
♂，侧视

（84）基黄比栉大蚊 *Pselliophora flavibasis* Edwards, 1916

Pselliophora flavibasis Edwards, 1916: 256.

特征：腿节黄褐色；胫节褐色，白色亚端环不显。翅柄部黑色，基部 1/3 黄色。雄虫平衡棒浅褐色，雌虫平衡棒黑褐色。

分布：浙江（舟山）；日本。

（85）烟翅比栉大蚊 *Pselliophora fumiplena* (Walker, 1856)（图 3-69）

Ctenophora fumiplena Walker, 1856: 449.

Pselliophora fumiplena: Brunetti, 1911: 240.

特征：体黑色。雄虫触角全黑色；雌虫触角第 3 节腹面具向前的凸起。胸部几乎一致黑色；雄侧棕黑色。足黑色，胫节具明显的白色亚端环。翅烟褐色，翅痣浅黄色，其后方、br 室端部具一淡黄色或白色圆斑，雌虫在 bm 室端部还具另一白色圆斑。平衡棒黑色。腹部第 2、第 3 节橘黄色，但后缘黑色，第 4 节基部橘黄色，端部黑色，第 5 节至末端全黑色。

分布：浙江（舟山），中国北部及东部。

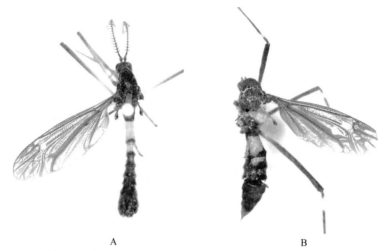

图 3-69 烟翅比栉大蚊 *Pselliophora fumiplena* (Walker, 1856)

A. ♂，背视；B. ♀，背视

（86）拟蜂比栉大蚊 *Pselliophora xanthopimplina* Enderlein, 1921（图 3-70）

Pselliophora xanthopimplina Enderlein, 1921: 224.

Pselliophora quadrivittata Edwards, 1921a: 377.

  特征：雌虫体长约 18 mm，前翅长 17 mm，宽 5.5 mm。头部橙色。触角橙色，鞭节带黑色，末节全黑色。下颚须橙色，末节黑色。胸部橙色，中胸前盾片具 4 条黑色纵斑；盾片 2 叶各具 1 条宽大的黑色斑。足棕黄色；前足、中足腿节末端深褐色，后足腿节具黑色端环；后足胫节深褐色，近基部具 1 个窄的白色环；跗节深褐色。翅灰黄色；翅痣深褐色；翅弦前部具深褐色云斑；翅端褐色；翅脉深褐色；Rs 长为 R_{2+3} 的 2–3 倍，与 CuA_1 基段近长；m_1 室无柄或仅有短柄。平衡棒橙色，球部基部较深。腹部棕红色，第 1–3 节背板具深褐色中纵斑，第 7–9 节黑色。

  分布：浙江（临安）、安徽、福建、广东、四川。

图 3-70 拟蜂比栉大蚊 *Pselliophora xanthopimplina* Enderlein, 1921（仿自李彦等，2016）

♀，侧视

43. 奇栉大蚊属 *Tanyptera* Latreille, 1804

Tanyptera Latreille, 1804: 188. Type species: *Tipula atrata* Linnaeus, 1758 (monotypy).

Flabellifera Meigen, 1800. Nouve. Class.13. Type species: *Tipula atrata* Linnaeus, 1758 (by designation of Coquillett, 1910). [Name suppressed by I.C.Z.N., 1963: Bull. zool. Nomencl. 20: Opinion 678.]

Xiphura Brulle, 1832. Ann. Soc. Ent. Fr. 1: 206. Type species: *Tipula atrata* Linnaeus, 1758 (by designation of Brulle, 1833).

Mesodictenidia Matsumura, 1931. 6000 Illustrated Insects of the Japan-Empire: 395. Type species: *Mesodictenidia macraeformis* Matsumura, 1931 [= *Ctenophora gracilis* Portschinsky, 1873] (monotypy).

主要特征：雄虫触角第 2–10 鞭节各具 3 个侧枝，其中 1 对长侧枝位于基部，1 个短侧枝位于近端部；雌虫触角第 1 鞭节细长（长至少为宽的 4 倍），其余各节较短粗。雄虫腹部末端膨大，常向背侧弯折。雌虫产卵器长刀状，产卵瓣与尾须近长。

分布：古北区、东洋区、新北区。世界已知 31 种，中国记录 13 种，浙江分布 1 种。

（87）小黑奇栉大蚊 *Tanyptera (Mesodictenidia) antica antica* Alexander, 1938（图 3-71）

Tanyptera antica Alexander, 1938c: 310.

Tanyptera (Protanyptera) antica Savchenko, 1973: 258.

特征：雄虫体长约 12 mm，前翅长 9.5 mm。头部黑色。触角长约 4 mm，黑色；首鞭节近卵形，腹面隆起；第 2–10 鞭节基部具 1 对长侧枝，长为相应鞭节的 1–2 倍，近端部腹面具 1 根单独的短枝，长约为基侧枝的一半；末鞭节较短小。下颚须淡棕色，末节较深。胸部黑色，略有光泽。胸侧暗黑色，较粗糙。足基节暗黑色；转节黄色或带黑色；腿节黄褐色，近端部膨大；前足胫节黑褐色，但近端部具黄白色宽环，约占胫节的 1/3，中足、后足胫节黄褐色；前足跗节黑褐色至黑色，中足、后足胫节黄褐色至深褐色；胫节距式 1–2–2。翅灰褐色；翅柄部、Sc 室略带黄色；翅痣深褐色；翅弦前部外侧呈深灰褐色，内侧具 1 条浅白色横斑伸至 dm 室基部。翅脉深褐色。平衡棒浅黄色。腹部背板黑色，腹板橙红色，第 2 节背板端部至第 7 节背板两侧及后缘橙红或橙黄色，末 2 节全黑褐色。

分布：浙江（临安）、四川。

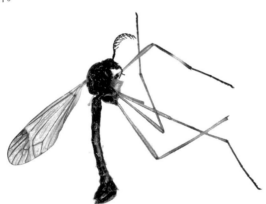

图 3-71　小黑奇栉大蚊 *Tanyptera (Mesodictenidia) antica antica* Alexander, 1938（仿自李彦等，2016）
♂，侧视

44. 大蚊属 *Tipula* Linnaeus, 1758

Tipula Linnaeus, 1758: 585. Type species: *Tipula oleracea* Linnaeus, 1758 (by designation of Latreille, 1810).

主要特征：触角一般 13 节，个别 14 节，鞭节除首鞭节外，各节基部多少膨大，且具轮毛 4–6 根；前足胫节具端距 1 个，少数具 2 个，中足胫节具端距 1 个或 2 个，后足胫节具 2 个端距；前翅具 2 条臀脉，且 A_2 通常较远离翅缘，a_2 室较宽；Rs 较长，起点远离 Sc_2 与 R_1 的交汇点；M 分 3 条，m_1 室具柄；CuA_1 或 m-cu 位于 M 分叉点之后。

分布：世界广布，已知 40 亚属约 2450 种，中国记录 20 亚属约 300 种，浙江分布 28 种。

分种检索表

1. 体绒黑色，腹部基部数节橘红色；雄虫外生殖器仅具 1 对生殖刺突，即抱握器；雌虫产卵器短缩（丽大蚊亚属 Formotipula）
　　 ……………………………………………………………………………………………………… 温氏丽大蚊 **Ti. (F.) vindex**
- 体色不如上述；雄虫外生殖器具 2 对生殖刺突，即生殖叶和抱握器；雌虫产卵器一般细长，个别短缩 …………………… 2
2. 前翅 CuA_1 与 M_3 汇于 M 分叉点，并短距离汇合 ………………………………………………… 联脉大蚊 **Ti. spectata**
- 前翅 CuA_1 位于 M 分叉点之外 ………………………………………………………………………………………………… 3
3. 前翅腋瓣具毛 …… 4
- 前翅腋瓣光裸 ……… 16
4. 体型较小，前翅长小于 15 mm；端部翅脉密被刚毛 ………………………………………………………………………… 5
- 体型较大，前翅长大于 17 mm；端部翅脉仅具稀疏的刚毛或无 ………………………………………………………………… 8
5. 雄虫第 9 背板后缘具 1 个侧扁、光裸的中突（毛脉大蚊亚属 Schummelia） ………………………………………………… 6
- 雄虫第 9 背板后缘中部浅凹，两侧凸出（阔大蚊亚属 Platytipula） ………………………………………………………… 7
6. 雄虫第 9 背板后缘具 1 个翼状中突，背视向端部加宽，其两侧略凹陷；生殖叶卵圆形，长约为宽的 2 倍 …………………
　　 ………………………………………………………………………………………………… 双色毛脉大蚊 **Ti. (Sc.) crastina**
- 雄虫第 9 背板后缘平截，具 1 个侧扁中突，背视向端部缩尖；生殖叶长卵形，长约为宽的 3 倍 ………………………………
　　 ………………………………………………………………………………………………… 中突毛脉大蚊 **Ti. (Sc.) quiris**
7. 雄虫第 9 背板后缘凹陷中部有一截形的凸起，2 叶内侧各有一小齿 ………… 莫干阔大蚊 **Ti. (Pl.) angustiligula mokanensis**
- 雄虫第 9 背板后缘凹陷呈弧形，2 叶无小齿 ………………………………………… 棍突阔大蚊 **Ti. (Pl.) cylindrostylata**
8. 中胸下前侧片具密毛；r-m 常位于 Rs 分叉点或附近，R_{4+5} 基部不弯折，而与 Rs 呈一条直线（日大蚊亚属 Nippotipula） ·
　　 ……… 9
- 中胸下前侧片光裸，或仅具稀疏的毛；r-m 位于 R_{4+5} 基部，R_{4+5} 基部弯折，而与 Rs 不在一直线上 ………………… 11
9. 喙无鼻突；雄虫第 9 背板腹面具一个细长骨化中突 ……………………………………………………………………… 10
- 喙具细长鼻突；雄虫第 9 背板腹面无骨化中突 ……………………………………………… 中华日大蚊 **Ti. (N.) sinica**
10. 中胸背板几乎一致深褐色，盘区仅有浅色的细纵纹；雄虫第 9 背板背面末端具 1 对角状突起；第 8 腹板后缘浅凹………
　　 ……………………………………………………………………………………………… 喙突日大蚊 **Ti. (N.) brevifusa nephele**
- 中胸背板黄色且具明显的棕黑色纵斑；雄虫第 9 背板背面末端较平截；第 8 腹板后缘中部呈宽 "V" 形深凹…………………
　　 ………………………………………………………………………………………………… 克拉日大蚊 **Ti. (N.) klapperichi**
11. 前翅白色，而基室及端室深棕灰色，但 cup 室中部无深色斑，Rs 长约为 CuA_1 基段的 2 倍 …… 月白大蚊 **Ti. phaeoleuca**
- 前翅一致浅棕色或浅灰色，基室及端室无深色斑，如有，则 cup 室中部具 1 个深色斑，Rs 较短，与 CuA_1 基段长度接近
　　（尖大蚊亚属 Acutipula） ……………………………………………………………………………………………………… 12
12. 前翅一致浅棕色，前缘域棕黄色，除翅痣外无深色斑 ………………………………………………………………………… 13
- 前翅 cup 室中部 1 个深色斑 …………………………………………………………………………………………………… 14
13. 中胸小盾片棕黄色，后背片金黄色；雄虫第 9 背板后缘具二叉状中突；生殖叶细长瓣状，长约为宽的 3 倍…………………
　　 ………………………………………………………………………………………………… 黄背尖大蚊 **Ti. (A.) luteinotalis**
- 中胸小盾片、中背片暗灰褐色；雄虫第 9 背板后缘中突不分叉；生殖叶较宽，长约为宽的 2 倍 …………………………………
　　 ………………………………………………………………………………………………… 宽刺尖大蚊 **Ti. (A.) platycantha**
14. 雄虫第 8 腹板后缘中部平截，两侧具突起且密被刚毛；抱握器外基叶具 2 个锐刺状突起………………………………………
　　 ………………………………………………………………………………………………… 暗缘尖大蚊 **Ti. (A.) shirakii**
- 雄虫第 8 腹板后缘中部具突起且向背面翘起；抱握器无锐刺状突起………………………………………………………… 15
15. 雄虫抱握器喙较短小，背脊凸出，外基叶短钩状且其腹侧具一黄色毛瘤………… 贵州尖大蚊 **Ti. (A.) guizhouensis**
- 雄虫抱握器喙较长，外基叶似鸡头形，其外侧面具弧形排列的大量黄色刺状毛………… 雏形尖大蚊 **Ti. (A.) stenoterga**
16. 雄虫第 9 背板完全中裂为 2 叶，腹面各向下后方伸出 1 个具小齿的黑色端突（蜚大蚊亚属 Vestiplex） ……………………
　　 ………………………………………………………………………………………………… 黑端蜚大蚊 **Ti. (V.) subbifida**

（88）贵州尖大蚊 *Tipula (Acutipula) guizhouensis* Yang, Gao *et* Young, 2006（图 3-72）

Tipula (Acutipula) guizhouensis Yang, Gao *et* Young, 2006: 448.

特征：体长 17–18 mm；前翅长 19–20 mm。头部褐色且具灰白色粉被。触角长约 5.5 mm；柄节、梗节黄色；鞭节暗褐色，但首鞭节黄褐色。胸部灰褐色，具灰黄色粉被。胸侧黄色。翅灰白色，1 条相对较窄的白色横斑从翅痣内侧沿翅弦伸达 dm 室基部，肘室近中部具一短小的浅灰色斑。腹部暗黄褐色，但基部棕黄色，第 2–6 节背板两侧具黑褐色纵斑，第 6 节之后黑色，除末节外各节背板侧缘灰白色。雄虫第 8 腹板两侧靠近端部各有一棕色毛簇，端缘中央有一短粗的中突；第 9 背板中突较窄，末端浅 "V" 形凹缺，具黑色小刺；生殖叶基部较窄，中部向后强烈突出呈直角状，端部向后弯曲呈细长的指状；抱握器较长而宽，喙较短小，背脊凸出，外基叶短钩状且其腹侧具一黄色毛瘤，被短刺状毛，后侧具一黄色刚毛丛。

分布：浙江（庆元）、陕西、四川、贵州。

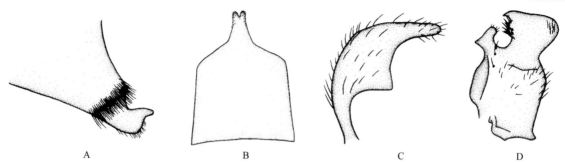

图 3-72　贵州尖大蚊 *Tipula* (*Acutipula*) *guizhouensis* Yang, Gao *et* Young, 2006 (仿自杨定等，2006)

A. ♂第 8 腹板，侧视；B. 第 9 背板，背视；C. 生殖叶，侧视；D. 抱握器，侧视

（89）黄背尖大蚊 *Tipula* (*Acutipula*) *luteinotalis* Alexander, 1941 （图 3-73）

Tipula (*Acutipula*) *luteinotalis* Alexander, 1941a: 388.

特征：雄虫体长 20–22 mm，前翅长 21–26 mm，触角长 4–4.5 mm。雌虫体长 26–30 mm，前翅长 22–23 mm，触角长约 4 mm。头部灰色且具灰白色粉被；触角柄节、梗节棕黄色；首鞭节棕黄色，其余鞭节黄褐色。胸部灰色，但小盾片棕黄色，后背片金黄色；足黄色至黄褐色；翅浅灰黄色，透明，无深色斑，仅翅痣与翅脉褐色。腹部棕灰色，末几节褐色；背板中央具不明显的褐色纵纹，近侧缘具黑褐色纵斑。雄虫第 8 腹板简单；第 9 背板中突二叉状，端半部分为平行的 2 支；生殖叶细长瓣状，长约为宽的 3 倍，末端钝圆；抱握器喙细长，背脊后侧具一近三角形突起，外侧面中部具 2 个前伸的细长刺突。雌虫尾须十分细长，末端略尖；产卵瓣刀状、侧扁，长约为尾须一半。

分布：浙江（临安）、湖北、福建、贵州。

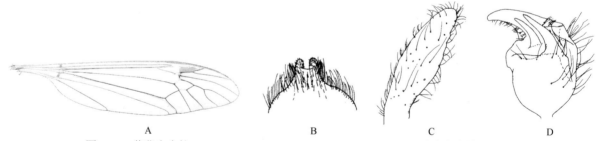

图 3-73　黄背尖大蚊 *Tipula* (*Acutipula*) *luteinotalis* Alexander, 1941 (仿自李彦等，2016)

A. 翅；B. ♂第 9 背板，背视；C. 生殖叶，侧视；D. 抱握器，侧视

（90）宽刺尖大蚊 *Tipula* (*Acutipula*) *platycantha* Alexander, 1934 （图 3-74）

Tipula (*Acutipula*) *platycantha* Alexander, 1934: 314.

Tipula (*Acutipula*) *stenacantha* Alexander, 1937: 7.

特征：雄虫体长 20–25 mm，前翅长 20–29 mm，触角长 4 mm。头部黑褐色且具灰白色粉被；触角柄节黄褐色；梗节暗棕黄色；鞭节棕黄至黄褐色。胸部暗灰褐色，具灰黄色粉被，胸侧黄色，具灰黄色粉被；足黄色至黄褐色，腿节、胫节及各跗节末端褐色；翅一致浅灰色，透明，无深色斑，仅翅痣与翅脉褐色。腹部第 1–4 节背板棕黄或黄褐色，腹板黄色；末几节黑褐色。雄虫第 8 腹板简单；第 9 背板中突简单，十分细长，末端具黑色小刺；生殖叶长瓣状，长约为宽的 2 倍；抱握器喙锥状，侧基叶短锥状，外基叶卵圆形，短于基喙，背缘及后缘具 2 个短刺突。

分布：浙江（临安、庆元）、江西、福建、重庆、四川、贵州。

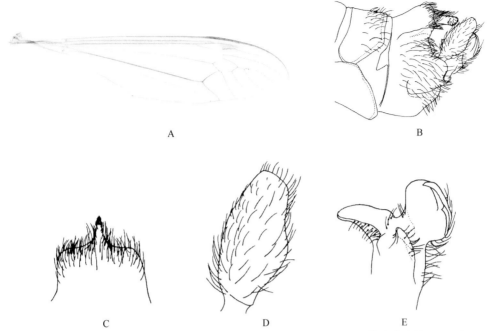

图 3-74　宽刺尖大蚊 *Tipula* (*Acutipula*) *platycantha* Alexander, 1934（仿自李彦等，2016）

A. 翅；B. ♂外生殖器，侧视；C. ♂第 9 背板，背视；D. 生殖叶，侧视；E. 抱握器，侧视

（91）暗缘尖大蚊 *Tipula* (*Acutipula*) *shirakii* Edwards, 1916（图 3-75）

Tipula shirakii Edwards, 1916: 258.

Tipula (*Acutipula*) *shirakii* Young *et al.*, 2013: 138, 143.

特征：雄虫体长 17–20 mm，前翅长 20–28 mm，触角长约 3.3 mm。雌虫体长 22–25 mm，前翅长 24–28 mm。头部黑褐色且具灰白色粉被；触角柄节、梗节黄褐色，鞭节 1–4 节棕黄色，余节暗褐色。胸部

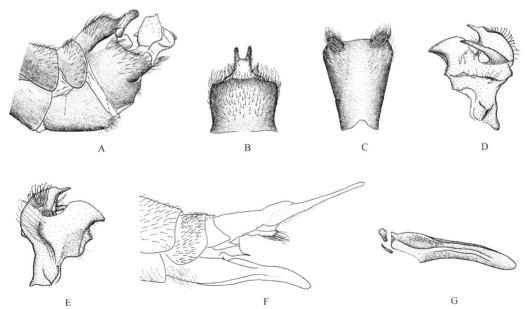

图 3-75　暗缘尖大蚊 *Tipula* (*Acutipula*) *shirakii* Edwards, 1916 (仿自 Young *et al.*, 2013)

A. ♂外生殖器，侧视；B. ♂第 9 背板，背视；C. ♂第 8 腹板，腹视；D. 抱握器，侧视；E. ♂抱握器，内侧视；F. ♀产卵器，侧视；G. ♀产卵瓣及悬骨，内侧视

暗灰褐色，具灰白色粉被；中胸背板前缘及侧缘黑褐色并延伸至小盾片后缘；翅浅灰褐色，具 3 个深色斑，从翅痣内侧沿翅弦至中盘室基部呈 1 条宽的白色横斑；中基室基部至中部近白色。雄虫第 8 腹板后缘中部平截，两侧突起且密被刚毛；第 9 背板中突两侧平行，端半部深凹分叉；抱握器喙宽短，背脊隆起，外基叶呈一宽短板状突且前端缩尖，另有一长刺状外侧突。雌虫第 8 腹板内腔具一对 "C" 形侧悬骨和一个小薄片状中悬骨。

分布：浙江（杭州）、湖北、江西、台湾、重庆、四川、贵州。

（92）雉形尖大蚊 *Tipula (Acutipula) stenoterga* Alexander, 1941（图 3-76）

Tipula (Acutipula) stenoterga Alexander, 1941a: 391.

Tipula (Acutipula) stenotergata [misspelling] Savchenko, 1961: 395.

特征：雄虫体长约 18 mm，前翅长约 21.5 mm，触角长约 4 mm。头部灰色；触角鞭节首节棕黄，余节黄褐色至褐色；胸部灰色，中胸前盾片具 4 条灰褐色纵斑；腿节深黄褐色至深褐色；翅浅棕灰色，翅痣褐色，bm 室白色，但近端部约 1/4 处具一灰褐色云斑，cup 室中部一灰褐色云斑且其两侧呈白色。第 8 腹板后缘中部向后伸出一密被细长黄色毛丛的指状突，近后缘处中线两侧各具 1 列黄色长毛丛；第 9 背板中突十分细长且末端分叉，中突两侧及末端具黑色小刺；生殖叶长瓣状，基半部膨大，端部缩尖；抱握器喙较长，外基叶似鸡头形，其外侧面具呈弧形排列的大量黄色刺状毛，背脊具一近三角形突起，其末端缩为指状，钝圆。

分布：浙江（庆元）、四川。

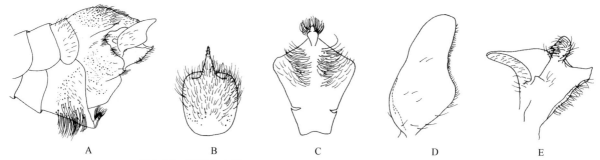

图 3-76　雉形尖大蚊 *Tipula (Acutipula) stenoterga* Alexander, 1941
A.♂外生殖器，侧视；B.♂第 9 背板，背视；C.♂第 8 腹板，腹视；D.♂生殖叶，侧视；E.♂抱握器，侧视

（93）温氏丽大蚊 *Tipula (Formotipula) vindex* Alexander, 1940（图 3-77）

Tipula (Formotipula) vindex Alexander, 1940b: 11.

特征：雄虫体长约 10 mm，前翅长约 14 mm，触角长约 4 mm。头部绒黑色。触角黑色，轮毛与相应鞭节近长。胸部绒黑色，被稀疏粉被。中胸前盾片有 4 条灰黑色纵纹。足基节、转节黑色；腿节褐色，基部略浅，端部黑色；胫节、跗节黑色。翅颜色暗淡，翅痣褐色；翅脉深褐色。平衡棒黑色。腹部第 1 节端

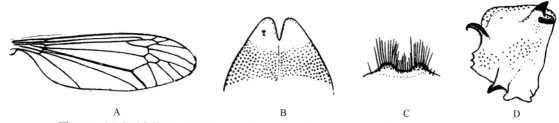

图 3-77　温氏丽大蚊 *Tipula (Formotipula) vindex* Alexander, 1940（仿自 Alexander, 1940c）
A. 翅；B.♂第 9 背板，背视；C.♂第 8 腹板端部，腹视；D.♂抱握器，侧视

部和第 2–4 节橘红色，剩余部分都为绒黑色。第 8 腹板较大，后缘具 1 对圆突，中部浅凹，凹缘及两侧叶密被黑色长刚毛。第 9 背板端部中央具 1 个窄"V"形凹陷，两侧叶扁平，末端钝圆；除端叶外，背板密被黑色长刚毛。生殖叶缺失。抱握器近矩形，喙黑色，短锥状，后脊具 1 个较细长的黑色弯刺状突起，后脊基部锯齿状。

分布：浙江（临安）、安徽。

（94）喙突日大蚊 *Tipula (Nippotipula) brevifusa nephele* Alexander, 1949（图 3-78）

Tipula (Nippotipula) brevifusa nephele Alexander, 1949b: 520.

特征：体大型。雄虫体长 34–37 mm，前翅长 23–24 mm。喙深褐色，无鼻突；头顶瘤突不发达。触角长 6–7 mm，柄节棕黄色；梗节橘黄色；鞭节绒黑色。胸背几乎一致深褐色，被大量黑色刚毛；中胸前盾片盘区具 3 条棕黄色细纵纹；胸侧褐色，被黄色刚毛。足褐色，腿节具一深褐色亚端环，胫节、跗节黑褐至黑色；胫节距式 1–2–2。翅灰色；前缘域淡黄色；翅痣深褐色；翅前部具 3 个明显的深褐色斑，翅弦前部的褐斑与翅痣围成一个中央白色的椭圆形眼斑；腋瓣具黑色短毛。腹部明显超过翅端。雄虫第 8 腹板较短，后缘中部浅凹。第 9 背板、腹板完全愈合；背板后缘中部向后呈 1 对角状突起且被大量刚毛，腹面中央向后伸出一细长骨状突，端部略膨大，两侧几乎平行，末端平截。生殖叶粗大，三棱锥状，侧视近平行四边形，密被长刚毛，内表面具大量黑色小刺。抱握器前端缩尖，后端呈一垂直的近三角形突起，背缘及内侧面靠近后缘具大量长刚毛，内侧面靠近背缘具黑色小刺。

分布：浙江（临安）、北京、湖北、福建、广西。

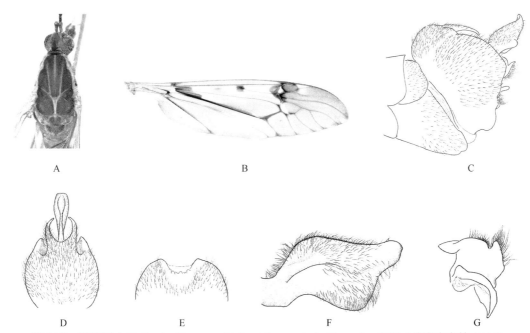

A   B   C

D   E   F   G

图 3-78 喙突日大蚊 *Tipula (Nippotipula) brevifusa nephele* Alexander, 1949（仿自李彦等，2016）
A. 头和胸，背视；B. 翅；C. ♂腹部末端，侧视；D. ♂第 9 背板，背视；E. ♂第 8 腹板，腹视；F. 生殖叶，侧视；G. 抱握器，侧视

（95）克拉日大蚊 *Tipula (Nippotipula) klapperichi* Alexander, 1941（图 3-79）

Tipula (Nippotipula) klapperichi Alexander, 1941a: 386.

特征：体大型。雄虫体长 31 mm，前翅长 24 mm；雌虫体长 42 mm，前翅长 24 mm。体黄色。头顶瘤突不发达；喙无明显鼻突；触角柄节、梗节黄色，鞭节黑色。胸部黄色，中胸背板具 3 条棕黑色纵斑，中斑被一细缝分开，盾片两叶各具一小一大 2 个棕黑色斑；中胸背板和侧板具很多黄色长毛。足黑褐色；胫节距式 1–2–2。翅浅棕灰色；翅痣褐色；前缘域黄色；Rs 基部、翅弦前部各具一灰褐色卵形斑；沿端部翅缘具一窄的、连续的灰褐色带。腹部深褐色。雄虫第 8 腹板后缘呈宽"V"形深凹，被膜质填充；第 9 背板后缘较平截，腹面具一细长中突且末端膨大；生殖叶宽大卵形，腹缘具一半圆形凸起，两侧表面均密被黑色短刚毛，近端缘及腹缘具大量黑色短刺；抱握器简单，指状，后缘具长毛；阳茎短小，前臂延长；阳基侧突宽且长，末端渐细，缩尖呈刀状。雌虫尾须粗且直，外侧面具凹槽，末端钝圆。

分布：浙江（庆元）、福建、广东。

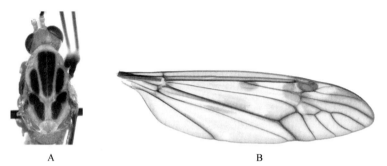

图 3-79　克拉日大蚊 *Tipula* (*Nippotipula*) *klapperichi* Alexander, 1941

A. 头和胸，背视；B. 翅

（96）中华日大蚊 *Tipula* (*Nippotipula*) *sinica* Alexander, 1935（图 3-80）

Tipula (*Nippotipula*) *sinica* Alexander, 1935a: 92.

特征：体大型。雄虫体长 29–38 mm，前翅长 21–26 mm。雌虫体长 36–45 mm，前翅长 23–27 mm。喙褐色，鼻突细长；头顶瘤突明显，圆拱。触角长约 4 mm，柄节黄褐色但基部黑褐色，梗节与首鞭节棕黄色，余节呈黑褐色。胸部灰色；中胸前盾片具 6 条深浅、大小不一的褐色纵斑，盾片 2 叶各具一大一小 2 个黑褐斑；胸侧灰白色，背缘、腹缘各具 1 条深褐色纵斑；胸侧具黄色刚毛。胫节距式 1–2–2。翅灰白色，

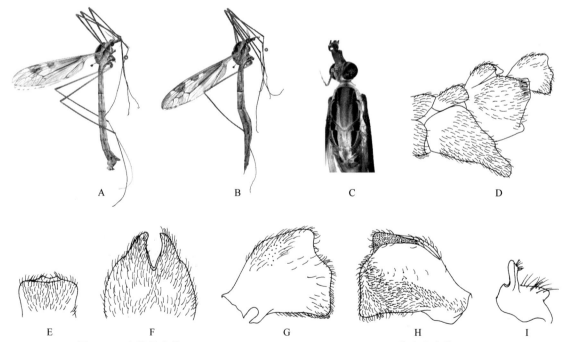

图 3-80　中华日大蚊 *Tipula* (*Nippotipula*) *sinica* Alexander, 1935（仿自李彦等，2016）

A. ♂，侧视；B. ♀，侧视；C. 头和胸，背视；D. ♂腹部末端，侧视；E. ♂第 9 背板，背视；F. ♂第 8 腹板，腹视；G. 生殖叶，侧视；H. 生殖叶，内侧视；I. 抱握器，侧视

透明；前缘域浅灰黄色；br 与 bm 室基部、Rs 基部、翅痣处，以及 r₂ 及 r₃ 室端半部，皆呈或深或浅的灰褐色斑；翅脉褐色。腹部细长，黄褐色，具灰白色粉被，尤其在末几节粉被更明显。雄虫第 8 腹板向后方强烈延伸，端缘中部 "V" 形深裂呈 2 叶，各自末端钝圆、内侧缘光滑且具细密绒毛；第 9 背板端缘几乎平截，其中部腹向伸出 1 对短的黑色齿状突；生殖叶宽大且厚，端缘中部及两侧角均微凸，外侧面密被黑毛，内侧面有黑色小刺及短毛；抱握器较小，背缘靠前方具一柱形长臂。

分布：浙江（德清、临安、余姚、庆元）、辽宁、内蒙古、北京、山东、河南、陕西、江苏、江西、福建、台湾、重庆、四川；朝鲜，韩国，日本。

（97）莫干阔大蚊 *Tipula* (*Platytipula*) *angustiligula mokanensis* Alexander, 1940（图 3-81）

Tipula (*Schummelia*) *angustiligula mokanensis* Alexander, 1940b: 8.

特征：雄虫体长约 13 mm，前翅长约 14.5 mm。雌虫体长约 20 mm，前翅长约 18 mm。触角鞭节每节基部长轮毛约 3 根。前盾片上有 3 条纵纹，并且在前端相接，后端分开较大。翅浅棕色，沿 CuA、A₂ 脉及 cup 室基部颜色加深，翅痣深褐色；翅痣前后、dm 室、bm 室近端部、各中分室、cup 室近基部和中部及 a₁ 室端部颜色较浅；m₁ 室室柄较长；腋瓣具毛。雄虫第 9 背板后端中央凹陷，凹陷中部有一截形凸起，两侧每叶近中线处有一小齿；第 9 腹板中央两侧各有一深色指状突，基部加宽。

分布：浙江（德清）。

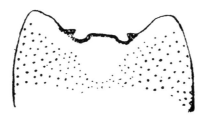

图 3-81　莫干阔大蚊 *Tipula* (*Platytipula*) *angustiligula mokanensis* Alexander, 1940（仿自 Alexander, 1940b）
♂第 9 背板，背视

（98）棍突阔大蚊 *Tipula* (*Platytipula*) *cylindrostylata* Alexander, 1926（图 3-82）

Tipula cylindrostylata Alexander, 1926: 378.

特征：喙淡黄色，鼻突细长。触角细长。鞭节颜色较深。下颚须端部黑褐色。胸侧颜色加深。翅棕灰色，翅痣深褐色，翅痣前后、dm 室、bm 室端部和 a₁ 室端部颜色较浅；腋瓣具毛。腹部基部暗黄色，端部深褐色。雄虫第 9 背板后缘凹陷呈弧形，两叶钝圆无小齿。生殖叶棍状，细长；抱握器喙弯曲。

分布：浙江（宁波）。

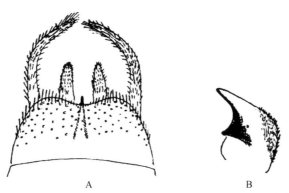

A　　　　　　　　B

图 3-82　棍突阔大蚊 *Tipula* (*Platytipula*) *cylindrostylata* Alexander, 1926（仿自 Alexander, 1926）
A.♂外生殖器，背视；B. 抱握器，侧视

（99）双尾普大蚊 *Tipula (Pterelachisus) biaciculifera* Alexander, 1937（图 3-83）

Tipula (Oreomyza) biaciculifera Alexander, 1937b: 17.

Tipula (Pterelachisus) biaciculifera: Yang *et* Yang, 1995: 421.

特征：雄虫体长 12–14 mm，前翅长 14–16 mm，宽 3–4 mm。头部暗黄色，头顶具 1 条灰褐色中纵纹。触角长 5–5.5 mm；柄节、梗节浅黄色；首鞭节棕黄色，其余鞭节各节基部黑色，端半部黄色。胸部暗黄色，具灰黄色粉被；中胸前盾片具 4 条深褐色纵斑。胸侧暗黄色且具灰黄色粉被。翅浅灰色，br 与 bm 室基部、Rs 基部、翅弦前部具棕灰色斑，翅痣褐色；r_2 与 r_3 室端半部深灰色；翅弦外侧具 1 条宽的白色横斑；翅脉深褐色。中横脉（m_1）与 M_{1+2} 呈一斜角，腹部暗黄色。第 9 背板、腹板基部愈合。第 9 背板宽阔，后缘中部宽凹，两侧角向侧后方延长呈细长针状突，且其基部各具 1 个近三角形背侧突；背板腹面具 1 对短突。生殖叶细小棍状。抱握器较大，长约为宽的 2.2 倍，喙短而略尖，基喙明显。生殖基节与第 9 腹板几乎完全愈合。第 9 腹板末端具 1 对粗壮棒状突。阳茎末端呈钩状。雌虫体长 17–19 mm，前翅长 14–17 mm，宽 3–4 mm。色型与雄虫相似。产卵器细长，深褐色；第 8 背板两侧灰黄色；第 10 背板狭长；第 8 腹板侧缘各呈半圆片状突起；产卵瓣较短，仅伸达尾须基部，端部较浅，较透明。

分布：浙江(临安、庆元、龙泉)、安徽、江西。

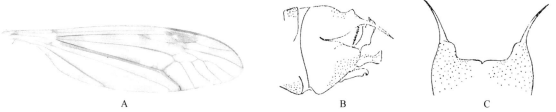

图 3-83 双尾普大蚊 *Tipula (Pterelachisus) biaciculifera* Alexander, 1937：（A 仿自李彦等，2016；B–C 仿自 Alexander, 1937b）
A. 前翅；B. ♂腹部末端，侧视；C. ♂第 9 背板，背视

（100）三齿普大蚊 *Tipula (Pterelachisus) famula* Alexander, 1935（图 3-84）

Tipula (Oreomyza) famula Alexander, 1935a: 123.

Tipula (Pterelachisus) famula: Yang *et* Yang, 1995: 421.

特征：雄虫体长 12 mm，前翅长 13 mm。头棕灰色；鼻突明显；触角长达体长一半，柄节与梗节暗黄色，鞭节暗黑色。中胸背板灰色，具 3 条棕色纵斑。翅棕色，具明显翅斑，翅痣暗棕色；R_{1+2} 完全。腹部第 1 节棕灰色，第 2–5 节橙黄色，其余节黑色，第 9 背板与腹板完全分开；第 9 背板后缘三齿状，侧齿突较钝，中齿突尖锐且向后具一纵脊伸达背板中央；生殖叶瓣状，基部较窄，端半部加宽；抱握器后缘具光裸指状突；第 8 腹板后缘中部具密集毛束。

分布：浙江（宁波）。

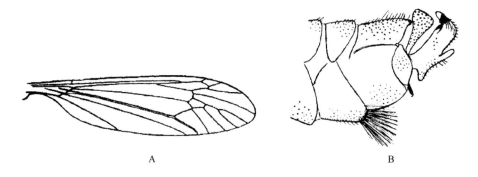

A   B

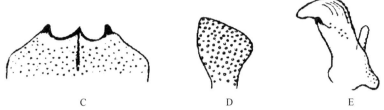

图 3-84　三齿普大蚊 *Tipula* (*Pterelachisus*) *famula* Alexander, 1935（仿自 Alexander, 1935a）

A. 前翅；B. ♂腹部末端，侧视；C. ♂第 9 背板，背视；D. 生殖叶，侧视；E. 抱握器，侧视

（101）宽黄普大蚊 *Tipula* (*Pterelachisus*) *latiflava* Alexander, 1931（图 3-85）

Tipula latiflava Alexander, 1931: 347.

Tipula (*Oreomyza*) *latiflava*: Savchenko, 1964: 98.

Tipula (*Pterelachisus*) *latiflava*: Yang *et* Yang, 1995: 421.

特征：雌虫体长 15–16 mm，前翅长 13.5–14 mm，宽 3 mm。头顶灰色且被灰白色粉被，具 1 条黑褐色中纵纹。触角长约 2.5 mm；柄节棕黄色；梗节浅黄色；首鞭节棕黄色，余节渐呈黑褐色。前胸背板灰色，具 3 条褐色纵斑；中胸前盾片灰色，具 4 条褐色纵斑，纵斑间具大量褐色斑点；盾片灰色，中部灰褐色，两叶各具 2 个褐色斑；小盾片深灰色，具 1 条不明显的褐色中斑；中背片深灰色。胸侧灰色，具灰黄色粉被。足腿节黑褐色，但具 1 个宽的暗黄色亚端环。翅浅灰白色；前缘室深褐色；亚前缘室黄褐色；翅痣深褐色；br 室与 bm 室基部、Rs 起点处、翅弦前部、R_3 端部各具 1 个灰褐色云斑；翅脉褐色；Rs 约为 R_{2+3} 的 2 倍，约为 CuA_1 基段的 4.5 倍；R_{1+2} 缺失；dm 室较小，五边形；腋瓣光裸。平衡棒柄部灰黄色，球部深褐色。腹部暗棕黄色，背板具 1 条黑色中纵斑，侧缘灰白，腹板亦具 1 条宽的黑色中纵斑。尾须细长且直；产卵瓣基部黑褐色，余部黄色。

分布：浙江（临安）、四川。

图 3-85　宽黄普大蚊　*Tipula* (*Pterelachisus*) *latiflava* Alexander, 1931（仿自李彦等, 2016）

翅

（102）比氏普大蚊 *Tipula* (*Pterelachisus*) *pieli* Alexander, 1937（图 3-86）

Tipula (*Oreomyza*) *pieli* Alexander, 1937b: 9.

Tipula (*Pterelachisus*) *pieli*: Yang *et* Yang, 1995: 421.

特征：雄虫体长 9–11 mm，前翅长 10–13 mm。雌虫体长 12–13 mm，前翅长 10–11 mm。头部灰色；头顶至后头具 1 条黑褐色中纵纹；头顶瘤突较明显、圆拱；喙棕灰色。雄虫触角长约 4 mm，雌虫触角长约 2 mm；柄节、梗节黄色；鞭节黑色，但首鞭节基部颜色较浅。胸部灰色；前胸背板黄色；中胸前盾片两侧黄色，盘区具 3 条纵斑；中背片灰黄色；胸侧黄色。翅无色透明，翅柄及前缘域浅黄色；翅痣褐色；沿翅弦前部、CuA、A_2 略加深；Rs 长为 R_{2+3} 或 CuA_1 基段的 2–2.5 倍。腹部黄色。雄虫第 9 背板、腹板及生殖基节均由膜质分离；第 9 背板后缘三齿状，中齿末端较尖锐，背腹面均具隆脊，侧齿较钝；生殖叶狭瓣状；抱握器较大，长约为宽的 3 倍，喙与基喙明显黑色，外基叶细长、骨化、瓣状，长约为抱握器的一半；第 8 腹板末端密被刚毛丛，后缘膜质区具 1 个宽半圆形肉质扁突，密被刚毛。雌虫尾须细长、针状，边缘光滑，末端较尖；产卵瓣细长，伸达尾须近中部，浅黄色，略透明，末端钝圆。

分布：浙江（临安、庆元）、江西。

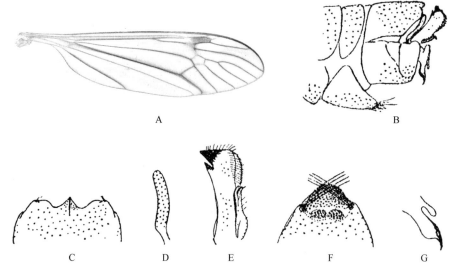

图 3-86　比氏普大蚊 *Tipula (Pterelachisus) pieli* Alexander, 1937（A 引自李彦等，2016；B–G 引自 Alexander, 1937b）

A. 翅；B. ♂腹部末端，侧视；C. ♂第 9 背板，背视；D. 生殖叶，侧视；E. 抱握器，侧视；F. ♂第 8 腹板，腹视；G. 阳基侧突，侧视

（103）萨氏普大蚊 *Tipula (Pterelachisus) savionis* Alexander, 1937（图 3-87）

Tipula (Oreomyza) savionis Alexander, 1937b: 12.

Tipula (Pterelachisus) savionis: Savchenko, 1964: 98.

　　特征：雄虫体长约 11 mm，前翅长 13 mm。头部灰色。触角长约 4.5 mm；柄节、梗节及首鞭节黄色，其余鞭节各节基部棕黑色，余部黄色，末几节较深。胸部浅灰色；中胸前盾片具深色纵斑；胸侧灰色且具粉被，背缘膜质区灰黄色。翅灰白色；翅柄部与 Sc 室黄色，C 室深黄色；自翅基部至端部具 4 条不规则的褐色横斑；翅脉深褐色；Rs 较长，约为 CuA_1 基段的 3 倍以上。腹部黄色，背板具黑色中纵纹，末几节黑色。雄虫第 9 背板、腹板完全分离；第 9 背板后缘具 1 对近三角形的扁平钝突，中部呈 "U" 形凹缺，且在凹缺中部具 1 个细小的裂口；生殖叶长卵形；抱握器较宽大，喙短而钝，背脊内侧面具肋状浅纹，且被

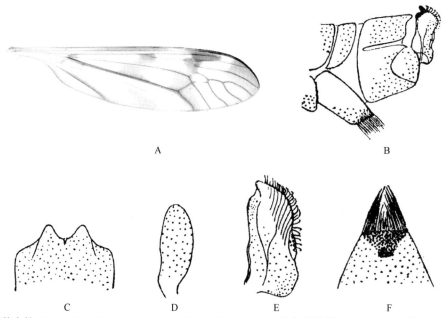

图 3-87　萨氏普大蚊 *Tipula (Pterelachisus) savionis* Alexander, 1937 (A 仿自李彦等，2016；B–F 仿自 Alexander, 1937b)

A. 翅；B. ♂腹部末端，侧视；C. ♂第 9 背板，背视；D. 生殖叶，侧视；E. 抱握器，侧视；F. ♂第 8 腹板，腹视

1 列短刚毛；第 8 腹板较长，端部收狭，后缘平截且具黄色刚毛丛，两侧刚毛长于中部刚毛；第 8 腹板与第 9 腹板间的膜质区另具一小丛刚毛。雌虫与雄虫相似，但触角较短，且呈浅黄色。

分布：浙江（临安）、上海。

（104）四黑普大蚊 *Tipula (Pterelachisus) tetramelania* Alexander, 1935（图 3-88）

Tipula (Oreomyza) tetramelania Alexander, 1935a: 125.

Tipula (Pterelachisus) tetramelania: Savchenko, 1964: 475.

特征：雄虫体长 10–12 mm，前翅长 10.5–12 mm，宽 2.5 mm。头顶棕灰色，具 1 条棕黑色中纵纹。触角长 4.5–5 mm；柄节、梗节灰黄色；鞭节黑褐色，但首鞭节黄褐色。中胸前盾片灰色，具 4 条光亮的黑褐色纵斑。胸侧黑灰色，且被灰色粉被，后基节较光亮；中胸侧背片黑褐色，光亮，局部具灰色粉被。翅棕灰色；柄部和前缘域浅棕黄色；翅痣深褐色；近基部、翅弦两侧各具 1 条不规则白色横斑；翅脉棕黑色；Rs 长约为 R_{2+3} 的 3 倍，约为 CuA_1 基段的 2.2 倍；R_{1+2} 完整；m_1 室室柄明显长于 m-m；腋瓣光裸。腹部浅黄色。第 9 背板、腹板由膜质分离。第 9 背板后缘三齿状，中齿较狭长，侧齿宽短，末端皆钝圆。生殖叶狭瓣状，被黄色长刚毛。抱握器较大，后脊近基部凹陷，使其下方呈一小尖突，基部向下后方呈一短突。生殖基节与第 9 腹板完全分离。第 8 腹板后缘具黄色长毛丛。雌虫体长 14–15 mm，前翅长 13.5–14 mm。色型与雄虫相似；爪简单；腹部背板具明显黑色纵斑。尾须细长且直。

分布：浙江（临安）、四川。

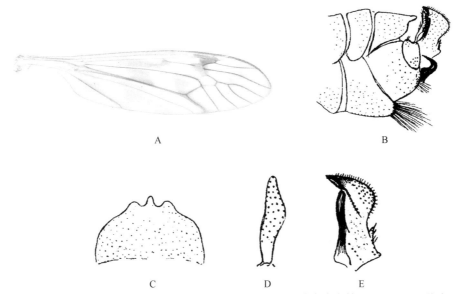

图 3-88　四黑普大蚊 *Tipula (Pterelachisus) tetramelania* Alexander, 1935 (A 仿自李彦等，2016；B–E 仿自 Alexander, 1935a)
A. 翅；B. ♂腹部末端，侧视；C.♂第 9 背板，背视；D. 生殖叶，侧视；E. 抱握器，侧视

（105）双色毛脉大蚊 *Tipula (Schummelia) crastina* Alexander, 1941（图 3-89）

Tipula (Schummelia) crastina Alexander, 1941b: 34.

特征：雄虫体长 10 mm，翅长 10 mm。头部密被黄白粉被。喙短，黄褐色。头顶到后头由黄色变黑褐色。触角柄节和梗节黄色；鞭节第 1 节黄色，剩余各节基部黑褐色。胸部黄褐色，被黄白粉被。前胸背板褐色；中胸前盾片有 3 条深褐色纵纹，中间 1 条被 1 条隐约的黑褐色细纵纹分开；盾间缝颜色明显；中胸盾片、中胸小盾片和中背片黄褐色。胸侧由背部到腹部逐渐由黄褐色变为黄色，被黄白粉被。胸部被稀疏黑色毛。翅浅黄褐色，简单，翅痣深褐色，翅痣前后发白，dm 室发白。翅腋瓣有毛。平衡棒黄褐色，基部发白，端部褐色。腹部黄色，第 1–7 背板侧缘黑色，第 2 背板后缘黑色，腹板及第 8–9 背板黄色。雄虫第 9 背板端部中央有一翼状突起，背视向端部加宽，背板两侧近中部分凹陷，外侧部分截形。生殖叶卵圆形，长约为宽的 2 倍；抱握器长卵圆形，喙较细。

分布：浙江（临安）、福建。

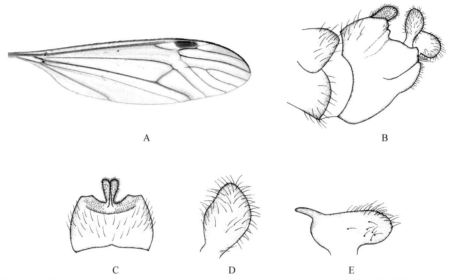

图 3-89　双色毛脉大蚊 *Tipula* (*Schummelia*) *crastina* Alexander, 1941（仿自李彦等，2016）

A. 翅；B. ♂外生殖器，侧视；C. ♂第 9 背板，背视；D. 生殖叶，侧视；E. 抱握器，侧视

（106）中突毛脉大蚊 *Tipula* (*Schummelia*) *quiris* Alexander, 1940（图 3-90）

Tipula (*Schummelia*) *quiris* Alexander, 1940c: 123.

特征：雄虫体长约10 mm，前翅长12 mm。雌虫体长12–13 mm，前翅长11–12 mm。头部棕灰色，喙暗黄色至黄褐色，鼻突钝；触角基部3节黄色，剩余各节基部颜色深，端部黄色。前胸背板中间褐色，两侧颜

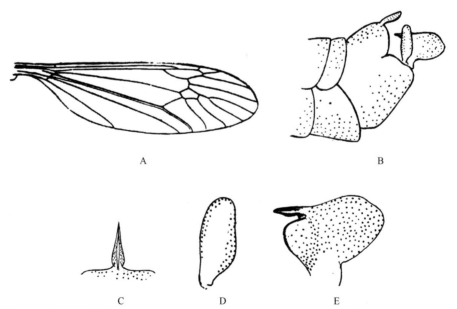

图 3-90　中突毛脉大蚊 *Tipula* (*Schummelia*) *quiris* Alexander, 1940（仿自 Alexander, 1940c）

A. 翅；B. ♂腹部末端，侧视；C. ♂第 9 背板端部，背视；D. 生殖叶，侧视；E. 抱握器，侧视

色较浅。中胸前盾片黄色，有4条褐色纵纹；盾片两叶颜色较深，中间部分发白；小盾片和中背片黄色，胸侧黄色。足基节、转节黄色；腿节暗黄色至褐黄色；胫节、跗节深褐色。翅前缘室黄色，翅痣明显，褐色。平衡棒深褐色。腹部背板暗褐黄色，侧缘和后缘褐色；腹板黄色。雄虫第9背板后缘平截，端部中央有一扁平的中叶，背视向端部缩尖。生殖叶长卵形，长约为宽的3倍，抱握器喙细长，色深。雌虫尾须细长且直。

　　分布：浙江（临安）。

（107）苏氏长角大蚊 *Tipula (Sivatipula) suensoniana* Alexander, 1940（图 3-91）

Tipula suensoniana Alexander, 1940a: 110.

Tipula (Sivatipula) suensoniana: Alexander, 1964: 105.

　　特征：雄虫体长 21 mm，前翅长 22 mm。头顶中部深灰色。触角长约 19.5 mm；柄节、梗节棕黄色；鞭节浅棕色，但首鞭节黄色。胸部黄褐色；中胸前盾片具 4 条有深褐色边缘的灰色纵斑，两中斑内缘愈合呈一褐色中纵纹。前翅浅灰黄色，无斑，透明；C 室棕黄色，Sc 室浅褐色，翅痣褐色；翅脉深褐色；腋瓣光裸无毛。腹部棕黄至黄褐色，但第 6–7 节黑褐色，呈一明显的亚端环。第 9 背板被大量黄色长毛，腹面伸出一对被黑色小刺的短突；生殖叶较大，端半部分 2 支，外侧枝细长，仅被细小绒毛，内侧枝短小而基部较宽，密被黑色短刺；抱握器基部具一指状毛瘤，前缘中部强烈凸出，近背脊内外两侧各具一突起，外侧突起较大，刀状，末端缩尖，内侧突起较小，指状，后脊具大量黄色长毛，盘区具些许黑色短刺状刚毛。第 9 腹板末端具 1 对长的毛突；第 8 腹板简单。

　　分布：浙江（临安）。

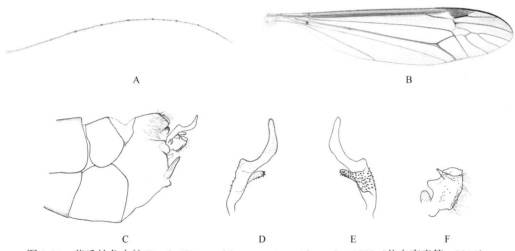

图 3-91　苏氏长角大蚊 *Tipula (Sivatipula) suensoniana* Alexander, 1940（仿自李彦等，2016）
A. ♂触角，侧视；B. 翅；C. ♂腹部末端，侧视；D. 生殖叶，侧视；E. 生殖叶，内侧视；F. 抱握器，侧视

（108）黑端蜚大蚊 *Tipula (Vestiplex) subbifida* Alexander, 1953（图 3-92）

Tipula (Vestiplex) subbifida Alexander, 1953: 326.

Tipula bifida Alexander, 1922b: 539.

　　特征：雄虫体长 14 mm，前翅长 17.5 mm。头部浅棕黄色。触角短，柄节、梗节棕黄色，鞭节棕黄至黄褐色。胸部灰色。中胸前盾片具 4 条褐色纵斑，两中斑被 1 条细纵纹分开；盾片褐色；中背片具 1 条褐色中纵纹。胸侧浅灰色。翅浅灰色；前缘室棕黄色；亚前缘室褐色；br 和 bm 室基部、Rs 基部、翅弦前部各具 1 个褐色云斑；翅弦外侧具 1 条白色横斑，自翅痣外经 r$_2$、r$_3$、r$_5$ 及 dm 室基部伸达 cua$_1$ 室基部。腹部棕色，腹板较浅。第9背板、腹板愈合。第9背板完全中裂为两叶，各自后缘平截或微凹，腹面各向下后方伸出1个具小齿的黑色端突。生殖叶棍棒状，基部较窄。抱握器较大。生殖基节与第9腹板完全分离，近卵形，后端具1个直立的黑色刺突。第9腹板端部具1对被毛的卵形骨片；第8腹板简单。

分布：浙江（德清、临安）、江西、福建、贵州。

图 3-92 黑端蜚大蚊 *Tipula* (*Vestiplex*) *subbifida* Alexander, 1953（仿自李彦等，2016）
翅

（109）小稻大蚊 *Tipula* (*Yamatotipula*) *latemarginata latemarginata* Alexander, 1921（图 3-93）

Tipula latemarginata Alexander, 1921: 128.

Tipula (*Yamatotipula*) *latemarginata latemarginata*: Savchenko, 1961: 269.

特征：雄虫体长 11–13 mm，前翅长 12–14 mm。雌虫体长 12–14 mm，翅长 14–15 mm。头顶和后头灰黑色。触角柄节和梗节褐色；鞭节逐渐由黄褐色变成黑褐色。胸部整体灰褐色，被灰白色粉被；中胸前盾片上有 4 条深色纵纹；胸侧灰白色。翅简单透明，浅褐色，C 室、Sc 室和翅痣深褐色，翅痣靠前沿翅弦发白，dm 室平行四边形。平衡棒基部黄褐色，柄部和端部黑褐色。腹部整体黑褐色，背板掺杂黑色成片的斑，向端部逐渐整体变为黑色。雄虫第 9 背板端部变细，中央有一小的"U"形凹陷，两叶边缘截形；生殖叶宽大扁平；抱握器宽大，分为两部分，前叶扁平，喙圆钝，前缘靠下位置有一翻折的小叶，后叶顶部有 2 个指状突，靠下有一朝前的黑色指突。雌虫尾须细长，产卵瓣刀片状，骨化。

分布：浙江（临安）、吉林、辽宁、内蒙古、北京、河北、山西、河南、陕西、宁夏、新疆、安徽、湖北；俄罗斯，韩国，日本，哈萨克斯坦。

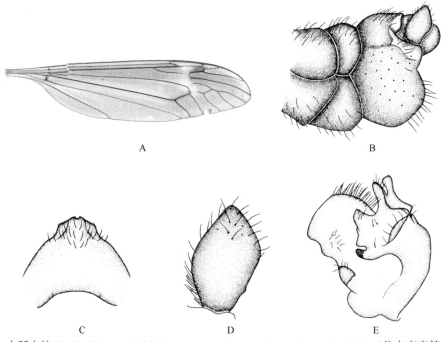

图 3-93 小稻大蚊 *Tipula* (*Yamatotipula*) *latemarginata latemarginata* Alexander, 1921（仿自李彦等，2016）
A. 翅；B. ♂腹部末端，侧视；C. ♂第 9 背板，背视；D. 生殖叶，侧视；E. 抱握器，侧视

（110）新雅大蚊 _Tipula_ (_Yamatotipula_) _nova_ Walker, 1848（图 3-94）

Tipula nova Walker, 1848: 71.

Tipula (_Yamatotipula_) _nova_: Alexander, 1938b: 343.

　　特征：雄虫体长20–22.5 mm，前翅长21–24 mm。头部、喙黄褐色，头顶和后头灰褐色，眼眶黄色。触角13节，柄节和梗节黑褐色，鞭节基部3节黄褐色。胸部整体褐色。前胸背板有1条不明显的深褐色中纹；中胸前盾片有3条灰褐色的纵纹，纵纹边缘颜色较深，且中间的纵纹中间有1条深褐色纵纹；盾片深褐色；小盾片有1条不明显的褐色中纵纹；胸侧灰黄色，有灰白色粉被。翅褐色，翅痣深褐色，翅痣前部、R室和bm室端部、dm室、R$_{4+5}$室白色，形成白色纵斑，CuA室、A$_1$室和A$_2$室透明发白。平衡棒深褐色。腹部深黄褐色。雄虫第9背板端部中央有一指状突。生殖叶卵圆形；抱握器宽大复杂，喙圆钝，后部有一叶较细弯曲，端部圆形，透明，其中上部着生一倒刺状结构。雌虫体长21–23 mm，翅长22–23 mm。尾须细长，产卵瓣刀片状，骨化。

　　分布：浙江（临安）、辽宁、山西、河南、陕西、安徽、湖北、江西、福建、台湾、广东、海南、香港、四川、贵州、云南；韩国，日本，印度。

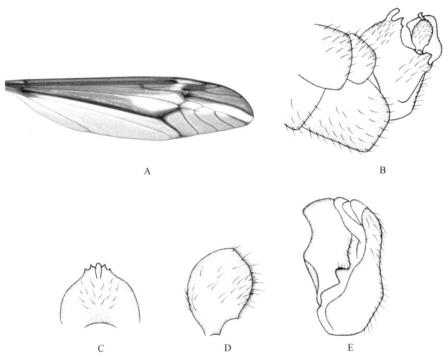

图 3-94　新雅大蚊 _Tipula_ (_Yamatotipula_) _nova_ Walker, 1848（仿自李彦等，2016）
A. 翅；B. ♂腹部末端，侧视；C. ♂第9背板，背视；D. 生殖叶，侧视；E. 抱握器，侧视

（111）灰头雅大蚊 _Tipula_ (_Yamatotipula_) _poliocephala_ Alexander, 1922（图 3-95）

Tipula poliocephala Alexander, 1922a: 346.

Tipula (_Yamatotipula_) _poliocephala_: Alexander, 1937b: 4.

　　特征：雄虫体长 10.5–12 mm，前翅长 11.5–13 mm。头顶和后头黑褐色。鼻突被黄色长毛。触角深褐色，柄节、梗节和鞭节第1节为浅黄褐色；其余各节深褐色，膨大处有4根黑色轮毛，轮毛长度比对应的节长要短。胸部黄褐色，被白色粉被。前胸背板黑褐色。中胸前盾片上有3条褐色纵纹；中胸盾片两侧褐色，中间发白；中胸小盾片和中背片密被白色粉被。足黄褐色，被黑色短毛，基节深褐色，被黄色长毛；转节黄色；腿节基部黄色，端部逐渐变为黄褐色；胫节黄褐色，末端逐渐变深；跗节黄褐色逐渐变成黑褐色。翅较简单，几乎透明，黄褐色，C 室、Sc 室褐色；翅痣褐色。腹部黑褐色。大多数背板侧边黄色。雄虫第 9 背板端部被一较窄"V"形沟分开成两叶，两叶末端钝圆，被黑短刺；生殖叶着生于抱握器基部，短小、棒状；抱握器呈"Y"形，分为前后两叶，前叶喙变细，端部钝圆，后叶扁平，两叶中间有圆形突起。雌虫体长 15–16 mm，翅长 14–15 mm。色型与雄虫相似。尾须细长，产卵瓣刀片状，透明，产卵瓣长度是尾须长度的 2/3。

分布：浙江（德清、临安）、江苏、四川、贵州。

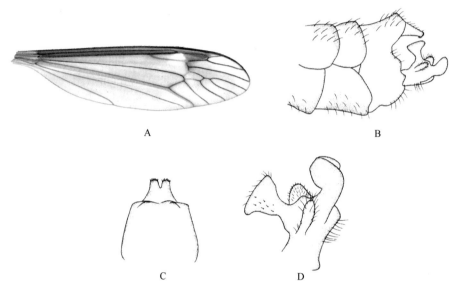

图 3-95　灰头雅大蚊 Tipula (Yamatotipula) poliocephala Alexander, 1922（引自李彦等，2016）

A. 翅；B.♂腹部末端，侧视；C.♂第 9 背板，背视；D. 生殖叶与抱握器，侧视

（112）对刺大蚊 *Tipula opinata* Alexander, 1940（图 3-96）

Tipula (Oreomyza) opinata Alexander, 1940a: 106.

特征：雄虫体长 9.5–10 mm，前翅长 12–13 mm。头顶前部橘黄色，后部灰褐色，具 1 条不很明显的中

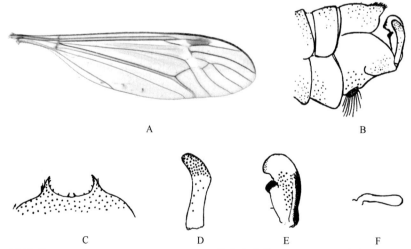

图 3-96　对刺大蚊 *Tipula opinata* Alexander, 1940 (A 仿自李彦等，2016；B–F 仿自 Alexander, 1940a)

A. 翅；B.♂腹部末端，侧视；C.♂第 9 背板，背视；D. 生殖叶，侧视；E. 抱握器，侧视；F. 阳基侧突，侧视

纵纹。触角长约 3.5 mm；柄节、梗节浅黄色；鞭节黑色。中胸前盾片浅黄色，盘区具红褐色纵斑。胸侧黄色。翅浅棕色；翅柄部和前缘域黄褐色；翅痣深褐色；翅弦内侧具 1 条白色斜斑，自翅痣内侧方延伸至 dm室基部；翅脉褐色；Rs 略长于 R_{2+3}，约为 CuA_1 基段的 1.5 倍；R_{1+2} 不完整，末端游离；dm 室扁五边形；m_1 室狭长，其柄短于 m-m；a_2 室较窄；端部翅脉具大量刚毛；腋瓣光裸。腹部第 1–2 节灰黄色，第 3–5 节棕黄色，末几节黑色。第 9 背板、腹板由膜质分离；第 9 背板后缘具 1 对被有黑色小刺的短刺状突起，其间呈"U"形宽凹，亦被数根小刺。生殖叶棍棒状，较粗壮，基部具稀疏刚毛，端部略弯折，具大量刚毛。抱握器似手套形，喙及基喙较钝。生殖基节仅腹缘与第 9 腹板分开。第 9 腹板后缘中部凹陷，具 1 对长毛簇。第 8 腹板后缘微凹。阳基侧突长瓣状，末端钝圆。雌虫未知。

　　分布：浙江（临安）。

（113）月白大蚊 *Tipula phaeoleuca* Alexander, 1940（图 3-97）

Tipula (Acutipula) phaeoleuca Alexander, 1940b: 14.

　　特征：雌虫体长约 25 mm，前翅长 23 mm。喙棕灰色，鼻突明显；额黄灰色；头顶棕灰色；后头灰色；头顶至后头具 1 条褐色中纵纹。触角浅褐色，端部几节加深。前胸背板棕灰色；中胸前盾片浅棕灰色，具 4 条深棕灰色纵斑，2 中斑明显分开。胸侧灰色；背缘膜质区黄褐色；中胸侧背片灰色，但下侧背片浅黄色。翅白色；翅柄褐色；前缘域棕黄色；翅痣不显著，端部灰褐色，基部较浅；br 室基部至近端部、bm 室基部、cup 室基半部、r_2 室端半部、r_3 室全部、r_5 室基部、CuA_1 基段两侧、cua_1 室后半部皆呈棕灰色；各中室端部浅灰色；翅脉褐色；Rs 长约为 R_{2+3} 的 3 倍，CuA_1 基段的 2 倍；r-m 靠近 Rs 分叉点，长于 R_{4+5} 基段；CuA_1 与 M_3 汇于 dm 室后缘近基部，并短距离汇合；腋瓣具毛。平衡棒柄部棕黄，球部基部褐色而端部黄色。腹部暗黄色，第 6 节之后呈灰色，第 3–5 节背板具褐色中纵斑。尾须细长。雄虫未知。

　　分布：浙江（临安）。

图 3-97　月白大蚊 *Tipula phaeoleuca* Alexander, 1940（仿自李彦等，2016）
翅

（114）黑喙大蚊 *Tipula repugnans* Alexander, 1940（图 3-98）

Tipula (Oreomyza) repugnans Alexander, 1940a: 109.

　　特征：雌虫体长约 15 mm，前翅长 16 mm。头顶瘤突黄色，头顶后部及后头棕灰色；喙棕黑色。触角柄节、梗节棕黄色；鞭节褐色；前胸背板深褐色，两侧灰黄色；中胸前盾片黄色，4 条纵斑不明显。胸侧黄色。翅浅灰色，柄部及前缘域棕黄色；翅痣浅褐色；翅脉浅褐色；Rs 长，约为 CuA_1 基段的 2 倍；R_{1+2}完整；dm 室较小；m-cu 缺失，CuA_1 与 M_3 在 dm 室后缘中部短距离愈合；a_2 室较窄；腋瓣小，光裸；端

图 3-98　黑喙大蚊 *Tipula repugnans* Alexander, 1940（仿自 Alexander, 1940a）
翅

部翅脉具大量刚毛，但肘脉光裸。腹部黄色，背板具棕黑色中纵斑和侧纵斑，各节后缘较浅；末几节黑色，尾须及产卵瓣黄色。尾须细长且直，边缘光滑；产卵瓣末端收狭，钝圆。雄虫未知。

分布：浙江（临安）。

（115）联脉大蚊 *Tipula spectata* Alexander, 1940（图 3-99）

Tipula (*Schummelia*) *spectata* Alexander, 1940c: 9.

特征：雌虫体长约 16 mm，前翅长 16 mm。头顶及后头黄灰色。触角柄节、梗节浅褐色；基部鞭节各节基部深褐色而端部棕黄色，端部数节全棕黑色；前胸背板浅褐色；中胸前盾片灰黄色，具 4 条棕灰色纵斑；胸侧灰色。翅浅灰黄色，柄部及前缘域黄色；翅痣深褐色；翅弦内侧具 1 个棕灰色大斑，盖及 br 室近端部、bm 室端部及 cua$_1$ 室基部；沿翅弦前部向后外侧至 M$_{1+2}$ 及各 M$_1$、M$_2$ 基部具较小的棕灰色云斑；a$_1$ 室端半部中央灰色；翅脉褐色；Rs 长约为 R$_{2+3}$ 的 2 倍，仅略长于 CuA$_1$ 基段；dm 室较小，不规则五边形；m$_1$ 室较狭长，约为其柄长的 2 倍，其柄明显长于 m-m；CuA$_1$ 与 M$_3$ 汇于 M 分叉点，且短距离愈合；cua$_1$ 室端部明显窄于基部；CuA$_2$ 较直，与 CuA 几乎呈一直线。腹部黄色，末几节黑褐色；产卵器黄色。尾须细长且直。雄虫未知。

分布：浙江（临安）。

图 3-99　联脉大蚊 *Tipula spectata* Alexander, 1940（仿自李彦等，2016）
翅

第四章　蛾蠓总科 Psychodoidea

七、网蚊科 Blephariceridae

主要特征：体细长，小至中型，长 3.0–13.0 mm。体呈砖红色或灰色。触角鞭节 11–13 节，端节不延长；复眼大而特殊，每个复眼横向分为背区与腹区两部分；口器雌雄性异型，雌虫具上颚，雄虫则无。足长，后足股节较其他节粗壮。翅脉间具细小的网状细纹，M_2 脉完全分离，臀角突出。幼虫圆柱形，腹面平坦，分为明显的 6 节。各体节侧缘具 1 个较硬的圆锥形下弯的腹足，端部具一簇毛锥形下弯的腹足，之上具 1 个圆柱形或管状背腹足，上具较粗壮的刚毛，每一体节腹部中央各具 1 个圆形复杂的吸盘。幼虫和蛹常常生活在水流湍急的瀑布旁或清澈小溪中光裸的石头上，幼虫可以通过扁平的腹侧和腹部吸器使身体黏附于岩石表面。幼虫的活动缓慢，以水中的藻类为食物。网蚊雌虫具细长而尖锐的上颚，可取食摇蚊、细蚊和大蚊等害虫，可以作为天敌昆虫资源。成虫大部分种类口器延长，具有访花的习性，为自然界重要的传粉昆虫之一。

分布：世界已知 26 属 300 余种，中国已知 7 属 18 种，浙江分布 1 属 1 种。

45. 蜂网蚊属 *Apistomyia* Bigot, 1862

Apistomyia Bigot, 1862: 109. Type species: *Apistomyia elegans* Bigot, 1862 (monotypy).

主要特征：口器发育良好，上唇与下唇都细长，长于头宽，下颚须仅 1 节；触角短小，约等于头宽，一般仅 10 节；翅脉 R 仅分 2 支，Rs 很小，M_2 脉不存在，bm-cu 脉不存在。

分布：世界广布，已知 20 种左右，中国已知 2 种，浙江分布 1 种。

（116）日本蜂网蚊 *Apistomyia uenoi* (Kitakami, 1931)（图 4-1）

Curupira uenoi Kitakami, 1931: 103.

Apistomyia uenoi: Zwick, 1992: 53.

特征：体长 4.9 mm，翅长 4.4 mm，翅宽 1.6 mm。头部头顶和后头黑色。复眼背区大，砖红色；腹区较小，呈红棕色。触角 10 节，触角基节深褐色，中部被 1 圈棕色长毛；触角梗节端部膨大，呈三角状，其长度为柄节的 3 倍；鞭节前 7 节较短，长与宽几乎相等，最后一节较长，为其他鞭节的 3 倍以上。胸部背板大部分呈黑色，中胸背板边缘部分具银色反光斑块，小盾片深棕色。胸部侧片深棕色，具银色闪光表面。足的基节、转节与腿节基部为黄褐色，其余为深褐色。腿节端部膨大呈棒状；后足胫节端部具 2 根距。翅透明，翅尖具淡褐色云状斑，翅脉褐色。平衡棒柄部黄色，棒部深褐色。腹部背板黑褐色，第 1–5 节背板前缘两侧分别有 1 个银色三角形斑，腹板黄褐色。第 9 背板盾形，后缘有一圈"V"形较深区域，布均匀黑色短毛。第 9 腹板近似长方形，后缘中间微凹，两侧稍凸，不具短毛。尾须具 2 叶片，叶片宽大钝圆，上被均匀黑色短毛。外生殖刺突仅 1 叶片，棒状细长，长为宽的 3 倍左右，布黑色短毛。生殖刺突内侧具长条型凹陷，凹陷处密被长毛。阳茎基端部明显，呈"U"形，顶端圆。

分布：浙江（临安）；日本。

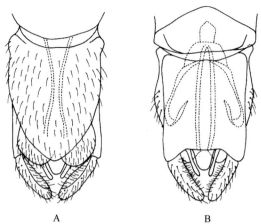

图 4-1　日本蜂网蚊 *Apistomyia uenoi* (Kitakami, 1931)

A. ♂腹部末端，背视；B. ♂腹部末端，腹视

八、蛾蠓科 Psychodidae

主要特征： 小至中型，体长 1–5 mm。体色较暗，通常暗棕色或棕色，少数黑色。体驼背形，密被毛状覆盖物。触角具膜状浓密细毛；一般 12–16 节。下颚须长且弯曲，一般 4–5 节。翅竖立、屋脊形或休息时平放于腹部；翅基部窄，端部圆或钝圆或尖；翅面密生细毛，少数具鳞片；横脉缺失或靠近翅基部，具 10 条达到翅缘的翅脉，其中 5 条由 R 脉分出，3 条 M 脉，2 条 CuA 脉。阳茎叶一般位于成堆的生殖突两侧；具对称或不对称的阳基侧突，阳基侧突形成一个阳茎鞘环绕着端阳茎。幼虫一般水生、半陆生，或在浴室以细菌为食。一般 4–5 mm 长，体透明，头部黑色，细长的扁平圆筒状。成虫寿命一般 20 天，在此期间只繁殖 1 次，雌虫会在潮湿的排水管产卵，一般一次产卵 30–100 粒。

分布： 世界已知 120 属 2900 种，中国已知 8 属 80 种，浙江分布 2 属 6 种。

46. 白蛉属 *Phlebotomus* Rondani *et* Berté, 1840

Flebotomus Rondani *et* Berté, 1840: 12. Type species: *Bibio papatasi* Scopoli, 1786 (monotypy).

Haemasson Loew, 1844: 115. Type species: *Haemasson minutus* Loew, 1844 (monotypy) [= *papatasi* (Scopoli, 1786)].

主要特征： 腹部背板的毛多为竖立，聚集成簇。受精囊分节完全或不完全。上抱握器长毫一般为 4–5 个；上抱握器基节上突出体、刷状毛有或无。口腔内没有口甲或发育不全，仅有少数零散的小齿，不能构成甲的构造。

分布： 世界分布。世界已知 130 种，中国记录 16 种，浙江分布 3 种。

分种检索表

1 上抱器端节上具长毫 4 个 ·· 蒙古白蛉 *P. (P.) mongolensis*
- 上抱器端节上具长毫 5 个 ··· 2
2. 间中附器构造简单不分叶 ··· 中华白蛉 *P. (A.) chinensis*
- 间中附器分 3 叶，中叶最大，背叶次之，腹叶最小 ································· 江苏白蛉 *P. (E.) kiangsuensis*

（117）中华白蛉 *Phlebotomus (Adlerius) chinensis* Newstead, 1916（图 4-2）

Phlebotomus major var. *chinensis* Newstead, 1916: 191.

Phlebotomus (Adlerius) chinensis: Siton, 1928: 306.

特征： 体长 2.6–3.5 mm，翅长 2.1–3.0 mm，长宽比为 1∶0.28。体灰褐色。咽甲前部由 "V" 形小齿组成，前中部较大而稀疏，后部较小而紧列，基底部有许多长短不一的横脊；受精囊纺锤状，囊体分 13–14 节，分节不完全，囊管长度约为囊体长度的 2.5 倍，囊体长宽度之比为 1∶0.32。雄性外生殖器：上抱器基节平均长度 0.36 mm，与上抱器端节长度的比为 1∶0.5，上抱器基节中部仅有稀疏的内面毛，没有明显的毛簇；上抱器端节上有长毫 5 个，2 个位于顶端，3 个位于近中部。间中附器平均长度 0.21 mm，简单不分叶，近前部平直呈棍棒状。阳茎平均长度 0.21 mm，顶端下面有一结节，结节距顶端较远，为 0.03 mm；生殖丝较短，注精器与生殖丝的比例为 1∶5.6；生殖丝有时伸出体外，注精器顶端位于第 5 腹节的基部。下抱器平均长度 0.37 mm，与上抱器基节的比为 1∶0.97。

　　分布：浙江（天台、常山）、吉林、辽宁、内蒙古、北京、天津、河北、山西、山东、河南、陕西、宁夏、甘肃、江苏、安徽、湖北、重庆、四川、贵州、云南。

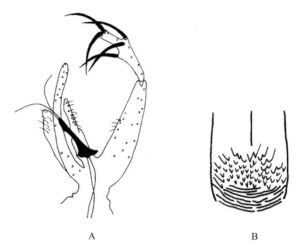

图 4-2　中华白蛉 *Phlebotomus* (*Adlerius*) *chinensis* Newstead, 1916（仿自熊光华等，2016）

A. ♂外生殖器，侧视；B. ♂咽甲

（118）江苏白蛉 *Phlebotomus* (*Euphlebotomus*) *kiangsuensis* Yao *et* Wu, 1938（图 4-3）

Phlebotomus (*Euphlebotomus*) *kiangsuensis* Yao *et* Wu, 1938: 527.

　　特征：体长 2.8–3.1 mm，翅长 2.1–2.5 mm，长宽比为 1 : 0.28。体黄褐色。咽甲前部中央有 2–3 排"V"形小尖齿，中部及后部由许多半圆形的横脊组成，在横脊后缘有微细锯齿状小刺。雄性外生殖器：上抱器基节平均长度 0.22 mm，与上抱器端节长度的比为 1 : 0.6；上抱器端节上有长毫 5 个，2 个位于顶端，2 个位于近中部后侧，1 个位于近基部 1/3 处的内侧。间中附器平均长度 0.15 mm，分作 3 叶，中叶最大，被叶次之，腹叶最小，在腹叶的上方生有 1–4 根长短不等的小刺。阳茎短小，顶端仅至间中附器中叶与腹叶交接处，生殖丝有的伸出体外。下抱器平均长度 0.24 mm，与上抱器基节长度的比为 1 : 0.92。

　　分布：浙江（德清、杭州、舟山）、山东、河南、陕西、江苏、安徽、湖北、台湾、广东、广西、重庆、四川、贵州、云南；马来西亚。

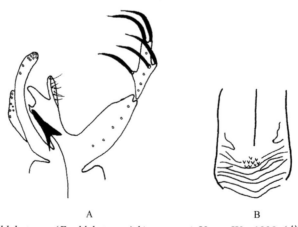

图 4-3　江苏白蛉 *Phlebotomus* (*Euphlebotomus*) *kiangsuensis* Yao *et* Wu, 1938（仿自熊光华等，2016）

A. ♂外生殖器，侧视；B. ♂咽甲

（119）蒙古白蛉 *Phlebotomus (Paraphlebotomus) mongolensis* Sinton, 1928（图 4-4）

Phlebotomus (Paraphlebotomus) mongolensis Sinton, 1928: 297.

Phlebotomus (Paraphlebotomus) imitabilis Artemiev, 1974: 329.

特征：体长 2.9–3.4 mm，翅长 2.1–2.5 mm，长宽比为 1：0.26。体黄棕色。咽平均长度 0.19 mm，平均宽度 0.06 mm，长宽比为 1：0.32；咽甲前部有 70 余枚较小的齿，排列稀疏，多为逗点状齿及散在形状各异的不规则齿，中部有 20–30 枚颇大的不规则板齿及数枚大的锯状齿，咽的两侧各有向内倾斜、规则排列的橄榄形板齿 6–7 个；侧后方的橄榄形板齿上还有 1–2 排小点；基部由 5–6 排越来越密集的由梳妆齿构成的横脊。口腔无口甲及色板。雄性外生殖器：上抱器基节平均长度 0.24 mm，与端节长度的比为 1：0.8；上抱器基节近基部有一指状的突出体，上有短而细的刷状毛 1 簇。上抱器端节上有长毫 4 个，1 个位于顶端，1 个位于近顶端 1/3 处，1 个位于中部的内侧，此毫短而细，1 个位于近基部的 1/3 处，此毫长而粗，长度为宽度的 5 倍。间中附器平均长度 0.12 mm，构造简单不分叶，顶端呈扁平椭圆形并着生许多细毛。阳茎短小，顶端略呈钩状，生殖丝有的伸出体外。下抱器平均长度 0.37 mm，与上抱器基节长度的比为 1：0.65。

分布：浙江（湖州）、辽宁、内蒙古、北京、天津、河北、山西、山东、河南、陕西、宁夏、甘肃、青海、新疆、江苏、安徽、湖北；蒙古国，中亚。

图 4-4　蒙古白蛉 *Phlebotomus (Paraphlebotomus) mongolensis* Sinton, 1928（仿自熊光华等，2016）
♂外生殖器，侧视

47. 司蛉属 *Sergentomyia* Franca *et* Parrot, 1920

Sergentomyia Franca *et* Parrot, 1920: 695. Type species: *Phlebotomus minutus* Rondani, 1843.

Newsteadia França, 1919: 148. Type species: *Phlebotomus minutus* Rondani, 1843.

Prophlebotomus França *et* Parrot, 1921: 281. Type species: *Phlebotomus minutus* Rondani, 1843.

主要特征：腹部背板的毛完全平卧或少数竖立。受精囊光滑不分节，少数蛉种囊体上有些许纹道。雄性外生殖器变化小，一般在上抱器第 2 节上有长毫 4 根，且内侧具 1 根刚毛。口腔内有发育完好的口甲，多数种类具多样的色板构造。

分布：世界分布。世界已知 296 种，中国记录 39 种，浙江分布 3 种。

分种检索表

1　口甲具 2 排尖齿；具色板构造 ·· 钟氏司蛉 *S. (N.) zhongi*
-　口甲具 1 排尖齿；无色板构造 ··· 2
2　口甲具尖齿 16–22 个；咽甲由锯齿形短脊组成 ······································· 鲍氏司蛉 *S. (P.) barraudi*
-　口甲具尖齿 22–24 个；咽甲由 "Y" 形长齿组成 ······························· 鳞喙司蛉 *S. (N.) squamirostris*

（120）鲍氏白蛉 *Sergentomyia (Parrotomyia) barraudi* (Sinton, 1929)（图 4-5）

Phlebotomus barraudi Sinton, 1929: 716.

Sergentomyia (Parrotomyia) barraudi: Wang *et* Wu, 1956: 505.

　　特征：体长 2.2–2.3 mm，翅长 1.3–1.6 mm，长宽比为 1：0.22。体暗褐色。咽平均长度 0.12 mm，平均宽度 0.04 mm，长宽比为 1：0.33；咽甲由锯齿形的短脊组成，齿列不规则。口腔内一般无色板的构造，口甲尖齿单行弧形排列，齿数 16–22 个，部分种类在口腔弧形线上可见到极小的几丁质小点 8–12 个。雄性外生殖器：上抱器基节平均长度 0.19 mm，与上抱器端节长度的比为 1：0.4，上抱器端节上有长毫 4 个，2 个位于顶端，2 个位于亚顶端，近顶端 1/4 处内侧具附刺 1 根。间中附器简单不分叶，顶端略显弯曲，长度与下抱器近乎相等。阳茎呈锥形；部分生殖丝伸出体外。下抱器平均长度 0.16 mm，与上抱器第 1 节长度的比为 1：0.8。

　　分布：浙江（建德、舟山）、江苏、安徽、湖北、江西、福建、台湾、广东、海南、香港、澳门、广西、重庆、四川、贵州、云南；日本，印度，孟加拉国，缅甸，越南，老挝，泰国，柬埔寨，马来西亚，印度尼西亚。

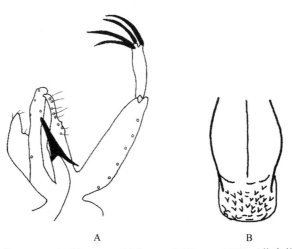

图 4-5　鲍氏司蛉 *Sergentomyia (Parrotomyia) barraudi* (Sinton, 1929)（仿自熊光华等，2016）
A. ♂外生殖器，侧视；B. ♂咽甲

（121）鳞喙司蛉 *Sergentomyia (Neophlebotomus) squamirostris* (Newstead, 1923)（图 4-6）

Phlebotomus squamirostris Newstead, 1923: 531.

Sergentomyia taianensis: Patton *et* Hindle, 1928: 533.

　　特征：体长 2.5–3.1 mm，翅长 1.6–1.9 mm，长宽比为 1：0.23。体灰色。咽平均长度 0.16 mm，平均宽度 0.05 mm，长宽比为 1：0.3。咽甲由许多 "Y" 形尖齿组成，齿尖向后；咽甲前方具一些较大的三角形钝齿，其后具排列密集的针形尖齿，齿尖伸向咽甲后方，各针形齿尖之间略有缠绕。口腔内一般无色板的构造，口甲尖齿单行排列，齿数 22–24 个，位于口腔的前部。雄性外生殖器：上抱器基节平均长度 0.30 mm，与上抱器端节长度的比为 1：0.5，上抱器端节上有长毫 4 个，2 个位于顶端，2 个近中部，长毫顶端呈匙形，在中部具 1 附刺；2 对长毫之间有明显的弧度。间中附器构造简单，顶端弯曲。阳茎较小，顶端尖锐。下抱器平均长度 0.26 mm，与上抱器第 1 节长度的比为 1：1.15。

分布：浙江（德清、建德、乐清）、辽宁、北京、天津、河北、山西、山东、河南、陕西、甘肃、青海、江苏、安徽、湖北、江西、福建、台湾、四川；朝鲜，日本。

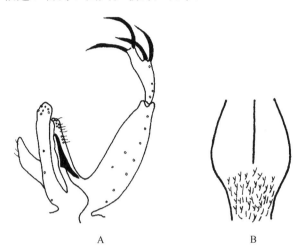

图 4-6　鳞喙司蛉 Sergentomyia (Neophlebotomus) squamirostris (Newstead, 1923)（仿自熊光华等，2016）

A. ♂外生殖器，侧视；B. ♂咽甲

（122）钟氏司蛉 Sergentomyia (Neophlebotomus) zhongi Wang et Leng, 1991

Sergentomyia (Neophlebotomus) zhongi Wang et Leng, 1991: 105.

特征：体长 2.8–3.2 mm，翅长 1.7–1.9 mm，长宽比为 1：0.24。体暗灰色。咽平均长度 0.16 mm，平均宽度 0.05 mm，长宽比为 1：0.3。口腔内具色板的构造，拱形，前端的柄部较长，末端尖，后部突入口腔，后缘中央有弧形凹陷，色板区可见 4–6 个不规则排列的数个质点。口甲尖齿 2 排，第一排约 14 个小尖齿组成，第二排约 12 个几丁质组成。受精囊呈囊管状，无散状膜，囊体具横纹，端部较细，基部较粗。

分布：浙江（德清、建德、普陀、天台、常山、松阳、乐清）。

第五章　蚊总科 Culicoidea

九、蚋科 Simuliidae

主要特征：体小型，长 1.2–5.5 mm，足短，体多黯黑、棕褐或灰白色，中胸盾片明显隆起。成虫触角模式 2+7 节、2+8 节或 2+9 节，短于头部，触须 5 节。翅宽，无鳞，翅脉简单，前缘脉域的纵脉发达，肘脉无柄。雄虫接眼式，雌虫离眼式，无单眼。腹节 1 背板演化为一具长缘毛的基鳞。

生物学：蚋科昆虫不仅对人畜骚扰吸血，而且传播多种人畜疾病（如盘尾丝虫病）。成虫陆生，幼虫孳生于流动水体的附属物上，因此食性和生活习性差异较大。雄虫口器退化，以植物汁液和花蜜为食，雌虫一般都刺叮吸血，但并非所有种类都吸血。

分布：世界广布，已知 26 属 2100 余种，其中含 12 个化石种（Adler and Crosskey，2014），中国已知 6 属 330 余种，浙江分布 1 属 3 种。

48. 蚋属 *Simulium* Latreille, 1802

Simulium Latreille, 1802: 426. Type species: *Oestrus columbacensis* Scopoli, 1780 (monotypy).

主要特征：成虫触角 10-11 节，末端细长。翅前缘脉具毛和刺，径分脉简单，肘脉（Cu₂）弯曲。后足基跗节常具跗突，偶副缺。第 2 跗节常具跗沟，偶副缺或很不发达。爪简单或具基齿。雄虫生殖肢、生殖腹板和中骨在不同属和种间差异较大。

分布：本属系世界广布。

分种检索表

1 中胸盾片无银白色斑 ·· 宽足纺蚋 *S. (N.) vernum*

- 中胸盾片有银白色或灰白色肩斑 ·· 2

2 中骨长板状，基部 1/3 楔状，端部 2/3 两侧亚平行，具端中裂 ······················· **粗毛蚋 *S. (S.) hirtipannus***

- 中骨灯泡状，端部 1/2 膨大，端缘圆钝 ··· **崎岛蚋 *S. (S.) sakishimaense***

（123）宽足纺蚋 *Simulium (Nevermannia) vernum* Macquart, 1826（图 5-1）

Simulium (Nevermannia) vernum Macquart, 1826: 79.

特征：雌虫体长 3.5–4.0 mm。触角黑色。触须黑色，触须第 3 节膨大，约为第 4 节的 2 倍粗，拉式器长约为触须第 3 节的 1/2。中胸盾片灰黑色，密被淡黄色或银白色毛。平衡棒结节黄色。足黑色并具白色长毛。后足基跗节纺锤形，长度约为胫节的 3/4，宽度约为胫节的 3/4。爪具大基齿。腹部灰暗色并被银白色毛。生殖腹板三角形，生殖叉突后臂无侧外突，膨大部发达，形态通常呈犁状，但偶有变异。

雄虫体长 2.5–3.5 mm。触角、触须均为黑色。中胸盾片黑丝绒状，密被金黄色毛，无银白色斑。平衡棒褐色。足色暗，后足基跗节膨大，与胫节等宽。生殖肢基节较大，约与端节等长；端节靴状。生殖腹板后部收缩，宽约为长的 2 倍，前缘微凸，后缘中部稍凹，侧缘斜截。中骨末端分叉。

蛹体长 3.3–4.0 mm。具有 4 条等粗呼吸丝，长于蛹体，二级丝茎约等长。茧拖鞋状，具有角状背中突，其长度超过体长的 2/3。

幼虫体长 6.0–7.0 mm。头斑阳性。触角第 2 节长度约为第 1 节的 1.5 倍。具 42–50 支头扇毛。上颚第 3 梳齿大，缘齿无附齿列，一大一小。亚颏中齿弱于角齿，每侧具 3–4 支侧缘毛。后颊裂拱门状，小。

分布：浙江、辽宁；俄罗斯，英国。

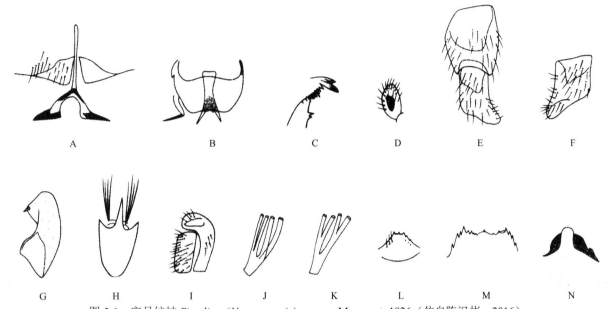

图 5-1　宽足纺蚋 Simulium (Nevermannia) vernum Macquart, 1826（仿自陈汉彬，2016）
A. ♀生殖腹板和生殖叉突；B. ♂生殖腹板；C. 上颚；D. 触须节 III；E、F、G. 生殖肢端节；H. 后腹鬃；I. 尾须；J、K. 呼吸丝；L、M. 亚颏；N. 后颊裂

（124）粗毛蚋 *Simulium (Simulium) hirtipannus* Puri, 1932（图 5-2）

Simulium (Simulium) hirtipannus Puri, 1932: 509.

特征：雌虫额黑色并具同色毛。唇基黑色，中部光裸，其余部分具稀疏的毛。食窦后部具疣突。中胸盾片有光泽，黑色，并被细柔毛。前足股节棕黄色，像端部颜色逐渐变深，中足股节、后足股节棕黑色，端部黑色。前足胫节基部和端部 1/3 黑色，中部颜色较淡，外侧具有银白色光泽。前足跗节黑色，中足跗节棕黄色，向端部颜色逐渐变深。后足基跗节基部 3/4 和第 2 跗节基部 1/2 黄色，其余部分为黑色。后足基跗节两侧亚平行。具跗突跗沟，但跗突较短。爪具小基齿。翅径脉基段光裸。第 7 腹节具叉状长毛丛。生殖腹板亚梯形，内缘远离，后缘略弯，生殖叉突后臂具外突。受精囊亚球形并具网斑。

雄虫上眼面 14 排。唇基黑色，具黑色长毛。中胸盾片黑绒色，被短柔毛和黑色长毛，具灰白色肩斑。前足股节基部黄色向端部渐变深，端部 1/3 为棕黑色；中足股节黑色；后足股节基部黄色，端部 1/3 为黑色。各足胫节除前胫中部色淡和后胫基部为黄色外，其余都是黑色。前足跗节全黑色；中足跗节第 1–3 节为黄色，第 4、第 5 节为棕黑色；后足跗节基跗节端部 1/3 和跗节 4、5 为棕黑色，其余为黄色。后足基跗节两边亚平行。生殖肢端节长，基部 1/3 处向内突，具细毛丛。生殖腹板板体长方形，具腹突。两基臂末端稍内弯，各具较大的侧翼。中骨长板状，基部 1/3 楔状，端部 2/3 两侧亚平行，具端中裂。阳基侧突具众多同型的小钩刺。

蛹头部和前胸部具疣突，后胸部稀布角状疣突。具有 3 对头毛和 6 对胸毛，均长单支。第 7–9 腹节具刺栉，端钩副缺。第 6–8 腹板具微小的棘群。具 6 条成对排列的呼吸丝，均具短茎，长度和宽度由上往下逐渐减小。茧拖鞋状，编织紧密，具 1 对较大前侧窗，前缘略厚。

　　幼虫体长约 4.5 mm。头斑不明显。触角长于头扇柄。具 36–40 支头扇毛。亚颏中齿和角齿发达，每边具 3–4 支侧缘毛。后颊裂长度为后颊桥的 8–9 倍，深，钝圆，基部收缩。胸腹光裸，后腹部具小棘群和无色毛。肛鳃每叶 7–11 个附叶，肛板后臂明显长于前臂。后环 66–70 排，每排具 11–14 个小钩刺。

　　分布：浙江、福建、广东、贵州、西藏；印度。

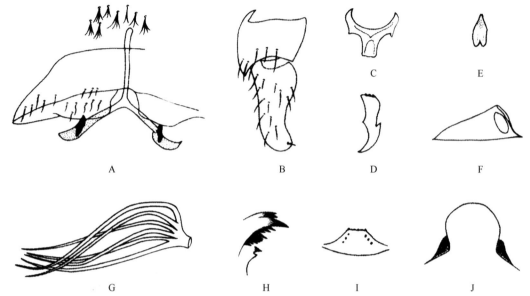

图 5-2　粗毛蚋 Simulium (Simulium) hirtipannus Puri, 1932（仿自陈汉彬，2016）
A. ♀生殖腹板和生殖叉突；B. 尾须；C. ♂生殖腹板；D. ♂生殖腹板，侧面观；E. 中骨；F. 茧；G. 呼吸丝；H. 上颚；
I. 亚颏；J. 后颊裂

（125）崎岛蚋 Simulium (Simulium) sakishimaense Takaoka, 1977（图 5-3）

Simulium (Simulium) sakishimaense Takaoka, 1977: 197.

　　特征：雌虫体长约 3.2 mm。额亮黑色，并具黑色毛。唇基棕黑色，被银灰色粉被。触角柄节、梗节棕黄色，其余部分为棕黑色。食窦光滑。中胸盾片被金色柔毛，后盾区具黑色毛并具 5 条暗色纵纹。小盾片覆灰粉被；后盾片黑色，覆灰白色粉被，光裸。前足股节基部 1/3 黄色，向后颜色逐渐变暗，端部 1/2 黑色；中足股节基部棕黄色，其余暗黑色；后足股节基部 1/5 黄色，其余部分黑色。各足股节均为黄色，前足胫节端部 1/5、中足胫节端部 1/3 和后足胫节端部 1/3 至全长为黑色。前足胫节具银白色斑，中足胫节、后足胫节外侧具白色光泽；中足第 1 跗节基部 1/3、后足基跗节基部 1/2 和第 2 跗节基部为黄色，其余各足跗节为黑色。爪为简单爪。翅径脉基段光裸。第 2 腹节背板黄棕色，具银白色侧斑，第 6–8 腹节亮黑色并被同色毛。生殖板半圆形，内缘远离，短小。生殖叉突后臂具外突。

　　雄虫体长约 2.4 mm。上眼面 15 排。唇基覆银灰色粉被和稀黑色毛。触角鞭节 1 长约为鞭节 2 的 2 倍。中胸盾片黑色，被金色毛，具银白色肩斑；小盾片和后盾片特征似雌虫。足色似雌虫，但后足股节、胫节仅基部为黄色，其余大部分为棕黑色。前足胫节外侧具银白色斑。腹节背板黑色，第 2、第 5–7 节具银白色斑。生殖肢端节具角状基内突，其上光滑或具细毛，常无齿。生殖腹板亚方形，后缘近平直，具光裸的指状腹突。中骨灯泡状，端部 1/2 膨大，端缘圆钝。

　　蛹体长约为 3.0 mm。头部、胸部密被疣突。头毛 3 对，简单；胸毛 6 对，背毛常分 2–3 支。具 8 条呼吸丝，成对排列，具短茎，长度自上而下逐渐递减，上对丝长超过体长的 1/2。第 7、第 8 腹节具刺栉，第 9 节无端钩。第 6–9 节背板和第 3–8 节腹板具微棘刺群。茧具短领或无领，拖鞋状或鞋状，编织紧密，前缘加厚，具前侧窗。

幼虫体长 5.0–5.5 mm。头斑阳性，触角长于头扇柄，第 2 节具 1 个次生淡环。头扇毛 38–44 支。亚颏中齿和角齿中度发达，每边 5–6 支侧缘毛。后颊裂长度为后颊桥的 4.0–4.5 倍，法冠形，基部略微收缩。后腹部具无色毛。肛鳃每叶 5–12 个附叶。后环 90–96 排，每排具 15 个钩刺。

分布：浙江、江西、福建、台湾、海南、四川、贵州、云南；日本，泰国。

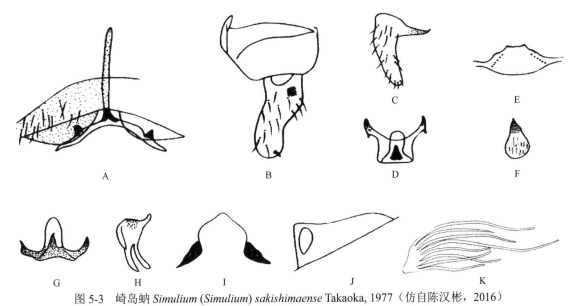

图 5-3　崎岛蚋 Simulium (Simulium) sakishimaense Takaoka, 1977（仿自陈汉彬，2016）

A. ♀生殖腹板和生殖叉突；B. 尾须；C. 生殖肢端节；D. ♂生殖腹板；E. 亚颏；F. 中骨；G. ♂生殖腹板，端面观；H. ♂生殖腹板，侧面观；
I. 后颊裂；J. 茧；K. 呼吸丝

十、细蚊科 Dixidae

主要特征：体小型，细长纤弱，体长不超过 5.0 mm。体色为黄色、棕色或黑色。头部宽阔，单眼缺无；触角细长，鞭节 14 节。翅脉 R_{2+3} 强烈向上弯曲形成弓形，r-m 横脉明显，dm 室不存在。雄性腹部 5–8 节向上翻转，末端生殖器扭转 180°。幼虫圆柱形，头和尾部向上翘起，呈"U"形。头部明显，行动灵活。胸部分节明显。腹部前缘具 1 对或 2 对腹足；腹节腹侧常具步梳。幼虫以水中微小的有机质和腐殖质为食，运动时，上唇刷在水中来回摆动将食物送进嘴中。老熟幼虫常潜入水中刮食存在于岩石或植物上的腐殖质。

分布：世界已知 8 属 180 余种，中国已知 2 属 9 种，浙江分布 2 属 6 种。

分属检索表

1. 触角鞭节第 1 节圆柱形；下前侧片刚毛缺无；雌性腹部硬化弯折的交尾囊包括 1 对圆锥形突起，或有刚毛的区域；雄性生殖基节顶叶增长，大于生殖刺突的一半长 ·· **长细蚊属 Dixella**

- 触角第 1 鞭节纺锤形；下前侧片刚毛存在；雌性腹部硬化弯折的交尾囊包括一组基部接触的但不起源于同一硬化部件的刚毛；雄性生殖突基节顶叶小于生殖刺突的一半长 ······························ **细蚊属 Dixa**

49. 细蚊属 *Dixa* Meigen, 1818

Dixa Meigen, 1818: 216. Type species: *Dixa maculata* Meigen, 1818 (by designation of Curtis, 1832).

Palaeodixa Contini, 1965: 99. Type species: *Palaeodixa frizzii* Contini, 1965 (original designation).

主要特征：头棕色至黑色，触角鞭节第 1 节纺锤形。下前侧片具 1–11 根刚毛，聚集成簇。雄性后足常常具腹齿。雄性腹部末端生殖基节顶叶短于生殖刺突的 1/2；生殖刺突常呈三角形。雌性腹部硬化弯折的交尾囊包括一组基部接触的但不起源于同一硬化部件的刚毛。

分布：世界广布，已知 100 种左右，中国已知 7 种，浙江分布 4 种。

分种检索表

1. 体呈深棕色，胸部侧片不具明显斑或条纹 ································ **黑体细蚊 D. melanosoma**
- 体呈棕色，胸部侧片具明显斑或条纹 ·· 2
2. 生殖刺突基部内侧具指状突出 ··· **斑翅细蚊 D. maculatala**
- 生殖刺突基部内侧不具指状突出 ··· 3
3. M_{1+2} 柄短而分叉长；生殖基节不肿胀 ····························· **短柄细蚊 D. brachycaula**
- M_{1+2} 柄长而分叉短；生殖基节肿胀 ·································· **冷杉细纹 D. abiettica**

（126）冷杉细蚊 *Dixa abiettica* Yang *et* Yang, 1995（图 5-4）

Dixa abiettica Yang *et* Yang, 1995: 424.

特征：体长 4 mm，翅长 4 mm。头部深棕色。复眼黑色。触角细长，约为翅长的 2/3；柄节短，淡黄色；梗节膨大呈球形，呈棕色。喙黄色，下颚须棕色，最后一节极细长，长度约等于其他 4 节之和。胸部背板具明显的棕色斑，背板的 3 纵带均由黄条分割成双带，小盾片两边褐色。胸部侧片黄色，前侧片具 2–3

个棕色斑块。各足基节与转节黄色；各腿节大部分黄色，仅端部一小段为棕色；胫节大部分黄色，仅端部一小段呈棕色；跗节各节黄棕色。翅透明略带淡烟色，具显著的棕色斑：翅基部 Cu 脉下方具较宽横向条斑；翅脉 R 分支前端下方具较大棕色斑；翅中部具 1 条纵向斑，从 Rs 基部，经 Rs 到 r-m，再延伸到 m-cu 脉。Sc 脉短，与前缘脉的合并处未达到 Rs 的基部；Rs 直；M_{1+2} 柄长而分叉短；r_2 室长度长于 R_{2+3}，m-cu 脉完整。腹部呈深棕色。雄性外生殖器：第 9 背板较窄，横向细长，两侧稍宽，具较均匀深色毛；生殖基节较肿胀，呈椭圆形；生殖基节端叶基部稍宽，端部渐细，细长且弯曲，末端具细钩，上具较浓密深色毛；生殖基节基叶呈指状，上具深色毛。

分布：浙江（庆元）。

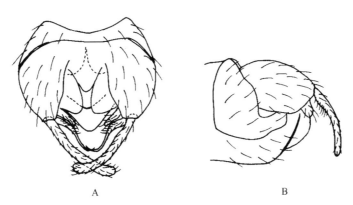

图 5-4　冷杉细蚊 *Dixa abiettica* Yang *et* Yang, 1995
A. ♂腹部末端，背视；B. ♂腹部末端，侧视

（127）短柄细蚊 *Dixa brachycaula* Yang *et* Yang, 1995（图 5-5）

Dixa brachycaula Yang *et* Yang, 1995: 183.

特征：体长 3.8–4.0 mm，前翅长 4.0–4.6 mm。头黄棕色。复眼深棕色。触角柄节与梗节膨大，呈深棕色，鞭节第 1 节较长，长为宽的 7–8 倍。胸部背板具 3 个深棕色纵斑，中斑较长，前半部被一不明显淡色中纵纹分开，后半部很窄近线状（有时不明显），伸达小盾片前缘；小盾片棕色，后背片浅棕色且中后部较暗。胸部侧片黄棕色，下前侧片上半后部有 2 个小暗棕色斑，下半部全深棕色。足基节与转节黄棕色；各足腿节大部分黄棕色；仅端部一小节为深棕色；后足胫节末端明显膨大。翅透明略带淡烟色，径中横脉 r-m 及肘脉 Cu 中部附近有褐色斑纹。亚前缘 Sc 脉较长，与前缘脉的合并处伸达 Rs 的基部；Rs 略弯；r_2 室长度长于 R_{2+3}；M_{1+2} 柄短而分叉长；m-cu 脉完整。腹部黄棕色，有时端半部一致浅棕色。腹部毛棕色。雄性外生殖器：第 9 背板横宽，后缘中部呈波浪状，两侧具较浓密深色毛；生殖基节不肿胀，端叶呈指状，较短，

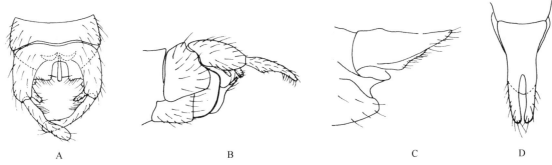

图 5-5　短柄细蚊 *Dixa brachycaula* Yang *et* Yang, 1995
A. ♂腹部末端，背视；B. ♀腹部末端，侧视；C. ♂腹部末端，侧视；D. ♀腹部末端，背视

上具均匀黑色短毛；基叶很短小，呈乳突状，上具深色毛；生殖刺突细长，呈指状，背视时端部宽扁，末端圆；侧视时稍向下弯曲，中部下缘增宽，具瘤状突起。

分布：浙江（开化）、福建。

（128）斑翅细蚊 *Dixa maculatala* Yang *et* Yang, 1998（图5-6）

Dixa maculatala Yang *et* Yang, 1998: 245.

特征：体长 2.6 mm，翅长 3.2 mm。头部一致呈黄棕色。复眼黑色。触角柄节短宽，呈黄棕色，梗节膨大呈球形，黄色，鞭节 14 节，第 1 鞭节长为其宽的 5 倍，近纺锤形；鞭节第 1 节基部黄色，鞭节其他部分呈黄棕色。胸部背板黄棕色，具明显的棕色条纹，小盾片棕色而后缘色淡，后背片大而突出，棕色；胸部侧片棕色，中部具 2 条横向黄色条纹。足基节与转节黄棕色，腿节大部分呈黄棕色，末端一小段为棕色。翅长为宽的 3 倍，透明，具鲜明的棕色斑；Sc 脉短，与前缘脉的合并处未达到 Rs 的基部；Rs 基部略弯；M_{1+2} 柄长而分叉短；r_2 室长度与 R_{2+3} 约等长，m-cu 脉完整。A_1 脉末端稍弯。腹部大部分呈黑棕色，两侧及基部腹板带有黄棕色；雄性外生殖器：第 9 背板较窄，长宽；生殖基节较长，上具均匀深色毛；生殖基节端叶呈指突状，较短小，端部具浓密深色长毛；生殖基节端叶缺无；生殖刺突背视时短宽，基部内侧具指状突出，生殖刺突端部尖；侧视时基部宽，端部渐细且向下弯呈钩状，上被较浓密黑色短毛。

分布：浙江（安吉）。

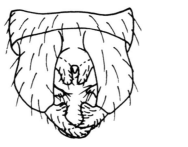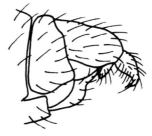

A　　　　　　　　　　　　　　　　　　　B

图 5-6　斑翅细蚊 *Dixa maculatala* Yang *et* Yang, 1998

A.♂腹部末端，背视；B.♂腹部末端，侧视

（129）黑体细蚊 *Dixa melanosoma* Yang *et* Yang, 1995（图5-7）

Dixa melanosoma Yang *et* Yang, 1995: 184.

特征：体长 4.9 mm，翅长 3.8 mm。头部一致呈深棕色。复眼大而圆凸，呈黑色。触角柄节浅黄色，梗节暗褐色，鞭节第 1 节基部浅黄色，其他鞭节浅棕色；鞭节第 1 节细长，长约为宽的 7 倍。喙黄棕色，上唇呈锥状。胸部背板深棕色，胸背有 3 个不明显较暗的纵斑，中部前端 1 个，靠后端两侧各 1 个；胸部侧片一致呈深棕色。前足基节呈棕色，中足和后足基节呈黄色；各转节黄色；腿节大部分呈黄棕色，最末端一小节较暗；各胫节黄棕色，最末端较暗，后足胫节末端明显膨大；跗节各节棕色。翅近白色透明，翅脉棕色，径中横脉 r-m 附近有不明显的褐色斑纹。Sc 脉短，与前缘脉的合并处未达到 Rs 的基部。Rs 直；r_2 室长度长于 R_{2+3}，m-cu 脉完整。A_1 脉末端稍弯。平衡棒黄色，膨大部浅褐色。腹部背板颜色较暗，最末端颜色最深；腹部颜色较浅，呈黄棕色。雌性外生殖器：尾须细长，背视时尾须具 2 叶瓣，每个叶瓣呈指状，细长。

分布：浙江（开化）。

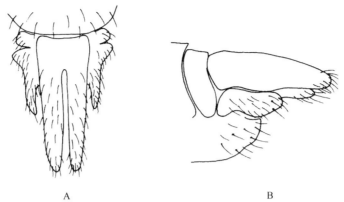

图 5-7　黑体细蚊 *Dixa melanosoma* Yang *et* Yang, 1995
A. ♀腹部末端，背视；B. ♀腹部末端，侧视

50. 长细蚊属 *Dixella* Dyar *et* Shannon, 1924

Dixella Dyar *et* Shannon, 1924: 200 (as subgenus of *Dixa*). Type species: *Dixa lirio* Dyar *et* Shannon, 1924 (monotypy).

Dixina Enderlein, 1936: 30. Type species: *Dixa obscura* Loew, 1849 (original designation).

主要特征：头浅棕色至黑色，触角鞭节第 1 鞭节圆柱形，很少呈纺锤形。下前侧片不具刚毛。雄性后足常常具腹齿。雄性腹部末端生殖基节顶叶增长，长于生殖刺突的 1/2，或简单或具 2 个或 3 个分支。生殖刺突具各种形状，很少呈三角形。

分布：世界广布，已知 60 种左右，中国已知 2 种，浙江分布 2 种。

（130）干将长细蚊 *Dixella ganjiangana* Yang, 1992

Dixella ganjiangana Yang, 1992: 421.

Dixa gutianshana Yang *et* Yang, 1995: 184.

特征：体长 3.0–3.5 mm，翅长 3.1–3.5 mm。头呈棕色。复眼呈黑色。触角柄节黄色，其他节一致呈深棕色，鞭节第 1 节细长，长约为宽的 10 倍，鞭节第 2 节稍长于鞭节第 1 节的一半。胸部背板具 3 个浅棕色斑，中斑被一不明显淡色中纵纹分开；小盾片黄色，后背片棕色；胸部侧片上半部分为深棕色，下半部分为黄棕色。足基节与转节黄棕色；腿节大部分为黄棕色，仅端部一小段为棕色；胫节棕色，后足胫节末端明显膨大；跗节各节棕色。翅白色透明，脉棕色，径中脉 r-m 附近有明显的褐色斑纹；Sc 脉短，与前缘脉的合并处未达到 Rs 的基部；Rs 直；r_2 室长度长于 R_{2+3}，m-cu 脉完整；A_1 脉末端稍弯。腹部淡褐，背板具不规则的网状褐纹，以中部几节最明显，以后渐暗。雄性外生殖器：雄腹端尾器基节黑褐色，粗大，端叶狭长而色淡；端节淡黄色，细而弧弯，长于基节的端叶。

分布：浙江（德清）。

（131）莫邪长细蚊 *Dixella moyeana* Yang, 1992（图 5-8）

Dixella moyeana Yang, 1992: 420.

特征：体长 4.0 mm，翅长 4.5 mm。头部大部分呈黄白色，复眼内侧至头基部棕色。复眼呈黑色。触角鞭节第 1 节细长，长为宽的 12 倍，鞭节第 2 节约为第 1 节的 2/3。胸部呈黄白色。胸部背板具宽大的棕色纵带斑，由 1 对细长的中纵带与 1 对短粗的侧纵带联合组成，其间留出 1 对黄白色短纹和中央 1 条细长的背中纵纹，后端渐宽，呈三角形，与小盾片的黄白斑相接。胸部侧板具 2 条横向棕色宽带斑，光裸无毛。足各基节大部分呈黄白色，仅前足基节基部 1/2 呈棕色；腿节和胫节大部分为黄白色，仅末端一小部分为棕色。翅透明，略带淡烟色，翅上无明显斑纹。亚前缘脉 Sc 短，与前缘脉的合并处未达到 Rs 的基部；Rs 直；m-cu 脉完整。A_1 脉末端略弯曲。腹部黄白，背板大部呈棕色，各节上具 1 对黄斑，后缘黄斑多相连；腹板各节仅具 1 对棕色长斑，斑略呈楔形。雌性外生殖器：尾须粗短，侧视时呈锥状，背视后缘中部向内凹陷，末端中部具 1 根黑色粗壮长毛，侧缘和后缘具棕色毛。

　　分布：浙江（德清）。

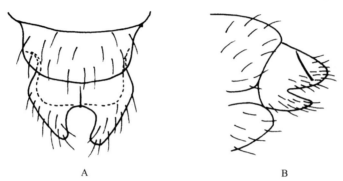

A　　　　　　　　　　　　　　　　　B

图 5-8　莫邪长细蚊 *Dixella moyeana* Yang, 1992

A. ♀腹部末端，背视；B. ♀腹部末端，侧视

十一、蚊科 Culicidae

主要特征：体细长，有长足，体表及附肢上有鳞毛，褐色、灰色或黑色等，有暗色或白色斑纹。头小，球状；有细颈，口喙或下唇长型，其余口器由 6 根口针组成，适于刺吸。眼肾状，无单眼，触角长，丝状，有环毛。雄虫羽状，14–15 节，第 1 节球状，第 2 节杯状，胸弓起，小盾片圆形或三叶状，侧板上有毛丛。足细长，基节短，跗节长，爪简单或有齿。翅狭长，后缘有缘毛及鳞片，有纵脉 6 条达外缘，脉上有鳞，有二基室。平衡棒明显。腹部细长，10 节，末 2 节、3 节变为交配器，雄腹端有 3 节向上弯曲。膨大的腹端有种的特征，用以区别种类。

分布：全世界已知 2 亚科 113 属 3567 种，世界广布，低纬度地区种类复杂，高纬度地区种类单一。中国已有记录 420 种。本文记录浙江蚊科昆虫 8 属 23 种，主要采用大英博物馆 Harbach 的分类系统，其中黄线骚扰蚊在目前的分类中隶属于传统骚扰蚊 *Ochlerotatus*，在该分类系统中尚无明确的分类地位。

（一）按蚊亚科 Anophelinae

主要特征：雌蚊：头顶和后头具很多竖鳞而少或无平覆鳞；眼间区有一簇长毛状鳞片（额簇），触角通常比喙短；触须多数与喙近等长，少数明显比喙短。中胸盾片长伸，略为拱起；小盾片弧状或三叶状；后背片和侧背片无鳞片；有或无气门鬃，无气门后鬃和下后侧鬃。翅膜有微刺；纵脉 6 末端明显超过纵脉 5 的分叉处。足细长，爪垫不发达。腹节腹板无鳞片或少鳞。雄蚊：与雌蚊近似，触角轮毛多数相对发达。触须多数与喙近等长，末 2 节通常膨大作棒状。腹节 9 背板不发达。抱肢基节构造简单，通常无凸叶，可有特化的刚毛；端节细长，末端或近末端具短指爪；小抱器发达，阳茎长，圆筒状或圆锥状，通常在末端或近末端具叶片、刺或弯突毛。

分布：世界广布，已知 3 属 489 种，中国记录 62 种，浙江本次调查记录 1 种。

51. 按蚊属 *Anopheles* Meigen, 1818

Anopheles Meigen, 1818: 10. Type species: *Anopheles maculipennis* Meigen, 1818 (by designation of Meigen, 1959).

Anopheles: Chen *et al.*, 2010: 264.

主要特征：棕黄、棕褐或棕黑色的中型至大型蚊虫。雌蚊：两眼分离，眼间区有突生的长鬃或鳞状毛，形成额簇；头顶至后头的鳞片直立，扇状，近末端分叉；眼前面和腹面或有眶鳞线；触角梗节圆润，常有少数鳞片；鞭节轮毛稀短，鞭分节 1 可有平覆鳞片；唇基或具鳞片。触须与喙接近等长，少数为喙的 3/4 长，分 5 节，基节特小；喙一般暗色。前胸背片除鬃毛外，或有鳞片；后背片光裸。中胸盾片伸长，或中侧区通常有明显的纵条；小盾片圆弧状，缘毛分布均匀。翅鳞有无白斑，或有暗斑；纵脉 6 终端明显超过 5 的分叉处。足细长，有的股节基部明显膨大；跗节有或无白环；无爪垫。腹无鳞片，或虽有鳞片而不覆盖全节。雄蚊：形似雌蚊，但较雌蚊触须末 2 节粗大，呈棒状，并通常翘向侧面。幼虫：有气门器而无呼吸管；腹节有掌状毛，但非花球状。

分布：世界广布，已知 476 种，中国记录 62 种，浙江本次记录 1 种。

（132）中华按蚊 *Anopheles sinensis* Wiedemann, 1828（图版 I-1）

Anopheles sinensis Wiedemann, 1828: 547.

Anopheles plumiger Döenitz, 1901: 37.

Anopheles (*Anopheles*) *chengfus* Ma, 1981: 65.

特征：中型棕黑色按蚊，翅长 3.8–4.5 mm。雌蚊：头顶白斑较窄，顶鳞较密，沟区明显，后头鳞黄褐色，前部色淡，顶刚毛淡黄色，7–8 根；触角棕褐色，梗节背外侧有淡鳞和暗鳞，鞭分节 1–3 外被白色鳞片。前胸前背片棕灰色，前端有一密集的褐色鳞丛，后背片褐色，光裸；翅前缘脉基部有散生淡鳞，$V_{5.2}$缘缨白斑明显；新鲜标本的腹侧膜有"T"形暗斑。各足基节外侧均具淡色鳞丛，转节上有较多淡黄或淡白色鳞。雄蚊：一般与雌蚊同，触须节 3 有基白环，抱肢基节背面有许多淡鳞。

分布：浙江（余姚、定海、普陀、岱山、江山、景宁），中国除青海、新疆外，均有分布；朝鲜，日本，印度，尼泊尔，缅甸，越南，老挝，泰国，柬埔寨，马来西亚等。

（二）库蚊亚科 Culicinae

主要特征：成蚊喙直或略弯，或末端膨大；雌性触须常短于喙，雄性触须常具长毛且长于喙；小盾片三叶状，缘毛生在凸叶上；腹节背板和腹板密覆鳞片。成蚊停歇时身体与墙面呈平行状。幼虫无掌状毛，具有长的呼吸管，身体与水面呈一定角度。

分布：世界广布，已知 3078 种，中国记录 357 种，浙江本次记录 22 种。

分属检索表

1. 无气门后鬃 ……………………………………………………………………………………………………… 2
- 有气门后鬃 ……………………………………………………………………………………………………… 3
2. 有中胸下后侧鬃 4 根以上 ……………………………………………………………… 路蚊属 *Lutzia*
- 有或无中胸下后侧鬃 ……………………………………………………………………… 库蚊属 *Culex*
3. 头顶平覆宽鳞；喙带侧扁而略下弯；触角梗节、小盾片、中胸侧板以及各足基节都有平覆宽鳞 ……… 阿蚊属 *Armigeres*
- 无上述综合特征 ………………………………………………………………………………………………… 4
4. 触角梗节具大片重叠银白或白色宽鳞；小盾片具宽鳞；雄性小抱器形态多样，无刀叶 ………… 覆蚊属 *Stegomyia*
- 触角梗节无鳞或有少量细鳞，小盾片具窄鳞；雄性小抱器具刀叶 ……………………………………… 5
5. 跗节无白环 ……………………………………………………………………………………… 骚扰蚊属
- 跗节有白环 ……………………………………………………………………………………………………… 6
6. 股节和胫节无近全长的淡色或白色纵条 ……………………………………………… 呼蚊属 *Hulecoeteomyia*
- 至少中股节和一至多对胫节有近全长的淡色或白色纵条 ………………………………… 科蚊属 *Collessius*

52. 阿蚊属 *Armigeres* Theobald, 1901

Armigeres Theobald, 1901: 235. Type species: *Culex obturbans* Walker.

Armigeres: Li *et al.*, 2013: 377.

主要特征：中型至大型蚊虫。雌蚊：头顶平覆淡色与暗色宽鳞，后头有少量竖鳞，两颊有白色宽鳞区。眼后缘有或无眶白线；触角梗节和鞭分节 1 有白色或暗色宽鳞；喙下弯而侧扁为喙长的 1/4–1/2，全暗或在腹面有白纵线；唇基光裸或有鳞和毛。前胸前背片外被白色或暗色鳞，前胸后背片平覆宽白鳞或暗鳞，有时有窄白鳞；中胸盾片平覆深褐色或淡色窄鳞或宽鳞，通常在前突部和侧背片有由淡鳞形成的鳞饰，小盾片具宽鳞，后背片光裸或有刚毛。翅鳞全暗，翅瓣和腋瓣均有窄鳞。各足基节前外侧有白鳞簇，各足股节和胫节暗色或骨节腹面淡色，跗节全暗或有白环，前腹爪通常具齿或爪垫。腹节背板褐色或淡色横带，或淡色，有黄色斑，背板两侧常有侧白斑或黄斑。雄蚊：触角轮毛发达，长而密；触角长于喙，末 2 节上翘，有或无白环；前跗爪长，简单或具齿。腹节 9 背板发达，而侧叶具数目不等的刚毛，抱肢端节具多个梳状指爪。

分布：主要分布于东洋区，少数种类扩展到澳洲区。世界记录 2 亚属 58 种，中国记录 18 种，主要发现于云南，浙江本次调查仅发现该属 2 种。

（133）达勒姆阿蚊 *Armigeres* (*Armigeres*) *durhami* Edwards, 1917（图版 I-2）

Armigeres (*Armigeres*) *durhami* Edwards, 1917: 206.

Armigeres (*Armigeres*) *dibrugarhensis* Barraud, 1927: 548.

特征：中型至大型蚊虫。雌蚊：头顶平覆棕褐色宽鳞，中央有少量淡色宽鳞分布，后头有褐色窄鳞；眼后缘有由淡鳞形成的眶白线；触角淡褐色，梗节淡黄色，端部覆有细白鳞；唇基光裸；喙和触须一致暗褐色；触须约为喙的 1/4。前胸前背片密覆淡色和褐色宽鳞；后背片前背面具暗窄鳞，腹后面具宽白鳞，其余部分覆盖窄白鳞；中胸盾片通常色略浅；小盾前区有淡色弯鳞，小盾片中叶密覆棕褐色宽鳞，侧叶有淡色和褐色宽鳞；前胸侧板以及中胸前侧板上部和下部、后侧板均有银白宽鳞覆盖；具 1 根中胸下后侧鬃。翅鳞暗色，仅前缘脉基段有白鳞斑。平衡棒结节具暗褐鳞，腹面具白鳞。各足基节和转节均为白鳞包裹，前足基节前下端有一黑鳞斑，各股节腹面淡白色，背面褐色，胫节腹面色淡，各足跗节一致暗黑。腹节 1–7 背板棕褐色或墨蓝色，节Ⅷ有宽的基白带，节 4–7 有侧白斑，腹板 3–7 有暗色端横带，节 3–4 腹板的端黑带比 5–7 腹板的端黑带宽。雄蚊：与雌蚊近似。触须较喙长，超出末节 1/2 的长度。前胸后背片上部具白色窄鳞。尾器：抱肢基节短而端节长，端节下压时基末端可伸达小抱器端刺基；小抱器具端刺 3 根，朝向抱肢基节；阳茎的扇状腹端叶具 4–7 个侧齿。

分布：浙江（江山）、安徽、湖北、湖南、福建、海南、广西、四川、云南；印度，泰国，马来西亚，印度尼西亚。

（134）骚扰阿蚊 *Armigeres* (*Armigeres*) *subalbatus* (Coquillett, 1898)（图版 I-3）

Culex subalbatus Coquillett, 1898: 302.

Culex obturbans Walker, 1860: 91.

Armigeres (*Armigeres*) *obturbans* var. *chrysocorporis* Hsien *et* Liao, 1956: 126.

Armigeres (*Armigeres*) *subalbatus*: LaCasse *et* Yamaguti, 1950: 287.

特征：与达勒姆阿蚊近似。雌蚊：头顶平覆墨蓝色或紫褐色宽鳞，正中部有淡鳞斑，后头有少量紫褐和淡色窄竖鳞，眼后缘有白鳞形成的眶白线，触须为喙长的 1/4，唇基光裸。前胸前背片部有淡色弯鳞和宽鳞，刚毛褐色，粗壮，8–10 根，中胸盾片大部覆盖稀疏铜褐色窄鳞，具侧白纵条，从盾端伸达翅基。足：前足基节有一黑鳞斑。腹板 2–7 具侧白斑，腹板 3–6 的端黑带约等宽，节 8 背板常有白斑。雄蚊：梗节的白鳞较雌蚊少，中胸盾片常有不甚清晰的正中和后侧纵条，其正中纵条后部与小盾前区的淡色区相连，小盾片大部为淡色宽鳞。雄蚊与达勒姆阿蚊的主要区别在于尾器形态，其抱肢端节短，下压时不能伸达小抱器端刺基，小抱器仅具 2 直刺。

分布：浙江（余姚），除黑龙江、吉林、辽宁、内蒙古、宁夏、青海和新疆外，全国都有记载，仍有扩张趋势；朝鲜半岛，日本，巴基斯坦，印度，缅甸，越南，泰国，柬埔寨，斯里兰卡，菲律宾，马来西亚。

53. 科蚊属 *Collessius* Reinert, Harbach *et* Kitching, 2006

Collessius Reinert, Harbach *et* Kitching, 2006: 64. Type species: *Collessius macfarlanei* (Edwards, 1914).

主要特征：成蚊中胸盾片有清晰的淡白或黄色纵线以及至少中胫前面和后面有延伸达全长的淡色或白

纵条。后附节 1–3 或 1–4 有基白环，节 1–3 有端白环，形成相应的跨关节白环。雄蚊抱肢基节的背基内叶不很发达；小抱器刀叶狭长弯刀状或宽镰刀状。幼虫头毛 4–6C 都位于头前端，接近在同一横线上。胸毛 1-M 和 1-T 形成骨刺或棘刺。

分布：本属世界记录 9 种，中国记录 6 种，浙江本次调查发现该属 1 种。

（135）棘刺科蚊 *Collessius* (*Collessius*) *elsiae* (Barraud, 1923)（图版 III-4）

Finlaya elsiae Barraud, 1923: 406.

Aedes (*Finlaya*) *simulatus* Barraud, 1931: 611.

Aedes (*Finlaya*) *elsiae*: Barraud, 1934: 180.

Collessius (*Collessius*) *elsiae* Reinert, Harbach *et* Kitching, 2006: 64.

特征：中型蚊虫。雌蚊：头顶平覆深褐到黑色弯鳞，后部以白色窄鳞为主；头顶和后头都有深褐竖鳞；头侧平覆淡白宽鳞，各有一褐斑。触角梗节内面有白鳞，鞭分节 1 具黑鳞；喙约为前股的 1.1 倍长，深褐至黑色，腹面除基部以及末端有黑色中断外白色，中部白色区并扩张到两侧，个别喙腹面全部白色；触须约为喙的 1/4 长，黑色，末端白色。前胸前背片覆盖深褐宽鳞，中央有一白鳞斜条；后背片大部平覆深褐宽鳞，上部和下部平覆淡白宽鳞，偶在上缘可有少数淡色窄鳞。中胸盾片具深褐带金黄色光泽的细鳞和窄鳞，由淡黄鳞形成下列纵线：①1 对并列正中纵线，从前端伸达小盾前区分叉；②1 对亚中纵线，从前端伸达后部 1/3 处；③1 对后肩线从盾角后缘向后内弯，经翅基上区，伸近或伸达小盾片；④1 对侧前盾线，沿肩角外缘，伸达盾角，但通常仅限于前部，不与后肩线相接；翅基前和翅基后也有散生淡黄色鳞；侧背片具白宽鳞；小盾片中叶平覆淡色和深褐宽鳞，侧叶具淡色窄鳞。中胸侧板具翅前结节下、腹侧板上位、后位以及后侧片鳞簇。有气门后区和亚气门白宽鳞簇。翅鳞深褐，前缘脉基段约 1/6 腹面白色。平衡棒结节具淡色鳞。一般色泽深褐至黑色；各足股节前后两面都有白纵条，前股的较近腹缘；后股的通常近末端 1/3 处有深褐中断，中股和后股的纵条也较宽；前胫和中胫前面和后面都有白纵条，后胫基段 1/3 腹面白色；各足胫节末端有白环或白斑；前跗节 1–2 的基部以及节 1 末端有背白斑；中跗节 1–2 基部以及 1–3 末端有白环或白斑；后跗节 1 基白环宽，节 1–4 基部和节 1–3 末端有白环或白斑。背板深褐色；节 1 侧背片覆盖白鳞，节 2–8 都有基白带，节 4–7 的两端扩大成侧斑；节 2–7 腹板深褐色或杂有淡色鳞，都有基白带，有的节 2–3 腹板大部淡色。雄蚊：触角梗节无白鳞；喙近中段一窄白色区特别明显，形成白环，占喙的 2/3，触须比喙略短，末节基部背面有白斑；节 3 末端和节 4–5 密生刚毛。尾器：腹节 9 背板侧叶分开，通常各具 10–14 根细长刚毛；节 IX 腹板末缘略为突起，具 1 对长刚毛和 2–5 根较短刚毛。抱肢基节背基内叶略为隆突，具较长的刚毛，抱肢端节约为基节的 1/2 长，末段 3/4 腹缘通常有较长刚毛列，往往近指爪的 1–2 根特粗；指爪位于末端，约为端节的 1/4 长。小抱器刀叶宽镰刀状；干柄比刀叶略长或接近等长，末端有一明显突起。

分布：浙江（普陀、岱山、江山、景宁）、河南、安徽、江西、福建、台湾、海南、广西、四川、贵州、云南、西藏；印度，越南，泰国，马来西亚。

54. 库蚊属 *Culex* Linnaeus, 1758

Culex Linnaeus, 1758: 602. Type species: *Culex* (*Culex*) *pipiens* Linnaeus, 1758 (by designation of Latreille, 1810).

主要特征：棕黄、棕褐或为黑色的小型至中型蚊。雌蚊：头鳞变化很大。头顶平覆窄弯鳞，或兼有宽鳞，后头有竖鳞或顶部也有竖鳞，眼后缘有淡色宽鳞形成的眶缘饰；触须约为喙长的 1/6，全暗或顶端有白斑，或中部有白环；喙末端不膨大也不下折。前胸前背片无长鳞，中胸盾片绝大部分平覆窄鳞，但可有裸露的条纹和小区，有些种类有淡鳞形成的麻点、条纹或区域；亚前端中侧位为凹陷区，常被有暗鳞。翅鳞通常全暗，但可有淡鳞、暗鳞混生的麻点，或由淡鳞密集形成的白斑或条纹；纵脉6末端超过纵脉5分叉很多。各足基节、转节被鳞很少，其余各节均被鳞片覆盖，股节腹面通常色淡；股节和胫节可有淡鳞形成的麻点、纵条或区域。雄蚊：一般形态与雌蚊相似，区别如下：除真黑蚊亚属外，触须通常长于喙；触角轮毛长而密，在簇角蚊亚属可有特化的毛簇或鳞簇。尾器：构造复杂，抱肢基节发达，常有鬃毛，偶有鳞片，亚端部内侧有显著的亚端叶，其前部有3根长的棒状或刺状毛，简称3棒。

　　分布：世界广布，大部分亚属和种分布于东洋区，少部分亚属和种分布于古北区，已知有20余亚属，800余种（亚种），中国已知9亚属81种（亚种），本次调查发现本属有13种。

分种检索表

（136）黄氏库蚊 *Culex huangae* Meng, 1958（图版 II -5）

Culex huangae Meng, 1958: 351.

Culex (Culex) huangae: Chen, 1987: 174.

　　特征：中至大型棕黄色蚊，翅长 3.5–4.2 mm。雌蚊：头顶平覆淡黄色窄鳞；触须深褐，长约为喙长的1/5，末 2 节有淡鳞，食窦弓浅凹，约 20 个背齿。盾片有中央银白纵条，前胸侧板有一白鳞簇；中胸侧板淡黄至棕色，中胸腹侧板和中胸后侧板各有 2 白鳞簇，中胸后侧下鬃 1 根。翅型短宽，翅鳞深褐，前叉室明显长于后叉室，前叉室柄很短。后跗节 1–4 有基部白环，跗节 5 白色。腹节背板棕褐色，节 2–8 有宽的淡色基带，基带后缘弧形或有缺失，基带与基侧斑相连；腹板淡黄色，中央有少量褐鳞。雄蚊：形似雌蚊，但触须长于喙且有假关节，并在关节处色淡。

　　分布：浙江（余姚）、四川、贵州。

（137）棕盾库蚊 *Culex jacksoni* Edwards, 1934（图版 I -5）

Culex jacksoni Edwards, 1934: 542.

Culex (Culex) jacksoni: Chen, 1987: 197.

　　特征：中型棕褐色蚊，翅长 3.8–4.6 mm。雌蚊：头顶中部平覆淡黄色窄弯鳞和一些淡棕色竖鳞，头顶有少量的淡褐色弯鳞；触须深褐色，长为喙长的 1/5–1/4，末端有少量淡鳞。前胸前背片和后背片具淡黄色窄弯鳞；中胸盾鳞棕色，仅前突部、翅前侧缘与小盾前区鳞较淡；胸侧板暗棕；中胸腹侧板与后侧片上部各有一群相互连接的鳞；中胸后侧片上部毛丛中有几片鳞。翅型较窄，前缘脉共有 3 个白斑，分脉白斑仅延至亚前缘脉，前后叉室基部各有一微小白斑，但后叉室白斑可缺，前股前面通常有几片白鳞形成麻点。前足基节有淡鳞和褐鳞斑，中后足基节有淡鳞簇；中胫前面全长有淡色纵走条纹，并与中跗节 1 纵走条纹连接。雄蚊：似雌蚊，但体型稍小。翅鳞较稀而翅斑不明显；触须末节超出喙；有 3 个淡色背面半环位于第 3 节中段与末 2 节基段，末节端淡；第 3 节腹面全长有 1 排鳞状毛，端部 1/4 与第 4、第 5 节有长毛丛。喙背白环前、后无纵白条，白环基部腹毛簇强壮，约为喙径的 5 倍长。尾器：抱肢基节 3 棒中的前棒稍短，中棒、后棒末端钩状；后部毛组有 3 根偏腹位粗刺，其中最后 1 根较长，背位有一宽叶片和 1 根基位刚毛；阳茎侧板腹内叶密生小刺，背中叶有 2–4 个外伸的指状突。肛侧片基侧臂微小或退化，变异很大，可呈瘤状、乳突状、三角形或短杆状。

　　分布：浙江（余姚）、黑龙江、吉林、河北、山西、山东、河南、甘肃、江苏、安徽、湖北、湖南、福建、台湾、广东、海南、广西、四川、贵州等；广布于古北区和东洋区；俄罗斯，朝鲜半岛，印度，斯里兰卡等。

（138）淡色库蚊 *Culex pipiens* Coquillett, 1898（图版 I -4）

Culex pallens Coquillett, 1898: 301.

Culex (Culex) pallens pipiens: Lei, 1989: 140.

　　特征：中型蚊，翅长 4.3–4.5 mm。雌蚊：头顶正中覆盖众多的灰白色平覆鳞，后头有棕褐色竖鳞，两颊的白色宽鳞区向眼后延伸形成窄边；喙棕褐，触须很短，有棕鳞，偶见顶部有白鳞。食窦弓较宽，约 1.03 mm，侧突钝尖；食窦甲齿数目较少，约 26 个，中齿微微突出，两侧无紧密排列的尖锐腹齿簇。中胸盾鳞红棕至黄棕色，翅上位及小盾前区更淡；前胸前背片有少数淡窄鳞，中胸腹侧板有两群淡鳞位于上部与下部后缘，中胸后侧片有一群约与中胸腹侧板上部鳞簇平齐的鳞簇并在上部毛丛中有几片淡鳞；胸侧板淡棕；中胸下后侧鬃 1 根。翅鳞棕褐。各足黄棕，各足股节腹缘稍淡。腹节背板有窄的淡色基带，每节有 1 对小的中侧白斑。雄蚊：体型、鳞饰似雌蚊，但触须明显长于喙，长出部分约与末节相等，第 3 节有明显的基白斑，末 2 节腹面各有一淡色纵走条纹；第 3 节末端和末 2 节有长毛丛。尾器：抱肢基节亚端叶 3 棒末端钩状；后部毛组有一背位而紧靠 3 棒的宽叶片和 1 根粗、2 根细的刺鬃；基位刚毛背侧亚端位，宽而有条纹。端节正常，感觉毛 2 根，阳茎侧板背中叶末端平齐，腹内叶外伸部宽大而呈叶片状。肛侧片基侧臂短小。

　　分布：浙江（普陀、江山、景宁）、黑龙江、吉林、辽宁、内蒙古、河北、山西、山东、河南、陕西、宁夏、甘肃、江苏、安徽、湖北等；朝鲜半岛，日本。

（139）拟态库蚊 *Culex mimeticus* Noé, 1899（图版Ⅱ-1）

Culex mimeticus Noé, 1899: 240.

Culex (Culex) mimeticus: Lu *et al.*, 1997: 435.

特征： 中型棕褐色蚊，翅长 3.5–3.8 mm。雌蚊：头顶中部平覆淡黄色窄弯鳞和一些淡棕色竖鳞，头顶有少量的淡褐色弯鳞；触须深褐色，长为喙长的 1/5–1/4，末端有少量淡鳞。前胸前背片和后背片具淡黄色窄弯鳞；中胸盾片鳞饰以淡黄色为主。翅型较窄，前缘脉共有 3 个白斑，分脉白斑仅延至亚前缘脉，前后叉室基部有较大白斑；前足基节有淡鳞和褐鳞斑，中后足基节有淡鳞簇。雄蚊：似雌蚊，但体型稍小。翅鳞较稀，翅斑不明显；触须末节超出喙；有 3 个淡色背面半环位于第 3 节中段与末 2 节基段；末节端淡；第 3 节腹面全长有一排短的鳞状毛，端部 1/4 与第 4、第 5 节有长毛丛；喙背白环前、后各有一纵白条，白环基有一腹位弱毛簇，长为喙径的 2–3 倍。尾器：抱肢基节 3 棒中的前棒稍短，中棒、后棒末端钩状；后部毛组有 3 根偏腹位粗刺，其中最后 1 根较长，背位有一宽叶片和 1 根基位刚毛。阳茎侧板腹内叶密生小刺，背中叶有 2–4 个外伸的指状突。肛侧片基侧臂发达，细长而弯。

分布： 浙江（余姚），除内蒙古、青海和新疆未报告外，中国广布；广布于古北区、东洋区。

（140）小拟态库蚊 *Culex mimulus* Edwards, 1915（图版Ⅰ-6）

Culex mimulus Edwards, 1915: 284.

Culex (Culex) mimulus: Chen, 1987: 197.

特征： 翅长 3.1–4.0 mm；雌蚊：触须长约为喙的 1/6，全暗，但末端有少量淡鳞；喙中前位白环宽，约占全长的 1/4。中胸盾片以棕色窄弯鳞为主，在前突部、翅上区、肩窝、小盾前区有不规则淡鳞分布，形成可变异的图案。翅分脉白斑包括纵脉 1，可延伸到纵脉 4；前、后叉室基部有淡鳞或全暗。前足基节有棕色和淡色宽鳞；中足有白鳞并杂有少量棕色鳞；后足具白鳞。雄蚊：形似雌蚊；翅鳞稀少，黑斑不如雌蚊显著。后叉室基部的白斑常宽大；阳茎侧板背中叶有 4–5 个后伸的指状突。

分布： 浙江（余姚）、河南、陕西、甘肃、江苏、安徽、湖北、江西、湖南、福建、台湾、广东、海南、广西、四川、贵州、云南、西藏等；印度，尼泊尔，缅甸，越南，老挝，泰国，柬埔寨，斯里兰卡，菲律宾，马来西亚，新加坡，印度尼西亚等以至大洋洲北部。

（141）类拟态库蚊 *Culex murrelli* Lien, 1968　（图版Ⅰ-7）

Culex murrelli Lien, 1968: 243.

Culex (Culex) murrelli: Chen, 1987: 200.

特征： 体型较小。翅长 2.5–3 mm，与小拟态库蚊很相似，尤其是成蚊很难区分。雌蚊：触须第 4 节顶部通常有淡鳞；分脉白斑仅包括前缘脉和纵脉 1，绝不伸达纵脉 4，纵脉 3 有时可全暗。雄蚊：一般形似雌蚊，雄蚊的抱肢基节背面的刚毛分布至内侧亚缘区。

分布： 浙江（余姚）、江苏、湖南、福建、台湾、广东、海南、广西、四川、贵州；印度，越南，泰国，马来半岛。

（142）致倦库蚊 *Culex quinquefasciatus* Say, 1823（图版Ⅱ-6）

Culex quinquefasciatus Say, 1823: 10.

Culex (Culex) quinquefasciatus: Belkin, 1962: 195.

特征：中型蚊，翅长 2.5–4.5 mm。雌蚊：头顶正中盖以淡棕色平覆鳞和竖鳞，后头竖鳞暗棕；两颊白色宽鳞区向眼后延伸形成窄边。喙色暗，腹面基半偶色淡，唇瓣色淡；触须黑，第 4 节端部有白鳞；食窦弓发达，背齿约 30 个，宽约 0.93 mm，侧杆窄，侧突钝尖，食窦甲短杆状，末端钝；中齿通常 4 个，稍长，末端钝；腹齿乳突状，两侧各约有 4 个尖锐的腹齿紧密排为一小簇。前胸前背板与后背片各有几片鳞；前胸侧板有一小群淡鳞；中胸盾鳞深棕，凹陷区有暗斑，前突部、翅上位和小盾前区鳞稍淡；胸侧板淡棕，中胸腹侧板有两群淡鳞位于上部与下部后缘；中胸后侧片有一群淡鳞与中胸腹侧板上部鳞群平，并在上部毛丛中有稀疏鳞片；中胸下后侧鬃 1 根。翅鳞暗而密。各股、胫、跗节均暗棕，但各股腹缘色淡，后股尤为明显；腹节 1 背板有暗色中斑。腹节背板 2–7 有后突而呈现半月形（但有变异）的淡色基带，并与基侧斑不连接；腹板中部和端侧部有淡黄色至暗色鳞区。雄蚊：体型鳞饰似雌蚊，但触须长于喙，长出部分约与末节相等；第 4 节腹面有白鳞纵纹自基部延伸至全长 1/4 处；第 5 节腹面有基白斑；第 3 节末端与末 2 节有长毛丛；喙有中关节，腹面中段有淡鳞而无长毛丛。尾器：抱肢基节亚端叶 3 棒约等长；后部毛组有 3 根短刺鬃，1 个大叶片和 1 根基部刚毛。阳茎侧板腹内叶外伸部分长而宽，末端钝，呈叶状；背中叶后伸，末端尖。肛侧片基侧臂很短，不发达。

分布：浙江（普陀、江山、景宁）、河南、陕西、江苏、上海、安徽、西藏以及这些地区以南的中国广大地区；分布于全球热带和亚热带地区，包括日本，印度，孟加拉国，缅甸，越南，老挝，泰国，柬埔寨，斯里兰卡，菲律宾，马来西亚，新加坡，印度尼西亚等地。

（143）海滨库蚊 *Culex sitiens* Wiedemann, 1828（图版 II-3）

Culex sitiens Wiedemann, 1828: 542.

Culex (Culex) sitiens: Sirivanakarn, 1976: 95.

特征：中型蚊，翅长 3–3.5 mm。雌蚊：头顶正中有淡棕色平覆鳞，竖鳞通常全暗棕，但前部稍淡，后侧部黑，两颊有白色宽鳞区。喙色暗，有中位白环；触须约为喙长的 1/5，第 4 节端部有白鳞。食窦弓很宽，侧突显著而强骨质化，食窦甲齿 2 行，背齿 20 多个，短杆状。前胸前背片有几片鳞；后背片有一鳞簇；前胸侧板有一淡鳞簇；中胸盾片体壁与盾鳞均暗棕，凹陷区色更深，仅小盾前区、翅上位、前突部及侧缘有淡鳞；胸侧板灰暗，前胸后背片、气门后区与中胸腹侧板后缘暗棕；中胸腹侧板上部与下后缘各有一鳞簇。中胸后侧片上部有一鳞簇。中胸下后侧鬃缺。翅鳞暗，前缘脉与亚前缘脉有少量淡鳞；前叉室长于其柄。前股节、中股节前面暗而有淡鳞掺杂形成麻点，后股前面主要淡而有暗麻点和明显的末端黑环。中胫、后胫主要暗但可有淡鳞麻点。各跗暗，有位于各足 1–2 或 1–3 跗环节基部或端部的跗白环。腹节 2–7 背板有窄的淡色基部横带连接基侧斑；各腹板侧有较宽的淡色基部横带。雄蚊：似雌蚊，但触须长于喙，长出部分约等于末节的 1.5 倍长；第 3 节有中位背面半白环，末 2 节有基位背面半白环；末节 1/4 主要淡；末 2 节与第 3 节端有多数长刚毛形成丛；第 3 节前半腹面有一行斜垂透明鳞；喙白环后腹面有数根长毛。翅鳞较稀。腹节背板的淡色基带较宽。尾器：抱肢基节亚端叶发达，其腹面有一群密生的小刺，3 棒中的前棒较短细；后部毛组有 3 根粗刺，其中后一个较长，1 个宽大叶片和 1 根基位刚毛；端节正常，指爪很短，阳茎侧板腹内叶密生小刺，无腹突；背中叶有 4–5 个参差不齐的指状突；肛侧片基侧臂发达。

分布：浙江（余姚、普陀、岱山、江山）、山东、江苏、福建、台湾、海南、广西；广布于东洋区，非洲南部，马达加斯加，大洋洲和南太平洋群岛，在亚洲包括日本，印度，越南，泰国，斯里兰卡，菲律宾，马来西亚，新加坡，印度尼西亚等。

（144）天坪库蚊 *Culex tianpingensis* Chen, 1981（图版 II-2）

Culex tianpingensis Chen, 1981: 426.

Culex (Culex) tianpingensis: Chen, 1987: 201.

特征：中型蚊，翅长 3.7–4.3 mm。雌蚊：头顶正中盖以金黄色平覆鳞和散在竖鳞，后头有众多的金黄色竖鳞，两侧竖鳞色暗；两侧乳白色宽鳞区向眼后延伸形成窄边。触须黑，约为喙长的 1/6，末节有少量淡鳞；喙黑，有约占全长 1/4 的中白环，唇瓣稍淡。食窦弓发达。侧突显著。背齿约 30 个，短杆状，两侧各有少数尖锐的齿形成一小齿簇。前胸前背片、后背片和前胸侧板有鳞。中胸盾片暗褐，盖以众多的金黄色至麦秆色的平覆鳞，翅上位至前突部更淡，凹陷区有暗鳞，通常有裸露的中线和中侧线，小盾片有淡金黄色平覆鳞；胸侧板淡绿至棕褐色。中胸腹侧板上部、下后缘和中胸后侧片上部各有一小群淡鳞。有淡鳞翅斑，前缘脉基 1/6 内缘有一排淡鳞；分脉白斑包括前缘脉、亚前缘脉、纵脉 1 和 4，但在纵脉 1 和纵脉 4 部分可缀有数片黑鳞，纵脉 4 基干有一白斑与分脉白斑约等长并且相对；亚缘脉白斑包括亚前缘脉、纵脉 1，并通过前叉室基部、纵脉 3、后叉室基部、纵脉 5.1 和纵脉 5.2 伸达缘缨斑而形成横断翅面的大白区，此区在纵脉 3 处扩大，后叉室基缩小，纵脉 5.1 与 5.2 处又扩大。尖端白斑包括纵脉 1 和 2.1.纵脉 6 基 1/7 与末 3/7 黑，其余白。前股节、中股节前面色暗，腹缘色淡；后股前面背缘色暗，有约占全长 1/5 的末端黑环；各足膝斑明显，各足胫节有不明显的淡色纵走条纹；各足跗节有跨关节白环。腹节 2–7 背板有淡色基部横带；腹节 7 另有淡色端部横带。雄蚊：似雌蚊，区别是：体型较小；翅斑较不明显；触须长于喙，长出部约与末节相等；第 3 节有窄的基白环和宽的中白环，短 1/5 有 10 余根长刚毛；末 2 节有基白环，并有众多的长刚毛；喙中白环基腹面有一簇显著的长刚毛。尾器：抱肢基节亚端叶 3 棒约等长，前棒直而简单，中棒、后棒末端钩状；后部毛组有 4 根刺鬃、1 个长叶片及 1 根基位肛毛。基侧臂宽而向下后弯曲。阳茎侧板腹内叶有小刺，背中叶有 3–4 个指状突，其中最后 7 个向后伸，其 2–3 个向后外伸，前方 1 个呈匙状，向前外伸。腹节 9 两侧叶各有 6–7 根刚毛。

分布：浙江（余姚、普陀、岱山）、广西、四川、贵州和云南。

（145）三带喙库蚊 *Culex tritaeniorhynchus* Giles, 1901（图版 II -4）

Culex tritaeniorhynchus Giles, 1901: 606.

Culex (Culex) tritaeniorhynchus: Chen, 1987: 193.

特征：中小型蚊，翅长 2.4–3.1 mm。雌蚊：头顶密盖淡棕色至淡灰色平覆鳞，后头竖鳞暗而平齐，喙色暗，中部前位有淡色环，基段腹面常有白鳞斑；触须短，色暗，末节有少量淡鳞。食窦弓深凹，背齿基部宽，然后骤变细呈纤维状，26–28 个。前胸前背片与后背片有棕色鳞；前胸侧板有一淡鳞簇。中胸盾鳞深棕，除小盾前区和翅上位有少量稍淡鳞外，一致花椒色；小盾鳞色淡；胸侧板淡棕；中胸腹侧板上部与下后缘及中胸后侧片前上部外和各胫节均暗棕，后段暗区和淡区划界不清，末端黑环很窄,约为全长的1/15。各足跗节 1–4 有窄的基部和端部淡色环。翅鳞暗褐，前缘脉基部淡鳞斑不明显。腹节背板色暗，有窄的淡色基带，但有变异；腹节 7 通常有宽的暗色端带，某些标本显示有端部淡鳞饰；腹板通常全淡黄，有时有端侧位暗斑。雄蚊：似雌蚊，但触须长于喙，长出部分为末节的 1–1.5 倍；第 3 节末半腹面有一行黑色垂毛而无垂鳞；第 2 节有或无端背位淡带；第 3 节有或无中背位淡带；第 4、第 5 节各有 1 基背位窄淡带；第 5 节端全暗，有时有少数淡鳞；第 3 节末半与末 2 节有长毛丛。尾器：抱肢基节亚端叶三棒中的前棒稍短，中棒、后棒末端钩状；后部毛组有 3 根刺鬃。此外，还有 1 个大叶片和 1 根基位刚毛，以上各毛可有变异。阳茎侧板腹内叶密生小刺。背中叶颈部较细与腹内叶分离，有 3–4 个指状突形成掌状叶，前方 1 个外展，其余向后外与向后伸。肛侧片有弯曲而长的基侧臂，其内侧有乳突状的楔状突。

分布：浙江（余姚、普陀、江山、景宁），除新疆和西藏未见记录外，全国广布；东洋区和古北区广布。

（146）白霜库蚊 *Culex whitmorei* (Giles, 1904)（图版 I -8）

Taeniorhynchus whitmorei Giles, 1904: 367.

Culex (Culex) whitmorei: Chen, 1987: 188.

特征：中小型蚊，翅长 2.4–3.2 mm。雌蚊：头顶覆盖乳白色平覆鳞和竖鳞，后头有淡棕色至暗色竖鳞；喙黑色，中白环占全长的 1/4–1/3。触须黑而短，末端可有少量淡鳞。食窦弓和侧突中度发达；食窦甲齿列 2 行，背齿 24–26 个。前胸前背片有白鳞；后背片有白鳞与暗鳞；中胸盾片在翅基之前覆盖稀疏的白色平覆鳞，后 1/3 有 4 条白色纵走条纹伸达小盾片，小盾鳞白。胸侧板色暗，中胸腹侧板上部和下后缘以及中胸后侧片上部各有一白鳞簇。翅鳞暗，前缘脉，亚前缘脉和纵脉 1、3、4 末段和纵脉 5 的鳞片较其余部分宽大而紧密。前股节、中股节前面有淡鳞掺杂形成麻点，尤以前股明显。后股前面主要色淡或有暗鳞掺杂形成麻点。各足跗节除末节外均有显著的基白环。腹：腹节背板色暗。腹节 2–7 背板有三角形的淡色基斑和小的端侧淡斑，或有平齐或微凹的基白带。腹节腹板大部淡。雄蚊：似雌蚊，但喙的中白环稍窄。触须末节超出喙长；第 2 节有端白环；第 3 节有中白环，端 1/4 有腹侧毛丛，腹面有一排短的透明鳞斜挂；末 2 节有长毛丛及基白环；末节端部白。尾器：抱肢基节亚端叶三棒中两个末端钝，后部毛组有 3 根刺鬃，其中 2 根末端钩状，还有 1 个长叶片和 1 根基位刚毛。端节自基部向末端渐细，中段弯，末端有 2 根感觉毛。阳茎侧板背中叶有 3 个较长而末端尖的指状突，外叶发育良好。肛侧片基侧臂细短而仅微弯。

分布：浙江（景宁）、吉林、辽宁、山东、河南、江苏、安徽、湖北、江西、湖南、福建、台湾、广东、海南、广西、四川、贵州、云南。

（147）薛氏库蚊 *Culex shebbearei* Barraud, 1924（图版 III-2）

Culex shebbearei Barraud, 1924: 19.

Culex (Culiciomyia) shebbearei: Sirivanakarn, 1977: 98.

特征：中型蚊，翅长 3.2–4.3 mm。雌蚊：头顶正中密盖乳白色平覆鳞并和后头众多的黑色竖鳞形成对照；两颊有白色宽鳞并向眼后延伸形成窄边；触须约为喙长的 1/5。食窦弓无中突或中突很不发达，背齿 33–36 个。中胸盾鳞暗棕，平滑；胸侧板淡绿，中胸腹侧板上部有一暗色纵走横带，腹侧板中下部有一暗斑；中胸下后侧鬃 1 根，无中胸后侧片鳞。除各足股节缘有膝斑外，各足胫、节、跗节均暗棕；后股的暗区和淡区划界清楚，具明显的膝斑。腹节 2–7 背板具淡色基带；尾节和腹板色淡。雄蚊：似雌蚊，但触须长于喙，第 3 节腹面前半有下垂的矛状鳞，喙中段腹面有一簇长毛。尾器：抱肢基节亚端叶三棒中的前棒稍短且离生于亚端位；前内侧有一簇微弯的长刚毛；后部毛组有 1 根窄片状毛及 2 根略等长的刺鬃；腹顶叶发达；端节齿脊有 5–10 个齿，为全长的 1/5–1/4。肛侧片基侧臂较短。

分布：浙江（余姚）、陕西、江苏、安徽、湖北、江西、湖南、福建、广东、四川、贵州、云南、西藏；日本，印度，尼泊尔，缅甸，越南，老挝，泰国，柬埔寨，斯里兰卡，马来西亚等。

（148）二带喙库蚊 *Culex bitaeniorhynchus* Giles, 1901（图版 III-1）

Culex bitaeniorhynchus Giles, 1901: 607.

Culex (Culex) bitaeniorhynchus: Lei, 1989: 133.

特征：较大的中型蚊，翅长 3.2–5.2 mm。雌蚊：头顶覆盖乳白色至淡棕色平覆鳞和淡棕色至深棕色竖鳞，两颊有淡色宽鳞。喙黑，有中白环，唇瓣有淡鳞；触须短而黑，末端有淡鳞。食窦弓发达，侧突显著，背齿 20 多个，中齿 4–6 个，较细而紧密排列，侧齿粗壮，末端尖或钝，两侧各有一簇末端尖锐的腹齿。前胸前背片、后背片与前胸侧板有鳞；中胸盾鳞变化很大，通常前 2/3 覆盖乳白色、淡金黄色至淡棕色平覆鳞，并有金棕色至暗色鳞掺杂，凹陷区的暗斑较为稳定；翅上位色淡，一般是在盾片前 2/3 与后 1/3 交界处前方最淡，交界处后方突然色深，形成界线分明的交界线。胸侧板淡棕，无中胸下后侧鬃；中胸腹侧板上角与后缘各有一鳞簇；中胸后侧片前上位偶有几片淡鳞，其上部毛丛中通常有几片淡鳞。翅鳞宽，翅脉上有暗鳞和淡鳞均匀掺杂形成麻点，其掺杂程度有变异。各股节、胫节有暗鳞和淡鳞形成的麻点，其掺杂程度也有变异；各跗节暗，1–4 节有宽鳞基位与窄端位的淡白环。腹节背板棕褐，鳞饰变异很大，腹节背板 2–7 一般仅有较宽淡色端横带并扩大为侧斑；但也可兼有窄基横带，暗鳞部有淡鳞麻点；少数标本仅有淡侧斑而无横带，或几乎全为浅黄色，或前部腹节有横带而末数节全淡或呈橘黄色；腹节 8 通常具宽基白带和窄端带；腹节腹板大部淡黄。雄蚊：似雌蚊，但喙中段腹面有长毛丛。触须末 2 节超出喙；第 3 节有中白环与基白环；末 2 节有基白环；末节末半主要有淡鳞与淡毛；各节背面暗鳞中有淡鳞麻点。第 3 节末半与末 2 节有长毛丛。尾器：抱肢基节亚端叶三棒中的前棒稍短，后部毛组有 3 根刺状毛、1 个叶片及 1 根基位刚毛。端节基 2/3 宽而壮，后 1/3 渐变细。阳茎侧板腹内叶背角圆而腹角尖，密生小刺；背中叶指状突短而末端浑圆，2–4 个向后外伸；肛侧片有短的基侧臂。

分布：浙江（余姚、定海、普陀），除陕西、青海尚未见记录外，全国广布；世界广布。

55. 呼蚊属 *Hulecoeteomyia* Theobald, 1904

Hulecoeteomyia Theobald, 1904: 163.

Hulecoeteomyia: Reinert, Harbach *et* Kitching, 2006: 64.

主要特征：成蚊中胸盾片覆盖褐色窄鳞，有金黄或淡黄窄鳞形成的纵线；典型的包括：正中纵线，单列或双列，伸达小盾片前区分叉；1 对亚中纵线，伸达盾片中部；1 对后亚中线，前部向外弯曲，与后肩线相连或不相连；1 对侧前盾线，沿盾角外缘后伸为后肩线；两侧 1 对翅上纵线，少数种类的纵线不清晰。气门后区有白鳞簇。股节和胫节前面无伸达全长的淡色纵条。后跗节 1–3 或 1–4 有基白环或跨关节白环。雄蚊包肢基节背基内叶部位具一簇短或较短刚毛；腹内缘具狭长叶状刚毛或无狭长叶状刚毛。

分布：本属世界记录 14 种，中国记录 8 种，本次调查发现浙江该属 1 种。

（149）日本呼蚊 *Hulecoeteomyia japonica* (Theobald, 1901)（图版 III-6）

Culex japonicus Theobald, 1901: 385.

Aedes (*Finlaya*) *japonicus*: Edwards, 1922: 465.

Hulecoeteomyia japonica: Reinert, Harbach et Kitching, 2006: 64.

特征：中型蚊虫。雌蚊：头顶竖鳞深褐，有的中部色淡。触角梗节内面具小白鳞和少数褐鳞；鞭分节 1 具黑鳞。喙和触须深褐色，前者和前股接近等长；触须约为喙的 1/4 长。前胸前背片具斜走白宽鳞条，后背片具淡黄和（或）淡白宽鳞；后下部的鳞片较宽。中胸盾片纵线金黄色，中央纵线较宽，通常呈双线状；亚中纵线终止在翅基前，后亚中纵线前端向外弯曲，延伸为后肩线，有的伸过盾角；侧纵线模糊，通常和翅基前淡色鳞漫散在一起；侧背片光裸；小盾片具淡色窄鳞。有翅前结节下鳞簇、腹侧板上位和后位以及后侧片鳞簇；翅前和腹侧板上位鳞簇分开，气门后区覆盖白宽鳞；无气门下和亚气门鳞簇。翅鳞深褐，前缘脉基部腹面有散生白鳞。平衡棒结节具淡色纵线。是一般深褐色；各足股节基部有窄淡色环；前股前面基段腹缘通常有淡色纵线，末端有不很明显的淡色环，后腹面的淡色纵条在基部扩大；后股近末端的白斑形成完整白环，前面和后面亚基段各有一长淡色纵区。各足胫节基部腹面白色；前跗节 1–2 和中跗节 1–3 有基白环或白斑；后跗节 1–3 有基白环。背板深褐色；节 1 侧背片覆盖白宽鳞；节 2–7 有基侧白斑。节 4–6 腹板具基白带，节 6–7 腹板有明显侧白斑；节 2–3 腹板通常有端白色区。雄蚊：触须和喙接近等长，深褐色。中胸盾片中央纵线明显较宽阔，状如并列双线。腹节 2–6 或 4–6 背板有基中白斑或不完整的基带。尾器：腹节 9 背板侧叶各具 6–7 根刚毛；节 9 腹板带长方形，有 1 对刚毛；抱肢基节狭长，背内缘有 1–3 根弯刚毛明显较其他为粗，背基内叶不发达。抱肢端节约为基节的 3/5 长，指爪约为端节的 1/5 长；小抱器刀叶狭弯刀状，比干柄长。

分布：浙江（余姚）、河北、河南、陕西、湖北、江西、湖南、福建、台湾、海南、广西、四川、贵州、云南；俄罗斯，日本，已扩散到欧洲大陆和北美洲大陆。

56. 路蚊属 *Lutzia* Theobald, 1903

Lutzia Theobald, 1903: 155. Type species: *Lutzia bigoti* (Bellardi, 1862).

主要特征：体型较大，翅长 4–5 mm。雌蚊：喙中段有淡色区或腹面色淡。触角梗节内缘有宽鳞。头顶无宽鳞。中胸盾片主要有暗鳞，另有淡鳞形成图案；中鬃短而发育良好；中胸侧板有鳞簇；中胸下后侧鬃 4 根以上。翅鳞全暗。各足股节、胫节暗而掺杂小淡斑与散在淡鳞形成麻点与麻斑，麻斑可形成纵走点线；跗节无白环。腹节鳞饰变化大。雄蚊：触须长于喙，末 2 节上弯，有长毛丛。尾器：抱肢基节亚端叶有粗刺状毛而无叶片；阳茎侧板简单，有小齿。肛侧片有刺冠和基侧臂，端下有 5 根或较多刚毛。

分布：本属世界记录 9 种，中国记录 2 种，本次调查发现浙江该属 1 种。

（150）褐尾路蚊 *Lutzia fuscanus* Wiedemann, 1853 （图版 III-3）

Lutzia fuscanus Wiedemann, 1853: 165.

特征：中至大型棕黄色蚊，雌蚊：翅长 4–6 mm，翅鳞窄，棕褐色，前叉室为其柄长的 2–2.5 倍。头顶平覆淡色至淡黄色窄鳞，并有众多的深褐色竖鳞，两颊有淡色宽鳞并向眼后缘延伸形成眶白线，额前有发达的棕色刚毛丛。触须长约为喙的 1/6，喙棕褐色，中 2/3–3/4 有淡鳞。前胸背片具淡色鳞和棕色刚毛丛；后背片有少量淡鳞；中胸腹侧板上部及后缘以及后侧板上部有淡色宽鳞簇，中胸后下侧鬃通常 7–8 根。雄蚊：形似雌蚊，但喙中段淡色区窄而不明显，腹节 3–5 背板的鳞饰有变异，触须长于喙，3–5 节有基白环。

分布：浙江（余姚），除黑龙江、吉林、辽宁、内蒙古、青海、新疆、西藏尚无记录外，广布于全国各地。

57. 骚扰蚊属 *Ochlerotatus* Lynch Arribalzaga, 1891

Ochlerotatus Lynch Arribalzaga, 1891: 374. Type species: *Ochlerotatus confirmatus* Lynch Arribalzaga, 1891.

主要特征：雌蚊：头顶平覆窄鳞，宽鳞分布在两侧，后头具竖鳞。喙通常比前足股节长，一致暗色或有淡鳞混杂，或有淡鳞区。触须为喙的 1/7–1/4 长。前胸后背片上部鳞窄，下部鳞宽。中胸盾片全覆窄鳞，通常有深色或淡色条纹；小盾片具宽鳞或宽鳞窄鳞兼有。中胸侧板鳞簇发达程度因种而异，中胸有或无下后侧鬃。跗节全暗或有白环，或全部淡色。通常有臀前鬃，翅鳞暗色，或杂有淡鳞。腹节 8 窄，缩入腹节 7 内。尾突狭长，明显外露。雄蚊：触须比喙长或约等长，末 2 节和长节端部多毛。尾器：抱肢基节通常狭长，有发达的端叶和背内叶（基叶），或其中之一是发达的；背基内叶通常有 1–3 根大刺，或无刺；抱肢端节臂状，中部稍宽，末端有一指爪。小抱器发达，由干柄和刀叶两部分组成。侧肛片发达，骨化强，末端呈钩状。阳茎呈筒形。

分布：本次调查发现黄线骚扰蚊 *Ochlerotatus crossi* 1 种隶属于该属，但新的分类地位有待进一步讨论。

（151）黄线骚扰蚊 *Ochlerotatus crossi* (Lien, 1967) （图版 II-7）

Aedes (*Finlaya*) *crossi* Lien, 1967: 177.

Ochlerotatus crossi: Reinert, Harbach *et* Kitching, 2006: 29.

　　特征：中型蚊虫。雌蚊：头顶平覆宽鳞，近中央和下部的暗色，其余全白；后头有很多黄色竖叉鳞；触角梗节内面有小白鳞；唇基、喙和触须一致暗色。前胸前背片具白宽鳞；中胸盾片有黄色纵线，后背片上缘具黄窄鳞，中部具宽鳞。气门区有鳞簇；腹节背板无完整的基白带。雄蚊：头背面完全平覆宽白鳞，稀疏地杂生有黄竖叉鳞；后头竖鳞暗色。盾片稀疏地覆盖淡黄鳞，不形成纵线。腹节4–7背板的基侧白斑形成不完整的基带。

　　分布：浙江（余姚）、台湾。

58. 覆蚊属 *Stegomyia* Theobald, 1901

Stegomyia Theobald, 1901:3. Type species: *Stegomyia aegypti* (Linnaeus, 1762).

　　主要特征：具银白花斑的深褐到黑色小型或中型蚊虫。雌蚊：头顶平覆宽鳞，竖鳞限于后头。触角梗节有大片重叠银白或白宽鳞。触须末端背面有大银白斑或端环。前胸前背片和中胸小盾片通常覆盖宽鳞；前胸侧板至少在背侧片有银白或白宽鳞；无中胸下后侧鬃。后跗节1–2有基白环或背白斑或节3有基白环或全白或暗黑。尾器：腹节8大部内缩，略扁；腹节9盾形，后生殖板末端略凹；尾突宽。雄蚊：触须通常为喙的3/5或接近等长。抱肢基节背基内叶发展成比较明显的小抱器；小抱器有种种形状，但末端不具单一刚毛或附器。抱肢端节通常简单，指爪位于末端或近末端。阳茎有两侧片，具齿；肛侧片无肛毛。

　　分布：本属有些种类是重要的医学媒介昆虫，且分布较广。世界记录128种，中国记录23种，本次调查发现浙江该属3种。

分种检索表

1. 中胸盾片前端具瓜仁形白斑，白斑后端稍尖 ·· 尖斑覆蚊 *St. craggi*
- 中胸盾片有白色条纹 ··· 2
2. 有气门后区鳞簇 ·· 中点覆蚊 *St. mediopunctata*
- 无气门后区鳞簇 ··· 白纹覆蚊 *St. albopictus*

（152）尖斑覆蚊 *Stegomyia craggi* Barraud, 1923（图版Ⅲ-7）

Stegomyia craggi Barraud, 1923: 227.

Aedes (*Stegomyia*) *craggi*: Barraud, 1934: 229.

　　特征：雌蚊：头顶具中央白斑，延伸到两眼之间；竖鳞暗黑。喙比前股节短，深褐色，腹面基段有淡色鳞，喙腹面末段具淡色纵条。中胸盾片前端中央白斑宽瓜仁形，末端细削，小盾前区可有少数宽白鳞或全部暗色。翅前缘脉基端通常有小白点或少数白鳞；后跗节4除腹面黑色外大部白色，或全部白色；节5至少基部1/3背面白色，个别的全白。腹面Ⅲ背板通常仅有侧白斑，仅少数有基中白鳞或不明显的基白环。雄蚊：触须比喙长；节2背面以及节4和5腹面有基白斑，节2基部有白环；后跗节4全部或几乎全部深褐色，至多仅基部背面有少数淡色鳞。尾器：腹节9背板中部内凹，侧叶具3–6根刚毛；节9腹板末缘内凹而形成两侧叶；抱肢基节长为宽的2.5倍长，背中内区有11–16根刚毛。抱肢端节接近基节的1/3长，位于末端1/5处。小抱器。超过基节一半长；膨大部分基部有一拇指状突，上具3根狭长叶状刚毛，主体有很多长刚毛，越接近末端的越长，其中杂有少数或一些狭长的叶状刚毛。

　　分布：浙江（江山）、安徽、江西、湖南、福建、四川、贵州；印度，泰国。

（153）中点覆蚊 *Stegomyia mediopunctata* Theobald, 1905（图版Ⅲ-8）

Stegomyia mediopunctatus Theobald, 1905: 240.

Aedes (*Stegomyia*) *mediopunctatus*: Barraud, 1934: 230.

　　特征：中型蚊虫。雌蚊：头顶平覆黑白宽鳞，白鳞形成一中央纵斑，向前延伸到两眼之间；后头有少数黑竖鳞；头侧平覆黑宽鳞，各有一白纵条；暗鳞下面平覆白鳞，可杂有少数暗鳞；有眶白鳞线。喙和前股接近等长，深褐色，腹面前端有淡色纵条的较多。触须约为喙的 1/4 长，黑色，末段 1/4–1/3 背面白色。前胸前背板和后背片都覆盖白宽鳞，后背片上沿并有少数深褐窄鳞，中胸盾片覆盖深褐细鳞和窄鳞，中央有前宽面逐渐细削的白纵条，小盾前区两侧通常无亚中白纵线，翅基前和翅基上有大片白宽鳞，向前伸达气门之上，向后伸到小盾片之前。小盾片通常三叶都平覆白宽鳞，有的侧叶并具暗黑宽鳞；前胸侧板侧腹板上位和下位以及后侧片都有白鳞簇；有气门后区和亚气门鳞族。翅鳞深褐色，仅前缘脉基端有一小白点；平衡棒结节具深褐鳞。足深褐至黑色；前股前面基段腹缘有白纵线，腹面具白纵条；中股和后股都有膝白斑；中股后腹面具白纵条，在基段并扩展到前腹缘；后股前面基段 2/3 白色，由一段黑色区和膝白斑分开，后面基段 1/2 白色，各足胫节基部腹面有一短段白色区，前跗节和中跗节 1 有基白环，节 2 背面有基白斑；后跗节 1–2 有基白环，节 3 全部暗黑，节 4 全部白色，至多末端腹面深褐色，节 5 全部暗黑或仅基部有白鳞或基背白斑。背板暗黑；节 I 侧背片覆盖白鳞；节 2–7 基部有侧白斑；节 3–6 或节 4–6 并有和侧斑分离的基白带；节 2 偶也有基部具白鳞。腹板暗黑，节 2–6 都有基白带，节 7 暗黑。雄蚊喙基部腹面有白鳞，腹面前段通常有淡色纵条；触须和喙接近等长，具本亚组典型的白斑和白环。后跗节 4 末端深褐，节 5 全部深褐。尾器：腹节 9 背板中部拱弧状，侧叶明显，各具 3–4 根刚毛；节 9 腹板宽长。小抱器膨大部分为"双叶状"，背面有粗长刚毛，腹面刚毛较短，有的粗扁。

　　分布：浙江（江山）、安徽、江西、福建、广西、云南；印度，斯里兰卡，菲律宾。

（154）白纹覆蚊 *Stegomyia albopictus* (Skuse, 1894)（图版Ⅲ-5）

Culex albopictus Skuse, 1894: 20.

Aedes (*Stegomyia*) *albopictus*: Edwards, 1917: 209.

Stegomyia albopictus: Reinert, Harbach *et* Kitching, 2004: 289.

　　特征：小到中型棕褐色而有银白斑纹之蚊，翅长 2.1–2.9 mm。雌蚊：头顶平覆棕褐色宽鳞，中央有一银白宽纵条，向前伸达触角梗节，头侧有 2 条短的白鳞纵条，眼后缘有白鳞线，后头有少量褐色竖鳞。触须为喙长的 1/5，黑褐色，末端约 1/2 背面银白色。前胸前背片和后背片都具银白宽鳞；前胸侧板有发达的银白鳞簇，中胸侧板上位、下后位及亚气门区有鳞簇，无气门后区和翅前结节下鳞簇；后背片上部并有棕褐窄鳞。前足基节有 2 个白鳞簇，中后足各有一发达白鳞簇，各股节都有显著的膝白斑。雄蚊：触须比喙略长，节 2–3 有基白带，节 4–5 腹面有基白斑。腹节 2 和 7 背板无基白带，仅有侧白斑，节 2 中央基部有少量淡鳞，节 8 腹板基部白色。

　　分布：浙江（余姚）、辽宁、河北、山西、山东、河南、陕西、江苏、安徽、湖北、江西、湖南、福建、台湾、广东、海南、广西、四川、贵州、西藏；遍布东南亚地区。

十二、蠓科 Ceratopogonidae

特征：体型微小，细长或短粗，体长多为 1–5 mm。头橘形，较背部略低；复眼 1 对，额宽在不同种间有差异；单眼退化；触角通常 15 节，鞭节的节数和形态在不同属间有变异；口器发达，约与头壳高度相等，雌虫口器较雄虫发达；触须通常分 5 节，第 3 节具感觉器。胸背稍隆起，前胸、后胸退化，中胸发达，翅具明暗不等的斑。腹部 10 节，雄虫 9 节、10 节特化为尾器；雌虫尾端 3 节特化为外生殖器，第 9 腹板特化成形态多变的生殖下板，生殖孔位于其间。

分布：世界广布，已知 125 属，6000 余种，中国已知 37 属 1176 种，浙江分布 3 亚科 9 属 75 种。

分亚科检索表

1. 爪间突发达 ··· 铗蠓亚科 Forcipomyiinae
- 爪间突退化或无 ·· 2
2. 翅仅有 1 个短小径室，雌虫触角长节不明显，或仅端部 1 节延长，鞭节各节基部可有刻纹 ········ 毛蠓亚科 Dasyheleinae
- 翅具有 1–2 个径室，长短不一，触角各节均无刻纹，通常端部 4–5 节明显延长 ····················· 蠓亚科 Ceratopogoninae

（一）铗蠓亚科 Forcipomyiinae

主要特征：成虫翅面具大毛，前缘脉或短或长。各足爪等长，爪间突发达，约与爪等长，雄虫爪长而弯曲。幼虫下口式，前胸具伪足，体背具发达的突起或棘。

分布：世界广布，已知 1669 种，中国记录 296 种，浙江分布 48 种。

铗蠓亚科分属检索表

1. 有口甲 ··· 蠛蠓属 *Lasiohelea*
- 无口甲 ·· 2
2. 翅前缘脉超越翅中，第 2 径室长而宽，阳基侧突退化 ································· 裸蠓属 *Atrichopogon*
- 翅前缘脉约抵翅中或略短，第 2 径室短或不发达，阳基侧突发达，形态多变 ················· 铗蠓属 *Forcipomyia*

59. 蠛蠓属 *Lasiohelea* Kieffer, 1921

Lasiohelea Kieffer, 1921: 115. Type species: *Atrichopogon pilosipennis* Kieffer, 1919 (by original designation) [= *Ceratopogon velox* Winnertz, 1852].

Centrorhynchus Lutz, 1913: 62. Type species: *Centrorhynchus stylifer* Lutz, 1913 (by original designation).

Lasiohelea: Yu *et al.*, 2005: 692.

主要特征：复眼小眼面间柔毛有或无，触角 15 节，雌虫触角端部 5 节延长，雄虫触角端部 4 节延长；触须 5 节，第 3 节内侧有感觉器，感觉器窝有或无。口器发达，雌虫的大、小颚端部有齿，雄虫无齿；有口甲，雌虫食窦处口甲齿明显，雄虫通常欠发达或无。翅面大毛遍布，2 个径室，第 2 径室狭长，末端抵达或略超过翅前缘中点。雌虫 1 个受精囊，殖下板发达。雄虫阳茎中叶分裂成两角质侧片，阳基侧突为一角质窄条，呈弓状内陷于第 9 腹节。

分布：世界广布，已知 187 种，中国记录 66 种，浙江分布 6 种。

分种检索表

雌虫

1. 复眼小眼面间有柔毛，触须第 3 节有感觉器窝 ·· 庐山蠛蠓 *La. lushana*
- 复眼小眼面间无柔毛 ·· 2
2. 口甲齿 18 枚 ·· 桃园蠛蠓 *La. taoyuanensis*
- 口甲齿大，9 枚，尖长 ··· 低飞蠛蠓 *La. humilavolita*

雄虫

1. 复眼小眼面间有柔毛 ··· 2
- 复眼小眼面间无柔毛 ··· 3
2. 触须第 3 节无感觉器窝，阳茎中叶端部有一小枝状突，每侧有两叶状垂片 ·············· 小枝蠛蠓 *La. virgula*
- 触须第 3 节有感觉器窝，阳茎中叶企鹅形 ·· 虞氏蠛蠓 *La. yui*
3. 阳茎中叶两侧叶片呈蕉叶状，阳基侧突弓窄而深 ·································· 低飞蠛蠓 *La. humilavolita*
- 阳茎中叶两侧片端部略尖且向外侧倾斜，其后隆起明显 ···························· 隆起蠛蠓 *La. eminenta*

（155）隆起蠛蠓 *Lasiohelea eminenta* Yu, 2005（图 5-9）

Lasiohelea eminenta Yu, 2005: 761.

特征：雄虫翅长 0.92 mm，宽 0.43 mm。复眼小眼面间无柔毛，触角鞭节端部 4 节延长，末节有端突，各节相对比长为 20：14：15：13：12：12：12：14：14：32：33：29：33，AR 1.01。触须 5 节，各节相对比长为 5：7：12：9：12，第 3 节略膨大，内侧感觉器呈分散型，无明显的感觉器窝，口甲发达，具较大的齿 12 枚。胸部棕黄色，小盾片粗鬃 7 根，翅面遍布大毛。各足一致淡黄色，后足胫节端鬃 7 根，疏齿 10 枚。腹部第 9 腹板无凹缘，抱器基节较长，长为宽的 3 倍；端节约与基节等长，阳茎中叶两侧片端部略尖且向外侧倾斜，其后隆起明显；阳基侧突弓弧形。

分布：浙江（临安、余姚）、河南。

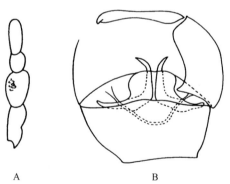

A　　　　　　　　　　　　　B

图 5-9　隆起蠛蠓 *Lasiohelea eminenta* Yu, 2005（仿自虞以新等，2005）

A. 触须；B. ♂尾器

（156）低飞蠛蠓 *Lasiohelea humilavolita* Yu *et* Liu, 1982（图 5-10）

Lasiohelea humilavolita Yu *et* Liu, 1982: 302.

特征：雌虫翅长 0.92 mm，宽 0.4 mm。头部复眼小眼面间无柔毛。触角围角片鬃共 8 根，其排列为：上 2、内 3、外 3；鞭节端部 5 节延长，末节有端突，各节相对比长为 10：7：8：8：8：8：8：9：20：23：

23：24：36；AR 1.9。触角 5 节，各节相对比长为 7：9：19：10：11，第 3 节长而中部膨大，有浅感觉器，感觉器密集其内。唇基片鬃 12–19 根，大鄂有齿 21–22 个，较粗强，端部 5–6 齿略细小，16 个较大而相等；另有 5–6 个不明显的短齿。口甲齿大，9 枚。尖长，基部呈波状连接。胸部一致棕褐色。小盾板后缘有粗鬃 9 根，其中 3 根较细；其前缘有细鬃 1 列 8 根。翅面多大毛，除翅端外，沿各翅脉两侧均有不甚明显的无大毛裸带。各足爪发达，前、后足爪基有小突；爪间突发达但不超过爪长。后足胫端鬃 7 根，梳齿 13–19 枚。腹部受精囊球状，基部 1/2 角化弱，常内陷而呈半球状。生殖孔侧鬃 2 根，尾鬃 9 根；第 8 腹板处有蝠状角质增厚部与殖下板相对。雄虫翅长 1.1 mm，宽 0.34 mm。头部复眼小眼面间无柔毛。触角末 4 节延长，末节有端突，末端 6 节的相对比长为 12：13：27：31：25：35；AR 0.96。触须第 3 节约等于第 1、第 2 节长度之和，其中部略膨大，内侧近端部处感觉器密集，有浅的感觉器窝。胸部小盾片后缘有鬃 1 列 9 根，其中 3 根较细；其前缘有细鬃 4 根成 1 行排列。翅面大毛较稀，沿翅脉裸带较宽；中肘叉与第 2 径室基 1/3 处相垂直；第 2 径室略短。各足爪发达；爪间突发达但不超过爪长。后足胫节端鬃 7–8 根，梳齿 12–14 枚。TR：前足 2.1，中足 2.0，后足 2.14。尾器阳茎中叶两侧叶片呈蕉叶状，阳基侧突弓窄而深。

分布： 浙江（景宁）、河南、甘肃、安徽、湖北、江西、福建、台湾、海南、广西、重庆、四川、贵州、云南；马来西亚。

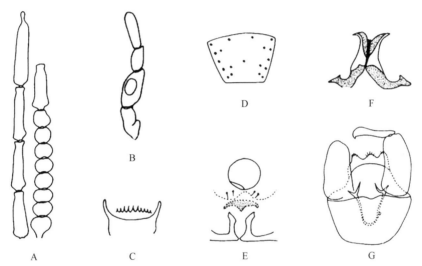

图 5-10　低飞蟏蠓 *Lasiohelea humilavolita* Yu *et* Liu, 1982（仿自虞以新等，2005）
A. 触角；B. 触须；C. 口甲；D. 唇基片；E. 受精囊；F. 阳茎中叶；G. ♂尾器

（157）桃园蟏蠓 *Lasiohelea taoyuanensis* (Lien, 1989)（图 5-11）

Forcipomyia (*Lasiohelea*) *taoyuanensis* Lien, 1989: 72.

Lasiohelea taoyuanensis: Yu *et al.*, 2005: 736.

特征： 雌虫翅长 0.84 mm，宽 0.37 mm。头部复眼的小眼面间无柔毛。触角鞭节各节的相对比长为 12：8：10：10：10：10：10：12：26：28：28：28：33，AR 1.73。触须 5 节，各节相对比长为 6：8：16：8：14，第 3 节短粗，感觉器窝位于近端部。唇基片鬃 12 根，大颚端齿细密，有 20 枚。口甲齿 18 枚。胸部小盾片有粗鬃和细鬃各 6 根。翅面密布大毛。各足跗节有鳞状鬃。后足胫节端鬃 6 根，梳齿 10 枚。腹部殖下板形成封闭的类三角形孔。受精囊圆球形，直径 62.5 μm，基底孔小，其孔径为 20 μm。

分布： 浙江（景宁）、台湾。

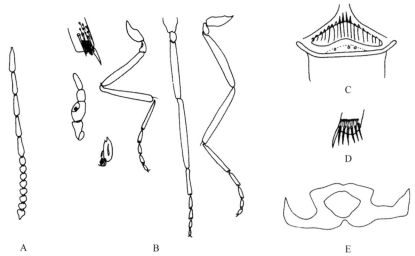

图 5-11　桃园蠛蠓 *Lasiohelea taoyuanensis* (Lien, 1989)（仿自虞以新等，2005）

A. 触角；B. 触须；C. 口甲；D. 后足胫端鬃；E. 殖下板

（158）小枝蠛蠓 *Lasiohelea virgula* Yu *et* Wen, 1985（图 5-12）

Lasiohelea virgula Yu *et* Wen, 1985: 73.

　　特征：雄虫翅长 0.76 mm。头部复眼小眼面间除近顶部外均有柔毛。触角第 9–14 节上有较发达的透明感觉突，鞭节各节的相对比长为 18∶12∶11∶10∶9∶9∶9∶10∶10∶20∶24∶20∶30，AR 0.96。触须第 3 节花瓶状，感觉器集中而无感觉器窝，第 2–5 节的相对比长为 12∶15∶10∶13，唇基片鬃 10 根。胸部棕色，小盾片有粗鬃 8 根，大毛密布翅面，两个径室均为裂缝状，第 1 径室约为第 2 径室长的 1/3。前足跗节有少数窄长鳞，后足第 1 跗节羽状鬃 10 根，后足胫节端鬃 5 根，梳齿 10 枚。尾器第 9 腹板后缘中央有浅"U"形凹缘。阳基侧突呈浅弧状，阳茎中叶每侧端部有一稍向后曲的细枝状突而不做钩状，另有 3 个叶状垂片。

　　分布：浙江（临安）、海南、广西、四川。

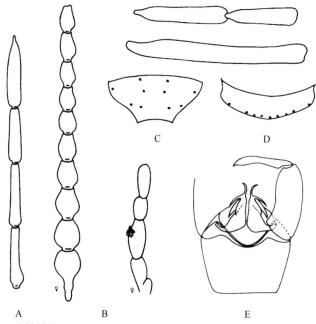

图 5-12　小枝蠛蠓 *Lasiohelea virgula* Yu *et* Wen, 1985（仿自虞以新等，2005）

A. 触角；B. 触须；C. 唇基片；D. 小盾片；E.♂尾器

（159）虞氏蠛蠓 *Lasiohelea yui* **Liu, Yan *et* Liu, 1996**（**图 5-13**）

Lasiohelea yui Liu, Yan *et* Liu, 1996: 13.

　　特征：雄虫翅长 0.89 mm，宽 0.28 mm。头部棕色，复眼小眼面之间有柔毛。P/H 0.89。唇基片鬃 17根。口甲齿不发达，有小齿 9 枚。触须黄色，各节相对比长为 6：13：15：9：16，第 3 节有较大感觉器窝。位于中部；第 5 节明显长于第 4 节。胸部背板棕褐色，侧板棕色。小盾片后缘具粗鬃 8 根，细鬃 4 根。翅面大毛密布，沿翅脉具裸带，基室无大毛。CR 0.55。各足一致棕黄色。中足 TR 1.67。后足胫节端鬃 6 根，梳齿 14 枚。腹部棕色。尾器第 9 腹板后缘中央有一浅凹，抱器基节长约为宽的 3 倍，抱器端节稍短于抱器基节。阳茎中叶企鹅状，端部向两侧弯，阳基侧突弓深 "U" 形。

　　分布：浙江（临安、景宁）、海南。

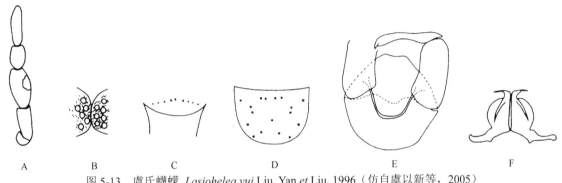

图 5-13　虞氏蠛蠓 *Lasiohelea yui* Liu, Yan *et* Liu, 1996（仿自虞以新等，2005）

A. 触须；B. 复眼；C. 口甲；D. 唇基片；E. ♂尾器；F. 阳茎中叶

（160）庐山蠛蠓 *Lasiohelea lushana* **Yu *et* Wang, 1982**（**图 5-14**）

Lasiohelea lushana Yu *et* Wang, 1982: 19.

　　特征：雌虫翅长 0.9 mm。头部复明小眼面间有柔毛，毛长大于小眼面半径，各眼面间隙处有柔毛 3 根。围角片鬃共 7 根，其排列为上 1、下 2、内 3、外 1。触角末端 5 节延长，末节有端突；鞭节各节相对比长

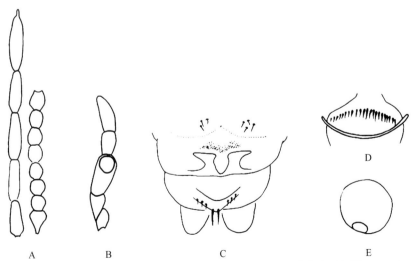

图 5-14　庐山蠛蠓 *Lasiohelea lushana* Yu *et* Wang, 1982（仿自虞以新等，2005）

A. 触角；B. 触须；C. ♀尾器；D. 口甲；E. 受精囊

为 10：7：7：8：8：7：8：8：17：19：20：20：28；AR 1.7。触须 5 节，各节相对比长为 6：7：13：8：14；第 5 节细长；第 3 节明显膨大，其端部内侧有一大而浅的感觉器窝。唇基片鬃 18 根。大颚齿 18 个，较粗大，从端部起由小渐大，至基部末两齿又渐细小。口甲齿 24 枚，呈须齿状。小盾片后缘有粗鬃 6 根与细鬃 5 根交替成一行排列；其前缘有不成行排列的细鬃 7 根。翅前缘脉有窄鳞；除翅端外沿各翅脉两侧均无裸带；中肘叉与第 2 径室基部相垂直。各足跗节均有窄鳞；后足第 1 跗节有羽状鬃 12 根，各足爪发达，其内侧中部有突起；爪间突发达但不超过爪长。后足胫节端鬃 7 根，梳齿 11–12 枚。受精囊球形（67.5 μm），基底孔圆（21.6 μm）。殖下板像 1 对脚状，与其相应处有蝠状增厚。生殖孔侧鬃 3 根，尾鬃 8 根。

分布：浙江（临安、余姚）、江西、广西、重庆、云南。

60. 裸蠓属 *Atrichopogon* Kieffer, 1906

Atrichopogon Kieffer, 1906: 53. Type species: *Ceratopogon exilis* Coquillett, 1902 (by designation of Coquillett, 1910) [= *Ceratopogon levis* Coquillett, 1901].

Gymnohelea Kieffer, 1921: 115. Type species: *Kempia longiserrus* Kieffer, 1921 (by designation of Wirth, 1973).

Atrichopogon: Yu *et al.*, 2005: 332.

特征：中型、小型褐色蠓种，复眼小眼面间有或无柔毛。触角 15 节，雌虫端部 5 节延长，末节多数具端突；雄虫端部 3 节或 4 节延长，各短节有疏密不等的轮毛。触须 5 节，或 4、5 两节愈合，第 3 节具感觉器窝。无口甲，喙长短不等，雌虫上唇、大颚、小颚可具齿；雄虫无齿。胸部背面具鬃毛，色泽一致或有浅色区、带。翅发达，前缘脉和径 2 室的末端均超过翅长之半，径 1 室短，径 2 室比较宽长，其长度为径 1 室长的 2–3 倍；径 5 室端部具明显的润脉叉；翅面大毛疏密不等，微毛遍布整个翅面。爪间突发达，爪端分叉或不分叉。腹部 1 节、2 节背板较发达，雌虫腹部第 7–9 节腹面可有赘生的突起，1–2 个受精囊；雄虫尾节抱器和阳茎中叶发达，阳基侧突退化，抱器基节仅具 1 个踝突。

分布：世界广布，已知 513 种，中国记录 85 种，浙江分布 16 种。

分种检索表

雌虫

1. 小盾片粗鬃 6 根 ···	杰克裸蠓 *A. (A.) jacobsoni*	
- 小盾片粗鬃 4 根，翅面遍布大毛 ···		2
2. 受精囊有短颈，近基部有刻点 ·····················	壶状裸蠓 *A. (A.) ollicula*	
- 受精囊近基部无明显刻点 ··		3
3. 复眼小眼面间无柔毛 ·······························	散布裸蠓 *A. (A.) spartos*	
- 复眼小眼面间有柔毛 ···		4
4. 小盾片粗鬃 2 根或 3 根，AR 小于 2，受精囊无刻点 ··········	异样裸蠓 *A. (K.) varius*	
- AR 大于 2 ···		5
5. 触角鞭节各短节球形，或扁荠形，殖下板呈环状 ··········	林丛裸蠓 *A. (K.) xylochus*	
- 触角鞭节各短节柱形、长卵形或短卵形 ···		6
6. 仅肘臀室无大毛，翅端各翅室均有大毛 ··············	北方裸蠓 *A. (K.) aquilonarius*	
- 大部分翅室均无大毛 ···		7
7. 翅面大毛稀少，触须第 4、第 5 节愈合，受精囊无颈 ··········	开裂裸蠓 *A. (K.) dehiscentis*	
- 翅面无大毛 ···		8
8. 腹部尾端腹面赘生突仅见于第 8 节，为棘状横列 ··············	刺尾裸蠓 *A. (P.) spinicaudalis*	
- 腹部尾端腹面赘生突见于第 7、第 8 两节 ···		9

9. 第 7 腹节腹面赘生突居中、发达，分为 2 长枝 ·········· 卵形裸蠓 *A. (P.) oviformis*
- 第 7 腹节腹面赘生突居中、发达，分 4 枝以上 ······················· 10
10. 第 7 腹节腹面树状突分为 7 枝 ··················· 窄须裸蠓 *A. (P.) tenuipalpis*
- 第 7 腹节腹面树状突少于 7 枝 ····························· 11
11. 第 7 腹节腹面树状突共分为 4 枝，在分叉处有 3 个小突起，第 8 腹节腹面全为单枝棘状突 ·· 淡尾裸蠓 *A. (P.) pallidicillus*
- 第 7 腹节腹面赘生中突先分 2–3 叶，再各分枝叉，第 8 腹节腹面赘生突呈簇状 ········ 12
12. 第 7 腹节腹面赘生中突分为 3 叶，每叶又再分 3 枝，第 8 腹节腹面有 2 簇棘状突，在其中间稍后有 2 枝棘突 ······ 三叶裸蠓　*A. (P.) tricleaves*
- 第 7 腹节腹面赘生中突分为 2 叶，每叶又再分 2 枝，第 8 腹节腹面近前缘赘生棘突每侧 2 枝，中部有 2 纵列棘突 ······ 聂拉木裸蠓 *A. (P.) nielamuensis*

雄虫

1. 翅无毛，粗鬃 2 根 ·························· 异样裸蠓 *A. (K.) varius*
- 小盾片粗鬃 4 根 ································ 2
2. 第 9 腹板后缘"V"形深凹 ················ 开裂裸蠓 *A. (K.) dehiscentis*
- 尾器第 9 腹板后缘略突起，略凹或平 ······················ 3
3. 第 9 腹板后缘平直，其中部略隆 ············· 类瘦裸蠓 *A. (A.) subtenuiatus*
- 尾器第 9 腹板有不同程度的突起 ························· 4
4. 阳茎中叶罩状，端部钝圆 ················· 笼罩裸蠓 *A. (P.) capistratus*
- 阳茎中叶结构简单，呈梯形 ···························· 5
5. 阳茎中叶端部钝平 ····················· 淡尾裸蠓 *A. (P.) pallidicillus*
- 阳茎中叶端部突起 ································· 6
6. 阳茎中叶端部有肩突及明显的冠状端突 ·········· 窄须裸蠓 *A. (P.) tenuipalpis*
- 阳茎中叶盾形 ·································· 7
7. 肘 1 脉略弯曲 ······················· 杰克裸蠓 *A. (A.) jacobsoni*
- 肘 1 脉不弯曲 ································· 8
8. 阳茎中叶基拱稍高 ····················· 美岛裸蠓 *A. (A.) formosanus*
- 阳茎中叶中突明显 ································· 9
9. 第 9 背板短宽，呈半圆形，约与抱器基节等长 ······· 壶状裸蠓 *A. (A.) ollicula*
- 第 9 背板短于抱器基节 ····························· 10
10. 后足胫节端鬃 7 根，梳齿 17 枚 ·············· 散布裸蠓 *A. (A.) spartos*
- 后足胫节端鬃 7 根，梳齿 20 枚 ············· 北方裸蠓 *A. (K.) aquilonarius*

（161）异样裸蠓 *Atrichopogon (Kempia) varius* Yu *et* Yan, 2001 （图 5-15）

Atrichopogon (Kempia) varius Yu *et* Yan, 2001: 58.

特征：雌虫翅长 1.15 mm，宽 0.48 mm，头部两复眼相接，小眼面间柔毛短而密。P/H 0.71。触角鞭节各短节几乎等长，均为橘形，第 10 节比第 9 节略长，端部 5 节明显延长，末节端突短乳头状，各节相对比长为 5：4：4：4：4：4：4：5：11：12：11：12：17，AR 1.80。触须 5 节，各节相对比长为 5：8：13：5：7，第 3 节中部较粗，感觉器窝位于近中部膨大处。唇基片鬃 4 根。喙短，大颚齿细而弱，约 20 枚。胸部棕色。中胸背板肩窝色淡，并延伸出 2 条浅色窄带。小盾片粗鬃 2 根或 3 根，AR 小于 2。翅面大毛稀少，仅见于径 5 室，中 1、中 2 室近端部，臀室和基室均无大毛；径 2 室狭长，约为径 1 室长的 3 倍。CR 0.73。各足一致浅棕色。后足胫节端鬃 7 根，梳齿 21 枚。腹部浅棕色。殖下板窄，呈拱门状；受精囊 1 个（97.5 μm ×62.5 μm），近椭圆形，无刻点，有短而角化深的颈。雄虫翅长 1.15 mm，宽 0.48 mm，头部两复眼相接，小眼面间有较长柔毛。P/H 约为 0.63。触角鞭节端部 3 节延长，第 12 节略长于第 11 节，末节有明显的端突，各节相对比长为 7：7：7：7：7：7：7：6：6：8：16：15：23，AR 1.02。触须各节相对比长为 4：7：9：5：4，第 3 节稍显短粗，感觉器窝位于中部。胸部棕褐色。小盾片后缘有粗鬃 2 根，短小鬃 4 根。翅面无大毛。各足淡黄色。爪发达，爪端分叉。后足胫节端鬃 7 根，梳齿 16 枚。腹部浅棕色。尾器第 9 腹板后缘浅弧状；第 9 背板长而宽。抱器基节踝突细长；抱器端节较粗，略短于抱器基节。阳茎中叶形状特异，其中突突出，端部钝圆，状似叠加其上的桃状突。

分布：浙江（临安）、四川。

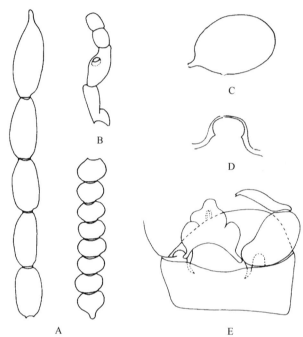

图 5-15 异样裸蠓 *Atrichopogon* (*Kempia*) *varius* Yu *et* Yan, 2001（仿自虞以新等，2005）
A. 触角；B. 触须；C. 受精囊；D. 殖下板；E. ♂尾器

（162）杰克裸蠓 *Atrichopogon* (*Atrichopogon*) *jacobsoni* (de Meijere, 1907)（图 5-16）

Ceratopogon jacobsoni de Meijere, 1907: 212.

Atrichopogon (*Atrichopogon*) *jacobsoni*: Yu *et al*., 2005: 344.

特征：雌虫翅长 1.60 mm，宽 0.63 mm。头部两复眼相接，小眼面间无柔毛。触角端部 5 节延长，末节端突明显，各节相对比长为 11：7：7：7：7：7：7：8：28：28：32：32：42，AR 2.67。触须 5 节，各节相对比长为 7：11：17：6：10，第 3 节中部膨大，感觉器窝位于近端部。大颚齿 30 余枚，由基部至端部渐增大。胸部黄色，中胸背板肩部色泽稍淡，背面遍布细鬃，胸侧及后小盾片色较深。小盾片浅色，具粗鬃 6 根。翅基室无毛，其余各翅室均有大毛，肘 1 脉明显地呈"S"形弯曲或略弯曲。各足一致浅黄色，多毛，后足胫节端鬃 9 根，梳齿 20 枚。腹部浅棕色，第 1 腹节背板外鬃有 10 根。受精囊 1 个（112.5 μm×77.5 μm），卵形，近基部有不明显的刻点。雄虫基本特征与雌虫同，翅面仅径 5 室前缘处有少数几根大毛，肘 1 脉略弯曲，抱器基节踝突短，阳茎中叶盾形，中突明显，端部笠状。

分布：浙江（临安、余姚）、广东、广西、云南；印度，越南，泰国，柬埔寨，斯里兰卡，菲律宾，马来西亚，印度尼西亚，新几内亚，美国。

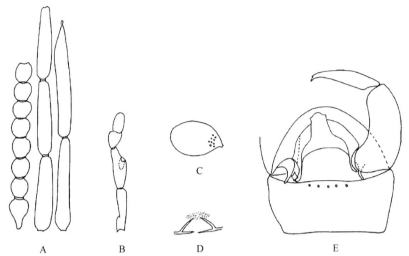

图 5-16　杰克裸蠓 *Atrichopogon* (*Atrichopogon*) *jacobsoni* (de Meijere, 1907)（仿自虞以新等，2005）
A. 触角；B. 触须；C. 受精囊；D. 殖下板；E. ♂尾器

（163）聂拉木裸蠓 *Atrichopogon* (*Psilokempia*) *nielamuensis* Yu *et* Yan, 2001（图 5-17）

Atrichopogon (*Psilokempia*) *nielamuensis* Yu *et* Yan, 2001: 130.

特征：雌虫翅长 1.28 mm，宽 0.63 mm。头部复眼相接，小眼面间柔毛粗长而密。P/H 0.67。触角鞭节各短节球形，端部 5 长节逐次延长，末节端突明显，各节相对比长为 10：6：6：6：6：6：6：6：10：11：12：12：20，AR 1.06。触须 5 节，各节相对比长为 6：8：11：6：8，第 3 节花瓶状，感觉器窝位于近端部，孔圆而小。大颚齿 9 枚，细小。胸部棕色。中胸背板前 2/3 多鬃毛，两侧缘近翅基处及后缘各有粗长鬃 2 根。小盾片后缘有粗鬃 4 根，居中 2 根长，两侧短；另有细鬃 2 根。翅面无大毛，径 1 室缝状；径 2 室宽而短，中叉柄略短于径中横脉，CR 0.59。各足一致浅棕色。后足胫节端鬃 8 根，梳齿 17 枚。腹部浅棕色。第 7 腹节腹面赘生中突分 2 叶，又各分 2 枝；第 8 腹节腹面近前缘赘生棘突每侧 2 枝，中部有 2 纵列棘突，其端缘有 2 根长鬃。受精囊 1 个（100.0 μm×103.0 μm），球形，有短颈。

分布：浙江（临安）、西藏。

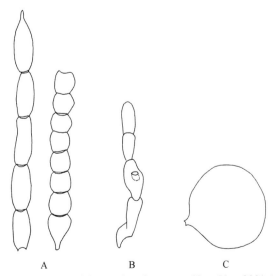

图 5-17　聂拉木裸蠓 *Atrichopogon* (*Psilokempia*) *nielamuensis* Yu *et* Yan, 2001（仿自虞以新等，2005）
A. 触角；B. 触须；C. 受精囊

（164）壶状裸蠓 *Atrichopogon (Atrichopogon) ollicula* Yan *et* Yu, 2001（图 5-18）

Atrichopogon (Atrichopogon) ollicula Yan *et* Yu, 2001: 41.

特征：雌虫翅长 1.06 mm，宽 0.45 mm。头部两复眼相接，小眼面间无柔毛。喙明显短于头高，P/H 约为 1.6。触角鞭节基部各短节橘形，端部 5 节渐延长，末节端突乳头状，各节相对比长为 6∶4∶4∶4∶4∶4∶5∶5∶15∶16∶18∶19∶24，AR 2.71。触须 5 节，各节相对比长为 4∶6∶11∶6∶7，第 3 节中部膨大，感觉器窝位于中部膨大处前端。上唇端部两侧穗状，大颚齿约 24 枚，由端至基渐细弱。胸部背面棕褐色。中胸背板鬃毛较多，毛基粗。小盾片后缘具粗鬃 4 根。翅面除基室外，各翅室有较多大毛，沿各翅脉两侧为裸带；径 2 室稍狭长，径 1 室缝状；CR 0.72，中叉有短柄。足一致淡黄色。后足胫节端鬃 7 根，梳齿 21 枚。腹部浅棕色。受精囊 1 个（85.0 μm×70.0 μm），受精囊有短颈，近基部有刻点。雄虫翅长 1.11 mm，宽 0.36 mm。头部复眼接眼式，小眼面间无柔毛。触角第 12 节略长于第 11 节，末节端突乳头状，各节相对比长为 7∶9∶7∶7∶7∶8∶8∶8∶8∶12∶32∶23∶29，AR 1.26。触须各节相对比长为 5∶6∶11∶5∶6，第 3 节花瓶状，端 1/2 为细颈，基 1/2 膨大，感觉器窝位于中部膨大处。胸部棕褐色。小盾片后缘粗鬃 4 根。翅面于径 5 室端部及 M₁ 室有稀疏大毛。各足一致浅黄色。后足胫节端鬃 8 根，梳齿 21 枚。腹部浅棕色。尾器第 9 腹板后缘弧形深凹；第 9 背板短宽，呈半圆形，约与抱器基节等长。抱器基节较短，踝突粗短，其端部钝圆；抱器端节与抱器基节约等长，稍弯曲。阳茎中叶壶状，中突明显，其端部壶盖状。

分布：浙江（临安、余姚）、四川、云南。

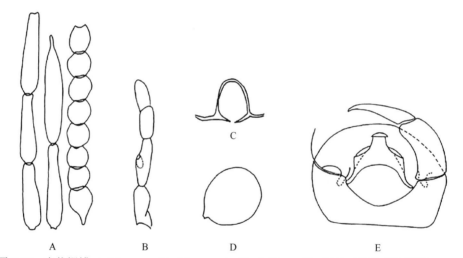

图 5-18　壶状裸蠓 *Atrichopogon (Atrichopogon) ollicula* Yan *et* Yu, 2001（仿自虞以新等，2005）

A. 触角；B. 触须；C. 殖下板；D. 受精囊；E. ♂尾器

（165）散布裸蠓 *Atrichopogon (Atrichopogon) spartos* Yan *et* Yu, 2001（图 5-19）

Atrichopogon (Atrichopogon) spartos Yan *et* Yu, 2001: 45.

特征：雌虫翅长 0.94 mm，宽 0.38 mm。头部两复眼相接，小眼面间无柔毛。触角鞭节各短节近乎橘形，末节端突乳头状，各节相对比长为 7∶5∶5∶5∶5∶5∶5∶6∶16∶18∶18∶20∶28，AR 2.33。触须 5 节，各节相对比长为 5∶9∶12∶5∶7，第 3 节中部稍粗，感觉器窝位于中部膨大处。大颚齿 20 余枚，上唇端部两侧穗状。胸部背板和侧板一致棕褐色，中胸盾板遍布细鬃。小盾片后缘有粗鬃 4 根，细鬃 6 根。翅面大毛较密，基室无大毛，径 2 室狭长，约为径 1 室的 4 倍，中叉有短柄，CR 0.75。各足一致浅黄色。后足胫节端部长鬃 7 根，梳齿 18 枚。腹部浅棕色。受精囊 1 个（80.0 μm×62.5 μm），椭圆形，有不明显的刻点。雄虫翅长 1.07 mm，宽 0.35 mm。头部复眼接眼式，小眼面间无柔毛。触角鞭节各节相对比长为 11：9：9：9：8：8：8：8：7：11：31：25：33，AR 1.53。触须各节相对比长为 6：6：15：5：7，第 3 节中部稍粗，感觉器窝位于中部膨大处。胸部棕褐色。小盾片后缘有粗鬃 4 根，细鬃 8 根。翅面仅径 5 室和中 1 室端部有少数大毛，中叉有短柄。后足胫节端鬃 7 根，梳齿 17 枚。腹部一致棕色。尾器：第 9 腹板后缘中部呈弧形凹陷；第 9 背板后缘弧形，短于抱器基节。抱器基节踝突细长。阳茎中叶有一较粗中突，其端部呈笠状。

　　分布：浙江（临安）、广西、四川。

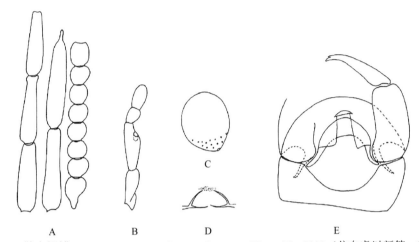

图 5-19　散布裸蠓 Atrichopogon (Atrichopogon) spartos Yan et Yu, 2001（仿自虞以新等，2005）

A. 触角；B. 触须；C. 受精囊；D. 殖下板；E.♂尾器

（166）三叶裸蠓 *Atrichopogon (Psilokempia) tricleaves* Liu, Yan et Liu, 1996（图 5-20）

Atrichopogon (Psilokempia) tricleaves Liu, Yan et Liu, 1996: 27.

　　特征：雌虫翅长 1.02 mm，宽 0.41 mm。头部复眼邻接，小眼面间有柔毛。P/H 1.20。触角鞭节各短节类圆形，端部 5 节短柱状，末节端突显著，各节相对比长为 7：5：5：5：5：5：5：6：12：12：13：13：18，AR 1.56。触须 5 节，各节相对比长为 5：9：9：4：7，第 3 节膨大不明显，柱形，感觉器窝较大，位于中部，PR 2.75。大颚齿 12 枚。小颚无齿。胸部一致棕褐色。小盾片后缘粗鬃 2 根。翅面无大毛，中叉

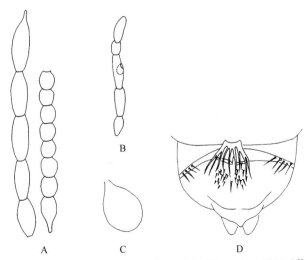

图 5-20　三叶裸蠓 Atrichopogon (Psilokempia) tricleaves Liu, Yan et Liu, 1996（仿自虞以新等，2005）

A. 触角；B. 触须；C. 受精囊；D.♀尾器

柄短于径中横脉。径 1 室明显，径 2 室窄长，约为径 1 室的 2.5 倍。CR 0.57。各足一致黄色。爪发达，不分叉。后足胫节端鬃 8 根，梳齿 19 枚。腹部背板棕黄色。第 1 腹节无脊外鬃。第 7 腹节腹面赘生中突分为 3 叶，每叶又再分 3 枝，第 8 腹节腹面有 2 簇棘状突，在其中间稍后有 2 枝棘突。受精囊 1 个，卵形，有短颈（90.0 μm×65.0 μm）。

分布：浙江（临安）、海南。

（167）淡尾裸蠓 *Atrichopogon* (*Psilokempia*) *pallidicillus* Yu et Zou, 1988（图 5-21）

Atrichopogon (*Psilokempia*) *pallidicillus* Yu et Zou, 1988: 85.

特征：雌虫翅长 1.20 mm，宽 0.46 mm。头部复眼相接，小眼面间有较长的柔毛。触角鞭节端部 5 节延长，第 11 节约为第 10 节长的 2 倍，各节相对比长为 13：12：12：12：11：10：10：12：24：26：28：28：41，AR 1.61。触须 5 节，各节相对比长为 11：17：21：15：15，第 3 节感觉器窝深，呈袋状。唇基片鬃 11 根。大颚齿 5 枚。胸部褐色。中胸背板后缘有粗鬃 3 根。小盾片后缘有粗鬃 2 根。翅面无大毛，中叉柄略短于径中横脉。径 2 室约为径 1 室长的 2 倍。各足 1-4 跗节均有 1 对端刺。后足胫节端鬃 6 枚，梳齿 12 枚。腹部第 8、第 9 腹节呈灰白色或黄白色，第 7-9 节腹面有各种赘生突起，雌虫第 7 腹节腹面树突状，共分为 4 枝，在分叉处有 3 个小突起。第 8 腹节腹面全为单枝棘状突。第 8 腹节后缘有刺鬃，共 5 根，两侧各有一手状突，每突有指状分枝 6 根，其端部弯曲；第 9 腹节前缘有指突 3 簇，中簇最长，有 5-6 枝，后缘两侧各有密集的指状突簇，每簇有突起 18-20 枚，其长短不一。受精囊（77.5 μm×60.0 μm）1 个，圆形，有短颈；尾叶较长。雄虫翅长 1.14 mm，宽 0.36 mm。头部复眼相接，小眼面间有柔毛。触角鞭节端部 4 节延长，各节相对比长为 10：9：9：9：9：9：9：9：10：16：16：14：20，AR 1.04。触须各节相对比长为 6：6：10：6：8，第 3 节圆柱状，感觉器窝位于中部。胸部一致深棕色。肩部有小而不明显的淡色区。小盾片后缘粗鬃 2 根。翅面无大毛，径 1 室封闭，隙状；径 2 室短宽。后足胫节端鬃 9 根，梳齿细，约有 18 枚。腹部浅棕色。尾器尾端近乎白色。第 9 腹板后缘中部稍隆起，其上有 1 簇长鬃；第 9 背板后缘圆弧形。抱器基节狭长，显然长于第 9 背板，踝突短而尖；抱器端节端部细弯。阳茎中叶呈梯形隆起，底缘中部呈唇状突出。

分布：浙江（景宁）、四川、云南。

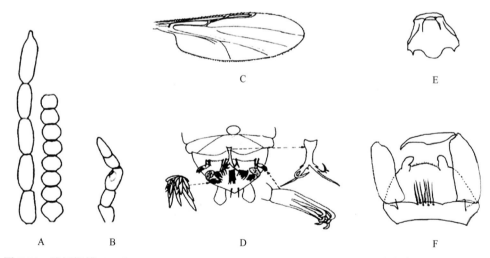

图 5-21 淡尾裸蠓 *Atrichopogon* (*Psilokempia*) *pallidicillus* Yu et Zou, 1988（仿自虞以新等，2005）
A. 触角；B. 触须；C. 翅；D. ♀尾器；E. 阳茎中叶；F. ♂尾器

（168）刺尾裸蠓 *Atrichopogon* (*Psilokempia*) *spinicaudalis* Tokunaga, 1959（图 5-22）

Atrichopogon spinicaudalis Tokunaga, 1959: 129.

Atrichopogon (*Psilokempia*) *spinicaudalis*: Yu *et al*., 2005: 461.

　　特征：雌虫翅长 0.75 mm，宽 0.32 mm。头部复眼相接，小眼面间有较粗长的柔毛。P/H 0.35。触角鞭节各短节类球形，端部 5 节逐次延长，末节端突明显，各节相对比长为 12：8：8：8：8：8：8：9：21：26：27：27：33，AR 1.94。触须 5 节，各节相对比长为 10：11：17：8：8，第 3 节端部稍圆，感觉器窝位于近端部。唇基片鬃细而短，较多。大颚齿约 12 枚，细小。胸部棕色，中胸背板有 2 条不明显侧带。小盾片后缘有粗鬃 4 根。翅面无大毛，两个径室均不明显，径 2 室约为径 1 室长的 2.5 倍。中叉柄略短于径中横脉。各足一致黄色。后足胫节端鬃 6 根，梳齿 18 枚。腹部棕色。第 1 腹节背板无脊外鬃，各节背板角化弱。腹部尾端腹面赘生突仅见于第 8 节，为棘状横列。受精囊 1 个（55.0 μm×47.5 μm），梨形，近基部有刻点。

　　分布：浙江（景宁）、广西。

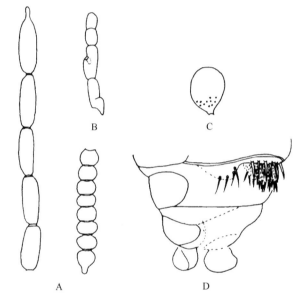

图 5-22　刺尾裸蠓 *Atrichopogon* (*Psilokempia*) *spinicaudalis* Tokunaga, 1959（仿自虞以新等，2005）
A. 触角；B. 触须；C. 受精囊；D. ♀尾器

（169）窄须裸蠓 *Atrichopogon* (*Psilokempia*) *tenuipalpis* Liu, Yan et Liu, 1996（图 5-23）

Atrichopogon tenuipalpis Liu, Yan *et* Liu, 1996: 26.

Atrichopogon (*Psilokempia*) *tenuipalpis*: Yu *et al*., 2005: 464.

　　特征：雌虫翅长 1.38 mm，宽 0.61 mm。头部复眼相接，小眼面间柔毛细短。触角鞭节各短节桶形，端部 5 节逐次延长，末节有端突，各节相对比长为 9：7：6：6：6：6：6：6：13：15：16：16：25，AR 1.58。触须 5 节，各节相对比长为 6：8：9：6：9，第 3 节圆柱状，感觉器窝位于近端部，开孔很小。大颚齿 14 枚，较细弱。胸部浅黄色或棕色。中胸背板散布短小鬃毛，两侧缘近翅基处各有粗鬃 1 根，后缘近小盾片处有粗鬃 2 根。小盾片后缘有粗鬃 2 根，细鬃 6 根。翅面无大毛。径 2 室短宽，其长约为径 1 室长的 3 倍，CR 0.65。中叉柄很短，不及径中横脉的 1/2。足浅黄色。各足爪不分叉。后足胫节端鬃 7 根，梳齿 21 枚。腹部淡棕色，尾端淡黄色。腹部腹面有形状各异的成簇赘生物，第 7 腹节腹面中央有一长而端部分 7 枝的突起，第 8 腹节腹面有 2 簇基部圆形的棘状突，两侧另有 1 簇长而曲折的棘状突。受精囊（112.5 μm×

70.0 µm）1 个，有短颈。雄虫翅长 1.07 mm，宽 0.40 mm。头部小眼面间有较长柔毛。触角鞭节端部 4 节逐次延长，末节有端突，各节相对比长为 9：7：7：7：7：7：7：7：7：7：13：15：13：18，AR 1.18。触须各节相对比长为 3：6：10：5：7，第 3 节棒状，近端部有一感觉器窝。胸部深棕色，各足和腹部浅棕色。小盾片后缘有粗鬃 2 根。翅面无大毛，径 1 室缝状，径 2 室短宽，略长于径 1 室。中叉无柄。后足胫节端鬃 7 根，梳齿 18 枚。腹部浅棕色。尾器第 9 腹板后缘中央有 1 丘状隆起；第 9 背板短而宽。抱器基节窄长，踝突短而尖；抱器端节端部作勾状弯曲。阳茎中叶呈帐门状，端部有肩突及明显的冠状端突。

分布：浙江（景宁）、海南、四川。

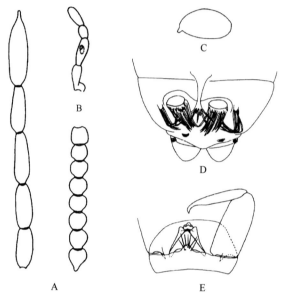

图 5-23　窄须裸蠓 *Atrichopogon* (*Psilokempia*) *tenuipalpis* Liu, Yan *et* Liu, 1996（仿自虞以新等，2005）
A. 触角；B. 触须；C. 受精囊；D. ♀尾器；E. ♂尾器

（170）美岛裸蠓 *Atrichopogon* (*Atrichopogon*) *formosanus* Kieffer, 1918（图 5-24）

Atrichopogon (*Atrichopogon*) *formosanus* Kieffer, 1918: 89.

特征：雄虫翅长 1.83 mm，宽 0.56 mm。头部两复眼相接，小眼面间无柔毛。触角鞭节各短节瓶状，各节相对比长为 10：12：13：13：14：13：13：11：11：17：48：34：44，AR 1.30。触须各节相对比长

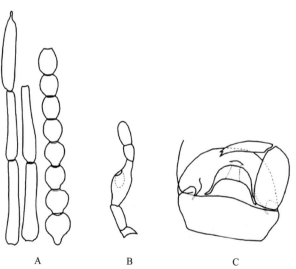

图 5-24　美岛裸蠓 *Atrichopogon* (*Atrichopogon*) *formosanus* Kieffer, 1918（仿自虞以新等，2005）
A. 触角；B. 触须；C. ♂尾器

为 5∶11∶18∶8∶11，第 3 节中部稍粗，感觉器窝小而较深，位于中部膨大处。胸部一致棕褐色。小盾片后缘有粗鬃 6 根，细鬃 6 根。翅面无大毛，各足一致黄色，无任何斑或条纹。后足胫节端鬃 8 根，梳齿 30 枚。腹部背板棕色，尾部淡黄色。第 9 背板宽，呈半圆形。抱器基节短柱状；端节末端尖而稍弯，其背部有 1 小突。阳茎中叶基拱稍高，有肩突，中突顶端作盖状。

分布：浙江（余姚）、福建、台湾、广东、云南。

（171）林丛裸蠓 *Atrichopogon* (*Kempia*) *xylochus* Yu et Yan, 2005（图 5-25）

Atrichopogon (*Kempia*) *xylochus* Yu et Yan, 2005: 422.

特征：雌虫翅长 0.89 mm，宽 0.41 mm。头部复眼相接，复眼大部分小眼面间有稀疏的柔毛，且短而小。触角鞭节各短节球形或扁荠形，长约为宽的 1/2，末节端突明显，各节相对比长为 6∶5∶4∶4∶4∶4∶4∶4∶13∶14∶14∶15∶23，AR 2.26。触须 5 节，各节相对比长为 6∶8∶10∶7∶6，第 3 节中部稍粗，感觉器窝位于近端部。唇基片鬃 4 根；大颚齿约 23 枚，发达。胸部浅棕色。小盾片后缘有粗鬃 4 根。翅面大毛仅见于径 5 室端部近前缘处，其余各翅室均无；径 2 室较短宽，约为径 1 室长的 2 倍，CR 0.64。各足淡黄色。后足胫节端鬃 7 根，梳齿 16 枚。腹部淡棕色，由前向后色泽渐淡。受精囊 1 个（67.5 μm×50.0 μm），近梨形，有短颈，近基部有稀疏而不显著的透明刻点。殖下板呈环状。

分布：浙江（余姚）、广西、四川、云南。

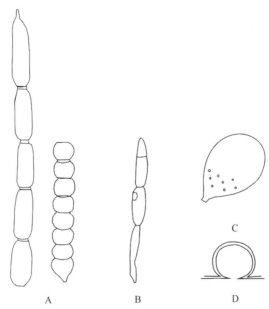

图 5-25　林丛裸蠓 *Atrichopogon* (*Kempia*) *xylochus* Yu et Yan, 2005（仿自虞以新等，2005）
A. 触角；B. 触须；C. 受精囊；D. 殖下板

（172）类瘦裸蠓 *Atrichopogon* (*Psilokempia*) *subtenuiatus* Yu et Yan, 2001（图 5-26）

Atrichopogon (*Psilokempia*) *subtenuiatus* Yu et Yan, 2001: 142.

特征：雄虫翅长 0.90 mm，宽 0.27 mm。头部小眼面间柔毛短小。触角鞭节各节相对比长为 9∶6∶6∶6∶6∶6∶6∶6∶11∶16∶15∶23，AR 1.39。触须各节相对比长为 5∶6∶10∶5∶7，第 3 节圆柱状，感觉器窝位于前端。胸部棕色。小盾片中部有粗鬃 2 根，两侧各有 1 根细短鬃。翅面无大毛，中叉有短柄，略短于径中横脉。各足一致淡黄色，爪端有一小分叉。后足胫节端鬃 7 根，梳齿 21 枚。腹部淡黄色。尾器第 9 腹板后缘平直，其中部略隆，有长鬃 1 列 6 根，第 9 背板略短于抱器基节。抱器基节长为宽的 3 倍，基节踝突较长，抱器端节端部镰状，细而弯。阳茎中叶腹面穹隆状，端突钝。

分布：浙江（余姚）、福建、广西、贵州、云南。

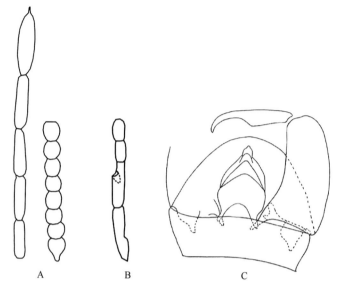

图 5-26　类瘦裸蠓 *Atrichopogon* (*Psilokempia*) *subtenuiatus* Yu et Yan, 2001（仿自虞以新等，2005）

A.触角；B. 触须；C.♂尾器

（173）卵形裸蠓 *Atrichopogon* (*Psilokempia*) *oviformis* **Liu, Yan** *et* **Liu, 1996**（图 5-27）

Atrichopogon oviformis Liu, Yan *et* Liu, 1996: 24.

Atrichopogon (*Psilokempia*) *oviformis*: Yu *et al*., 2005: 452.

　　特征：雌虫翅长 0.89 mm，宽 0.34 mm。头部复眼相接，小眼面间柔毛短小而稀疏。触角鞭节基部第 4—9 节类球形，第 10 节卵形，末节端突细而尖，各节相对比长为 7：6：6：5：5：5：6：6：11：10：11：15：18，AR1.41。触须 5 节，各节相对比长为 5：5：8：4：5，感觉器窝位于中部膨大处。唇基片鬃 7 枚。大颚齿 15 枚，细小。胸部黄色。中胸背板鬃毛稀少，侧缘近翅基处无粗鬃。小盾片后缘有粗鬃 2 根，细鬃 6 根。翅面无大毛，径 2 室较短，前缘脉止于径室端缘，CR 0.64。中叉柄长于径中横脉。各足浅黄色，爪细尖，不分叉。后足胫节端鬃 7 根，梳齿 21 枚。腹部浅棕色。尾端腹面赘生物多，第 7 节腹面中央有一较大

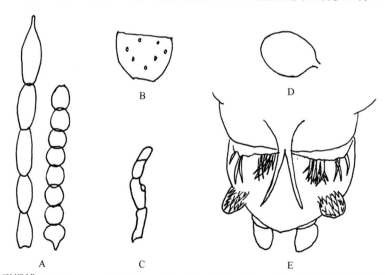

图 5-27　卵形裸蠓 *Atrichopogon* (*Psilokempia*) *oviformis* Liu, Yan *et* Liu, 1996（仿自虞以新等，2005）

A. 触角；B. 唇基片；C. 触须；D. 受精囊；E.♀尾器

的叉状突。第 8 节腹面前缘中部有 2 簇棘状突，每侧另有 3 枚棘突，后缘两侧各有 1 片棘突。受精囊 1 个（65.0 μm×80.0 μm），类卵形。

分布：浙江（余姚）、海南、云南。

（174）笼罩裸蠓 *Atrichopogon (Psilokempia) capistratus* **Yu et Yan, 2001**（图 5-28）

Atrichopogon (Psilokempia) capistratus Yu *et* Yan, 2001: 126.

特征：雄虫翅长 1.41 mm，宽 0.40 mm。头部复眼相接，小眼面间无柔毛。触角鞭节端部 4 节逐次延长，末节有端突，各节相对比长为 13：11：11：11：10：10：10：10：10：17：37：30：41，AR 1.60。触须 5 节，各节相对比长为 9：10：18：7：8，第 3 节中部稍大，感觉器窝位于近端部。胸部一致黄色，仅后小盾片黑色。小盾片后缘粗鬃 5 根，细鬃 5 根。翅面无大毛，中胸背板遍布细短鬃毛。2 个径室均开放，径 2 室狭长，为径 1 室的 3.4 倍；中叉无柄。各足一致淡黄色。后足胫节端鬃 9 根，梳齿细，约有 24 枚。腹部第 1–7 节背板浅棕色，第 1 腹节背板脊外鬃约 8 根。尾器形态很特异。第 9 腹板后缘无凹陷，稍显隆起；第 9 背板长，后缘弧形。抱器基节窄长，踝突呈钩状；抱器端节约为抱器基节长的 1/2，其端部角化较深，略作钩状。阳茎中叶发达，状似斗篷，其上有皱褶。

分布：浙江（余姚）、广西。

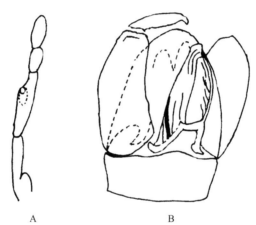

A   B

图 5-28　笼罩裸蠓 *Atrichopogon (Psilokempia) capistratus* Yu *et* Yan, 2001（仿自虞以新等，2005）
A. 触须；B. ♂尾器

（175）北方裸蠓 *Atrichopogon (Kempia) aquilonarius* **Yu et Yan, 2005**（图 5-29）

Atrichopogon (Kempia) aquilonarius Yu *et* Yan, 2005: 379.

特征：雌虫翅长 1.43 mm，宽 0.43 mm。头部两复眼相接，小眼面间有短小柔毛。触角鞭节各短节呈卵形，自第 10 节起逐次延长，末节端突细长，各节相对比长为 20：12：14：14：14：14：14：16：35：36：38：40：56，AR 1.74。触须 5 节，各节相对比长为 10：20：22：14：13，第 3 节中部膨大，感觉器窝位于中部膨大处前。喙短小，大颚齿约 15 枚，均较弱小。胸部一致棕褐色。小盾片后缘粗鬃 4 根，细鬃 6 根。翅面大毛稀少，除翅脉外，明显地集中分布于径 5 室，中 1 室、中 2 室近翅端部，中 4 室有少许，臀室和基室无大毛。径 2 室宽长，约为径 1 室长的 3.5 倍，CR 0.71，中叉几乎无柄。各足一致浅棕色。爪发达，但爪端不分叉。后足胫节端鬃 9 根，梳齿 28 枚。腹部棕色。受精囊 1 个（117.5 μm×67.5 μm），卵形，有短颈。殖下板呈半圆环状。雄虫翅长 1.22 mm，宽 0.41 mm。头部复眼接眼式，小眼面间有较密的短小柔毛。触角鞭节端部 4 节明显延长，末节端突很短小，各节相对比长为 7：8：7：8：8：8：8：8：7：17：19：17：27，AR 0.86。触须各节相对比长为 6：9：13：7：7，第 3 节中部膨大，感觉器窝位于中部膨大处。胸部一致深棕色。小盾片后缘有粗鬃4根。翅面无大毛，2个径室均发达、开放，径2室约为径1室长的2倍。各足一致棕色，爪短而发达，爪端分叉。后足胫节端鬃7根，梳齿20枚。腹部背板深棕色，腹侧及腹面淡棕色。尾器第9腹板后缘平直；第9背板半圆形，略短于抱器基节，抱器基节踝突短而钝，抱器端节约与抱器基节等长，端部拳状。阳茎中叶中突明显，基拱较高。

　　分布：浙江（景宁）、黑龙江。

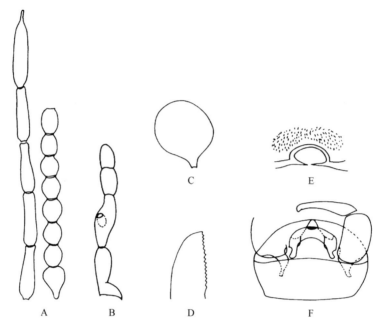

图 5-29　北方裸蠓 *Atrichopogon* (*Kempia*) *aquilonarius* Yu *et* Yan, 2005（仿自虞以新等，2005）
A. 触角；B. 触须；C. 受精囊；D. 大颚；E. 殖下板；F.♂尾器

（176）开裂裸蠓 *Atrichopogon* (*Kempia*) *dehiscentis* Yu *et* Yan, 2001（图 5-30）

Atrichopogon (*Kempia*) *dehiscentis* Yu *et* Yan, 2001: 77.

　　特征：雌虫翅长 1.26 mm，宽 0.49 mm。头部复眼相接，小眼面间有较密而长的柔毛。触角鞭节各短节卵形，第 11–15 节逐次延长，末节有明显端突，各节相对比长为 18：12：13：13：13：13：13：16：28：28：32：33：46，AR 1.50。触须各节相对比长为 6：7：11：6：6，第 3 节中部膨大，感觉器窝位于中部，第 4、第 5 节愈合。大颚齿约 23 枚，由尖端向后逐渐细小。胸部一致棕褐色。小盾片后缘有粗鬃 4 根。翅面大毛稀少，除翅脉外，仅见于径 5 室、中 1 室和中 2 室端部，中 4 室和臀室均无大毛。径 2 室狭长，为径 1 室长的 3.2 倍，CR 0.73，中叉柄很短。各足一致黄色，爪和爪间突均发达，爪端不分叉。后足胫节端鬃 7 根，梳齿 21 枚。腹部棕色。受精囊（95.0 μm×87.5 μm）1 个，无颈，无刻点。殖下板端缘平顶状，内缘环形。雄虫翅长 1.37 mm，宽 0.40 mm。头部复眼接眼式，小眼面间有柔毛。触角鞭节端部 4 节明显延长，第 12 节为第 11 节的 1.5 倍长，末节端突乳头状，各节相对比长为 11：7：7：8：8：7：7：7：8：13：20：18：21，AR 1.29。触须各节相对比长为 6：9：10：9：8，第 3 节中部膨大，感觉器窝位于中部膨大处。胸部棕色。小盾片后缘有粗鬃 4 根。翅面无大毛，径 1 室短缝状，径 2 室短宽，其长约为径 1 室的 2 倍。各足浅棕色，爪发达而长，爪端分叉。前足 TR 3.0；中足 TR 2.63。腹部棕色。尾器第 9 腹板呈"V"形深凹；第 9 背板宽，后缘弧形；抱器基节踝突端钝而稍弯；抱器端节细，约与抱器基节等长。阳茎中叶冠状，中突端部有一领状结构，环绕着圆钝的中突。

　　分布：浙江（景宁）、吉林、湖北、广东。

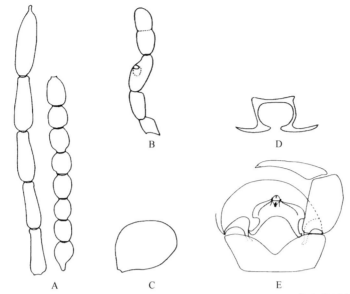

图 5-30　开裂裸蠓 *Atrichopogon* (*Kempia*) *dehiscentis* Yu *et* Yan, 2001（仿自虞以新等，2005）

A. 触角；B. 触须；C. 受精囊；D. 殖下板；E.♂尾器

61. 铗蠓属 *Forcipomyia* Meigen, 1818

Forcipomyia Meigen, 1818: 73. Type species: *Tipula bipunctata* Linnaeus, 1767 (by designation of Westwood, 1840).

Tetraphora Philippi, 1865: 630. Type species: *Tetraphora fusca* Philippi, 1865 (monotypy).

Neoforcipomyia Tokunaga, 1959: 200. Type species: *Ceratopogon pectinunguis* de Meijere, 1923 (by original designation).

主要特征：虫体短小、多毛，足和翅常具鳞纹。复眼邻接，光裸或有柔毛。大颚有齿或无齿。触须通常 5 节，第 4、第 5 节可部分或全部愈合，第 3 节有或无感觉器窝。触角 15 节或减少。中胸盾板无肩窝。雌虫爪间突发达。翅前缘脉约抵翅中或略短，翅有或无大毛，有或无斑。径 1 室短小或缺如，第 2 径室短或不发达。受精囊 1 个或 2 个。雄虫尾器第 9 背板长短不等，其后缘常具 1 对侧突；阳茎中叶三角形或方形，可分叉；阳基侧突形状变化多，两侧常与抱器基节踝愈合。

分布：世界广布，已知 969 种，中国记录 145 种，浙江分布 26 种。

分种检索表

雌虫

1. 1 个发达的受精囊 ··· 灌丛铗蠓 *F.* (*T.*) *frutetorum*
- 2 个发达的受精囊 ·· 2
2. 触须第 3 节无感觉器窝 ··· 光亮铗蠓 *F.* (*C.*) *illimis*
- 触须第 3 节有感觉器窝 ·· 3
3. 触角鞭节基部各节瓶状 ··· 梳栉铗蠓 *F.* (*L.*) *pectinis*
- 触角鞭节基部各节粗短 ·· 4
4. 前足、中足淡棕色，后足股节端部深棕色 ··· 芽突铗蠓 *F.* (*F.*) *surculus*
- 前足、中足有或无棕色区，后足股节端部 1/2、径节基部 1/2 深棕色 ·· 5
5. 径 2 室和径 5 室具大的淡色斑，各足股节端部棕色 ······································· 丛林铗蠓 *F.* (*F.*) *bessa*
- 翅前缘无淡色区 ·· 6
6. 触须第 4、第 5 节分离 ··· 琼中铗蠓 *F.* (*M.*) *qiongzhongensis*

雄虫

14. 阳茎中叶端部有 1 对细指状突 ··· 修饰铗蠓 *F. (E.) picturatus*

- 阳茎中叶端部近似芽状尖突 ··· 15

15. 第 9 背板后缘圆突 ··· 附突铗蠓 *F. (E.) appendicular*

- 第 9 背板近半圆形 ··· 16

16. 胫节端鬃 8 根，梳齿 19 枚 ·· 威海铗蠓 *F. (M.) weihaiensis*

- 后足胫节端鬃 10 根，梳齿 18 枚 ··· 17

17. 抱器基节长约为宽的 1.5 倍 ·· 寒冷铗蠓 *F. (F.) frigidus*

- 抱器基节长约为宽的 1.8 倍 ··· 芽突铗蠓 *F. (F.) surculus*

（177）光亮铗蠓 *Forcipomyia (Caloforcipomyia) illimis* Liu *et* Yu, 2001（图 5-31）

Forcipomyia (Caloforcipomyia) illimis Liu *et* Yu, 2001: 23.

特征：雌虫翅长 2.00 mm，宽 0.77 mm。头部复眼小眼面间无柔毛。触角细长，鞭节基部各节瓶状，端部 5 节延长，末节有端突，各节相对比长为 20：18：18：19：18：18：17：19：28：28：25：27：33，AR 0.96。触须各节相对比长为 8：12：35：10：8，第 3 节细长，有若干感觉器散布内侧，无感觉器窝，PR 6.0；第 4、第 5 节基本愈合。大颚无齿。胸部棕黄色。小盾片有粗鬃 14 根，排成 2 列。翅面大毛密布，有窄鳞，无斑，径 1 室缝状，径 2 室较宽而开放，CR 0.60。平衡棒淡色。爪和爪间突发达。后足径节端鬃 6 根。梳齿 10 枚。腹部棕黄色。受精囊 2 个，囊壁多刻点，卵形，无颈，略等大（166.0 μm×95.0 μm，180.0 μm×110.0 μm）。殖下板呈高桥拱状。雄虫翅长 2.10 mm，宽 0.41 mm。头部触角鞭节端部 4 节延长，各节相对比长为 21：13：13：14：14：15：15：15：14：69：34：31：36，AR 1.53。触须各节相对比长为 9：16：25：10：8，第 3 节细长，无感觉器窝，PR 5.00；第 4、第 5 节完全分离。胸部棕色。翅面大毛密布，前缘脉和径脉端部有暗色鳞状毛，无斑，CR 0.52。平衡棒淡色。前足、中足一致淡色，后足股节淡色，胫节基部有一窄的棕色环。各足跗节多毛和窄鳞状鬃。后足胫节端鬃 6 根，梳齿 8 枚。腹部棕黄色。尾器第 9 腹板后缘中部凹陷；第 9 背板与抱器基节略等长。抱器基节粗壮，长宽约相等；抱器端节与抱器基节约等长，末端尖而略弯，不分叉。阳茎中叶端突呈长指状，阳茎拱低。阳基侧突弓深 "U" 形。

分布：浙江（景宁）、西藏。

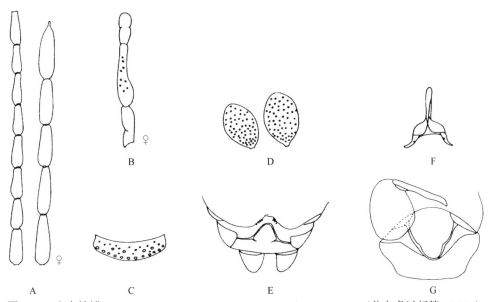

图 5-31　光亮铗蠓 *Forcipomyia (Caloforcipomyia) illimis* Liu *et* Yu, 2001（仿自虞以新等，2005）
A. 触角；B. 触须；C. 小盾片；D. 受精囊；E. ♀尾器；F. 阳茎中叶；G. ♂尾器

（178）短钉铗蠓 *Forcipomyia (Forcipomyia) curtus* Liu *et* Yu, 2001（图 5-32）

Forcipomyia (Forcipomyia) curtus Liu *et* Yu, 2001: 103.

特征：雄虫翅长 1.20 mm，宽 0.31mm。头部复眼小眼面间无柔毛。触角鞭节端部 4 节延长，各节相对比长为 15：9：8：8：8：8：8：9：10：45：15：11：15，AR 1.32。触须 5 节，各节相对比长为 6：8：18：6：6，第 3 节细长，近端部处膨大，感觉器窝位于近端部，PR 3.60；第 4、第 5 节完全分离。胸部棕色。翅面淡色无斑，CR 0.46。各足一致淡棕色。后足胫节端鬃 8 根，梳齿 16 枚。前足、后足 TR 分别为 1.67 和 1.23。腹部棕褐色。第 9 腹板后缘中部有宽平的突起；第 9 背板近半圆形，约为抱器基节长的 1/4。抱器基节细长，长约为宽的 3.0 倍；抱器端节短于抱器基节。阳茎中叶端部圆钝，中部具 1 刺状突，但不超过端缘，阳茎拱低。阳基侧突肘状分离，约为抱器基节长的 2/3，末端逐渐变细，非丝状。

分布：浙江（景宁）、湖北。

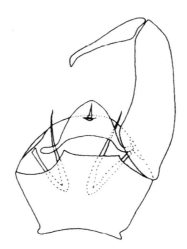

图 5-32　短钉铗蠓 *Forcipomyia (Forcipomyia) curtus* Liu *et* Yu, 2001 尾器（♂）（仿自虞以新等，2005）

（179）短毛铗蠓 *Forcipomyia (Forcipomyia) ciliola* Liu *et* Yu, 2001（图 5-33）

Forcipomyia (Forcipomyia) ciliola Liu *et* Yu, 2001: 96.

特征：雌虫翅长 1.33 mm，宽 0.58 mm。头部复眼小眼面间无柔毛。触角鞭节基部各节瓶状，端部 5 节延长不明显，各节相对比长为 13：11：11：11：11：10：10：10：11：11：11：10：16，AR 0.68。触须 5 节，各节相对比长为 5：9：16：10：7，第 3 节基部明显膨大，感觉器窝大，PR 2.54；第 4、第 5 节完全分离。胸部棕褐色。小盾片后缘有粗鬃 10 根。翅面大毛密布，沿翅脉无裸带，无斑，CR 0.49。平衡棒淡色。前足、中足淡色，后足股节端部 1/2 棕色，其余淡色。后足胫节有成行的宽鳞状鬃。爪明显弯曲，爪间突发达。后足胫节端鬃 7 根，梳齿 9 枚。腹部棕色。受精囊 2 个，椭球形，不等大（82.0 μm×45.0 μm，95.0 μm×55.0 μm）。殖下板外缘轮廓近似菱形，端缘稍突。雄虫翅长 1.43 mm（1.00–1.66 mm，平均 1.31 mm，*n*=7），宽 0.50 mm（0.34–0.5 mm，平均 0.44 mm，*n*=7）。头部触角鞭节轮毛细长致密，各节相对比长为 13：10：9：9：9：8：9：8：9：32：20：20：25，AR1.41。触须 5 节，各节相对比长为 20：40：80：35：34，第 3 节基部膨大，感觉器窝较明显，PR 2.64；第 4、第 5 节分离。胸部淡黄色。翅面大毛密布，前缘脉和亚前缘脉尤多，CR 0.41。平衡棒淡色。前足、中足股节、胫节一致淡色，后足股节端部 2/3 棕色，仅基部淡色，胫节近基部 1/3 棕色。后足胫节端鬃 8 根（6–9 根，*n*=7），梳齿 11 枚（11–15 枚）。爪明显弯曲，爪间突发达。腹部棕黄色。尾器第 9 腹板后缘中部突出；第 9 背板近半圆形，长约为抱器基节的 1/2。抱器基节长约为宽的 1.3 倍；抱器端节与抱器基节约等长。阳茎中叶近帽形，端部中央有一尖突。阳基侧突不相连，细丝状，与抱器基节略等长。

分布：浙江（临安）、西藏。

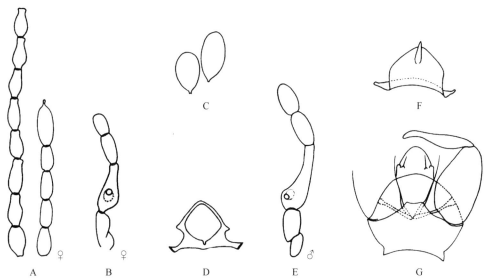

图 5-33 短毛铗蠓 *Forcipomyia* (*Forcipomyia*) *ciliola* Liu *et* Yu, 2001（仿自虞以新等，2005）

A. 触角；B. 触须；C. 受精囊；D. 殖下板；E. 触须；F. 阳茎中叶；G. ♂尾器

（180）向光铗蠓 *Forcipomyia* (*Microhelea*) *phototropisma* Liu *et* Yu, 2001（图 5-34）

Forcipomyia (*Microhelea*) *phototropisma* Liu *et* Yu, 2001: 211.

　　特征：雄虫翅长 1.21 mm，宽 0.42 mm。复眼小眼面间无柔毛。触角鞭节端部 4 节延长，各节相对比长为 15：10：10：10：10：10：10：11：11：36：26：21：27，AR 1.41。触须 5 节，各节相对比长为 8：15：17：11：8，第 3 节中部较粗，端部呈颈状，感觉器窝较深，位于中部粗大处；第 5 节短于第 4 节。胸部一致棕褐色。小盾片有粗鬃 11 根。翅面大毛密布，径 1 室缺，径 2 室短宽，CR 0.47。各足一致浅棕色。爪和爪间突均较发达。后足胫节端鬃 7 根，梳齿 12 枚。腹部棕色。尾器第 9 腹板后缘无凹陷；第

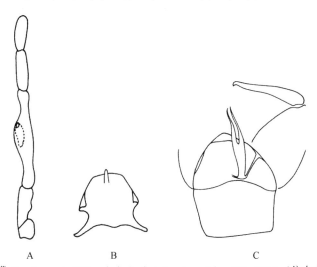

图 5-34 向光铗蠓 *Forcipomyia* (*Microhelea*) *phototropisma* Liu *et* Yu, 2001（仿自虞以新等，2005）

A. 触须；B. 阳茎中叶；C. ♂尾器

9 背板短于抱器基节。阳茎中叶宽，侧缘有三角形回褶，端部有指状突。阳基侧突基部 1/2 愈合，端部 1/2 分叉。

　　分布：浙江（景宁）、西藏。

（181）附突铗蠓 *Forcipomyia* (*Euprojoannisia*) *appendicular* Liu, Yan *et* Liu, 1996（图 5-35）

Forcipomyia appendicular Liu, Yan *et* Liu, 1996: 18.
Forcipomyia (*Euprojoannisia*) *appendicular*: Yu *et al*., 2005: 490.

　　特征：雄虫翅长 0.88 mm，宽 0.28 mm。头部棕黄色，复眼小眼面间无柔毛。触角鞭节端部 4 节延长，各节相对比长为 22：16：15：15：15：14：15：16：15：47：31：20：24，AR 1.09。触须 4 节，各节相对比长为 7：11：24：30，第 3 节仅中部稍膨大，感觉器窝小而浅，位于中部，PR 3.43；第 4、第 5 节基本愈合。胸部棕色。小盾片后缘有粗鬃 7 根。翅面大毛遍布，淡色无斑，CR 0.41。平衡棒淡色。各足一致淡色。爪明显弯曲，爪间突发达。腹部棕黄色。尾器第 9 腹板后缘平，第 9 背板后缘圆突。抱器基节较粗壮，长约为宽的 1.3 倍；抱器端节较粗，与抱器基节等长。阳茎中叶三角形，阳茎拱稍高，端部具一几丁质化的帽状结构，基部两侧缘稍加厚。阳基侧突弓近似"U"形。

　　分布：浙江（临安）、海南、贵州。

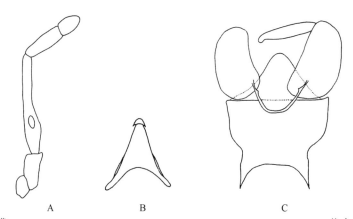

图 5-35　附突铗蠓 *Forcipomyia* (*Euprojoannisia*) *appendicular* Liu, Yan *et* Liu, 1996（仿自虞以新等，2005）
A. 触须；B. 阳茎中叶；C. ♂尾器

（182）裸竹铗蠓 *Forcipomyia* (*Euprojoannisia*) *balteatus* Liu *et* Yu, 2001（图 5-36）

Forcipomyia (*Euprojoannisia*) *balteatus* Liu *et* Yu, 2001: 40.

　　特征：雌虫翅长 1.12 mm，宽 0.53 mm。头部复眼小眼面间无柔毛。触角鞭节基部 1–2 节球形，以后各鞭节逐渐延长，末节有端突，各节相对比长为 32：24：27：31：31：30：30：30：41：41：46：45：63，AR 1.02。触须 5 节，各节相对比长为 19：29：70：42：21，第 3 节基部 1/2 稍膨大，感觉器窝位于膨大处，PR 3.50；第 4、第 5 节部分愈合。大颚齿细小，40 余枚。胸部背板棕色，侧板棕黄色。翅面大毛密布，无斑，沿翅脉无裸带，前缘脉超过翅中点，CR 0.57。平衡棒淡色。各足一致淡黄色，各足跗节多鬃毛。爪明显弯曲，爪间突发达而较短。腹部淡黄色。受精囊 2 个，1 个球形，颈明显（49.0 μm×49.0 μm），另 1 个较大，卵形，颈不明显（83.0 μm×62.0 μm）。

　　分布：浙江（临安）、重庆。

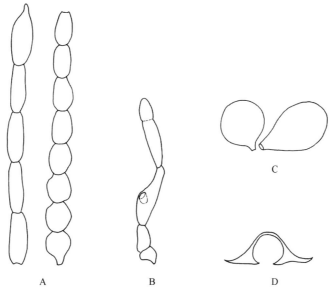

图 5-36　裸竹铗蠓 Forcipomyia (Euprojoannisia) balteatus Liu et Yu, 2001（仿自虞以新等，2005）

A. 触角；B. 触须；C. 受精囊；D. 殖下板

（183）中部铗蠓 *Forcipomyia (Euprojoannisia) centrosus* **Liu** *et* **Yu, 2001**（图 5-37）

Forcipomyia (Euprojoannisia) centrosus Liu *et* Yu, 2001: 44.

特征：雌虫翅长 0.96 mm，宽 0.46 mm。头部复眼小眼面间无柔毛。触角鞭节端部 5 节延长较明显，末节有端突，各节相对比长为 27：20：21：21：21：21：23：26：37：39：45：35：65，AR 1.23。触须 5 节，各节相对比长为 25：28：62：51：22，触须第 3 节基部膨大，感觉器窝较大，位于膨大部，PR 3.00；第 4、第 5 节部分愈合。大颚有细齿，排列紧密，约 40 枚。胸部棕褐色，侧板棕黄色。小盾片黄色，多鬃毛，粗鬃 8 根。翅面大毛密布，无斑，CR 0.53。平衡棒淡色。各足一致淡色，爪明显弯曲，爪间突发达。后足胫节端鬃 5 根，梳齿 12 枚。腹部棕黄色。受精囊 2 个，球形，皆具短颈，不等大（50.7 μm×41.6 μm，65.0 μm×52.0 μm）。殖下板桥拱状。

分布：浙江（临安）、江西、广西。

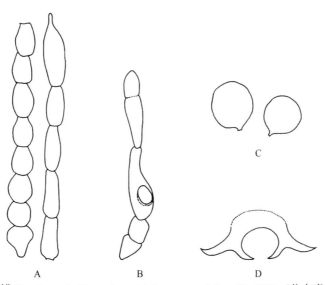

图 5-37　中部铗蠓 Forcipomyia (Euprojoannisia) centrosus Liu et Yu, 2001（仿自虞以新等，2005）

A. 触角；B. 触须；C. 受精囊；D. 殖下板

（184）崇明铗蠓 *Forcipomyia (Euprojoannisia) chongmingensis* Liu et Yu, 2001（图 5-38）

Forcipomyia (Euprojoannisia) chongmingensis Liu et Yu, 2001: 46.

特征：雄虫翅长 0.90 mm，宽 0.25 mm。头部复眼小眼面间无柔毛。触角鞭节端部 4 节延长，末节有端突，各节相对比长为 57∶27∶27∶28∶27∶26∶24∶23∶25∶75∶50∶28∶58，AR 0.99。触须 5 节，各节相对比长为 18∶29∶62∶31∶18，第 3 节基部 1/2 稍膨大，感觉器窝位于膨大部，PR 4.41；第 4、第 5 节基本愈合。胸部棕色，侧板浅棕色。小盾片有粗鬃 8 根。翅面大毛密布，无斑，CR 0.3。平衡棒淡色。各足一致黄色。爪明显弯曲，爪间突发达。后足胫节端鬃 5 根，梳齿 9 枚。腹部浅棕色。尾器第 9 腹板后缘略凹；第 9 背板长约为抱器基节长的 1/3。抱器基节长约为宽的 2.3 倍；抱器端节稍短于抱器基节。阳茎中叶近三角形，端部钝圆，阳茎拱稍高。阳基侧突弓底平，两侧臂近端部具长突起。

分布：浙江（临安）、上海。

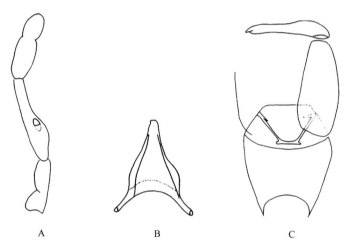

图 5-38　崇明铗蠓 *Forcipomyia (Euprojoannisia) chongmingensis* Liu et Yu, 2001（仿自虞以新等，2005）
A. 触须；B. 阳茎中叶；C. ♂尾器

（185）寒冷铗蠓 *Forcipomyia (Forcipomyia) frigidus* Liu et Yu, 2001（图 5-39）

Forcipomyia (Forcipomyia) frigidus Liu et Yu, 2001: 114.

特征：雄虫翅长 1.03 mm，宽 0.36 mm。头部触角鞭节基部各节轮毛细长致密，端部 4 节延长，各节相对比长为 13∶8∶7∶7∶6∶7∶7∶8∶8∶26∶17∶12∶17，AR 1.27。触须 5 节相对比长为 5∶8∶15∶5∶6，

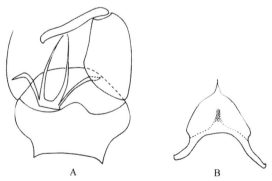

图 5-39　寒冷铗蠓 *Forcipomyia (Forcipomyia) frigidus* Liu et Yu, 2001（仿自虞以新等，2005）
A. ♂尾器；B. 阳茎中叶

第 3 节基部 1/2 膨大，感觉器窝圆形，位于基部，PR 2.14；第 4、第 5 节分离。胸部翅面大毛密布，无斑，CR 0.40。各足一致棕色。爪明显弯曲，爪间突发达。后足胫节端鬃 10 根，梳齿 18 枚。腹部棕褐色。尾器第 9 腹板后缘中央略隆起；第 9 背板半圆形。抱器基节长约为宽的 1.5 倍。阳茎中叶近乎三角形，端部有刺状尖突，阳茎拱较高。阳基侧突稍短于抱器基节，基部愈合，端部细丝状。

分布：浙江（临安）、吉林、甘肃。

（186）灌丛铗蠓 *Forcipomyia (Thyridomyia) frutetorum* (Winnertz, 1852)（图 5-40）

Ceratopogon frutetorum Winnertz, 1852: 29.

Forcipomyia (Thyridomyia) frutetorum: Remm, 1967: 6.

特征：雌虫翅长 0.71 mm，宽 0.35 mm。头部复眼小眼面间有柔毛。触角鞭节基部短节橘形，各节长短于宽，端部 5 节延长不明显，各节相对比长为 17：12：13：13：14：14：15：15：16：18：20：19：36，AR 1.04。触须 5 节，各节相对比长为 10：20：36：20：11，第 3 节基部 1/2 明显膨大，感觉器窝位于膨大处，PR 1.71；第 4、第 5 节分离。大颚齿细而密，多于 20 枚。胸部棕褐色。小盾片后缘粗鬃 7 根。翅面大毛密布，无斑，CR 0.57。平衡棒淡色。各足一致淡色。前足 TR 平均 2.45（2.10–2.67，n=5），中足 TR 平均 2.28（2.09–2.70，n=5），后足 TR 平均 2.59（2.23–3.00，n=5）。爪明显弯曲，爪间突发达。后足胫节端鬃 7 根，梳齿 11 枚。腹部淡色。受精囊 1 个（46.8 μm×27.3 μm），具长颈。殖下板较宽，孔顶内缘有一深色斑。雄虫翅长 0.88 mm，宽 0.27 mm。头部触角鞭节端部 4 节延长，各节相对比长为 42：21：21：21：20：21：21：21：22：85：50：25：49，AR 1.21。触须各节相对比长为 10：21：40：23：21，第 3 节基部 1/2 膨大，感觉器窝小，位于近中部，PR 2.00。胸部棕褐色。翅 CR 0.49。小盾片后缘有粗鬃 7 根。后足胫节端鬃 6 根，梳齿 11 枚。腹部棕黄色。尾器第 9 腹板后缘中部深凹，几达该节长的 4/5；第 9 背板约为抱器基节长的 2/3。抱器基节长约为宽的 1.8 倍；抱器端节短于抱器基节，基部膨大，端部渐细，末端指状。阳茎中叶状似一对相对长颈鸟，近基部相连。阳基侧突与抱器基节踝愈合呈弯月状。

分布：浙江（临安）、吉林、辽宁、山东、江苏、安徽、江西、福建、广西、重庆、四川、云南；俄罗斯，日本，德国，阿尔及利亚，加纳，加拿大，以色列。

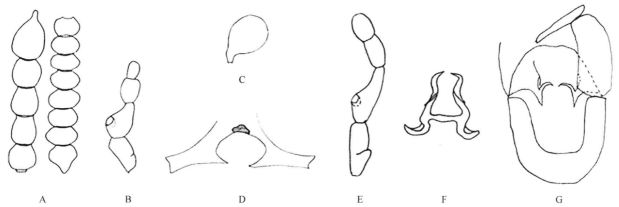

图 5-40 灌丛铗蠓 *Forcipomyia (Thyridomyia) frutetorum* (Winnertz, 1852)（仿自虞以新等，2005）
A. 触角；B. ♀触须；C. 受精囊；D. 殖下板；E. ♂触须；F. 阳茎中叶；G. ♂尾器

（187）长突铗蠓 *Forcipomyia (Forcipomyia) longiconus* Liu *et* Yu, 2001（图 5-41）

Forcipomyia (Forcipomyia) longiconus Liu *et* Yu, 2001: 132.

特征：雄虫翅长 1.59 mm，宽 0.52 mm。头部复眼小眼面间无柔毛。触角鞭节端部 4 节延长，第 12 节之长小于第 13、第 14 节长之和，各节相对比长为 65：40：41：43：40：41：41：50：45：191：90：80：102，AR 1.41。触须 5 节，各节相对比长为 30：40：103：35：43，第 3 节细长，基部稍膨大，感觉器窝小，位于近基部，PR 3.32；第 4、第 5 节分离。胸部背板棕褐色，侧板黄色。小盾片后缘有粗鬃 10 根。翅面大毛密布，色泽不一致，形成前缘近端部暗斑、肘 1 脉和肘 2 脉处暗带，CR 0.47。平衡棒淡色。后足股节端部棕褐色，其余一致淡色。爪明显弯曲，爪间突发达。后足胫节端鬃 9 根，梳齿 13 枚。腹部棕黄色。尾器第 9 腹板后缘中央稍隆起；第 9 背板半圆形，抱器基节长约为宽的 2 倍；抱器端节短于抱器基节。阳茎中叶钟形，端缘弧形，其中部有长刺状中突，基部角质增厚；阳基侧突分离，末端细丝状，与抱器基节约等长。

分布：浙江（临安）、西藏。

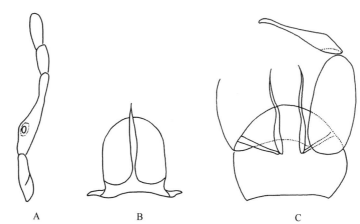

图 5-41　长突铗蠓 *Forcipomyia (Forcipomyia) longiconus* Liu *et* Yu, 2001（仿自虞以新等，2005）

A. 触须；B. 阳茎中叶；C. ♂尾器

（188）稀有铗蠓 *Forcipomyia (Microhelea) perpusillus* Liu *et* Yu, 2001（图 5-42）

Forcipomyia (Microhelea) perpusillus Liu *et* Yu, 2001: 209.

特征：雄虫翅长 1.42 mm，宽 0.46 mm。头部复眼小眼面间无柔毛。触角鞭节各节相对比长为 17：12：11：11：10：10：11：12：13：41：27：23：25，AR 1.37。触须 5 节，各节相对比长为 6：10：27：12：7，第 3 节近端部膨大，感觉器窝较小，位于膨大处，PR 4.50；第 4、第 5 节基本愈合，第 5 节明显短于第 4 节。胸部棕褐色。小盾片有 10 根粗鬃。翅面大毛密布，无斑，前缘脉和径脉覆有窄鳞；CR 0.46。平衡

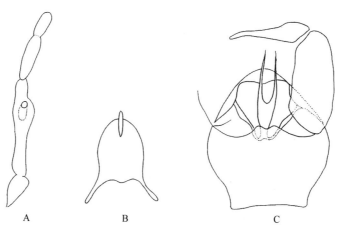

图 5-42　稀有铗蠓 *Forcipomyia (Microhelea) perpusillus* Liu *et* Yu, 2001（仿自虞以新等，2005）

A. 触须；B. 阳茎中叶；C. ♂尾器

棒淡色。中足、后足股节端部深棕色，各足胫节近基部深棕色。爪明显弯曲，爪间突发达。后足胫节端鬃7根，梳齿11枚。腹部棕色。尾器第9腹板长超过宽的1/2，后缘中部隆起端缘有微凹；第9背板约为抱器基节长的1/2，后缘弧形。抱器基节长约为宽的2.5倍；抱器端节短于抱器基节，向端部渐细。阳茎中叶盾状，近端部有中突；基臂几丁质化强，阳基拱高。阳基侧突稍短于抱器基节，基部明显较中部窄，端部1/2叉状；两侧臂渐细而尖。

分布：浙江（余姚、临安）、四川。

（189）粗野铗蠓 *Forcipomyia (Euprojoannisia) psilonota* (Kieffer, 1911)（图 5-43）

Ceratopogon psilonotus Kieffer, 1911: 337.

Forcipomyia (Euprojoannisia) psilonota: Wirth *et* Howarth, 1982: 146.

特征：雌虫翅长0.92 mm，宽0.44 mm。头部复眼小眼面间无柔毛。触角鞭节基部各节近球形，端部5节延长较明显，各节相对比长为 8：6：6：6：6：6：6：7：8：8：9：8：13，AR 0.90。触须5节，各节相对比长为 5：6：16：8：6，第3节细长，仅基部稍膨大，感觉器窝小，位于近中部，PR 3.30；第4、第5节部分愈合。大颚叶片状，具细齿32枚，小颚齿12枚。胸部棕褐色，侧板棕色。小盾片后缘有粗鬃10根。翅面大毛密布，沿翅脉有裸带，无斑，CR 0.49。平衡棒淡色。各足一致淡色。后足第1跗节具成排羽状鬃。爪明显弯曲，爪间突发达。后足胫节端鬃5根，梳齿9枚。腹部棕色。受精囊2个，球形，有长颈，不等大（80.0 μm×60.0 μm，100.0 μm×75.0 μm）。殖下板桥拱状，两侧加厚。雄虫翅长1.03 mm，宽0.34 mm。头部触角鞭节端部5节相对比长为 11：26：17：10：14。触须5节，各节相对比长为 4：6：15：7：6，第3节中部稍膨大，感觉器窝小，位于近基部，PR 5.00；第4、第5节部分愈合。胸部翅面淡色无斑，大毛密布，CR 0.40。各足一致棕黄色。后足胫节端鬃5根，梳齿9枚。腹部棕黄色。尾器第9腹板后缘浅凹，长约为宽的1/2；第9背板短半圆形，长约为抱器基节的1/2。抱器基节粗壮，长约为宽的2/3；抱器端节与抱器基节等长。阳茎中叶三角形，顶端形成小三角形，两侧几丁质化加厚，阳茎拱低。阳基侧突宽"U"形。

分布：浙江（临安）、福建、广东、四川；东洋界，南太平洋岛屿，埃塞俄比亚，塞舌尔，埃及。

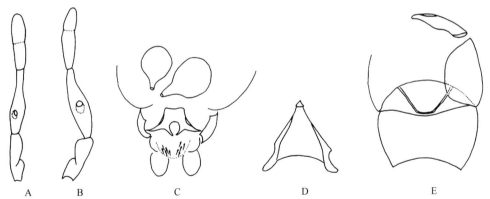

图 5-43　粗野铗蠓 *Forcipomyia (Euprojoannisia) psilonota* (Kieffer, 1911)（仿自虞以新等，2005）

A.♂触须；B.♀触须；C.♀尾器；D.阳茎中叶；E.♂尾器

（190）梳栉铗蠓 *Forcipomyia (Lepidohelea) pectinis* Liu *et* Yu, 2001（图 5-44）

Forcipomyia (Lepidohelea) pectinis Liu *et* Yu, 2001: 172.

特征：雌虫翅长1.00 mm，宽0.42 mm。头部复眼小眼面间无柔毛。触角鞭节基部各节瓶状，端部5节延长不明显，各节相对比长为 40：31：40：41：41：40：38：40：40：40：41：46：60，AR 0.70。触须5节，各节相对比长为 12：28：58：28：26，第3节明显膨大，感觉器窝位于中央，较深；PR 1.90；第

4、第 5 节分离。胸部棕褐色，侧板棕色。小盾片有粗鬃 10 根。翅面大毛密布，前缘脉和径脉处尤其致密且色深，并有纹鬃，CR 0.49。平衡棒淡色。前足、中足股节一致淡色，后足股节基部 1/3 浅色，端部 2/3 深棕色。前足胫节基部前缘有小棕色区，其余淡色；中足胫节基部和中部浅棕色，其余淡色；后足胫节基部 1/5 和中部棕色，其余淡色；后足第 1 跗节棕色，具成排羽状鬃。爪和爪间突均发达。后足胫节端鬃 7 根，梳齿 13 枚。腹部棕黄色。受精囊 2 个，球形，有短颈，不等大（48.0 μm×46.0 μm，60.0 μm×52.0 μm）。第 9 腹板后缘有若干梳状棘突。

　　分布：浙江（临安）、黑龙江。

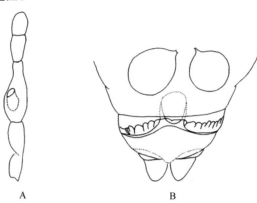

图 5-44　梳栉铗蠓 *Forcipomyia* (*Lepidohelea*) *pectinis* Liu *et* Yu, 2001（仿自虞以新等，2005）

A. 触须；B. ♀尾器

（191）琼中铗蠓 *Forcipomyia* (*Microhelea*) *qiongzhongensis* Liu, Yan *et* Liu, 1996（图 5-45）

Forcipomyia flava Liu, Yan *et* Liu, 1996: 20.

Forcipomyia (*Microhelea*) *qiongzhongensis*: Yu *et al.*, 2005: 624.

　　特征：雌虫翅长 1.22 mm，宽 0.53 mm。头部复眼邻接，小眼面间无柔毛。触角鞭节端部 5 节延长，各节相对比长为 16：10：12：12：13：12：13：13：31：33：34：34：44，AR 1.78。触须 5 节，各节相对比长为 13：20：32：17：15，第 3 节明显膨大，PR 1.88，感觉器窝长袋状，约为第 3 节长的 1/2，开口于近端部；第 4、第 5 节分离，第 5 节稍短，小于第 4 节。大颚具 19 枚细齿。胸部背板棕黄色，侧板棕色。翅面大毛密布，前缘脉和平衡棒淡色。径中横脉和径 2 室外侧淡色。径 1 室片状，径 2 室细长。CR 0.52。前足淡黄色，中足、后足股节端部和胫节基部棕黄色，其余淡黄色。各足第 1 跗节末端具 2 根粗刺，前足、后足第 1 跗节有成排羽状鬃。爪明显弯曲，爪间突发达。后足胫节端鬃 8 根，梳齿 13 枚。腹部背板棕色，侧板淡黄色。受精囊 2 个，卵形，颈不明显，不等大（66.0 μm×66.0 μm，80.0 μm×55.0 μm）。

　　分布：浙江（临安）、海南。

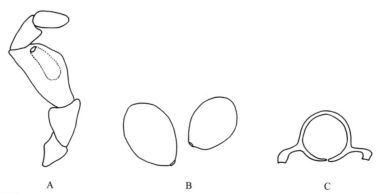

图 5-45　琼中铗蠓 *Forcipomyia* (*Microhelea*) *qiongzhongensis* Liu, Yan *et* Liu, 1996（仿自虞以新等，2005）

A. 触须；B. 受精囊；C. 殖下板

（192）相似铗蠓 *Forcipomyia* (*Microhelea*) *similis* Liu *et* Yu, 1997（图 5-46）

Forcipomyia (*Microhelea*) *similis* Liu *et* Yu, 1997: 20.

　　特征：雌虫翅长 1.35 mm，宽 0.59 mm。头部复眼小眼面间无柔毛。触角鞭节基部各短节近球形，各节相对比长为 10：8：8：8：9：9：8：8：17：17：17：17：25，AR 1.37。触须 5 节，各节相对比长为 8：15：40：17：10，第 3 节膨大，端部 1/8 呈细长颈状，感觉器窝开口于膨大部端缘，具分散的钉状感觉器；PR 2.70；第 5 节明显短于第 4 节。大颚具 39 枚细齿。胸部盾板棕黄色，边缘有深棕色带。小盾片有 1 列 12 根粗鬃。翅淡灰色，大毛致密；前缘脉和亚前缘脉暗色，末端具宽鳞。CR 0.54。平衡棒淡色。前足股节一致棕色，中足、后足股节近端部棕褐色。各足胫节基部具窄的棕褐色环。后足胫节端鬃 7–8 根，梳齿 10 枚。腹部棕色。受精囊 2 个，卵形，略等大（115.0 μm×75.0 μm，125.0 μm×80.0 μm），具短颈。

　　分布：浙江（临安）、四川。

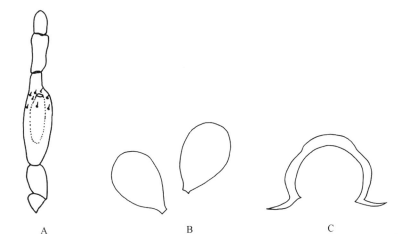

图 5-46　相似铗蠓 *Forcipomyia* (*Microhelea*) *similis* Liu *et* Yu, 1997（仿自虞以新等，2005）
A. 触须；B. 受精囊；C. 殖下板

（193）芽突铗蠓 *Forcipomyia* (*Forcipomyia*) *surculus* Liu *et* Yu, 2001（图 5-47）

Forcipomyia (*Forcipomyia*) *surculus* Liu *et* Yu, 2001: 157.

　　特征：雌虫翅长 1.85 mm，宽 0.77 mm。头部复眼小眼面间无柔毛，唇基片中部有鬃 23 根。触角鞭节基部各节近瓶状，端部 5 节延长较明显，各节相对比长为 12：12：12：12：13：13：13：13：20：20：21：21：30，AR 1.12。触须 5 节，相对比长为 7：13：26：12：10，第 3 节基部明显膨大，感觉器窝大，PR 2.60；第 4、第 5 节分离。大颚有细齿约 30 枚。胸部棕色。小盾片鬃毛密布，后缘粗鬃 18 根。翅面大毛密布，沿翅脉无裸带，径 2 室外侧淡色，CR 0.47。平衡棒淡色。前足、中足一致淡棕色，后足股节端部深棕色，其余淡色。爪明显弯曲，爪间突发达。后足胫节端鬃 10 根，梳齿 16 枚。腹部棕色。受精囊 2 个，椭圆形，有短颈，略等大（112.0 μm×62.0 μm，110.0 μm×51.0 μm）。殖下板长环形，侧臂细长并稍弯曲。雄虫翅长 1.97 mm，宽 0.59 mm。头部棕黄色。触角鞭节端部 4 节延长，各节相对比长为 24：10：10：10：10：12：13：13：15：51：33：29：33，AR 1.58。触须各节相对比长为 8：12：23：10：11，第 3 节细长，基部明显膨大，感觉器窝明显，位于膨大部，PR 2.88；第 4、第 5 节分离。胸部棕色。翅面大毛密布，沿翅脉无裸带，淡色，径 2 室短宽，CR 0.44。平衡棒淡色。各足一致淡色。爪明显弯曲，爪间突发达。后足胫节端鬃 10 根，梳齿 18 枚。腹部棕色。尾器第 9 腹板后缘中部略隆起，第 9 背板近半圆形，约为抱器基节长之半。抱器基节长约为宽的 1.8 倍；抱器端节与抱器基节略等长，基部较大，近端部较小。阳茎中叶近三角形，端部近似芽状尖突。阳基侧突基部 2/5 愈合，端部 3/5 分离成 1 对细刺状。

　　分布：浙江（临安）、西藏。

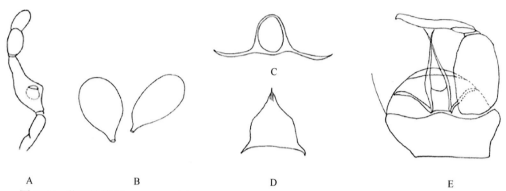

图 5-47　芽突铗蠓 *Forcipomyia (Forcipomyia) surculus* Liu *et* Yu, 2001（仿自虞以新等，2005）
A. 触须；B. 受精囊；C. 殖下板；D. 阳茎中叶；E.♂尾器

（194）无锡铗蠓 *Forcipomyia (Microhelea) wuxiensis* Liu *et* Yu, 2001（图 5-48）

Forcipomyia (Microhelea) wuxiensis Liu *et* Yu, 2001: 222.

　　特征：雌虫翅长 1.15 mm，宽 0.48 mm。头部复眼小眼面间无柔毛。触角鞭节基部各节近球形，端部 5 节延长，各节相对比长为 9：7：7：7：8：7：8：8：14：15：15：15：20，AR 1.29。触须 5 节，各节相对比长为 5：11：24：9：6，第 3 节明显膨大，呈纺锤形，端部明显小于基部，感觉器窝孔细小，其深度大于该节长的 1/2；PR 2.40；第 5 节稍短于第 4 节。大颚狭窄，齿细密，中部稍大，共约 33 枚。小颚具细齿约 10 枚。胸部盾板棕黄色。小盾片后缘有粗鬃 9 根。翅面大毛密布，无斑，沿翅脉无裸带，CR 0.52。平衡棒淡色。除后足胫节基部棕色外，各足一致浅色。后足胫节端鬃 7 根，梳齿 8 枚。腹部棕色。受精囊细小，2 个，梨形，有短颈，等大（45.0 μm×40.0 μm）。殖下板圆环状，全封闭。

　　分布：浙江（临安）、江苏、四川。

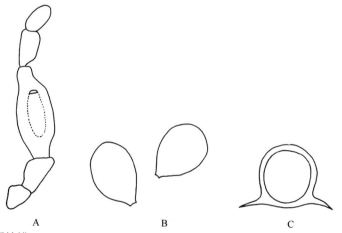

图 5-48　无锡铗蠓 *Forcipomyia (Microhelea) wuxiensis* Liu *et* Yu, 2001（仿自虞以新等，2005）
A. 触须；B. 受精囊；C. 殖下板

（195）威海铗蠓 *Forcipomyia (Microhelea) weihaiensis* Xue *et* Yu, 1998（图 5-49）

Forcipomyia (Microhelea) weihaiensis Xue *et* Yu, 1998: 317.

特征：雌虫翅长 1.46 mm，宽 0.63 mm。头部复眼小眼面间无柔毛。触角鞭节端部 5 节延长，各节相对比长为 18：15：19：18：18：18：18：18：32：34：25：28：40；AR 1.14。触须 5 节，各节相对比长为 16：22：47：20：13；第 3 节膨大，感觉器窝深而孔小，位于近端部，PR 2.14；第 5 节明显短于第 4 节。大颚约 40 枚齿。胸部褐色。小盾片后缘有粗鬃 13 根。翅面多大毛，沿翅脉无裸带，前缘脉和近前缘脉端部有鳞状鬃。各足色泽一致。后足胫节端鬃 8 根，梳齿 19 枚。腹部背板褐色。受精囊 2 个（45.0 μm×40.0 μm，65.0 μm×58.0 μm），不等大，有短颈。雄虫翅长 1.71 mm，宽 0.53 mm。主要特征同雌虫，各足 TR 为：前足 0.44，中足 0.29，后足 0.37。尾器第 9 腹板后缘稍隆起；第 9 背板略短于抱器基节。阳茎中叶近端部有指状端突，阳茎拱低。阳基侧突分 2 支，基部愈合，端部尖细。

分布：浙江（临安）、山东。

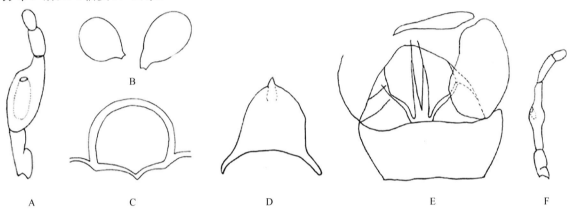

图 5-49　威海铗蠓 *Forcipomyia (Microhelea) weihaiensis* Xue *et* Yu, 1998（仿自虞以新等，2005）
A. ♀触须；B. 受精囊；C. 殖下板；D. 阳茎中叶；E.♂尾器；F.♂触须

（196）丛林铗蠓 *Forcipomyia (Forcipomyia) bessa* Liu *et* Yu, 2001（图 5-50）

Forcipomyia (Forcipomyia) bessa Liu *et* Yu, 2001: 86.

特征：雌虫翅长 1.17 mm，宽 0.54 mm。头部复眼小眼面间无毛，唇基片中部 17 根鬃密集，纵向排列。触角鞭节端部 5 节延长不明显，各节相对比长为 11：9：9：9：9：8：8：8：9：9：9：9：14，AR 0.62。触须 5 节，各节相对比长为 6：10：17：8：7，第 3 节基部膨大，感觉器窝明显，位于近基部，PR 2.12；第 4、第 5 节分离。大颚无齿。胸部棕黄色。小盾片有 10 余根粗鬃，翅面大毛密布，径 1 室缺，径 2 室短宽，CR 0.54，径 2 室和径 5 室具大的淡色斑。平衡棒淡色。各足股节端部、胫节基部为棕色，尤以后足色泽最深，其余部分均为淡黄色，膝关节均为淡色。后足胫节端鬃 8 根，梳齿 13 枚。腹部棕黄色。受精囊 2 个，卵形，不等大（90.0 μm×55.0 μm，130.0 μm×70.0 μm），无颈。殖下板窄细，呈环状。雄虫翅长 1.20 mm，宽 0.37 mm。头部触角鞭节端部 4 节延长，各节相对比长为 15：9：9：8：8：8：8：8：8：8：30：17：11：18，AR 1.15。触须各节相对比长为 4：8：16：6：5，第 3 节基部膨大，感觉器窝小，位于膨大部前缘，PR 3.70。胸部棕黄色。小盾片后缘有粗鬃 11 根。翅 CR 0.36。各足色泽与雌虫同。后足胫节端鬃 9 根，梳齿 18 枚。腹部棕黄色。尾器第 9 腹板长约为宽的 3/5，后缘中央稍隆，其端缘微凹；第 9 背板长约为抱器基节的 1/2，后缘弧形。抱器基节长略为宽的 2 倍；抱器端节短于抱器基节，由基部至端部渐细。阳茎中叶近似梯形，后缘中央具 1 尖形突起，阳茎拱低，侧臂短细。阳基侧突分离，长于抱器基节，中部稍粗，端部丝状。

分布：浙江（余姚）、云南。

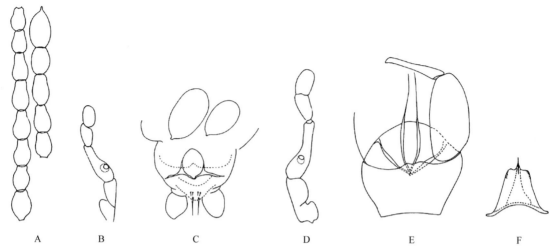

图 5-50　丛林铗蠓 *Forcipomyia* (*Forcipomyia*) *bessa* Liu *et* Yu, 2001（仿自虞以新等，2005）

A. 触角；B. ♀触须；C. ♀尾器；D. ♂触须；E. ♂尾器；F. 阳茎中叶

（197）温和铗蠓 *Forcipomyia* (**Microhelea**) *almus* **Liu *et* Yu, 2001**（图 5-51）

Forcipomyia (*Microhelea*) *almus* Liu *et* Yu, 2001: 190.

特征：雌虫翅长 1.55 mm，宽 0.68 mm。头部复眼小眼面间无柔毛。触角鞭节各节相对比长为 9：7：7：8：8：9：8：9：18：19：19：20：24，AR 1.54。触须 5 节各节相对比长为 4：6：13：8：3，第 3 节膨大，感觉器窝深而呈囊状，其深度为该节长的 3/4，PR 2.50；第 4 节明显长于第 5 节。大颚齿细小，多于 20 枚。胸部棕褐色。小盾片有粗鬃 15 根，翅面暗色无斑，大毛密布，前缘脉无裸带，CR 0.55。平衡棒淡色。前足一致淡色，中足股节端部、胫节基部有不完整的棕色区，后足股节端部、胫节基部有棕色带。后足第 1 跗节有成排羽状鬃。爪和爪间突发达。后足胫节端鬃 8 根，梳齿 10 枚。腹部棕黄色。受精囊 2 个，球形，无颈，不等大（78.0 μm×60.0 μm，75.0 μm×56.0 μm）。

分布：浙江（余姚）、云南。

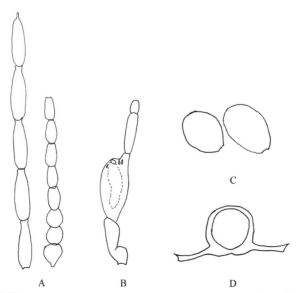

图 5-51　温和铗蠓 *Forcipomyia* (*Microhelea*) *almus* Liu *et* Yu, 2001（仿自虞以新等，2005）

A. 触角；B. 触须；C. 受精囊；D. 殖下板

（198）雅浦铗蠓 *Forcipomyia (Euprojoannisia) yapensis* Tokunaga *et* Murachi, 1959（图 5-52）

Forcipomyia (Euprojoannisia) yapensis Tokunaga *et* Murachi, 1959: 185.

特征：雄虫翅长 0.94 mm，宽 0.29 mm。头部复眼小眼面间无柔毛，触角鞭节基部数节轮毛致密，端部数节略有延长，相对比长为 25：21：32：61。触须 4 节，相对比长为 25：31：58：30，第 3 节基部略膨大，PR 3.75，感觉器窝细小，位于中部；触须第 4、第 5 节部分愈合。胸部盾板棕色，侧板棕黄色。小盾片棕黄色，后缘有粗鬃 9 根。翅面淡色无斑，径 1 室发达，径 2 室退化，CR 0.43。翅面大毛稀少。平衡棒淡色。各足淡色，爪较发达，爪间突简单。前足 TR 0.91，中足 TR 0.66，后足 TR 0.81。后足胫节端鬃 5 根，梳齿 7 枚。腹部淡黄色。尾器第 9 腹板长约为宽的 1/2，略与抱器基节等长，前缘两侧稍前突，后缘中央后突；第 9 背板近三角形，稍短于抱器基节。抱器基节长约为宽的 1.7 倍，较粗；抱器端节较粗，仅末端呈逗点状。阳茎中叶三角形，略为抱器基节长的 1/2，阳茎拱低，侧臂细长并弯曲，末端钝圆形。阳基侧突弓"U"形，侧臂几丁质化较强。近端部内侧无突起。

分布：浙江（余姚）、海南；密克罗尼西亚。

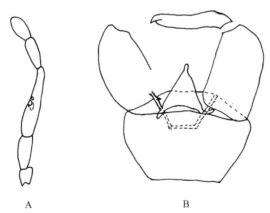

图 5-52　雅浦铗蠓 *Forcipomyia (Euprojoannisia) yapensis* Tokunaga *et* Murachi, 1959（仿自虞以新等，2005）

A. 触须；B. ♂尾器

（199）哈氏铗蠓 *Forcipomyia (Dycea) hamoni* de Meillon, 1959（图 5-53）

Forcipomyia (Dycea) hamoni de Meillon, 1959: 325.

特征：雄虫翅长 1.37 mm，宽 0.48 mm。头部复眼小眼面间无柔毛。触角鞭节端部 4 节延长，各节相对比长为 12：10：11：11：10：9：10：9：11：37：20：15：21，AR 1.11。触须各节相对比长为 5：10：19：10：7，第 3 节中部膨大，感觉器窝明显，位于近中部，PR 3.80；第 4、第 5 节分离。胸部棕褐色。翅面大毛密布，无斑，CR 0.48。平衡棒淡色。各足一致淡色。爪间突发达。后足胫节端鬃 6 根，梳齿 12 枚。腹部棕色。尾器第 9 腹板后缘中部隆起的正中央略凹；第 9 背板较短，约为抱器基节长的 1/2，后缘近弧形。抱器基节长约为宽的 1.8 倍；抱器端节稍短于抱器基节。阳茎中叶高三角形，约与抱器基节等长，端部尖，具折褶，阳茎拱低。阳基侧突两侧相汇成一短枝后又再分成 2 根细丝状长枝。

分布：浙江（余姚）、云南；布基纳法索，南非。

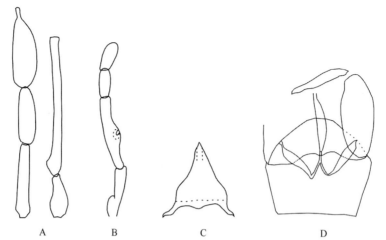

图 5-53　哈氏铗蠓 *Forcipomyia* (*Dycea*) *hamoni* de Meillon, 1959（仿自虞以新等，2005）

A. 触角；B. 触须；C. 阳茎中叶；D. ♂尾器

（200）凭祥铗蠓 *Forcipomyia* (*Forcipomyia*) *pingxiangensis* Liu *et* Yu, 2001（图 5-54）

Forcipomyia (*Forcipomyia*) *pingxiangensis* Liu *et* Yu, 2001: 141.

特征：雄虫翅长 1.14 mm，宽 0.36 mm。头部复眼小眼面间无柔毛，唇基片中部有鬃 2 列共 12 根。触角鞭节基部各节轮毛细长致密，端部 4 节延长，末节有端突，各节相对比长为 17：10：8：8：8：8：8：8：8：44：20：14：17，AR 1.37。触须 5 节，各节相对比长为 26：31：80：30：35，第 3 节基部明显膨大，感觉器窝位于近基部，PR 2.62；第 4、第 5 节分离。胸部棕色。小盾片后缘有粗鬃 10 根。翅面大毛密布，沿翅脉无裸带，在前缘脉和径脉处有鳞及纹鬃，径 2 室短小，至少翅前缘有 2 个暗斑，CR 0.48。平衡棒淡色。各足一致黄色。爪明显弯曲，爪间突发达。后足胫节端鬃 7 根，梳齿 10 枚。腹部背板前缘棕褐色，后缘和腹面淡色。尾器第 9 腹板后缘无明显凹凸；第 9 背板较短，近半圆形，约为抱器基节长的 2/5。抱器基节长约为宽的 2.5 倍；抱器端节稍短于抱器基节。阳茎中叶盾形，端突较尖；阳基拱高；阳基侧突较粗，分离，末端细丝状，略短于抱器基节。

分布：浙江（余姚）、广西。

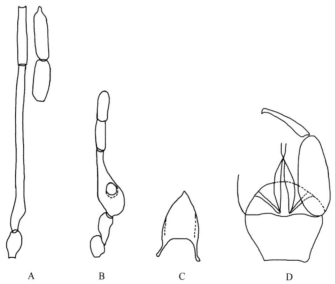

图 5-54　凭祥铗蠓 *Forcipomyia* (*Forcipomyia*) *pingxiangensis* Liu *et* Yu, 2001（仿自虞以新等，2005）

A. 触角；B. 触须；C. 阳茎中叶；D. ♂尾器

（201）修饰铗蠓 *Forcipomyia (Euprojoannisia) picturatus* Liu *et* Yu, 2001（图 5-55）

Forcipomyia (Euprojoannisia) picturatus Liu *et* Yu, 2001: 65.

　　特征：雄虫翅长 1.03 mm，宽 0.31 mm。头部复眼小眼面间无柔毛，触角鞭节端部 4 节延长，末节有端突，各节相对比长为 12：8：7：7：7：7：7：8：9：25：14：11：13，AR 1.14。触须 5 节，各节相对比长为 6：7：14：6：5，第 3 节细长，仅基部稍膨大，小而浅的感觉器窝位于中部，PR 4.67；第 4、第 5 节基本愈合。胸部棕褐色。小盾片后缘有粗鬃 7 根。翅面大毛密布，无斑，CR 0.44。各足一致淡色。平衡棒淡色。爪明显弯曲，爪间突发达。后足胫节端鬃 5 根，梳齿 13 枚。腹部棕黄色。尾器第 9 腹板后缘浅凹；第 9 背板约为抱器基节长的 1/3，抱器基节粗壮，长约为宽的 1.3 倍，抱器端节与抱器基节等长；阳茎中叶形状特异，端部平而有 2 根细指状突起，阳基侧突弓 "U" 形。

　　分布：浙江（余姚）、云南。

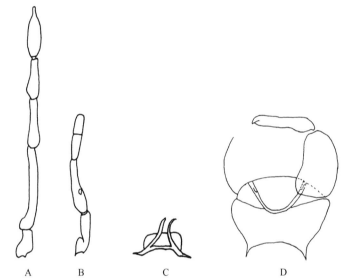

图 5-55　修饰铗蠓 *Forcipomyia (Euprojoannisia) picturatus* Liu *et* Yu, 2001（仿自虞以新等，2005）
A. 触角；B. 触须；C. 阳茎中叶；D. ♂尾器

（202）小型铗蠓 *Forcipomyia (Euprojoannisia) minor* Liu, Yan *et* Liu, 1996（图 5-56）

Forcipomyia (Euprojoannisia) minor Liu, Yan *et* Liu, 1996: 18.

　　特征：雌虫翅长 0.88 mm，宽 0.36 mm。头部复眼小眼面间无柔毛，触角鞭节基部各节圆形，各节相对比长为 20：16：17：18：18：18：18：18：10：29：31：31：50，AR 1.06。触须 5 节，各节相对比长为 20：21：47：30：15，第 3 节基部 3/5 膨大，PR 3.0，感觉器窝圆形，位于中部；第 4、第 5 节部分愈合。大颚有细齿约 40 枚。胸部背板棕色，侧板棕黄色。小盾片棕黄色，后缘有鬃 1 列 10 根，8 根粗鬃，2 根较细鬃。翅面大毛中等致密，无斑，径室不发达，前缘脉接近翅中点，CR 0.49。平衡棒淡色。各足一致淡黄色，后足第 1 跗节有成排羽状鬃。爪明显弯曲，爪间突发达。后足胫节端鬃 4 根，梳齿 6 枚。腹部背板棕黄色，其余黄色。受精囊 2 个，有短颈，不等大（66.3 μm×46.8 μm；52.0 μm×36.0 μm）。殖下板较宽，两侧几丁质化强。

　　分布：浙江（余姚）、海南。

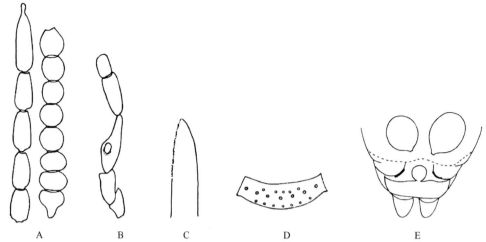

图 5-56　小型铗蠓 *Forcipomyia (Euprojoannisia) minor* Liu, Yan *et* Liu, 1996（仿自虞以新等，2005）
A. 触角；B. 触须；C. 大颚齿；D. 小盾片；E. ♂尾器

（二）毛蠓亚科 Dasyheleinae

主要特征：复眼小眼面间具柔毛。触角 15 节，雌虫触角末端 5 节延长不明显，各节有程度不等的刻纹，雄虫尤为显著。触须 5 节，第 3 节无感觉器窝。翅前缘脉短，通常只有 1 个小的径室，翅多大毛，爪间突退化。

分布：世界广布，已知 609 种，中国记录 151 种，浙江分布 6 种。

62. 毛蠓属 *Dasyhelea* Kieffer, 1911

Dasyhelea Kieffer, 1911: 5. Type species: *Dasyhelea halophila* Kieffer, 1911 (monotypy).

Tetrahelea Kieffer, 1925: 423. Type species: *Culicoides insignicornis* Kieffer, 1925 (by original designation).

Dasyhelea: Yu *et al.*, 2005: 115.

主要特征：体短小，被毛。复眼小眼面间具柔毛。额片形态多样，雌虫触角鞭节端部 5 节与基部 8 节差别不显著，通常有轮毛；雄虫触角端部 4 节延长，鞭节各节刻纹明显；触须较细，通常第 1 节短小，第 3 节仅有少数分散的感觉器。中胸盾板无肩窝。翅宽，有微毛；翅面具大毛；前缘脉末端通常抵及翅中，径 1 室常无，径 2 室有或无，开放或封闭；中叉脉无柄或有短柄；径中横脉斜短；臀脉直；臀角钝；翅瓣光裸；腋瓣常有细毛丛。足较细，无粗刺；后足第 1 跗节常为第 2 跗节的 2 倍以上；爪小且等大；爪间突退化。雌虫腹部短粗，第 9 节腹面角化的殖下板完整而多变；受精囊 1–3 个。雄虫腹部较细，第 9 背板较长，其后缘侧突通常小或不发达；抱器基节短粗，端节细长；阳茎中叶宽，具成对端突；阳基侧突愈合成不对称的 3 条骨片。

分布：世界广布，已知 609 种，中国记录 151 种，浙江分布 6 种。

分种检索表

雌虫

1. 触角通常末节无端突，鞭节各节无刻纹 ·· 泸定毛蠓 *D. (P.) ludingensis*
- 触角末节有端突，鞭节各节至少端部 4 节有刻纹；1 个受精囊 ·· 2
2. 殖下板状似叉形 ·· 叉骨毛蠓 *D. (D.) dicrae*
- 殖下板状似塔形或锥形或双层状 ·· 3
3. 各足色泽一致浅棕色，无斑无环 ·· 朴乐毛蠓 *D. (D.) bullocki*

- 各足色泽不一致，股节或胫节有斑或环 ·· 4
4. 受精囊 1 个，囊体卵形，颈长而弯曲 ······················· **喜愿毛蠓 *D. (D.) paragrata***
- 1 个受精囊，颈较长而直 ··································· **灰色毛蠓 *D. (D.) grisea***

雄虫

1. 阳基侧突对称，中叶长而宽 ······························· **喜愿毛蠓 *D. (D.) paragrata***
- 阳基侧突明显不对称 ··· 2
2. 阳基侧突不对称，中叶显著弯曲呈宽叶状 ··················· **朴乐毛蠓 *D. (D.) bullocki***
- 阳基侧突不对称，中叶长而宽，端部作钩状弯曲 ············· **扩张毛蠓 *D. (D.) dilatatus***

（203）喜愿毛蠓 *Dasyhelea (Dasyhelea) paragrata* Remm, 1972（图 5-57）

Dasyhelea (Dasyhelea) paragrata Remm, 1972: 72.

特征：雌虫翅长 0.91 mm，宽 0.34 mm。头部复眼接眼式，小眼面间有柔毛。触角末节端突显著，鞭节各节有显著的刻纹，并有乳头状感觉突，各节相对比长为 15：12：12：13：13：14：14：15：15：16：16：16：26，AR 0.88。触须 5 节，各节相对比长为 3：7：17：10：10；唇基片每侧有鬃 5 根。胸部棕褐色，小盾片有粗鬃 7 根。翅面遍布大毛，但较稀疏，径 1 室无，径 2 室窄长，径脉止于翅前缘中点之后，CR 0.53，前足和中足股节色泽深浅不一致；各足爪等长，爪间突退化，爪端尖而不分叉。后足胫节端鬃 6 根，梳齿 15 枚。腹部棕色，殖下板似双层塔形，受精囊 1 个，囊体卵形（62.5 μm×45.0 μm），颈长而弯曲。尾器抱器端节长度约等于抱器基节之长，抱器基节内侧无钩状突。第 9 腹板后缘中部略凹；第 9 背板梯形，后缘侧突短指状。阳茎中叶端突 1 对，其端部钝，而向内倾斜，侧臂长而向后变曲；阳基侧突对称，中叶长而宽，端部弯曲。

分布：浙江（临安、余姚）、河北、甘肃、湖北；俄罗斯。

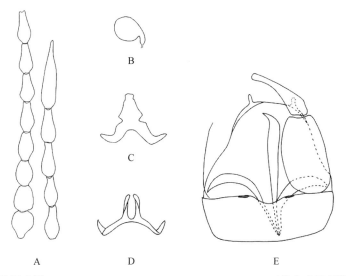

图 5-57　喜愿毛蠓 *Dasyhelea (Dasyhelea) paragrata* Remm, 1972（仿自虞以新等，2005）
A. 触角；B. 受精囊；C. 殖下板；D. 阳茎中叶；E. ♂尾器

（204）泸定毛蠓 *Dasyhelea (Prokempia) ludingensis* Zhang *et* Yu, 1996（图 5-58）

Dasyhelea ludingensis Zhang *et* Yu, 1996: 202.

Dasyhelea (Prokempia) ludingensis: Yu *et al.*, 2005: 213.

特征： 雌虫翅长 0.85 mm，宽 0.38 mm。头部复眼间距约 1 个小眼面宽，小眼面间柔毛长而密。触角围角片无鬃；鞭节各节渐成短柱状，各节无刻纹，末节无端突，各节相对比长为 16：13：13：14：15：16：15：16：17：18：19：18：26，AR 0.83。触须 5 节，第 3 节长度略短于第 4、第 5 节长之和，有数枚感觉器，各节相对比长为 4：10：19：9：15。唇基片椭圆形，有鬃 8 根。胸部棕褐色，肩部有浅色区，有 2 条细短浅色纵纹；小盾片浅黄色，有粗鬃 6 根。翅面大毛长而密，遍布各翅室，沿翅脉两侧有裸带；径脉止于翅前缘中点，CR 0.50，径 1 室无，径 2 室封闭。各足一致浅棕色，无斑无环，爪发达，等长，爪间突退化，爪端不分叉，后足胫节端鬃 5 根，梳齿 15 枚。腹部各节背板为棕色。殖下板欠发达，带状，呈弧形，在其后方通常有 4 根长鬃，受精囊 1 个，卵形（47.5 μm×32.5 μm），颈短而扭曲。

分布： 浙江（临安、余姚）、北京、山西、山东、河南、陕西、江苏、安徽、湖北、江西、湖南、福建、台湾、广东、海南、香港、广西、重庆、四川、云南。

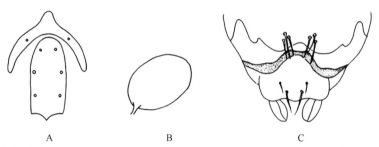

图 5-58　泸定毛蠓 Dasyhelea (Prokempia) ludingensis Zhang et Yu, 1996（仿自虞以新等，2005）

A. 额片；B. 受精囊；C. ♀尾器

（205）灰色毛蠓 *Dasyhelea* (*Dasyhelea*) *grisea* (Coquillett, 1901)（图 5-59）

Ceratopogon grisea Coquillett, 1901: 602.

Dasyhelea (*Dasyhelea*) *grisea*: Yu et al., 2005: 157.

特征： 雌虫翅长 1.22 mm，宽 0.5 mm。头部复眼间距约 1 个小眼面宽，小眼面间柔毛长而密。触角围角片无鬃，额片横卵形；鞭节第 2 节球形，其余各节渐呈花瓶状，各节刻纹明显，末节端突乳头状，各节相对比长为 21：16：17：19：19：19：19：20：22：23：24：24：37，AR 0.87。触须 5 节，第 3 节细长，其长度约为第 4、第 5 节长之和，各节相对比长为 4：10：25：13：20。唇基片椭圆形，每侧有鬃 4 根。胸部棕褐色，小盾片浅棕色，后缘有粗鬃 4 根。平衡棒杆和球体顶为深色，球体基段为白色；翅面大毛遍布

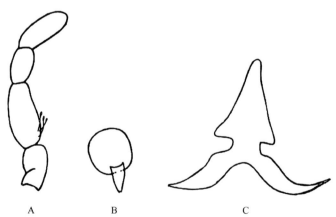

图 5-59　灰色毛蠓 *Dasyhelea* (*Dasyhelea*) *grisea* (Coquillett, 1901)（仿自虞以新等，2005）

A. 触须；B. 受精囊；C. 殖下板

各翅室，以端部较密，沿翅脉两侧有裸带。径脉止于翅前缘中点之后，CR 0.53，径1室无，径2室长方形。各足一致棕色，膝关节深色，各足股节末端白色；前足股节背面大部浅色；各足爪发达，等长，爪间突退化，爪端不分叉，后足胫节端鬃6根，梳齿15枚。腹部各节背板为棕色，2-5节多毛，殖下板发达，双层显著，1个受精囊（48.0 μm×60.0 μm），颈较长而直。

分布：浙江（余姚）、海南、广西；美国。

（206）朴乐毛蠓 *Dasyhelea (Dasyhelea) bullocki* Tokunaga, 1958（图5-60）

Dasyhelea bullocki Tokunaga, 1958: 75.

Dasyhelea (Dasyhelea) bullocki: Yu *et al.*, 2005: 134.

特征：雌虫翅长1.5 mm，宽0.64 mm。头部复眼接眼式，小眼面间多柔毛。触角围角片无鬃，鞭节各节有刺状透明感觉器，各节自基部至端部逐次延长，并渐呈明显花瓶状，基部均有刻纹，端部5节尤为显著，并有明显端突，各节相对比长为12：10：10：10：10：10：11：12：13：13：12：12：24，AR 0.87。触须较短，第3节柱状，各节相对比长为2：5：14：6：7。唇基片近似卵形，每侧有鬃6根。胸部一致褐色，无斑无纹，小盾片后缘有粗鬃12根。翅面遍布大毛，径1室无，径2室长方形。前缘脉超过前缘中点，CR 0.7。各足一致浅棕色，无斑无环，但背侧较腹侧色深，多毛，但无鳞状或羽状毛；各爪相等，爪端不分叉，爪间突退化，后足胫端部有短小距刺1枚，后足胫节端鬃7根，梳齿19枚。尾器抱器端节细长，基节短粗，第9腹板后缘几近平直，第9背板略呈梯形，后缘侧突指状；阳茎中叶有1对细长端突，阳基侧突不对称，中叶显著弯曲呈宽叶状。

分布：浙江（临安）、四川、贵州、云南；韩国。

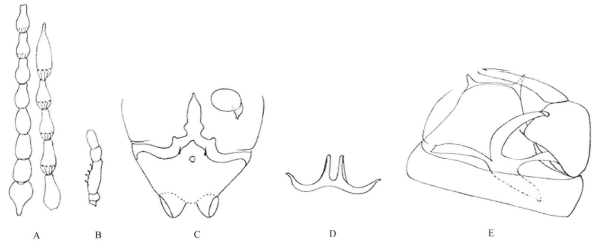

图5-60　朴乐毛蠓 *Dasyhelea (Dasyhelea) bullocki* Tokunaga, 1958（仿自虞以新等，2005）

A. 触角；B. 触须；C.♀尾器；D. 阳茎中叶；E.♂尾器

（207）扩张毛蠓 *Dasyhelea (Dasyhelea) dilatatus* Yu, 2005（图5-61）

Dasyhelea (Dasyhelea) dilatatus Yu, 2005: 143.

特征：雄虫翅长1.11 mm，宽0.32 mm。头部复眼间距约1个小眼面宽，小眼面间柔毛长而密。鞭节各节刻纹明显，末节端突乳头状，各节相对比长为17：14：12：13：13：13：12：11：15：31：29：23：31，AR 1.20。触须5节，第3节细长，其长度约为第4、第5节长之和，各节相对比长为3：7：20：12：

10。胸部棕褐色，肩部有浅色区，背面有 2 条浅色纵带；小盾片浅棕色，后缘有粗鬃 7 根。翅面大毛稀疏，径脉止于翅前缘中点前，CR 0.51，径 1 室无，径 2 室长方形。各足一致黄色，爪等长，爪间突退化，呈毛状，爪端略分叉，后足胫节端鬃 5 根，梳齿 13 枚。尾器抱器端节肘状，其长度约等于抱器基节之长。第 9 腹板后缘中部隆起；第 9 背板后缘侧突短指状。阳茎中叶端突 1 对，其端部略向外侧弯；阳基侧突不对称，中叶长而宽，端部作钩状弯曲。

分布：浙江（临安）、云南。

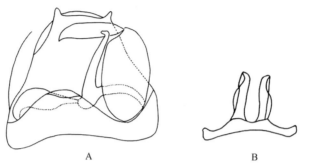

图 5-61　扩张毛蠓 *Dasyhelea* (*Dasyhelea*) *dilatatus* Yu, 2005（仿自虞以新等，2005）

A. ♂尾器；B. 阳茎中叶

（208）叉骨毛蠓 *Dasyhelea* (*Dasyhelea*) *dicrae* Yu, 2005（图 5-62）

Dasyhelea (*Dasyhelea*) *dicrae* Yu, 2005: 142.

特征：雌虫翅长 1.22 mm，宽 0.45 mm。头部复眼间距约 1 个小眼面宽，小眼面间柔毛细密。触角围角片无鬃，鞭节各节均有刻纹，各节形状由基部至端部自卵形渐呈瓶形，末节端突短乳头状，各节相对比长为 20：15：13：14：14：15：15：16：17：18：18：17：32，AR 0.84。触须 5 节，各节相对比长为 6：10：20：14：12。唇基片每侧有鬃 6 根。胸部棕褐色，无斑无纹，小盾片粗鬃 9 根。翅面遍布大毛，径脉止于翅前缘中点，CR 约 0.55，径 1 室无，径 2 室全封闭，呈缝状。前足、后足股节背面中部有深色区，其余均为浅色；各足爪等长，爪间突退化，爪端尖而不分叉，后足胫节端鬃 6 根，梳齿 17 枚。腹部各节背板一致棕色，2–5 节背板中部有 1 对透明圆形小区，殖下板呈叉状，受精囊 1 个，类圆形（98.0 μm），有短颈。

分布：浙江（临安）、北京、甘肃、新疆、江苏。

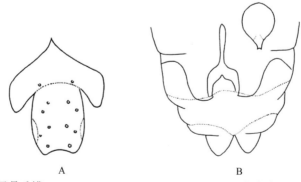

图 5-62　叉骨毛蠓 *Dasyhelea* (*Dasyhelea*) *dicrae* Yu, 2005（仿自虞以新等，2005）

A. 额片；B. ♀尾器

（三）蠓亚科 Ceratopogoninae

主要特征：体型最小可小于 1 mm，翅长仅 0.4 mm，体型最大可大于 5 mm，翅长可达 5 mm。翅前缘脉和径脉发达，有 1–2 个径室，径中横脉存在，径 5 室内无润脉，触角 15 节，雌虫通常端部 5 节延长，雄虫端部 3–4 节延长。触须 5 节，通常第 3 节有小感觉器窝，雌虫腹部尾端尾叶短，雄虫尾器变化多样。

分布：世界广布，已知 114 属，3438 种，中国记录 34 属，700 余种，浙江分布 21 种。

分族检索表

1. 中脉叉有柄，或中脉叉刚抵径中横脉，中 2 脉有时消失或不完整 ···················· 2
- 中脉叉无柄，中 2 脉完整 ····················· **须蠓族 Palpomyiini**
2. 两性成虫爪小，简单而等长；翅面大毛较密；第 1 径室和第 2 径室常发达，约等大，肩窝明显，爪间突较小 ··········· **库蠓族 Culicoidini**
- 雌虫爪大而长，相等或不相等，雄虫爪短小等长；翅面大毛稀少或无；径室可有 2 个、1 个或无 ·········· **蠓族 Ceratopogonini**

库蠓族 Culicoidini

主要特征：库蠓族在我国目前仅有库蠓 1 属，本族成虫主要形态特征也体现于该属。

分布：世界广布，已知 1366 种，中国记录 330 种，浙江分布 10 种。

63. 库蠓属 *Culicoides* Latreille, 1809

Culicoides Latreille, 1809: 251. Type species: *Ceratopogon punctatus* Meigen, 1804 (monotypy).

Diplosella Kieffer, 1921: 113. Type species: *Culicoides sergenti* Kieffer, 1921 (monotypy).

Culicoides: Yu *et al.*, 2005: 816.

主要特征：小型或中型蠓类，翅长 0.8–2.0 mm，中胸盾板有明显肩窝。雌虫口器发达。触角第 3 节及部分鞭节有嗅觉器；触须 5 节，第 3 节可有感觉器窝，或散在的感觉器。足无棘刺，第 4 跗节通常筒状，爪短而等长，爪间突短小。翅面遍布微毛，并有数量不等的大毛，常有形态各异的色斑。翅脉发达，前缘脉较短，CR 0.5–0.7；有 2 个径室。雌虫受精囊 1–3 个。雄虫尾器变化较多，通常第 9 背板较长，有发达的后缘侧突；第 9 腹板短，后缘中部或凹或凸；阳茎中叶完整 1 片，阳基侧突分离或愈合，形态变化较多。

分布：世界广布，已知 1366 种，中国记录 330 种，浙江分布 10 种。

分种检索表

雌虫

1. 有发达的受精囊 3 个 ····················· 2
- 有发达的受精囊 2 个 ····················· 3
2. 大颚齿 7 枚，翅中 1 室除端部的淡斑外无淡色带 ········· 肩宏库蠓 *C. (T.) humeralis*
- 大颚齿 10 枚以上，翅中 2 室中部和端部各有 1 个淡斑 ········· 明边库蠓 *C. (T.) matsuzawai*
3. 复眼分离 ····················· 4
- 复眼连接 ····················· 5
4. 翅径 5 室除径端淡斑外有 3 个淡斑 ················ 尖喙库蠓 *C. (O.) oxystoma*
- 翅径中淡斑后下方有 1 个横跨中 1 脉的条状淡斑 ········· 秀茎库蠓 *C. (O.) festivipennis*

5. 复眼连接，无感觉器窝 ··· **虎林库蠓 C. (C.) hulinensis**

\- 复眼连接，有感觉器窝 ··· 6

6. 翅中 4 室有 2 个淡斑 ·· **标翅库蠓 C. (A.) insignipennis**

\- 翅中 4 室有 1 个淡斑 ··· 7

7. 翅中 2 室自基部向端部形成 1 条形状不规则的淡色带 ················· **条带库蠓 C. (A.) tainanus**

\- 翅中 2 室有大于 1 个淡斑 ··· 8

8. 翅中 2 室有 2 个淡斑 ··· **东方库蠓 C. (A.) orientalis**

\- 翅中 2 室有 3 个淡斑 ··· **长斑库蠓 C. (A.) elongatus**

雄虫

1. 复眼分离，有感觉器窝 ··· 2

\- 复眼连接 ·· 3

2. 阳基侧突端部有细分枝 ··· **尖喙库蠓 C. (O.) oxystoma**

\- 阳基侧突基部分离，端部细并卷曲 ··· **秀茎库蠓 C. (O.) festivipennis**

3. 复眼连接，无感觉器窝 ·· **虎林库蠓 C. (C.) hulinensis**

\- 复眼连接，有感觉器窝 ··· 4

4. 第 9 背板后缘有 1 个丘状突起 ··· **标翅库蠓 C. (A.) insignipennis**

\- 第 9 背板后缘无丘状突起 ··· 5

5. 阳基侧突愈合 ·· **雅美库蠓 C. (A.) yamii**

\- 阳基侧突分离 ··· 6

6. 第 9 背板宽，末端钝圆，无侧突 ·· **条带库蠓 C. (A.) tainanus**

\- 第 9 背板后缘中部凹陷 ··· 7

7. 第 9 背板后缘中部凹陷深 ··· **明边库蠓 C. (T.) matsuzawai**

\- 第 9 背板后缘中部凹陷浅 ··· 8

8. 阳茎中叶宽，呈圆锥形 ·· **东方库蠓 C. (A.) orientalis**

\- 阳茎中叶粗壮，近三角形 ·· **肩宏库蠓 C. (T.) humeralis**

（209）肩宏库蠓 Culicoides (Trithecoides) humeralis Okada, 1941（图 5-63）

Culicoides humeralis Okada, 1941: 20.

Culicoides (Trithecoides) humeralis: Lee, 1975: 435.

　　特征：雌虫翅长 1.13 mm，宽 0.53 mm。头部两复眼相连接，其连接距离约为 3.5 个小眼面的直径，小眼面间无柔毛，触角鞭节各节的相对比长为 11：9：9：9：9：9：9：9：11：12：13：15：21，AR 0.97，触角嗅觉器见于第 3、第 11–15 节。触须 5 节的相对比长为 9：22：21：10：11，第 3 节中部稍粗大，感觉器分散在节近端部 1/4，PR 2.33。唇基片鬃每侧 2–3 根，大颚齿 7 枚。翅面淡斑、暗斑明显，径中淡斑覆盖第 1 径室基部和径中横脉，径端淡斑位于第 2 径室外侧并覆盖第 2 径室端半部，径 5 室的淡斑位于翅端，与中 1 室端部的淡斑连接，呈弯向内侧的弧形；中 2 室自基部向端部形成 1 条窄的淡色带；中 4 室和臀室端部各有 1 个淡斑。翅面大毛见于近端部 1/3，基室无大毛，CR 0.68。后足胫节端鬃 4 根，第 2 根最长，梳齿 19 枚。腹部受精囊 3 个，均发达，近球形，位于中部的 1 个较大，其余 2 个较小且约等大。雄虫尾器第 9 腹板后缘中部凹陷宽而浅。第 9 背板基部宽，向端部变窄，后缘中部有"V"形浅凹，两侧突发达。抱器基节较长，背踝发达，指状，腹踝不发达；抱器端节细长并向内侧弯曲。阳茎中叶粗壮，近三角形，阳茎拱较高。阳基侧突端部明显细并向外侧弯。

　　分布：浙江（临安）、黑龙江、吉林、山东、湖北、福建、台湾、广东、海南、广西、云南、西藏；俄罗斯，日本，越南，泰国，柬埔寨，马来西亚。

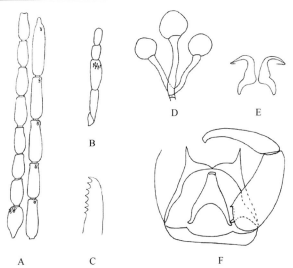

图 5-63　肩宏库蠓 Culicoides (Trithecoides) humeralis Okada, 1941（仿自虞以新等，2005）
A. 触角；B. 触须；C. 大颚；D. 受精囊；E. 阳基侧突；F. ♂尾器

（210）条带库蠓 *Culicoides* (*Avaritia*) *tainanus* Kieffer, 1916（图 5-64）

Culicoides tainanus Kieffer, 1916: 114.

Culicoides (*Avaritia*) *tainanus*: Yu *et al.*, 2005: 979.

特征：雌虫翅长 0.93 mm，宽 0.44 mm。头部两复眼相连接，小眼面间无柔毛。触角鞭节各节的相对比长为 17：11：11：11：13：12：13：14：21：22：23：23：34，AR 1.20，触角嗅觉器见于第 3、第 11–15 节。触须 5 节的相对比长为 8：27：24：14：13，第 3 节稍粗大，在近端部 1/3 处有 1 个近圆形的感觉器窝，PR 3.0。唇基片鬃每侧 2 根，大颚齿 14 枚。胸部中胸盾板暗棕色。翅面具淡斑、暗斑。翅基淡斑大，形状不规则，并与中 2 室和臀室的淡斑连接，径中淡斑覆盖第 1 径室基部和径中横脉，并向后延伸与中 2 室的淡斑连接，径端淡斑位于第 2 径室外侧，第 2 径室端部淡色，径 5 室的淡斑位于翅端；中 1 室近基部和端部各有 1 个淡斑，中 2 室自基部向端部形成 1 条形状不规则的淡色带，中 4 室有 1 个淡斑；臀室的淡斑形状不规则。翅面大毛见于近端部 1/4，基室无大毛，CR 0.64。后足胫节端鬃 5 根，第 1 根最长。腹部

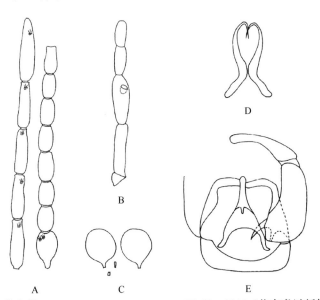

图 5-64　条带库蠓 *Culicoides* (*Avaritia*) *tainanus* Kieffer, 1916（仿自虞以新等，2005）
A. 触角；B. 触须；C. 受精囊；D. 阳基侧突；E. ♂尾器

受精囊 2 个，均发达，近球形，分别为 41.0 μm×39.0 μm，38.0 μm×36.0 μm，有颈。雄虫尾器第 9 腹板后缘中部凹陷宽而较深。第 9 背板宽，末端钝圆，后缘中部有浅凹，无侧突。抱器基节基部稍宽于端部，背踝、腹踝均发达，其中腹踝长于背踝；抱器端节稍向内侧弯曲。阳茎中叶中部粗壮，端部呈棒状，两侧叶短，向两侧分开，阳茎拱低，约为阳茎中叶总长的 1/4。阳基侧突细长，基部向两侧呈"八"字形分开，中部靠近，端部变细，末端尖，并向内侧弯曲。

分布：浙江（临安）、山东、陕西、福建、台湾、海南、云南；日本，越南，老挝，泰国，菲律宾，马来西亚，印度尼西亚。

（211）长斑库蠓 *Culicoides (Avaritia) elongatus* Chu *et* Liu, 1978（图 5-65）

Culicoides elongatus Chu *et* Liu, 1978: 83.

Culicoides (Avaritia) elongatus: Yu *et al.*, 2005: 922.

特征：雌虫翅长 1.02–1.19 mm，宽 0.45 mm。头部两复眼相连接，小眼面间无柔毛，有额缝。触角鞭节各节的相对比长为 11：6：7：8：8：8：7：8：10：10：11：14：20，AR 1.03，嗅觉器见于触角第 3、第 11–15 节。触须 5 节的相对比长为 4：12：13：6：7，第 3 节中部粗大，PR 3.25，有小的浅感觉器窝。唇基片鬃每侧 2 根，大颚齿 17 枚，小颚齿 20 枚。胸部中胸盾板棕褐色，具浅色粉被，小盾片有粗鬃 4 根。翅面淡斑、暗斑明显，翅基淡斑大，向后延伸达臂室后缘，径中淡斑覆盖第 1 径室基部 2/3 和径中横脉，向后延伸至中 2 室前缘，径端淡斑覆盖第 2 径室端部的 4/5 以上，径 5 室淡斑近肾形；中 1 室有 2 个椭圆形淡斑，中 2 室有 3 个近椭圆形的淡斑，另外在基部还有 1 条淡色带；中 1 脉和中 2 脉端部各有 1 个小淡斑；中 4 室近端部有 1 个圆形淡斑；其后上方有 1 条状淡斑，臀室有 2 个淡斑。翅面大毛见于近端部 1/4，基室无大毛，CR 0.54。后足胫节端鬃 6 根，第 2 根最长。腹部受精囊 2 个，均发达，椭圆形，具短颈，不等大（58.0 μm×43.0 μm，50.0 μm×32.0 μm）；另有一退化的小囊。

分布：浙江（景宁）、福建、云南。

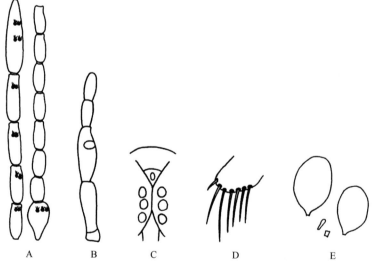

图 5-65　长斑库蠓 *Culicoides (Avaritia) elongatus* Chu *et* Liu, 1978（仿自虞以新等，2005）
A. 触角；B. 触须；C. 复眼；D. 后足胫节端鬃；E. 受精囊

（212）虎林库蠓 *Culicoides (Culicoides) hulinensis* Liu *et* Yu, 1996（图 5-66）

Culicoides hulinensis Liu *et* Yu, 1996: 135.

Culicoides (Culicoides) hulinensis: Yu *et al.*, 2005: 1001.

特征：雌虫翅长 1.60 mm，宽 0.73 mm。头部两复眼连接，小眼面间无柔毛，有额缝。触角鞭节各节的相对比长为 13：9：9：10：10：10：10：10：15：15：16：16：23，AR 1.06，嗅觉器见于触角第 3、第 11–15 节。触须 5 节的相对比长为 5：18：19：8：6，第 3 节中部粗大，无感觉器窝，感觉器散布在节中部，PR 3.17。唇基片鬃每侧 4–5 根，大颚齿 16 枚，小颚齿 20 枚。胸部中胸小盾片有粗鬃 5 根。翅面淡斑、暗斑明显，第 1 前缘暗斑向后延伸达中 2 室中部，第 2 前缘暗斑覆盖第 1 径室末端和第 2 径室基部 1/3，第 2 前缘暗斑后缘有 1 暗斑，第 3 前缘暗斑横跨第 5 径室中部，中 1 室和中 2 室的暗斑相互连接，形状不规则，在中 1 室中部和端部形成 2 个淡斑，中 2 室端部也形成 1 个淡斑；中 1 和中 2 脉端部各有 1 个小淡斑；中 4 室有 1 个独立的暗斑；臀室除 2 个淡斑外多为暗色区。翅面大毛见于近端部 2/3，基室无大毛，CR 0.65。后足胫节端鬃 5–6 根，第 2 根最长，梳齿 18 枚。腹部第 1 腹节背板侧鬃 12–14 根。受精囊 2 个，均发达，近球形，有颈，不等大（87.5 μm×65.0 μm，75.0 μm×60.0 μm）；另有一退化呈棒状的小囊。殖下板后内角弯曲呈钩。雄虫尾器第 9 腹板后缘中部凹陷浅。第 9 背板后缘稍突出，中部凹陷较深，侧突末端尖。抱器基节粗壮，内侧缘有 1 列刺鬃；背踝略直，指状；腹踝发达，端部弯曲呈钩状；抱器端节中部明显变细，稍向内侧弯曲。阳茎中叶端部短，末端稍凹陷，阳茎拱内有三角形的膜质结构。阳基侧突基部向两侧分开，近弯曲部扩大，中部靠近，端部有细分枝。

分布：浙江（景宁）、黑龙江。

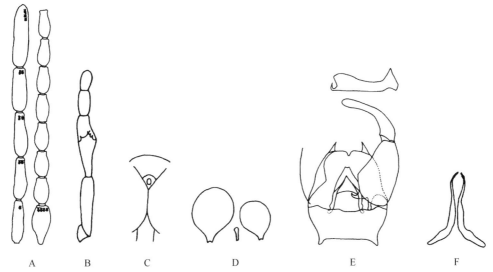

图 5-66　虎林库蠓 Culicoides (Culicoides) hulinensis Liu et Yu, 1996（仿自虞以新等，2005）

A. 触角；B. 触须；C. 复眼；D. 受精囊；E. ♂尾器；F. 阳基侧突

（213）东方库蠓 Culicoides (Avaritia) orientalis Macfie, 1932（图 5-67）

Culicoides (Avaritia) orientalis Macfie, 1932: 490.

特征：雌虫翅长 0.79 mm，宽 0.36 mm。头部两复眼相连接，小眼面间无柔毛。触角鞭节各节的相对比长为 7：4：5：5：5：6：5：5：9：10：10：10：15，AR 1.28，触角嗅觉器见于第 3、第 11–15 节。触须 5 节的相对比长为 4：12：10：5：5，第 3 节中部稍粗大，感觉器聚合于节中部椭圆形的感觉器窝内，PR 2.50。唇基片鬃每侧 2 根，大颚齿 14 枚。胸部翅面淡斑、暗斑明显，翅基淡斑不规则形，径中淡斑覆盖第 1 径室基部和径中横脉，径端淡斑位于第 2 径室外侧，第 2 径室端部淡色，径 5 室的淡斑位于翅端部，邻接翅缘；中 1 室有 2 个淡斑，近端部的 1 个近长条形；中 2 室自基部向端部有一较宽的带状淡斑，邻接翅端有 1 淡斑；中 4 室有 1 淡斑；臀室的淡斑形状不规则，基部与翅基明斑连接。翅面大毛见于近端部 1/4，基室无大毛，CR 0.61。后足胫节端鬃 5 根，第 1 根最长。腹部受精囊 2 个，均发达，近球形，有颈，等大，均为 41.0 μm×36.0 μm。雄虫尾器第 9 腹板窄，后缘中部凹陷深而宽，呈弧形。第 9 背板宽，侧缘有一浅凹，端部钝圆，无侧突，后缘中部浅凹。抱器基节基部略宽于端部，背踝和腹踝均发达，腹踝长于背踝，端节基部粗，向端部变细。阳茎中叶宽，呈圆锥形，端部呈柱状，两侧叶分开，阳茎拱低。阳基侧突基部向两侧分开，约距基部 1/3 处明显扩大并靠近，向端部渐变细。

分布：浙江（余姚）、福建、台湾、海南、四川、云南、西藏；马来西亚，印度，越南，泰国，菲律宾，印度尼西亚，所罗门群岛。

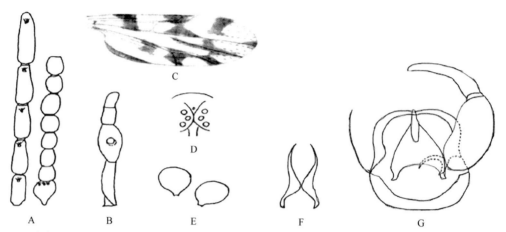

图 5-67　东方库蠓 *Culicoides* (*Avaritia*) *orientalis* Macfie, 1932（仿自虞以新等，2005）

A. 触角；B. 触须；C. 翅；D. 复眼；E. 受精囊；F. 阳基侧突；G. ♂尾器

（214）秀茎库蠓 *Culicoides* (*Oecacta*) *festivipennis* Kieffer, 1914（图 5-68）

Culicoides (*Oecacta*) *festivipennis* Kieffer, 1914: 235.

特征：雌虫翅长 1.48 mm，宽 0.62 mm。头部两复眼分离，其间距小于 1 个小眼面的直径，小眼面间无柔毛，有额缝。触角鞭节各节的相对比长为 20：12：14：14：14：14：14：14：32：34：32：32：52，AR 1.57，嗅觉器见于触角第 3–15 节。触须 5 节的相对比长为 14：32：34：12：14，第 3 节中部粗大，感觉器聚合于节端半部一大而浅的感觉器窝内，PR 2.43。唇基片鬃每侧 3 根，大颚齿 14 枚，小颚齿 21 枚。胸部中胸盾板棕色有斑纹。翅面具淡斑、暗斑，第 2 径室全暗，径中淡斑覆盖第 1 径室基部 1/2 和径中横

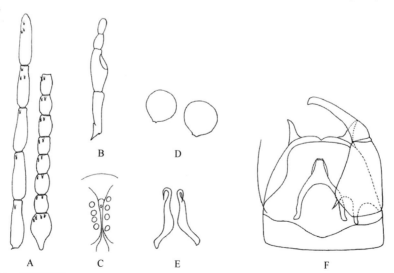

图 5-68　秀茎库蠓 *Culicoides* (*Oecacta*) *festivipennis* Kieffer, 1914（仿自虞以新等，2005）

A. 触角；B. 触须；C. 复眼；D. 受精囊；E. 阳基侧突；F. ♂尾器

脉，径端淡斑位于第 2 径室外侧，在其后下方有一横跨中 1 脉的条状淡斑，径 5 室端部有 1 个淡斑；中 1 室近基部和端部各有一淡斑；中 2 室基部至中部有 1 条窄的淡色带，端部有一淡斑；中 4 室有 1 个淡斑；臀室基部有一近三角形淡斑，近端部有 2 个淡斑。翅面大毛密布，基室无毛，CR 0.59。后足胫节端鬃 4 根，第 2 根最长。腹部受精囊 2 个，均发达，近球形（49.0 μm×44.0 μm，44.0 μm×39.0 μm）。雄虫尾器第 9 腹板后缘中部凹陷宽。第 9 背板后缘中部有小凹陷，两侧突发达，抱器基节粗壮，背踝呈指状突出，腹踝细长，末端尖；端节稍向内侧弯曲。阳茎中叶粗壮，端缘钝而略卷，阳茎拱高。阳基侧突基部分离，端部细并卷曲。

分布：浙江（余姚）、黑龙江、吉林、辽宁、山西、山东、宁夏、甘肃、新疆、福建、四川、西藏；日本，德国，英国，以色列。

（215）尖喙库蠓 *Culicoides (Oecacta) oxystoma* Kieffer, 1910（图 5-69）

Culicoides (Oecacta) oxystoma Kieffer, 1910: 193.

特征：雌虫翅长 0.82 mm，宽 0.37 mm。头部两复眼分离，小眼面间无柔毛，有额缝。触角鞭节各节的相对比长为 14：10：10：10：10：10：11：12：15：15：15：17：27，AR 1.02，嗅觉器见于触角第 3、第 8–10 节。触须 5 节的相对比长为 8：19：17：9：9，第 3 节中部粗大，感觉器聚合在小而浅的感觉器窝内，PR 2.00。唇基片鬃每侧 2–3 根，大颚齿 12 枚。胸部翅面淡斑、暗斑显著；中 1 室有 2 个淡斑，中 2 室基部有一延长的带状淡斑，端部有一淡斑；中 4 室有 1 个淡斑；臀室有 2 个淡斑。翅面大毛见于近端部 2/3，基室无大毛，CR 0.52。后足胫节端鬃 4 根，第 2 根最长，梳齿 18 枚。腹部受精囊 2 个，均发达，椭圆形（41.0 μm×31.0 μm，38.0 μm×29.0 μm）。雄虫尾器第 9 腹板后缘中部凹陷宽而深。第 9 背板后缘两侧突发达。抱器基节较粗壮，背踝和腹踝均发达。阳茎中叶端部短粗，末端内凹，阳茎拱较高。阳基侧突基部分离，中部靠拢向端部渐细并明显弯曲，末端有细分枝。

分布：浙江（余姚）、黑龙江、吉林、辽宁、内蒙古、河北、山西、山东、河南、宁夏、江苏、上海、安徽、湖北、江西、湖南、福建、台湾、广东、海南、广西、重庆、四川、贵州、云南、西藏；印度。

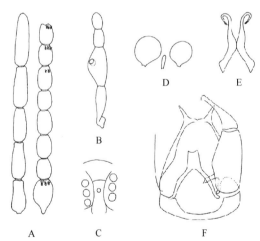

图 5-69　尖喙库蠓 *Culicoides (Oecacta) oxystoma* Kieffer, 1910（仿自虞以新等，2005）
A. 触角；B. 触须；C. 复眼；D. 受精囊；E. 阳基侧突；F. ♂尾器

（216）标翅库蠓 *Culicoides (Avaritia) insignipennis* Macfie, 1937（图 5-70）

Culicoides (Avaritia) insignipennis Macfie, 1937: 469.

　　特征：雌虫翅长 1.20 mm，宽 0.55 mm。头部两复眼连接，小眼面间无柔毛；有弧形的额缝。触角鞭节各节的相对比长为 19：14：16：18：19：18：19：20：27：28：31：33：43，AR 1.13，雌虫触角嗅觉器见于第 3、第 11–15 节。触须 5 节的相对比长为 5：16：17：8：7，第 3 节稍粗大，有小的感觉器窝，PR 3.78，唇基片鬃每侧 2 根，大颚齿 16 枚，小颚齿 19 枚。胸部盾板暗棕色。翅面淡斑、暗斑明显，翅基淡斑大，形状不规则，向后延伸达臀室基部的 1/3；径中淡斑覆盖径 1 室基部 1/2 和径中横脉，径端淡斑几乎覆盖整个径 2 室，径 5 室的淡斑近似叉状；中 1 室有 2 个淡斑；中 2 室中部的淡斑形状不规则，近端部的 2 个独立的淡斑与中 1 室的 2 个淡斑相对应；中 4 室有 2 个淡斑，其中近基部前缘的淡斑长卵形，臀室近端部有 2 个淡斑。翅面大毛见于近端部 1/4，基室无大毛，CR 0.67，后足胫节端鬃 6 根，第 2 根最长。腹部受精囊 2 个，均发达，椭圆形，不等大，有颈，分别为 60.0 μm×43.0 μm，50.0 μm×35.0 μm。雄虫尾器第 9 腹板后缘中部凹陷宽而较深，第 9 背板后缘中部突起。抱器基节粗，背踝、腹踝短，抱器端节稍向内弯曲。阳茎中叶近三角形，端部呈柱状，末端钝圆。阳基侧突愈合，端部分细枝。

　　分布：浙江（余姚）、福建、台湾、云南；老挝、泰国、菲律宾、马来西亚，新加坡，文莱，印度尼西亚。

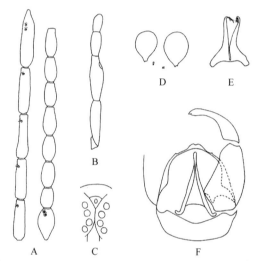

图 5-70　标翅库蠓 Culicoides (Avaritia) insignipennis Macfie, 1937（仿自虞以新等，2005）
A. 触角；B. 触须；C. 复眼；D. 受精囊；E. 阳基侧突；F.♂尾器

（217）明边库蠓 Culicoides (Trithecoides) matsuzawai Tokunaga, 1950（图 5-71）

Culicoides matsuzawai Tokunaga, 1950: 64.

Culicoides (Trithecoides) matsuzawai: Lee, 1988: 82.

　　特征：雌虫翅长 0.96 mm，宽 0.45 mm。头部两复眼相连接，小眼面间无柔毛。触角鞭节各节的相对比长为 18：16：16：18：18：18：17：17：23：22：26：28：41，AR 1.01，触角嗅觉器见于第 3、第 13–15 节。触须 5 节的相对比长为 6：19：14：7：10，第 3 节稍粗大，感觉器分散在节近端部 1/3，PR 2.33。唇基片鬃每侧 1 根，大颚齿 10 枚以上。胸部盾板、小盾片淡黄色。翅面有淡斑、暗斑，翅基淡斑形状不甚规则，向后延伸至臀室基部，径 1 室基部 1/3 和径 2 室端部 1/3 分别被径中淡斑和径端淡斑覆盖，径 5 室端部有小的近三角形淡斑，并与中 1 室端部的淡斑连接呈弧形；中 2 室中部和端部各有 1 个淡斑；中 4 室和臀室各有 1 个淡斑。翅面大毛见于近端部 1/4，基室无大毛，CR 0.69。后足胫节端鬃 4 根，第 2 根最长，梳齿约 22 根。腹部受精囊 3 个（22.5 μm×21.0 μm，35.0 μm×30.0 μm，22.5 μm×21.0 μm），均发达，中部的 1 个大，两侧的 1 对较小，等大。雄虫第 5 径室端部和中 1 室端部的淡斑连接呈弧形。尾器第 9 腹板短而宽，后缘有宽的浅凹，整个腹板似舟状。第 9 背板后缘中部凹陷浅，在凹陷两侧有 1 对突起，第 9 背板后缘的突起短而钝，两侧突发达。抱器基节长，背踝发达，呈指状，腹踝几无；抱器端节细长，近端部 1/2 明显弯细并向内侧弯曲。阳茎中叶锥状，末端钝圆，两侧叶分开较宽，阳茎拱近弓形。阳基侧突基部分离，中部较粗并靠近，端部细，末端尖并弯曲。

分布：浙江（景宁）、辽宁、安徽、江西、福建、台湾、广东、广西、云南；俄罗斯，日本。

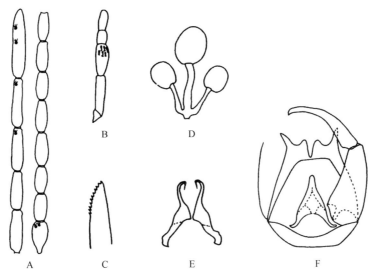

图 5-71　明边库蠓 *Culicoides* (*Trithecoides*) *matsuzawai* Tokunaga, 1950（仿自虞以新等，2005）
A. 触角；B. 触须；C. 大颚；D. 受精囊；E. 阳基侧突；F.♂尾器

（218）雅美库蠓 *Culicoides* (*Avaritia*) *yamii* Lien, Lin *et* Weng, 1998（图 5-72）

Culicoides (*Avaritia*) *yamii* Lien, Lin *et* Weng, 1998: 57.

特征：雄虫翅长，翅径中淡斑抵翅前缘，覆盖径 1 室基部和径中横脉。尾器第 9 腹板后缘中部凹陷呈深的弧形；第 9 背板后缘无丘状突起，无侧突。抱器基节粗壮，背踝矩刺形，腹踝短刺状；抱器端节稍向内侧弯曲。阳茎中叶高，中部背甲形，端部长，略超过第 9 背板的后缘，阳茎拱高为阳茎中叶总长的 1/3。阳基侧突基部呈线形愈合，中部稍粗，端部明显细，有细分枝。

分布：浙江（景宁）、台湾。

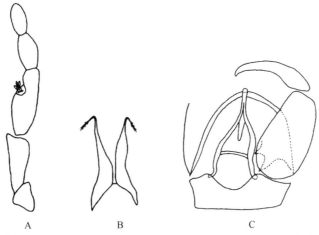

图 5-72　雅美库蠓 *Culicoides* (*Avaritia*) *yamii* Lien, Lin *et* Weng, 1998（仿自虞以新等，2005）
A. 触须；B. 阳基侧突；C.♂尾器

须蠓族 Palpomyiini

主要特征：体细长或背腹扁平。触角短，轮毛稀疏。触须细，第 3 节无感觉器窝。雌虫大颚齿粗，有 10–20 枚。中胸背板前沿常有突起。翅无大毛。前缘脉超过翅长 3/4，有 1 个或 2 个径室，中脉无柄叉，中 2 脉完整。足无长刺，股节常有棘刺，或有尖刺状鬃，雌虫爪等长，常有内基齿，雌虫腹部有背腺和背腺杆，1 个或 2 个受精囊。雄虫尾器变化多，第 9 背板通常短而尾须突出。

分布：世界广布，已知 560 余种，中国记录 80 余种，浙江分布 2 种。

64. 须蠓属 *Palpomyia* Meigen, 1818

Palpomyia Meigen, 1818: 82. Type species: *Ceratopogon flavipes* Meigen, 1804 (monotypy).

Apogon Rondani, 1856: 175. Type species: *Ceratopogon hortulanus* Meigen, 1818 (by original designation) [= *Ceratopogon flavipes* Meigen].

Palpomyia: Yu *et al.*, 2005: 1572.

主要特征：中型至大型蠓类。复眼相距较宽，小眼面间无柔毛。触角鞭节各节有毛状感觉器，雌虫触角端部 5 节延长，雄虫触角端部 3 节延长；各短节呈卵形。触须 5 节，第 3 节无感觉器窝，但有散在的感觉器。大颚齿粗大。胸背有毛，常在前沿有一小尖突或瘤状突。翅透明或微暗，翅面只有微毛，无大毛；2 个径室，前缘脉达翅前缘的 2/3 或更长，但不抵及翅端；中脉叉无柄。各足细长；前足股节纤细或粗壮，常多棘刺，中足、后足股节较细，有刺；第 4 跗节心形或裂叶形；第 5 跗节无棘，或腹面有 2 行粗刺；爪内基齿有或无。雌虫腹部有成对的可外翻腺体和背腺杆；受精囊 2 个，偶有 3 个；第 8 腹板后缘分裂，第 9 腹板有前突，第 10 腹板有 3 对或较多长鬃。雄虫尾器阳茎中叶圆钝或三角形，腹面常有刺突；阳基侧突愈合或分离，基臂发达。

分布：世界广布，已知 277 种，中国记录 33 种，浙江分布 2 种。

分种检索表

雌虫

1. 小盾片粗鬃 4 根，腹部有背腺杆 4 对 ·· 弯胫须蠓 *P. arcutibia*
- 小盾片粗鬃 5 根，腹部有背腺杆 3 对 ··· 褐足须蠓 *P. rufipes*

雄虫

1. 小盾片粗鬃 5 根，各足胫节黄色，端部褐色 ··· 褐足须蠓 *P. rufipes*
- 小盾片粗鬃 4 根，前足除膝关节处褐色外皆为黄色 ································· 弯胫须蠓 *P. arcutibia*

（219）弯胫须蠓 *Palpomyia arcutibia* Yu, 2005（图 5-73）

Palpomyia arcutibia Yu, 2005: 1578.

特征：雌虫翅长 2.17 mm，宽 0.71 mm。头部两复眼间额部有 1 根长鬃，触角细长，第 3–9 节基部 3/4 浅色，端 1/4 深色，第 10–15 节全为深棕色，鞭节各节相对比长为 42：23：23：21：21：21：21：25：56：55：58：60：72，AR 1.53。触须 5 节，各节相对比长为 10：15：30：20：22。大颚有齿 7–8 枚。胸部一致棕红色，小盾片粗鬃 4 根。翅色微暗，无大毛，2 个径室，第 2 径室约为第 1 径室长的 2.5 倍，CR 0.77。各足一致黄色或棕黄色，各足股节端部至膝关节为棕褐色，胫节棕黄色，端部褐色。前足股节显著粗肿，腹侧有棘刺，大小长短不等，共约 19 枚。后足胫节端鬃 6 根。腹部棕色，有 4 对背腺杆，分别着生于 4、

5、6、7 腹节，2 个受精囊（45.0 μm×40.0 μm，47.5 μm×47.5 μm），球形，约等大，有短颈，另有一退化小囊。雄虫翅长 1.32 mm，宽 0.41 mm。基本特征与雌虫同，各足色泽淡，前足股节腹侧棘刺数较少，仅有 7–8 枚。腹部浅棕色，尾器短小，抱器基节内侧端部突出，端节略短于基节。阳茎中叶窄短，似等边三角形，阳基侧突碑状，端部钝圆。

　　分布：浙江（临安）、湖北。

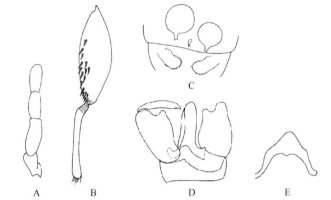

图 5-73　弯胫须蠓 *Palpomyia arcutibia* Yu, 2005（仿自虞以新等，2005）
A. 触须；B. 前足；C.♀尾器；D.♂尾器 ；E. 阳茎中叶

（220）褐足须蠓 *Palpomyia rufipes* (Meigen, 1818)（图 5-74）

Ceratopogon rufipes Meigen, 1818: 81.

Palpomyia rufipes: Yu et al., 2005: 1601.

　　特征：雌虫翅长 1.71 mm，宽 0.64 mm。头部两复眼间额部有 1 根长鬃，触角根节各短节基部 4/5 淡色，端部 1/5 深棕色，5 个长节全部深棕色，各节相对比长为 30：17：17：17：16：16：16：20：33：36：37：38：54，AR 1.33，触须 5 节，第 3 节短，内侧近端处有一浅凹，数枚感觉器聚生于此，各节相对比长为 8：17：18：12：19。大颚有 7 枚发达齿，3 枚芒状小齿。胸部红棕色，多柔毛，小盾片有粗鬃 5 根。翅微暗，无大毛，2 个径室，第 2 径室约为第 1 径室长的 2 倍，CR 0.81。各足胫节黄色，端部褐色。前足股节明显粗肿，有棘刺 10–13 枚。后足胫节端鬃 7 根。各足跗节第 1、第 2 节色浅，第 3–5 节色深。爪等长，有短小基齿。腹部浅棕色，有 3 对细短背腺杆，分别由第 5、第 6、第 7 腹节伸出。2 个受精囊略不等大（42.5 μm×32.5 μm，40.0 μm×30.0 μm），另有 1 个退化小囊。雄虫翅长 2.27 mm，宽 0.74 mm。基本特征与雌虫同，但体型较大，CR 0.76，除前足股节有 10 余枚棘刺外，后足股节近端部也有 1 枚棘刺，后

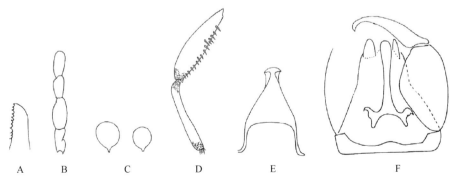

图 5-74　褐足须蠓 *Palpomyia rufipes* (Meigen, 1818)（仿自虞以新等，2005）
A. 大颚；B. 触须；C. 受精囊；D. 前足；E. 阳茎中叶；F.♂尾器

足胫节基部褐色环很宽，触角鞭节各节相对比长为 43：22：22：21：19：20：21：24：31：36：88：100：117，AR 1.94。触须 5 节，各节相对比长为 10：20：25：17：29。尾器棕色，抱器端节细，约与基节等长，第 9 腹板狭窄。阳茎中叶近似三角形，端部蘑菇状，阳基侧突中突细，端部圆钝。

分布：浙江（临安）、西藏；俄罗斯，法国，匈牙利，克罗地亚。

蠓族 Ceratopogonini

主要特征：离眼式，触角第 3 节通常有嗅觉器；触须通常 5 节，第 3 节感觉器窝有或无。雌虫大颚齿发达，适于捕食。胸背肩窝有或无。翅长有色斑，微毛多，而大毛稀疏或无；通常有 2 个径室，也可能 1 个或 2 个都退化；前缘脉为翅长的 6/10–7/10，有中叉柄，中 2 脉常不完整，基段缺。足变化较多，常有 1 对或 2 对腿粗肿，股节可有棘刺，后足第 1 跗节有梳状鬃列，第 5 跗节很少腹面有棘刺。雌虫爪长，常不等长，雄虫爪小而等长。雌虫腹部短粗，有 1–3 个受精囊。雄虫尾器变化多，通常短粗；阳茎中叶有小的端突，阳基侧突分离。

分布：世界广布，已知 1046 种，中国记录 188 种，浙江分布 9 种。

蠓族分属检索表

1. 第 1 径室退化，第 2 径室存在，雌虫爪不等长 ···阿蠓属 *Alluaudomyia*
- 翅有 2 个明显的径室 ··· 2
2. 后足 1 根长爪有一根基齿，雄虫阳基中叶由上下两部分组成 ···············埃蠓属 *Allohelea*
- 雄虫阳茎中叶和阳基侧突都分离成两片，雌虫各足爪不等长 ·············柱蠓属 *Stilobezzia*

65. 柱蠓属 *Stilobezzia* Kieffer, 1911

Stilobezzia Kieffer, 1911: 118. Type species: *Stilobezzia festiva* Kieffer, 1911 (by original designation).

Hartomyia Malloch, 1915: 339. Type species: *Ceratopogon pictus* (Coquillett, 1905) (by original designation) [= *Stilobezzia coquilletti* Kieffer, 1917].

Stilobezzia: Yu *et al.*, 2005: 1444.

主要特征：两复眼相离，小眼面间无柔毛或偶见有毛。触角细长；雌虫端部 5 节延长，雄虫端部 3 节延长，轮毛发达。触须 5 节，第 3 节有小的感觉器窝，胸有或无纹饰，肩窝不明显；前沿偶有突起。足细长，股节通常无棘刺，少数前足股节腹面有刺；跗节 1–2 节有成行的栅状鬃；第 4 跗节心形或分叶，叶端有时有刺；雌虫第 5 跗节腹面无刺或有刺；雌虫各足爪不等长，或仅 1 根长爪，另有短基齿；雄虫爪通常短小而等长。翅面大毛有或无，2 个径室或仅有第 2 径室；前缘脉可达翅 2/3 处，但不超过第 2 径室；中脉叉常有长柄。雌虫腹部粗壮，偶尔第 1 节细，常有斑纹和鬃，殖下板角化，受精囊 2 个或 1 个。雄虫阳茎中叶和阳基侧突都分离成 2 片。尾器短宽，第 9 背板后缘窄；抱器基节粗壮，常有中突或基突；阳茎中叶膜质，有 1 对角质侧片；阳基侧突通常分离成 2 片较细的叶状。

分布：世界广布，已知 346 种，中国记录 30 种，浙江分布 4 种。

分种检索表

1. 翅面有大毛，或至少在翅端缘有大毛 ·· 2
- 翅面无大毛 ·· 3
2. 小盾片后缘粗鬃 5 根，受精囊卵形，2 个发达受精囊约等大 ···············洛伊柱蠓 *St. (A.) royi*
- 小盾片后缘粗鬃 4 根，受精囊长囊形 ···瘦细柱蠓 *St. (A.) gracilenta*

3. 雌虫受精囊大小显著不等；雄虫阳基侧突直杆状 ………………………………………… **残肢柱蠓 *St. (St.) inermipes***

- 雌虫有 2 个发达受精囊，球形，等大；雄虫阳茎中叶端部宽钝 ………………………… **杂色柱蠓 *St. (St.) festiva***

（221）洛伊柱蠓 *Stilobezzia (Acanthohelea) royi* Das Gupta, Chaudhuri *et* Sanyal, 1971（图 5-75）

Stilobezzia (Neostilobezzia) royi Das Gupta, Chaudhuri *et* Sanyal, 1971: 447.

特征：雌虫翅长 1.36 mm，宽 0.57 mm。头部两复眼相分离，小眼面间无柔毛，复眼间有额缝，缝下有额鬃。触角细长，一致浅棕色，鞭节各节相对比长为 16：11：10：10：11：11：12：12：20：20：19：18：26，AR 1.11。触须 5 节，第 3 节近端部有一浅感觉器窝，各节相对比长为 3：6：9：7：7。大颚端部有齿 8 枚。胸部一致黄色，侧面较背面浅，小盾片粗鬃 5 根。翅淡而无斑，端部近边缘处有大毛，2 个径室发达，第 2 径室约为第 1 径室长的 2 倍。各足一致淡黄色，无任何斑纹。各足第 5 跗节无棘刺，各足爪皆为一长枝，另有一短基突，后足胫节端鬃 8 根。腹部黄色，殖下板角化一致，受精囊 2 个，卵形，囊壁无刻点。约等大（50.0 μm×35.0 μm），另有一退化小囊。

分布：浙江（临安）、云南；印度。

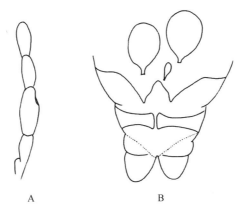

图 5-75 洛伊柱蠓 *Stilobezzia (Acanthohelea) royi* Das Gupta, Chaudhuri *et* Sanyal, 1971（仿自虞以新等，2005）
A. 触须；B. ♀尾器

（222）残肢柱蠓 *Stilobezzia (Stilobezzia) inermipes* Kieffer, 1912（图 5-76）

Stilobezzia (Stilobezzia) inermipes Kieffer, 1912: 8.

特征：雌虫翅长 1.79 mm，宽 0.62 mm。头部两复眼相距约 1.5 个小眼面，有额缝，缝下有 1 根额鬃，缝上每侧有鬃 2 根。触角细长；第 3 节基半淡色，端半褐色，第 4–5 节全褐色，第 6–10 节基部 4/5 淡色，第 11–15 节全褐色；鞭节各节相对比长为 18：13：14：15：18：18：19：19：27：30：31：32：41，AR 1.20。触须 5 节，深褐色，第 3 节端部有一浅凹，有数枚感觉器，各节相对比长为 4：12：18：10：15，唇基片 5 对；大颚端部有齿 7 枚。胸部褐色，背面有浅色带，小盾片粗鬃 4 根，在两侧各有 1 根细鬃。翅色暗，翅前缘有 3 个暗色斑，位于径中横脉。径 1 室很小，恰在径脉（R）分叉处，为暗斑覆盖。径 2 室端部及径 5 室前缘处、各翅脉末端有一深色小斑。各足基节和转节皆棕褐色，其余各节为棕黄色，有褐色环或斑；各足胫节端部皆深褐色。前足股节有 2 个褐色环，分别位于近基部和近端部；中足、后足股节无环。各足胫节近基处有一明显褐色环。各足第 1 跗节皆有 1 枚基刺和 1 枚端刺，除此之外，前足第 1 跗节有中刺 2–3 枚，中足第 1 跗节有中刺 2–3 枚，后足第 1 跗节自基至端有 2 列梳状鬃。第 2、第 3 跗节皆有端刺；第 4 跗节端部深凹分成 2 叶，各叶端部有一刺；第 5 跗节腹面无棘刺，1 根长爪，基部有短基齿。后足胫节后缘有 1 列长鬃，端鬃 7 枚。腹部浅棕色，腹板为 1 对深色窄片，第 8 腹板后缘具两尖突，其后有 1 对角质增厚条；受精囊 2 个（62.5 μm×58.0 μm，45.0 μm×40.0 μm），球形，不相等，另有一退化小囊。

雄虫翅长 1.63 mm，宽 0.51 mm。基本特征与雌虫同。触角各节一致棕色，轮毛长而密。各足色较浅，有褐色环斑但较雌虫淡。各足爪 1 对，短而等长。腹部浅黄色。尾器第 9 背板略显短窄，抱器发达，端节细肘状，阳茎中叶 1 对角质杆窄长，端部尖，端部尖且有附突；阳基侧突直杆状，端部略细而钝。

　　分布：浙江（余姚）、江西、福建、广东、广西；日本，印度，斯里兰卡，新加坡，印度尼西亚，密克罗尼西亚。

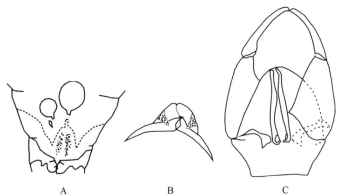

图 5-76　残肢柱蠓 *Stilobezzia (Stilobezzia) inermipes* Kieffer, 1912（仿自虞以新等，2005）

A. ♀尾器；B. 阳茎中叶；C. ♂尾器

（223）瘦细柱蠓 *Stilobezzia (Acanthohelea) gracilenta* Yu et Zou, 2005（图 5-77）

Stilobezzia (Acanthohelea) gracilenta Yu *et* Zou, 2005: 1454.

　　特征：雌虫翅长 1.15 mm，宽 0.43 mm。头部两复眼相距约 1.5 个小眼面，有额缝及额鬃，小眼面间无柔毛，触角细长，棕色，鞭节各节相对比长为 14：7：8：8：7：7：8：10：19：19：20：18：26，AR 1.48。触须 5 节，瘦细，第 3 节端部有一浅而小的感觉器窝，各节相对比长为 7：16：20：10：12，唇基片每侧有鬃 3 根，大颚端部有齿 8 枚。胸部背面深棕色，前沿两侧较浅，小盾片浅色，有粗鬃 4 根。翅有 2 个径室，径脉较粗，近端缘处有大毛。各足一致浅黄色，各足 1 根长爪有短基齿，前足基节近端部有鬃 2 根，后足胫节端鬃 6 根。腹部淡黄色，第 1 腹节背板脊外鬃 4 根。2 个发达受精囊（75.0 μm×45.0 μm，67.5 μm×42.5 μm），不等大，长囊形。殖下板每侧后缘深凹，有一角化深的生殖孔环。雄虫翅长 0.96 mm，宽 0.32 mm。两复眼相接近，小眼面间无柔毛，触角细长，端部 3 节延长，其相对比长为 36：53：58。触须细，第 3 节端部有一小而浅的感觉器窝，胸部、腹部和各足一致淡黄色，爪短而等长，爪端分叉。尾器略显窄长，第 9 背板呈长盾形，抱器端节略短于基节。阳茎中叶 1 对梭状角质片，中部背侧突起。阳基侧突细长，端部纤细。

　　分布：浙江（余姚）、广西。

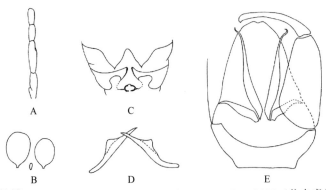

图 5-77　瘦细柱蠓 *Stilobezzia (Acanthohelea) gracilenta* Yu *et* Zou, 2005（仿自虞以新等，2005）

A. 触须；B. 受精囊；C. ♀尾器；D. 阳茎中叶；E. ♂尾器

（224）杂色柱蠓 *Stilobezzia (Stilobezzia) festiva* Kieffer, 1911（图 5-78）

Stilobezzia festiva Kieffer, 1911: 118.

Stilobezzia (Stilobezzia) festiva: Das Gupta *et* Wirth, 1968: 82.

特征：雌虫翅长 1.39 mm，宽 0.50 mm。头部两复眼相距很窄，有额缝及额鬃。触角鞭节各节相对比长为 14：8：8：8：8：8：8：9：19：21：22：24：31，AR 1.65。触须 5 节，第 3 节近端处有数枚感觉器，各节相对比长为 6：15：21：13：22。大颚端部有粗齿 6–7 枚，外侧有细齿 5–7 枚。胸部淡黄色，有褐色条纹，前缘褐色。小盾片浅色，有粗鬃 5–6 根。翅面暗，在径 2 室后方及端缘外侧有 2 个淡色区；3 个暗斑分别位于径中横脉处、径 2 室端缘后侧及径 5 室近翅前缘处；CR 0.68。足淡黄色，各足转节及胫节端部褐色；前足股节和胫节无褐色斑或环；中足和后足股节有褐色斑，胫节基部浅褐色。前足、中足第 5 跗节腹面有 1 对棘刺，后足无。后足股节至跗节的各节相对长度为 91：85：43：24：8：6：14，TR 1.8。后足胫节端鬃 10–12 根。腹部黄色，背板有褐色斑纹，有 2 个球形发达受精囊，约等大，有短颈，另有 1 个退化小囊。雄虫翅长 1.29 mm。基本特征与雌虫相似，腹部背面斑纹比雌虫显著。尾器第 9 背板短宽，抱器基节短粗，踝突足状。阳茎中叶 1 对骨片，基部细，端部宽钝；阳基侧突 1 对骨片较阳茎中叶长，呈镰刀状。

分布：浙江（余姚）、台湾；日本，印度，尼泊尔，泰国，斯里兰卡，马来西亚，印度尼西亚。

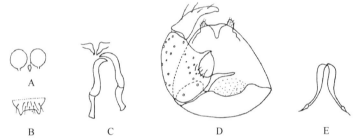

图 5-78　杂色柱蠓 *Stilobezzia (Stilobezzia) festiva* Kieffer, 1911（仿自虞以新等，2005）
A. 受精囊；B. 殖下板；C. 阳基侧突；D. ♂尾器；E. 阳茎中叶

66. 埃蠓属 *Allohelea* Kieffer, 1917

Allohelea Kieffer, 1917: 364. Type species: *Sphaeromias pulchripennis* Kieffer, 1911 (by original designation).

Allohelea: Yu *et al.*, 2005: 1327.

特征：两复眼相接，小眼面间无柔毛；触角 15 节，雌虫正常，雄虫第 3–12 节愈合，分节不明显，有轮毛。翅有 2 个发达径室，有 3 个大的暗斑由前向后不规则延伸，中脉基部有泡状膨大；足细长，前足和中足爪等长，爪端分叉，雌虫有内、外基齿，雄虫简单；后足 1 根长爪有 1 根基齿。雌虫第 10 腹节腹板有 4–6 对鬃，2 个大致相等的受精囊；雄虫阳基中叶由上下两部分组成。该属种类为捕食性蠓类。

分布：分布于亚洲，世界已知 48 种，中国记录 11 种。本次调查发现浙江该属有 3 种。

分种检索表

1. 中 1 脉与径脉之间 3 个暗斑色深 ··· 非常埃蠓 *Allo. allocota*
- 中 1 脉端部无暗斑 ··· 2
2. 后足股节、胫节为棕褐色，其股节近端处有一淡色环 ································· 环纹埃蠓 *Allo. annulata*
- 前足、中足股节浅棕色，端部色较深暗；胫节棕色。后足股节深棕色，端部黄色 ·········· 丛林埃蠓 *Allo. fruticosa*

（225）环纹埃蠓 *Allohelea annulata* Yu *et* Yan, 2004（图 5-79）

Allohelea annulata Yu *et* Yan, 2004: 37.

　　特征：雌虫翅长 1.02 mm，宽 0.36 mm。头部两复眼间距约 1 个小眼面宽，有额鬃，小眼面间无柔毛。触角围角片内侧有鬃 3 根，短节色浅，长节色深，鞭节各节相对比长为 21：12：12：14：13：15：15：15：25：26：27：25：33，AR 1.16。触须 5 节，第 3 节中部膨大，有一圆形感觉器窝，各节相对比长为 5：11：21：15：23。大颚端部有齿 9 枚。胸部棕褐色，小盾片棕黄色，有粗鬃 4 根。翅沿中脉与径脉间有 4 个暗斑，除端部小暗斑外，其余 3 块均覆及径脉，径中横脉处暗斑扩延至翅后缘；中脉基部呈泡状膨大。各足膝关节淡色。前足和中足的股节、胫节为棕黄色，股节端部为深棕色；后足股节、胫节为棕褐色，其股节近端处有一淡色环；各足跗节 1–3 节皆有端刺，以后足端刺最粗长；后足第 4 跗节近端处腹面有长鬃 2 根。前足和中足爪 1 对，爪等长，且内、外有基齿；后足 1 根长爪，有短基齿。腹部棕色，2 个受精囊不等大（57.5 μm×42.5 μm，42.5 μm×40.0 μm），有短颈，另有一退化小囊。雄虫翅长 1.14 mm，宽 0.31 mm。头部基本特征和色泽与雌虫相同。触角端部 3 节显著延长，末 5 节的相对比长为 11：22：40：34：38，AR 1.02。前足、中足爪短小，后足爪与雌虫同。尾器较短小，第 9 背板后缘略凹，有侧突，但较短小；第 9 腹板窄。抱器端节肘状，端部圆钝。阳茎中叶碑状，端部窄长如碑体，基片短宽如碑座。阳基侧突基部相连，端部分离，长而向外侧弯曲，每侧各有一短侧枝，也向外侧弯曲。

　　分布：浙江（临安）、福建、广东。

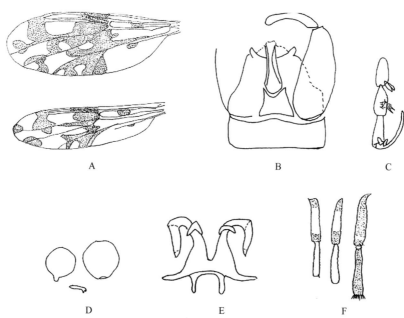

　　图 5-79　环纹埃蠓 *Allohelea annulata* Yu *et* Yan, 2004（仿自虞以新等，2005）
A. 翅；B. ♂尾器；C. 爪；D. 受精囊；E. 阳基侧突；F. 胫节

（226）非常埃蠓 *Allohelea allocota* Yu *et* Zhang, 2005（图 5-80）

Allohelea allocota Yu *et* Zhang, 2005: 1329.

　　特征：雌虫翅长 1.23 mm，宽 0.5 mm。头部复眼相接，有额鬃，小眼面间无柔毛。触角围角片内侧有鬃 3 根，鞭节各节相对比长为 20：12：14：15：15：16：17：17：24：25：27：25：34，AR 1.07。触须 5 节，第 3 节短粗，有感觉器窝，各节相对比长为 7：12：17：13：23。大颚齿 9 枚。胸部棕褐色，小盾片有粗鬃6根。翅无大毛，中1脉与径脉之间3个暗斑色深，中脉干基部泡状膨大。各足股节和胫节为棕色，以后足色最深；各足股节在近端部1/3处有浅色环，以后足最明显。各足跗节皆淡黄色，后足跗节1–3节有长端刺，第4跗节有1对长腹刺。前足、中足爪发达、等长并有内外基齿突；后足1根长爪，有1个短基齿。尾器侧面观明显可见阳茎中叶端片与基片皆各有侧突。阳基侧突每侧各有细尖而弯的侧突。

　　分布：浙江（景宁）、西藏。

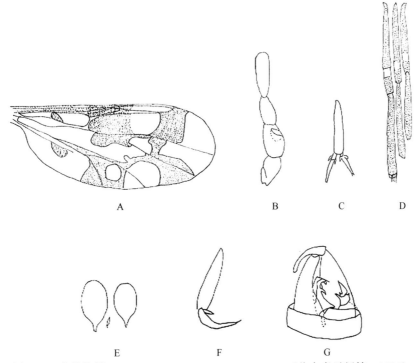

图 5-80　非常埃蠓 *Allohelea allocota* Yu *et* Zhang, 2005（仿自虞以新等，2005）
A. 翅；B. 触须；C.雌虫爪；D. 胫节；E. 受精囊；F.♂爪；G.♂尾器

（227）丛林埃蠓 *Allohelea fruticosa* Yan *et* Yu, 1996（图 5-81）

Allohelea fruticosa Yan *et* Yu, 1996: 359.

　　特征：雌虫翅长1.3 mm，宽0.5 mm。头部两复眼间有1根额鬃，小眼面间无柔毛。触角各节相对比长为21：15：15：17：16：16：17：18：19：28：28：27：28，AR 0.91。触须5节，第3节近端部有一小感觉器窝，各节相对比长为3：12：21：11：17。大颚端部有齿9枚。胸部褐色，小盾片有粗鬃4根。翅面暗斑蔓延，径脉和中脉相连暗斑有3块，以基部暗斑最小，近翅端又有一小暗斑；中脉基段泡状膨大。前足、中足股节浅棕色，端部色较深暗；胫节棕色。后足股节深棕色，端部黄色；胫节深棕色。前足第1跗节有较短小的基刺、端刺及1根中刺。中足第1跗节背侧有1列细刺约14根，第2、第3跗节各有端刺1根。后足第1跗节在基刺、端刺之间有1列梳状鬃，第2、第3跗节各有粗端刺1根。前足、中足爪等长，各有内、外基齿。后足爪1根，细长，有一短基齿。腹部棕色，第1腹节背板脊外鬃2根，2个受精囊略等大。

　　分布：浙江（余姚）、海南。

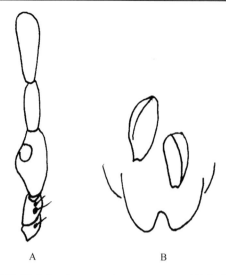

图 5-81　丛林埃蠓 *Allohelea fruticosa* Yan *et* Yu, 1996（仿自虞以新等，2005）
A. 触须；B. 受精囊

67. 阿蠓属 *Alluaudomyia* Kieffer, 1913

Alluaudomyia Kieffer, 1913: 12. Type species: *Alluaudomyia imparunguis* Kieffer, 1913 (monotypy).
Alluaudomyia: Yu *et al.*, 2005: 1344.

　　主要特征：中型、小型蠓类。两复眼相接或相距甚宽，小眼面间柔毛有或无；触角鞭节端部 5 节延长；雄虫有轮毛；触须 5 节，第 3 节细长，有小的感觉器窝。胸背无突无刺；翅面有大毛无微毛，有深色斑，第 1 径室不发达或退化，第 2 径室发达；足细长多毛，雌虫爪不等长，无基突。受精囊 1–2 个；雄虫尾器特化，第 9 背板通常较长，有发达的后缘侧突；抱器基节和端节简单；阳茎中叶弓状，有端突；阳基侧突分离，形态因种而异。

　　分布：分布于亚洲、非洲。世界已知 180 余种，中国记录 28 种。本次调查发现浙江该属有 2 种。

（228）五黑阿蠓 *Alluaudomyia quinquepicina* Yu *et* Zhang, 2005（图 5-82）

Alluaudomyia quinquepicina Yu *et* Zhang, 2005: 1361.

　　特征：雌虫翅长 1.08 mm，宽 0.48 mm。头部两复眼相距 1.5–2 个小眼面，小眼面间无柔毛；无额缝，有额鬃。触角色泽一致，鞭节各节相对比长为 17：12：13：14：14：13：13：15：18：21：23：24：28，AR 1.03。触须 5 节，第 3 节端部环布一圈感觉器，各节相对比长为 5：15：13：11：16。大颚有齿近 20 枚，端部 9 枚大而尖，而后逐次细弱。胸部浅棕色，两肩淡色，毛基有褐色圆斑。翅面除端缘有少数大毛外，各翅室无大毛；除翅基部外，翅面有大小暗斑 17 块，约 5 块一撮，如径中横脉外侧径 5 室内共有 5 块暗斑。足棕褐色，各足股节有近端白环，胫节有近基白环和近端白环，以后足白环较宽。后足胫节端鬃 7 根。各足爪不等长，以后足爪长、短相差悬殊。腹部黄色，无显著斑纹，第 8 腹节背板角化深，并向腹面延伸，覆盖住腹板；殖下板窄。受精囊 1 个，球形。

　　分布：浙江（余姚）、四川。

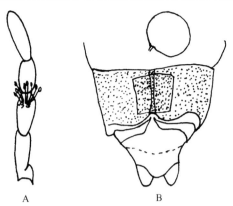

图 5-82　五黑阿蠓 *Alluaudomyia quinquepicina* Yu *et* Zhang, 2005（仿自虞以新等，2005）

A. 触须；B. ♀尾器

（229）暗臀阿蠓 *Alluaudomyia undecimpunctata* Tokunaga, 1940（图 5-83）

Alluaudomyia undecimpunctata Tokunaga, 1940: 257.

特征：雄虫翅长 0.83 mm，宽 0.33 mm。头部两复眼相接近，小眼面间无柔毛。触角细长，轮毛不发达，鞭节各节相对比长为 32∶12∶12∶12∶11∶11∶11∶11∶12∶17∶25∶25∶30，AR 0.97。触须 5 节，各节相对比长为 7∶11∶13∶11∶16。胸部棕褐色，两肩浅色。翅前缘端部有少数大毛，其他各翅室均无大毛；翅面除翅基、臀缘及翅脉的暗色斑条外，有独立暗斑大、小共 10 块。翅基暗斑至肘臀室臀缘。各足棕色，有明显的白环；各足股节均有近端白环，胫节有基白环与端白环；各跗节均为淡色。各足爪短小约等长。后足胫节端鬃 5 根。尾器第 9 背板后缘圆弧形，无侧突，第 9 腹板后缘浅凹。阳茎中叶端突钝，阳基侧突窄长，端部尖细，向外侧稍弯，近端外侧各有一弯而狭窄附突。

分布：浙江（景宁）、湖北、江西、台湾、广西、四川；日本。

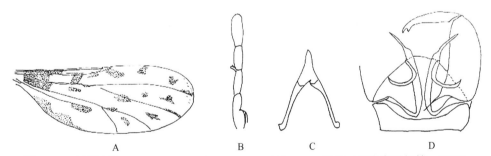

图 5-83　暗臀阿蠓 *Alluaudomyia undecimpunctata* Tokunaga, 1940（仿自虞以新等，2005）

A. 翅；B. 触须；C. 阳茎中叶；D. ♂尾器

第六章　摇蚊总科 Chironomoidea

十三、摇蚊科 Chironomidae

摇蚊科昆虫隶属于双翅目长角亚目，与蠓、蚋和奇蚋三科昆虫近缘并形成一个单系群，共同构成摇蚊总科。本科可借助成虫期口器退化这一衍征与其他邻近类群进行明显区分，故摇蚊又有"不咬人的蠓虫"（non-biting midges）之称。摇蚊的中文名称源于其成虫静止时前足向前伸出并且不停摇摆的行为。

主要特征：体小到大型。体色多变，可有白色、黄绿色、黑色等，一些种类可有鲜明的色斑。复眼卵形或肾形，复眼间具微毛或缺，无单眼。触角柄节退化，梗节发达，球状；鞭节丝状，雌雄二型，雄成虫触角 6–15 鞭节，密布羽状长环毛；雌成虫触角仅具少量环毛，鞭节数少，常为 4–7 鞭节，偶有 10–15 鞭节者。成虫口器基本退化，上唇由一对肉质叶组成，不具上颚。胸部背部略隆起，前胸很小，前胸背板呈窄领状；中胸发达，盾片上常具大而显著的色带，盾片上着生的中鬃、背中鬃和翅上鬃等刚毛的有无、形态和数目的变化为重要的分类特征；小盾片常为半球形，后盾片发达无毛，通常在中部具一条纵沟。雄成虫翅狭长，雌成虫翅略宽短；静止时平伏于腹部之上，翅常透明，或具色斑，翅面生细毛、大毛或无毛。翅脉少，最多 7 条可达翅缘；C 脉常终止或到达翅端部；R 脉常 2 或 3 分叉，M 脉 2 分叉，Cu_1 脉可到达翅缘。胸足细而长，其中前足最长，后足次之，中足最短；前足跗节短于胫节（摇蚊亚科除外）；第 1 跗节长于第 2 跗节；爪尖或齿状；爪垫存在或缺失。除生殖体节外，雄成虫腹部具 8 节，雌成虫具 7 节；雄性生殖节末端常具肛尖；抱器基节和端节发达，常具附器。

生物学：摇蚊幼虫可生活在各种淡水水体，少数种类陆生或海生，有一种摇蚊可以在完全干燥环境下长期休眠生存，遇水后可以复活，被称为"沉睡摇蚊"（sleeping chironomid）。摇蚊科昆虫是种类最多、分布最广、密度和生物量最大的淡水底栖动物类群之一，常作为重要的水生态健康评估的指示生物。

分布：摇蚊科广泛分布在全球各大生物地理分布区。世界已知 11 亚科 6300 余种，中国已记录 7 亚科 146 属 828 种，浙江分布 6 亚科 72 属 189 种。

分亚科检索表

1. 翅具 MCu 脉 ·· 2
- 翅无 MCu 脉 ·· 4
2. 具 R_{2+3} 脉；若缺，则 R_1 脉和 R_{4+5} 脉紧密靠近 ·· 3
- 无 R_{2+3} 脉；R_1 脉和 R_{4+5} 脉之间的距离宽 ···························· **寡脉摇蚊亚科 Podonominae**
3. R_{2+3} 脉常分支；若退化或缺失，则翅面覆毛 ······························ **长足摇蚊亚科 Tanypodinae**
- R_{2+3} 脉退化；翅面无毛或至多在远端 1/2 处有少数毛 ················ **寡角摇蚊亚科 Diamesinae**
4. 前胸背板侧叶分离；前基节膨大；第 4 跗节心形；第 5 跗节偶三裂；R_{2+3} 脉缺失 ········ **滨海摇蚊亚科 Telmatogetoninae**
- 不同上述。第 5 跗节绝不三裂 ·· 5
5. 抱器端节与基节愈合，前足第 1 跗节比胫节长；抱器端节可动或前足第 1 跗节等于或稍短于胫节，则后足具愈合的胫栉 ·· **摇蚊亚科 Chironominae**
- 抱器端节可动且常折于抱器基节内面，前足第 1 跗节短于胫节；后足胫栉若存在，则为分离的棘刺 ·· **直突摇蚊亚科 Orthocladiinae**

（一）滨海摇蚊亚科 Telmatogetoninae

主要特征（雄成虫）：体小到大型。触角羽状刚毛退化，触角比低，小于0.3。眼裸露无毛，没有背中突。前胸背板短，近三角形，中部愈合或具分离，前胸背板鬃分布在前胸背板或侧方。中鬃缺失（*Telmatogeton*）或存在（*Thalassomya*）；背中鬃大量存在；翅前鬃存在；小盾片鬃多列；前前侧片鬃偶存在。翅在个别种中退化，翅膜区具大毛或缺失。臀角发达。前缘脉超过R_{4+5}脉，亚前缘脉明显存在，MCu脉缺失，R_{2+3}脉彻底消失，R_{4+5}脉到达翅端部；Cu_1脉强烈弯曲；FCu离RM有一段距离。腋瓣具缘毛。前足具1胫距，中后足具1–2胫距；胫栉缺失。毛型感器存在于第2、第3跗节。第4跗节心形。具爪垫。生殖节第9背板无肛尖。抱器基节宽大，密覆刚毛，背中叶存在或缺失。抱器端节变化大，但无抱器端棘。

分布：全北区。

68. 滨海摇蚊属 *Telmatogeton* Schiner, 1866

Telmatogeton Schiner, 1866: 931. Type species: *Telmatogeton sanctipauli* Schiner, 1866.

主要特征：体小到大型。触角少于6鞭节，刚毛退化或缺失。胸部鬃毛退化；中鬃缺失；背中鬃位于中、后盾片；翅前鬃不延伸至肩陷区域；前前侧片裸露。翅膜区具刻点；前缘脉、R_1和R_{4+5}脉有小刚毛。足爪发达。抱器基节无突起；抱器端节中部宽大，但无抱器端棘。

分布：全北区。世界已知8种，中国记录1种，浙江分布1种。

（230）日本滨海摇蚊 *Telmatogeton japonicus* Tokunaga, 1933（图 6-1）

Telmatogeton japonicus Tokunaga, 1933: 95.

特征（雄成虫）：体长2.9–4.3 mm。体黑色。触角退化，6鞭节，毛稀疏；触角比值低。R、R_1和R_{4+5}脉有小刚毛。翅臀角发达。前足具1个胫距，中后足分别具两个胫距，第3、第4跗节有时心形；LR_1 0.52。腹部发生60°–85°扭转。生殖节无长毛，但密布小微毛，附器退化。抱器端节可转动，无抱器端棘。

分布：浙江（舟山）、山东；日本，波罗的海，美国。

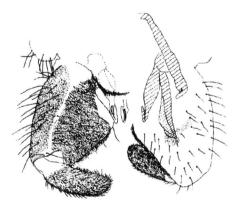

图 6-1　日本滨海摇蚊 *Telmatogeton japonicus* Tokunaga, 1933（仿自 Cranston, 1989）
♂生殖节

（二）寡脉摇蚊亚科 Podonominae

主要特征（雄成虫）：体小到中型，多为褐色或黑色。触角一般14鞭节（偶具15鞭节）。顶鬃和眶后鬃发达。一般存在中鬃、翅前鬃和翅上鬃，在少数种类中也存在上前侧片鬃。翅表面存在或缺少刚毛，臀角不发达。C脉长，且其末端到达翅顶，有时甚至会超过翅端。R$_{2+3}$脉完全缺失，R$_{4+5}$脉在远离M$_{3+4}$脉的末端终止，并且使R$_1$脉和C脉之间距离较远。MCu脉一般显著，但有时并不明显；在大多数种类中，FCu位于RM脉的上方，或在RM脉的基部。翅瓣常具刚毛。腋瓣上常具刚毛。爪间突分叉。生殖节为显著的异质型，但共同的特征是非常发达的第9节背板与腹板的连接，进而形成一个连续的环状。在一些种类的第9节背板上存在特殊结构，即2个小的透明叶，它们可能是第9生殖基节最初的形态。肛尖仅存在于拉孜摇蚊属中。腹内生殖突为一个简单的拱形，并无前端突起。阳茎内突长短不一，一般长达距抱器基节末端1/2处。生殖节附器发育程度不同，大多为与背基部近垂直的叶状附器，而在大多数种类中，不存在生殖节附器。

分布：全球广布。

69. 近北摇蚊属 *Paraboreochlus* Thienemann, 1939

Paraboreochlus Thienemann, 1939: 166. Type species: *Tanypus minutissimus* Strobl, 1894.

主要特征：体小到中型，翅长1.3–1.4 mm。复眼裸露，具发达背中突，下唇须短小。前胸背板具4–5根侧毛及2–4根毛于中部。后背板具毛。翅膜区上密布大毛，C脉延伸至翅端；R$_1$脉短；FCu与MCu稍收回，后者至M脉距离即RM脉长度；Cu$_1$脉在远端明显弯曲。中足、后足分别具2胫距。前足比0.46–0.48。爪有2–3刺。第9背板腹内结构复杂。生殖节附器有一个前突的瘦长弯曲的且具一些粗壮刚毛的小叶和一个后端凸起的小叶。抱器端节基部隆起。

分布：古北区、东洋区。世界已知3种，中国记录1种，浙江分布1种。

（231）冲绳近北摇蚊 *Paraboreochlus okinawanus* Kobayshi *et* Kuranishi, 1999（图6-2）

Paraboreochlus okinawanus Kobayshi *et* Kuranishi, 1999: 602.

特征（雄成虫）：触角比0.64，第13、第14鞭节完全分离；6根内顶鬃，4根外顶鬃，2根眶后鬃；眼具背中突；下唇须第2、第3节愈合。前缘脉延伸103 μm；R脉30根；R$_1$脉17根；R$_{4+5}$脉55根；M脉15根；Cu脉14根；腋瓣14根毛。臀角不发达。前胸背板具7根侧鬃，无背鬃；背中鬃29根；中鬃15根；翅前鬃13根；小盾片鬃10根。后足胫栉5根。生殖节第9背板具33粗壮刚毛，侧板具2刚毛。抱器基节直，具8长刚毛。下附器大，弯曲，具8根基刚毛及3根刺于端部。抱器端节基部肿大，具抱器端棘。阳茎内突中间部分直，杆状，两侧端部弓状。

分布：浙江（临安）；俄罗斯（远东地区），日本。

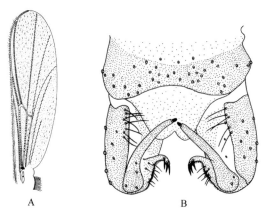

图6-2　冲绳近北摇蚊 *Paraboreochlus okinawanus* Kobayshi *et* Kuranishi, 1999（仿自 Lin *et al.*, 2013）

A. 翅；B. ♂生殖节

（三）长足摇蚊亚科 Tanypondinae

主要特征： 翅膜区覆大量大毛。C脉超过或不超过R_{4+5}脉，具有MCu脉和R_{2+3}脉，R_{2+3}脉常常分支为R_2和R_3脉，翅常具色斑；臀角常发达，腋瓣具大量缘毛。复眼多裸露，具背中突，颊毛单列或多列，下唇须常为5节，倒数第二节具大刚毛簇。触角常14鞭节，倒数第1鞭节比倒数第2鞭节短。前胸背板发达，偶具前胸背板鬃。盾片常具明显色斑或色带。中鬃常多列存在。背中鬃存在，不规则排列。前前侧片鬃、上前侧片鬃和后背板鬃存在或缺失。盾片瘤与中胸背疣存在或缺失。足上常具色环。胫栉常出现在后足。胫距有或无侧齿。部分种存在伪胫距。腹部背板覆大毛，常具不同色带，为重要分类依据。生殖节结构简单，常退化，后缘偶突出，后缘刚毛存在或缺失。肛尖常圆锥形。阳茎内突明显，横腹内突前端细尖。抱器端节向内弯曲。

分布： 全球广布（除南极洲）。

分属检索表

1. 足第4跗节心形，短于第5跗节 ·········· 菱跗摇蚊属 *Clinotanypus*
- 足第4跗节圆柱状，长于或稍短于第5跗节 ·········· 2
2. MCu脉位于FCu脉前 ·········· 3
- MCu脉位于FCu脉上方 ·········· 4
3. MCu至FCu脉的间距短于Cu_1脉长的1/3；盾片瘤存在 ·········· 长足摇蚊属 *Tanypus*
- MCu与FCu脉之间距离与Cu_1脉等长 ·········· 前突摇蚊属 *Procladius*
4. 前缘脉超出R_{4+5}脉的距离至少与RM脉等长；具后背板鬃 ·········· 大粗腹摇蚊属 *Macropelopia*
- 前缘脉不超出R_{4+5}脉或超过R_{4+5}脉的距离短于RM脉长；无后背板鬃 ·········· 5
5. 胫节具3个或4个明显的黑色环；抱器端棘匙形 ·········· 无突摇蚊属 *Ablabesmyia*
- 胫节单色或仅具一黑环；抱器端棘不同 ·········· 6
6. 无生殖节附器 ·········· 7
- 有生殖节附器 ·········· 流粗腹摇蚊属 *Rheopelopia*
7. 复眼具毛 ·········· 尼罗长足摇蚊属 *Nilotanypus*
- 复眼光裸 ·········· 8
8. 前缘脉末端超过、位于M_{1+2}脉上方或稍前方 ·········· 三叉粗腹摇蚊属 *Trissopelopia*
- 前缘脉末端明显位于M_{1+2}脉前方 ·········· 穴粗腹摇蚊属 *Denopelopia*

70. 无突摇蚊属 *Ablabesmyia* Johannsen, 1905

Ablabesmyia Johannsen, 1905: 135.Type species: *Tipula monilis* Linnaeus, 1758.

主要特征： 体小到中型。触角比1.25–3.6。眼部具背中突。下唇须第3节短于第2节。前胸背板发达，前胸背板鬃、中鬃、背中鬃存在。MCu脉末端到达FCu脉处；R_{2+3}脉并分叉；R_{4+5}脉终止在M_{1+2}脉前方。臀角很发达。足具多个色斑，腿节有1–4个，胫节有3–4个，第1跗节有1–2个，其他跗节有1个。后足存在胫栉。抱器端棘匙形，末端或有亚端部刚毛存在。

分布： 世界广布。世界已知60种左右，中国记录8种，浙江分布2种。

（232）项圈无突摇蚊 *Ablabesmyia monilis* (Linnaeus, 1758)（图 6-3）

Tipula monilis Linnaeus, 1758: 587.

Ablabesmyia monilis: Johannsen, 1907: 400.

特征（雄成虫）：翅具成片色斑，上附器细长，端部变尖；中附器细长，端部略微弯曲，不到上附器长的一半；下附器位置靠上，但未与上附器和中附器相重叠。

分布：浙江广布，中国广布；欧洲，北美洲。

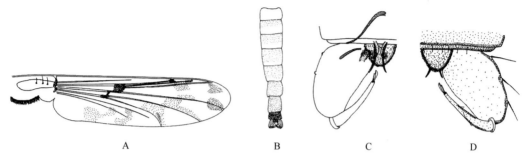

图6-3　项圈无突摇蚊 *Ablabesmyia monilis* (Linnaeus, 1758)（仿自程铭，2009）
A. 翅；B. 腹部；C.♂生殖节，腹面观；D.♂生殖节，背面观

（233）费塔无突摇蚊 *Ablabesmyia phatta* (Egger, 1863)（图6-4）

Tanypus phatta Egger 1863: 1109.

Ablabesmyia phatta: Fittkau, 1962: 433.

特征（雄成虫）：上附器细且直，端部圆钝；中附器细长，端部略弯曲，大于上附器长的一半；下附器位置靠上，几乎与上附器和中附器相重叠。

分布：浙江（临安、泰顺）、辽宁、内蒙古、青海、湖北、贵州、云南、西藏；欧洲。

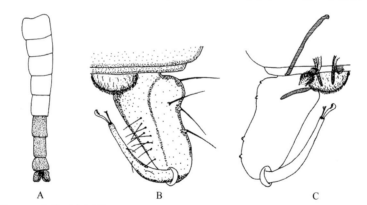

图6-4　费塔无突摇蚊 *Ablabesmyia phatta* (Egger, 1863)（仿自程铭，2009）
A. 腹部；B.♂生殖节，背面观；C.♂生殖节，腹面观

71. 菱跗摇蚊属 *Clinotanypus* Kieffer, 1913

Clinotanypus Kieffer, 1913: 157. Type species: *Procladius fuscosignatus* Kieffer, 1910.

主要特征：体中到大型。触角比 2.5–2.9。前胸背板鬃、中鬃、背中鬃、肩鬃、翅前鬃、前前侧片鬃、上前侧片鬃和后背板鬃存在。盾片瘤缺失。R_2 脉与 R_3 脉不相连；MCu 脉位于 FCu 脉之前。臀角特别发达。中足和后足的第1、第2跗节通常具2个伪胫距。后足有2排胫栉。所有足的第4跗节为心形。肛尖宽，三角形。附器缺失。

分布：世界广布，已知24种左右，中国记录10种，浙江分布2种。

（234）十斑菱跗摇蚊 *Clinotanypus decempunctatus* Tokunaga, 1937（图 6-5）

Clinotanypus decempunctatus Tokunaga, 1937, 62: 23.

　　特征（雄成虫）： 翅具多块色斑。
　　分布： 浙江（庆元）；俄罗斯（远东地区），日本。

图 6-5　十斑菱跗摇蚊 *Clinotanypus decempunctatus* Tokunaga, 1937（仿自 Tokunaga, 1937）
♀翅

（235）微刺菱跗摇蚊 *Clinotanypus microtrichos* Yan *et* Ye, 1977（图 6-6）

Clinotanypus microtrichos Yan *et* Ye, 1977: 191.

　　特征（雄成虫）： 触角比2.70–2.79。胸部底色为深棕色、黑色色斑；腹部第1–5背板底色为黄色，第6–8背板底色为棕色，第2–4和第6背板中部有深色椭圆形的色斑，生殖节棕色；胫节端部深棕色，前足第2–5跗节、中足和后足的第3–5跗节均为深棕色。前胸背板鬃4根，中鬃17根，背中鬃20–22根，翅前鬃12–13根，小盾片鬃10–12根，前前侧片鬃16–18根，后背板鬃4根。中足和后足的第1–3跗节端部各具2个伪距。前足比0.76–0.78。第9背板内凹，两侧各有16–18根刚毛。抱器端节粗壮，基部有突起。
　　分布： 浙江（泰顺）、河北、贵州、云南。

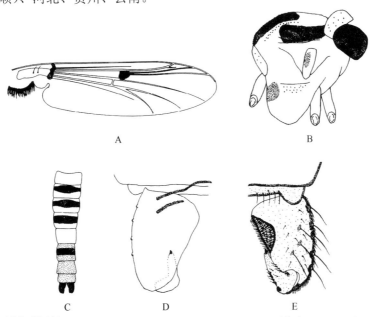

图 6-6　微刺菱跗摇蚊 *Clinotanypus microtrichos* Yan *et* Ye, 1977　（仿自 Cheng and Wang, 2008）
A. 翅；B. 胸；C. 腹部；D. ♂生殖节，腹面观；E. ♂生殖节，背面观

72. 穴粗腹摇蚊属 *Denopelopia* Roback *et* Rutter, 1988

Denopelopia Roback *et* Rutter, 1988:117. Type species: *Denopelopia atria* Roback *et* Rutter, 1988:119.

主要特征：上前侧片、前前侧片和后背板均为棕色。前胸背板具前胸背板鬃。中鬃双列；背中鬃单列。上前侧片鬃、前前侧片鬃和后背板鬃存在。盾片瘤缺失。前缘脉不超过R_{4+5}脉，终止在M_{1+2}脉和M_{3+4}脉之间；R_{2+3}脉存在，R_2脉缺失；RM脉位于MCu脉稍前方；FCu脉位于MCu脉之前。中足、后足胫距半竖琴状。后足具胫栉。第9背板具刚毛。下附器缺失。

分布：世界广布，已知4种，中国记录3种，浙江分布1种。

（236）艾瑞穴粗腹摇蚊 *Denopelopia irioquerea* (Sasa *et* Suzuki, 2000)（图6-7）

Yaequintus irioquerea Sasa *et* Suzuki, 2000: 24.

Denopelopia bractea: Cheng *et* Wang, 2005: 56.

特征（雄成虫）：胸部棕色带有深棕色条纹；腹部全棕，生殖节深棕色；翅无色斑。触角比0.93–0.96。前胸背板鬃2–3根，中鬃14–18根，背中鬃16–18根，翅前鬃6–8根，小盾片鬃11–12根。臀脉具3–5根大刚毛；腋瓣缘毛10–12根；臀角退化。前足胫节端部具2根大的鳞状感觉毛。第9背板后缘有8–10根刚毛。横腹内生殖突长12–16 μm。抱器基节长140–160 μm；抱器端节长95–105 μm，细长有略微弯曲。

分布：浙江（磐安、遂昌）、甘肃、广东、广西、西藏；日本。

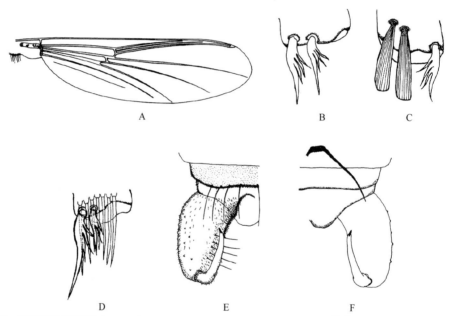

图6-7 艾瑞穴粗腹摇蚊 *Denopelopia irioquerea* (Sasa *et* Suzuki, 2000)（仿自 Cheng and Wang, 2005）
A. 翅；B. 中足胫距；C. 前足胫距；D. 后足胫距及胫栉；E.♂生殖节，背面观；F.♂生殖节，腹面观

73. 大粗腹摇蚊属 *Macropelopia* Thienemann, 1916

Macropelopia Thienemann: 493. Type species: *Isoplastus bimaculatus* Kieffer, 1909 = *Tanypus nebulosus* Meigen, 1804: 23.

主要特征：体大到特大型。触角比1.5–2.5。复眼不具虹彩，有较宽的背中延伸。前胸背板发达，具前胸背板鬃。中鬃双列；背中鬃和翅前鬃多列。前前侧片鬃、上前侧片鬃和后背板鬃存在。盾片瘤和中胸背疣存在。RM脉深色；前缘脉超过R_{4+5}脉；FCu脉位于MCu脉前端；臀角发达。胫距细长，刺状。第9背板后缘多毛。肛尖宽，圆锥形。抱器基节细长。

分布：世界广布，已知14种左右，中国记录6种，浙江分布1种。

（237）诺大粗腹摇蚊 *Macropelopia notata* (Meigen, 1818)（图 6-8）

Tanypus notata Meigen, 1818: 58.

Macropelopia notata: Fittkau, 1962, 6: 122.

　　特征（雄成虫）： 头棕色；胸部几乎全为棕色；腹部第 1–5 背板基部有浅色带状色斑，第 6–8 背板棕色，生殖节棕色；足棕色；翅无色斑，RM 脉棕色；第 9 背板直，后缘有 20 根刚毛；肛尖圆锥形；下附器小。

　　分布： 浙江（泰顺）、辽宁；欧洲。

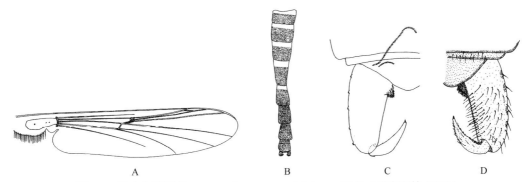

图 6-8　诺大粗腹摇蚊 *Macropelopia notata* (Meigen, 1818)（仿自程铭，2009）
A. 翅；B. 腹部；C. ♂生殖节，腹面观；D. ♂生殖节，背面观

74. 尼罗长足摇蚊属 *Nilotanypus* Kieffer, 1923

Nilotanypus Kieffer, 1923: 191. Type species: *Nilotanypus remotissimus* Kieffer, 1923: 191.

　　主要特征： 体型很小，翅长 1.2–2.0 mm。触角比 0.3–1.0。复眼具毛。中鬃双列；背中鬃前端不规则，后端单列；翅前鬃分 2 组；前前侧片鬃、上前侧片鬃和后背板鬃缺失。盾片瘤和中胸背疣缺失。无翅斑。RM 脉深色且清晰；前缘脉很短，不超过 R_{4+5} 脉，终止在 M_{3+4} 脉之前；R_{2+3} 脉缺失；MCu 脉位于 FCu 脉之前；臀角圆钝。足只有一个胫距；胫距无侧齿，基部有几个纤细的刺。后足胫栉 7–10 根。爪垫缺失。第 9 背板侧面各有 1–3 根刚毛。肛尖很大，圆锥形。下附器缺失。抱器端节细长，抱器端棘很短。阳茎内突短而直，不明显；腹内生殖突末端弯曲。

　　分布： 世界广布，已知 10 种，中国记录 3 种，浙江分布 1 种。

（238）多刺尼罗长足摇蚊 *Nilotanypus polycanthus* Cheng *et* Wang, 2006（图 6-9）

Nilotanypus polycanthus Cheng *et* Wang, 2006: 52.

　　特征（雄成虫）： 胸部几乎全棕；腹部第 1–5 背板黄色，第 6–8 背板棕色，生殖节棕色；足浅棕色，腿节和跗节端部有深色色斑环。触角比 0.41–0.48。前胸背板鬃 2–4 根，中鬃 14–19 根，背中鬃 6–8 根，翅前鬃 8–10 根，小盾片鬃 6–8 根。前足比 0.71–0.73。第 9 背板后缘两侧各有 3 根刚毛。肛尖圆锥形。抱器基节外缘凸起有 9 根粗刚毛。

　　分布： 浙江（开化）、福建、广东、海南、四川、贵州、云南。

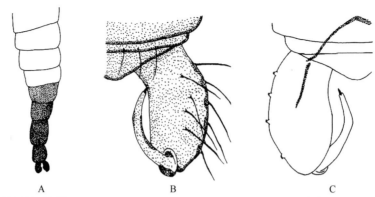

图 6-9　多刺尼罗长足摇蚊 *Nilotanypus polycanthus* Cheng *et* Wang, 2006（仿自 Cheng and Wang, 2006）
A. 腹部；B. ♂生殖节，背面观；C. ♂生殖节，腹面观

75. 前突摇蚊属 *Procladius* Skuse, 1889

Procladius Skuse, 1889: 283. Type species: *Procladius paludicola* Skuse, 1889.

主要特征：触角比1.34–2.90。复眼不具虹彩，背中延伸端部尖或两边近于平行。前胸背板鬃、中鬃、背中鬃和盾前鬃存在；前前侧片鬃、上前侧片鬃和后背板鬃通常缺失。盾片瘤缺失。中胸背疣偶存在。翅膜区有或无被毛，偶具翅斑。前缘脉超过R_{4+5}脉很多，到达翅的顶端；MCu脉位于FCu脉前端；R_{2+3}脉存在，并分叉；MCu脉和FCu脉之间距离与Cu_1脉等长。臀角发达。胫距细长，主齿长为胫距长的1/3–1/2，有3–10个侧齿，胫距表面光滑。后足存在胫栉。爪垫缺失。前足比0.53–0.80。腹部常有明显的色斑带，偶尔为单色。第9背板后缘有刚毛，单列或多列。肛尖宽，端部圆钝。抱器端节粗壮或细长。

分布：世界广布，已知69种，中国记录9种，浙江分布3种。

分种检索表

1. 翅有色斑 ·· 2
- 翅无色斑 ··· **交叉前突摇蚊 *P. crassinervis***
2. 腹部各背板均有带状色斑 ······························· **撒前突摇蚊 *P. sagittalis***
- 腹部某些背板有带状色斑 ······························· **花翅前突摇蚊 *P. choreus***

（239）花翅前突摇蚊 *Procladius choreus* (Meigen, 1804)（图 6-10）

Tanypus choreus Meigen, 1804: 23.

Procladius choreus: Johannsen, 1937: 23.

特征（雄成虫）：翅具大片色斑；腹部第1–3背板有宽的条状色斑，第4–8背板棕色；抱器端节基部突起较大且圆钝。

分布：浙江（广布）、辽宁、内蒙古、河北、山东、宁夏、青海、湖北、福建、广东；亚洲，欧洲，非洲。

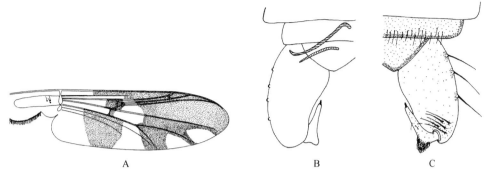

图 6-10　花翅前突摇蚊 *Procladius choreus* (Meigen, 1804)（仿自程铭，2009）
A. 翅；B.♂生殖节，腹面观；C.♂生殖节，背面观

（240）交叉前突摇蚊 *Procladius crassinervis* (Zetterstedt, 1838)（图 6-11）

Tanypus crassinervis Zetterstedt, 1838: 817.

Procladius crassinervis: Tokunaga, 1937: 31.

特征（雄成虫）：此种胸部后背板边缘深棕色，前前侧片深棕色；腹部第1–4背板有宽的条状色斑，长为背板长的3/4；翅无色斑，翅脉颜色很深，RM脉附近有圆斑；抱器端节基部突起较大且圆钝。

分布：浙江（庆元）、黑龙江、安徽、江西、台湾、海南、贵州；日本。

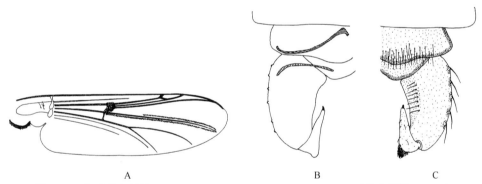

图 6-11　交叉前突摇蚊 *Procladius crassinervis* (Zetterstedt, 1838)（仿自程铭，2009）
A. 翅；B.♂生殖节，腹面观；C.♂生殖节，背面观

（241）撒前突摇蚊 *Procladius sagittalis* (Zetterstedt, 1838)（图 6-12）

Tanypus sagittalis Kieffer, 1909: 42.

Procladius sagittalis: Tokunaga, 1937: 28.

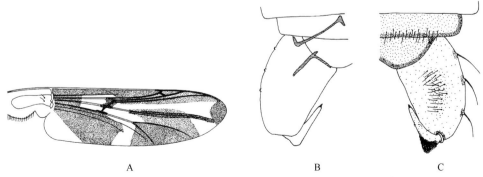

图 6-12　撒前突摇蚊 *Procladius sagittalis* (Zetterstedt, 1838)（仿自程铭，2009）
A. 翅；B.♂生殖节，腹面观；C.♂生殖节，背面观

特征（雄成虫）：翅具大片色斑；抱器端节基部突起较大且宽。腹部各背板均有带状色斑。

分布：浙江（庆元）；日本，欧洲。

76. 流粗腹摇蚊属 *Rheopelopia* Fittkau, 1962

Rheopelopia Fittkau, 1962: 209. Type species: *Tanypus ornatus* Meigen, 1838: 14.

主要特征：体中型，翅长为1.64–3.00 mm。触角比1.40–2.00。眼部有很窄的背中延伸。前胸背板具前胸背板鬃。中胸背疣明显。翅膜区覆盖浓密的被毛，通常有翅斑。前缘脉超过R_{4+5}脉，终止在M_{1+2}脉处。R_{2+3}脉发达；R_3脉末端位于R_1脉和R_{4+5}脉之间。臀角圆钝。胫距有6–9个侧齿，主齿长为胫距长的1/2。中足第3跗节有刚毛刷；后足胫栉有8–10根。第9背板后端内凹，有不规则的刚毛14–20根。肛尖宽，圆锥形。抱器基节圆柱形，长是宽的2倍；内缘凹陷，外缘基部无大毛，端部有20–30根刚毛。中附器宽，多毛，卵形或方形，偶尔有指状侧突。抱器端节外缘偶尔膨大。阳茎内突不分叉；横腹内生殖突端部尖。

分布：古北区、东洋区、新北区。世界已知9种，中国记录3种，浙江分布1种。

（242）雕饰粗腹摇蚊 *Rheopelopia ornata* (Meigen, 1838)（图6-13）

Tanypus ornatus Meigen, 1838: 31.

Rheopelopia ornata: Fittkau, 1962: 221.

主要特征：腹部第1–2背板各有两个小圆斑；翅具色斑；中附器二分叉，侧叶较粗。

分布：浙江（临安）、天津、陕西、重庆、四川；日本，欧洲。

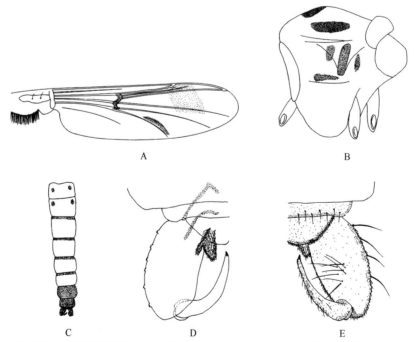

图6-13　雕饰粗腹摇蚊 *Rheopelopia ornata* (Meigen, 1838)（仿自程铭，2009）

A. 翅；B. 胸；C. 腹部；D. ♂生殖节，腹面观；E. ♂生殖节，背面观

77. 长足摇蚊属 *Tanypus* Meigen, 1803

Tanypus Meigen, 1803: 260. Type species: *Tanypus ornatus* Meigen, 1838: 14.

主要特征：触角比1.2–2.4。前胸背板很发达，分离于胸部之外，有前胸背板鬃。中鬃单列或双列；背中鬃单列。前前侧片鬃、上前侧片鬃和后背板鬃缺失。盾片瘤明显。中胸背疣缺失。翅膜区端部1/2处覆盖浓密的被毛，通常有色斑。前缘脉超过R$_{4+5}$脉；R$_{2+3}$脉存在且分叉；MCu脉位于FCu脉之前；MCu脉和FCu脉之间的距离约为Cu$_1$脉的1/3；MCu脉与RM脉明显分开。臀角发达。胫距细长，有2–3个侧齿。爪垫缺失。前足比为0.6–1.0。背板有不同的色斑。第9背板后缘有刚毛。肛尖宽。抱器基节简单，长为宽的1.5倍，基部宽，端部1/2处开始变窄。抱器端棘窄而长。阳茎内突明显；横腹内生殖突呈弧形。

分布：世界广布，已知30种，中国记录5种，浙江分布1种。

（243）刺铗长足摇蚊 *Tanypus punctipennis* Meigen, 1818（图 6-14）

Tanypus punctipennis Meigen, 1818: 61.

主要特征：翅具多处色斑。第9背板略内凹，后缘两侧各有9–14根刚毛。肛尖圆锥形。抱器基节圆柱形，基部内缘有短刚毛簇。

分布：浙江广布；世界广布。

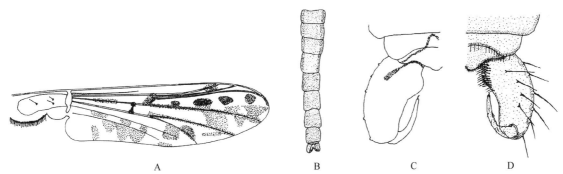

图 6-14　刺铗长足摇蚊 *Tanypus punctipennis* Meigen, 1818（仿自程铭，2009）

A. 翅；B. 腹部；C. ♂生殖节，腹面观；D. ♂生殖节，背面观

78. 三叉粗腹摇蚊属 *Trissopelopia* Kieffer, 1923

Trissopelopia Kieffer, 1923: 178. Type species: *Trissopelopia flavida* Kieffer, 1923.

主要特征：足胫距梳状，由若干个齿突组成，其中一个齿明显大而粗；后足胫栉缺失；C脉终止于M脉末端附近；RM脉和MCu脉明显分开；R$_{2+3}$脉存在，R$_2$脉明显，R$_3$脉较弱；第9背板裸露；生殖节简单，没有附器。

分布：世界广布，已知7种，中国记录2种，浙江分布1种。

（244）黄三叉粗腹摇蚊 *Trissopelopia flavida* Kieffer, 1923

Trissopelopia flavida Kieffer, 1923: 178.

主要特征：体为浅黄色；后足无胫栉；前足第1跗节没有感觉毛。

分布：浙江（泰顺）；古北区。

讨论：未观察到标本。

（四）寡角摇蚊亚科 Diamesinae

主要特征（雄成虫）：触角 8–15 鞭节。通常缺少背侧前胸背板鬃，存在腹侧前胸背板鬃。中鬃有或无；有时也存在肩鬃。翅上鬃缺失。翅表面通常缺少刚毛，臀角发达。C 脉顶端没有达到翅顶；RM 脉一般笔直；R_{2+3} 脉明显；R_{4+5} 脉的末端在 M_{3+4} 脉的末端终止。一般存在 MCu 脉，很少缺。FCu 与 RM 脉相邻。翅脉一般无刚毛。翅瓣一般光裸。腋瓣一般存在完整刚毛边缘。后足胫栉存在；第 4 跗节的形状变化多，有的为圆柱状，长于第 5 跗节；有时则为明显的心形，比第 5 跗节短。缺少爪垫，或爪垫很小。腹部第 9 节背板变短，阳茎内突发育很好，存在 1 个或 2 个阳茎叶，有时上面有刺或刚毛。阳茎基节一般存在。抱器端节通常很简单，分叉的情况很少见，一般存在抱器端棘，有时缺少，或存在多于 1 个的抱器端棘。

分布：全球广布。

分属检索表

1. R_{2+3} 脉不明显 ·· 李聂摇蚊属 *Linevitshia*
- R_{2+3} 脉明显 ··· 2
2. 盾片瘤不存在 ·· 北七角摇蚊属 *Boreoheptagyia*
- 盾片瘤明显发达 ··· 3
3. 前胸背板背腹面均具鬃毛 ··· 帕摇蚊属 *Pagastia*
- 前胸背板仅腹面具鬃毛 ··· 4
4. 第 4 跗节心形 ··· 5
- 第 4 跗节柱形 ··· 6
5. 头部无内顶鬃；生殖节具 2 个阳茎叶；R_{4+5} 脉无刚毛 ·· 波摇蚊属 *Potthastia*
- 头部具内顶鬃；生殖节具 1 个阳茎叶；R_{4+5} 脉常具刚毛 ··· 寡角摇蚊属 *Diamesa*
6. 中鬃存在 ··· 伪寡角摇蚊属 *Pseudodiamesa*
- 中鬃存在或缺失 ·· 萨萨摇蚊属 *Sasayusurika*

79. 北七角摇蚊属 *Boreoheptagyia* Brundin, 1966

Boreoheptagyia Brundin, 1966: 420. Type species: *Heptagyia rugosa* Saunders, 1930.

主要特征：小型，翅长 1.80 mm。触角羽状刚毛退化，末鞭节短棒状。触角比通常低于 0.25。复眼稍具背中突，或不具。颊毛缺少眶后鬃。额瘤存在。前胸背板中间缺刻，前胸背板鬃存在或缺失。中鬃长，背中鬃多列或簇。翅前鬃、前前侧片鬃存在。翅膜区仅具刻点，无大刚毛。臀角发达。前足、中足第 1 跗节和后足第 1、第 2 跗节均具伪胫距。第 4 跗节心形且短于第 5 跗节。第 9 背板宽，端部凹陷，肛尖缺失或非常小。抱器基节背中部存在或缺失刚毛簇。抱器端节简单，具抱器端棘。

分布：世界广布，已知 11 种，中国记录 5 种，浙江分布 1 种。

（245）短跗北七角摇蚊 *Boreoheptagyia brevitarsis* (Tokunaga, 1936)（图 6-15）

Prodiamesa brevitarsis Tokunaga, 1936: 528.

Boreoheptagyia brevitarsis: Serra-Tosio, 1989: 140.

特征（雄成虫）：触角 13 鞭节；触角比 0.16。前胸背板具 5 侧鬃。中鬃 14 根，背中鬃 12 根，翅前鬃 9 根。

小盾片鬃46根。后上前侧片具6根鬃，上前侧片具5根鬃。C脉超过R$_{4+5}$，延伸长50 μm。R$_{2+3}$脉存在。后足胫栉具8根刺状刚毛。前足比0.42。肛尖缺失。第9背板具24根刚毛。肛节侧片具4根刚毛。附器退化。

　　分布： 浙江（天台）、河南、陕西、四川；俄罗斯（远东地区），韩国，日本。

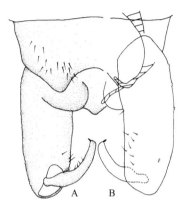

图 6-15　短跗北七角摇蚊 *Boreoheptagyia brevitarsis* (Tokunaga, 1936)（仿自武婧阳，2009）

A. ♂生殖节，背面观；B. ♂生殖节，腹面观

80. 寡角摇蚊属 *Diamesa* Meigen, 1835

Diamesa Meigen, 1835. Type species: *Diamesa cinerella* Meigen, 1835: 66.

　　主要特征（雄成虫）： 中型到大型。触角多为13鞭节。触角比0.30–2.80。复眼具刚毛，轻微或并不向背中部延伸。头部具内顶鬃。前胸背板鬃自中间的"V"形刻痕分开。一般缺少中鬃。背中鬃直立。在上前前侧片正中前方存在翅前鬃。小盾片鬃多列。翅端一般延伸至生殖节前方。具颏点。臀叶角形或锐角形。FCu与MCu脉邻近，R$_{4+5}$脉上存在刚毛。足的第1、第2跗节都存在伪胫距，第3跗节存在或缺。后足第1跗节有毛形感器。第4跗节心形，较第5跗节短。肛尖常存在，无刚毛。阳茎内突骨化完全；阳茎叶轻微或中度骨化。抱器基节单一，但一般存在平坦且向中央延伸的基板和明显的中间区域，中间区域有时存在1个或更多的基部突起。阳茎内突宽拱形、三角形。抱器端节单一，很少出现二分叉，抱器端棘存在。

　　分布： 世界广布，已知100余种，中国记录16种，浙江分布1种。

（246）春寡角摇蚊 *Diamesa vernalis* Makarchenko, 1977（图 6-16）

Diamesa vernalis Makarchenko, 1977: 109.

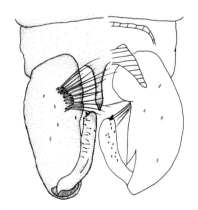

图 6-16　春寡角摇蚊 *Diamesa vernalis* Makarchenko, 1977（仿自武婧阳，2009）

♂生殖节

主要特征（雄成虫）：触角13节，触角比2.24。复眼具微毛。前胸背板鬃7根，背中鬃9根，翅前鬃10根，小盾片鬃10根。肛尖强壮；具基中刚毛簇；抱器基节粗壮，抱器端节末端着生2个小的抱器端棘。

分布：浙江（临安）、辽宁、江苏、四川；俄罗斯（远东地区），日本。

81. 李聂摇蚊属 *Linevitshia* Makarchenko, 1987

Linevitshia Makarchenko, 1987: 205. Type species: *Linevitshia prima* Makarchenko, 1987.

主要特征（雄成虫）：体小到中型，翅长最大达 4.5 mm。触角 13 鞭节，触角比约 1。缺少眼眶鬃及顶鬃。无唇基毛。下唇须 5 节。前胸背板具"U"形缺刻。前胸背板鬃存。后上前侧片存在刚毛。腋瓣，翅瓣，翅脉 R、R_1、R_{4+5} 具刚毛；翅膜区无毛；R_{2+3} 脉不明显，但存在；C 脉超过 R_{4+5} 脉。臀角非常发达。胫距和胫栉非常发达。爪垫非常小，刺状。伪胫距出现。第 9 背板无肛尖。抱器基节简单。附器退化。

分布：古北区、东洋区。世界已知1种，中国记录1种，浙江分布1种。

（247）原始李聂摇蚊 *Linevitshia prima* Makarchenko, 1987（图 6-17）

Linevitshia prima Makarchenko, 1987: 207.

特征（雄成虫）：触角13鞭节，触角比1.20。前胸背板具"U"形缺刻，具1背鬃及4侧鬃。中鬃22根，背中鬃16根，翅前鬃8根。小盾片鬃8根。后上前侧片具6根鬃，上前侧片具5根鬃。肛尖缺失。第9背板具7根刚毛。肛节侧片具9根刚毛。附器退化。横腹内突不规则矩形，中阳茎叶窄条形，侧阳茎叶较宽。抱器端节基部最宽，具1根抱器端棘，远端具很多粗壮刚毛。

分布：浙江（临安）、辽宁；俄罗斯（远东地区），日本。

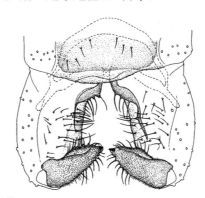

图 6-17　原始李聂摇蚊 *Linevitshia prima* Makarchenko, 1987（仿自武婧阳，2009）
♂生殖节

82. 帕摇蚊属 *Pagastia* Oliver, 1959

Pagastia Oliver, 1959: 49. Type species: *Pagastia orthogonia* Oliver, 1959.

主要特征（雄成虫）：中型，翅长达4 mm。触角鞭节13节，触角比为1.0–2.0。复眼多毛或具微毛，强烈向背中后部延伸。前胸背板鬃自"V"形刻痕分开，前、后均存在前胸背板鬃。中鬃长。背中鬃直立，排成1–3列。翅前鬃向上前侧片的中前方延伸。小盾片鬃多列。臀叶角形。R_{2+3}脉末端在R_1脉到R_{4+5}脉末端中间终止。FCu与MCu脉邻近。前足缺伪距，中足、后足第1、第2跗节都存在伪距。第4跗节圆柱形，比第5跗节稍长。肛尖窄，无刚毛，存在或缺少顶栓。阳茎内突中度骨化；阳茎叶中度或强烈骨化，顶端细，并向相对叶的顶部上方中央延伸。抱器基节存在明显的基板，中间区域叶状。腹内生殖突宽拱形。抱器端棘存在。

　　分布：古北区、东洋区、新北区。世界已知 8 种，中国记录 3 种，浙江分布 2 种。

（248）剑形帕摇蚊 *Pagastia lanceolata* (Tokunaga, 1936)（图 6-18）

Syndiamesa lanceolata Tokunaga, 1936: 530.

Pagastia lanceolata: Makarchenko, 2006: 276.

　　特征（雄成虫）：抱器基节中央区域有1个小突起，上有很多短刚毛；阳茎叶端部细尖。
　　分布：浙江（安吉）、辽宁、北京、安徽、福建、贵州、云南；俄罗斯，韩国，日本，比利时。

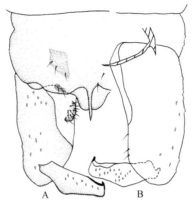

图 6-18　剑形帕摇蚊 *Pagastia lanceolata* (Tokunaga, 1936)（引自武婧阳，2009）
A.♂生殖节，背面观；B.♂生殖节，腹面观

（249）天目帕摇蚊 *Pagastia tianmumontana* Makarchenko *et* Wang, 2017（图 6-19）

Pagastia tianmumontana Makarchenko *et* Wang, 2017: 13.

　　特征（雄成虫）：触角13鞭节；触角比2.18–2.42。前胸背板鬃2–4根腹侧刚毛，2–12根背侧刚毛；中鬃4–12根；背中鬃12–20根；翅前鬃4–17根；小盾片鬃11–28根。前足比0.80–0.86。第9背板有11–25根刚毛；第9节腹板两侧具有14–23根刚毛；肛尖长46–65 μm，端部细尖；阳茎内突上仅有侧阳茎叶；生殖节上附器近三

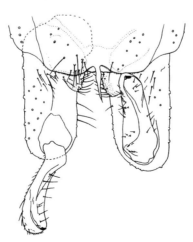

图 6-19　天目帕摇蚊 *Pagastia tianmumontana* Makarchenko *et* Wang, 2017（仿自 Makarchenko and Wang, 2017）
♂生殖节

角形，上有弯曲的长刚毛。抱器基板非常发达；抱器端节中间窄，两端宽，且中央区域内缘着生多根长刚毛，端部着生1个小的抱器端棘。

分布：浙江（临安）。

83. 波摇蚊属 *Potthastia* Kieffer, 1922

Potthastia Kieffer, 1922, 41: 361. Type species: *Potthastia longimana* Kieffer, 1922.

主要特征（雄成虫）：触角13鞭节，触角比为1.5–2.5。复眼具微毛。颊毛仅由外顶鬃和后眶鬃组成。中鬃缺失。缺少前前侧片鬃。前足缺伪距，中足、后足第1、第2跗节都具伪距。后足的第1跗节存在毛形感器。第4跗节心形，比第5跗节短。肛尖小。阳茎内突中度骨化或强烈骨化。腹内生殖突宽拱形。缺少阳茎基叶。抱器端节上存在较长的抱器端棘。

分布：古北区、东洋区、新北区。世界已知6种，中国记录3种，浙江分布2种。

（250）盖氏波摇蚊 *Potthastia gaedii* (Meigen, 1838)（图6-20）

Diamesa gaedii Meigen, 1838: 13.

Potthastia gaedii: Makarchenko, 2006: 271.

特征（雄成虫）：触角比1.81–2.00。前胸背板鬃2根，背中鬃10–16根，翅前鬃4–6根，小盾片鬃10–20根。前足比0.85–0.93。第9背板具14–16根刚毛，末端中央凸出。第9背板两侧各具10–12根刚毛。肛尖长34–40 μm；肛尖小，具有微刺。阳茎内突宽矩形；中阳茎叶在端部极度膨胀；侧阳茎叶在端部变细尖；横腹生殖突拱形。

分布：浙江（临安、开化）、辽宁、河南、陕西、湖北、四川、贵州、云南；韩国，日本，欧洲。

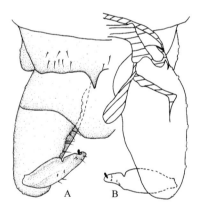

图6-20 盖氏波摇蚊 *Potthastia gaedii* (Meigen, 1838)（引自武婧阳，2009）
A. ♂生殖节，背面观；B. ♂生殖节，腹面观

（251）双角波摇蚊 *Potthastia montium* (Edwards, 1929)（图6-21）

Diamesa montium Edwards, 1929: 307.

Potthastia montium: Makarchenko, 2006: 271.

特征（雄成虫）：触角13鞭节；肛尖三角形，上有微刺；中阳茎叶端部膨大，侧阳茎叶端部钝圆；抱器基节中央区域存在明显的叶状结构。

分布：浙江（临安）、辽宁、陕西、贵州；古北区。

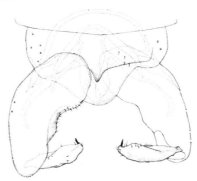

图 6-21 双角波摇蚊 *Potthastia montium* (Edwards, 1929)（仿自武婧阳，2009）
♂生殖节

84. 伪寡角摇蚊属 *Pseudodiamesa* Goetghebuer, 1939

Pseudodiamesa Goetghebuer, 1939: 9. Type speceis: *Syndiamesa branickii* Nowicki, 1873.

主要特征（雄成虫）：中到大型种，翅长达5.5 mm。触角鞭节13节；触角比为1.5–6.0。额毛由内顶鬃、外顶鬃和后眶鬃组成，有时也存在眼眶鬃。单眼有或无。存在或缺少中鬃。R_{2+3}脉末端在R_1脉到R_{4+5}脉中间处终止。RM脉与M_{1+2}脉的交叉点与MCu明显远离。R_{4+5}脉上存在或缺少刚毛。所有足的第1–3跗节上均存在伪胫距。后足的第1跗节存在或缺少毛形感器。第4跗节圆柱形，与第5跗节等长或略短。肛尖窄且长，顶端尖且钝，或存在小钉，但上无刚毛。存在或缺少抱器端棘。

分布：古北区。世界已知14种，中国记录2种，浙江分布1种。

（252）布兰妮伪寡角摇蚊 *Pseudodiamesa branickii* (Nowicki, 1873)（图 6-22）

Diamesa branickii Nowicki, 1873: 3.

Pseudodiamesa branickii: Goetghebuer, 1939: 9.

特征：触角比1.75–2.72；LR_1约0.75；第9背板中部至端部具刚毛；肛尖细长，顶端尖，抱器端节远端1/3处略膨大。

分布：浙江（临安）；古北区。

讨论：未见原始标本。

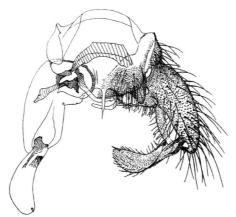

图 6-22 布兰妮伪寡角摇蚊 *Pseudodiamesa branickii* (Nowicki, 1873)（引自 Serra-Tosio, 1976）
♂生殖节

85. 萨萨摇蚊属 *Sasayusurika* Makarchenko, 1993

Sasayusurika Makarchenko, 1993: 119. Type species: *Sasayusurika aenigmata* Makarchenko, 1993.

主要特征（雄成虫）：中等大小，翅长最长 4.9 mm。触角 13 鞭节，覆羽状刚毛，末鞭节具顶刚毛；触角比 2.62–3.10。眼具中等程度的背中突。眶鬃存在。额瘤缺失。唇基毛缺失或存在。前胸背板具 "U" 形缺刻，仅腹部具鬃。中鬃缺失。背中鬃以单列存在，翅前鬃及翅上鬃存在。翅膜区无毛。臀角突起，腋瓣具缘毛。R_{2+3} 终止在翅端。FCu 靠近 MCu。R_{4+5} 具小刚毛。前足具伪胫距，中后足偶具伪胫距，后足胫栉存在或缺失。第 4 跗节圆柱形，与第 5 跗节等长。肛尖缺失。腹板出现。抱器基节无附属器。抱器端节长且颜色深于抱器基节。上附器宽叶状，具若干小刚毛。

分布：古北区、东洋区。世界已知 1 种，中国记录 1 种，浙江分布 1 种。

（253）拟萨萨摇蚊 *Sasayusurika nigatana* (Tokunaga, 1936)（图 6-23）

Diamesa (*Psilodiamesa*) *nigatana* Tokunaga, 1936: 537.

Sasayusurika nigatana: Sun *et al*., 547.

特征（雄成虫）：翅长 3.58 mm。体黑黄褐色至黑褐色。触角比 2.62。前胸背板具 "U" 形缺刻，具 10 鬃（腹侧）。中鬃缺失，背中鬃 23 根，翅前鬃 6 根。小盾片鬃 49 根。C 脉不超过 R_{4+5} 脉。臀角发达。翅膜区无大毛，刻点清晰可见。翅脉比 0.87。臂脉具 6 根刚毛。R 脉具 24 根小刚毛；R_1 脉具 11 根小刚毛；R_{4+5} 脉具 4 根小刚毛。腋瓣具 39 根缘毛。前足第 1–3 跗节端部均具 1 根粗壮伪胫距；中足第 1、第 3 跗节具 1 根伪胫距，第 2 跗节具 2 根伪胫距；后足第 1–3 跗节均具 1 根伪胫距。肛尖缺失。抱器基节长 352 μm，无外突。上附器宽叶状，具短毛。

分布：浙江（天台）；日本，印度。

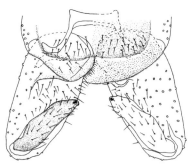

图 6-23　拟萨萨摇蚊 *Sasayusurika nigatana* (Tokunaga, 1936)（仿自 Sun *et al*., 2019）
♂生殖节

（五）直突摇蚊亚科 Orthocladiinae

主要特征（雄成虫）：触角一般 13 鞭节（偶 10–12 鞭节）；翅无 MCu 脉；前足比通常小于 1.0；抱器端节可转动；后足常具胫距；生殖节附器常存在，无中附器；一般存在抱器端棘。

分布：全球广布。

分属检索表

1. R_1 和 R_{4+5} 脉短粗，并与前缘脉融合成棒状结节，终止于翅的中部之前 ······································· 2
- R_1 和 R_{4+5} 脉细长，与前缘脉在翅中部之后分离 ··· 3

2. 前转节具突起；横腹内突宽，呈倒"V"形或"U"形，无前缘突起；后足胫节顶端膨大 ········ 棒脉摇蚊属 *Corynoneura*

- 前转节无突起；横腹内突细，前缘突小至中等大小；后足胫节顶端稍微膨大 ·············· 提尼曼摇蚊属 *Thienemanniella*

3. 眼具毛（即眼毛超出小眼面）·· 4

- 眼无毛或具细毛（即眼毛不超出小眼面）·· 9

4. 背中鬃弯曲 ·· 环足摇蚊属 *Cricotopus*

- 背中鬃直立 ··· 5

5. 前胸背板密被刚毛；具中上前侧鬃和上前侧鬃 ··· 毛胸摇蚊属 *Heleniella*

- 前胸背板仅具少数侧鬃；中上前侧鬃常缺失 ·· 6

6. 肛尖缺失 ··· 真开氏摇蚊属 *Eukiefferiella*（部分）

- 肛尖存在 ··· 7

7. 触角具 1 粗壮的亚端刚毛 ·· 施密摇蚊属 *Smittia*（部分）

- 触角无粗壮的亚端刚毛 ·· 8

8. 中鬃少，最多 6 根位于盾片中部；具额瘤 ··· 矮突摇蚊属 *Nanocladius*

- 中鬃多，常着生在盾片近前缘处；额瘤缺失 ··· 趋流摇蚊属 *Rheocricotopus*

9. 翅膜区具毛，至少翅端区具毛 ··· 10

- 翅膜区光裸无毛 ··· 19

10. 抱器端节二分叉 ··· 布摇蚊属 *Brillia*

- 抱器端节不分叉 ··· 11

11. 抱器端节外缘具长刚毛 ··· 东京布摇蚊属 *Tokyobrillia*

- 抱器端节外缘不具长刚毛 ·· 12

12. R$_{4+5}$ 和前缘脉的终点未达到 M$_{3+4}$ 终端处 ·· 拟矩摇蚊属 *Paraphaenocladius*

- R$_{4+5}$ 和前缘脉的终点超过或与 M$_{3+4}$ 终端相对 ··· 13

13. 前缘脉不从 R$_{4+5}$ 脉末端伸出 ··· 异三突摇蚊属 *Heterotrissocladius*（部分）

- 前缘脉自 R$_{4+5}$ 脉末端伸出 ·· 14

14. 中鬃粗壮，近直立状，始于前胸背板附近 ··· 15

- 中鬃若存在，则细弱，常为钩状或柳叶形，并着生在距前胸背板一定距离处 ···················· 17

15. Cu$_1$ 脉直 ··· 中足摇蚊属 *Metriocnemus*

- Cu$_1$ 脉弯曲 ··· 16

16. 眼具两侧平行的背中突；肛尖长，端部无刚毛或肛尖偶而缺失 ······························· 拟中足摇蚊属 *Parametriocnemus*

- 眼背中突楔形；肛尖短，呈三角形，端部具粗壮的刚毛 ······································· 伪直突摇蚊属 *Pseudorthocladius*（部分）

17. 腋瓣无缘毛 ·· 毛施密摇蚊属 *Compterosmittia*

- 腋瓣具缘毛 ··· 18

18. 阳茎刺突长，具 2 长中间刺突及侧叶；中鬃具 3 种类型 ···································· 利突摇蚊属 *Litocladius*

- 阳茎刺突长，仅具中间刺突，无发达的侧叶；中鬃具单一类型 ·············· 安的列摇蚊属 *Antillocladius*（部分）

19. 后侧片 II、中胸上前侧片 II 后缘、通常前前侧片及前胸背板背部均生有刚毛；部分肩鬃和（或）前小盾鬃披针形········

·· 沼摇蚊属 *Limnophyes*

- 胸部上述各部通常光裸无毛；盾片上不具披针形刚毛 ·· 20

20. 中足、后足胫距的侧棘明显的自主轴向侧方伸出 ··· 毛突摇蚊属 *Chaetocladius*

- 中足、后足胫距侧棘紧贴主轴 ·· 21

21. 腋瓣至少有 1 根刚毛 ··· 22

- 腋瓣裸露 ·· 35

22. 爪垫宽垫状或梳状，至少为爪长的 1/2 ·· 伪直突摇蚊属 *Pseudorthocladius*（部分）

- 爪垫缺失、退化或很小，不足爪长的 1/2 ··· 23

23. 后足胫栉缺失或退化为刺状刚毛 ··· 苔摇蚊属 *Bryophaenocladius*（部分）

86. 安的列摇蚊属 *Antillocladius* Sæther, 1981

Antillocladius Sæther, 1981: 4. Type species: *Antillocladius antecalvus* Sæther, 1981.

主要特征（雄成虫）：体型中等，翅长 3 mm。触角 13 鞭节。复眼裸露，复眼不具有背部延伸，具内顶鬃和外顶鬃，后眶鬃缺失或较弱；下唇须第 3 节末端具有感器。中鬃存在但较弱；小盾片上具有单列的小盾片鬃。翅膜区无毛，r_{4+5} 具少量刚毛或 r_{4+5}、m_{1+2}、m_{3+4} 具大量刚毛。臀角较弱。前缘脉略有延伸；R_{2+3} 脉终止于 R_1 脉和 R_{4+5} 脉中间；R_{4+5} 脉止于 M_{3+4} 脉的背部末端；FCu 脉远离 RM 脉，Cu_1 脉直，An 止于 FCu 脉，脉裸露或 R_1 脉、R_{4+5} 脉、M_{1+2} 脉、M_{3+4} 脉具少量毛。腋瓣具有缘毛。肛尖长而尖，具较多的刚毛，仅在基部和顶端具微毛。阳茎内突和阳茎叶均发达，且横腹生殖内突一般较直，无角状突起；阳茎刺突缺失或具 4 根长针；抱器基节完好，未分开。典型的下附器膨大，抱器端节具大而圆的亚端背脊。

分布：世界广布，已知 28 种，中国记录 3 种，浙江分布 2 种。

（254）刀鬃安的列摇蚊 *Antillocladius scalpellatus* Wang *et* Sæther, 1993（图 6-24）

Antillocladius scalpellatus Wang *et* Sæther, 1993: 227.

特征（雄成虫）：翅长 1.55 mm。体棕色。触角比 1.31。前胸背板具 3 根刚毛；背中鬃 9 根；披针形中鬃 8 根，始于盾片中部；翅前鬃 3 根；小盾片鬃单列 6 根。前缘脉延伸长 25 µm。臂脉 1 根刚毛，R 脉 3 根刚毛，R_{4+5} 脉有 1 根刚毛，M_{3+4} 脉具 24 根刚毛。r_{4+5} 翅室具 45 根刚毛，m_{1+2} 翅室具 11 根刚毛。腋瓣缘毛 3 根。前足比 0.76，后足胫栉 14 根。第 9 背板具大量微毛，肛节侧片 2 根刚毛。肛尖长 40 µm，10 根侧毛。阳茎内突长 60 µm，横腹内生殖突长 95 µm。抱器基节长 170 µm，下附器单一，具 15 根长刚毛。阳茎刺突长 25 µm，有 2 根针。抱器端节长 95 µm，亚端背脊位于远端。抱器端棘长 10 µm。

分布：浙江（临安）、吉林、甘肃、广东。

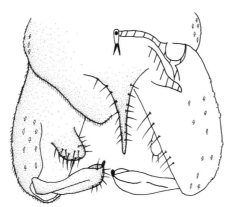

图 6-24 刀鬃安的列摇蚊 *Antillocladius scalpellatus* Wang *et* Sæther, 1993
♂生殖节

（255）郑氏安的列摇蚊 *Antillocladius zhengi* Wang *et* Sæther, 1993（图 6-25）

Antillocladius zhengi Wang *et* Sæther, 1993: 227.

特征（雄成虫）：胸部、头部深棕色，触角、足棕色，腹部浅棕色。触角比 1.56–1.69。前胸背板具 2–4 根刚毛；背中鬃 6–9 根；中鬃 20–22 根；翅前鬃 3–5 根；小盾片鬃双列 6–8 根。臀角正常。翅室 r_{4+5} 有少量刚毛。前缘脉延伸长 44–51 µm。R_{4+5} 脉有 4–6 根刚毛。腋瓣缘毛 8–11 根。后足胫栉 9–11 根。前足比 0.65–0.66。肛节侧片 5–6 根刚毛。肛尖长 58–64 µm，宽 37–41 µm，具 16–18 根侧毛。阳茎内突长 51–79 µm，横腹内生殖突长 78–81 µm。下附器上密布微毛，具 12–14 根长刚毛。阳茎刺突长 26–28 µm，有 2 根针。抱器端节长 88–96 µm，亚端背脊位于抱器端节末端，短而长。抱器端棘长 8–9 µm。生殖节比 1.59–1.65；生殖节值 2.71–2.74。

分布：浙江（临安）、海南；泰国。

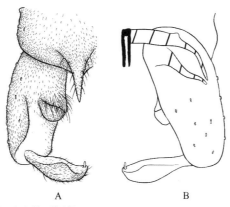

图 6-25 郑氏安的列摇蚊 *Antillocladius zhengi* Wang *et* Sæther, 1993
A.♂生殖节，背面观；B.♂生殖节，腹面观

87. 布摇蚊属 *Brillia* Kieffer, 1913

Brillia Kieffer, 1913: 34. Type species: *Metriocnemus bifidus* Kieffer, 1909.

主要特征（雄成虫）：中等大小。触角13鞭节，触角比0.95–2.80。复眼裸，或在复眼内缘小眼间具极少微毛。前胸背板鬃存在；无盾瘤；无中鬃，具翅前鬃；小盾片鬃多列分布。翅膜区具大毛和明显刻点；C脉末端超过R_{4+5}；R_{2+3}脉与R_1脉平行延伸，末端接近R_1脉；Cu_1直或在末端稍下倾。无肛尖；上附器发达；下附器末端略弯；抱器端节分为两叶，无端棘或片状刚毛。

分布：古北区、东洋区和新北区。世界已知16种，中国记录4种，浙江分布1种。

（256）日本布摇蚊 *Brillia japonica* Tokunaga, 1939（图6-26）

Brillia japonica Tokunaga, 1939: 306.

特征（雄成虫）：翅长1.87–2.22 mm。胸部黄色具棕色斑纹，腹部黄色，第2–5腹节1/3–2/3棕色，第6–8腹节几乎全为棕色或深棕色。触角比0.75–0.86。前胸背板侧缘毛20–22根，中鬃缺失；背中鬃66–76根，翅前鬃22–26根，小盾片鬃36–40根。前缘脉延伸长50–60 μm；腋瓣毛26–30根。第9背板具刚毛32–42根，呈明显左右两簇，中间有明显网纹；背板侧刚毛7–10根；上附器发达、伸长，中部略宽于基部和端部；下附器退化，仅在抱器基节下端内侧突起并具数排刚毛；抱器端节分叉，外叶具7–9微刺，无抱器端棘。

分布：浙江（临安、天台、衢江）、山西、山东、河南、陕西、湖北、福建、广西、四川；韩国，日本。

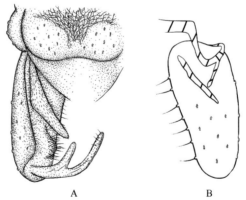

图6-26　日本布摇蚊 *Brillia japonica* Tokunaga, 1939（仿自孙慧，2010）

A. ♂生殖节，背面观；B. ♂生殖节，腹面观

88. 苔摇蚊属 *Bryophaenocladius* Thienemann, 1934

Bryophaenocladius Thienemann, 1934: 36. Type species: *Orthocladius muscicola* Kieffer, 1906.

主要特征：小至中等体型。触角常13鞭节；触角比多数高于1.0。复眼裸，具宽短的背中部延伸。下唇须第3节多数无指状突和感觉棒。前胸背板多数具鬃。中鬃强壮（只在 *B. psilacrus* 中缺失）。翅膜上无鬃，具刻点。前缘脉延长；R_{2+3}末端位于R_1和R_{4+5}脉之间，Cu_1轻微弯曲；R和R_1具鬃。胫距非常发达，具非常发达但不分叉的侧齿。肛尖突出，透明，半圆形至近三角形，偶无。阳茎刺突偶存在，由一些刺组成。下附器相当多样，有时具前面和后面2个叶。抱器端棘强壮，亚端背脊通常缺失，少数存在。

  分布：世界广布，已知117种左右，中国记录30种左右，浙江分布4种。

分种检索表

（257）楔铗苔摇蚊 *Bryophaenocladius cuneiformis* Armitage, 1987（图 6-27）

Bryophaenocladius cuneiformis Armitage, 1987: 33.

  特征（雄成虫）：翅长1.16–2.08 mm。体棕色。触角比1.46–1.78。下唇须第3节具长指状突和一簇感觉毛。背中鬃10–14根；前胸背板鬃3–6根；中鬃7–9根；翅前鬃7–9根；小盾片鬃4–6根。C脉延长30–46 μm。R脉具7–9根鬃；R_1脉具2–4根鬃；其他脉均裸。Cu_1脉略弯曲。腋瓣具6–17根鬃。后足胫栉具10–14根鬃。肛尖长25–30 μm，宽20–25 μm。第9背板具9–11根鬃。肛节侧片具9–11根鬃。阳茎内突长90–110 μm。抱器基节长190–200 μm。下附器小凸状，具鬃。抱器端节长90–100 μm；抱器端棘长10–13 μm。阳茎刺突长45–50 μm。

  分布：浙江广布，中国广布；西班牙。

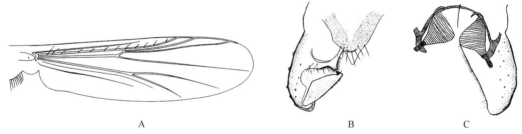

图 6-27 楔铗苔摇蚊 *Bryophaenocladius cuneiformis* Armitage, 1987（引自杜晶，2011）
A. 翅；B.♂生殖节，背面观；C.♂生殖节，腹面观

（258）黄苔摇蚊 *Bryophaenocladius ictericus* (Meigen, 1830)（图 6-28）

Chironomus ictericus Meigen, 1830: 253.

Bryophaenocladius ictericus: Ashe & Cranston, 1990: 161.

  特征（雄成虫）：触角鞭节最后一节端部具毛形感器，触角比1.51。下唇须第3节无指状突。前胸背板具2侧鬃。背中鬃12根；中鬃缺失；翅前鬃6根。小盾片鬃9根。第9背板具12根鬃。肛节侧片具4根鬃。阳茎内突长128 μm。横腹内生殖突长100 μm。抱器基节长253 μm。下附器球状，具4根鬃。抱器端节长145 μm。亚端背脊退化；抱器端棘长15 μm。阳茎刺突存在。

  分布：浙江（仙居）、河北、河南、陕西、宁夏、四川；瑞典，德国，英国，比利时，瑞士，奥地利，加拿大。

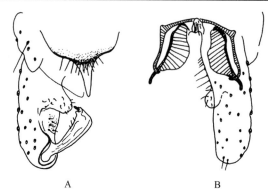

图 6-28　黄苔摇蚊 *Bryophaenocladius ictericus* (Meigen, 1830)（仿自杜晶，2011）

A.♂生殖节，背面观；B.♂生殖节，腹面观

（259）尖苔摇蚊 *Bryophaenocladius mucronatus* Lin, Qi *et* Wang, 2012（图 6-29）

Bryophaenocladius mucronatus Lin, Qi *et* Wang, 2012: 53.

特征（雄成虫）：翅长1.33–1.76 mm。体黑棕色。触角比1.13–1.43。下唇须第3节无指状突起。臀角发达。R脉具3–6根刚毛，R_{4+5}具0–1根刚毛，其余翅脉光裸。腋瓣具1–7根缘毛。前胸背板具3–8根侧刚毛。背中鬃5–13根；中鬃3–10根；翅前鬃2–5根。小盾片鬃2–8根。伪胫距出现在中后足第1、第2跗节上。肛尖透明，瘦长，顶端尖，长45–90 μm，宽25–35 μm，肛尖长宽比为2.14–2.71。第4背板柱形，具10–22根刚毛，肛节侧片具4–8根刚毛。阳茎内突长45–85 μm。横腹内突具角状突起，长68–100 μm。抱器基节长175–212 μm。抱器端节长68–100 μm，具1–2个抱器端棘，长8–13 μm。亚端背脊低。下附器指状，长23–35 μm，具0–5刚毛。阳茎刺突长10–25 μm，由1–9小刺组成。

分布：浙江（开化、庆元、龙泉）、福建、四川。

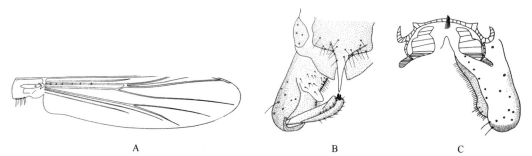

图 6-29　尖苔摇蚊 *Bryophaenocladius mucronatus* Lin, Qi *et* Wang, 2012（仿自 Lin *et al.*, 2012）

A. 翅；B.♂生殖节，背面观；C.♂生殖节，腹面观

（260）拟黄苔摇蚊 *Bryophaenocladius parictericus* Lin, Qi *et* Wang, 2012（图 6-30）

Bryophaenocladius parictericus Lin, Qi *et* Wang, 2012: 56.

特征（雄成虫）：翅长1.63–2.48 mm。体深棕色。触角比0.52–0.55。第3下唇须具指状突起。C脉延伸长115–143 μm；R脉具5–9根刚毛，其余翅脉裸露。腋瓣裸露。前胸背板具2–5侧刚毛。背中鬃8–10根；中鬃6–7根；翅前鬃2–4根。小盾片鬃3–7根。中足胫栉具3–7刺状刚毛；后胫栉具9–14刺状刚毛。伪胫距缺失。前足比0.51–0.64。肛尖透明，瘦长，具钝圆顶端；亚端背脊缺失；下附器泡状，具8–12根刚毛。横腹内突具角状突起痕迹。阳茎刺突缺失。

分布：浙江（仙居）、四川。

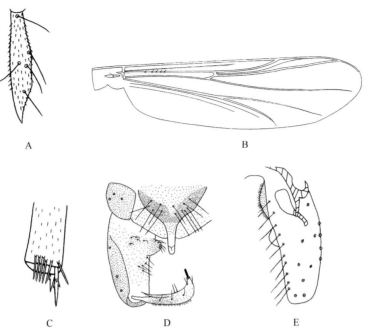

图 6-30 拟黄苔摇蚊 *Bryophaenocladius parictericus* Lin, Qi *et* Wang, 2012（仿自 Lin *et al.*, 2012）

A. 下唇须第 3 节；B. 翅；C. 中足胫节；D.♂生殖节，背面观；E.♂生殖节，腹面观

89. 心突摇蚊属 *Cardiocladius* Kieffer, 1912

Cardiocladius Kieffer, 1912: 22. Type species: *Cardiocladius ceylanicus* Kieffer, 1912: 22.

主要特征：体中型，翅长1.60–3.0 mm。13鞭节，触角比0.75–1.44。复眼无毛，具较弱的背中突；下唇须第3节膨大。前胸背板具粗壮侧缘毛，中鬃退化。翅面光裸无毛，具刻点；臀角强烈突出；R_{4+5}脉终止于M_{3+4}脉远端；腋瓣具刚毛。第4跗节心形且短于第5跗节。背板被覆稀疏刚毛。第4背板具粗壮刚毛；无肛尖和阳茎刺突；下附器通常端部稍弯，被覆刚毛；抱器端节常具亚端背脊。

分布：世界广布，已知 19 种，中国记录 2 种，浙江分布 2 种。

（261）端心突摇蚊 *Cardiocladius capucinus* (Zetterstedt, 1850)（图 6-31）

Chironomus capucinus Zetterstedt, 1850: 3499.

Cardiocladius capucinus: Tokunaga, 1939: 308.

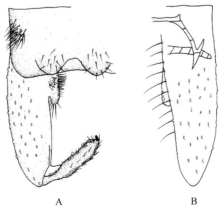

图 6-31 端心突摇蚊 *Cardiocladius capucinus* (Zetterstedt, 1850)（仿自刘跃丹，2006）

A.♂生殖节，背面观；B.♂生殖节，腹面观

特征（雄成虫）：翅长1.38 mm。体黄棕色。触角比1.24。下唇须第3节膨大。前胸背板具6根侧缘毛；中鬃非常弱，5根；背中鬃14根；翅前鬃6根；小盾鬃18根。R脉具小刚毛6根。腋瓣具刚毛39根。臀角突出。第4跗节略呈心形，短于第5跗节。第9背板着生16根粗壮刚毛。横腹内生殖突具有角状突起。抱器基节长250 μm。抱器端节具1较短亚端背脊。下附器棒状，被覆许多长刚毛；抱器端棘长8 μm。

　　分布：浙江（开化）、辽宁、海南、广西、四川、云南；古北区。

（262）暗褐心突摇蚊 *Cardiocladius fuscus* Kieffer, 1924（图6-32）

Cardiocladius fuscus Kieffer, 1924: 72.

　　特征（雄成虫）：触角比1.44–1.51。前胸背板生有9–11根侧缘毛；中鬃缺失；背中鬃12–18根；翅前鬃8–10根；小盾鬃8–11根。臀角发达。R_{2+3}脉退化；C脉不延伸；R脉具小刚毛10–12根，R_1具小刚毛1根。腋瓣具刚毛38–45根。中足，后足第1、第2跗节分别具有1对伪距；第4跗节略呈心形，短于第5跗节，前足第4跗节与第5跗节比为0.40–0.62。前足比0.68–0.70。第9背板着生8–18根粗壮刚毛。横腹内生殖突具有角状突起。抱器端节端部1/2处生有一发达亚端背脊；下附器形状不规则，表面粗糙，被覆许多长刚毛；抱器端棘长5–7 μm。

　　分布：浙江（临海）、青海；朝鲜，日本，欧洲。

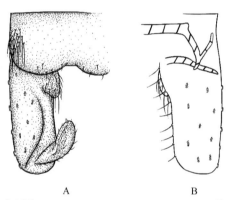

图6-32　暗褐心突摇蚊 *Cardiocladius fuscus* Kieffer, 1924（仿自刘跃丹，2006）
A. ♂生殖节，背面观；B. ♂生殖节，腹面观

90. 毛突摇蚊属 *Chaetocladius* Kieffer, 1911

Chaetocladius Kieffer, 1911: 182. Type species: *Dactylocladius setiger* Kieffer, 1911.

　　主要特征：体小型至大型，体长1.5–3.9 mm。多数为13鞭节，触角比0.3–2.8。中鬃短但明显，发生于前胸背板或者其附近。中足和后足胫节的胫距常具有明显的齿状结构。肛尖形态多变，多数种类比较发达，呈三角形或者两侧平行。阳茎内突发达，前末端具有钩状结构。阳茎刺突笔直或略弯曲，常由多根细的刺聚集而成，轻度骨化，或缺失。

　　分布：世界广布，已知57种左右，中国记录2种，浙江分布1种。

（263）小矢部毛突摇蚊 *Chaetocladius oyabevenustus* Sasa, Kawai *et* Ueno, 1988（图6-33）

Chaetocladius oyabevenustus Sasa et al., 1988: 50.

　　特征（雄成虫）：翅长1.70–1.88 mm。头部深褐色；触角浅黄棕色；胸部深棕色；腹部浅棕色；足浅棕色；翅几乎透明。触角比1.37–1.78。背中鬃6–9根，中鬃10–14根，翅前鬃4–5根，小盾片鬃4根。臀角较发达。前缘脉延伸。腋瓣缘毛4–7根。肛尖长50–53 μm，上具0–2根刚毛。肛节侧片具有5–6根长刚毛。阳茎内突长66–80 μm。横腹内生殖突长90–125 μm。阳茎刺突长45–50 μm。抱器基节长163–170 μm，下附器上具10–12根长毛。抱器端节长50–53 μm，亚端背脊长而低。

分布：浙江（临安）；日本。

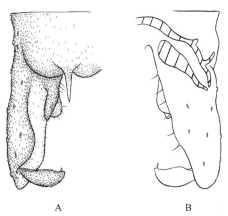

图6-33　小矢部毛突摇蚊 *Chaetocladius oyabevenustus* Sasa, Kawai *et* Ueno, 1988（仿自孔凡青，2012）
A. ♂生殖节，背面观；B. ♂生殖节，腹面观

91. 毛施密摇蚊属 *Compterosmittia* Sæther, 1981

Compterosmittia Sæther, 1981: 20. Type species: *Compterosmittia dentispina* Sæther, 1981.

主要特征：体型小，0.7–1.3 mm。触角10–13鞭节；触角比0.5–1.0。眼裸露，无背中突。第3下唇须具1–3个感觉毛。前胸背板发达。刻板愈合。盾片中至前部1/3处有4根短中鬃，披针形刚毛始于盾片1/3处。翅前鬃单列；翅上鬃0–1根；小盾片鬃单列。臀角发达或退化，C脉明显延伸。R_{2+3}终止于R_1和R_{4+5}之间。R_{4+5}接近或稍超过M_{3+4}脉。FCu远离RM脉。翅脉R、R_1、R_{4+5}、M_{1+2}具少量刚毛。翅膜区仅在翅端部r_{4+5}、m_{1+2}偶尔具少量刚毛。腋瓣裸露。伪胫距、毛型感器和爪垫缺失。肛尖中等长度，或尖细，或钝圆，具侧刚毛。阳茎刺突缺失或存在。下附器简单。抱器端节无亚端背脊。抱器端棘宽，梳状，或单一。

分布：世界广布，已知15种，中国记录7种，浙江分布3种。

分种检索表

1. 触角 12 鞭节 ⋯⋯⋯⋯⋯⋯⋯⋯⋯⋯⋯⋯⋯⋯⋯⋯⋯⋯⋯⋯⋯⋯ 十二鞭毛施密摇蚊 *C. duodecima*
- 触角 13 鞭节 ⋯⋯⋯⋯⋯⋯⋯⋯⋯⋯⋯⋯⋯⋯⋯⋯⋯⋯⋯⋯⋯⋯⋯⋯⋯⋯⋯⋯⋯⋯⋯⋯⋯ 2
2. 肛尖细长 ⋯⋯⋯⋯⋯⋯⋯⋯⋯⋯⋯⋯⋯⋯⋯⋯⋯⋯⋯⋯⋯⋯⋯⋯ 尖细毛施密摇蚊 *C. procera*
- 肛尖顶端钝圆 ⋯⋯⋯⋯⋯⋯⋯⋯⋯⋯⋯⋯⋯⋯⋯⋯⋯⋯⋯⋯⋯⋯ 内里毛施密摇蚊 *C. nerius*

（264）十二鞭毛施密摇蚊 *Compterosmittia duodecima* Lin, Yao, Liu *et* Wang, 2013（图6-34）

Compterosmittia duodecima Lin, Yao, Liu *et* Wang, 2013: 130.

特征（雄成虫）：翅长1.10–1.18 mm。胸部、头部、触角、足棕色，腹部浅棕色，翅近似透明。触角12鞭节，触角比0.35–0.39。背中鬃12–16根，中鬃7–9根，翅前鬃3–4根，翅上鬃0–1根，小盾片鬃4根。臀角弱化。前缘脉延伸长115–140 μm。臀脉1根刚毛，R脉具9–11根刚毛，R_1脉具3–5根刚毛，R_{4+5}脉具0–1根刚毛，翅膜r_{4+5}有3–11根小刚毛，其余脉、室无刚毛，Cu_1强烈弯曲。腋瓣无毛。前足比0.70–0.72。第9肛节侧片有3根毛。肛尖三角状，顶端尖，长33–40 μm，宽30–45 μm，6–8根侧毛，顶端裸露。阳茎内突长52–60 μm，横腹内生殖突长60–65 μm，具角状突起。抱器基节长135–150 μm，下附器指状。阳茎刺突弱化。抱器端节长65 μm，抱器端棘齿状，长10 μm。

　　分布：浙江（仙居、开化）。

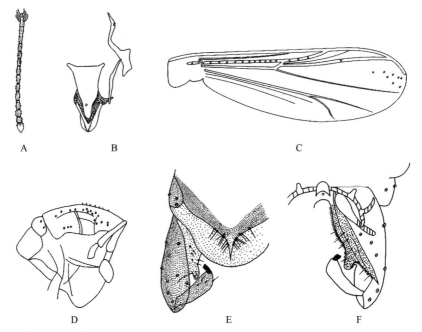

图6-34　十二鞭毛施密摇蚊 *Compterosmittia duodecima* Lin, Yao, Liu *et* Wang, 2013（仿自 Lin *et al.*, 2013）
A. 触角；B. 幕骨和唇基；C. 翅；D. 胸部；E.♂生殖节，背面观；F.♂生殖节，腹面观

（265）内里毛施密摇蚊 *Compterosmittia nerius* (Curran, 1930)（图 6-35）

Camptocladius nerius Curran, 1930: 34.

Compterosmittia nerius: Mendes *et al.* 2004: 69.

　　特征（雄成虫）：触角13鞭节。翅上鬃存在，臀角弱化，Cu_1脉强烈弯曲，下附器圆，中度叶状突起，肛尖端部钝圆，具少量刚毛，抱器端棘齿状。

　　分布：浙江（遂昌）、福建、海南；小笠原群岛，帕劳，密克罗尼西亚，美国。

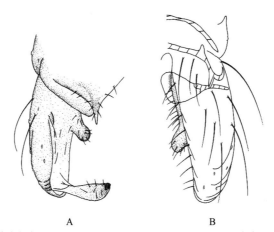

图6-35　内里毛施密摇蚊 *Compterosmittia nerius* (Curran, 1930)（仿自 Mendes *et al.*, 2004）
A.♂生殖节，背面观；B.♂生殖节，腹面观

（266）尖细毛施密摇蚊 *Compterosmittia procera* Lin, Yao, Liu *et* Wang, 2013（图 6-36）

Compterosmittia procera Lin, Yao, Liu *et* Wang, 2013: 134.

特征（雄成虫）：触角13鞭节，触角比0.75。前胸背板无毛，背中鬃6根，中鬃12根，翅前鬃2根，小盾片鬃2根。臀角弱化。前缘脉延伸长100 μm。臂脉1根刚毛，所有脉裸露，Cu₁脉中度弯曲。腋瓣无毛。前足比0.72。第9肛节侧片有3根毛。肛尖细长，顶端尖，长53 μm，宽20 μm，8根侧毛，顶端裸露。阳茎内突长63 μm，横腹内生殖突长65 μm。抱器基节长140 μm，下附器的背叶裸露，指状，下附器的腹叶较圆，叶状。阳茎刺突弱化，仅呈现倒"U"形。抱器端节长70 μm，抱器端棘非齿状，长5 μm。

分布：浙江（临安）。

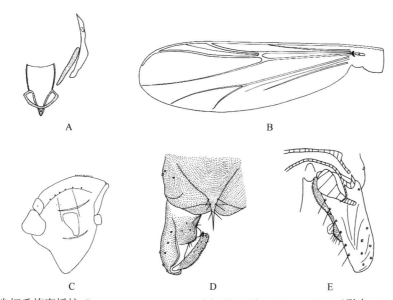

图 6-36 尖细毛施密摇蚊 *Compterosmittia procera* Lin, Yao, Liu *et* Wang, 2013（引自 Lin *et al*., 2013）
A. 幕骨和唇基；B. 翅；C. 胸部；D.♂生殖节，背面观；E.♂生殖节，腹面观

92. 棒脉摇蚊属 *Corynoneura* Winnertz, 1846

Corynoneura Winnertz, 1846: 12. Type species: *Corynoneura scutellata* Winnertz, 1846: 13.

主要特征：体型小。触角6–13鞭节，触角顶端或亚顶端有感觉毛；触角比0.16–1.42。眼小且裸露，无背中突。前胸背板发达；无中鬃。翅膜区无毛；翅楔形，无臀角；棒脉由R₁、R₂₊₃和前缘脉结合形成，为退化的R₄或R₄₊₅，并且中脉分叉形成中脉叉。腋瓣无缘毛。前足转节具发达凸起；后足胫节顶端膨大，后足常具1长1短2根胫距，偶尔短胫距退化，除胫距外还有1个12–18根棘刺的胫栉，有时后足具1根"S"形棘刺；第4跗节短于第5跗节，第4跗节心形。第9背板发达，覆盖抱器基节大部，后边缘直或中部凹陷；腹内生殖突"V"形或"U"形；无肛尖或肛尖不发达，无阳茎刺突；阳茎内突直或明显弯；抱器端节舟形或明显弯曲，一般中部具亚端背脊。

分布：世界广布，已知 66 种左右，中国记录 20 种，浙江分布 1 种。

（267）片棒脉摇蚊 *Corynoneura scutellata* Winnertz, 1846（图 6-37）

Corynoneura scutellata Winnertz, 1846: 13.

特征（雄成虫）：触角10鞭节；腹内生殖突弯曲呈近"V"形；上附器三角形；下附器指状；抱器端节

顶端弯曲，内侧具基叶。

　　分布：浙江（磐安、乐清）；世界广布。

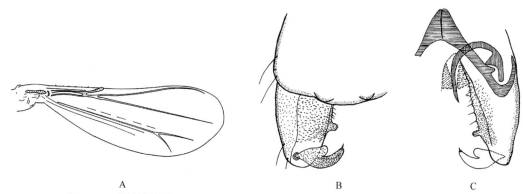

图 6-37　片棒脉摇蚊 *Corynoneura scutellata* Winnertz, 1846（仿自傅悦，2010）

A. 翅；B. ♂生殖节，背面观；C. ♂生殖节，腹面观

93. 环足摇蚊属 *Cricotopus* van der Wulp, 1874

Cricotopus van der Wulp, 1874: 132. Type species: *Chironomus tibialis* Meigen, 1804.

　　主要特征：体型不等，小型至大型，翅长4 mm。足和背板通常有色斑间隔及明亮颜色的色环。13鞭节，极少具有6、8或10鞭节。复眼多毛，复眼具或不具有背部延伸，颊毛单列或多列。前胸背板侧叶完好，背中部有"V"形缺刻并且分离，前胸背板鬃常缺失。中鬃发生于前胸背板；背中鬃弯曲，常多列，翅前鬃单列至多列，翅上鬃存在或缺失，小盾片鬃常多列。后背板、后上前侧片、前前侧片偶尔具刚毛。翅膜区无毛，常具有刻点，臀角完好，较圆。前缘脉略有延伸；R_{2+3}脉终止于R_1脉和R_{4+5}脉中间或接近于R_1脉；R_{4+5}脉止于M_{3+4}脉的背部末端；FCu脉远离RM脉，Cu_1脉直或略微弯曲。腋瓣具缘毛。肛尖常缺失，如果存在非常小、尖，很少超出第9背板，常具刚毛，但是偶尔裸露。阳茎刺突缺失或存在（伪环足亚属）。上、下附器存在，形态多样，简单、叶状或被腹叶成对。抱器端节简化，亚端背脊窄并在顶端具刚毛1–4根，抱器端棘存在或缺失。

　　分布：世界广布，已知200种左右，中国记录18种，浙江分布9种。

分种检索表

1. 抱器端节基部具附属物 ·· 山环足摇蚊 *C. (Ps.) montanus*
- 抱器端节基部无附属物 ··· 2
2. 肛尖存在 ·· 洛格环足摇蚊 *C. (N.) lygropis*
- 肛尖缺失 ··· 3
3. 体黑色，背板无色斑 ·· 黑环足摇蚊 *C. (Pa.) ater*
- 背板具色斑 ··· 4
4. 下附器缺失 ·· 线环足摇蚊 *C. (C.) similis*
- 下附器存在 ··· 5
5. 上附器清晰，隆起或圆润；下附器简单 ··· 6
- 上附器缺失或扁平；下附器常二分叶 ··· 7
6. 背板条带不一致，I、IV、VII背板多具浅色条带 ············· 三带环足摇蚊 *C. (I.) trifasciatus*
- 背板色带非上述 ·· 林间环足摇蚊 *C. (I.) sylvestris*
7. 下附器简单 ·· 双线环足摇蚊 *C. (C.) bicinctus*

（268）轮环足摇蚊 *Cricotopus (Cricotopus) annulator* Goetghebuer, 1927（图 6-38）

Cricotopus (Cricotopus) annulator Goetghebuer, 1927: 52.

　　特征（雄成虫）：腹部背板条带不一，第1、第2背板具有浅色条带，第3、第4背板前部、后部具有狭窄的浅色条带，第5背板前部1/2具有浅色条带，其余背板棕色；无上附器，下附器分叶；无肛尖。

　　分布：浙江（定海、衢江）、中国广布；全北区。

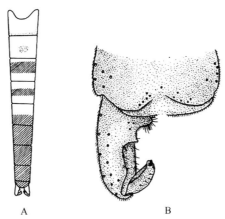

图 6-38　轮环足摇蚊 *Cricotopus (Cricotopus) annulator* Goetghebuer, 1927（仿自姚媛媛，2013）

A. 腹部；B. ♂生殖节

（269）双线环足摇蚊 *Cricotopus (Cricotopus) bicinctus* (Meigen, 1818)（图 6-39）

Chironomus bicinctus Meigen, 1818: 41.

Cricotopus (Cricotopus) bicinctus: Hirvenoja, 1973: 235.

　　特征（雄成虫）：第1、第4背板具有白色条带，其他背板棕色；中鬃8–15根。第9背板有8根刚毛，第9肛节侧片有7根刚毛。横腹内生殖突具角状突起。下附器简单，下附器长远大于宽；无亚端背脊。

　　分布：浙江（临安、开化、泰顺），中国广布；世界广布。

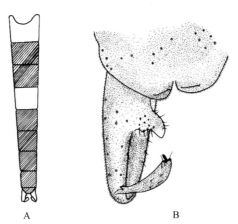

图 6-39　双线环足摇蚊 *Cricotopus (Cricotopus) bicinctus* (Meigen, 1818)（仿自姚媛媛，2013）

A. 腹部；B. ♂生殖节

（270）线环足摇蚊 *Cricotopus (Cricotopus) similis* Goetghebuer, 1921（图 6-40）

Cricotopus (Cricotopus) similis Goetghebuer, 1921: 95, 190.

特征（雄成虫）：头部、胸部、触角均为较深棕色；翅浅棕色；腹部1、4背板浅黄色，2、3背板上部1/5处有浅黄色条带，其余背板均为棕色；前足、中足、后足胫节中部浅黄色，其余均棕色。上、下附器均退化。

分布：浙江（庆元、乐清）；俄罗斯（远东地区），黎巴嫩，欧洲。

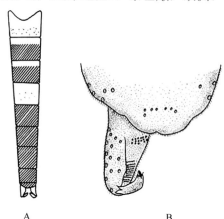

图 6-40　线环足摇蚊 *Cricotopus (Cricotopus) similis* Goetghebuer, 1921（仿自姚媛媛，2013）
A. 腹部；B. ♂生殖节

（271）三轮环足摇蚊 *Cricotopus (Cricotopus) triannulatus* (Macquart, 1826)（图 6-41）

Chironomus triannulatus Macquart, 1826: 202.

Cricotopus (Cricotopus) triannulatus: Hirvenoja, 1973: 208.

特征（雄成虫）：1背板白色条带，2背板前部1/3白色条带，3背板前部1/5白色条带，4背板前部5/6白色条带，5背板前部5/6白色条带，其他背板棕色；前足、中足、后足棕色，其胫节中部具有明显浅黄色条带。上附器布满中刚毛，半圆形。下附器中部具有分槽，具有8–10根刚毛。

分布：浙江广布，中国广布；全北区广布。

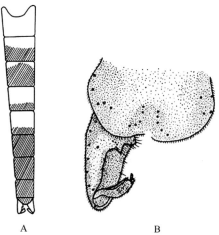

图 6-41　三轮环足摇蚊 *Cricotopus (Cricotopus) triannulatus* (Macquart, 1826)（仿自姚媛媛，2013）
A. 腹部；B. ♂生殖节

（272）林间环足摇蚊 *Cricotopus (Isocladius) sylvestris* (Fabricius, 1794)（图 6-42）

Tripula sylvestris Fabricius, 1794: 252.

Cricotopus (Isocladius) sylvestris: Hirvenoja, 1973: 278.

特征（雄成虫）：腹部1背板浅黄色，2、3背板棕色，4、5背板前部1/3浅黄色，6背板棕色，7背板后部1/2浅黄色或者1背板浅黄色，2、3背板前部1/3浅黄色，6背板浅黄色且中间具有棕色圆点，5背板前部有浅黄色条带，6、7背板后部具浅黄色条带，其余背板均为棕色；足具色环。下附器简单；上附器密布中刚毛，三角状。

分布：浙江广布，中国广布；全北区广布。

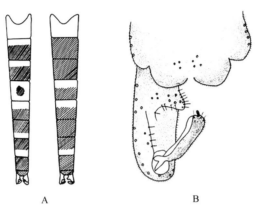

图 6-42 林间环足摇蚊 *Cricotopus (Isocladius) sylvestris* (Fabricius, 1794)（仿自姚媛媛，2013）

A. 腹部；B. ♂生殖节

（273）三带环足摇蚊 *Cricotopus (Isocladius) trifasciatus* (Meigen, 1818)（图 6-43）

Chironomus trifasciatus Meigen, 1810: 18.

Cricotopus (Isocladius) trifasciatus: Hirvenoja, 1973: 290.

特征（雄成虫）：背板条带不一，第1、第4、第7背板多具浅色条带，足具明显条带；足具条带：前足腿节前部1/2浅黄色，胫节中部大部分浅黄色，其余均棕色；中足、后足的腿节、胫节均与前足相同，但第1、第2跗节前部大部分浅黄色，其余均棕色。下附器简单；上附器密布中刚毛，三角状。

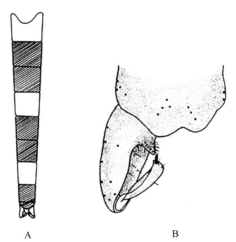

图 6-43 三带环足摇蚊 *Cricotopus (Isocladius) trifasciatus* (Meigen, 1818)（仿自姚媛媛，2013）

A. 腹部；B. ♂生殖节

　　分布：浙江（临安、庆元）、吉林、辽宁、内蒙古、河北、宁夏、江苏、湖北、福建、广西、四川、云南、西藏；全北区。

（274）洛格环足摇蚊 ***Cricotopus (Nostococladius) lygropis*** **Edwards, 1929（图 6-44）**

Cricotopus (Nostococladius) lygropis Edwards, 1929: 325.

　　特征（雄成虫）：具小肛尖，着生于第9背板上，顶端圆；下附器简单；足、背板均无条带。
　　分布：浙江（临安）；日本，欧洲。

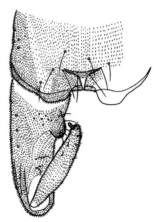

图 6-44　洛格环足摇蚊 *Cricotopus (Nostococladius) lygropis* Edwards, 1929（仿自 Li *et al.*, 2014）
♂生殖节

（275）黑环足摇蚊 ***Cricotopus (Paratrichocladius) ater*** **(Wang et Zheng, 1990)（图 6-45）**

Paratrichocladius ater Wang *et* Zheng, 1990: 243.

Cricotopus (Paratrichocladius) ater: Cranston *et* Krosch, 2015: 719.

　　特征（雄成虫）：头部黑褐色，触角和下唇须褐色；足、胸部和腹部深褐色。触角比1.6–2.0；后足第1跗节具10–14感觉毛；下附器双叶；抱器端节具亚端背脊。
　　分布：浙江（临安）、吉林、辽宁、河北、山东、河南、陕西、宁夏、甘肃、四川、云南。

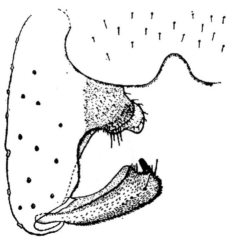

图 6-45　黑环足摇蚊 *Cricotopus (Paratrichocladius) ater* (Wang *et* Zheng, 1990)（仿自 Wang and Zheng, 1990）
♂生殖节

（276）山环足摇蚊 *Cricotopus (Pseudocricotopus) montanus* Tokunaga, 1936（图 6-46）

Cricotopus (Pseudocricotopus) montanus Tokunaga, 1936: 29.

特征（雄成虫）：腹部背板无条带，前足、中足、后足胫节黄色，其余腿节、跗节为棕色。触角比1.06–1.14。抱器端节基部具有附属物，肛尖细长且顶端尖。

分布：浙江（临安、开化、庆元）、甘肃、四川；日本。

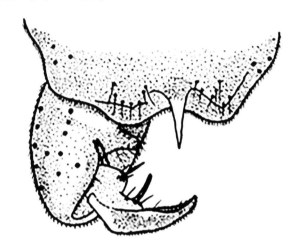

图 6-46 山环足摇蚊 *Cricotopus (Pseudocricotopus) montanus* Tokunaga, 1936（仿自姚媛媛, 2013）
♂生殖节

94. 真开氏摇蚊属 *Eukiefferiella* Thienemann, 1926

Eukiefferiella Thienemann, 1926: 325. Type species: *Spaniotoma gracei* Edwards, 1929: 346.

主要特征：小到中型，翅长0.70–3.26 mm。复眼呈肾形，小眼面间无毛或有毛；具内顶鬃、外顶鬃和眶后鬃，内、外顶鬃常不易区分。触角11、12或13鞭节，触角比0.18–2.20。中鬃存在或退化，背中鬃单列或多列，小盾鬃单列或多列。翅膜区无毛，具细刻点。C脉通常超出R$_{4+5}$脉，R$_{4+5}$脉通常相对或未达M$_{3+4}$脉终端；R$_{2+3}$脉存在或退化，当存在时终止于R$_1$脉和R$_{4+5}$脉中央或靠近R$_1$脉；Cu$_1$脉端部直或弯曲；R脉、R$_1$脉和R$_{4+5}$脉具毛或无毛；腋瓣通常具刚毛，少数种类退化。前足具1根长胫距，无侧棘；中足具内、外两根短胫距，偶尔外胫距退化，具侧棘。背板被覆刚毛，有时刚毛聚集成群。第9背板具或无粗壮刚毛；无肛尖；无成束阳茎刺突；下附器变异较大，三角形、椭圆形、方形或二分叉；抱器端节平直，向内或向外弯曲；亚端背脊存在于抱器端节或退化。

分布：世界广布，已知98种，中国记录11种，浙江分布4种。

分种检索表

1. 翅 R$_{2+3}$ 脉退化 ·········· 亮铗真开氏摇蚊 *E. claripennis*
- 翅 R$_{2+3}$ 脉存在 ·········· 2
2. 触角比大于 1.0 ·········· 细真开氏摇蚊 *E. gracei*
- 触角比小于 0.8 ·········· 3
3. 下附器梯形 ·········· 天目真开氏摇蚊 *E. tianmuensis*
- 下附器非梯形 ·········· 伊尔克真开氏摇蚊 *E. ilkleyensis*

（277）亮铗真开氏摇蚊 *Eukiefferiella claripennis* (Lundbeck, 1898)（图 6-47）

Chironomus claripennis Lundbeck, 1898: 281.

Eukiefferiella claripennis: Lehmann, 1972: 359.

　　特征（雄成虫）：翅长1.03–1.20 mm。眼无毛；触角13鞭节，触角比0.73–0.80；内、外顶鬃均缺失，眶后鬃2–4根。前胸背板具1–2根侧缘毛，中鬃缺失，背中鬃7–10根，翅前鬃3根，小盾鬃3–4根。臀角发达；R_{2+3}脉退化；C脉延伸长51–68 μm；翅脉无毛，腋瓣具刚毛6–8根。前足比0.56–0.61。第9背板无粗壮刚毛；阳茎内生殖突长33–36 μm；横腹内生殖突具骨化突起；下附器舌状，被覆若干较长刚毛。

　　分布：浙江（庆元）、辽宁、宁夏；全北区。

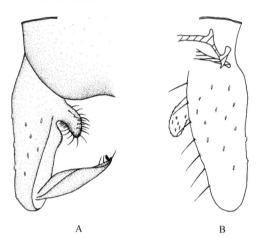

A　　　　　　　　　　　　B

图 6-47　亮铗真开氏摇蚊 *Eukiefferiella claripennis* (Lundbeck, 1898)（仿自刘跃丹，2006）
A.♂生殖节，背面观；B.♂生殖节，腹面观

（278）细真开氏摇蚊 *Eukiefferiella gracei* (Edwards, 1929)（图 6-48）

Spaniotoma gracei Edwards, 1929: 346.

Eukiefferiella gracei: Ashe *et* Cranston, 1990: 184

　　特征（雄成虫）：触角比1.8。抱器端节具1较长背脊，全身黑色，第9背板着生9–10根粗壮刚毛。

　　分布：浙江（临安）、辽宁、内蒙古、宁夏、青海；尼泊尔，全北区。

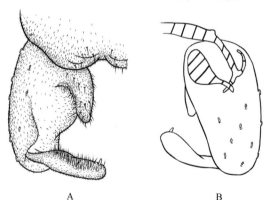

A　　　　　　　　　　　　B

图 6-48　细真开氏摇蚊 *Eukiefferiella gracei* (Edwards, 1929)（仿自刘跃丹，2006）
A.♂生殖节，背面观；B.♂生殖节，腹面观

（279）伊尔克真开氏摇蚊 *Eukiefferiella ilkleyensis* (Edwards, 1929)（图 6-49）

Spaniotoma ilkleyensis Edwards, 1929: 349.

Eukiefferiella ilkleyensis: Lehmann, 1972: 372.

特征（雄成虫）：翅长1.86–1.94 mm。眼无毛。触角比0.71–0.80。前胸背板具2根侧缘毛，中鬃缺失，背中鬃7–8根，翅前鬃3根，小盾鬃2根。臀角发达。R_{2+3}脉终止于R_1脉和R_{4+5}脉中央；C脉延伸长65–70 μm。R脉具2–3根刚毛。腋瓣具刚毛4–5根。中足、后足第1–2跗节各具1对伪距。前足比0.74–0.75。第9背板生有8–10根粗壮刚毛；阳茎内生殖突长57–60 μm，横腹内生殖突长71–74 μm，生有1对骨化突起；抱器端节较直；下附器三角形；抱器端棘长7–8 μm。

分布：浙江（临安、泰顺）、辽宁；黎巴嫩，欧洲。

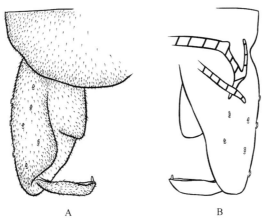

图 6-49 伊尔克真开氏摇蚊 *Eukiefferiella ilkleyensis* (Edwards, 1929)
A.♂生殖节，背面观；B.♂生殖节，腹面观

（280）天目真开氏摇蚊 *Eukiefferiella tianmuensis* Qi, Liu, Lin *et* Wang, 2012（图 6-50）

Eukiefferiella tianmuensis Qi, Liu, Lin *et* Wang, 2012: 1009.

特征（雄成虫）：体长1.98–2.10 mm，翅长1.13–1.16 mm，体长/翅长1.75–1.82。眼无毛；触角13鞭节，

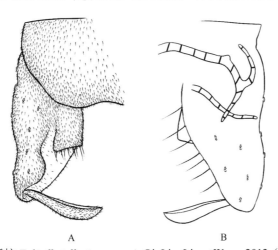

图 6-50 天目真开氏摇蚊 *Eukiefferiella tianmuensis* Qi, Liu, Lin *et* Wang, 2012（仿自 Qi *et al.*, 2012c）
A.♂生殖节，背面观；B.♂生殖节，腹面观

触角比0.79–0.83。内、外顶鬃均退化。前胸背板无侧缘毛，中鬃3–5根，极弱，背中鬃7–9根，翅前鬃缺失，小盾鬃1–2根。臀角正常；翅脉比1.25–1.30；R_{2+3}脉终点靠近R_1脉；无C脉延伸；翅脉无毛；腋瓣具刚毛11–13根。中足具2根胫距，后足具1长1短2根胫距；后足胫栉具7–10根棘刺；中足、后足第1–3跗节分别着生1对伪距。前足比0.44–0.59。第9背板具0–3根粗壮刚毛；阳茎内生殖突长63 μm，横腹内生殖突长50–70 μm，拱形，生有1对骨化突起；抱器基节长290–320 μm，抱器端节略弯，勺状，长110–130 μm；下附器呈梯形，端部膨胀，被覆7–12根长刚毛；抱器端节无背脊，抱器端棘长7–9 μm。

分布：浙江（临安、遂昌）。

95. 毛胸摇蚊属 *Heleniella* Gowin, 1943

Heleniella Gowin, 1943: 116. Type species: *Heleniella thienemanni* Gowin, 1943: 116 [= *Spaniotoma* (*Smittia*) *ornaticollis* Edwards,1929].

主要特征：体小型至中型。触角13节。复眼被毛，并且略向背部延伸。无中鬃；背中鬃较多且具肩鬃；翅前鬃较多；小盾片鬃多列。上前侧片、后侧片、前前侧片的前部和中部偶有短毛。翅膜区无毛；前缘脉延伸，Cu_1脉弯曲，腋瓣无长缘毛。肛尖小或者无肛尖。阳茎刺突包含2–3条长的略弯曲的棒状结构。上附器缺失，下附器呈矩形或钝三角形，其上有长毛或短刚毛。亚端背脊缺失，抱器端棘发达。

分布：古北区、东洋区、新北区。世界已知10种，中国记录3种，浙江分布1种。

（281）黑翅毛胸摇蚊 *Heleniella nebulosa* Andersen *et* Wang, 1997 （图 6-51）

Heleniella nebulosa Andersen *et* Wang, 1997:151.

特征（雄成虫）：翅长1.15–1.18 mm。翅具两淡黑色斑。触角比0.69–0.91。前胸背板鬃52–62根，其中25–28根在前胸背板前边缘，27–34根在后边缘；背中鬃47–70根，25–33根短的肩鬃，6–12根前小盾片鬃。翅前鬃14–18根。前上前侧片有18–20根细毛，中上前侧片具11–16根强壮刚毛。前前侧片鬃为20–30根强壮

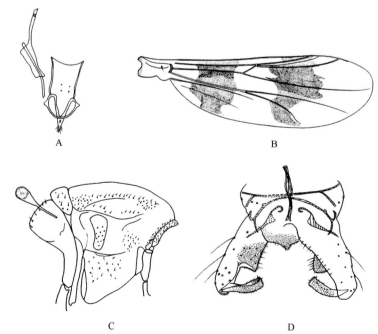

图 6-51　黑翅毛胸摇蚊 *Heleniella nebulosa* Andersen *et* Wang, 1997（仿自孔凡青，2012）

A. 食窦泵，幕骨和茎节；B. 翅；C.胸部；D. 生殖节

刚毛。小盾片鬃16–20根，成2–3列。后背板具有4–5根细鬃。肛尖缺失，第9背板具9–18根短刚毛，肛节侧片具有4根长刚毛。阳茎内突长35–38 μm，横腹内生殖突长63–70 μm。阳茎刺突长55–60 μm，由2根长刺和3根短刺构成。抱器基节长125–140 μm，具有发达的三角形下附器。抱器端节长48–50 μm；抱器端棘长12 μm。

　　分布：浙江（临安）、河南、陕西、福建、贵州、西藏；泰国。

96. 异三突摇蚊属 *Heterotrissocladius* Spärck, 1923

Heterotrissocladius Spärck, 1923: 94. Type species: *Metriocnemus cubitalis* Kieffer, 1911.

　　主要特征：体小至中型。触角13鞭节。复眼光裸无毛，或偶具毛；具背中突。前胸背板不与盾片的突出部分接触，中鬃长且粗壮，某些种类缺中鬃或者极细；背中鬃及翅前鬃数目较多。R_1脉和R_{4+5}脉止于M_{3+4}脉末端的背部相对处，Cu_1脉明显弯曲。腋瓣具缘毛。肛尖长，健壮或者针状，末端无长毛，但第9背板和肛尖具一定数量的短的细毛；腹内生殖突的前端突出；阳茎刺突存在，由6–8根细短的刺构成；抱器基节的下附器或多或少圆钝，抱器端节前端具有亚端背脊。

　　分布：古北区、东洋区、新北区。世界已知22种，中国记录4种，浙江分布2种。

（282）弯叶异三突摇蚊 *Heterotrissocladius flectus* Kong *et* Wang, 2011（图 6-52）

Heterotrissocladius flectus Kong *et* Wang, 2011: 63.

　　特征（雄成虫）：翅长1.43–1.75 mm。头部深褐色；触角浅黄棕色；胸部深褐色；腹部黄棕色，足浅棕色，翅仅透明。触角比0.78–0.90。背中鬃15–18根；中鬃12–14根；翅前鬃4–5根；小盾片鬃7–9根。R脉具11–14根刚毛，其余各脉光裸无毛，翅膜区的毛稀少，m_{1+2}室3根毛，r_{4+5}室6根毛，an室1–2根毛；腋瓣缘毛9–15根；臂角发达，臂脉有1根毛。后足具胫栉。前足比0.58–0.79。肛尖大体呈三角形，末端略尖锐。第9背板具17–32根短刚毛在肛尖上，肛节侧片具有5–7根长刚毛。下附器较发达，长25–45 μm，上具毛8–10根，末端明显有弯曲。亚端背脊三角形。

　　分布：浙江（临安）、贵州。

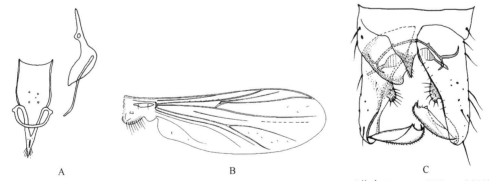

图 6-52　弯叶异三突摇蚊 *Heterotrissocladius flectus* Kong *et* Wang, 2011（仿自 Kong and Wang, 2011）

A. 食窦泵、幕骨和茎节；B. 翅；C. ♂生殖节

（283）软异三突摇蚊 *Heterotrissocladius marcidus* (Walker, 1856)（图 6-53）

Metriocnemus marcidus Walker, 1856: 177.

Heterotrissocladius marcidus: Sæther, 1969: 45.

　　特征（雄成虫）：翅膜区多毛，an室至少有几百根，胸部毛较多，抱器端节外缘较圆钝，第9背板和肛尖有26–27根毛。

　　分布：浙江（临安）、吉林、四川、西藏；日本，欧洲，北美洲。

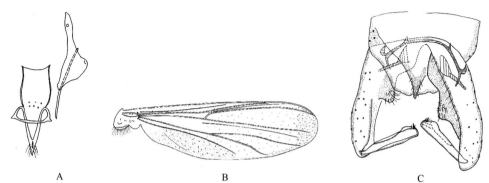

图 6-53　软异三突摇蚊 *Heterotrissocladius marcidus* (Walker, 1856)（仿自孔凡青，2012）

A. 食窦泵、幕骨和茎节；B. 翅；C. ♂生殖节

97. 水摇蚊属 *Hydrobaenus* Fries, 1830

Hydrobaenus Fries, 1830: 177. Type species: *Hydrobaenus lugubris* Fries, 1830.

　　主要特征：触角8–13鞭节。中鬃自前胸背板一段距离生长，常为钩形或柳叶形，始于距盾片前缘一段距离处。翅间质无毛，具明显刻点；R_{4+5}末端距M脉末端较远，远离FCu脉；Cu脉直或末端轻微弯曲；具腋瓣毛。肛尖退化或一般发达；末端通常无刚毛和微毛，但基部多毛；阳茎刺突具一簇中长骨刺；抱器基节具发达下附器；抱器端节较圆，外缘具尖或圆的外突，或短且上翘的外突。

　　分布：古北区、东洋区、新北区。世界已知 42 种左右，中国记录 3 种，浙江分布 1 种。

（284）近藤水摇蚊 *Hydrobaenus kondoi* Sæther, 1989（图 6-54）

Hydrobaenus kondoi Sæther, 1989: 58.

　　特征（雄成虫）：触角比2.20–3.20。无中鬃。肛尖极度退化，无或仅余小半圆突起；第9背板具刚毛54–78根，背板侧刚毛6–13根，阳茎刺突骨化明显，短小，含2–4根短刺；下附器分两叶，上叶较大和突出，两叶外缘较圆或略方；抱器端节靠基部处有脊状隆起，端部附近无明显突起。

　　分布：浙江（慈溪、乐清）、辽宁、天津、湖北；日本。

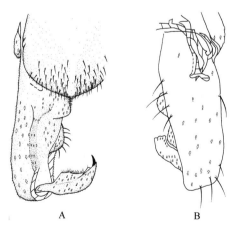

图 6-54　近藤水摇蚊 *Hydrobaenus kondoi* Sæther, 1989（仿自 Sæther, 1989）

A. ♂生殖节，背面观；B. ♂生殖节，腹面观

98. 沼摇蚊属 *Limnophyes* Eaton, 1875

Limnophyes Eaton, 1875: 60. Type species: *Limnophyes pusillus* Eaton, 1875.

主要特征：体小型至中型，体浅棕色到黑色。触角多数为13鞭节。复眼不具有或者轻微的背部延伸，光裸无毛。一般具有中鬃，短且弯曲，背中鬃较少，常具有披针形或者刀状的肩鬃和前小盾片鬃。翅膜区无毛。前缘脉轻微延伸；R_{2+3}脉终止于R_1脉和R_{4+5}脉中间；R_{4+5}脉止于M_{3+4}脉终点的背部或上部；Cu_1脉强烈弯曲。腋瓣常具有缘毛。腹部第9节密生刚毛，"肛尖"由略发达到十分发达。阳茎刺突发达。

分布：世界广布，已知 90 种左右，中国记录 14 种，浙江分布 2 种。

（285）微小沼摇蚊 *Limnophyes minimus* (Meigen, 1818)（图 6-55）

Chironomus minimus Meigen, 1818: 47.
Limnophyes minimus: Pinder, 1978: 88.

特征（雄成虫）：翅长0.71–0.97 mm。头部和胸部均为深棕色。触角9–13鞭节，触角比0.88–1.00。背中鬃8–18根，包括0–3根披针形肩鬃，8–15根非披针形的背中鬃，0–3根披针形前小盾片鬃。中鬃4–7根；翅前鬃4–6根；翅上鬃1根。前前侧片鬃3根；前上前侧片鬃2–4根刚毛，后上前侧片鬃1–2根。后侧片鬃1–3根。小盾片鬃4–6根。R脉具有1–3根刚毛。腋瓣缘毛1–4根。"肛尖"呈三角形或较圆钝，具有8–12根较弱刚毛。第9肛节侧片有2–4根毛。阳茎刺突由2–3根逐渐变细的刺构成。下附器略呈三角形。抱器端节具有长而低的亚端背脊。

分布：浙江广布，中国广布；北半球广布。

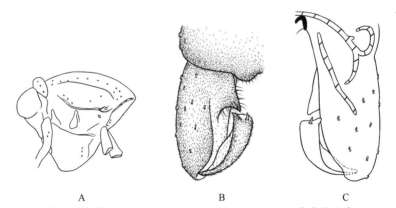

A　　　　　　　　B　　　　　　　　C

图 6-55　微小沼摇蚊 *Limnophyes minimus* (Meigen, 1818)（仿自孔凡青, 2012）
A. 胸；B.♂生殖节，背面观；C.♂生殖节，腹面观

（286）双尾沼摇蚊 *Limnophyes verpus* Wang *et* Sæther, 1993（图 6-56）

Limnophyes verpus Wang *et* Sæther, 1993: 220.

特征（雄成虫）：头部、胸部和腹部均为深棕色。触角比0.51–0.88。前胸背板中部具有2–4根刚毛，后部具有1–2根刚毛。背中鬃8–13根，无披针形鬃毛。中鬃6–10根；翅前鬃4根；翅上鬃1根。前前侧片鬃1–3根；后上前侧片鬃1–2根；后侧片鬃2–6根。小盾片鬃5–10根。"肛尖"末端明显二裂，上具有8–13根刚毛。第9肛节侧片有2–4根毛。阳茎刺突具有1根中间刺，两侧也常有刺。下附器三角形，背叶不明显。抱器端节具有尖锐的亚端背脊。

分布：浙江（临安、天台、景宁、泰顺），中国广布；俄罗斯（远东地区）。

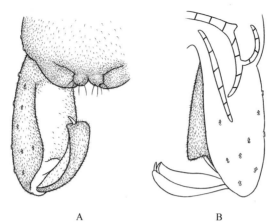

图 6-56　双尾沼摇蚊 *Limnophyes verpus* Wang *et* Sæther, 1993（仿自孔凡青，2012）
A. ♂生殖节，背面观；B. ♂生殖节，腹面观

99. 利突摇蚊属 *Litocladius* Mendes, Andersen *et* Sæther, 2004

Litocladius Mendes, Andersen *et* Sæther, 2004: 72. Type species: *Litocladius mateusi* Mendes, Andersen *et* Sæther, 2004.

主要特征：小到中型，翅长1.4 mm。雄虫13节，雌虫5节。触角比1.5。眼裸露，无背中突。内顶鬃弱，外顶鬃发达，后眶鬃缺失或少。中鬃从背板前端生出，延伸到背板末端，3种不同类型刚毛。臀角发达。C脉中度延伸，Cu_1弯曲，R_{2+3}在R_1和R_{4+5}中间，r_{4+5}、m_{1+2}和m_{3+4}具毛或光裸。腋瓣有缘毛。肛尖长，尖，有侧毛，肛尖上有光裸区域。下附器两分叶，背叶三角形，腹叶圆形。阳茎刺突长，具2长中间刺突及发达或不发达的侧叶。亚端背脊发达，端棘发达。

分布：东洋区、新热带区。世界已知 6 种，中国记录 1 种，浙江分布 1 种。

（287）梁氏利突摇蚊 *Litocladius liangae* Lin, Qi *et* Wang, 2013（图 6-57）

Litocladius liangae Lin, Qi *et* Wang, 2013: 143.

特征（雄成虫）：翅长2.00 mm。体棕色。触角缺失。颚毛15根，包括8根内顶鬃、5根外顶鬃和2根后眶鬃。臀角发达。臂脉有1根刚毛；R脉5根小刚毛；其余翅脉无小刚毛。腋瓣缘毛20根。前胸背板有6根侧刚毛，背中鬃11根，中鬃包括位于前端的4根强壮弯曲刚毛，中部的2根小刚毛，4根披针形小刚毛位于中后端；翅前鬃3根，小盾片鬃10根。后足胫栉11根。中足第1、第2跗节具伪胫距；后足跗节缺失。前足比0.80。第9背板密布微毛，无刚毛，第9侧板有7根刚毛。肛尖粗壮，三角形，顶端尖，两侧边缘着生6根粗壮的刚毛。阳茎刺突发达，具7根中间长刺及侧叶。下附器两分叶，背叶宽，具7根短毛及部分微毛；腹叶瘦长，具6根长刚毛及大量微毛。抱器亚端背脊发达，椭圆形。

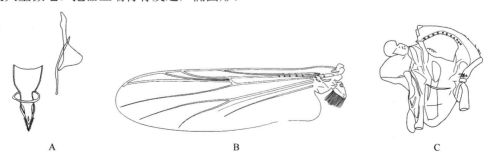

A　　　　　　　　　　　　B　　　　　　　　　　　　C

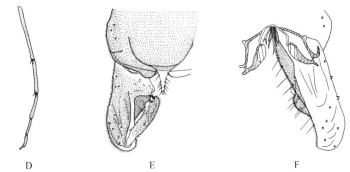

图 6-57　梁氏利突摇蚊 *Litocladius liangae* Lin, Qi *et* Wang, 2013（仿自 Lin *et al*., 2013b）
A. 唇基和幕骨；B. 翅；C. 胸；D. 中足跗节；E.♂生殖节，背面观；F.♂生殖节，腹面观

分布：浙江（遂昌）。

100. 肛脊摇蚊属 *Mesosmittia* Brundin, 1956

Mesosmittia Brundin, 1956: 163. Type species: *Mesosmittia flexuella* Edwards, 1929: 319.

主要特征：体小型，体长1.0–1.8 mm。13鞭节，触角比0.8–1.8。复眼一般光裸无毛，不具复眼延伸。中鬃单列，长且粗壮，发生于前胸背板附近；背中鬃、翅前鬃和盾片鬃数目较少，单列。翅膜区无毛，臀角发达，前缘脉延伸；R_{2+3}脉终止于R_1脉和R_{4+5}脉中间，R_{4+5}脉止于M_{3+4}脉末端的背部相对处或近相对处，Cu_1脉弯曲，臀脉较短，终止于近侧，R脉具少量毛或者不具毛，腋瓣缘毛1–10根。第9背板中部具有隆起的拱形结构，不具有真正的肛尖。阳茎刺突基部发达，末端略延长或明显延长；上附器缺失，下附器退化或发达。抱器端节具有亚端背脊，末端具有非常短的抱器端棘。

分布：世界广布，已知 14 种，中国记录 2 种，浙江分布 1 种。

（288）侧毛肛脊摇蚊 *Mesosmittia patrihortae* Sæther, 1985（图 6-58）

Mesosmittia patrihortae Sæther, 1985: 47.

特征：翅长1.00–1.12 mm。头部深褐色；触角浅黄棕色；胸部和腹部深棕色；足浅棕色。触角比1.04–1.25；5根内顶鬃，9根外顶鬃。背中鬃4–8根，中鬃6–7根，翅前鬃4–5根，小盾片鬃2–6根。前缘脉延伸长16–20 μm。R脉有2–4根毛，腋瓣缘毛3–8根。前足比0.46–0.50。第9背板中部隆起部位具有3–7根缘毛，肛节侧片具有4–7根长刚毛。阳茎刺突长28–38 μm。抱器端节呈棒状，具有低的亚端背脊。

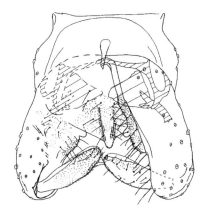

图 6-58　侧毛肛脊摇蚊 *Mesosmittia patrihortae* Sæther, 1985（仿自 Sæther, 1985）
♂生殖节

分布：浙江（临安），中国广布；俄罗斯（远东地区），日本，北美洲，南美洲。

101. 中足摇蚊属 *Metriocnemus* van der Wulp, 1874

Metriocnemus van der Wulp, 1874: 136. Type species: *Chironomus albolieatus* Meigen, 1818: 569.

主要特征：体小至中型。触角13鞭节。眼裸。中鬃长；有少许翅上鬃。后上前侧片和前前侧片有时有刚毛。翅膜区通常密具刚毛，臀角由中度到十分发达。前缘脉适度延伸或明显延伸。R_{2+3}脉终止于R_1脉和R_{4+5}脉中间，与R_1脉距离较近且平行；R_{4+5}脉止于M_{3+4}脉的背部相对处或者近相对处。腋瓣具缘毛。肛尖无刚毛，中长到长，通常逐渐变细尖。阳茎刺突通常很明显，常由6–14根短的棘刺聚集而成，偶缺失。抱器基节具下附器。抱器端棘短。

分布：世界广布，已知69种，中国记录18种，浙江分布3种。

分种检索表

1. 肛尖不发达 ·· 长须中足摇蚊 *M. tristellus*
- 肛尖发达 ··· 2
2. 亚端背棘不发达；阳茎刺突存在 ······························· 茎梗中足摇蚊 *M. caudigus*
- 亚端背棘发达；阳茎刺突缺失 ··································· 棕色中足摇蚊 *M. fuscipes*

（289）茎梗中足摇蚊 *Metriocnemus caudigus* Sæther, 1995（图 6-59）

Metriocnemus caudigus Sæther, 1995: 52.

特征（雄成虫）：翅长1.50–2.45 mm。全身棕黑色。触角比1.11–1.36。前胸背板鬃6根；中鬃20–22根；背中鬃19–30根；13–20根小盾片鬃。翅前鬃6–9根。翅膜区密具刚毛。臀角略发达。前足比0.56–0.57。肛尖细长，伸出第9背板；端部顶端尖。第9背板具22根长刚毛；肛尖侧片具3根刚毛。下附器存在，上有若干小刚毛。阳茎刺突发达。抱器端节细长，像茎秆状，亚端背棘不发达。

分布：浙江（临安、天台）、福建；古北区。

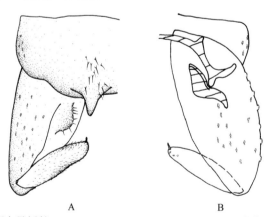

图 6-59　茎梗中足摇蚊 *Metriocnemus caudigus* Sæther, 1995（仿自 Sæther, 1985）
A. ♂生殖节，背面观；B. ♂生殖节，腹面观

（290）棕色中足摇蚊 *Metriocnemus fuscipes* (Meigen, 1818)（图 6-60）

Chironomus fuscipes Meigen, 1818: 49.
Metriocnemus fuscipes: Sæther, 1989: 423.

　　特征（雄成虫）：翅长1.83 mm。体浅黄色。触角比1.47。前胸背板鬃4根；中鬃25根；背中鬃10根；6根小盾片鬃。翅前鬃6根。翅膜区密布大毛。前足比0.74。第9背板具3根小刚毛。肛尖细长，长43 μm。抱器基节长210 μm。抱器端节长93 μm。亚端背棘突发达。阳茎刺突缺失。

　　分布：浙江（开化）、吉林、宁夏、青海、西藏；蒙古国，全北区。

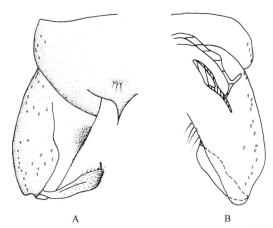

图 6-60　棕色中足摇蚊 *Metriocnemus fuscipes* (Meigen, 1818)（仿自 Sæther, 1985）
A.♂生殖节，背面观；B.♂生殖节，腹面观

（291）长须中足摇蚊 *Metriocnemus tristellus* Edwards, 1929（图 6-61）

Metriocnemus tristellus Edwards, 1929: 312.

　　特征（雄成虫）：翅长1.93–1.95 mm。触角比0.84。前胸背板鬃3根；背中鬃22根；中鬃12根。翅前鬃12根。臀角略发达，前缘脉延伸长140 μm，具有6–9根刚毛。臂脉有3–5根刚毛。R脉具2–33根刚毛，R_1脉有21根刚毛，M脉具有0–15根刚毛，M_{1+2}脉有45根刚毛，M_{3+4}脉有31根刚毛，Cu脉具有24根刚毛，Cu_1脉具有18根刚毛，其余翅脉光裸。m室到RM脉基部具有8根刚毛。腋瓣有9根缘毛。前足比0.75。肛尖长20–40 μm。第9背板具13–17根短刚毛，肛节侧片具有5–6根长刚毛。无阳茎刺突。下附器不发达。

　　分布：浙江（庆元）；俄罗斯（远东地区），欧洲。

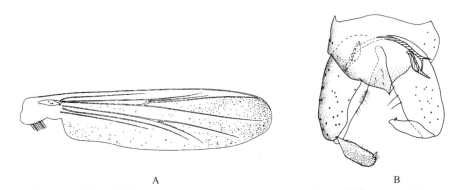

图 6-61　长须中足摇蚊 *Metriocnemus tristellus* Edwards, 1929（仿自 Sæther, 1985）
A. 翅；B. 生殖节

102. 矮突摇蚊属 *Nanocladius* Kieffer, 1913

Nanocladius Kieffer, 1913: 31. Type species: *Nanocladius vitellinus* Kieffer, 1913.

　　主要特征：体小，不超过3 mm；翅长0.8–2.0 mm。体棕色至黑色；翅淡黄色；触角两侧毛通常发白。

触角常13鞭节，触角比0.29–1.63。复眼具毛，无背中突。额瘤存在。无内、外顶鬃，偶具眶后鬃。前胸背板发达；盾片中部具2根中鬃。具单列背中鬃、翅前鬃和小盾片鬃。翅膜区裸露。背板具1–2列规则排列或不规则排列的刚毛，且有色环环绕刚毛根部。肛尖基部具几根刚毛；肛尖细长，具尖锐的端部；上附器一般圆形；下附器一般三角形；抱器端节无明显的亚端背脊。

分布：世界广布，已知37种左右，中国记录5种，浙江分布1种。

（292）台湾矮突摇蚊 *Nanocladius taiwanensis* Fu *et* Wang, 2009（图 6-62）

Nanocladius taiwanensis Fu *et* Wang, 2009: 47.

特征（雄成虫）：翅长0.86–0.95 mm。中足、后足腿节近基部具色环。触角比0.70–0.72。背中鬃4–5根，翅前鬃1根，小盾片鬃2根。第9肛节侧片有2根毛。肛尖细长，基部具4根刚毛，顶端尖。阳茎内突长43–50 μm，横腹内生殖突长55–70 μm，不具角状突起。抱器基节长118–130 μm，下附器三角形，端部钝圆，具9根刚毛。

分布：浙江（乐清）、台湾。

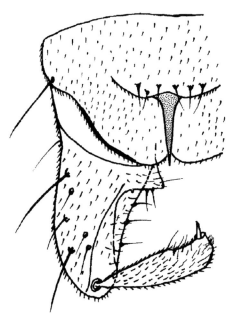

图 6-62　台湾矮突摇蚊 *Nanocladius taiwanensis* Fu *et* Wang, 2009（仿自 Fu and Wang, 2009）
♂生殖节，背面观

103. 直突摇蚊属 *Orthocladius* van der Wulp, 1874

Orthocladius van der Wulp, 1874: 132. Type species: *Tipula stercoraria* van der Wulp, 1874.

主要特征：触角13鞭节。前胸背板中部较窄，缺口较浅，多呈"V"形。中鬃一般发生于前胸背板附近，较细或者缺失。翅膜区无毛；臀角发达。R_{4+5}脉止于M_{3+4}脉终点的相对处；Cu_1脉笔直或者略有弯曲。腋瓣具缘毛。中足和后足的第1和第2跗节常存在伪胫距，有些种类不存在伪胫距或者在第2跗节上不存在。肛尖发达，具毛。阳茎刺突存在或者缺失。上附器多呈钩状、三角形或衣领状；常具双下附器，或缺失。

分布：世界广布，已知122种，中国记录33种，浙江分布5种。

分种检索表

（293）金氏直突摇蚊 *Orthocladius (Euorthocladius) kanii* (Tokunaga, 1939)（图 6-63）

Spaniotoma (Orthocladius) kanii Tokunaga, 1939: 315.

Orthocladius kanii: Yamamoto, 2004: 58.

特征（雄成虫）： 阳茎刺突存在，下附器背叶略呈方形，覆盖背叶。

分布： 浙江（临安、泰顺）、辽宁；俄罗斯（远东地区），日本。

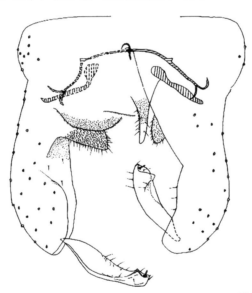

图 6-63　金氏直突摇蚊 *Orthocladius (Euorthocladius) kanii* (Tokunaga, 1939)（仿自孔凡青，2012）
♂生殖节

（294）细长直突摇蚊 *Orthocladius (Orthocladius) dorenus* (Roback, 1957)（图 6-64）

Hydrobaenus dorenus Roback, 1957: 78.

Orthocladius (Orthocladius) dorenus: Sublette, 1966: 594.

特征（雄成虫）： 触角比1.48–1.80。臀角发达。R脉有8–10根刚毛，其余脉无刚毛。腋瓣缘毛20–31根。后足胫栉10–12根。第9背板包括肛尖上共有12–16根毛。上附器较细长，下附器背叶狭窄，腹叶略呈方形，延伸至超过背叶。阳茎刺突存在。

分布： 浙江（临安、开化）、四川、云南；俄罗斯（远东地区），北美洲。

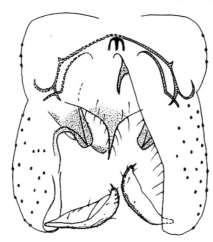

图 6-64　细长直突摇蚊 *Orthocladius* (*Orthocladius*) *dorenus* (Roback, 1957)（仿自孔凡青，2012）
♂生殖节

（295）窄刺直突摇蚊 *Orthocladius* (*Orthocladius*) *excavatus* Brundin, 1947（图 6-65）

Orthocladius excavatus Brundin, 1947: 20.

　　特征（雄成虫）：触角比1.33。肛尖8侧根毛。第9肛节侧片有6–10根毛。阳茎刺突逐渐变窄，亚端背脊长而低，下附器背叶覆盖腹叶的大部分。
　　分布：浙江（临安、衢江）；美国。

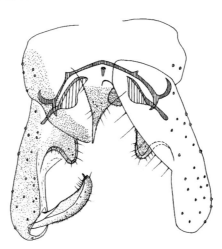

图 6-65　窄刺直突摇蚊 *Orthocladius* (*Orthocladius*) *excavatus* Brundin, 1947（仿自孔凡青，2012）
♂生殖节

（296）三角直突摇蚊 *Orthocladius* (*Orthocladius*) *manitobensis* Sæther, 1969（图 6-66）

Orthocladius (*Orthocladius*) *manitobensis* Sæther, 1969: 69.

　　特征（雄成虫）：触角比1.36–1.72。第9背板包括肛尖上共有13–17根毛。第9肛节侧片有6–10根毛。肛尖长52–66 mm。上附器近三角形，下附器背叶近三角形，腹叶延伸至超过背叶。阳茎刺突存在。亚端背脊长而低。
　　分布：浙江（临安、衢江）；加拿大，美国。

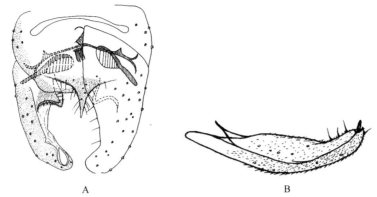

图 6-66 三角直突摇蚊 *Orthocladius* (*Orthocladius*) *manitobensis* Sæther, 1969（仿自孔凡青，2012）
A、B.♂生殖节

（297）木直突摇蚊 *Orthocladius* (*Symposiocladius*) *lignicola* Kieffer, 1914（图 6-67）

Orthocladius (*Symposiocladius*) *lignicola* Kieffer in Potthast, 1915: 273.

特征（雄成虫）：触角比1.93–2.12。6–17根背中鬃。R脉具有6–13根刚毛。上附器衣领状，下附器腹叶延伸未超过背叶。抱器端节不具有内缘突出，且中部略宽。

分布：浙江（临安）；全北区。

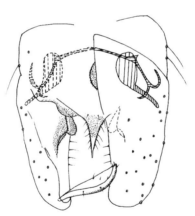

图 6-67 木直突摇蚊 *Orthocladius* (*Symposiocladius*) *lignicola* Kieffer, 1914（仿自孔凡青，2012）
♂生殖节

104. 拟开氏摇蚊属 *Parakiefferiella* Thienemann, 1936

Parakiefferiella Thienemann, 1936:195. Type species: *Spaniotoma* (*Eukiefferiella*) *coronate* Edwards,1929.

主要特征：体小型，翅长可达2.5 mm。触角12–13鞭节。眼光裸无毛，无延伸。颊毛数量很少，内顶鬃缺失。前胸背板较发达，中鬃缺失，中胸背板上有瘤状突，翅前鬃和小盾片鬃单列。翅面光裸无毛，臀角圆形，欠发达。C脉有延伸，Cu_1脉适度弯曲，R脉和R_1脉上小刚毛较少，腋瓣缘毛缺失。伪胫距不明显或缺失，刺形感器缺失。肛尖较短，从第9背板后缘伸出，基部宽大，圆形或近三角形，基部有2–8根刚毛，端部光裸。横腹内生殖突稍微弯曲，横腹内生殖突上的突起明显，阳茎刺突发达。上附器缺失或发达，呈三角形，下附器方形或三角形，经常有指状突起。抱器端节弯曲，亚端背脊小或无。

分布：世界广布，已知44种，中国记录5种，浙江分布1种。

（298）深拟开氏摇蚊 *Parakiefferiella bathophila* (Kieffer, 1912)（图 6-68）

Dacylocladius bathophila Kieffer, 1912: 88.

Parakiefferiella bathophila: Brundin, 1956: 152.

特征（雄成虫）：体小型，身体棕黄色。触角比1.14–1.15。肛尖短，呈三角形；阳茎刺突发达；下附器呈发达的三角形，着生许多微毛，抱器端节向内弯曲。

分布：浙江（西湖、衢江）、天津；全北区。

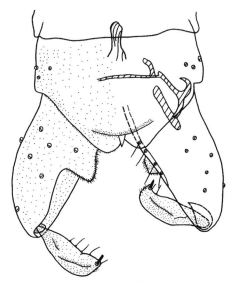

图 6-68　深拟开氏摇蚊 *Parakiefferiella bathophila* (Kieffer, 1912)（仿自任静，2014）
♂生殖节

105. 拟中足摇蚊属 *Parametriocnemus* Goetghebuer, 1932

Parametriocnemus Goetghebuer, 1932: 22. Type species: *Metriocnemus stylatus* Spärck, 1923.

主要特征：体小至中型，翅长1.1–2.2 mm。触角13鞭节，有些种为8鞭节，触角顶端无刚毛，触角比0.3–1.6。眼裸，具两侧平行的背中突。下唇须第3节有针形感觉棒。中鬃很长，背中鬃少许到多，无翅上鬃。翅膜区绝大部分具刚毛。前缘脉适度延伸。R_{4+5}止于M_{3+4}脉的背部正对处或者近相对处，当结束于近相对处时，前缘脉延伸到M_{3+4}脉的背部。Cu_1脉明显弯曲。足无伪胫距和毛形感器，爪垫退化。肛尖缺失或存在。阳茎刺突存在。抱器基节有形态多样的下附器，方形、圆形、舌状或者指状。抱器端节具亚端背棘。

分布：世界广布，已知33种左右，中国记录8种，浙江分布3种。

分种检索表

1. 下附器方形 ·· 刺拟中足摇蚊 *P. stylatus*
- 下附器三角形 ·· 2
2. 肛尖短，未超过第9背板 ··· 斯科特拟中足摇蚊 *P. scotti*
- 肛尖长，超过第9背板 ··· 伦氏拟中足摇蚊 *P. lundbeckii*

（299）伦氏拟中足摇蚊 *Parametriocnemus lundbeckii* (Johannsen, 1905)（图 6-69）

Metriocnemus lundbeckii Johannsen, 1905: 302.

Parametriocnemus lundbeckii: Sublette 1967: 537.

特征（雄成虫）: 头棕色，胸部深黄色，足和腹部浅棕。触角比0.92–1.20。前胸背板鬃1–4根；背中鬃7–13根；中鬃4–9根；小盾片鬃5–9根。翅前鬃3–5根。前缘脉延伸止于M_{3+4}脉后。Sc脉具0–4刚毛，R脉具17–26根刚毛，R_1脉具10–19根刚毛，R_{4+5}脉有25–47根刚毛，M脉无刚毛，M_{1+2}脉有38–67根刚毛，M_{3+4}脉有21–33根刚毛，Cu脉有5–15根刚毛，Cu_1脉有16–28根刚毛，PCu脉有0–25根刚毛。腋瓣有3–7根缘毛。9–12根刚毛形成胫栉。前足比0.76–0.80。肛尖长，超过第9背板，第9背板具2–7根短刚毛。无阳茎刺突。

分布: 浙江（临安）；格陵兰岛，加拿大，美国，危地马拉。

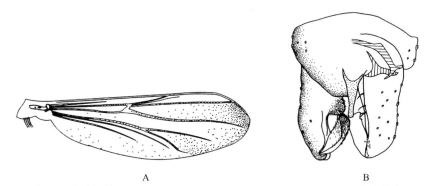

图 6-69 伦氏拟中足摇蚊 *Parametriocnemus lundbeckii* (Johannsen, 1905)（仿自李杏，2014）
A. 翅；B. ♂生殖节

（300）斯科特拟中足摇蚊 *Parametriocnemus scotti* (Freeman, 1953)（图 6-70）

Metriocnemus scotti Freeman, 1953: 129.

Parametriocnemus scotti: Lehmann, 1979: 42.

特征（雄成虫）: 翅长1.50–1.53 mm。体黄色至浅棕色。触角比0.77–0.88。前胸背板鬃5–9根；中鬃4–7根；背中鬃11–13根；小盾片鬃6–8根。翅前鬃6根。前缘脉延伸长60–90 μm。臂脉有2根刚毛，Sc脉具0–2根刚毛，R脉具17–19根刚毛，R_1脉有6–13根刚毛，R_{4+5}脉有19–40根刚毛，M脉有0–2根刚毛，M_{1+2}脉有28–48根刚毛，M_{3+4}脉有4–32根刚毛，翅膜区2/3都具有刚毛。腋瓣有2–5根缘毛。后足胫栉具11–12根刺状刚毛。前足比0.71–0.81。肛尖发达。第9背板具5–8根短刚毛，肛节侧片具有3–8根长刚毛。抱器基节具有三角形下附器。

分布: 浙江（仙居）、宁夏；新热带区。

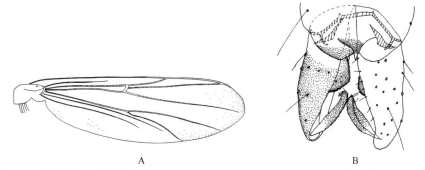

图 6-70 斯科特拟中足摇蚊 *Parametriocnemus scotti* (Freeman, 1953)（仿自李杏，2014）
A. 翅；B. ♂生殖节

（301）刺拟中足摇蚊 *Parametriocnemus stylatus* **(Spärck, 1923)（图 6-71）**

Metriocnemus stylatus Spärck, 1923: 96.

Parametriocnemus stylatus: Pankratova 1970: 263.

　　特征（雄成虫）：翅长1.35–1.45 mm。全身棕黄色至棕色。触角比0.79–1.09。中鬃12–20根，背中鬃10–20根，小盾片鬃7–9根，翅前鬃6–8根。翅膜区密具微毛，腋瓣具4–6根缘毛。肛尖长46–60 μm，末端圆钝，肛尖侧毛6–10根。抱器端节细长且无亚端背棘，下附器方形。

　　分布：浙江（临安、天台）、辽宁、宁夏；俄罗斯，日本，黎巴嫩，葡萄牙。

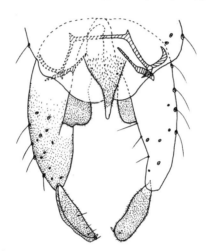

图 6-71　刺拟中足摇蚊 *Parametriocnemus stylatus* (Spärck, 1923)（仿自李杏，2014）
♂生殖节

106. 拟矩摇蚊属 *Paraphaenocladius* Thienemann, 1924

Paraphaenocladius Thienemann in Spärck *et* Thienemann, 1924: 223. Type species: *Metriocnemus ampullaceus* Kieffer, 1923.

　　主要特征：翅长0.8–2.3 mm。触角13鞭节，触角比0.4–1.2。眼无毛，具背中突。前胸背板非常发达。中鬃开始于前胸背板，背中鬃、小盾片鬃少或者比较多。翅膜裸露。Cu$_1$脉直或者稍微弯曲，Cu$_2$脉强烈弯曲，R脉有毛，腋瓣5–12根毛。肛尖发达，无阳茎刺突。下附器非常发达，常分成两叶，抱器端节有的向外突，经常有三角形或者圆形的突出的亚端背脊或者退化。

　　分布：世界广布，已知35种左右，中国记录4种，浙江分布1种。

（302）强拟矩摇蚊 *Paraphaenocladius impensus* **(Walker, 1856)（图 6-72）**

Chironomus impensus Walker, 1856: 184.

Paraphaenocladius impensus: Strenzke, 1950: 211.

　　特征（雄成虫）：体黄棕色，胸有深色斑点。触角比 0.44–0.69。前胸背板鬃 4–6 根；背中鬃 16–23 根；中鬃 17–26 根；翅前鬃 4–10 根。小盾片鬃 6–10 根。翅臀角弱。C 脉具延伸。Cu$_1$ 脉略弯曲。C 脉延伸具 4–13 根毛；Sc 脉具 1–16 根毛；R 具 18–55 根毛；R$_1$ 脉具 9–26 根毛；R$_{4+5}$ 具 18–45 根毛；M 脉具 0–13 根毛；M$_{1+2}$ 脉具 52–86 根毛；M$_{3+4}$ 具 28–76 根毛；翅膜区具毛。腋瓣具 3–6 根缘毛。前足比 0.70–0.74。肛尖端部光裸。第 9 背板具 10–14 根刚毛。第 9 侧板具 4–9 根刚毛。阳茎刺突具 20 根小刺。

　　分布：浙江（临安）、山东、陕西、江苏、福建、广东、云南；全北区。

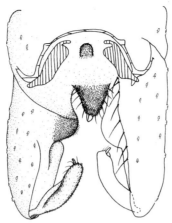

图 6-72　强拟矩摇蚊 *Paraphaenocladius impensus* (Walker, 1856)（仿自李杏，2014）
♂生殖节

107. 拟三突摇蚊属 *Paratrissocladius* Zavřel, 1937

Paratrissocladius Zavřel, 1937: 10. Type species: *Chironomus excerptus* Walker, 1856.

主要特征：翅长1.7–2.4 mm。触角13鞭节，触角比0.6–1.4。眼裸露，稍具背中突。下唇须第3节具2毛型感器。前胸背板不愈合。中鬃明显存在，背中鬃存在，翅前鬃与小盾片鬃存在。翅膜区无大毛，但刻点清晰可见。臀角发达。C脉不延伸。R_{2+3}脉靠近R_1脉。R_{4+5}脉远端超过M_{3+4}脉。R、R_1和R_{4+5}脉具小刚毛。伪胫距、爪垫缺失。中足胫距不具侧齿。钟形感器出现在后足第1跗节。肛尖不透明，短或相对长，具侧刚毛。阳茎刺突缺失或存在，具小刺。抱器基节具指状下附器。抱器端节具亚端背脊。

分布：世界广布，已知3种，中国记录1种，浙江分布1种。

（303）短拟三突摇蚊 *Paratrissocladius excerptus* (Walker, 1856)（图 6-73）

Chironomus excerptus Walker, 1856: 179.

Paratrissocladius excerptus: Sæther *et* Wang, 2000: 291.

特征（雄成虫）：翅长1.38 mm。体棕色。触角比0.82。前胸背板鬃6根。背中鬃17根；中鬃8根；翅前鬃16根；小盾片鬃6根。臀角发达；肛尖两侧具短毛；下附器指状，并具鬃；亚端背脊发达。

分布：浙江（磐安）、河南、安徽、福建；缅甸，欧洲，非洲。

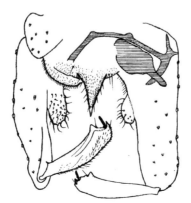

图 6-73　短拟三突摇蚊 *Paratrissocladius excerptus* (Walker, 1856)（仿自 Sæther and Wang, 2000）
♂生殖节

108. 伪直突摇蚊属 *Pseudorthocladius* Goetghebuer, 1943

Pseudorthocladius Goetghebuer, 1943: 73. Type species: *Psectrocladius curtistylus* Goetghebuer, 1921.

主要特征：翅长 1.0–2.6 mm。雄成虫 13 节，触角比 0.2–1.4。眼裸露，有延伸。内顶鬃、外顶鬃、后眶鬃发达。下唇须 5 节，第 3 节端部常膨大，并有 2–3 丛棒状感受器，有些种类下唇须极度延长。背中鬃稍前伸，前部 1–3 列，中部单列，后部 1–2 列。中鬃从背板中部生出，延伸到背板末端。翅前鬃数量多。小盾片鬃分为不规则的两列。除了 *P. pilosipennis* 翅上有毛外，其余种类翅面光滑无毛。臀角发达，翅瓣具缘毛。有 C 脉延伸，Cu$_1$ 弯曲。爪垫宽垫状或梳状，至少为爪长的 1/2。肛尖存在或缺失，三角形、圆形或凸起状。阳茎刺突存在或缺失。

分布：世界广布，已知56种，中国记录12种，浙江分布4种。

分种检索表

1. 翅膜区密布微毛 ·· 背脊伪直突摇蚊 *P. cristagus*
- 翅膜区光裸 ··· 2
2. 阳茎刺突由 2 根长刺和 4 根分散小刺组成 ··· 长刺突伪直突摇蚊 *P. macrovirgatus*
- 阳茎刺突缺失，如果存在，仅由一些微刺组成 ··· 3
3. 触角比 1.31–1.55，腋瓣缘毛 14–18 根，肛尖圆形 ···································· 椭圆伪直突摇蚊 *P. ovatus*
- 触角比 0.45–0.70，腋瓣缘毛 3–4 根，肛尖三角形 ······························· 铗伪直突摇蚊 *P. curtistylus*

（304）背脊伪直突摇蚊 *Pseudorthocladius cristagus* Stur *et* Sæther, 2004（图 6-74）

Pseudorthocladius cristagus Stur et Sæther, 2004: 79.

特征（雄成虫）：触角比1.05。翅面布满微毛，除亚前缘脉外，其余翅脉均有小刚毛。前胸背板鬃3根，背中鬃18根，中鬃13根，翅前鬃6根，小盾片鬃2根。前足比0.62。肛尖长30 μm。阳茎刺突缺失。下附器发达，近方形，着生许多小刚毛，边缘无刚毛。亚端背脊发达，呈三角形，抱器端节端部外侧足跟状。

分布：浙江（天台）；英国。

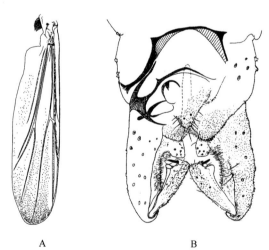

A　　　　　　　　　　　　　　　　B

图 6-74　背脊伪直突摇蚊 *Pseudorthocladius cristagus* Stur et Sæther, 2004（仿自 Stur and Sæther, 2004）

A. 翅；B. ♂生殖节

（305）铗伪直突摇蚊 *Pseudorthocladius curtistylus* (Goetghebuer, 1921)（图 6-75）

Hydrobaenus curtistylus Goetghebuer, 1921: 101.

Pseudorthocladius curtistylus: Sæther *et* Sublette, 1983: 69.

　　特征（雄成虫）：触角比0.45–0.70。背中鬃15–18根。R脉有9–13根小刚毛，R_1有2–3根小刚毛，R_{4+5}有0–14根小刚毛；腋瓣缘毛3–4根；有阳茎刺突。亚端背脊缺失，或较低，或背脊圆形且发达。

　　分布：浙江（临安、泰顺）、河南、青海、湖南、福建、广东、云南；全北区。

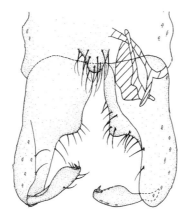

图 6-75　铗伪直突摇蚊 *Pseudorthocladius curtistylus* (Goetghebuer, 1921)（仿自任静，2014）
♂生殖节

（306）长刺突伪直突摇蚊 *Pseudorthocladius macrovirgatus* Sæther *et* Sublette, 1983（图 6-76）

Pseudorthocladius macrovirgatus Sæther *et* Sublette, 1983: 88.

　　特征（雄成虫）：触角比1.04–1.18。R_{4+5}脉有0–8根小刚毛，腋瓣缘毛有6–15根小刚毛；阳茎刺突由两侧2根宽大的刺和中间散开的4根刺组成；下附器圆形。

　　分布：浙江（天台）；全北区。

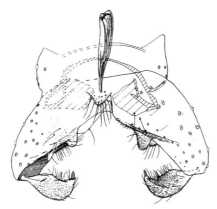

图 6-76　长刺突伪直突摇蚊 *Pseudorthocladius macrovirgatus* Sæther *et* Sublette, 1983（仿自 Sæther and Sublette, 1983）
♂生殖节

（307）椭圆伪直突摇蚊 *Pseudorthocladius ovatus* Ren, Lin *et* Wang, 2014（图 6-77）

Pseudorthocladius ovatus Ren, Lin *et* Wang, 2014: 63.

　　特征（雄成虫）：翅长1.43–1.55 mm。触角比1.31–1.55。翅臀角发达。臂脉有1根刚毛；R脉有10–12根小刚毛；R$_1$脉有3–4根小刚毛；其余翅脉无小刚毛。腋瓣缘毛14–18根。C脉延伸长36–50 μm。Cu$_1$脉稍微弯曲。前胸背板有5–8根侧刚毛，背中鬃20–25根，中鬃8–12根，翅前鬃7–8根，小盾片鬃12–17根。后足胫栉12–14根。前足比0.67–0.69。第9侧板有6–7根刚毛。肛尖圆形，边缘着生9–10根粗壮的刚毛。阳茎刺突缺失。下附器椭圆形，边缘有8根长又粗的刚毛，抱器端节长89–96 μm，亚端背脊较小，抱器端棘长5–6 μm。

分布：浙江（临安、庆元、泰顺）。

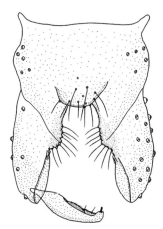

图 6-77　椭圆伪直突摇蚊 *Pseudorthocladius ovatus* Ren, Lin *et* Wang, 2014（仿自 Ren *et al.*, 2014）

♂生殖节

109. 伪施密摇蚊属 *Pseudosmittia* Edwards, 1932

Pseudosmittia Edwards, 1932: 126. Type species: *Spaniotoma angusta* Edwards, 1929.

主要特征：个体小，翅长不超过2 mm。触角13鞭节；触角比0.15–2.0。眼裸露无毛。中鬃、背中鬃、翅前鬃存在。翅上鬃缺失。翅膜区无毛。前缘脉不从R$_{4+5}$脉伸出或伸出部分很短。Cu$_1$脉强烈或轻微弯曲或直。腋瓣裸。后足胫栉发达。第9背板具毛。阳茎刺突存在。附器高度多样化；上附器缺失，凸起或发达；中附器单个或2个；下附器单个或复叶。抱器端节形状多样化。抱器端棘单个。

分布：世界广布，已知99种左右，中国记录11种，浙江分布2种。

（308）三叉伪施密摇蚊 *Pseudosmittia forcipata* (Goetghebuer, 1921)（图 6-78）

Camptocladius forcipatus Goetghebuer, 1921: 87.

Pseudosmittia forcipatus: Pinder, 1978: 94.

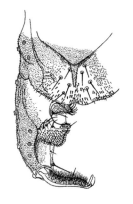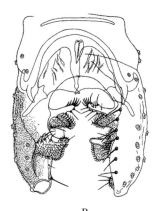

A　　　　　　　　　　　B

图 6-78　三叉伪施密摇蚊 *Pseudosmittia forcipata* (Goetghebuer, 1921)（仿自 Andersen *et al.*, 2010）

A. ♂生殖节，背面观；B. ♂生殖节，腹面观

　　特征（雄成虫）： 上附器指状；中附器锐角三角形状；下附器方形，无刚毛；Cu₁脉明显弯曲。

　　分布： 浙江（临安、庆元）、吉林、辽宁、陕西、宁夏、西藏；欧洲。

（309）叉铗伪施密摇蚊 *Pseudosmittia mathildae* Albu, 1968（图 6-79）

Pseudosmittia mathildae Albu, 1968: 4.

　　特征（雄成虫）： 抱器端节二叉状。

　　分布： 浙江（临安）、宁夏、广东；俄罗斯（远东地区），日本，芬兰，德国，罗马尼亚，意大利，澳大利亚，美国。

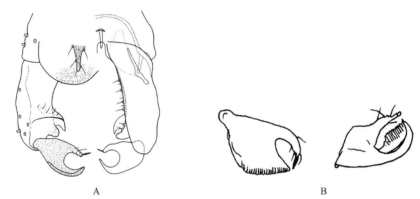

图 6-79　叉铗伪施密摇蚊 *Pseudosmittia mathildae* Albu, 1968（仿自 Ferrington and Sæther, 2011）
A. ♂生殖节；B. 抱器端节不同角度

110. 趋流摇蚊属 *Rheocricotopus* Thienemann *et* Harnisch, 1932

Rheocricotopus Thienemann *et* Harnisch, 1932: 135. Type species: *Rheocricotopus effusus* (Walker, 1856).

　　主要特征： 体小到中型，翅长1.1–3.3 mm。触角13鞭节。复眼被毛，无背中突。前胸背板非常发达，肩陷一般较大。中鬃开始于前胸背板。翅膜区无毛，臀角发达或者退化，C脉没有或者适度延伸；R₂₊₃趋近于R₄₊₅脉，终止于R₁脉和R₄₊₅脉中间或趋近于R₄₊₅脉。Cu₁脉直或稍弯曲，Cu₂脉强烈弯曲，R脉有毛，腋瓣具5–12根毛。肛尖很发达，第9背板有或者没有毛，阳茎刺突缺失，抱器基节无或有骨化突起。下附器非常发达，常分成两叶。亚端背脊退化或发达。

　　分布： 世界广布，已知80种左右，中国记录23种，浙江分布8种。

分种检索表

1. 下附器巨指状；亚端背脊发达，三角形；肛尖具强壮刺状刚毛 ·················· **刺毛趋流摇蚊 *R. (P.) villiculus***
- 不同上述 ·· 2
2. 亚端背脊低 ··· **散步趋流摇蚊 *R. (R.) effusus***
- 亚端背脊高，多呈三角形 ··· 3
3. 翅臀角退化 ··· **齿状趋流摇蚊 *R. (P.) brochus***
- 翅臀角发达 ··· 4
4. 触角比低(0.25–0.29)；下附器圆形 ·· **圆趋流摇蚊 *R. (P.) rotundus***
- 触角比大于 0.45；下附器三角形 ·· 5
5. 肩陷大，近方形 ··· 6
- 肩陷圆形或椭圆形 ··· 7

6. 背中鬃 12–20 根；R_1 脉具毛 ·· 黑趋流摇蚊 *R. (P.) nigrus*

- 背中鬃 10–14 根；R_1 脉裸露 ·· 钢灰趋流摇蚊 *R. (P.) chalybeatus*

7. 亚端背脊锯齿状 ·· 锯齿趋流摇蚊 *R. (P.) serratus*

- 亚端背脊非锯齿状 ·· 光趋流摇蚊 *R. (P.) valgus*

（310）齿状趋流摇蚊 *Rheocricotopus (Psilocricotopus) brochus* Liu, Lin *et* Wang, 2014（图 6-80）

Rheocricotopus (Psilocricotopus) brochus Liu, Lin *et* Wang, 2014: 20.

　　特征（雄成虫）：翅长1.25–1.60。第1、第2、第4背板黄色，第3背板有一圆形棕色区域，其余背板均为棕色；头与胸棕色。触角比0.63–0.89。下唇须第3节具2根感觉棒。腋瓣缘毛1–2根，臀角退化。C脉延伸长45–65 μm。R脉有3–6根刚毛，其余翅脉光裸。前胸背板2–4侧刚毛。背中鬃5–7根，中鬃9–13根，翅前鬃2–3根，小盾片鬃2–4根。肩陷中等大小，椭圆形。后足胫栉9–11根。前足比0.80–0.90。肛尖三角形，顶端尖，两侧具3–4根刚毛。阳茎内突长 60–65 μm。横腹内生殖突长60–88 μm。抱器基节长158–178 μm。下附器三角形，长30–40 μm，具5–7刚毛，且密布微毛。抱器端节长66–70 μm，亚端背脊齿状，椭圆形，抱器端棘长10–11 μm。

　　分布：浙江（乐清）、湖北、江西。

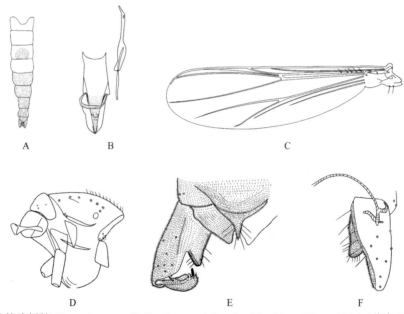

图 6-80　齿状趋流摇蚊 *Rheocricotopus (Psilocricotopus) brochus* Liu, Lin *et* Wang, 2014（仿自 Liu *et al.*, 2014）
A. 腹板；B. 唇基和幕骨；C. 翅；D. 胸部；E. ♂生殖节，背面观；F. ♂生殖节，腹面观

（311）钢灰趋流摇蚊 *Rheocricotopus (Psilocricotopus) chalybeatus* (Edwards, 1929)（图 6-81）

Spaniotoma chalybeatus Edwards, 1929: 331.

Rheocricotopus (Psilocricotopus) chalybeatus: Sæther, 1985: 82.

　　特征（雄成虫）：触角比0.89–1.15；R脉具2–4根刚毛；腋瓣缘毛具8–14根刚毛；C脉不延伸或延伸很短。翅长1.15–1.28 mm。头黑褐色；触角黄褐色；胸黑褐色，小盾片棕褐色；足黄褐色；腹部黑褐色；翅脉黄色。触角比0.89–1.15。下唇须第3节具1根感觉棒。前胸背板鬃4根；背中鬃10–14根；翅前鬃3–4根；小盾片鬃8根。翅臀角发达；R脉具2–4根毛，R_1脉裸露；腋瓣8–14根毛；C脉延伸0–15 μm。前足比0.62–0.63。第9

背板肛尖外露着8–9根毛；肛尖侧片有5根毛；肛尖锋利，三角形；下附器三角形，有"指"形突起；亚端背脊为齿形凸起；抱器端节长70–75 μm。

分布：浙江（乐清）、辽宁、山东、陕西、甘肃；俄罗斯，蒙古国，日本，欧洲。

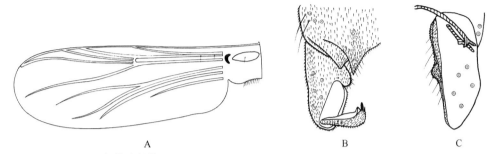

图 6-81　钢灰趋流摇蚊 *Rheocricotopus* (*Psilocricotopus*) *chalybeatus* (Edwards, 1929)

A. 翅；B.♂生殖节，背面观；C.♂生殖节，腹面观

（312）黑趋流摇蚊 *Rheocricotopus* (*Psilocricotopus*) *nigrus* **Wang** *et* **Zheng, 1989**（图 6-82）

Rheocricotopus (*Psilocricotopus*) *nigrus* Wang *et* Zheng, 1989: 311.

特征（雄成虫）：翅长1.75–1.86 mm。通体黑褐色。触角比1.15–1.30。腋瓣缘毛6–12根，臀角发达。C脉延伸15–25 μm。R脉3根刚毛，R_1脉3根刚毛。前胸背板7–8侧刚毛。背中鬃12–20根，翅前鬃3根，小盾片鬃2–3。肩陷很大，近于方形。后足胫栉12–14根。前足比0.60–0.77。肛尖粗大，末端钝，两侧具4–5根刚毛。下附器三角形，长40–46 μm，具5刚毛，且密布微毛。亚端背脊短，三角形。

分布：浙江（庆元）、新疆、湖北、福建；俄罗斯（远东地区）。

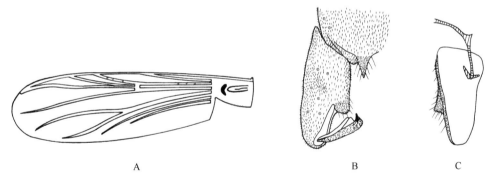

图 6-82　黑趋流摇蚊 *Rheocricotopus* (*Psilocricotopus*) *nigrus* Wang *et* Zheng, 1989

A. 翅；B.♂生殖节，背面观；C.♂生殖节，腹面观

（313）圆趋流摇蚊 *Rheocricotopus* (*Psilocricotopus*) *rotundus* **Liu, Lin** *et* **Wang, 2014**（图 6-83）

Rheocricotopus (*Psilocricotopus*) *rotundus* Liu, Lin *et* Wang, 2014: 26.

特征（雄成虫）：翅长0.86–1.20。通体黄棕色。触角比0.25–0.29。内顶鬃1–2根，外顶鬃2根，无眶后鬃。腋瓣缘毛2根，臀角发达。翅脉比1.17–1.19。C脉延伸长30–38 μm。R脉1–3根刚毛，其余翅脉光裸。前胸背板具4根侧刚毛。背中鬃6–11根，中鬃6–8根，翅前鬃3根，小盾片鬃2–6。肩陷中等大小，圆形。后足胫栉8–16根。前足比0.57；中足比0.44–0.49；后足比0.54–0.58。肛尖三角形，顶端尖，两侧具4根刚毛。肛节侧板具2根刚毛。阳茎内突长48–50 μm。横腹内生殖突具角状突起，长33–40 μm。抱器基节长125–135 μm。下附器圆形，长28–38 μm，外缘具8刚毛，且具微毛。抱器端节长55–70 μm，亚端背脊三角形，抱器端棘长8–10 μm。

分布：浙江（磐安）、云南。

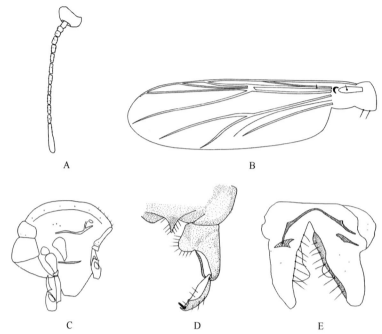

图 6-83　圆趋流摇蚊 *Rheocricotopus* (*Psilocricotopus*) *rotundus* Liu, Lin *et* Wang, 2014（仿自 Liu *et al.*, 2014）
A. 触角；B. 翅；C. 胸部；D.♂生殖节，背面观；E.♂生殖节，腹面观

（314）锯齿趋流摇蚊 *Rheocricotopus* (*Psilocricotopus*) *serratus* Liu, Lin *et* Wang, 2014（图 6-84）

Rheocricotopus (*Psilocricotopus*) *serratus* Liu, Lin *et* Wang, 2014: 28.

特征（雄成虫）：体长2.76 mm，翅长1.70 mm。头及腹部黄色，胸深棕色。触角比0.75。内顶鬃1根，外顶鬃1根，无眶后鬃。唇基毛10根。下唇须第5节与第3节比值1.90。腋瓣缘毛10根，臀角略发达。翅脉比1.17。C脉延伸长70 μm。R脉8根刚毛，其余翅脉光裸。前胸背板具4根侧刚毛。背中鬃7根，中鬃11根，翅前鬃3根，小盾片鬃4。肩陷中等大小，卵圆形。后足胫栉12根。前足比0.80。肛尖三角形，顶端尖，两侧具5根刚毛。肛节侧板具2根刚毛。阳茎内突25 μm。横腹内生殖突长25 μm。抱器基节长200 μm。下附器三角形，外缘具8刚毛，且具微毛。抱器端节长70 μm，亚端背脊三角形，抱器端棘长9 μm。亚端背脊锯齿状，透明，与抱器端棘等高。

分布：浙江（庆元）、四川、云南、西藏。

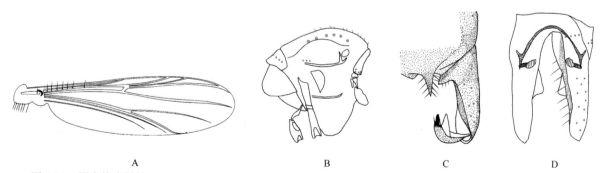

图 6-84　锯齿趋流摇蚊 *Rheocricotopus* (*Psilocricotopus*) *serratus* Liu, Lin *et* Wang, 2014（仿自 Liu *et al.*, 2014）
A. 翅；B. 胸部；C.♂生殖节，背面观；D.♂生殖节，腹面观

（315）光趋流摇蚊 *Rheocricotopus* (*Psilocricotopus*) *valgus* Chaudhuri *et* Sinharay, 1983（图 6-85）

Rheocricotopus (*Psilocricotopus*) *valgus* Chaudhuri *et* Sinharay, 1983: 402.

特征（雄成虫）：翅长1.78–2.03 mm。第1、第2、第4、第8背板和第5背板的前侧黄色，其他背板黄褐色；头与胸棕色。触角比1.11–1.20。下唇须第3节具2根感觉棒。腋瓣缘毛5–9根，臀角发达。翅脉比1.07–1.18。C脉延伸120 μm。所有翅脉光裸。前胸背板3–4侧刚毛。背中鬃11–17根，中鬃4–14根，翅前鬃3–4根，小盾片鬃9–10根。肩陷中等大小，椭圆形。后足胫栉11–13根。前足比0.90–0.93。肛尖长三角形，顶端尖，两侧具3–4根刚毛。阳茎内突长60–83 μm。横腹内生殖突长65–90 μm。抱器基节长218–230 μm。下附器三角形，长30–40 μm，具9–13刚毛，且密布微毛。抱器端节长95–100 μm，亚端背脊三角形，抱器端棘长10–16 μm。

分布：浙江（庆元、景宁）、湖北、广东；印度。

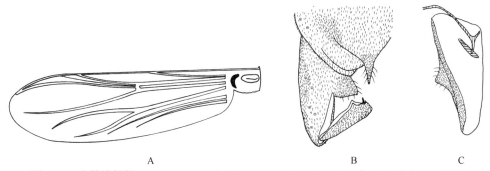

图 6-85　光趋流摇蚊 *Rheocricotopus* (*Psilocricotopus*) *valgus* Chaudhuri *et* Sinharay, 1983
A. 翅；B. ♂生殖节，背面观；C. ♂生殖节，腹面观

（316）刺毛趋流摇蚊 *Rheocricotopus* (*Psilocricotopus*) *villiculus* Wang *et* Sæther, 2001（图 6-86）

Rheocricotopus (*Psilocricotopus*) *villiculus* Wang *et* Sæther, 2001: 238.

特征（雄成虫）：翅长1.41–1.61 mm。第1、第4和第8背板，第2背板中部，其他背板的1/10–1/4区域黄色，其他部分黄褐色；头与胸棕色。触角比0.62–0.69。腋瓣缘毛0–1根，臀角退化。翅脉比1.08–1.16。C脉延伸110–120 μm。R脉具9–13根刚毛，R_1脉具3–4根刚毛，R_{4+5}脉具6–9根刚毛。前胸背板2–3侧刚毛。背中鬃7–8根，中鬃3–10根，翅前鬃3–4根，小盾片鬃3–4根。无肩陷。后足胫栉13–14根。前足比0.67–0.81。肛尖长三角形，顶端尖，两侧具5–8根刚毛。抱器基节长150–176 μm。上附器长舌状，无齿状凸起，长56–58 μm，具5–7刚毛，且密布微毛。抱器端节长95–104 μm，亚端背脊具很明显的三角形凸起，抱器端棘长15–16 μm。

分布：浙江（磐安）、河南。

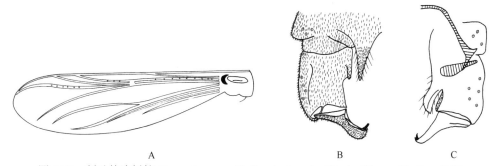

图 6-86　刺毛趋流摇蚊 *Rheocricotopus* (*Psilocricotopus*) *villiculus* Wang *et* Sæther, 2001
A. 翅；B. ♂生殖节，背面观；C. ♂生殖节，腹面观

（317）散步趋流摇蚊 *Rheocricotopus* (*Rheocricotopus*) *effusus* (Walker, 1856)（图 6-87）

Chironomus effusus Walker, 1856: 180.

Rheocricotopus (*Rheocricotopus*) *effusus*: Sæther, 1985: 103.

特征（雄成虫）：翅长1.25–2.17 mm。头黑褐色；触角黄褐色；胸黑褐色，小盾片棕褐色；足黄褐色；腹部第1–6和2/3的第5背板黄色，其余黑褐色；翅脉黄色。触角比0.99–1.33；颚毛3–7根；幕骨长131–176 μm，宽30–38 μm；茎节长120–173 μm，宽30–53 μm。前胸背板鬃4–6根；背中鬃9–16根；中鬃19根；翅前鬃2–5根；小盾片鬃7–12根。翅脉比1.05–1.11；臀角楔形；前缘脉延伸26–53 μm；径脉有2–13根毛；腋瓣4–11根毛。前足比0.70–0.74。第9背板肛尖外露有10–12根毛；肛尖侧片有3根毛；肛尖锋利，三角形；抱器基节长138–145 μm；下附器三角形，有"指"形突起；亚端背脊为低的平滑的小卵圆形；抱器端节长73–76 μm，生殖节比1.89–1.93；生殖节值1.72–1.85。

分布：浙江（临安、天台）、陕西、甘肃、福建、四川、云南；欧洲，北美洲。

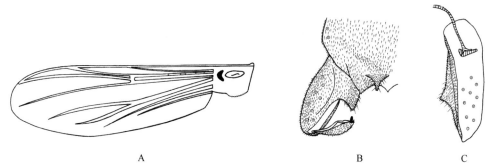

图 6-87　散步趋流摇蚊 *Rheocricotopus* (*Rheocricotopus*) *effusus* (Walker, 1856)
A. 翅；B.♂生殖节，背面观；C.♂生殖节，腹面观

111. 施密摇蚊属 *Smittia* Holmgren, 1869

Smittia Holmgren, 1869: 47. Type species: *Chironomus brevipennis* Boheman, 1865.

主要特征：中等体型，触角13鞭节，末鞭节具1粗壮的亚端刚毛；触角比大于1.0。眼有或无毛，具背中突。中鬃缺失；背中鬃、翅前鬃、小盾片鬃存在。翅膜区无毛，有刻点；C脉强烈延伸，R脉有毛，其余脉裸露；腋瓣无缘毛。伪胫距、爪垫、毛形感器缺失。肛尖长，基部有微毛。阳茎刺突缺失或发达。上附器缺失或发达；下附器指状或角状。抱器端节具抱器端棘。

分布：世界广布，已知145种左右，中国记录19种，浙江分布3种。

（318）黑施密摇蚊 *Smittia aterrima* (Meigen, 1818)（图 6-88）

Chironomus aterrima Meigen, 1818: 47.

Smittia aterrima: Ashe & O'Connor, 2012: 583.

特征（雄成虫）：翅长1.21–1.19 mm。全体暗黑色。眼密被毛；触角末端着生1根粗壮的亚端刚毛，第2、第3和第13鞭节基部两侧各有1对对生的叶状透明感觉毛。触角比1.48–2.00。背中鬃10–13根，翅前鬃4–6根，小盾片鬃2–5根。翅膜区具细小的刻点，C脉超出R_{4+5}脉80–120 μm，Cu_1脉强烈弯曲，腋瓣无缘毛。前足比0.50–0.60。肛尖细长，末端尖，背面的微毛几乎覆盖至尖端。抱器端节具一发达的亚端背脊，约占端节长的一半。下附器近三角形。

　　分布： 浙江广布，全国广布；古北区、新北区、澳洲区。

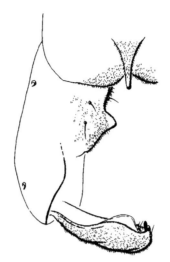

图 6-88　黑施密摇蚊 *Smittia aterrima* (Meigen, 1818)（仿自李杏，2014）
♂生殖节

（319）白施密摇蚊 *Smittia leucopogon* (Meigen, 1804)（图 6-89）

Chironomus leucopogon Meigen, 1804: 17.

Smittia leucopogon: Ashe *et* O'Connor, 2012: 590.

　　特征（雄成虫）： 翅长1.28–1.74 mm。头部和胸部棕色，足黄色，腹部浅棕色。触角比1.38–1.51。前胸背板鬃1–2根；中鬃0–10根；背中鬃7–12根；小盾片鬃2–6根。翅前鬃3–5根。翅臀角发达。前缘脉延伸长70–110 μm。臂脉具有1–3根刚毛，R脉具2根刚毛。前足比0.50–0.52。肛尖细尖。第9背板具0–11根短刚毛，肛节侧片具有4–7根长刚毛。阳茎刺突缺失。下附器不发达。抱器端节具有亚端背棘。

　　分布： 浙江（天台、开化）、辽宁、河北、宁夏、甘肃、四川；古北区。

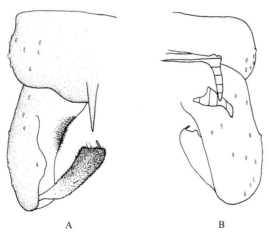

A　　　　　　　　　　　　　　　B

图 6-89　白施密摇蚊 *Smittia leucopogon* (Meigen, 1804)（仿自李杏，2014）
A.♂生殖节，背面观；B.♂生殖节，腹面观

（320）草地施密摇蚊 *Smittia pratorum* (Goetghebuer, 1927)（图 6-90）

Camptocladius pratorum Goetghebuer, 1927: 101.

Smittia pratorum: Ashe *et* O'Connor, 2012: 592.

特征（雄成虫）：体长2.23–2.35 mm；翅长1.43–1.56 mm。头部、胸部和腹部棕色，足黄色。复眼裸，触角比1.31–1.47；唇基毛4–8根；前胸背板鬃1–2根；中鬃4–6根；背中鬃6–8根；小盾片鬃7–9根。翅前鬃4根。翅脉比1.23–1.31。臀角不发达，C脉延伸长70–89 μm，接近M_{3+4}脉顶部。Cu_1脉稍微弯曲。臀脉具有2根刚毛，R脉具2–4根刚毛，R_1脉具有1根刚毛，其余翅脉及翅膜区裸露。前足比0.52–0.56。肛尖发达，顶端圆钝，密具微毛。第9背板具3–6根短刚毛，肛节侧片具有6–8根长刚毛。阳茎刺突缺失。下附器宽大，呈三角形，具微毛。亚端背棘不发达。

分布：浙江（西湖、天台、衢江、庆元）；全北区。

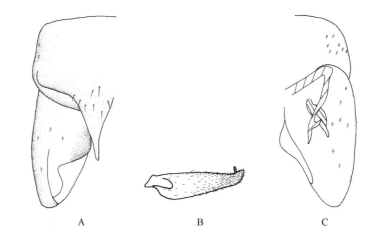

图6-90　草地施密摇蚊 *Smittia pratorum* (Goetghebuer, 1927)（仿自李杏，2014）
A.♂生殖节，背面观；B. 抱器端节；C.♂生殖节，腹面观

112. 提尼曼摇蚊属 *Thienemanniella* Kieffer, 1911

Thienemanniella Kieffer, 1911: 201. Type species: *Corynoneura clavicornis* (Kieffer, 1911): 201.

主要特征：体小型。触角8–13节，触角棒状，顶端具缺刻，无环形的感觉毛。眼小，肾形且被毛，无背中突。无中鬃；具少数背中鬃、翅前鬃和小盾片鬃。翅膜区无毛；有臀角但不发达；棒脉由R_1、R_{2+3}和前缘脉结合形成，不清楚的脉实际上是退化的R_4或R_{4+5}，并且中脉分叉形成中脉叉，分支为M_1、M_{3+4}；棒脉通常是翅长的1/3–1/2。腋瓣无缘毛。前足转节不具突起；后足胫节顶端略微膨大，但不明显，后足常具两根胫距；第4跗节一般近心形。第9背板发达，覆盖抱器基节大部，后边缘直或中部略微凹陷；腹内生殖突明显骨化；无肛尖，无阳茎刺突；阳茎内突粗短，前端弯曲；上附器一般发达，圆形或三角形；下附器通常延伸，紧贴抱器基节；抱器端节窄，无亚端背脊。

分布：世界广布，已知50种左右，中国记录17种，浙江分布2种。

（321）简单提尼曼摇蚊 *Thienemanniella absens* Fu, Sæther *et* Wang, 2010（图6-91）

Thienemanniella absens Fu, Sæther *et* Wang, 2010: 4.

特征（雄成虫）：翅长0.66–0.97 mm。头部褐色；胸部深褐色；腹部棕色；足黄棕色；翅几乎透明，棒脉淡黄色。眼睛被毛，肾形；触角具12鞭节；触角顶端具顶端感觉毛，且亚顶端膨大，触角比0.25–0.28。背中鬃8–13根；翅前鬃2根，小盾片鬃1根。棒脉长240–350 μm，有11–19根毛。前足转节具一个小突起；前足、中足、后足均具2根胫距。后足胫节顶端具一个由11–13根刚毛形成的胫栉。前足比0.64–0.68。第9背板后边缘直，具2根长刚毛和5–6根短刚毛，肛节侧板无刚毛；上附器三角形，无下附器。横腹内生殖突长30–33 μm，具发达的前突起；基腹内生殖突长40 μm；阳茎内突弯曲，基部具突起，长50–55 μm。抱器基节直且简单，端部具6根刚毛，内侧具许多粗刚毛。

　　分布：浙江（泰顺）。

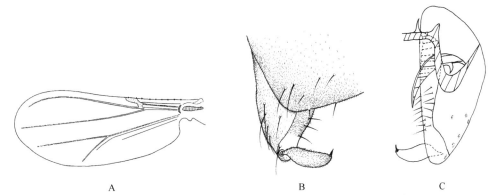

图 6-91　简单提尼曼摇蚊 *Thienemanniella absens* Fu, Sæther *et* Wang, 2010（仿自 Fu *et al.*, 2010）
A. 翅；B. ♂生殖节，背面观；C. ♂生殖节，腹面观

（322）弗拉提尼曼摇蚊 *Thienemanniella flaviscutella* (Tokunaga, 1936)（图 6-92）

Corynoneura flaviscutella Tokunaga, 1936: 39.

Thienemanniella flaviscutella: Sasa *et* Okazawa, 1992: 165.

　　特征（雄成虫）：复眼裸露，触角具11或12鞭节，触角比0.41–0.70；盾片具3条黑色的、清晰的条纹，中间一条较短；下附器位于抱器基节内侧中部，长方形；抱器端节简单，无弯曲。

　　分布：浙江（泰顺）；日本。

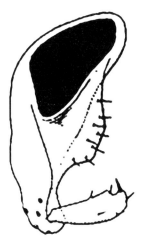

图 6-92　弗拉提尼曼摇蚊 *Thienemanniella flaviscutella* (Tokunaga, 1936)（仿自 Tokunaga, 1936）
♂生殖节

113. 东京布摇蚊属 *Tokyobrillia* Kobayashi *et* Sasa, 1991

Tokyobrillia Kobayashi *et* Sasa, 1991, 42: 73. Type species: *Tokyobrillia tamamegaseta* Kobayashi *et* Sasa, 1991.

　　主要特征：中等体型，翅长1.4–2.0 mm；浅棕至黄棕色，胸、腹和腿无或有深色斑纹。眼具背中突，无毛。触角比高于1.0。无中鬃；背中鬃自近前胸背板处生长；翅前鬃1–2列；无翅上鬃；小盾片鬃1–2列。

臀角不发达；翅膜区被毛，具刻点；除R_{2+3}脉外，所有翅脉均被毛；前缘脉末端超过R_{4+5}脉延伸至翅末端；R_{4+5}脉末端远离M_{3+4}脉；Cu_1轻微弯曲；后肘脉末端远离FCu脉，臀脉末端未至FCu脉；腋瓣毛少。前组胫节无胫距，中足具几乎等长的2根胫距；后足具不等长的2根胫距和斜行胫栉，胫栉棘刺较少。第9背板窄，左右两侧突出处各具一簇刚毛，无肛尖。阳茎内突发达，具小阳茎叶；无阳茎刺突；抱器基节伸长且两侧平行；上附器细长，在基部1/3或更小处具少量刚毛和1根长微刺。

分布：东洋区、新热带区。世界已知2种，中国记录1种，浙江分布1种。

（323）多摩长棘东京布摇蚊 *Tokyobrillia tamamegaseta* Kobayashi *et* Sasa, 1991（图 6-93）

Tokyobrillia tamamegaseta Kobayashi *et* Sasa, 1991: 74.

特征（雄成虫）：翅长2.57 mm。体淡黄色。触角比为1.31。前胸背板鬃上侧毛6根，下侧毛3根；无中鬃；背中鬃30根；翅前鬃6根；小盾片鬃15根。臀角不发达。前缘脉延伸80 μm；除R_{2+3}外，翅脉和翅间质均被多毛；翅瓣毛6根。前足胫节无胫距，中足胫节具2胫距，后足2根胫距；后足胫栉具6根棘刺；无伪胫距。前足比0.89。第9背板具刚毛26根，背板侧刚毛4根；上附器伸长，呈棒槌形突出，下附器明显小于上附器，棒形突出，具长刚毛；抱器端节细长，微弯，基部略粗，外缘具3根长刚毛，靠近基部的2根距离较近。

分布：浙江（临安）、湖南；日本。

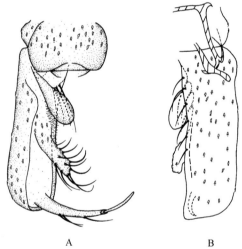

图 6-93 多摩长棘东京布摇蚊 *Tokyobrillia tamamegaseta* Kobayashi *et* Sasa, 1991（仿自孙慧，2010）
A.♂生殖节，背面观；B.♂生殖节，腹面观

114. 特维摇蚊属 *Tvetenia* Kieffer, 1922

Tvetenia Kieffer, 1922: 12. Type species: *Tvetenia duodenaria* Kieffer, 1922.

主要特征：体小，翅长1.5 mm。10–13鞭节，无亚顶刚毛。眼裸露，无背中突。前胸背板分离，"V"形缺刻。中鬃常缺失，若存在中鬃则非常弱难以观察。背中鬃、小盾片鬃单列。翅膜区无毛，具清晰刻点。C脉延伸。R_1脉裸露，R_{4+5}脉端部具刚毛。Cu_1脉弯曲。腋瓣具缘毛。伪胫距缺失或存在于中足第1跗节和后足第1、第2跗节上。毛型感器出现在后足第1跗节。爪垫小或难以观察。肛尖长，三角形，基部具刚毛。阳茎刺突存在。下附器宽三角形或矩形。

分布：世界广布，已知12种，中国记录3种，浙江分布1种。

（324）杂色特维摇蚊 *Tvetenia discoloripes* **(Goetghebuer** *et* **Thienemann, 1936)**（**图 6-94**）

Eukiefferiella discoloripes Goetghebuer *et* Thienemann, 1936: 51.

Tvetenia discoloripes: Sæther *et* Halvorsen, 1981: 280.

　　特征（雄成虫）： 翅长0.96–1.00 mm。全身黄褐色；头与胸黄色。触角13鞭节，触角比0.44。内顶鬃1根，外顶鬃1根。下唇须第3节具2根感觉棒。腋瓣缘毛5–7根，臀角发达。C脉延伸63–113 μm。R脉具4根刚毛，C脉延伸具1根刚毛，R_{4+5}脉具1根刚毛，其余翅脉光裸。前胸背板2–3侧刚毛。背中鬃7–9根，中鬃无，翅前鬃2–3根，小盾片鬃2根。后足胫栉10–11根。前足比0.85–0.89。肛尖长三角形，顶端尖，两侧具5–8根刚毛。上附器三角形，具5–7刚毛，且密布微毛。亚端背脊具很微小的三角形凸起，抱器端棘长8–10 μm。

　　分布： 浙江（临安）；古北区。

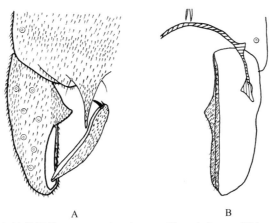

图 6-94　杂色特维摇蚊 *Tvetenia discoloripes* (Goetghebuer *et* Thienemann, 1936)
A.♂生殖节，背面观；B.♂生殖节，腹面观

（六）摇蚊亚科 Chironominae

　　主要特征： 雄成虫触角一般 11 或 12 鞭节（偶 8、10、12 鞭节）；翅无 MCu 脉；前足比大于 1.0；抱器基节与抱器端节愈合（除个别属如 *Stictochironomus*、*Sergentia* 和 *Phaenopsectra*）；生殖节附器常存在，部分种类具中附器；无抱器端棘。

　　分布： 全球广布（除南极洲）。

分属检索表

1. 前足胫节、胫距同时存在 ·· 马诺亚摇蚊属 *Manoa*
- 不同于上述 ·· 2
2. 翅密被大毛；腋瓣无缘毛；RM 脉与 R_{4+5} 脉相互平行 ··· 3
- 翅有或无大毛；若具大毛，则腋瓣具缘毛；RM 脉与 R_{4+5} 脉斜向平行 ······································· 6
3. C 脉远端终止处未明显超过 M_{3+4} 脉 ·· 扎氏摇蚊属 *Zavrelia*
- C 脉远端终止处明显超过 M_{3+4} 脉 ··· 4
4. 中附器叶状刚毛愈合；抱器端节常在 1/2 处明显变窄；通常无指附器 ······················· 流长跗摇蚊属 *Rheotanytarsus*
- 中附器刚毛不愈合；抱器端节不变窄；指附器常存在 ·· 5
5. 胫节无距 ·· 小突摇蚊属 *Micropsectra*
- 胫节有距 ·· 长跗摇蚊属 *Tanytarsus*
6. 触角 11 节 ·· 7
- 触角 13 节 ··· 16

115. 阿克西摇蚊属 *Axarus* Roback, 1980

Axarus Roback, 1980. Type species: *Chironomus festivus* Say, 1823.

　　主要特征（雄成虫）：体大型至巨大型，翅长可达 3.30–6.00 mm。翅无翅斑。触角 11 节，触角比 2.70–6.00。

眼光裸无毛，具两侧平行的背中突；额瘤短小，下唇须 5 节。前胸背板分离，盾片不超过前胸背板；无胸瘤；中鬃、背中鬃、翅前鬃和小盾片鬃存在。翅膜区无毛。臀角缺失。C 脉不延伸；R_{2+3} 脉的端部在 R_1 和 R_{4+5} 两脉之间的中间；FCu 脉叉在 RM 脉近端。腋瓣具大量长缘毛。前足胫节具 1 根圆形鳞片，无胫距；中足、后足胫节各具 2 胫栉，中足、后足胫栉具 1–3 根短小胫距；中足、后足的 ta_{1-3} 各具 1 对伪胫距。爪垫发达。肛节背板带粗壮，直接到达背板边缘。肛背板中部刚毛少或无，顶端刚毛短小，数量众多。肛尖加宽、粗壮，"T"状。上附器卵形，密布微刚毛，中部具强壮刚毛，常无长刚毛。无中附器。下附器发育棒状，端部加粗，被覆强刚毛。抱器端节内弯，内边缘具长刚毛。腹内横生殖突宽大，无明显圆形凸出部分。

分布：世界广布，已知10种，中国记录1种，浙江分布1种。

（325）短须阿克西摇蚊 *Axarus fungorum* (Albu, 1980)（图 6-95）

Xenochironomus fungorum Albu, 1980: 108.

Axarus fungorum: Lin *et* Wang, 2012: 41.

特征（雄成虫）：翅长3.05–3.25 mm。腹部黄色，第1–8背板具三角形状的深色带。中鬃10根；背中鬃14–15根；翅前鬃5–6根；小盾片鬃16–18根。R脉具21–23根刚毛；R_1脉具3–7根刚毛；R_{4+5}脉具1根刚毛。腋瓣缘毛11–13根。前足比为1.26–1.28。触角比为3.92–3.98。肛尖膨大；上附器卵形，具有大量微刚毛和多于20根的长刚毛。

分布：浙江（淳安）、广西；罗马尼亚。

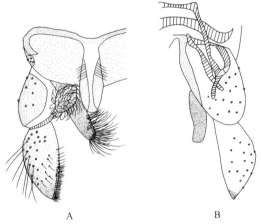

图 6-95　短须阿克西摇蚊 *Axarus fungorum* (Albu, 1980)（仿自 Lin and Wang, 2012）

A.♂生殖节，背面观；B.♂生殖节，腹面观

116. 摇蚊属 *Chironomus* Meigen, 1803

Chironomus Meigen, 1803: 260. Type species: *Tipula plumose* Linnaeus, 1758.

主要特征（雄成虫）：体中到大型。触角11节，触角比远大于2。复眼光裸，明显向背中部平行延伸，常有额瘤，下唇须5节。前胸背板两侧叶在背中部有缺刻但并不分离，盾片未覆盖前胸背板，盾片瘤通常消失，中鬃单列或双列，起点靠近前缘，背中鬃2至多列，翅前鬃单至双列，小盾片鬃无序至双列。翅膜无刚毛，有刻点，臀叶钝圆至不明显，C脉不延伸，R、R_1、R_{4+5}有刚毛，腋瓣有缘毛。前足胫节有圆形鳞片，无距；中足、后足胫节具有排列紧密的胫栉，有胫距，伪胫距缺失，中足、后足第1跗节前端1/2处具有毛形感器，爪垫简单，叶状，长度为爪的1/2至与爪等长。

　　分布：世界广布，已知300种左右，中国记录24种，浙江分布8种。

分种检索表

（326）尖附器摇蚊 *Chironomus cingulatus* Meigen, 1830（图 6-96）

Chironomus cingulatus Meigen, 1830: 245.

　　特征（雄成虫）：翅无色斑，额瘤发达。腹部2–4节前半部均为深棕色条带状色斑，第9背板中央有明显的圆形区域，肛背板条带清晰，长达肛尖基部，上附器基部不明显，延伸部分逐渐向肛尖处弯曲变细，末端尖锐，下附器端部未达抱器端节一半。

　　分布：浙江（泰顺）、河北、河南、新疆、安徽、福建、贵州；欧洲广布。

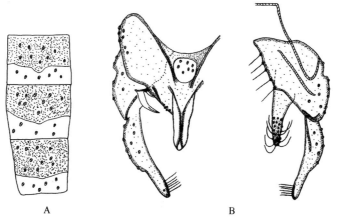

A　　　　　　　　　　　　　　　　B

图 6-96　尖附器摇蚊 *Chironomus cingulatus* Meigen, 1830（仿自姜永伟，2011）

A. 腹部；B. ♂生殖节

（327）台南摇蚊 *Chironomus circumdatus* Kieffer, 1916（图 6-97）

Chironomus circumdatus Kieffer, 1916: 105.

　　特征（雄成虫）：翅无色斑，额瘤发达，前足第1跗节无长刚毛，腹部2–4节中央有纵向椭圆形色斑，第

9背板中央无圆形区域，上附器基部不明显，延伸部分似角状，下附器末端长达抱器端节一半处，肛尖细长，基部至端部逐渐增粗，末端圆润。

分布： 浙江（临安）、湖北、福建、台湾、广东、海南、广西、贵州、云南；朝鲜，日本，印度，泰国，澳大利亚，密克罗尼西亚。

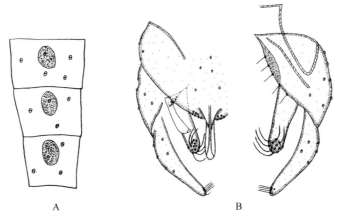

图 6-97　台南摇蚊 *Chironomus circumdatus* Kieffer, 1916（仿自姜永伟，2011）

A. 腹部；B.♂生殖节

（328）离摇蚊 *Chironomus dissidens* Walker, 1856（图 6-98）

Chironomus dissidens Walker, 1856: 454.

特征（雄成虫）： 体黑棕色。额瘤较大。肛尖端部较宽。生殖节背板中部着生9–17刚毛。上附器基部宽，具微毛，端部呈光裸的钩状。

分布： 浙江广布，中国广布；韩国，日本，泰国。

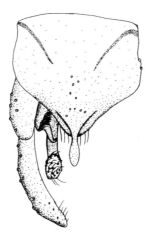

图 6-98　离摇蚊 *Chironomus dissidens* Walker, 1856（仿自姜永伟，2011）

♂生殖节

（329）黄羽摇蚊 *Chironomus flaviplumus* Tokunaga, 1940（图 6-99）

Chironomus flaviplumus Tokunaga, 1940: 294.

特征（雄成虫）： 翅无色斑。额瘤发达。腹部2–4节有明显的横向近似卵圆形色斑；上附器基部宽而平，延伸部分呈靴状，下附器端部长达抱器端节一半处。

分布：浙江广布，中国广布；日本。

讨论：该广布种过去常被错误鉴定为萨摩亚摇蚊 *Chironomus samoensis* Edwards, 1928。

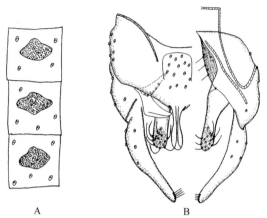

图 6-99　黄羽摇蚊 *Chironomus flaviplumus* Tokunaga, 1940（仿自姜永伟，2011）
A. 腹部；B. ♂生殖节

（330）爪哇摇蚊 *Chironomus javanus* Kieffer,1924（图 6-100）

Chironomus javanus Kieffer,1924: 263.

特征（雄成虫）：翅无色斑，额瘤发达；腹部黄绿色，无斑，肛尖细小，上附器延伸部分裸露、细小，末端弯曲呈钩状，下附器明显粗壮、短小。

分布：浙江（临安、慈溪、庆元）、湖北、福建、台湾、广东、广西、四川、贵州、云南；日本，孟加拉国，泰国，印度尼西亚。

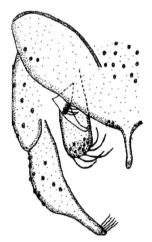

图 6-100　爪哇摇蚊 *Chironomus javanus* Kieffer,1924（仿自姜永伟，2011）
♂生殖节

（331）花翅摇蚊 *Chironomus kiiensis* Tokunaga, 1936（图 6-101）

Chironomus kiiensis Tokunaga, 1936: 77.

特征（雄成虫）：翅面具有明显灰色斑；额瘤发达；腹部2–4节无色斑或中央有纵向长条色斑；腿节近胫节处有色斑，跗节关节处及4、5跗节棕色；肛尖最细处位于中部，上附器延伸部分裸露、细小，末端弯曲呈钩状，下附器长达抱器端节中部。

　　分布：浙江（临安、慈溪、泰顺）、福建、台湾、广东、四川、云南；朝鲜，日本，印度，泰国，马来西亚，澳大利亚。

图 6-101　花翅摇蚊 *Chironomus kiiensis* Tokunaga, 1936
♂成虫

（332）冲绳摇蚊 *Chironomus okinawanus* Hasegawa *et* Sasa, 1987（图 6-102）

Chironomus okinawanus Hasegawa *et* Sasa, 1987: 283.

　　特征（雄成虫）：翅无色斑，额瘤发达，长约为宽的3倍；腹部2–4节有明显的似钥匙状色斑，肛尖细小，上附器延伸部分裸露、细小，末端弯曲呈钩状。

　　分布：浙江（临安、慈溪、庆元、泰顺）、福建、台湾、广东、贵州、西藏；日本。

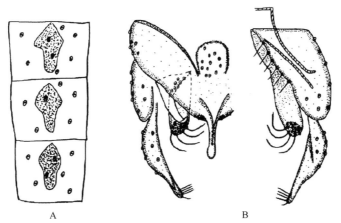

图 6-102　冲绳摇蚊 *Chironomus okinawanus* Hasegawa *et* Sasa, 1987（仿自姜永伟，2011）
A. 腹部；B. ♂生殖节

（333）中华摇蚊 *Chironomus sinicus* Kiknadze *et* Wang, 2005（图 6-103）

Chironomus sinicus Kiknadze *et* Wang, 2005: 199.

　　特征（雄成虫）：翅无色斑；额瘤发达，触角比大于4；腹部2–4节有明显的纵向近椭圆形色斑（部分个体无斑），肛尖细长，端部膨大，末端圆润；上附器延伸部分细长，两侧平行略向内弯曲，末端钩状，下附器细长，端部向外侧倾斜。

　　分布：浙江（临安、三门）、内蒙古、天津、河北、宁夏、广东、云南；日本，欧洲。

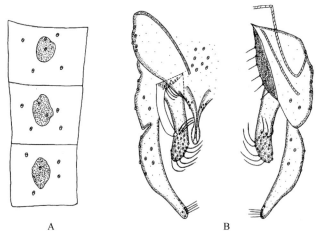

图 6-103　中华摇蚊 *Chironomus sinicus* Kiknadze *et* Wang, 2005（仿自姜永伟，2011）

A. 腹部；B. ♂生殖节

117. 枝角摇蚊属 *Cladopelma* Kieffer, 1921

Cladopelma Kieffer, 1921: 274. Type species: *Chironomus virescens* Meigen, 1818.

主要特征（雄成虫）：体小型，翅长1.20–2.50 mm。触角11鞭节，触角比1.80–3.00，具额瘤。翅膜区无毛，腋瓣具长缘毛。前足胫端具低而圆的鳞状突，中后足胫节胫梳密集，爪垫发达。肛节背板带形态多变。第9背板具高耸中脊，且在肛尖基部形成成对的径向突起；有些种类第9背板形成翅翼或正方形肩翼，覆盖肛尖基部。肛尖两侧平行且端部钝圆，或尖，或远端膨大。上附器小，被长刚毛和小刚毛；无下附器。抱器基节和端节愈合，长且弯曲，常在基部1/2处变窄，偶尔内边缘膨大突出。

分布：世界广布，已知 15 种，中国记录 3 种，浙江分布 2 种。

（334）平铗枝角摇蚊 *Cladopelma edwardsi* (Kruseman, 1933)（图 6-104）

Tendipes (*Parachironomus*) *edwardsi* Kruseman, 1933: 194.

Chironomus (*Chironomus*) *virescens* Meigen, 1818 *sensu* (Edwards, 1929: 391).

Cladopelma edwardsi: Yan *et al.*, 2008: 48.

特征（雄成虫）：触角比1.79–2.07。额瘤存在。前足比1.77–1.87。第9背板后缘方形，呈肩状，两翼具粗壮大刚毛；肛尖具中脊，两侧具大刚毛和小刚毛；上附器指状，顶部生1–2根刚毛并被小刚毛。

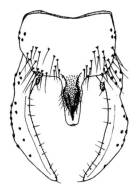

图 6-104　平铗枝角摇蚊 *Cladopelma edwardsi* (Kruseman, 1933)（仿自 Yan *et al.*, 2008）

♂生殖节

分布：浙江（临安、象山、庆元、泰顺），中国广布；俄罗斯（远东地区），日本，印度，泰国，欧洲，北美洲。

（335）绿枝角摇蚊 *Cladopelma virescens* (Meigen, 1818)（图 6-105）

Chironomus virescens Meigen, 1818: 23.

Cladopelma virescens: Yan *et al.*, 2008: 51.

特征（雄成虫）：翅长1.42–1.65 mm。胸黄绿色至棕色；腹部各节背板黄绿色。触角比1.78–2.20。前足比为1.77–1.87。第9背板端部后缘具2个叶状凸起，具8–14根长刚毛和短刚毛，第9侧板具3–4根刚毛；肛尖端部钝圆，肛尖中脊肋呈"V"形，伸向第9背板，具8–12根侧刚毛和若干短刚毛。上附器指状，端部具1–3根刚毛并密布微毛。肛节背板带呈"H"形。抱器基节内缘具5–6根长刚毛；抱器端节与抱器基节愈合，向内弯曲，中部宽度最大，内缘具7–11根刚毛。

分布：浙江（北仑、余姚）、内蒙古、天津、河北、宁夏、新疆；古北区。

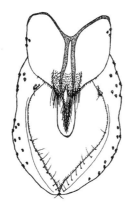

图 6-105　绿枝角摇蚊 *Cladopelma virescens* (Meigen, 1818)（仿自 Yan *et al.*, 2018）
♂生殖节

118. 隐摇蚊属 *Cryptochironomus* Kieffer, 1918

Cryptochironomus Kieffer, 1918: 48. Type species: *Chironomus* (*Cryptochironomus*) *chlorolobus* Kieffer, 1918 [= *Chironomus supplicans* Meigen, 1830].

主要特征（雄成虫）：体中到大型。体绿或棕色，胸具深棕色或黑色色斑。触角11鞭节，触角比2.5–5.5。眼无毛，具两侧平行的背中突；常具额瘤，偶缺失。前胸背板中部不完全分离，具胸瘤。中鬃强壮；背中鬃数目多；翅前鬃、小盾鬃多。翅膜区无毛；腋瓣具长缘毛。前足胫端具短而圆的鳞状突；中后足胫节胫栉密集，各具2枚胫距；爪垫发达。肛尖常向顶端逐渐变细，偶尔端部加宽。上附器小，盘状，常具大刚毛和小刚毛；下附器短，具几根长刚毛，常完全被上附器覆盖，但易分辨。抱器基节和抱器端节愈合，端节极宽短。

分布：世界广布，已知90余种，中国记录8种，浙江分布1种。

（336）喙隐摇蚊 *Cryptochironomus rostratus* Kieffer, 1921（图 6-106）

Cryptochironomus rostratus Kieffer, 1921: 67.

特征（雄成虫）：第9背板后缘肩状或稍锥形，肛尖细长，向远端渐细或两侧平行；上附器半球状，基部外侧稍向上弯呈钩状；下附器小瘤状，具1–3根大刚毛，不生小刚毛。肛节背板带"V"形，中部明显愈合，抱器基节与端节连接处明显收缩，基部1/3处内弯，两侧平行，远端收缩变细，顶端具一小突起，生1根顶刚毛。

　　分布：浙江（临安、淳安、庆元）、江西、福建、台湾、海南、广西、四川、贵州、西藏；韩国，日本，印度，孟加拉国，土耳其，欧洲。

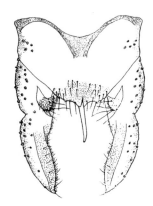

图 6-106　喙隐摇蚊 *Cryptochironomus rostratus* Kieffer, 1921（仿自 Yan *et al.*, 2018）
♂生殖节

119. 拟隐摇蚊属 *Demicryptochironomus* Lenz, 1941

Demicryptochironomus Lenz, 1941: 34. Type species: *Chironomus vulneratus* Zetterstedt, 1838.

　　主要特征（雄成虫）：触角11鞭节，触角比1.4–4.0。眼无毛，具两侧平行的背中突；具小额瘤。前胸背板中部不完全分离；小胸瘤存在或缺失；具前胸背板鬃、中鬃、背中鬃、翅前鬃和小盾鬃。腋瓣具缘毛。前足胫端具短而圆的鳞状突；中后足具窄而分离的胫栉，胫距2枚。肛尖细长，两侧平行或端部宽。上附器指状时下附器缺失，抱器端节中部收缩；上附器分叶时具细长且香蕉形的抱器端节。

　　分布：世界广布，已知28种，中国记录10种，浙江分布4种。

分种检索表

1. 肛节背板"Y"形 ·· 宽尖拟隐摇蚊 *D. spatulatus*
- 肛节背板"V"形 ·· 2
2. 下附器存在 ·· 光裸拟隐摇蚊 *D. minus*
- 下附器缺失 ·· 3
3. 抱器端节具明显经线 ·· 缺损拟隐摇蚊 *D. vulneratus*
- 抱器端节无明显经线 ·· 短鞭拟隐摇蚊 *D. antennarius*

（337）短鞭拟隐摇蚊 *Demicryptochironomus antennarius* Yan, Tang *et* Wang, 2005（图 6-107）

Demicryptochironomus antennarius Yan, Tang *et* Wang, 2005: 2.

　　特征（雄成虫）：触角比低（1.26）；生殖节黑棕色；上附器退化成分两叶的瘤状突起，各具1顶刚毛且密被小刚毛；无下附器；抱器端节无明显经线。

　　分布：浙江（泰顺）、贵州。

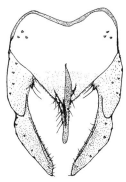

图 6-107 短鞭拟隐摇蚊 *Demicryptochironomus antennarius* Yan, Tang *et* Wang, 2005（仿自闫春财，2007）
♂生殖节

（338）光裸拟隐摇蚊 *Demicryptochironomus minus* Yan, Tang *et* Wang, 2005（图 6-108）

Demicryptochironomus minus Yan, Tang *et* Wang, 2005: 4.

特征（雄成虫）：背板2–6具深棕色色斑；上附器退化成2个瘤状突起，各具1根顶刚毛，被小刚毛；下附器除1根顶刚毛外光裸无小刚毛；肛尖基部强烈收缩，具侧刚毛。

分布：浙江（临安、庆元）、陕西、贵州。

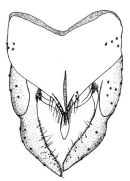

图 6-108 光裸拟隐摇蚊 *Demicryptochironomus minus* Yan, Tang *et* Wang, 2005（仿自闫春财，2007）
♂生殖节

（339）宽尖拟隐摇蚊 *Demicryptochironomus spatulatus* Wang *et* Zheng, 1994（图 6-109）

Demicryptochironomus spatulatus Wang *et* Zheng, 1994: 206.

特征（雄成虫）：触角比2.03。头部具小额瘤；第9背板后缘三角形；肛尖基部强烈收缩，中部膨大，

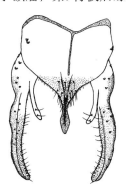

图 6-109 宽尖拟隐摇蚊 *Demicryptochironomus spatulatus* Wang *et* Zheng, 1994（仿自闫春财，2007）
♂生殖节

呈球拍形，肛尖具带侧刚毛中肋，伸向第9背板；上附器几乎两侧平行，远端具2根亚顶端刚毛；抱器端节直，远端稍内弯，端部稍尖。

　　分布：浙江（泰顺）、海南。

（340）缺损拟隐摇蚊 *Demicryptochironomus vulneratus* (Zetterstedt, 1838)（图 6-110）

Chironomus vulneratus Zetterstedt, 1838: 838.

Demicryptochironomus vulneratus Lenz, 1954–1962: 222.

　　特征（雄成虫）：翅R脉、R_1脉和R_{4+5}脉都具多根小刚毛；肛尖长，两侧几乎平行，基部三角锥形；上附器指状，顶端分叶，基部具小刚毛，顶部具2–3根大刚毛；无下附器；抱器端节中部稍膨大，具明显经线，顶端稍尖。

　　分布：浙江（临安、庆元、泰顺）、山东、河南、陕西、福建、贵州；俄罗斯（远东地区），印度，欧洲。

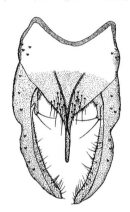

图 6-110　缺损拟隐摇蚊 *Demicryptochironomus vulneratus* (Zetterstedt, 1838)（仿自闫春财，2007）
♂生殖节

120. 二叉摇蚊属 *Dicrotendipes* Kieffer, 1913

Dicrotendipes Kieffer, 1913: 23. Type species: *Chironomus septemmaculatus* Becker, 1908.

　　主要特征（雄成虫）：小至中型，翅长可达 1.3–3.2 mm。触角比 1.8–4.0。前胸背板窄，裸露，中部有缺刻。翅膜区无毛，有明亮的刻点。前足胫节无胫距，有圆的鳞状突，跗节有或无须状毛。中后足胫栉排列紧密，每一胫栉有两个长的胫距。伪胫距消失。中足第1跗节有毛形感器，通常在顶端，偶尔占据整个第1跗节，后足跗节有时也有毛形感器。爪垫简单，叶状，与爪等长。肛节背板带短，很少到达背板边缘。肛尖变异多，常伸长，竹片状，有时基部外侧有突出，背侧和基部外侧通常有刚毛。上附器指状、圆柱状、近似三角形或脚形，常顶部膜状，常被微毛，极少光裸，并且端部常具强壮刚毛。中附器只在少数种类存在。下附器发达，端部棒状或分为二叉、三叉状，被覆多或少的强刚毛。抱器端节内弯，内边缘具长刚毛。腹内横生殖突变化多样，中部窄或宽，具圆或方的凸出部分。

　　分布：世界广布，已知 100 余种，中国记录 11 种，浙江分布 8 种。

分种检索表

1. 中附器存在 ·· 中华二叉摇蚊 *D. sinicus*
- 中附器缺失 ··· 2
2. 翅具色斑 ··· 七斑二叉摇蚊 *D. septemmaculatus*

（341）伊诺二叉摇蚊 *Dicrotendipes inouei* Hashimoto, 1984（图 6-111）

Dicrotendipes inouei Hashimoto, 1984: 45.

特征（雄成虫）：翅长1.37-1.49 mm。触角比1.87-2.10。翅透明无色斑。肛尖基部具6-10刚毛。第9背板中部无刚毛，第9侧板具2根刚毛。上附器圆筒状，具微刚毛和6-8根端刚毛。下附器长条状，端部球状，具16-20根刚毛。抱器端节轻度内弯，内缘端部具7-9根长刚毛。

分布：浙江（三门、临海）；日本。

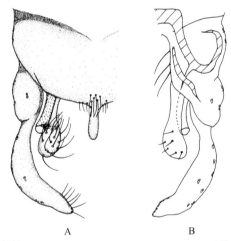

图 6-111 伊诺二叉摇蚊 *Dicrotendipes inouei* Hashimoto, 1984（仿自 Chen *et al.*, 2015）
A. ♂生殖节，背面观；B. ♂生殖节，腹面观

（342）强壮二叉摇蚊 *Dicrotendipes nervosus* (Staeger, 1839)（图 6-112）

Chironomus nervosus Staeger, 1839: 567.

Dicrotendipes nervosus: Epler, 1988, 36: 63.

特征（雄成虫）：翅无色斑。触角比1.88-2.60。前足比1.72-1.88。R及R$_1$脉具35根以上刚毛。肛尖基部约有6根侧刚毛；上附器细长且略弯曲，端部膨大且平截，内生2-4根小刚毛；下附器细长且弯曲。

分布：浙江广布，天津、山东、宁夏、江西；日本，丹麦，美国。

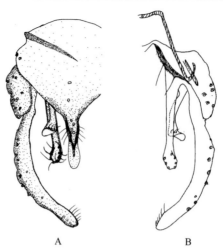

图 6-112　强壮二叉摇蚊 *Dicrotendipes nervosus* (Staeger, 1839)（仿自于雪，2011）
A. ♂生殖节，背面观；B. ♂生殖节，腹面观

（343）光裸二叉摇蚊 *Dicrotendipes nudus* **Qi, Lin *et* Wang, 2012**（图 6-113）

Dicrotendipes nudus Qi, Lin *et* Wang, 2012: 26.

特征（雄成虫）：翅长1.56-2.30 mm。触角比1.85-2.12。前足比1.59-1.75。R_1脉和R_{4+5}脉光裸，无刚毛。背中鬃8-12根；中鬃4-5根；翅前鬃3-4根；小盾片鬃4-19根。肛尖长40-60 μm，基部膨大，具5-10根背刚毛和6根侧刚毛。第9背板中部无刚毛，第9侧板具3-4根刚毛。阳茎内突长95-103 μm；横腹内生殖突长40-50 μm，侧面变窄，中部加宽，呈倒"U"形。抱器基节长142-165 μm。上附器指状，具微刚毛和3-4根短小端刚毛。下附器长条状，端部球状，具6-9根刚毛，呈2列分布。抱器端节长150-195 μm，轻度内弯，内缘端部具5-7根刚毛。

分布：浙江（临安、椒江、三门、天台、仙居）、河北、新疆。

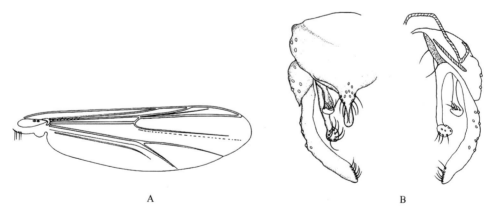

图 6-113　光裸二叉摇蚊 *Dicrotendipes nudus* Qi, Lin *et* Wang, 2012（仿自 Qi *et al.*, 2012a）
A. 翅；B. ♂生殖节

（344）暗绿二叉摇蚊 *Dicrotendipes pelochloris* **(Kieffer, 1912)**（图 6-114）

Tendipes pelochloris Kieffer, 1912: 39.

Dicrotendipes pelochloris: Epler, 1988, 36: 134.

特征（雄成虫）：翅无色斑。第9背板中部一近椭圆形区域内生有长刚毛；肛尖骨化并强烈向腹面翻折；上附器指状，近端部处略膨大，下附器长略超过肛尖，端部具刚毛。

分布：浙江广布，天津、河北、江苏、湖北、台湾、广东、海南、广西、四川；韩国，日本，巴基斯坦，印度，孟加拉国，菲律宾，澳大利亚。

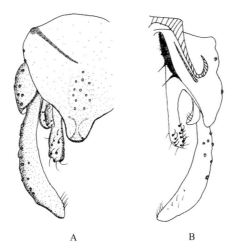

图 6-114　暗绿二叉摇蚊 *Dicrotendipes pelochloris* (Kieffer, 1912)（仿自于雪，2011）
A.♂生殖节，背面观；B.♂生殖节，腹面观

（345）多毛二叉摇蚊 *Dicrotendipes saetanumerosus* Qi, Lin *et* Wang, 2012（图 6-115）

Dicrotendipes saetanumerosus Qi, Lin *et* Wang, 2012: 30.

　　特征（雄成虫）：翅长1.77–2.21 mm。头、胸及第7–9腹节棕色；第1–6腹节浅黄绿色；足棕黄色。触角比2.36–2.45。R脉具17–20根刚毛，R₁脉具12–16根刚毛，R₄₊₅脉具13–23根刚毛；腋瓣具5–15根缘毛。肛尖光裸无毛，粗大；第9背板中部具大量刚毛，数量多于30根；上附器足状，具11–16根侧刚毛。

　　分布：浙江（开化）、山东、湖北。

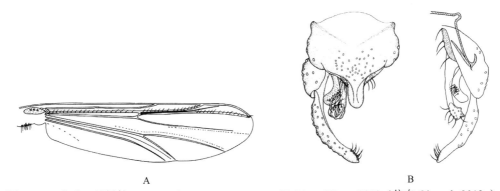

图 6-115　多毛二叉摇蚊 *Dicrotendipes saetanumerosus* Qi, Lin *et* Wang, 2012（仿自 Qi *et al.*, 2012a）
A. 翅；B.♂生殖节

（346）七斑二叉摇蚊 *Dicrotendipes septemmaculatus* (Becker, 1908)（图 6-116）

Chironomus septemmaculatus Becker, 1908: 77.

Dicrotendipes septemmaculatus: Epler, 1988: 42.

　　特征（雄成虫）：翅上具7块色斑；下附器二分叉。
　　分布：浙江（慈溪、椒江）、山东、湖北、台湾、贵州、云南；古北区，澳洲区，非洲。
　　讨论：该种为世界广布种，但可能存在错误鉴定，尤其是东洋区种群可能是独立种，需要结合分子生物学进一步验证。

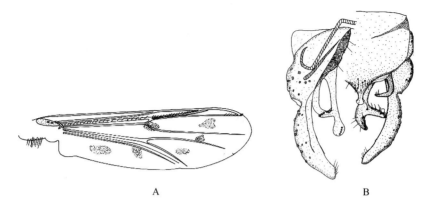

图 6-116　七斑二叉摇蚊 *Dicrotendipes septemmaculatus* (Becker, 1908)（仿自于雪，2011）
A. 翅；B. ♂生殖节

（347）中华二叉摇蚊 *Dicrotendipes sinicus* Lin *et* Qi, 2021（图 6-117）

Dicrotendipes sinicus Lin *et* Qi, 2021: 21.

　　特征：雄成虫：触角10鞭节，无羽状刚毛，触角比0.96–1.43；眼光裸无毛，无背中突；下唇须短小，5节，第3节唇须无端部感受器，第4、第5节唇须偶尔愈合；翅船桨状，分叉，端部具一丛长刚毛，腋瓣无缘毛；中鬃缺失；中足胫节具有2根短小的胫距；腹节7–9扭转180°；下附器较长，强烈内弯，伸展到达抱器端节端部。雌成虫：触角6鞭节，无羽状刚毛；唇须3节；中鬃0–5根；中足胫节具2根胫距，后足胫节具1根胫距。蛹：胸角羽状，分成多个细的枝；基环大，肾形，分成2个气管斑；无伪足B；第5–8节具4根侧纤毛。幼虫：触角5鞭节；颏板具圆的、三分裂的颏中齿，6对侧齿，腹颏板弯曲，前上颚具4齿，无侧管和腹管。

　　分布：浙江（普陀、三门）。

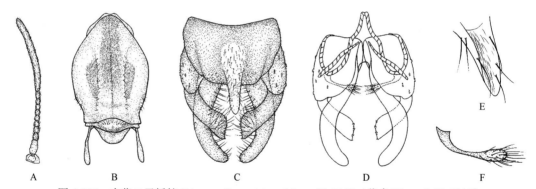

图 6-117　中华二叉摇蚊 *Dicrotendipes sinicus* Lin *et* Qi, 2021（仿自 Lin and Qi, 2019）
A. 触角；B. 胸；C. ♂生殖节，背面观；D. ♂生殖节，腹面观；E. 肛尖；F. 中附器

（348）韦羌二叉摇蚊 *Dicrotendipes weiqiangensis* Qi, 2016（图 6-118）

Dicrotendipes weiqiangensis Qi, 2016: 208.

　　特征（雄成虫）：触角比1.56–1.94。R_{4+5}脉无刚毛。肛尖细长，端部膨大呈球形。上附器长背面观呈三角状，侧面观呈球状，有许多微刚毛，端部具6–8根短刚毛。

　　分布：浙江（仙居）。

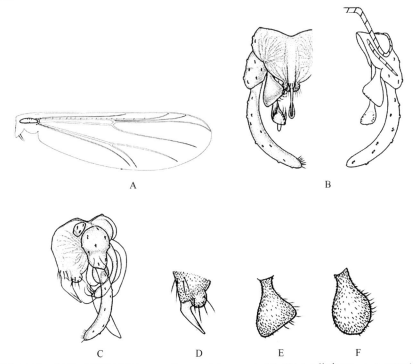

图 6-118　韦羌二叉摇蚊 *Dicrotendipes weiqiangensis* Qi, 2016（仿自 Qi *et al.*, 2016）
A. 翅；B.♂生殖节；C.♂生殖节，侧面观；D. 肛尖，侧面观；E. 上附器，背面观；F. 上附器，侧面观

121. 内摇蚊属 *Endochironomus* Kieffer, 1918

Endochironomus Kieffer, 1918: 69. Type species: *Chironomus alismatis* Kieffer, 1915.

　　主要特征（雄成虫）：体小型至大型；翅无翅斑；足浅黄色。触角比2.30–3.20。眼无毛，具两侧平行的背中突，唇须5节。前胸背板分离，无小胸瘤；具前胸背板鬃、背中鬃、翅前鬃和小盾片鬃。翅膜区无色斑。前足胫节具1巨大的圆形鳞片，上具细长的胫距；中足、后足胫节各具2胫栉，中足、后足胫栉具2根短小胫距；伪胫距缺失；中足、后足第1跗节具众多的毛形感器；爪垫发达。第9背板中部具长刚毛；肛尖细长，某些种端部略膨大；上附器钩状，基部具长刚毛；下附器指状，常密布刚毛，端部常具1–2根长刚毛；无中附器；抱器基节与抱器端节相接处分界清晰，端节可活动，内缘端部具刚毛，多分布在近端部；横腹内生殖突倒"U"状，无突出。

　　分布：世界广布，已知21种，中国记录3种，浙江分布1种。

（349）伸展内摇蚊 *Endochironomus tendens* (Fabricius, 1775)（图 6-119）

Tipula tendens Fabricius, 1775: 752.

Endochironomus tendens: Pinder, 1978: 153.

　　特征（雄成虫）：翅长2.32–2.40 mm。头部黄色，触角、唇须棕色；胸部浅棕色；腹部浅黄色，各腹节中部及端部具棕色带，生殖节棕色；足浅黄色。触角比2.76–2.79。前足比1.65–1.67。第9背板中部具16根长刚毛，后缘具8根刚毛。肛尖端部膨大，球状。肛节侧片具6–7根刚毛。上附器钩状，基部具7根长刚毛。下附器指状。

　　分布：浙江（诸暨、余姚）、内蒙古、江西、贵州；欧洲广布。

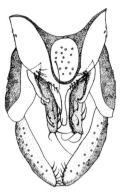

图 6-119 伸展内摇蚊 *Endochironomus tendens* (Fabricius, 1775)（仿自齐鑫，2007）
♂生殖节

122. 内三叶摇蚊属 *Endotribelos* Grodhaus, 1987

Endotribelos Grodhaus, 1987. Type species: *Tendipes* (*Tribelos*) *hesperium* Sublette, 1960.

主要特征（雄成虫）：体中型，翅长 2.4–2.8 mm。触角 13 节；触角比 1.6–2.0。眼无毛，具两侧平行的背中突；无额瘤，下唇须 5 节。前胸背板分离，无盾瘤；中鬃、背中鬃、翅前鬃及小盾片鬃存在。翅膜区无微毛；臀角发达；无 C 脉延伸，FCu 脉走向与 RM 脉方向相反；腋瓣具长缘毛。前足胫节具 1 巨大的圆形鳞片，上具近三角形的胫距；中足、后足胫节各具 2 胫栉，中足、后足胫栉具 2 个小胫距；伪胫距缺失；中后足跗节 1 具众多的毛形感器；爪垫发达。第 9 背板带在中部愈合，靠近肛尖；第 9 背板中部具长刚毛；肛尖细长，某些种端部略膨大；上附器钩状，基部膨大，具长刚毛；下附器指状，常密布刚毛，端部常具长刚毛。

分布：东洋区、新北区、新热带区。世界已知 34 种，中国记录 6 种，浙江分布 1 种。

（350）条带内三叶摇蚊 *Endotribelos redimiculum* Qi, Shi, Lin *et* Wang, 2013（图 6-120）

Endotribelos redimiculum Qi *et al.*, 2013: 284.

特征（雄成虫）：腹部各节中部及端部具棕色带状纹，中足胫节具 2 根胫距，M 脉有 6–7 根刚毛，肛尖近似平行。

分布：浙江（三门）。

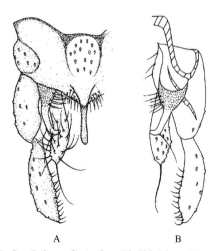

A   B

图 6-120 条带内三叶摇蚊 *Endotribelos redimiculum* Qi, Shi, Lin *et* Wang, 2013（仿自 Qi *et al.*, 2013）
A.♂生殖节，背面观；B.♂生殖节，腹面观

123. 雕翅摇蚊属 *Glyptotendipes* Kieffer, 1913

Glyptotendipes Kieffer, 1913: 255. Type species: *Chironomus verrucosus* Kieffer, 1911.

主要特征（雄成虫）： 体中型，翅长可达 3.5 mm。眼裸露，具背中突；额瘤存在；下唇须 5 节。前胸背板背部分离；无盾片瘤；中鬃存在。翅膜区无毛，腋瓣具缘毛。前足无胫距；中足、后足具 2 胫栉，并具有 2 个胫距；爪垫叶状。肛尖基部窄，端部膨大；上附器基部具有刚毛和微毛，向端部方向逐渐变细，顶端钩状。中附器缺失。

分布： 世界广布，已知 34 种，中国记录 6 种，浙江分布 1 种。

（351）德永雕翅摇蚊 *Glyptotendipes tokunagai* Sasa, 1979（图 6-121）

Glyptotendipes tokunagai Sasa, 1979: 8.

特征（雄成虫）： 额瘤明显；肛背板条带明显，第9背板中部有刚毛，并且有未封闭的黑色条带包围，条带与肛背板条带接触；肛尖中部细，端部钝圆；抱器端节端部略缢缩。

分布： 浙江广布，河北、河南、陕西、湖南、福建、贵州、云南；俄罗斯（远东地区），日本。

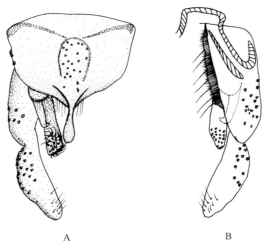

图 6-121　德永雕翅摇蚊 *Glyptotendipes tokunagai* Sasa, 1979（仿自于雪，2011）
A.♂生殖节，背面观；B.♂生殖节，腹面观

124. 哈摇蚊属 *Harnischia* Kieffer, 1921

Harnischia Kieffer, 1921: 273. Type species: *Harnischia fuscimana* Kieffer, 1921.

主要特征（雄成虫）： 体型小至中型；体黄色、绿色或棕色，具浅棕色色斑。触角 11 鞭节，触角比 2.0–3.0。眼光裸无毛，具两侧平行的长背中突。前胸背板的中部不完全分离，盾片延伸未超过前胸背板；小胸瘤存在。翅膜区光裸无毛。前足胫节端部具圆形的鳞片；中足、后足具分离且窄的胫栉，上具胫距 2 根；中足 ta_1 具 3–7 个毛型感受器；爪垫发达。第 9 背板端部后缘楔形，肛尖基部具叶状小突。肛尖端部钝圆，光裸无毛或具侧毛。上、下附器均退化。抱器端节与抱器基节愈合，较短宽，内缘具较弱的凹陷或几近平直，端部钝圆。

分布： 世界广布。世界已知 18 种左右，中国记录 6 种，浙江分布 3 种。

（352）短叶哈摇蚊 *Harnischia curtilamellata* (Malloch, 1915)（图 6-122）

Chironomus curtilamellata Malloch, 1915: 474.

Harnischia curtilamellata: Townes, 1945: 166.

特征（雄成虫）：翅长 1.40–2.40 mm。触角比 1.45–2.53。额瘤椭圆形。前足比为 1.43–2.21。第 9 背板端部后缘圆弧状，肛尖基部具 4–8 根长刚毛；第 9 侧板具 4–6 根刚毛；肛尖较宽，基部 1/3 处变窄，端部膨大，呈泡状，半透明，顶端钝圆；肛尖具中脊肋，具 5–10 根侧刚毛和短刚毛。肛节背板带呈“V”形。抱器端节宽短，基部与抱器基节完全愈合，界限不明显，抱器端节弯曲，基部宽大，向端部渐变细，顶端钝圆。

分布：浙江（余姚）、天津、湖北、江西、湖南、台湾、海南、广西、贵州、云南；俄罗斯远东，日本，印度，泰国，欧洲，北美洲，澳大利亚，非洲。

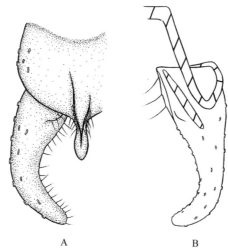

A　　　　　　　　B

图 6-122　短叶哈摇蚊 *Harnischia curtilamellata* (Malloch, 1915)（仿自 Yan *et al*., 2016a）
A.♂生殖节，背面观；B.♂生殖节，腹面观

（353）截铗哈摇蚊 *Harnischia japonica* Hashimoto, 1984（图 6-123）

Harnischia japonica Hashimoto, 1984: 262.

特征（雄成虫）：腹部背板1–4各节末端具棕色色带；R₁脉无小刚毛；第9背板后缘肩状，肛尖远端1/3处稍膨大，顶端钝圆，且肛尖具中肋，生侧刚毛和小刚毛，伸向第9背板中部；肛节背板带“Y”形；抱器

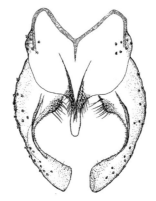

图 6-123　截铗哈摇蚊 *Harnischia japonica* Hashimoto, 1984（仿自 Yan *et al*., 2016a）
♂生殖节

基节内侧远端具一小突起，具大刚毛和小刚毛；抱器端节基部细，顶部膨大平截。

分布：浙江（开化、泰顺）、山东、福建、广西；俄罗斯（远东地区），韩国，日本。

125. 球附器摇蚊属 *Kiefferulus* Goetghebuer, 1922

Kiefferulus Goetghebuer, 1922: 44. Type species: *Tanytarsus tendipediformis* Goetghebuer, 1921.

主要特征（雄成虫）：中到大型，翅长可达 1.9–4.1 mm。触角 11 鞭节，触角比 1.95–4.07。复眼裸露，具两侧平行的背中突；额瘤存在；下唇须 5 节。前胸背板背部分离。盾片不超过前胸背板；盾片瘤低圆。中鬃、背中鬃、翅前鬃和小盾片鬃存在。翅膜区通常无毛。C 脉不延伸，腋瓣具大量长缘毛。前足无胫距，具鳞状突。中后足有略微分离的胫栉，每一胫栉有一胫距。爪垫简单。肛节背板中部有长刚毛，位于肛节背板带愈合处或接近肛节背板端部的短刚毛。肛尖基部窄，端部宽圆，"T"形。上附器呈宽指状，内侧有长的刚毛和长微毛。中附器缺失。下附器长。

分布：世界广布，已知 22 种，中国记录 3 种，浙江分布 1 种。

（354）毛跗球附器摇蚊 *Kiefferulus barbatitarsis* (Kieffer, 1911)（图 6-124）

Chironomus barbatitarsis Kieffer, 1911: 154.

Kiefferulus barbatitarsis: Chaudhuri *et* Ghosh, 1986, 11: 277.

特征（雄成虫）：翅膜区无毛。肛尖舌状，基部有很多小刚毛；肛背板条带愈合；上附器弯曲，端部光裸，基部有几根小刚毛；下附器弯曲，有微毛，端部宽，有很多长刚毛。

分布：浙江广布，中国广布；日本，印度，缅甸，马来西亚。

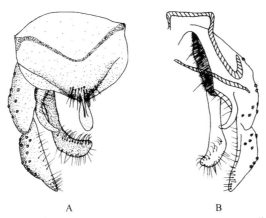

A   B

图 6-124 毛跗球附器摇蚊 *Kiefferulus barbatitarsis* (Kieffer, 1911)（仿自于雪，2011）
A. ♂生殖节，背面观；B.♂生殖节，腹面观

126. 马诺亚摇蚊属 *Manoa* Fittkau, 1963

Manoa Fittkau, 1963: 373. Type species: *Manoa obscura* Fittkau, 1963.

主要特征（雄成虫）：体型中等；体色杏黄色至棕色。触角 13 节，触角比 1.13–2.19。眼光裸无毛，有或无背中突；唇须 5 节，第 3 唇须具 3–4 个端部感受器。前胸背板叶缩短，中部分离；前胸背板鬃存在。盾片超过前胸背板；无胸瘤；中鬃存在；背中鬃、翅前鬃存在；小盾片具小盾片鬃。翅膜区无毛，有明亮的刻点。臀角不发达。C脉稍延伸；R_{2+3}脉的端部在R_1和R_{4+5}两脉之间的中部，延伸部分近乎与C脉平行至消失；R_{4+5}脉延伸至M_{3+4}脉的端部，FCu脉叉在RM脉近端。Cu_1脉几近平直，其肘后脉延伸至FCu脉。臀脉延伸达FCu脉。R脉、R_1脉有刚毛，R_{4+5}脉有或无刚毛，其他翅脉光裸无刚毛。腋瓣有或无缘毛。R_1脉和R_{3+4}脉各具1个钟形感器。前足胫节具细长的胫栉，上有胫距；中足、后足胫节各具2胫栉，中足、后足胫栉具1根长胫距。伪胫距、毛形感器、爪垫缺失。肛节背板带不清晰。第9背板中部具刚毛。肛尖缺失。阳茎内突发达。抱器基节腹部褶皱处各具一三角形腹分叶。上附器伸长，背腹面均具微刚毛和少量短刚毛。中附器瘤状，具微刚毛和1根端部长刚毛，其他刚毛分布在中附器基部。下附器宽短，密布微刚毛，背面和边缘具刚毛。抱器端节短于抱器基节，内缘具刚毛。

分布：东洋区、非洲区、新热带区。世界已知4种，中国记录1种，浙江分布1种。

（355）仙居马诺亚摇蚊 *Manoa xianjuensis* Qi *et* Lin, 2017（图6-125）

Manoa xianjuensis Qi *et* Lin *In* Qi *et al.*, 2017: 398.

　　特征（雄成虫）：体杏黄色。翅长1.43–1.50 mm。额瘤缺失；触角比1.13–1.33；第3节下唇须具2–3披针叶形毛型感受器。R脉具6–8根刚毛，R_1脉具1–3根刚毛，腋瓣缘毛1–3根。前胸背板具2根背刚毛；中鬃9–10根；背中鬃7–14根；翅前鬃2–3根；小盾片鬃6根。前足比0.96–0.98。第9侧板具2–4根刚毛；第9背板具36–44根刚毛。肛尖缺失。上附器背侧表面具微刚毛和2–3根长刚毛，腹面表面具微毛和2根刚毛；指附器端部钝圆。下附器足状，具9–14根长刚毛。中附器退化，具2–3根端刚毛。抱器基节具三角形腹分叶。

　　分布：浙江（仙居）。

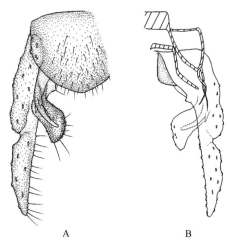

图6-125　仙居马诺亚摇蚊 *Manoa xianjuensis* Qi *et* Lin, 2017（仿自 Qi *et al.*, 2017）
A. ♂生殖节，背面观；B. ♂生殖节，腹面观

127. 小摇蚊属 *Microchironomus* Kieffer, 1918

Microchironomus Kieffer, 1918: 113. Type species: *Chironomus lendli* Kieffer, 1918.

　　主要特征（雄成虫）：体型小至中型。触角11鞭节，触角比1.8–2.8。额瘤存在或缺失。前胸背板发育良好，中部不分离；胸瘤存在。翅膜区光裸无毛；C脉延伸不超出R_{4+5}脉，R_{2+3}脉延伸至R_1脉及R_{4+5}脉两脉末端的中部，FCu脉延伸长出RM脉。腋瓣有缘毛。前足胫节端部具鳞片；中足、后足具胫栉，每个胫栉各具2根胫距；中足ta_1具毛型感受器，爪垫发达，长度约为爪长的1/2。肛尖长条状，细长或宽，端部钝圆，中部常具分支的脊肋，延伸向第9背板。肛尖两侧具2个膨大瘤状凸起，凸起上具粗刚毛。上附器细长，杆状或指状，微毛缺失，常具 3 根长刚毛；下附器缺失；抱器端节与抱器基节愈合，抱器端节的基部具有内突，端部顶端具一小齿。

　　分布：世界广布，已知 9 种，中国记录 2 种，浙江分布 1 种。

（356）软铗小摇蚊 *Microchironomus tener* (Kieffer, 1918)（图 6-126）

Chironomus tener Kieffer, 1918: 48.

Microchironomus tener: Sæther, 1977: 101.

　　特征（雄成虫）：翅长1.05–2.08 mm。触角比1.35–2.00。前足比1.53–2.18。第9背板端部后缘具10–20根长刚毛；第9侧板具1–4根刚毛；肛尖细长，基部宽大，中部略变窄收缩，基部偶具瘤状凸起，且密布微毛及6–15根刚毛。第9背板端部后缘凸起密布微毛，并具4–12根刚毛。上附器具3–4根刚毛。抱器端节中部膨大。

　　分布：浙江广布，中国广布；俄罗斯（远东地区），日本，印度，泰国，澳大利亚，新西兰，非洲。

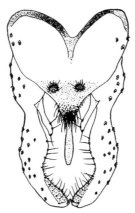

图 6-126　软铗小摇蚊 *Microchironomus tener* (Kieffer, 1918)（引自闫春财，2007）
♂生殖节

128. 小突摇蚊属 *Micropsectra* Kieffer, 1909

Micropsectra Kieffer, 1909: 50. Type species: *Tanytarsus* (*Micropsectra*) *inermipes* Kieffer, 1909.

　　主要特征（雄成虫）：触角13鞭节。触角比0.32–1.50。眼裸，或具少量小刚毛，具额瘤，偶缺失。中后足胫节无距。肛尖长，由基部向端部渐细或两侧平行且端部钝圆，少见顶端锯齿状；常具有1对纵向肛脊，但肛脊之间不具小棘刺。上附器差别较大，常呈长形、圆形，有时矩形，通常被毛。指附器缺失或很长。下附器较长，柱状或远端膨大。中附器存在。

　　分布：世界广布，已知140余种，中国记录9种，浙江分布2种。

（357）百山祖小突摇蚊 *Micropsectra baishanzua* Wang, 1995（图 6-127）

Micropsectra baishanzua Wang, 1995: 430.

　　特征（雄成虫）：触角比0.94。肛节两侧缘生1对角状突起，缘毛10根。肛尖两侧平行；端部变尖，背方纵隆脊发达。上附器端部球状，表面具10根小刚毛。中附器长柄状，端部具15根匙状毛。指附器略突出上附器。

分布：浙江（临安、庆元）；宁夏。

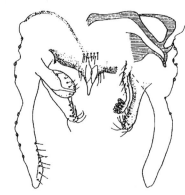

图 6-127　百山祖小突摇蚊 *Micropsectra baishanzua* Wang, 1995（仿自王新华，1995）
♂生殖节

（358）黑带小突摇蚊 *Micropsectra atrofasciata* (Kieffer, 1911)（图 6-128）

Tanytarsus bidentata Goetghebuer, 1921: 172.

Micropsectra bidentata: Albu, 1980: 293.

　　特征（雄成虫）：具额瘤。上附器圆形。指附器短，未达上附器边缘。中附器具柳叶状或勺状刚毛。肛尖宽，三角形，端部钝圆。肛脊两侧平行，中部稍宽。胸具色斑，腹部背板具色斑带。
　　分布：浙江（临安、泰顺），中国广布；欧洲。

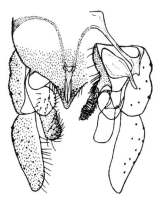

图 6-128　黑带小突摇蚊 *Micropsectra atrofasciata* (Kieffer, 1911)（仿自郭玉红，2005）
♂生殖节

129. 倒毛摇蚊属 *Microtendipes* Kieffer, 1915

Microtendipes Kieffer, 1915: 70. Type species: *Tendipes abbreviates* Kieffer [= *chloris* (Meigen, 1818)].

　　主要特征（雄成虫）：中到大型；体绿或棕色；色斑棕色。触角比 1.03–2.90。前胸背板分离，无小胸瘤；具前胸背板鬃、背中鬃、翅前鬃和小盾片鬃，中鬃无或少于 5 根。翅膜区无毛。前足腿节中部具 2 排倒生的刚毛。第 9 背板端部具刚毛；肛尖形态多变，一般呈楔形或两侧平行或端部膨大呈圆形；上附器钩状，具小毛；下附器形状多样，多指状，常密布刚毛；某些种类具小瘤状中附器，上具细刚毛；抱器端节细长，呈椭圆形，内缘端部具长刚毛，多分布在靠近端部 1/3 处。
　　分布：世界广布，已知 63 种，中国记录 12 种，浙江分布 9 种。

分种检索表

（359）短小倒毛摇蚊 *Microtendipes brevissimus* Qi, Shi, Lin *et* Wang, 2014（图 6-129）

Microtendipes brevissimus Qi, Shi, Lin *et* Wang, 2014: 289.

　　特征（雄成虫）：触角比2.00。翅无色斑。第9背板后缘具23根长刚毛。肛尖极度短小，疣状。上附器钩状，具5–6根背刚毛、2根顶刚毛。下附器具28根刚毛。
　　分布：浙江（开化）。

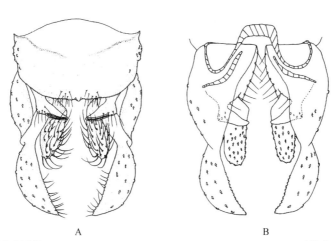

图 6-129　短小倒毛摇蚊 *Microtendipes brevissimus* Qi, Shi, Lin *et* Wang, 2014（仿自 Qi *et al.*, 2014b）
A. ♂生殖节，背面观；B. ♂生殖节，腹面观

（360）黄绿倒毛摇蚊 *Microtendipes britteni* (Edwards, 1929)（图 6-130）

Chironomus britteni Edwards, 1929: 399.
Microtendipes britteni: Pinder, 1978: 128.

特征（雄成虫）：头部黄色；胸部具色斑，生殖节棕色；前足腿节的端部及前足胫节深棕色，中足、后足各节相接处具色环，足的其余部分为黄色。触角比1.65–2.11。翅膜区无色斑。前足腿节端部1/2处具2排共16根倒生的刚毛。前足比1.19–1.44。第9背板后缘具13根长刚毛。肛尖短小，近似三角形，呈锥状。上附器钩状，端部尖状，基部具1根长刚毛，中部具3–7根背刚毛。下附器指状，具20–25根刚毛。

分布：浙江（诸暨、临海、泰顺）、辽宁、北京、天津、山东、陕西、广东、贵州；日本，欧洲，阿尔及利亚。

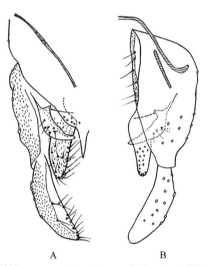

图 6-130　黄绿倒毛摇蚊 *Microtendipes britteni* (Edwards, 1929)（仿自齐鑫，2007）

A.♂生殖节，背面观；B.♂生殖节，腹面观

（361）法米倒毛摇蚊 *Microtendipes famiefeus* Sasa, 1996（图 6-131）

Microtendipes famiefeus Sasa, 1996: 53.

Microtendipes tusimadeeus Sasa *et* Suzuki, 1999: 5.

特征（雄成虫）：翅膜区无色斑。上附器宽圆，具中附器；肛尖端部平截。

分布：浙江（天台、临海、泰顺、乐清）、陕西、福建、贵州、云南；日本。

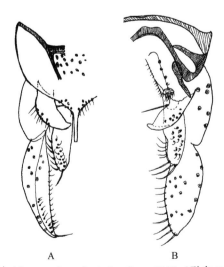

图 6-131　法米倒毛摇蚊 *Microtendipes famiefeus* Sasa, 1996（引自 Tang and Niitsuma, 2017）

A.♂生殖节，背面观；B.♂生殖节，腹面观

（362）球状倒毛摇蚊 *Microtendipes globosus* Qi, Li, Wang *et* Shao, 2014（图 6-132）

Microtendipes globosus Qi, Li, Wang *et* Shao, 2014: 871.

特征（雄成虫）：翅膜区无色斑。触角比1.23–1.29。上附器具一瘤状突，上具10–12根刚毛；中附器膨大，球状，上具9–10根长刚毛。

分布：浙江（普陀）。

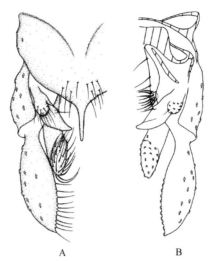

图 6-132 球状倒毛摇蚊 *Microtendipes globosus* Qi, Li, Wang *et* Shao, 2014（仿自 Qi *et al.*, 2014c）
A. ♂生殖节，背面观；B. ♂生殖节，腹面观

（363）小足倒毛摇蚊 *Microtendipes pedellus* (De Geer, 1776)（图 6-133）

Tipula pedellus De Geer, 1776: 379.

Microtendipes pedellus: Edwards, 1929: 397.

特征（雄成虫）：体色均是浅黄绿色。翅无色斑。前足比1.21–1.30。第9背板后缘具20根长刚毛，中部具5根刚毛。肛尖细长，两端平行；具瘤状中附器，上具3根细长刚毛。

分布：浙江（天台、泰顺、乐清）、河南、陕西、贵州；印度，全北区。

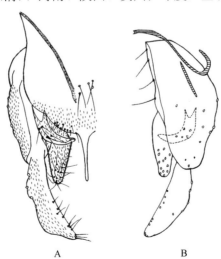

图 6-133 小足倒毛摇蚊 *Microtendipes pedellus* (De Geer, 1776)（仿自 Qi and Wang, 2006）
A. ♂生殖节，背面观；B. ♂生殖节，腹面观

（364）具瘤倒毛摇蚊 *Microtendipes tuberosus* Qi *et* Wang, 2006（图 6-134）

Microtendipes tuberosus Qi *et* Wang, 2006: 43.

　　特征（雄成虫）：前足腿节具一小瘤，上具倒生刚毛。肛尖中部膨大，具3根小刚毛，端部平截；上附器钩状，具一侧瘤，上具4根刚毛，上附器基部具3根刚毛。

　　分布：浙江（遂昌、泰顺）、广东、海南、贵州。

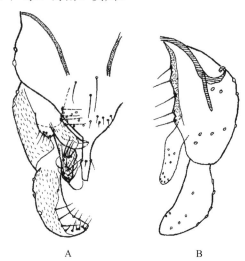

图 6-134　具瘤倒毛摇蚊 *Microtendipes tuberosus* Qi *et* Wang, 2006（仿自 Qi and Wang, 2006）
A. ♂生殖节，背面观；B. ♂生殖节，腹面观

（365）雅安倒毛摇蚊 *Microtendipes yaanensis* Qi *et* Wang, 2006（图 6-135）

Microtendipes yaanensis Qi *et* Wang, 2006: 45.

　　特征（雄成虫）：翅无色斑。触角比1.31–1.42。前足比0.91–1.29。上附器钩状，端部尖状，上附器具瘤，上具4根刚毛；中附器瘤状，上具一簇细刚毛；肛尖中部膨大，具2根小刚毛。

　　分布：浙江（泰顺）、四川。

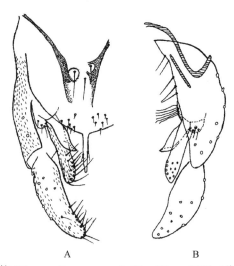

图 6-135　雅安倒毛摇蚊 *Microtendipes yaanensis* Qi *et* Wang, 2006（仿自 Qi and Wang, 2006）
A. ♂生殖节，背面观；B. ♂生殖节，腹面观

（366）樟木倒毛摇蚊 *Microtendipes zhamensis* Qi *et* Wang, 2006（图 6-136）

Microtendipes zhamensis Qi *et* Wang, 2006: 47.

　　特征（雄成虫）：体色变化较大；翅无翅斑。肛尖细长，呈锥状。上附器基部具 1 根长毛，具 5 根背刚毛；中附器瘤状，具 2 根长刚毛。

　　分布：浙江（临安）、河南、陕西、贵州；印度，全北区。

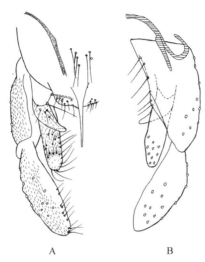

図 6-136　樟木倒毛摇蚊 *Microtendipes zhamensis* Qi *et* Wang, 2006（仿自 Qi and Wang, 2006）
A. ♂生殖节，背面观；B. ♂生殖节，腹面观

（367）浙江倒毛摇蚊 *Microtendipes zhejiangensis* Qi, Lin *et* Wang, 2012（图 6-137）

Microtendipes zhejiangensis Qi, Lin *et* Wang, 2012: 81.

　　特征（雄成虫）：翅长3.38–3.48 mm。全身浅黄色。触角比1.82–2.48。翅无翅斑。前足腿节端部1/2处具2排共23–25根倒生的刚毛，长180–200 μm；前足比1.21–1.22。第9背板后缘具22根刚毛，中部具7根长刚毛。肛尖细长，平行。上附器钩状，基部具4根长毛，背部具7–8根背刚毛。无中附器。下附器指状，端部1/2处变窄，具29–32根刚毛。抱器端节内边缘端部1/2具10根长刚毛。

　　分布：浙江（天台、开化）。

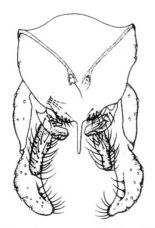

図 6-137　浙江倒毛摇蚊 *Microtendipes zhejiangensis* Qi, Lin *et* Wang, 2012（仿自 Qi *et al.*, 2012b）
♂生殖节

130. 尼罗摇蚊属 *Nilothauma* Kieffer, 1921

Nilothauma Kieffer, 1921: 270. Type species: *Nilothauma pictipenne* Kieffer, 1921.

主要特征（雄成虫）：体小型，翅长 0.70–2.50 mm；体绿色或棕黄色；足棕绿色至棕色，某些种类足具深色环。触角 13 节，触角比 0.16–0.33。眼光裸或具毛，具两侧平行的背中突；无额瘤。前胸背板分离，无胸瘤；背中鬃 9–15 根，翅前鬃 2–3 根，小盾片鬃 2–3 根，中鬃 11–16 根。翅膜区无毛，具色斑；臀角无；无 C 脉延伸，R$_{2+3}$ 脉末端止于 R$_1$ 脉与 R$_{4+5}$ 脉之间；FCu 脉超出 RM 脉；R、R$_1$ 和 R$_{4+5}$ 脉具小毛；腋瓣无缘毛。前足胫节具 1 狭窄的圆锥状鳞片，上具 1 根长胫距；中足、后足胫节具分离的短胫栉，中足胫栉具 1 根胫距，后足胫栉具 2 根胫距。中足跗节 I 上毛形感器稀少；爪垫无。第 9 背板中部具 1–2 个突出瘤；前突出瘤端部常密布刚毛，某些种类刚毛分叉；后突出瘤具小刚毛。第 9 背板端部具小刚毛。肛尖柳叶状、"T" 形，略向腹面弯曲。上附器形态多变，具小毛；中附器小，具刚毛。下附器狭长，中部弯曲，常密布微刚毛，端部具粗壮刚毛；某些种类具小瘤状中附器，上具细刚毛；抱器端节细长，端部具少量刚毛。

分布：世界广布，已知 43 种左右，中国记录 7 种，浙江分布 4 种。

分种检索表

1. 第 9 背板中部仅具 1 个背突出瘤 ·· 日本尼罗摇蚊 *N. japonicum*
- 第 9 背板中部具 2 个背突出瘤 ·· 2
2. 肛尖不具微毛 ·· 尖尼罗摇蚊 *N. acre*
- 肛尖具微毛 ·· 3
3. 上附器不具小刺 ·· 弯刀尼罗摇蚊 *N. pandum*
- 上附器具小刺 ·· 刺叉尼罗摇蚊 *N. aristatum*

（368）尖尼罗摇蚊 *Nilothauma acre* Adam *et* Sæther, 1999（图 6-138）

Nilothauma acre Adam *et* Sæther, 1999: 69.

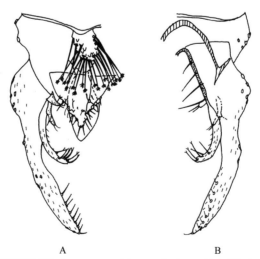

图 6-138　尖尼罗摇蚊 *Nilothauma acre* Adam *et* Sæther, 1999（仿自 Qi *et al.*, 2016）

A. ♂生殖节，背面观；B. ♂生殖节，腹面观

特征（雄成虫）：第9背板的前背突出瘤部分分裂，端部具33根分叉的刚毛；前背突出瘤三角形，具27根刚毛；上附器两分裂，一分支端部尖，一分支具1–2根端刚毛和1根长基刚毛。

分布：浙江（临安、江山、泰顺）、江西、福建。

（369）刺叉尼罗摇蚊 *Nilothauma aristatum* Qi, Tang *et* Wang, 2016（图 6-139）

Nilothauma aristatum Qi, Tang *et* Wang, 2016: 147.

特征（雄成虫）：触角比0.16–0.21。第9背板具2个背突出瘤。前背突出瘤完全分为2叶，每叶长35–37 μm，中部宽12–13 μm，具长50–63 μm的羽状刚毛8–10根。后背突出瘤长10–12 μm，端部宽10–13 μm，基部宽5–6 μm，端部圆形，具5根长13–20 μm的刚毛。肛尖呈矛尖形，长50–60 μm，基部宽18–20 μm，中间宽25–27 μm，中边缘具微刚毛。第9背板后缘具9–11根刚毛。第9侧板具3根刚毛。横腹内生殖突中部不延伸。上附器长45–50 μm，具1根小刺、1根侧刚毛和2–3根端刚毛，无微刚毛。中附器长10–13 μm，具2根端刚毛和微刚毛。下附器内弯，端部变窄，具5根分叉的刚毛和微刚毛。抱器端节内缘端部1/3处具8根分叉的刚毛。

分布：浙江（临安）。

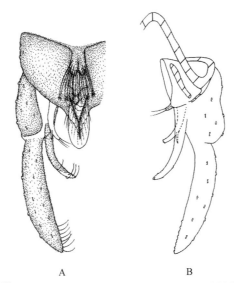

图 6-139　刺叉尼罗摇蚊 *Nilothauma aristatum* Qi, Tang *et* Wang, 2016（仿自 Qi *et al.*, 2016）
A. ♂生殖节，背面观；B. ♂生殖节，腹面观

（370）日本尼罗摇蚊 *Nilothauma japonicum* Niitsuma, 1985（图 6-140）

Nilothauma japonicum Niitsuma, 1985: 230.
Kribioxenus jintuprimus Sasa, 1990: 32.

特征（雄成虫）：触角比低于0.21。第9背板仅具1个小前背突出瘤部，靠近肛尖；上附器基部具1小分叶，上附器端部具1根长刚毛和很多小刚毛。

分布：浙江（仙居、临海）、海南；日本，泰国。

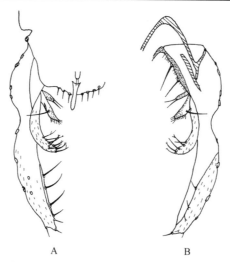

图 6-140　日本尼罗摇蚊 *Nilothauma japonicum* Niitsuma, 1985（仿自齐鑫，2007）

A.♂生殖节，背面观；B.♂生殖节，腹面观

（371）弯刀尼罗摇蚊 *Nilothauma pandum* Qi, Lin, Wang *et* Shao, 2014（图 6-141）

Nilothauma pandus Qi, Lin, Wang *et* Shao, 2014: 574.

　　特征（雄成虫）：翅长1.80-2.05 mm。触角比0.15-0.28。前足比1.44-1.52。第9背板具2个背突出瘤。前背突出瘤完全分为2叶，具羽状刚毛。后背突出瘤端部圆形，具11-13根刚毛。肛尖呈矛尖形，端部圆形，中边缘具微刚毛。第9背板后缘具10-12根刚毛。第9侧板具3根刚毛。横腹内生殖突半圆形，中部不延伸。上附器梯形，密布微刚毛。中附器弯刀状，端部圆形，具2根基部长刚毛和1根中部长刚毛。下附器内弯，端部变窄，具6-8根分叉的短刚毛。抱器端节内缘端部1/3处具11-12根刚毛。

　　分布：浙江（开化）。

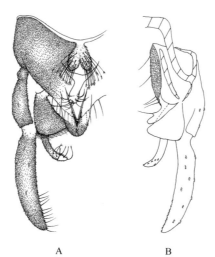

图 6-141　弯刀尼罗摇蚊 *Nilothauma pandum* Qi, Lin, Wang *et* Shao, 2014（仿自 Qi *et al.*, 2014a）

A.♂生殖节，背面观；B.♂生殖节，腹面观

131. 间摇蚊属 *Paratendipes* Kieffer, 1911

Paratendipes Kieffer, 1911: 41. Type species: *Chironomus albimanus* Meigen, 1818.

　　主要特征（雄成虫）：小型至中型；体浅深棕色至黑色。翅有或无翅斑。触角比 0.75-1.95。眼无毛，具两侧平行的背中突；无额瘤，下唇须5节。翅膜区无毛，具色斑；腋瓣无或具少量长缘毛。第9背板中部有或无刚毛；肛尖形态多变，一般细长或膨大；上附器短小，基部膨大，中部呈钩状，具刚毛；中附器圆筒状，上具大量细刚毛；下附器短小，密布刚毛；抱器端节短小，圆筒状，端部膨大，内缘端部具刚毛。

　　分布：东洋区、新热带区、全北区。世界已知41种，中国记录7种，浙江分布4种。

分种检索表

1. 翅具色斑 ···黑带间摇蚊 *P. nigrofasciatus*
- 翅无色斑 ··· 2
2. 腋瓣无缘毛 ···苏步间摇蚊 *P. subaequalis*
- 腋瓣有缘毛 ··· 3
3. 肛尖端部膨大；抱器端节端部卵圆形 ···白间摇蚊 *P. albimanus*
- 肛尖锥形；抱器端节端部变窄 ···尖窄间摇蚊 *P. angustus*

（372）白间摇蚊 *Paratendipes albimanus* (Meigen, 1818)（图 6-142）

Chironomus albimanus Meigen, 1818: 40.
Paratendipes albimanus: Townes, 1945: 29.

　　特征（雄成虫）：翅无色斑。触角比1.05–1.60。腋瓣具7–13根缘毛。肛尖端部膨大；上附器钩状，外侧具5–7根刚毛，内侧具2根刚毛；下附器短小。

　　分布：浙江（临安）、河北、河南、陕西、宁夏、甘肃、湖北、四川、云南；日本，黎巴嫩，欧洲，美国。

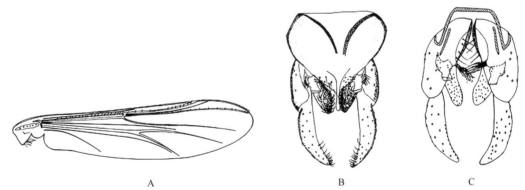

A　　　　　　　　　　　B　　　　　　　　　　　C

图 6-142　白间摇蚊 *Paratendipes albimanus* (Meigen, 1818)（仿自齐鑫，2007）

A. 翅；B.♂生殖节，背面观；C.♂生殖节，腹面观

（373）尖窄间摇蚊 *Paratendipes angustus* Lin, Qi *et* Wang, 2011（图 6-143）

Paratendipes angustus Lin, Qi *et* Wang, 2011: 257.

　　特征（雄成虫）：体棕色，翅无色斑。触角比1.72。腋瓣具8根缘毛。前足比1.63。肛尖短小，上附器钩状，具5根刚毛；下附器短小，密布刚毛。抱器端节端部尖窄。

　　分布：浙江（三门、临海）、贵州。

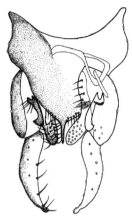

图 6-143　尖窄间摇蚊 *Paratendipes angustus* Lin, Qi *et* Wang, 2011（引自 Lin *et al.*, 2011）
♂生殖节

（374）黑带间摇蚊 *Paratendipes nigrofasciatus* Kieffer, 1916（图 6-144）

Paratendipes nigrofasciatus Kieffer, 1916: 81.

　　特征（雄成虫）：翅长1.20–1.30 mm。体黑褐色。触角比0.86–0.98。翅具色斑。腋瓣缘毛无。前足比0.64–0.90。第9背板中部具3根长刚毛和5根短刚毛，后缘具12根刚毛。肛尖短小，锥形。肛节侧片具2–3根刚毛。上附器钩状，外侧具3根刚毛，内侧具2根刚毛。下附器短小，端部膨大，密布长而弯曲的刚毛。中附器基部柄状，端部生多数长毛。

　　分布：浙江（临安）、福建、台湾、海南、云南；日本。

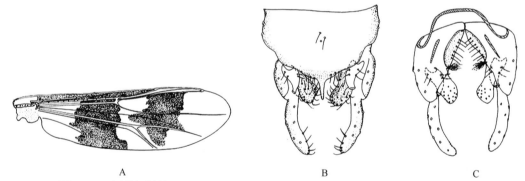

图 6-144　黑带间摇蚊 *Paratendipes nigrofasciatus* Kieffer, 1916（仿自齐鑫，2007）
A. 翅；B.♂生殖节，背面观；C.♂生殖节，腹面观

（375）苏步间摇蚊 *Paratendipes subaequalis* (Malloch, 1915)（图 6-145）

Chironomus subaequalis Malloch, 1915: 440.

Paratendipes subaequalis: Townes, 1945: 31.

　　特征（雄成虫）：翅长1.12–1.90 mm。触角比0.88–1.19。翅无色斑。腋瓣无缘毛。前足比0.96–1.32。第9背板中部具7根刚毛，后缘具6根刚毛。肛尖短小，圆筒状。肛节侧片具3根刚毛。上附器钩状，外侧具2根刚毛，内侧具3根刚毛。下附器短小，端部膨大，密布长而弯曲的刚毛。中附器基部柄状，端部生多数长毛。

　　分布：浙江（临海）、新疆；美国。

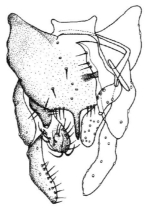

图 6-145　苏步间摇蚊 *Paratendipes subaequalis* (Malloch, 1915)（仿自 Lin *et al.*, 2011）
♂生殖节

132. 明摇蚊属 *Phaenopsectra* Kieffer, 1921

Phaenopsectra Kieffer, 1921: 274. Type species *Chironomus leucolabis* Kieffer, 1915.

主要特征（雄成虫）：体中到大型；体棕色；足浅黄色。触角比1.00–3.00。眼无毛，具两侧平行的背中突；无额瘤，唇须5节。前胸背板分离，无小胸瘤；具前胸背板鬃、背中鬃、翅前鬃和小盾片鬃。翅膜区具斑点，具大毛。前足胫节具1个巨大的圆形鳞片，上具或无短小的距；前足、中足、后足胫节具胫栉，中足胫栉有或无胫距，后足胫节具0–2根短小胫距；伪胫距缺失。第9背板中部具刚毛；肛尖细长，两侧平行或端部略膨大；上附器钩状，基部具刚毛，近端部具1根长背刚毛；下附器指状，常密布刚毛，端部常具1–2根长刚毛；无中附器；抱器端节细长，形态多变，常呈棒状，内缘端部具刚毛，多分布在近端部；横腹内生殖突倒"U"状，无突出。

分布：世界广布，已知14种，中国记录1种，浙江分布1种。

（376）黄明摇蚊 *Phaenopsectra flavipes* (Meigen, 1818)（图 6-146）

Chironomus flavipes Meigen, 1818: 50.

Phaenopsectra flavipes: Sasa *et* Kikuchi, 1986: 22.

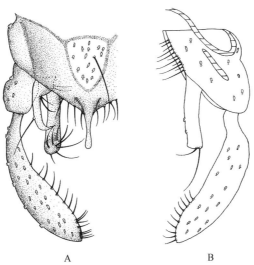

A　　　　　　　　　B

图 6-146　黄明摇蚊 *Phaenopsectra flavipes* (Meigen, 1818)（仿自齐鑫，2007）
A. ♂生殖节，背面观；B. ♂生殖节，腹面观

特征（雄成虫）：翅长2.08–2.57 mm。体深棕色。触角比1.73–1.79。翅无色斑。前足比1.15–1.32。第9背板中部具17根长刚毛，后缘具8根刚毛。肛尖端部膨大，球状。肛节侧片具3–6根刚毛。上附器钩状，基部具4根长刚毛，近端部外侧具1根长刚毛。下附器指状，具8根长刚毛，端部具1根长刚毛。

分布：浙江（临海、开化）、北京、陕西、新疆、湖北、贵州、云南；日本，黎巴嫩，加拿大，美国，扎伊尔。

133. 多足摇蚊属 *Polypedilum* Kieffer, 1912

Polypedilum Kieffer, 1912: 41. Type species: *Polypedilum pelostolum* Kieffer, 1912 [= *Polypedilum nubifer* (Skuse, 1889)].

主要特征（雄成虫）：体小型到大型。翅具翅斑或呈褐色，足有时具各种黑色环。触角鞭节多13节，偶具有二型现象，鞭节5节。前胫节端部鳞片发达，中后足各具有2个分离的栉，其中一个栉具有长的距，爪垫二分叉。第8背板向基部逐渐缩小，呈三角形。肛节背板色带弱，基部未愈合；或发达，基部愈合；包围肛节背板中刚毛。肛节背板中部具有分散排列的或围成椭圆形的长毛，与肛尖两侧弱的毛相分离。第9背板后端圆或尖，有时平截。肛尖多变细长到宽阔，偶尔缺失。上附器多变，基部常多具长毛和微毛，钩状突起光裸或基部1/2具微毛，指状部常有或无侧毛；有时指状突起缺失，仅具球拍状基部；基部也可能退化为具2–3根长刚毛的小突起。中附器缺失。下附器边缘平行或端部棒状，背腹常具微毛，端部常具长刚毛指向后方。抱器端节形状和长度多变，与抱器基节相连处窄；抱器端节内缘刚毛长，均匀分布不成簇。

分布：世界广布，已知520种左右，中国记录70种左右，浙江分布29种。

分种检索表

1. 翅膜区具有刚毛，肛尖不具侧突 ……………………………………………………………………………… 2
- 翅膜区无刚毛；或翅膜区具刚毛，肛尖具侧突 ………………………………………………………………… 6
2. 肛尖短并宽，基部最宽，尖端钝圆 ……………………………………………………………………………… 3
- 肛尖狭长，两侧平行或基部紧缩 ………………………………………………………………………………… 4
3. 上附器漏斗状 …………………………………………………………… 拟霞甫多足摇蚊 *P. (Pe.) paraconvexum*
- 上附器延伸部分具有针状突起 ………………………………………………… 霞甫多足摇蚊 *P. (Pe.) convexum*
4. 翅室 m_{1+2} 大于 100 根刚毛 ………………………………………………………………………………………… 5
- 翅室 m_{1+2} 少于 100 根刚毛 …………………………………………………… 三带多足摇蚊 *P. (Pe.) tigrinum*
5. 腹部具有黑色背板条带 ……………………………………………………………… 耐垢多足摇蚊 *P. (Pe.) sordens*
- 腹部颜色均一，呈浅色或具有褐色后缘 ……………………………………… 伪耐垢多足摇蚊 *P. (Pe.) pseudosordens*
6. 上附器宽大，不具有顶部延伸，呈足状覆盖小毛或肛尖有两侧突起 ………………………………………… 7
- 上附器、肛尖不同上述 …………………………………………………………………………………………… 12
7. 第 9 背板具有侧突或肩突 ……………………………………………………………………………………… 8
- 第 9 背板不具有侧突或者肩突 …………………………………………………………………………………… 9
8. 肛尖狭长并平行，室 m_{1+2} 的斑点靠近室 r_{4+5} …………………………… 单带多足摇蚊 *P. (Tripo.) unifascium*
- 肛尖宽大，室 m_{1+2} 的斑点不靠近室 r_{4+5} 的斑点，或无斑点 …………… 梯形多足摇蚊 *P. (Tripo.) scalaenum*
9. 肛尖宽大或顶部膨大 …………………………………………………………………………………………… 10
- 肛尖狭长，两侧平行 …………………………………………………………… 九斑三突多足摇蚊 *P. (Tripo.) masudai*
10. 前足鳞片钝圆，上附器远端多余 19 根刚毛 ……………………………………………………………………… 11
- 前足鳞片尖锐，上附器远端具 2–3 根刚毛 …………………………………… 日本多足摇蚊 *P. (Tripo.) japonicum*
11. 肛尖基部具 6 根刚毛 …………………………………………………………… 杯状三突多足摇蚊 *P. (Tripo.) cypellum*
- 肛尖背叶基部具 2 排刚毛 ……………………………………………………… 哈特多足摇蚊 *P. (Tripo.) harteni*

12. 上附器基部长大于宽，并有内侧突起 ·· 13
- 上附器不同于上述 ·· 17
13. 肛尖三角形状 ·· 14
- 肛尖端部膨大 ·· 微小多足摇蚊 *P. (U.) minimum*
14. 肛尖不具侧刚毛 ·· 15
- 肛尖具有侧刚毛 ·· 侧毛多足摇蚊 *P. (U.) lateralum*
15. 前足鳞片钝圆 ·· 16
- 前足鳞片尖锐 ·· 刀铗多足摇蚊 *P. (U.) cultellatum*
16. 上附器基部具有 1–3 根刚毛 ···························· 膨大多足摇蚊 *P. (U.) convictum*
- 上附器基部具有 4–5 根刚毛 ·························· 圆铗多足摇蚊 *P. (U.) crassiglobum*
17. 前胸背板不具有刚毛 ·· 18
- 前胸背板具有鬃毛 ···························· 小云多足摇蚊 *Polypedilum (Po.) nubeculosum*
18. 翅具有翅斑 ·· 19
- 翅不具有翅斑 ·· 20
19. 上附器具有刚毛 ································· 多巴多足摇蚊 *P. (Po.) tobaseptimum*
- 上附器无刚毛 ······························ 云集多足摇蚊 *Polypedilum (Tripe.) nubifer*
20. 上附器平滑弯曲，"C"状 ·· 21
- 上附器长方形，"L"状 ································· 浅川多足摇蚊 *P. (Po.) asakawanes*
21. 上附器中部内侧无刚毛 ·· 22
- 上附器中部具有 2 根内侧刚毛 ··························· 筑波多足摇蚊 *P. (Po.) tsukubaense*
22. 胸部棕色或黑色，腹部黄色 ·· 23
- 胸部棕色至深棕色，腹部棕色或部分黄色 ·· 25
23. 上附器基无侧生刚毛 ·· 24
- 上附器具有侧生刚毛 ······································ 二色多足摇蚊 *P. (Po.) acutum*
24. 上附器基部密生微毛 ··································· 仙居多足摇蚊 *P. (Po.) xianjuensis*
- 上附器基部到中部无微毛 ····························· 源平多足摇蚊 *P. (Po.) genpeiense*
25. 腹部、背部棕色或者除浅色抱器外棕色 ··· 26
- 腹板具有黑色或浅色条带 ····························· 白斑多足摇蚊 *P. (Po.) edensis*
26. 上附器远端 1/3 不收缩 ··· 27
- 上附器远端 1/3 收缩 ····································· 缩缢多足摇蚊 *P. (Po.) constrictum*
27. 上附器基部具微毛 ·· 28
- 上附器基部不具微毛，仅具有 1 根刚毛 ················· 独毛多足摇蚊 *P. (Po.) henicurum*
28. 上附器基部狭窄，侧生刚毛位于中部或者远端 ············· 白角多足摇蚊 *P. (Po.) albicorne*
- 上附器基部宽大，侧生刚毛位于基部 ····················· 冲绳多足摇蚊 *P. (Po.) benokiense*

（377）霞甫多足摇蚊 *Polypedilum (Pentapedilum) convexum* (Johannsen, 1932)（图 6-147）

Pentapedilum convexum Johannsen, 1932: 540.

Polypedilum (Pentapedilum) convexum: Tokunaga, 1964: 596.

特征（雄成虫）：肛尖短且膨大，竹片状，端部圆，中部有明显沟纹。肛节背板带中部愈合。第9背板中部具10–20根长刚毛。第9侧板具2–5根刚毛。上附器基部内侧具3–6根长刚毛，端部延伸部分呈针状，外侧具1根长刚毛。下附器略膨大，具6–8根内弯刚毛和1根较长的端刚毛。

分布：浙江广布，福建、广东、海南、贵州、西藏；古北区，东洋区，澳洲区。

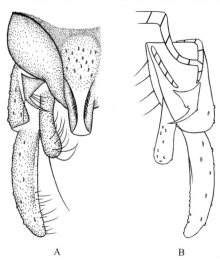

图 6-147　霞甫多足摇蚊 *Polypedilum* (*Pentapedilum*) *convexum* (Johannsen, 1932)（仿自 Zhang and Wang, 2005）
A.♂生殖节，背面观；B.♂生殖节，腹面观

（378）拟霞甫多足摇蚊 *Polypedilum* (*Pentapedilum*) *paraconvexum* Zhang *et* Wang, 2005（图 6-148）

Polypedilum (*Pentapedilum*) *paraconvexum* Zhang *et* Wang, 2005: 66.

　　特征（雄成虫）： 肛节背板具12根刚毛。肛尖宽短。上附器漏斗状，具4根内刚毛及1根长的顶刚毛。
　　分布： 浙江（泰顺）、西藏。

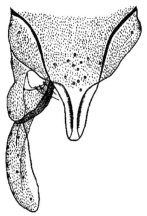

图 6-148　拟霞甫多足摇蚊 *Polypedilum* (*Pentapedilum*) *paraconvexum* Zhang *et* Wang, 2005（仿自 Zhang and Wang, 2005）
♂生殖节

（379）伪耐垢多足摇蚊 *Polypedilum* (*Pentapedilum*) *pseudosordens* Zhang *et* Wang, 2005（图 6-149）

Polypedilum (*Pentapedilum*) *pseudosordens* Zhang *et* Wang, 2005: 68.

　　特征（雄成虫）： 前足胫节端部具鳞片，呈三角形状。肛尖细长，两侧近乎平行，端部略膨大。肛节背板带发育良好，愈合。第9背板具26根长刚毛。第9侧板具5根刚毛。上附器基部密布微毛，内侧具5根长刚毛，延伸部分具2根长刚毛。下附器具数量较多的长刚毛和1根端刚毛。抱器端节中部膨大，内缘具2排刚毛。腹部颜色均一，呈浅色或具有褐色后缘。
　　分布： 浙江（余姚）、天津。

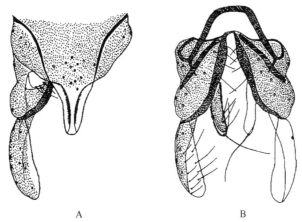

图 6-149 伪耐垢多足摇蚊 *Polypedilum* (*Pentapedilum*) *pseudosordens* Zhang *et* Wang, 2005（仿自 Zhang and Wang, 2005）

A. ♂生殖节，背面观；B. ♂生殖节，腹面观

（380）耐垢多足摇蚊 *Polypedilum* (*Pentapedilum*) *sordens* (Wulp, 1874)（图 6-150）

Tanytarsus sordens Wulp, 1874: 141.

Polypedilum (*Pentapedilum*) *sordens*: Rossaro, 1985: 13.

特征（雄成虫）：翅膜质区大毛数量多，肛尖细长，边缘平行，抱器端节粗短，前足比低（1.14–1.23）。腹部具有黑色背板条带。

分布：浙江（临安、北仑）、河北、四川；古北区，东洋区。

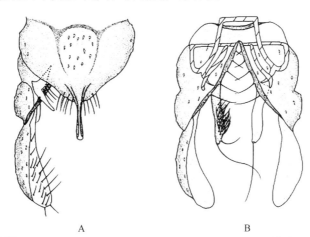

图 6-150 耐垢多足摇蚊 *Polypedilum* (*Pentapedilum*) *sordens* (Wulp, 1874)（仿自 Zhang and Wang, 2005）

A. ♂生殖节，背面观；B. ♂生殖节，腹面观

（381）三带多足摇蚊 *Polypedilum* (*Pentapedilum*) *tigrinum* (Hashimoto, 1983)（图 6-151）

Pentapedilum (*Pentapedilum*) *tigrinum* Hashimoto, 1983: 15.

特征（雄成虫）：肛尖细长，两侧平行。第9背板中部具7–9根刚毛。第9侧板具2–3根刚毛。上附器基部内侧具3–4根长刚毛，具微毛，外侧具1根长刚毛。

分布：浙江（北仑、余姚、乐清）；俄罗斯（远东地区），日本。

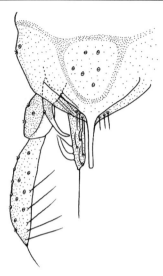

图 6-151　三带多足摇蚊 *Polypedilum* (*Pentapedilum*) *tigrinum* Hashimoto, 1983（仿自张瑞雷，2005）
♂生殖节

（382）二色多足摇蚊 *Polypedilum* (*Polypedilum*) *acutum* Kieffer, 1915（图 6-152）

Polypedilum (*Polypedilum*) *acutum* Kieffer, 1915: 82.

　　特征（雄成虫）：中足第4跗节具伪胫距。上附器基部具微毛，基部外侧具1根长刚毛，内侧具3根刚毛。
　　分布：浙江（庆元）；欧洲。

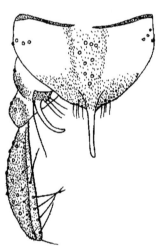

图 6-152　二色多足摇蚊 *Polypedilum* (*Polypedilum*) *acutum* Kieffer, 1915（仿自张瑞雷, 2005）
♂生殖节，背面观

（383）白角多足摇蚊 *Polypedilum* (*Polypedilum*) *albicorne* (Meigen, 1838)（图 6-153）

Chironomus albicorne Meigen, 1838: 6.

Polypedilum (*Polypedilum*) *albicorne*: Ashe *et* Cranston, 1991: 305.

　　特征（雄成虫）：体深棕色。触角比1–1.35。胸具肩鬃。前足比1.32–1.55。上附器基部狭窄，侧生刚毛位于中部或者远端。
　　分布：浙江（泰顺）、河南、陕西、宁夏、湖南、福建、云南；欧洲。

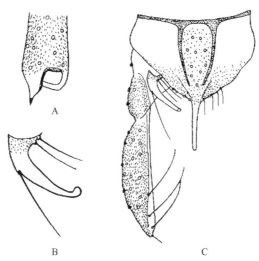

图 6-153　白角多足摇蚊 *Polypedilum* (*Polypedilum*) *albicorne* (Meigen, 1838)（仿自张瑞雷，2005）
A. 前足胫距；B. 上附器；C.♂生殖节，背面观

（384）浅川多足摇蚊 *Polypedilum* (*Polypedilum*) *asakawanes* Sasa, 1980（图 6-154）

Polypedilum (*Polypedilum*) *asakawanes* Sasa, 1980: 34.

　　特征（雄成虫）：前胫节鳞片椭圆形、端部尖。肛节背板具刚毛5–9根。上附器细长光裸，中部弯成直角，外侧无刚毛或偶具1根刚毛。肛尖两侧具侧毛。
　　分布：浙江（临安、开化、泰顺）、河南、陕西、湖北、福建、广东、贵州；日本。

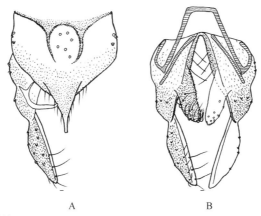

图 6-154　浅川多足摇蚊 *Polypedilum* (*Polypedilum*) *asakawanes* Sasa, 1980（仿自张瑞雷，2005）
A.♂生殖节，背面观；B.♂生殖节，腹面观

（385）冲绳多足摇蚊 *Polypedilum* (*Polypedilum*) *benokiense* Sasa *et* Hasegawa, 1988（图 6-155）

Polypedilum (*Polypedilum*) *benokiense* Sasa *et* Hasegawa, 1988: 231.

　　特征（雄成虫）：触角比0.60–0.72。前足胫距鳞片端部尖。上附器基部具微毛，内侧具4根刚毛，外侧具1根刚毛。上附器基部宽大，侧生刚毛位于基部。
　　分布：浙江（庆元）、陕西、福建；日本。

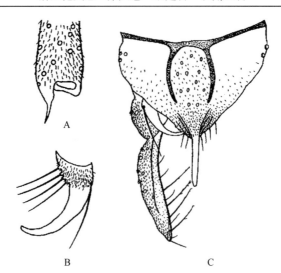

图 6-155　冲绳多足摇蚊 *Polypedilum* (*Polypedilum*) *benokiense* Sasa *et* Hasegawa, 1988（引自张瑞雷，2005）
A. 前足胫距；B. 上附器；C.♂生殖节，背面观

（386）缩缢多足摇蚊 *Polypedilum* (*Polypedilum*) *constrictum* Zhang *et* Wang, 2017（图 6-156）

Polypedilum (*Polypedilum*) *constrictum* Zhang *et* Wang, 2017 : 10.

　　特征（雄成虫）：触角比0.83–0.94。腋瓣缘毛27–32根。臀叶发达。前足比1.89–1.97。肛节背板色带基部未愈合。第9背板中部具7–11根刚毛，第9侧板具2–3根刚毛。肛尖细长，从基部逐渐变细且之后延伸部分边缘平行。上附器基部内缘较高，具3–4根内刚毛且密布微毛，外侧缘具1根刚毛。

　　分布：浙江（仙居）、福建。

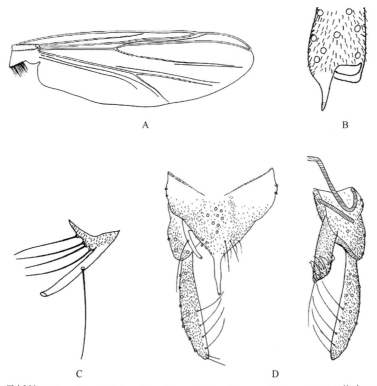

图 6-156　缩缢多足摇蚊 *Polypedilum* (*Polypedilum*) *constrictum* Zhang *et* Wang, 2017（仿自 Zhang *et al.*, 2017）
A. 翅；B. 前足胫距；C. 上附器；D.♂生殖节

（387）白斑多足摇蚊 *Polypedilum (Polypedilum) edensis* Ree *et* Kim, 1981（图 6-157）

Polypedilum (Polypedilum) edensis Ree *et* Kim, 1981: 161.

　　特征（雄成虫）：肛节色带发达，基部愈合。肛节背板中部具5–10根刚毛，肛节侧板具刚毛2–5根。肛尖细长，从基部逐渐变细且边缘平行。上附器基部高，内缘具刚毛且内部覆有微毛，外侧缘具2根刚毛。腹板具有黑色或浅色条带。

　　分布：浙江（临安、开化、庆元、泰顺）、陕西、福建、广东、海南、四川、西藏；韩国，日本。

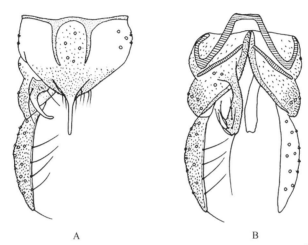

图 6-157　白斑多足摇蚊 *Polypedilum (Polypedilum) edensis* Ree *et* Kim, 1981（仿自张瑞雷，2005）

A.♂生殖节，背面观；B.♂生殖节，腹面观

（388）源平多足摇蚊 *Polypedilum (Polypedilum) genpeiense* Niitsuma, 1996（图 6-158）

Polypedilum (Polypedilum) genpeiense Niitsuma, 1996: 99.

　　特征（雄成虫）：前足胫距具一钝圆鳞片。上附器无微毛，内侧具2根刚毛，外侧无刚毛。

　　分布：浙江（泰顺）、贵州、云南；日本。

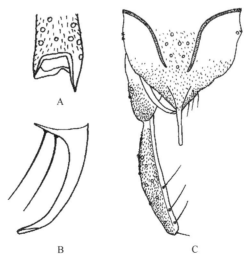

图 6-158　源平多足摇蚊 *Polypedilum (Polypedilum) genpeiense* Niitsuma, 1996（仿自张瑞雷，2005）

A. 前足胫距；B. 上附器；C.♂生殖节，背面观

（389）独毛多足摇蚊 *Polypedilum (Polypedilum) henicurum* Wang, 1995（图 6-159）

Polypedilum (Polypedilum) henicurum Wang, 1995: 429.

特征（雄成虫）： 额瘤缺失。肛节背板具10根刚毛；肛尖细长，两侧平行；上附器骨化强，端部钩状，基部内侧具1根长刚毛。

分布： 浙江（庆元）、北京。

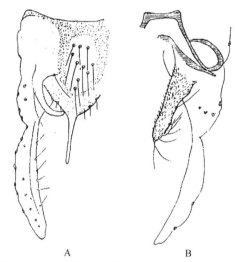

图 6-159　独毛多足摇蚊 *Polypedilum (Polypedilum) henicurum* Wang, 1995（仿自 Wang，1995）

A.♂生殖节，背面观；B.♂生殖节，腹面观

（390）小云多足摇蚊 *Polypedilum (Polypedilum) nubeculosum* (Meigen, 1804)（图 6-160）

Chironomus nubeculosum Meigen, 1804: 18.

Polypedilum (Polypedilum) nubeculosum: Townes, 1945: 21.

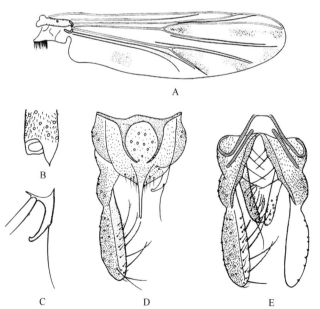

图 6-160　小云多足摇蚊 *Polypedilum (Polypedilum) nubeculosum* (Meigen, 1804)（仿自张瑞雷，2005）

A. 翅；B. 前足胫节；C. 上附器；D.♂生殖节，背面观；E.♂生殖节，腹面观

特征（雄成虫）：翅具弱斑。前胸背板鬃3–8根。上附器内部内缘具2根刚毛，端部2/5处具1侧毛，端部钩状，突起侧毛到远端部分向体中央弯曲。

分布：浙江广布，辽宁、内蒙古、河北、山东、甘肃、湖北、福建、四川、贵州、云南；欧洲，北美洲，非洲。

（391）多巴多足摇蚊 *Polypedilum (Polypedilum) tobaseptimum* Kikuchi *et* Sasa, 1990（图 6-161）

Polypedilum (Polypedilum) tobaseptimum Kikuchi *et* Sasa, 1990: 304.

特征（雄成虫）：翅具弱斑。上附器基部具微毛、3根基刚毛，具1–2根外刚毛。

分布：浙江（余姚）、河南、宁夏、福建、海南、云南；印度尼西亚。

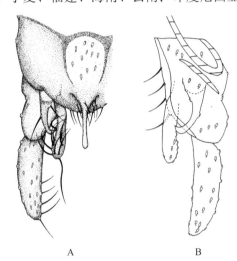

A　　　　　　B

图 6-161　多巴多足摇蚊 *Polypedilum (Polypedilum) tobaseptimum* Kikuchi *et* Sasa, 1990（仿自张瑞雷，2005）

A.♂生殖节，背面观；B.♂生殖节，腹面观

（392）筑波多足摇蚊 *Polypedilum (Polypedilum) tsukubaense* (Sasa, 1979)（图 6-162）

Microtendipes tsukubaense Sasa, 1979: 17.

Polypedilum (Polypedilum) tsukubaense: Sasa, 1983: 12.

特征（雄成虫）：上附器无微毛，有2根长刚毛位于内侧中部，1根外刚毛。

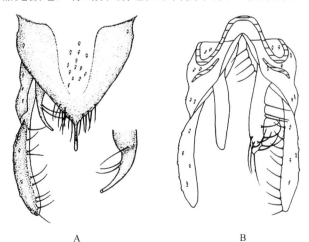

A　　　　　　　　B

图 6-162　筑波多足摇蚊 *Polypedilum (Polypedilum) tsukubaense* (Sasa, 1979)（仿自张瑞雷，2005）

A.♂生殖节，背面观；B.♂生殖节，腹面观

分布：浙江（临安、鄞州、景宁、泰顺）、河南、陕西、湖北、福建、广东、广西、云南；古北区。

（393）仙居多足摇蚊 *Polypedilum (Polypedilum) xianjuensis* Qi, Zhang, Zhu *et* Wang, 2016（图 6-163）

Polypedilum (Polypedilum) xianjuensis Qi, Zhang, Zhu *et* Wang, 2016: 131.

　　特征（雄成虫）：体深棕色。臀叶发达。触角比0.60–0.88。肛节背板带发达，中部愈合。第9背板中部具6–13根刚毛，后缘具10–12根刚毛；第9侧板具2–3根刚毛。肛尖基部三角形，延伸部分两侧平行。上附器基部密布微毛，并具2–4根内侧刚毛，无侧刚毛。

　　分布：浙江（仙居）。

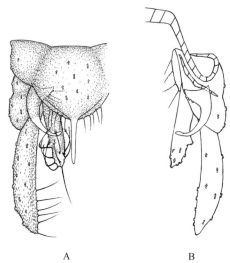

A　　　　　　　　　　　B

图 6-163　仙居多足摇蚊 *Polypedilum (Polypedilum) xianjuensis* Qi, Zhang, Zhu *et* Wang, 2016（仿自 Qi *et al.*, 2016）
A.♂生殖节，背面观；B.♂生殖节，腹面观

（394）云集多足摇蚊 *Polypedilum (Tripedilum) nubifer* (Skuse, 1889)（图 6-164）

Chironomus nubifer Skuse, 1889: 249.

Polypedilum (Tripedilum) nubifer: Freeman, 1961: 707.

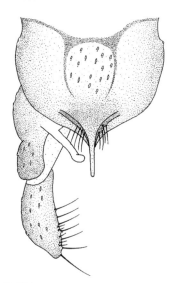

图 6-164　云集多足摇蚊 *Polypedilum (Tripedilum) nubifer* (Skuse, 1889)
♂生殖节，背面观

特征（雄成虫）：额瘤存在。翅具弱的翅斑。上附器突起外侧无刚毛，抱器端节粗短。

分布：浙江广布；世界广布（除新热带区）。

（395）杯状三突多足摇蚊 *Polypedilum (Tripodura) cypellum* **Qi, Shi, Zhang et Wang, 2014**（图 6-165）

Polypedilum (Tripodura) cypellum Qi et al., 2014: 119.

特征（雄成虫）：触角比0.80。上附器呈高脚杯状，中空，密布微毛，外边缘端部具刚毛19根；无侧突；前足胫节端部无胫距；第9背板中部具5根粗刚毛，肛尖基部具6根刚毛。

分布：浙江（普陀）。

讨论：该种的分类地位有待商榷，极可能是哈特多足摇蚊*Polypedilum (Tripodura) harteni* Andersen *et* Mendes, 2010的同物异名。

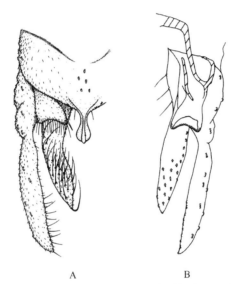

A　　　　　B

图 6-165　杯状三突多足摇蚊 *Polypedilum (Tripodura) cypellum* Qi, Shi, Zhang *et* Wang, 2014（引自 Qi *et al.*, 2014d）
A. ♂生殖节，背面观；B. ♂生殖节，腹面观

（396）哈特多足摇蚊 *Polypedilum (Tripodura) harteni* **Andersen et Mendes, 2010**（图 6-166）

Polypedilum (Tripodura) harteni Andersen *et* Mendes, 2010: 593.

1 mm

图 6-166　哈特多足摇蚊 *Polypedilum (Tripodura) harteni* Andersen *et* Mendes, 2010
♂成虫

特征（雄成虫）：翅长1.23–1.42 mm。体棕色；足淡黄带深色环；腿节和胫节有2个色环；前足ta$_{1-5}$为浅棕色；中、后ta$_{1-5}$各有1个色环。触角比0.67–0.84。翅具翅斑。前足胫节端部具1鳞片，圆形，无胫距。前足比为1.64–1.81。第9背板中部具7–11根粗刚毛。第9侧板具2–3根刚毛。肛尖宽，端部圆形，带2排短背刚毛；肛尖中间最宽，无背突。上附器足型，覆有微毛，外边缘远侧有20–25根刚毛。下附器指状。

分布：浙江（三门、乐清）；阿联酋。

（397）日本多足摇蚊 *Polypedilum (Tripodura) japonicum* (Tokunaga, 1938)（图 6-167）

Chironomus (Polypedilum) japonicum Tokunaga, 1938: 332.

Polypedilum (Tripodura) japonicum: Sasa *et* Kikuchi, 1986: 23.

特征（雄成虫）：m$_{1+2}$翅室具2个清晰的斑。肛节背板中刚毛13–18根；肛节侧板具刚毛2根。肛尖宽阔，具1对侧脊，脊上具微毛。上附器长球拍状，端部具1喙状内突，端部具2–3根刚毛。

分布：浙江（临安、庆元、乐清）、福建、广东、海南、贵州；日本。

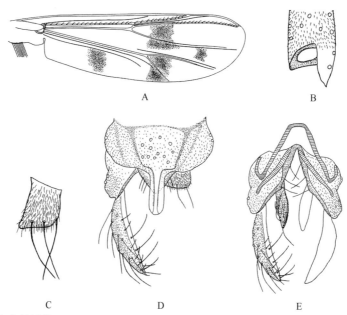

图 6-167　日本多足摇蚊 *Polypedilum (Tripodura) japonicum* (Tokunaga, 1938)（仿自张瑞雷，2005）
A. 翅；B. 前足胫节；C. 上附器；D. ♂生殖节，背面观；E. ♂生殖节，腹面观

（398）九斑三突多足摇蚊 *Polypedilum (Tripodura) masudai* (Tokunaga, 1938)（图 6-168）

Chironomus (Polypedilum) masudai Tokunaga, 1938: 331.

Polypedilum (Tripodura) masudai: Sasa, 1991: 84.

特征（雄成虫）：翅具9斑。肛尖无侧突。

分布：浙江（临安、余姚）、河南、海南、广西、贵州；韩国，日本。

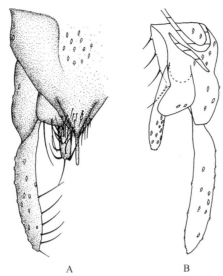

图 6-168 九斑三突多足摇蚊 *Polypedilum* (*Tripodura*) *masudai* (Tokunaga, 1938)（引自张瑞雷，2005）
A.♂生殖节，背面观；B.♂生殖节，腹面观

（399）梯形多足摇蚊 *Polypedilum* (*Tripodura*) *scalaenum* (Schrank, 1803)（图 6-169）

Tipula scalaenum Schrank, 1803: 73.

Polypedilum (*Tripodura*) *scalaenum*: Townes, 1945: 38.

特征（雄成虫）：前足胫节鳞片钝圆。肛尖两侧有突起，中间窄，端部膨大呈叶状；上附器方形。
分布：浙江（泰顺）、福建、广东、四川、贵州；亚洲，欧洲，北美洲。

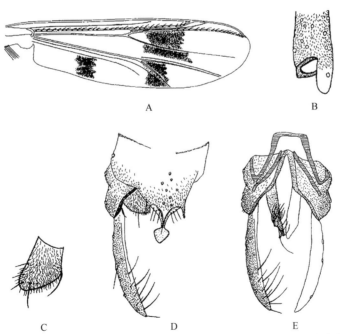

图 6-169 梯形多足摇蚊 *Polypedilum* (*Tripodura*) *scalaenum* (Schrank, 1803)（仿自张瑞雷，2005）
A. 翅；B. 前足胫节；C. 上附器；D.♂生殖节，背面观；E.♂生殖节，腹面观

（400）单带多足摇蚊 *Polypedilum* (*Tripodura*) *unifascium* (Tokunaga, 1938)（图 6-170）

Chironomus (*Polypedilum*) *unifascium* Tokunaga, 1938: 335.

Polypedilum (Tripodura) unifascium: Sasa, 1980: 201.

特征（雄成虫）：前足胫节鳞片三角形、端部尖。肛尖细长，边缘平行。上附器球拍状，内缘具3根短刚毛，端部外缘具1根长刚毛。

分布：浙江（临安、开化、泰顺）、陕西、福建、台湾、广东、广西、贵州；日本。

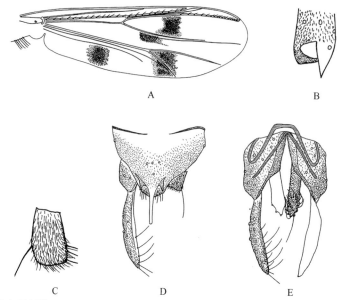

图 6-170　单带多足摇蚊 *Polypedilum (Tripodura) unifascium* (Tokunaga, 1938)（引自张瑞雷，2005）

A. 翅；B. 前足胫节；C. 上附器；D.♂生殖节，背面观；E.♂生殖节，腹面观

（401）膨大多足摇蚊 *Polypedilum (Uresipedilum) convictum* (Walker, 1856)（图 6-171）

Chironomus convictus Walker, 1856: 161.

Polypedilum (Uresipedilum) convictum: Oyewo *et* Sæther, 1998: 334.

特征（雄成虫）：肛节色带中等发达，基部愈合，包围肛节背板中部小刚毛。肛节背板中刚毛5–14根。肛尖从基部逐渐变细，然后两边平行。上附器端部具微毛向内凹入，端部外侧具1突起，突起上具1根刚毛；基部内缘具1–3根刚毛。

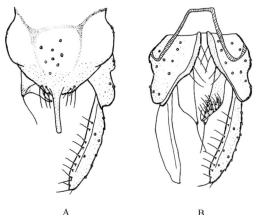

图 6-171　膨大多足摇蚊 *Polypedilum (Uresipedilum) convictum* (Walker, 1856)（仿自 Zhang and Wang, 2004）

A.♂生殖节，背面观；B.♂生殖节，腹面观

分布：浙江（临安、仙居、临海、乐清）、河南、陕西、湖北、福建、广东、海南、贵州、云南；古北区广布。

（402）圆铗多足摇蚊 *Polypedilum* (*Uresipedilum*) *crassiglobum* Zhang *et* Wang, 2004（图 6-172）

Polypedilum (*Uresipedilum*) *crassiglobum* Zhang *et* Wang, 2004: 12.

　　特征（雄成虫）：触角比1.13–1.28。肛节色带基部愈合，包围肛节背板中刚毛。肛节背板具10–12根粗壮中刚毛。肛尖从基部逐渐变细，向端部两侧边缘近平行。上附器基部具4–5根刚毛，端部具1根刚毛，后端有微毛。

　　分布：浙江（临安）、贵州。

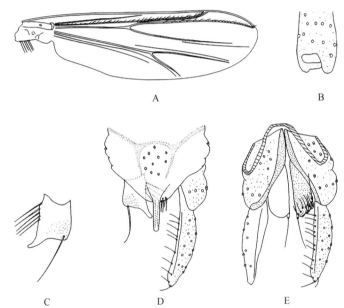

图 6-172　圆铗多足摇蚊 *Polypedilum* (*Uresipedilum*) *crassiglobum* Zhang *et* Wang, 2004（引自 Zhang and Wang, 2004）
A. 翅；B. 前足胫节；C. 上附器；D. ♂生殖节，背面观；E. ♂生殖节，腹面观

（403）刀铗多足摇蚊 *Polypedilum* (*Uresipedilum*) *cultellatum* Goetghebuer, 1931（图 6-173）

Polypedilum (*Uresipedilum*) *cultellatum* Goetghebuer, 1931: 212.

　　特征（雄成虫）：前足胫节鳞片三角形、端部尖。上附器具2–5根刚毛，密布微毛；中部具1光裸突起，逐渐变细。

　　分布：浙江（临海、乐清）、天津、河北、福建、台湾、广东、海南、四川、贵州、西藏；全北区广布。

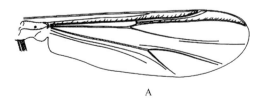

A

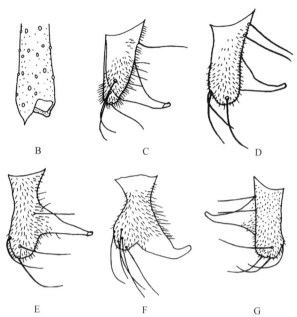

图 6-173　刀铗多足摇蚊 *Polypedilum* (*Uresipedilum*) *cultellatum* Goetghebuer, 1931（仿自 Zhang and Wang, 2004）
A. 翅；B. 前足胫节；C–G. 上附器

（404）侧毛多足摇蚊 *Polypedilum* (*Uresipedilum*) *lateralum* Zhang *et* Wang, 2004（图 6-174）

Polypedilum (*Uresipedilum*) *lateralum* Zhang *et* Wang, 2004: 22.

　　特征（雄成虫）：肛节色带基部愈合，包围肛节背板中刚毛。肛节背板具5–9根粗壮的中刚毛。肛尖具侧刚毛，从基部逐渐变细，端部边缘平行。上附器基部内缘具2–3根刚毛，端部具1根刚毛，具微毛。
　　分布：浙江（临安）、河北、陕西、四川、云南。

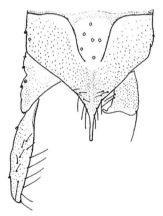

图 6-174　侧毛多足摇蚊 *Polypedilum* (*Uresipedilum*) *lateralum* Zhang *et* Wang, 2004（仿自 Zhang and Wang, 2004）
♂生殖节

（405）微小多足摇蚊 *Polypedilum* (*Uresipedilum*) *minimum* Lin, Qi, Zhang *et* Wang, 2013（图 6-175）

Polypedilum (*Uresipedilum*) *minimum* Lin, Qi, Zhang *et* Wang, 2013: 43.

　　特征（雄成虫）：翅长0.89 mm。触角比0.27。中鬃8根，背中鬃11根，翅前鬃3根，小盾片鬃4根。R脉具11根刚毛；R_1脉具6根刚毛；R_{4+5}脉具15根刚毛。腋瓣缘毛6根。第9背板中部具4根长刚毛，后缘具6根长刚毛。第9侧板具1根刚毛。肛尖端部膨大。阳茎内突长34 μm，横腹内生殖突长13 μm。上附器钩状，无微刚毛；背侧具1根刚毛，基部具3根刚毛。下附器端长41 μm，具10根刚毛和1根端部长刚毛。生殖节比2.07；生殖节值4.90。

分布：浙江（磐安）。

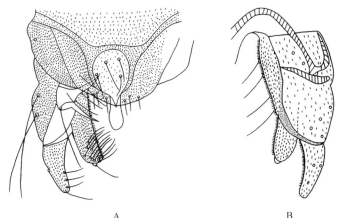

图 6-175　微小多足摇蚊 *Polypedilum* (*Uresipedilum*) *minimum* Lin, Qi, Zhang *et* Wang, 2013（仿自 Lin *et al.*, 2013c）
A. ♂生殖节，背面观；B. ♂生殖节，腹面观

134. 流长跗摇蚊属 *Rheotanytarsus* Thienemann *et* Bause, 1913

Rheotanytarsus Thienemann *et* Bause, 1913: 120. Type species: *Tanytarsus pentapoda* Kieffer, 1909.

主要特征（雄成虫）： 触角13鞭节，偶具12鞭节。R$_{4+5}$脉终止于M$_{1+2}$脉1/4–1/2处。中后足具分离的胫栉，通常每一胫栉具1胫距，偶有缺失。第9背板带大多分离，很少愈合，多呈"V"形。肛尖细长，常远端膨大，不常具肛脊。上附器与体轴平行；近卵圆形，常远端膨大。缺指附器。下附器长，超出抱器端节基部。中附器明显，端部具片状刚毛束，部分种愈合呈盘状。抱器端节常在末端1/2处变窄，外缘向端部逐渐变细，端部钝圆。

分布：世界广布，已知95种，中国记录15种，浙江分布1种。

（406）刘氏流长跗摇蚊 *Rheotanytarsus liuae* Wang *et* Guo, 2004（图 6-176）

Rheotanytarsus liuae Wang *et* Guo, 2004: 8.

特征（雄成虫）： 第9背板末端明显肩状；中附器刚毛束不愈合呈盘状。上述特征与*R. tobaseptidecimus*相似，但不同之处在于具"H"形第9背板带，而*R. tobaseptidecimus*为"Y"形。

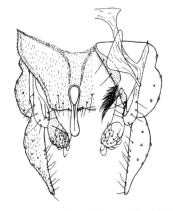

图 6-176　刘氏流长跗摇蚊 *Rheotanytarsus liuae* Wang *et* Guo, 2004（仿自 Wang and Guo, 2004）
♂生殖节

分布：浙江（临安、乐清）、福建。

135. 斯氏摇蚊属 *Skusella* Freeman, 1961

Skusella Freeman, 1961: 718. Type species: *Chironomus subvittatus* Skuse, 1889.

主要特征（雄成虫）： 体小到中型，翅长2.7–6.8 mm。翅透明或具色斑，足具深色色环。触角13鞭节，触角比1.1–1.6。眼裸露，具背中突；额瘤缺失；下唇须5节。中鬃缺失。翅臀角退化，腋瓣具0–5根缘毛。前足具缺刻，无胫距；中足、后足具有2个几乎愈合的胫栉，具一长一短2个胫距。前足比1.6–2.4。爪垫很小。生殖节具刚毛或无，肛尖存在；上附器无微毛；中附器存在。

分布： 新非洲区、东洋区、澳洲区。世界已知4种，中国记录1种，浙江分布1种。

（407）四玲斯氏摇蚊 *Skusella silingae* Tang, 2018 （图 6-177）

Skusella silingae Tang, 2018 *in* Cranston *et* Tang, 2018: 53.

特征（雄成虫）： 触角比1.20–1.25。前足比2.26–2.41。第9背板有2–4根刚毛；肛尖末端钝圆；上附器具3–4根侧刚毛、2根内刚毛及1根外刚毛。中附器存在。

分布： 浙江（临安）、广东、云南。

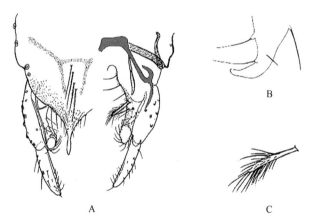

图 6-177 四玲斯氏摇蚊 *Skusella silingae* Tang, 2018（仿自 Cranston and Tang, 2018）
A. 生殖节；B. 上附器；C. 中附器

136. 狭摇蚊属 *Stenochironomus* Kieffer, 1919

Stenochironomus Kieffer, 1919: 44. Type species: *Chironomus pulchripennis* Coquillett, 1902.

主要特征（雄成虫）： 中型，翅长1.46–2.50 mm；体浅黄色至深棕色；足具色环；翅具色斑或无。触角13鞭节，触角比0.73–1.89。眼无毛，具两侧平行的背中突；无额瘤。前胸背板分离，无胸瘤。翅膜区无毛；臀角发达；无C脉延伸，R_{2+3}脉延伸至R_1脉与R_{4+5}脉之间；FCu脉超出RM脉；R、R_1和R_{4+5}脉具毛；腋瓣具长缘毛。前足胫节具1个鳞片，无距；中足、后足胫节具距；爪垫细长。第9背板端部具刚毛，中部具长毛；肛尖形态多变，一般细长或膨大；上附器短小，一般指状，具长刚毛；下附器长条状，内缘密布刚毛；无中附器；抱器端节细长，2/3处膨大，内缘端部具刚毛。

分布： 世界广布，已知90余种，中国记录16种，浙江分布6种。

分种检索表

（408）短附器狭摇蚊 *Stenochironomus brevissimus* Qi, Lin, Liu *et* Wang, 2015（图 6-178）

Stenochironomus brevissimus Qi *et al.*, 2015: 111.

　　特征（雄成虫）：翅透明，无翅斑；腹部和生殖节黄色。触角比为1.80–1.92。R脉具25–32根刚毛，R$_1$脉具27–30根刚毛，R$_{4+5}$脉具41–42根刚毛。腋瓣具8–10根缘毛。前长比为1.07–1.15。上附器短小，呈竹片状，具2根长刚毛；下附器呈长条状，具6根长刚毛；第9背板后缘具20–22根刚毛和8根棘刺。

　　分布：浙江（开化）。

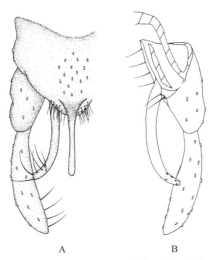

图 6-178　短附器狭摇蚊 *Stenochironomus brevissimus* Qi, Lin, Liu *et* Wang, 2015（引自 Qi *et al.*, 2015）

A.♂生殖节，背面观；B.♂生殖节，腹面观

（409）印拉狭摇蚊 *Stenochironomus inalemeus* Sasa, 2001（图 6-179）

Stenochironomus inalemeus Sasa, 2001: 11.

　　特征（雄成虫）：体浅黄色。翅中部具色斑。触角比0.98–1.26。前足比1.20–1.34。肛尖细长，两端平行。上附器短小，具3–4根刚毛，下附器条状，端部具3–4根长刚毛，中部具1–2根刚毛。

　　分布：浙江（临海、开化）、陕西、福建、广东、四川；日本。

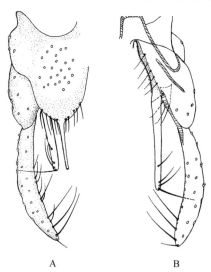

图 6-179　印拉狭摇蚊 *Stenochironomus inalemeus* Sasa, 2001（仿自 Qi *et al.*, 2008）

A.♂生殖节，背面观；B.♂生殖节，腹面观

（410）临安狭摇蚊 *Stenochironomus linanensis* Qi, Lin, Liu *et* Wang, 2015（图 6-180）

Stenochironomus linanensis Qi *et al.*, 2015:114.

特征（雄成虫）：触角比1.20–1.32。翅透明，全身黄色。前足比为1.25–1.32。R脉具16–23根刚毛，R_1脉具17–18根刚毛，R_{4+5}脉具22–28根刚毛。腋瓣具5–7根缘毛。肛尖端部膨大且圆滑。上附器呈指状，具9根长刚毛，下附器呈长条状，具4根长刚毛和1根发达的棘刺，第9背板中部具10–15根长刚毛。

分布：浙江（临安）。

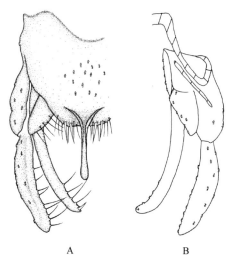

图 6-180　临安狭摇蚊 *Stenochironomus linanensis* Qi, Lin, Liu *et* Wang, 2015（仿自 Qi *et al.*, 2015）

A.♂生殖节，背面观；B.♂生殖节，腹面观

（411）麦氏狭摇蚊 *Stenochironomus macateei* (Malloch, 1915)（图 6-181）

Chironomus macateei Malloch, 1915: 45.

Stenochironomus macateei: Borkent, 1984: 73.

特征（雄成虫）：翅具大面积色斑；后背板、盾片、小盾片具棕色色斑。触角比1.11–1.62。肛尖端部膨大，球状；第9背板后缘具8根长刚毛和4根硬刺，中部具25–28根刚毛；上附器指状，具6根刚毛，下附器端部具1根硬刺和3根长刚毛。

　　分布：浙江（临安、泰顺）、广东、海南；新北区。

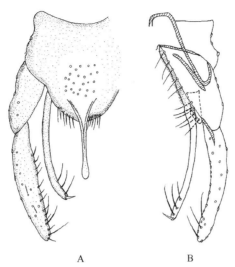

图 6-181　麦氏狭摇蚊 Stenochironomus macateei (Malloch, 1915)（引自 Qi et al., 2011）

A. ♂生殖节，背面观；B. ♂生殖节，腹面观

（412）塞特狭摇蚊 Stenochironomus satorui (Tokunaga, 1936)（图 6-182）

Chirononmus satorui Tokunaga, 1936: 2.

Stenochironomus satorui: Borkent, 1984: 83.

　　特征（雄成虫）：翅中部具色斑带，胸部浅黄色，后背板、盾片、小盾片具棕色斑。触角比0.89–1.60。前足比1.05–1.37。第9背板后缘具14–15根长刚毛，中部具20–22根刚毛。肛尖细长，两端平行，端部变尖。上附器短小，指状，具4–5根长刚毛。

　　分布：浙江（临安、庆元）、海南、贵州、西藏；日本，美国。

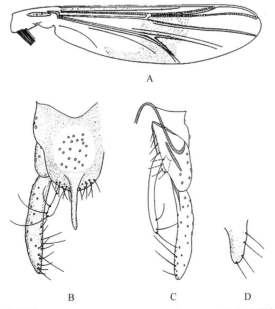

图 6-182　塞特狭摇蚊 Stenochironomus satorui (Tokunaga, 1936)（引自齐鑫，2007）

A. 翅；B. ♂生殖节，背面观；C. ♂生殖节，腹面观；D. 上附器

（413）仙居狭摇蚊 *Stenochironomus xianjuensis* Zhang et Qi, 2016（图 6-183）

Stenochironomus xianjuensis Zhang et Qi, 2016: 282.

　　特征（雄成虫）：腹部第1–3背板呈浅黄色，第4–8背板和生殖节呈棕色。翅具2块深色斑，上附器短小，竹片状，具4根长刚毛；下附器条状，具3根长刚毛和1根细端刺，第9背板后缘具8–10根刚毛和8根硬刺。
　　分布：浙江（仙居）。

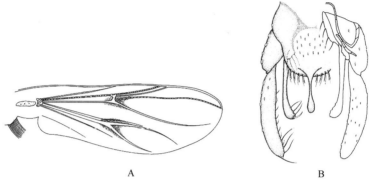

图 6-183　仙居狭摇蚊 *Stenochironomus xianjuensis* Zhang et Qi, 2016（仿自 Zhang and Qi, 2016）

A. 翅；B. ♂生殖节

137. 齿斑摇蚊属 *Stictochironomus* Kieffer, 1919

Stictochironomus Kieffer, 1919: 44. Type species: *Chironomus pictulus* Meigen, 1830.

　　主要特征（雄成虫）：体中到大型，翅长1.83–4.30 mm；体浅棕至深棕色；足具色环。触角13鞭节，触角比1.30–4.30。眼无毛，具两侧平行的背中突；无额瘤。前胸背板分离，具盾瘤；背中鬃、翅前鬃、小盾片鬃及中鬃存在。翅膜区无毛，具色斑；臀角发达；无C脉延伸，R_{2+3}脉末端接近于R_1脉末端；FCu脉超出RM脉；R、R_1和R_{4+5}脉具小毛；腋瓣具长缘毛。前足胫节具1圆形鳞片，无距；中足、后足胫节具距；跗节I上具毛形感器；爪垫细长。第9背板端部具刚毛；肛尖形态多变，一般细长；上附器钩状，基部具刚毛，近端部具1根长刚毛；下附器指状，内缘密布刚毛；无中附器；抱器端节细长，呈椭圆形，内缘端部具刚毛。
　　分布：世界广布（除新热带区），已知38种，中国记录5种，浙江分布2种。

（414）秋月齿斑摇蚊 *Stictochironomus akizukii* (Tokunaga, 1940)（图 6-184）

Chironomus (Stictochironomus) akizukii Tokunaga, 1940: 299.

Stictochironomus akizukii: Sasa, 1984: 48.

　　特征（雄成虫）：翅具一深色翅斑。第9背板后缘具12根长刚毛，中部具11–13根刚毛。肛尖细长，两端平行，端部圆状。上附器钩状，基部密布微小刚毛和4–5根长刚毛，近端部处具1根长刚毛。下附器指状，具20根刚毛。
　　分布：浙江（余姚）、内蒙古、天津、四川、云南；日本。

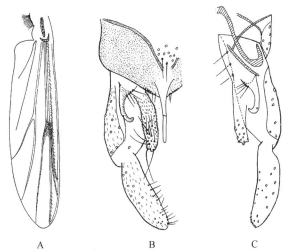

图 6-184　秋月齿斑摇蚊 *Stictochironomus akizukii* (Tokunaga, 1940)（仿自齐鑫，2007）

A. 翅；B.♂生殖节，背面观；C.♂生殖节，腹面观

（415）多齿斑摇蚊 *Stictochironomus multannulatus* (Tokunaga, 1938)（图 6-185）

Chironomus (Polypedilum) multannulatus Tokunaga, 1938: 339.

Stictochironomus multannulatus: Sasa, 1984: 51.

　　特征（雄成虫）：翅具色斑。触角比1.67–1.69。肛尖细长，上附器钩状，基部具3根长刚毛，近端部2/3处具1根长刚毛，抱器端节端部内缘具4–5根短刚毛。

　　分布：浙江（临安、淳安、乐清）、江西、贵州；日本。

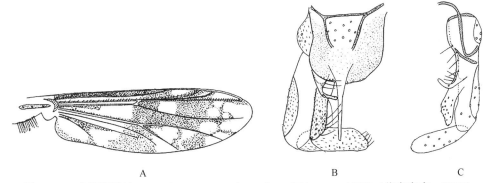

图 6-185　多齿斑摇蚊 *Stictochironomus multannulatus* (Tokunaga, 1938)（仿自齐鑫，2007）

A. 翅；B.♂生殖节，背面观；C.♂生殖节，腹面观

138. 长跗摇蚊属 *Tanytarsus* van der Wulp, 1874

Tanytarsus van der Wulp, 1874: 134. Type species: *Chironomus signatus*, Wulp, 1859.

　　主要特征（雄成虫）：触角 13 鞭节。触角比 0.17–2.20。眼裸，具背中突。额瘤缺失到大。前胸背板退化，中部分离。盾片未超出前胸背板，无额瘤。无前胸背板鬃；具中鬃、背中鬃、翅前鬃及小盾片鬃。翅膜区密被刚毛。无 C 脉延伸；R_{2+3} 脉终止于 R_1 脉和 R_{4+5} 脉中部；R_{4+5} 翅脉终止于 M_{3+4} 脉远端；RM 脉接近 FCu 脉。R_1 翅室末端部分、R_{4+5} 脉和 M_{1+2} 脉具刚毛。前足胫节顶端具细长胫距。中后足具胫栉，至少具 1 个胫距，通常具 2 胫距；中足第 1 跗节常具毛形感器。第 9 背板带中部分离，愈合呈"Y"形或末端于肛尖基部愈合。肛尖有或无肛脊，肛脊之间常具小棘刺。上附器形状多样；指附器多延伸至上附器边缘或超过上附器边缘。下附器直或细而弯曲。中附器存在。

分布：世界广布，已知360余种，中国记录约40种，浙江分布2种。

（416）台湾长跗摇蚊 *Tanytarsus formosanus* Kieffer, 1912（图 6-186）

Tanytarsus formosanus Kieffer, 1912: 42.

特征（雄成虫）：腹部背板具"W"形色斑。头部具大额瘤。翅仅远端1/3处生小刚毛。Cu脉无刚毛。触角比常大于1。第9背板常具2根粗壮刚毛；肛脊明显，中间具有单排小棘刺；上附器顶端形成鸟喙状突起。

分布：浙江广布，中国广布；古北区，东洋区。

图 6-186　台湾长跗摇蚊 *Tanytarsus formosanus* Kieffer, 1912
♂成虫

（417）舟长跗摇蚊 *Tanytarsus takahashii* Kawai *et* Sasa, 1985（图 6-187）

Tanytarsus takahashii Kawai *et* Sasa, 1985: 22.

特征（雄成虫）：触角比约为1。前足比大于3。第9背板具2–3根背中毛。肛尖具4–6根微刺。上附器端

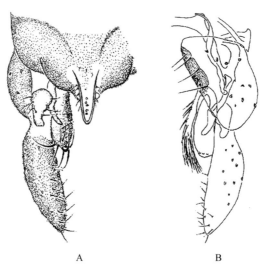

A　　　　　　　　　　　　　B

图 6-187　舟长跗摇蚊 *Tanytarsus takahashii* Kawai *et* Sasa, 1985（仿自 Ekrem, 2002）
A.♂生殖节，背面观；B.♂生殖节，腹面观

部收缩，背部具微毛，且具2–3根内刚毛、5–6根背刚毛。指附器长，略弯曲，端部钝圆。中附器瘦长，具长刚毛。

分布：浙江（泰顺）、辽宁、北京、山东、江西、广东；日本。

139. 扎氏摇蚊属 *Zavrelia* Kieffer, 1913

Zavrelia Kieffer, 1913: 73. Type species: *Zavrelia pentatoma* Kieffer *et* Bause in Bause, 1913.

主要特征（雄成虫）： 体小，翅长0.8–1.5 mm。触角10鞭节（偶13鞭节），触角比0.5–1.4。眼具毛，无背中突，额瘤存在，下唇须发达。盾片瘤缺失，中鬃、背中鬃、翅前鬃和小盾片鬃出现。翅膜区具毛，R_{4+5}脉终止在M_{3+4}脉之前。前足具1个胫距，中足、后足具2个胫距。爪垫缺失。第9背板中部具刚毛。肛尖存在，肛棘内具微刺或微毛。中附器短小。指附器缺失。

分布：东洋区、新热带区、澳洲区。世界已知11种，中国记录2种，浙江分布1种。

（418）无毛扎氏摇蚊 *Zavrelia bragremia* Guo *et* Wang, 2007（图 6-188）

Zavrelia bragremia Guo *et* Wang, 2007: 318.

特征（雄成虫）： 翅长0.88–1.04 mm。触角比0.91–1.08。额瘤微小。前足比2.09。肛节侧片无刚毛；第9背板具有3–7根背中毛；肛尖具17–30个散布的微刺；上附器无突起，具有2根内侧毛，3–5根背刚毛。

分布：浙江（磐安）、四川。

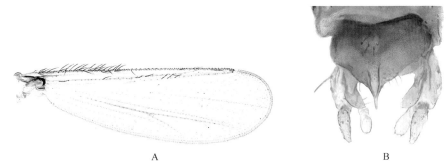

图 6-188　无毛扎氏摇蚊 *Zavrelia bragremia* Guo *et* Wang, 2007（引自 Lin and Wang, 2017）

A. 翅；B. ♂生殖节

第七章　毛蚊总科 Bibionoidea

十四、毛蚊科 Bibionidae

主要特征：体大小不一，小型、中型到大型的种类都有，体长为0.3–13.0 mm。一般身体粗壮而多毛，体翅常呈黑褐色，有的胸部或腹部橙红色或黄褐色；翅有的透明，翅痣明显。两性多异型，雄虫复眼大而相接，雌虫头部长而复眼远离。触角一般短小，念珠状，10节左右，节间连接紧密。胸部隆突，腹部粗长，明显可见8节，雄性腹端不同程度地向背面钩弯，雄第9节后形成外生殖器，雌腹端较细且具1对分2节的尾须。成虫早春出现，英义通称为march flies。

生物学：卵成堆产于土中、粪粒或腐烂的植物体内，幼虫成群生活在表层土壤中，多营腐生生活，也有部分种类为植食性，密度增大时也群集为害。

分布：世界已知8属700种左右，中国记录5属110种左右，浙江分布3属20种。

分属检索表

1. 翅 Rs 分支；足简单，前足胫节端部无刺和距 ·· 2
- 翅 Rs 不分支；前足胫节端部有 1 个刺和 1 个距 ·································· **毛蚊属 Bibio**
2. R_{2+3} 较长，几乎与 R_{4+5} 平行；触角基部下的颜面中央有小洞 ············· **叉毛蚊属 Penthetria**
- R_{2+3} 短，与 R_{4+5} 斜交或垂直；颜面中央无洞 ······························· **襀毛蚊属 Plecia**

140. 毛蚊属 *Bibio* Geoffroy, 1762

Bibio Geoffroy, 1762: 568. Type species: *Tipula hortulana* Linnaeus, 1758.

P1ullata Harris, 1776: 76. Type species: *Pullata funestus* Harris, 1776.

Bibiophus Bollow, 1954: 209, 211. Type species: *Bibio clavipes* Meigen, 1818.

主要特征：头卵圆形，扁平。雄性复眼常密被长毛。触角短粗，一般 10 节，节间排列紧密。胸部较隆起，一般密生绒毛。足粗壮，部分种类前足胫节增粗，顶端具刺和距；后足腿节和胫节末端常膨大，有些种类基跗节亦膨大，但在雌性中正常。翅 Rs 不分支，且 Rs 基段等于或长于 r-m。腹部细长多毛，7–8 节；雄性外生殖器由一对两节多毛的抱握器组成。

分布：世界广布，已知 196 种，中国记录 55 种，浙江分布 14 种。

分种检索表（基于雄性）

1. 前足胫节细长，无特化增粗，端刺为胫节长的 1/7–1/5 ······································· 2
- 前足胫节特化增粗，端刺长为胫节的 1/3 以上 ··· 3
2. 前足胫节端刺末端钝（侧面观尤其明显） ··· **暗黑毛蚊 B. tenebrosus**
- 前足胫节端刺末端尖 ·· **小距毛蚊 B. parvispinalis**
3. M_2 和 CuA_1 均不伸达翅缘，或至少其中之一不伸达翅缘（10 种） ······················· 4
- M_2 和 CuA_1 都伸达翅缘 ··· 6

4. M₂ 伸达翅缘，CuA₁ 不伸达翅缘 ·· 棒角毛蚊 *B. claviantenna*
- M₂ 和 CuA₁ 均不伸达翅缘 ··· 5
5. 后足胫节和跗节正常，无膨大现象，触角 11 节，最末 4 节愈合 ············ 钩毛蚊 *B. aduncatus*
- 后足胫节和跗节膨大或稍粗，触角 10 节 ··· 短脉毛蚊 *B. brevineurus*
6. 前足胫节端距长，至少不短于刺长的 3/4 ··· 7
- 前足胫节端距短，至多不长于刺长的 1/2 ··· 10
7. 后足胫节膨大不太明显，只是基部稍稍膨大 ··· 环凹毛蚊 *B. subrotundus*
- 后足胫节明显膨大 ··· 8
8. 后足基跗节正常，没有明显的膨大现象 ··· 古田山毛蚊 *B. gutianshanus*
- 后足基跗节明显膨大 ··· 9
9. 生殖突基部有棒状的瘤突 ··· 天目山毛蚊 *B. tienmuanus*
- 生殖突基部无棒状的瘤突 ··· 同色毛蚊 *B. aequalis*
10. Rs 基段短，短于或近等于 r-m 的长度 ··· 11
- Rs 基段长，为 r-m 的 2–4 倍 ··· 13
11. 足全黑色 ··· 12
- 足基本黑色，但后足胫节以下棕色 ··· 棒足毛蚊 *B. bacilliformis*
12. 触角 11 节 ··· 百山祖毛蚊 *B. baishanzunus*
- 触角 9 节 ··· 赵氏毛蚊 *B. zhaoi*
13. Rs 基段较短，为 r-m 的 2 倍 ··· 双斑毛蚊 *B. bimaculatus*
- Rs 基段很长，为 r-m 的 4 倍 ··· 全北毛蚊 *B. hortulanus*

（419）钩毛蚊 *Bibio aduncatus* Luo *et* Yang, 1988（图 7-1）

Bibio aduncatus Luo *et* Yang, 1988: 171.

　　特征：雄虫体长 6.5–6.7 mm。头部黑色，复眼上密布黑毛。触角 11 节，最末 4 节愈合。胸部黑色发亮。除前足腿节、前足胫节端刺和端距、中足腿节棕色外，余黑棕色。前足胫节短粗，刺长，约等于胫节长的 1/3，距长，几乎等于刺长；后足腿节端半部膨大，胫节自基部即较宽，跗节正常，细。翅浅黄色，均匀透明，前半部翅脉色深，棕色，后半部翅脉色很浅，与翅面同色；Rs 基段稍短于 r-m，M 分支点到 r-m 的距

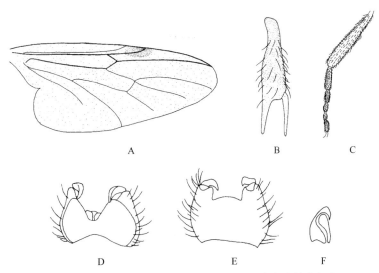

图 7-1　钩毛蚊 *Bibio aduncatus* Luo *et* Yang, 1988（仿自李竹和杨定，2017）
A. 翅；B. ♂前足胫节；C. ♂后足胫节和跗节；D. ♂外生殖器，背视；E. ♂外生殖器，腹视；F. 生殖突，侧视

离约为 r-m 的 2.5 倍，m-cu 正好连在 M 分叉点上；M_2 和 CuA_1 都不到达翅缘。腹部黑棕色，被棕色毛。外生殖器：第 9 背板前缘内凹，后缘"M"形，中间形成一个较深的"V"形缺口，深达背板长的 1/2；第 9 腹板前缘平直，后缘中部有一个浅而宽的"U"形缺口；生殖突细短，指状。雌虫触角也为 11 节。头部黑色；胸部背板黑色，背板边缘黄色，侧板黄色，足有明显不同的两种颜色：前中足基节、转节和腿节黄色，胫节和跗节黑色；后足基节、转节黄色，腿节棕色，胫节及跗节全黑。后足胫节和跗节细长。M_2 不到翅缘，但 CuA_1 到翅缘。

分布：浙江（龙泉）、陕西、宁夏、湖北、江西、广东、云南。

（420）同色毛蚊 *Bibio aequalis* Brunetti, 1912

Bibio aequalis Brunetti, 1912: 447.

特征：雄虫体长 6.0 mm。头黑色，腹面有黑色长毛，中部有灰黄色毛；触角 8 节，黑色；喙短，须 5 节，有黑色长毛；复眼上半部棕黄色，下半部黑色，复眼上有黑到灰黄色的毛；单眼黑色。中胸背板前缘及小盾片的边缘黄棕色，被浓密的黄灰色毛；侧板红棕色，有一些黄灰色毛。足的基节黑棕色，腿节红黄色，着生有棕黄色毛，胫节暗棕黄色，具黑毛。前足胫节端刺约等于端距的长度；后足胫节从基部开始逐渐膨大，跗节暗棕黄色，但末 3 节带黑色；后足跗节显著膨大，基跗节长为宽的 4 倍，宽几乎等于胫节的宽。翅淡黄色，翅痣及前缘深黄色，C、R、M_{1+2} 及 r-m 棕黄色，其余脉黄色；Rs 基段约等于 r-m 的长，m-cu 连在 M 分支点之前。平衡棒黄棕色。腹部棕黑色，具有黄灰色毛，末端 3 节的毛黑色。

分布：浙江、上海、台湾。

（421）棒足毛蚊 *Bibio bacilliformis* Luo *et* Yang, 1988（图 7-2）

Bibio bacilliformis Luo *et* Yang, 1988: 169.

特征：雄虫体长 4.6–5.5 mm。头部黑色，复眼黑色，具黑色毛。触角 9 节，端部末 2 节紧连。胸部黑色发亮，背板上有稀疏的黑棕色毛，但侧板上的多为浅黄色毛。各足基本黑色，只是后足胫节以下棕色。前足胫节短粗，刺长，长于胫节的 1/2，距短，短于刺长的 1/2；后足胫节端半部明显膨大，跗节 1–3 节明

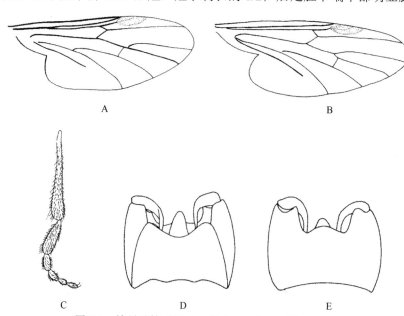

图 7-2　棒足毛蚊 *Bibio bacilliformis* Luo *et* Yang, 1988

A、B.翅；C.♂后足胫节和跗节；D.♂外生殖器，背视；E.♂外生殖器，腹视

显膨大。翅均匀透明，浅棕色，前半部翅脉棕色，余翅脉棕黄色；M_2 和 CuA_1 都到达翅缘。Rs 基段比 r-m 短，约为 r-m 的 2/3，M 分支点距 r-m 远，为 r-m 的 2 倍，m-cu 连在 M 分支点上或连在很靠近 M 分支点的 M_{1+2} 上。腹部黑色，多浅棕黄色毛。外生殖器：第 9 背板后缘平缓凹入；第 9 腹板后缘有一很大的近"U"形缺口，深达腹板长的 1/3；生殖突有些侧扁，中部强烈弯曲。雌虫头部全黑，胸部除中胸背板的背中部及小盾片端部黑色外，余黄棕色。中胸背板有 3 条相邻的褐色"山"字形粗竖斑，m-cu 连在靠近 M 分支点的 M_2 上，M_2 和 CuA_1 都到达翅缘。足大部分黄棕色，只在跗节末 3 节色稍深，黑棕色。后足胫节、跗节细长。

分布：浙江（龙泉）、内蒙古、北京、河北、陕西、青海、新疆、西藏。

（422）百山祖毛蚊 *Bibio baishanzunus* Yang *et* Chen, 1995

Bibio baishanzunus Yang *et* Chen, 1995: 479.

特征：雄虫体长 7.0 mm，翅长 6.0 mm。黑色种类。复眼棕色，上有长毛，单眼瘤高突，触角短粗，11 节，末端 3 节紧密，末节极小。胸部密生黑色长毛，足黑色多毛，前足胫节端刺粗大黑色，端距细小，长不到端刺的一半；后足腿节渐粗，胫节端半部极粗，呈棒状，粗于腿节，基跗节较粗，长为宽的 4 倍。翅烟褐色，翅痣暗褐，翅前缘色深，Rs 基段稍长于 r-m，m-cu 连在两 M 的分叉处。腹部黑色，密生黑色长毛，第 9 背板宽 2 倍于长，端缘"V"形凹缺，腹板侧叶末端位于其下，尾须基部具小乳突；第 9 腹板端缘深凹且渐宽，侧叶高突；生殖突基部的乳突明显突出。雌虫体长约 6.0 mm，翅长 7.0 mm。与雄虫基本类似，但后足胫节细长，不呈棒状。

分布：浙江（庆元）。

（423）双斑毛蚊 *Bibio bimaculatus* Luo *et* Yang, 1988（图 7-3）

Bibio bimaculatus Luo *et* Yang, 1988: 168.

特征：雄虫体长 8.8–9.0 mm，翅长 8.0–9.0 mm。头部黑色，有棕色长毛。复眼棕色，具黑棕色长毛。触角黑色，干制标本可清晰辨认 7 节，端部 3–4 节紧连。胸部背板黑色发亮，密生金黄色长毛；侧板深红棕色。各足除了前中足腿节、后足腿节基部和端部棕黄色外，余棕黑色，多毛。前足胫节短粗，端距长，

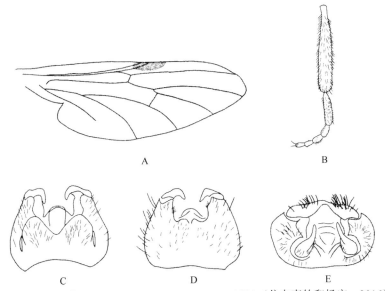

图 7-3　双斑毛蚊 *Bibio bimaculatus* Luo *et* Yang, 1988（仿自李竹和杨定，2016）

A. 翅；B.♂后足胫节和跗节；C.♂外生殖器，背视；D.♂外生殖器，腹视；E.♂外殖器，后视

约为端刺的 1/2；后足腿节端部 2/3 膨大，胫节亦膨大，但基跗节细，长为宽的 5 倍。翅浅黄色，翅脉前部色深。Rs 基段长为 r-m 的 2 倍，两 M 的分支点到 r-m 的距离为 r-m 的 3 倍，m-cu 与 M_2 相连。腹部多金黄色长毛，基部的毛长；第 9 背板后缘有一开口宽的 "V" 形缺口，第 9 腹板后缘中央有一近方形的缺口，前缘平缓地凹入；生殖突较长，向内弯曲，末端不尖。雌虫大部分特征似雄虫，但身体棕黄色区域更多：除了头部以及各足胫节和跗节深棕色外，其他部分黄棕色。触角 11 节，鞭节黑色，柄节、梗节棕色；鞭节末节很短小；翅黄色，翅脉棕黄色。

分布：浙江（临安）、青海、广西。

（424）短脉毛蚊 *Bibio brevineurus* Yang *et* Chen, 1995

Bibio brevineurus Yang *et* Chen, 1995: 478.

特征：雄虫体长 5.0–6.0 mm，翅长 4.0–5.0 mm。头部黑色，复眼棕色，有黑色长毛；触角短粗，10 节，端部 3 节连接紧密。胸部黑色，密生黑色长毛；足除前足胫节端刺和距为红棕色外均呈黑色，前足胫节极粗，端距短于端刺；后足腿节和胫节渐粗大，基跗节略膨大，长为其宽的 5 倍。翅淡烟褐色，前缘色深，脉褐色；Rs 基段略长于 r-m，m-cu 连在 M_2 上；M_2 和 CuA_1 均不达翅缘。腹部黑色，多黑色长毛。第 9 背板短阔，宽 2 倍于长，端缘弓弯呈双峰状；生殖突中后部弯折而尖突；第 9 腹板的基缘中部略呈角突，端缘深凹。雌虫体长 7.0 mm，翅长 6.0 mm。与雄虫颜色和形状差异较大。胸部红棕色，毛也微小；足的基节和腿节均为红棕色，而胫节与跗节为黑色。M_2 和 CuA_1 均不达翅缘。

分布：浙江（龙泉）。

（425）棒角毛蚊 *Bibio claviantenna* Yang *et* Luo, 1989（图 7-4）

Bibio claviantenna Yang *et* Luo, 1989: 148.

特征：雄虫体长 5.1–5.4 mm，翅长 4.4–4.6 mm。头部黑色，发亮，复眼黑棕色，具棕色毛，触角黑色，10 节，末 3 节不易辨认。胸部背板黑色发亮，肩胛略带红棕色，背板上有长而密的黑色毛；胸侧板红棕色，有稀疏的深棕色长毛。足红棕至黑棕色，有黑色毛。前足胫节短粗，刺长，约为胫节长的 1/2，距长，等于刺的长度；后足胫节和跗节正常，没有膨大现象。翅半透明，呈深烟棕色；Rs 基段短，短于 r-m，约为 r-m 长的 2/3，M 分支点到 r-m 的距离约等于 r-m 的 3 倍，m-cu 连在 M 分叉点上；CuA_1 不到达翅缘。腹部黑棕色，被浅棕色至深棕色长毛。外生殖器：第 9 背板后缘有一个开口较宽较浅的 "U" 形缺口，深达背板长的 1/4–1/3；第 9 腹板后缘窄于前缘，后缘中部有一个宽而浅的 "U" 形缺口，深约为腹板长的 1/3；生殖突基部粗，末端尖，中部强烈弯曲，几乎成直角。雌虫体长 4.6–5.3 mm，翅长 4.6–5.9 mm。头部黑色；胸部全为棕黄色。足基节、转节和腿节棕黄色，胫节和跗节黑棕色。腹部黑棕色，基部多浅黄白色毛，其他特征类似雄虫。

分布：浙江（临安）、河南、陕西、四川、云南。

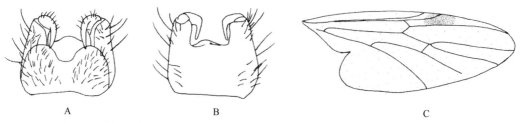

图 7-4　棒角毛蚊 *Bibio claviantenna* Yang *et* Luo, 1989（引自李竹和杨定，2017）

A. ♂外生殖器，背视；B. ♂外生殖器，腹视；C. 翅

（426）古田山毛蚊 *Bibio gutianshanus* Yang, 1995

Bibio gutianshanus Yang, 1995: 188.

特征：雄虫体长约 8.0 mm，翅长约 6.0 mm。黑色种类。头部黑色，多毛；复眼红褐色，密生长毛；触角 9 节，黑色。胸部黑色，多长毛；足红黑色，胫节与跗节大部分黄褐色，节端部及第 3–5 跗节黑色；前足胫节基部及中段黑褐，端刺约为胫节的一半长，端距稍长于端刺；后足腿节端部膨大，胫节端半渐粗，基跗节细长，其长度为宽的 5 倍。翅淡棕色，翅痣和翅脉褐色，Rs 的基段长于 r-m，M 的分叉点至 r-m 的距离为 r-m 的 2 倍，m-cu 连在 M_2 上。腹部黑色，多毛；第 9 腹板 "V" 形深裂，背视第 9 背板中部亦深凹，生殖突简单而弧弯。

分布：浙江（开化）。

（427）全北毛蚊 *Bibio hortulanus* (Linnaeus, 1758)（图 7-5）

Tipula hortulanus Linnaeus, 1758: 588.
Bibio hortulanus: Meigen, 1818: 163.

特征：雄虫体长 6.0–7.5 mm，翅长 5.5–6.2 mm。头部黑色发亮，多黑毛；复眼棕色，具棕色长毛。触角 10 节，黑色。胸部背板和侧板黑色发亮，只有肩胛和小盾片两侧的背板后缘棕色，背板上有黑色长毛，侧板上的毛浅黄色或白色。足除前足胫节端刺和端距棕色外，余均棕黑色，前足胫节端距很小，为端刺的 1/4 左右，后足腿节基部 1/3 细，然后逐渐增粗，胫节从基部开始膨大，基跗节细长。翅半透明，翅痣、C、R、r-m 及 M_{1+2} 基段棕色，余脉与翅膜同色，Rs 长为 r-m 的 4 倍，M 分支点到 r-m 的距离约等于 Rs 基段或稍长于 Rs 基段，m-cu 连在 M_2 上，平衡棒棕色。腹部具浅棕黄色或白色短毛，第 9 背板后缘平缓凹入，形成一个弧形下陷；第 9 腹板后缘中部有一近方形的缺口，缺口底部中间有个小的缺刻；生殖突较粗短，紧贴腹板两侧，中部略弯，末端不尖。雌虫体长 5.7–7.5 mm，翅长 5.0–6.2 mm。身体胸部和腹部大部分黄棕色，其他部分黑棕色，头胸腹被浅黄色毛。足黑色。

分布：浙江（临安）、内蒙古、山西、新疆；广布于古北区。

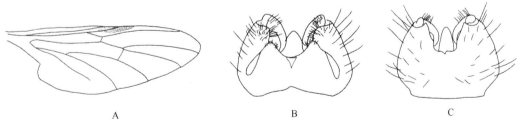

A　　　　　　　　B　　　　　　　　C

图 7-5　全北毛蚊 *Bibio hortulanus* (Linnaeus, 1758)（引自李竹和杨定, 2016）
A. 翅；B. ♂外生殖器，背视；C. ♂外生殖器，腹视

（428）小距毛蚊 *Bibio parvispinalis* Luo *et* Yang, 1988（图 7-6）

Bibio parvispinalis Luo *et* Yang, 1988: 167.

特征：雄虫体长 11.0–13.0 mm。头部黑色发亮，复眼具棕色毛。触角黑色，11 节，末节短小。胸部背板黑色发亮，有长而密的黑色毛；胸侧板黑棕色发亮，有较长的浅棕色至深棕色毛。足红棕至黑棕色，前足胫节细长，刺短，约为胫节长的 1/5，距短，相当于刺长的 1/2；后足腿节后半部膨大，胫节宽扁，自基部起向端部逐渐膨大，跗节基本正常，稍稍膨大，粗长，其他跗节渐变短细。翅半透明，呈深烟棕色，前半部翅脉颜色深棕色，后半部翅脉色浅，棕色；Rs基段长，为r-m长的2–3.7倍，M分支点到r-m的距离与r-m的长度差不多，稍长或稍短于r-m，m-cu连在M_2上；CuA_1不到达翅缘。腹部黑棕色，被浅棕色至深棕色长毛。外生殖器：第9背板后缘有一个开口较宽的"V"形缺口，深达背板长的1/2；第9腹板后缘窄于前缘，后缘中部有一个较浅的"U"形缺口，深约为腹板长的1/3；生殖突短细，贴近第9腹板，向端部变细。雌虫体长13–14 mm。与雄虫近似，但触角12节，前足胫节增粗，刺距的长度与雄性类似。后足胫节正常，只在端部稍膨大。

　　分布：浙江（安吉、临安）、陕西、安徽、江西、广东、四川、云南。

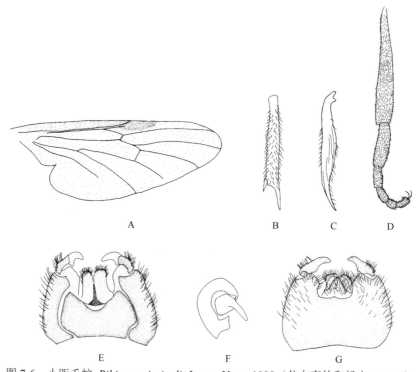

图 7-6　小距毛蚊 *Bibio parvispinalis* Luo *et* Yang, 1988（仿自李竹和杨定，2017）
A. 翅；B. ♂前足胫节，背视；C. ♂前足胫节，侧视；D. ♂后足胫节和跗节；E. ♂外生殖器，背视；F. 生殖突；G. ♂外生殖器，腹视

（429）环凹毛蚊 *Bibio subrotundus* Yang, 1995

Bibio subrotundus Yang, 1995: 188.

　　特征：雄虫体长约5.0 mm，翅长约4.0 mm。体黑、足黄褐色种类。头部黑色，多黑毛，复眼红褐色，密布长毛；触角9节，黑色，粗短。胸部全黑，发亮，多长毛。足除基节与转节为黑色外，大部分呈黄褐色，腿节与胫节的末端黑色，跗节1–3节的端半部及第4与第5节黑色。前足胫节的端刺稍短于胫节长的一半，端距则略长于端刺；后足腿节端部膨大，胫节端部及基跗节均不膨大。翅透明，翅脉黄色，Rs的基段短于r-m，M的分叉点至r-m的距离为r-m的1.5倍长，m-cu连在M_{1+2}上。腹部黑色，多黑毛；第9腹板中央具狭长的裂缝，背视第9背板中部深凹几乎呈环形；生殖突简单，略弯。雌虫体长约7.0 mm。头与腹黑色、胸与足红黄色种类。触角10节，黑色，但基部2节色淡。胸部红黄色，毛短小而稀疏；足除胫节末端和跗节1–2节端部、第3–5节黑色外，均为红黄至黄褐色。腹部全黑，尾须褐色，短而粗。

　　分布：浙江（开化）。

（430）暗黑毛蚊 *Bibio tenebrosus* Coquillett, 1898（图 7-7）

Bibio tenebrosus Coquillett, 1898: 307.

Bibio obscuripennis de Meijere, 1904: 86.

Bibio obscuripennis var. *nigerrimus* Duda, 1930: 43, 70.

　　特征：雄虫体长 11.0–14.0 mm，翅长 7.5–13.5 mm。头部黑色，发亮，复眼具黑色长毛。触角黑色，10 节。胸部背板和侧板黑色发亮，有浓密的黑色短毛。足黑棕色，发亮。前足胫节细长，刺短，为胫节长的 1/7–1/6，端刺末端钝（从侧面观最明显），距短，相当于刺长的 1/2；后足腿节后半部膨大，胫节宽扁，自基部起向端部逐渐膨大，跗节基本正常，稍稍膨大，基跗节圆。翅半透明，前半部翅脉颜色深棕色，后半部翅脉浅棕色；Rs 基段长，约为 r-m 长的 3 倍，M 分支点到 r-m 的距离与 r-m 的长度差不多，m-cu 连在 M 分叉点之后，即 M_2 上；CuA_1 不到达翅缘。腹部黑棕色，基部被白色长毛，其余部分被浅棕色至深棕色长毛。外生殖器：第 9 背板后缘有一个开口较宽的 "V" 形缺口，深达背板长的 1/2；第 9 腹板后缘中部有一个较浅的 "U" 形缺口；生殖突基部粗圆，向端部变细。雌虫体长 12.0–15.0 mm，翅长 8.5–14.5 mm。与雄虫近似，但触角 12 节，前足胫节端刺长，约为胫节长的 1/4，距短，为刺长的 1/3；后足胫节和跗节正常，没有膨大现象。

　　分布：浙江（临安、龙泉）、辽宁、陕西、福建、四川、云南、西藏；日本。

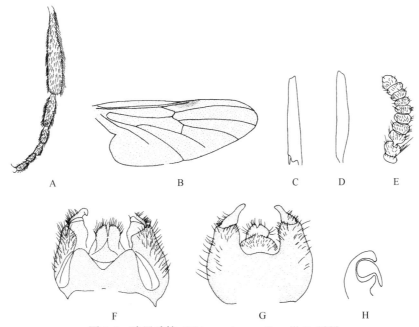

图 7-7　暗黑毛蚊　*Bibio tenebrosus* Coquillett, 1898

A. ♂后足胫节和跗节；B. 翅；C. ♂前足胫节，背视；D. ♂前足胫节，侧视；E. 触角；F. ♂外生殖器，背视；G. ♂外生殖器，腹视；H. 生殖突，后视

（431）天目山毛蚊 *Bibio tienmuanus* Li *et* Yang, 2001（图 7-8）

Bibio tienmuanus Li *et* Yang, 2001: 402.

　　特征：雄虫体长 9.0–10.0 mm，翅长 7.0 mm。头部黑色，多细毛。复眼红褐色，其上密生黑毛，单眼黑褐色；触角 10 节，末节极短小；须 4 节。胸部黑色，多黑毛。足除基节和转节黑色外，大部呈棕黄色，跗节则大部呈黑色；前足的胫节短粗，端刺超过胫节长的 1/3，端距为刺长的 3/4，后足腿节和胫节的端半部膨大，基跗节粗大，长为宽的 3 倍多。翅淡烟色，翅痣褐色，前半部翅脉褐色，后半部脉色淡。r-m 稍长于 Rs 基段，m-cu 连在 M₂ 上。腹部黑色多毛，第 9 背板端缘凹缺，腹板端缘呈 "U" 形凹缺，生殖突基部具粗大的侧叶，端半细而弧弯。雌虫体长约 11.0 mm，翅长约 9.0 mm。大部分与雄虫类似，但后足腿节、胫节及跗节均不膨大。

　　分布：浙江（临安）。

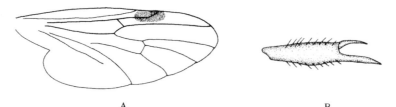

图 7-8　天目山毛蚊 *Bibio tienmuanus* Li *et* Yang, 2001（引自李竹和杨定，2016）
A. 翅；B. 前足胫节

（432）赵氏毛蚊 *Bibio zhaoi* Li *et* Yang, 2001（图 7-9）

Bibio zhaoi Li *et* Yang, 2001: 403.

　　特征：雄虫体长 6.5–6.7 mm，翅长约 6.0 mm。体黑色，多黑色较粗长毛。头部黑色，触角 9 节，端部 2 节紧连。复眼红褐色，密被黑毛。胸部黑色，密生黑色长毛。足大部呈黑色，前足胫节短粗，端刺长约为胫节的 1/2，端距小于端刺的 1/2；后足腿节和胫节均向端部渐膨大，基跗节粗大，与胫节相似。翅淡烟色，较透明，痣褐色明显，脉棕褐色，r-m 稍长于 Rs 基段，m-cu 连接在 M 分支处。腹部黑色，多黑毛。第 9 背板明显划分出两侧的生殖突基节，背板端缘中部弧凹；第 9 腹板端缘呈 "U" 形凹缺，生殖突端节钩弯。雌虫未知。

　　分布：浙江（临安）。

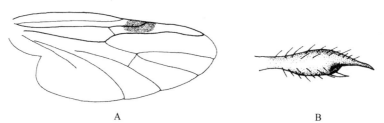

图 7-9　赵氏毛蚊 *Bibio zhaoi* Li *et* Yang, 2001（引自李竹和杨定，2016）
A. 翅；B. 前足胫节

141. 叉毛蚊属 *Penthetria* Meigen, 1803

Penthetria Meigen, 1803: 264. Type species: *Penthetria funebris* Meigen, 1804.

Parapleciomyia Brunetti, 1912: 446. Type species: *Parapleciomyia carbonaria* Brunetti, 1912.

　　主要特征：体大多黑色，具黑毛，有的种类中胸背板部分或全部赤黄色。复眼光裸无毛；触角 9–12 节，触角基部下方颜面形成一个深凹陷。足细长，多数种类后足胫节和基跗节稍膨大。翅多为棕褐色，Rs 分为 R₂₊₃ 及 R₄₊₅，R₂₊₃ 较长，几乎与 R₄₊₅ 平行，Cup 脉明显。雄性外生殖器背腹较扁，第 9 背板不与第 9 腹板愈合，抱握器位于侧面，较粗大，中部常弯曲。

　　分布：世界广布，已知 30 种，中国记录 21 种，浙江分布 2 种。

（433）泛叉毛蚊 *Penthetria japonica* **Wiedemann, 1830（图 7-10）**

Penthetria japonica Wiedemann, 1830: 618.

Plecia ignicollis Walker, 1848: 116.

　　特征：雄虫体长 7.5–9.3 mm，翅长 7.2–9.3 mm。头部黑棕色，有黑色长毛。复眼在额区相接。触角 12 节，黑色，锥状，最后一节细长。胸部侧板黑棕色，有灰白色粉被，背板前半部黑色，只有肩胛棕色，后半部红黄色，小盾片黑色，胸部的毛稀疏，黑色。足黑棕色发亮，有灰白色粉被；后足腿节端半部和胫节端部明显膨大，跗节各节圆，基跗节膨大。翅烟棕色，半透明，R_{2+3} 长，平行于 R_{4+5}，有的个体的 Rs 分叉点紧紧靠近 r-m，有的个体的 Rs 分叉点距离 r-m 稍远，Rs 分叉点到 r-m 的距离约为 r-m 长的 1/3；r-m 连在 m_1 上，靠近两 M 分叉点。腹部黑棕色，有灰色粉被。雄性外生殖器：第 9 背板梯形，后缘窄，前缘宽，后缘中间稍内凹；第 9 腹板也为近梯形，但后缘宽于前缘，后缘中部有个浅的"V"形缺口，凹陷深度不到背板长的 1/2；生殖突短粗，末端尖，向内弯曲。雌虫体长 7.0–10.0 mm，翅长 8.5–11.0 mm。与雄虫近似，但后足正常，没有膨大现象。

　　分布：浙江（杭州、舟山）、河南、陕西、湖北、江西、湖南、福建、台湾、广东、广西、四川、贵州、云南、西藏；日本，印度，尼泊尔。

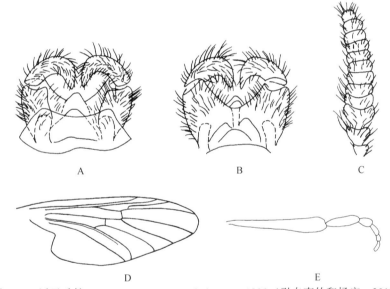

图 7-10　泛叉毛蚊 *Penthetria japonica* Wiedemann, 1830（引自李竹和杨定，2017）
A. ♂外生殖器，背视；B. ♂外殖器，腹视；C. 触角；D. 翅；E. ♂后足胫节和跗节

（434）浙叉毛蚊 *Penthetria zheana* **Yang *et* Chen, 1996**

Penthetria zheana Yang *et* Chen, 1996: 475.

　　特征：雄虫体长 8.0 mm，翅长 7.5 mm。头部黑色，触角 12 节，除第 3 节基部褐色外，均呈黑色，第 3 节长为宽的 1.3 倍，末节长稍大于宽，其他鞭节均宽大于长。胸部全黑，足大部分黑色，但中足腿节和后足腿节与胫节为暗褐色；前足基跗节长为宽的 8 倍，后足基跗节长为宽的 5 倍。翅烟褐色，脉褐色；C 略伸过 R_{4+5} 的末端，约占 R_{4+5} 至 M_1 之间距离的 1/5；R_{2+3} 弯曲，基部弯折处稍突出，Rs 分叉处至横脉 r-m 的长度与两 M 分叉处至 r-m 的长约相等。腹部黑色。外生殖器：第 9 背板横阔，宽为长的 2 倍，基缘略弧凹，端缘弓凸，尾须与阳茎均不外露；第 9 腹板宽大于长，端缘深裂，中部为膜区，其间露出梯形的阳茎及短阔的尾须，抱器粗大而钩弯，端部锐尖。雌虫体长约 9.0 mm，翅长 8.0 mm。与雄虫大体相似，但触角的末节极小，后足基跗节细长，雌腹端尾须的端节细长，第 8 腹板完全分为 2 片。

　　分布：浙江（庆元）。

142. 襀毛蚊属 *Plecia* Wiedemann, 1828

Plecia Wiedemann, 1828: 72. Type species: *Hirtea fulvicollis* Fabricius, 1805.

　　主要特征：体型小而纤细，一般不超过 10.0 mm，头部常黑色；触角一般 9–12 节，大部分种类 9 节。胸部黑色或者部分赤黄色至全赤黄色。足细长，无特化，但部分种类后足后半部稍有膨大。翅从透明至黑棕色，Rs 分成 R_{2+3} 与 R_{4+5} 两支，R_{2+3} 短，与 R_{4+5} 垂直或成一锐角，CuA_1 垂直于翅缘。腹部第 9 背板、第 9 腹板及抱握器的形状变异很大，后缘两侧大多数形成侧叶。

　　分布：世界广布，已知 250 种，中国记录 30 余种，浙江分布 4 种。

分种检索表（基于雄性）

1. 中胸背板全为黑色或黑棕色 ·· **中国襀毛蚊 *P. chinensis***
- 中胸背板全为赤黄色或暗红棕色 ·· 2
2. 触角 12 节，腹部第 9 腹板后缘侧叶端部分叉 ······························ **黄胸襀毛蚊 *P. fulvicollis***
- 触角 8–9 节，腹部第 9 腹板后缘侧叶端部不分叉 ·· 3
3. 触角 8 节，第 9 背板宽大，背板两侧叶向腹面内收成一夹角，屋脊状完全覆盖腹末其他部分 ············ **斜襀毛蚊 *P. clina***
- 触角 9 节，第 9 背板具深 "U" 形缺口，背板侧叶或细长或短粗，但不呈屋脊状覆盖 ············· **双色襀毛蚊 *P. sinensis***

（435）中国襀毛蚊 *Plecia chinensis* Hardy, 1949（图 7-11）

Plecia chinensis Hardy, 1949: 2.

　　特征：雄虫体长 4.5–5 mm，翅长 5–5.5 mm。头部及体黑色，触角 9 节，末节长约等于第 8 节；复眼多黑毛，单眼瘤发达。胸部多浅灰色毛，中盾沟中等发达。足腿节端部明显膨大，胫节及跗节细长。翅烟黑色，R_{2+3} 直，与 R_{4+5} 成锐角。腹部全黑，具黑毛；第 9 背板后缘有一深 "V" 形缺口，深为背板长的 3/5；第 9 腹板后缘侧叶长，末端尖，近中央处有一对小尖突；抱握器大，形状不规则，抱握器末端分叉，内侧的一叶较长。雌虫体长 4.5–5.5 mm，翅长 6.0–6.5 mm。触角 10 节，节间密，额暗黑色，前缘中部有一瘤突，并有一道脊通达单眼瘤下；复眼上的毛比雄虫长。其余特征同雄虫。

　　分布：浙江、福建。

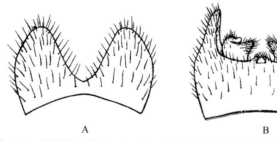

图 7-11　中国襀毛蚊 *Plecia chinensis* Hardy, 1949（仿自 Hardy，1949）

A. ♂第 9 背板；B. ♂外生殖器，腹视

（436）斜襀毛蚊 *Plecia clina* Yang *et* Cheng, 1995（图 7-12）

Plecia clina Yang *et* Cheng, 1995: 477.

特征：雄虫体长 5.0 mm，翅长 5.2 mm。头部黑棕色有灰白色粉被。触角黑棕色，8 节。胸部背板和侧板均为赤黄色，有白色粉被，小盾片纵向中部有一黑色条斑，胸部几乎没毛，中盾沟明显。各足黑棕色，细长，除了各足腿节端部稍膨大外，其他各节没有膨大现象。翅烟棕色，半透明，C 超出 R_{4+5} 顶端之外，终止于 R_{4+5} 和 M_1 之间的近 1/3 处；R_{2+3} 与 R_{4+5} 成约 45°，在中部稍向翅端弯曲；两 M 分支点到 r-m 的距离短于 Rs 分叉点到 r-m 的距离，前者约为 r-m 的 1.2 倍，后者约为 r-m 的 2.5 倍。腹部黑棕色，有灰色粉被，腹部有黑色毛。雄性外生殖器：第 9 背板前缘平直，后缘中部有窄的"V"形凹陷，背板侧叶宽，两侧叶呈屋脊状覆盖在腹板上，背板侧叶内后侧即"V"形凹陷两侧加厚，加厚部分的背板腹面密生短的黑毛；第 9 腹板近方形，两侧外扩，长约为背板侧叶的 1/3，前缘平直，后缘中部有一圆锥状隆起，侧叶内收，很细，末端尖；生殖突长条形，末端内侧有一小突起。雌虫未知。

分布：浙江（庆元、龙泉）、海南、广西、四川、贵州。

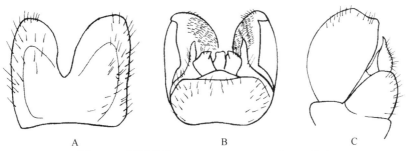

图 7-12 斜襀毛蚊 *Plecia clina* Yang *et* Cheng, 1995
A.♂外生殖器，腹视；B.♂外生殖器，背视；C.♂外生殖器，侧视

（437）黄胸襀毛蚊 *Plecia fulvicollis* (Fabricius, 1805)（图 7-13）

Hirtea fulvicollis Fabricius, 1805: 53.

Plecia fulvicollis: Malloch, 1828: 605.

特征：雄虫体长 5.7–6.5 mm，翅长 6.0–6.5 mm。此种胸部全为赤黄色。触角 12 节，红棕色至黑色，喙及须黑色。胸部中盾沟明显；足主要为黑色，但基节和转节带黄色。翅淡棕色，前缘较暗，翅痣不明显。平衡棒柄为黄色，结节黑色。腹部黑色，具有黑色短毛；第 9 背板后缘有深"U"形缺口，前缘强烈凹陷；第 9 腹板长宽相等，后缘侧叶短，内侧有一尖突，后缘中部有一很大的突起，突起的末端两侧向外突出；抱握器小，不明显，与腹板后缘中突愈合。雌虫体长 5.5–6.5 mm，翅长 7.0–9.0 mm，外形与雄虫类似。

分布：浙江（临安、奉化）、台湾；日本，印度，菲律宾，马来西亚，印度尼西亚，澳大利亚。

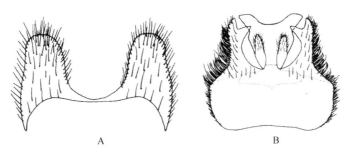

图 7-13 黄胸襀毛蚊 *Plecia fulvicollis* (Fabricius, 1805)（引自李竹和杨定，2016）
A.♂第 9 背板；B.♂第 9 腹板

（438）双色襀毛蚊 *Plecia sinensis* Hardy, 1953（图 7-14）

Plecia sinensis Hardy, 1953: 101.

　　特征：雄虫体长 5.0–5.9 mm，翅长 6.2–6.7 mm。头部黑棕色，有灰色粉被。触角 9 节，梗节与鞭节第 1 节基半部棕黄色，余棕色，鞭节第 1 节很长，几乎等于第 4–6 节之和。胸部背板赤黄色，有灰白色粉被和非常稀疏的短毛，小盾片中部的黑色中线明显。足除腿节端半部带些棕色外，余黑色。足无特化现象，只是腿节端半部稍稍膨大。翅烟棕色，半透明，翅痣明显；R_{2+3} 短，直，与 R_{4+5} 成近锐角；C 超出 R_{4+5} 顶端之外较远，终止于 R_{4+5} 和 M_1 之间的近 1/2 处；两 M 分支点到 r-m 的距离短于 Rs 分叉点到 r-m 的距离，前者约为 r-m 的 1.2 倍，后者约为 r-m 的 2.2 倍。腹部黑棕色，具浅黑色短毛。雄性外生殖器：第 9 背板前缘平直，后缘中间中部有个深的"U"形缺口，深达背板长的 7/10，后缘两侧叶肾形，末端圆，整个第 9 背板呈马鞍形；第 9 腹板宽为长的 2 倍，后缘侧叶细长，侧叶直，末端尖，前缘平直；生殖突短粗，形状不规则，但大致为圆形，中空，形成一个骨化环。雌虫体长 5.6–6.7 mm，翅长 6.7–8.4 mm。体色和特征与雄虫近似，但触角 11 节。

　　分布：浙江（杭州）、山东、湖北、江西、湖南、福建、台湾、广东、广西、四川、贵州、云南；尼泊尔。

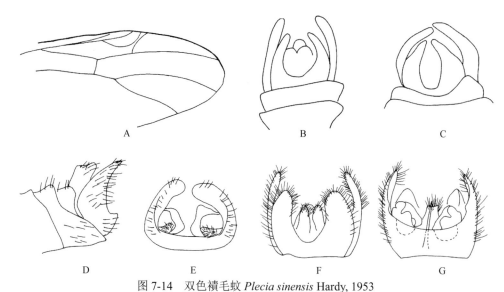

图 7-14　双色襀毛蚊 *Plecia sinensis* Hardy, 1953

A. 翅；B、C.♂外生殖器（解剖前的），背视；D.♂外生殖器（解剖前的），侧视；E.♂外生殖器（解剖前的），腹视；F.♂外生殖器，背视；
G.♂外生殖器，腹视

第八章　眼蕈蚊总科 Sciaroidea

十五、瘿蚊科 Cecidomyiidae

主要特征：成虫体小型，体长一般为 0.5–3.0 mm，个别种类达 5.0–8.0 mm；身体纤弱，呈白色、淡黄色、橙黄色、红褐色或黑褐色等；复眼发达，为接眼式，或两复眼相互接近；瘿蚊科仅鼓瘿蚊亚科 Porricondylinae、威瘿蚊亚科 Winnertziinae 和瘿蚊亚科 Cecidomyiinae 的成虫无单眼，其他亚科成虫通常具单眼；下颚须通常 3–4 节，或退化为 1–2 节，甚至缺失，具短刚毛；触角细长，丝状或念珠状，脆弱易断，有时其长度超过体长，鞭节常雌雄异形，由 7–43 个鞭小节组成；雄虫鞭小节结中部会有各种程度狭缩，可形成单结状、二结状或三结状；雌虫鞭小节的结部通常为圆筒状，部分种类结中部也缢缩；鼓瘿蚊亚科 Porricondylinae 和瘿蚊亚科 Cecidomyiinae 的鞭小节结部通常具瘿蚊科种类的特有结构——环丝，雄虫环丝通常发达且复杂，雌虫环丝通常相对简单；胸部长与厚约相等，中胸背板凸起；多数种类具翅，其翅通常膜质透明，部分种类其上具斑点或呈其他颜色，被毛和鳞片，翅脉较退化且简单，纵脉一般不多于 5 条，少数种类翅退化；足通常细长、脆弱且易断，被覆刚毛和狭窄的鳞片；基节明显，胫节无端距，跗节常为 5 节；跗节爪通常发达，骨化强烈并弯曲，具单齿、双齿、多齿或无齿；爪间突发达或退化，密被毛；爪垫通常细长棒状或指状，被毛，一般短于爪；腹部通常细长，各腹节背板和腹板常具刚毛和鳞片；雄虫抱器和雌虫产卵器形态各异，常具各种饰变。蛹为离蛹，通常为橙黄色、红褐色或黑褐色；头部具头侧刚毛和乳突，触角基常发达，或具饰变；胸部具前胸气门；腹部渐细，常具短刺。幼虫通常有 3 个龄期，圆柱状或扁圆柱状，常呈白色、黄色、橙色或红色，由头壳、颈节、3 个胸节和 9 个腹节组成，其中头壳相对较小，具一对触角，口器退化，由上颚和下颚片组成，胸节和腹节上常具乳突和刚毛；气门 9 对，位于前胸和第 1–8 腹节两侧；老熟幼虫体长一般为 2.0–5.0 mm，多数种类前胸腹面具瘿蚊科种类所特有的结构——胸骨片。卵光滑，球状或椭球状，呈白色、黄色、橙色或红色。

分布：世界已知 6600 多种，中国记录 180 余种，浙江分布 17 属 25 种。

分属检索表

1. 具单眼；足第 1 跗节长于第 2 跗节；具 M_{1+2} 脉 ·· 2
- 无单眼；足第 1 跗节明显短于第 2 跗节；无 M_{1+2} 脉 ··································· 4
2. 单眼 3 个；翅 R_5 脉远离 C 脉，通常伸达翅端；M_{1+2} 脉不分叉 ·············· **菌瘿蚊属 *Mycophila***
- 单眼 2 个；翅 R_5 脉靠近 C 脉，且不伸达翅端；M_{1+2} 脉分叉 ······················ 3
3. 雌雄虫触角分别具 8–10 个、6–8 个鞭小节，其鞭小节结部仅具刺状感觉毛 ············ **短角瘿蚊属 *Anarete***
- 雌雄虫触角分别具 9 个、14 个鞭小节，其鞭小节结部仅具指状感觉器 ·············· **安瘿蚊属 *Anaretella***
4. 翅 R_S 脉显著，基部与其他脉一样强，M+rm 脉常弯曲；雄虫抱器基节腹面愈合；雌虫尾须 2 节 ········ **乌瘿蚊属 *Wyattella***
- 翅无 R_S 脉，若有，则基部较其他脉弱，M+rm 脉常直；雄虫抱器基节腹面分离、不愈合；雌虫尾须通常 1 节 ········· 5
5. 雌雄触角所具鞭小节数量不固定；鞭小节基部着生的刚毛强烈后弯；雄虫抱器基节中基瓣向阳茎方向紧握 ·············· 6
- 雌雄触角通常均具有固定的 12 个鞭小节；鞭小节基部着生的刚毛不强烈后弯；雄虫抱器基节中基瓣不紧握阳茎 ········ 7
6. 翅 R_5 脉后 1/3 略向下弯曲，在翅端与 C 脉汇合；下颚须为 1–3 节 ·················· **菊瘿蚊属 *Rhopalomyia***
- 翅 R_5 脉在翅端前与 C 脉汇合；下颚须为 4 节 ·················· **叶瘿蚊属 *Dasineura***

7. 雄虫触角鞭小节为单结型，其上具扭曲、紧贴的波浪状环丝，且不具明显的颈部 ···························· 8
- 雄虫触角鞭小节为双结型，其上具环状环丝，且具明显的颈部 ···································· 9
8. 抱器端节所具有的两个骨化端齿在基部融合成一整体；下颚须 3 节 ···················· 波瘿蚊属 *Asphondylia*
- 抱器端节具有的两个骨化端齿在基部明显分开；下颚须 2–4 节 ············· 伪安瘿蚊属 *Pseudasphondylia*
9. 雄虫鞭小节基结与端结形状大小近乎相同，且均为卵圆状 ···································· 10
- 雄虫鞭小节端结梨状，基结卵圆状，且端结明显大于基结 ···································· 11
10. 雄虫抱器基节腹面端部延伸出 1 个锥状的腹端突，从而使抱器端节着生于抱器基节近端部 ······· 齿铗瘿蚊属 *Dentifibula*
-   雄虫抱器基节腹面端部不具腹端突 ·· 浆瘿蚊属 *Contarinia*
11. 雄虫鞭小节端结具 1 圈环丝 ·· 禾谷瘿蚊属 *Sitodiplosis*
-   雄虫鞭小节端结具 2 圈环丝 ·· 12
12. 雌虫产卵器长且可伸缩 ·· 雷瘿蚊属 *Resseliella*
-   雌虫产卵器短且不可伸缩 ··· 13
13. 雄虫抱器基节背面端部延伸出 1 个细长的、常具各种饰变的背端突；阳茎常具各种复杂饰变 ···· 端突瘿蚊属 *Epidiplosis*
-   雄虫抱器基节不具背端突；阳茎不具复杂饰变 ··· 14
14. 雄虫触角鞭小节结部具 1、2 或更多超长的环状环丝 ······························ 蚜瘿蚊属 *Aphidoletes*
-   雄虫触角鞭小节结部不具超长的环丝 ··· 15
15. 雄虫肛下板明显分为 2 个细长的瓣 ·· 贾瘿蚊属 *Giardomyia*
-   雄虫肛下板不明显分瓣 ··· 16
16. 雄虫尾须分瓣背腹向呈近矩形，其端缘具不同程度的内凹 ························ 斜瘿蚊属 *Clinodiplosis*
-   雄虫尾须分瓣背腹向呈近三角形，其端缘不具内凹 ································ 稻瘿蚊属 *Orseolia*

143. 短角瘿蚊属 *Anarete* Haliday, 1833

Anarete Haliday, 1833: 156. Type species: *Anarete candidata* Haliday, 1833.

Citation list after 1833 in Gagné *et* Jaschhof (2021).[*]

主要特征：单眼 2 个。眼桥狭窄。下颚须 3–4 节。雌雄触角分别具 8–10 个、6–8 个单结状的鞭小节；鞭小节结部通常具 1–2 轮排列不规则的长刚毛以及刺状感觉毛，颈部极短。具翅；R_5 脉在翅约 3/4 处与 C 脉汇合；M 脉在基部分支，M_{1+2} 脉分支，M_{3+4} 脉不分支。雄虫抱器基节和端节均细长，其抱器端节近端部向内弯曲明显；尾须分 2 瓣；肛下板不分瓣；阳基通常不明显宽于阳茎。雌虫产卵器不可伸缩；尾须 2 节并分 2 瓣。

分布：古北区、东洋区、新北区、新热带区、澳洲区。世界已知 38 种，中国记录 5 种，浙江分布 1 种。

（439）狭短角瘿蚊 *Anarete angusta* Mo et Xu, 2009（图 8-1）

Anarete angusta Mo et Xu, 2009: 292.

特征：雄虫体黑褐色。翅长 1.1–1.2 mm。眼桥中部仅具 1 个小眼宽。下颚须 4 节。触角具 7 个鞭小节。翅透明，长为宽的 2.3–2.4 倍。跗节爪内侧具 2 齿。尾须分为 2 个背腹向呈近菱形的瓣；肛下板短于尾须；阳基中部窄细、端部尖；阳茎端部细长棍状。雌虫未知。

分布：浙江（临安）。

---

*鉴于瘿蚊科引证的特殊性和复杂性，读者可详细参考 Gagné 和 Jaschhof（2021）的权威文献。

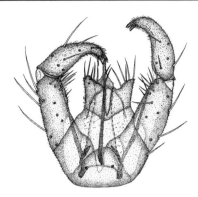

图 8-1　狭短角瘿蚊 *Anarete angusta* Mo *et* Xu, 2009（仿自 Mo and Xu，2009）
♂外生殖节，背面观

144. 安瘿蚊属 *Anaretella* Enderlein, 1911

Anaretella Enderlein, 1911: 193. Type species: *Lestremia defecta* Winnertz, 1870.

Citation list after 1911 in Gagné *et* Jaschhof (2021).

主要特征：单眼 2 个。下颚须 4 节。雌雄触角分别具 9 个、14 个单结状的鞭小节；鞭小节结部通常具 2–3 轮排列不规则的长刚毛，颈部明显；鞭节基半部上的鞭小节结部上通常具 1 对多分支的指状感觉器。具翅；R_5 脉在翅约 3/4 处与 C 脉汇合；M 脉在基部分支，M_{1+2} 脉分支，M_{3+4} 脉相对较弱且不分支。雄虫抱器基节通常粗壮，抱器端节细长、直且其近端部不明显向内弯曲；尾须分 2 瓣；肛下板不分瓣；阳基通常宽于阳茎。雌虫产卵器不可伸缩；尾须 2 节并分 2 瓣。

分布：东洋区。世界已知 6 种，中国记录 1 种，浙江分布 1 种。

（440）缺安瘿蚊 *Anaretella defecta* (Winnertz, 1870)（图 8-2）

Lestremia defecta Winnertz, 1870: 33.

Citation list after 1870 in Gagné *et* Jaschhof (2021).

特征：翅长 1.2–2.1 mm。眼桥中部 2–3 个小眼宽。翅透明，长约为宽的 2.0 倍。跗节爪内侧中部具 3–5 齿。雄虫尾须分为 2 个圆瓣；阳基锥状；阳茎端部尖，其背面具 1 对小突起。雌虫尾须 2 节并分 2 瓣，其上具稀疏的刚毛，其端节近卵球状。

分布：浙江（临安）、辽宁、内蒙古、河北、山东、陕西、甘肃、湖南、福建、台湾、四川、云南；世界广布。

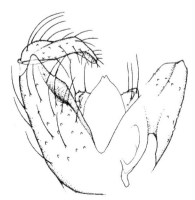

图 8-2　缺安瘿蚊 *Anaretella defecta* (Winnertz, 1870)（右侧抱器端节移去，仿自 Jaschhof，1998）
♂外生殖节，腹面观

145. 蚜瘿蚊属 *Aphidoletes* Kieffer, 1904

Aphidoletes Kieffer, 1904: 385. Type species: *Bremia abietis* Kieffer, 1896.

Citation list after 1904 in Gagné *et* Jaschhof (2021).

　　主要特征：无单眼。下颚须 4 节。雌雄触角分别具 12 个单结状、双结状的鞭小节；鞭小节均具 2 轮长刚毛，颈部明显；雄虫鞭小节端结梨状，基结卵圆状，且端结明显大于基结，其鞭小节端结和基结各具 2 圈、1 圈大环状环丝，其上均有 1 至多个环丝随刚毛极度延长；雌虫鞭小节结部具 2 圈欠发达的带状环丝。具翅；R5 脉后 1/3 向下弯曲明显，其末端与 C 脉汇合于翅端后，Cu 脉分成两支。雄虫抱器基节通常细长，抱器端节较为细长且向内弯曲；尾须分 2 瓣；肛下板分 2 瓣，或端缘中央凹陷，或不分瓣，种间变化较大且常有饰变；阳茎细长或粗壮，其端部具各种饰变。雌虫产卵器不可伸缩；尾须分 2 瓣；肛下板不分瓣，且相对尾须极为短小。

　　分布：世界广布，已知 4 种，中国记录 1 种，浙江分布 1 种。

（441）食蚜瘿蚊 *Aphidoletes aphidimyza* (Rondani, 1847)（图 8-3）

Cecidomya aphidimyza Rondani, 1847: 443.

Citation list after 1847 in Gagné *et* Jaschhof (2021).

　　特征：成虫体色棕色。雄虫体长约 1.4 mm，雌虫体长约 1.8 mm。无单眼。下颚须 4 节。雌雄触角分别具 12 个单结状、双结状的鞭小节；鞭小节均具 2 轮长刚毛，颈部明显；雄虫鞭小节端结明显长于基结，前者具 2 圈发达的大环状环丝，后者具 1 圈发达的大环状环丝，且端结和基结均有 1 至多个环丝随刚毛极度延长；雌虫鞭小节结部具 2 圈欠发达且不规则的带状环丝，其间有相对的 2 条纵向环丝相连。具翅；R5 脉后 1/3 略向下弯曲，在翅端后与 C 脉汇合；Cu 脉分支。前足跗节爪具单齿。雄虫生殖节：尾须 2 个分瓣间宽阔深凹呈"V"形，其分瓣背腹向约呈直角三角形；肛下板中部缢缩明显，且端缘中部微凹，从而使其端半部呈心形；抱器基节和端节均细长，抱器端节强壮且向内均匀略弯；阳茎细长，约与抱器基节等长，其中部略膨大，其端部 1/3 分为 2 个细长指状的分瓣，且瓣间狭窄深凹，从而使其端部整体呈二叉状。雌虫产卵器不可伸缩；尾须 1 节，分 2 瓣，其上具稀疏的刚毛；肛下板呈短小的棒状。蛹：体色初期呈淡黄色，后期呈黄褐色；体长约 2.25 mm。幼虫：体色呈橘红或橘黄色；体长 2.0–3.0 mm。卵：长椭圆状；体色呈橘红或橘黄色；体长约 0.3 mm，体宽约 0.1 mm。

　　分布：浙江（省内具体分布未知）、黑龙江、辽宁、内蒙古、北京、天津、河南、陕西、宁夏、新疆、福建、贵州、西藏；俄罗斯（远东地区），日本，土耳其，以色列，欧洲，新北区（广布），夏威夷群岛，新西兰，埃及，巴西，智利。

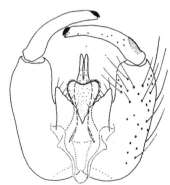

图 8-3　食蚜瘿蚊 *Aphidoletes aphidimyza* (Rondani, 1847)（左侧抱器上的毛移去，仿自 Harris，1966）

♂外生殖节，背面观

146. 波瘿蚊属 *Asphondylia* Loew, 1850

Asphondylia Loew, 1850a: 21, 37. Type species: *Asphondylia sarothamni* Loew, 1850a.

Citation list after 1850 in Gagné *et* Jaschhof (2021).

主要特征：无单眼。下颚须 3 节。雌雄触角均具 12 个单结状的鞭小节；鞭小节结部呈长圆柱状，雄虫结部具发达且扭曲相连并紧贴表面的波浪状环丝，而雌虫结部通常具 2 圈不发达的波浪状或横向带状环丝，其间有 2 条相同的纵向环丝相连，雌雄颈部均相对结部极短。具翅；R₅ 脉后 1/3 向下弯曲明显，在翅端处与 C 脉汇合，Cu 脉分成 2 支；各足第 1 跗节腹面具端刺。雄虫抱器基节粗壮，其腹面通常延长而超出背面，从而使抱器端节着生于抱器基节背面端部或近端部，其中基瓣通常极为不明显；抱器端节极为粗短而呈近椭球状，其端部具骨化强烈且基部融合的 1 对锥状齿；尾须分 2 瓣；肛下板端缘中央凹陷程度不一；阳茎细长柱状或锥状。雌虫产卵器极长且可伸缩，其基半部呈筒状且其表面密布横向棱线状刻痕，其端半部骨化呈针状；第 7 腹节腹板明显长于第 6 腹节腹板，第 8 腹节背板极为骨化，其侧缘呈凹槽状，其端缘分 2 瓣。

分布：世界广布，已知 299 种，中国记录 3 种，浙江分布 3 种。

分种检索表

1. 抱器基节腹面稍微延长而超出背面，从而使抱器端节基部略低于抱器基节背面端部 ·············· 桑波瘿蚊 *A. morivorella*
- 抱器基节腹面极度延长而明显超出背面，从而使抱器端节着生于抱器基节背面近端部 ·································· 2
2. 雌虫翅长为 2.60–3.70 mm；雄虫肛下板端缘中央背腹向凹陷程度较为一致 ·············· 长角豆波瘿蚊 *A. gennadii*
- 雌虫翅长为 3.70–4.30 mm；雄虫肛下板端缘中央背面凹陷明显，而腹面仅为浅凹 ·············· 大豆波瘿蚊 *A. yushimai*

（442）长角豆波瘿蚊 *Asphondylia gennadii* (Marchal, 1904)（图 8-4）

Schizomyia gennadii Marchal, 1904: 272.

Citation list after 1904 in Gagné *et* Jaschhof (2021).

特征：雌虫翅长为 2.60–3.70 mm。雄虫尾须分为 2 个宽圆的分瓣，瓣间呈近"Y"形凹陷；肛下板明显短于尾须，明显分 2 瓣，其分瓣呈大拇指状，瓣间宽阔凹陷；抱器基节粗壮，其腹面极度延长而明显超出背面，从而使抱器端节着生于抱器基节背面近端部，其中基瓣不明显；抱器端节极为粗短，除近基部至基部渐细外，其余部分整体呈椭球状，端部具一对在基部融合的较大骨化锥状齿；阳茎细长，明显短于抱器基节，但其长度约为肛下板长度的 2 倍，整体呈圆柱状，其近端部至端部渐细，端缘圆。雌虫产卵器极长且可伸缩，其基半部呈筒状且其表面密布横向棱线状刻痕，其端半部骨化呈针状。

分布：浙江（省内具体分布未知）、北京、山东、江苏、安徽、江西、湖南、福建；土耳其，以色列，塞浦路斯，希腊，马耳他，意大利。

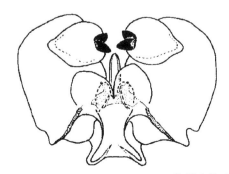

图 8-4　长角豆波瘿蚊 *Asphondylia gennadii* (Marchal, 1904)（抱器上的毛移去，仿自 Harris，1975）

♂外生殖节，背面观

（443）桑波瘿蚊 *Asphondylia morivorella* **(Naito, 1919)（图 8-5）**

Diplosis morivorella Naito, 1919: 29.

Diplosis moricola Matsumura, 1931: 403.

　　特征： 雌雄翅长分别为 2.90–3.40 mm、2.70–3.30 mm。下颚须 3 节。眼桥中部 4–5 个小眼宽。各足爪不具基齿。雄虫尾须仅端部分 2 瓣，其余部分融合为一整体；肛下板端缘中央略微凹陷，从而使其端部分为不明显的 2 个背腹向呈近三角形的小分瓣，瓣间宽阔浅凹；抱器基节粗壮，其腹面稍微延长而超出背面，从而使抱器端节基部略低于抱器基节背面端部，其中基瓣不明显；抱器端节宽圆，约呈梨状，基部至近端部渐粗，再由近端部至端部收缩，端部具 1 对在基部融合的较大骨化锥状齿；阳茎细长，略短于抱器基节，但其长度仅略长于肛下板，其近基部至端部极度缢缩而呈细长锥状，端缘较尖。雌虫产卵器极长且可伸缩，其基半部呈筒状且其表面密布横向棱线状刻痕，其端半部骨化呈针状。

　　分布： 浙江（省内具体分布未知）、辽宁、河北、山东、河南、江苏、安徽、湖北、福建、广东、广西、重庆、四川、贵州、云南；日本。

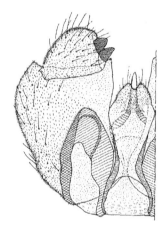

图 8-5　桑波瘿蚊 *Asphondylia morivorella* (Naito, 1919)（仿自 Sunose，1983）
♂外生殖节，背面观

（444）大豆波瘿蚊 *Asphondylia yushimai* Yukawa *et* Uechi, 2003

Asphondylia yushimai Yukawa *et* Uechi, 2003a: 77, nomen nudum.

Asphondylia yushimai Yukawa *et* Uechi, 2003b: 265.

　　特征： 雌雄翅长分别为 3.70–4.30 mm、3.00–3.60 mm。下颚须 3 节。眼桥中部 8–11 个小眼宽。各足爪不具基齿。雄虫尾须分 2 瓣；肛下板端缘中央背面凹陷明显，而腹面仅为浅凹；抱器基节粗壮，其腹面极度延长而超出背面，从而使抱器端节着生于抱器基节背面近端部，其中基瓣不明显；抱器端节呈近椭球状，端部具 1 对在基部融合的较大骨化锥状齿；阳茎细长，端缘较尖。雌虫产卵器极长且可伸缩，其基半部呈筒状且其表面密布横向棱线状刻痕，其端半部骨化呈针状。

　　分布： 浙江（省内具体分布未知）、北京、山东、河南、江苏、安徽、湖南；日本，印度尼西亚。

147. 斜瘿蚊属 *Clinodiplosis* Kieffer, 1894

Clinodiplosis Kieffer, 1894: 120. Type species: *Diplosis cilicrus* Kieffer, 1889.

Citation list after 1894 in Gagné *et* Jaschhof (2021).

主要特征：无单眼。下颚须 4 节。雌雄触角分别具 12 个单结状、双结状的鞭小节；鞭小节均具 2 轮长刚毛，颈部明显；雄虫鞭小节端结明显长于基结，且前者在基部 1/3 处稍缢缩并具 2 圈发达的大环状环丝，后者具 1 圈发达的大环状环丝；雌虫鞭小节结部具 2 圈欠发达的带状环丝，其间有相对的 2 条纵向环丝相连。具翅；R₅脉后 1/3 略向下弯曲，在翅端后与 C 脉汇合；Cu 脉分支。前足跗节爪具单齿或不具齿。雄虫抱器基节和端节均细长，抱器端节向内均匀略弯；尾须分 2 瓣，其分瓣背腹向呈近矩形，其端缘具不同程度的内凹；肛下板明显长于尾须，其端部不分瓣，或中央微凹，或分 2 瓣，或具其他饰变，种间常具不同形状变化；阳茎细长，通常长于肛下板。雌虫产卵器不可伸缩；尾须 1 节，分 2 瓣，其上具稀疏的刚毛；肛下板相对短小，细长棒状。

分布：世界广布，已知 107 种，中国记录 2 种，浙江分布 1 种。

（445）钩毛斜瘿蚊 *Clinodiplosis unculatis* Liu *et* Mo, 2001（图 8-6）

Clinodiplosis unculatis Liu *et* Mo, 2001: 411.

特征：体淡黄褐色。体长约 1.95 mm。眼桥中部具 10–12 个小眼宽。翅透明，其长约为宽的 2.27 倍。前足跗节爪具单齿。尾须 2 分瓣间狭窄深凹，其分瓣端缘中部内凹；肛下板端缘中部具双凹而分成 3 小瓣；阳茎端部呈乳突状。

分布：浙江（临安）。

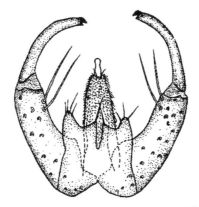

图 8-6　钩毛斜瘿蚊 *Clinodiplosis unculatis* Liu *et* Mo, 2001（仿自 Liu and Mo，2001）

♂外生殖节，背面观

148. 浆瘿蚊属 *Contarinia* Rondani, 1860

Contarinia Rondani, 1860: 289 (as subgenus of *Cecidomyia*). Type species: *Tipula loti* De Geer, 1776.

Citation list after 1860 in Gagné *et* Jaschhof (2021).

主要特征：体黄色或浅白色。无单眼。复眼顶部连续。下颚须 3–4 节。雌雄触角分别具 12 个单结状、双结状的鞭小节；鞭小节均具 2 轮长刚毛；雄虫鞭小节基结与端结形状大小近乎相同，均呈卵圆状，其上各具 1 圈发达的大环状环丝，颈部和结间颈明显；雌虫鞭小节结部具 2 圈欠发达的带状环丝，其间有相对的 2 条纵向环丝相连，颈部相对雄虫较短。翅透明或具斑点；R₅脉后 1/3 略向下弯曲，在翅端稍靠后处与 C 脉汇合；Cu 脉分支。各足跗节爪均不具齿。雄虫尾须分 2 瓣，分瓣间宽阔凹陷；肛下板分 2 瓣，瓣间宽阔深凹；抱器基节相对抱器端节较为粗壮；抱器端节形状和向内弯曲程度在种间差异明显，具端齿；阳茎细长锥状，约与肛下板等长。雌虫产卵器可伸缩，常可伸至极长，通常长于腹部其余部分的长度；尾须 1 节，分为 2 个相互靠近的细长锥状的瓣，其上具稀疏的长刚毛。

分布：世界广布，已知 301 种，中国记录 5 种，浙江分布 4 种。

分种检索表

（446）柑桔花蕾蛆 *Contarinia citri* Barnes, 1944（图 8-7）

Contarinia citri Barnes, 1944: 212.

特征：雌雄体色分别为暗黄褐色和灰黄色。雌雄体长分别为 1.90–2.20 mm、1.20–1.50 mm。下颚须 4 节。雄虫尾须分 2 瓣，其分瓣较宽圆；肛下板分 2 瓣，其分瓣呈向内略弯的细长锥状，瓣间宽阔深凹；抱器基节较为粗壮；抱器端节基半部和端半部各自近乎直，仅近中部向内略弯，具端齿；阳茎细长呈近锥状，但两侧缘向内部略凹陷，整体背腹向呈巴黎铁塔状，约与肛下板等长，端缘稍尖。雌虫产卵器可伸缩，常可伸至极长；尾须 1 节，分为 2 个相互靠近的细长锥状的瓣，其上具稀疏的长刚毛。

分布：浙江（黄岩）、甘肃、江苏、湖北、江西、湖南、福建、广东、香港、广西、重庆、四川、贵州；土耳其，意大利，毛里求斯。

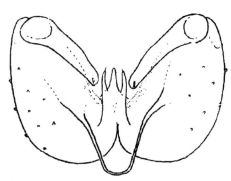

图 8-7　柑桔花蕾蛆 *Contarinia citri* Barnes, 1944（尾须移去，仿自 Shi，1963）

♂外生殖节，背面观

（447）山核桃花蕾蛆 *Contarinia caryafloralis* Jiao, Bu *et* Kolesik, 2018（图 8-8）

Contarinia caryafloralis Jiao, Bu *et* Kolesik, 2018: 188.

特征：体姜黄色。雌雄翅长分别为 1.50–1.80 mm、1.30–1.60 mm。下颚须 4 节。雄虫尾须分 2 瓣，其分瓣呈宽圆大拇指状，瓣间较为狭窄深凹；肛下板分 2 瓣，其分瓣呈细长小拇指状，其近端部略向内弯曲，瓣间宽阔深凹；抱器基节相对细长；抱器端节较为强壮且整体向内均匀略弯，具端齿；阳茎基部至近端部渐细，近端部至端部柱状，端部略膨大，整体略呈锥形瓶状，约与肛下板等长，端缘圆。雌虫产卵器可伸缩，常可伸至极长；尾须 1 节，分为 2 个相互靠近的细长锥状的瓣，其上具稀疏的长刚毛。

分布：浙江（临安）。

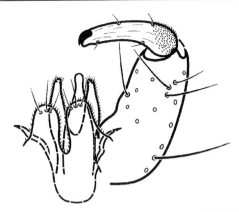

图 8-8　山核桃花蕾蛆 *Contarinia caryafloralis* Jiao, Bu *et* Kolesik, 2018（左侧生殖肢移去，仿自 Jiao *et al.*，2018）
♂外生殖节，背面观

（448）梨实浆瘿蚊 *Contarinia pyrivora* (Riley, 1886)（图 8-9）

Cecidomyia pyrivora Riley, 1886: 287.

特征：雌虫翅长为 2.50–3.00 mm。下颚须 4 节。雄虫鞭小节基结与端结上各具 1 圈发达的大环状环丝，且其环数相对于属内其他各种明显较多。雄虫尾须分 2 瓣，其分瓣背腹向宽圆短粗，瓣间深凹；肛下板分 2 瓣，其分瓣由基部至端部渐细，瓣间宽阔深凹，但其近基部缢缩明显，整体呈扳手状；抱器基节较为粗壮；抱器端节向内均匀略弯，但其外缘近基部呈不规则凹陷，具端齿；阳茎呈细长锥状，约与肛下板等长，端缘圆。雌虫产卵器可伸缩，常可伸至极长；尾须 1 节，分为 2 个相互靠近的细长锥状的瓣，其上具稀疏的长刚毛。

分布：浙江（义乌）、吉林、山东、陕西、湖北、江西、湖南、广西、四川、贵州；欧洲（广布），后传入美国、加拿大。

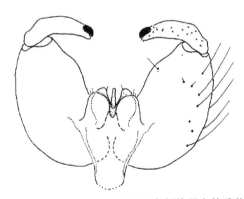

图 8-9　梨实浆瘿蚊 *Contarinia pyrivora* (Riley, 1886)（左侧抱器上的毛移去，仿自 Harris，1966）
♂外生殖节，背面观

（449）麦黄吸浆虫 *Contarinia tritici* (Kirby, 1798)（图 8-10）

Tipula tritici Kirby, 1798: 232.

Contarinia venturii (also as *bayeri*) Vimmer, 1936: 28.

特征：成虫体姜黄色。雌雄体长分别为 2.00 mm（不包括产卵器）、1.50 mm。复眼顶部相连。下颚须 4 节。雌雄触角分别具 12 个单结状、双结状的鞭小节；鞭小节均具 2 轮长刚毛，颈部明显；雄虫鞭小节基结与端结形状大小近乎相同，均为卵圆状，且各具 1 圈发达的大环状环丝；雌虫鞭小节结部具 2 圈欠发达的带状环丝，其间有相对的 2 条纵向环丝相连。翅透明，长约为宽的 2.20 倍；R₅ 脉后 1/3 略向下弯曲，在翅端稍靠后处与 C 脉汇合；Cu 脉分支。各足跗节爪不具齿。雄虫尾须分 2 瓣，其分瓣较宽圆短粗，分瓣间宽阔凹陷；肛下板分 2 瓣，其分瓣呈粗壮指状，瓣间宽阔深凹；抱器基节相对抱器端节较为粗壮，其中基瓣突出不明显；抱器端节近乎直，仅仅向内略微弯曲，具端齿；阳茎细长锥状，由基部向端部渐细，约与肛下板等长。雌虫产卵器可伸缩至极长，最长可达腹部其余部分长度的 2 倍；尾须 1 节，分为 2 个相互靠近的细长锥状的瓣，其上具稀疏的长刚毛。蛹：体色黄绿色。幼虫：老熟幼虫体色淡黄色，体长约 2.5 mm，胸骨片前齿间凹陷较浅。卵：体色淡黄色，体形呈长柄状、略弯曲；一般形成卵块，通常 6–7 粒聚在一起。

分布： 浙江（具体地点未知）、黑龙江、吉林、辽宁、内蒙古、北京、河北、山西、山东、河南、陕西、宁夏、甘肃、青海、江苏、上海、安徽、湖北、江西、湖南、福建、四川、贵州；古北区（广布）。

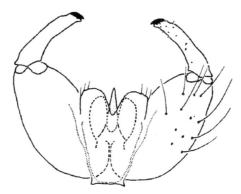

图 8-10　麦黄吸浆虫 *Contarinia tritici* (Kirby, 1798)（左侧抱器上的毛移去，仿自 Harris, 1966）
♂外生殖节，背面观

149. 叶瘿蚊属（达瘿蚊属）*Dasineura* Rondani, 1840

Dasineura Rondani, 1840: 17. Type species: *Tipula sisymbrii* Schrank, 1803.

Citation list after 1840 in Gagné *et* Jaschhof (2021).

主要特征： 下颚须 4 节。雌雄触角均具单结状的鞭小节；每个鞭小节均具 2 轮长刚毛，其上具 1–2 圈不发达的带状环丝，其间或有相对的 2 条纵向环丝相连，雌虫颈部相对雄虫颈部通常较短。具翅；R₅ 脉几乎直，在翅端稍前处与 C 脉汇合；Cu 脉分支。各足跗节爪均具基齿。雄虫尾须分 2 瓣；肛下板分 2 瓣；抱器基节近基部内侧具被短毛且分瓣的中基瓣并在一侧抱握阳茎；抱器端节形态各异，在种间变化较大，具端齿；阳茎通常细长且骨化，长度约与中基瓣相近。雌虫产卵器较长且可伸缩；第 8 腹节背板纵向延伸且左右分离，从而形成 2 条纵向骨化片；尾须融合、不分瓣；肛下板通常呈细管状。

分布： 世界广布，已知 476 种，中国记录 7 种，浙江分布 1 种。

（450）梨叶瘿蚊 *Dasineura pyri* (Bouché, 1847)（图 8-11）

Cecidomyia pyri Bouché, 1847: 144.

特征： 雌雄虫体长为 2.00–3.00 mm。雄虫尾须分 2 瓣，其分瓣呈粗壮指状，瓣间呈 "V" 形深凹；肛下板分 2 瓣，其分瓣呈细长指状，瓣间宽阔 "U" 形深凹；抱器基节细长，其内侧具被短毛且分瓣的中基瓣并在一侧抱握阳茎；抱器端节向内缓慢相对均匀弯曲，且其基部不膨大，近端部 1/3 至端部渐细，具端齿；阳茎细长且骨化呈近圆柱状，略短于肛下板，端缘圆。雌虫产卵器较长且可伸缩；第 8 腹节背板纵向延伸且左右分离，从而形成 2 条纵向骨化片；尾须融合、不分瓣；肛下板通常呈细管状。

分布： 浙江（具体地点未知）、辽宁、河北、山西、山东、河南、陕西、江苏、安徽、湖北、江西、湖南、福建、广西、重庆、四川、贵州；古北区（广布），新北区（东部广布），新西兰。

图 8-11　梨叶瘿蚊 *Dasineura pyri* (Bouché, 1847)（仿自 Gagné and Harris，1998）

♂外生殖节，背面观

150. 齿铗瘿蚊属 *Dentifibula* Felt, 1908

Dentifibula Felt, 1908: 385, 389. Type species: *Cecidomyia viburni* Felt, 1907a.

Muirodiplosis Grover, 1965: 111. Type species: *Muirodiplosis spinosa* Grover, 1965.

主要特征：下颚须 3–4 节。雌雄触角分别具 12 个单结状、双结状的鞭小节；鞭小节均具 2 轮长刚毛；雄虫鞭小节基结与端结形状大小近乎相同，均呈卵圆状，其上各具 1 圈发达的大环状环丝，颈部和结间颈明显；雌虫鞭小节结部具 2 圈欠发达的带状环丝，其间有相对的 2 条纵向环丝相连，颈部相对雄虫较短。具翅；R_5 脉后 1/3 略向下弯曲，在翅端稍靠前处与 C 脉汇合；Cu 脉分支。各足跗节爪均不具齿。雄虫尾须分 2 瓣，其分瓣宽圆；肛下板简单、不分瓣，明显长于尾须；抱器基节细长，其腹面端部延伸出 1 个锥状的腹端突，从而使抱器端节着生于抱器基节近端部；抱器端节形状在种间差异明显，具较大的黑色骨化端齿；阳茎细长锥状，远远长于尾须和肛下板的 2 倍以上。雌虫产卵器未知。

分布：世界广布，已知 9 种，中国记录 2 种，浙江分布 1 种。

（451）大齿铗瘿蚊 *Dentifibula magna* Mo *et* Liu, 2003　（图 8-12）

Dentifibula magna Mo *et* Liu, 2003: 51.

特征：雄虫体长为 1.70–2.00 mm。下颚须 4 节。雄虫尾须分 2 瓣，其分瓣较粗短，瓣间呈狭窄深凹；

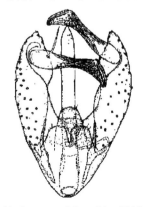

图 8-12　大齿铗瘿蚊 *Dentifibula magna* Mo *et* Liu, 2003（仿自 Mo and Liu，2003）

♂外生殖节，背面观

肛下板简单、不分瓣，整体呈大拇指状；抱器基节极为细长，中基瓣极不明显，其腹面端部延伸出 1 个背腹向呈近三角形的较小腹端突，从而使抱器端节着生于抱器基节端部稍靠下处；抱器端节近端部 1/3 处明显缢缩且其端部呈鸭头状，从而使整体呈长筒靴状，具黑色骨化端齿；阳茎基部至近端部呈粗壮的圆柱状，近端部至端部呈锥状，明显长于尾须和肛下板的 2 倍以上，端缘略尖。雌虫未知。

分布：浙江（安吉）。

151. 端突瘿蚊属 *Epidiplosis* Felt, 1908

Epidiplosis Felt, 1908: 406. Type species: *Epidiplosis sayi* Felt, 1908.
Citation list after 1908 in Gagné *et* Jaschhof (2021).

主要特征：雄性无单眼。复眼顶部连续。下颚须 4 节。触角具 12 个双结状的鞭小节；鞭小节具 2 轮长刚毛，颈部明显，端结明显长于基结，且前者在基部 1/3 处稍缢缩并具 2 圈发达的大环状环丝，后者具 1 圈发达的大环状环丝。具翅：R_5 脉后 1/3 略向卜弯曲，在翅端后与 C 脉汇合；Cu 脉分支，PCu 脉与 Cu 脉近乎平行。各足跗节爪均不具齿。抱器基节粗壮，其端部背面内侧延伸出 1 个细长的、常具各种饰变的背端突；抱器端节细长，部分种类其背腹向常整体或部分弯曲呈"S"形或"C"形；尾须 1 节，分 2 瓣，瓣间深凹；肛下板简单、不分瓣，端圆；阳茎具各种复杂饰变。雌性未知。

分布：古北区、东洋区、新北区。世界已知 14 种，中国记录 10 种，浙江分布 2 种。

（452）指状端突瘿蚊 *Epidiplosis dactylina* Xu *et* Mo, 2009（图 8-13）

Epidiplosis dactylina Xu *et* Mo, 2009: 930.

特征：雄虫体黄褐色。体长 1.02–1.06 mm。眼桥中部具 5–7 个小眼宽。翅透明，长为宽的 2.1–2.4 倍。尾须分 2 瓣，瓣间"Y"形深凹；肛下板呈指状，明显长于尾须；抱器基节背端突上的上端突相对短小且端部向外侧突出，下端突粗壮并向外弯曲而呈指状，其长宽均约为上端突的 2 倍；抱器端节端半部明显弧形内弯呈"C"形；阳基骨化，呈飞机状，明显长于尾须与肛下板。雌虫未知。

分布：浙江（临安）。

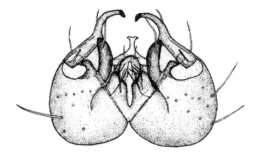

图 8-13　指状端突瘿蚊 *Epidiplosis dactylina* Xu *et* Mo, 2009（仿自 Xu and Mo，2009）
♂外生殖节，背面观

（453）长叉端突瘿蚊 *Epidiplosis furcata* Mo *et* Zheng, 2004（图 8-14）

Epidiplosis furcata Mo *et* Zheng, 2004: 563.

特征：雄虫体黄褐色。体长约 1.12 mm。眼桥中部具 10 个小眼宽。翅透明，长约为宽的 2.14 倍。尾须分 2 瓣，瓣间"V"形深凹；肛下板宽圆，呈大拇指状，约与尾须等长；抱器基节背端突上的上端突相对短小且端部渐细、不突出或膨大，下端突其近基部向外弯曲而近端部向内弯曲从而呈"S"形，其长约为上端突的 2 倍，其宽约与上端突相等；抱器端节细长，整体较为平直，几乎不弯曲；阳具骨化，背腹向呈"T"形，明显长于尾须与肛下板。雌虫未知。

分布：浙江（临安）。

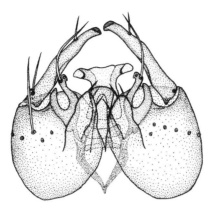

图 8-14　长叉端突瘿蚊 *Epidiplosis furcata* Mo *et* Zheng, 2004（仿自 Mo and Zheng，2004）

♂外生殖节，背面观

152. 贾瘿蚊属 *Giardomyia* Felt, 1908

Giardomyia Felt, 1908: 405. Type species: *Cecidomyia photophila* Felt, 1907b.

主要特征：无单眼。下颚须 4 节。雌雄触角分别具 12 个单结状、双结状的鞭小节；鞭小节均具 2 轮长刚毛，颈部明显；雄虫鞭小节端结明显长于基结，且前者具 2 圈发达的大环状环丝，后者具 1 圈发达的大环状环丝；雌虫鞭小节结部具 2 圈欠发达的带状环丝。具翅；R_5 脉后 1/3 略向下弯曲，在翅端后与 C 脉汇合；Cu 脉分支，PCu 脉与 Cu 脉近乎平行。各足跗节爪不具齿。雄虫抱器基节和端节均细长，抱器端节在种间常不同程度地向内弯曲；尾须分 2 瓣，瓣间近"V"形宽阔凹陷；肛下板明显分 2 瓣，明显长于尾须；阳茎细长，通常长于肛下板。雌虫产卵器不可伸缩；尾须 1 节，分 2 瓣，其上具稀疏的刚毛。

分布：世界广布，已知 13 种，中国记录 2 种，浙江分布 2 种。

（454）印度贾瘿蚊 *Giardomyia indica* Grover *et* Bakhshi, 1978（图 8-15）

Giardomyia indica Grover *et* Bakhshi, 1978: 131.

特征：雄虫体黄褐色。体长 0.93–1.00 mm。眼桥中部具 5–6 个小眼宽。翅透明，长为宽的 1.9–2.3 倍。

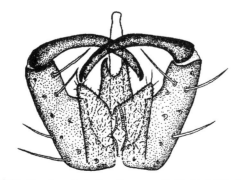

图 8-15　印度贾瘿蚊 *Giardomyia indica* Grover *et* Bakhshi, 1978（仿自 Liu，2000）

♂外生殖节，背面观

尾须分瓣宽大，其背腹向呈三角形；肛下板分 2 瓣，其分瓣背腹向呈近三角形，长约为宽的 2 倍，瓣间宽阔深凹；阳茎长柱状，近端部略缢缩。雌虫未知。

　　分布：浙江（临安）；印度。

（455）长叉贾瘿蚊 *Giardomyia longifida* Liu *et* Mo, 2001（图 8-16）

Giardomyia longifida Liu *et* Mo, 2001: 413.

　　特征：雄虫体淡黄色。体长约 0.70 mm。眼桥中部具 7–8 个小眼宽。翅透明，长约为宽的 2.59 倍。尾须分瓣背腹向呈三角形，其内缘近端部略凹陷；肛下板分 2 瓣，分瓣极为细长而呈细锥状，其长约为宽的 4 倍；阳茎细长，近端部至端部均缢缩。雌虫未知。

　　分布：浙江（临安）。

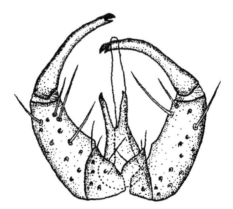

图 8-16　长叉贾瘿蚊 *Giardomyia longifida* Liu *et* Mo, 2001（仿自 Liu and Mo，2001）
♂外生殖节，背面观

153. 菌瘿蚊属 *Mycophila* Felt, 1911

Mycophila Felt, 1911: 33. Type species: *Mycophila fungicola* Felt, 1911.

　　主要特征：单眼 3 个。下颚须 2–3 节。雌雄触角分别具 7–9 个、8–10 个单结状的鞭小节；雌虫鞭小节结部具 2 个片状感器，颈部极短。具翅；R_5 脉在翅约 7/8 处，即翅端稍前处与 C 脉汇合；M 脉不分支。雄虫抱器基节细长；抱器端节强壮，呈粗短锥状，略微向内弯曲；尾须分 2 瓣；肛下板不分瓣；阳基约与阳茎等长，略宽于阳茎。雌虫具 1 个较小的受精囊；其产卵器不可伸缩；尾须 2 节并分 2 瓣。

　　分布：世界广布，已知 7 种，中国记录 4 种，浙江分布 1 种。

（456）真菌瘿蚊 *Mycophila fungicola* Felt, 1911（图 8-17）

Mycophila fungicola Felt, 1911: 33.
Mycophila barnesi Edwards, 1938b: 254.

　　特征：头部和胸节呈黑褐色；足、平衡棒和腹部通常呈棕黄色。雌雄体长分别为 1.1–1.2 mm、0.8–0.9 mm。单眼 3 个。眼桥窄，仅具 1–2 个小眼宽。下颚须 2–3 节。雌雄触角分别具 8–9 个、9–10 个单结状的鞭小节；雌雄鞭小节颈部分别为极短和较短；雄虫鞭小节具不完整的扇状毛轮；雌虫鞭小节具 2 个片状感器。翅透明，其长为宽的 1.9–2.0 倍；R_1 脉在翅近 1/2 处与 C 脉汇合，其端部具感觉孔；R_5 脉后半部略向下弯曲，在翅端与 C 脉汇合；M 脉简单、不分支；Cu 脉分支；r-m 脉具感觉孔。各足跗节爪均不具齿，爪间突退化，仅为爪长的 1/2。雄虫抱器基节相对细长，其腹面愈合桥较宽；抱器端节相对较短，端部具齿；尾须发达，分 2 瓣；阳茎较粗壮，呈指状，其中部不缢缩，端缘圆，射精突退化，其端部不可见；阳基粗壮，略宽于阳茎。雌虫产卵器向端部渐细，具一个骨化的受精囊；尾须 2 节，分 2 瓣，其上具稀疏的刚毛。

　　分布：浙江（各地广泛分布）、北京、河北、山东、河南、江苏、上海、福建、重庆、四川；古北区，新北区，夏威夷群岛，澳大利亚，新西兰。

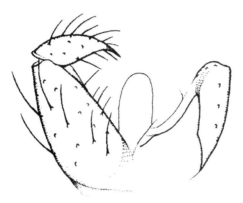

图 8-17　真菌瘿蚊 *Mycophila fungicola* Felt, 1911（右侧抱器端节移去，仿自 Jaschhof，1998）
♂外生殖节，腹面观

154. 稻瘿蚊属 *Orseolia* Kieffer *et* Massalongo, 1902

Orseolia Kieffer *et* Massalongo, 1902: 56. Type species: *Orseolia cynodontis* Kieffer *et* Massalongo, 1902.
Citation list after 1902 in Gagné *et* Jaschhof (2021).

　　主要特征：无单眼。复眼顶部连续。下颚须 3–4 节。雌雄触角分别具 12 个单结状、双结状的鞭小节；鞭小节均具 2 轮长刚毛，颈部明显；雄虫鞭小节基结和端结分别具 1 圈、2 圈较为发达的小环状环丝，且基结卵圆状，端结长椭球状，基结明显短于端结；雌虫鞭小节结部具 2 圈欠发达的带状环丝，其间有相对的 2 条纵向环丝相连。翅透明；R₅ 脉后 1/3 略向下弯曲，在翅端稍靠后处与 C 脉汇合；Cu 脉分支。各足跗节爪不具齿。雄虫尾须分 2 瓣，其分瓣背腹面呈近三角形；肛下板简单、不分瓣，端缘圆或中央微凹；抱器基节相当粗壮；抱器端节较为粗壮，其形状在种间差异明显；阳茎细长，其长度在种间有差异。雌虫产卵器不可伸缩；尾须 1 节，分为 2 个卵状瓣，其每个分瓣腹面端部具 2 个锥状感器；肛下板粗大且不分瓣，端缘圆凸。

　　分布：古北区、东洋区、非洲区。世界已知 28 种，中国记录 1 种，浙江分布 1 种。

（457）亚洲稻瘿蚊 *Orseolia oryzae* (Wood-Mason, 1889)（图 8-18）

Cecidomyia oryzae Riley, 1881: 149, nomen nudum.

Cecidomyia oryzae Wood-Mason, 1889: 103.

　　特征：成虫：雌虫体色橙黄色或橙褐色，雄虫体色淡褐色。雌雄体长均为 3.00–3.50 mm。复眼顶部连续。下颚须 4 节。翅透明；R₅ 脉后 1/3 略向下弯曲，在翅端稍靠后处与 C 脉汇合；Cu 脉分支。各足跗节爪不具齿。腹部第 7、第 8 节背板前缘通常不具 1 个不规则的色带。雄虫尾须分 2 瓣，其分瓣背腹面呈近三角形，分瓣间宽阔凹陷；肛下板简单、不分瓣，呈指状，明显长于尾须；抱器基节较为粗壮，其中基瓣膨大明显呈半球状；抱器端节明显短于抱器基节的一半，由近端部 1/3 处至端部渐细明显，具端齿；阳茎细长近锥状，由基部向近中部渐细，中部 1/3 等宽，由端部 1/3 处至端部再次渐细，整体略长于抱器基节。雌虫产卵器不可伸缩；尾须 1 节，分为 2 个细长椭球状的瓣，其每个分瓣腹面端部具 2 个锥状感器；肛下板粗大且不分瓣，端缘圆凸。蛹：体长 3.2–3.6 mm。幼虫：老熟幼虫体色乳白色或黄色，体长约 3.2 mm，胸骨片前齿间相距相对较近。卵：体色浅橙红色，体形呈长球状，体长 0.4–0.5 mm；单产或呈小卵块。

分布：浙江（具体地点未知）、湖北、江西、湖南、福建、台湾、广东、海南、广西、四川、贵州、云南；印度，泰国，印度尼西亚。

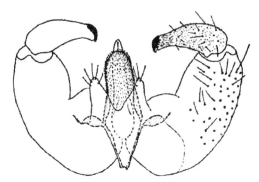

图 8-18　亚洲稻瘿蚊 *Orseolia oryzae* (Wood-Mason, 1889)（左侧抱器上的毛移去，仿自 Harris and Gagné，1982）
♂外生殖节，背面观

155. 伪安瘿蚊属 *Pseudasphondylia* Monzen, 1955

Pseudasphondylia Monzen, 1955: 34. Type species: *Pseudasphondylia rokuharensis* Monzen, 1955.

Philadelphella Kovalev, 1964: 440. Type species: *Philadelphella philadelphi* Kovalev, 1964.

主要特征：无单眼。复眼顶部连续。下颚须 2–4 节。雌雄触角均具 12 个单结状的鞭小节；鞭小节结部呈长圆柱状，雄虫结部具发达的扭曲相连并紧贴表面的波浪状环丝，而雌虫结部具相对不发达的波浪状环丝，雌雄颈部均相对结部极短。具翅；R_5 脉后 1/3 向下弯曲，在翅端处或翅端稍靠后处与 C 脉汇合，Cu 脉分成两支；各足第 1 跗节腹面具端刺。雄虫抱器基节粗壮，其腹面通常延长而超出背面，从而使抱器端节着生于抱器基节背面端部或近端部，其中基瓣通常极为不明显；抱器端节极为粗短而呈近椭球状，其端部具骨化强烈但基部明显分开的 1 对锥状齿；尾须分 2 瓣；肛下板端缘中央略微凹陷；阳茎细长柱状或锥状。雌虫产卵器极长且可伸缩，其基半部呈筒状且其表面密布横向棱线状刻痕，其端半部骨化呈针状；第 7 腹节腹板明显长于第 6 腹节腹板，第 8 腹节背板极为骨化，其侧缘呈凹槽状，其端缘分 2 瓣。

分布：古北区、东洋区、澳洲区。世界已知 10 种，中国记录 2 种，浙江分布 1 种。

（458）柿伪安瘿蚊 *Pseudasphondylia diospyri* Mo *et* Xu, 1999（图 8-19）

Pseudasphondylia diospyri Mo *et* Xu, 1999: 36.

特征：雌雄虫体暗黄褐色。雌雄翅长分别为 1.80–2.10 mm、2.00–2.10 mm。下颚须 4 节。眼桥中部具 7–8 个小眼宽。R_5 脉后 1/3 向下弯曲，在翅端稍靠后处与 C 脉汇合，Cu 脉分成 2 支，但 Cu_1 脉隐约可见，而 Cu_2 脉几乎不可见。各足爪不具基齿。雄虫尾须分 2 瓣，其分瓣背腹向呈近三角形，瓣间 "V" 形深凹；肛下板分 2 瓣，其分瓣呈细长指状，瓣间 "U" 形深凹；抱器基节粗壮，其腹面延长而超出背面，而使抱器端节整体着生于抱器基节近端部，其近中部内侧具一个较小的角状突；抱器端节宽圆短粗，呈近椭球状，其端部具 1 对在基部明显分开的骨化锥状齿；阳茎细长圆锥状，明显长于肛下板，明显短于抱器基节但超过抱器端节着生处，端缘较圆。雌虫产卵器极长且可伸缩，其基半部呈筒状且其表面密布横向棱线状刻痕，其端半部骨化呈针状。

　　分布：浙江（兰溪）、福建。

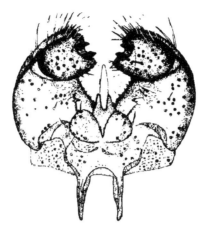

图 8-19　柿伪安瘿蚊 *Pseudasphondylia diospyri* Mo *et* Xu, 1999（仿自 Mo and Xu, 1999）
♂外生殖节，背面观

156. 雷瘿蚊属 *Resseliella* Seitner, 1906

Resseliella Seitner, 1906: 174. Type species: *Resseliella piceae* Seitner, 1906.

Citation list after 1906 in Gagné *et* Jaschhof (2021).

　　主要特征：无单眼。复眼顶部连续。下颚须 4 节。雌雄触角分别具 12 个单结状、双结状的鞭小节，少数种类雄虫也为单结状；鞭小节均具 2 轮长刚毛，颈部明显；雄虫双结状鞭小节基结和端结分别具 1 圈、2 圈较为发达的小环状环丝，且基结卵圆状，端结长椭球状，基结明显短于端结；雄虫单结状鞭小节以及雌虫鞭小节结部通常具 2 圈欠发达的带状环丝，其间或有相对的 2 条纵向环丝相连。翅透明或具斑点；R$_5$ 脉后 1/3 略向下弯曲，在翅端靠后处与 C 脉汇合；Cu 脉分支。前足跗节爪具基齿，中足、后足跗节爪具基齿或不具齿。雄虫尾须分 2 瓣，其分瓣较宽圆；肛下板端缘宽阔微凹或其中央宽阔深凹从而明显分为 2 个分瓣；抱器基节相当粗壮；抱器端节粗短或细长，其形状在种间差异明显；阳茎细长，近锥状或柱状。雌虫产卵器较长，且可伸缩；尾须 1 节，分为 2 个长椭球状分瓣；肛下板不分瓣，呈长棍状。

　　分布：世界广布，已知 55 种，中国记录 5 种，浙江分布 1 种。

（459）桑四斑雷瘿蚊 *Resseliella quadrifasciata* (Niwa, 1910)

Diplosis quadrifasciata (as 4-*fasciata*) Niwa, 1910: 1.

　　特征：雌雄体长分别为 1.75–2.00 mm、1.75–1.90 mm。复眼顶部连续。下颚须 4 节。前足跗节爪具基齿，中足、后足跗节爪不具齿。雄虫尾须分 2 瓣，其分瓣外缘相对垂直而内缘呈新月形凹陷，分瓣间呈倒置洋葱状凹陷；肛下板端缘宽阔微凹而呈 "V" 形；抱器基节较为细长，其中基瓣不明显；抱器端节细长且向内均匀弯曲，约为抱器基节长的 4/5，具端齿；阳茎细长锥状，略长于抱器基节，端缘圆。雌虫产卵器长且可伸缩；尾须 1 节，分为 2 个卵圆状的瓣；肛下板相对尾须极为细小，不分瓣，呈长棍状。

　　分布：浙江（具体地点未知）、河北、安徽、江西、福建、重庆、四川、贵州；朝鲜，韩国，日本。

157. 菊瘿蚊属 *Rhopalomyia* Rübsaamen, 1892

Rhopalomyia Rübsaamen, 1892: 370. Type species: *Oligotrophus tanaceticola* Karsch, 1879.
Citation list after 1892 in Gagné *et* Jaschhof (2021).

主要特征：无单眼。复眼顶部连续。下颚须 1–3 节，若为 3 节，则第 2、第 3 节分节不明显。雌雄触角分别具 13–17 个、13–16 个单结状的鞭小节；鞭小节具 2 轮长刚毛，雄虫较雌虫颈部明显。具翅；R₅ 脉后 1/3 略向下弯曲，在翅端与 C 脉汇合；Cu 脉分支。各足跗节爪具齿或不具齿。雄虫尾须分 2 瓣，瓣间宽阔凹陷，其分瓣圆；肛下板分 2 瓣，瓣间凹陷程度在种间差异明显，部分种类肛下板仅端缘微凹；抱器基节较粗壮，中基瓣紧贴阳茎并与其紧握，其背腹向由基部至端部渐细而呈近直角三角形；抱器端节粗短，其形状、膨大部位和向内弯曲程度在种间差异明显，具端齿；阳茎细长，呈柱状，略长于抱器基节中基瓣。雌虫产卵器长且可伸缩；第 8 腹节背板纵向延长；尾须 1 节，融合不分瓣，呈长椭球状，其上具稀疏的刚毛；肛下板相比尾须极小，不分瓣，呈细长棍状。

分布：世界广布，已知 267 种，中国记录 3 种，浙江分布 1 种。

（460）长尾菊瘿蚊 *Rhopalomyia longicauda* Sato, Ganaha *et* Yukawa, 2009（图 8-20）

Rhopalomyia longicauda Sato, Ganaha *et* Yukawa, 2009: 64.

特征：雌雄翅长分别为 2.50–3.40 mm、2.60–3.50 mm。眼桥中部具 4–6 个小眼宽。下颚须 2 节。各足跗节爪不具基齿，爪间突与爪等长。雄虫尾须分 2 瓣，其分瓣呈宽指状，分瓣间 "V" 形深凹；肛下板端缘中央宽阔凹陷从而略微分为 2 个小指状的分瓣；抱器基节粗壮，其近基部内侧具 1 个由基部至端部渐细且紧握阳茎的中基瓣；抱器端节粗壮膨大，呈长椭球状，约为抱器基节长的 3/4，具端齿；阳茎粗壮，呈近圆柱状，长于抱器基节，端缘圆。雌虫产卵器长且可伸缩；尾须 1 节，融合不分瓣，呈长椭球状；肛下板相对尾须极为细小，不分瓣，呈长棍状。

分布：浙江（具体地点未知）、北京、河北、山东、河南、安徽、湖北、湖南；韩国。

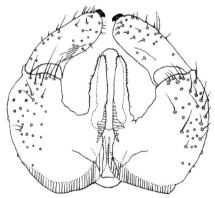

图 8-20　长尾菊瘿蚊 *Rhopalomyia longicauda* Sato, Ganaha *et* Yukawa, 2009（尾须和肛下板移去，仿自 Sato *et al.*，2009）
♂外生殖节，背面观

158. 禾谷瘿蚊属 *Sitodiplosis* Kieffer, 1913

Sitodiplosis Kieffer, 1913a: 49. Type species: *Cecidomyia mosellana* Géhin, 1857.

主要特征：无单眼。下颚须 4 节。雌雄触角分别具 12 个单结状、双结状的鞭小节；鞭小节均具 2 轮长刚毛，颈部明显；雄虫鞭小节端结梨状，基结卵圆状，且端结明显大于基结；雄虫鞭小节端结和基结各具 1 圈环状环丝；雌虫鞭小节结部具 2 圈欠发达的带状环丝。具翅；R₅ 脉后 1/3 略向下弯曲，在翅端后与 C 脉汇合；Cu 脉分支，其分支脉相对较弱或几乎不可见。各足跗节爪均不具齿。雄虫尾须分 2 瓣；肛下板分 2 瓣，瓣间宽阔凹陷，明显长于尾须；抱器基节粗壮或细长；抱器端节通常不长于抱器基节；阳茎粗壮且较长。雌虫产卵器可适当伸缩；尾须 1 节，分 2 瓣，其上具稀疏的刚毛。

　　分布：古北区，后传入新北区。世界已知 4 种，中国记录 2 种，浙江分布 2 种。

（461）粗尾禾谷瘿蚊 *Sitodiplosis latiaedeagis* Liu *et* Mo, 2001（图 8-21）

Sitodiplosis latiaedeagis Liu *et* Mo, 2001: 409.

　　特征：雄虫体黄色。体长约 1.16 mm。眼桥中部具 7–8 个小眼宽。翅透明，长约为宽的 2.20 倍；Cu 脉仅基部可见。尾须分 2 瓣，分瓣背腹向略呈侧置的直角梯形，瓣间呈 “Y” 形深凹，其凹陷深度约为分瓣中部宽的 2 倍；肛下板明显长于尾须，其分瓣细长且其端缘尖，瓣间 “U” 形凹陷；抱器基节细长，其中基瓣略突出；抱器端节极为细长，向内不均匀弯曲，其近端部 1/3 处略膨大并向两侧渐细，整体约为抱器基节长的 0.84 倍，具端齿；阳茎粗壮且伸长，整体呈削好的铅笔状，明显长于肛下板，其基部 4/5 呈圆柱状，端部 1/5 至近端部渐细，呈圆台状，而端部呈短柱状，端缘圆。雌虫未知。

　　分布：浙江（临安）。

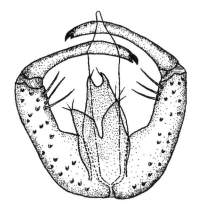

图 8-21　粗尾禾谷瘿蚊 *Sitodiplosis latiaedeagis* Liu *et* Mo, 2001（仿自 Liu and Mo，2001）
♂外生殖节，背面观

（462）麦红吸浆虫 *Sitodiplosis mosellana* (Géhin, 1857)（图 8-22）

Cecidomyia mosellana Géhin, 1857: 21.

　　特征：成虫体橙黄色或橙红色。雌雄体长分别为 2.00–2.50 mm（包括产卵器）、1.30–2.00 mm。复眼顶部相连。无单眼。下颚须 4 节。雌雄触角分别具 12 个单结状、双结状的鞭小节；鞭小节均具 2 轮长刚毛，颈部明显；雄虫鞭小节端结和基结各具 1 圈环状环丝；雌虫鞭小节结部具 2 圈欠发达的带状环丝。R₅ 脉后 1/3 略向下弯曲，在翅端后与 C 脉汇合；Cu 脉分支，其分支脉相对较弱但可见。各足跗节爪均不具齿。雄虫尾须分 2 瓣，其分瓣较宽圆且由基部向端部渐细，分瓣间呈 “V” 形凹陷，其凹陷深度约与分瓣中部宽相等；肛下板明显长于尾须，分 2 瓣，其分瓣背腹向呈近三角形且端缘较圆，瓣间 “V” 形宽阔凹陷；抱器基节相对粗壮，其中基瓣略突出；抱器端节相对细长，约为抱器基节长的 1/2，整体向内弯曲明显，其基部稍缢缩，近基部 1/4 处内缘凸出并向两侧渐细，近端部至端部略微渐细；阳茎粗壮且伸长呈长圆柱状，明显长于肛下板，其近端部至端部略微渐细，端圆。雌虫产卵器可适当伸缩，最长可达腹部其余部分长度的一半；尾须 1 节，分为 2 个细长柱状的瓣，其上具稀疏的刚毛；肛下板不分瓣，呈 1 小圆瓣。蛹的体色橙红色。老熟幼虫体色橙黄色，体长 2.5–3.0 mm，胸骨片前齿间凹陷较深。卵体色淡红色，体形呈长椭球状；散产，或 2–3 粒聚产。

分布：浙江（具体地点未知）、黑龙江、吉林、辽宁、内蒙古、北京、天津、河北、山西、山东、河南、陕西、宁夏、甘肃、青海、江苏、上海、安徽、湖北、江西、湖南、福建、四川、贵州；古北区（广布），后传入新北区（广布）。

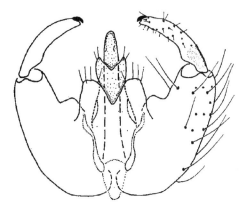

图 8-22　麦红吸浆虫 *Sitodiplosis mosellana* (Géhin, 1857)（左侧抱器上的毛移去，仿自 Harris，1966）

♂外生殖节，背面观

159. 乌瘿蚊属 *Wyattella* Mamaev, 1966

Wyattella Mamaev, 1966: 221. Type species: *Wyattella ussuriensis* Mamaev, 1966.

Thaumacecidomyia Yang, 1998: 10. Type species: *Thaumacecidomyia sinica* Yang, 1988.

主要特征：无单眼。下颚须 4 节。雌雄触角均具 14 个单结状的鞭小节；雌雄鞭小节结部均具感觉刺，雄虫鞭小节颈部明显长于雌虫。具翅；R_5 脉远离 C 脉，在翅端后较远处与 C 脉汇合；M_{1+2} 脉分叉，M_{3+4} 脉简单；Cu 脉分叉，但 Cu_1 脉仅隐约可见；PCu 脉与 Cu 脉近乎平行。跗节爪大多具齿，少数种类不具齿。雄虫尾须分 2 瓣；雄虫肛下板不明显或几乎不可见；抱器基节粗壮，在其内侧覆盖一层较厚且密被短毛的薄膜状结构；抱器端节粗短；阳基粗短，略短于阳茎；阳茎中度骨化，其端部或具饰变。雌虫产卵器不可伸缩；尾须 2 节，其背面具一定数量且明显较大的锯齿状刺。

分布：古北区、东洋区。世界已知 4 种，中国记录 1 种，浙江分布 1 种。

（463）中华乌瘿蚊 *Wyattella sinica* (Yang, 1998)（图 8-23）

Thaumacecidomyia sinica Yang, 1998: 10.

特征：虫体呈暗色。雄虫体长约为 6.0 mm，翅长约为 4.0 mm，翅宽约为 1.5 mm；雌虫体长约为 8.0 mm，翅长约为 6.0 mm，翅宽约为 2.0 mm。眼桥中部约具 6 个小眼宽。下颚须 4 节。触角具 14 个鞭小节。翅呈透明淡烟色，雌虫翅色相对雄虫更暗；R_5 脉在翅端后较远处与 C 脉汇合；M_{1+2} 脉分叉，M_{3+4} 脉简单；Cu 脉分叉，Cu_1 脉仅隐约可见；PCu 脉与 Cu 脉近乎平行。跗节爪基部具 1 小齿。第 9 背板端缘中部凸出。雄虫尾须分为 2 个背腹向呈近三角形的瓣；雄虫肛下板不明显或几乎不可见；抱器基节极为粗壮，且其外缘近基部 1/3 处明显缢缩而呈三角形内凹；抱器端节粗短呈近椭球状，端部具小齿；阳基略短于阳茎，阳基侧突表皮内突骨化强烈并向上弯曲呈角状；阳茎粗壮，呈指状，略短于抱器基节。雌虫产卵器不可伸缩；尾须 2 节，其背面均具一列极为尖锐的倒向锯齿状刺。

分布：浙江（安吉）。

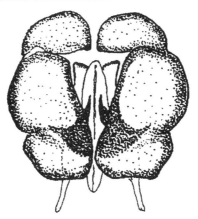

图 8-23　中华乌瘿蚊 *Wyattella sinica* (Yang, 1998)（仿自 Yang，1998）

♂外生殖节，腹面观

十六、张翅菌蚊科 Diadocidiidae Winnertz, 1963

主要特征：头圆，后缘扁，单眼 3 个，侧单眼接近复眼边缘；须 4 节，触角 2+15 节；翅面被长毛，Sc 脉末端游离，R_4 脉不存在，横脉 r-m 和 bm-cu 均清晰，并成一直线；足基节膨大。

分布：世界已知 24 种（含亚种），中国记录 4 种（含亚种），浙江分布 1 属 1 种。

160. 张翅菌蚊属 *Diadocidia* Ruthe, 1831

Diadocidia Ruthe, 1831: 1210. Type species: *Diadocidia flavicans* Ruthe, 1831 (monotypy) [=*Mycetobia ferruginosa* Meigen, 1830].

Macronevra Macquart, 1834: 146. Type species: *Macronevra winthemi* Macquart, 1834 (monotypy) [=*Diadocidia ferruginosa* (Meigen, 1830)] Synonymy: Winnertz (1852).

Aclada Loew, 1850: 33, 35. Type species: *Diadocidia parallela* Evenhuis, 1994 (*Aclada* originally proposed without included species. The type species designated is from the first species included within the genus in accordance with ICZN).

Macroneura Rondani, 1856: 197, 214 (unjustified emendation of *Macronevra* Macquart, 1834).

Palaeodocidia Sasakawa, 2004: 208. Type species: *Palaeodocidia ishizakii* Sasakawa, 2004 (original designation). Synonymy: Bechev *et* Chandler (2011).

主要特征：体长 2.5–5.6 mm。头圆，后缘扁，单眼 3 个，侧单眼接近复眼边缘；须 4 节，触角 2+15 节，柄节和梗节短，鞭节长约为头胸长的 1.5 倍；翅面被长毛，Sc 脉末端游离，R_4 脉不存在，横脉 r-m 和 bm-cu 均清晰，并成一直线；足基节膨大。

分布：世界广布，已知 22 种，中国记录 4 种，浙江分布 1 种。

（464）中华张翅菌蚊 *Diadocidia sinica* Wu, 1995（图 8-24）

Diadocidia sinica Wu, 1995: 432.

特征：雄虫体长 2.3 mm。须和口器淡黄褐色；头后部深褐色；触角柄节、梗节和第 1 鞭节基部淡黄褐

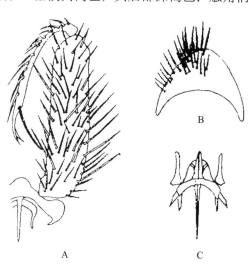

图 8-24　中华张翅菌蚊 *Diadocidia sinica* Wu, 1995（引自吴鸿等，1995）

A. ♂外生殖器，腹视；B. ♂第 9 背板；C. 阳茎

色，其余部分深褐色，第 1 鞭节长约为宽的 1.2 倍。胸部褐色，但中胸盾片深褐色。足黄色。翅半透明，R_1 脉在 M 脉分叉点外终于 C 脉，C 脉伸过 R_5 脉段，约为 R_5 至 M_1 脉间距的 1/3，腹部背板深褐色；腹板褐色。外生殖器褐色，粗长；第 9 背板近三角形，密被长刚毛；生殖刺突极细长弧弯，背缘密生长刚毛，端具 2 细长齿和 1 粗长刚毛。

分布：浙江（庆元）。

十七、扁角菌蚊科 Keroplatidae Rondani, 1856

主要特征：单眼有或无，触角强烈收缩至极度细长；Sc 脉终于 C 或 R 脉，R_4 脉短于 R_5 脉的一半或缺失，M 脉与 Cu_1 脉远在 Rs 脉基部之外以横脉 bm-cu 相连或 Rs 和 M 脉合并一短距离，横脉 r-m 消失，若 r-m 存在，则位于横脉 bm-cu 之外；腹部最宽处通常在近端部。

分布：世界已知约 950 种，中国记录 39 种，浙江分布 7 属 19 种。

分属检索表

1. 中足、后足胫节端无胫梳；CuA_1 基常向 CuA_2 弯曲 ·· 长角菌蚊属 *Macrocera*
- 中足、后足胫节端具胫梳；CuA_1 基不向 CuA_2 弯曲 ··· 2
2. 口器退化，下颚须至多为 1+2 节，末节粗壮并竖立；触角总是特化，压缩或栉状 ···························· 3
- 口器常发达，有时伸长，下颚须 1+4 节，末节从不会变粗壮，也不竖立；触角常呈鞭状，少有加粗或呈栉状 ·········· 4
3. 触角鞭节栉状 ··· 栉角菌蚊属 *Platyroptilon*
- 触角鞭节强烈压缩，宽而扁 ·· 异菌蚊属 *Heteropterna*
4. M_1、M_2、CuA_1、CuA_2 脉上有细刚毛 ··· 5
- M_1、M_2、CuA_1、CuA_2 脉上无细刚毛 ··· 6
5. 胫节细刚毛规则排列；前胸气门后缘光裸 ··· 等菌蚊属 *Isoneuromyia*
- 胫节细刚毛不规则排列 ··· 乌菌蚊属 *Urytalpa*
6. 胫节细刚毛不规则排列，至多在端部排列规则 ·· 栖菌蚊属 *Xenoplatyura*
- 胫节细刚毛规则排列，有时在基部排列不规则 ·· 沃菌蚊属 *Orfelia*

（一）长角菌蚊亚科 Macrocerinae

主要特征：成虫体躯通常比较纤细；触角长线状，长于或接近体长，鞭节长度通常超过宽的 5 倍。
分布：世界广布，已知 239 种，中国记录 19 种，浙江分布 11 种。

161. 长角菌蚊属 *Macrocera* Meigen, 1803

Macrocera Meigen, 1803: 261. Type species: *Macrocera lutea* Meigen, 1804 (by designation, Curtis, 1837).

主要特征：触角细长，至少等于体长；单眼存在；CuA_1 脉基部变弱；胫节细刚毛排列不规则；Sc 脉终于 C 脉；后足胫节距等长于或短于胫节端的宽度。
分布：世界分布，已知近 200 种，中国记录 17 种，浙江分布 11 种。

分种检索表

1. 翅上具大毛至少在翅端处 ··· 2
- 翅上仅具微毛 ·· 3
2. 翅端有或无色斑，生殖刺突具大的端齿，在端齿基部具小齿 ····························· 辛汉长角菌蚊 *M. simhanjangana*
- 翅端具淡烟色斑 ··· 雅长角菌蚊 *M. elegantula*
3. 翅上无色斑 ·· 非显长角菌蚊 *M. inconspicua*
- 翅上有色斑 ·· 4

（465）交互长角菌蚊 *Macrocera alternata* Brunetti, 1912

Macrocera alternata Brunetti, 1912: 51.

特征：翅面具微毛，色斑分布于沿 C 脉至 R₅ 脉上部区域及 r-m 融合段范围，沿 C 脉区域的 5 枚黑斑之间区域着色较浅。

分布：浙江（庆元）、台湾；尼泊尔，印度。

（466）棕色长角菌蚊 *Macrocera brunnea* Brunetti, 1912

Macrocera brunnea Brunetti, 1912: 51.

特征：翅面着生微毛，沿 C 脉区域仅具 1 枚褐色斑，端部有浅褐色阴影。

分布：浙江（开化）；尼泊尔，印度。

（467）雅长角菌蚊 *Macrocera elegantula* Coher, 1988

Macrocera elegantula Coher, 1988: 87.

特征：雄虫翅长 5.4 mm。触角长约为体长的 3.0 倍。中胸盾片黄色至褐黄色，有 2 条褐色细纵带。足基节黄色，腿节褐黄色，后腿节褐色。翅 R₄ 脉端以外的淡烟色斑达 M₂ 脉之后；R₄ 脉与 Rs 脉基部之间的前缘有一暗褐斑。腹部背板褐色，后半节黄色；腹板淡黄色。外生殖器淡褐色。雌虫触角至少为体长的 2.0倍；体型和翅面斑纹与雄虫相似。

分布：浙江（庆元）、福建、贵州；印度。

（468）非显长角菌蚊 *Macrocera inconspicua* Brunetti, 1912

Macrocera inconspicua Brunetti, 1912: 54.

Macrocera ferruginea Brunetti, 1912: 55.

特征：翅面密被微毛，表面无色斑。

分布：浙江（德清、庆元）；印度。

（469）湖生长角菌蚊 *Macrocera lacustrina* Coher, 1988

Macrocera lacustrina Coher, 1988: 87.

特征：中胸盾片黄棕色。足基节主要为黄色，前足基跗节 0.9 倍于前足胫节。翅面密被微毛，散布有色斑，Sc 脉超过 r-m 融合段的基部。

分布：浙江（开化）；巴基斯坦，印度。

（470）新长角菌蚊 *Macrocera neobrunnea* Wu *et* Yang, 1993

Macrocera neobrunnea Wu *et* Yang, 1993: 644.

特征：雄虫翅长 5.2 mm。触角暗褐色，约为体长的 4.0 倍。胸部黄色，中胸盾片有 2 条褐色细纵带；中胸上前侧片褐色，上方有刚毛。足黄色至褐色。翅端部云纹位于 R_4 脉之外，不明显；R_1 脉端的黑褐色斑扩展至 R_{4+5} 脉与 M_1 脉之间；脉结处的褐色斑扩展至 CuA_2 脉处；R_5 脉基下方有一褐角斑。R_1 脉室有一翅折。腹部背板黄色至淡褐黄色；腹板黄色。外生殖器褐色至暗褐色。生殖刺突略狭长，有 2 个粗黑端齿，端外侧具 2 根粗长鬃。

分布：浙江（开化）、福建、贵州。

（471）尼长角菌蚊 *Macrocera nepalensis* Coher, 1963

Macrocera nepalensis Coher, 1963: 28.

特征：雄虫触角长为身体的 4 倍；胸部黑褐色，中胸盾片在翅前方有 1 褐色纵斑；翅长约 4.25 mm，端部烟灰色，前缘 R_1 端处有褐色斑纹向后扩展至 R_5，脉结处 2 褐斑纹伸达 Cu_2；足黄色，中、后基节色稍深；腹部黄褐色。

分布：浙江（开化）、贵州；印度，尼泊尔。

（472）前侧长角菌蚊 *Macrocera propleuralis* Edwards, 1941

Macrocera propleuralis Edwards, 1941: 23.

特征：中胸盾片上侧纵带非常退化；足基节主要为黄色。翅面密被微毛，具若干色斑，Sc 脉超过 r-m 融合段的基部。

分布：浙江（开化）；英国。

（473）辛汉长角菌蚊 *Macrocera simhanjangana* Coher, 1963

Macrocera simhanjangana Coher, 1963: 30.

特征：翅端处具数大毛，端部色斑较浅不明显。雄性外生殖器的生殖刺突具大的端齿，端齿基部具小齿。

分布：浙江（庆元）、福建；尼泊尔。

（474）黄褐长角菌蚊 *Macrocera tawnia* Wu, 1995

Macrocera tawnia Wu, 1995: 433.

特征：雄虫翅长 4.8 mm。触角褐色，约为体长的 1.5 倍。胸部深褐色，中胸盾片两侧缘宽黄色，背中央两侧各有 1 条黄色纵带。足基节深褐色，其余部分黄色，中足、后足胫节端深褐色。翅中部脉结附近有褐色斑，向前抵达 C 脉；第 2–4 节褐色，后缘宽黄色；第 5 节褐色，第 6–7 节深褐色；腹板同背板，色稍浅。外生殖器深褐色；生殖刺突略宽短，有 2 个粗长黑端齿。

分布：浙江（庆元）。

（475）吴氏长角菌蚊 *Macrocera wui* Evenhuis, 2006 （图 8-25）

Macrocera immaculata Wu *et* Yang, 1992: 424.

Macrocera wui Evenhuis, 2006: 49.

特征：雄虫须和口器淡褐色，额褐色，头后部深褐色；触角柄节、梗节和第 1 鞭节黄色，其余鞭节淡褐黄色，约为体长的 1.5 倍。前胸背板黄色；中胸盾片黄色，有 2 条暗褐色纵带，前缘中央有一褐色大斑，侧缘翅基前有一褐色斑；中胸上前侧片和下前侧片褐色，后缘黄色；小盾片淡褐色，有短毛；侧背片和中背片褐色，两侧黄色。足黄色，中、后基节外侧基部有褐色斑，中、后腿节端部褐色。翅 R_1 端褐色斑仅扩展至 R_{4+5} 之前，Rs 基下方有一褐色斑，Sc 在脉结处终于 C；R_1 端膨大，在 R_4 之前终于 C；R_1 室有一翅折；M 主干长于脉结；M_1 与 M_2 略分离；S 翅脉多长毛。平衡棒淡褐色。腹部背板红褐色，3–7 节后缘宽淡黄色；腹板色稍浅。外生殖器褐色。生殖刺突略宽短，有 2 粗长黑端齿和 1 黑色短突起。

分布：浙江（德清）。

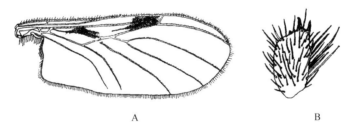

图 8-25 吴氏长角菌蚊 *Macrocera wui* Evenhuis, 2006（引自吴鸿等，1992）
A. 翅；B. 鞭节第 4 节

（二）扁角菌蚊亚科 Keroplatinae

主要特征：成虫体躯通常较为粗壮；触角呈扁平、栉状或粗线状，明显短于体长，鞭节长度小于或略大于宽。

分布：世界广布，已知 694 种，中国记录 23 种，浙江分布 8 种。

162. 异菌蚊属 *Heteropterna* Skuse, 1888

Heteropterna Skuse, 1888: 1166. Type species: *Heteropterna macleayi* Skuse, 1888 (monotypy).

主要特征：体中型。触角各鞭小节强烈压缩，宽而扁；侧背片通常光裸；中背片上部的中间区具一三角形膜区；胫节细刚毛排列不规则，后足胫节端较粗及后足基跗节略宽；A_1 脉存在。

分布：世界广布，已知 25 种，中国记录 1 种，浙江分布 1 种。

（476）星座异菌蚊 *Heteropterna septemtrionalis* Okada, 1938

Cerotelion quadripunctatus form *septemtrionalis* Okada, 1938: 34.

Heteropterna septemtrionalis: Xu *et al*., 2007: 39.

　　特征：雄成虫触角鞭节宽扁；侧背片光裸。足胫节具细刚毛且排列不规则。
　　分布：浙江（开化、泰顺）；日本。

163. 栉角菌蚊属 *Platyroptilon* Westwood, 1850

Platyroptilon Westwood, 1850: 231 (as subgenus of *Platyura*). Type species: *Platyura miersii* Westwood, 1850 (monotypy).

　　主要特征：体中型。触角各鞭小节都延长，呈栉状；上前侧片及侧背片光裸；胫节细刚毛至少在端部排列规则；基室正常，A_1 脉几乎达翅缘。
　　分布：东洋区、新热带区和澳洲区。世界已知 14 种，中国记录 1 种，浙江分布 1 种。

（477）吴氏栉角菌蚊 *Platyroptilon wui* Cao, Xu *et* Evenhuis, 2007（图 8-26）

Platyroptilon wui Cao, Xu *et* Evenhuis, 2007: 36.

　　特征：雄虫体长 6.6 mm，翅长 3.8 mm。头部棕黄色。触角柄节和梗节杯状，棕黄色；鞭节 14 节，1–13 节都平行延长，呈栉状；各节延长的端部具 1–4 根长毛；1–11 节黄褐色，第 12 节暗黄色，延长端淡黄色，13–14 节淡黄色。下颚须黄色。前胸背板与侧板黄色着黑色刚毛。中胸盾片上 3 条黄色光裸的纵带被 2 条棕色非常狭窄着毛的纵带分开，中间 1 条达前缘；在翅基的上方有 1 簇黑色长刚毛；小盾片暗黄色，在后缘有黑色长刚毛。上前侧片、下前侧片、侧背片棕黄色，光裸；中背片棕黄色，在上部的中间区具一较小且狭窄的三角形膜区。平衡棒黄色，球浅棕色。足黄色，中足及后足基节端 1/2 棕色。前足胫节无鬃，端

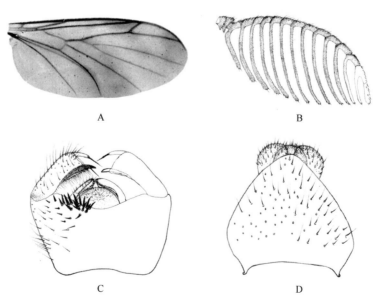

图 8-26　吴氏栉角菌蚊 *Platyroptilon wui* Cao, Xu *et* Evenhuis, 2007（引自 Xu *et al*.，2007a）
A. 翅；B. ♂触角；C. ♂外生殖器，腹视；D. ♂第 9 背板和尾须

无胫梳；中足胫节具鬃，端具后胫梳；后足胫节具鬃，端具前、后胫梳。胫节细刚毛端半部排列规则。胫端距黄褐色。前足、中足、后足基跗节长度与各胫节长度比例分别为 1.1∶0.8∶0.8。爪小。翅半透明，翅脉黄褐色。C 脉达 R_5 脉端至 M_1 脉端距离的 1/3；Sc 脉终于 C 脉，端略超过 Rs 脉端；Sc_2 脉位于从 h 脉到 Sc 脉端距离的 2/5 处；R_1 脉端至 R_4 脉端的距离与 R_4 脉长度的比率为 0.6；r-m 脉融合段与 M 主干脉的比率为 1.3；M 主干脉为 M_1 脉长的 1/7；M_2 脉未达翅缘，A 脉几乎达翅缘。腹部第 1 背板棕色；第 2–5 背板棕色，其前侧面黄色；第 6–8 背板棕色。第 1 腹板棕色；第 2–5 腹板基半部黄色，端半部棕色；第 6–8 腹板棕色。第 9 腹板黄色，从基部至端部渐尖，约等长于生殖基节。尾须黄色，背面观可见，短且较宽，端圆滑。生殖基节黄色，宽，端部的中间区域着粗刚毛。生殖刺突黄色。

　　分布：浙江（开化）、河南。

164. 等菌蚊属 *Isoneuromyia* Brunetti, 1912

Isoneuromyia Brunetti, 1912: 66. Type species: *Isoneuromyia annandalei* Brunetti, 1912 (by designation of Edwards, 1925).

　　主要特征：体中至大型（5–11 mm）。触角略压缩。前胸气门前后缘均光裸；中胸盾片毛被均匀，一般无光裸的带状区域；上前侧片、侧背片及中背片光裸。C 脉仅达 R_5 脉端；R_4 脉终于 C 脉，靠近 R_1 脉端；M_1、M_2、CuA_1 和 CuA_2 脉上着有细刚毛；M_2 及 CuA_2 脉常未达翅缘；A_1 强，通常达翅缘。胫节细刚毛排列规则。

　　分布：世界广布，已知 50 余种，中国记录 6 种，浙江分布 2 种。

（478）绚丽等菌蚊 *Isoneuromyia semirufa* Meigen, 1818

Platyura semirufa Meigen, 1818: 237.

Isoneuromyia semirufa var. *orientalis* Ostroverkhova, 1979: 37, 304.

Isoneuromyia semirufa: Xu *et al.*, 2007: 57.

　　特征：雄虫触角鞭节略扁。C 脉达 R_5 脉末端，R_4 脉终于 C 脉，近 R_1 脉端部，M 脉和 CuA 脉上具微毛。
　　分布：浙江（泰顺）；日本，欧洲，北美洲。

（479）中华等菌蚊 *Isoneuromyia sinica* Xu, Cao *et* Evenhuis, 2007（图 8-27）

Isoneuromyia sinica Xu, Cao *et* Evenhuis, 2007: 52.

　　特征：雄虫体长 11.1 mm，翅长 7.3 mm。头部后头橙色着黑色短刚毛；头顶黑色，3 单眼，中单眼略靠前；额橙色，光裸。触角柄节及梗节杯状，橙黄色；鞭节略压缩，橙黄色。颜橙色，侧缘具少许黑色细刚毛。下颚须橙色。唇瓣黄色。前胸背板橙色着黑色细刚毛，前胸侧板橙色着黑色强刚毛。中胸盾片黄色着均匀黑色刚毛，具 3 条纵带，中间 1 条橙色且向前延伸至前胸背板的后缘，侧边的带状区域黑色。在翅基的上方有一簇黑色长刚毛。小盾片橙色着黑色刚毛。上前侧片黄色，光裸；下前侧片的前下半部黑色，其余黄色；后侧片褐色。侧背片黄色，下缘略带褐色。中背片的两侧基部棕色，端部黄色，光裸。足黄色。前足基节的背面及各足基端部着倾斜的黑色刚毛。前足胫节端无胫梳，中足仅具后胫梳，后足具前后胫梳；胫端距黑色。前足、中足、后足基跗节长度与各胫节长度比例分别为 1.0∶1.0∶0.8。爪小。翅透明，黄色，自 C 脉的亚端部至 M_2 翅室着棕褐色斑，近翅缘处颜色变浅。Sc 脉端略超过 Rs 脉基；R_4 脉略向上弯曲，靠近 R_1 脉端终于 C 脉；M_2、CuA_1 脉未达翅缘；A_1 脉达翅缘。腹部第 1–4 背板的基部黄色，着稀疏的黑色刚毛，中至端部橙黄色着浓密的黑色刚毛；第 5–7 背板橙黄色，第 8 背板黄色。第 5–8 背板着均匀的黑色刚毛。第 9 背板黄色，基部的中间向后凹进。尾须黄色，端着棕黑色细长毛。生殖基节黄色，自基部 1/3 处二裂，端半部着黑色刚毛；生殖刺突黄色，着均匀的黑色刚毛，端略膨大且具 2 黑色齿，齿间着 1 黑色小齿。

　　分布：浙江（临安）、四川。

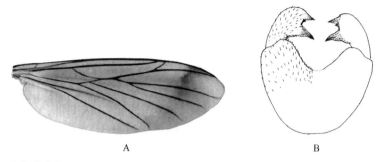

图 8-27　中华等菌蚊 *Isoneuromyia sinica* Xu, Cao *et* Evenhuis, 2007（引自 Xu *et al.*，2007b）
A. 翅；B. ♂外生殖器，腹视

165. 沃菌蚊属 *Orfelia* Costa, 1857

Zelmira Meigen, 1800: 101. Type species: *Platyura fasciata* Meigen, 1804 (by designation of Coquillett, 1910).

Orfelia Costa, 1857: 448. Type species: *Platyura fasciata* Meigen, 1804 (by designation of Hardy, 1960).

　　主要特征：体中型（3–8 mm）。中胸盾片毛被均匀；中背片端部着生少许短刚毛。M_1、M_2、CuA_1、CuA_2 脉光裸，M_2 及 CuA_1 脉未达翅缘或端部弱；胫节细刚毛大小不一，大约每 6 列排列相对紧密的细刚毛就被 1 列较粗的细刚毛分开，在胫节上呈现明显的黑色线条。

　　分布：世界广布，已知约 50 种，中国记录 3 种，浙江分布 2 种。

（480）百山祖沃菌蚊 *Orfelia baishanzuensis* Cao *et* Xu, 2008（图 8-28）

Orfelia baishanzuensis Cao *et* Xu, 2008: 272.

　　特征：雄虫体长 5.5 mm，翅长 4.4 mm。头部棕黄色。触角柄节及梗节杯状，暗黄色；第 1 鞭节基部黄色，端部及其余鞭节棕黄色；末节具一小乳突。下颚须黄色至棕黄色，末节长。前胸背板与侧板黄色着黑色刚毛。中胸盾片的肩部及两侧缘暗黄色，其余黄褐色；在翅基的上方有一簇黑色长刚毛；小盾片暗黄色，在后缘有黑色长刚毛。上前侧片与下前侧片黄色，光裸；侧背片暗黄色，光裸；中背片棕黄色，端具少许刚毛。平衡棒黄色。足黄色。前足胫节无鬃，端无胫梳；中足胫节具鬃，端具后胫梳；后足胫节具鬃，端具前、后胫梳。胫端距黑褐色。前足、中足、后足基跗节长度与各胫节长度比例分别为 0.7：0.7：0.7。爪小。翅透明，翅端具一非常浅的褐色斑，翅脉暗褐色。C 脉仅略超过 R_5 脉端；Sc 脉终于 C 脉，端未超过 Rs 脉基，终于 h 脉至 Rs 脉距离的 4/5 处；Sc_2 脉位于从 h 脉至 Sc 脉端距离的 2/5 处；R_1 脉端至 R_4 脉端的距离与 R_4 脉长度的比率为 1.8–2.0；r-m 融合段与 M 主干脉的比率为 0.8–0.9；M 主干脉为 M_1 脉长的 1/5；A_1 脉未达翅缘。腹部第 1–4 背板基部棕黄色，端部黄色；第 5–7 背板棕黄色。腹板黄色。第 9 背板黄色，从基部至端部渐尖，长约 1.5 倍于生殖基节；中间具一狭窄的光裸纵带。尾须黄色，仅侧面观可见。生殖基节黄色，宽，二裂，中间区域着粗刚毛，其余着细而短的刚毛。生殖刺突黄色，端三裂。

　　分布：浙江（庆元）。

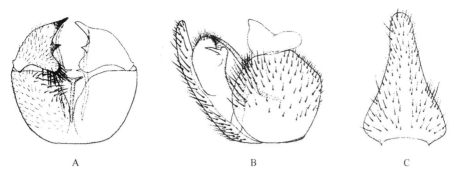

图 8-28　百山祖沃菌蚊 *Orfelia baishanzuensis* Cao et Xu, 2008（引自 Cao *et al*., 2008）
A. ♂外生殖器，腹视；B. ♂外生殖器，侧视；C. 第 9 背板，背视

（481）眼斑沃菌蚊 *Orfelia maculata* Cao *et* Xu, 2008（图 8-29）

Orfelia maculata Cao et Xu, 2008: 273.

　　特征：雄虫体长 5.7 mm，翅长 4.5 mm。头部棕黄色。触角柄节及梗节杯状，暗黄色；第 1 鞭节基部暗黄色，端部及其余鞭节黄褐色；末节具一小乳突。下颚须黄色至暗黄色，末节长。前胸背板与侧板黄色着黑色刚毛。中胸盾片黄色，具 3 条深褐色纵带，中带 1 条未达其前缘；在翅基的上方有一簇黑色长刚毛；小盾片暗黄色，在后缘有黑色长刚毛。上前侧片黄色，有时其上部着少许端刚毛；下前侧片及侧背片黄色，光裸；中背片黄褐色至深褐色，端具少许刚毛。平衡棒黄色，球浅褐色。足黄色。前足胫节无鬃，端无胫梳；中足胫节具鬃，端具后胫梳；后足胫节具鬃，端具前、后胫梳。胫端距黑褐色。前足、中足、后足基跗节长度与各胫节长度比例分别为 0.8：0.8：0.8。爪小。翅透明，翅端具一非常浅的褐色斑，翅脉暗褐色。C 脉达 R_5 脉端至 M_1 脉端距离的 1/3；Sc 脉终于 C 脉，端未超过 Rs 脉基，终于 h 脉至 Rs 脉距离的 3/5 处；Sc_2 脉位于从 h 脉至 Sc 脉端距离的 2/5 处；R_1 脉端至 R_4 脉端的距离与 R_4 脉长度的比率为 1.4–1.6；r-m 脉融合段与 M 主干脉的比率为 1.4–1.5；M 主干脉为 M_1 脉长的 1/6；A_1 脉未达翅缘。腹部第 1 背板基部黑褐色；第 2–3 背板黑褐色，端部 1/3 黄色，从基部至端部渐尖，长约 1.5 倍于生殖基节；中间具一狭窄的光裸纵带。尾须黄色，仅侧面观可见。生殖基节黄色，宽，二裂，中间区域着粗刚毛，其余着细而短的刚毛；可见 2 个大的黑色眼斑（中心为黄色）在端部。生殖刺突黄色，端二裂。

　　分布：浙江（临安、开化、庆元、泰顺）。

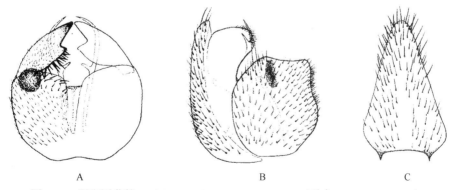

图 8-29　眼斑沃菌蚊 *Orfelia maculata* Cao et Xu, 2008（引自 Cao *et al*., 2008）
A. ♂外生殖器，腹视；B. ♂外生殖器，侧视；C. 第 9 背板，背视

166. 乌菌蚊属 *Urytalpa* Edwards, 1929

Urytalpa Edwards, 1929: 169 (as *Platyura* subgenus). Type species: *Platyura ochracea* Meigen, 1818, by original designation.

主要特征：前胸气门后缘无细刚毛；中胸盾片具光裸纵带；所有翅脉达翅缘（除 CuP）；M_1、M_2、CuA_1 和 CuA_2 脉上着有细刚毛；胫节细刚毛排列不规则。

分布：古北区和东洋区。世界已知 13 种，中国记录 1 种，浙江分布 1 种。

（482）簇毛乌菌蚊 *Urytalpa barbata* Cao et Zhou, 2009（图 8-30）

Urytalpa barbata Cao et Zhou, 2009: 50.

　　特征：雄虫体长 4.1 mm，翅长 3.4 mm。头部黑色。触角：柄节及梗节杯状，棕黄色；鞭节 14 节，第 1 鞭小节棕黄色，长宽比为 2∶1；第 2 鞭小节黄褐色；3–14 节黑褐色，末节端具小乳突，长宽比为 2.5∶1。下颚须黄褐色。前胸背板与侧板黑褐色着黑色刚毛。中胸盾片黑褐色具 3 条光裸的纵带；小盾片黑褐色，在后缘着黑色长刚毛。上前侧片、下前侧片、侧背片及中背片黑褐色，光裸；平衡棒黄色。足黄色。前足胫节无鬃，端无胫梳；中足胫节具少许鬃，端具无胫梳；后足胫节具少许鬃，端具后胫梳。胫端距黑色。前足、中足、后足基跗节长度与各胫节长度比例分别为 0.8∶0.7∶0.7。爪小。翅透明，翅脉棕色。C 脉达 R_5 脉端至 M_1 脉端距离的 1/2；Sc 脉终于 C 脉，端未超过 Rs 脉基部；R_1 脉端至 R_4 脉端的距离与 R_4 脉长度的比率为 1.3；r-m 融合段与 M 主干脉的比率为 0.5；M 主干脉为 M_1 脉长的 1/5。腹部第 1–5 背板黄褐色，第 6–8 背板黑褐色。第 1–5 腹板黄褐色至褐色，第 6–8 腹板黑褐色，第 8 腹板端部中间着一簇紧密刚毛，除此以外在两侧缘具刚毛。第 9 背板黑褐色，宽；腹面两侧端具一黄色长突起。尾须棕黄色，背面观可见，短而小。生殖基节棕黄色，较退化，端侧面具少许刚毛；生殖刺突黄色。

　　分布：浙江（庆元、泰顺）、贵州。

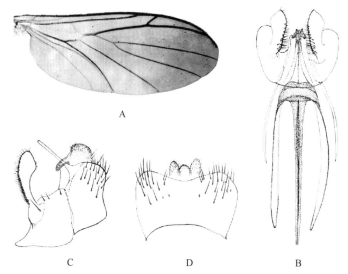

图 8-30　簇毛乌菌蚊 *Urytalpa barbata* Cao et Zhou, 2009（引自 Cao *et al.*, 2009）
A. 翅；B. ♂外生殖器，腹视；C. ♂外生殖器，侧视；D. ♂第 9 背板和尾须，背视

167. 栖菌蚊属 *Xenoplatyura* Malloch, 1928

Xenoplatyura Malloch, 1928: 601. Type species: *Platyura conformis* Skuse, 1888 (original designation).

Afrorfelia Matile, 1970: 787. Type species: *Orfelia tsacasi* Matile, 1970 (original designation).

　　主要特征：体中型（3–8 mm）。触角窝中间或额的下方着短刚毛。前胸气门前后缘均光裸；中胸盾片毛被均匀；上前侧片、侧背片及中背片光裸。M_1、M_2、CuA_1、CuA_2 脉光裸，M_2 及 CuA_1 脉未达翅缘或端部弱；C 脉超过 R_5 脉端；A_1 脉达翅缘。胫节细刚毛大小相似，基部 1/2 排列不规则，端部 1/2 排列规则。

　　分布：世界广布，已知 50 余种，中国记录 4 种，浙江分布 1 种。

（483）宽栖菌蚊 *Xenoplatyura lata* Cao et Xu, 2007（图 8-31）

Xenoplatyura lata Cao et Xu, 2007: 34.

　　特征：雄虫体长 5.4 mm，翅长 3.9 mm。头部后头暗黄色，着黑色的短刚毛；头顶除单眼三角区为黑色外其余暗黄色，3 单眼，中单眼略靠前；额暗黄色。触角柄节和梗节杯状，黄色；鞭节 14 节，黄色；末节长为宽的 2.0 倍。颜黄色。下颚须 1–2 节暗黄色，3–4 节黄色，末节细长。唇瓣黄色，肥厚。前胸背板与侧板黄色，着黑色刚毛。中胸盾片暗黄色；在翅基的上方有一簇黑色长刚毛；小盾片暗黄色，在后缘有黑色长刚毛。上前侧片、下前侧片、后前侧片、侧背片及中背片暗褐色，光裸。平衡棒黄色。足黄色。前足基节的背面及各足基节端部着倾斜的黑色刚毛。前足及中足胫节细刚毛端部 1/2 规则排列，后足胫节细刚毛端部 1/3 规则排列。所有胫节上都着有少许鬃。前足胫节端无胫梳，中足仅具后胫梳，后足具前后胫梳；胫端距黑色。前足、中足、后足基跗节长度与各胫节长度比例分别为 0.9∶0.9∶0.7。爪小。翅透明，翅端具一浅棕色斑，翅脉棕色。C 脉仅略超过 R_5 脉端；Sc 脉终于 C 脉，端略超过 Rs 脉基；Sc_2 脉位于从 h 脉至 Sc 脉端距离的 1/4 处；R_1 脉端至 R_4 脉端的距离与 R_4 脉长度的比率为 1.4；r-m 脉融合段与 M 主干脉的比率为 0.4；M 主干脉为 M_1 脉长的 1/3；M_2 及 CuA_1 脉未达翅缘，A_1 脉达翅缘。腹部第 1–6 背板黄色，第 7–8 背板黄棕色。第 9 背板黄棕色着黑色刚毛，基部 1/2 较宽。尾须棕色着细刚毛，背面观可见。生殖基节及生殖刺突暗黄色。

　　分布：浙江（临安）。

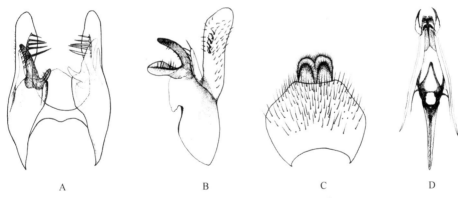

　　　　　A　　　　　　　　　B　　　　　　　　　C　　　　　　　　D

图 8-31　宽栖菌蚊 *Xenoplatyura lata* Cao et Xu, 2007（引自 Xu *et al.*, 2007）

A. ♂外生殖器，背视；B. ♂外生殖器，侧视；C. 第 9 背板和尾须，背视；D. 阳茎，腹视

十八、菌蚊科 Mycetophilidae

主要特征：通常胸部隆凸，足的基节长，胫节端距发达。大部分种类个体相当小，但有些种体长可达 10 mm。体常混杂着褐、黑、黄色，很少有引人注目的体色，但有时也会有如同膜翅目一样显眼的颜色。

分布：世界已知约 3000 种（含亚种），中国记录 260 种（含亚种），浙江分布 29 属 195 种。

菌蚊科分亚科检索表

分属检索表

11. 后分叉点在 M 脉分叉点之下或之内；Sc 脉末端游离或终于 R 脉 ································ 毛菌蚊属 *Trichonta*
- 后分叉点在 M 脉分叉点之外；Sc 脉末端游离 ··· 巧菌蚊属 *Phronia*
12. CuA 脉具分支 ·· 13
- CuA 脉无分支 ··· 14
13. M₃+CuA₁ 脉与 M₂ 脉远离，而与 CuA₂ 脉接近，或平行 ···························· 菌蚊属 *Mycetophila*
- M₃+CuA₁ 脉与 M₂ 脉近于平行，而与 CuA₂ 脉远离 ································· 埃菌蚊属 *Epicypta*
14. CuA 脉稍与 M₂ 脉远离；中胸上前侧片和下前侧片大小相似，直角形；侧背片凸出 ········ 束菌蚊属 *Zygomyia*
- CuA 脉与 M₂ 脉平行；中胸上前侧片长大于宽，下前侧片较小；侧背片退化而不凸出 ······ 斯菌蚊属 *Sceptonia*
15. 胫毛排成纵列；单眼 2，相近；爪间突缺失；翅膜无长毛，R₁ 脉长 ······························· 16
- 胫毛排列不规则；单眼 3；爪间突通常存在 ··· 18
16. C 脉终于 R₅ 脉端，并达翅顶端；复眼在触角上方稍凹 ······························· 真菌蚊属 *Mycomya*
- C 脉通常伸过 R₅ 脉端，后达翅顶端；复眼不凹或不明显 ····················· 17
17. 翅通常具明显斑纹；R₅ 脉和 M 脉之间有伪脉存在；R₄ 脉存在 ·················· 新菌蚊属 *Neoempheria*
- 翅无斑纹；R₅ 脉和 M 脉之间无伪脉；R₄ 脉缺失 ································· 缺室菌蚊属 *Vecella*
18. CuA 脉不分支 ··· 19
- CuA 脉分支 ·· 20
19. M 脉的分支缺失，后分支基部弱，Sc 短，末端游离 ······························· 奇菌蚊属 *Azana*
- M 脉完全分支 ·· 尖菌蚊属 *Acnemia*
20. R₁ 脉长，为横脉 r-m 的数倍，横脉 r-m 通常多少斜出或垂直；M 脉分叉远较其主干为长；Sc 脉通常长 ·········· 21
- R₁ 脉短，通常仅略长于横脉 r-m，横脉 r-m 长而近水平；M 脉分叉长于其主干；Sc 脉长或短 ········· 24
21. 中胸侧背片有毛或无毛 ··· 布菌蚊属 *Boletina*
- 中胸侧背片光裸 ·· 22
22. R₄ 脉缺失 ·· 23
- R₄ 脉存在 ··· 希菌蚊属 *Synapha*
23. CuA 脉分叉点在横脉 r-m 基部之前 ····································· 赛菌蚊属 *Saigusaia*
- CuA 脉分叉点在横脉 r-m 基部之下 ····································· 阿菌蚊属 *Aglaomyia*
24. Sc 脉终于 R₅ 脉 ·· 多菌蚊属 *Docosia*
- Sc 脉终于 C 脉 ·· 25
25. R₁ 脉长度超过或接近横脉 r-m 脉的 5 倍 ··· 26
- R₁ 脉长度不超过横脉 r-m 脉的 3 倍 ··· 27
26. R₅ 脉弯曲，R₄ 脉缺失 ·· 反菌蚊属 *Anaclileia*
- R₅ 脉近平直，R₄ 脉存在 ·· 粘菌蚊属 *Sciophila*
27. R₁ 脉长度略超过横脉 r-m 的 2 倍 ··· 隆菌蚊属 *Rondaniella*
- R₁ 脉的长度几乎不超过横脉 r-m 的长度，常常比横脉 r-m 短 ·· 28
28. 侧单眼接触或接近复眼眶 ··· 滑菌蚊属 *Leia*
- 侧单眼远离复眼眶 ·· 格菌蚊属 *Greenomyia*

（一）邻菌蚊亚科 Gnoristinae

主要特征：单眼 3 个；胫毛排列不规则，爪间突存在；中背片光裸，Sc 脉通常长，R1 脉长为横脉 r-m 的数倍，横脉 r-m 多少斜出或垂直，M 脉分支远长于其主干，肩横脉短而近垂直；第 7 腹节通常小而收缩，不可见。

分布：世界广布，世界已知 400 余种，中国记录 20 种，浙江分布 13 种。

168. 阿菌蚊属 *Aglaomyia* Vockeroth, 1980

Aglaomyia Vockeroth, 1980: 537. Type species: *Aglaomyia gatineau* Vockeroth, 1980.

主要特征：单眼 3 个，侧单眼远离复眼，复眼边缘略凹，触角长约为胸部的 1.6 倍，鞭节长约为宽的 2.0 倍。侧背片和中背片光裸。中胸下前侧片被毛。翅具斑纹，翅膜无长毛，R_4 脉缺失，后分叉点位于横脉 r-m 基部之内，M 脉主干不足横脉 r-m 的 2.0 倍，CuA 脉分叉点在 r-m 脉基部之下。后基节基 1/4 光裸，胫毛中等发达，爪间突小。腹部细长，端尖。

分布：东洋区、新北区。世界已知 2 种，中国记录 1 种，浙江分布 1 种。

（484）浙江阿菌蚊 *Aglaomyia zhejiangensis* Wu, 1995

Aglaomyia zhejiangensis Wu, 1995: 440.

特征：雄虫头部须和口器淡黄色，头后部暗褐色；触角褐色，第 1 鞭节长约为宽的 4.0 倍，第 2 鞭节长约为宽的 3.0 倍。前胸背板黄色；中胸盾片褐色，肩角有近三角形黄斑；中胸上前侧片褐色，中胸下前侧片黄色；小盾片、侧背片和中背片黑褐色。翅无云纹，Sc 脉远在 Rs 脉之前终于 C 脉；Sc 脉、Rs 脉、r-m 脉、M 脉主干和 CuA 脉主干等脉上无长毛。足黄色，中、后腿节基腹部和后腿节端背部褐色。腹部褐色，2–7 节后缘和 3–7 节前缘黄色。外生殖器褐色。

分布：浙江（庆元）。

169. 布菌蚊属 *Boletina* Staeger, 1840

Boletina Staeger, 1840: 233. Type species: *Leia trivittata* Meigen, 1818 (by designation of Johannsen, 1909).

主要特征：体中等大小，复眼圆形，触角窝微凹；单眼 3 个位于宽头顶，呈扁三角形；下颚须 4 节，通常内曲；触角长，鞭节 14 节。胸部短，圆而隆起；中胸下前侧片光裸，中背片光裸，侧背片有毛或无毛。翅膜无长毛，C 脉伸过 R_5 脉端，Sc 脉终于 C 脉，R_1 脉长至少为横脉 r-m 的 3.0 倍，R_4 脉缺失，后分叉点在 M 脉分叉点之外。足细长，后胫节具 2 列或 4 列毛。腹部长，雄虫可见 7 节，第 7 节很小；雄外生殖器构造多变，但第 9 背板通常很发达，超过生殖刺突端部；尾须具刺状刚毛的栉。

分布：世界广布，已知约 100 种，中国记录 12 种，浙江分布 7 种。

分种检索表

1. Sc_2 脉存在 ··· 2
- Sc_2 脉消失 ··· 3
2. 胸部暗褐至黑色，Sc_1 脉在 R_5 脉基部之内终于 C 脉 ······································· 古田山布菌蚊 *B. gutianshana*
- 胸部侧板黄色，Sc_1 脉在 R_5 脉基部处终于 C 脉 ·· 联合布菌蚊 *B. conjuncta*
3. 翅端部具暗云纹 ·· 4
- 翅面无云纹 ·· 6
4. 雄外生殖器非常长，第 9 背板长为宽的 3 倍 ···································· 长尾布菌蚊 *B. longicauda*
- 雄外生殖器正常，第 9 背板长略大于宽 ··· 5
5. 胸部侧板大部为黑色，后分叉点在 M 脉分叉点略内方，M 脉主干约与横脉 r-m 等长 ············· 许氏布菌蚊 *B. shirozui*
- 胸部侧板大部为黄色，后分叉点位于 M 脉分叉点相对处或略外，M 脉主干长约为横脉 r-m 的 1.3 倍············
　　　　　　　　　　　　　　　　　　　　　　　　　　　　　　　　伪腹布菌蚊 *B. pseudoventralis*

6. Sc 脉在 Rs 脉基部处终于 C 脉 ·· 淡色布菌蚊 *B. pallidula*

- Sc 脉略在 Rs 脉基部之前终于 C 脉 ·· 何氏布菌蚊 *B. hei*

（485）联合布菌蚊 *Boletina conjuncta* Sasakawa *et* Kimura, 1974（图 8-32）

Boletina conjuncta Sasakawa *et* Kimura, 1974: 58.

特征：雄虫翅长 4.04 mm。头部头顶和后头深褐色，具黑色刚毛。单眼 3 个，水平排列，几乎相等。额褐色光裸。触角长度约为胸部的 2 倍，褐色。颜面褐色，具更多短刚毛。唇基深褐色，三角形，超过头部，具较多鬃毛。须黄色，5 节。胸部主体为深褐色，侧板黄色；盾片具 4 根强鬃毛，侧背片具长鬃毛。足纤细，主体为浅黄色，转节褐色，胫距深褐色。足比率为：t1∶bt1=1.0, t2∶bt2=0.8, t3∶bt3=2.0，中胸足的基跗节长于胫节。前足胫梳具一排短刚毛；中胫节具一排短鬃毛和 2 排长鬃毛，后胫节具 3 排长鬃毛；最长鬃毛长度约为胫节直径的 2.5 倍。爪深褐色。翅中等大小，透明，暗黄色，脉褐色，长约为宽的 2.6 倍。Sc 终于 Rs，光裸，Sc_2 存在，位于 Sc 脉 1/2 处。C 超过 R_5 末端，占距 M_1 脉距离的一半左右。CuA 脉的分叉点接近 r-m 基部。r-m 长约为 Rs 的 3.1 倍，M 主干的长约为 r-m 的 1.1 倍。平衡棒黄色，具短毛。腹部非常细长，端部稍短而中部长。背板深褐色，第 2–3 腹板褐色，具黄色窄带，剩余腹板深褐色。生殖节深褐色，稍长。第 9 背板矩形。尾须具许多强刺。生殖刺突基部分为 2 叶；外侧叶逐渐变尖，稍向内，覆有许多长鬃毛；内侧叶短于外侧叶，端部二分叉，具 2 枚短端刺。阳基侧突稍短，端部 1/3 尖锐，中部膨大，基部 1/3 处稍变细。

分布：浙江（安吉）、陕西、四川；日本。

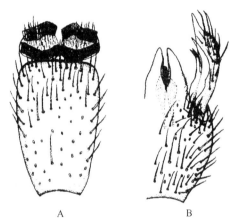

A　　　　　　　　　B

图 8-32　联合布菌蚊 *Boletina conjuncta* Sasakawa *et* Kimura, 1974（引自 Niu *et al.*, 2008b）

A. 背板；B. 生殖刺突

（486）古田山布菌蚊 *Boletina gutianshana* Wu *et* Cheng, 1995

Boletina gutianshana Wu *et* Cheng, 1995: 197.

特征：雄虫翅长 3.3–3.7mm。头部须黄色，口器其余部分淡褐色，头后部黑色；触角褐色，第 1 鞭节淡褐色，约为胸部的 2.0 倍长。胸部暗褐色至黑色。翅 C 脉延伸超过 R_5 脉至 R_5 脉与 M_1 脉间距 1/3 处；Sc_1 脉在 Rs 脉基部之内终于 C 脉，Sc_2 脉存在，Rs 脉仅为 r-m 脉的 1/3，后分叉点在 M 脉主干基部处。平衡棒淡黄褐色。足基节和腿节淡褐黄色，转节褐色，胫节和跗节淡褐色；中胫节 2–3a、4d、2–4p、5–7v；后胫节 8a、7–12d、13p、6v。腹部背板 1–4 节褐色，2–4 节后侧角黄色，5–7 节暗褐色；腹板 1–4 节淡褐色，2–4 节后半部黄色，5–6 节褐色。外生殖器暗褐色；背针突卵形，端部有 11 刺，背基部有约 20 长刺；腹面中央有 1 对突起；生殖基节近三角形，有一突起指向背侧，突起端具 3 长端齿及 3 粗长刚毛。雌虫翅长 4.0 mm。色型与雄虫相似。外生殖器淡褐色。

分布：浙江（开化、庆元）。

（487）何氏布菌蚊 *Boletina hei* Wu, 1995

Boletina hei Wu, 1995: 440.

特征：雄虫翅长 4.3 mm。头部须和口器黄色，头部黑褐色；触角褐色，第 1 鞭节基半部黄色。胸部黑褐色。翅 C 脉伸过 R_5 脉段仅为 R_5 脉与 M_1 脉间距的 1/4；Sc 脉略在 Rs 脉之前终于 C 脉，Sc_2 脉消失；Rs 脉长仅为 r-m 脉的 1/3；后脉分叉点在 M 脉分叉点之外。平衡棒黄色。足黄褐色，转节褐色，腿节基腹部及后胫节基背部有褐色斑；中胫节缺失，后胫节 8a、9d、5p。腹部背板褐色，2–5 节后侧角黄色；腹板 1–4节黄色，前缘淡褐色，5–6 节褐色。外生殖器褐色；背针突近卵形，端部及背基部各有一横列刺；腹面中央有 1 对突起；生殖刺突分 2 支，外支粗长，端突变细弯，被长刚毛，内支细长弧弯。

分布：浙江（庆元、龙泉）。

（488）长尾布菌蚊 *Boletina longicauda* Saigusa, 1968

Boletina longicauda Saigusa, 1968: 21.

特征：雄虫翅的 Sc_2 脉缺失，端部具暗云纹，外生殖器非常长，第 9 背板长为宽的 3 倍。
分布：浙江（庆元）、台湾。

（489）淡色布菌蚊 *Boletina pallidula* Edwards, 1924

Boletina pallidula Edwards, 1924: 573.

特征：雄虫翅长 3.0 mm。头部须淡褐黄色，其余部分灰黑色；触角基部黄色，其余褐色，鞭节长略大于宽。胸部前胸背板暗褐色；中胸盾片黄色，具 3 条暗褐色纵带；中胸上前侧片和下前侧片暗褐色。翅黄色透明，Sc 脉终于 C 脉。足黄色，胫节和跗节色稍暗，转节和后腿节端部浅黑色。腹部淡黄色，背板基3/4 宽浅黑色。外生殖器黄色。

分布：浙江（庆元）；英国，爱沙尼亚。

（490）伪腹布菌蚊 *Boletina pseudoventralis* Sasakawa *et* Kimura, 1974

Boletina pseudoventralis Sasakawa *et* Kimura, 1974: 60.

特征：雄虫胸部侧板大多为黄色，后分叉点位于 M 脉分叉点相对处或略外，M 脉主干长约为横脉 r-m的 1.3 倍；翅的 Sc_2 脉缺失，端部具暗云纹。第 9 背板长略大于宽。
分布：浙江（安吉）；日本。

（491）许氏布菌蚊 *Boletina shirozui* Saigusa, 1968

Boletina shirozui Saigusa, 1968: 18.

特征：雄虫胸部侧板大部分为黑色，后分叉点在 M 脉分叉点略内方，M 脉主干约与 r-m 脉等长；翅的 Sc_2 脉缺失，端部具暗云纹。第 9 背板长略大于宽。
分布：浙江（德清）、台湾。

170. 赛菌蚊属 *Saigusaia* Vockeroth, 1980

Saigusaia Vockeroth, 1980: 534. Type species: *Boletina cincra* Johannsen, 1912.

主要特征：单眼 3 个，远离复眼边缘；中背片和侧背片光裸，后胸侧板着微毛；翅着微毛，Sc 远在 Rs 之前终于 C，Sc_2 存在，R_4 缺失，翅脉多长毛，M 主干长；CuA 脉分叉点在 r-m 脉基部之前，胫鬃短而清晰，最长鬃稍短于胫节直径；腹板 2–7 具 1 对亚中和 2 对亚侧腹折线，腹节 7 宽大，不收缩。

分布：古北区、东洋区和新北区。世界已知 7 种，中国记录 5 种，浙江分布 4 种。

分种检索表

1. 背片 9 端部较宽；外生殖器细长，生殖刺突简单或前端至少具 1 黑色刺 ······································ 2
- 背片 9 端部渐细；生殖刺突具 2 黑色长刺 ······································ **特异赛菌蚊 *S.aberrans***
2. 前胸侧板、中胸上前侧片黄色 ······································ 3
- 前胸侧板、中胸上前侧片黑褐色 ······································ **刺状赛菌蚊 *S.spinibarbis***
3. 生殖刺突背面瘤状突起具一强刺 ······································ **单刺赛菌蚊 *S. monacanthus***
- 生殖刺突背面无突起，腹面具 3 强刺状毛 ······································ **肿大赛菌蚊 *S. praegnans***

（492）特异赛菌蚊 *Saigusaia aberrans* Niu, Wu *et* Xu, 2008（图 8-33）

Saigusaia aberrans Niu, Wu *et* Xu, 2008: 24.

特征：雄虫体长 4.21–4.44 mm，翅长 3.37–3.76 mm。头部及后头黑褐色，具黑色短刚毛。单眼 3 个，呈浅三角形排列，中单眼较小，侧单眼离中单眼约 1.0 倍于其直径，离复眼边缘约 0.5 倍于其直径。额黑褐色，光裸。触角约为胸长的 2.2 倍；柄节、梗节、鞭 1 节、鞭 2 节黄色，其余各节褐色；鞭 1 节长约为宽的 2.0 倍，鞭 6 节长约为宽的 1.2 倍。颜面黄色，具稀疏长刚毛。唇基黄色，具短刚毛；下颚须微黄色，1–5 节比例为 1∶1∶2∶4∶8。中胸背板黑褐色，小背片黑褐色，具 2 根强鬃；中背片黑褐色，光裸；前胸背板褐色，具稀疏长刚毛；中胸上前侧片、下前侧片黑褐色，光裸；侧背片深褐色，光裸。后胸侧板深褐色，具细毛。足细长，黄色，转节具褐斑，后足腿节端 1/8 深褐色，胫节距黄色。足比例：t1∶bt1=1.6，t2∶bt2=1.3，t3∶bt3=1.9。前胫节具胫梳和短鬃，中胫节具 4 列长鬃和 3 列短鬃，后胫距 3 列长鬃毛，最长鬃约为胫节直径的 3.0 倍。爪黑色，细小。翅细长，黄色，具褐斑，脉深黄色，端 1/3 色较深，长约为宽的 2.8 倍。C 伸达约 R_5 与 M_1 间距的 1/4 处。CuA 分叉点在 Rs 基部之下，M 分叉点远在 CuA 和 Rs 之外。横脉 r-m 约

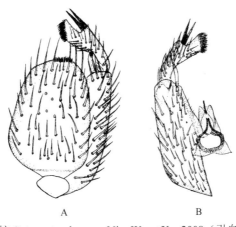

A　　　　　　　　　　　B

图 8-33　特异赛菌蚊 *Saigusaia aberrans* Niu, Wu *et* Xu, 2008（引自 Niu *et al.*, 2008a）
A. ♂外生殖器，背视；B. ♂外生殖器，腹视

2.6 倍于 Rs，M 主干约 2.0 倍于横脉 r-m。Rs、R 主干、R_1 和 R_5 具背毛。平衡棒微黄色，基部具稀疏长毛。腹部具长刚毛。背片 1 褐色，光裸；背片 2–4 黑褐色，具宽阔黄色后缘横带，背片 7 长约为背片 6 的 1/2，腹片 7 约与背片 7 等长。背片 8 约为背片 7 的 1/2。腹片 2–7 具 1 对亚中和 2 对亚侧腹折线，背片 8 仅具亚中腹折线。外生殖器黑褐色。背片 9 端渐细，具毛，尾端刚毛长于基部；尾部顶端突然向下折，腹面伸长成 1 宽而长、具刺状短毛的方形脊状突。生殖刺突稍内弯，细长，顶端具平伏的刺状毛；背面基半部具 2 粗壮的黑色长刺。尾须缩于背片 9 之下，细而圆，具稀疏细毛。阳基侧突端、顶端 "V" 形。

　　分布：浙江（嘉兴）、福建。

（493）单刺赛菌蚊 *Saigusaia monacanthus* Niu, Wu *et* Xu, 2008（图 8-34）

Saigusaia monacanthus Niu, Wu *et* Xu, 2008: 24.

　　特征：雄虫体长 3.96–4.34 mm，翅长 3.79–4.11 mm。头部及后头黑褐色，具黑色短刚毛。单眼 3 个，浅三角形排列，中单眼较小，侧单眼离中单眼约 2.0 倍于其直径，离复眼边缘约 0.5 倍于其直径。额黑褐色，光裸。触角约为胸长的 2.5 倍；梗节、鞭 1 节、鞭 2 节端 1/2 黄色，其余各节褐色；鞭 1 节和鞭 6 节长约为宽的 3.0 倍。颜面褐色，具稀疏长刚毛。唇基黄色，伸过头长；下颚须微黄色，1–5 节比例为 1：1：3：6：7。中胸背板大体黑褐色，肩角黄色。小背片黑褐色，具 4 根强鬃；中背片黑褐色，光裸；前胸背板黄色，具稀疏长刚毛；中胸上前侧片黄色，光裸；中胸下前侧片深褐色，光裸；侧背片深褐色，光裸。后胸侧板深褐色，具细毛。足细长，黄色，转节具褐斑，后足腿节端 1/8 深褐色，胫节距黄色。足比例：t1：bt1=1.6，t2：bt2=1.2，t3：bt3=1.7。前胫节具胫梳和短鬃，中胫节具 4 列长鬃，后胫具 3 列长鬃毛，最长鬃约为胫节直径的 3.0 倍。爪黑色，细小。翅细长，透明，脉深黄色，长约为宽的 3.2 倍。C 伸达约 R_5 与 M_1 间距的 1/4。CuA 分叉点在 Rs 基部之前，M 分叉点远在 CuA 和 Rs 之外。横脉 r-m 长约为 Rs 的 3.0 倍，M 主干约 1.7 倍于横脉 r-m。R 主干、R_1、R_5、M_1、端 $1/2M_2$、端 $1/4CuA_1$ 和端 $1/2CuA_2$ 具背毛。平衡棒微黄色，基部具稀疏长毛。腹部具长刚毛。背片 1 褐色，光裸；背片 2–4 黑褐色，具宽阔黄色后缘横带，背片 7 长约为背片 6 的 3/4，腹片 7 约与背片 7 等长，背片 8 约为背片 7 的 1/2。腹片 2–7 具 1 对亚中和 2 对亚侧腹折线，背片 8 仅具亚中腹折线。外生殖器黑褐色。背片 9 尾端较宽，具刚毛，顶端具 6 根强鬃；尾部突下折，腹面具 2 列刺状短毛。生殖刺突顶端稍膨大，具刷形刺状毛；背面瘤状突起具 1 强刺。尾须缩于背片 9 之下，圆形，具稀疏长毛。阳基侧突细，顶端尖。

　　分布：浙江（临安）。

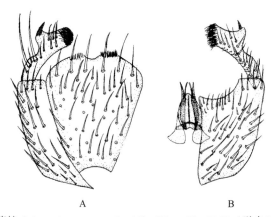

　　　　　　　　　　　　A　　　　　　　　　　　　　　　B

图 8-34　单刺赛菌蚊 *Saigusaia monacanthus* Niu, Wu *et* Xu, 2008（引自 Niu *et al*., 2008a）

A. ♂外生殖器，背视；B. ♂外生殖器，腹视

（494）肿大赛菌蚊 *Saigusaia praegnans* Niu, Wu *et* Xu, 2008（图 8-35）

Saigusaia praegnans Niu, Wu *et* Xu, 2008: 24.

特征：雄虫体长 3.96–4.34 mm，翅长 3.79–4.11 mm。头部及后头黑褐色，具黑色短刚毛。单眼 3 个，浅三角形排列，中单眼较小，侧单眼离中单眼约 2.0 倍于其直径，离复眼边缘约 0.5 倍于其直径。额黑褐色，光裸。触角约为胸长的 2.5 倍；梗节、鞭 1 节、鞭 2 节端 1/2 黄色，其余各节褐色；鞭 1 节和鞭 6 节长约为宽的 3.0 倍。颜面褐色，具稀疏长刚毛。唇基黄色，伸过头长；下颚须微黄色，1–5 节比例为 1∶1∶2∶5∶8。中胸背板大体黑褐色，肩角黄色。小背片黑褐色，具 4 根强鬃；中背片黑褐色，光裸；前胸背板黄色，具稀疏长刚毛；中胸上前侧片黄色，光裸；中胸下前侧片深褐色，光裸；侧背片深褐色，光裸。后胸侧板黄色，具细毛。足细长，黄色，转节具褐斑，后足腿节端 1/8 深褐色，胫节距黄色。足比例：t1∶bt1=1.4，t2∶bt2=1.2，t3∶bt3=1.7。前胫节具胫梳和短鬃，中胫节具 4 列长鬃，后胫具 2 列长鬃毛，最长鬃约为胫节直径的 3.0 倍。爪黑色，细小。翅细长，透明，脉深黄色，长约为宽的 3.0 倍。C 伸达约 R_5 与 M_1 间距的 1/4 处。CuA 分叉点在 Rs 基部之前，M 分叉点远在 CuA 和 Rs 之外。横脉 r-m 长约为 Rs 的 2.7 倍，M 主干约 2.4 倍于横脉 r-m。R 主干、R_1、R_5、M_1、M_2 端 2/3、CuA_1 端 1/2 和 CuA_2 具背毛。平衡棒微黄色，基部具稀疏长毛。腹部具长刚毛。背片 1 褐色，光裸；背片 2–4 黑褐色，具狭窄黄色后缘横带，其余背片深褐色，节 7 长约为节 6 的 3/4，背片 8 长约为背片 7 的 1/2。腹片 2–7 具 1 对亚中和 2 对亚侧腹折线，背片 8 仅具亚中腹折线。外生殖器黑褐色。背片 9 端较宽，具毛，尾端刚毛长于基部；尾部顶端突然下折，顶端稍凹，腹面具 2 道脊状刺状短毛，脊伸向腹面，尖且收敛成三角形。生殖刺突内弯，顶端强烈膨大，腹面具 3 强刺状毛，腹面顶端具较多平伏的细小刺状毛。尾须缩于背片 9 之一，圆形具细长毛。阳基侧突端、顶端尖。

分布：浙江（临安、龙泉）。

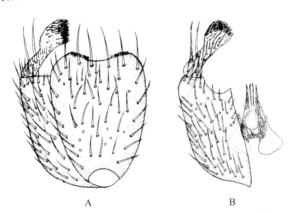

图 8-35　肿大赛菌蚊 *Saigusaia praegnans* Niu, Wu et Xu, 2008（引自 Niu *et al.*，2008a）
A.♂外生殖器，背视；B.♂外生殖器，腹视

（495）刺状赛菌蚊 *Saigusaia spinibarbis* Niu, Wu et Xu, 2008（图 8-36）

Saigusaia spinibarbis Niu, Wu et Xu, 2008: 24.

　　特征：雄虫体长 4.25–4.35 mm，翅长 3.85–3.90 mm。头部及后头黑褐色，具黑色短刚毛。单眼 3 个，浅三角形排列，中单眼较小，侧单眼离中单眼约 1.5 倍于其直径，离复眼边缘约 0.5 倍于其直径。额黑褐色，光裸。触角约为胸长的 2.5 倍；鞭 1 节基部微褐色，其余各节深褐色；鞭 1 节和鞭 6 节长约为宽的 3.0 倍。颜面黑褐色，具稀疏长刚毛。唇基黑褐色，伸过头长；下颚须微黄色，1–5 节比例为 1∶1∶2∶5∶8。中胸背板黑褐色，小背片深褐色，具 2 根强鬃；中背片黑褐色，光裸；前胸背板深褐色，侧板黑褐色，稀疏长刚毛；中胸上前侧片黑褐色，光裸；中胸下前侧片黑褐色，光裸；侧背片黑褐色，光裸。后胸侧板褐色，具细毛。足细长，黄色，转节具褐色斑，胫节距黄色。足比例：t1∶bt1=1.8，t2∶bt2=1.3，t3∶bt3=1.7。前胫节具胫梳和短鬃，中胫节具 3 列长鬃，后胫具 2 列长鬃毛，最长鬃约为胫节直径的 3.0 倍。爪黑色，细小。翅微褐色，细长，透明，长约为宽的 2.8 倍。C 伸达约 R_5 与 M_1 间距的 1/4 处。CuA 分叉点在 Rs 基部之前，M 分叉点远在 CuA 和 Rs 之外。横脉 r-m 长约为 Rs 的 2.0 倍，M 主干约 3.2 倍于横脉 r-m。R

主干、R_1、R_5、M_1、M_2 端 2/3、CuA_1 端 2/3 和 CuA_2 端 1/3 具背毛。平衡棒微黄色，基部具稀疏长毛。腹部具长刚毛。背片 1 褐色，光裸；背片 2–4 黑褐色，具狭窄黄色后缘横带，其余背片深褐色，腹节 7 长约为腹节 6 的 3/4，背片 8 长约为背片 7 的 1/2。腹片 2–7 具 1 对亚中和 2 对亚侧腹折线，背片 8 仅具亚中腹折线。外生殖器背片 9 顶端稍凹，腹面具 2 道脊状刺状短毛，脊伸向腹面。生殖刺突内弯，顶端强烈膨大，腹面具 3 强刺状毛，腹面顶端具较多平伏的细小刺状毛。尾须缩于背片 9 之中，圆形，具细长毛。阳基侧突短，顶端尖。黑褐色。生殖刺突内弯，顶端稍尖，端半部背面内侧具 2 行刺状短毛；刺突顶端具丛生的刺状毛。

分布：浙江（临安）。

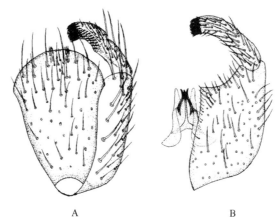

图 8-36　刺状赛菌蚊 *Saigusaia spinibarbis* Niu, Wu et Xu, 2008（引自 Niu *et al.*，2008a）
A.♂外生殖器，背视；B.♂外生殖器，腹视

171. 希菌蚊属 *Synapha* Meigen, 1818

Synapha Meigen, 1818: 227. Type species: *Synapha fasciata* Meigen, 1818: 227 (mon.).
Empalia Winnertz, 1863: 762. Type species: *Sciophila vitripennis* Meigen, 1818: 251 (mon.).

主要特征：单眼 3 个，浅三角形排列；中胸上前侧片和下前侧片光裸，侧背片和中背片光裸。翅膜具微毛，C 脉伸过 R_5 脉端至多为 R_5 脉与 M_1 间距的 1/4，Sc 脉终于 C 脉，Sc_2 存在，终于 Rs 之前，R_4 存在，M 主干长。

分布：世界广布，已知 23 种，中国记录 1 种，浙江分布 1 种。

（496）透明希菌蚊 *Synapha vitripennis* Meigen, 1818

Synapha vitripennis Meigen, 1818: 251.

特征：雄虫胸部黄褐色，中胸侧板光裸。翅面密被微毛，C 脉超过 R_5 脉末端约占 R_5 脉与 M_1 脉末端间距的 1/4。

分布：浙江（龙泉）；日本，欧洲。

（二）滑菌蚊亚科 Leiinae

主要特征：单眼 3 个，侧单眼有时接近复眼；胫毛排列不规则，爪间突存在；中背片光裸；翅膜无长毛，Sc 脉长或短，R_1 脉短，至多略长于横脉 r-m，横脉 r-m 长且近水平；第 7 腹节小而收缩。

分布：世界广布，世界已知 600 余种，中国记录 22 种，浙江分布 15 种。

172. 多菌蚊属 *Docosia* Winnertz, 1863

Docosia Winnertz, 1863: 802. Type species: *Mycetophila sciarina* Meigen, 1830: 300 (by designation of Johannsen, 1909).

主要特征：单眼 3 个，侧单眼与复眼接触或接近。侧背片被毛，中背片光裸。Sc 脉短，终于 R_5 脉；R_1 脉明显长于横脉 r-m，M 脉主干明显短于横脉 r-m，M 脉分叉点远在 R_1 脉端之内，后分叉脉基部完整。后基节基部具多数后侧毛。

分布：世界广布，已知 100 余种，中国记录 7 种，浙江分布 5 种。

分种检索表

1. Sc 脉在 Rs 脉基部之外终于 R 脉 ·· 摩拉多菌蚊 *D. moravica*
- Sc 脉末端游离或在 Rs 脉基部之内终于 R 脉 ··· 2
2. Sc 脉在 Rs 脉基部之内终于 R 脉 ··· 3
- Sc 脉末端游离 ··· 4
3. C 脉终于 R_5 脉端，平衡棒黑褐色 ·· 非常多菌蚊 *D. monstrosa*
- C 脉端延伸至 R_5 脉与 M_1 脉间距的 1/3 处，平衡棒黄色 ······················ 扇状多菌蚊 *D. flabellate*
4. C 脉端延伸至 R_5 与 M_1 脉之间距的一半 ·· 古田山多菌蚊 *D. gutianshana*
- C 脉终于 R_5 脉端 ··· 中华多菌蚊 *D.sinensis*

（497）扇状多菌蚊 *Docosia flabellate* Xu, Wu *et* Yu, 2003（图 8-37）

Docosia flabellate Xu, Wu *et* Yu, 2003: 346.

特征：雄虫翅长 2.5–3.0 mm。头部黑色具白色刚毛；须黄色；触角黑色，鞭节长为宽的 2.0–3.0 倍。胸部黑至烟灰色；中胸盾片、小盾片和前胸前侧片具白色刚毛；侧板光裸。翅黄色透明；C 脉、R 脉和横脉 r-m 褐色，其余脉无色，仅具细毛；Sc 脉在 Rs 脉基部之内终于 R 脉；R_1 脉长约为横脉 r-m 的 2.5 倍；C 脉末端伸达 R_5 脉与 M_1 脉端间距的 1/3 处；M 脉主干略短于横脉 r-m。平衡棒黄色。足黄色，基节基部 2/5 暗色；前腿节基部 3/4 下面暗色；中腿节基半部暗色；中胫节具 6–7d、8–9a、4v；后胫节具 11–14d、6–7a。腹部黑色。外生殖器黑色。

分布：浙江（安吉）。

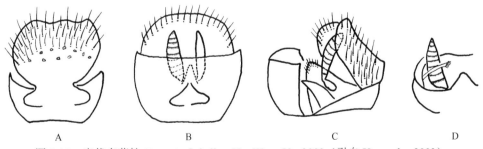

图 8-37　扇状多菌蚊 *Docosia flabellate* Xu, Wu *et* Yu, 2003（引自 Xu *et al.*，2003）
A.♂外生殖器，背视；B.♂外生殖器，腹视；C.♂外生殖器，侧视；D.♂外生殖器，尾须

（498）古田山多菌蚊 *Docosia gutianshana* Xu, Wu *et* Yu, 2003（图 8-38）

Docosia gutianshana Xu, Wu *et* Yu, 2003: 344.

特征：雄虫翅长 3.0–3.2 mm。头部黑色，具褐色刚毛，须白色；触角黄色，鞭节长至多为宽的 3.0 倍。胸部褐色至烟灰色；中胸盾片、小盾片和前胸前侧片具光泽，具少量黑色刚毛；侧板烟灰色，完全光裸。翅黄色透明，C 脉、R 脉和横脉 r-m 褐色，并具细毛，其余脉无色；Sc 脉末端游离；R_1 脉与横脉 r-m 几乎等长；C 脉末端延伸至 R_5 脉与 M_1 脉之间距的一半；M 脉主干略长于横脉 r-m。平衡棒黄色。足黄色，基节基部 2/5 褐色；后腿节端半部黄褐色；中胫节具 3–5d、5–7a、6v；后胫节具 10–12d、6–8a。腹部灰褐色。外生殖器褐色。

分布：浙江（庆元）。

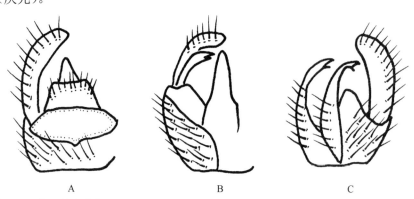

图 8-38　古田山多菌蚊 *Docosia gutianshana* Xu, Wu *et* Yu, 2003（引自 Xu *et al.*, 2003）

A.♂外生殖器，背视；B.♂外生殖器，腹视；C.♂外生殖器，侧视

（499）非常多菌蚊 *Docosia monstrosa* Xu, Wu *et* Yu, 2003（图 8-39）

Docosia monstrosa Xu, Wu *et* Yu, 2003: 344.

特征：雄虫翅长 3.0–3.2 mm。头部黄褐色，具白色刚毛；须黄色；触角黑褐色，鞭节长为宽的 2.0 倍。胸部黄褐色；中胸盾片、小盾片和前胸前侧片具黑褐色刚毛；侧板光裸。翅黄色透明；C 脉、R 脉和横脉 r-m 褐色，其余脉无色，仅具细毛；Sc 脉在 Rs 脉基部之内终于 R 脉；R_1 脉长约为横脉 r-m 的 1.5 倍；C 脉末端终于 R_5 脉端；M 脉主干短于横脉 r-m。平衡棒黑褐色。足黄色，基节基部 2/5 色暗；转节之后颜色渐变暗；中胫节具 5d、5–7a、5v；后胫节具 10–11d、12–14a。腹部黑色。外生殖器黑色。雌虫翅长 3.0 mm。色型和特征与雄虫相同。外生殖器黑色。

分布：浙江（庆元）。

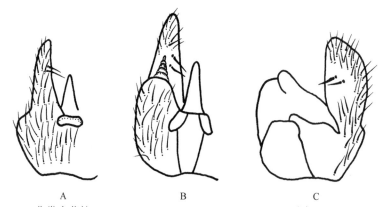

图 8-39　非常多菌蚊 *Docosia monstrosa* Xu, Wu *et* Yu, 2003（引自 Xu *et al.*, 2003）

A.♂外生殖器，背视；B.♂外生殖器，腹视；C.♂外生殖器，侧视

（500）摩拉多菌蚊 *Docosia moravica* Landrock, 1916

Docosia moravica Landrock, 1916: 64.

特征：雄虫身体发出微黑光泽，具有淡黄色毛和刚毛，触角黑色，触须棕黄色。翅透明，C 脉、R 脉和横脉 r-m 褐色，Sc 脉在 Rs 脉基部之外终于 R 脉，C 脉延伸至 R_5 与 M_1 末端之间距的一半，足黄色，后腿节在基部之后渐变暗。腹部黑至烟灰色，具长乳白色刚毛。外生殖器黑色。

分布：浙江（安吉）；捷克，斯洛伐克，德国，法国，英国，波兰，瑞典。

（501）中华多菌蚊 *Docosia sinensis* Xu, Wu *et* Yu, 2003（图 8-40）

Docosia sinensis Xu, Wu *et* Yu, 2003: 345.

特征：雄虫翅长 2.8–3.0 mm。头部黄褐色具灰白色刚毛；须黄色；触角黄色，鞭节长至多为宽的 3.0倍。胸部黄色；前胸具上曲刚毛，中胸盾片刚毛较短，小盾片和前胸前侧片有亮泽，具白色刚毛；侧板光裸。翅黄色透明；C 脉、R 脉和横脉 r-m 褐色，上具黑色毛，其余脉色淡，仅具细毛；Sc 脉末端游离；R_1脉与横脉 r-m 几乎等长；C 脉末端终于 R_5 脉端；M 脉主干略短于横脉 r-m。平衡棒白色。足黄色，基节基部 2/5 黄褐色；前腿节基部 3/4 腹侧暗色；中腿节端半部暗色；中胫节具 4–5d、6–7a、7v；后胫节具 10–11d、9–10a。腹部背板黄褐色；腹板淡黑色，具灰白色细毛。外生殖器黑褐色。

分布：浙江（安吉）、贵州。

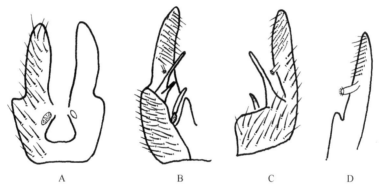

图 8-40　中华多菌蚊 *Docosia sinensis* Xu, Wu *et* Yu, 2003（引自 Xu *et al.*，2003）
A.♂外生殖器，背视；B.♂外生殖器，腹视；C.♂外生殖器，侧视；D.♂外生殖器及生殖刺突

173. 格菌蚊属 *Greenomyia* Brunetti, 1912

Greenomyia Brunetti, 1912: 87. Type species: *Greenomyia nigricoxa* Brunetti, 1912. by original designation.

主要特征：单眼 3 只，几乎排成一列，侧单眼距离复眼眶约为自身直径的 3 倍。前胸背板具强的后侧毛；侧背片有毛；中背片光裸。翅透明，密被不规则小毛，Sc 终于 C，r-m 几乎水平，R_1 长，R_5 不达翅缘，M_1 基部不分离，CuA_1 基部清晰。足中等粗壮，后胫节具 3 排刚毛。雄性外生殖器具圆形生殖刺突，其内侧具黑色刺构成的梳状结构。

分布：全北区。世界已知 12 种，中国记录 1 种，浙江分布 1 种。

（502）斯氏格菌蚊 *Greenomyia stackelbergi* Zaitzev, 1982

Greenomyia stackelbergi Zaitzev, 1982: 25–32.

特征：雄虫翅长 2.8–2.9 mm。头部黄色，单眼区棕色。单眼 3 只，侧单眼远离复眼眶。触角柄节、梗节和 1–2 鞭节黄色，其余鞭节棕色。口须黄色。胸部黄色，中胸侧片、小盾片、侧背片和中背片棕色。前胸背板和前胸前侧片具刚毛；中胸盾片具小刚毛，近后缘较强；小盾片具 4 根鬃；侧背片有毛；中背片光裸。翅黄色透明，C 脉终于 R_5 脉末端；Sc 脉终于 C 脉；R_1 脉短，约为 r-m 的 2/3。足黄色，后腿节端部 1/3 棕色，胫节和跗节略带棕色。腹部第 1、第 3、第 4 背板黄色，第 2 背板浅棕色，仅基部黄色，其余背板棕色；1–4 腹板黄色，其余腹板棕色。端节棕色，生殖刺突具梳状结构。

分布：浙江（安吉、临安）、北京、甘肃、广西；俄罗斯（远东地区）。

174. 滑菌蚊属 *Leia* Meigen, 1818

Leia Meigen, 1818: 258. Type species: *Leia fascipennis* Meigen, 1818 (by designation of Curtis, 1837).

Lejomya Rondani, 1856: 195. Type species: *Mycetophila bimaculata* Meigen, 1804 (original designation).

Lejosoma Rondani, 1856: 195. Type species: *Mycetophila bimaculata* Meigen, 1804 (aut.).

Neoglaphyroptera Osten Sacken, 1878: 10; new name for *Glaphyroptera* Winnertz, 1863 nec Herr, 1852. Type species: *Leia fascipennis* Meigen, 1818.

Glaphyroptera Winnertz, 1863: 771. Type species: *Leia fascipennis* Meigen, 1818: 255 (by designation of Coquillett, 1910).

主要特征：单眼 3 个，侧单眼与复眼边缘接触或接近。胸部侧面骨片外凸，被毛。横脉 r-m 等于或长于 R_1 脉。C 脉终于 R_5 脉端，Sc_1 脉终于 C 脉，M_1 脉和 M_2 脉基部完整。胫毛强壮。

分布：世界广布，已知 150 余种，中国记录 8 种，浙江分布 4 种。

分种检索表

1. 翅面具深色云纹或斑纹 ··· 2
- 翅面无云纹和斑纹 ·· 3
2. 翅面仅 R_5 脉端处有一褐斑；足黄色，至多后腿节端部褐色 ························· 龙王山滑菌蚊 *L. longwangshana*
- 翅面具 4 个褐色斑或具翅亚端褐横带；足黄褐色，腿节具数枚褐色斑 ··········· 广西滑菌蚊 *L. guangxiana*
3. 中胸盾片具 3 条黄褐色纵带 ··· 针尾滑菌蚊 *L. aculeolusa*
- 中胸盾片无上述纵带 ··· 长尾滑菌蚊 *L. ampulliforma*

（503）针尾滑菌蚊 *Leia aculeolusa* Wu, 2002 （图 8-41）

Leia aculeolusa Wu, 2002: 67.

特征：雄虫翅长 2.6–3.1 mm。头部淡褐色，额和须黄色；触角黄色，鞭节各节端部褐色；侧单眼与复眼接触。前胸背板黄色；中胸盾片黄色，具 3 条黄褐色纵带；中胸上前侧片褐色；中胸下前侧片黄褐色；

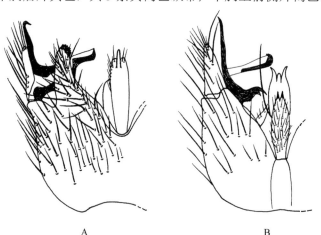

A　　　　　　　　　　　　　　　B

图 8-41　针尾滑菌蚊 *Leia aculeolusa* Wu, 2002（引自吴鸿和徐华潮，2002）

A. ♂外生殖器，背视；B. ♂外生殖器，腹视

小盾片黄色，具 4 根长刚毛；侧背片黄色，边缘深褐色；中背片褐色。翅黄色透明。平衡棒褐黄色。足黄色，后腿节端腹部及中、后胫节端部褐色，刚毛褐色。腹部背板 1–4 节前半部黄色，后半部褐色，5–7 节褐色；腹板同背板，但色稍浅。外生殖器褐色。雌虫翅长 3.2–3.8 mm。色型与雄虫相似。

　　分布：浙江（安吉、临安）、北京、甘肃。

（504）长尾滑菌蚊 *Leia ampulliforma* Wu, 2002（图 8-42）

Leia ampulliforma Wu, 2002: 67.

　　特征：雄虫翅长 2.7 mm。头部淡褐色，额和须基节淡褐色，须其余节黄白色；触角黄色，鞭节各节端部褐色；侧单眼与复眼接触。前胸背板褐黄色；中胸盾片黄褐色；中胸上前侧片黄色，上端黄褐色；中胸下前侧片黄色，前缘有一黄褐色斑；小盾片黄褐色，具 4 根长刚毛；侧背片和中背片黄褐色。翅黄色透明。平衡棒黄色。足黄色，中、后基节及中、后腿节的端腹部有褐色斑，刚毛褐色。腹部背板第 1 节褐色，第 2–7 节黄色，后缘褐色；腹板黄色，2–6 节中央有褐色斑。外生殖器褐色。雌虫翅长 3.8 mm。色型与雄虫相似。

　　分布：浙江（安吉、临安）。

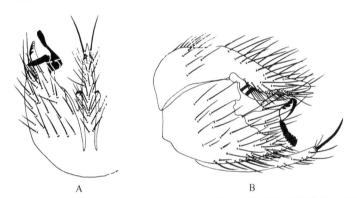

图 8-42　长尾滑菌蚊 *Leia ampulliforma* Wu, 2002（引自吴鸿和徐华潮，2002）
A. ♂外生殖器，腹视；B. ♂外生殖器，侧视

（505）广西滑菌蚊 *Leia guangxiana* Wu, 1999（图 8-43）

Leia guangxiana Wu, 1999: 92.

　　特征：雄虫翅长 4.8–5.0 mm。头部淡褐色，额和须黄色；触角柄节、梗节和第 1 鞭节黄色，其余部分

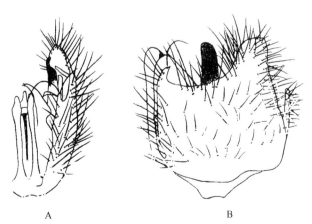

图 8-43　广西滑菌蚊 *Leia guangxiana* Wu, 1999（引自吴鸿，1999）
A. ♂外生殖器，腹视；B. ♂外生殖器，侧视

淡褐至褐色；侧单眼不与复眼接触。前胸背板黄色；中胸盾片黄色，有 3 条深褐色宽纵带；中胸上前侧片和中胸下前侧片黄色，下前角褐色；小盾片黄色，有 1 "T" 形褐色斑，具 4 根长刚毛；侧背片褐色。翅黄色透明，4 个褐色斑分别位于 Rs 脉两侧、横脉 r-m 基部至 M 脉分叉处、C 脉与 R_5 脉近端处以及 R_1 脉端之外至 M_1 脉中部之外的前方等处。平衡棒黄色。足黄褐色，腿节腹面中央有一褐斑，后腿节端部和中、后胫节端部各有一褐色斑；刚毛深褐色。腹部背板褐色，第 2 节前缘有窄黄边；腹板淡褐色。外生殖器褐色；生殖突端节弧弯；生殖突基节背面盾状，腹端部有一小突起，后者末端有 2 根细长弯毛。雌虫翅长 4.8–6.2 mm。色型与雄虫相似。

　　分布：浙江（临安、庆元、龙泉）、山西、广西、云南。

（506）龙王山滑菌蚊 *Leia longwangshana* Wu, 2002（图 8-44）

Leia longwangshana Wu, 2002: 68.

　　特征：雄虫翅长 4.1 mm。头部深褐色，须黄色；触角柄节、梗节和第 1–3 鞭节黄色，其余淡褐至褐色；侧单眼不与复眼接触。前胸背板黄色；中胸盾片黄色，具 2 条黑褐色纵带，两侧并分别有一大型 "C" 形黑斑；中胸上前侧片上半部褐色，下半部黄色；中胸下前侧片褐色，中央有 1 不规则黄斑或无；小盾片黄色，具 4 根长刚毛；侧背片和中背片黑褐色。翅黄色透明，R_5 脉端有一褐色斑。平衡棒黄色。足黄色，后腿节端部褐色；刚毛黑褐色。腹部背板褐色，2–4 节前半部及 2–5 节前侧角黄色；腹板 1–4 节或 1–5 节黄色，其余节褐色。外生殖器淡褐色。

　　分布：浙江（安吉、临安）、河北。

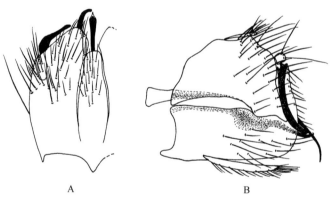

図 8-44　龙王山滑菌蚊 *Leia longwangshana* Wu, 2002（引自吴鸿和徐华潮，2002）
A. ♂外生殖器，腹视；B. ♂外生殖器，侧视

175. 隆菌蚊属 *Rondaniella* Johannsen, 1909

Rondaniella Johannsen, 1909: 66. Type species: *Leia variegate* Winnertz, 1863: 794 (orig. des.) [=*dinidiata* (Meigen, 1804)].
Leia Winnertz, 1863: 973.

　　主要特征：单眼 3 只，单眼上方有深色暗斑。中胸盾片有或无斑纹。中背片光裸；侧背片有毛。翅近端部有纵向深色云带，大小有变化；CuA_2 脉下方有深色斑纹。Sc 终于 C 脉，横脉 r-m 倾斜，R_1 脉略长，长度略超过 r-m 的 2 倍，M_1 脉基部通常分离。中足胫节有一长腹鬃，后足腿节基部黑色。

　　分布：东洋区和新北区。世界已知 9 种，中国记录 7 种，浙江分布 5 种。

分种检索表

（507）盾形隆菌蚊 *Rondaniella aspidoida* Yu *et* Wu, 2004（图 8-45）

Rondaniella aspidoida Yu *et* Wu, 2004: 288.

特征：雄虫翅长 2.5–3.2 mm。头部浅棕色，单眼上方有深棕色斑纹；口须黄色；触角柄节土黄色；梗节土黄色至浅棕色；鞭节由基部向末端颜色由土黄色逐渐加深于第 5 节过渡到棕色。头顶多黄色刚毛，在头顶靠近触角窝上方有 5–6 根浅棕色强刚毛，面部多短小刚毛，沿复眼外侧有 4–5 根棕色较长刚毛；中单眼小，直径小于侧单眼的 1/3；触角柄节多毛，鞭节长约为宽的 1.3 倍。前胸背板、前胸前侧片、前胸腹板土黄色；中胸盾片肩角大块及侧后一小块土黄色，其余深棕色；小盾片棕色；中胸上前侧片大部分浅棕色，仅后下角土黄色；中胸下前侧片大部分浅棕色，仅后下角土黄色；中胸后侧片大部分棕色，仅后前上角土黄色和前下角浅棕色；侧背片及中背片土黄色；中胸后侧片大部分棕色，仅后前上角土黄色和前下角浅棕

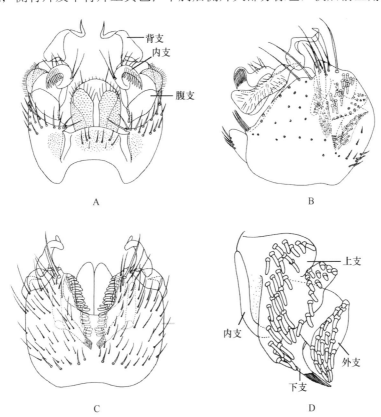

图 8-45　盾形隆菌蚊 *Rondaniella aspidoida* Yu *et* Wu, 2004（引自 Yu *et al.*, 2004）

A. ♂外生殖器，背视；B. ♂外生殖器，侧视；C. ♂外生殖器，腹视；D. 生殖刺腹突

色；侧背片及中背片棕色。前胸背板具毛，靠近上缘有棕色强刚毛；前胸前侧片具毛，靠近下缘有棕色强刚毛；前胸腹板多长毛；中胸盾片多毛；小盾片具 4 根鬃；中胸侧片光裸；侧背片有毛；中背片光裸。翅土黄色，长椭圆形，亚翅端有一浅棕色纵向条状云斑；CuA 脉下方有大块浅棕色云斑；M_1 脉基部几乎不分离，尤其是右翅。M_3+CuA_1 脉明显不达翅缘。平衡棒端部棕色，基部黄色。足土黄色；后腿节端部深棕色。前基节背半面光裸；前胫节密被小毛，腹面端部有一圆形凹陷状感觉器，凹陷内有多排排列的毛。中胫节具 4a、10d、3p，1 长 2 小 v；后胫节具 9a、14d、2p、2v。腹部棕色。

分布：浙江（临安、开化、庆元）。

（508）古田山隆菌蚊 *Rondaniella gutianshanana* Yu *et* Wu, 2008（图 8-46）

Rondaniella gutianshanana Yu *et* Wu, 2008: 45.

特征：雄虫翅长 2.03 mm。头部土黄色，单眼上方有棕色斑纹；口须黄色；触角柄节、梗节土黄色。头顶多刚毛，较强，靠近触角窝上方有 2 根很强的刚毛；面部有小刚毛，沿复眼外侧有 4–5 根棕色刚毛。中单眼小，直径小于侧单眼的 1/3。柄节具刚毛；梗节近前缘长有一圈刚毛。前胸背板、前侧片、腹板黄色；中胸盾片前面约 1/3、两侧前半部分及两后侧角土黄色，其余棕色；小盾片棕色；中胸前侧片黄色，后侧片大部分土黄色，后角棕色；侧背片棕色；背片中央棕色，两侧及下缘土黄色。前胸背板有 2–3 根强刚毛；前胸前侧片具 1 根强刚毛；前胸腹板具刚毛，靠近下方的较强。小盾片具 4 根鬃及若干小刚毛；中胸前侧片光裸；侧背片有毛。翅长椭圆形，土黄色；亚翅端有一浅棕色纵向条状云斑，宽略超过翅长的 1/4；横脉 r-m 上方有一小浅棕色云斑；M_3+CuA_1 脉下方有大块浅棕色云斑。M_1 脉基部分离极短，尤其右翅；CuA 脉几乎达翅缘，端部弱；M_3+CuA_1 脉端半部几乎成直线，与 CuA_2 脉呈分离趋势。平衡棒黄色。足黄色；足腿节基部棕色。后腿节多毛。前胫节端部腹面有一圆形凹陷感觉器和一腹距，且具一短腹鬃，5 根短小的背鬃，1a、1p；中胫节具 5a-d、9d、1p；后胫节具 9a、13d。前跗节 1、2 节土黄色，3–5 节棕色；中跗节第 1 节多短小腹鬃；后跗节 1–2 节多短小的棕毛。腹部 1–6 背板棕色，5–6 腹板棕色及端节棕色，其余土黄色。

分布：浙江（开化）。

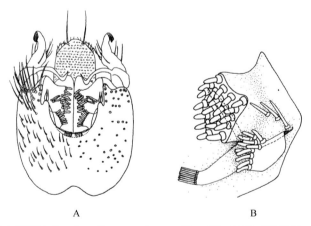

图 8-46　古田山隆菌蚊 *Rondaniella gutianshanana* Yu *et* Wu, 2008（引自 Xu *et al.*，2008）
A. ♂外生殖器，腹视；B. 生殖刺腹突

（509）简单隆菌蚊 *Rondaniella simplex* Yu *et* Wu, 2008（图 8-47）

Rondaniella simplex Yu *et* Wu, 2008: 46.

特征：雄虫翅长 2.2–2.5 mm。头部黄色；单眼上方有棕色斑纹；口须黄色；触角柄节、梗节黄色，鞭节由基部向末端颜色由黄色逐渐加深至第 5 节过渡到浅棕色。头顶多刚毛，较细，靠近触角窝上方有 2 根强刚毛；面部有小毛，面部沿复眼外侧有 5 根、6 根较强的棕色刚毛；中单眼小，直径约为侧单眼的 0.4 倍；触角具刚毛；梗节近前缘长有一圈刚毛，其中最长的刚毛约为梗节自身长度的 1.5 倍；鞭节除端节外长宽比为 1.38。前胸背板、前侧片、腹板黄色；中胸盾片前面约 2/3 黄色，两侧后角各有一小块黄色，其余浅棕色；小盾片浅棕色；中胸前侧片黄色；中胸后侧片大部分土黄色，仅后角浅棕色；侧背片和中背片浅棕色。前胸背板、前侧片、腹板具毛；中胸盾片多小毛；小盾片具 4 根鬃和少量小刚毛；中胸侧片光裸；侧背片有毛；中背片光裸。翅长椭圆形，黄色；亚翅端有一浅棕色纵向条状云斑，宽约为翅长的 1/4，横脉 r-m 上方有一小浅棕色云斑，CuA 脉下方有大块浅棕色云斑。M_1 脉基部分离明显，M_3+CuA_1 脉（几乎）达翅缘。平衡棒黄色。足黄色；后腿节基部深棕色。前基节多毛；前胫节密被小毛，腹面端部有一圆形凹陷状感觉器，凹陷内有多排排列的毛。中胫节具 4a、1a-d、9d，1 长 2 短 v；后胫节具 1a、9a-d、18d、2v。腹部 1–4 节腹板黄色，其余棕色，端节棕色。生殖刺突端部具圆锥形刺。

分布：浙江（庆元）。

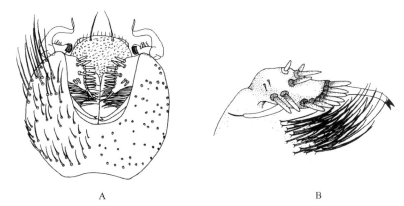

图 8-47　简单隆菌蚊 *Rondaniella simplex* Yu *et* Wu, 2008（引自 Xu *et al.*，2008）
A. ♂外生殖器，腹视；B. 生殖刺腹突

（510）天目隆菌蚊 *Rondaniella tianmuana* Yu *et* Wu, 2009（图 8-48）

Rondaniella tianmuana Yu *et* Wu, 2009: 223.

　　特征：雄虫翅长 2.1 mm。头部土黄色，单眼上方有棕色斑纹，口须黄色；触角柄节土黄色，梗节土黄色至浅棕色，鞭节由基部向末端颜色由土黄色逐渐加深至第 5 鞭节过渡到棕色。头顶多刚毛，前面触角窝上方有 2–4 根强刚毛，头顶靠近后头口处有 2 根强刚毛，复眼外侧有 4–5 根棕色刚毛，面部有极短小的刚毛。中单眼小，直径小于侧单眼的 1/3。柄节具刚毛，梗节近前缘有一圈刚毛，其中最长的刚毛约为梗节自身长度的 1.3 倍；鞭节（除端节）长宽比为 1。前胸背板、前侧片、腹板黄色；中胸盾片土黄色，侧后方翅基上方有棕色斑纹，后缘中央有 2 条细短的浅棕色条状斑纹；小盾片棕色；中胸前侧片黄色，中胸后侧片大部分土黄色，仅后角棕色；侧背片及中背片棕色。前胸背板有毛，靠前上方有 3 根粗长的刚毛；前胸前侧片、腹板具毛；中胸盾片多棕色小（刚）毛；小盾片具 4 根鬃及一些刚毛；中胸前侧片光裸；侧背片有毛；中背片光裸。翅黄色；亚翅端有一浅棕色纵向条状云斑，宽约为翅长的 1/6，横脉 r-m 上方有一小浅棕色云斑，M_3+CuA_1 脉下方有大块浅棕色云斑。端部窄，亚基部宽，臀叶大，臀角近直角，略似菜刀形。M_1 脉基部分离明显，CuA 脉（几乎）达翅缘，端部弱。平衡棒黄色。足黄色；后腿节基部深棕色。前基节前面大面积光裸；中胫节具 3a、6d、1p；后胫节具 20d。跗节多短小鬃。腹部 1–3 节背板棕色；第 4 节背板端部 1/4 棕色，其余土黄色；1–3 腹板土黄色；5 节、6 节棕色；7 节、8 节土黄色；第 8 节套叠明显。端节浅棕色。

　　分布：浙江（临安）。

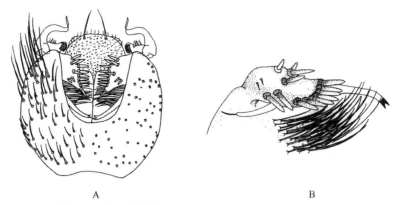

图 8-48　天目隆菌蚊 *Rondaniella tianmuana* Yu *et* Wu, 2009
A. ♂外生殖器；B. 生殖刺腹突

（511）爪突隆菌蚊 *Rondaniella unguiculata* Yu *et* Wu, 2008（图 8-49）

Rondaniella unguiculata Yu *et* Wu, 2008: 46.

　　特征：雄虫翅长 1.99–2.21 mm。头部浅棕色；单眼上方有棕色斑纹，口须黄色；触角柄节、梗节黄色；鞭节由基部向末端颜色由黄色逐渐加深过渡到棕色。头顶多刚毛，较短。沿复眼外侧有 4–5 根强刚毛；中单眼小，但直径不小于侧单眼的 1/3。触角柄节有毛；鞭节除端节外长宽比为 1。前胸背板、前侧片黄色；中胸盾片前半部分及两侧大部分黄色，后半部分中央有棕色条状斑纹，两侧翅基上方各有一棕色斑纹；小盾片棕色；中胸前侧片土黄色；中胸后侧片大部分土黄色，后角棕色；侧背片、中背片棕色。前胸背板有毛，靠近上前缘有 3 根粗长的刚毛；前胸前侧片、腹板具毛；中胸盾片多小毛；小盾片具 4 根鬃；中胸前侧片光裸；侧背片有毛；中背片光裸。翅黄色；后腿节基部深棕色。前基节多毛；前胫节有几根短小的鬃，腹面端部有一圆形凹陷状感觉器，凹陷内有多排排列的毛；中胫节具 1a、4a-d、8d、1p，1 长 2 短小 v；后胫节具 2a、a-d9、10d、4p-d。腹部 1–4 腹板土黄色，其余棕色，端节棕色。生殖刺突上支具圆柱形刺。

　　分布：浙江（临安、开化、庆元）、福建。

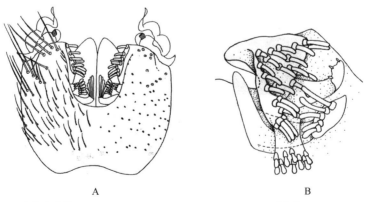

图 8-49　爪突隆菌蚊 *Rondaniella unguiculata* Yu *et* Wu, 2008（引自 Xu *et al.*，2008）
A. ♂外生殖器；B. 生殖刺腹突

（三）菌蚊亚科 Mycetophilinae

　　主要特征：复眼分离；侧单眼接触复眼边缘，中单眼很小或缺失；眼眶刚毛不明显成列。翅膜微毛排成列，无明显长毛，仅在一定的翅脉上，特别是近翅缘具长毛；Sc 脉退化，决不伸达 C 脉；R₄ 脉缺失。胫毛几乎总是排成列。

　　分布：世界广布，世界已知 1000 余种，中国记录 129 种，浙江分布 111 种。

176. 亚菌蚊属 *Anatella* Winnertz, 1863

Anatella Winnertz, 1863: 854. Type species: *Anatella gibba* Winnertz, 1863 (by designation of Johannsen, 1909).

　　主要特征：体小型细长。触角短；须正常。中胸上前侧片无长刚毛；中胸后侧片无黑色尖点。中胫节具 2 等长的距，或其中之一退化，甚至缺失；胸足胫毛排成列；后基节仅具弱基刚毛或缺失。翅膜微毛排成列，无长毛；C 脉明显伸过 R_5 脉端；后分叉点多变，通常仅稍伸过 M 脉分叉点；M 脉分支和后分支脉具长毛或无。腹部雄可见 6 节，雌可见 7 节。尾器小型。

　　分布：古北区、东洋区和新北区。世界已知 30 余种，中国记录 1 种，浙江分布 1 种。

（512）科氏亚菌蚊 *Anatella coheri* Wu *et* Yang, 1995

Anatella coheri Wu *et* Yang, 1995: 198.

　　特征：雄虫翅长 2.2 mm。头部须黄色，头后部褐色；触角淡黄褐色，各鞭节长略大于宽。胸部淡褐色。翅 C 脉伸过 R_5 脉段约为 R_5 脉至 M_1 脉间距的近 1/2；后分叉点明显在 M 脉分叉点之外。平衡棒淡黄褐色。足基节和腿节黄色，胫节和跗节淡褐色；bt1∶t1=0.95；中腿节缘缨短；中胫节外距长为内距的 3/5，后胫节外距长为内距的 5/6；后基节近基部有 1 短刚毛。腹背板褐色；腹板淡褐色。外生殖器淡褐色。雌虫翅长 2.6 mm。色型和特征与雄虫相同，外生殖器褐色。

　　分布：浙江（开化、庆元）。

177. 配菌蚊属 *Allodia* Winnertz, 1863

Allodia Winnertz, 1863: 826. Type species: *Mycetophila ornaticollis* Meigen, 1818: 269 (des. Johannsen, 1909: Mycetophilidae, *in*
　　Wytsman: Genera Insectorum, Fasc.93: 104) [=*lugens* (Wiedemann, 1817)], misidentification.

Parallodia Plassmann, 1969: 80. Type species: *Mycetophila lugens* Wiedemann, 1817: 68.

Brachycampta Winnertz, 1863: 833. Type species: *Mycetophila alternans* Winnertz, 1863: 834 (des. Coquillett, 1910: 515) [=*grata*
　　(Meigen, 1830)], misidentification.

　　主要特征：触角正常，不加厚或变短，鞭节具微小的直长毛。唇基卵圆形，高大于宽。中胸盾片的中域刚毛呈 2 列(背中位)，或减少退化；小盾片具 2 强缘刚毛；前胸部分相当狭窄；侧板相当高；前胸背板和盾片间的角广泛地围着前气门；中胸上前侧片呈六边卵圆形，光裸；2 前侧刚毛伸向下方。Sc 脉很短，终于 R 脉；R_1 脉不明显长于 R 脉；R_5 脉几平直，端部远离 M_1 脉；横脉 r-m 光裸，倾斜，多长于 M 脉主干；后分叉点在 M 脉主干基部附近；A 脉很弱，短或缺失；分叉脉光裸。足正常；后基节具一基刚毛；雄虫前足跗节简单；后基节无后刚毛。第 1 腹板的 1 对长缘刚毛有或无。雄外生殖器中等或大型；第 9 背板具 1 对或 2 对长刚毛；尾须 2 节。雌虫尾须 2 节；基节很短，侧视斜圆锥形。

　　分布：北半球广布。世界已知近 50 种，中国记录 7 种，浙江分布 7 种。

分种检索表

2. 触角长为头、胸之和的 1.7 倍，鞭节长为宽的 2 倍；生殖刺突矩圆形，内面具栉状构造 ……………**矩圆配菌蚊 A. oblonga**

- 触角长略大于头、胸之和，鞭节长略大于宽；生殖刺突不规则形，内面具一粗刺 …………**大齿配菌蚊 A. macrodontusa**

3. 第 9 背板具极长刚毛 ………………………………………………………………………………………… 4

- 第 9 背板至多仅具中等长刚毛 …………………………………………………………………………… 5

4. 触角长为头、胸之和的 1.4 倍，基部节黄色；前足基跗节长于胫节；生殖刺突内面无栉状构造 …**黄褐配菌蚊 A.fuliginosa**

- 触角略长于头、胸之和，全长为褐色；前足基跗节短于胫节；生殖刺突内面具宽长的栉状构造 …………
　…………………………………………………………………………………………**梳状配菌蚊 Al.pectinata**

5. 触角长为头、胸之和的 1.5 倍，鞭节长为宽的 2.0 倍；生殖刺突内面具长剑刺 ………………**剑齿配菌蚊 A. xiphodeusa**

- 触角长约等于头、胸之和，鞭节长至多为宽的 1.6 倍；生殖刺突无上述构造 ……………………………… 6

6. 前足基跗节长为胫节的 1.3 倍；中胫节具密生后刚毛 30 枚……………………………**渐尖配菌蚊 A. attenuate**

- 前足基跗节约与胫节等长；中胫节具后刚毛 11 枚以下；各腿节基腹部及后基节基后部、后腿节及胫节的端部褐色………
　………………………………………………………………………………………………**坚实配菌蚊 A. solida**

（513）渐尖配菌蚊 *Allodia attenuate* Wu, Zheng *et* Xu, 2003（图 8-50）

Allodia attenuate Wu, Zheng *et* Xu, 2003: 349.

　　特征：雄虫翅长 2.6 mm。头部须褐黄色；头后部深褐色；触角褐黄色，长与头、胸之和等长，鞭节长约为宽的 1.6 倍。前胸背板褐黄色；中胸盾片黄褐色；侧板和中背片褐黄色。翅淡褐黄色；横脉 r-m 长约为 M 脉主干的 1.3 倍。平衡棒褐黄色。足黄色；前足基跗节长约为胫节的 1.3 倍；中足基跗节长约为胫节的 1.1 倍；中胫节具 30a、9p-v、4p、4p-d；后胫节具 6a、3p、4p-d。腹部背板褐色；腹板淡褐色。外生殖器褐色。

　　分布：浙江（开化）。

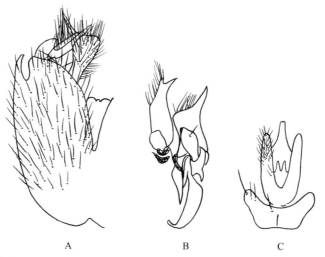

图 8-50　渐尖配菌蚊 *Allodia attenuate* Wu, Zheng *et* Xu, 2003（引自 Wu *et al.*，2003）
A.♂外生殖器，腹视；B. 生殖刺突，侧视；C. 第 9 背板和尾须

（514）黄褐配菌蚊 *Allodia fuliginosa* Wu, Zheng *et* Xu, 2003（图 8-51）

Allodia fuliginosa Wu, Zheng *et* Xu, 2003: 349.

　　特征：雄虫翅长 2.3–2.6 mm。头部须褐黄色；头后部褐色；触角长约为头、胸部之和的 1.4 倍，柄节、梗节和第 1 鞭节黄色，其余褐色，鞭节长为宽的 1.0–1.4 倍。前胸前侧片黄褐色，具 2 长刚毛；中胸盾片黄褐色，无中域刚毛；小盾片褐色；中胸上前侧片黄褐色；侧背片和中背片褐色。翅淡黄色；Sc 脉末端终于 R 脉；R$_5$

脉端部几平直；横脉 r-m 长为 M 脉主干的 0.8–1.0 倍；后分叉点在 M 脉主干基部之内。平衡棒黄色。足褐黄色；前足基跗节长为胫节的 1.2 倍。中胫节具 15–19a、6p-v、6p、3p-d；后胫节具 11a、7p-d。腹部背板褐色，浅色斑位于第 1–4 节两基侧角，第 6 节黄色；腹板黄色。外生殖器褐色。生殖刺突多长毛，内侧无突起。

　　分布：浙江（安吉、开化）。

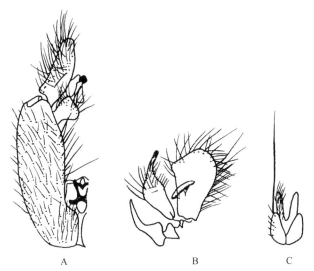

图 8-51　黄褐配菌蚊 Allodia fuliginosa Wu, Zheng et Xu, 2003（引自 Wu et al., 2003）
A. ♂外生殖器，腹视；B. 生殖刺突，侧视；C. 第 9 背板和尾须

（515）大齿配菌蚊 Allodia macrodontusa Wu, Zheng et Xu, 2003（图 8-52）

Allodia macrodontusa Wu, Zheng et Xu, 2003: 350.

　　特征：雄虫翅长 2.2–3.1 mm。头部须黄色；头后部褐色；触角略长于头、胸部之和，黄色，端半部的鞭节淡褐色，鞭节长略大于宽。前胸前侧片黄色，具 1 长刚毛；中胸盾片褐黄色，具 3 条褐色纵带，中域的中背刚毛不成列；小盾片褐黄色；中胸上前侧片、侧背片和中背片褐黄色。翅淡黄色；Sc 脉末端终于 R 脉；R_5 脉端部几平直；横脉 r-m 为 M 脉主干的 0.6–1.1 倍；后分叉点在横脉 r-m 基部之内。平衡棒淡黄色。足褐黄色；前足基跗节长约与胫节等长。中胫节具 20–25a、6p-v、5p-d；后胫节具 10–13a、8p-d。腹部背板和腹板褐色，浅色斑位于各节基部，第 5–6 节的较宽大。外生殖器淡褐色。生殖刺突不规则，内侧具 1 粗刺。

　　分布：浙江（开化）。

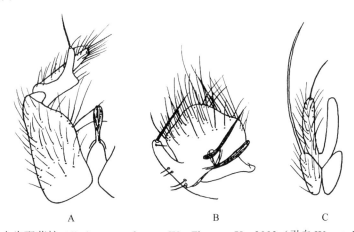

图 8-52　大齿配菌蚊 Allodia macrodontusa Wu, Zheng et Xu, 2003（引自 Wu et al., 2003）
A. ♂外生殖器，腹视；B. 生殖刺突，侧视；C. 第 9 背板和尾须

（516）矩圆配菌蚊 *Allodia oblonga* **Wu, Zheng et Xu, 2003**（图 8-53）

Allodia oblonga Wu, Zheng et Xu, 2003: 351.

　　特征：雄虫翅长 2.6–3.0 mm。头部须黄色；头后部暗褐色；触角长约为头、胸部之和的 1.7 倍，柄节、梗节和第 1–2 或 1–4 鞭节黄色，其余褐色，鞭节长约为宽的 2.0 倍。前胸前侧片黄色，具 2 长刚毛；中胸盾片黄色，具 2–3 条褐色宽纵带，中域刚毛成列；小盾片黄色；中胸上前侧片黄色；侧背片黄褐色；中背片褐色。翅淡黄色；Sc 脉末端终于 R 脉；R_5 脉端部平直；横脉 r-m 约与 M 脉主干等长；后分叉点在 M 脉主干基部之内。平衡棒黄色。足褐黄色；前足基跗节长为胫节的 1.2 倍。中胫节具 24–29a、7p-v、8p、4p-d；后胫节具 9a、10p-d。腹部背板褐色，浅色斑位于两侧及基部；腹板黄色。外生殖器褐色。生殖刺突长圆形，内侧具栉状构造。

　　分布：浙江（安吉、开化）、广西。

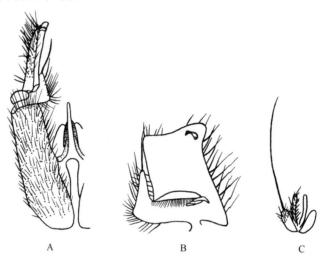

图 8-53　矩圆配菌蚊 *Allodia oblonga* Wu, Zheng et Xu, 2003（引自 Wu *et al.*，2003）

A. ♂外生殖器，腹视；B. 生殖刺突，侧视；C. 第 9 背板和尾须

（517）梳状配菌蚊 *Allodia pectinata* **Wu, Zheng et Xu, 2003**（图 8-54）

Allodia pectinata Wu, Zheng et Xu, 2003: 351.

　　特征：雄虫翅长 2.3–2.7 mm。头部须褐黄色；头后部褐色；触角略长于头、胸部之和，褐色，鞭节长

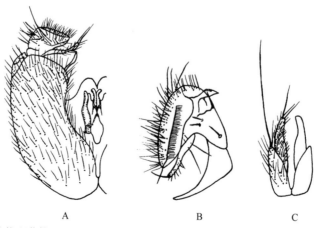

图 8-54　梳状配菌蚊 *Allodia pectinata* Wu, Zheng et Xu, 2003（引自 Wu *et al.*，2003）

A. ♂外生殖器，腹视；B. 生殖刺突，侧视；C. 第 9 背板和尾须

约等于宽。前胸前侧片褐色，具 3 长刚毛；中胸盾片褐色，中域刚毛退化；小盾片褐色；中胸上前侧片、侧背片和中背片褐色。翅淡黄色；Sc 脉末端终于 R 脉；R_5 脉端部平直；横脉 r-m 长为 M 脉主干的 0.9–1.1 倍；后分叉点远在 M 脉主干基部之内。平衡棒黄色。足褐黄色；前足基跗节长为胫节的 0.9 倍。中胫节具 23a、8–10p-v、10–12p、5p-d；后胫节具 9–10d、10a。腹部背板褐色，浅色斑位于各节基部；腹板淡褐色。外生殖器褐色。生殖刺突内侧具宽长的梳状构造。

分布：浙江（安吉、开化）、贵州。

（518）坚实配菌蚊 *Allodia solida* Wu, Zheng *et* Xu, 2003（图 8-55）

Allodia solida Wu, Zheng *et* Xu, 2003: 352.

特征：雄虫翅长 2.7–3.7 mm。头部须黄色；头后部暗褐色；触角约与头、胸部之和等长，柄节、梗节和第 1 鞭节黄色，其余褐色，鞭节长约为宽的 1.4 倍。前胸前侧片褐色，具 3 长刚毛；中胸盾片黑褐色，肩角黄色，中域刚毛发达；小盾片黑褐色；中胸上前侧片褐色；侧背片深褐色；中背片暗褐色。翅淡黄色；Sc 脉末端终于 R 脉；R_5 脉端部平直；横脉 r-m 约与 M 脉主干等长；后分叉点在 M 脉主干基部稍外。平衡棒黄色。足褐黄色，后基节基后部及各腿节基腹部各有一褐色斑，后腿节端部及后胫节端部褐色；前足基跗节约与胫节等长。中胫节具 8–11a、10p、4–6p-d；后胫节具 11a、6–8p-d。腹部背板深褐色；腹板褐色。外生殖器褐色。

分布：浙江（安吉）。

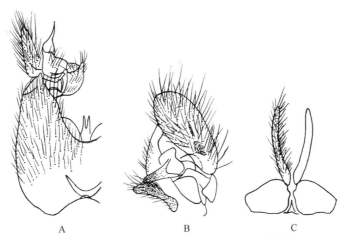

图 8-55　坚实配菌蚊 *Allodia solida* Wu, Zheng *et* Xu, 2003（引自 Wu *et al.*, 2003）
A. ♂外生殖器，腹视；B. 生殖刺突，侧视；C. 第 9 背板和尾须

（519）剑齿配菌蚊 *Allodia xiphodeusa* Wu, Zheng *et* Xu, 2003（图 8-56）

Allodia xiphodeusa Wu, Zheng *et* Xu, 2003: 353.

特征：雄虫翅长 4.2 mm。头部须黄色；头后部暗褐色；触角长约为头、胸部之和的 1.5 倍，柄节、梗节和第 1 鞭节基半部黄色，其余褐色，鞭节长约为宽的 2.0 倍。前胸前侧片褐色，具 3 长刚毛；中胸盾片褐色，两侧黄色，中域刚毛退化；小盾片褐色；中胸上前侧片、侧背片和中背片褐色。翅淡黄色；Sc 脉末端终于 R 脉；R_5 脉端部下弯；横脉 r-m 长约为 M 脉主干的 1.2 倍；后分叉点在 M 脉分叉点相对处。平衡棒黄色。足褐黄色；前足基跗节约与胫节等长。中胫节具 45a、5p-v、5p、6p-d；后胫节具 3a、8p、9p-d。腹部背板 1–5 节褐色，浅色斑位于两侧，第 6 节深褐色；腹板色稍浅。外生殖器褐色。

分布：浙江（庆元）。

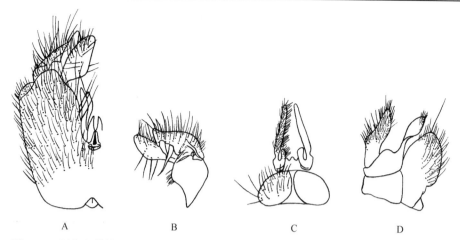

图 8-56　剑齿配菌蚊 *Allodia xiphodeusa* Wu, Zheng *et* Xu, 2003（引自 Wu *et al.*, 2003）
A. ♂外生殖器，腹视；B. 生殖刺突，侧视；C. 第 9 背板和尾须；D. ♀外生殖器，侧视

178. 短菌蚊属 *Brevicornu* Marshall, 1896

Brevicornu Marshall, 1896: 306. Type species: *Brevicornu flavum* Marshall, 1896 (by designation of Tuomikoski, 1966).

主要特征：触角长度多变；鞭节长大于或小于宽，无明显长毛，雌虫的基部数节趋于加厚；头部较 *Allodia* 属的为宽；唇基短圆，高不大于宽。胸部通常较 *Allodia* 属的为低；中胸盾片较少高拱，侧板较低，前胸部分较宽且更融合；盾片与前胸背板之间的角较窄，多少呈楔形；中胸上前侧片相当低，宽长菱形。盾片的俯伏刚毛不排成明显的带，通常分布于中域之外；前侧刚毛 3–4 根；小盾片刚毛 2 根、4 根或 6 根。翅如 *Allodia* 属的，但后分支脉通常较长，其基部明显位于 M 脉主干基部之内。后胫节近端部具成列的短后刚毛。雌虫腹部的黄色多沿后扩散，特别是背板的两侧缘；雄虫背板 2–4 节也通常存在，并较雌虫扩散更多，通常仅留背中部暗色。雄第 9 背板不明显地分为 2 半，也无长刚毛。雌尾须的基节较 *Allodia* 属的细长。

分布：世界广布，已知 83 种，中国记录 4 种，浙江分布 2 种。

（520）大尾短菌蚊 *Brevicornu grandicaudum* Wu *et* Yang, 2003

Brevicornu grandicaudum Wu *et* Yang, 2003: 153.

特征：雄虫翅长 2.5–3.3 mm。头部须黄色；头后部褐色；触角长约为头、胸部之和的 0.9 倍，黄色，端部鞭节褐色，鞭节长约为宽的 1.2 倍。前胸前侧片黄色，具 2 长刚毛；中胸盾片褐黄色，中域刚毛散生；小盾片褐黄色；中胸上前侧片和侧背片黄色；中背片褐黄色。翅淡黄色；Sc 脉末端终于 R 脉；R_5 脉端部几平直；横脉 r-m 长为 M 脉主干的 0.7–1.0 倍；后分叉点远在 M 脉主干基部之内。平衡棒黄色。足褐黄色；前足基跗节长约与胫节等长。中胫节具 18–23a、8p-v、8–11p、6p-d；后胫节具 10–13a、3p、10p-d。腹部背板褐色，浅色斑位于各节基部，宽大；腹板黄色。外生殖器淡褐色。

分布：浙江（开化）、福建。

（521）舌形短菌蚊 *Brevicornu loratum* Fang *et* Wu, 2001（图 8-57）

Brevicornu loratum Fang *et* Wu, 2001: 219.

特征：雄虫翅长 2.4–2.7 mm。头部须黄色；头后部深褐色；触角长度略短于头、胸部之和，柄节、梗节和第 1–2 鞭节黄色，其余褐色，鞭节长约为宽的 1.5 倍。前胸前侧片黄色，具 2 长刚毛；中胸盾片黄色，具 3 条暗褐色宽纵带，中域刚毛散生不成列；小盾片褐色；中胸上前侧片、侧背片和中背片褐黄色。翅淡黄色；Sc 脉末端终于 R 脉；R_5 脉端部几平直；横脉 r-m 长约为 M 脉主干的 0.7 倍；后分叉点远在 M 脉主干基部之内。平衡棒黄色。足褐黄色；前足基跗节长为胫节的 0.9 倍。中胫节具 21a、9p-v、7p、4p-d；后胫节具 8a、1p、10p-d。腹部背板褐色，第 2–4 节两侧及前缘黄色；腹板第 1–3 节黄色，第 4–6 节褐色。外生殖器褐色。

　　分布：浙江（开化）。

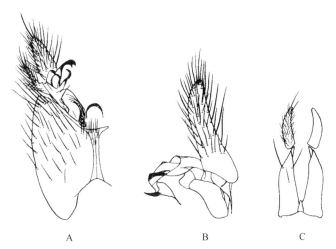

图 8-57　舌形短菌蚊 Brevicornu loratum Fang et Wu, 2001（引自 Fang and Wu，2001）
A. ♂外生殖器，腹视；B. 生殖刺突，侧视；C. 第 9 背板和尾须

179. 心菌蚊属 *Cordyla* Meigen, 1803

Cordyla Meigen, 1803: 263. Type species: *Cordyla fusca* Meigen, 1804.

Polyxena Meigen, 1800: 19. Type species: *Cordyla fusca* Meigen, 1804 (by designation of Stone, 1941). Name suppressed by ICZN.
　　1963: 339.

Pachypalpus Macquart, 1834: 144. Type species: *Pachypalpus ater* Macquart, 1834 [=*fusca* Meigen].

　　主要特征：触角短，鞭节数有不同程度的减少；须第 1 节极度膨大。胸部背腹扁缩，前胸背板前缘和中胸盾片之间的角很狭，几成直线；前胸部分宽，具多数前侧刚毛；中胸上前侧片低，略呈正方形，具刚毛；中胸后侧片前端具 1 黑色尖点。横脉 r-m 稍有断痕；M 脉主干长，后分支脉短；M_2 脉短缩，不达翅缘。腹部雄可见 6 节，雌可见 7 节。尾器小型。

　　分布：全北区。世界已知 30 种，中国记录 2 种，浙江分布 1 种。

（522）短角心菌蚊 *Cordyla brevicornis* (Staeger, 1840)

Pachypalpus brevicornis Staeger, 1840: 269.

　　特征：雄虫翅长 1.7–2.6 mm。头部须膨大节褐色，长约为复眼高度的 0.7 倍，其余节浅褐黄色；头后部暗褐色；触角长约为头、胸之和的 0.7 倍，黄褐色，鞭节 10 节，长约为宽的 0.4 倍。前胸前侧片褐色；中胸盾片褐色，被细毛，长刚毛少；中胸上前侧片、侧背片和中胸后侧片被毛；小盾片具 2 对长刚毛。平衡棒褐黄色。翅透明；横脉 r-m 长约为 M 脉主干的 0.3 倍；M_2 脉短缩；后分叉点位于 M 脉分叉点相对处。足黄色，前足和中足的腿节、胫节和跗节褐色，后腿节端部褐色；前足短，腿节：胫节：基跗节＝1.0：0.8：

0.7；中腿节：胫节＝1.0：0.8；后腿节：胫节＝1.0：0.9；中胫节具 13a、2p、6p-d；后胫节具 12–13a、2p、5–6p-d。腹部背板暗褐色，第 1–4 节两侧及第 3–4 节前侧角宽黄色；腹板 1–4 节褐黄色，第 5–6 节深褐色。外生殖器褐色。

分布：浙江（开化）、河北、甘肃、贵州；俄罗斯，蒙古国，欧洲。

180. 伊菌蚊属 *Exechia* Winnertz, 1863

Exechia Winnertz, 1863: 879. Type species: *Tipula fungorum* De Geer sensu Winnertz, 1863 (by designation of Johannsen, 1909) [=*fusca* (Meigen, 1804)].

Parexechia Becher, 1886: 62. Type species: *Parexechia concolor* Becher, 1886 [=*frigida* (Boheman, 1865)].

主要特征：触角中等长，鞭节通常长略大于宽；唇基短；须倒第 3 节短，具 1 卵形感觉陷。中胸盾片中域的中背刚毛列和中刚毛发达，与侧刚毛分离，少有中域刚毛减少甚至缺失；小盾片具 2 强刚毛；前胸背板前部和前胸前侧片各具 2–4 根较强刚毛；侧板稍比 *Exechiopsis* 属的低；中胸上前侧片通常光裸，一些较大的种类具小毛。翅膜具成列的微毛；除少数类的臀区和翅缘外无长毛；分支 M 脉和后分支脉光裸；Sc 脉很短，末端游离；R₁ 脉不长于 R 脉；R₅ 脉几平直，远离 M₁ 脉，或仅端部稍弯而与 M₁ 脉亚平行；横脉 r-m 斜长，光裸或在远端具长毛，具 1 不明显的弱斑，长至少为 M 脉主干的 2.0 倍，通常更长；后分支脉短，后分叉点远在 M 脉分叉点之外；M₃+CuA₁ 脉直；CuA₂ 脉中等长；A 脉多变。足中等长；前足基跗节少有长于胫节 1/4 的；后足基跗节长约为后胫节较长距的 2.0 倍；后基节具 1 强基刚毛；后胫节端部具后刚毛。腹部浅色斑若存在，通常位于各背板的基部。雄第 9 背板分成 2 部分，各具 1–2 较长刚毛；尾须简单。雌尾须通常 2 节。

分布：世界广布，已知 100 余种，中国记录 16 种，浙江分布 9 种。

分种检索表

1. 中胸盾片具 3 条深色纵带	···	2
- 中胸盾片不具深色纵带	···	5
2. 横脉 r-m 长为 M 脉主干的 3.0 倍以上	···	3
- 横脉 r-m 长为 M 脉主干的 2.0 倍	························	四枝伊菌蚊 *E. quadriclema*
3. 翅长 3.8 mm 以上，翅亚端部和 CuA₂ 脉后具褐色云纹；中胫节具 6 列刚毛；生殖刺突圆盾形，端具强刚毛 ·····		
···		连顺伊菌蚊 *E. seriata*
- 翅长 3.8 mm 以下；无深色云纹；中胫节具 4 列刚毛	················	4
4. 鞭节长为宽的 1.8 倍；生殖刺突背缘外具狭长丝状带	·············	岛居伊菌蚊 *E. insularis*
- 鞭节长为宽的 1.2 倍；生殖刺突具粗壮的黑褐色长刚毛	···········	伞菌伊菌蚊 *E. arisaemae*
5. 至少后腿节基腹部具褐斑	···	6
- 足无明显褐斑	···	8
6. 翅亚端部和后分叉点后方分别具褐色云纹；生殖刺背突末端宽薄片状，边缘弧圆	··········	薄片伊菌蚊 *E. tomosa*
- 翅无斑纹；生殖刺突不如上述	···	7
7. 生殖基节后缘具粗长刚毛；生殖刺突末端具 1 列刚毛	·············	长毛伊菌蚊 *E. longichaeta*
- 生殖基节后缘仅具正常的刚毛，无粗长刚毛；生殖刺突末端具 1 粗齿	·········	黑色伊菌蚊 *E. melasa*
8. 胸部褐黄色；生殖刺突明显可见 1 支，密生粗端刚毛；尾须长而扭曲	···········	何氏伊菌蚊 *E. hei*
- 胸部暗褐至黑褐色；生殖刺突明显分 2 支，末端无密生粗刚毛；尾须中等长，不扭曲	······	钝尖伊菌蚊 *E. hebetate*

（523）伞菌伊菌蚊 *Exechia arisaemae* **Sasakawa, 1993**（**图 8-58**）

Exechia arisaemae Sasakawa, 1993: 784.

　　特征：雄虫翅长 2.8–3.6 mm。头部须黄色；头后部深褐色；触角柄节、梗节和第 1 鞭节黄褐色，其余褐色，与头、胸之和等长，鞭节长约为宽的 1.2 倍。前胸背板褐黄色；中胸盾片黄色，具 3 条深褐色宽纵带；侧板和中背片褐黄色。翅淡黄色；横脉 r-m 长约为 M 脉主干的 3.0 倍。平衡棒黄色。足黄色，中、后腿节基腹部具浅褐色斑；前足基跗节长约为胫节的 1.2 倍；中足基跗节长约为胫节的 0.8 倍；中胫节具密生短 a、8p-v、12p、5p-d；后胫节具 8a、6p、7p-d。腹部背板深褐色，第 1–4 节两侧宽黄色；腹板 1–4 节黄褐色，第 5–6 节褐色。外生殖器黄褐色。雌虫翅长 3.3–3.8 mm。色型和特征与雄虫相同，外生殖器褐色。生殖刺突具粗壮的黑褐色长刚毛。

　　分布：浙江（德清、安吉、临安、定海、开化、庆元）、吉林、山西、山东、湖北、福建、广西、贵州；日本。

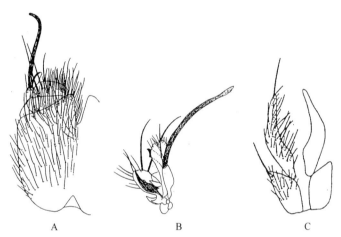

A　　　　　　　　　B　　　　　　　　　C

图 8-58　伞菌伊菌蚊 *Exechia arisaemae* Sasakawa, 1993
A. ♂外生殖器，腹视；B. 生殖刺突，侧视；C. 第 9 背板和尾须

（524）钝尖伊菌蚊 *Exechia hebetata* **Wu, Xu *et* Yu, 2004**

Exechia hebetata Wu, Xu *et* Yu, 2004: 553.

　　特征：雄虫翅长 2.8 mm。头部须褐色；头后部黑褐色；触角褐黄色，长约等于头、胸之和，鞭节长约为宽的 1.2 倍。前胸背板暗褐色；中胸盾片黑褐色，两侧及肩角褐黄色；侧板和中背片褐色。翅褐黄色；横脉 r-m 长约为 M 脉主干的 3.3 倍。平衡棒褐黄色。足黄色；前足基跗节长约为胫节的 1.1 倍；中足基跗节长约为胫节的 0.9 倍；中胫节具 28a、6p-v、12p、5p-d；后胫节具 12a、6p、8p-d。腹部背板深褐色，第 2–3 节两侧黄褐色；腹板 1–3 节黄褐色，第 4–6 节深褐色。外生殖器深褐色。生殖刺突明显分 2 支，末端无粗刚毛；尾须中等长，不扭曲。雌虫翅长 3.3 mm。色型和特征与雄虫相同，外生殖器褐色。

　　分布：浙江（安吉）。

（525）何氏伊菌蚊 *Exechia hei* **Wu, Xu *et* Yu, 2004**

Exechia hei Wu, Xu *et* Yu, 2004: 553.

　　特征：雄虫翅长 3.2 mm。头部须黄色；头后部深褐色；触角柄节、梗节和第 1 鞭节基部黄色，其余褐色，略长于头、胸之和，鞭节长略大于宽。前胸背板黄褐色；中胸盾片黄褐色；侧板和中背片褐黄色。翅淡黄色；横脉 r-m 长约为 M 脉主干的 2.6 倍。平衡棒黄色。足黄色；前足基跗节略长于胫节；中足基跗节长约为胫节的 0.9 倍；中胫节具密生短 a、5–6d、5v、12p、5p-d；后胫节具 10–13a、7–10p、6–8p-d。腹部背板褐色，第 1–4 节后侧角宽黄色；腹板第 1–3 节黄褐色，第 4–6 节褐色。外生殖器褐色。生殖刺突明显可见 1 支，密生粗短刚毛；尾须长而扭曲。

分布：浙江（开化）。

（526）岛居伊菌蚊 *Exechia insularis* Zaitzev, 1996

Exechia insularis Zaitzev, 1996: 67.

特征：雄虫翅长 3.0–3.8 mm。头部须褐黄色；头后部黑褐色；触角淡褐黄至褐色，长约为头、胸之和的 1.3 倍，鞭节长约为宽的 1.8 倍。前胸背板褐黄色；中胸盾片褐黄色，具 3 条深褐色宽纵带；侧板和中背片黄褐色。翅淡褐黄色；横脉 r-m 长约为 M 脉主干的 3.1 倍。平衡棒黄色。足褐黄色，各腿节背面及中、后腿节基腹部褐色；前足基跗节长约为胫节的 1.2 倍；中足基跗节长约为胫节的 0.8 倍；中胫节具 26a、7p-v、10–11p、4p-d；后胫节具 9–11a、5p、6p-d。腹部背板褐色，前侧角及两侧宽黄色；腹板褐黄色。外生殖器黄褐色。雌虫翅长 3.4–3.8 mm。色型和特征与雄虫相同，外生殖器黄褐色。生殖刺突背缘外具狭长丝状带。

分布：浙江（开化）；日本。

（527）长毛伊菌蚊 *Exechia longichaeta* Wu, Xu *et* Yu, 2004

Exechia longichaeta Wu, Xu *et* Yu, 2004: 553.

特征：雄虫翅长 2.7–3.1 mm。头部须褐黄色；头后部暗褐色；触角柄节、梗节和第 1 鞭节基半部黄色，其余褐色，约与头、胸之和等长，鞭节长约为宽的 1.2 倍。前胸背板深褐色；中胸盾片暗褐色，两侧及肩角褐色；侧板和中背片褐色。翅淡褐黄色；横脉 r-m 长为 M 脉主干的 1.6–1.9 倍。平衡棒褐黄色。足褐黄色，后腿节基腹部具褐色斑；前足基跗节略长于胫节；中足基跗节长约为胫节的 0.9 倍；中胫节具 22–24a、3p-v、8p、3–5p-d；后胫节具 7–11a、4p、5p-d。腹部背板暗褐色，第 2–3 节两侧色稍浅；腹板第 1–3 节淡褐色，第 4–6 节褐色。外生殖器褐色。生殖基节后缘具粗长刚毛，生殖刺突末端具 1 列刚毛。

分布：浙江（德清、开化、庆元）、湖北、云南。

（528）黑色伊菌蚊 *Exechia melasa* Wu *et* Zheng, 2001（图 8-59）

Exechia melasa Wu *et* Zheng, 2001: 86.

特征：雄虫翅长 2.6 mm。头部须黄褐色；头后部黑褐色；触角柄节、梗节和第 1 鞭节基部褐黄色，其余褐色，约与头、胸之和等长，鞭节长约为宽的 1.2 倍。前胸背板暗褐色；中胸盾片黑褐色；侧板和中背片深褐色。翅淡褐黄色；横脉 r-m 长约为 M 脉主干的 1.9 倍。平衡棒褐黄色。足褐黄色，中、后腿节基腹部具褐色斑；前足基跗节长约为胫节的 1.2 倍；中足基跗节长约为胫节的 0.9 倍；中胫节具 22a、4p-v、6p、4p-d；后胫节具 6a、3p、4p-d。腹部背板第 1、第 4 节深褐色，第 2–3 节褐色，第 3 节前侧角及两侧宽黄色，第 5–6 节暗褐色；腹板褐色，第 2–3 节淡黄褐色。外生殖器深褐色。生殖刺突末端具 1 粗齿。生殖基节后缘具正常刚毛。

分布：浙江（德清）。

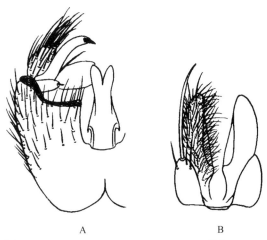

图 8-59　黑色伊菌蚊 *Exechia melasa* Wu *et* Zheng, 2001（引自 Wu and Zheng，2001a）

A. ♂外生殖器，腹视；B. 第 9 背板和尾须

（529）四枝伊菌蚊 *Exechia quadriclema* Wu *et* Zheng, 2001（图 8-60）

Exechia quadriclema Wu *et* Zheng, 2001: 87.

　　特征：雄虫翅长 1.9–2.5 mm。头部须黄褐色；头后部暗褐色；触角褐色，长约为头、胸之和的 0.8 倍，鞭节长约为宽的 0.8 倍。前胸背板褐色；中胸盾片褐黄色，具 3 条褐色纵带；侧板和中背片褐色。翅淡褐黄色；横脉 r-m 长为 M 脉主干的 2.0 倍。平衡棒黄色。足褐黄色，后腿节腹中部及端部褐色；前足基跗节长约为胫节的 1.1 倍；中足基跗节略长于胫节；中胫节具 22a、8–11p-v、18p、5p-d；后胫节具 14–16a、5–6p、5p-d。腹部背板褐色，第 1 节前缘及第 3–4 节两侧黄色；腹板 1 节黄色，第 2–6 节淡褐色。外生殖器淡褐色。

　　分布：浙江（开化、庆元）。

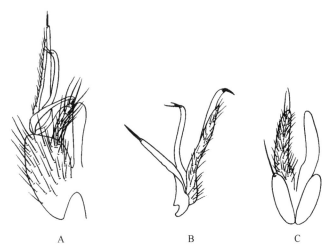

图 8-60　四枝伊菌蚊 *Exechia quadriclema* Wu *et* Zheng, 2001（引自 Wu and Zheng，2001a）

A. ♂外生殖器，腹视；B. 生殖刺突，侧视；C. 第 9 背板和尾须

（530）连顺伊菌蚊 *Exechia seriata* (Meigen, 1830)

Mycetophila seriata Meigen, 1830: 302.

Mycetophila pallida Stannius, 1831: 27.

Mycetophila modesta Dufour, 1839: 26.

Mycetophila ochracea Zetterstedt, 1852: 4242.

Exechia seriata: Wu *et* Yang, 2003: 160.

特征：雄虫翅长 3.8–5.2 mm。头部须黄色；头后部褐色；触角淡褐色，长约为头、胸之和的 0.8 倍，鞭节长约为宽的 1.3 倍。前胸背板黄褐色；中胸盾片黄褐色，具 3 条不明显褐色纵带；侧板和中背片黄褐色。翅褐黄色，具亚端褐色云纹，CuA_2 脉基后方具褐色云纹；横脉 r-m 长约为 M 脉主干的 3.0 倍。平衡棒黄色。足褐黄色，中、后腿节基部腹面和背面各具 1 褐色斑，后腿节端部及后胫节端部褐色；前足基跗节长约为胫节的 1.3 倍；中足基跗节长约为胫节的 0.8 倍；中胫节具 9d、7a、7a-v、12p-v、16p、8p-d；后胫节具 13–15a、4v、8p、1p-d。腹部背板深褐色，两侧宽黄色；腹板褐黄色。外生殖器褐黄色。雌虫翅长 3.8–5.2 mm。色型和特征与雄虫相同，外生殖器褐黄色。生殖刺突圆盾形，端部具强刚毛。

分布：浙江（安吉、舟山、开化）、河北、福建、贵州；俄罗斯（远东地区），日本，欧洲。

（531）薄片伊菌蚊 *Exechia tomosa* Wu *et* Zheng, 2001（图 8-61）

Exechia tomosa Wu *et* Zheng, 2001: 87.

特征：雄虫翅长 3.9 mm。头部须褐黄色；头后部黑褐色；触角柄节、梗节和第 1 鞭节基部褐黄色，其余褐色，长约为头、胸之和的 0.8 倍，鞭节长略大于宽。前胸背板深褐色；中胸盾片黑褐色，肩角褐黄色；侧板和中背片深褐色。翅淡黄褐色，亚端褐色云纹明显，后分叉点后方也有褐色云纹；横脉 r-m 长约为 M 脉主干的 2.0 倍。平衡棒褐黄色。足褐黄色，中、后腿节基背部及基腹部具黑褐色斑；前足基跗节长约为胫节的 2 倍；中足基跗节长约为胫节的 0.9 倍；中胫节具 24a、6p-v、9p、4p-d；后胫节具 11a、2p、6p-d。腹部背板和腹板 1–3 节暗褐色，第 4–6 节黑褐色。外生殖器暗褐色。生殖刺突末端宽薄片状，边缘弧圆。

分布：浙江（安吉）。

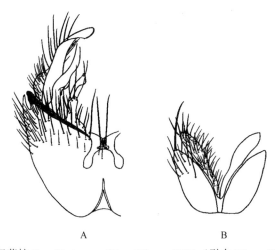

图 8-61　薄片伊菌蚊 *Exechia tomosa* Wu *et* Zheng, 2001（引自 Wu and Zheng，2001a）

A. ♂外生殖器，腹视；B. 第 9 背板和尾须

181. 外菌蚊属 *Exechiopsis* Tuomikoski, 1966

Exechiopsis Tuomikoski, 1966: 177. Type species: *Exechia subulata* Winnertz, 1863.

主要特征：触角通常细长，鞭节长明显大于宽；唇基短；须倒第 3 节具 1 纵长感觉沟。盾片高度拱曲，被短暗毛；中域的中背刚毛发达；小盾片多具 2 根强缘刚毛；侧板高；前胸前侧片具 1–2 较强刚毛；中胸上前侧片高，光裸。Sc 脉终于 R 脉；R_1 脉较 R 脉长；R_5 脉端部多少下弯，不与 M_1 脉分离；横脉 r-m 斜，端部具 1 弱斑，光裸，长至多为 M 脉主干的 2.0 倍，少有更长的；分支 M 脉和后分支脉通常无长毛；后分叉点通常仅稍过 M 脉分叉点；M_3+CuA_1 脉不甚平直；A 脉多少明显。足细长；前足基跗节长于胫节；后足基跗节长为后胫节距的 2.0 倍以上；后基节具 1 强基刚毛及一些明显的短刚毛；后胫节具后刚毛。腹部细长；浅色斑多存在于各背板的后缘。雄第 9 背板明显分成 2 部分，各部分具 1–2 根较长刚毛；常具明显的腹突；雄尾须简单。

分布：全北区。世界已知近 60 种，中国记录 6 种，浙江分布 3 种。

分种检索表

1. 中胸盾片具 3 条褐色纵带 ·· **细枝外菌蚊 E. leptoclada**
- 中胸盾片颜色基本一致，无上述深色纵带 ··· 2
2. 中胫节具 4 列刚毛；生殖刺突末端扫帚状 ·· **扫帚外菌蚊 E. muscariforma**
- 中胫节具 3 列刚毛；生殖刺突末端具 1 粗齿 ······································· **粗齿外菌蚊 E. pachyoda**

（532）细枝外菌蚊 *Exechiopsis leptoclada* Wu *et* Zheng, 2001（图 8-62）

Exechiopsis leptoclada Wu *et* Zheng, 2001: 374.

　　特征：雄虫翅长 3.1 mm。头部须褐色；头后部暗褐色；触角柄节、梗节和第 1 鞭节基半部黄色，其余褐色，长约为头、胸之和的 1.5 倍，鞭节长约为宽的 2.0 倍。前胸背板黄褐色；中胸盾片黄褐色，具 3 条褐色纵带；侧板和中背片黄褐色。翅淡褐黄色；横脉 r-m 长约为 M 脉主干的 2.6 倍。平衡棒黄色。足褐黄色；前足基跗节长约为胫节的 1.5 倍；中足基跗节长约为胫节的 1.1 倍；中胫节具 26a、8–9p、7p-d；后胫节具 10a、14p、6–7p-d。腹部背板褐色，第 1–4 节后侧角黄色；腹板淡褐色。外生殖器褐色。

　　分布：浙江（庆元）。

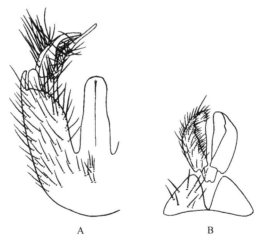

图 8-62　细枝外菌蚊 *Exechiopsis leptoclada* Wu *et* Zheng, 2001（引自 Wu and Zheng，2001b）
A.♂外生殖器，腹视；B. 第 9 背板和尾须

（533）扫帚外菌蚊 *Exechiopsis muscariforma* Wu *et* Zheng, 2001（图 8-63）

Exechiopsis muscariforma Wu *et* Zheng, 2001: 375.

　　特征：雄虫翅长 3.9 mm。头部须褐黄色；头后部暗褐色；触角柄节、梗节和第 1 鞭节基半部黄色，其余褐色，长约为头、胸之和的 1.4 倍，鞭节长约为宽的 2.0 倍。前胸前侧片黄褐色，具 2 长刚毛；中胸盾片暗褐色，中域刚毛成列；小盾片深褐色；中胸上前侧片褐色；侧背片深褐色；中背片深褐色。翅淡褐黄色；

Sc 脉末端终于 R 脉；R_5 脉端部强烈下弯；横脉 r-m 长约为 M 脉主干的 1.5 倍；后分叉点在 M 脉分叉点稍外。平衡棒褐黄色。足黄褐色，中、后腿节基腹部具深褐色斑；前足基跗节长约为胫节的 1.1 倍；中胫节具 32a、11p-v、13p、6p-d；后胫节具 12a、10p、11p-d。腹部背板深褐色，第 2–4 节后侧角黄色；腹板褐色。外生殖器暗褐色。生殖刺突末端扫帚状。

分布：浙江（开化）。

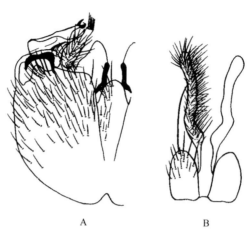

图 8-63　扫帚外菌蚊 *Exechiopsis muscariforma* Wu *et* Zheng, 2001（引自 Wu and Zheng，2001b）

A. ♂外生殖器，腹视；B. 第 9 背板和尾须

（534）粗齿外菌蚊 *Exechiopsis pachyoda* Wu *et* Zheng, 2001（图 8-64）

Exechiopsis pachyoda Wu *et* Zheng, 2001: 375.

特征：雄虫翅长 3.1–3.3 mm。头部须褐色；头后部深褐色；触角柄节、梗节和第 1 鞭节基半部黄色，其余褐色，长约为头、胸之和的 1.4 倍，鞭节长约为宽的 1.8 倍。前胸背板褐色；中胸盾片褐色；侧板和中背片褐色。翅淡褐黄色；横脉 r-m 长约为 M 脉主干的 1.4 倍。平衡棒黄色。足褐黄色，中、后腿节基腹部具褐色斑；前足基跗节长约为胫节的 2 倍；中足基跗节长约为胫节的 1.1 倍；中胫节具 24–27a、7p、3p-d；后胫节具 9–11a、8p、6p-d。腹部背板褐色，第 1–2 节后侧角黄色；腹板淡黄褐色。外生殖器褐色。生殖刺突末端具 1 粗齿。

分布：浙江（宁海、开化）。

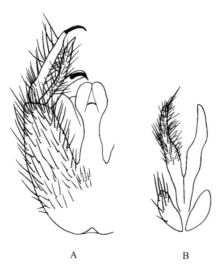

图 8-64　粗齿外菌蚊 *Exechiopsis pachyoda* Wu *et* Zheng, 2001（引自 Wu and Zheng，2001b）

A. ♂外生殖器，腹视；B. 第 9 背板和尾须

182. 瑞菌蚊属 *Rymosia* Winnertz, 1863

Rymosia Winnertz, 1863: 810. Type species: *Mycetophila discoidea* Winnertz, 1863 (not Meigen, 1818) (by designation of Johannsen, 1909) [=*fasciata* (Meigen, 1804)].

　　主要特征：触角鞭节无明显的长毛；唇基短，宽截形；须倒第 3 节具一界限明显的圆形感觉陷。中胸盾片背中圆盘形刚毛发达或退化或缺失；前侧刚毛 1 根或 2 根；小盾片通常具 2 根强缘刚毛；中胸上前侧片光裸或具少数微毛。Sc 脉短，末端游离；横脉 r-m 通常明显长于 M 脉主干；R_5 脉远离 M_1 脉，或端部与之亚平行；后分叉脉典型的长，基半部接近，然后迅速远离；后分叉点位于 M 脉分叉点之内；A 脉长而清晰。M 分支脉、后分叉脉、横脉 r-m 和 tb 脉无长毛。后基节具 1 根或 2 根基刚毛(如为 2 根，则上方一根较小)；一些种的雄前足跗节第 3、第 4 节下面多刺毛。腹部浅色斑主要或全部趋于背板各节基部。雄尾器的第 9 背板和尾须简单；尾器的下边封闭式，无明显的叉状物或腹突起；刺突内叶渐尖，具 1 对短刺状端刚毛。雌第 8 腹板叶的端部具少数刚毛；尾须 1 节。

　　分布：世界广布，已知 48 种，中国记录 4 种，浙江分布 2 种。

（535）椭圆瑞菌蚊 *Rymosia elliptica* Wu *et* Xu, 2003 （图 8-65）

Rymosia elliptica Wu *et* Xu, 2003: 538.

　　特征：雄虫翅长 2.7–3.1 mm。头部须黄色；头后部深褐色；触角长约为头、胸部之和的 1.3 倍，柄节、梗节和第 1–2 鞭节黄色，其余褐色，鞭节长约为宽的 1.2 倍。前胸前侧片褐色，具 4 长刚毛；中胸盾片深褐色，肩角具大型黄色斑，中域有中背刚毛列；小盾片深褐色；中胸上前侧片褐色；侧背片深褐色；中背片暗褐色。翅淡黄色；Sc 脉末端游离；R_5 脉端部下弯；横脉 r-m 长约为 M 脉主干的 0.9 倍；后分叉点在 M 脉主干基部的位置。平衡棒黄色。足褐黄色，腿节基腹部有一褐色斑，后腿节端部和后胫节端部褐色；前足基跗节长为胫节的 0.9 倍。中胫节具 11a、4–5p-v、9p、5p-d；后胫节具 11a、3p、7p-d。腹部背板褐色，浅色斑不明显；腹板色稍浅。外生殖器褐色。

　　分布：浙江（庆元）。

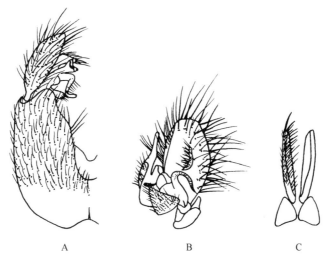

A　　　　　　　B　　　　　　　C

图 8-65　椭圆瑞菌蚊 *Rymosia elliptica* Wu *et* Xu, 2003（引自 Wu and Xu，2003）

A. ♂外生殖器，腹视；B. 生殖刺突，侧视；C. 第 9 背板和尾须

（536）扭曲瑞菌蚊 *Rymosia intorta* Wu *et* Xu, 2003（图 8-66）

Rymosia intorta Wu *et* Xu, 2003: 539.

特征：雄虫翅长 2.9 mm。头部须褐黄色；头后部暗褐色；触角长约为头、胸部之和的 0.9 倍，除第 1 鞭节基半部黄色外，均为褐色，鞭节长约为宽的 1.2 倍。前胸前侧片褐色，具 1 长刚毛；中胸盾片褐色，两侧及前缘黄色，无中域刚毛；小盾片褐色；中胸上前侧片、侧背片和中背片褐色。翅淡黄色；Sc 脉末端游离；R_5 脉端部强烈下弯；横脉 r-m 长约为 M 脉主干的 0.9 倍；后分叉点在 M 脉主干基部稍内。平衡棒黄色。足褐黄色，后腿节腹面褐色；前足基跗节长为胫节的 1.4 倍。中胫节具 35a、5p-v、4p-d；后胫节具 6a、4p-d。腹部背板褐色，第 2 节前缘中央、第 3–5 节前半部黄色；腹板色稍浅。外生殖器褐色。

分布：浙江（开化）。

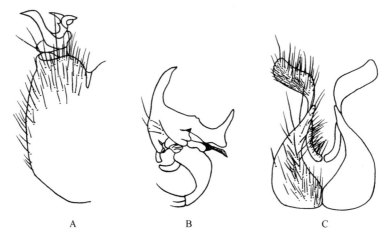

图 8-66　扭曲瑞菌蚊 *Rymosia intorta* Wu *et* Xu, 2003（引自 Wu and Xu，2003）
A. ♂外生殖器，腹视；B. 生殖刺突，侧视；C. 第 9 背板和尾须

183. 埃菌蚊属 *Epicypta* Winnertz, 1863

Epicypta Winnertz, 1863: 909. Type species: *Mycetophila scatophora* Perris, 1849 (by designation of Johannsen, 1909).

Delopsis Skuse, 1890: 623. Type species: *Delopsis flavipennis* Skuse, 1890.

Allophallus Dziedzicki, 1923: 3. Type species: *Allophallus nigrobasis* Dziedzicki, 1923.

主要特征：头部长圆形，在胸部前缘之下；触角 14 鞭节；侧单眼与复眼接触。胸部强烈拱起，前缘稍突出于头部之上；中胸上前侧片和中胸后侧片均具刚毛；中胸上前侧片通常矩形，长大于宽，明显大于其他骨片。翅膜微毛排成列，无长毛；Sc 脉短；M_3+CuA_1 脉与 M_2 脉近乎平行，而与 CuA_2 脉远离；A 脉伸达后分叉点的位置；C 脉终于或伸过 R_5 脉；横脉 r-m 长于或等于 M 脉主干。足基节宽大；胫毛排成列，胫刚毛长；中胫节具背刚毛，前背刚毛存在，3 腹刚毛和 3 前刚毛也通常存在。腹部两性均可见 6 节，基部和端部狭于胸部，尾器宽大。

分布：世界广布，已知约 70 种，中国记录 35 种，浙江分布 26 种。

分种检索表

- 中、后胫节无前背刚毛 ……………………………………………………………………… 5
3. 中、后胫节均具前背刚毛 ……………………………………………………………… 4
- 仅中胫节具前背刚毛，后胫节无前背刚毛 …………………………………… 陈氏埃菌蚊 *E. cheni*
4. C 脉终于 R_5 脉；横脉 r-m 略长于 M 脉主干；tb 脉下面具 2 长毛 ……………… 安吉埃菌蚊 *E. anjiensis*
- C 脉略伸过 R_5 脉；横脉 r-m 长为 M 脉主干的 1.6 倍；tb 脉下面具 6–8 长毛 …… 渐尖埃菌蚊 *E. acuminata*
5. 中、后胫节无后刚毛 ……………………………………………………………………… 6
- 中、后胫节具后刚毛 ……………………………………………………………………… 7
6. tb 脉具 1–3 长毛；生殖刺突宽短，端平截；侧突宽，端突变细弯 ……………… 中华埃菌蚊 *E. sinica*
- tb 脉具多数长毛；生殖刺突细长，端钝圆；侧突中等长，大刀状 ……………… 刀状埃菌蚊 *E. gladiiforma*
7. 后基节端后部具 1 黑褐色大斑，后腿节端部褐色 …………………………………… 8
- 后基节、腿节无黑褐色斑 ……………………………………………………………… 9
8. 生殖刺突细长，基腹缘侧生指状侧支；尾须极细长 ……………………………… 基枝埃菌蚊 *E. basiramifera*
- 生殖刺突中等长，无侧支；尾须中等，端渐狭 …………………………………… 剑刺埃菌蚊 *E. xiphothorna*
9. tb 脉下面具 5 长毛；C 脉终于 R_5 脉；横脉 r-m 长为 M 脉主干的 1.5–2.0 倍；生殖刺突侧突宽大，端生疏毛
……………………………………………………………………………………… 美丽埃菌蚊 *E. formosa*
- tb 脉下面具 1–2 长毛；C 脉略伸过 R_5 脉；横脉 r-m 长为 M 脉主干的 1.2 倍；生殖刺突侧突细长，末端具粗黑齿 ……
……………………………………………………………………………………… 细小埃菌蚊 *E. pusilla*
10. 翅褐色，中斑存在 ………………………………………………………………………… 11
- 翅无斑 …………………………………………………………………………………… 15
11. tb 脉光裸无毛 …………………………………………………………………………… 12
- tb 脉下面具长毛 ………………………………………………………………………… 13
12. 中胫节具前背刚毛；生殖刺突侧突中等长，端被毛，亚侧突细长，光裸 …………… 白云埃菌蚊 *E. baiyunshana*
- 中胫节无前背刚毛；生殖刺突侧突细长弯曲，基部膨大；亚侧突长，末端分叉，被毛 …… 杨氏埃菌蚊 *E. yangi*
13. C 脉终于 R_5 脉；足黄色；尾须中等长；生殖刺腹突宽短，末端截形 …………… 截形埃菌蚊 *E. truncata*
- C 脉略伸过 R_5 脉；足至少后腿节端部及后胫节端部褐色；尾须极细长；生殖刺腹突短小 ……………… 14
14. 中胸盾片黑褐色，前缘黄色；中基节基部、后基节基 1/3 和端 1/3 暗褐色；生殖刺突长形 ……… 伸长埃菌蚊 *E. extensa*
- 中胸盾片前 2/5 及后缘黄色，后 3/5 黑褐色；中、后基节无暗色部分；生殖刺突极短小 ……… 黄黑埃菌蚊 *E. nigroflava*
15. 至少中胫节具前背刚毛 …………………………………………………………………… 16
- 中、后胫节无前背刚毛 …………………………………………………………………… 18
16. 横脉 r-m 略长于 M 脉主干 …………………………………………………………… 龙栖埃菌蚊 *E. longqishana*
- 横脉 r-m 长至少为 M 脉主干的 1.7 倍 ………………………………………………… 17
17. 生殖刺突侧突中部分 2 支，背支细直，末端尖，腹支细长扭曲；亚侧突细长 ……… 波曲埃菌蚊 *E. sinuosa*
- 生殖刺突侧突宽大渐尖，末端分 2 短支；亚侧突基部细狭，端半部突变宽大 ……… 开裂埃菌蚊 *E. fissusa*
18. 横脉 r-m 至少为 M 脉主干的 1.5 倍长 …………………………………………………… 19
- 横脉 r-m 至多为 M 脉主干的 1.2 倍长 …………………………………………………… 23
19. tb 脉无长毛 ……………………………………………………………………………… 20
- tb 脉下面具长毛 ………………………………………………………………………… 21
20. 横脉 r-m 长为 M 脉主干的 1.5 倍；生殖刺突宽短，端平截 …………………………… 林茂埃菌蚊 *E. silviabunda*
- 横脉 r-m 长为 M 脉主干的 3.0–4.0 倍；生殖刺突宽长，基部颈状，端渐狭，钝圆 …… 暗色埃菌蚊 *E. obscura*
21. 后腿节端部褐色；中胫节具腹刚毛 2–3 枚 ……………………………………………… 福建埃菌蚊 *E. fujianana*
- 后腿节端部无褐色斑纹；中胫节具腹刚毛 4 枚以上 …………………………………… 22
22. 横脉 r-m 长约为 M 脉主干的 2.0 倍；tb 脉下面具 6–10 长毛；生殖刺突马蹄形，两端密生长缘毛
……………………………………………………………………………………… 居山埃菌蚊 *E. monticola*
- 横脉 r-m 长约为 M 脉主干的 1.5 倍；tb 脉下面具 2–3 长毛；生殖刺突不如上述 ……… 东方埃菌蚊 *E. orientalia*

23. tb 脉无长毛 ··· 24
- 　tb 脉下面具长毛 ··· 25
24. C 脉终于 R₅ 脉；侧突端半部细长光裸；生殖刺突宽大三角形 ·························· **王氏埃菌蚊 *E. wangi***
- 　C 脉略伸过 R₅ 脉；侧突端半部指状，具 1 端刚毛；生殖刺突短矩形 ····· **百山祖埃菌蚊 *E. baishanzuensis***
25. 中、后腿节端部及中、后胫节端部褐色；tb 脉及 M₁ 脉之前的翅面色稍深；生殖刺突侧突基部宽大，中部急缩如柄，端
　　部近三角状，光裸 ·· **斧状埃菌蚊 *E. dolabriforma***
- 　足无明显褐色斑纹；翅面色泽一致；生殖刺突侧突不如上述 ····························· **简单埃菌蚊 *E. simplex***

（537）渐尖埃菌蚊 *Epicypta acuminata* Wu *et* Yang, 1998

Epicypta acuminata Wu *et* Yang, 1998: 275.

　　特征：雄虫翅长 2.6–3.5 mm。头部须和口器黄色；头后部深褐色；触角褐色。前胸背板具 3–4 长刚毛；中胸盾片黄色，具 3 条分界不清晰的暗褐色宽纵带；中胸上前侧片长约为宽的 1.3 倍；小盾片暗褐色，具 4 长刚毛；中胸后侧片具 2 长刚毛。翅褐黄色透明，无斑纹；C 脉略伸过 R₅ 脉；横脉 r-m 长约为 M 脉主干的 1.6 倍；tb 脉下面具 6–8 长毛。平衡棒黄色。足黄色；前胫节具 1p-d；中胫节具 5d、2a-d、3a、5–7v、1p；后胫节具 6d、4a-d、6a、6–8p。腹部背板褐色，两侧淡黄褐色；腹板淡黄褐色。外生殖器淡褐色。雌虫翅长 2.8–3.0 mm。色型和特征与雄虫相同，外生殖器淡褐黄色。

　　分布：浙江（安吉、开化）。

（538）安吉埃菌蚊 *Epicypta anjiensis* Wu *et* Yang, 1998

Epicypta anjiensis Wu *et* Yang, 1998: 276.

　　特征：雄虫翅长 2.9–3.3 mm。头部须和口器黄色；头后部深褐色；触角黄褐色。前胸背板具 2 长刚毛；中胸盾片黄色，具 3 条多少分离的黑褐色宽纵带；中胸上前侧片长约为宽的 1.2 倍；小盾片暗褐色，具 4 长刚毛；中胸后侧片具 2 长刚毛。翅黄色透明，无斑纹；C 脉终于 R₅ 脉；横脉 r-m 略长于 M 脉主干；tb 脉下面具 2 长毛。平衡棒黄色。足黄色；前胫节具 1p-d；中胫节具 6d、2a-d、3a、4v；后胫节具 6d、3a-d、5a、2p。腹部背板褐色，第 3–5 节两侧和前侧角及第 6 节后缘黄色；腹板淡褐色。外生殖器淡褐色。雌虫翅长 3.2 mm。色型和特征与雄虫相同，外生殖器淡褐黄色。

　　分布：浙江（安吉、开化、庆元）。

（539）百山祖埃菌蚊 *Epicypta baishanzuensis* Wu, 1995

Epicypta baishanzuensis Wu, 1995: 442.

　　特征：雄虫翅长 3.1 mm。头部须和口器黄色；头后部褐色；触角柄节、梗节和第 1、第 2 鞭节黄褐色，其余褐色。前胸背板具 4 长刚毛；中胸盾片黑褐色，前缘、肩角及后侧角黄色；中胸上前侧片长约为宽的 1.5 倍；小盾片黑褐色，具 4 长刚毛；中胸后侧片具 3 长刚毛。翅无斑纹；C 脉略伸过 R₅ 脉；横脉 r-m 约与 M 脉主干等长；tb 脉无长毛。平衡棒黄色。足淡黄至黄色，中、后腿节端部和各胫节端部褐色；前胫节具 2p-d；中胫节具 5d、3a、4v、1p；后胫节具 6d、4a、6p。腹部背板深褐色，两侧及第 4、第 5 节前侧角淡褐黄色；腹板淡褐黄色。外生殖器褐色。雌虫翅长 3.3–3.6 mm。色型和特征与雄虫相似；中胸上前侧片长约为宽的 1.4 倍；前胫节具 1p-d；中胫节具 4d、3a、3v、1p；后胫节具 6d、5a、3p；横脉 r-m 约与 M 脉主干等长；tb 脉下面具 4 长毛；外生殖器黄褐色。生殖刺突短矩形。

　　分布：浙江（庆元）。

（540）白云埃菌蚊 *Epicypta baiyunshana* **Wu et Yang, 1997**

Epicypta baiyunshana Wu et Yang, 1997: 300.

　　特征：雄虫翅长 2.8–3.3 mm。头部须和口器黄色；头后部黑褐色；触角柄节、梗节和第 1 鞭节基部黄色，其余褐色。前胸背板具 3–5 长刚毛；中胸盾片黑褐色，前缘有窄黄边；中胸上前侧片长为宽的 1.5–1.6 倍；小盾片黑褐色，两侧黄色，具 4–6 长刚毛；中胸后侧片具 2–3 长刚毛。翅黄色透明，褐色中斑存在，不明显；C 脉终于 R₅ 脉；横脉 r-m 长为 M 脉主干的 1.3–2.0 倍；tb 脉下面具 0–3 长毛。平衡棒黄色。足黄色，后基节基背部具 1 黑褐色斑，后腿节端部深褐色；前胫节具 2p-d；中胫节具 5d、1a-d、3–4a、3–5v、1p；后胫节具 5–6d、5a、3–4p。腹部背板深褐色；腹板褐色。外生殖器黄褐色；尾须中等长，端渐尖，密生刚毛，端刚毛柔弯。雌虫翅长 3.8 mm。色型和特征与雄虫相同；外生殖器褐色。生殖刺突侧突中等长，端被毛；亚侧突细长，光裸。

　　分布：浙江（安吉、开化、庆元）、河南、福建。

（541）基枝埃菌蚊 *Epicypta basiramifera* **Wu et Yang, 1998**

Epicypta basiramifera Wu et Yang, 1998: 277.

　　特征：雄虫翅长 2.2–3.3 mm。头部须和口器黄色；头后部褐色；触角柄节、梗节黄色，鞭节淡褐色。前胸背板具 4 长刚毛；中胸盾片黄色，具 3 条多少分离的黑褐色宽纵带；中胸上前侧片长约为宽的 1.4 倍；小盾片暗褐色，中线黄色，具 6 长刚毛；中胸后侧片具 2 长刚毛。翅黄色透明，无斑纹；C 脉终于 R₅ 脉；横脉 r-m 略长于 M 脉主干；tb 脉下面具 0–2 长毛。平衡棒黄色。足黄色，后腿节端部暗褐色，后基节端后部有一黑褐色大斑；前胫节具 2p-d；中胫节具 5d、4a、4–5v、1p；后胫节具 6d、5a、5–6p。腹部背板深褐色，第 3–5 节前缘宽黄色；腹板 3–5 节黄色，其余淡褐色。外生殖器淡褐色。生殖刺突细长，基腹缘侧生指状侧支；尾须极细长。

　　分布：浙江（安吉、开化、庆元）。

（542）陈氏埃菌蚊 *Epicypta cheni* **Wu et Yang, 1993**

Epicypta cheni Wu et Yang, 1993: 650.

　　特征：雄虫翅长 2.4–2.9 mm。头部须和口器黄色；头后部黄色；触角黄至黄褐色。前胸背板具 3 长刚毛；中胸盾片黄色，具 3 条黑褐色宽纵带；中胸上前侧片长约为宽的 1.5 倍；小盾片暗褐色，两侧黄色，具 4 长刚毛；中胸后侧片具 2–3 长刚毛。翅无斑纹；C 脉明显伸过 R₅ 脉；横脉 r-m 长为 M 脉主干的 0.7–1.0 倍；tb 脉具 0–1 长毛。平衡棒黄白色。足淡黄色，后基节基部褐色；前胫节具 1p-d；中胫节具 5d、1a-d、3a、3v、1p；后胫节具 6d、5a、3p。腹部背板褐色；腹板黄色。外生殖器淡褐色。雌虫翅长 3.2 mm。色型和特征与雄虫相同，但腹部背板 2–5 节两侧黄色，中胸上前侧片长约为宽的 1.4 倍；前胫节具 1p-d；中胫节具 5d、3a、4v；后胫节具 6d、4a、2p；横脉 r-m 长约为 M 脉主干的 1.5 倍，tb 脉下面具 3 长毛；外生殖器黄褐色。

　　分布：浙江（安吉、庆元）、福建。

（543）斧状埃菌蚊 *Epicypta dolabriforma* **Wu et Yang, 1998**

Epicypta dolabriforma Wu et Yang, 1998: 278.

　　特征：雄虫翅长 3.1–4.1 mm。头部须和口器黄色；头后部暗褐色；触角柄节、梗节黄色，鞭节褐色。

前胸背板具 4 长刚毛；中胸盾片黑褐色，前缘及肩角褐黄色；中胸上前侧片长约为宽的 1.2 倍；小盾片暗褐色，具 4 长刚毛；中胸后侧片具 3 长刚毛。翅黄色透明，tb 脉及 M_1 脉之前的翅面淡褐色；C 脉略伸过或终于 R_5 脉；横脉 r-m 约与 M 脉主干等长；tb 脉下面具 1–3 长毛。平衡棒黄色。足黄色，中、后腿节端部及中、后胫节端部暗褐色；前胫节具 2p-d；中胫节具 5–6d、3a、4v、1p；后胫节具 6–7d、5a、5p。腹部背板和腹板褐色。外生殖器褐色。雌性翅长 3.6 mm。色型和特征与雄虫相同，外生殖器淡褐黄色。生殖刺突侧突基部宽大，中部缩如柄，端部近三角状，光裸。

分布：浙江（安吉、开化、庆元）、福建。

（544）伸长埃菌蚊 *Epicypta extensa* **Wu** *et* **Yang, 1998**

Epicypta extensa Wu *et* Yang, 1998: 279.

特征：雄虫翅长 2.4–2.9 mm。头部须和口器褐黄色；头后部深褐色；触角柄节、梗节和第 1 鞭节基部黄色，其余淡褐色。前胸背板具 3 长刚毛；中胸盾片黑褐色，前缘黄色；中胸上前侧片长约为宽的 1.3 倍；小盾片黑褐色，具 4 长刚毛；中胸后侧片具 1 长刚毛。翅黄色透明，褐色中斑存在；C 脉略伸过 R_5 脉；横脉 r-m 长为 M 脉主干的 1.0–1.7 倍；后分叉点在 M 脉分叉点之内；tb 脉下面具 2 长毛。平衡棒黄色。足褐黄色，中基节基部、后基节基 1/3 及端 1/3、中腿节端部、后腿节端 2/5、中胫节端部及后胫节端部均为暗褐色；前胫节具 1p-d；中胫节具 5d、4a、3v；后胫节具 6d、6a、1p。腹部背板暗褐色；腹板褐色。外生殖器淡褐色。雌性翅长 2.6–2.9 mm。色型和特征与雄虫相同，外生殖器淡褐色。生殖刺突长形。

分布：浙江（安吉、开化）、北京。

（545）开裂埃菌蚊 *Epicypta fissusa* **Wu** *et* **Yang, 2003**

Epicypta fissusa Wu *et* Yang, 2003: 160.

特征：雄虫翅长 2.9–3.1 mm。头部须和口器褐黄色；头后部褐色；触角淡褐色。前胸背板具 2–3 长刚毛；中胸盾片暗褐色，肩角黄色；中胸上前侧片长约为宽的 1.3 倍；小盾片褐色，具 4 长刚毛；中胸后侧片具 2 长刚毛。翅黄色透明；无斑纹；C 脉终于 R_5 脉；横脉 r-m 长约为 M 脉主干的 1.7 倍；tb 脉下面具 6–10 长毛。平衡棒褐色。足黄色，前胫节具 2p-d；中胫节具 5d、4a-d、3a、5v、1p；后胫节具 6d、3–4a-d、5a、7–8p。腹部背板褐色；腹板淡褐色。外生殖器淡褐色。雌性翅长 3.6 mm。色型和特征与雄虫相同，外生殖器淡褐色。生殖刺突侧突宽大，末端分 2 短支；亚侧突基部细狭，端半部突变宽大。

分布：浙江（开化）、福建。

（546）美丽埃菌蚊 *Epicypta formosa* **Wu** *et* **Yang, 1998**

Epicypta formosa Wu *et* Yang, 1998: 280.

特征：雄虫翅长 2.7–2.9 mm。头部须和口器黄色；头后部褐黄色；触角淡黄褐色。前胸背板具 3–5 长刚毛；中胸盾片黄色，具 3 条黑褐色宽纵带；中胸上前侧片长约为宽的 1.3 倍；小盾片暗褐色，两侧黄色，具 4 长刚毛；中胸后侧片具 2–3 长刚毛。翅黄色透明，无斑纹；C 脉终于 R_5 脉；横脉 r-m 长为 M 脉主干的 1.5–2.0 倍；tb 脉下面具 5 长毛。平衡棒黄色。足黄色；前胫节具 2p-d；中胫节具 5d、3–5a、4v、1p；后胫节具 6d、5a、4p。腹部背板褐色，两侧淡褐色；腹板淡褐色。外生殖器淡褐色。生殖刺突侧突宽大，端生疏毛。

分布：浙江（安吉）。

（547）福建埃菌蚊 *Epicypta fujianana* **Wu** *et* **Yang, 1993**

Epicypta fujianana Wu *et* Yang, 1993: 649.

特征：雄虫翅长 2.7–3.4 mm。头部须和口器黄色；头后部深褐至黑褐色；触角柄节、梗节黄色，鞭节褐色。前胸背板具 3 长刚毛；中胸盾片黑褐色，前缘黄色；中胸上前侧片长为宽的 1.3–1.7 倍；小盾片黑褐色，具 4 长刚毛；中胸后侧片具 1–3 长刚毛。翅黄色透明，无斑纹；C 脉终于 R$_5$ 脉；横脉 r-m 长为 M 脉主干的 2.0–4.0 倍；tb 脉下面具 6–8 长毛。平衡棒黄白色。足黄褐色，后基节基部及后腿节端部褐色；前胫节具 2p-d；中胫节具 5d、3a、2–3v、1p；后胫节具 6d、5a、3–4p。腹部背板褐至黑褐色；腹板褐黄色。外生殖器淡褐黄色。

分布：浙江（安吉、开化）、福建。

（548）刀状埃菌蚊 *Epicypta gladiiforma* **Wu** *et* **Yang, 1993**

Epicypta gladiiforma Wu *et* Yang, 1993: 650.

特征：雄虫翅长 2.3–2.9 mm。头部须和口器黄色；头后部黄色；触角黄色。前胸背板具 1 长刚毛；中胸盾片黄色，具 3 条深褐色宽纵带，中央一条色稍浅；中胸上前侧片长约等于宽；小盾片褐色，中央黄色，具 3 长刚毛；中胸后侧片具 2 长刚毛。翅无明显斑纹；C 脉伸过 R$_5$ 脉约为 R$_5$ 脉至 M$_1$ 脉间距的 1/5；横脉 r-m 约与 M 脉主干等长；tb 脉下面具 10 长毛。平衡棒黄色。足黄色，后腿节端部褐色；前胫节具 1p-d；中胫节具 5d、3a、3v；后胫节具 7d、5a。腹部背板 1 节黄色，第 2–6 节褐色；腹板黄色。外生殖器淡黄褐色。雌虫翅长 2.4–2.7 mm，色型和特征与雄虫相同，但腹部第 5 节黄色，中央有 1 三角形褐斑，第 6 节淡褐色，中胫节具 4v；外生殖器黄褐色。生殖刺突细长，末端钝圆；侧突中等长，大刀状。

分布：浙江（安吉、开化、庆元）、福建、云南。

（549）龙栖埃菌蚊 *Epicypta longqishana* **Wu** *et* **Yang, 1993**

Epicypta longqishana Wu *et* Yang, 1993: 648.

特征：雄虫翅长 2.6–3.1 mm。头部须和口器褐黄色；头后部褐色；触角淡褐色。前胸背板具 3 长刚毛，中胸盾片褐至暗褐色，前缘黄褐色；中胸上前侧片长为宽的 1.2–1.5 倍；小盾片深褐色，具 4–6 长刚毛；中胸后侧片具 2 长刚毛。翅黄色透明，无斑纹；C 脉终于 R$_5$；横脉 r-m 略长于 M 脉主干；tb 脉下面具 2–3 长毛。平衡棒黄褐色。足淡黄至黄色，后腿节端部褐色；前胫节具 2p-d；中胫节具 5d、2a-d、3a、4–5v、1p；后胫节具 6d、2a-d、5a、5–13p。腹部背板褐至暗褐色；腹板黄色。外生殖器淡褐色。雌虫翅长 3.8 mm。色型和特征与雄虫相同；中胸上前侧片长约为宽的 1.4 倍；外生殖器黄褐色。

分布：浙江（安吉、庆元）、福建、广西。

（550）居山埃菌蚊 *Epicypta monticola* **Wu, 1995**

Epicypta monticola Wu, 1995: 443.

特征：雄虫翅长 2.6–3.4 mm。头部须和口器黄色，头后部褐色，触角淡黄褐色。前胸背板具 3 长刚毛；中胸盾片深褐色，前缘有狭黄色边；中胸上前侧片长约为宽的 1.5 倍；小盾片深褐色，具 4 长刚毛；中胸后侧片具 2 长刚毛。翅无斑纹；C 脉终于 R$_5$ 脉；横脉 r-m 长约为 M 脉主干的 2.0 倍；tb 脉下面具 6–10 长毛。平衡棒黄色。足黄色，后基节基背部褐色；前胫节具 2p-d；中胫节具 5d、3–4a-d、3a、3–4v、1p；后胫节具 7d、3a-d、5–6a、7–8p。腹部背板褐色，第 4、第 5 节两侧淡褐黄色；腹板淡褐黄色。外生殖器淡褐黄色。雌虫翅长 3.1 mm。色型和特征与雄虫相同；中胸上前侧片长约为宽的 1.3 倍；前胫节具 1p-d；中胫节具 4d、3a、4v、1p；后胫节具 3d、6a、7p-d、7p；横脉 r-m 长约为 M 脉主干的 1.5 倍，tb 脉下面具 10 长毛。外生殖器褐黄色。

　　分布：浙江（安吉、开化、庆元）。

（551）黄黑埃菌蚊 *Epicypta nigroflava* (Senior-White, 1922)（图 8-67）

Delopsis nigroflava Senior-White, 1922: 199.

　　特征：雄虫翅长 2.4–3.2 mm。头部须和口器黄色；头后部褐黄色；触角褐黄至淡褐色。前胸背板具 3 长刚毛；中胸盾片前 2/5 黄色，后 3/5 黑褐色，后缘黄色；中胸上前侧片长约为宽的 1.3 倍；小盾片黑褐色，具 4 长刚毛；中胸后侧片具 2 长刚毛。翅黄色透明，褐色中斑存在；C 脉略伸过 R_5 脉；横脉 r-m 长约为 M 脉主干的 1.5 倍；tb 脉下面具 1 长毛。平衡棒黄色。足黄色，后腿节端 1/4 及后胫节基部和端部暗褐色；前胫节具 0–1p-d；中胫节具 6d、3a、3v；后胫节具 6d、5a。腹部背板深褐色，第 1 节两侧黄色，第 4 节前半部及第 6 节后半部黄色；腹板淡褐至褐色。外生殖器淡褐色。雌虫翅长 2.4–2.8 mm。色型和特征与雄虫相同。外生殖器黄色。生殖刺突极短小。

　　分布：浙江（安吉、临安、开化）；斯里兰卡，菲律宾，印度尼西亚。

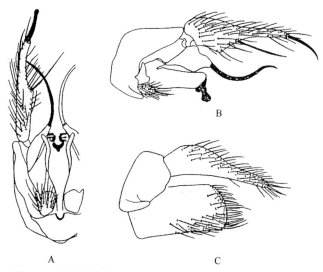

图 8-67　黄黑埃菌蚊 *Epicypta nigroflava* (Senior-White, 1922)
A.♂外生殖器，背视；B.♂外生殖器，侧视；C.♀外生殖器，侧视

（552）暗色埃菌蚊 *Epicypta obscura* Wu *et* Yang, 1993

Epicypta obscura Wu *et* Yang, 1993: 651.

　　特征：雄虫翅长 3.1–3.4 mm。头部须和口器褐黄色；头后部暗褐色；触角柄节、梗节和第 1 鞭节基部黄色，其余褐色。前胸背板具 4 长刚毛；中胸盾片暗褐色；中胸上前侧片长约为宽的 1.6 倍；小盾片具 6 长刚毛；中胸后侧片具 2 长刚毛。翅无斑纹；C 脉明显伸过 R_5 脉；横脉 r-m 长为 M 脉主干的 3.0–4.0 倍；tb 脉无长毛。平衡棒褐黄色。足黄至褐黄色；前胫节具 2p-d；中胫节具 5d、3a、4v、1p；后胫节具 6d、3a-d、5a、6p。腹部背板暗褐色，第 3–5 节前半部及后侧角黄色；腹板黄色。外生殖器褐色。生殖刺突宽长，基部颈状，端部渐狭，钝圆。

　　分布：浙江（开化、庆元）。

（553）东方埃菌蚊 *Epicypta orientalia* Wu, 1995

Epicypta orientalia Wu, 1995: 443.

特征：雄虫翅长 3.3 mm。头部须和口器黄色；头后部深褐色；触角褐色。前胸背板具 3 长刚毛；中胸盾片暗褐色，前缘及前侧缘宽黄色；中胸上前侧片长约为宽的 1.5 倍；小盾片前半部深褐色，后半部黄色，具 4 长刚毛；中胸后侧片具 2 长刚毛。翅无斑纹；C 脉终于 R_5 脉；横脉 r-m 长约为 M 脉主干的 1.5 倍；tb 脉下面具 2–3 长毛。平衡棒黄色。足黄色；前胫节具 1p-d；中胫节具 5d、3a、4v、1p；后胫节具 7d、5a。腹部背板深褐至黑褐色；腹板褐色。外生殖器褐色。

分布：浙江（庆元）。

（554）细小埃菌蚊 *Epicypta pusilla* Wu, 1998

Epicypta pusilla Wu, 1998: 281.

特征：雄虫翅长 2.0–2.6 mm。头部须和口器黄色；头后部黄色；触角柄节、梗节和第 1 鞭节基部黄色，其余淡褐色。前胸背板具 2–3 长刚毛；中胸盾片黄色，具 3 条深褐色宽纵带；中胸上前侧片长为宽的 1.3–1.7 倍；小盾片黄色，后缘褐色，具 4 长刚毛；中胸后侧片具 2–3 长刚毛。翅黄色透明，无斑纹；C 脉略伸过 R_5 脉；横脉 r-m 长约为 M 脉主干的 1.2 倍；tb 脉下面具 1–2 长毛。平衡棒黄色。足黄色；前胫节具 1p-d；中胫节具 5d、3a、3v、1p；后胫节具 6d、5a、3p。腹部背板深褐色；腹板褐色。外生殖器淡褐色。雌虫翅长 2.4–2.6 mm。色型和特征与雄虫相同。外生殖器淡褐黄色。生殖刺突侧突细长，末端具粗黑齿。

分布：浙江（安吉、开化、庆元）、福建。

（555）林茂埃菌蚊 *Epicypta silviabunda* Wu, 1995

Epicypta silviabunda Wu, 1995: 444.

特征：雄虫翅长 2.5–2.7 mm。头部须和口器黄色；头后部黄褐色；触角黄褐色。前胸背板具 3 长刚毛；中胸盾片黄褐色，后侧角黄色；中胸上前侧片长约为宽的 1.5 倍；小盾片褐色，两侧黄色，具 6 长刚毛；中胸后侧片具 2 长刚毛。翅无斑纹；C 脉终于 R_5 脉；横脉 r-m 长约为 M 脉主干的 1.5 倍；tb 脉无长毛。平衡棒黄色。足黄色，后基节基部褐色；前胫节具 1p-d；中胫节具 5d、3a、4v、1p；后胫节具 6–7d、5a、5–6p。腹部背板第 1 节褐色，第 2–6 节黄褐色，第 4–5 节前侧角黄色；腹板淡黄褐色。外生殖器黄褐色。雌虫翅长 2.7 mm。色型和特征与雄虫相同；中胸上前侧片长约为宽的 1.7 倍；前胫节具 1p-d；中胫节具 4d、1a、4v、1p；后胫节具 6d、4a、1p；横脉 r-m 约与 M 脉主干等长，tb 脉无长毛。外生殖器褐黄色。生殖刺突宽短，末端平截。

分布：浙江（开化、庆元）。

（556）简单埃菌蚊 *Epicypta simplex* Wu, 1995

Epicypta simplex Wu, 1995: 444.

特征：雄虫翅长 3.0–3.6 mm。头部须和口器黄色；头后部深褐色；触角柄节、梗节和第 1 鞭节基半部黄色，其余部分褐色。前胸背板具 3 长刚毛；中胸盾片暗褐色，前缘及肩角黄色；中胸上前侧片长约为宽的 1.4 倍；小盾片黄色，两侧各有一暗褐色大斑，具 4 长刚毛；中胸后侧片具 3 长刚毛。翅无斑纹；C 脉终于 R_5 脉；横脉 r-m 约与 M 脉主干等长；tb 脉下面具 3–5 长毛。平衡棒黄色。足黄色；前胫节具 1p-d；

中胫节具 5d、3a、3v、1p；后胫节具 6d、6a、2p。腹部背板深褐至黑褐色，两侧色稍淡；腹板褐色。外生殖器褐黄色。雌虫翅长 3.1 mm。色型和特征与雄虫相同。外生殖器褐黄色。

分布：浙江（安吉、庆元）。

（557）中华埃菌蚊 *Epicypta sinica* Wu *et* Yang, 1993

Epicypta sinica Wu *et* Yang, 1993: 647.

特征：雄虫翅长 2.7–3.1 mm。头部须和口器黄色；头后部黄色，中央褐色；触角淡褐黄色。前胸背板具 3 长刚毛；中胸盾片黄色，具 3 条黑褐色宽纵带；中胸上前侧片长约为宽的 1.4 倍；小盾片黑褐色，具 4 长刚毛；中胸后侧片具 2 长刚毛。翅黄色透明，无斑纹；C 脉略伸过 R_5 脉；横脉 r-m 略长于 M 脉主干；tb 脉下面具 1–3 长毛。平衡棒黄色。足黄色；前胫节具 1–2p-d；中胫节具 5d、3a、4–5v；后胫节具 6–7d、5a、0–2p。腹部背板褐色；腹板黄色。外生殖器淡黄褐色。雌虫翅长 2.9–3.3 mm。色型和特征与雄虫相同；中胸上前侧片长约为宽的 1.3 倍。外生殖器淡黄褐色。生殖刺突宽短，末端平截；侧突窄，端突变细弯。

分布：浙江（德清、安吉、开化、庆元）、福建。

（558）波曲埃菌蚊 *Epicypta sinuosa* Wu, 1995（图 8-68）

Epicypta sinuosa Wu, 1995: 445.

特征：雄虫翅长 2.9–3.5 mm。头部须和口器黄色；头后部深褐色；触角柄节、梗节和第 1 鞭节黄色，其余淡褐色。前胸背板具 4–5 长刚毛；中胸盾片黑褐色，前缘暗黄色；中胸上前侧片长约为宽的 1.5 倍；小盾片暗褐色，具 6 长刚毛；中胸后侧片具 3 长刚毛。翅无斑纹；C 脉终于 R_5 脉；横脉 r-m 长为 M 脉主干的 2.0–2.5 倍；tb 脉下面具 7–16 长毛。平衡棒黄色。足淡黄色，后基节基背部、后腿节背面和端部、后胫节基部和端部褐色；前胫节具 2p-d；中胫节具 5d、4a-d、3a、4v、1p；后胫节具 6d、3a-d、5a、5p。腹部背板深褐色；腹板褐色。外生殖器褐色。雌虫翅长 2.8 mm。色型和特征与雄虫相同，但色更暗，足褐色部分扩大，中胸上前侧片长约为宽的 1.7 倍；前胫节具 1p-d；中胫节具 5d、3a、3v；后胫节具 5d、8a、1p；M 脉主干消失，tb 脉无长毛。外生殖器褐黄色。生殖刺突侧突中部分 2 支，背支细长，末端尖，腹支细长扭曲；亚侧突细长。

分布：浙江（安吉、临安、开化、庆元）。

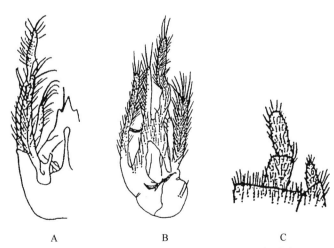

A　　　　　　　B　　　　　　　C

图 8-68　波曲埃菌蚊 *Epicypta sinuosa* Wu, 1995（引自吴鸿，1995）

A.♂外生殖器，腹视；B.♂外生殖器，侧视；C.♀外生殖器，侧视

（559）截形埃菌蚊 *Epicypta truncata* Wu, 1998

Epicypta truncata Wu, 1998: 282.

　　特征：雄虫翅长 3.2–3.4 mm。头部须和口器黄色；头后部褐色；触角淡褐色。前胸背板具 4 长刚毛；中胸盾片暗褐色，肩角及前缘黄色；中胸上前侧片长约为宽的 1.1 倍；小盾片深褐色，具 4 长刚毛；中胸后侧片具 3 长刚毛。翅黄色透明，褐色中斑存在；C 脉终于 R_5 脉；横脉 r-m 长为 M 脉主干的 1.5–2.0 倍；tb 脉下面具 2–3 长毛。平衡棒黄色。足黄色；前胫节具 2p-d；中胫节具 5d、3a、3–4v、1p；后胫节具 6d、5a、5–8p。腹部背板深褐色；腹板褐色。外生殖器淡褐色。雌虫翅长 3.5–3.8 mm。色型和特征与雄虫相同。外生殖器褐色。

　　分布：浙江（安吉、开化）、福建。

（560）王氏埃菌蚊 *Epicypta wangi* Wu *et* Yang, 1992（图 8-69）

Epicypta wangi Wu *et* Yang, 1992: 433.

　　特征：雄虫翅长 2.4 mm。头部须和口器褐黄色；头后部褐至深褐色；触角褐至暗褐色。前胸背板具 4 长刚毛；中胸盾片褐色，向两侧渐黄色；中胸上前侧片长为宽的 1.3 倍；小盾片褐色，具 6 长刚毛；中胸后侧片具 2 长刚毛。翅黄色透明，无明显斑纹；C 脉终于 R_5 脉，不达翅尖；横脉 r-m 略长于 M 脉主干；tb 脉无长毛。平衡棒淡褐色。足基节和腿节淡黄至黄色，前基节端外侧和后腿节端部褐色；胫节和跗节淡褐色；前胫节具 2p-d；中胫节具 5d、3a、4v、2p；后胫节具 8d、6a、5p。腹部背板暗褐色，第 2–4 节两侧褐黄色；腹板色稍浅。外生殖器淡褐色。

　　分布：浙江（德清）。

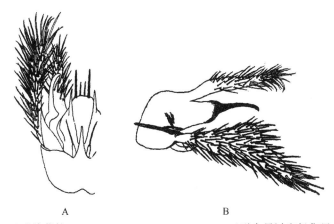

图 8-69　王氏埃菌蚊 *Epicypta wangi* Wu *et* Yang, 1992（引自吴鸿和杨集昆，1992）
A. ♂外生殖器，腹视；B. ♂外生殖器，侧视

（561）剑刺埃菌蚊 *Epicypta xiphothorna* Wu, 1998

Epicypta xiphothorna Wu, 1998: 282.

　　特征：雄虫翅长 2.7–3.1 mm。头部须和口器黄色；头后部褐黄色；触角黄色。前胸背板具 2–3 长刚毛；中胸盾片褐黄色，具 3 条深褐色宽纵带；中胸上前侧片长为宽的 1.2–1.4 倍；小盾片褐色，具 4–6 长刚毛；中胸后侧片具 2 长刚毛。翅黄色透明，无斑纹；C 脉终于 R_5 脉；横脉 r-m 长为 M 脉主干的 1.2–2.0 倍；tb 脉下面具 1–2 长毛。平衡棒黄色。足黄色,后基节端后部具 1 黑褐色大斑；后腿节端部褐色；前胫节具 1–2p-d；

中胫节具 5d、2–3a、2–5v、1p；后胫节具 6–7d、6a、3–5p。腹部背板褐色，两侧及前缘色稍浅；腹板浅褐色。外生殖器浅褐色。雌虫翅长 2.9 mm。色型和特征与雄虫相同。外生殖器淡黄褐色。生殖刺突中等长，无侧支；尾须中等，末端渐狭。

　　分布：浙江（安吉、开化、庆元）。

（562）杨氏埃菌蚊 *Epicypta yangi* Wu, 1995

Epicypta yangi Wu, 1995: 445.

　　特征：雄虫翅长 2.6–3.0 mm。头部须和口器黄色；头后部深褐色；触角柄节、梗节和第 1 鞭节基半部黄色，其余褐色。前胸背板具 4 长刚毛；中胸盾片黑褐色，前缘黄色；中胸上前侧片长约为宽的 1.5 倍；小盾片暗褐色，具 6 长刚毛；中胸后侧片具 3 长刚毛。翅褐色，中斑不明显；C 脉略伸过 R_5 脉；横脉 r-m 长约为 M 脉主干的 2.0 倍；tb 脉下面具 0–3 长毛。平衡棒黄色。足淡黄色，后基节端背部、后腿节基部和端部褐色；前胫节具 2p-d；中胫节具 5d、3a、3v、1p；后胫节具 6d、5–6a、6–7p。腹部背板深褐色；腹板褐色。外生殖器淡褐色。雌虫翅长 2.9 mm。色型和特征与雄虫相同。外生殖器褐黄色。生殖刺突侧突细长弯曲，基部膨大；亚侧突长，末端分叉，被毛。

　　分布：浙江（庆元）、广西。

184. 菌蚊属 *Mycetophila* Meigen, 1803

Mycetophila Meigen, 1803: 263. Type species: *Tipula agarici* Villers, 1789 (by designation of Johannsen, 1909).

Fungivora Meigen, 1800: 16. Type species: *Tipula agarici* Villers, 1789 (as "*Tipula agarici* Olivier") (by designation of Coquillett, 1910). Name suppressed by I. C. Z. N. 1963, 20: 339.

Mycetina Rondani, 1856: 195. Type species: *Mycetophila flavipennis* Macquart, 1826.

Mycozetaea Rondani, 1861: 12, new name for *Mycetina* Rondani, 1856. Type species: *Mycetophila flavipes* Macquart, 1826.

Mycothera Winnertz, 1863: 913. Type species: *Mycetophila dimidiata* Staeger, 1840 (by designation of Johannsen, 1909) [=*ocellus* Walker, 1848].

Opsitholoba Mik, 1891: 5. Type species: *Mycetophila caudata* Staeger, 1840.

　　主要特征：头部在胸部前缘之下；触角 14 鞭节；侧单眼与复眼接触。胸部强烈拱起，前缘稍突出于头部之上；中胸上前侧片长约等于宽，明显大于其他骨片，四边形，具刚毛；中胸后侧片具强刚毛；中胸下前侧片仅为上前侧片的 2/3 或更小。翅膜的微毛排成列，C 脉终于 R_5 脉端；Sc 脉短，末端游离；CuA 脉分支；M_3+CuA_1 脉与 M_2 脉远离，而与 CuA_2 脉平行或相互接近。胫刚毛长，排成列；中胫节具 4–5 背刚毛。腹部雄可见 6 节，雌可见 7 节。

　　分布：世界广布，已知 500 余种，中国记录 71 种，浙江分布 35 种。

分种检索表

（563）无斑菌蚊 *Mycetophila absqua* Wu *et* He, 1998

Mycetophila absqua Wu *et* He, 1998: 260.

　　特征：雄虫翅长 2.5 mm。头部须和口器褐黄色，须第 3 节最宽；头后部深褐色；触角柄节、梗节和第 1 鞭节基 1/3 黄色，其余褐色。前胸前侧片具 3 长刚毛；中胸盾片深褐色；中胸上前侧片长约为宽的 0.8 倍；小盾片深褐色，具 4 长刚毛；中胸后侧片具 3 长刚毛。翅黄色透明，无斑纹；C 脉终于 R_5 脉；横脉 r-m 略长于 M 脉主干；tb 脉下面具 1 长毛。平衡棒黄色。足黄色，后腿节端部 1/4 褐色；中胫节具 5d、1a-d、2a、3v、2p；后胫节具 7d、6a、4p。后基节具弱短后刚毛，亚端刚毛直长且短于基节直径。腹部背板深褐色；腹板褐色。外生殖器淡褐色。生殖基节中央隆凸。

　　分布：浙江（安吉）。

（564）等长菌蚊 *Mycetophila aequilonga* Wu *et* He, 1998

Mycetophila aequilonga Wu *et* He, 1998: 261.

　　特征：雄虫翅长 2.9 mm。头部须和口器黄色，须第 3 节最宽；头后部暗褐色；触角柄节、梗节和第 1 鞭节基部黄色，其余褐色。前胸前侧片具 3 长刚毛；中胸盾片暗褐色，肩角黄色；中胸上前侧片长约为宽的 0.8 倍；小盾片黄色，两侧褐色，具 4 长刚毛；中胸后侧片具 4 长刚毛。翅黄色透明，褐色中斑存在；亚端褐斑起自 R_1 脉至 R_5 脉端之间，向后伸达 M_2 脉；C 脉终于 R_5 脉；横脉 r-m 略长于 M 脉主干；tb 脉无长毛。平衡棒黄白色。足黄色，后腿节端部及中、后胫节端部褐色；中胫节具 5d、1a-d、3a、4v、4p；后胫节具 6d、7a、3p。后基节具弱短后刚毛，亚端刚毛直长且短于基节直径。腹部背板和腹板深褐色。外生殖器褐色。

　　分布：浙江（安吉）。

（565）艾尔菌蚊 *Mycetophila alberta* Curran, 1927

Mycetophila alberta Curran, 1927: 80.

　　特征：雄虫翅长 2.8 mm。头部须和口器黄色，须第 3 节最宽；头后部暗褐色；触角柄节、梗节和第 1、第 2 鞭节黄色，其余褐色。前胸前侧片具 3 长刚毛；中胸盾片黑褐色；中胸上前侧片长为宽的 1.2–1.3 倍；小盾片暗褐色，具 4 长刚毛；中胸后侧片具 3 长刚毛。翅黄色透明，褐色中斑存在；C 脉终于 R_5 脉；横脉 r-m 约与 M 脉主干等长；tb 脉下面具 2 长毛。平衡棒黄色。足黄色，中腿节端部褐色；后腿节端 1/3 深褐色；中胫节具 5d、2a-d、3a、3v、2p；后胫节具 10d、6a、1p。腹部背板深褐色；腹板褐色。外生殖器褐色。

　　分布：浙江（安吉）；北美洲。

（566）环状菌蚊 *Mycetophila annulara* Wu *et* He, 1998

Mycetophila annulara Wu *et* He, 1998: 261.

　　特征：雄虫翅长 2.4–2.7 mm。头部须和口器黄色，须第 3 节最宽；头后部褐色；触角淡褐色。前胸前侧片具 3 长刚毛；中胸盾片黑褐色；中胸上前侧片长约为宽的 0.8 倍；小盾片黄褐色，具 4 长刚毛；中胸后侧片具 3 长刚毛。翅黄色透明，褐色中斑存在；C 脉伸过 R_5 脉段约为 R_5 脉至 M_1 脉间距的 1/5；后分叉点在 M 脉分叉点略外；横脉 r-m 长为 M 脉主干的 1.1–1.9 倍；tb 脉下面具 7–9 长毛。平衡棒黄色。足黄色，后腿节背面及端部褐色；中胫节具 5–6d、3a、3v；后胫节具 6d、6–8a。腹部背板深褐色；腹板褐色。外生殖器淡褐色。生殖刺突近环状。

　　分布：浙江（安吉）、福建。

（567）光盾菌蚊 *Mycetophila calvuscuta* Wu *et* He, 1998

Mycetophila calvuscuta Wu *et* He, 1998: 262.

　　特征：雄虫翅长 2.6–2.8 mm。头部须和口器褐黄色，须第 3 节最宽；头后部黑褐色；触角柄节、梗节和第 1 鞭节基半部黄色，其余褐色。前胸前侧片具 3 长刚毛；中胸盾片黑褐色，肩角黄色；中胸上前侧片长约为宽的 1.1 倍；小盾片黑褐色，具 4 长刚毛；中胸后侧片具 5 长刚毛。翅黄色透明，褐色中斑存在；亚端褐斑起自 R_1 脉至 R_5 脉端，止于 M_1 脉端；C 脉终于 R_5 脉末端；横脉 r-m 略短于 M 脉主干；tb 脉下面具 3 长毛。平衡棒黄色。足黄色，中、后腿节背面及后腿节端部黑褐色；中胫节具 5d、3a、3v、1p；后胫节具 5d、7a。后基节具弱短后刚毛，亚端刚毛直长且短于基节直径。腹部背板暗褐色，第 6 节后缘宽，黄色；腹板淡褐色。外生殖器淡褐色。

　　分布：浙江（安吉、开化）。

（568）类尾菌蚊 *Mycetophila caudatusaceus* Wu *et* He, 1998

Mycetophila caudatusaceus Wu *et* He, 1998: 262.

　　特征：雄虫翅长 2.6–3.3 mm。头部须和口器黄色，须第 3 节最宽；头后部褐色；触角柄节、梗节和第 1、第 2 鞭节黄色，其余淡褐色。前胸前侧片具 3 长刚毛；中胸盾片褐至暗褐色，肩角黄色；中胸上前侧片长约等于宽；小盾片褐色，具 4 长刚毛；中胸后侧片具 3–4 长刚毛。翅黄色透明，翅脉褐色，褐色中斑存在，较小；亚端褐斑起自 R_1 脉端，向后伸达 M_1 脉之前；C 脉终于 R_5 脉；横脉 r-m 略长于 M 脉主干；tb 脉下面具 0–1 长毛。平衡棒黄色。足黄色，后腿节背面及端 1/5 褐色，中、后胫节端部褐色；中胫节具 5d、

3a、2v、2p；后胫节具 5d、7a、1p。后基节无弱短后刚毛，亚端刚毛直长且短于基节直径。腹部背板褐色；腹板色稍浅。外生殖器黄色。

分布：浙江（安吉、开化）。

（569）查氏菌蚊 *Mycetophila chandleri* Wu, 1997

Mycetophila chandleri Wu, 1997: 124.

特征：雄虫翅长 3.3–3.8 mm。头部须和口器褐色，须第 3 节最宽；头后部褐色；触角柄节和鞭节黄色，鞭节淡褐色。前胸前侧片具 3 长刚毛；中胸盾片褐色；中胸上前侧片长为宽的 1.1–1.2 倍；小盾片淡褐色，具 4 长刚毛；中胸后侧片具 4–5 长刚毛。翅淡黄色透明，褐色中斑存在；C 脉终于 R_5 脉；横脉 r-m 略长于 M 脉主干；tb 脉下面具 18–21 长毛。平衡棒黄色。足黄色；中胫节具 5d、3d、5p；后胫节具 5d、5a、7–9p。后基节具弱短后刚毛，亚端刚毛略弯短小。腹部背板和腹板暗褐色。外生殖器褐黄色。生殖基节后缘中央圆弧形突起。

分布：浙江（德清）、甘肃、湖北。

（570）圆盾菌蚊 *Mycetophila clypeata* Wu et He, 1998

Mycetophila clypeata Wu et He, 1998: 263.

特征：雄虫翅长 2.9 mm。头部须和口器黄色，须第 3 节最宽；头后部黑褐色；触角柄节、梗节和第 1 鞭节基 1/3 黄褐色，其余褐色。前胸前侧片具 3 长刚毛；中胸盾片黑褐色；中胸上前侧片长约为宽的 1.2 倍；小盾片黑褐色，具 4 长刚毛；中胸后侧片具 3 长刚毛。翅黄色透明，无斑纹；C 脉终于 R_5 脉；横脉 r-m 长于 M 脉主干；tb 脉无长毛。平衡棒黄色。足黄色，后腿节端 1/5 黑褐色；中腿节端部及后胫节端部褐色；中胫节具 5d、1a-d、3a、3v、3p；后胫节具 6d、7a、2p。后基节具弱短后刚毛，亚端刚毛直长且短于基节直径。腹部背板深褐色；腹板褐色。外生殖器淡褐色。

分布：浙江（安吉）。

（571）普通菌蚊 *Mycetophila coenosa* Wu, 1997

Mycetophila coenosa Wu, 1997: 171.

特征：雄虫翅长 4.6–5.4 mm。头部须和口器黄色，须第 3 节最宽；头后部黄褐色；触角柄节和梗节黄褐色，鞭节淡褐色。前胸前侧片具 5–6 长刚毛；中胸盾片黄褐色，具 3 条褐色纵带；中胸上前侧片长为宽的 0.8 倍；小盾片黄色，具 2 褐色斑和 4 长刚毛；中胸后侧片具 6–7 长刚毛。翅淡黄褐色，无斑纹；C 脉终于 R_5 脉；横脉 r-m 略长于 M 脉主干；tb 脉无长毛。平衡棒黄色。足黄色；中胫节具 5d、4a、6p；后胫节具 6d、6a、13–17p。后基节具弱短后刚毛，亚端刚毛直长且短于基节直径。腹部背板和腹板黄褐色。外生殖器黄褐色。雌虫翅长 4.9–5.6 mm。色型和特征与雄虫相同，外生殖器褐黄色。生殖刺突具 1 渐尖的宽齿。

分布：浙江（德清、舟山、开化、庆元）、湖北。

（572）弯尾菌蚊 *Mycetophila curvicaudata* Wu, 1997

Mycetophila curvicaudata Wu, 1997: 120.

特征：雄虫翅长 4.0–4.3 mm。头部须和口器黄色，须第 3 节最宽；头后部黄褐色；触角柄节和梗节黄褐色，鞭节黄色。前胸前侧片具 4 长刚毛；中胸盾片黄褐色；中胸上前侧片长约等于宽；小盾片黄褐色，具 4 长刚毛；中胸后侧片具 4 长刚毛。翅黄色透明，褐色中斑存在；C 脉终于 R_5 脉；横脉 r-m 略长于 M 脉主干；tb 脉下面具 13–15 长毛。平衡棒黄色。足褐黄色；中胫节具 6d、5a、4p；后胫节具 5d、6a、8p。后基节具弱短后刚毛，亚端刚毛直长且约为基节直径之半。腹部背板和腹板褐色。外生殖器黄褐色。雌虫翅长 3.8–4.1 mm。色型和特征与雄虫相同，外生殖器黄褐色。生殖刺突的刺细长，成 2 组；背侧后端突小而不明显。

分布：浙江（德清、安吉）、湖北。

（573）镰状菌蚊 *Mycetophila drepana* Wu et He, 1998

Mycetophila drepana Wu et He, 1998: 264.

特征：雄虫翅长 4.2 mm。头部须和口器黄色，须第 3 节最宽；头后部褐色；触角柄节、梗节和第 1 鞭节基部黄褐色，其余褐色。前胸前侧片具 4 长刚毛；中胸盾片暗褐色，肩角黄色；中胸上前侧片长约为宽的 1.2 倍；小盾片黄色，两侧有小褐斑，具 4 长刚毛；中胸后侧片具 4 长刚毛。翅黄色透明，褐色中斑存在；亚端褐斑小而不明显，位于 R_1 脉端的后方；C 脉终于 R_5 脉；横脉 r-m 略长于 M 脉主干；tb 脉下面具 3 长毛。平衡棒黄色。足黄色，中、后腿节端部及中、后胫节端部褐色；中胫节具 6d、1a-d、3a、3v、4p；后胫节具 5d（并间 12 弱 d）、8a、5p。后基节具弱短后刚毛，亚端刚毛直长且短于基节直径。腹部背板和腹板深褐色。外生殖器淡褐色。

分布：浙江（安吉）。

（574）华美菌蚊 *Mycetophila elegansa* Wu, 1997

Mycetophila elegansa Wu, 1997: 173.

特征：雄虫翅长 3.8 mm。头部须和口器黄色，须第 3 节最宽；头后部黄褐色；触角柄节和梗节黄褐色，鞭节淡褐色。前胸前侧片具 4 长刚毛；中胸盾片黄褐色，具 3 条褐色纵带；中胸上前侧片长为宽的 0.8 倍；小盾片黄色，具 2 褐色斑和 4 长刚毛；中胸后侧片具 5 刚毛。翅淡黄褐色，无斑纹；C 脉终于 R_5 脉；横脉 r-m 略长于 M 脉主干；tb 脉无长毛。平衡棒黄色。足黄色；中胫节具 4d、3–4a、7p；后基节具 5d、5a、14p。后基节具弱短后刚毛，亚端刚毛直长或略弯且短于基节直径。腹部背板和腹板黄褐色。外生殖器黄褐色。雌虫翅长 3.9–4.8 mm。色型和特征与雄虫相同，外生殖器褐黄色。生殖刺突无宽齿。

分布：浙江（开化）。

（575）粗壮菌蚊 *Mycetophila fortisa* Wu, 1997

Mycetophila fortisa Wu, 1997: 121.

特征：雄虫翅长 4.1 mm。头部须和口器淡褐色，须第 3 节最宽；头后部褐色；触角柄节和梗节淡褐色，鞭节褐色。前胸前侧片具 4 长刚毛；中胸盾片褐色；中胸上前侧片长为宽的 0.9 倍；小盾片褐色，具 4 根长刚毛；中胸后侧片具 5 长刚毛。翅淡黄色透明，褐色中斑存在；C 脉终于 R_5 脉；横脉 r-m 略长于 M 脉主干；tb 脉下面具 14–17 长毛。平衡棒黄色。足黄褐色；中胫节具 5d、3a、6p；后胫节具 5d、8a、14p。后基节具弱短后刚毛，亚端刚毛略弧弯，远短于基节直径。腹部背板和腹板深褐色。外生殖器黄色。生殖刺突的刺强宽，不分组；背侧后端长而明显。

分布：浙江（安吉、开化）。

（576）膝弯菌蚊 *Mycetophila genuflexuosa* Wu *et* He, 1998

Mycetophila genuflexuosa Wu *et* He, 1998: 264.

　　特征：雄虫翅长 2.6–3.1 mm。头部须和口器褐黄色，须第 3 节最宽；头后部深褐色；触角柄节、梗节和第 1 鞭节基 1/3 黄色，其余褐色。前胸前侧片具 3 长刚毛；中胸盾片深褐色，肩角黄色；中胸上前侧片长约等于宽；小盾片黄色，两侧各有 1 褐色大斑，具 4 长刚毛；中胸后侧片具 4 长刚毛。翅黄色透明，褐色中斑存在；亚端褐斑起自 R_1 脉至 R_5 脉端 2/3 处，向后达 M_2 脉；C 脉终于 R_5 脉；横脉 r-m 长约为 M 脉主干的 2.0 倍；tb 脉无长毛。平衡棒黄色。足黄色，中、后腿节端部及胫节端部褐色；中胫节具 6d、1a-d、3a、3v、4p；后胫节具 5–6d、7a、2p。后基节具弱短后刚毛，亚端刚毛直，长略短于基节直径。腹部背板褐色；腹板淡褐色。外生殖器淡褐色。生殖刺突缺环状，具粗长刚毛。

　　分布：浙江（安吉）。

（577）光滑菌蚊 *Mycetophila glabra* Wu *et* He, 1998

Mycetophila glabra Wu *et* He, 1998: 265.

　　特征：雄虫翅长 3.4 mm。头部须和口器黄色，须第 3 节最宽；头后部深褐色；触角柄节、梗节和第 1、第 2 鞭节黄色，其余褐色。前胸前侧片具 3 长刚毛；中胸盾片暗褐色；中胸上前侧片长约等于宽；小盾片黄色，两侧各有 1 褐色大斑，具 4 长刚毛；中胸后侧片具 4 长刚毛。翅黄色透明，褐色中斑存在；亚端褐斑起自 R_1 至 R_5 脉端 1/2 处，向后达 M_1 脉；C 脉终于 R_5 脉；横脉 r-m 长为 M 脉主干的 2.0 倍；tb 脉无长毛。平衡棒黄白色。足黄色，后腿节端 1/4 褐色；中胫节具 6d、1a-d、3a、3v、4p；后胫节具 11d、8a、3p。后基节具弱短后刚毛，亚端刚毛直长且短于基节直径。腹部背部褐色；腹板黄至黄褐色。外生殖器淡褐色。生殖刺突几乎光裸。

　　分布：浙江（安吉）。

（578）雅致菌蚊 *Mycetophila grata* Wu *et* He, 1998

Mycetophila grata Wu *et* He, 1998: 265.

　　特征：雄虫翅长 3.1 mm。头部须和口器褐黄色，须第 3 节最宽；头后部深褐色；触角柄节、梗节和第 1 鞭节基部黄色，其余褐色。前胸前侧片具 3 长刚毛；中胸盾片褐黄色，具 3 条褐色宽纵带；中胸上前侧片长约等于宽；小盾片黄色，两侧褐色，具 4 长刚毛；中胸后侧片具 3 长刚毛。翅黄色透明，褐色中斑存在；C 脉终于 R_5 脉；横脉 r-m 长约为 M 脉主干的 2/3；tb 脉下面具 5–6 长毛。平衡棒黄色。足黄色，后基节端部褐色；中胫节具 5d、2a、2v、2p；后胫节具 6d、5a、2p。后基节具弱短后刚毛，亚端刚毛直长且短于基节直径。腹部背板深褐色；腹板色稍浅。外生殖器淡褐色。

　　分布：浙江（安吉）。

（579）扭曲菌蚊 *Mycetophila intortusa* Wu *et* He, 1998

Mycetophila intortusa Wu *et* He, 1998: 266.

　　特征：雄虫翅长 2.3–2.9 mm。头部须和口器黄色，须第 3 节最宽；头后部暗褐色；触角柄节、梗节和第 1 鞭节黄色，其余褐色。前胸前侧片具 3 长刚毛；中胸盾片深褐色，肩角黄色；中胸上前侧片长约等于宽；小盾片褐色，具 4 长刚毛；中胸后侧片具 3 长刚毛。翅黄色透明，褐色中斑存在；C 脉终于 R_5 脉；横脉 r-m 略短于 M 脉主干；tb 脉下面具 2 长毛。平衡棒黄色。足黄色，后腿节端部褐色；中胫节具 4d、1a-d，2a、3v、2p；后胫节具 7d、3a-d、7d、2p。后基节具弱短后刚毛，亚端刚毛直长且短于基节直径。腹部背板褐色；腹板色稍浅。外生殖器褐色。

　　分布：浙江（德清、安吉、江山）、湖北。

（580）宽毛菌蚊 *Mycetophila latichaeta* Wu *et* He, 1998

Mycetophila latichaeta Wu *et* He, 1998: 266.

　　特征：雄虫翅长 3.3–4.2 mm。头部须黄色，第 3 节最宽；口器黄褐色；头后部暗褐色；触角柄节、梗节和第 1 或第 1–2 鞭节黄色，其余褐色。前胸前侧片具 4 长刚毛；中胸盾片暗褐色，肩角黄色；中胸上前侧片长约为宽的 0.8 倍；小盾片黄色，两侧各有 1 褐色大斑，具 4 长刚毛；中胸后侧片具 5 长刚毛。翅黄色透明，褐色中斑存在；亚端褐斑起自 R_1 脉至 R_5 脉端，向后渐狭，达 M_2 脉；C 脉终于 R_5 脉；横脉 r-m 长为 M 脉主干的 2.0 倍；tb 脉下面具 0–1 长毛。平衡棒黄白色。足黄色，后腿节端部及中、后胫节端部褐色；中胫节具 6d、1a-d、3a、3v、3p；后胫节具 12d、7a、4p。后基节具弱短后刚毛，亚端刚毛直长且短于基节直径。腹部背板深褐色；腹板褐色。外生殖器褐色。

　　分布：浙江（德清、安吉）、福建。

（581）龙王山菌蚊 *Mycetophila longwangshana* Wu *et* He, 1998

Mycetophila longwangshana Wu *et* He, 1998: 268.

　　特征：雄虫翅长 2.9 mm。头部须和口器黄色，须第 3 节最宽；头后部暗褐色；触角褐至深褐色。前胸前侧片具 4 长刚毛；中胸盾片褐色，具 3 条深褐色宽纵带；小盾片褐色，具 4 长刚毛；中胸后侧片具 5 长刚毛。翅淡黄色透明，褐色中斑存在；C 脉终于 R_5 脉；横脉 r-m 略长于 M 脉主干；tb 脉下面具 12 长毛。平衡棒黄色。足黄色，前、中腿节色稍暗，后腿节端部褐色；中胫节具 4d、3a、4p；后胫节具 5d、4a、7p。后基节具弱短后刚毛，亚端刚毛直长且短于基节直径。腹部褐至黑褐色。外生殖器淡褐色。

　　分布：浙江（安吉）。

（582）南方菌蚊 *Mycetophila meridionalisa* Wu, 1997

Mycetophila meridionalisa Wu, 1997: 125.

　　特征：雄虫翅长 3.8 mm。头部须和口器褐黄色，须第 3 节最宽；头后部黄褐色；触角柄节和梗节黄色，鞭节褐黄色。前胸前侧片具 4 长刚毛；中胸盾片黄褐色；中胸上前侧片长约等于宽；小盾片黄褐色，具 6 长刚毛；中胸后侧片具 5 长刚毛。翅淡黄色透明，褐色中斑存在；C 脉终于 R_5 脉；横脉 r-m 约与 M 脉主干等长；tb 脉下面具 8–11 长毛。平衡棒黄色。足黄色；中胫节具 5d、4a、5p；后胫节缺失。后基节具弱短后刚毛，亚端刚毛直长且远短于基节直径。腹部背板和腹板褐至暗褐色。外生殖器黄色。

　　分布：浙江（安吉）、广西。

（583）少齿菌蚊 *Mycetophila oligodona* Wu *et* He, 1998

Mycetophila oligodona Wu *et* He, 1998: 268.

　　特征：雄虫翅长 3.3 mm。头部须和口器黄色，须第 3 节最宽；头后部褐黄色；触角柄节、梗节和第 1 鞭节褐黄色，其余淡褐色。前胸前侧片具 4 长刚毛；中胸盾片褐黄色；中胸上前侧片长约等于宽；小盾片黄色，具 4 长刚毛；中胸后侧片具 4 长刚毛。翅黄色透明，褐色中斑存在；亚端褐色云纹不明显；C 脉终于 R_5 脉；横脉 r-m 略长于 M 脉主干；tb 脉下面具 9 长毛。平衡棒黄色。足黄色；中胫节具 6d、5a、4p；后胫节具 6d、7a、8p。后基节具弱短后刚毛，亚端刚毛直长不达基节直径之半。腹部背板第 1–4 节褐色，第 5–6 节黑褐色；腹板色稍浅。外生殖器淡褐色。生殖刺突末端具刚毛状刺。

分布：浙江（安吉）。

（584）极乐菌蚊 *Mycetophila paradisa* Wu *et* He, 1998

Mycetophila paradisa Wu *et* He, 1998: 269.

特征：雄虫翅长 2.4–3.0 mm。头部须和口器黄色，须第 3 节最宽；头后部深褐色；触角梗节和第 1 鞭节基部黄色，柄节和其余鞭节褐色。前胸前侧片具 3 长刚毛；中胸盾片黄色，具 3 条深褐色宽纵带；中胸上前侧片长约等于宽；小盾片黄色，两侧具小褐斑，具 4 长刚毛；中胸后侧片具 3 长刚毛。翅黄色透明，褐色中斑存在；C 脉终于 R_5 脉；横脉 r-m 略长于 M 脉主干；tb 脉无长毛。平衡棒黄白色。足黄色，后腿节背面端 1/2 褐色；中胫节具 5–6d、1a-d、2a、3v、2p；后胫节具 6d、3a-d、7a。后基节具弱短后刚毛，亚端刚毛直长且短于基节直径。腹部背板和腹板深褐色。外生殖器褐色。雌虫翅长 2.6–3.1 mm，色型和特征与雄虫相同，外生殖器褐黄色。

分布：浙江（德清、安吉、开化）、河南。

（585）稀见菌蚊 *Mycetophila perpauca* Lastovka, 1972

Mycetophila perpauca Lastovka, 1972: 288.

特征：雄虫翅长 3.8 mm。头部须和口器褐色，须第 3 节最宽；头后部暗褐色；触角柄节和梗节褐色，鞭节淡褐色。前胸前侧片具 3 长刚毛；中胸盾片褐色；中胸上前侧片长约等于宽；小盾片淡褐色，具 4 长刚毛；中胸后侧片具 4 长刚毛。翅淡黄色透明，褐色中斑存在；C 脉终于 R_5 脉；横脉 r-m 长约为 M 脉主干的 2.0 倍；tb 脉下面具 14 长毛。平衡棒黄色。足淡褐黄色；中胫节具 5d、3a、3p；后胫节具 5d、6a、7p。后基节具弱短后刚毛，亚端刚毛略弧且不达基节直径之半。腹部背板和腹板褐色。外生殖器黄色。生殖刺突宽明显大于长，第 2 刺宽于第 1 刺数倍。雌虫翅长 3.2 mm。色型和特征与雄虫相同，外生殖器褐黄色。

分布：浙江（安吉）、湖北；俄罗斯，日本。

（586）似锯菌蚊 *Mycetophila prionoda* Wu *et* He, 1998

Mycetophila prionoda Wu *et* He, 1998: 270.

特征：雄虫翅长 2.5–3.0 mm。头部须和口器黄色，须第 3 节最宽；头后部深褐色；触角柄节、梗节和第 1 鞭节基部褐黄色，其余淡褐色。前胸前侧片具 3 长刚毛；中胸盾片黄色，具 3 条黑褐色宽纵带；中胸上前侧片长约为宽的 1.1 倍；小盾片深褐色，具 4 长刚毛；中胸后侧片具 4 长刚毛。翅黄色透明，褐色中斑存在；亚端褐斑起自 R_1 脉之内，向后止于 R_5 脉之后；C 脉伸过 R_5 脉段约为 R_5 脉至 M_1 脉间距的 1/5；后分叉点略在 M 脉分叉点之外；横脉 r-m 略长于 M 脉主干；tb 脉下面具 15–17 长毛。平衡棒黄色。足黄色，后基节基部褐色，后腿节背面及端部深褐色；中胫节具 6d、3a、3v；后胫节具 5d、7a。后基节具弱短后刚毛，亚端刚毛直长且短于基节直径。腹部背板黑褐色；腹板褐色；外生殖器淡褐色。

分布：浙江（安吉、庆元）、河南。

（587）裂尾菌蚊 *Mycetophila schistocauda* **Wu et Yang, 1998**

Mycetophila schistocauda Wu et Yang, 1998: 270.

特征：雄虫翅长 2.1–2.7 mm。头部须和口器黄色，须第 3 节最宽；头后部褐色，两侧黄色；触角柄节、梗节和第 1 鞭节基部黄色，其余褐色。前胸前侧片具 3 长刚毛；中胸盾片黄色，具 3 条黑褐色宽纵带；中胸上前侧片长约为宽的 1.3 倍；小盾片黄色，两侧褐色，具 4 长刚毛；中胸后侧片具 3 长刚毛。翅黄色透明，褐色中斑存在；C 脉略伸过 R_5 脉；横脉 r-m 约与 M 脉主干等长；tb 脉无长毛。平衡棒黄色。足黄色，中腿节端部褐色，后腿节端 1/3 褐色；中胫节具 5d、1a-d、2a、2v、2p；后胫节具 8d、6a。后基节具弱短后刚毛，亚端刚毛直长且短于基节直径。腹部背板褐色；腹板色稍浅。外生殖器淡褐色。雌虫翅长 2.4–2.8 mm。色型和特征与雄虫相同，外生殖器淡褐色。

分布：浙江（安吉、开化）、福建。

（588）密毛菌蚊 *Mycetophila scopata* **Wu et Yang, 1998（图 8-70）**

Mycetophila scopata Wu et Yang, 1998: 271.

特征：雄虫翅长 3.2–3.8 mm。头部须和口器黄色，须第 3 节最宽；头后部深褐色；触角柄节、梗节和第 1 鞭节基半部黄色，其余褐色。前胸前侧片具 4 长刚毛；中胸盾片暗褐色，肩角黄色；中胸上前侧片长约为宽的 0.9 倍；小盾片黄色，两侧深褐色，具 4 长刚毛；中胸后侧片具 4 长刚毛。翅黄色透明，褐色中斑存在；亚端褐斑起自 R_1 脉至 R_5 脉端 1/2 处，向后达 M_2 脉；C 脉终于 R_5 脉；横脉 r-m 长为 M 脉主干的 2.0 倍；tb 脉无长毛。平衡棒黄白色。足黄色，后腿节端部褐色；中胫节具 6d、1a-d、3a、3v、3p；后胫节具 5d、7a、4p。后基节具弱短后刚毛，亚端刚毛直长且短于基节直径。腹部背板褐色；腹板淡褐色。外生殖器淡褐色。生殖刺突内侧具 6 枚粗黑尖齿；背端刚毛中等粗长。

分布：浙江（德清、安吉、临安）。

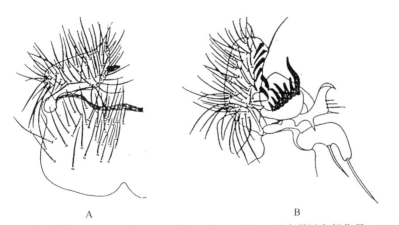

A　　　　　　　　　　　B

图 8-70　密毛菌蚊 *Mycetophila scopata* Wu et Yang, 1998（引自吴鸿和杨集昆，1998）
A. ♂外生殖器，腹视；B. 生殖刺背突

（589）盾形菌蚊 *Mycetophila scutata* **Wu et Yang, 1998**

Mycetophila scutata Wu et Yang, 1998: 271.

特征：雄虫翅长 3.4 mm。头部须和口器黄色，须第 3 节最宽；头后部深褐色；触角柄节、梗节和第 1 鞭节基部黄色，其余褐色。前胸前侧片具 3 长刚毛；中胸盾片深褐色，肩角及两侧黄色；中胸上前侧片长约等于宽；小盾片黄色，两侧褐色，具 4 长刚毛；中胸后侧片具 3 长刚毛。翅黄色透明，褐色中斑存在；亚端褐斑起自 R_1 脉至 R_5 脉端 3/4 处，向后伸达 M_1 脉之后，C 脉终于 R_5 脉；横脉 r-m 约为 M 脉主干的 2.0 倍；tb 脉无长毛。平衡棒黄白色。足黄色，后基节端后部有 1 深褐色斑，中、后腿节端部及中、后胫节端部深褐色；中胫节具 6d、1a-d、3a、2v、4p；后胫节具 5d、7a、2p。后基节具弱短后刚毛，亚端刚毛直长且短于基节直径。腹部背板深褐色，前缘狭黄色；腹板淡褐至褐色。外生殖器淡褐色。生殖刺突内侧具 2 弯黑钝齿；背端刚毛极粗长。

分布：浙江（安吉）。

（590）多刺菌蚊 *Mycetophila senticosa* Wu et Yang, 1998

Mycetophila senticosa Wu et Yang, 1998: 272.

特征：雄虫翅长 2.0–2.6 mm。头部须和口器黄色，须第 3 节最宽；头后部黑褐色；触角柄节、梗节和第 1 鞭节基部黄色，其余暗褐色。前胸前侧片具 3 长刚毛；中胸盾片黑褐色；中胸上前侧片长约为宽的 1.2 倍；小盾片黑褐色，具 4 长刚毛；中胸后侧片具 3 长刚毛。翅黄色透明，无斑纹；C 脉伸过 R_5 脉；横脉 r-m 略短于 M 脉主干；后分叉点在 M 脉分叉点之外；tb 脉无长毛。平衡棒黄色。足黄色，后基节基后部褐色；后腿节端 1/4 黑褐色；中胫节具 5d、1a-d、2a、2v、2p；后胫节具 5d、2a-d、6a。后基节具弱短后刚毛，亚端刚毛直长且短于基节直径。腹部背板深褐色；腹板褐黄色。外生殖器淡褐色。

分布：浙江（安吉、开化、庆元）、福建。

（591）申氏菌蚊 *Mycetophila sheni* Wu et Yang, 1997

Mycetophila sheni Wu et Yang, 1997: 298.

特征：雄虫翅长 5.0 mm。头部须和口器黄色，须第 3 节最宽；头后部暗褐色；触角褐黄色，第 1–6 鞭节背面深褐色。前胸前侧片具 5 长刚毛；中胸盾片褐黄色，具 3 条褐至深褐色宽纵带；中胸上前侧片长约为宽的 1.3 倍；小盾片黄色，两侧褐色，具 4 长刚毛；中胸后侧片具 6 长刚毛。翅黄色透明，无斑纹；C 脉终于 R_5 脉；横脉 r-m 略长于 M 脉主干；tb 脉无长毛。平衡棒黄色。足黄色，中、后胫节褐黄色；中胫节具 5–6d、4a、2v、7–9p (亚端位)；后胫节具 5–6d、6a、15–18p；后基节具弱短后刚毛，亚端刚毛直长且短于基节直径。腹部背板褐至深褐色；腹板色稍浅。外生殖器黄褐色。

分布：浙江（安吉）、河南。

（592）葫形菌蚊 *Mycetophila sicyoideusa* Wu et Yang, 1998

Mycetophila sicyoideusa Wu et Yang, 1998: 273.

特征：雄虫翅长 2.4–2.9 mm。头部须和口器黄色，须第 3 节最宽；头后部深褐色；触角黄褐色。前胸前侧片具 3 长刚毛；中胸盾片黑褐色，肩角黄色；中胸上前侧片长约为宽的 1.2 倍；小盾片黄色，两侧褐色，具 4 长刚毛；中胸后侧片具 3 长刚毛。翅黄色透明，褐色中斑存在；C 脉伸过 R_5 脉段为 R_5 脉至 M_1 脉间距的 1/5；后分叉点略在 M 脉分叉点之外；横脉 r-m 长为 M 脉主干的 1.1–2.0 倍；tb 脉下面具 7–14 长毛。平衡棒黄色。足黄色，中、后腿节背面及后腿节端 1/3 黑褐色，中、后胫节端部黑褐色；中胫节具 6d、3a、3v；后胫节具 6d、7a。后基节具弱短后刚毛，亚端刚毛直长且短于基节直径。腹部背板黑褐色；腹板深褐色。外生殖器淡褐色。生殖刺突盾状，内缘具长直刚毛。

分布：浙江（安吉、开化、庆元）、福建。

（593）显著菌蚊 *Mycetophila sigillata* **Dziedzicki, 1884（图 8-71）**

Mycetophila sigillata Dziedzicki, 1884: 308.

　　特征：雄虫翅长 3.6–3.8 mm。头部须和口器黄色，须第 3 节最宽；头后部褐黄色；触角柄节、梗节和第 1、第 2 鞭节黄色，其余鞭节由淡褐色渐至褐色。前胸前侧片具 4 长刚毛；中胸盾片黄色，具 3 条黑褐色宽纵带，中纵带前端呈"V"形；中胸上前侧片长约为宽的 1.1 倍；小盾片黄色，两侧黑褐色，具 4 长刚毛；中胸后侧片具 4 长刚毛。翅黄色透明，褐色中斑存在；R_5 脉端前后的淡褐色云纹向后略过 M_5 脉；C 脉终于 R_5 脉；横脉 r-m 长约为 M 脉主干的 2.0 倍；tb 脉下面具 0–1 长毛。平衡棒黄色。足黄色，后腿节端部黑褐色；中胫节具 6d、1a-d、3a、3v、3p；后胫节具 5d（并间 5 弱 d）、7–8a、3p。后基节具弱短后刚毛，亚端刚毛直长且短于基节直径。腹部背板深褐色；第 1–4 节两侧及第 3–5 节前缘和后缘黄色；腹板 1–4 节黄色，余淡褐色。外生殖器淡褐色。雌虫翅长 3.9 mm。色型和特征与雄虫相同，外生殖器褐黄色。

　　分布：浙江（安吉、临安、开化）、河南；俄罗斯，芬兰，瑞士，拉脱维亚，英国，捷克，德国，加拿大，美国。

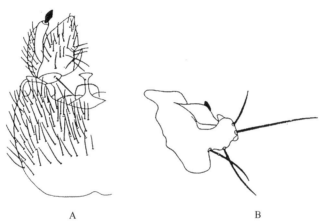

A　　　　　　　　　　　B

图 8-71　显著菌蚊 *Mycetophila sigillata* Dziedzicki, 1884
A. ♂外生殖器，腹视；B. 生殖刺背突

（594）宽广菌蚊 *Mycetophila spatiosa* **Wu et Yang, 1998**

Mycetophila spatiosa Wu et Yang, 1998: 274.

　　特征：雄虫翅长 3.0 mm。头部须和口器褐黄色，须第 3 节最宽；头后部深褐色；触角柄节、梗节和第 1 鞭节黄色，其余褐色。前胸前侧片具 3 长刚毛；中胸盾片黑褐色；中胸上前侧片长约为宽的 0.8 倍；小盾片黑褐色，具 4 长刚毛；中胸后侧片具 4 长刚毛。翅黄色透明，褐色中斑存在；亚端褐斑不明显，位于近 R_5 脉端处；C 脉终于 R_5 脉；横脉 r-m 长约为 M 脉主干的 2.0 倍；tb 脉无长毛。平衡棒黄色。足黄色，后腿节端部深褐色；中胫节具 6d、1a-d、3a、3v、1p；后胫节具 5d（并间 8 弱 d）、6a。后基节具弱短后刚毛，亚端刚毛直长且短于基节直径。腹部背板深褐色；腹板第 1 节、第 4–6 节褐色，第 2–3 节黄色。外生殖器淡褐色。

　　分布：浙江（安吉）。

（595）长毛菌蚊 *Mycetophila stupposa* **Wu et Yang, 1998**

Mycetophila stupposa Wu et Yang, 1998: 274.

　　特征：雄虫翅长 2.2–2.7 mm。头部须和口器褐黄色，须第 3 节最宽；头后部暗褐色；触角柄节、梗节和第 1 鞭节基部褐黄色，其余褐色。前胸前侧片具 3 长刚毛；中胸盾片暗褐色，肩角黄色；中胸上前侧片长约为宽的 1.1 倍；小盾片暗褐色，具 4 长刚毛；中胸后侧片具 3 长刚毛。翅黄色透明，无斑纹；C 脉终于 R_5 脉；横脉 r-m 长约为 M 脉主干的 0.3 倍；tb 脉无长毛。平衡棒褐黄色。足褐黄色，后腿节端 1/5 暗褐色；中胫节具 5d、2a、1v、2p；后胫节具 5d、6a。后基节具弱后刚毛，亚端刚毛直长且短于基节直径。腹部背板暗褐色；腹板褐色。外生殖器淡褐色。

分布： 浙江（安吉）。

（596）三刺菌蚊 *Mycetophila trinotata* Staeger, 1840（图 8-72）

Mycetophila trinotata Staeger, 1840: 242.

Mycetophila subquatuornotata Shaw, 1940: 48.

特征： 雄虫翅长 2.8–3.6 mm。头部须和口器淡褐色，须第 3 节最宽；头后部褐色；触角柄节、梗节和第 1 鞭节基部黄色，其余褐色。前胸前侧片具 3–4 长刚毛；中胸盾片黄褐色，具 3 条深褐色纵带；中胸上前侧片长为宽的 1.0–1.1 倍；小盾片黄褐色，两侧褐色，具 4 长刚毛；中胸后侧片具 3–4 长刚毛。翅黄色透明，褐色中斑存在；亚端褐斑起自 R_1 脉至 R_5 脉端，向后渐狭，达 M_1 脉；C 脉终于 R_5 脉；横脉 r-m 长约为 M 脉主干的 2.0 倍；tb 脉无长毛。平衡棒褐黄色。足黄至褐黄色，后腿节及后胫节端部褐色；中胫节具 5–6d、1a-d、3a、2v、2p；后胫节具 7–8d、1–2a-d、6a、5p。后基节具弱短后刚毛，亚端刚毛直长且短于基节直径。腹部背板褐色，第 2–4 节前缘黄色；腹板第 1–3 节黄色，第 4–6 节褐色。外生殖器淡褐色。

分布： 浙江（德清、安吉、临安）；伊朗，白俄罗斯，拉脱维亚，捷克，克里米亚，罗马尼亚，丹麦，波兰，英国，法国，德国，北美洲。

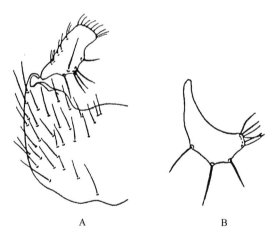

图 8-72　三刺菌蚊 *Mycetophila trinotata* Staeger, 1840

A. ♂外生殖器，腹视；B. 生殖刺背突

（597）茂盛菌蚊 *Mycetophila vigena* Wu *et* Yang, 1998

Mycetophila vigena Wu *et* Yang, 1998: 275.

特征： 雄虫翅长 3.3–3.9 mm。头部须和口器黄褐色，须第 3 节最宽；头后部深褐色；触角柄节、梗节和第 1 鞭节黄色，其余褐色。前胸前侧片具 4 长刚毛；中胸盾片深褐色，两侧黄色，并具 2 条黄色狭纵带；中胸上前侧片长约为宽的 0.8 倍；小盾片黄色，两侧各有 1 褐色大斑，具 4 长刚毛；中胸后侧片具 4 长刚毛。翅黄色透明，褐色中斑存在；亚端褐斑起自 R_1 脉至 R_5 脉端 2/3 处，向后达 M_2 脉；C 脉终于 R_5 脉；横脉 r-m 长为 M 脉主干的 4.0–5.0 倍；tb 脉下面具 4–11 长毛。平衡棒黄白色。足黄色，后基节端后部有 1 深褐色斑；后腿节端部及中、后胫节端部深褐色；中胫节具 6d、1a-d、3a、3v、2p；后胫节具 11d、7a、3p。后基节具弱短后刚毛，亚端刚毛直长且短于基节直径。腹部背板深褐色，第 2–6 节后缘黄色；腹板褐色。外生殖器褐色。

分布：浙江（德清、安吉）。

185. 巧菌蚊属 *Phronia* Winnertz, 1863

Phronia Winnertz, 1863: 875. Type species: *Phronia rustica* Winnertz, 1863 (by designation of Johannsen, 1909).

Telmaphilus Becker, 1908: 66. Type species: *Telmaphilus biarcuatus* Becker, 1908 (by designation of Johannsen, 1909).

主要特征：触角 14 鞭节，须 4 节。前胸背板和前侧片仅部分分开，各具 1–2 刚毛；中胸上前侧片近六边形，具刚毛；中胸下前侧片和后侧片光裸；侧背片具 10–15 长刚毛。后基节无亚基刚毛；后胫节具后端栉；胫距式为 1–2–2；胫毛排成列；胫刚毛约与胫节直径等长。Sc 脉短，末端游离；M_3+CuA_1 脉相当短；C 脉通常仅略伸过 R_5 脉端；后分叉点远在 M 脉分叉点之外，CuA 脉分支相远离。雄腹部 1–6 节宽大，第 7–8 节短小；雌腹部可见 7 节，尾须 2 节。

分布：世界广布，已知 100 余种，中国记录 19 种，浙江分布 17 种。

分种检索表

1. 生殖基节后缘凹弧形，密生长刚毛 ···················· 光腹巧菌蚊 *P. nitidiventris*
   - 生殖基节后缘不如上述 ·· 2
2. 生殖刺突四边形 ··· 3
   - 生殖刺突锯齿状，或不规则形，决非四边形 ··················· 6
3. 生殖刺突宽大片状，外面密生长刚毛，内面中央有毛丛等特殊构造 ··· 片尾巧菌蚊 *P. blattocauda*
   - 生殖刺突不如上述 ·· 4
4. 阳茎细长；生殖刺突沿后缘具宽长强刚毛 ···················· 武当巧菌蚊 *P. wudangana*
   - 阳茎短；生殖刺突沿后缘至多仅具较细短刚毛 ························ 5
5. 生殖刺突沿后缘光裸 ·· 盾形巧菌蚊 *P. aspidoida*
   - 生殖刺突沿后缘密生较细短刚毛 ························ 塔氏巧菌蚊 *P. taczanowskyi*
6. 翅端部具褐色云纹 ··· 7
   - 翅无斑纹 ··· 8
7. 生殖刺突较宽，密生短缘刚毛 ·························· 威氏巧菌蚊 *P. willistoni*
   - 生殖刺突细长，缘刚毛粗长，散生 ····················· 栖灌巧菌蚊 *P. lochmocola*
8. 生殖刺突有 2 粗钝齿，其背内侧有一分 2 支的薄延伸物 ······ 二叉巧菌蚊 *P. diplocladia*
   - 生殖刺突不如上述 ·· 9
9. 生殖刺突无明显突起 ·· 安吉巧菌蚊 *P. anjiana*
   - 生殖刺突至少具 2 明显突起 ·· 10
10. 生殖刺突具 4 明显突起 ·· 11
    - 生殖刺突仅具 2–3 明显突起 ··· 12
11. 生殖刺突背侧缘毛细短；腹侧至少有 2 末端突起 ··········· 剑状巧菌蚊 *P. phasgana*
    - 生殖刺突背侧缘毛宽大；腹侧仅 1 个末端突起 ············ 湖北巧菌蚊 *P. hubeiana*
12. 腹部背板褐色无黄色斑 ···································· 灰色巧菌蚊 *P. tephroda*
    - 腹部部分背板前缘或两侧具明显黄色斑 ······································· 13

（598）安吉巧菌蚊 *Phronia anjiana* Wu *et* Yang, 1998 （图 8-73）

Phronia anjiana Wu *et* Yang, 1998: 223.

　　特征：雄虫翅长 2.2 mm。头部须基部 2 节褐色，第 3 节黄色；头后部褐色；触角柄节、梗节和第 1 鞭节淡黄色，其余淡褐至褐色。前胸背板黄褐色；中胸盾片黄褐色，具 3 条深褐色纵带；中胸上前侧片褐色，上端具 2 长刚毛；中胸下前侧片褐色，上后方黄褐色；小盾片深褐色，有一黄褐色中纵带，具 4 长刚毛；侧背片和中背片褐色。翅 Sc 脉末端游离；M 脉分叉点在 Rs 脉端之外；后分叉点远在 Rs 脉之外；A 脉中等发达，无长毛。长毛：横脉 r-m 4，M_1 脉+，M_2 脉+，CuA 脉主干+，M_3+CuA_1 脉 9–10，CuA_2 脉 7。平衡棒黄色。足褐黄色，后基节后外侧全长褐色；后腿节端部及中、后胫节端部褐色；中胫节具 4d、2a、11p；后胫节具 9d、8a。腹部背板深褐色，第 1–3 节前侧角黄色；腹板第 1–4 节黄色，第 5–7 节褐至深褐色。外生殖器褐色。生殖刺突无明显突起。

　　分布：浙江（安吉）。

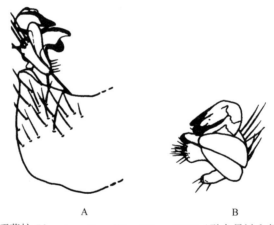

A　　　　　　　　　　　　　　　　　　B

图 8-73　安吉巧菌蚊 *Phronia anjiana* Wu *et* Yang, 1998（引自吴鸿和杨集昆，1998）

A. ♂外生殖器，腹视；B. 生殖刺突

（599）盾形巧菌蚊 *Phronia aspidoida* Wu *et* Yang, 1992 （图 8-74）

Phronia aspidoida Wu *et* Yang, 1992: 427.

　　特征：雄虫翅长 2.2 mm。头部须和口器褐色；额淡褐色；头后部深褐色；触角柄节、梗节和第 1 鞭节黄色，其余淡褐色。前胸背板黄色；中胸盾片黄褐色，具 3 条深褐色宽纵带；中胸上前侧片深褐色，被柔毛，上半部具 4 长刚毛；中胸下前侧片褐色；小盾片褐色，后缘深褐色，具 6 长刚毛；侧背片和中背片深褐色。翅 Sc 脉末端游离；M 脉分叉点在 Rs 脉略外，后分叉点远离 Rs 脉；A 脉发达，无长毛。长毛：横脉 r-m 3；M_1 脉+，M_2 脉+；CuA 脉主干+，M_3+CuA_1 脉+，CuA_2 脉+。平衡棒淡褐色。足基节和腿节黄色；后基节外侧及后腿节端部淡褐色；胫节和跗节淡褐色；中、后胫节端部褐色；中胫节具 2d、5a、10v、5p；后胫节具 6d、5a、2p。腹部背板褐至深褐色，第 2–3 节前侧角及侧缘黄色；腹板色稍浅。外生殖器褐色；尾须短小。雌虫翅长 2.2 mm。色型和特征与雄虫相同，外生殖器褐色。生殖刺突沿后缘光裸。

　　分布：浙江（德清）。

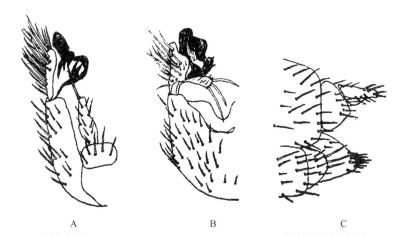

图 8-74　盾形巧菌蚊 *Phronia aspidoida* Wu *et* Yang, 1992（引自吴鸿和杨集昆，1992）
A. ♂外生殖器，背视；B. ♂外生殖器，腹视；C. ♀外生殖器，侧视

（600）片尾巧菌蚊 *Phronia blattocauda* Wu *et* Yang, 1995

Phronia blattocauda Wu *et* Yang, 1995: 174.

　　特征：雄虫翅长 1.8–2.3 mm。头部须和口器黄色；头后部触角褐色，但柄节、梗节和第 1 鞭节基 2/3 黄色。前胸背板黄色；中胸盾片褐色，中央有一"V"形黄色狭纵线，两侧黄色；中胸上前侧片褐色，后缘上端部具 4 长刚毛；中胸下前侧片上半部黄色，下半部褐色；小盾片褐色，具 4 长刚毛；侧背片和中背片褐色。翅 Sc 脉末端游离；M 脉分叉点接近 Rs 脉之外；A 脉发达，无长毛。长毛：横脉 r-m 3；M_1 脉+，M_2 脉+；CuA 脉主干+，M_3+CuA_1 脉 5，CuA_2 脉 7。平衡棒黄色。足基节黄色，后足基节端外侧有一长形大褐斑；腿节黄色，其腹部及后腿节端部褐色；胫节和跗节淡褐黄色；中胫节具 2d、3a、9v、10p；后胫节具 9d、6a、4p。腹部背板 1–5 节褐色，前侧角及两侧黄色，第 6 节深褐色；腹板第 1–5 节黄色，第 6 节褐色。外生殖器褐色；尾须粗短。生殖刺突宽大片状，外侧密生长刚毛，内侧中央具毛丛等特殊构造。

　　分布：浙江（安吉、开化）、河南。

（601）指突巧菌蚊 *Phronia dactylina* Wu *et* Yang, 1992（图 8-75）

Phronia dactylina Wu *et* Yang, 1992: 428.

　　特征：雄虫翅长 2.7 mm。头部须基部 2 节和口器褐色，须端部黄色；额淡褐黄色；头后部褐色；触角柄节、梗节和第 1 鞭节基部黄色，其余褐色。前胸背板黄色；中胸盾片褐至暗褐色，前缘和两侧黄色；中胸上前侧片褐色，上端部具 2 长刚毛；中胸下前侧片黄至褐色；小盾片褐色，具 4 长刚毛；侧背片和中背片褐色。翅 Sc 脉末端游离，M 脉分叉点在 Rs 脉略外，后分叉点远在 Rs 脉之外；A 脉发达，无长毛。长毛：横脉 r-m 2；M_1 脉+，M_2 脉+；CuA 脉主干+，M_3+CuA_1 脉 5，CuA_2 脉 8。平衡棒黄色。足黄色，中基节端外侧、后基节、中腿节基腹面、中胫节和后胫节端部褐色；后腿节端 1/4 暗褐色；中胫节具 4d、5a、14v、9p；后胫节具 9d、10a、3p。腹部背板褐色，前缘及两侧黄色；腹板 1–3 节黄色，第 4–6 节淡褐色。外生殖器褐色；生殖刺突各支端半部光裸，外支具数枚细短端刚毛。尾须短，末端具长刚毛。雌性翅长 2.9 mm。色型和特征与雄虫相同，但中胸盾片黄色，具 3 条褐色纵带；前足跗节第 2 节略宽大；中胫节具 4d、3a、15v、8p；后胫节具 9d、9a、5p。外生殖器褐色。

分布：浙江（德清、安吉、开化）。

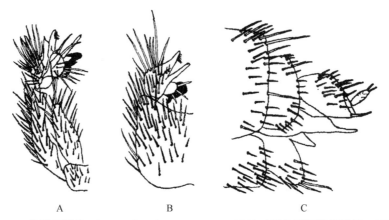

图 8-75　指突巧菌蚊 *Phronia dactylina* Wu *et* Yang, 1992（引自吴鸿和杨集昆，1992）
A.♂外生殖器，背视；B.♂外生殖器，腹视；C.♀外生殖器，侧视

（602）二叉巧菌蚊 *Phronia diplocladia* Wu, 1995

Phronia diplocladia Wu, 1995: 441.

特征：雄虫翅长 3.2 mm。头部须基 2 节褐色，口器其余部分淡黄色；触角柄节、梗节和第 1 鞭节淡黄色，其余各节褐色。前胸背板黄色；中胸盾片深褐色，两侧宽黄色，中央有“V”形淡褐色狭纵线；中胸上前侧片褐色，上端有 2 根长刚毛；中胸下前侧片褐色；小盾片黄色，有 4 根长刚毛；侧片和中背片褐色。足黄色，中、后足基节外侧各有一长形大褐斑，中、后足腿节基腹部和端部褐色；中胫节具 4a、4d、9p、17v；后胫节具 7a、14d、9p。Sc 脉端游离；M 脉分叉点在 Rs 脉端之外；Cu 脉分叉点远在 Rs 脉之外；A 脉中等发达，无长毛；长毛：r-m 5，M_1+，M_2+；Cu 主干+，Cu_1 11，Cu_2 10。平衡棒黄色。腹部背板褐色，第 1 节两侧、第 2 节后侧角、第 4 节后缘黄色；腹板淡褐色。外生殖器褐黄色；尾须细长；尾器端节侧部黑褐色，有 2 粗钝齿，其背内侧有一分 2 支的薄延伸物，外侧支细长，有 2 端齿。雌虫翅长 3.3–3.6 mm。色型与雄虫相似。中胫节具 4a、6d、12p、20v；后胫节具 7a、22d、11p。长毛：r-m 5，M_1+，M_2+；Cu 主干+，Cu_1+，Cu_2+。

分布：浙江（庆元）。

（603）古田山巧菌蚊 *Phronia gutianshana* Wu *et* Yang, 1995

Phronia gutianshana Wu *et* Yang, 1995: 175.

特征：雄虫翅长 2.4 mm。头部须和口器淡褐黄色；触角褐色，但柄节、梗节和第 1 鞭节的基半部黄色。前胸背板黄色；中胸盾片深褐色，中央有一“V”形黄色狭纵线；中胸上前侧片褐色，上端部具 5 长刚毛；中胸下前侧片褐色；小盾片褐色，具 4 长刚毛；侧背片和中背片褐色。Sc 脉末端游离；M 脉分叉点接近 Rs 脉，后分叉点远在 Rs 脉之外；A 脉发达，无长毛。长毛：横脉 r-m 4；M_1 脉+，M_2 脉+；CuA 脉主干+，M_3+CuA_1 脉 9，CuA_2 脉 6。平衡棒黄白色。足基节和腿节黄色，后基节外侧有一长形大褐斑；中、后腿节和基腹部及后腿节端部褐色；胫节和跗节淡褐黄色，中、后胫节端部褐色；中胫节具 3d、4a、10v、6p；后胫节具 10d、9a、5p。腹部背板 1–5 节褐色，第 2–4 节前缘黄色，第 6 节深褐色；腹板 1–4 节黄色，第 5–6

节褐色。外生殖器深褐色；生殖刺突较窄，腹突背侧具数枚短刚毛。尾须短。

分布：浙江（开化）。

（604）哈氏巧菌蚊 *Phronia hackmani* Wu *et* Yang, 1992（图 8-76）

Phronia hackmani Wu *et* Yang, 1992: 429.

　　特征：雄虫翅长 2.2–3.7 mm。头部须淡黄色，口器淡褐色；头后部深褐色；触角柄节、梗节和第 1、第 2 鞭节淡黄色，其余淡褐色。前胸背板褐黄色；中胸盾片深褐色，两侧缘褐黄色；中胸上前侧片褐色，腹缘褐黄色，后缘上端部具 3 长刚毛；中胸下前侧片褐黄至褐色；小盾片褐色，具 4 长刚毛；侧背片和中背片褐色。Sc 脉末端游离；M 脉分叉点在 Rs 脉略外；后分叉点远在 Rs 脉之外；A 脉发达，无长毛。长毛：横脉 r-m 4；M_1 脉+，M_2 脉+；CuA 脉主干+，M_3+CuA_1 脉+，CuA_2 脉 13。平衡棒淡黄色。足基节褐黄色，后基节外侧中部淡褐色；前胫节和前足跗节淡褐色；中腿节、后腿节、胫节和跗节黄色，腿节腹面、后腿节端部及中、后胫节端部具褐色斑；中胫节具 3d、5a、11v、10p；后胫节具 12d、9a、8p。腹部背板褐色，第 3–5 节前缘、第 2–4 节前侧角、第 2–5 节后缘黄色；腹板 1–4 节黄色，第 5–6 节淡褐色。外生殖器褐色；尾须宽长，端刚毛长。雌虫翅长 3.3 mm。色型和特征与雄虫相同，但柄节、梗节和第 1 鞭节基半段淡黄色；中胫节具 5d、6a、14v、4p；后胫节具 12d、10a、6p；外生殖器褐色。生殖刺突基部被刚毛，背侧具 1 粗强端刚毛。

　　分布：浙江（德清）。

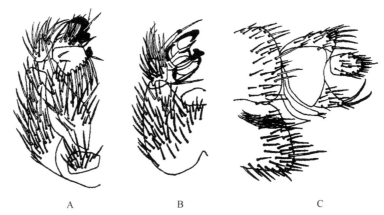

图 8-76　哈氏巧菌蚊 *Phronia hackmani* Wu *et* Yang, 1992（引自吴鸿和杨集昆，1992）
A.♂外生殖器，背视；B.♂外生殖器，腹视；C.♀外生殖器，侧视

（605）湖北巧菌蚊 *Phronia hubeiana* Yang *et* Wu, 1989

Phronia hubeiana Yang *et* Wu, 1989: 62.

　　特征：雄虫翅长 3.3 mm。头部须和口器褐黄色；额淡黄褐色；头后部褐色；触角柄节、梗节和第 1–2 鞭节淡黄色，其余鞭节褐色。前胸背板淡褐黄色；中胸盾片淡黄褐色，具 3 条暗褐色宽纵带；中胸上前侧片褐色，后缘上端部具 2 长刚毛；中胸下前侧片褐至深褐色；小盾片褐色，具 4 长刚毛；侧背片和中背片褐色。Sc 脉末端游离；M 脉分叉点接近 Rs 脉端；后分叉点远在 Rs 脉之外；A 脉发达，无长毛。长毛：横脉 r-m 4；M_1 脉+，M_2 脉+；CuA 脉主干+，M_3+CuA_1 脉+，CuA_2 脉+。平衡棒淡黄色。足前基节褐黄色；中、后基节基部近 1/3 褐黄色，其余褐色；腿节和胫节褐黄色，后腿节端部褐色；跗节近黄褐色；中胫节具 5–6d、4a、12–15v、10p；后胫节具 17d、9a、16p。腹部背板 1–3 节中央淡褐色，两侧黄色，第 4–6 节褐色，第 5 节中央深褐色；腹板 1–3 节黄色，第 4 节淡褐色，第 5、第 6 节褐色。外生殖器褐色；生殖刺突背侧缘毛宽大，腹侧仅具 1 个末端突起。尾须宽长。

　　分布：浙江（庆元）、湖北。

（606）栖灌巧菌蚊 *Phronia lochmocola* Wu et Yang, 1998（图 8-77）

Phronia lochmocola Wu et Yang, 1998: 224.

　　特征：雄虫翅长 1.8 mm。头部须褐色；头后部褐黄色；触角黄白色。前胸背板黄色；中胸盾片黄色，具 3 条黄褐色纵带；中胸上前侧片褐黄色，上端具 2 长刚毛；中胸下前侧片褐黄色；小盾片黄褐色，具 4 长刚毛；侧背片和中背片黄褐色。翅后分叉点处及翅亚端各有 1 褐斑；Sc 脉末端游离；M 脉分叉点在 Rs 脉端之外；后分叉点远在 Rs 脉之外；A 脉中等发达，无长毛。长毛：横脉 r-m 3，M_1 脉+，M_2 脉+，CuA 脉主干+，M_3+CuA_1 脉 3，CuA_2 脉 6。平衡棒黄白色。足黄色，中、后基节外侧具褐色大纵斑；中腿节腹面、后腿节端 1/3 及中、后胫节端部褐色；中胫节具 3d、2a、8v；后胫节具 5d、7a、1p。腹部背板褐色，第 2–4 节前侧角黄白色；腹板 1 节、4–7 节褐色，第 2–3 节黄白色。外生殖器褐色。生殖刺突细长，缘刚毛粗长，散生。

　　分布：浙江（安吉）。

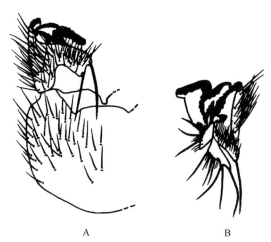

图 8-77　栖灌巧菌蚊 *Phronia lochmocola* Wu et Yang, 1998（引自吴鸿和杨集昆，1998）
A. ♂外生殖器，腹视；B. 生殖刺突

（607）莫干巧菌蚊 *Phronia moganshanana* Wu et Yang, 1992（图 8-78）

Phronia moganshanana Wu et Yang, 1992: 430.

　　特征：雄虫翅长 2.9–3.3 mm。头部须端部淡黄色，基部 2 节和口器淡褐色；额褐色；头后部褐至深褐色；触角柄节、梗节和第 1、第 2 鞭节淡黄色，其余淡褐色。前胸背板淡褐黄色；中胸盾片褐色，两侧缘宽淡褐黄色；中胸上前侧片褐色，后缘上端部具 2–4 长刚毛；中胸下前侧片淡褐黄至褐色；小盾片褐色，具 4 长刚毛；侧背片和中背片褐色。Sc 脉末端游离；M 脉分叉点在 Rs 脉略外处，后分叉点远在 Rs 脉之外；A 脉发达，无长毛。长毛：横脉 r-m 4；M_1 脉+，M_2 脉+；CuA 脉主干+，M_3+CuA_1 脉+，CuA_2 脉+。平衡棒淡黄色。足基节黄色，中、后基节外侧有淡褐色狭长斑；腿节、胫节和跗节褐黄色；前、中腿节腹基部及后腿节端部有褐色斑；中胫节具 4–5d、3–5a、15v、10p；后胫节具 14–16d、7–9a、9p。腹部背板 1–3 节淡褐色，第 2–3 节侧缘宽黄色，第 4、第 6 节褐色，第 5 节暗褐色；腹板 1–3 节黄色，第 4–6 节淡褐色。外生殖器淡褐色；尾须狭长，有一粗长端刚毛。雌虫翅长 3.0–3.2 mm。色型和特征与雄虫相同，但触角第 2 鞭节淡褐色；中胫节具 5d、3a、14v、12p；后胫节具 17d、9a、8p；横脉 r-m 具 6 长毛，外生殖器褐色。

生殖刺突内支细长，端略膨大，具端刚毛列。

　　分布：浙江（德清、安吉、开化、庆元）、广西。

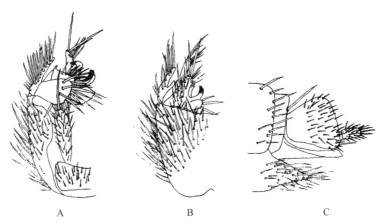

图 8-78　莫干巧菌蚊 *Phronia moganshanana* Wu *et* Yang, 1992（引自吴鸿和杨集昆，1992）

A. ♂外生殖器，背视；B. ♂外生殖器，腹视；C. ♀外生殖器，侧视

（608）光腹巧菌蚊 *Phronia nitidiventris* (van der Wulp, 1858)

Mycetophila nitidiventris van der Wulp, 1858: 2181.

Phronia vitiosa Winnertz, 1863: 868.

　　特征：雄虫翅长 2.6–3.0 mm。头后部暗褐色；触角第 1 鞭节基部黄色，其余褐色。前胸背板淡褐黄色；中胸盾片褐色，肩角窄黄色。翅淡黄色。足黄色，后腿节端部及后胫节端部淡褐色；中胫节具 4–5d、3–4a、9–10p；后胫节具 8–10a-d、4–6p、9–12p-d。腹部背板和腹板黑褐色，第 1–3 背板两侧黄色。外生殖器淡褐黄色。生殖基节后缘凹弧形，密生长刚毛。

　　分布：浙江（德清、安吉、开化、舟山）；欧洲。

（609）剑状巧菌蚊 *Phronia phasgana* Wu *et* Yang, 1992（图 8-79）

Phronia phasgana Wu *et* Yang, 1992: 431.

　　特征：雄虫翅长 2.6–3.0 mm。头部须淡褐黄色，口器褐色；额和头后部深褐色；触角柄节、梗节和第 1 鞭节基半部淡黄色，其余褐色。前胸背板褐黄色；中胸盾片深褐色，侧缘及前缘褐黄色；中胸上前侧片褐色，后缘上端部具 3–6 长刚毛；中胸下前侧片褐色；小盾片褐色，具 4 长刚毛；侧背片和中背片褐色。Sc 脉末端游离；M 脉分叉点接近 Rs 脉，后分叉点远在 Rs 脉之外；A 脉发达，无长毛。长毛：横脉 r-m 2–4；M_1 脉+，M_2 脉+；CuA 脉主干+，M_3+CuA_1 脉+，CuA_2 脉 14。平衡棒淡黄色。足前基节淡黄色，中、后基节黄色，外面有淡褐色斑；腿节褐黄色，前腿节腹面淡褐色，后腿节端部及中、后腿节基段褐色；胫节和跗节淡褐色，中、后胫节端部褐色；中胫节具 3d、5a、10v；后胫节具 10d、7a、5p。腹部背板褐色，第 2–5 节前缘和侧角黄色；腹板 1–4 节黄至淡褐色，第 5–6 节淡褐至褐色。外生殖器褐色；尾须狭长，端刚毛粗长。雌虫翅长 2.6 mm。色型和特征与雄虫相同；中胫节具 3d、4a、9v、7p；后胫节具 8d、6a、5p；外生殖器褐色。生殖刺突背侧缘毛细短，腹侧至少具 2 个末端突起。

　　分布：浙江（德清、安吉）。

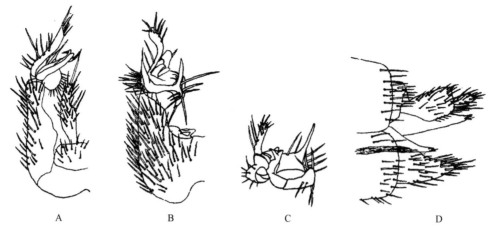

图 8-79　剑状巧菌蚊 *Phronia phasgana* Wu *et* Yang, 1992（引自吴鸿和杨集昆，1992）

A.♂外生殖器，背视；B.♂外生殖器，腹视；C. 生殖刺突；D.♀外生殖器，侧视

（610）塔氏巧菌蚊 *Phronia taczanowskyi* Dziedzicki, 1889

Phronia taczanowskyi Dziedzicki, 1889: 462.

Phronia detruncata Lackschewitz, 1937: 41.

特征：雄虫生殖刺突四边形，沿后缘密生较短细刚毛；阳茎较短。

分布：浙江（开化、庆元）；芬兰，匈牙利，波兰，英国，拉脱维亚，爱沙尼亚，加拿大，美国。

（611）灰色巧菌蚊 *Phronia tephroda* Wu *et* Yang, 1992（图 8-80）

Phronia tephroda Wu *et* Yang, 1992: 432.

特征：雄虫翅长 3.4 mm。头部须和口器淡褐色；额褐色；头后部暗褐色；触角柄节、梗节和第 1–3 鞭节黄色，其余鞭节褐色。前胸背板淡褐色；中胸盾片灰褐色，侧缘黄色；中胸上前侧片褐色，后缘上端具 3 长刚毛；中胸下前侧片褐色；小盾片褐色，具 8 长刚毛；侧背片和中背片褐色。Sc 脉末端游离；M 脉分叉点在 Rs 脉略外处，后分叉点远在 Rs 脉之外；A 脉发达，无长毛。长毛：横脉 r-m 4；M_1 脉+，M_2 脉+；CuA 脉主干+，M_3+CuA_1 脉 14，CuA_2 脉 13。平衡棒黄色。足基节褐黄色，后基节淡褐色；前腿节和胫节淡褐色，中、后腿节黄色；跗节和中、后胫节褐色；后腿节端部及中、后胫节端部有褐色斑；中胫节具 4d、

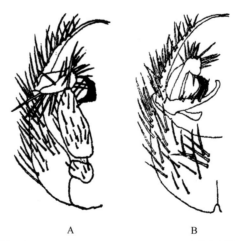

图 8-80　灰色巧菌蚊 *Phronia tephroda* Wu *et* Yang, 1992（引自吴鸿和杨集昆，1992）

A.♂外生殖器，背视；B.♂外生殖器，腹视

4a、9v、4p；后胫节具 7d、5a、6p。腹部背板 1–3 节褐色，第 4–6 节深褐色；腹板色稍浅。外生殖器褐色；尾须宽长，有一粗长端刚毛。

分布：浙江（德清）。

（612）三枝巧菌蚊 *Phronia triloba* Wu *et* Yang, 1998（图 8-81）

Phronia triloba Wu *et* Yang, 1998: 224.

　　特征：雄虫翅长 2.6 mm。头部须黄白色；头后部深褐色；触角柄节、梗节和第 1 鞭节基部黄白色，其余黄褐色。前胸背板黄色；中胸盾片黄色，具 3 条褐色宽纵带；中胸上前侧片褐色，上端具 2 长刚毛；中胸下前侧片褐色；小盾片褐色，具 4 长刚毛；侧背片和中背片褐色。翅黄色透明；Sc 脉末端游离；M 脉分叉点在 Rs 脉端之外；后分叉点远在 Rs 脉之外；A 脉中等发达，无长毛。长毛：横脉 r-m 3，M_1 脉+，M_2 脉+，CuA 脉主干+，M_3+CuA_1 脉 12，CuA_2 脉 8。平衡棒黄色。足黄色，前腿节及其以外褐黄色；后基节端后部、中腿节基腹部、后腿节基腹部和端 1/3 以及中、后胫节端部褐色；中胫节具 5d、2a、10v、7p；后胫节具 9d、10a、3p。腹部背板褐色，第 2–3 节前侧角黄色；腹板 1–3 节黄色，第 4 节之后黄褐色。外生殖器褐色；生殖刺突仅具少数刚毛，各支无端刚毛。尾须极狭长。

分布：浙江（安吉）。

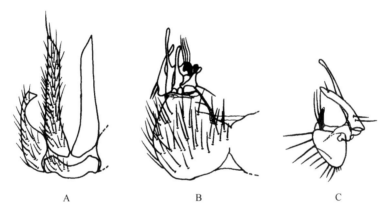

图 8-81　三枝巧菌蚊 *Phronia triloba* Wu *et* Yang, 1998（引自吴鸿和杨集昆，1998）
A.♂外生殖器，背视；B.♂外生殖器，腹视；C. 生殖刺突

（613）威氏巧菌蚊 *Phronia willistoni* Dziedzicki, 1889

Phronia willistoni Dziedzicki, 1889: 486.

　　特征：雄虫翅面无斑纹。生殖刺突四边形，较宽，密生短缘刚毛；阳茎较短。

　　分布：浙江（开化、庆元）、云南；芬兰，捷克，立陶宛，爱沙尼亚，拉脱维亚，波兰，奥地利，西班牙，法国，北美洲。

（614）武当巧菌蚊 *Phronia wudangana* Yang *et* Wu, 1989

Phronia wudangana Yang *et* Wu, 1989: 63.

　　特征：雄虫翅长 2.7 mm。头部须和口器淡黄褐色，须基部有褐色斑；额淡褐色；头后部褐色；触角柄节、梗节及第 1、第 2 鞭节黄白色，其余淡褐至褐色。前胸背板淡黄褐色；中胸盾片两侧黄白色，中央褐色，有一"V"形黄色狭带；中胸上前侧片、下前侧片褐色；小盾片两侧黄白色，中央褐色，具 4 长刚毛；侧背片和中背片褐色。Sc 脉末端游离；M 脉分叉点接近 Rs 脉端；后分叉点远在 Rs 脉之外；A 脉不发达，无长毛。长毛：横脉 r-m 7；M_1 脉+，M_2 脉+；CuA 脉主干+，M_3+CuA_1 脉 10，CuA_2 脉 13。平衡棒黄白色。足基节、腿节和胫节褐黄色；后基节外侧有一不规则形褐斑；后腿节端部及中、后胫节端部褐色；跗节淡褐色；中胫节具 3d、3a、2–3v、7p；后胫节具 5d、7a。腹部背板第 1 节、第 4 节淡褐色，第 2、第 3 节淡黄褐色，第 1 节两侧、第 2–4 节前缘及两侧淡黄色，第 5 节褐色，第 6 节深褐色；腹板 1–4 节淡黄色，第 5、第 6 节淡褐色。外生殖器褐色；生殖刺突沿后缘具宽长强刚毛，阳茎细长。尾须宽长。

分布：浙江（安吉、开化）、湖北。

186. 伪菌蚊属 *Pseudexechia* Tuomikoski, 1966

Pseudexechia Tuomikoski, 1966: 180. Type species: *Exechia trisignata* Edwards, 1913: 370.

主要特征：触角鞭节长大于宽；唇基卵形，高大于宽，侧视拱形；颜面很短，狭带状。中胸盾片无中域刚毛，背视其两侧常有银色光泽；前侧刚毛 1 根或 2 根；小盾片刚毛 2 根；中胸上前侧片光裸。Sc 脉短，弯向 R 脉，但不与之接触；R_1 脉不长于 R 脉；R_5 脉几平直，通常明显远离 M_1 脉；横脉 r-m 约与 M 脉主干等长，或稍短于 M 脉主干；后分支脉短；后分叉点在 M 脉分叉点之外，极少在其下；仅 R 脉、R_1 脉和 R_5 脉具长毛。前足基跗节略长于胫节；后基节具 1 基刚毛；后胫节端部具后刚毛；后胫节末端的后面无明显的斜面。腹部浅色斑沿各背板后缘最宽。雄尾器相当大；第 9 背板高，不分成 2 部分或延长成 2 侧叶，也无明显的较长刚毛；第 9 腹板基部狭，与基肢节完全结合；它的端部形成 1 短芽状的腹突起；尾须成对，具 1 较短内叶。雌尾须不分节。

分布：世界广布，已知 16 种，中国记录 1 种，浙江分布 1 种。

（615）中华伪菌蚊 *Pseudexechia sinica* Wu *et* Yang, 2003

Pseudexechia sinica Wu *et* Yang, 2003: 152.

特征：雄虫翅长 3.2 mm。头部须褐黄色；头后部深褐色；触角褐黄色，长约为头、胸之和的 1.4 倍，鞭节长约为宽的 2.0 倍。前胸背板褐黄色；中胸盾片褐黄色，两侧黄色；侧板和中背片褐黄色。翅褐黄色；横脉 r-m 长约为 M 脉主干的 1.3 倍。平衡棒黄色。足黄色；前足基跗节长约为胫节的 1.5 倍；中足基跗节长约等于胫节；中胫节具 41a、5p、4p-d；后胫节具 9a、3p、5p-d。腹部背板褐色，第 1–5 节两侧及第 2、第 4、第 5 节后侧角黄色；腹板淡褐色。外生殖器褐色。雌虫翅长 4.5 mm。特征与雄虫相同，色型稍深暗，外生殖器深褐色。

分布：浙江（开化）、福建。

187. 斯菌蚊属 *Sceptonia* Winnertz, 1863

Sceptonia Winnertz, 1863: 907. Type species: *Mycetophila nigra* Meigen, 1804: 92 (des. Johannsen, 1909: 113).

主要特征：头部长圆形，在胸部前缘之下；侧单眼与复眼接触。胸部强烈拱起，前缘稍突出于头部之上；中胸上前侧片通常矩形，长大于宽，明显大于其他骨片，具刚毛；中胸后侧片具刚毛。翅膜微毛排成列，无长毛；Sc 脉短；C 脉终于 R_5 脉；横脉 r-m 长于或等于 M 脉主干；CuA 脉不分支，与 M_2 脉平行。足基节宽大；胫毛排成列，胫刚毛长；中胫节具 3 背刚毛，无腹刚毛。腹部两性均可见 6 节，基部和端部狭于胸部，尾器小型。

　　分布：世界广布，已知 14 种，中国记录 6 种，浙江分布 3 种。

分种检索表

1. 生殖刺突边缘内卷，被细长刚毛 ··· 饰边斯菌蚊 *S. euloma*
- 生殖刺突不如上述，缺细长刚毛 ·· 2
2. 生殖刺突为 3 狭长分支；中胸盾片黑褐色 ····································· 隐尾斯菌蚊 *S. cryptocauda*
- 生殖刺突为 2 宽分支；中胸盾片暗褐色，但前缘及肩角宽黄色 ············· 中华斯菌蚊 *S. sinica*

（616）隐尾斯菌蚊 *Sceptonia cryptocauda* Chandler, 1991

Sceptonia cryptocauda Chandler, 1991: 151.

　　特征：雄虫翅长 2.0–2.7 mm。头部须黄色；头后部黑褐色；触角基部黄褐色，鞭节深褐色，长约为宽的 1.6 倍。前胸前侧片具 3 长刚毛；中胸盾片黑褐色；中胸上前侧片后缘具 4 长刚毛；中胸后侧片具 2 长刚毛。翅透明，褐黄色；C、R、R_1、R_5 等脉具长毛；M_1 脉和 M_2 脉无毛。平衡棒褐黄色。足黄色，后基节基部深褐色，后腿节端 1/2 黑褐色；中胫节具 3d、2a、1p-v，后胫节具 3–4d、5–6a。腹部背板 1–2 节深褐色，两侧褐黄色，第 3–6 节黑褐色；腹板 1–3 节淡褐色，第 4–6 节黑褐色。外生殖器褐黄色。

　　分布：浙江（安吉）、河南、福建、贵州；爱尔兰，英国。

（617）饰边斯菌蚊 *Sceptonia euloma* Wu *et* Yang, 2003

Sceptonia euloma Wu *et* Yang, 2003: 166.

　　特征：雄虫翅长 1.9–2.3 mm。头部须褐黄色，头后部暗褐色；触角柄节、梗节和第 1 鞭节基 1/3 褐黄色，其余深褐色，鞭节长约为宽的 1.5 倍。前胸前侧片具 3 长刚毛；中胸盾片暗褐色；中胸上前侧片后缘具 4 长刚毛；中胸后侧片具 2 长刚毛。翅透明，褐黄色；C、R、R_1、R_5 等脉及横脉 r-m 具长毛；M_1 脉和 M_2 脉无毛。平衡棒褐黄色。足褐黄色，后基节基部褐色，后腿节端 1/2 深褐色；中胫节具 3d、3a、1p-v；后胫节具 3d、6a。腹部背板深褐色；腹板褐色。外生殖器褐色。生殖刺突边缘内卷，被细长刚毛。

　　分布：浙江（安吉）、福建。

（618）中华斯菌蚊 *Sceptonia sinica* Wu *et* Yang, 2003

Sceptonia sinica Wu *et* Yang, 2003: 167.

　　特征：雄虫翅长 1.9–2.4 mm。头部须黄至褐黄色；头后部深褐色；触角柄节、梗节和第 1 鞭节淡褐色，其余褐色，鞭节长约为宽的 1.6 倍。前胸前侧片具 3 长刚毛；中胸盾片暗褐色，前缘及肩角宽黄色；中胸上前侧片后缘具 3 长刚毛；中胸后侧片具 2 长刚毛。翅透明，褐黄色，具不明显的褐色中斑；C、R、R_1、R_5 等脉及横脉 r-m 端部具长毛；M_1 脉和 M_2 脉无长毛。平衡棒黄色。足黄色，后基节基部及端后部褐色，后腿节端 1/2 深褐色；中胫节具 3d、2a、1p-v；后胫节具 3d、6a。腹部背板 1 节褐色，两侧宽褐黄色，第 2–3、第 6 节褐色，第 4–5 节暗褐色；腹板 1 节褐黄色，第 2–3 节淡褐色，第 4–6 节褐色。外生殖器淡褐色。

　　分布：浙江（安吉）、福建。

188. 毛菌蚊属 *Trichonta* Winnertz, 1863

Trichonta Winnertz, 1863: 847. Type species: *Mycetophila melanura* Staeger, 1840 (by designation of Johannsen, 1909).

Palaeotrichonta Meunier, 1904: 119. Type species: *Palaeotrichonta brachycamptites* Meunier, 1904.

主要特征：触角鞭节 14 节，须 4 节。前胸背板和前胸后侧片不完全分开，各具 2 长刚毛；中胸上前侧片六边形，沿背前缘具 0–4 长刚毛，背后缘具 3–7 长刚毛；中胸下前侧片和中胸后侧片光裸；侧背片具多数长刚毛；后胸前侧片具 0–5 根短或长刚毛。后基节具 0、1–2 后基刚毛；胫距式 1–2–2；中胫节具 4–5 列刚毛；后胫节通常全长具强前刚毛和背刚毛。翅 C 脉仅略伸过 R$_5$ 脉端；Sc 脉末端游离或终于 R 脉；后分叉点通常在基部，偶而位于或略过 M 脉分叉点；CuA 脉主干有或无长毛；M 脉的分支及 CuA 脉的分支通常有长毛；A 脉弱或强。雄腹部 1–6 节宽大，第 7–8 节短小。雌腹部 1–7 节宽大，第 8 节较小，形状各异；尾须 2 节。

分布：世界广布，已知 100 余种，中国记录 6 种，浙江分布 3 种。

分种检索表

1. 翅端 1/3 烟褐色 ··· 2
- 翅无斑纹 ··· 华丽毛菌蚊 *T. aureola*
2. 后分叉点在 Rs 脉中部处；尾须中等长；生殖刺突背支盾状 ················· 乌黑毛菌蚊 *T. fuliginosa*
- 后分叉点在 Rs 脉基部之内；尾须极细长；生殖刺突背支极细长 ··········· 东方毛菌蚊 *T. orientalia*

（619）华丽毛菌蚊 *Trichonta aureola* Wu *et* Zheng, 1995

Trichonta aureola Wu *et* Zheng, 1995: 198.

特征：雄虫翅长 2.9 mm。头部须、口器其余部分、额黄色，头后部深褐色；触角淡褐色。前胸背板黄色；中胸盾片深褐色，具 2 条黄色纵带，肩角黄色，胸部其余部分褐色，中胸上前侧片上后缘有 4 长刚毛，小盾片有 4 长刚毛。翅面无斑纹，Sc 脉末端游离，后分叉点在 Rs 脉之外；CuA 脉主干无毛。平衡棒黄色。足黄色，后基节基后缘有 1 强刚毛；中胫节具 5a、2d、6p-d、4p；后胫节具 11a、5–7d、6p。腹部背板褐色，后缘及前侧角黄色；腹板黄色。外生殖器褐色。

分布：浙江（开化）。

（620）乌黑毛菌蚊 *Trichonta fuliginosa* Wu *et* Yang, 1992（图 8-82）

Trichonta fuliginosa Wu *et* Yang, 1992: 426.

特征：雄虫翅长 3.8 mm。头部须和口器褐色；额淡褐色；头后部褐至深褐色；触角柄节、梗节和第 1 鞭节淡黄色，其余淡褐至褐色。前胸背板黄色；中胸盾片暗褐色，肩角有一黄色斑；中胸上前侧片和下前侧片褐色，上前侧片上方具 7–8 长刚毛；小盾片暗褐色，具 6 长刚毛；侧背片和中背片褐色，被毛。翅透明，前缘端 1/3 烟褐色；Sc 脉末端游离；后分叉点在 Rs 脉中部处；CuA 脉主干无长毛。平衡棒淡黄色。足淡黄色，中基节褐色，后基节暗褐色；后腿节和胫节端部有褐色斑，前、中腿节外侧有褐色纵斑。腹部背板褐至暗褐色，第 2–5 节侧缘黄白色；腹板褐色。外生殖器黑褐色；尾须细长，有一粗长端刚毛。雌虫翅长 3.6 mm。色型和特征与雄虫相同，但腹部第 3–6 背板前缘黄白色，外生殖器黄色。生殖刺突背支盾状。尾须中等长。

分布：浙江（德清）。

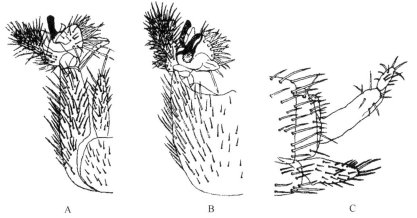

图 8-82　乌黑毛菌蚊 *Trichonta fuliginosa* Wu *et* Yang, 1992（引自吴鸿和杨集昆，1992）
A. ♂外生殖器，背视；B. ♂外生殖器，腹视；C. ♀外生殖器，侧视

（621）东方毛菌蚊 *Trichonta orientalia* Wu *et* Yang, 1995

Trichonta orientalia Wu *et* Yang, 1995: 199.

特征：雄虫翅长 2.9 mm。头部须、口器其余部分、额黄色，头后部深褐色；触角柄节、梗节、第 1 鞭节及第 2 鞭节基半部黄色，其余部分淡褐色。前胸背板黄色；中胸盾片深褐色，肩角黄色；中胸上前侧片和下前侧片褐色，上前侧片上后缘有 4 长刚毛；小盾片深褐色，有 6 长刚毛；侧背片和中背片褐色，被毛。翅端区 1/3 烟色，Sc 脉末端终于 R 脉，后分叉点在 Rs 脉基部之内；CuA 脉主干无长毛。平衡棒淡黄色。足黄色，中腿节基部、后腿节基部和端部及后胫节基部和端部褐色；中胫节具 2a、3d、6p-d、4p；后胫节具 9a、8d、9p。腹部背板褐色，第 2、第 3 节两侧及第 3–4 节前缘黄色；腹板 1–4 节黄色，第 5–6 节褐色。外生殖器暗褐色。生殖刺突背支极细长。尾须极细长。

分布：浙江（开化）。

189. 束菌蚊属 *Zygomyia* Winnertz, 1863

Zygomyia Winnertz, 1863: 901. Type species: *Mycetophila vara* Staeger, 1840 (by designation of Johannsen, 1909).
Bolithomyza Rondani, 1856: 197.

主要特征：头部在胸部前缘之下；触角 14 鞭节；侧单眼与复眼接触，复眼上缘抵前胸侧片中部。胸部强烈拱起，前缘稍突出于头部之上；中胸上前侧片长约等于宽，四边形，具刚毛；下前侧片长略小于宽，中胸后侧片小，亚三角形，具刚毛；侧背片小，具毛。翅膜微毛排成列，无长毛；Sc 脉短，末端游离；C 脉终于 R_5 脉端；CuA 脉不分叉；M_2 脉端部与 CuA 脉渐远离。胫毛排成列，胫刚毛长；中胫节具 4–5 背刚毛、2 腹刚毛。腹部雄可见 6 节，雌可见 7 节。尾器小型。

分布：世界广布，已知约 50 种，中国记录 4 种，浙江分布 1 种。

（622）多毛束菌蚊 *Zygomyia setosa* Barendrecht, 1938

Zygomyia setosa Barendrecht, 1938: 53.

特征：雄虫翅长 1.7–2.3 mm。头部须褐黄色；头后部黑褐色；触角柄节、梗节和第 1 鞭节基部 1/3 黄色，其余深褐色，鞭节长约为宽的 1.4 倍。前胸前侧片具 2 长刚毛；中胸盾片黑褐色；中胸上前侧片具 5 长刚毛；中胸后侧片具 3 长刚毛。翅透明，淡褐黄色；C、R、R_1、R_5 等脉及横脉 r-m 端部具长毛；M_1 脉近端部具微毛。平衡棒褐黄色。足黄色，前、中腿节端背部褐色，后腿节背面及端部黑褐色；中胫节具 4d、2a、1p-v、2p；后胫节具 5d、6a。腹部背板暗褐色；腹板 1–4 节褐色，第 5–6 节深褐色。外生殖器褐色。雌虫翅长 1.9–2.3 mm。色型和特征与雄虫相同。外生殖器褐色。

分布：浙江（安吉）、河南；荷兰，德国。

（四）真菌蚊亚科 Mycomyinae

主要特征：单眼 2 个，着生相近；胫毛排成纵列，爪间突缺失；翅膜无长毛，Sc 脉至少伸达 Rs 脉基部，R_1 脉长为横脉 r-m 的数倍，横脉 r-m 斜出。

分布：世界广布，世界已知 300 余种，中国记录 69 种，浙江分布 43 种。

190. 真菌蚊属 *Mycomya* Rondani, 1856

Mycomya Rondani, 1856: 194. Type species: *Sciophila marginata* Meigen, 1818 (original designation).

Cnephaeophila Philippi, 1865: 618. Type species: *Cnephaeophila fenestralis* Philippi, 1865 (monotypy).

Mycomyia Edwards, 1913: 335 (unjustified emendation). Type species: *Sciophila marginata* Meigen, 1818.

主要特征：触角末端尖，复眼在触角上方略凹，单眼突很少发育良好；前胸背板有数根较长刚毛长于其余的刚毛，小盾片有 2–4 根长刚毛，中胸上前侧片与下前侧片间的缝多少向前倾斜，侧背片凸出；翅常无斑，C 脉伸达 R_5 脉处，C 脉与 R_5 脉常伸达翅端，Sc 脉常伸达小翅室处，R_4 脉存在。外生殖器异常特化。

分布：世界广布，已知近 200 种，中国记录 42 种，浙江分布 24 种。

分种检索表

1. 中基节有距 ………………………………………………………………………………………………… 2
- 中基节无距 ………………………………………………………………………………………………… 7
2. 腹部背板完全暗色或浅色，或暗色具浅色后缘；背板 8 具刚毛；背板 9 无下述构造（Subg.*Mycomya*） ………… 3
- 腹部背板 8 光裸；背板 9 中央具叉状构造和特殊的内构造，包括 1 对强暗距（Subg.*Calomycomya*） ……………………………………………………………………………………… 沃氏真菌蚊 *M.wuorentausi*
3. 雄性外生殖器突起细长 …………………………………………………………………………………… 4
- 雄性外生殖器突起形状不同 ……………………………………………………………………………… 5
4. 突起前端具 2 根长刚毛；生殖刺突 2 分支各具 1 端齿 ………………………………… 隐真菌蚊 *M.occultans*
- 突起前端无刚毛；生殖刺突内侧支具 3 齿；外侧支具 1 齿 ………………………… 贵州真菌蚊 *M.guizhouana*
5. 侧背肢三角形，宽短具 2 端齿 ……………………………………………………… 阿尔卑真菌蚊 *M.alpina*
- 侧背肢非三角状 …………………………………………………………………………………………… 6
6. 侧背肢宽圆，具许多短刚毛 ………………………………………………………… 谢氏真菌蚊 *M.shermani*
- 侧背肢宽圆，具长刚毛 …………………………………………………………… 似谢真菌蚊 *M.shermatoda*
7. 中背片具小刚毛或光裸；前基节前中央表面密生短刚毛；第 9 背板常具 2 组暗锥体，常具剑状侧刺；腹复合片中央不深凹，具有具毛的叶状亚中腹肢（Subg.*Mycomya*） ……………………………………………………… 8
- 中背片光裸；前基节无特殊的刚毛；第 9 背板无上述锥体和刺；腹复合片在中部深凹，或深裂成 2 部分，无上述腹肢 …… 10
8. 突起缺失 …………………………………………………………………………………………………… 9
- 突起存在，亚中腹肢相当长，端部 2/5 折向背方 ………………………………… 弯肢真菌蚊 *M.procuarva*
9. 侧背肢具长强刚毛 ………………………………………………………………… 缺齿真菌蚊 *M.edentata*
- 侧背肢消失 ………………………………………………………………………… 华丽真菌蚊 *M.aureola*
10. 腹复合片具宽长的侧腹肢；第 9 背板无侧背肢 ………………………………………………………… 11

- 腹复合片无长而宽的侧腹肢；第9背板具侧腹肢 ··· 12

11. 第9背板栉状构造中段光裸 ··· 武夷真菌蚊 *M.wuyishana*

- 第9背板栉状构造全长被长刚毛 ·· 古田山真菌蚊 *M.gutianshana*

12. 侧背肢端部细长 ··· 13

- 侧背肢顶部不细长 ··· 15

13. 亚中腹丝直短 ··· 菲氏真菌蚊 *M.vaisaneni*

- 亚中腹丝长而弯曲 ··· 14

14. 侧背肢具亚端突起，该突起上着生数根长刚毛 ·························· 芽突真菌蚊 *M. ganglioneusa*

- 侧背肢不如上述 ··· 毕氏真菌蚊 *M.byersi*

15. 侧背肢的中部具1明显长而密的似栉状刚毛刷 ··· 16

- 侧背肢无上述栉 ··· 18

16. 生殖刺突具2组独立的暗齿 ··· 17

- 生殖刺突具单1的暗齿群 ··· 20

17. 生殖刺突具5并生端齿 ··· 侧齿真菌蚊 *M.odontoda*

- 生殖刺突具2端齿和2亚端齿 ··· 反曲真菌蚊 *M.recurvata*

18. 生殖刺突具6端齿 ·· 极乐真菌蚊 *M.paradisa*

- 生殖刺突至多3端齿 ··· 19

19. 生殖刺突强裂扭曲 ·· 习见真菌蚊 *M.copicusa*

- 生殖刺突不扭曲 ··· 尖齿真菌蚊 *M.dentata*

20. 侧背肢具直而扁的端刚毛 ··· 21

- 侧背肢无上述端刚毛 ··· 22

21. 侧背肢极狭长，具宽直端刚毛；亚中腹丝长 ··························· 康福真菌蚊 *M.confusa*

- 侧背肢渐尖，具长端刚毛；亚中腹丝短 ·································· 溪边真菌蚊 *M.rivalisa*

22. 侧背肢细长，渐尖，具数根宽端毛 ··································· 雅致真菌蚊 *M.elegantula*

- 侧背肢无如上刚毛 ··· 23

23. 生殖刺突扭曲旋转，具3端齿及1较长刚毛 ···························· 扭突真菌蚊 *M.strombuliforma*

- 生殖刺突不扭曲，具3分支，内侧支具3端齿 ················· 喜网真菌蚊 *Mycomya dictyophila*

（623）阿尔卑真菌蚊 *Mycomya alpina* Matile, 1972

Mycomya alpina Matile, 1972: 74.

　　特征：雄虫翅长 4.2–5.3 mm。头部须和口器黄色，额淡黄至淡褐色，头后部深褐色；触角淡褐至褐色，柄节、梗节和第1鞭节基部黄色，第1鞭节长约为宽的3.0倍，第2鞭节为2.5倍。前胸背板黄色，具3–6根较长刚毛；中胸盾片褐至淡褐色，具不明显纵带，肩角黄色；中胸上前侧片和下前侧片淡褐至褐色；小盾片淡褐至褐色，具2根长刚毛；侧背片淡褐至褐色；中背片褐色，光裸。翅 Sc 脉端部具 0–8 根长毛；Sc_1 脉和 Sc_2 脉分别在小翅室中部之外终于 C 脉和 R_1 脉；小翅室长为宽的1.5–2.0倍；M 脉比0.51–0.63、0.67–0.79；CuA 脉比0.52–0.73、0.74–1.12；长毛：M 脉主干0，M_1 脉0，M_2 脉+；CuA 脉主干+；M_3+CuA_1 脉+，CuA_2 脉+。平衡棒黄白色。足基节黄色，后基节侧面深色；腿节淡黄色，胫节和跗节淡褐色；前基节密生短刚毛；中基节有一具2端齿的距；胸足比 bt1：t1=1.37–1.49，bt2：t2=0.89–0.96，bt3：t3=0.70–0.75。腹部背板褐色，有时后缘淡黄色；腹板浅褐至褐色。外生殖器淡褐色；突起长三角形，深色；侧背肢三角形，宽短，具2端齿；腹复合片具2刚毛，无侧腹肢；亚中腹肢短，具小毛；生殖刺突分2支，外支短于内支，各具1端齿。雌虫翅长 4.2–5.5 mm。似雄虫，淡褐至褐色；胸足比 bt1：t1=1.32。外生殖器黄色。

　　分布：浙江（开化）；俄罗斯，意大利，法国，德国，奥地利。

（624）华丽真菌蚊 *Mycomya aureola* Wu, 1995（图 8-83）

Mycomya aureola Wu, 1995: 435.

特征：雄虫翅长 5.8 mm。头部须和口器淡黄色，头后部深褐色；触角深褐色，但柄节和梗节淡黄色；第 1 鞭节褐色，长约为宽的 2.0 倍；第 2 鞭节长约为宽的 2.0 倍。前胸背板黄色，有 3 根较长刚毛；中胸盾片褐黄色，有 2 条深褐色背中纵带，另有暗褐色亚中纵带起自该片 1/4 处向后延至后缘；除中胸下前侧片上后半部黄色外，胸部其余部分褐色；小盾片有 4 根长刚毛；中背片光裸。Sc 脉端部有 7 根长毛，Sc_1 脉在小翅室近外角处终于 C 脉，Sc_2 脉在小翅室中部之内终于 R_1 脉；小翅室长约为宽的 2.0 倍；M 脉比 0.33、0.40；CuA 脉比 0.67、1.08；长毛：M 脉主干 0，M_1 脉+，M_2 脉+；CuA 脉主干+，M_3+CuA_1 脉+，CuA_2 脉+。平衡棒黄色。足黄色，中基节无距；胸足比 bt1：t1=1.10，bt2：t2=0.83，bt3：t3=0.67。腹部褐色，2–6 节后缘黄色。外生殖器褐色；无侧背肢；侧腹肢宽长，端略宽并被长刚毛。雌虫翅长 7.4 mm。色型与雄虫相似，但色较深暗，Sc 脉端有多数长毛。

分布：浙江（安吉、庆元）。

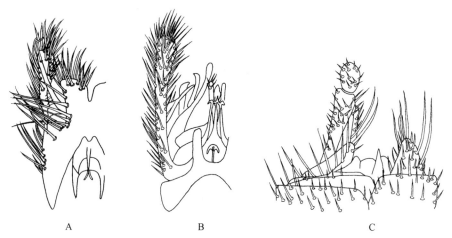

图 8-83　华丽真菌蚊 *Mycomya aureola* Wu, 1995（引自吴鸿，1995）
A. ♂外生殖器，背视；B. ♂外生殖器，腹视；C. 生殖刺突

（625）毕氏真菌蚊 *Mycomya byersi* Vaisanen, 1984

Mycomya byersi Vaisanen, 1984: 315.

特征：雄虫翅长 3.0–4.0 mm。头部须、口器和额黄色，头后部褐色；触角淡褐色，基部黄色，第 1 鞭节长约为宽的 4.0 倍，第 2 鞭节为 2.5 倍。前胸背板黄色，具 3–4 根较长刚毛；中胸盾片黄色，具 3 条淡褐色纵带，肩角黄色；中胸上前侧片和下前侧片黄色；小盾片黄至淡黄色，具 4 根长刚毛；侧背片黄色；中背片淡黄色，两侧和端部稍暗，光裸。Sc 脉端具 0–10 长毛，Sc_2 脉消失；小翅室长略大于宽；M 脉比 0.85–1.05、1.16–1.50；CuA 脉比 0.89–1.15、1.57–2.08；长毛：M 脉主干 0，M_1 脉 2–7；M_2 脉 0；CuA 脉主干 0，M_3+CuA_1 脉 0，CuA_2 脉 0。平衡棒淡黄色。足基节和腿节黄色，胫节和跗节淡褐色；前基节无特殊刚毛；中基节无距；胸足比 bt1：t1=0.72–0.85，bt2：t2=0.67–0.70，bt3：t3=0.58–0.68。腹部背板 1–5 黄至淡黄色，后缘狭褐色，6–7 节褐色；腹板黄色，6–7 节淡褐色。外生殖器黄色；侧背肢基宽端狭，具宽弯刚毛；第 9 背板外叶具 3，偶 2 刚毛；亚中胶丝长而弯；生殖刺突端具 3 齿和 1 长刚毛。外生殖器黄色。

分布：浙江（开化、庆元）；加拿大，美国。

（626）康福真菌蚊 *Mycomya confusa* Vaisanen, 1979

Mycomya confusa Vaisanen, 1979: 112.

　　特征：雄虫翅长 3.8–4.3 mm。头部须、口器和额淡褐至淡黄色，头后部淡褐至褐色；触角淡褐色，柄节、梗节和第 1 基部黄色，第 1 鞭节长约为宽的 4.5 倍，第 2 鞭节近 3.0 倍。前胸背板淡褐色，具 3 根较长刚毛；中胸盾片褐色，具 3 条暗色纵带；中胸上前侧片和下前侧片淡褐色；小盾片淡褐色，具 4 根长刚毛；侧背片淡褐色；中背片淡褐至褐色，光裸。Sc 脉端具 4–11 根长毛，Sc_2 脉在小翅室中部之内终于 R_1 脉，Sc_1 脉消失；小翅室长为宽的 1.5–2.0 倍；M 脉比 0.94–0.96、1.20–1.27；CuA 脉比 0.97–1.03、1.50–1.62；长毛：M 脉主干 0，M_1 脉 0，M_2 脉 0；CuA 脉主干 0，M_3+CuA_1 脉 0，CuA_2 脉 0。平衡棒灰黄色。足基节和腿节淡黄色，胫节和跗节淡褐色；前基节无特殊刚毛；中基节无距；胸足比 bt1：t1=0.76–0.81，bt2：t2=0.65–0.70，bt3：t3=0.57–0.58。腹部全为淡褐色。外生殖器淡黄色；侧背肢极狭长，具宽直端刚毛；亚中腹丝长，仅略弯；生殖刺突端相当宽，具 3–4 齿和 1 长刚毛。

　　分布：浙江（安吉）；俄罗斯，挪威，瑞典，芬兰。

（627）习见真菌蚊 *Mycomya copicusa* Wu, 1998（图 8-84）

Mycomya copicusa Wu, 1998: 170.

　　特征：雄虫翅长 2.6–2.9 mm。头部须和口器淡黄色，头后部深褐色；触角柄节、梗节和第 1 鞭节基部黄色，其余褐色；第 1 鞭节长约为宽的 3.0 倍，第 2 鞭节为 2.0 倍。前胸背板黄色，有 3 根较长刚毛；中胸盾片黑褐色，有 2 条黄色狭纵带；中胸上前侧片褐黄色；中胸下前侧片上半部褐黄色，下半部褐色；小盾片褐色，有 4 根长刚毛；侧背片和中背片褐色。Sc 脉端部有 5–11 根长毛，Sc_1 脉消失，Sc_2 脉在小翅室中部或之内终于 R_1 脉；小翅室长为宽的 1.5–2.0 倍；M 脉比 0.73–1.07、1.00–1.45；CuA 脉比 0.89–1.03、1.33–1.58；长毛：M 脉主干 0，M_1 脉 0，M_2 脉 0；CuA 脉主干 0，M_3+CuA_1 脉 0，CuA_2 脉 0。平衡棒褐黄色。足褐黄色；中基节无距；胸足比 bt1：t1=0.73–0.77，bt2：t2=0.53–0.67，bt3：t3=0.53–0.54。腹部背板褐色，腹板黄褐色。外生殖器褐色。生殖刺突强烈扭曲。

　　分布：浙江（安吉）。

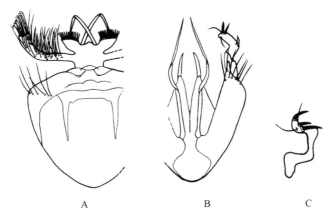

图 8-84　习见真菌蚊 *Mycomya copicusa* Wu, 1998（引自吴鸿，1998）
A. ♂外生殖器，背视；B. ♂外生殖器，腹视；C. 生殖刺突

（628）尖齿真菌蚊 *Mycomya dentata* Fisher, 1937

Mycomya dentata Fisher, 1937: 396.

Mycomya dentata: Shaw *et* Fisher, 1952: 177.

　　特征：雄虫翅长 3.3–3.6 mm。头部须和口器黄色，额稍深，头后部浅褐色；触角淡黄至浅褐色，柄节、梗节和第 1 鞭节基部黄色，第 1 鞭节长为宽的 3.5–4.0 倍，第 2 鞭节为 2.5 倍。前胸背板黄色，具 3–4 根较长刚毛；中胸盾片淡黄色，3 条淡褐色纵带有或无；中胸上前侧片和下前侧片淡黄色；小盾片淡黄色，具 4 根长刚毛；侧背片淡黄色；中背片深黄色，光裸。Sc 脉端部具 3–10 根长毛；Sc_1 脉消失，Sc_2 脉在小翅室中部之内终于 R_1 脉，小翅室长为宽的 1.0–2.0 倍；M 脉比 0.9–1.13、1.18–1.92；CuA 脉比 0.97–1.25、1.58–1.92；长毛：M 脉主干 0，M_1 脉 0，M_2 脉 0；CuA 脉主干 0，M_3+CuA_1 脉 0，CuA_2 脉 0。平衡棒黄白色。足基节和腿节黄色，胫节和跗节淡褐色；前基节无特殊刚毛，中基节无距；胸足比 bt1：t1=0.75–0.79，bt2：t2=0.60–0.67，bt3：t3=0.58–0.61。腹部淡黄色。外生殖器黄色；侧背肢狭，端宽，内缘具宽刚毛组成的刷状栉；亚中腹丝弯长；生殖刺突端宽，具 3 齿和 1 刚毛。雌虫翅长 3.3–3.9 mm。淡黄色；胸足比 bt1：t1=0.69–0.73，bt2：t2=0.60–0.63，bt3：t3=0.56–0.59。外生殖器黄色。生殖刺突较直，不扭曲。

　　分布：浙江（广布）；芬兰，加拿大，美国。

（629）喜网真菌蚊 *Mycomya dictyophila* Wu, Zheng *et* Xu, 2001（图 8-85）

Mycomya dictyophila Wu, Zheng *et* Xu, 2001: 571.

　　特征：雄虫翅长 3.1–3.9 mm。头部须和口器褐黄色，头后部暗褐色；触角柄节、梗节和第 1 鞭节基部褐黄色，其余褐色；第 1 鞭节长为宽的 3.5 倍，第 2 鞭节为 2.0 倍。前胸背板褐黄色，有 4 根较长刚毛；中胸盾片褐黄色，有 3 条暗褐色宽纵带；中胸上前侧片褐黄色；中胸下前侧片褐黄色；小盾片暗褐色，有 4 根长刚毛；侧背片黄褐色。翅黄色透明，Sc 脉端部具 8 根长毛，Sc_1 脉在小翅室中部处终于 R_1 脉；小翅室长约等于宽；M 脉比 0.73–0.95、1.14–1.33；CuA 脉比 1.15–1.31、1.84–2.00；长毛：M 脉主干 0，M_1 脉 0，M_2 脉 0；CuA 脉主干 0，M_3+CuA_1 脉 0，CuA_2 脉 0。平衡棒黄色。足褐黄色，中基节无距；胸足比 bt1：t1=0.74–0.83，bt2：t2=0.71–0.32，bt3：t3=0.58–0.61。腹部背板褐黄色；腹板淡褐色。外生殖器淡褐色。生殖刺突分 3 支，内侧支末端具 3 端齿。

　　分布：浙江（临安）。

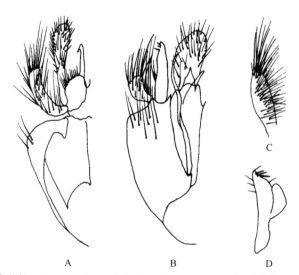

A　　　　　　　B　　　　　　　D

　　图 8-85　喜网真菌蚊 *Mycomya dictyophila* Wu, Zheng *et* Xu, 2001（引自 Wu *et al.*, 2001c）
A. ♂外生殖器，背视；B. ♂外生殖器，腹视；C. 侧背肢端部；D. 生殖刺突

（630）缺齿真菌蚊 *Mycomya edentata* Wu, 1998（图 8-86）

Mycomya edentata Wu, 1998: 171.

　　特征：雄虫翅长 3.1 mm。头部须和口器黄色，头后部深褐色；触角淡褐色，第 1 鞭节长约为宽的 2.0 倍，第 2 鞭节为 1.5 倍。前胸背板黄色，有 4 根较长刚毛；中胸盾片黑褐色，有 1 黄色宽中纵带，肩角黄色，中胸上前侧片和下前侧片褐黄色；小盾片褐黄色，有 4 根刚毛；侧背片深褐色；中背片褐色。翅 Sc 脉端半部有 18 根长毛，Sc_1 脉和 Sc_2 脉分别在小翅室外角处和中部终于 C 脉和 R_1 脉；小翅室长约为宽的 2.0 倍；M 脉比 0.51、0.66；CuA 脉比 0.76、1.01；长毛：M 脉主干 0，M_1 脉+，M_2 脉+；M_3+CuA_1 脉+，CuA_2 脉+。平衡棒黄白色。足黄色，中基节无距；胸足比 bt1：t1=0.76，bt2：t2=0.60，bt3：t3=0.47。腹部背板褐色，1–5 节前侧角黄色；腹板黄至淡褐色。外生殖器淡褐色。侧背肢具长强刚毛。

　　分布：浙江（安吉）。

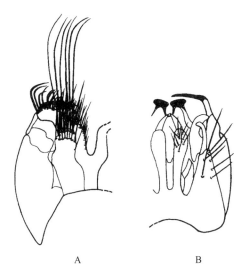

图 8-86　缺齿真菌蚊 *Mycomya edentata* Wu, 1998（引自吴鸿，1998）

A.♂外生殖器，背视；B.♂外生殖器，腹视

（631）雅致真菌蚊 *Mycomya elegantula* Wu *et* Yang, 1992（图 8-87）

Mycomya elegantula Wu *et* Yang, 1992: 425.

　　特征：雄虫翅长 4.5–4.6 mm。头部须和口器黄色，额褐色，头后部暗褐色；触角柄节和梗节淡黄色，鞭节褐色；第 1 鞭节长约为宽的 3.0 倍，第 2 鞭节为 1.5 倍。前胸背板黄色，有 3 根较长刚毛；中胸盾片黄色，有 3 条黑褐色宽纵带；中胸上前侧片淡褐色；中胸下前侧片上半部淡褐黄色，向下渐为褐色；小盾片褐色，有 4 根长刚毛；侧背片褐色；中背片暗褐色，光裸。Sc 脉无长毛，Sc_1 脉消失，Sc_2 脉在小翅室中部以外终于 R_1 脉；小翅室长约为宽的 1.5 倍；M 脉比 0.78、0.97；CuA 脉比 0.94、1.64；长毛：M 脉主干 0，M_1 脉 0，M_2 脉 0；CuA 脉主干 0，M_3+CuA_1 脉 0，CuA_2 脉 0。平衡棒淡褐色。足基节和腿节黄色，胫节和跗节淡褐黄色；前基节无特殊短毛密生，中基节无距；胸足比 bt1：t1=0.81，bt2：t2=0.69，bt3：t3=0.66。腹部背板褐色；腹板淡褐色。外生殖器淡褐色；侧背肢细长渐尖，有数根宽端毛；亚中腹丝短直；生殖刺突有 5 端齿，其中 4 枚密生，与另 1 枚远离，侧支向后方弯成直角形，端部被毛；阳茎长而弯曲。

　　分布：浙江（德清）。

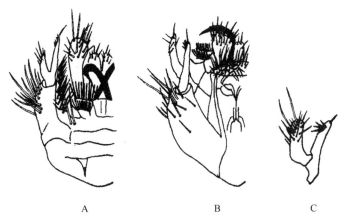

图 8-87　雅致真菌蚊 *Mycomya elegantula* Wu *et* Yang, 1992（引自吴鸿和杨集昆，1992）
A. ♂外生殖器，背视；B. ♂外生殖器，腹视；C. 生殖刺突

（632）芽突真菌蚊 *Mycomya ganglioneusa* Wu, Zheng *et* Xu, 2001（图 8-88）

Mycomya ganglioneusa Wu, Zheng *et* Xu, 2001: 569.

　　特征：雄虫翅长 3.3 mm。头部须和口器褐黄色，头后部深褐色；触角柄节、梗节和第 1 鞭节基部褐黄色，其余褐色；第 1 鞭节长为宽的 4.0 倍，第 2 鞭节为 2.0 倍。前胸背板褐黄色，有 3 根较长刚毛；中胸盾片黄褐色，有 3 条深褐色宽带；中胸上前侧片黄褐色；中胸下前侧片黄褐色；小盾片黄褐色，有 4 根长刚毛；侧背片和中背片褐色。翅黄色透明，Sc 脉端部具 7 根长毛，Sc_1 脉消失，Sc_2 脉在小翅室近端部终于 R_1 脉；小翅室长为宽的 2.0 倍；M 脉比 0.96、1.26；CuA 脉比 0.96、1.67；长毛：M 脉主干 0，M_1 脉 0，M_2 脉 0；CuA 脉主干 0，M_3+CuA_1 脉 0，CuA_2 脉 0。平衡棒褐黄色。足褐黄色，中基节无距；胸足比 bt1：t1=0.86，bt2：t2=0.66，bt3：t3=0.60。腹部背板褐色；腹板黄褐色。外生殖器褐色。侧背肢具亚端突起，该突起上着数根长刚毛。

　　分布：浙江（临安）。

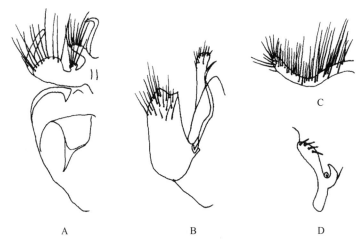

图 8-88　芽突真菌蚊 *Mycomya ganglioneusa* Wu, Zheng *et* Xu, 2001（引自 Wu *et al.*，2001c）
A. ♂外生殖器，背视；B. ♂外生殖器，腹视；C. 侧背肢端部；D. 生殖刺突

（633）贵州真菌蚊 *Mycomya guizhouana* Yang *et* Wu, 1988（图 8-89）

Mycomya guizhouana Yang *et* Wu, 1988: 129.

特征：雄虫翅长 3.6 mm。头部须和口器黄色，额褐色，头后部深褐色；触角褐色，第 1–3 鞭节色较浅；第 1 鞭节基 1/2 黄色，长为宽的 2.5–3.0 倍，第 2 鞭节为 1.5–2.0 倍。前胸背板淡黄色，有 3–4 根较长刚毛；中胸盾片褐色，前缘侧角黄色，有 3 条清晰的黄色纵带；中胸上前侧片淡褐色；中胸下前侧片由上而下淡褐至褐色；小盾片褐色，有 4 根长刚毛，侧背片褐色；中背片褐色，光裸。Sc 脉端部有 2 根长毛；Sc_1 脉游离，Sc_2 脉约在小翅室中部终于 R_1 脉；小翅室长约为宽的 1.5 倍；M 脉比 0.70、1.00；CuA 脉比 0.55、0.78–0.79；长毛：M 脉主干 0，M_1 脉+，M_2 脉+；CuA 脉主干+，M_3+CuA_1 脉+，CuA_2 脉+。足基节和腿节黄色，后基节端部外侧淡褐色，胫节和跗节淡褐色；前基节无特殊短刚毛密生；中基节有一先端 1/3 弯曲的距；胸足比 bt1∶t1=1.0，bt2∶t2=0.70，bt3∶t3=0.50。腹部背板 1–4 节褐色，后缘各有一两侧宽中央狭的黄色边，5–7 节褐色，6 节色较深；腹板 1–5 节黄色，6 节淡褐色，7 节淡黄褐色。外生殖器淡黄褐色，突起细长；侧背肢长，端部宽大有刚毛，末端钝并光裸；亚中腹肢短小光裸；生殖刺突 2 分支，不等长，内侧支有 3 齿，外侧支有 1 齿；阳具细长，末端尖。

分布：浙江（庆元）、福建、广西、贵州。

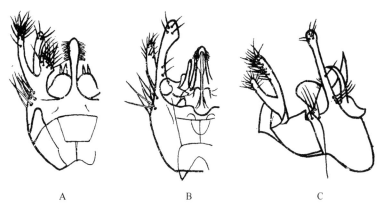

图 8-89　贵州真菌蚊 *Mycomya guizhouana* Yang *et* Wu, 1988（引自杨集昆和吴鸿，1988）
A. ♂外生殖器，背视；B. ♂外生殖器，腹视；C. ♂外生殖器，侧视

（634）古田山真菌蚊 *Mycomya gutianshana* Wu *et* Yang, 1994

Mycomya gutianshana Wu *et* Yang, 1994: 69.

特征：雄虫翅长 3.1–3.8 mm。头部须和口器淡黄色，额褐色，头后部暗褐色；触角淡褐色，第 1 鞭节长为宽的 2.5–3.0 倍，第 2 鞭节为 1.5–2.0 倍。前胸背板黄色，具 2 根较长刚毛；中胸盾片黄色，具 3 条暗褐色宽纵带；中胸上前侧片黄色；中胸下前侧片黄色，下半部淡褐至褐色；小盾片褐至暗褐色，具 4 根长刚毛；侧背片褐色；中背片暗褐色，光裸。Sc 脉端部具 6 至多数长毛；Sc_1 脉缺失，Sc_2 脉在小翅室中部附近终于 R_1 脉；小翅室长为宽的 1.0–1.5 倍；M 脉比 0.59–0.73、0.75–1.03；CuA 脉比 0.72–0.76、1.12–1.25；长毛：M 脉主干 0，M_1 脉 8–13，M_2 脉 6–9；CuA 脉主干 0，M_3+CuA_1 脉 3，CuA_2 脉 3。平衡棒淡黄色。足基节和腿节黄色，胫节和跗节淡褐色；前基节无特殊短刚毛；中基节无距；胸足比 bt1∶t1=0.75–0.82，bt2∶t2=0.65–0.70，bt3∶t3=0.50–0.58。腹部背板褐色，3–5 节具明显黄边；腹板淡褐色。外生殖器淡黄褐色；侧背肢短宽，具多数端长刚毛；亚中腹丝几直长；生殖刺突具 2 端齿；膜质叶长，具多数长缘刚毛；阳茎侧突细长，端尖。第 9 背板栉状，全被长刚毛。雌虫翅长 3.2–4.0 mm。色型和毛序与雄虫相似，但稍暗；胸足比 bt1∶t1=0.76–0.86，bt2∶t2=0.65–0.70，bt3∶t3=0.60–0.65；M 脉比 0.78–0.92、0.97；CuA 脉比 0.74–0.91、1.33–1.43。外生殖器淡黄褐色。

分布：浙江（开化）。

（635）隐真菌蚊 *Mycomya occultans* **(Winnertz, 1863)**

Sciophila occultans Winnertz, 1863: 719.

Mycomya occultans: Landrock, 1913: 25.

特征：雄虫翅长 3.3–5.0 mm。头部须、口器其余部分黄色，头后部淡褐色；触角淡褐色，但柄节、梗节和第 1 鞭节基部黄色，第 1 鞭节长为宽的 2.0 倍，第 2 鞭节为 1.5 倍。前胸背板黄色，具 4 根较长刚毛，中胸盾片黄色，具 3 条不明显的褐色纵带，前侧角黄色；中胸上前侧片黄至淡褐色；中胸下前侧片黄至淡褐色；小盾片黄色，具 4 根长刚毛；侧背片黄至浅褐色；中背片淡黄至淡褐色，光裸。翅透明，或小翅室烟褐色；Sc 脉终于 C 脉，明显远离小翅室中部和 R_4 脉顶部，Sc_2 脉终于 R_1 脉，远离小翅室中部；Sc 脉端部被 13–22 根长毛；小翅室长为宽的 1.0–1.5 倍；M 脉比 0.69–0.90、0.86–1.14；CuA 脉比 0.56–0.71、0.80–1.09；长毛：M 脉主干 0；M_1 脉+；M_2 脉+；CuA 脉+；M_3+CuA_1 脉+；CuA_2 脉+。平衡棒白黄色。足：基节与腿节黄色，胫节与跗节淡褐色，前基节前中表面被一些长细刚毛；中基节具 2 个端齿的长曲距；胸足比：bt1：t1=0.97–1.00，bt2：t2=0.70–0.76，bt3：t3=0.57–0.61。腹部背板 1–5 淡褐至棕色，常具较宽的黄色侧缘和后缘，6–7 节褐色；腹板黄色。外生殖器黄色；突起细长，突起的前端部分具 2 根长刚毛。侧背肢细长；侧腹肢不明显，短而被少量刚毛；亚中腹肢宽短，被短刚毛；生殖刺突具 2 分支和膜质裂片，2 分支各具 1 端齿；阳茎细长，端部 2 裂。雌虫翅长 4.2–5.9 mm。腹部背板淡褐至褐色，具黄色宽后缘；胸足比：bt1：t1=1.00–1.13，bt2：t2=0.71–0.78，bt3：t3=0.63–0.65。外生殖器黄色。

分布：浙江（德清、安吉、开化、庆元）、山西、贵州；俄罗斯，日本，白俄罗斯，印度，捷克，斯洛伐克，芬兰，荷兰，德国，波兰，奥地利，瑞士，法国，希腊，匈牙利。

（636）侧齿真菌蚊 *Mycomya odontoda* **Yang *et* Wu, 1988（图 8-90）**

Mycomya odontoda Yang *et* Wu, 1988: 133.

特征：雄虫翅长 3.3 mm。头部须和口器黄色，额黄褐色，头后部褐色；触角褐色，第 1 鞭节长为宽的 3.5–4.0 倍，第 2 鞭节为 2.0 倍。前胸背板黄色，有 3 根较长刚毛；中胸盾片褐色，有 3 条黄色纵带；中胸上前侧片黄色；中胸下前侧片淡褐色；小盾片淡褐色，有 4 根长刚毛；侧背片淡褐色；中背片淡褐色，光裸。Sc 脉端中部有多数长毛，Sc_1 脉消失；Sc_2 脉约在小翅室中部终于 R_1 脉；小翅室长约为宽的 2.0 倍；M 脉比 1.00、1.37；CuA 脉比 0.78、1.28；长毛：M 脉主干 0，M_1 脉 0，M_2 脉 0；CuA 脉主干 0，M_3+CuA_1 脉 0，CuA_2 脉 0。平衡棒淡黄色。足基节和腿节淡黄色，胫节和跗节淡褐色；前基节无特殊短刚毛密生；

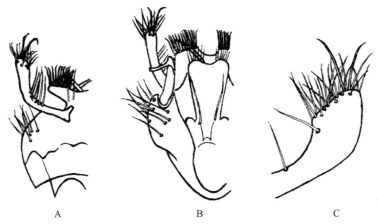

图 8-90　侧齿真菌蚊 *Mycomya odontoda* Yang *et* Wu, 1988（引自杨集昆和吴鸿，1988）

A. ♂外生殖器，背视；B. ♂外生殖器，腹视；C. ♂外生殖器，侧背肢

中基节无距；胸足比 bt1：t1=0.83，bt2：t2=0.76，bt3：t3=0.60。腹部背板 1 节褐色，2–7 节淡褐色；腹板黄色。外生殖器黄褐色；侧背肢相当长，具 2 根宽直端毛；亚中腹丝中等长；生殖刺突细长，中部折向腹面呈 90°，折弯处有 2 齿，端部有 5 并生端齿。

分布：浙江（安吉）、福建、贵州。

（637）极乐真菌蚊 *Mycomya paradisa* Wu, 1995

Mycomya paradisa Wu, 1995: 436.

特征：雄虫翅长 3.0 mm。头部须和口器淡黄色，头后部深褐色；触角柄节、梗节和第 1 鞭节基部黄色，其余褐色；第 1 鞭节长约为宽的 3.0 倍，第 2 鞭节为 2.0 倍。前胸背板黄色，有 3 根较长刚毛；中胸盾片黑褐色，肩角黄色；中胸上前侧片和下前侧片黄色；小盾片褐色，前缘两侧黄色，有 4 根长刚毛；侧背片和中背片褐色。Sc 脉端部有 6 根长毛，Sc_1 脉消失，Sc_2 脉在小翅室外角处终于 R_1 脉；小翅室长约为宽的 1.5 倍；M 脉比 1.00、1.20；CuA 脉比 0.92、1.50；长毛：M 脉主干 1，M_1 脉 0，M_2 脉 0；CuA 脉主干 0，M_3+CuA_1 脉 0，CuA_2 脉 0。平衡棒黄色。足褐黄色，中基节无距；胸足比 bt1：t1=0.84，bt2：t2=0.64，bt3：t3=0.62。腹部背板褐色，两侧黄色；腹板黄色。外生殖器淡褐色；侧背肢细长，中部弯折并密生长刚毛，端部扩大，末端平截，密生弯毛丛；亚中腹丝细长弯曲；生殖刺突细长，有 6 枚端齿，中部有一短侧支。

分布：浙江（庆元）。

（638）弯肢真菌蚊 *Mycomya procuarva* Yang *et* Wu, 1988

Mycomya procuarva Yang *et* Wu, 1988: 129.

特征：雄虫翅长 4.8–5.0 mm。头部须和口器黄色，额黄色，头后部暗褐色；触角褐色，第 1 鞭节基部黄色，长为宽的 2.5–3.0 倍，第 2 鞭节长为宽的 1.0–1.5 倍。前胸背板黄色，有 4 根较长刚毛；中胸盾片褐色，前缘侧角黄色，有 3 条淡黄褐色纵带，中央一条更明显；中胸上前侧片淡褐色，后缘色渐浅；中胸下前侧片由上而下从淡褐色至褐色；小盾片淡褐色，有 4 根长刚毛；侧背片褐色；中背片淡褐色，光裸。Sc 脉上无长毛，Sc_1 脉在小翅室中部的外方终于 C 脉，Sc_2 脉在小翅室中部稍内方终于 R_1 脉；小翅室长约为宽的 2.0 倍；M 脉比 0.54、0.67–0.69；CuA 脉比 0.80、1.10–1.20；长毛：M 脉主干 0，M_1 脉+，M_2 脉+；CuA 脉主干+，M_3+CuA_1 脉 3–8，CuA_2 脉+。平衡棒淡黄色。足基节和腿节黄色，胫节和跗节淡褐色；前基节端半部前缘有一密生细短刚毛区；中基节无距；胸足比 bt1：t1=1.24，bt2：t2=0.87，bt3：t3=0.53。腹部背板褐色，后缘有一黄色狭边；腹板 1–6 节黄色，4–6 节中央稍前方各有一淡褐色斑；第 7 腹板褐色，前缘有一淡褐色带。外生殖器褐色；第 9 背板两侧各有 2 根剑状刺和 3–4 根暗色锥；腹复合片无侧刚毛；亚中腹肢相当长，不甚宽，端部 2/5 折向背方，与基部约成 120°；阳基侧突长，端部圆而略大；生殖刺突有 2 个端齿。

分布：浙江（庆元）、贵州。

（639）反曲真菌蚊 *Mycomya recurvata* Wu, 1995

Mycomya recurvata Wu, 1995: 437.

特征：雄虫翅长 2.8 mm。头部须和口器淡黄色，头后部深褐色；触角柄节、梗节和第 1 鞭节基半部淡黄色，其余部分褐色；第 1 鞭节长约为宽的 2.5 倍，第 2 鞭节为 2.0 倍。前胸背板黄色，有 3 根较长刚毛；中胸盾片深褐色，肩角黄色；中胸上前侧片和下前侧片黄色；小盾片褐色，前缘两侧黄色，有 4 根长刚毛；侧背片褐色；中背片褐色，光裸。Sc_1 脉消失，Sc_2 脉在小翅室中部终于 R_1 脉；小翅室长约为宽的 1.3 倍；

M 脉比 0.76、1.00；CuA 脉比 0.73、1.07；长毛：M 脉主干 0，M_1 脉 9，M_2 脉 6；CuA 脉主干 0，M_3+CuA_1 脉 3，CuA_2 脉 2。平衡棒黄色。足黄色，中基节无距；胸足比 bt1：t1=0.80，bt2：t2=0.67，后胫节缺失。腹部背板褐色，腹板淡褐色。外生殖器褐色；侧背肢细长，中部弯折，密被长刚毛，端部生宽长刚毛；亚中腹丝中等长；生殖刺突扭曲，有 2 端齿和 2 亚端齿。

分布：浙江（庆元）。

（640）溪边真菌蚊 *Mycomya rivalisa* Wu, 1998（图 8-91）

Mycomya rivalisa Wu, 1998: 172.

特征：雄虫翅长 3.1 mm。头部须和口器淡黄色，头后部深褐色；触角柄节、梗节和第 1 鞭节褐黄色，其余褐色，第 1 鞭节长约为宽的 4 倍，第 2 鞭节为 2.0 倍。前胸背板黄色，有 3 根较长刚毛；中胸盾片黑褐色，前缘及两侧黄色；中胸上前侧片和下前侧片黄色；小盾片褐色，有 4 根长刚毛；侧背片和中背片褐色。Sc 脉端有 12 根长毛，Sc_1 脉消失，Sc_2 脉在小翅室中部之内终于 R_1 脉；小翅室长约为宽的 2 倍；M 脉比 1.02、1.35；CuA 脉比 1.00、1.71；长毛：M 脉主干 0，M_1 脉 0，M_2 脉 0；CuA 脉主干 0，M_3+CuA_1 脉 0，CuA_2 脉 0。平衡棒褐色。足褐黄色，中基节无距；胸足比 bt1：t1=0.83，bt2：t2=0.65，bt3：t3=0.59。腹部背板褐色；腹板褐黄色。外生殖器褐黄色，侧背肢渐尖，具长端刚毛；亚中腹丝短。雌虫翅长 3.1–3.6 mm。色型及特征与雄虫相同；胸足比 bt1：t1=0.91，bt2：t2=0.70，bt3：t3=0.63。

分布：浙江（安吉）。

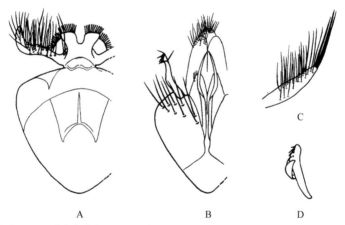

图 8-91　溪边真菌蚊 *Mycomya rivalisa* Wu, 1998（引自吴鸿，1998）
A. ♂外生殖器，背视；B. ♂外生殖器，腹视；C. 侧背肢端部；D. 生殖刺突

（641）谢氏真菌蚊 *Mycomya shermani* Garrett, 1924

Mycomya shermani Garrett, 1924: 66.

特征：雄虫翅长 3.7–5.1 mm。头部须和口器其余部分黄色，头后部暗褐色；触角淡褐色，柄节、梗节和第 1 鞭节基部黄色，第 1 鞭节长为宽的 2.5–3.0 倍，第 2 鞭节为 2.0 倍。前胸背板淡褐至褐色，具 4 根较长刚毛；中胸盾片淡褐色，无明显纵带或黄色具 3 条褐色纵带；小盾片淡褐色，具 2 根长刚毛；侧背片淡褐色；中背片棕色，光裸，偶有 1–2 根刚毛。Sc 脉偶尔终于 C 脉，远离小翅室中部，Sc_1 脉常端部微弱，断开或完全消失，Sc_2 脉终于 R_1 脉，位于小翅室近侧或附近，Sc 脉端部光裸，很少具 1–3 根长毛；小翅室长为宽的 1.5–2.0 倍；M 脉比 0.59–0.82、0.80–1.00；CuA 脉比 0.57–0.86、0.79–1.36；长毛：M 脉 0；M_1 脉+；M_2 脉+；CuA 脉主干+；M_3+CuA_1 脉+；CuA_2 脉+。平衡棒白黄色。足基节黄色，后基节侧面具淡褐色斑点，腿节黄色，胫节与跗节淡褐色；前基节前缘中部具许多细长刚毛；中基节具带 2 个端齿的弯长距；

胸足比：bt1 ∶ t1=1.30–1.63，bt2 ∶ t2=0.90–1.00，bt3 ∶ t3=0.70–0.82。腹部淡褐色至暗褐色，或背片 1–5 具明显的淡褐色后缘；腹板 1–4 节黄色，5–7 节淡褐色。外生殖器黄至淡褐色；突起短，三角形并具短刺；侧背肢宽，圆形具许多短刚毛；腹复合片的两侧各具 1 长刚毛和少量较短刚毛，而无侧腹肢。亚中腹肢短，具小刚毛；生殖刺突 2 分支，侧分支比中分支短，两者均具端齿；阳茎相对较细长，端部 2 裂。雌虫翅长 3.7–5.0 mm。腹部淡褐色，中背片光裸，有时具 1–2 根小刚毛；胸足比：bt1 ∶ t1=1.38–1.40，bt2 ∶ t2=0.91–0.94，bt3 ∶ t3=0.74–0.78。外生殖器黄色。

分布：浙江（德清）；俄罗斯，哈萨克斯坦，乌克兰，挪威，瑞典，芬兰，德国，意大利，英国，法国，奥地利，塞尔维亚，加拿大，美国。

（642）似谢真菌蚊 *Mycomya shermatoda* Yang *et* Wu,1989（图 8-92）

Mycomya shermatoda Yang *et* Wu, 1989: 440.

特征：雄虫翅长 4.0–4.1 mm。头部须和口器淡褐黄色，额淡褐色，头后部深褐色；触角基 2 节淡黄白色，鞭节褐色；第 1 鞭节基半部淡黄白色，长为宽的 2.5 倍，第 2 鞭节长为宽的 2.5–3.0 倍。前胸背板淡褐色，有 2 根较长刚毛；中胸盾片淡褐色，两前侧角黄色，中央有 3 条褐色纵带，中央正中有一黄色狭纵带；中胸上前侧片褐色；中胸下前侧片褐至深褐色；小盾片淡褐色，有 2 根长刚毛；侧背片褐至深褐色；中背片褐色，中央有 1 条黄色狭纵带，中部有毛。Sc 脉上无长毛，Sc_1 脉消失，Sc_2 脉在小翅室基半部终于 R_1 脉；小翅室长为宽的 2 倍；M 脉比 0.74、0.93；CuA 脉比 0.54、0.77；长毛：M 脉主干 0，M_1 脉+，M_2 脉+；CuA 脉主干+，M_3+CuA_1 脉+，CuA_2 脉+。平衡棒黄色。足基节淡褐色，腿节淡黄褐色，胫节和跗节淡褐色；前基节前缘有长毛密生，中基节有一具 2 端齿的弯曲距；胸足比 bt1 ∶ t1=1.50，bt2 ∶ t2=0.98，bt3 ∶ t3=0.76。腹部背板 1、6、7 褐色，2–5 节淡褐色；腹板 1–3 淡黄色，4 节、5 节淡黄褐色，6 节、7 节褐色。外生殖器淡黄褐色；突起短三角形，有短毛排列于两边缘；侧背肢宽圆，比突起长 1/2 与 1/3，上有长毛；腹复合片每侧有一长毛和一些短刚毛；无侧腹肢；亚中腹肢中等长，端部扩大，有短毛；生殖刺突分 2 支，外侧支短于内支，各有 1 端齿；阳茎细长，端部双叶状。

分布：浙江（安吉）、吉林。

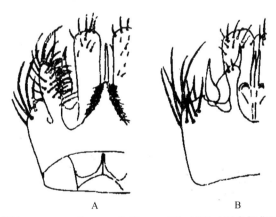

图 8-92　似谢真菌蚊 *Mycomya shermatoda* Yang *et* Wu,1989（引自杨集昆和吴鸿，1989）

A. ♂外生殖器，背视；B. ♂外生殖器，腹视

（643）扭突真菌蚊 *Mycomya strombuliforma* Wu *et* Yang, 1993（图 8-93）

Mycomya strombuliforma Wu *et* Yang, 1993: 647.

特征：雄虫翅长 3.1 mm。头部触角褐色，第 1 鞭节长为宽的 3.0 倍，第 2 鞭节为 2 倍。前胸背板褐黄色，有 4 根较长刚毛；中胸盾片褐至暗褐色，前侧角黄色，有 2 条褐黄色细纵带；小盾片有 4 根长刚毛；

中背片光裸。Sc 脉端具 11 根长毛，Sc_1 脉消失，Sc_2 脉在小翅室中部处终于 R_1 脉。小翅室长约为宽的 3.5 倍；M 脉比 0.89、1.19；CuA 脉比 0.91、1.47；长毛：M 脉主干 0，M_1 脉 0，M_2 脉 0；CuA 脉主干 0，M_3+CuA_1 脉 0，CuA_2 脉 0。足前基节无特殊短刚毛密生；中基节无距；胸足比 bt2：t2=0.67，bt3：t3=0.61。腹部背板褐色，腹板淡黄褐色。外生殖器淡黄褐色；侧背肢狭，中等长，端半部密生长刚毛；亚中腹丝长而弯曲；无侧腹肢；生殖刺突扭曲旋转，有 3 端齿及 1 较长刚毛，侧支短弱，端部生柔毛。雌虫翅长 3.3 mm。色形与雄虫相似，但色稍浅；胸足比 bt1：t1=0.76，bt2：t2=0.71，bt3：t3=0.58；M 脉比 0.91、1.18；CuA 脉比 1.06、1.61。

　　　分布：浙江（开化）、福建。

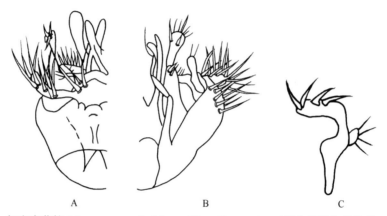

图 8-93　扭突真菌蚊 *Mycomya strombuliforma* Wu *et* Yang, 1993（引自吴鸿和杨集昆，1993b）

A. ♂外生殖器，背视；B. ♂外生殖器，腹视；C. 生殖刺突

（644）菲氏真菌蚊 *Mycomya vaisaneni* Wu *et* Yang, 1994（图 8-94）

Mycomya vaisaneni Wu *et* Yang, 1994: 75.

　　　特征：雄虫翅长 3.6 mm。头部须和口器淡褐黄色，额褐色，头后部褐至暗褐色；触角褐色，第 1 鞭节长为宽的 2.5–3.0 倍，第 2 鞭节约 1.5 倍。前胸背板黄色，具 2 根较长刚毛；中胸盾片黄色，具 3 条不明显暗褐色纵带；中胸上前侧片黄色；中胸下前侧片淡褐至褐色；小盾片黄色，具 4 根长刚毛；侧背片褐色；中背片褐至暗褐色，光裸。Sc_1 脉缺失，Sc_2 脉在小翅室基部至中部之间终于 R_1 脉；Sc 脉无长毛；小翅室长为宽的 1.5–2.0 倍；M 脉比 0.95、1.21；CuA 脉比 1.01、1.52；M 脉和 CuA 脉的主干和分支均无长毛。平衡棒淡褐色。足基节和腿节黄色，胫节和跗节淡褐色；前基节无特殊短刚毛；中基节无距；胸足比 bt1：t1=0.80，bt2：t2=0.65，bt3：t3=0.60。腹部背板褐色；腹板淡褐色。外生殖器淡褐色；侧背片基部宽大，

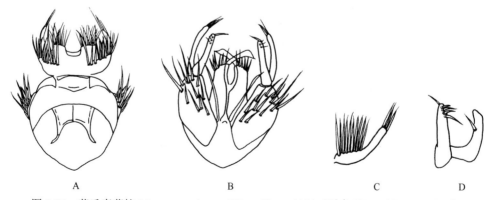

图 8-94　菲氏真菌蚊 *Mycomya vaisaneni* Wu *et* Yang, 1994（引自 Wu and Yang，1994）

A. ♂外生殖器，背视；　B. ♂外生殖器，腹视；　C. 侧背肢端部；　D. 生殖刺突

端部极细长并具宽扁的弯刚毛；第 9 背板的外栉前各具 3 根刚毛；亚中腹丝短直；生殖刺突具 3 端齿和 2 长端刚毛。

　　分布：浙江（开化）。

（645）沃氏真菌蚊 *Mycomya wuorentausi* Vaisanen, 1984

Mycomya wuorentausi Vaisanen, 1984: 271.

　　特征：雄虫翅长 4.4–4.5 mm。头部须、口器和额黄色，头后部淡褐色，单眼面褐色；触角淡褐色，柄节、梗节和第 1 鞭节基部黄色，第 1 鞭节长为宽的 3.5 倍，第 2 鞭节为 1.5–2.0 倍。前胸背板黄色，有 4 根较长刚毛；中胸盾片淡褐色，有 3 条褐色宽纵带；中胸上前侧片和下前侧片黄色；小盾片黄色，有 4 根长刚毛；侧背片黄色；中背片黄色，光裸。Sc 脉端部具 8 长毛；Sc_1 脉和 Sc_2 脉分别在小翅室中部及之外终于 C 脉和 R_1 脉，小翅室长为宽的 2.0–2.5 倍；M 脉比 0.44、0.57；CuA 脉比 0.77、1.20；长毛：M 脉主干 0，M_1 脉+，M_2 脉+；CuA 脉主干+，M_3+CuA_1 脉+，CuA_2 脉+。平衡棒黄白色。足基节和腿节黄色，胫节和跗节淡褐色；前基节无特殊短刚毛密生；中基节有一弯距；胸足比 bt1∶t1=1.10，bt2∶t2=0.71–0.75，bt3∶t3=0.51。腹部背板 1–5 节黄色，后缘和中背浅褐色，6–7 节褐色；第 8 节光裸，第 9 节中央具叉状构造和特殊的内构造，包括 1 对强暗距。腹板黄色。外生殖器背叉具宽大的薄侧叶；侧腹肢端部有球状宽扁毛；生殖刺突卵形，无分支。

　　分布：浙江（开化、庆元）、福建；俄罗斯。

（646）武夷真菌蚊 *Mycomya wuyishana* Yang *et* Wu, 1993

Mycomya wuyishana Yang *et* Wu, 1993: 36.

　　特征：雄虫翅长 2.9 mm。头部须和口器黄色，额淡褐色，头后部深褐色；触角褐色，柄节、梗节和第 1 鞭节基半部淡黄色；第 1 鞭节长为宽的 2.5 倍，第 2 鞭节为 1.5 倍。前胸背板淡黄色，有 2 根较长刚毛；中胸盾片褐至暗褐色，前缘黄色；中胸上前侧片淡黄色；中胸下前侧片上半部淡黄色，下半部褐色；小盾片褐色，有 4 根长刚毛；侧背片褐色；中背片褐色，光裸。足基节和腿节淡黄色，后腿节端后部淡褐黄色，胫节和跗节黄色；前基节无特殊短刚毛密生；中基节无距；胸足比 bt1∶t1=0.81，bt2∶t2=0.69，bt3∶t3=0.58。Sc 脉近端部有 5 根长毛，Sc_1 脉消失，Sc_2 脉在小翅室中部终于 R_1 脉；小翅室长约为宽的 2.0 倍；M 脉比 0.73、0.85；CuA 脉比 0.74、1.11；长毛：M 脉主干 0，M_1 脉 9，M_2 脉 5；CuA 脉主干 0，M_3+CuA_1 脉 4，CuA_2 脉 5。平衡棒黄色。腹部背板 1–5 节及 7 节褐色，3–5 节前侧有黄色斑，6 节暗褐色；腹板黄色，5 节、6 节淡褐色。外生殖器淡黄褐色；侧腹肢宽大，被长刚毛；第 9 背板栉状构造的中段光裸；亚中腹丝直长；生殖刺突有 2 端齿，侧齿宽大，短大刀状，被长刚毛。雌虫翅长 3.8–3.9 mm。色型近似雄虫，胸足比 bt1∶t1=0.89，bt2∶t2=0.86；M 脉比 0.83、0.85；CuA 脉比 0.78、1.26。外生殖器褐黄色。

　　分布：浙江（安吉）、福建。

191. 新菌蚊属 *Neoempheria* Osten Sacken, 1878

Neoempheria Osten Sacken, 1878: 9, new name for *Empheria* Winnertz, 1863, a junior homonym of *Empheria* Hagen, 1856. Type species: *Sciophila striata* Meigen, 1818 (by designation of Coquillett, 1910).

Empheria Winnertz, 1863: 739 (without type species).

Mycomyia: authors, not Rondani, 1856. Type species: *Sciophila striata* Meigen, 1818.

主要特征：单眼 2 个，位于深色眼台上。触角端部圆钝，单眼突发育良好；中胸上前侧片与下前侧片间的缝呈水平向或稍向前方倾斜，中背片光裸；翅具斑，C 脉多少伸过 R_5 脉，R_4 脉存在，附近常有梯形小型斑，R_5 脉和 M_1 脉间有 1 伪脉，m-cu 脉缺失。足细长，胫毛排列规则，中基节无距。腹部 7 节；雄外生殖器特化。

分布：世界广布，已知 100 多种，中国记录 24 种，浙江分布 18 种。

分种检索表

（647）顶刺新菌蚊 *Neoempheria acracanthia* Wu *et* Yang, 1995

Neoempheria acracanthia Wu *et* Yang, 1995: 192.

特征：雄虫翅长 3.0 mm。头部须褐色，口器其余部分淡褐色，头后部褐色；触角黄色，短于头、胸部之和。中胸盾片、小盾片、中背片淡褐色；其余部分淡黄色。翅中部褐斑起自 Sc 脉，向后扩展至 CuA 脉叉处；翅端区褐斑约占翅长的 1/4；Sc_1 脉在小翅室近外角处终于 C 脉，Sc_2 脉几与 Rs 脉成一直线；小翅室长约为宽的 1.5 倍；伪脉存在；后分叉点在 M 脉主干基部处；横脉 r-m 中段有缢痕；Sc 脉、Rs 脉、R_4 脉、M 脉主干、CuA 脉主干无毛。平衡棒褐色。足基节淡黄色，腿节黄褐色，胫节和跗节淡褐色；胸足比 bt1：t1=0.75；后胫节有约与胫节直径等长的刚毛列。腹部背板暗褐色，2–5 节后缘、3–4 节前、后缘以及 2 节、4 节的两侧黄色；腹板黄色。外生殖器淡褐色，侧背肢似鞋形，密生长刚毛；侧腹肢细长，密被长刚毛，端区弯向前方，光裸，有 1 根粗长端刚毛指向前方。

分布：浙江（开化）。

（648）北京新菌蚊 *Neoempheria beijingana* Wu *et* Yang, 1993

Neoempheria beijingana Wu *et* Yang, 1993: 375.

特征：雄虫翅长 4.0–4.1 mm。头部须和口器褐色，额淡褐黄色，头后部褐色；触角黄色，短于头、胸部之和。胸黄色；中胸盾片中央及两侧各有一条褐色纵带，这 3 条带在前缘为一横褐带所连接，中央两侧各有 1 条淡褐色亚中狭纵带，此 2 带与中央带在后端合并，各带上均被长刚毛；中胸下前侧片淡褐色。足基节和腿节淡褐黄色，胫节和跗节黄色；胸足比 bt1：t1=0.85；后胫节有长于胫节直径的刚毛列。翅基及中部有褐斑，端 1/3 翅面褐色；C 脉仅略伸过 R_5 脉；Sc_1 脉在小翅室近基角处终于 C 脉，Sc_2 脉约在小翅室基部 1/5 处终于 R_1 脉；小翅室长约为宽的 3.5 倍；伪脉存在；后分叉点在 M 脉主干基部处；除 Sc 脉基段、M 脉主干、R_5 脉及 R_4 脉外的所有翅脉上均有长毛。平衡棒黄褐色。腹部背板黄色，2–5 背节、7 背节的后缘及 5 节两侧褐色；腹板黄色。外生殖器黄色；背面突起中间收缩，顶端中部下凹，有长刚毛；侧背肢细长，端部膨大呈球状，光裸；侧腹肢细长，基部 1/3 渐扩大，光裸。

分布：浙江（开化、庆元）、北京。

（649）双点新菌蚊 *Neoempheria bimaculata* (Roser, 1840)

Sciophila bimaculata Roser, 1840: 51.

特征：雄虫中胸盾片无暗纵带，翅端具明显深色带；Sc 脉在小翅室中部之内终于 C 脉；小翅室长为宽的 2 倍。外生殖器的侧腹肢具 3 顶生分支。

分布：浙江（开化）；荷兰，波兰，丹麦，奥地利，德国，法国，英国。

（650）弯曲新菌蚊 *Neoempheria cyphia* Wu *et* Yang, 1995

Neoempheria cyphia Wu *et* Yang, 1995: 193.

特征：雄虫翅长 3.1 mm。头部口器淡褐色，头后部褐色；触角黄色，短于头、胸部之和。中胸盾片淡褐色，有 3 条不明显褐色纵带；小盾片淡黄褐色；中背片褐色，后缘两侧各有 1 深褐色大斑；侧背片后上角褐色；胸部其余部分黄色。褐色中斑位于 Sc 脉，小翅室向后扩展至 M 脉主干之后；翅端区淡褐色斑约占翅长的 1/4；C 伸过 R_5 脉段，短于 R_4 脉；Sc_1 脉在小翅室中部略内终于 C 脉，Sc_2 脉在小翅室基部之内终于 R_1 脉；小翅室长约为宽的 1.5 倍；伪脉存在；后分叉点在 M 脉主干基部之内；横脉 r-m 中段有缢痕；Sc 脉、Rs 脉、R_4 脉、M 脉主干和 CuA 脉主干无毛。平衡棒褐色。足基节淡黄色，腿节黄色，胫节和跗节淡褐色；胸足比 bt1：t1=0.87；后胫节有约与胫节直径等长的刚毛列。腹部背板 1 黄色，2–7 节褐至暗褐色，基中 4 节两侧淡黄褐色；腹板 1–4 黄色，5–6 节褐色。外生殖器淡褐色；侧背肢似鞋形，端半部密生长刚毛；侧腹肢细长，密被长刚毛，端区有数根粗长刚毛。雌虫翅长 3.3 mm。色型与雄虫相似；胸足比 bt1：t1=0.98。

分布：浙江（安吉、开化）。

（651）多刺新菌蚊 *Neoempheria echinata* Wu *et* Yang, 1995

Neoempheria echinata Wu *et* Yang, 1995: 194.

特征：雄虫翅长 3.4 mm。头部须深褐色，口器其余部分褐色，其余淡褐色；触角基部褐色，向端部渐变淡黄色。中胸盾片黄色，有 3 条褐色纵带；小盾片、中背片褐色；侧背片后缘褐色，其余黄色。足前基节淡黄褐色，腿节和中、后基节黄色，胫节和跗节淡褐色；后胫节有略短于胫节直径的刚毛列。Sc_2 脉、Rs 脉及 R_4 脉两侧各有褐色斑；C 脉伸过 R_5 脉段略短于 R_4 脉，Sc_1 脉在小翅室中部以外终于 C 脉，Sc_2 脉在小翅室中部之内终于 R_1 脉；小翅室长约为宽的 2.0 倍；伪脉存在；后分叉点在 M 脉主干基部之内；R_4 脉基段部分缺失；Rs 脉、R_4 脉、M 脉主干和 CuA 脉主干无毛。平衡棒淡褐黄色。腹部背板褐至深褐色，1 节、2 节、4 节、6 节两侧及 3 节、4 节、6 节前缘黄色；腹板淡黄色。外生殖器淡褐黄色；侧背肢粗长，内侧密生粗短刚毛；无明显侧腹肢。

分布：浙江（安吉、开化）。

（652）分支新菌蚊 *Neoempheria merogena* Yang *et* Wu, 1993

Neoempheria merogena Yang *et* Wu, 1993: 38.

特征：雄虫翅长 3.3–3.4 mm。头部黄至褐色；触角淡褐色，短于头、胸部之和；单眼和触角之间深褐色，光裸。中胸盾片淡褐色，有 3 条褐色纵带，背中央前段淡褐色；侧背片上部和中背片褐色，胸部其余部分淡黄至黄色。Sc 脉端前后有一褐色斑向后直达翅缘，翅端 R_1 脉端至 M_3+CuA_1 脉端之外褐色；C 脉伸过 R_5 脉段，约为 R_4 脉的一半；Sc_1 脉和 Sc_2 脉分别在小翅室中部略外和基部之内终于 C 脉和 R_1 脉；小翅室长约为宽的 1.5 倍；伪脉存在；R_4 脉基段部分缺失；横脉 r-m 中段有缢痕；Sc 脉、Rs 脉、R_4 脉、M 脉主干、CuA 脉主干及 M_1 脉和 M_2 脉基段无毛。平衡棒淡褐黄色。足基节淡黄色，前腿节和中腿节黄色，胫节和后腿节褐色；胸足比 bt1：t1=0.89；后胫节有约与胫节直径等长的刚毛列。腹部背板 1 节黄色，2–7 节褐至暗褐色，4 节后缘和侧缘黄色；腹板 1–4 节黄色，5–6 节淡褐色。外生殖器淡褐色；侧背肢宽鞋形，端半部密被长刚毛；侧腹肢宽大，2 分支，腹支边缘密生粗壮长刚毛，背支有数根粗壮端刚毛。雌虫翅长 3.3 mm。色型与雄虫相似；胸足比 bt1：t1=0.90。外生殖器淡褐黄色。

分布：浙江（安吉、开化）、福建。

（653）奇异新菌蚊 *Neoempheria mirabila* Wu *et* Yang, 1995

Neoempheria mirabila Wu *et* Yang, 1995: 194.

特征：雄虫翅长 3.1 mm。头部须褐色，口器其余部分、额淡褐色，头后部褐色；触角基部 2 节黄色，其余部分褐色。中胸盾片黄色，两侧褐色，中央有 3 条褐色纵带；小盾片及中背片褐色；胸部其余部分黄色。翅面仅在 Rs 脉和 R_4 脉两侧有褐色小斑，C 脉伸过 R_5 脉段不足 R_4 脉一半；Sc_1 脉在小翅室基部之外终于 C 脉，Sc_2 脉在小翅室基角处终于 R_1 脉；小翅室长约为宽的 3.5 倍；伪脉存在；后分叉点在 M 脉主干之内；Sc 脉、Rs 脉、R_4 脉、M 脉主干和 CuA 脉主干无毛。平衡棒褐色。足基节、腿节黄色，胫节和跗节淡褐色；后足腿节以外缺失。腹部背板褐色，1 节、2 节、4 节两侧，3 节、5 节、6 节前侧角黄色；腹板黄色。外生殖器淡褐色；侧背肢宽短，被长毛；侧腹肢短小，被长毛。雌虫翅长 3.6 mm。色型与雄虫相似；胸足比 bt1：t1=1.0。外生殖器淡褐色。

分布：浙江（开化）。

（654）山居新菌蚊 *Neoempheria monticola* Wu, 1999

Neoempheria monticola Wu, 1999: 433.

特征：雄虫翅长 3.7–3.8 mm。头部须褐色，头后部黄色，具 3 条褐色纵带；触角基部黄色，鞭节褐色，宽大于长。胸：黄色，中胸盾片具 1 深褐色和 2 淡褐色纵带。翅淡黄色。Sc_2 脉、Rs 脉和 R_4 脉两侧褐色，翅端 1/3 淡褐色；C 脉伸过 R_5 脉端部分短于 R_4 脉；Sc_1 脉和 Sc_2 脉分别在小翅室基部处终于 C 脉和 R_1 脉；小翅室长约为宽的 3.5 倍；伪脉存在；后分叉点位于 M 脉分叉点之前。平衡棒淡褐黄色。足基节黄色；腿节淡褐色；胫节和跗节褐色；胸足比 bt1：t1=0.83。腹部背板褐色，两侧黄色；腹板黄色。外生殖器淡黄褐色。侧背肢具黑色粗长的端刚毛；侧腹肢具分支。雌虫翅长 4.4 mm；色型特征与雄虫同；胸足比 bt1：t1=1.00。

分布：浙江（安吉）。

（655）普通新菌蚊 *Neoempheria pervulgata* Wu, 1995

Neoempheria pervulgata Wu, 1995: 437.

特征：雄虫翅长 3.1 mm。头部须褐色，口器和额黄褐色，头后部褐色；触角淡黄色，短于头、胸部之和。中胸盾片褐色，有 3 条黄色狭纵带；前胸背板、中胸上前侧片和下前侧片淡黄色；侧背片、小盾片和中背片深褐色。翅中部和端部有褐色宽横带；C 脉伸过 R_5 脉段约为 R_4 脉长的一半；Sc_1 脉在小翅室近外角处终于 C 脉，Sc_2 脉在小翅室基角处终于 R_1 脉；小翅室长约为宽的 1.5 倍；伪脉存在；后分叉点与横脉 r-m 相对；R 脉、R_5 脉、CuA 脉主干及 CuA_2 脉等脉上有长毛。平衡棒褐色。足基节淡黄色，腿节淡褐色，胫节和跗节黄色；胸足比 bt1：t1=0.89；后胫节无长于胫节直径的刚毛。腹部背板 1 节黄色，2 节、3 节、5–7 节褐色，2 节、3 节前后缘黄色，4 节黄褐色，背中有一褐色小斑；腹板 1–4 节黄色，5–7 节淡褐色。外生殖器黄褐色；侧背肢宽大，不规则形，被长刚毛；侧腹肢宽长，被长刚毛及短端毛。雌虫翅长 3.4 mm。色型与雄虫相似，但腹部背板 2–7 节褐色，仅 4 节两侧黄色；胸足比 bt1：t1=0.92。外生殖器黄色。

分布：浙江（庆元）。

（656）斑翅新菌蚊 *Neoempheria pictipennis* (Haliday, 1833)

Sciophila pictipennis Haliday, 1833: 156.

特征：雄虫翅中部具连续深色纹，端部横纹较窄且外凹；小翅室长为宽的 2 倍；Sc2 脉终于 R5 脉基部或之内。

分布：浙江（安吉、开化）、北京；俄罗斯，日本，英国，爱尔兰，芬兰，拉脱维亚，爱沙尼亚，德国，奥地利，波兰。

（657）扁角新菌蚊 *Neoempheria platycera* Wu, 1995

Neoempheria platycera Wu, 1995: 438.

特征：雄虫翅长 3.2 mm。头部须褐色，口器和额黄褐色，头后部褐色；触角深褐色，约与头、胸部之和等长，鞭节扁，宽大于长。胸黄褐色；中胸盾片有一背中褐纵带，两侧各有 2 条淡褐纵带。Sc_2 脉、Rs 脉和 R_4 脉等脉及其两侧为褐色斑，翅端 1/3 为淡褐色云纹；C 脉伸过 R_5 脉段约为 R_4 脉的一半长；Sc_1 脉在小翅室中部之内终于 C 脉，Sc_2 脉在相应处终于 R_1 脉；小翅室长约为宽的 3.5 倍；伪脉存在；后分叉点在 M 脉主干之内；除 Sc_2 脉、Rs 脉、R_4 脉、横脉 r-m 和 M 脉主干等脉外，其余脉上均有长毛。平衡棒淡黄褐色。足基节黄色，腿节、胫节和跗节淡褐色；胸足比 bt1：t1=0.92；后胫节无长于胫节直径的刚毛。腹部背板褐色，1–4 节、6 节、7 节两宽黄色，5 节前侧角黄色；腹板黄色。外生殖器黄褐色；侧背肢宽而弧曲，密被长刚毛，基内侧有侧支；侧腹肢基粗大，端半部狭，中部有一横列长刚毛，端内侧有粗刚毛。

分布：浙江（庆元）。

（658）侧生新菌蚊 *Neoempheria pleurotivora* Sasakawa, 1979

Neoempheria pleurotivora Sasakawa, 1979: 1.

特征：雄虫翅长 3.6 mm。头部黄色，头顶、后头和后颊背面的 1/3 淡褐色，单眼三角区黑色；须褐色，第 1、第 3 节长于第 2 节，第 3 节约为第 2 节的 2.0 倍；触角黄色，几乎与中胸等长，第 1 鞭节最长，第 4 鞭节长与宽等长。胸黄色；中胸盾片具 3 条褐色纵带；刚毛黑色。小翅长约为宽的 3 倍。腹部黄色；背板 1–6 节后 1/3 具褐色纵带，第 7 节纵带呈大三角形；腹板 4–6 节后缘褐色，7 节中部后面 1/6 具缺刻，8 节二裂。外生殖器：侧背肢黄色，细长，弯向腹侧；侧腹肢棕色，分叉，向上弯曲，腹侧具 2 个杆状突起；阳茎膜质，约为侧背肢的 1/4，阳基侧突圆锥形。雌虫翅长 3.6–3.8 mm。似雄虫，但中胸盾片中纵带伸达小盾片刚毛的基部。外生殖器黄色。

分布：浙江（临安）、河南；泰国。

（659）具毛新菌蚊 *Neoempheria setulosa* Wu, 1999

Neoempheria setulosa Wu, 1999: 434.

特征：雄虫翅长 3.6 mm。头部须深褐色，头后部淡褐色；触角基部黄色，鞭节淡褐色，宽大于长。胸淡褐黄至淡褐色。翅淡黄色，褐色中斑存在，端 1/3 淡褐色；C 脉稍伸过 R_5 脉端；Sc_1 脉和 Sc_2 脉分别在小翅室略外终于 C 脉和 R_1 脉；小翅室长约等于宽；伪脉存在；后分叉点略在 M 脉分叉点之前。平衡棒淡褐黄色。胸足比 bt1：t2=0.88。腹部背板褐色；腹板淡褐色。外生殖器淡褐黄色。侧腹肢被若干刚毛。

分布：浙江（安吉）。

（660）中华新菌蚊 *Neoempheria sinica* Wu *et* Yang, 1993 （图 8-95）

Neoempheria sinica Wu *et* Yang, 1993: 374.

特征：雄虫翅长 3.5–5.7 mm。头部须褐色，口器和额淡黄色，头后部淡褐色；触角褐色，短于头、胸部之和；单眼与触角间光裸。胸淡黄至黄色；中胸盾片有 5 条褐色纵带，中央一条后端消失，其两侧的纵带前缘扩展成褐斑，后端合并，该片四周及各纵带上有长刚毛，其余部分光裸；中背片前端中部有一个三角形褐斑。翅面有 2 小褐斑；C 脉略伸过 R_5 脉，这段 C 脉约为 R_4 脉的一半长；Sc_1 脉在小翅室中部之前终于 C 脉，Sc$_2$ 脉约在小翅室基部 1/3 处终于 R$_1$ 脉；小翅室长约为宽的 4.0 倍；伪脉存在；CuA 脉分叉处在 M 脉主干之内；Sc 脉、R 脉及其分支、M 脉的分支、CuA 脉及其分支上均有长毛。平衡棒淡黄褐色。足基节和腿节黄色，胫节和跗节淡褐色；胸足比 bt1∶t1=0.83-0.92；后胫节无长于胫节直径的刚毛。腹部背板黄色，1 节、6 节中央、2-5 节中央及后缘褐色；腹板 1-6 节淡黄色，7 节淡褐色。外生殖器淡黄色；侧背肢长而略内弯，密生长刚毛，内侧中段密集粗短暗褐色刚毛；侧腹肢细长，近中部急弯向背方，被长刚毛。雌虫翅长 5.0-5.1 mm。体色与雄虫近似。

分布：浙江（安吉、开化、庆元）、北京、河北、山西、河南、上海、广西、贵州。

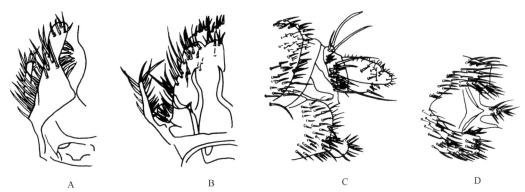

图 8-95　中华新菌蚊 *Neoempheria sinica* Wu *et* Yang, 1993（引自吴鸿和杨集昆，1993c）
A. ♂外生殖器，背视；B. ♂外生殖器，腹视；C. ♀外生殖器，侧视；D. ♀外生殖器，腹视

（661）锥形新菌蚊 *Neoempheria subulata* Wu *et* Yang, 1995（图 8-96）

Neoempheria subulata Wu *et* Yang, 1995: 196.

特征：雄虫翅长 3.0-3.3 mm。头部须淡褐色，口器其余部分黄色；额和头后部淡褐色；触角黄色。中胸盾片淡黄褐色；小盾片、中背片以及侧背片的后上部淡褐色；其余部分黄色。小翅室及其内侧有一小褐斑向前达 Sc$_2$ 脉两侧，向后延至 r-m 脉两侧；翅端区褐斑占翅长近 1/3；C 脉伸过 R$_5$ 脉段约为 R$_4$ 脉长的一半；Sc$_1$ 脉在小翅室外角处终于 C 脉，Sc$_2$ 脉在小翅室基角处终于 R$_1$ 脉；小翅室长约等于宽；伪脉存在；后分叉点在 M 脉主干基部之内；Rs 脉、R$_4$ 脉、M 脉主干及 CuA 脉主干无毛。平衡棒黄色。足基节淡黄色，腿节黄色，胫节和跗节淡褐色；胸足比 bt1∶t1=0.92；后胫节有约与胫节直径等长的刚毛列。腹部背板 1 节、2 节、4 节黄色，1 节、2 节中央各有一大褐斑，其余背板褐色；腹板黄色。外生殖器淡褐色；侧背肢粗长、光裸，弯向腹方，端部生有细短刚毛，有一粗黑大钝齿；侧腹肢细短，生有长刚毛。雌虫翅长 3.4 mm。色型与雄虫相似；胸足比 bt1∶t1=0.88。外生殖器淡褐色。

分布：浙江（开化）、河南。

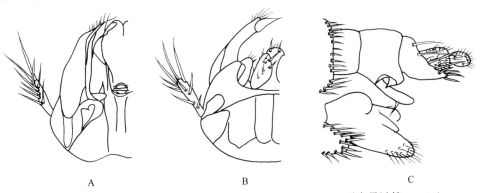

图 8-96　锥形新菌蚊 *Neoempheria subulata* Wu *et* Yang, 1995（引自吴鸿等，1995）
A. ♂外生殖器，背视；B. ♂外生殖器，腹视；C. ♀外生殖器，侧视

（662）天目新菌蚊 _Neoempheria tianmuana_ Wu, 1990（图 8-97）

Neoempheria tianmuana Wu, 1990: 247.

特征：雄虫翅长 5.4–5.5 mm。头部须和口器暗褐色，额黄色，头后部褐色；触角暗褐色，短于头、胸部之和；单眼与触角间光裸。胸黄色；中胸盾片有 5 条褐色纵带，中央一条后端消失，两亚中纵带色暗，后端合并，盾片两侧及各纵带上有刚毛；侧背片和中背片黄褐色。翅面无明显斑纹；C 脉伸过 R_5 脉；Sc_1 脉约在小翅室近基部 1/4 处终于 C 脉，Sc_2 脉约在小翅室近基部处与 R_1 脉相接触；小翅室长约为宽的 5.0 倍；后分叉点在 M 脉主干之内；翅脉上有长毛。平衡棒淡黄褐色。足基节和腿节黄色，后腿节近基部有淡褐色斑，胫节和跗节褐色；胸足比 bt1∶tl=0.89；后足胫节无长刚毛。腹部背板褐色，腹板淡褐至褐色。外生殖器褐色；两侧背肢长而端部接近，形成一卵形间距，内侧及腹面大部分密集粗短黑褐色刚毛，背面被刚毛，其中中部数根显著长于其余刚毛；侧腹肢细长而内弯，有极长的粗刚毛；阳茎鞘细而短。

分布：浙江（德清、临安、开化）。

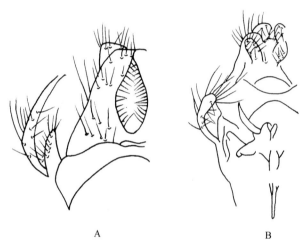

　　　　　　　　　　A　　　　　　　　　　　　　　B

图 8-97　天目新菌蚊 _Neoempheria tianmuana_ Wu, 1990（引自吴鸿，1990）

A. ♂外生殖器，背视；B. ♂外生殖器，腹视

（663）三叶新菌蚊 _Neoempheria triloba_ Wu et Yang, 1995

Neoempheria triloba Wu et Yang, 1995: 196.

特征：雄虫翅长 3.6 mm。头部须褐色，头部其余部分淡褐色；触角黄色，约与头、胸之和等长。中胸盾片淡褐黄色，有 3 条不明显纵带；小盾片、中背片褐色；侧背片后上角褐色；其余部分黄色。褐色中斑约在小翅室及内方，自翅前缘向后延至后分叉点的后方，翅端区褐斑约占翅长的 1/4；C 脉伸过 R_5 脉段约为 R_4 脉一半；Sc_1 脉在小翅室中部终于 C 脉，Sc_2 脉在小翅室基部之内终于 R_1 脉；小翅室长约为宽的 1.5 倍；伪脉存在；后分叉点在 M 脉主干基部之内；横脉 r-m 中段有白斑，Sc 脉、R_5 脉、R_4 脉、M 脉主干和 CuA 脉主干无毛。平衡棒淡褐黄色。足基节黄色，腿节淡褐黄色，后腿节褐色，胫节和跗节淡褐色；胸足比 bt1∶tl=0.92；后胫节有约与胫节直径等长的刚毛列。腹部背板第 1 节黄色，第 2–4 节褐色，第 5–7 节暗褐色，第 2 节前缘黄色，第 4 节两侧黄褐色；腹板第 1–4 淡黄色，第 5 节黄色，第 6 节淡褐色。外生殖器淡褐色；侧背肢鞋形，密被长刚毛；侧腹肢宽大，近端部分 3 支，腹支有 2 端长刚毛，中支有 3 端长刚毛，背支的背缘密生粗弯刚毛。雌虫翅长 3.2–3.4 mm。色型与雄虫相似；胸足比 bt1∶tl=0.90。外生殖器黄色。

分布：浙江（安吉、开化）。

（664）威氏新菌蚊 *Neoempheria winnertzi* Edwards, 1913

Neoempheria winnertzi Edwards, 1913: 356.

　　特征：雄虫翅中部横纹在中脉和后叉间断开，端部横纹宽直，小翅室长为宽的 2 倍；Sc_2 脉终于 R_5 脉基部，与小翅室中部相对。

　　分布：浙江（安吉）；伊朗，德国，英国，法国，拉脱维亚，爱沙尼亚。

192. 缺室菌蚊属 *Vecella* Wu *et* Yang, 1996

Vecella Wu *et* Yang, 1996: 86. Type species: *Vecella guadunana* Wu *et* Yang, 1996.

　　主要特征：复眼圆形，在触角基部上方略凹；单眼 2，远离复眼，单眼发育良好；触角鞭节 14 节，末端略尖。中胸上前侧片与下前侧片间的缝前斜；侧背片和中背片光裸。胸足无特殊构造，胫毛排列规则，胫距 1–2–2 式；爪间突缺失。翅透明，无斑纹；Sc 长，C 伸过 R_5，R_4 缺失，M 与 C 在翅基部即分离；翅膜无长毛，微毛排列不规则。雄外生殖器宽，侧腹肢内侧有特殊构造。

　　分布：东洋区。世界已知 1 种，中国记录 1 种，浙江分布 1 种。

（665）挂墩缺室菌蚊 *Vecella guadunana* Wu *et* Yang, 1996（图 8-98）

Vecella guadunana Wu *et* Yang, 1996: 86.

　　特征：雄虫翅长 2.6–3.2 mm。头部须和口器黄色，额淡褐色，头后部褐色；触角淡褐色。前胸背板黄色；中胸盾片暗褐色，前缘及肩角有宽黄色横带，亚中线为黄色细纵带；中胸上前侧片黄色；中胸下前侧片淡褐色，上缘黄色；小盾片褐色，有 2 对长刚毛；侧背片褐色；中背片褐色，光裸。C 脉略伸过 R_5 脉，R_4 脉缺失；Sc 脉端部有 8–11 根长毛；Sc_1 脉在 Rs 脉基部之内终于 C 脉，Sc_2 脉在 r-m 脉基部略内终于 R_1 脉；长毛：M 脉主干 0，M_1 脉+，M_2 脉+；CuA 脉主干+，M_3+CuA_1 脉+，CuA_2 脉+。平衡棒褐色。足基节黄色，腿节淡褐黄色，胫节和跗节淡褐色；前基节无特殊刚毛；中基节无距；胸足比 bt1：t1=0.78。腹部背板 1–3 节与 5–7 节淡褐色，前缘黄色，背中线前半段黄色；4 节黄色，并有淡褐色斑；腹板黄色。外生殖器侧背肢宽大，渐尖，中部内侧有一弯距构造，该构造端部具侧端齿，基部背面有一侧支伸向背方，密具端齿；侧腹肢细长，边缘生长刚毛，其内有一暗褐色构造，与侧腹肢平行；生殖刺突扭曲不规则形，褐至暗褐色。

　　分布：浙江（安吉、开化）、福建。

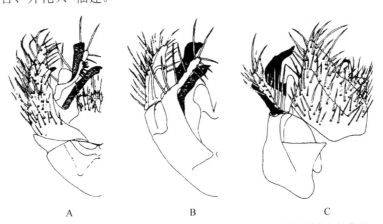

图 8-98　挂墩缺室菌蚊 *Vecella guadunana* Wu *et* Yang, 1996（引自吴鸿和杨集昆，1996）
A. ♂外生殖器，背视；B. ♂外生殖器，腹视；C. ♂外生殖器，侧视

（五）粘菌蚊亚科 Sciophilinae

主要特征： 单眼 3 个；胫毛排列不规则，爪间突存在；中背片端部具毛或刚毛；翅膜具长毛，Sc 脉长，R_1 脉长为横脉 r-m 的数倍，横脉 r-m 斜出；第 7 腹节通常大而可见。

分布： 世界广布，世界已知 500 余种，中国记录 20 种，浙江分布 13 种。

193. 尖菌蚊属 *Acnemia* Winnertz, 1863

Acnemia Winnertz, 1863: 798. Type species: *Leia nitidicollis* Meigen, 1818 (by designation of Johannsen, 1909).

主要特征： 单眼 3 个，多呈直线排列。中胸上前侧片和下前侧片光裸，侧背片和中背片具毛。翅膜具长毛，Sc 脉在 Rs 脉基部之外终于 C 脉，R_4 脉缺失，CuA 脉不分支。

分布： 世界广布，已知 7 种，中国记录 2 种，浙江分布 1 种。

（666）长翅尖菌蚊 *Acnemia longipes* Winnertz, 1863

Acnemia longipes Winnertz, 1863: 801.

特征： 雄虫体躯深褐色；翅透明，无斑纹；h 脉自 Sc 脉基部斜向外终于 C 脉；Sc-r 脉位于中室上缘端部 1/4 处。

分布： 浙江（安吉、临安、泰顺）、吉林、辽宁、贵州；日本，德国，英国，爱尔兰，波兰，拉脱维亚，爱沙尼亚。

194. 反菌蚊属 *Anaclileia* Meunier, 1904

Anaclileia Meunier, 1904: 146. Type species: *Anaclileia anaclidormis* Meunier, 1904: 146 (des. Johannsen, 1909: 70)

Paraneurotelia Landrock, 1911: 161. Type species: *Paraneurotelia dziedzickii* Landrock, 1911: 161 (orig. des.)

主要特征： 单眼 3 个，远离复眼边缘；Sc 终于 C 脉，Cu 分支，M_1 脉基部弱，R_5 脉中等程度弯曲，R_4 脉缺失；中胸上前、下后侧片光裸，侧背片具毛，中背片具直立长刚毛；前足胫节通常较基跗节长。

分布： 古北区、东洋区和新北区。世界已知 5 种，中国记录 1 种，浙江分布 1 种。

（667）不等反菌蚊 *Anaclileia dispar* Winnertz, 1863

Anaclileia dispar Winnertz, 1863: 777 (Boletina).

特征： 雄虫深褐色或黄褐色。翅浅褐色，无色斑，h 脉位于翅基部，Sc-r 脉存在，中室开放。

分布： 浙江（龙泉）；中亚，欧洲，北美洲，澳大利亚。

195. 奇菌蚊属 *Azana* Walker, 1856

Azana Walker, 1856: 26. Type species: *Azana scatopsoides* Walker, 1856 (monotypy)[=*anomala* (Staeger, 1840)].

主要特征： 单眼 3 个，侧单眼不与复眼接触。中胸上前侧片具毛，侧背片具强竖毛，中背片通常至少后部具毛。Sc 脉短，末端游离；横脉 r-m 长而斜出；R_4 脉缺失；M 脉前分支缺失，后分支基部弱；M_3+CuA_1 脉仅近翅端部存在，基部游离。前足基跗节不明显长于胫节。

分布：古北区、东洋区和新北区。世界已知 8 种，中国记录 3 种，浙江分布 3 种。

分种检索表

（668）弯生奇菌蚊 *Azana campylotropa* Niu *et* Wu, 2010

Azana campylotropa Niu *et* Wu, 2010: 241.

特征：雄虫体长 2.38 mm，翅长 1.65 mm。头及后头黑褐色，密生黑色短刚毛。单眼 3 个，浅三角形排列，远离复眼边缘；侧单眼距中单眼约 2.0 倍于其直径。额黑褐色，多毛。触角褐色，长约为胸的 2.4 倍，鞭 1 节和鞭 6 节长约为宽的 1.9 倍，鞭 6 节长约为宽的 1.2 倍。脸褐色，多毛。唇基褐色，近方形，具稀疏长刚毛。下颚须 5 节，褐色，1–5 节比例为 1：1：2：5：9。胸主要褐色，中胸背板褐色，密布短刚毛。小背片褐色，多中等刚毛；中背片褐色，前缘具短刚毛，后缘具稀疏长刚毛。前胸背板褐色，多刚毛；中胸上前侧片和下前侧片褐色，光裸；侧背片褐色，具稀疏长刚毛；后胸侧板褐色，光裸。足主要黄色，转节具褐斑，胫节距黄色。腿比例：前腿缺失，t2：bt2=1.4，t3：bt3=1.3。中、后胫节无明显长鬃，爪褐色，细小。翅黄色，透明，长约为宽的 2.0 倍，翅膜上具大毛，Sc_2 短，末梢游离。M 和 CuA 不明显分支。平衡棒微黄，基部具稀疏短毛。腹部褐色，多长刚毛。腹片 1 褐色，多毛。腹节 1 细，腹节 2 较宽。腹节 7 约为腹节 6 的 0.5 倍，腹片较长。外生殖器：黑褐色，细长。背片 9 长方形，长约为宽的 3.0 倍。生殖刺突 3 分支，背肢基部弯曲。尾须圆而短，具稀疏刚毛。阳基侧突强骨化，中间较宽，多短毛；阳茎粗而短。

分布：浙江（龙泉）。

（669）刺状奇菌蚊 *Azana grandispinosa* Xu *et* Wu, 2002（图 8-99）

Azana grandispinosa Xu *et* Wu, 2002: 623.

特征：雄虫翅长 2.5–3.0 mm。头部具黑色光泽黄色刚毛；喙、须和触角基部褐黄色，鞭节暗色；触角长为宽的 2.0 倍。胸黑褐色，中胸盾片具 3 条暗褐色纵带；前胸淡褐色；侧板、小盾片和中背片黄褐色；侧背片和中背片的后部密布鬃毛。平衡棒淡黄色。翅淡黄色，翅膜具微毛；Sc 脉短，末端游离；R_1 脉几乎与横脉 r-m 等长，延伸到从横脉 h 到 R_5 脉间距的 0.4–0.5 倍；C 脉延伸略超过 R_5 脉；但未达翅尖；M 脉不

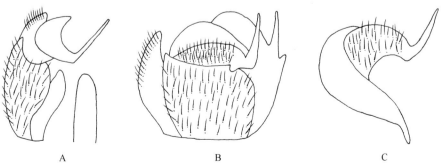

图 8-99　刺状奇菌蚊 *Azana grandispinosa* Xu *et* Wu, 2002（引自 Xu and Wu，2002）

A. ♂外生殖器，背视；B. ♂外生殖器，腹视；C. 生殖刺突

分支。足主要为黄色，转节端部有暗斑并具一簇刚毛；中胫节具 7a、6–9d；后胫节具 9–12a、9d。腹部黑色。外生殖器暗褐色。生殖刺突分 2 支，背肢刀剑状。

分布：浙江（庆元）。

（670）中华奇菌蚊 *Azana sinensis* Xu *et* Wu, 2002（图 8-100）

Azana sinensis Xu *et* Wu, 2002: 623.

特征：雄虫翅长 2.5–3.0 mm。头部褐黄色，鬃毛黑色；喙、须和触角基部褐黄色，鞭节色暗；触角长为宽的 1.5–2.0 倍。胸褐黄色，中胸盾片具数条融合的暗褐色纵带；前胸黄至淡褐黄色；侧板、小盾片和中背片黄色；侧背片和中背片的后部密布鬃毛。平衡棒淡黄色。翅黄色，翅膜具微毛；Sc 脉短，末端游离；R_1 脉长为横脉 r-m 的 1.5 倍，延伸到从横脉 h 到 R_5 脉间距的 0.5 倍；C 脉延伸略超过 R_5 脉；但未达翅尖；M 脉不分支。足黄色，转节端部有暗斑；中胫节具 7a、5–7d；后胫节具 10–11a、7d。腹部黑色。外生殖器褐色，生殖刺突背支较宽，腹支细长光裸。阳茎基侧突边缘着生刚毛。

分布：浙江（安吉、庆元）。

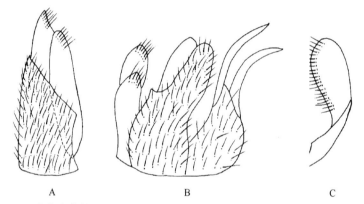

图 8-100　中华奇菌蚊 *Azana sinensis* Xu *et* Wu, 2002（引自 Xu and Wu，2002）
A. ♂外生殖器，背视；B. ♂外生殖器，腹视；C. 阳基侧突

196. 粘菌蚊属 *Sciophila* Meigen, 1818

Sciophila Meigen, 1818: 245. Type species: *Sciophila hirta* Meigen, 1818 (by designation of Curtis, 1837).

Lasiosoma Winnertz, 1863: 748. Type species: *Sciophila pilosa* Meigen, 1838 (by designation of Coquillett, 1910) [=*hirta* Meigen, 1818].

主要特征：复眼卵形，在触角基处稍凹；单眼 3，三角形分布，中央单眼仅略小于两侧的单眼；须内弯，端节长于其他各节之和；触角具 14 鞭节，多毛，基部 2 节杯形。胸部卵形，中胸盾片长，密被毛；侧背片具强坚毛。足中等长；前足跗节长为胫节的 2.0 倍以上；胫鬃排列不规则。翅长卵形，具不规则排列的长毛和微毛；C 脉明显伸过 R_5 脉端；R_4 脉存在；R_5 近平直，Sc_1 脉终于 C 脉；后分叉点在 M 脉分叉点之外。腹部 7 节，末端钝。

分布：全北区和东洋区。世界已知 190 种，中国记录 15 种，浙江分布 8 种。

分种检索表

2. 第 9 背板宽鞋形 ⋯⋯⋯⋯⋯⋯⋯⋯⋯⋯⋯⋯⋯⋯⋯⋯⋯⋯⋯⋯⋯⋯ 杂毛粘菌蚊 *S. nebulosa*

- 第 9 背板端狭 ⋯⋯⋯⋯⋯⋯⋯⋯⋯⋯⋯⋯⋯⋯⋯⋯⋯⋯⋯⋯⋯⋯⋯⋯⋯⋯⋯⋯⋯ 3

3. 生殖刺突具 3 组锤栉刺 ⋯⋯⋯⋯⋯⋯⋯⋯⋯⋯⋯⋯⋯⋯⋯⋯ 百山祖粘菌蚊 *S.baishanzua*

- 生殖刺突仅具 1 组锤栉刺 ⋯⋯⋯⋯⋯⋯⋯⋯⋯⋯⋯⋯⋯⋯⋯⋯⋯⋯⋯⋯⋯⋯⋯⋯⋯ 4

4. 第 9 背板端部狭长，具 1 极长突起和 2 长刚毛 ⋯⋯⋯⋯⋯ 古田山粘菌蚊 *S.gutianshana*

- 第 9 背板近三角形，端部收缩呈瓶颈状 ⋯⋯⋯⋯⋯⋯⋯⋯⋯ 多毛粘菌蚊 *S.pilusolenta*

5. 第 9 背板后缘深凹 ⋯⋯⋯⋯⋯⋯⋯⋯⋯⋯⋯⋯⋯⋯⋯⋯⋯⋯⋯ 开叉粘菌蚊 *S.lobula*

- 第 9 背板不如上述 ⋯⋯⋯⋯⋯⋯⋯⋯⋯⋯⋯⋯⋯⋯⋯⋯⋯⋯⋯⋯⋯⋯⋯⋯⋯⋯⋯⋯ 6

6. 第 9 背板端狭 ⋯⋯⋯⋯⋯⋯⋯⋯⋯⋯⋯⋯⋯⋯⋯⋯⋯⋯⋯⋯⋯ 福建粘菌蚊 *S.fujiana*

- 第 9 背板端宽 ⋯⋯⋯⋯⋯⋯⋯⋯⋯⋯⋯⋯⋯⋯⋯⋯⋯⋯⋯⋯⋯⋯⋯⋯⋯⋯⋯⋯⋯⋯ 7

7. 生殖刺突约具 40 枚锤状栉 ⋯⋯⋯⋯⋯⋯⋯⋯⋯⋯⋯⋯⋯⋯ 北美粘菌蚊 *S.modesta*

- 生殖刺突约具 20 枚锤状栉 ⋯⋯⋯⋯⋯⋯⋯⋯⋯⋯⋯⋯⋯⋯ 庆元粘菌蚊 *S qingyuanensis*

（671）百山祖粘菌蚊 *Sciophila baishanzua* Wu, 1995

Sciophila baishanzua Wu, 1995: 74.

特征：雄虫翅长 3.0 mm。头部黑色；须黄色；触角柄节、梗节和第 1–2 鞭节黄色，其余褐色。胸黑色，体毛灰白。翅面具长毛和微毛；Sc_1 脉在 Rs 脉之外；C 脉伸过 R_5 脉段约为 R_5 脉至 M_1 脉端间距的 1/3；M 脉主干稍短于横脉 r-m。足基节、腿节和胫节黄色；转节、腿节的端部和基部具暗斑；跗节淡褐色。腹部暗褐色。外生殖器黑色；第 9 背板端狭，具细刚毛；生殖刺突具 3 组锤栉刺，外叶腹面具 3 长刚毛。雌虫翅长 3.1 mm。色型与雄虫同。

分布：浙江（庆元）。

（672）福建粘菌蚊 *Sciophila fujiana* Wu, 1995

Sciophila fujiana Wu, 1995: 76.

特征：雄虫翅长 2.4 mm。头部淡褐色。触角淡褐色。胸淡褐色。翅面具长毛和微毛；Sc_1 脉位于 Rs 脉基部处；C 脉伸过 R_5 脉段为 R_5 脉至 M_1 脉间距的 1/3；M 脉主干与横脉 r-m 等长。足腿节和胫节黄色，转节具暗斑，跗节淡褐色。腹部淡褐色。外生殖器褐色；第 9 背板末端窄，具多数长刚毛；生殖刺突约有 20 枚锤状栉，外叶腹面有 3 长刚毛。雌虫翅长 2.5–3.0 mm。色型与雄虫同，但色稍暗。

分布：浙江（开化、泰顺）、福建。

（673）古田山粘菌蚊 *Sciophila gutianshana* Wu, 1995

Sciophila gutianshana Wu, 1995: 76.

特征：雄虫翅长 3.2 mm。头部黑色；须淡褐黄色，触角柄节、梗节、第 1 鞭节及第 2 鞭节基半部黄色，其余褐色。胸黑色；体毛灰白色。翅面具长毛和微毛；sc-r 脉位于 Rs 脉基部之内；C 脉伸过 R_5 脉段约为 R_5 脉至 M_1 脉端间距的 1/4；M 脉主干约为 r-m 脉长的 1/3。足基节、腿节和胫节黄色，转节和腿节端部具暗斑；跗节淡褐色。腹部褐至暗褐色。外生殖器暗褐色；第 9 背板端部变狭，具 1 极长突起和 2 长刚毛；生殖刺突具 35–40 锤栉刺，外叶腹面具 2 长刚毛。

分布：浙江（开化）。

（674）开叉粘菌蚊 *Sciophila lobula* Wu, 1995

Sciophila lobula Wu, 1995: 77.

特征：雄虫翅长 3.3 mm。头部暗褐色；须黄色；触角柄节、梗节和第 1 鞭节黄色，其余褐色。胸褐色，中盾片中部暗褐色。翅面具长毛和微毛；Sc_1 脉位于 Rs 脉基部之内；C 脉伸过 R_5 脉段约为 R_5 脉和 M_1 脉端间距的 1/3；M 脉主干长约为横脉 r-m 的 1/3。足基节、腿节和胫节黄色，转节具暗斑；跗节淡褐色。腹部背板褐至暗褐色，前缘明显黄色；腹板淡褐至褐色。外生殖器暗褐色；第 9 背板后缘深凹；生殖刺突约具 50 锤栉刺，内叶端部弯尖，外叶腹面具 3 长刚毛。

分布：浙江（德清、安吉、泰顺）。

（675）北美粘菌蚊 *Sciophila modesta* Zaitzev, 1982

Sciophila modesta Zaitzev, 1982: 49.

特征：雄虫黄褐色，腹部背板深褐色。前、中和后足基节末端黑色。翅透明，无斑纹。外生殖器生殖刺突约具 40 枚锤状栉。

分布：浙江（安吉）；加拿大，美国。

（676）杂毛粘菌蚊 *Sciophila nebulosa* Wu, 1995

Sciophila nebulosa Wu, 1995: 78.

特征：雄虫翅长 3.1–3.9 mm。头部黑色；须褐至黄色；触角暗褐色，端部数节淡褐色。胸黑色。翅面具长毛和微毛；Sc_1 脉位于 Rs 脉内侧；R_4 脉有时缺失；C 脉伸过 R_5 脉段为 R_5 脉至 M_1 脉端间距的 1/4–1/3；M 脉主干长过横脉 r-m 之半；M_3+CuA_1 脉基部缺失或正常。足基节、腿节和胫节淡褐黄色，转节具暗斑；跗节淡褐色。腹部暗褐至黑色。外生殖器黑色；第 9 背板宽鞋形，具 2 端刚毛；生殖刺突具 14–20 锤栉刺，外叶腹面具 2 长刚毛。雌虫翅长 3.5–4.2 mm。色型与雄虫同。

分布：浙江（庆元）。

（677）多毛粘菌蚊 *Sciophila pilusolenta* Wu, 1995

Sciophila pilusolenta Wu, 1995: 439.

特征：雄虫翅长 3.9 mm。头部须褐色，头后部黑褐色；触角深褐色，第 1 鞭节基部黄色。胸黑褐色。翅近透明，被长毛和微毛；Sc_1 脉位于 Rs 脉基部处；C 脉伸过 R_5 脉段约为 R_5 脉至 M_1 脉端间距的 1/4；M 脉主干短于横脉 r-m 的一半。足褐黄色。腹部褐至深褐色。外生殖器深褐色；第 9 背板近三角形，端部收缩呈瓶颈状；生殖刺突狭长，有叶状突、刺状突各 1 个，外叶腹面有 7 根粗长刚毛。雌虫翅长 4.5 mm。色型与雄虫相似，但中胸上前侧片和下前侧片褐色。

分布：浙江（庆元）。

（678）庆元粘菌蚊 *Sciophila qingyuanensis* Wu, 1995

Sciophila qingyuanensis Wu, 1995: 439.

特征：雄虫翅长 2.6 mm。头部须和口器黄褐至褐色，头后部深褐色；触角柄节、梗节、第 1–2 鞭节及第 3 鞭节基 1/3 黄色，其余鞭节深褐色。胸深褐色。翅透明，被长毛和微毛，Sc_1 脉位于 Rs 脉之内，C 脉伸过 R_5 脉段约为 R_5 脉和 M_1 脉间距的 1/3；M 脉主干稍短于横脉 r-m。足黄色，后腿节和后胫节端部褐色。腹部背板褐色，4–6 节前缘两侧淡褐色；腹板褐色。外生殖器暗褐色；第 9 背板宽大，端波状，两侧各有 3 根长刚毛；生殖刺突锤状栉约 20 枚，外叶腹面有 2 根粗长刚毛。

分布：浙江（庆元）。

十九、眼蕈蚊科 Sciaridae

主要特征：一般为小型暗淡的蚊类，头部复眼背面尖突，左右两侧相连形成 2–3 排眼桥，仅极少数物种存在眼桥分离现象。触角均为 16 节，鞭节形态多样；下颚须 1–3 节。胸部粗壮，足细长，足基节和胫距发达，3 对足的端距多为 1–2–2，前足胫节前侧端部着生胫梳或一排长毛，形状多样；翅脉通常较为简单并且固定，胫分脉 Rs 不再分支，其基部折成直角如一短横脉，径中横脉 r-m 则似与 Rs 相连的纵脉，中脉 2 条、分叉，M 柄细长或微弱。腹部筒形，雄虫外生殖器通常粗壮，生殖基节强壮且左右相连，生殖基叶轻微隆起，部分物种着生相连的 2 瓣基叶，生殖刺突呈铗状，雌虫腹部通常膨大且尾部尖细。幼虫细长，头部黑亮而体色黄白，腐食性或植食性，常群居为害植物地下部分及菌蕈。

分布：世界已知 3240 余种，中国记录 402 种，浙江分布 17 属 150 种。

分属检索表

14. 生殖刺突复杂，后足胫节无刺 ·· 眼蕈蚊属 *Sciara*

- 生殖刺突简单，后足胫节具刺 ·· 毛眼蕈蚊属 *Trichosia*

15. 生殖刺突具 1 鞭状毛，爪无齿 ·· 厉眼蕈蚊属 *Lycoriella*

- 生殖刺突内侧圆形鼓起，具 2–6 根鞭状毛 ·· 摩眼蕈蚊属 *Mohrigia*

16. 翅脉 M 叉对称，M_1 基部无钟状鼓起 ······································· 伪轭眼蕈蚊属 *Pseudozygoneura*

- 翅脉 M 叉不对称，M_1 基部钟状鼓起 ··· 轭眼蕈蚊属 *Zygoneura*

197. 膊眼蕈蚊属 *Brachisia* Yang, Zhang *et* Yang, 1995

Brachisia Yang, Zhang *et* Yang, 1995: 465. Type species: *Brachisia calva* Yang, Zhang *et* Yang, 1995 (original designation; monotypy).

　　主要特征：复眼光裸无毛，触角鞭 4 长大于宽，下颚须 3 节；足胫距式 1–2–2，胫梳一横排，爪具齿，几乎垂直于爪面。翅脉仅 C、R、R_1 和 Rs 上具大毛；雄性生殖刺突顶部具长臂。

　　分布：东洋区。世界已知 1 种，中国记录 1 种，浙江分布 1 种。

（679）赤膊眼蕈蚊 *Brachisia calva* Yang, Zhang *et* Yang, 1995

Brachisia calva Yang, Zhang *et* Yang, 1995: 465.

　　特征：雄虫体长 3.8 mm，黄褐色种。头部褐色，复眼黑色无眼毛，眼桥小眼面 3 排；触角褐色，长 2.5 mm（缺端部 3 节），鞭 4 长为宽的 2.2 倍，颈梯形，淡色具褐边；下颚须淡黄褐色，3 节均狭长，基节具感觉窝及 5 根毛，中节有 12 根毛，端节有 13 根毛。胸部背板褐色，侧板黄褐色，足黄白色，胫节与跗节灰褐色，前足胫梳 8 根一横排；翅深灰色，脉褐色，翅长 3.5 mm，宽 1.3 mm，C 伸达 Rs 至 M_{1+2} 间距的 1/2。爪前、中足者各具 4 刺齿，后足爪则仅具基部大齿。腹部背板褐色，腹板黄褐色；尾器褐色，基节方形，基毛连成片；生殖刺突短粗如球形，顶部密生钩弯的大刺十余根，其下方突伸一长臂，末端具 3 根长刺。

　　分布：浙江（庆元）。

198. 迟眼蕈蚊属 *Bradysia* Winnertz, 1867

Bradysia Winnertz, 1867: 180. Type species: *Bradysia angustipennis* Winnertz, 1867 (designation by Enderlein, 1911).

Dasysciara Kieffer, 1903: 200. Type species: *Dasysciara pedestris* Kieffer, 1903 (monotypy) [=*Bradysia angustipennis* Winnertz, 1867].

Neosciara Pettey, 1918: 320. Type species: *Sciara coprophila* Lintner, 1895 (original designation) [=*Sciara amoena* Winnertz, 1867].

Fungivorides Lengersdorf, 1926: 122. Type species: *Fungivorides albanensis* Lengersdorf, 1926 (monotypy).

Lamprosciara Frey, 1948: 68 [as subgenus of *Bradysia*]. Type species: *Bradysia* (*Lamprosciara*) *pilistriala* Frey, 1948 (original designation).

Paractenosciara Sasakawa, 1994: 673. Type species: *Paractenosciara longimentula* Sasakawa, 1994 (original designation; monotypy).

Bradysia: Rudzinski, 1989: 29.

　　主要特征：复眼具毛，下颚须 3 节，基节上具感觉窝；翅缘无毛，M、Cu、stM、r-m 脉无毛；前足胫节前段具横排胫梳；生殖刺突无肉状突起，生殖基节顶端腹侧有 1 根长毛。

　　分布：世界广布，已知 455 种，中国记录 132 种，浙江分布 63 种。

分种检索表

1. 生殖刺突无刺 ………………………………………………………………… 耳尾迟眼蕈蚊 *B. auriculata*
- 生殖刺突具刺 ……………………………………………………………………………………………… 2
2. 生殖刺突端部和内缘均具刺 …………………………………………………………………………………… 3
- 生殖刺突端部或内缘具刺 ……………………………………………………………………………………… 13
3. 生殖刺突端部具 1 根刺 ………………………………………………………………………………………… 4
- 生殖刺突端部具多根刺 ………………………………………………………………………………………… 6
4. 下颚须基节具 1 根毛 ………………………………………………………… 肖叉刺迟眼蕈蚊 *B. furcatina*
- 下颚须基节具多毛 ……………………………………………………………………………………………… 5
5. 鞭 4 长宽比＜2 ……………………………………………………………… 膨尾迟眼蕈蚊 *B. tumidicauda*
- 鞭 4 长宽比＞2.5 ……………………………………………………………… 钩菇迟眼蕈蚊 *B. uncipleuroti*
6. 生殖刺突端部具 2 根刺 ………………………………………………………………………………………… 7
- 生殖刺突端部具刺≥3 根 ……………………………………………………………………………………… 10
7. 鞭 4 长宽比≥3 ………………………………………………………………………………………………… 8
- 鞭 4 长宽比≤2 ………………………………………………………………………………………………… 9
8. 生殖刺突内缘具 5 根刺 ………………………………………………………… 角刺迟眼蕈蚊 *B. cornispina*
- 生殖刺突内缘具 2 根刺 ………………………………………………………… 大尾迟眼蕈蚊 *B. macrura*
9. 生殖刺突内缘具 3 根刺 ………………………………………………………… 基中迟眼蕈蚊 *B. basalimedia*
- 生殖刺突内缘具 5 根刺 ………………………………………………………… 束刺迟眼蕈蚊 *B. sarcinispina*
10. 生殖刺突端部具 3 根刺 ………………………………………………………… 节刺迟眼蕈蚊 *B. noduspina*
- 生殖刺突端部具刺≥4 根 ……………………………………………………………………………………… 11
11. 生殖刺突内缘具 2 根刺 ………………………………………………………………………………………… 12
- 生殖刺突内缘具 4 根刺 ………………………………………………………… 大黑迟眼蕈蚊 *B. megamelanata*
12. 下颚须基节具 2 根毛 ………………………………………………………… 淡黄迟眼蕈蚊 *B. flavida*
- 下颚须基节具 5 根毛 ………………………………………………………… 曲尾迟眼蕈蚊 *B. introflexa*
13. 生殖刺突端部具刺，内缘无刺 ………………………………………………………………………………… 14
- 生殖刺突端部无刺，内缘具刺 ………………………………………………………………………………… 51
14. 下颚须基节仅 1 根毛 …………………………………………………………………………………………… 15
- 下颚须基节具多毛 ……………………………………………………………………………………………… 19
15. 生殖刺突端部具 1 根刺 ………………………………………………………………………………………… 16
- 生殖刺突端部具多刺 …………………………………………………………………………………………… 17
16. 生殖刺突球形，具细长刺 ……………………………………………………… 球尾迟眼蕈蚊 *B. bulbiformis*
- 生殖刺突肾形，有淡褐色长刺及 1 根长毛 …………………………………… 长颈迟眼蕈蚊 *B. longicolla*
17. 生殖刺突端部具 2 根刺 ………………………………………………………… 喙尾迟眼蕈蚊 *B. rostrata*
- 生殖刺突端部具 4–5 根刺 ……………………………………………………………………………………… 18
18. 生殖刺突端部具 4 根刺 ………………………………………………………… 方尾迟眼蕈蚊 *B. quadrata*
- 生殖刺突端部具 5 根刺 ………………………………………………………… 茶梅迟眼蕈蚊 *B. chamei*
19. 下颚须基节具毛 2–4 根 ………………………………………………………………………………………… 20
- 下颚须基节具毛＞4 根 ………………………………………………………………………………………… 38
20. 生殖刺突具明显背叶 …………………………………………………………… 小叶迟眼蕈蚊 *B. minorlobus*
- 生殖刺突无背叶 ………………………………………………………………………………………………… 21
21. 下颚须基节具 4 根毛 …………………………………………………………………………………………… 22
- 下颚须基节具 2–3 根毛 ………………………………………………………………………………………… 25

（680）刀尾迟眼蕈蚊 *Bradysia acinacauda* Yang, Zhang *et* Yang, 1995

Bradysia acinacauda Yang, Zhang *et* Yang, 1995: 217.

　　特征：雄虫体长约 2.8 mm，深褐色。头部复眼黑色，眼桥小眼面 3 排；触角较短，褐色，长 1.2 mm，鞭 4 的长为宽的 1.5 倍；下颚须基节有 4 根毛，中节 6 根，端节细长，有 6 根毛。胸部深褐，足淡褐，胫节以下褐色，爪无刺，前足基节长 0.5 mm，腿节长 0.7 mm，胫节长 0.9 mm，跗节长 1.2 mm，胫梳 9 根一横排。腹部深褐色，尾节深褐色，宽大；基节的基毛连片；生殖刺突狭而端部尖弯似刀状，顶部密生黑毛，侧面有一刺毛，内缘 2/3 处有刺 2 根。

分布：浙江（开化）。

（681）耳尾迟眼蕈蚊 *Bradysia auriculata* Yang, Zhang *et* Yang, 1995（图 8-101）

Bradysia auriculata Yang, Zhang *et* Yang, 1995: 465.

特征：雄虫体长 3.7–4.0 mm，深褐色。头和复眼黑色，眼桥小眼面 3 排；触角深褐色，长 1.6 mm，鞭 4 长为宽的 3 倍，毛短而密，颈短；下颚须褐色，基节粗大，具感觉窝及 8 根毛，中节短小，具毛 8 根，端节短小，有 7 根毛。胸部暗褐，足褐色，胫节以下较暗，前足胫梳 7 根一横排；翅长 2.8–3.0 mm，宽 1.2 mm，深灰色，脉褐色，C 伸达 Rs 至 M_{1+2} 间距的 3/4。腹部深褐色，尾节黑褐；基节略长于端节，横阔，中间具柱状瘤突；生殖刺突耳形，外缘弧弯，内缘中部具丘突，顶部圆而密生黑毛，无刺。

分布：浙江（庆元）。

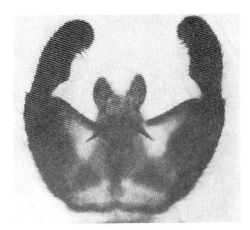

图 8-101　耳尾迟眼蕈蚊 *Bradysia auriculata* Yang, Zhang *et* Yang, 1995（引自杨集昆等，1995a）
♂尾器

（682）百山祖迟眼蕈蚊 *Bradysia baishanzuna* Yang, Zhang *et* Yang, 1995（图 8-102）

Bradysia baishanzuna Yang, Zhang *et* Yang, 1995: 465.

特征：雄虫体长 2.8–3.0 mm，褐色。头部深褐色，复眼黑色，眼桥小眼面 3 排；触角褐色，长 1.5–1.8 mm，

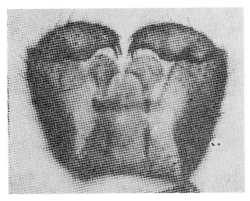

图 8-102　百山祖迟眼蕈蚊 *Bradysia baishanzuna* Yang, Zhang *et* Yang, 1995（引自杨集昆等，1995a）
♂尾器

鞭 4 长为宽的 2 倍，颈宽大于长；下颚须淡黄褐色，基节长，具感觉窝及 10 根毛，中节短小，有毛 6 根，端节略长于中节，有 6 根毛。胸部深褐色，足淡黄褐色，胫节以下淡褐，前足胫梳 8 根一横排；翅长 1.9-2.0 mm，宽 0.8-0.9 mm，灰色，脉褐色，C 伸达 Rs 至 M_{1+2} 间距的 4/5。腹部褐色，尾器略深；基节宽阔，长为端节的 1.5 倍，基毛连片；生殖刺突外缘弧弯，内缘中部弓突，顶部丛生 5 根大刺。

分布：浙江（庆元）。

（683）基中迟眼蕈蚊 *Bradysia basalimedia* Yang, Zhang *et* Yang, 1995（图 8-103）

Bradysia basalimedia Yang, Zhang *et* Yang, 1995: 464.

特征：雄虫体长 2.4 mm，深褐色。头暗褐色，复眼黑色，眼桥小眼面 3 排；触角鞭 4 长为宽的 1.5 倍；下颚须淡黄色，基节粗大，具感觉窝及 7 根毛，中节较短，有毛 7 根，端节与基节约等长但很细，有 8 根毛。胸部暗褐，足褐色，基节和腿节略黄，前足胫梳 5 根一横排；翅长 1.9 mm，宽 0.8 mm，浅灰色，脉淡褐色，C 伸达 Rs 至 M_{1+2} 间距的 4/5，翅脉除 C、R、R_1 及 Rs 上有大毛外，在 r-m 上有 6 根，bM 上也有 4 根。腹部暗褐，侧膜深灰有小白点列及细白纹 5 条；尾器褐色，近似圆形；基节粗大；生殖刺突短小，顶端具等长的 1 对大刺，其下方在内缘有 3 根整齐的大刺。

分布：浙江（庆元）。

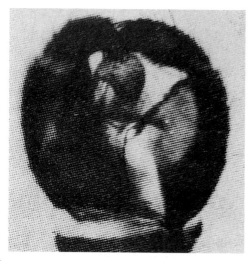

图 8-103　基中迟眼蕈蚊 *Bradysia basalimedia* Yang, Zhang *et* Yang, 1995（引自杨集昆等，1995a）
♂尾器

（684）短鞭迟眼蕈蚊 *Bradysia brachytoma* Yang, Zhang *et* Yang, 1993（图 8-104）

Bradysia brachytoma Yang, Zhang *et* Yang, 1993: 301.

特征：雄虫体长 2.2 mm，暗褐色。触角长 1.0 mm，鞭 4 粗短，颈短宽；下颚须基节粗大，有 4 毛，中节短粗，具 8 毛，端节细长，有 7 毛。翅长 1.6 mm，宽 0.5 mm，C 伸达 Rs 至 M_{1+2} 间距的 3/5。足淡褐色，前足基节、腿节、胫节、跗节长为 0.4 mm、0.6 mm、0.6 mm、0.8 mm。尾器宽大，基节的基毛略分开；生殖刺突细长而较直，顶内弯，丛生 5 刺。

分布：浙江（庆元）、贵州。

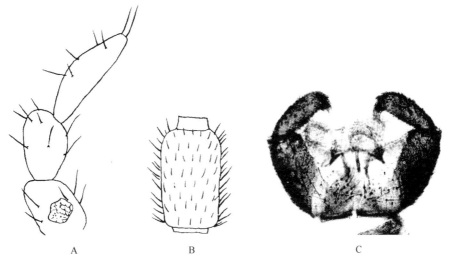

图 8-104　短鞭迟眼蕈蚊 *Bradysia brachytoma* Yang, Zhang *et* Yang, 1993（引自杨集昆等，1993）
A. 下颚须；B. 鞭节第 4 节；C. ♂尾器

（685）球尾迟眼蕈蚊 *Bradysia bulbiformis* Yang, Zhang *et* Yang, 1993

Bradysia bulbiformis Yang, Zhang *et* Yang, 1993: 308.

　　特征：雄虫体长 1.6 mm，褐色。触角长 1.2 mm，淡褐色，鞭 4 长为宽的 3 倍；下颚须基节只见 1 根毛，中节 4 根毛，端节 7 根毛。翅长 1.4 mm，宽 0.5 mm，C 伸达 Rs 至 M_{1+2} 间距的 2/3。尾器黄褐色，基节扁宽，基毛分开；生殖刺突球形，刺极细长。

　　分布：浙江（庆元）、贵州。

（686）韭菜迟眼蕈蚊 *Bradysia cellarum* Frey, 1948（图 8-105）

Bradysia cellarum Frey, 1948: 66.
Bradysia odoriphaga Yang *et* Zhang, 1985: 153.

　　特征：雄虫体长 3.3–4.8 mm，黑褐色。头部小，复眼很大，被微毛，在头顶由眼桥将 1 对复眼相连，眼桥的宽度为 2–3 个小眼面；单眼 3 个；触角长约 2 mm，黑褐色，被毛，共 16 节，基部 2 节粗大，鞭节长约为宽的 2.4 倍，顶部具细颈（约为节长的 1/10）；下颚须 3 节，基节有感觉窝及刚毛 2–3 根，中节有毛 3–6 根，端节有毛 4–6 根。胸粗壮，足细长褐色；胫节端部背侧斜截，具 1 对长距及 1 列刺状的胫梳，腹侧有 1 对粗毛；前足基节很长，超过腿节的一半，胫梳 4 根。前翅长 2.25–3.25 mm，宽 1–1.75 mm，淡烟色，脉褐色，前面 3 条脉粗壮，前缘脉的端部伸达翅端至 Rs-M_1 间距的 2/3，脉上具 2 列毛；R_1 及 Rs 上各

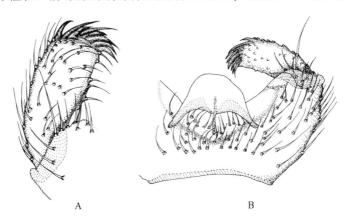

A　　　　　　　　　　　　　　B

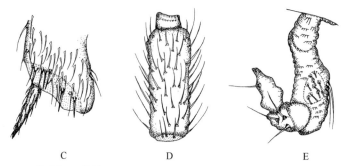

图 8-105　韭菜迟眼蕈蚊 *Bradysia cellarum* Frey, 1948（引自 Ye *et al.*，2017）
A. 生殖刺突；B. 生殖基节；C. 前足胫节端部；D. 鞭节第 4 节；E. 下颚须

具 1 列毛，M 的分叉长于其柄，M 柄微弱；R-M 指数为 1.94。腹部背板和腹板均为褐色，节间膜则为白色；腹端宽大，生殖刺突的顶端弯突，具粗刺 6 根（个别为 5 根或 7 根）。

　　分布：浙江（广布）、北京、山东、上海等；伊朗，芬兰，德国。

（687）茶梅迟眼蕈蚊 *Bradysia chamei* Yang, Zhang *et* Yang, 1995（图 8-106）

Bradysia chamei Yang, Zhang *et* Yang, 1995: 462.

　　特征：雄虫体长 3.0–3.6 mm，深褐色。头和复眼均呈黑色，眼桥小眼面 4 排；触角长 2.0–2.8 mm，暗褐色，鞭 4 长为宽的 2.3 倍，毛较短；下颚须黄褐色，基节较短，具感觉窝和 1 根毛，中节有 13 根毛，端节有毛 12 根。胸部深褐，足暗褐色，基节与腿节略黄，前足胫梳 12 根一横排；翅长 2.8–3.4 mm，宽 1.1–1.3 mm，淡褐色，脉褐色极明显，C 伸达 Rs 至 M$_{1+2}$ 间距的 3/5。腹部深褐色，尾器暗褐；基节稍宽于其前节，基毛着生于瘤突上；生殖刺突短于基节且较直，顶端略下弯，有 5 根刺。

　　分布：浙江（庆元）。

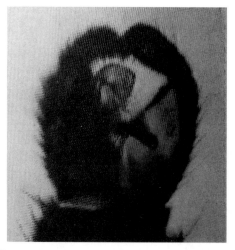

图 8-106　茶梅迟眼蕈蚊 *Bradysia chamei* Yang, Zhang *et* Yang, 1995（引自杨集昆等，1995a）
♂尾器

（688）臣瑾迟眼蕈蚊 *Bradysia chenjinae* Yang, Zhang *et* Yang, 1993（图 8-107）

Bradysia chenjinae Yang, Zhang *et* Yang, 1993: 309.

　　特征：雄虫触角长 2 mm，基部 4 节黄色，余为褐色；下颚须基节 2 毛，中节 6 毛，端节具 7 毛。翅长

1.7 mm，宽 0.7 mm，C 占 Rs-M$_{1+2}$ 的 3/4。足基部黄褐，胫节以下淡褐；前足基节、腿节、胫节、跗节长为 0.3 mm、0.5 mm、0.6 mm、0.8 mm，胫梳 8 根。尾器褐色，刚毛黑色，基节粗大；生殖刺突狭长，顶端黑毛密集，有刺 3 根。

分布：浙江（长兴、安吉、临安）、贵州。

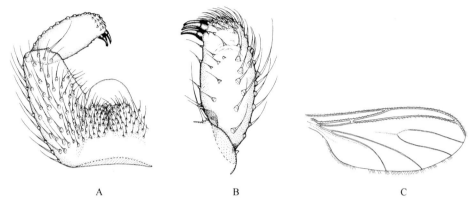

图 8-107 臣瑾迟眼蕈蚊 *Bradysia chenjinae* Yang, Zhang *et* Yang, 1993（引自 Yang *et al.*，2019）

A. 生殖基节；B. 生殖刺突；C. 翅

（689）春贵迟眼蕈蚊 *Bradysia chunguii* Yang, Zhang *et* Yang, 1993（图 8-108）

Bradysia chunguii Yang, Zhang *et* Yang, 1993: 307.

特征：雄虫体长 3 mm，褐色。触角长 2.8 mm，深褐色。下颚须有 5 根毛，中节 6 根毛，端节具毛 8 根。翅长 2.2 mm，宽 1.0 mm，C 伸达 Rs 至 M$_{1+2}$ 间距的 2/3。足淡褐色，前足基节、腿节、胫节、跗节长为 0.5 mm、0.6 mm、0.8 mm、1.1 mm，胫梳一排 4 根。尾器褐色、极宽大，毛长而密；生殖刺突短小，顶密生黑毛，4 刺排列整齐。

分布：浙江（开化、庆元）、贵州。

图 8-108 春贵迟眼蕈蚊 *Bradysia chunguii* Yang, Zhang *et* Yang, 1993（引自杨集昆等，1993）

♂尾器

（690）锥须迟眼蕈蚊 *Bradysia conicopalpi* Yang, Zhang *et* Yang, 1998

Bradysia conicopalpi Yang, Zhang *et* Yang, 1998: 303.

特征：雄虫体长 3.6 mm，褐色。头暗褐色，触角鞭 4 长为宽的 2 倍，节短的颈长宽约等；下颚须 3 节，基节粗大，有毛4根，中节有8根毛，端节较短，呈锥形，有10根毛。翅长3.4 mm，宽1.3 mm，脉褐色明显。足褐色，前足基节长0.8 mm，腿节长1.2 mm，胫节长1.6 mm，跗节长1.8 mm，胫梳8根一横列。尾器暗褐色，基节粗壮，长为端节的2倍，基毛连成片；生殖刺突短粗，外缘弧弯，内缘中部凸成角锥状，有4根黑色粗刺。

分布：浙江（安吉）。

（691）角刺迟眼蕈蚊 *Bradysia cornispina* Yang *et* Zhang, 1992 （图8-109）

Bradysia cornispina Yang *et* Zhang, 1992: 440.

特征：雄虫体长1.8 mm，褐色小型种。头部黑色，复眼具毛；触角长1.6 mm，褐色，鞭4长为宽的3倍，环生长毛；下颚须3节，基节粗大，具感觉器，中节短小，端节狭长。胸部暗褐；足黄褐色，胫节以下褐色；胫梳一横排6根。翅淡烟色、透明，翅脉淡褐色，前面3条粗，各具大毛列，后边的脉则较细且无毛，前缘脉C伸达Rs至M_{1+2}间距的3/4处，M叉与柄约等长。腹部褐色，第9背板短宽，尾器的基节粗大，长与宽均超过端节的2倍，基毛分开；生殖刺突长形，略弯。除刚毛外，顶端有2根粗刺远离，如1对角状突伸，内缘还有1列短刺、约5根。

分布：浙江（德清、安吉）。

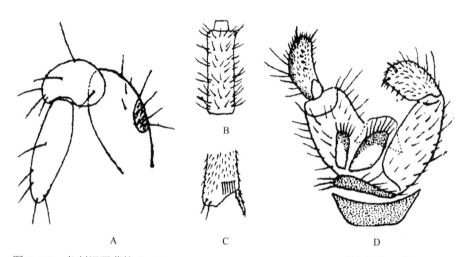

图8-109　角刺迟眼蕈蚊 *Bradysia cornispina* Yang *et* Zhang, 1992（引自杨集昆等，1992）
A. 下颚须；B. 鞭节第4节；C. 前足胫节端部；D. ♂尾器

（692）肘尾迟眼蕈蚊 *Bradysia cubiticaudata* Yang, Zhang *et* Yang, 1998

Bradysia cubiticaudata Yang, Zhang *et* Yang, 1998: 302.

特征：雄虫体长4.0 mm，褐色。头黑褐色，触角长3.0 mm，鞭4长为宽的2.5倍；下颚须3节，基节宽大，具感觉窝及4根毛，中节毛8根，端节有10根毛。翅长3.2 mm，宽1.3 mm，脉C伸达Rs-M_{1+2}间距的2/3。足褐色，前足基节长0.7 mm，腿节长1.0 mm，胫节长1.2 mm，跗节长1.8 mm，胫梳9根一横列，爪有齿。尾器宽大，基节极宽的岔开，基毛着生在半圆形突起上，毛长而稀疏；生殖刺突甚短于基节，狭长而直呈臂状，顶端略尖而内弯，有3根大刺。

分布：浙江（安吉）。

（693）指尾迟眼蕈蚊 *Bradysia dactylina* Yang, Zhang *et* Yang, 1995

Bradysia dactylina Yang, Zhang *et* Yang, 1995: 217.

特征：雄虫体长约 3 mm，暗褐色。头部复眼黑色，触角深褐色，长约 2 mm，鞭 4 长为宽的 2.5 倍；下颚须的基节具感觉窝及 2 根毛，中节稍短，具 9 根毛，端节长，有毛 8 根。胸部暗褐，足黄褐，胫节以下褐色，爪内侧具刺，前足基节长 0.6 mm，腿节长 0.8 mm，胫节长 1.0 mm，跗节长 1.5 mm，胫梳 5 根一横排；翅淡褐色，脉褐色，长 2.6 mm，宽 1.0 mm，C 伸达 Rs 至 M_{1+2} 间距的 2/3。腹部深褐，尾器依然，基节宽大敞开，稍长于端节，基毛分开；生殖刺突细长如指状，顶部稍内弯并密生黑毛，端生 3 根大刺。

分布：浙江（开化、庆元）。

（694）异迟眼蕈蚊 *Bradysia impatiens* Johannsen, 1912

Sciara impatiens Johannsen, 1912: 200.

Bradysia (Chaetosciara) tristicula var. *difformis* Frey, 1948: 61 [synonymy in Jagdale *et al.*, 2007].

Sciara (Lycoriella) hardyi Shaw, 1952: 493 [as synonym to *B. impatiens* in Steffan, 1973].

Bradysia paupera Tuomikoski, 1960: 134 [as synonym to *B. difformis* in Menzel *et* Mohrig, 2000].

Bradysia agrestis Sasakawa, 1978: 27 [as synonym to *B. difformis* in Menzel *et al.*, 2003].

Bradysia impatiens: Mohrig *et al.*, 2013: 162.

特征：雄虫体长 1.75 mm。整体黑色。头顶和后头黑色。头部下面和口器稍淡。复眼多毛。眼桥完整。单眼 3 个，浅褐色。触角 16 节。基部 2 节深褐色，鞭节赭色。胸整体黑色，发亮。背中鬃强，黑色。下颚须 3 节，基节具毛 3–7 根，其中 1–2 根显著更长。盾片黑色，具 4 根小盾鬃。翅 1.5 mm。翅脉浅黄色。前缘脉延伸至 R_{4+5} 至 M_{1+2} 间距的 0.7 倍处。亚前缘脉短。R_{1+2} 终于 M 脉的分叉处。Cu 脉的柄部约为 M 脉基部的 0.7 倍。平衡棒的柄部黄白色，球突黑色。足黄色，转节腹侧具黑条纹。胫距黄色，中、后胸胫距等长。腹部褐色，每一节的端部稍暗些。端片褐色，末端凹入。中部表面约有 8 根强刚毛和 2 根亚端刚毛。腹侧末端附近有一簇更小的刚毛。

分布：浙江（广布）、北京、云南；俄罗斯，韩国，日本，欧洲，美国，巴西。

（695）二黑迟眼蕈蚊 *Bradysia dimelanata* Yang, Zhang *et* Yang, 1995

Bradysia dimelanata Yang, Zhang *et* Yang, 1995: 219.

特征：雄虫体长约 4 mm，黑褐色。头部及复眼黑色，触角黑褐，长约 3 mm，鞭 4 的长为宽的 3 倍；下颚须的基节具感觉窝及毛 5 根，中节有 7 根，端节亦为 7 根毛。胸部黑褐，足褐色，爪无刺，前足基节长 0.5 mm，腿节长 0.8 mm，胫节长 1.0 mm，跗节长 1.3 mm，胫梳 7–8 根一横排；翅淡褐，脉褐色，翅长 3 mm，宽 1.3 mm，C 伸达 Rs 至 M_{1+2} 间距的 3/5。腹部及尾器暗褐色，基节极宽大，基毛分开；生殖刺突短小，仅为基节的 1/2 长，顶部密生刺毛，稍内侧有粗刺 2 根。

分布：浙江（安吉、开化）。

（696）双排迟眼蕈蚊 *Bradysia diplosticha* Yang, Zhang *et* Yang, 1995

Bradysia diplosticha Yang, Zhang *et* Yang, 1995: 216.

特征：雄虫体长约 2.4 mm，淡黄褐色。头部复眼黑色，眼桥小眼面 3 排；触角长约 1.1 mm，淡褐色，逐渐加深，鞭 4 的长为宽的 1.5 倍；下颚须的基节粗大，具感觉窝及毛 4 根，中节较短，有毛 6 根，端节最细，有 7 根毛。胸部褐色，足黄色，胫节以下淡褐色，爪有刺；前足基节长 0.4 mm，腿节长 0.6 mm，胫节长 0.6 mm，跗节长 0.8 mm，胫梳 6 根一横排，但上面还有 3 根；翅淡灰色，脉淡褐色，翅长 1.7 mm，宽 0.8 mm，C 伸达 Rs 至 M_{1+2} 间距的 2/3。腹部黄褐，背板褐色，尾器淡黄褐色，基节宽大，长为端节的 2 倍，基毛略分开；生殖刺突短小，顶端密生黑毛并有粗刺 3 根。

分布：浙江（开化）。

（697）散刺迟眼蕈蚊 *Bradysia disjuncta* Yang, Zhang *et* Yang, 1993（图 8-110）

Bradysia disjuncta Yang, Zhang *et* Yang, 1993: 305.

特征：雄虫体长 2.2 mm，淡褐色。触角长 1.4 mm，黄褐色向端部渐深呈褐色；下颚须基节 4 根毛，中节 6 根毛，端节毛 7 根。翅长 1.6 mm，宽 0.7 mm，C 伸达 Rs 至 M_{1+2} 间距的 3/4；平衡棒褐色。足黄褐，胫节以下淡褐色，前足基节、腿节、胫节、跗节长为 0.3 mm、0.5 mm、0.5 mm、0.7 mm，胫梳 5 根一横列。翅长 1.6 mm，宽 0.7 mm，C 占 Rs-M_{1+2} 的 3/4；平衡棒褐色。尾器黄色，宽大，基毛分开；生殖刺突顶部黑色，大刺黑色而分散。

分布：浙江（安吉）、贵州。

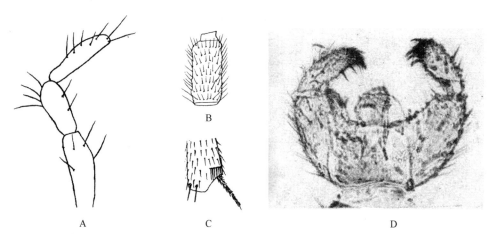

图 8-110　散刺迟眼蕈蚊 *Bradysia disjuncta* Yang, Zhang *et* Yang, 1993（引自杨集昆等，1993）
A. 下颚须；B. 鞭节第 4 节；C. 前足胫节端部；D. ♂尾器

（698）淡黄迟眼蕈蚊 *Bradysia flavida* Yang, Zhang *et* Yang, 1995

Bradysia flavida Yang, Zhang *et* Yang, 1995: 216.

特征：雄虫体长约 1.8 mm，淡黄褐色。头部复眼黑色具毛，触角长约 1.4 mm，淡黄褐色，鞭 4 长为宽的 2 倍；下颚须基节可见 2 根毛，中节 5 根毛，端节较长，有 6 根毛。胸部淡褐，足淡黄色，胫节以下淡褐，爪无刺，胫梳 9 根一横排；翅浅灰，脉淡褐，翅长 1.2 mm，宽 0.6 mm，C 伸达 Rs 至 M_{1+2} 间距的 3/4。腹部淡黄褐色，背板淡褐，尾节淡黄褐色，基节较直；生殖刺突端部顶部密生褐毛及 5 根刺，内缘中部另有 2 根短刺。

分布：浙江（开化）。

（699）肖叉刺迟眼蕈蚊 *Bradysia furcatina* **Yang, Zhang** *et* **Yang, 1995**（图 8-111）

Bradysia furcatina Yang, Zhang *et* Yang, 1995: 461.

特征： 雄虫体长 2.2 mm，褐色。头部褐色，复眼黑色，眼桥小眼面 3 排；触角褐色，基部 2 节黄褐，鞭 4 长为宽的 2 倍；下颚须淡色，基节具感觉器及 1 根毛，中节稍短，1 根毛，端节狭长而具毛 8 根。胸部暗褐，足褐色但基节与腿节黄褐色，前足胫梳 6–7 根一横排；翅长 1.9 mm，宽 0.8 mm，灰色，脉淡褐，C 伸达 Rs 至 M_{1+2} 间距的 2/3。腹部褐色，尾器黄褐色；基节横阔而毛稀疏，基毛分开；生殖刺突短于基节，较直，顶部密生黑毛，有 1 根粗刺，其下方有 1 对更长的粗刺。

分布： 浙江（庆元）。

图 8-111　肖叉刺迟眼蕈蚊 *Bradysia furcatina* Yang, Zhang *et* Yang, 1995（引自杨集昆等，1995a）
♂尾器

（700）膝尾迟眼蕈蚊 *Bradysia gonata* **Yang, Zhang** *et* **Yang, 1995**（图 8-112）

Bradysia gonata Yang, Zhang *et* Yang, 1995: 460.

特征： 雄虫体长 3.4 mm，褐色。头深褐色，复眼黑色，眼桥小眼面 3 排；触角黑褐色，长 1.6 mm，鞭 4 长为宽的 2 倍，毛短于节宽；下颚须淡黄色，基节宽大，具感觉窝及 5 根毛，中节有毛 6 根，端节具 5 根毛。胸部暗褐色，足黄褐而胫节与跗节呈黑褐色，前足胫梳仅 4 根一横排；翅长 1.8 mm，宽约 1.0 mm，灰色，脉褐色，M 干弱，C 伸达 Rs 至 M_{1+2} 间距的 2/3。腹部深褐，尾器褐色、极宽大；基节粗大而岔开，基毛分开；生殖刺突狭长且短于基节，呈膝状弯折，顶端具 4 根粗刺。

分布： 浙江（庆元）。

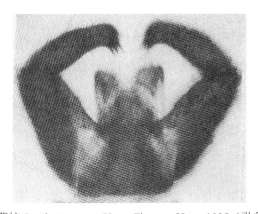

图 8-112　膝尾迟眼蕈蚊 *Bradysia gonata* Yang, Zhang *et* Yang, 1995（引自杨集昆等，1995a）
♂尾器

（701）古田山迟眼蕈蚊 *Bradysia gutianshana* **Yang, Zhang *et* Yang, 1995**

Bradysia gutianshana Yang, Zhang *et* Yang, 1995: 221.

　　特征：雄虫体长 2.5–2.6 mm，褐色。头部复眼黑色，眼桥小眼面 5 排；触角褐色，长约 2 mm，鞭 4 狭长，为其宽的 3.5 倍；颈宽大于长，色淡而顶端色暗；下颚须的基节具感觉窝及毛 5 根，中节最短，有 8 根毛，端节细长，有毛 8 根。胸部褐色，足黄褐，胫节以下灰褐色，爪无刺，前足基节长 0.4 mm，腿节长 0.7 mm，胫节长 0.5 mm，跗节长 1.3 mm，胫梳 9 根一横排；翅淡灰，脉淡褐色，翅长 2.3 mm，宽约 1 mm，C 伸达 Rs 至 M_{1+2} 间距的 4/5。腹部淡褐，尾器黄褐色；基节宽大，基毛分开；生殖刺突长而较直，顶部密生褐毛，稍内侧有褐刺 5 根。

　　分布：浙江（安吉、开化）。

（702）六刺迟眼蕈蚊 *Bradysia hexacantha* **Yang, Zhang *et* Yang, 1995**

Bradysia hexacantha Yang, Zhang *et* Yang, 1995: 217.

　　特征：雄虫体长约 2.1 mm，褐色。头部复眼黑色，眼桥小眼面 2–3 排；触角长约 1.8 mm，褐色，鞭 4 长为宽的 2.5 倍；下颚须的基节有毛 3 根，中节 7 根毛，端节狭长，有 7 根毛。胸部黄褐，背板褐色，侧有褐斑；足黄色，胫节以下淡褐色，爪内侧有刺，前足基节长 0.3 mm，腿节长 0.5 mm，胫节长 0.7 mm，跗节长 1.0 mm，胫梳 6 根一横排；翅浅灰色，脉淡褐，翅长 1.8 mm，宽 0.8 mm，C 伸达 Rs 至 M_{1+2} 间距的 2/3。腹部褐色，尾器褐色，基节宽大，长为端节的 1.5 倍，基毛分开；生殖刺突狭长，中段略粗，顶部密生黑毛，有粗刺 6 根。

　　分布：浙江（安吉、开化、庆元）。

（703）陆黑迟眼蕈蚊 *Bradysia hexamelanata* **Yang, Zhang *et* Yang, 1995**

Bradysia hexamelanata Yang, Zhang *et* Yang, 1995: 220.

　　特征：雄虫体长约 4 mm，黑褐色。头部及复眼黑色，触角黑褐，长约 3.2 mm，鞭 4 长为宽的 3.5 倍；下颚须的基节具感觉窝及 6 根毛，中节有 8 根毛，端节狭长，有 9 根毛。胸部黑褐，足暗褐色，爪无刺，前足基节长 0.6 mm，腿节长 0.9 mm，胫节长 1.0 mm，跗节长 1.3 mm，胫梳 9 根一横排；翅褐色，脉暗褐，翅端破损。腹部黑褐色，尾器黑褐，基节基毛成片；生殖刺突粗短而略弯，顶刺 6 根。

　　分布：浙江（开化）。

（704）六顺迟眼蕈蚊 *Bradysia hexamera* **Yang, Zhang *et* Yang, 1995**

Bradysia hexamera Yang, Zhang *et* Yang, 1995: 216.

　　特征：雄虫体长约 2.5 mm，褐色。头部复眼黑色，具眼毛；触角褐色，长约 1.5 mm（端部缺 2 节），鞭 4 长为宽的 2 倍；下颚须基节具感觉窝及毛 5 根，中节较短，有毛 6 根，端节狭长，有 9 根毛。胸部深褐，足黄褐，胫节以下褐色，爪无刺；前足基节长 0.5 mm，腿节长 0.7 mm，胫节长 0.9 mm，跗节长 1.0 mm；翅淡烟色，脉淡褐色，C 伸达 Rs 至 M_{1+2} 间距的 2/3。腹部褐色，尾器宽大、褐色，基节横阔展开，基毛分开；端节狭长较直，顶部内侧有大刺 6 根。

　　分布：浙江（开化）。

（705）曲尾迟眼蕈蚊 *Bradysia introflexa* Yang, Zhang *et* Yang, 1993

Bradysia introflexa Yang, Zhang *et* Yang, 1993: 310.

特征：雄虫体长 2.2 mm，褐色。触角长 2 mm，褐色；下颚须基节有 5 根毛，中节短而端节甚长，各具 6 根毛。前翅长 2.1 mm，宽 0.8 mm，C 伸达 Rs 至 M_{1+2} 间距的 3/4，足淡褐色，前足基节、腿节、胫节、跗节长 0.3 mm、0.5 mm、0.6 mm、0.9 mm，胫梳 5 根。尾器褐色，生殖刺突短而内弯，顶部密生黑刺，稍下有长刺 2 根。

分布：浙江（安吉、开化、庆元）、贵州。

（706）开化迟眼蕈蚊 *Bradysia kaihuana* Yang, Zhang *et* Yang, 1995

Bradysia kaihuana Yang, Zhang *et* Yang, 1995: 458.

特征：雄虫体长约 2.8 mm，褐色。头部复眼黑色，眼桥小眼面 3 排；触角不完整，鞭 4 长为宽的 1.5 倍；下颚须的基节具感觉窝及 9 根毛，中节较短，有 7 根毛，端节狭长，具毛 7 根。胸部暗褐色，足黄褐，胫节以下褐色，爪内侧有刺；前足基节长 0.4 mm，腿节长 0.6 mm，胫节长 0.7 mm，跗节长 0.9 mm；翅浅灰，脉淡褐色，翅长 2 mm，宽 0.8 mm，C 伸达 Rs 至 M_{1+2} 间距的 2/3。腹部褐色，尾节褐色，粗壮，基节宽而长，基毛连成片；生殖刺突甚短于基节，狭长而中部稍粗，顶端具 5 根大刺，排列均匀。

分布：浙江（安吉、开化、庆元）。

（707）毛脉迟眼蕈蚊 *Bradysia lasiphlepia* Yang, Zhang *et* Yang, 1995

Bradysia lasiphlepia Yang, Zhang *et* Yang, 1995: 463.

特征：雄虫体长 2.6 mm，褐色。头部及复眼黑色，眼桥小眼面 2 排；触角褐色，鞭 4 长为宽的 1.5 倍，毛短；下颚须黄褐色，基节毛 6 根，中节 3 根，端节 6 根。胸部暗褐色，足褐色，基节与腿节略黄，前足胫梳 5 根一横排；翅长 2.2 mm，宽 1.2 mm，灰色，脉褐色，C 伸达 Rs 至 M_{1+2} 间距的 3/4，翅脉除 C、R、R_1、Rs 上具大毛外，在 r-m 横脉上也有大毛 5 根。腹部褐色，背板较暗，尾器暗褐；基节宽大，基毛分开；生殖刺突外缘弧弯，内缘中部弧弯，顶端钩弯，有刺 4 根。

分布：浙江（庆元）。

（708）侧棘迟眼蕈蚊 *Bradysia latispinosa* Yang, Zhang *et* Yang, 1995

Bradysia latispinosa Yang, Zhang *et* Yang, 1995: 463.

特征：雄虫体长 2.8 mm，黑色。头部及复眼均为黑色，触角长 2.5 mm，黑色仅颈为淡色，鞭 4 长为宽的 3 倍，两端较粗；下颚须淡褐，3 节。胸部黑色，足暗褐，基节与腿节略淡，前足胫梳 5 根一横排，两侧的略散开。翅长 2.8 mm，宽 1.2 mm，翅灰色，脉褐色，C 伸达 Rs 至 M_{1+2} 间距的 3/5。腹部黑色，腹板微褐色；尾器黑褐色，基节宽大，基毛分开；生殖刺突短于基节，外缘弧弯，顶部渐细呈一尖突，内缘在侧面有 5 根大刺散生，中间 3 根呈 1 排。

分布：浙江（庆元）。

（709）长针迟眼蕈蚊 *Bradysia longiaciculata* Yang, Zhang *et* Yang, 1998

Bradysia longiaciculata Yang, Zhang *et* Yang, 1998: 304.

特征：雄虫体长 2.3 mm，黄褐色。触角长 1.6 mm，鞭 4 长为宽的 1.5 倍；眼桥小眼面 3 排；下颚须 3 节，基节有 5 根毛，中节毛 6 根，端节与基节约等长，有 8 根毛。翅长 1.8 mm，宽 0.7 mm，脉 C 伸达 Rs 至 M_{1+2} 间距的 3/5。足黄褐色，但中足与后足基节呈褐色，前足基节则很淡，非常鲜明；前足基节长 0.4 mm，腿节长 0.5 mm，胫节长 0.6 mm，跗节长 0.8 mm，胫梳 4 根一横列。尾器基节甚长，为端节的 1.6 倍，基毛少而分开；生殖刺突短小，顶部内弯，有一根很长的刺呈长针状突伸。

分布：浙江（安吉）。

（710）长颈迟眼蕈蚊 *Bradysia longicolla* Yang, Zhang *et* Yang, 1993（图 8-113）

Bradysia longicolla Yang, Zhang *et* Yang, 1993: 302.

特征：雄虫体长 2.2 mm，褐色。触角长 1.2 mm，褐色，颈色极淡；下颚须基节卵圆形，仅见 1 根毛，中节 5 根毛，端节与中节约等长，具 4 根毛。翅长 1.5 mm，宽 0.6 mm，C 伸达 Rs 至 M_{1+2} 间距的 3/4。足褐色，前足基节、腿节、胫节、跗节长为 0.3 mm、0.4 mm、0.5 mm、0.5 mm。尾器暗褐色，基节宽大，基毛稀疏；生殖刺突肾形，顶部密生短毛，有淡褐色长刺及 1 根长毛。

分布：浙江（安吉）、贵州。

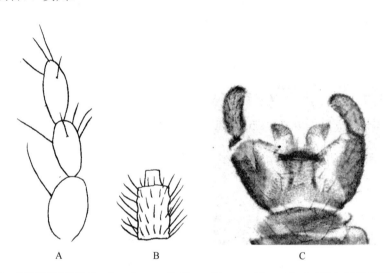

图 8-113　长颈迟眼蕈蚊 *Bradysia longicolla* Yang, Zhang *et* Yang, 1993（引自杨集昆等，1993）

A. 下颚须；B. 鞭节第 4 节；C. ♂尾器

（711）长鞭迟眼蕈蚊 *Bradysia longitoma* Yang, Zhang *et* Yang, 1993（图 8-114）

Bradysia longitoma Yang, Zhang *et* Yang, 1993: 306.

特征：雄虫体长 2.1 mm，褐色。触角长 1.8 mm，基部 2 节黄褐，鞭节褐色，向端部渐淡，下颚须基节 2 根毛，中节 4 根毛，端节具 7 根毛。翅长 1.8 mm，宽 0.5 mm，C 伸达 Rs 至 M_{1+2} 间距的 2/3。足淡褐，前足基节、腿节、胫节、跗节长为 0.3 mm、0.4 mm、0.6 mm、0.7 mm，胫梳一排 5 根。尾器褐色，基毛分开；生殖刺突外缘弧弯，内缘略凸，顶部内弯，具 1 对粗长的爪状黑刺。

分布：浙江（庆元）、贵州。

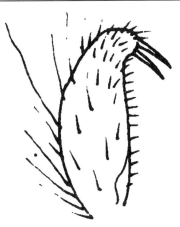

图 8-114　长鞭迟眼蕈蚊 *Bradysia longitoma* Yang, Zhang *et* Yang, 1993（引自杨集昆等，1993）
♂尾器生殖刺突

（712）大尾迟眼蕈蚊 ***Bradysia macrura*** **Yang, Zhang *et* Yang, 1995**（图 **8-115**）

Bradysia macrura Yang, Zhang *et* Yang, 1995: 459.

　　特征：雄虫体长 3.6 mm，深褐色。头部及复眼黑色，眼桥小眼面 3 排；触角黑褐色而基部 2 节黄褐色，鞭 4 长为宽的 3 倍；下颚须淡黄色，基节粗大，具圆形感觉窝及 4 根毛，中节小，有毛 9 根，端节细长，有 10 根毛。胸部深褐色，足黄褐色，胫节与跗节褐色，前足的胫梳 8 根一横排；翅淡灰色，脉褐色。腹部深褐色，尾器褐色，极粗壮；基节与生殖刺突约等长，基毛分开；生殖刺突粗大而膨隆，顶部具大刺 2 根，内缘中部有一粗而长的大刺，其下方另有一较细小的刺。

　　分布：浙江（庆元）。

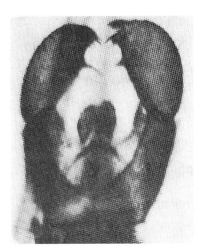

图 8-115　大尾迟眼蕈蚊 *Bradysia macrura* Yang, Zhang *et* Yang, 1995（引自杨集昆等，1995a）
♂尾器

（713）大黑迟眼蕈蚊 ***Bradysia megamelanata*** **Yang, Zhang *et* Yang, 1995**

Bradysia megamelanata Yang, Zhang *et* Yang, 1995: 220.

　　特征：雄虫体长 4~4.5 mm，黑色。头部全黑，复眼具毛；触角长 3~3.2 mm，黑色，基部稍淡，鞭 4 长为宽的 3 倍；下颚须黑褐色，基节宽大，有 4 根毛，中节较短，有 9 根毛，端节较细长，有 9 根毛。胸部黑色，足黑褐色，前足基节、腿节、胫节与跗节的长分别为 0.8 mm、1.0 mm、1.2 mm、1.4 mm，胫梳 9 根一横排，爪无齿；翅褐色有白线，长 3.8–4.2 mm，宽 1.8–2 mm，C 伸达 Rs 至 M_{1+2} 间距的 1/2。腹部黑褐色，尾器稍宽于前腹节，黑褐色；基节横阔，基毛连成片；端节甚小，仅为基节的一半长，外缘弧弯，内缘内凹有排列整齐的 4 根刺，顶端密生小刺。雌虫体长达 5.2 mm，全部黑褐色，较雄虫更显粗大；不同之处是触角较细而短，长约 2 mm，鞭 4 长约为宽的 2 倍；腹部极粗壮，腹端渐尖，尾须基节粗长，端节短而钝圆。

分布：浙江（安吉、开化）。

（714）小三刺迟眼蕈蚊 *Bradysia minitriacantha* Yang, Zhang *et* Yang, 1998

Bradysia minitriacantha Yang, Zhang *et* Yang, 1998: 303.

特征：雄虫体长 1.8 mm，黄褐色。触角长 1.6 mm，鞭节顶部的颈细长而使节间明显分离，鞭 4 长为宽的 2.0 倍多；下颚须 3 节，基节有毛 3 根，中节毛 5 根，端节有 7 根毛。翅长 1.6 mm，宽 0.7 mm，脉 C 伸达 Rs 至 M_{1+2} 间距的 2/3。足淡黄褐色，前足基节长 0.3 mm，腿节长 0.4 mm，胫节长 0.5 mm，跗节长 0.6 mm，胫梳 5 根一横列。尾器淡褐色，基节粗大，基毛分开；端节小而短粗，外缘刚毛很长，顶端多短毛，内缘近端部有 3 根长刺。

分布：浙江（安吉）。

（715）小叶迟眼蕈蚊 *Bradysia minorlobus* Yang, Shi *et* Huang, 2019（图 8-116）

Bradysia minorlobus Yang, Shi *et* Huang, 2019: 85-94.

特征：雄虫头部眼桥有 3 排。前额 16–19 刚毛。唇基有 1–2 根刚毛。下颚须基节 1–3 根刚毛；第 2 节，7–8 根刚毛；第 3 节，6–8 根刚毛。第 4 鞭毛的长度/宽度为 2.34–2.56。颈部长度/宽度为 0.68–0.71。前胸背板 3–6 根刚毛，前胸前侧片 3–4 根刚毛。翅：长度 1.65–2.66 mm，宽度/长度为 0.34–0.40。c/w 为 0.52–0.62。R_1/R 为 0.58–1.07。M、Cu、r-m 和 stM 裸露。前足胫梳具 9–10 根刚毛。胫刺长度/前足胫节的宽度为 1.54–1.83。前足腿节长度/基跗节长度为 1.23–1.31。基跗节长度/胫节长度：前足为 0.56–0.61，后足为 0.42–0.46。后足胫节长度/胸廓长度为 1.63–1.64。前足有 0 背侧、0 腹侧、2 前侧和 2 后侧刚毛。中足胫节无背侧大刺。生殖器长是宽的 0.49 倍。生殖基节长度与生殖刺突相同；在腹侧观顶端内侧角具 1 根长毛。生殖基叶较小、二叶状。生殖刺突狭长，顶部被密毛，顶端无刺；长为宽的 1.97 倍；亚端部具 5 个丛生短刺。阳基长是宽的 0.71 倍，顶部圆形；有一些阳齿。腹节 10，每侧 1 根长鬃。

分布：浙江（临安）。

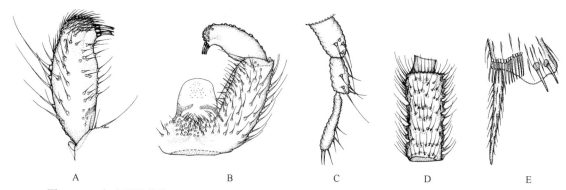

图 8-116　小叶迟眼蕈蚊 *Bradysia minorlobus* Yang, Shi *et* Huang, 2019（引自 Yang *et al.*，2019）

A. 生殖刺突；B. 生殖基节；C. 下颚须；D. 鞭节第 4 节；E. 前足胫节端部

（716）莫干迟眼蕈蚊 *Bradysia moganica* Yang *et* Zhang, 1992（图 8-117）

Bradysia moganica Yang *et* Zhang, 1992: 441.

　　特征：雄虫体长 3.6 mm，棕褐色。头部褐色，复眼具毛；触角长 3.6 mm，鞭 4 长为宽的 4 倍，节端的颈长宽约相等；下颚须 3 节，基节有感觉器，中节粗短，端节狭长。胸部褐色；足黄褐色，胫节以后渐暗；前足胫梳一横排约 12 根。翅淡烟色，脉棕色，C 伸达 Rs 至 M_{1+2} 间距的 3/4 处，脉上具 2 列大毛；R、R_1 及 Rs 脉上各有 1 列大毛，M 柄微弱，与 M 叉约等长。腹部棕褐色，第 9 背板很长，呈梯形；尾器基节宽而长，基毛分开；生殖刺突狭长，外缘直而内缘中部稍凸，顶端较平，密生刚毛及 1 列大刺。

　　分布：浙江（德清）。

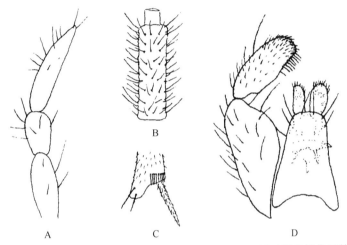

图 8-117　莫干迟眼蕈蚊 *Bradysia moganica* Yang *et* Zhang, 1992（引自杨集昆等，1992）
A. 下颚须；B. 鞭节第 4 节；C. 前足胫节端部；D. 生殖基节

（717）独刺迟眼蕈蚊 *Bradysia monacantha* Yang, Zhang *et* Yang, 1995（图 8-118）

Bradysia monacantha Yang, Zhang *et* Yang, 1995: 458.

　　特征：雄虫体长 3.6 mm，褐色。头部和复眼均为黑色，触角长 3.0 mm，黑褐色，鞭 4 长为宽的 2.8 倍；下颚须淡黄色，基节卵圆，有 10 根毛，中节略长，有 8 根毛，端节最长，有 9 根毛。胸部暗褐，足黄褐色，

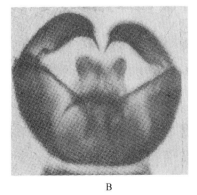

图 8-118　独刺迟眼蕈蚊 *Bradysia monacantha* Yang, Zhang *et* Yang, 1995（引自杨集昆等，1995a）
A. ♂成虫；B. ♂尾器

胫节以下为褐色，前足胫梳 10 根一横排；翅长 2.5 mm，宽 1.3 mm，淡灰色，脉黄褐色，M 干弱，C 伸达 Rs 至 M_{1+2} 间距的 2/3。腹部褐色，尾器同样颜色，宽于其前面腹节；基节极扁宽，基毛连成片；端节狭长而弯，顶部具 1 根长粗刺。

分布：浙江（庆元）。

（718）节刺迟眼蕈蚊 *Bradysia noduspina* Yang, Zhang *et* Yang, 1993

Bradysia noduspina Yang, Zhang *et* Yang, 1993: 306.

特征：雄虫体长 2.4 mm，深褐色。触角与体约等长，褐色；下颚须基节 5 根毛，中节 11 根毛，端节细长，有毛 9 根。翅长 2.2 mm，宽 1 mm，C 伸达 Rs 至 M_{1+2} 间距的 2/3。足褐色，前足基节、腿节、胫节、跗节长为 0.3 mm、0.6 mm、0.8 mm、0.9 mm，胫梳一排 8 根。尾器深褐色，基节宽大；生殖刺突短粗略弯，顶部密生黑毛及 3 刺，内缘略下有 1 粗刺及 1 长毛。

分布：浙江（安吉、开化、庆元）、贵州。

（719）肥尾迟眼蕈蚊 *Bradysia obesa* Yang, Zhang *et* Yang, 1995

Bradysia obesa Yang, Zhang *et* Yang, 1995: 463.

特征：雄虫体长 3.4 mm，深褐色。头部及复眼均为黑色，触角黑褐色，鞭 4 长为宽的 2.5 倍，颈长宽约相等；下颚须褐色，基节粗大，具感觉窝及 1 根毛，中节短小，有 9 根毛，端节狭长，具 8 根毛。胸部深褐色，足黄褐色，胫节与跗节褐色，前足胫梳 8 根一横排；翅长 2.5 mm，宽 1.0 mm，灰色，脉褐色，C 伸达 Rs 至 M_{1+2} 间距的 3/4。腹部深褐色，尾器褐色；基节与端节约等长，基毛分开；生殖刺突粗大近似卵圆形，顶部密生短毛，内侧中部有 2 根大刺。

分布：浙江（庆元）。

（720）淡刺迟眼蕈蚊 *Bradysia pallespina* Yang, Zhang *et* Yang, 1995

Bradysia pallespina Yang, Zhang *et* Yang, 1995: 218.

特征：雄虫体长约 2.1 mm，淡黄褐色。头部复眼黑色，眼桥小眼面 3 排；触角端部残缺 5 节（长 1.4 mm），鞭 4 长为宽的 2.5 倍；下颚须的基节具感觉窝及 5 根毛，中节稍短，有毛 10 根，端节略长，有毛 7 根。胸部淡褐色，足淡黄褐色，胫节以下淡褐色，爪无刺，前足基节长 0.4 mm，腿节长 0.5 mm，胫节长 0.6 mm，跗节长 0.8 mm，宽 0.7 mm，C 伸达 Rs 至 M_{1+2} 间距的 3/5。腹部淡褐色，尾器黄褐色，基节横阔，基毛远离；生殖刺突稍短于基节，长而顶部稍弯，有淡色粗刺 5 根。

分布：浙江（开化、庆元）。

（721）棒须迟眼蕈蚊 *Bradysia palpiclavata* Yang, Zhang *et* Yang, 2003 （图 8-119）

Bradysia palpiclavata Yang, Zhang *et* Yang, 2003: 133.

特征：雄虫体长 3.0 mm，深褐色。头部眼桥小眼面 3–4 排，触角长 2.2 mm，鞭 4 长为宽的 2.5 倍；下颚须的基节粗大，有感觉窝及 2 根毛，中节短，有 7 根毛，端节长，呈棒状，有毛 7 根。足基节淡褐，其余节逐渐加深，前足基节长 0.6 mm，腿节长 0.8 mm，胫节长 1.0 mm，跗节长 1.3 mm，胫梳 8 根一横排。翅长 2.8 mm，宽 1.2 mm，淡灰色，脉褐色，M 柄较淡，C 伸达 Rs 至 M_{1+2} 间距的 2/3，bM=r-m，bM：Cu

为 3：2。腹部褐色，细长，尾器深褐色，基节长为端节的 1.5 倍，基毛分开；生殖刺突的内缘中部突，顶端密生刚毛，有刺 4 根。

分布：浙江、福建。

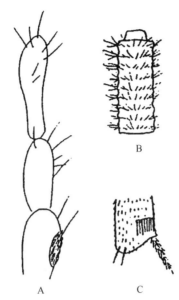

图 8-119　棒须迟眼蕈蚊 Bradysia palpiclavata Yang, Zhang et Yang, 2003（引自杨集昆等，2003）
A. 下颚须；B. 鞭节第 4 节；C. 前足胫节端部

（722）侧刺迟眼蕈蚊 ***Bradysia paracantha* Yang, Zhang *et* Yang, 1995**

Bradysia paracantha Yang, Zhang *et* Yang, 1995: 218.

　　特征：雄虫体长 2.3 mm，褐色。头部复眼黑色，触角长约 1.6 mm，褐色，鞭 4 长为宽的 3 倍；颈的长宽约相等；下颚须的基节可见 1 根毛，中节有毛 5 根，端节狭长，有毛 6 根。胸部褐色，足黄褐色，胫节以下灰褐，爪内侧有刺，前足的基节长 0.4 mm，腿节长 0.6 mm，胫节长 0.8 mm，跗节长 1.0 mm，胫梳 9 根一横排；翅淡灰色，翅长 2.2 mm，宽 0.8 mm，脉褐色，C 伸达 Rs 至 M_{1+2} 间距的 4/5。腹部褐色，尾器较暗，基节宽大，基毛分开；生殖刺突粗短，顶部密生刺毛，内侧并有黑刺 4 根。

　　分布：浙江（安吉、开化）。

（723）梳胫迟眼蕈蚊 ***Bradysia pectibia* Yang *et* Zhang, 1992**（图 8-120）

Bradysia pectibia Yang *et* Zhang, 1992: 443.

　　特征：雄虫体长 1.8 mm，黄褐色小型种。头部暗褐，复眼具毛；触角长 2.2 mm，鞭节多毛，鞭 4 长为宽的 3 倍，顶端的颈长大于宽，形状正常；下颚须 3 节，基节粗壮，中节较小，端节狭长。胸部褐色，足黄褐色；前足胫梳 5 根一横排。翅淡烟色，半透明，翅脉淡褐色，前面 3 条脉较粗具大毛，C 伸达 Rs 至 M_{1+2} 间距的 3/4 处，M 叉短于其柄，柄极微弱。腹部黄褐，尾器基节较腹端略宽，基毛分开，基节为端节长的 1.5 倍；端节短小，顶端圆钝，密生短毛，内侧具 3 根大刺。

　　分布：浙江（德清）。

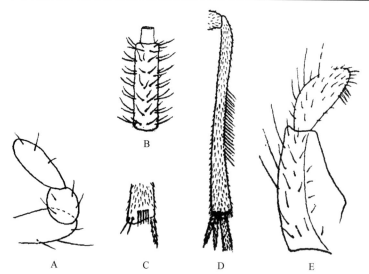

图 8-120　梳胫迟眼蕈蚊 *Bradysia pectibia* Yang *et* Zhang, 1992（引自杨集昆和张学敏，1992）

A. 下颚须；B. 鞭节第 4 节；C. 前足胫节端部；D. 后足胫节；E. ♂尾器

（724）珠角迟眼蕈蚊 *Bradysia phalerata* Yang, Zhang *et* Yang, 1995

Bradysia phalerata Yang, Zhang *et* Yang, 1995: 461.

特征：雄虫体长 1.7 mm，淡色小型。头褐色，复眼黑色，眼桥小眼面 2 排；触角长 1.2 mm，基部 2 节黄色，鞭节褐色，鞭 4 长为宽的 1.2 倍，椭圆形，触角近似念珠状；下颚须色极淡而短小，基节具 2 根毛，中节 3 根毛，端节有毛 5 根。胸部淡褐，足黄褐色，基节与腿节更淡，前足胫梳 6 根一横排；翅长 1.3 mm，宽 0.5 mm，浅灰色，脉淡褐色，C 伸达 Rs 至 M_{1+2} 间距的 2/3。腹部淡褐，背板褐色，尾器淡褐；基节长为端节的 2 倍，基毛分开；生殖刺突短粗，外缘弧弯，内缘略直，顶部有刺 3 根，排列均匀。

分布：浙江（庆元）。

（725）方尾迟眼蕈蚊 *Bradysia quadrata* Yang, Zhang *et* Yang, 1995（图 8-121）

Bradysia quadrata Yang, Zhang *et* Yang, 1995: 462.

特征：雄虫体长 3.4 mm，褐色种。头部褐色，复眼黑色，眼桥小眼面 3 排；触角仅剩 7 节，鞭 4 长为宽的 3 倍；下颚须淡黄色，基节粗大，具圆形感觉窝及毛 1 根，中节卵形，具毛 8 根，端节短而细，有 6 根毛。胸部褐色，足黄褐色，胫节以下褐色，前足胫梳 15 根一横排；翅长 2.4 mm，宽 1.0 mm，灰色，脉

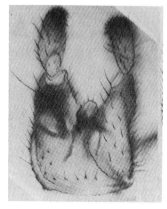

图 8-121　方尾迟眼蕈蚊 *Bradysia quadrata* Yang, Zhang *et* Yang, 1995（引自杨集昆等，1995a）

♂尾器

淡褐色，C 伸达 Rs 至 M_{1+2} 间距的 3/4。腹部褐色，尾器黄褐色；基节方形，两侧延伸，毛极稀疏，基毛分开；生殖刺突短小，仅为基节的一半长，顶部密生黑毛及 4 根粗刺。

　　分布：浙江（安吉、庆元）。

（726）喙尾迟眼蕈蚊 *Bradysia rostrata* Yang, Zhang *et* Yang, 1995（图 8-122）

Bradysia rostrata Yang, Zhang *et* Yang, 1995: 460.

　　特征：雄虫体长 2.8–3.2 mm，褐色。头褐色，复眼黑色；触角黑褐色，长 2.0 mm，鞭 4 长为宽的 2.5 倍，颈短小；下颚须淡黄褐色，3 节约等长，基节具 1 根长毛，中节有毛 5 根，端节较细，有 8 根毛。胸部暗褐，足淡黄褐色，胫节以下淡褐，前足胫梳 8 根一横排；翅长 2.1–2.2 mm，宽 1.0 mm，灰色，脉褐色，C 伸达 Rs 至 M_{1+2} 间距的 2/3。腹部暗褐，尾器褐色宽阔，基节中部色淡，基毛分开；端节略短于基节，狭长稍弯，顶部鸟头形，2 根刺如喙状，其内方色淡。

　　分布：浙江（庆元）。

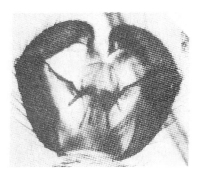

图 8-122　喙尾迟眼蕈蚊 *Bradysia rostrata* Yang, Zhang *et* Yang, 1995（引自杨集昆等，1995a）
♂尾器

（727）草履迟眼蕈蚊 *Bradysia sandalimorpha* Yang, Zhang *et* Yang, 1995（图 8-123）

Bradysia sandalimorpha Yang, Zhang *et* Yang, 1995: 461.

　　特征：雄虫体长 2.4 mm，深褐色。头部深褐，复眼黑色，眼桥小眼面 3 排；触角细长，黑褐色，鞭 4 长为宽的 3 倍；下颚须短粗，褐色，基节具毛 3 根，中节 8 根毛，端节有毛 6 根。胸部暗褐，足淡褐，胫节以下褐色，前足胫梳 6 根一横排；翅长 2.0 mm，宽 0.8 mm，灰色，脉褐色，C 伸达 Rs 至 M_{1+2} 间距的 3/4。腹部和尾器均为暗褐色，基节稍宽于其前节，两侧弧弯，基毛分开；生殖刺突近似草鞋形，内缘中部至顶部均匀排列等长大刺 5 根。

　　分布：浙江（庆元）。

图 8-123　草履迟眼蕈蚊 *Bradysia sandalimorpha* Yang, Zhang *et* Yang, 1995（引自杨集昆等，1995a）
♂尾器

（728）束刺迟眼蕈蚊 *Bradysia sarcinispina* Yang, Zhang *et* Yang, 1995

Bradysia sarcinispina Yang, Zhang *et* Yang, 1995: 464.

特征：雄虫体长 3.0 mm，褐色。头与复眼暗褐色，眼桥小眼面 2–3 排；触角暗褐色，鞭 4 长为宽的 2 倍；下颚须淡褐色，基节粗大，有毛 2 根，中节球形，有 8 根毛，端节细长，有毛 8 根。胸部褐色，背板黑褐色，足黄褐色，胫节以下褐色，前足胫梳 6 根一横排；翅长 2.4 mm，宽 1.0 mm，浅灰色，脉淡褐色，C 伸达 Rs 至 M_{1+2} 间距的 3/4。腹部褐色，腹板黄褐，尾器褐色；基节长于端节的 1.5 倍，基毛分开；生殖刺突狭长，顶部有 2 根淡色大刺，其下方有 5 根大刺紧靠成束。

分布：浙江（庆元）。

（729）荚黑迟眼蕈蚊 *Bradysia siliquaris* Yang, Zhang *et* Yang, 1995（图 8-124）

Bradysia siliquaris Yang, Zhang *et* Yang, 1995: 463.

特征：雄虫体长 3.4–3.9 mm，黑色。头部及复眼黑色，眼桥小眼面 3 排；触角长 2.2–2.4 mm，黑褐色，鞭 4 长为宽的 2 倍，毛较短；下颚须褐色，基节粗大，具感觉窝及 5 根毛，中节稍短而端部粗，有 15 根毛，端节与中节约等长，有 13 根毛。胸部黑褐，足黑褐色而胫节以下近于褐色，前足胫梳 8 根一横排；翅长 3.0–3.2 mm，宽 1.4–1.9 mm，淡褐色，脉褐色，M 干稍淡，C 伸达 Rs 至 M_{1+2} 间距的 2/3。腹部黑褐色，尾器暗褐；基节粗壮宽阔，基毛连成大片；生殖刺突荚状，顶部较尖，有 7 根粗短的大刺，除下边的 1 根微离外余者成束。雌虫体长约 4.5 mm，翅长 4.2 mm，腹部粗壮而尾端尖细，尾须 2 节，端节卵形；其他与雄虫概同，触角与雄虫也相似。

分布：浙江（庆元）。

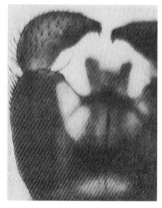

图 8-124　荚黑迟眼蕈蚊 *Bradysia siliquaris* Yang, Zhang *et* Yang, 1995（引自杨集昆等，1995a）
♂尾器

（730）林茂迟眼蕈蚊 *Bradysia silvosa* Yang, Zhang *et* Yang, 1993（图 8-125）

Bradysia silvosa Yang, Zhang *et* Yang, 1993: 310.

特征：雄虫体长 2 mm，褐色。触角长 2.1 mm，褐色；下颚须基节有 3 根毛，中节有 5 根毛，端节细长，具 4 根毛。翅长 1.5mm，宽 0.7 mm，C 伸达 Rs 至 M_{1+2} 间距的 3/4。足褐色，前足基节、腿节、胫节、跗节长为 0.4 mm、0.5 mm、0.6 mm、0.7 mm，胫梳 6 根。尾器褐色，基节近方形，端节内缘较直，顶部密生黑刺 5–6 根。

分布：浙江（安吉）、贵州。

图 8-125　林茂迟眼蕈蚊 *Bradysia silvosa* Yang, Zhang *et* Yang, 1993（引自杨集昆等，1993）
♂尾器

（731）三芒迟眼蕈蚊 *Bradysia triaristata* Yang, Zhang *et* Yang, 1995

Bradysia triaristata Yang, Zhang *et* Yang, 1995: 222.

　　特征：雄虫体长约 3.0 mm，深褐色。头部复眼黑色，眼桥小眼面约 3 排；触角褐色，鞭节极长，鞭 4 长约为宽的 4 倍；颈长大于宽，几为鞭节本身的 1/3，颈顶部平截且色较深；下颚须的基节长，除 2 根长毛外还有 5 根短毛，中节相似而略短，有 5 根长毛，端节与基节等长但较细，有毛 5 根。胸部暗褐，足黄褐，胫节以下灰褐色，爪无刺，前足的基节长 0.5 mm，腿节长 0.7 mm，胫节长 1.0 mm，跗节长 1.3 mm，胫刺 8 根一横排；翅淡灰色，脉褐色，翅长 2.5 mm，宽约 1 mm，C 伸达 Rs 至 M_{1+2} 间距的 3/4。腹部及尾器暗褐色，基节宽大，基毛分开；端节短粗稍弯，多长毛，顶部密生黑毛，稍内侧有 3 根直刺。

　　分布：浙江（开化）。

（732）鼎刺迟眼蕈蚊 *Bradysia trigonospina* Yang, Zhang *et* Yang, 1995

Bradysia trigonospina Yang, Zhang *et* Yang, 1995: 464.

　　特征：雄虫体长 2.6 mm，褐色。头暗褐，复眼黑色，眼桥小眼面 3 排；触角长 1.5 mm，褐色，鞭 4 长为宽的 2.5 倍；下颚须淡色，基节粗大，具感觉窝及 7 根毛，中节短粗，有毛 4 根，端节细小，有 3 根毛。胸部褐色略深，足黄褐色，胫节以下褐色，前足胫节 5 根或 6 根一横排；翅长 2.0 mm，宽 0.9 mm，浅灰色，脉褐色，C 伸达 Rs 至 M_{1+2} 间距的 3/4。腹部褐色微黄，侧面灰色，尾器黄褐色，基节粗大，基毛一横排；端节粗短，顶部密生黑毛，靠内侧有 3 根大刺呈鼎足形排列。

　　分布：浙江（庆元）。

（733）三毛迟眼蕈蚊 *Bradysia triseta* Yang, Zhang *et* Yang, 1995

Bradysia triseta Yang, Zhang *et* Yang, 1995: 221.

　　特征：雄虫体长约 2.6 mm，褐色。头部复眼黑色，眼桥小眼面 3 排；触角长约 2.4 mm，鞭 4 长为宽的 3 倍；下颚须的基节很长，具感觉窝及毛 6 根，中节较短，有 7 根毛，端节较细长，有 6 根毛。胸部深褐，足黄褐，胫节以下淡褐色，爪无刺，前足基节长 0.4 mm，腿节长 0.7 mm，胫节长 0.8 mm，跗节长 1.0 mm，胫梳 7 根一横排；翅灰色，脉褐色，翅长 2.2 mm，宽 0.9 mm，C 伸达 Rs 至 M_{1+2} 间距的 3/4。腹部淡褐，背板较深，尾器褐色；基节粗大，基毛分开；端节粗短且内弯，顶部密生短毛，内侧有 3 根大刺分开排成三角形。雌虫体长 2.5 mm，触角长 1.5 mm，鞭节较细，鞭 4 长仅为宽的 2 倍；翅长 2.8 mm，宽 1.0 mm；

前足基节长 0.5 mm，腿节长 0.7 mm，胫节长 0.8 mm，跗节长 1.0 mm。

　　分布：浙江（开化）。

（734）基瘤迟眼蕈蚊 *Bradysia tuberculata* Yang, Zhang *et* Yang, 1995

Bradysia tuberculata Yang, Zhang *et* Yang, 1995: 218.

　　特征：雄虫体长约 2.8 mm，暗褐色。头部复眼黑色，眼桥小眼面 4 排；触角深褐色，长约 1.8 mm，鞭 4 长为宽的 2.5 倍；下颚须的基节具感觉窝及 2 根毛，中节有 8 根毛，端节细长，具 9 根毛。胸部深褐，足褐色，爪无刺，前足残缺；中足的基节长 0.5 mm，腿节长 0.7 mm，胫节长 0.9 mm，跗节长 1.2 mm；翅浅灰色，脉淡褐色，翅长 2.5 mm，宽 1.0 mm，C 伸达 Rs 至 M_{1+2} 间距的 2/3。腹部及尾器深褐色，尾器基节较长，基毛生在瘤突上；端节较短，顶端有 4 根刺。

　　分布：浙江（开化）。

（735）膨尾迟眼蕈蚊 *Bradysia tumidicauda* Yang, Zhang *et* Yang, 1995

Bradysia tumidicauda Yang, Zhang *et* Yang, 1995: 216.

　　特征：雄虫体长约 3 mm，褐色。头部复眼黑色，眼桥小眼面 4 排；触角缺 3 节（长 1.8 mm），鞭 4 长为宽的 1.8 倍；下颚须不清。胸部褐色，胫节以下褐色，爪无刺，前足基节长 0.4 mm，腿节长 0.7 mm，胫节长 1.1 mm，跗节长 1.2 mm，胫梳 6 根左右似横排；翅淡灰，脉淡褐，翅长 2 mm，宽约 0.9 mm，C 伸达 Rs 至 M_{1+2} 间距的 2/3。腹部褐色，尾器粗壮，褐色，基节短阔，与端节长度约等，基毛成片；生殖刺突膨大如薯块，顶部突伸黑色长刺突，其下方有一细刺，内缘中部突出上有 2 刺。

　　分布：浙江（开化、庆元）。

（736）单一迟眼蕈蚊 *Bradysia una* Yang *et* Zhang, 1992（图 8-126）

Bradysia una Yang *et* Zhang, 1992: 442.

　　特征：雄虫体长 3.0 mm，褐色。头部黑褐色，复眼具毛；触角长 3.0 mm，鞭节粗长多毛，鞭 4 长为宽的 3 倍多，顶端的颈长大于宽；下颚须 3 节，基节粗而长，感觉器极明显，中节短，呈长卵形，端节极狭

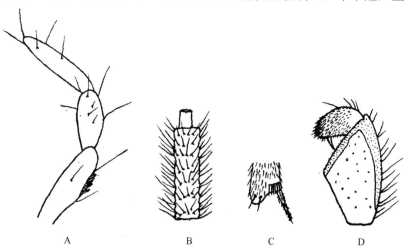

图 8-126　单一迟眼蕈蚊 *Bradysia una* Yang *et* Zhang, 1992（引自杨集昆，1992）

A. 下颚须；B. 鞭节第 4 节；C. 前足胫节端部；D. ♂尾器

长。胸部暗褐色；足黄褐色，胫节以下较暗；前足胫梳一横排 6 根。翅淡烟色，脉略深；前边 3 条粗，具大毛，后面的脉均细而无毛；C 伸达 Rs 至 M_{1+2} 间距的 2/3，M 叉稍短于其柄。腹部褐色，尾器的基节极粗大，长于端节的 2 倍多，基毛略连续；端节短小，长卵形，顶端圆而密生短毛，外缘有几根长刚毛，内缘有 1 根粗长的单刺。

分布：浙江（德清）。

（737）钩菇迟眼蕈蚊 *Bradysia uncipleuroti* Yang *et* Zhang, 1994（图 8-127）

Bradysia uncipleuroti Yang *et* Zhang, 1994: 3.

特征：雄虫体长 2.9–3.7 mm，褐色。头部复眼具毛，眼桥小眼面 2 排；下颚须 3 节，基节粗大，具感觉窝及 3 根毛，中节长卵形，具 9 根毛，端节较细，约与中节等长，具 7 根刚毛；触角深褐色，长 2.1 mm，鞭 4 长为宽的 2.8 倍。胸部及足深褐色，前足基节长 0.5 mm，腿节长 0.6 mm，胫节长 0.8 mm，跗节长 1 mm，胫梳 6 根呈一横列。翅烟褐色，长 2.3 mm，宽 0.8 mm，脉 C、R、R_1 及 Rs 上均具大毛，C 伸达 Rs 至 M_{1+2} 间距的 4/5，Cu：bM 及 r-m：bM 的指数均为 0.66。腹部深褐色，第 9 背板较长。尾器基节粗大，基毛短小连成片；端节短小，外缘弧弯，内缘 1 列短毛，端部具一粗刺如钩突，下方具一些淡色小刺。

分布：浙江（庆元）、北京、江苏、贵州。

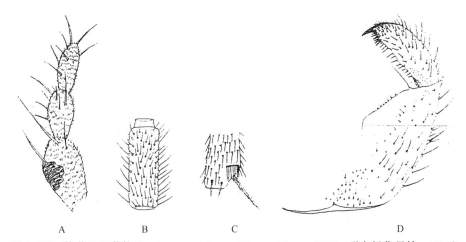

图 8-127　钩菇迟眼蕈蚊 *Bradysia uncipleuroti* Yang *et* Zhang, 1994（引自杨集昆等，1994）
A. 下颚须；B. 鞭节第 4 节；C. 前足胫节端部；D. 生殖基节

（738）刺爪迟眼蕈蚊 *Bradysia unguispinata* Yang, Zhang *et* Yang, 1995

Bradysia unguispinata Yang, Zhang *et* Yang, 1995: 217.

特征：雄虫体长 2.8–3.2 mm，深褐色。头部黑色，复眼桥小眼面 4 排；触角不完整，鞭 4 长为宽的 2.5 倍，褐色；下颚须 3 节几乎等长，基节具感觉窝及 2 根大毛，中节有毛 8 根，端节有 9 根毛。胸部深褐，足褐色，基节较淡，爪内侧具明显的刺，前足基节、腿节、胫节、跗节的长分别为 0.6 mm、0.8 mm、0.9 mm、1.0 mm，胫梳 9 根一横排；翅淡褐，脉褐色，翅长 2.3–2.8 mm，宽 1.0–1.2 mm，C 伸达 Rs 至 M_{1+2} 间距的 3/5。腹部深褐，尾器深褐色，基节具基瘤突，上生基毛；生殖刺突甚短于基节，顶刺 3–4 根。

分布：浙江（开化）。

（739）毛瘤迟眼蕈蚊 *Bradysia verruca* Yang, Zhang *et* Yang, 1995（图 8-128）

Bradysia verruca Yang, Zhang *et* Yang, 1995: 460.

特征：雄虫体长 3.2–3.4 mm，深褐色。头部及复眼黑褐色，眼桥小眼面 2 排；触角深褐色，长 2.4–2.5 mm，鞭 4 长为宽的 2.8 倍，颈短；下颚须黄褐色，3 节约等长，基节最粗，具感觉窝及 2 根毛，中节略粗，有 5 根毛，端节仅端部粗，有毛 7 根。胸部暗褐，足黄褐色，胫节以下褐色，前足胫梳 9–11 根一横排；翅长 2.5 mm，宽 1.2 mm，灰色，脉褐色，C 伸达 Rs 至 M_{1+2} 间距的 3/4。腹部深褐色，尾器褐色；基节粗大，基毛着生在中间的椭圆形瘤突上并延伸至基部；端节短小而内缘弯曲，顶部有 1 根大粗刺和数根淡刺。

分布：浙江（庆元）。

图 8-128　毛瘤迟眼蕈蚊 *Bradysia verruca* Yang, Zhang *et* Yang, 1995（引自杨集昆等，1995a）
♂尾器

（740）威宁迟眼蕈蚊 *Bradysia weiningana* Yang, Zhang *et* Yang, 1993

Bradysia weiningana Yang, Zhang *et* Yang, 1993: 304.

特征：雄虫体长 2.2 mm，褐色。触角长 1.6 mm，深褐色，鞭 4 的颈短宽；下颚须基节有 5 根毛，中节有 7 根毛，端节有毛 8 根，节均狭长。翅长 2 mm，宽 0.6 mm，C 伸达 Rs 至 M_{1+2} 间距的 4/5。足褐色，基节宽大，端节狭长而中部较粗，顶部斜突，有刺 7 根。

分布：浙江（庆元）、贵州。

（741）斜颈迟眼蕈蚊 *Bradysia yungata* Yang, Zhang *et* Yang, 1995

Bradysia yungata Yang, Zhang *et* Yang, 1995: 222.

特征：雄虫体长约 3.1 mm，暗褐色。头部复眼黑色，眼桥小眼面 4 排；触角暗褐色，长约 2.1 mm，鞭 4 长为宽的 3 倍；颈短宽而顶斜；下颚须的基节具感觉窝及 1 根毛，中节有 5 根毛，端节有毛 6 根。胸部暗褐，足褐色，爪无刺，前足基节长 0.6 mm，腿节长 0.9 mm，胫节长 1.0 mm，跗节长 1.3 mm，胫梳 8 根一横排；翅灰色，脉褐色，翅长 2.8 mm，宽 1.2 mm，C 伸达 Rs 至 M_{1+2} 间距的 3/5。腹部及尾器均呈暗褐色，尾器基节稍宽于其前面的腹节，基毛分开；端节短小而稍弯，顶部密生黑毛，其内侧有直刺 3 根。

分布：浙江（开化、庆元）。

（742）浙迟眼蕈蚊 *Bradysia zheana* Yang, Zhang *et* Yang, 1995

Bradysia zheana Yang, Zhang *et* Yang, 1995: 218.

特征：雄虫体长 3.1–3.3 mm，深褐色。头部复眼黑色，眼桥小眼面 3–4 排；触角深褐色，长约 2.2 mm，鞭 4 长为宽的 3 倍；下颚须的基节具感觉窝及 2 根毛，中节有毛 6 根，端节与基节约等长，有毛 10 根。胸部暗褐，足褐色，但前足基节至腿节黄褐色，爪内侧有刺；前足基节长 0.8 mm，腿节长 1.2 mm，胫节长 1.5 mm，跗节长 2.0 mm，胫梳 10 根一横排；翅灰色，脉褐色，翅长约 2.9 mm，宽 1.2 mm，C 伸达 Rs 至 M_{1+2} 间距的 2/3。腹部深褐，尾器宽大、褐色；基节长为端节的 1.5 倍，基毛略分开；端节粗直，顶部弧形而密生短毛，有刺 5 根。

分布：浙江（开化）。

199. 屈眼蕈蚊属 *Camptochaeta* Hippa *et* Vilkamaa, 1994

Camptochaeta Hippa *et* Vilkamaa, 1994: 85. Type species: *Corynoptera camptochaeta* Tuomikoski, 1960 (original designation).

主要特征：体型小至中型。体黑褐色，下颚须和足浅色，翅烟灰色。眼桥 1–4 排。前额具毛，唇基光裸或具毛。下颚须 3 节，第 1 节 1–6 毛，具深感觉窝。触角 16 节。鞭颈短，第 4 鞭节长/宽=1.15–3.50。前胸背板具毛，中胸下前侧片似三角形。翅膜无毛，翅长/宽=0.35–0.50。翅脉 C、R 具毛，M 和 Cu 无毛，R_1/R=0.40–1.30。R_5 大多具 2 排大毛，c/w=1/3–3/4。M 叉对称，stCu<bM，r-m 具毛或无，bM 微弱且光裸。小盾片具 4–5 根不同的边缘毛，前足胫节具弧形胫梳，胫距 1–2–2，胫距/胫端宽为 1.00–1.90。中后足胫距大小相似。爪无齿。尾器生殖突基节腹面无基叶或毛簇，生殖突基节端部具 1 根长刚毛。生殖刺突形态多样，长约为宽的 3 倍，中部凹陷，且背侧凹陷比腹面深，形成似"Y"状。具端齿或无。阳基形状多样，通常具阳基侧突，具阳茎齿。

分布：古北区、东洋区和新北区。世界已知 52 种，中国记录 7 种，浙江分布 1 种。

（743）细屈眼蕈蚊 *Camptochaeta tenuipalpalis* (Mohrig *et* Antonova, 1978)（图 8-129）

Corynoptera tenuipalpalis Mohrig *et* Antonova, 1978: 546.

Camptochaeta tenuipalpalis: Hippa *et* Vilkamaa, 1994: 48.

特征：雄虫体长 2.46mm，翅长 2.06 mm。头部眼桥小，眼面 3–4 排，前额具 11 毛，唇基具 1 毛；鞭节圆柱形，鞭 4 长为宽的 1.6 倍，鞭颈是鞭节宽的 1/4，鞭毛是鞭节宽的 1/2；下颚须 3 节，基节有 5 毛，具感觉窝，中节卵圆形，具 11 毛。胸黄褐色；前足胫节具圆形界限的弧形胫梳；胫距 1–2–2；前足胫距/胫端宽=1.85，后足胫距/胫端宽=2.54；中后足胫距约等长，后足胫节具 1 排背毛；爪无齿。翅宽/长=0.37；M 和 Cu 无大毛；R_1=R；R_5 仅具背毛；bM=r-m，都光裸；stCu=0.44 r-m，c=4/5 w。腹黄褐色。生殖刺突端部渐窄，具 1 个齿，其内侧中间偏端部具 1 根粗刚毛，其梢部略弯；生殖刺突中部凹陷，且背侧凹陷比腹

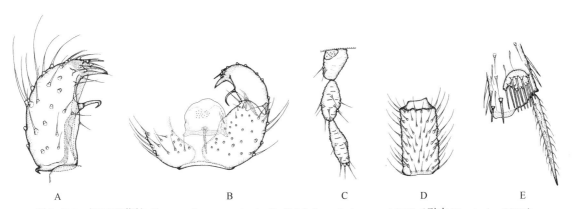

图 8-129　细屈眼蕈蚊 *Camptochaeta tenuipalpalis* (Mohrig *et* Antonova, 1978)（引自 Xu *et al.*，2015）

A. 生殖刺突；B. 生殖基节；C. 下颚须；D. 鞭节第 4 节；E. 前足胫节端部

面深，形成似"Y"状。

　　分布：浙江（临安、遂昌、泰顺）、内蒙古、陕西、福建、台湾、四川、云南、西藏；俄罗斯，日本，法国，芬兰，瑞典。

200. 翼眼蕈蚊属 *Corynoptera* Winnertz, 1867

Corynoptera Winnertz, 1867: 177. Type species: *Corynoptera perpusilla* Winnertz, 1867 (designation by Eenerlei, 1911).

Psilosciara Kieffer, 1909: 246. Type species: *Seiara membranigera* Kieffer, 1903 [=*Corynoptera trispina* Tuomikoski, 1960].

Geosciara Kieffer, 1919: 203. Type species: *Geosciara altieola* Kieffer, 1919 [=*Corynoptera postpiniphila* Mohrig et Mamaev, 1992].

Orinosciara Lengersdorf, 1941: 192. Type species: *Orinosciara brachyptera* Lengersdorf, 1941 [=*Sciara minima* Meigen, 1818].

Corynoptera: Rudzinski, 1994: 18.

　　主要特征：下颚须通常 3 节，很少有 2 节，基节无感觉窝；触角鞭节近圆柱形，鞭颈短于鞭节宽；翅缘无毛；生殖基节没有基叶，生殖刺突简单，生殖基节顶端腹侧有 1 根长毛，生殖刺突形状多样，通常具刺。

　　分布：世界广布，已知 200 多种，中国记录 40 种，浙江分布 3 种。

分种检索表

1. 下颚须基节具 1 根毛 ·· 2
- 下颚须基节具 4 根毛 ··· 长刺翼眼蕈蚊 *C. longispina*
2. 生殖刺突卵形，顶端具粗刺 1 根 ··· 尖尾翼眼蕈蚊 *C. acutula*
- 生殖刺突肾形，顶端密生小刺 ··· 白孔翼眼蕈蚊 *C. albistigmata*

（744）尖尾翼眼蕈蚊 *Corynoptera acutula* Yang, Zhang *et* Yang, 1995（图 8-130）

Corynoptera acutula Yang, Zhang *et* Yang, 1995: 452.

　　特征：雄虫体长 2.4 mm，褐色。头部暗褐，复眼无毛，眼桥小眼面 4 排；触角褐色，鞭 4 长为宽的 2 倍多，毛长而略弯，鞭 4 以后残缺；下颚须淡褐色，3 节，基节具感觉窝及 1 根刚毛，中节有 6 根毛，端节较长，有毛 7 根。胸部暗褐色，翅长 1.4 mm，宽 0.7 mm，淡褐色，脉略深；M 柄微弱，C 伸达 Rs 至 M_{1+2} 间距的 2/3；足褐色。腹部褐色，尾器刚毛稀疏，基节宽阔，基毛分开；生殖刺突卵形，长与基节约等，长而向端部渐尖，顶端具粗刺 1 根。

　　分布：浙江（庆元）。

图 8-130　尖尾翼眼蕈蚊 *Corynoptera acutula* Yang, Zhang *et* Yang, 1995（引自杨集昆等，1995）

♂尾器

（745）白孔翼眼蕈蚊 *Corynoptera albistigmata* Yang, Zhang *et* Yang, 1995（图 8-131）

Corynoptera albistigmata Yang, Zhang *et* Yang, 1995: 452.

　　特征：雄虫体长 2.4 mm，褐色。头黑褐色，复眼的眼桥小眼面 2–3 排；触角基部 2 节黄褐，鞭节褐色（缺末端 4 节），长 1.3 mm，鞭 4 长为宽的 2 倍，毛长于节宽度；下颚须淡黄色，基节具感觉窝及 1 根毛，中节具 4 根毛，端节很长，有 6 根毛。胸部暗褐色，足黄褐色，胫节以下褐色，前足胫梳呈弧形排列，下边一排齐整，后足胫节背缘端半具刺列，端距长于胫节宽度。翅长 1.8 mm，宽 0.7 mm，灰黄毛，脉淡褐色，C 伸达 Rs 至 M_{1+2} 间距的 3/4。腹部褐色，气门白色，在背板两侧呈明显的白斑，第 2–6 节最显著；尾器黄褐色，短粗似球形，基节横阔，基毛短小；生殖刺突呈肾形，顶端密生小刺。

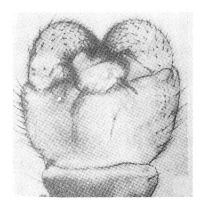

图 8-131　白孔翼眼蕈蚊 *Corynoptera albistigmata* Yang, Zhang *et* Yang, 1995（引自杨集昆等，1995）
♂尾器

　　分布：浙江（庆元）。

（746）长刺翼眼蕈蚊 *Corynoptera longispina* (Yang *et* Zhang, 1989)

Lycoriella longispina Yang *et* Zhang, 1989: 132.

Lycoriella longispina: Yang *et al.*, 1995: 210.

Corynoptera longispina: Menzel *et* Mohrig, 2000: 223.

　　特征：雄虫体长 2.4 mm，褐色。头部复眼黑色，具眼毛，眼桥小眼面 2 排；触角长 1.4 mm，褐色，鞭 4 长为宽的 2 倍；下颚须 3 节，基节粗，具圆形感觉窝及毛 4 根，中节具 8 根毛，端节细长，具毛 8 根，胸部褐色；足黄褐色，胫节以下较深，前足基节长 0.4 mm，腿节长 0.6 mm，胫节长 0.8 mm，跗节长 0.9 mm，胫梳弧形。翅淡烟色，长 2.2 mm，宽 0.9 mm，脉 C、R、R_1 及 Rs 上具大毛，C 伸达 Rs 至 M_{1+2} 间距的 3/4，Cu∶bM 为 0.66，r-m∶bM 为 0.66；平衡棒淡褐色。腹部背腹板均为褐色，侧膜灰色；腹端尾器褐色，与第 7 腹节约等宽。尾器长宽约等，基毛少且分开；生殖刺突小而短粗，内缘中部具一长刺，顶端内弯具一粗刺。

　　分布：浙江（开化）、陕西。

201. 栉眼蕈蚊属 *Ctenosciara* Tuomikoski, 1960

Ctenosciara Tuomikoski, 1960: 110. Type species: *Sciara hyalipennis* Meigen, 1804 (original designation; monotypy).

　　主要特征：体型小到中型，体长 1.5–2.5 mm。体色淡黄。头部颜色较深，黑褐色。触角多为双色，柄节和梗节淡黄色，鞭节褐色。眼桥小眼面 2–4 排。触角 16 节，第 4 鞭节长为宽的 2.5–4.0 倍，鞭毛浓密，鞭颈短。下颚须 3 节，基节 2–4 毛，具不明显感觉窝。第 2 节较短。第 3 节长椭圆形。前胸背板、前胸前侧片、中胸背板具毛，中背片具毛或无，小盾片常具 4 长刚毛。R₁、R₅、M₁、M₂、CuA₁ 及平衡棒具毛。r-m、stM 和 CuA₂ 光裸或具毛。前足胫节端部具胫梳，成一横排，不连贯。胫距 1–2–2，胫距长于胫端宽。爪具齿或无。生殖器相似，生殖突基节无基叶或毛簇。生殖刺突端部具齿，亚端部具小刺。阳基形状多样，阳茎细长。

分布：世界广布，已知 22 种，中国记录 4 种，浙江分布 2 种。

（747）拟疏毛栉眼蕈蚊 *Ctenosciara pseudoinsolita* Wu *et* Zhang, 2010（图 8-132）

Ctenosciara pseudoinsolita Wu *et* Zhang, 2010: 44.

特征：雄虫体长 3.02 mm，翅长 2.24 mm。体色：触角褐色。胸部、腹部、生殖器及足基节黄褐色。下颚须及足黄色。翅烟色。眼具毛，眼桥小眼面 3 排。前额 16 毛。下颚须 3 节，基节 4 毛，具一不明显感觉窝；第 2 节具 10 毛，卵圆形；第 3 节具 11 毛，细长。第 4 鞭节 0.14 mm，长/宽=3.55。前胸背板前部具 3 毛。前胸前侧片 6 毛。足胫距式 1–2–2，中后足胫距约等长。前足胫节胫梳成一不连贯横排。前足胫距/胫端宽=1.84。第 1 跗节/胫节：前足 0.60，中足 0.58，后足 0.52。后足胫节/胸=1.45。后足胫节具刺列。爪无齿。翅宽/长=0.42；R₁、M₁、M₂、CuA₁、CuA₂ 和 r-m 具排毛，bM 无毛；R₅ 仅在端部具 2 排毛。stM 明显，具毛；平衡棒具 2 排毛。c/w=0.72；R₁/R=0.97；r-m/bM=1.27。生殖突基节无基叶或毛簇。生殖刺突细长且端部渐窄，具端齿，亚端部具 4 刺。阳基端部缢缩，无阳基齿；阳茎长。

分布：浙江（遂昌、龙泉、泰顺）。

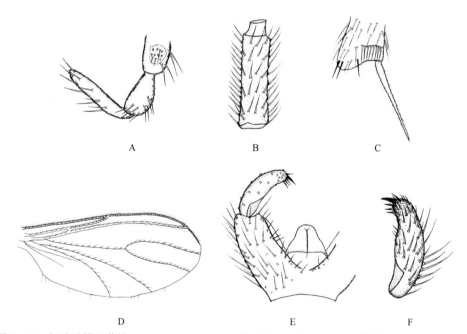

图 8-132　拟疏毛栉眼蕈蚊 *Ctenosciara pseudoinsolita* Wu *et* Zhang, 2010（引自 Wu *et al.*，2010）
A. 下颚须；B. 鞭节第 4 节；C. 前足胫节端部；D. 翅；E. 生殖基节；F. 生殖刺突

（748）西径栉眼蕈蚊 *Ctenosciara xijingensis* Wu *et* Zhang, 2010（图 8-133）

Ctenosciara xijingensis Wu *et* Zhang, 2010: 47.

特征：雄虫体长 1.57 mm，翅长 1.75 mm。体色：触角双色，基节和梗节黄色，鞭节褐色。胸部、腹部、生殖器及足基节黄褐色。下颚须及足黄色。翅烟色。眼具毛，眼桥小眼面 3 排。前额 14 毛。下颚须 3 节，基节 4 毛，具一个明显感觉窝；第 2 节具 7 毛，卵圆形；第 3 节具 9 毛，细长；第 4 鞭节 0.11 mm，长/宽=2.81。前胸背板前部具 2 毛。前胸前侧片 4 毛。足的胫距式 1–2–2，中后足胫距约等长。前足胫节胫梳成一不连贯横排。前足胫距/胫端宽=1.89。第 1 跗节/胫节：前足 0.53，中足 0.51，后足 0.36。后足胫节/胸=1.78。后足胫节具刺列。爪无齿。翅宽/长=0.46；R_1、M_1、M_2、CuA_1、CuA_2 和 r-m 具一排毛，bM 无毛。R_5 自中部起具 2 排毛。stM 微弱，无毛。平衡棒具 2 排毛。c/w=0.70；R_1/R=0.84；r-m/bM=0.85。生殖突基节无基叶或毛簇。生殖刺突细长且端部渐窄，具端齿，亚端部具 6 刺。阳基端部缢缩，具阳基齿；阳茎短且细小。

　　分布：浙江（临安）。

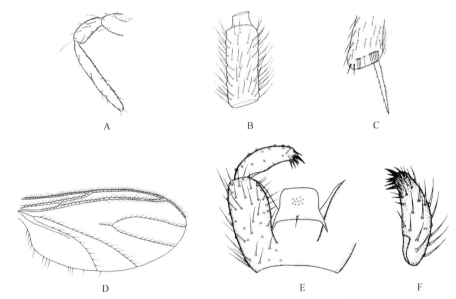

图 8-133　西径栉眼蕈蚊 *Ctenosciara xijingensis* Wu *et* Zhang, 2010（引自 Wu *et al.*，2010）
A. 下颚须；B. 鞭节第 4 节；C. 前足胫节端部；D. 翅；E. 生殖基节；F. 生殖刺突

202. 突眼蕈蚊属 *Dolichosciara* Tuomikoski, 1960

Dolichosciara Tuomikoski, 1960: 103. Type species: *Sciara flavipes* Meigen, 1804: 98 (original designation).
Dolichosciara: Menzel, 1993: 30.

　　主要特征：触角鞭节轻微弯曲，鞭颈轻微延长；下颚须第 1 节具毛，具零星感觉器；M 和 Cu 脉具背毛，stCu 脉等于或短于 bM 脉；前足胫节近端部具一横排胫梳；生殖器基节腹侧顶端具 2 根或多根细长的毛，生殖刺突细长。

　　分布：古北区和东洋区。世界已知 23 种，中国记录 17 种，浙江分布 12 种。

分种检索表

1. 生殖基节具基叶 ………………………………………………………………… 俄罗斯远东突眼蕈蚊 *D. ninae*
- 生殖基节无基叶 …………………………………………………………………………………………………… 2
2. 生殖刺突具背叶 ………………………………………………………………… 中叶突眼蕈蚊 *D. intermedialis*
- 生殖刺突无背叶 …………………………………………………………………………………………………… 3
3. 生殖刺突中上部凹陷 ……………………………………………………………………………………………… 4
- 生殖刺突中上部没有凹陷 ………………………………………………………………………………………… 6
4. 生殖刺突中上部轻微凹陷，凹陷处以下具 4 根刺 ………………………………… 疏毛突眼蕈蚊 *D. sparsula*

- 生殖刺突中上部强烈凹陷，凹陷处以下具刺，多于6根 ························· 5
5. 生殖刺突顶端尖，具密毛，生殖刺突近顶端具刺 ················· 日本突眼蕈蚊 *D. megumiae*
- 生殖刺突顶钝圆，具毛，生殖刺突中上部具刺 ················· 尖刺突眼蕈蚊 *D. oxyacantha*
6. 生殖基节中央区域无毛 ································· 芬兰突眼蕈蚊 *D. orcina*
- 生殖基节中央区域具毛 ··· 7
7. 生殖刺突近中部具4-5根刺 ····························· 直刺突眼蕈蚊 *D. rectospinosa*
- 生殖刺突近中部具3-5根稍弯曲的刺 ·· 8
8. 生殖刺突上的刺在腹面部分不可见 ····················· 密毛突眼蕈蚊 *D. multisetosa*
- 生殖刺突上的刺在腹面完全可见 ·· 9
9. 生殖刺突上的刺长于生殖刺突的顶端宽 ··················· 阿尔泰突眼蕈蚊 *D. hippai*
- 生殖刺突上的刺等于或短于生殖刺突的顶端宽 ···································· 10
10. 阳基边缘长是宽的2倍 ····························· 伪饰尾突眼蕈蚊 *D. subornata*
- 阳基边缘长等于宽 ··· 11
11. 生殖刺突上的刺短于生殖刺突的顶端宽 ··················· 饰尾突眼蕈蚊 *D. ornata*
- 生殖刺突上的刺等于生殖刺突的顶端宽 ············· 清凉峰突眼蕈蚊 *D. qingliangfengana*

（749）阿尔泰突眼蕈蚊 *Dolichosciara hippai* Komarova *et* Vilkamaa, 2006

Dolichosciara hippai Komarova *et* Vilkamaa, 2006: 164.

特征：雄虫生殖刺突近顶端具4-5弯曲的刺，刺长于生殖刺突端部的宽度，生殖基节具密毛基叶。

分布：浙江（临安）；俄罗斯。

（750）中叶突眼蕈蚊 *Dolichosciara intermedialis* (Antonova, 1977)（图8-134）

Phytosciara (*Phorodonta*) *intermedialis* Antonova, 1977: 111.

Phytosciara flavipes Lengersdorf, 1927: 106.

Phytosciara intermedialis Menzel *et* Mohrig, 1991: 18.

Phytosciara (*Dolichosciara*) *intermedialis*: Mohrig *et* Menzel, 1994: 177.

Dolichosciara intermedialis: Wu *et al.*, 2013: 353.

特征：雄虫生殖刺突顶端狭窄，中部尖端具大背叶，背叶具6根相对粗大的刺，生殖基节中央区域具毛。

分布：浙江（临安）、福建、台湾；俄罗斯（远东地区）。

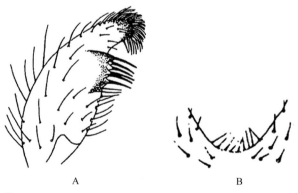

A   B

图8-134 中叶突眼蕈蚊 *Dolichosciara intermedialis* (Antonova, 1977)（仿自 Mohrig and Menzel, 1994）
A. 生殖刺突；B. 生殖基节中央区域

（751）日本突眼蕈蚊 *Dolichosciara megumiae* (Sasakawa, 1994)（图 8-135）

Phytosciara (Dolichosciara) megumiae Sasakawa, 1994: 671.

Phytosciara (Dolichosciara) megumiae Menzel *et* Mohrig, 2000: 443.

Dolichosciara megumiae: Wu *et al.*, 2013: 347.

　　特征：雄虫生殖刺突具尖锐顶端，具粗毛，生殖刺突近顶端具 6–7 根刺。
　　分布：浙江（临安）；日本。

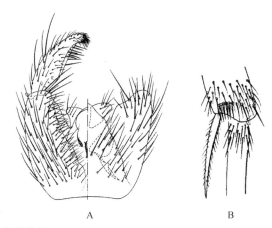

图 8-135　日本突眼蕈蚊 *Dolichosciara megumiae* (Sasakawa, 1994)（Wu *et al.*，2013）
A. ♂尾器；B. 前足胫节端部

（752）密毛突眼蕈蚊 *Dolichosciara multisetosa* Shi *et* Huang, 2013（图 8-136）

Dolichosciara multisetosa Shi *et* Huang, 2013: 356.

　　特征：雄虫翅长 2.67–3.41 mm。头部深褐色；触角、下颚须、胸部、腹部和生殖器褐色；足黄褐色；翅烟色。头部眼桥小眼面 3 排。前额具 13–30 毛。唇基具 0–2 毛。下颚须 3 节，基节具 4–5 毛；第 2 节具 9–13 毛；第 3 节具 8–12 毛。鞭节第 4 节长/宽=2.50–3.65。前胸背板前部具 4–5 毛，前胸前侧片具 3–8 毛。翅宽/长=0.34–0.38。Y 具 0–2 毛。stM 具 2–5 毛，M 和 Cu 脉具毛。c/w=0.41–0.53，R_1/R=0.57–0.82，Y/X 为 1.01–2.10。前足胫节胫梳具 6–9 毛，前足胫距/胫端宽=1.54–2.25。前足腿节/跗节=0.65–1.00。跗节/胫节：前足 0.60–0.82，后足 0.50–0.64；后足胫节/胸=2.03–2.73。前足胫节具 1 背毛，7–13 腹侧毛，3–15 前侧毛，4–8 后侧毛。生殖基节长于生殖刺突，生殖基节腹侧具稀疏毛，腹侧尖端具 2–3 细长毛，生殖器基叶区

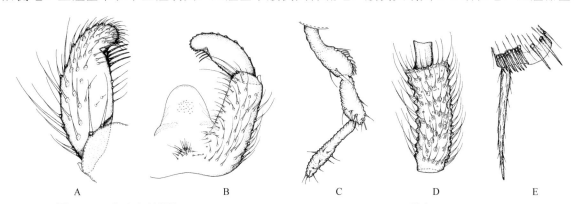

图 8-136　密毛突眼蕈蚊 *Dolichosciara multisetosa* Shi *et* Huang, 2013（引自 Wu *et al.*，2013）
A. 生殖刺突；B. 生殖基节；C. 下颚须；D. 鞭节第 4 节；E. 前足胫节端部

域具密毛。生殖刺突弯曲，顶端稍变窄，具密毛，中部尖端具 4–5 根稍弯曲的刺，部分在腹侧不可见。阳基边缘宽稍大于长。第 10 腹节两侧各具 2–3 毛。

分布：浙江（安吉、临安、磐安、龙泉）、福建、台湾、广西。

（753）俄罗斯远东突眼蕈蚊 *Dolichosciara ninae* (Antonova, 1977)

Phytosciara (*Phorodonta*) *ninae* Antonova, 1977: 111.

Phytosciara (*Dolichosciara*) *ninae* Mohrig et Menzel, 1994: 179.

Dolichosciara ninae: Wu et al., 2013: 352.

特征：雄虫生殖刺突顶端狭窄，中部尖端凹陷处具 14–18 短刺；生殖基节具大的基叶。

分布：浙江（庆元）、山西、台湾；俄罗斯远东。

（754）芬兰突眼蕈蚊 *Dolichosciara orcina* (Tuomikoski, 1960)（图 8-137）

Phytosciara (*Dolichosciara*) *orcina* Tuomikoski, 1960: 107.

Phytosciara (*Phorodonta*) *orcina* Antonova, 1977: 110.

Dolichosciara orcina: Wu et al., 2013: 354.

特征：雄虫具黑色的侧板；生殖刺突近顶端具 4–5 根稍弯曲的细刺，生殖基节中央区域无基中叶且无毛。

分布：浙江（安吉、临安、磐安）；俄罗斯远东，尼泊尔，芬兰。

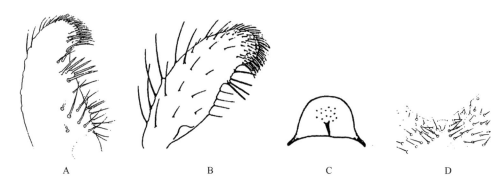

图 8-137　芬兰突眼蕈蚊 *Dolichosciara orcina* (Tuomikoski, 1960)（引自 Mohrig and Menzel, 1994）

A、B. 生殖刺突；C. 阳基边缘；D. 生殖基节中央区域

（755）饰尾突眼蕈蚊 *Dolichosciara ornata* (Winnertz, 1867)（图 8-138）

Sciara ornata Winnertz, 1867: 103.

Phytosciara (*Dolichosciara*) *ornata* (Winnertz, 1867): Tuomikoski, 1960: 107.

Dolichosciara ornata: Wu et al., 2013: 359.

特征：雄虫生殖刺突近顶端 1/3 处具 4–5 稍弯曲的刺，刺长接近生殖刺突顶端宽度的一半，生殖基节中央区域具毛。

分布：浙江（安吉、临安、磐安、庆元、泰顺）、山西、河南、台湾、广东、广西、云南；俄罗斯，欧洲。

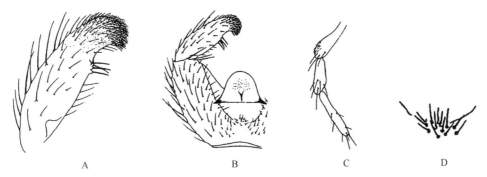

图 8-138　饰尾突眼蕈蚊 *Dolichosciara ornata* (Winnertz, 1867)（引自 Mohrig *and* Menzel, 1994）
A. 生殖刺突；B. 生殖基节；C. 下颚须；D. 生殖基节中央区域

（756）尖刺突眼蕈蚊 *Dolichosciara oxyacantha* Shi *et* Huang, 2013（图 8-139）

Dolichosciara oxyacantha Shi *et* Huang, 2013: 348.

　　特征：雄虫翅长 2.91–3.67 mm。头部深褐色；触角、胸部、腹部和生殖器黄褐色；下颚须和足浅黄褐色；翅烟色。头部眼桥小眼面 3 排。前额具 18–33 毛。唇基无毛。下颚须 3 节，基节具 4 毛；第 2 节具 15–20毛；第 3 节具 10–14 毛。鞭节第 4 节长/宽=2.81–3.46。前胸背板前部具 5–10 毛，前胸前侧片具 5–8 毛。翅宽/长=0.35–0.37。Y 无毛。stM 具 4–6 毛，M 和 Cu 脉具毛。c/w=0.42–0.53，R_1/R=0.73–0.86，Y/X=1.69–1.88。前足胫节胫梳具 9–10 毛，前足胫距/胫端宽=1.84–2.06。前足腿节/跗节=0.76–0.80。跗节/胫节：前足 0.76–0.80，后足 0.54–0.62；后足胫节/胸=1.95–2.19。前足胫节具 1 背毛，8–11 腹侧毛，2–18 前侧毛，10–19 后侧毛。生殖基节稍长于生殖刺突，生殖基节腹侧具密毛，腹侧尖端具 2 极细长毛，生殖器基节中央区域无毛。生殖刺突稍弯曲，顶端变窄，顶端具密毛，中上部凹陷，凹陷处具 9 根以下长度不等的尖刺。阳基边缘宽大于长。第 10 腹节两侧各具 2 毛。

　　分布：浙江（临安、龙泉）。

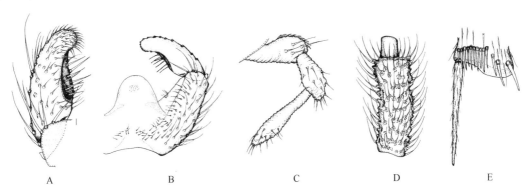

图 8-139　尖刺突眼蕈蚊 *Dolichosciara oxyacantha* Shi *et* Huang, 2013（引自 Wu *et al.*，2013）
A. 生殖刺突；B. 生殖基节；C. 下颚须；D. 鞭节第 4 节；E. 前足胫节端部

（757）清凉峰突眼蕈蚊 *Dolichosciara qingliangfengana* Shi *et* Huang, 2013（图 8-140）

Dolichosciara qingliangfengana Shi *et* Huang, 2013: 360.

　　特征：雄虫翅长 2.94–3.82 mm。头部深褐色；触角、胸部、腹部和生殖器褐色；下颚须和足黄褐色；翅烟色。头部眼桥小眼面 3 排。前额具 22 毛。唇基具 1 毛。下颚须 3 节，基节具 5–6 毛；第 2 节具 11–15毛；第 3 节具 10–12 毛。鞭节第 4 节长/宽=2.79–3.59。前胸背板前部具 6–12 毛，前胸前侧片具 6–10 毛。翅宽/长=0.32–0.37。Y 具 0–3 毛。stM 具 1–5 毛，M 和 Cu 脉具毛。c/w=0.47–0.48，R_1/R=0.72–1.03，Y/X=1.27–

1.80。前足胫节胫梳具 7–9 毛，前足胫距/胫端宽=1.59–2.03。前足腿节/跗节=0.81–0.87。跗节/胫节：前足 0.75–0.77，后足 0.53–0.61；后足胫节/胸=2.00–2.22。前足胫节具 1 背毛，7–10 腹侧毛，3–11 前侧毛，4–7 后侧毛。生殖基节稍长于生殖刺突，生殖刺突腹侧具密毛，腹侧上部具 2–3 根细长毛，生殖器基节中央区域具稀疏毛。生殖刺突细长，顶端稍肥大，具密毛，中上部具 5 根刺。阳基边缘宽大于长。第 10 腹节两侧各具 1–2 毛。

　　分布：浙江（临安、磐安）。

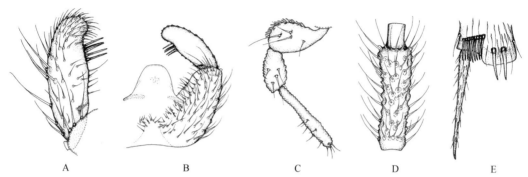

图 8-140　清凉峰突眼蕈蚊 *Dolichosciara qingliangfengana* Shi *et* Huang, 2013
A. 生殖刺突；B. 生殖基节；C. 下颚须；D. 鞭节第 4 节；E. 前足胫节端部

（758）直刺突眼蕈蚊 *Dolichosciara rectospinosa* Shi *et* Huang, 2013（图 8-141）

Dolichosciara rectospinosa Shi *et* Huang, 2013: 356.

　　特征：雄虫翅长 3.00–3.60 mm。头部深褐色；触角、胸部、腹部和生殖器褐色；下颚须和足黄褐色；翅烟色。头部眼桥小眼面 2–3 排。前额具 31–35 毛。唇基具 0–1 毛。下颚须 3 节，基节具 5 毛；第 2 节具 13–14 毛；第 3 节具 13–14 毛。鞭节第 4 节长/宽=2.87–3.42。前胸背板前部具 6–10 毛，前胸前侧片具 8–9 毛。翅宽/长=0.34–0.37。Y 具 0–1 毛。stM 具 1–4 毛，M 和 Cu 脉具毛。c/w=0.39–0.53，R_1/R=0.71–1.00，Y/X=1.57–2.03。前足胫节胫梳具 8–10 毛，前足胫距/胫端宽=1.66–2.37。前足腿节/跗节=0.80–0.90。跗节/胫节：前足 0.73–0.81，后足 0.54–0.61；后足胫节/胸=1.94–2.15。前足胫节具 1 背毛，8–11 腹侧毛，7–12 前侧毛，5–8 后侧毛。生殖基节稍长于生殖刺突，生殖基节腹侧具密毛，腹侧尖端具 3 细长毛，生殖器基叶区域具稀疏毛。生殖刺突细长，顶端稍变窄，具密毛，中部尖端具 4–5 根直刺，成一排。阳基边缘宽稍大于长。第 10 腹节两侧各具 1–2 毛。

　　分布：浙江（临安）。

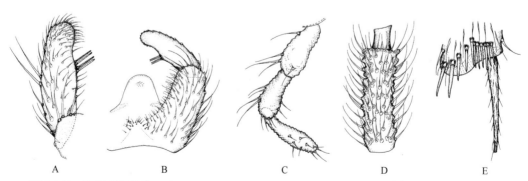

图 8-141　直刺突眼蕈蚊 *Dolichosciara rectospinosa* Shi *et* Huang, 2013（引自 Wu *et al.*，2013）
A. 生殖刺突；B. 生殖基节；C. 下颚须；D. 鞭节第 4 节；E. 前足胫节端部

（759）疏毛突眼蕈蚊 *Dolichosciara sparsula* Shi *et* Huang, 2013（图 8-142）

Dolichosciara sparsula Shi *et* Huang, 2013: 345.

特征：雄虫翅长 2.72 mm。头部深褐色；触角和下颚须浅褐色；胸部、腹部和生殖器黄褐色；足浅黄褐色；翅烟色。头部眼桥小眼面 3 排。前额具 25 毛。唇基具 1 毛。下颚须 3 节，基节具 4 毛；第 2 节具 11–14 毛；第 3 节具 6–8 毛。鞭节第 4 节长/宽=2.74–2.91。前胸背板前部具 6 毛，前胸前侧片具 4 毛。翅宽/长=0.38。Y 无毛。stM 具 0–2 毛，M 和 Cu 脉具毛。c/w=0.43，R_1/R=0.72，Y/X=1.94。前足胫节胫梳具 6–7 毛，前足胫距/胫端宽=1.87。前足腿节/跗节=0.88–0.89。跗节/胫节：前足 0.68–0.69，后足 0.51；后足胫节/胸=2.30–2.33。前足胫节具 1 背毛，10 腹侧毛，5 前侧毛，2 后侧毛。生殖基节长于生殖刺突，生殖刺突腹侧毛稀疏，腹侧尖端具 2 极细长毛，生殖器基叶区域具稀疏毛。生殖刺突稍弯曲，顶端变窄，中部尖端背侧稍凹陷，顶端具密毛，凹陷处下具 4 稍弯曲的刺。阳基边缘宽大于长。第 10 腹节两侧各具 1–2 毛。

分布：浙江（临安）。

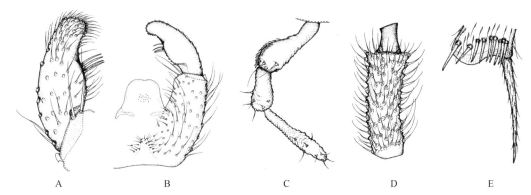

图 8-142　疏毛突眼蕈蚊 *Dolichosciara sparsula* Shi *et* Huang, 2013（引自 Wu *et al.*, 2013）
A. 生殖刺突；B. 生殖基节；C. 下颚须；D. 鞭节第 4 节；E. 前足胫节端部

（760）伪饰尾突眼蕈蚊 *Dolichosciara subornata* (Mohrig *et* Menzel, 1994)

Phytosciara (*Dolichosciara*) *subornata* Mohrig *et* Menzel, 1994: 182.

特征：雄虫生殖刺突近顶端具 4 细刺，生殖器基叶区域具毛，阳基边缘长是宽的 2 倍。
分布：浙江（泰顺）、陕西；俄罗斯。

203. 凯眼蕈蚊属 *Keilbachia* Mohrig, 1987

Keilbachia Mohrig, 1987: 483. Type species: *Keilbaehia nepalensis* Mohrig, 1987.

Camptochaeta: Hippa *et* Vilkamaa, 1994: 50.

Keilbachia: Mohrig, Menzel *et* Martens, 1995: 107.

主要特征：个体小至大。体常黑褐色，下颚须和足淡黄色，翅烟色。眼桥小眼面 2–4 排。下颚须 3 节，基节常仅具 1 毛，具深感觉窝。触角 16 节，鞭须短，第 4 鞭节长/宽=2.00–5.90。翅膜无大毛。翅脉 C、R 具毛，M 和 Cu 无毛，R_1<R，R_5 具一排背毛，M 叉对称，stCu<bM。小盾片具 2 边缘毛，胫距式 1–2–2，中后足胫距约等长。前足胫节具界限分明的弧形胫梳，后足胫节具 1 排背毛。爪无齿。尾器生殖突基节腹面无基叶或毛簇。生殖刺突锥形或卵圆形，基部具 1 根或多根长弯刚毛，具端齿或无。阳基短，形式多样，具阳基齿。

分布：古北区、东洋区和新北区。世界已知 54 种，中国记录 15 种，浙江分布 6 种。

分种检索表

（761）长钩凯眼蕈蚊 *Keilbachia acumina* Vilkamaa, Menzel *et* Hippa, 2009（图 8-143）

Keilbachia acumina Vilkamaa, Menzel *et* Hippa, 2009: 4.

Keilbachia acumina: Zhang *et al.*, 2010: 51.

特征：雄虫头、触角、胸部和腹部浅红棕色，基节浅棕色，足黄色。翅淡烟色。头部眼桥 3 个小眼面宽。额部具 3–6 根刚毛。唇基具 1 根刚毛。下颚须 3 节；第 1 节具 1 根刚毛，具感觉窝；第 2 节具 6 根刚毛；第 3 节具 5 根刚毛。触角鞭 4 长为宽的 1.8–2.9 倍。前胸背板具 3–4 根刚毛。前侧片 1 具 3–7 根刚毛。翅长 0.9–1.4 mm，宽/长为 0.40–0.50。R_1/R 为 0.45–0.80。c/w 为 0.70–0.85。r-m 等长或稍短于 bM，r-m/bM 为 0.60–1.00，r-m 和 bM 无刚毛。臀瓣弱。前足基跗节长/前足胫节为 0.45–0.60。腹部第 8 腹板具 4–11 根刚毛。阳基近基部具稍弯的侧臂。生殖基节基叶与生殖刺突等长，刚毛稀疏。生殖刺突狭窄，巨大的基体上有 1 根弯曲的大毛，具 1 根粗的端毛，端部 1/3 处具 1 根更小的亚端刺。端齿缺。

分布：浙江（临安、遂昌）、云南；日本。

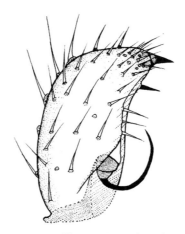

图 8-143　长钩凯眼蕈蚊 *Keilbachia acumina* Vilkamaa, Menzel *et* Hippa, 2009（引自 Zhang *et al.*，2010a）
♂尾器生殖刺突

（762）凤阳凯眼蕈蚊 *Keilbachia fengyangensis* Wu *et* Zhang, 2010（图 8-144）

Keilbachia fengyangensis Wu *et* Zhang, 2010: 53.

特征：雄虫体长 2.31 mm，翅长 1.92 mm。触角、下颚须、足基节、生殖器黄褐色。胸部和腹部褐色。

翅烟色。眼具毛，眼桥小眼面4排。前额7毛。下颚须3节，基节1毛，具一明显感觉窝；第2节具4毛；第3节7毛。第4鞭节长/宽=2.91。前胸背板前部具4毛。前胸前侧片5毛。足的胫距式1-2-2，中后足胫距约等长。前足胫节具弧形界限的胫梳。前足胫距/胫端宽=1.45；前足腿节/前足胫节=0.65；后足胫节/胸=1.03。爪无齿。翅宽/长=0.46。M_1、M_2、CuA_1、CuA_2无毛，R_1、R_5具毛。r-m具1毛。stM微弱，无毛。c/w=0.62；R_1/R=0.83。生殖突基节无基叶或毛簇。生殖刺突锥形且端部狭窄，具端齿，亚端部具1刺，基部具1根长弯刚毛。阳基长大于宽，具阳基齿；阳茎粗壮。

分布：浙江（龙泉）。

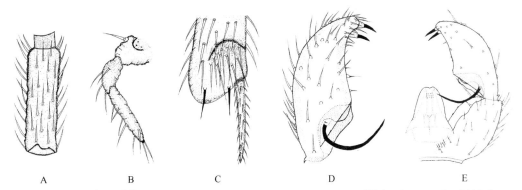

图8-144　凤阳凯眼蕈蚊 *Keilbachia fengyangensis* Wu *et* Zhang, 2010（引自 Zhang *et al.*，2010a）

A. 鞭节第4节；B. 下颚须；C. 前足胫节端部；D. 生殖刺突；E. 生殖基节

（763）长刺凯眼蕈蚊 *Keilbachia flagrispina* Mohrig, 1999

Keilbachia flagrispina Mohrig, 1999:198.

特征：雄虫体长1.64–1.71 mm；翅长1.36–1.41 mm。眼桥3个小眼宽。触角鞭4长/宽为2.19–2.32。前胸背板前缘具5–6根刚毛。前侧片1有3–4根刚毛。c/w为0.69–0.72，R_1/R为0.71–0.76，r-m有1根刚毛。生殖刺突中部大毛非常长并且弯曲，几乎为生殖刺突宽度的3倍。中部大毛基体并不明显。阳基简单，近基部比近端部宽得多。

分布：浙江（安吉、泰顺）、云南；尼泊尔，缅甸。

（764）帕凯眼蕈蚊 *Keilbachia praedicata* Rudzinski, 2008

Keilbachia praedicata Rudzinski, 2008: 348.

特征：雄性眼桥3排。额具14根鬃毛，唇基具1根鬃毛。下颚须浅褐色，3节；基节背侧面具1–2根鬃毛；背侧感觉器可见模糊边缘；感觉器长。触角褐色。鞭节基部浅褐色。鞭4长/宽为2.85；颈长是节宽的0.5倍。胸褐色。中胸背板具细长的褐色鬃毛。盾片末端边缘具4根长鬃毛。足浅褐色。t1具5根腹刺。t1的胫节具不规则排列的鬃毛；1根粗糙、多刺的深色鬃毛。t3具2排背刺。翅浅褐色。c/w=0.75，R_1/R=0.88，r-m=3/4 bm，均光裸。Cu-St非常短。翅长1.75 mm。腹部褐色，密生短鬃毛。生殖节褐色。生殖基突短，紧凑，与生殖刺突等长。生殖基突腹侧宽"V"形。阳基锥状，末端尖锐，边缘两侧中部隆起，强烈骨化，背侧具"Y"形结构。生殖刺突粗卵形，内部中空，顶端密被短鬃毛，无刺。

分布：浙江（庆元、泰顺）、台湾。

（765）萨氏凯眼蕈蚊 *Keilbachia sasakawai* (Mohrig *et* Menzel, 1992)

Corynoptera sasakawai Mohrig *et* Menzel, 1992: 21.

Keilbachia sasakawai: Rudzinski, 2008: 350.

特征： 雄虫阳基形状较为规则，亚端部分与亚基部约等长。生殖刺突亚端部大毛分开较远，最靠近基部的大毛位于生殖刺突顶端的 1/3。

分布： 浙江（泰顺）、台湾；日本。

（766）拟长钩凯眼蕈蚊 *Keilbachia subacumina* Wu *et* Zhang, 2010（图 8-145）

Keilbachia subacumina Wu *et* Zhang, 2010: 52.

特征： 雄虫体长 1.81 mm，翅长 1.49 mm。触角、下颚须、足基节、生殖器黄褐色。胸部和腹部褐色。翅烟色。眼具毛，眼桥小眼面 3 排。前额 5 毛。下颚须 3 节，基节 1 毛，具一明显感觉窝；第 2 节具 6 毛；第 3 节具 6 毛。第 4 鞭节长/宽=3.81。前胸背板前部具 5 毛。前胸前侧片 6 毛。足的胫距式 1–2–2，中后足胫距约等长。前足胫节具弧形界限的胫梳。前足胫距/胫端宽=1.79；前足腿节/前足胫节=0.76；后足胫节/胸=1.23；爪无齿。翅宽/长=0.44。M_1、M_2、CuA_1、CuA_2 无毛，R_1、R_5 具毛。r-m 具 1 毛。stM 微弱，无毛。c/w=0.71；R_1/R=0.96。生殖突基节无基叶或毛簇。生殖刺突卵形且端部渐窄，具端齿，中部具 1 小刺，基部具 1 根长弯刚毛。阳基端部缢缩，具阳基齿；阳茎细长。

分布： 浙江（临安、庆元、龙泉）、福建、云南。

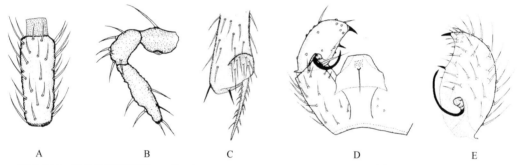

图 8-145　拟长钩凯眼蕈蚊 *Keilbachia subacumina* Wu *et* Zhang, 2010（引自 Zhang *et al.*，2010a）
A. 鞭节第 4 节；B. 下颚须；C. 前足胫节端部；D. 生殖基节；E. 生殖刺突

204. 厉眼蕈蚊属 *Lycoriella* Frey, 1942

Lycoriella Frey, 1942: 22. Type species: *Sciara vivida* Frey, 1942: 37, 23 [a case of misidentified type species; not *Sciara vivida* Winnertz, 1867;=*Bradysia* (*Chaetosciara*) *paucisetulosa* Frey, 1948] (original designation) [=*Neosciara castanescens* Lengersdorf, 1940].

Lycoriella: Rudzinski, 1994: 16.

主要特征： 复眼具毛，下颚须 3 节，触角鞭 4 长为宽的 2 倍以上。足的胫距式 1–2–2，胫梳弧形排列，爪多简单；翅脉 M 与 Cu 无大毛，R_1 不到 M 分叉点；雄性尾器端节长于宽，生殖刺突中部具 1 长鞭毛。

分布： 世界广布，已知 97 种，中国记录 37 种，浙江分布 21 种。

分种检索表

- 生殖刺突端部无刺 ·· 4
3. 生殖刺突端部具 6 根刺，内缘具 6 根刺 ·· 百山祖厉眼蕈蚊 *L. baishanzuna*
- 生殖刺突端部具 5 根刺，内缘无刺 ·· 五刺厉眼蕈蚊 *L. pentamera*
4. 生殖刺突内缘近顶部有 7 根黄色长刺 ·· 小尾厉眼蕈蚊 *L. caudulla*
- 生殖刺突内侧均匀分布 5 根大刺 ··· 等刺厉眼蕈蚊 *L. isoacantha*
5. 生殖刺突端部具刺 ·· 6
- 生殖刺突端部无刺 ·· 15
6. 生殖刺突端部仅 1 根刺 ·· 7
- 生殖刺突端部具多刺 ··· 12
7. 生殖刺突内缘具刺或长弯刚毛 ·· 8
- 生殖刺突内缘无刺和长刚毛 ·· 海菇厉眼蕈蚊 *L. haipleuroti*
8. 生殖刺突内缘具刺 ·· 9
- 生殖刺突内缘具长弯刚毛 ··· 11
9. 生殖刺突内缘具 2 根刺 ··· 长钩厉眼蕈蚊 *L. longihamata*
- 生殖刺突内缘具 1 根刺 ·· 10
10. 生殖刺突内缘中部具 1 根长粗刺 ·· 下刺厉眼蕈蚊 *L.hypacantha*
- 　生殖刺突内缘中部具一锥突，上生 1 根长而钩弯的大刺 ·················· 拟长钩厉眼蕈蚊 *L. pseudolongihamata*
11. 下颚须基节具不规则感觉窝 ··· 平菇厉眼蕈蚊 *L. ingenua*
- 　下颚须的基节粗大，感觉窝大 ··· 京菇厉眼蕈蚊 *L. jingpleuroti*
12. 生殖刺突端部密着一堆等长小刺 ··· 龙王山厉眼蕈蚊 *L. longwangshana*
- 　生殖刺突端部具刺 3–4 根 ·· 13
13. 生殖刺突近球形，端部具刺 3 根 ·· 硕厉眼蕈蚊 *L. maxima*
- 　生殖刺突卵形，端部具刺 4 根 ··· 14
14. 下颚须基节有毛 3 根 ··· 四刺厉眼蕈蚊 *L. tetramera*
- 　下颚须基节有毛 7 根 ··· 吴鸿厉眼蕈蚊 *L. wuhongi*
15. 生殖刺突内缘具掌状凸 ·· 双瓣厉眼蕈蚊 *L. dipetala*
- 　生殖刺突内缘无掌状凸 ·· 16
16. 生殖刺突内缘具刺 ··· 17
- 　生殖刺突内缘无刺 ·· 18
17. 生殖刺突内缘具 6 根刺 ··· 安吉厉眼蕈蚊 *L. anjiana*
- 　生殖刺突内缘具 2 根刺 ·· 瓶颈厉眼蕈蚊 *L. lagenaria*
18. 前足胫节近端部处缢缩 ·· 缢胫厉眼蕈蚊 *L. strangulata*
- 　前足胫节无缢缩 ··· 19
19. 端节很小且远离，内缘较直，顶生密毛 ··· 异宽尾眼蕈蚊 *L. abrevicaudata*
- 　端节大且明显，内缘具弧弯 ··· 20
20. 端节短而狭，顶端渐膨大如棒状 ·· 长毛厉眼蕈蚊 *L. longisetae*
- 　端节短粗，外缘弧弯，内缘呈角突 ··· 截形厉眼蕈蚊 *L. truncata*

（767）异宽尾眼蕈蚊 *Lycoriella abrevicaudata* Yang, Zhang *et* Yang, 1993（图 8-146）

Lycoriella abrevicaudata Yang, Zhang *et* Yang, 1993: 296.

　　特征：雄虫体长 3 mm 左右（2.4–3.8 mm），暗褐色。头部黑褐色，触角长 2–2.2 mm，鞭 4 长为宽的 2.5 倍；下颚须基节最长，具毛 4 根，中节与端节各具 3 根毛。翅长 1.9–2.4 mm，宽 0.7–1 mm，脉褐色，

C 伸达 Rs 至 M_{1+2} 间距的 3/4；平衡棒褐色。尾器短宽，基节粗大；生殖刺突很小且远离，内缘较直，顶生密毛。

分布：浙江（安吉、开化、庆元）、贵州。

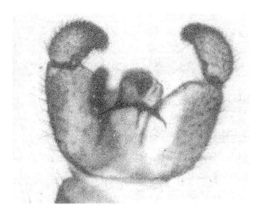

图 8-146　异宽尾眼蕈蚊 *Lycoriella abrevicaudata* Yang, Zhang *et* Yang, 1993（引自杨集昆等，1993）
♂尾器

（768）安吉厉眼蕈蚊 *Lycoriella anjiana* Yang, Zhang *et* Yang, 1998

Lycoriella anjiana Yang, Zhang *et* Yang, 1998: 300.

特征：雄虫体长 2.6 mm，黄褐色。头黑色，眼桥小眼面 4 排；触角鞭 4 长为宽的 2.0 倍；下颚须 3 节，基节短粗只 1 根毛，中节稍长，有毛 5 根，端节长为基节的 2.0 倍，有毛 7 根。翅长 2.0 mm，宽 0.8 mm，C 伸达 Rs 至 M_{1+2} 间距的 3/4。足黄褐色，前足基节长 0.3 mm，腿节长 0.6 mm，胫节长 0.6 mm，跗节长 0.8 mm，胫梳呈扇形排列。尾器较小但宽于末腹节甚多，近圆形；基节粗大，基毛成片；生殖刺突短小。外缘弧弯而刚毛长，内缘凹弯，有大刺 6 根，成排但不太规则，顶部向内弯，多短毛。

分布：浙江（安吉）。

（769）百山祖厉眼蕈蚊 *Lycoriella baishanzuna* Yang, Zhang *et* Yang, 1995

Lycoriella baishanzuna Yang, Zhang *et* Yang, 1995: 459.

特征：雄虫体长 2.8 mm，深褐色。头和复眼均呈黑色，眼桥小眼面 3 排；触角全部褐色，长 2.0 mm，鞭 4 长约为宽的 3 倍，鞭节的毛较短，不超过节的宽度；下颚须端节具毛 7 根。胸部黑褐色，足褐色，基部与腿节黄褐色；翅长 2.8 mm，宽 1.2 mm，淡褐色，脉褐色，M 干略淡，C 伸达 Rs 至 M_{1+2} 间距的 2/3。腹部暗褐，尾器褐色；基节粗壮，甚长于端节，基毛分开；端节外缘弧弯而顶尖突，具刺 6 根，内缘中部隆凸并有 6 根刺。

分布：浙江（安吉、庆元）。

（770）小尾厉眼蕈蚊 *Lycoriella caudulla* Yang, Zhang *et* Yang, 1998

Lycoriella caudulla Yang, Zhang *et* Yang, 1998: 299.

特征：雄虫体长 3.6 mm，黄褐色。触角被长毛，鞭 4 长为宽的 3 倍，鞭节顶端的颈长与节宽约相等；下颚须盖在头下，仅端部稍露出。翅长 2.8 mm，宽 1.2 mm，脉 C 伸达 Rs 至 M_{1+2} 间距的 4/5；前足基节长 0.6 mm，腿节长 1.0 mm，胫节长 2.3 mm，跗节长 3.0 mm，胫梳扇形排列。尾器较小，稍宽于末腹节而窄于倒数第 2 节，基节的基毛分开；端节短小近似卵形，内缘近顶部有 7 根黄色长刺，外缘的刚毛长而色深。

分布： 浙江（安吉）。

（771）双瓣厉眼蕈蚊 *Lycoriella dipetala* Yang, Zhang *et* Yang, 1995（图 8-147）

Lycoriella dipetala Yang, Zhang *et* Yang, 1995: 453.

特征： 雄虫体长 4 mm，暗褐色。头部黑褐，触角褐色，毛短而密，鞭 4 稍长于宽的 2 倍；下颚须淡褐色，3 节，端节最长，有毛 14 根，中节有 17 根毛。胸部深褐，足褐色，基节与腿节较淡，胫距式 1–2–2，爪具齿，前足胫梳弧形，略呈 3 横列。翅长 3.5 mm，宽 1.3 mm，深褐色，脉色深但 M 柄不显，C 伸达 Rs 至 M_{1+2} 间距的 2/3。腹部褐色，毛较长；尾器褐色，基节宽阔而两侧略平行，基毛稍分开；端节长与基节约相等，外缘弧弯而顶端钩突，内缘基半部膨凸并具掌状突，其端部有硬刺 4 根。

分布： 浙江（庆元）。

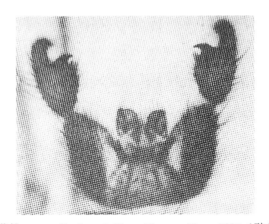

图 8-147　双瓣厉眼蕈蚊 *Lycoriella dipetala* Yang, Zhang *et* Yang, 1995（引自杨集昆等，1995a）
♂尾器

（772）海菇厉眼蕈蚊 *Lycoriella haipleuroti* Yang *et* Tan, 1994（图 8-148）

Lycoriella haipleuroti Yang *et* Tan, 1994: 4.

特征： 雄虫体长 4.1 mm，黑褐色。头部复眼具毛，眼桥有小眼面 3–4 排；触角长 1.8 mm，鞭 4 短粗，

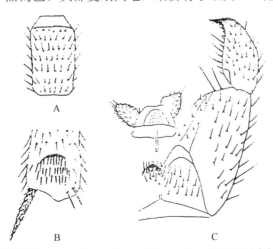

图 8-148　海菇厉眼蕈蚊 *Lycoriella haipleuroti* Yang *et* Tan, 1994（引自杨集昆等，1994）
A. 鞭节第 4 节；B. 前足胫节端部；C. 生殖基节

长仅为其宽的 1.7 倍，颈短宽，梯形；下颚须 3 节，端节具 8 根毛。翅淡烟色，长 2.7 mm，宽 1.1 mm，仅 C、R、R_1、Rs 上具大毛，C 伸达 Rs 至 M_{1+2} 间距的 1/3 处，Cu：bM 指数为 0.4，r-m：bM 指数为 0.9，中脉干微弱。平衡棒具一斜列不整齐的刚毛。足黄褐色，前足基节长 0.4 mm，腿节长 0.6 mm，胫节长 0.8 mm，跗节长 1.1 mm，胫梳排列呈弧形。腹端尾器宽大，深褐色；基节中部具一明显的瘤突，丛生；生殖刺突短小，中部粗而端部渐窄，顶部具一粗刺向内弯突。

分布：浙江、上海。

（773）下刺厉眼蕈蚊 *Lycoriella hypacantha* Yang, Zhang *et* Yang, 1995

Lycoriella hypacantha Yang, Zhang *et* Yang, 1995: 209.

特征：雄虫体长 2.3 mm，褐色。头部复眼黑色，触角褐色，鞭节不全，鞭 4 长为宽的 2.8 倍。胸部深褐，足黄褐色，胫节以下灰褐。前足基节长 0.4 mm，腿节长 0.6 mm，胫节长 0.8 mm，跗节长 1.0 mm；翅淡灰色，长 2 mm，宽 0.8 mm，脉褐色，M 柄较弱，C 伸达 Rs 至 M_{1+2} 间距的 2/3。腹部褐色，尾器褐色；基节宽大；生殖刺突短于基节，长卵形，顶端渐细；突伸成一长刺突，近中部腹侧下方另有一相似的大刺。

分布：浙江（安吉、开化、庆元）。

（774）平菇厉眼蕈蚊 *Lycoriella ingenua* (Dufour, 1839)（图 8-149）

Sciara ingenua Dufour, 1839: 29–31.
Lycoriella pleuroti Yang *et* Zhang, 1987: 255.

特征：雄虫体长约 3 mm，体暗褐色，翅烟色，翅脉、足黄褐色。头部小，复眼具毛，眼桥有 3–4 排小眼面；触角 16 节，长 1.6–1.9 mm，鞭节第 4 节长宽比为 2.5，鞭颈长明显小于宽。下颚须 3 节，基节具不规则感觉窝，具毛 5–7 根，第 2 节具毛 6–9 根，第 3 节具毛 5–8 根。翅长约 2.4 mm，宽约 1 mm，R、R_1、C、Rs 脉上具大毛。前足胫节端部胫梳边缘弧形。雄外生殖器强壮，生殖基节中央具瘤状后突，着生稀疏刚毛；生殖刺突略微弯曲，具尖锐端齿，内侧着生 1 排刚毛，刺突中部具 1 根长鞭毛。

分布：浙江（丽水）、北京。

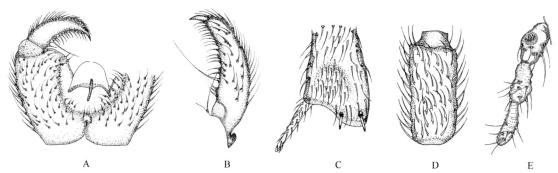

图 8-149 平菇厉眼蕈蚊 *Lycoriella ingenua* (Dufour, 1839)（引自 Ye *et al.*，2017）
A. 生殖基节；B. 生殖刺突；C. 前足胫节端部；D. 鞭节第 4 节；E. 下颚须

（775）等刺厉眼蕈蚊 *Lycoriella isoacantha* Yang, Zhang *et* Yang, 1995（图 8-150）

Lycoriella isoacantha Yang, Zhang *et* Yang, 1995: 453.

特征：雄虫体长 2.8 mm，淡褐色。头部褐色，复眼黑色，眼桥小眼面 2 排；触角长 2.3 mm，基部 2

节黄褐，鞭节淡褐，鞭 4 长为宽的 3 倍，鞭节具长颈；下颚须较短，基节具感觉窝及毛 5 根，中节具毛 3 根，端节具 7 根毛。胸部深褐，足黄褐色，胫节以下淡褐，胫梳排成弧形；翅长 2.4 mm，宽约 1.0 mm，淡黄褐色，脉淡褐色但 M 柄不显，C 伸达 Rs 至 M_{1+2} 间距的 3/4。腹部淡褐，尾器褐色；基节粗壮岔开，基毛分开；生殖刺突粗大但短于基节，顶端微弯，其内侧具分布均匀的 5 根大刺。

　　分布：浙江（庆元）。

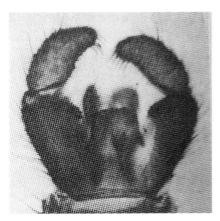

图 8-150　等刺厉眼蕈蚊 *Lycoriella isoacantha* Yang, Zhang *et* Yang, 1995（引自杨集昆等，1995a）
♂尾器

（776）京菇厉眼蕈蚊 *Lycoriella jingpleuroti* Yang *et* Zhang, 1987（图 8-151）

Lycoriella jingpleuroti Yang *et* Zhang, 1987: 258.

　　特征：雄虫体长约 2.5 mm（2.1–3.0 mm），淡褐色。头部色深，复眼具毛，眼桥有 3 个小眼（个别为 4 个）；触角细长，长 1.5–1.8 mm；鞭 4 长为宽的 2.3 倍，颈的长为宽的一半。下颚须的基节粗大，感觉窝大，具毛 4–6 根；中节短而略圆，有毛 5–6 根；端节与基节约等长，为中节的 2 倍，具毛 6–8 根。翅淡烟色，长 1.6–2 mm，宽 0.7–0.8 mm，脉黄褐色，C 伸达 Rs 至 M_{1+2} 间距的 1/2，Cu/bM 指数为 0.8，r-m/bM 指数为 0.76。平衡棒黄褐色。足淡黄褐色；前足的基节长 0.4 mm，腿节长 0.5–0.6 mm，胫节长 0.6–0.65 mm，基跗节长 0.3–0.35 mm；胫梳呈弧形，边印明显，梳的刚毛排列整齐。腹端第 9 背板梯形，刚毛限于顶部和两侧；尾器基节中部无后突，刚毛呈 2 丛，各 5–6 根；生殖刺突短而弯，顶锐尖，刚毛长而稀疏，内侧有长毛 1 根。

　　分布：浙江、北京、上海、贵州。

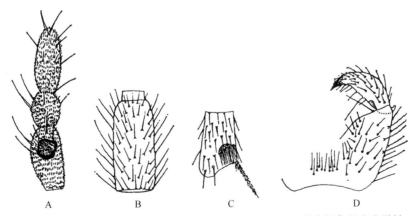

图 8-151　京菇厉眼蕈蚊 *Lycoriella jingpleuroti* Yang *et* Zhang, 1987（引自杨集昆和张学敏，1987b）
A. 下颚须；B. 鞭节第 4 节；C. 前足胫节端部；D. 生殖基节

（777）瓶颈厉眼蕈蚊 *Lycoriella lagenaria* Yang, Zhang *et* Yang, 1995

Lycoriella lagenaria Yang, Zhang *et* Yang, 1995: 212.

特征：雄虫体长约 2.5 mm，暗褐色。头部黑色，复眼缺眼毛；触角细长而淡褐，鞭 4 具 5 圈长毛，节长为宽的 2.5 倍，颈狭长而顶部暗，颈长与节宽约等。胸部深褐色，足基节黄褐，以下灰褐至褐色，前足基节长 0.3 mm，腿节长 0.5 mm，胫节长 0.7 mm，跗节长 0.9 mm，胫梳较稀，呈扇形；翅淡烟色，脉淡褐，翅长约 2 mm，宽约 0.7 mm，翅基部窄呈柄状，臂区不突出，C 伸达 Rs 至 M_{1+2} 间距的 3/5；平衡棒褐色，柄基黄色。腹部及尾器均为暗褐色，尾器略宽于其前的腹节；基节横宽，基毛远离；生殖刺突甚短于基节，外缘弧形，内缘稍内弯，中部有等长的刺 2 根，顶部密生短毛。

分布：浙江（开化）。

（778）长钩厉眼蕈蚊 *Lycoriella longihamata* Yang, Zhang *et* Yang, 1998

Lycoriella longihamata Yang, Zhang *et* Yang, 1998: 300.

特征：雄虫体长 2.5 mm，黄褐色。头黑色，眼桥小眼面 3 排；触角长 1.4 mm，鞭 4 长为宽的 2.3 倍；下颚须 3 节，基节的感觉窝明显并有毛 4 根，中节卵形，有 6 根毛，端节有 7 根毛。翅长 2.6 mm，宽 1.2 mm，脉 C 伸达 Rs-M_{1+2} 间距的 3/4；bM：r-m 为 1：1。足黄褐，胫节以下稍暗；前足基节长 0.4 mm，腿节长 0.6 mm，胫节长 0.6 mm，跗节长 0.8 mm，胫梳细密排成弧形；后足胫节有 1 排大刺。尾器近圆形，基节稍长于端节，基毛稀而分开；生殖刺突弧弯，顶端渐尖具 1 根大刺，内缘中部有 1 根相同的大刺，其下方有一极长而钩弯的大刺，钩刺的基部粗壮。

分布：浙江（安吉、临安、遂昌）、云南。

（779）长毛厉眼蕈蚊 *Lycoriella longisetae* Yang, Zhang *et* Yang, 1998（图 8-152）

Lycoriella longisetae Yang, Zhang *et* Yang, 1998: 301.

特征：雄虫体长 2.8 mm，褐色。触角长 2.0 mm，鞭 4 长为宽的 2.0 倍多；眼桥小眼面 3 排；下颚须 3 节，基节粗大，有毛 3 根，中节较短，有 8 根毛，端节有毛 7 根。翅长 2.4 mm，宽 1.0 mm，淡烟色、透明，脉 C 伸达 Rs 至 M_{1+2} 间距的 4/5。足褐色，前足基节长 0.4 mm，腿节长 0.6 mm，胫节长 0.8 mm，跗节长 0.9 mm，胫梳呈弧形排列。尾器宽大，基节上的刚毛长而密，毛基有明显的白色毛片，内侧的刚毛左右相对伸展、相接触；生殖刺突短而狭，顶端渐膨大如棒状。

分布：浙江（安吉）。

图 8-152　长毛厉眼蕈蚊 *Lycoriella longisetae* Yang, Zhang *et* Yang, 1998（引自杨集昆等，1998）

♂尾器

（780）龙王山厉眼蕈蚊 *Lycoriella longwangshana* Yang, Zhang *et* Yang, 1998（图 8-153）

Lycoriella longwangshana Yang, Zhang *et* Yang, 1998: 301.

　　特征：雄虫体长 3.6 mm，深褐色。头部眼桥小眼面 4 排，触角长 2.0 mm，鞭 4 长为宽的 1.5 倍；下颚须 3 节，基节具极宽大的感觉窝，有毛 12 根，中节较粗，有毛 8 根，端节与中节约等长，但较细，有 7 根毛。翅长 3.0 mm，宽 1.2 mm，脉 C 伸达 Rs 至 M$_{1+2}$ 间距的 4/5，bM 明显长于 r-m。足褐色，跗节较深；前足基节长 0.5 mm，腿节长 0.8 mm，胫节长 0.8 mm，跗节长 0.9 mm，胫梳排成弧形。尾器宽扁、褐色，基节为端节长的 1.5 倍，基毛短小在基部中央密集成方形毛突，其下方的基节边缘凹缺；生殖刺突短小而粗弯，外缘弧形，顶部尖弯有一堆褐色等长的小刺，其下方有 1 根长刚毛。

　　分布：浙江（安吉）。

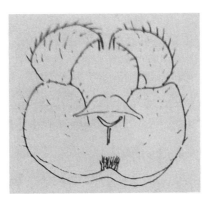

图 8-153　龙王山厉眼蕈蚊 *Lycoriella longwangshana* Yang, Zhang *et* Yang, 1998（引自杨集昆等，1998）
♂尾器

（781）硕厉眼蕈蚊 *Lycoriella maxima* Yang *et* Zhang, 1992（图 8-154）

Lycoriella maxima Yang *et* Zhang, 1992: 439.

　　特征：雄虫体长 5.2 mm，暗褐色。头部黑色，复眼光裸；触角长 3.0 mm，暗褐色，鞭节疏生短毛，鞭 4 长为宽的 2.5 倍；下颚须 3 节，基节粗大，有感觉器，中节略短，端节最长。胸部黑褐色，足黄褐色，跗节褐色；前足基节长 0.72 mm，腿节长 1.2 mm，胫节长 1.5 mm，跗节长 1.8 mm，胫梳长 1.8 mm，胫梳呈扇形，爪无齿。翅长 4.4 mm，宽 2.2 mm，烟褐色，脉褐色，前边 3 条脉粗壮，其他脉较细但很明显；前缘脉（C）伸达 Rs 至 M$_{1+2}$ 间距的 2/3 处，脉上具 2 列大毛；径脉（R）、第 1 径脉（R$_1$）及径分脉（Rs）上

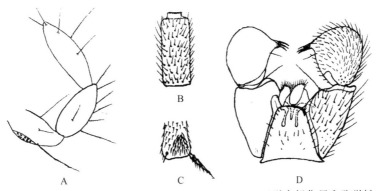

图 8-154　硕厉眼蕈蚊 *Lycoriella maxima* Yang *et* Zhang, 1992（引自杨集昆和张学敏，1992）
A. 下颚须；B. 鞭节第 4 节；C. 前足胫节端部；D. ♂尾器

各具 1 列大毛；中脉（M）的分叉长于其柄，M 以下各脉上均无毛。腹部暗褐色，腹端较细，尾器宽于其 1 倍，尾器的基节宽大，基毛分开；生殖刺突粗壮近似球形，内侧中上部呈锥形突出，端分 3 刺。雌虫体长 5.4 mm，暗褐色；触角长 2.8 mm，足褐色，跗节深褐色；翅长 5.6 mm，宽 2.0 mm；腹部粗大而端半部渐细，尾须粗短，端节卵圆形。

分布：浙江（德清、庆元）。

（782）五刺厉眼蕈蚊 *Lycoriella pentamera* Yang, Zhang *et* Yang, 1995

Lycoriella pentamera Yang, Zhang *et* Yang, 1995: 211.

特征：雄虫体长约 3.0 mm，深褐色。头部黑色，复眼缺毛；触角深褐色，鞭节不全，鞭节长为宽的 3 倍；下颚须基节粗大，有毛 2 根，中节与端节约等长，各有毛 3 根，端节较细。胸部深褐色，足黄褐，胫节以下褐色；前足的基节、腿节、胫节、跗节各长 0.4 mm、0.7 mm、0.9 mm、1.3 mm；翅淡烟色，脉褐色，翅长 2.6 mm，宽 0.9 mm，C 伸达 Rs 与 M_{1+2} 间距的 2/3。腹部深褐，尾器暗褐色，与前面腹节约等宽；基节甚长于端节；生殖刺突短粗，顶端具 5 根粗刺，其基部至内缘密生短刺毛。

分布：浙江（开化）。

（783）拟长钩厉眼蕈蚊 *Lycoriella pseudolongihamata* Yang, Zhang *et* Yang, 1998

Lycoriella pseudolongihamata Yang, Zhang *et* Yang, 1998: 300.

特征：雄虫体长 2.8 mm，黄褐色。触角长 1.5 mm，鞭 4 长为宽的 1.9 倍；下颚须 3 节，基部被头盖住，仅见其端部的毛 3 根，中节卵形，有 9 根毛，端节狭长，有 8 根毛。翅长 2.6 mm，宽 1.1 mm，脉 C 伸达 Rs 至 M_{1+2} 间距的 3/4，bM∶r-m 为 2∶1。足黄褐色，胫节以下色暗；前足基节长 0.5 mm，腿节长 0.6 mm，胫节长 0.8 mm，跗节长 1.0 mm，胫梳排成弧形；后足胫节有一排大刺。尾器较圆，基节长于端节，基毛极少而不易见；生殖刺突短粗而顶端向内尖突，有大刺 1 根，内缘中部具一锥突，上生一长而钩弯的大刺，其基部下侧另有 2 根明显的短小刺毛。

分布：浙江（安吉）。

（784）缢胫厉眼蕈蚊 *Lycoriella strangulata* Yang, Zhang *et* Yang, 1995

Lycoriella strangulata Yang, Zhang *et* Yang, 1995: 213.

特征：雄虫体长约 2.4 mm，暗褐色。头部复眼黑色，眼桥小眼面 2 排；触角褐色，长约 2 mm，鞭 4 长约为宽的 2 倍，颈宽大于长，透明；下颚须的基节仅具 1 根毛，中节粗，有毛 8 根，端节细长，有 6 根毛。胸部红褐色，足黄褐色，胫节以下褐色；前足基节长 0.5 mm，腿节长 0.7 mm，胫节长 0.9 mm，跗节长 1.1 mm，胫节近端部处缢缩，胫梳长而密集呈弧形一片；翅淡灰色，脉褐色，翅长约 2 mm，宽约 0.8 mm，C 伸达 Rs 至 M_{1+2} 间距的 3/4；平衡棒褐色，柄基部色淡。腹部黑褐色；尾器宽大，褐色；基节甚长于端节，生殖刺突短粗，外缘弧弯，内侧较直，顶部密生黑毛。

分布：浙江（开化）。

（785）四刺厉眼蕈蚊 *Lycoriella tetramera* Yang, Zhang, Yang *et* Liu, 1995

Lycoriella tetramera Yang, Zhang, Yang *et* Liu, 1995: 211.

特征：雄虫体长约 2.0 mm，深褐色。头部复眼黑色，眼桥小眼面 2 排；触角长为体长之半，褐色，鞭

4 长仅为宽的 1.3 倍；下颚须的基节有毛 3 根，中节 4 根毛，端节略长，有 7 根毛。胸部深褐，足淡褐色，跗节褐色；翅较宽，长约 1.4 mm，宽 0.7 mm，翅端较圆，R_1 很短，C 伸达 Rs 至 M_{1+2} 间距的中部。腹部深褐，尾器同样颜色，稍宽于其前边腹节；基节长于端节，基毛分开；生殖刺突外缘弧弯，内缘中部略突，顶端具 4 根刺。

　　分布：浙江（开化）。

（786）截形厉眼蕈蚊 *Lycoriella truncata* Yang, Zhang *et* Yang, 1995

Lycoriella truncata Yang, Zhang *et* Yang, 1995: 211.

　　特征：雄虫体长约 2.8 mm，淡褐色。头部复眼黑色。眼桥小眼面 2–3 排；触角长约 2 mm，褐色，基节 2 节黄褐，鞭 4 长约为宽的 2 倍。胸部褐色，侧面黄褐；足基节黄褐，以下灰褐至褐色，前足的基节长 0.5 mm，腿节长 0.7 mm，胫节长 0.9 mm，跗节长 1.0 mm；翅淡烟色，脉褐色，翅长约 1.8 mm，宽约 0.9 mm，C 伸达 Rs 至 M_{1+2} 间距的 3/4。腹部褐色，尾器较小，仅稍宽于其前腹节，褐色；基节略长于端节，基毛分开；生殖刺突短粗，外缘弧弯，顶端向下直截而内缘呈角突。

　　分布：浙江（开化）。

（787）吴鸿厉眼蕈蚊 *Lycoriella wuhongi* Yang, Zhang *et* Yang, 1995

Lycoriella wuhongi Yang, Zhang *et* Yang, 1995: 211.

　　特征：雄虫体长 2.2–2.8 mm，淡褐色。头部复眼黑色，触角褐色，长约为体长之半，鞭 4 长为宽的 1.4 倍；下颚须的基节具 7 根毛，中节有 7 根毛，端节细长，有 5 根毛。胸部黄褐，背面褐色；足基节黄褐色，以下灰褐至褐色，前足的基节、腿节、胫节、跗节长比为 5：8：9：10，胫梳呈三角形；翅淡灰色，脉淡褐，翅长 1.5–2 mm，宽 0.7–0.9 mm，C 伸达 Rs 至 M_{1+2} 间距的 3/4，R_1 较长，几达前缘中部。腹部及尾器均呈褐色，尾器宽于前腹节；基节宽大，基毛分开；生殖刺突短于基节，外缘弧弯，内缘较直，顶端内侧有大刺 4 根。

　　分布：浙江（安吉、开化、庆元）。

205. 摩眼蕈蚊属 *Mohrigia* Menzel, 1995

Mohrigia Menzel, 1995: 102–104. Type species: *Mohrigia hippai* Menzel, 1995.

Mohrigia Menzel, 1995: Menzel *et* Mohrig, 2000: 414–420.

　　主要特征：眼桥窄，小眼面仅 2–3 排，有的种眼桥不完整；触角鞭颈轻微延长；下颚须 2–3 节，第 1 节具毛，具感受器；前足胫节近端部具马蹄形胫梳，爪具细齿；生殖刺突端部或亚端部具齿，生殖刺突内侧圆形鼓起，具 2–6 根鞭毛，生殖基节具基叶，阳基强烈骨化，阳基内突从基部向顶端骨化，形成一条中央条带；阳茎相对较短。端齿基部具透明刺。

　　分布：古北区和东洋区。世界已知 21 种，中国记录 20 种，浙江分布 3 种。

分种检索表

1. 下颚须基节 2 毛，阳基向顶端均匀弯曲 ···································· 膨尾摩眼蕈蚊 *M. inflata*
- 下颚须基节 1–2 毛，阳基近矩形，顶端平截 ··· 2
2. 生殖刺突具发达的背叶，背叶具强壮端齿 ······················· 长角摩眼蕈蚊 *M. megalocornuta*
- 生殖刺突亚端部具发达的背叶，背叶具稍弯曲的端齿 ············· 平截摩眼蕈蚊 *M. truncatula*

（788）膨尾摩眼蕈蚊 *Mohrigia inflata* **Shi** *et* **Huang, 2017**（图 8-155）

Mohrigia inflata Shi *et* Huang, 2017: 78.

　　特征：雄虫翅长 2.12–2.32 mm。头部深褐色；触角、胸部、腹部和生殖器褐色；下颚须浅褐色；足黄褐色；翅烟色。头部眼桥小眼面 3 排。前额具 15 毛。唇基具 1–3 毛。下颚须 3 节，基节具 2 毛。鞭节第 4 节长/宽=2.60–3.54。前胸背板前部具 3–6 毛，前胸前侧片具 5–7 毛。翅宽/长=0.42–0.47。M、Cu、stM 脉无毛，r-m 脉具 0–4 毛。c/w=0.61–0.72，R_1/R=0.70–0.80。前足胫节胫梳马蹄形，前足胫距/胫端宽=0.87–1.10。前足腿节/跗节=1.17–1.48。跗节/胫节：前足 0.56–0.64，后足 0.48–0.54；后足胫节/胸=1.14–1.39。生殖基节与生殖刺突长度相近，生殖刺突卵形，腹侧顶端具密毛，生殖刺突具强壮背叶，背叶具强壮端齿，生殖刺突腹侧中间边缘具 3 根鞭状长毛。生殖基节具圆锥状基叶，基叶具密毛。阳基向顶端均匀弯曲，阳基内突从基部向顶端骨化形成中央条带，且侧面也向顶端骨化。阳基相对较短。第 10 腹节两侧各具 1 毛。

　　分布：浙江（安吉、开化、龙泉）、湖北。

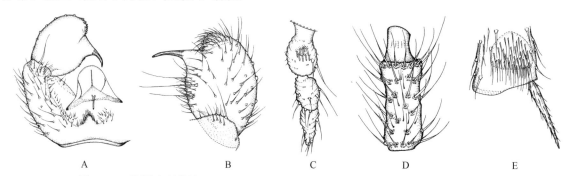

A　　　　　　　　B　　　　　　　C　　　　　　D　　　　　　　E

图 8-155　膨尾摩眼蕈蚊 *Mohrigia inflata* Shi *et* Huang, 2017（引自 Xu *et al.*，2017）
A. 生殖基节；B. 生殖刺突；C. 下颚须；D. 鞭节第 4 节；E. 前足胫节端部

（789）长角摩眼蕈蚊 *Mohrigia megalocornuta* **(Mohrig** *et* **Menzel, 1992)**（图 8-156）

Lycoriella megalocornuta Mohrig *et* Menzel, 1992: 24–25.

Lycoriella longirostris Yang, Zhang *et* Yang, 1995: 210 and 211 (junior syn., in part).

Mohrigia megalocornuta: Menzel *et* Mohrig, 2000: 414–420

　　特征：雄虫翅长 1.59–2.24 mm。头部深褐色；触角、胸部和生殖器褐色；下颚须、足和腹部浅黄褐色；翅烟色。头部眼桥小眼面 2–3 排。前额具 10–15 毛。唇基具 1–2 毛。下颚须 3 节，基节具 1 毛。鞭节第 4

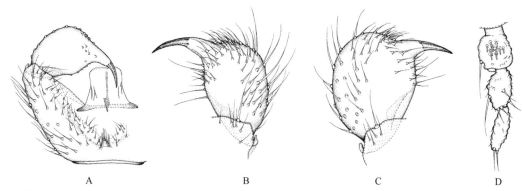

A　　　　　　　　　B　　　　　　　　C　　　　　　　D

图 8-156　长角摩眼蕈蚊 *Mohrigia megalocornuta* (Mohrig *et* Menzel, 1992)（引自 Xu *et al.*，2017）
A. 生殖基节；B. 右侧生殖刺突；C. 左侧生殖刺突；D. 下颚须

节长/宽=2.26–2.93。前胸背板前部具 3–7 毛，前胸前侧片具 2–7 毛。翅宽/长=0.43–0.48。M、Cu、stM 脉无毛，r-m 脉具 0–3 毛。c/w=0.62–0.77，R_1/R=0.53–0.80。前足胫节胫梳马蹄形，前足胫距/胫端宽=0.86–1.17。前足腿节/跗节=1.18–1.38。跗节/胫节：前足 0.57–0.63，后足 0.46–0.66；后足胫节/胸=1.17–1.42。生殖基节与生殖刺突长度相近，生殖刺突卵形，腹侧顶端具密毛，具发达的背叶，背叶具强壮端齿，生殖刺突腹侧中间边缘具 2–3 根鞭状毛。生殖基节具圆锥状基叶，基叶上具密毛。阳基近矩形，顶端平截，阳基内突从基部向顶端骨化，形成 1 条中央条带。阳茎相对较短。第 10 腹节两侧各具 1 毛。

分布：浙江（安吉、临安、开化、庆元、景宁）、福建、台湾；日本。

（790）平截摩眼蕈蚊 *Mohrigia truncatula* Shi *et* Huang, 2017（图 8-157）

Mohrigia truncatula Shi *et* Huang, 2017: 95.

特征：雄虫翅长 1.63–2.03 mm。头部深褐色；下颚须、触角、胸部、腹部和生殖器褐色；足黄褐色；翅烟色。头部眼桥小眼面 3 排。前额具 7 毛。唇基具 1 毛。下颚须 3 节，基节具 1–2 毛。鞭节第 4 节长/宽= 2.19–2.64。前胸背板前部具 2–4 毛，前胸前侧片具 1–2 毛。翅宽/长=0.47–0.49。M、Cu、stM 和 r-m 脉无毛。c/w=0.71–0.72，R_1/R=0.62–0.70。前足胫节胫梳马蹄形，前足胫距/胫端宽=1.03–1.11。前足腿节/跗节=1.23–1.29。跗节/胫节：前足 0.58–0.59，后足 0.48；后足胫节/胸=1.18–1.44。生殖基节与生殖刺突长度相近，生殖基节腹侧顶端具密毛，生殖刺突亚端部具发达的背叶，背叶具稍弯曲的端齿，生殖刺突腹侧中间具 2–3 根鞭状长毛。生殖基节具圆锥状基叶，基叶具密毛。阳基顶端平截，阳基内突从基部向顶端骨化，形成 1 条中央条带。阳基相对较短。第 10 腹节两侧各具 1 毛。

分布：浙江（丽水）、福建。

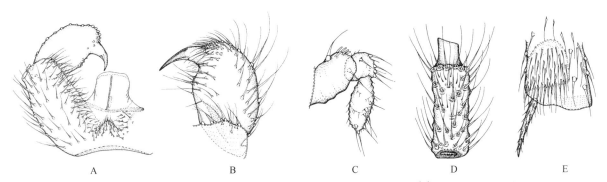

图 8-157　平截摩眼蕈蚊 *Mohrigia truncatula* Shi *et* Huang, 2017（引自 Xu *et al.*，2017）
A. 生殖基节；B. 生殖刺突；C. 下颚须；D. 鞭节第 4 节；E. 前足胫节端部

206. 配眼蕈蚊属 *Peyerimhoffia* Kieffer, 1903

Peyerimhoffia Kieffer, 1903: 196. Type species: *Peyerimhoffia brachyptera* Kieffer, 1903 (designation by Enderlein, 1911).

Cosmosciara Frey, 1942: 24. Type species: *Plastosciara perniciosa* Edwards, 1942 (original designation).

Plastosciara: Tuomikoski, 1960: 1.

Cratyna: Menzel *et* Mohrig, 2000: 268.

Peyerimhoffia: Vilkamaa *et* Hippa, 2005: 457; Shi *et al.*, 2014: 68.

主要特征：触角鞭节近圆柱形，鞭颈正常或稍微延长；下颚须 1–3 节；翅缘无毛，M、Cu、stM、r-m脉无毛；生殖刺突具大而弯曲的端齿，无刺，近顶端或中间具一团毛，中间无鞭状毛。

分布：古北区、东洋区和新热带区。世界已知 21 种，中国记录 8 种，浙江分布 3 种。

分种检索表

（791）钩尾配眼蕈蚊 *Peyerimhoffia hamata* Shi *et* Huang, 2014（图 8-158）

Peyerimhoffia hamata Shi *et* Huang, 2014: 69.

特征：雄虫翅长 1.88–2.21 mm。头部深褐色；触角、胸部、腹部和生殖器褐色；下颚须浅褐色；足浅黄褐色；翅烟色。头部眼桥小眼面 3 排。前额具 4 毛。唇基无毛。下颚须 1 节，具 6 毛。鞭节第 4 节长/宽=2.07–2.16。前胸背板前部具 3 毛，前胸前侧片具 3 毛。翅宽/长=0.38–0.41。M、Cu、stM 和 r-m 脉无毛。c/w=0.61–0.73，R_1/R=0.68–0.90。前足胫距/胫端宽=1.18–1.23。前足腿节/跗节=1.24–1.38。跗节/胫节：前足 0.49–0.56，后足 0.44–0.49；后足胫节/胸=1.30–1.42。生殖基节略长于生殖刺突，生殖基节腹侧具稀疏毛，生殖基节具基叶，基叶上具稀疏毛。生殖刺突轻微膨大，具较稀疏毛，顶端具 1 粗大的端齿。阳基边缘长宽相近，轻微弯曲。第 10 腹节两侧各具 1 毛。

分布：浙江（临安、庆元）。

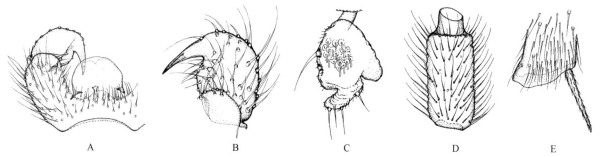

图 8-158　钩尾配眼蕈蚊 *Peyerimhoffia hamata* Shi *et* Huang, 2014（引自 Shi *et al*., 2014）
A. 生殖基节；B. 生殖刺突；C. 下颚须；D. 鞭节第 4 节；E. 前足胫节端部

（792）芬兰配眼蕈蚊 *Peyerimhoffia vagabunda* (Winnertz, 1867)

Sciara vagabunda Winnertz, 1867: 230.

Peyerimhoffia brachyptera Kieffer, 1903: 198.

Peyerimhoffia alata Frey, 1948: 72.

Plastosciara (Peyerimhoffia) brachyptera Tuomikoski, 1960: 40.

Cratyna (Peyerimhoffia) vagabunda Menzel *et* Mohrig 2000: 285.

Peyerimhoffia vagabunda: Shi *et al*., 2014: 73.

特征：雄虫下颚须具 1 节，形状规则。生殖刺突向顶端变窄，背侧圆滑，端齿长度等于生殖刺突的宽，生殖基节无基叶，阳基边缘强烈弯曲硬化。

分布：浙江（临安）、黑龙江、山西、陕西；俄罗斯，法国，瑞典，意大利。

（793）短刺配眼蕈蚊 *Peyerimhoffia brachypoda* Shi *et* Huang, 2014（图 8-159）

Peyerimhoffia brachypoda Shi *et* Huang, 2014: 77.

特征：雄虫翅长 1.34–1.46 mm。头部深褐色；触角、胸部、腹部和生殖器褐色；下颚须浅褐色；足黄褐色；翅烟色。头部眼桥小眼面 2 排。前额具 4 毛。唇基具 2 毛。下颚须 3 节，基节具 1–2 毛。鞭节第 4 节长/宽=2.36–2.74。前胸背板前部具 2 毛，前胸前侧片具 4–5 毛。翅宽/长=0.41–0.44。M、Cu、stM 和 r-m 脉无毛。c/w=0.52–0.55，R_1/R=0.51–0.53。前足胫节具一团毛，前足胫距/胫端宽=1.13–1.19。前足腿节/跗节=1.37–1.75。跗节/胫节：前足 0.51–0.54，后足 0.45–0.49；后足胫节/胸=1.47–1.50。生殖基节长于生殖刺突，生殖基节腹侧毛较密，中央区域具稀疏毛。生殖刺突具较稀疏毛，顶端轻微膨大，密毛，近顶端具顶叶，顶叶上具 1 强壮且轻微弯曲的端齿。阳基边缘长宽相近，顶端平滑。第 10 腹节两侧各具 1 毛。

分布：浙江（安吉）、山西。

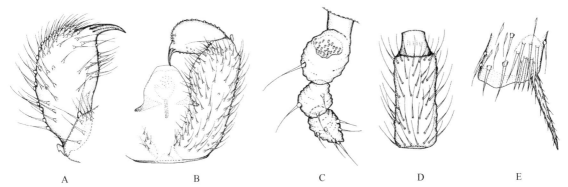

图 8-159　短刺配眼蕈蚊 *Peyerimhoffia brachypoda* Shi *et* Huang, 2014（引自 Shi *et al.*，2014）
A. 生殖刺突；B. 生殖基节；C. 下颚须；D. 鞭节第 4 节；E. 前足胫节端部

207. 植眼蕈蚊属 *Phytosciara* Frey, 1942

Phytosciara Frey, 1942: 21. Type species: *Sciara halterata* Lengersdorf, 1926 (original designation; monotypy).

Phytosciara: Menzel *et* Mohrig, 1991: 18.

主要特征：眼桥小眼面 3–4 排(很少 2 排)；触角鞭节常表面粗糙，鞭 4 长；鞭颈短，有时呈双色；下颚须 3 节，基节长，具感觉窝。胫节距式为 1–2–2；前足胫节具胫梳；后足胫节具 1 排刺，爪具齿。翅面无大毛，翅脉 M 和 Cu 具大毛或无大毛，stCu 脉长于 bM 脉；尾器生殖突基节常具基叶或毛簇；生殖突基节腹侧端具 1–4 长毛；生殖刺突端部密布短毛，其内侧具直的粗刚毛。

分布：世界分布，已知 52 种，中国记录 17 种，浙江分布 9 种。

分种检索表

1. 生殖刺突端部具长刺或刺毛 ·· 2
- 生殖刺突端部无刺 ·· 7
2. 生殖刺突端部具明显长刺 ··· 3
- 生殖刺突端部具刺毛 ·· 5
3. 生殖刺突端部具刺 4–7 根，内缘具刺 ··· 4
- 生殖刺突端部具刺 8 根 ································· **八刺植眼蕈蚊** *P. octospina*
4. 生殖刺突端部具刺 7 根，内缘具稀疏的刺 2 排 ················ **梳尾植眼蕈蚊** *P. pectinata*
- 生殖刺突端部具刺 4 根，内缘具刺 5 排 ························ **狭尾植眼蕈蚊** *P. stenura*

5. 触角约和体长相等，第 4 鞭节长宽比为 3.5–4.0 ·················· **长节植眼蕈蚊 *P. dolichotoma***
- 触角较体长短，第 4 鞭节长宽比不大于 3 ·················· 6
6. 生殖刺突呈圆锥形，顶端丛生小刺 5–6 根 ·················· **锥尾植眼蕈蚊 *P. conicudata***
- 生殖刺突短粗而密被长毛和小刺，顶部至内缘更密集 ·················· **吴氏植眼蕈蚊 *P. wui***
7. 下颚须具毛 7 根 ·················· **武夷植眼蕈蚊 *P. wuyiana***
- 下颚须具毛 3–4 根 ·················· 8
8. 生殖刺突稍内弯，内缘近中部有长刺 4–5 根 ·················· **庆元植眼蕈蚊 *P. qingyuana***
- 生殖刺突外缘弧弯，内缘中部有 3 根粗大弯刺 ·················· **内三刺植眼蕈蚊 *P. endotriacantha***

（794）锥尾植眼蕈蚊 *Phytosciara conicudata* Yang, Zhang *et* Yang, 1995

Phytosciara conicudata Yang, Zhang *et* Yang, 1995: 456.

特征：雄虫体长 3.1 mm，褐色。头部和复眼黑色，眼桥小眼面 3 排；触角淡褐色，长 2.6 mm，鞭 4 长为宽的 2.5 倍，颈的长宽约相等；下颚须短粗，淡褐色，基节最长，有毛 3 根，中节短卵形，有 4 根毛，端节渐尖，有毛 5 根。胸部褐色，足黄褐色，胫节以下较深，爪无齿，前足胫梳 8 根一横排。翅长 2.6 mm，宽 1.0 mm，淡褐色，脉褐色，M 柄微弱，C 伸达 Rs 至 M_{1+2} 间距的 2/3，脉上均具大毛。腹部褐色，除背板与腹板褐色外，侧面亦有褐色带；尾器褐色，基节长为端节的 1.5 倍，基毛分开；生殖刺突略呈圆锥形，顶端丛生小刺 5–6 根。

分布：浙江（庆元）。

（795）长节植眼蕈蚊 *Phytosciara dolichotoma* Yang, Zhang *et* Yang, 1995

Phytosciara dolichotoma Yang, Zhang *et* Yang, 1995: 208.

特征：雄虫体长 3.5–4.0 mm，黄褐色。头部淡褐而复眼黑色，眼桥有排小眼面；触角与体长约相等，褐色，基部 2 节黄色，鞭节上毛长于节宽，鞭 4 的长为宽的 3.5–4.0 倍，颈长大于宽且端半黑色而基半白；下颚须的端节极狭长，近端部略膨大。胸部黄褐色，背板暗褐，胸侧具大褐斑；足黄色，胫节以下灰褐，前足的胫梳 5 根一横排，爪具钝齿。翅淡灰色，脉褐色，中脉柄除连接叉的一小段外均微弱，C 伸达 Rs 至 M_{1+2} 间距的 1/2；平衡棒褐色。腹部灰褐色，背面较暗，尾器黄褐色，基节基部中央具大锥突；生殖刺突狭长，端部钝圆内弯，密生黑色刺毛。雌虫体长约 4 mm，与雄概同，但触角不到体长之半，鞭 4 长为宽的 2.5 倍；腹端尖，尾须较长，基节梯形，与端节斜接，端节长大于宽但短于基节，顶部钝圆。

分布：浙江（开化、庆元）。

（796）内三刺植眼蕈蚊 *Phytosciara endotriacantha* Yang, Zhang *et* Yang, 1995

Phytosciara endotriacantha Yang Zhang *et* Yang, 1995: 456.

特征：雄虫体长 3.2 mm，暗褐色。头部深褐，复眼黑色，眼桥小眼面 3 排；触角褐色，长 2.8 mm，鞭 4 长为宽的 3 倍，颈短而色淡；下颚须淡黄色，基节最长，有 3 根毛，中节毛 8 根，端节有 7 根毛。胸部深褐色，足黄褐色，胫节与跗节褐色，爪无齿，前足胫梳 9 根一横排。翅长 2.8 mm，宽 1.2 mm，淡灰褐色，脉褐色，除 M 基部和 Cu_2 上无大毛外余脉均具大毛，C 伸达 Rs 至 M_{1+2} 间距的 1/2。腹部和尾器均为深褐色，尾器似球形，基节宽阔，基毛生于瘤突上；端节短于基节，外缘弧弯，内缘中部有 3 根粗大的弯刺着生在突起上，刺呈鼎足排列，端节顶部密生毛丛而无刺。

分布：浙江（庆元）。

（797）八刺植眼蕈蚊 *Phytosciara octospina* **Yang, Zhang** *et* **Yang, 1993**

Phytosciara octospina Yang, Zhang *et* Yang, 1993: 291.

特征：雄虫体长 3.2 mm，黑褐色。触角长 2.5 mm；下颚须基节有毛 14 根，中节有 13 根，端节有 10 根。翅长 3.4 mm，宽 1.4 mm，C 伸达 Rs 至 M_{1+2} 间距的 2/3。前足基节、腿节、胫节、跗节长为 0.6 mm、1.0 mm、1.1 mm、1.4 mm，爪无齿。尾器褐色，基节宽大，基毛稀疏相连；生殖刺突细小，端半内弯，顶具粗短的刺 8 根。

分布：浙江（庆元）、贵州。

（798）梳尾植眼蕈蚊 *Phytosciara pectinata* **Yang, Zhang** *et* **Yang, 1995**

Phytosciara pectinata Yang, Zhang *et* Yang, 1995: 455.

特征：雄虫体长 5.0 mm，褐色。头褐色，复眼黑色，眼桥小眼面 2–3 排；触角褐色，基部 3 节黄褐色，鞭 4 长为宽的 4 倍，毛短于节宽；下颚须淡黄色，基节有毛 6 根，中节与基节约等长，有 14 根毛，端节最长，有 12 根毛。胸部暗褐色，足黄褐色，胫节以下褐色，前足胫梳 11 根一横排，爪具短齿。翅长 4.0 mm，宽 1.6 mm，淡褐色，脉褐色，具大毛，C 伸达 Rs 至 M_{1+2} 间距的 1/2。腹部褐色，背板较暗，尾器较前节甚宽大；基节宽阔，基毛连成片；生殖刺突短于基节，顶部密生黑毛及 7 根刺，内缘有稀疏的刺 2 排，每排 5 根。

分布：浙江（庆元）。

（799）庆元植眼蕈蚊 *Phytosciara qingyuana* **Yang, Zhang** *et* **Yang, 1995**（图 8-160）

Phytosciara qingyuana Yang, Zhang *et* Yang, 1995: 455.

特征：雄虫体长 3.8–4.8 mm，褐色。头部深褐，复眼黑色，眼桥小眼面 3–4 排；触角与体长约相等，基部 2 节黄褐，鞭节略深褐色，鞭 4 长为宽的 3.4 倍，颈淡褐而端边褐色；下颚须褐色，基节有毛 4 根，中节略短，有 12 根毛，端节与基节约相等、有 9 根毛。胸部暗褐色，足黄褐色，胫节以下褐色，爪具齿，前足胫梳 4–5 根一横列。翅长 3.2–4.0 mm，宽 1.1–1.6 mm，淡褐色，脉褐色，具大毛，C 伸达 Rs 至 M_{1+2} 间距的 1/2。腹部褐色，尾器稍浅；基节横阔岔开，基毛成片；端节短于基节，长筒形而中部略粗，顶端圆突稍内弯，密生黑毛，内缘近中部有长刺 4–5 根，排列整齐。

分布：浙江（庆元）。

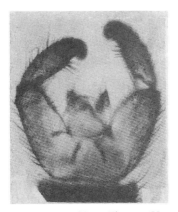

图 8-160　庆元植眼蕈蚊 *Phytosciara qingyuana* Yang, Zhang *et* Yang, 1995（引自杨集昆等，1995a）
♂尾器

（800）狭尾植眼蕈蚊 *Phytosciara stenura* Yang, Zhang *et* Yang, 1995（图 8-161）

Phytosciara stenura Yang, Zhang *et* Yang, 1995: 455.

　　特征：雄虫体长 2.4 mm，褐色。头部深褐色，触角基部 2 节黄褐，鞭节褐色，鞭 4 长为宽的 3.5 倍；下颚须色淡黄，基节有 4 毛，中节与基节等长，有毛 11 根，端节具 8 根毛。胸部暗褐色，足淡黄褐色，胫节以下较深，前足胫梳 11 根一横排，爪具齿；翅长 2.0 mm，宽 1.1 mm，淡灰色，脉淡褐色，背面较深；尾器黄褐色，宽于其前面的腹节，基节狭长岔开，基毛远离；生殖刺突细长而较直，顶端略方，有 4 根长刺，其中 1 根较粗，顶内侧有刺 5 根。

　　分布：浙江（庆元）。

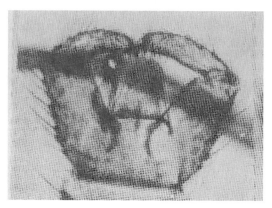

图 8-161　狭尾植眼蕈蚊 *Phytosciara stenura* Yang, Zhang *et* Yang, 1995（引自杨集昆等，1995a）
♂尾器

（801）吴氏植眼蕈蚊 *Phytosciara wui* Yang, Zhang *et* Yang, 1995

Phytosciara wui Yang, Zhang *et* Yang, 1995: 456.

　　特征：雄虫体长 4.5 mm，黑色。头及复眼均为黑色，眼桥小眼面 3 排；触角暗褐色，长 3.6 mm，鞭 4 长为宽的 3 倍，毛短而密，颈的长宽约相等；下颚须黄褐色，基节粗大，具感觉窝和 9 根毛，中节粗大，有 14 根毛，端节细长，有毛 13 根。胸部黑褐色，足褐色，基节与腿节微黄色，前足的胫梳 14 根一横排。翅长 4.5 mm，宽 1.9 mm，淡褐色，脉褐色，具大毛，C 伸达 Rs 至 M_{1+2} 间距的 1/2。腹部暗褐色，尾器黑褐色，较小，基节稍宽于其前节，基节狭长，基毛连成片；生殖刺突仅为基节的一半长，短粗而密被长毛和小刺，顶部至内缘更密集。

　　分布：浙江（庆元）。

（802）武夷植眼蕈蚊 *Phytosciara wuyiana* Yang, Zhang *et* Yang, 2003

Phytosciara wuyiana Yang, Zhang *et* Yang, 2003: 118.

　　特征：雄虫体长 4 mm，褐色，头深褐色，复眼具毛，眼桥小眼面 4 排；触角长 4.4 mm，基部 2 节色淡，鞭节深褐，鞭 4 长为宽的 3.3 倍；下颚须基节粗大，有感觉窝及毛 7 根，中节短，有 15 根毛，端节细长，具 12 根毛。胸部褐色稍深，足基节色淡而余节渐深为褐色，前足基节长 0.8 mm，腿节长 1.2 mm，胫节长 2.2 mm，跗节长 2.6 mm，胫梳 1 横排 6–7 根，爪具 3 齿。翅淡色，长 3.3 mm，宽 1.4 mm，脉均具大毛，M 在分叉的基部有 6 毛，C 伸达 Rs 至 M_{1+2} 间距的 1/2，r-m 长于 bM，Cu 长于 bM。腹部褐色，尾器宽扁，基节基部窄于前节，但逐渐宽大，密生短毛而外侧的长毛、基毛分开；生殖刺突狭长，略短于基节，端部稍内弯，密生短毛。

　　分布：浙江（龙泉）、福建。

208. 首眼蕈蚊属 *Prosciara* Frey, 1942

Neosciara (*Prosciara*) Frey, 1942: 32. Type species: *Neosciara prorrecta* Lengersdorf, 1929 (original designation; monotypy).

Phytosciara: Tuomikoski, 1960: 103.

Prosciara: Hippa *et* Vilkamaa, 1991: 113.

Manusciara Yang, Zhang *et* Yang, 1995: 457. Type species: *Manusciara quadridigitata* Yang, Zhang *et* Yang, 1995 (original designation; monotypy).

　　主要特征：胸部和腹部的颜色较淡，通常背面颜色较深；下颚须 3 节，第 1 节具多毛；翅后缘仅具背毛；前足胫节近端部具一横排胫梳；生殖刺突背叶具刺。

　　分布：古北区和东洋区。世界已知 100 余种，中国记录 36 种，浙江分布 6 种。

分种检索表

1. M_1、M_2 及 Cu_1 脉具毛，Cu_2 脉具毛或无毛 ·· 2
- M_1、M_2、Cu_1 及 Cu_2 无毛 ··· 4
2. Cu_2 无毛 ·· 3
- Cu_2 具毛 ·· 多刺首眼蕈蚊 *P. myriacantha*
3. 生殖刺突近端部具背叶 ·· 窄尾首眼蕈蚊 *P. angusta*
- 生殖刺突远离顶端具背叶 ··· 舌尾首眼蕈蚊 *P. latilingula*
4. 生殖基节无基叶 ·· 5
- 生殖基节有基叶 ·· 中华首眼蕈蚊 *P. sinensis*
5. 生殖刺突背叶长 ··· 四指首眼蕈蚊 *P. quadridigitata*
- 生殖刺突背叶短 ··· 寡刺首眼蕈蚊 *P. ternidigitata*

（803）窄尾首眼蕈蚊 *Prosciara angusta* Shi *et* Huang, 2013（图 8-162）

Prosciara angusta Shi *et* Huang, 2013: 309.

　　特征：雄虫翅长 2.98 mm。头部深褐色；触角、胸部、腹部和生殖器黄褐色；中胸背板褐色；下颚须

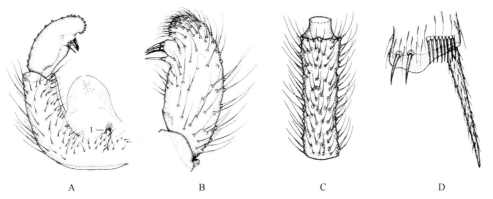

图 8-162　窄尾首眼蕈蚊 *Prosciara angusta* Shi *et* Huang, 2013（引自 Shi *et al.*，2013）
A. 生殖基突；B. 生殖刺突；C. 鞭节第 4 节；D. 前足胫节端部

和足黄色；翅烟色。头部眼桥小眼面 3 排。前额具 11 毛。唇基具 4 毛。下颚须基节具 2 毛；第 2 节具 8 毛；第 3 节具 15 毛。鞭节第 4 节长/宽=3.23。前胸背板前部具 8 毛，前胸前侧片具 10 毛。翅宽/长=0.39。r-m 具 2 毛，stM、M_1、M_2、Cu_1 具毛，Cu_2 无毛。c/w=0.56，R_1/R=0.97。前足胫节胫梳具 8 毛，前足胫距/胫端宽=1.84。前足腿节/跗节=0.95。前足跗节/胫节=0.72；后足跗节/胫节=0.52；后足胫节/胸=1.92。前足胫节具 2 前侧毛，2 后侧毛。中足胫节无背毛。生殖基节与生殖刺突长度相近，生殖基节腹侧毛较密，具小基叶，基叶上具稀疏毛。生殖刺突背叶着生于近顶端，背叶具 4 根直的刺。生殖刺突狭长，顶端具密毛。阳基边缘长宽相近，顶端有裂口。第 10 腹节两侧各具 1 毛。

分布：浙江（龙泉）。

（804）舌尾首眼蕈蚊 *Prosciara latilingula* Hippa *et* Vilkamaa, 1991

Prosciara latilingula Hippa *et* Vilkamaa, 1991: 125.

特征：雄虫翅上 M 和 Cu_1 脉具毛；生殖刺突较膨大，近顶端具背叶，背叶上具 4 根弯曲的刺，生殖基节具大的基叶，阳基边缘宽大，顶端具凹口。

分布：浙江（龙泉、泰顺）；缅甸。

（805）多刺首眼蕈蚊 *Prosciara myriacantha* Shi *et* Huang, 2013（图 8-163）

Prosciara myriacantha Shi *et* Huang, 2013: 317.

特征：雄虫翅长 3.28 mm。头部深褐色；触角、胸部、腹部和生殖器黄褐色；下颚须和足黄色；翅烟色。头部眼桥小眼面 3 排。前额具 25 毛。唇基具 1 毛。下颚须基节具 2 毛；第 2 节具 14 毛；第 3 节具 14 毛。鞭节第 4 节长/宽=2.57。前胸背板前部具 5 毛，前胸前侧片具 7 毛。翅宽/长=0.37。r-m 具 2 毛，stM 具 2 毛，M_1、M_2、Cu_1、Cu_2 具毛。c/w=0.45，R_1/R=0.94。前足胫节胫梳具 9 毛。前足胫距/胫端宽=1.73。前足腿节/跗节=0.73。跗节/胫节：前足 0.84，后足 0.64；后足胫节/胸=2.15。前足胫节具 2 背毛，1 腹侧毛，2 前侧毛，2 后侧毛。中足胫节具 1 背毛。生殖基节短于生殖刺突长度，生殖基节腹侧毛稀疏，生殖基节具基叶，基叶上具稀疏毛。生殖刺突背叶着生于近基部，背叶具 9 根细长的刺。生殖刺突狭长，顶端密毛。阳基边缘长与宽相近，顶端平滑。第 10 腹节两侧各具 2 毛。

分布：浙江（龙泉）。

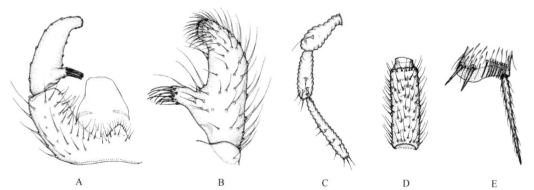

图 8-163　多刺首眼蕈蚊 *Prosciara myriacantha* Shi *et* Huang, 2013（引自 Shi *et al.*，2013）
A. 生殖基节；B. 生殖刺突；C. 下颚须；D. 鞭节第 4 节；E. 前足胫节端部

（806）四指首眼蕈蚊 *Prosciara quadridigitata* (Yang, Zhang *et* Yang, 1995)（图 8-164）

Manusciara quadridigitata Yang, Zhang *et* Yang, 1995: 457.

Prosciara quadridigitata: Shi *et al.*, 2013: 327.

特征：雄虫翅长 2.77–3.35 mm。头部深褐色，触角褐色；胸部、腹部、生殖器黄褐色；下颚须和足黄色；翅烟色。头部眼桥小眼面 3–4 排。前额具 22 毛。唇基具 6–8 毛。下颚须基节 4–5 毛；下颚须第 2 节具 16–19 毛；第 3 节具 13–16 毛。鞭节第 4 节长/宽=1.26–1.77。前胸背板前部具 6–10 毛，前胸前侧片具 8–12 毛。翅宽/长=0.38–0.40。r-m 具 2–9 毛，stM 无毛，M_1、M_2、Cu_1、Cu_2 无毛。c/w=0.48，R_1/R=0.90–1.07。前足胫节胫梳具 6–8 毛。前足胫距/胫端宽=1.17–1.29。前足腿节/跗节=1.07–1.11。跗节/胫节：前足 0.67–0.72，后足 0.47–0.49；后足胫节/胸=1.34–1.35。前足胫节具 2 前侧毛，4–6 后侧毛。中足胫节无背毛。生殖基节长于生殖刺突，生殖基节腹侧毛较密，中央区域具稀疏毛。生殖刺突近顶端具长背叶，背叶具 4 根粗短的刺，呈一排。生殖刺突顶端具密毛。阳基边缘宽大于长，顶端平滑。第 10 腹节两侧各具 1–2 毛。

分布：浙江（庆元）。

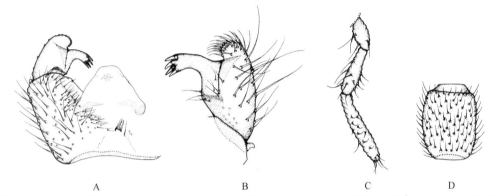

图 8-164　四指首眼蕈蚊 *Prosciara quadridigitata* (Yang, Zhang *et* Yang, 1995)（引自 Shi *et al.*，2013）

A. 生殖基节；B. 生殖刺突；C. 下颚须；D. 鞭节第 4 节

（807）中华首眼蕈蚊 *Prosciara sinensis* Shi *et* Huang, 2013（图 8-165）

Prosciara sinensis Shi *et* Huang, 2013: 334.

特征：雄虫翅长 3.15–3.64 mm。头部深褐色；触角、下颚须和生殖器褐色；胸部和腹部黄褐色；中胸背板深褐色；足黄色；翅烟色。头部眼桥小眼面 3–4 排。前额具 17 毛。下颚须基节具 4–7 毛；第 2 节具 20–21 毛；第 3 节具 14–18 毛。鞭节第 4 节长/宽=1.38–1.72。前胸背板前部具 6–9 毛，前胸前侧片具 8–16 毛。翅宽/长=0.35–0.40。r-m 具 2–8 毛。stM、M_1、M_2、Cu_1、Cu_2 无毛。c/w=0.47–0.49，R_1/R=0.99–1.05。前足胫节胫梳具 7–9 毛。前足胫距/胫端宽=1.30–1.55。前足腿节/跗节=0.87–0.92。跗节/胫节：前足 0.77–0.82，后足 0.49–0.72；后足胫节/胸=1.27–2.10。前足胫节具 2–4 腹侧毛，2 前侧毛，5–7 后侧毛。中足胫节无背毛。生殖基节长于生殖刺突长度，生殖基节腹侧毛稀疏，腹侧前端 1 极细长毛，生殖基节具基叶，基叶上具

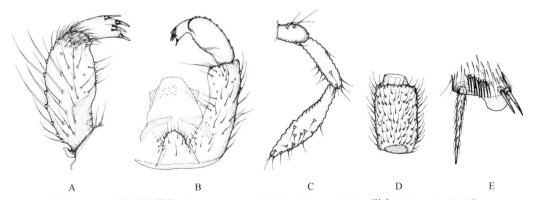

图 8-165　中华首眼蕈蚊 *Prosciara sinensis* Shi *et* Huang, 2013（引自 Shi *et al.*，2013）

A. 生殖刺突；B. 生殖基节；C. 下颚须；D. 鞭节第 4 节；E. 前足胫节端部

稀疏毛。生殖刺突的背叶从顶端伸出向内侧弯曲，背叶具 4 根粗壮的刺。生殖刺突顶端具密毛。阳基边缘长与宽相近，两边中部有膜状突起，顶端平滑。第 10 腹节两侧各具 1–2 毛。

分布：浙江（庆元）。

（808）寡刺首眼蕈蚊 *Prosciara ternidigitata* Shi *et* Huang, 2013（图 8-166）

Prosciara ternidigitata Shi *et* Huang, 2013: 329.

特征：雄虫翅长 3.97–4.01 mm。头部、胸部褐色；触角、腹部、下颚须、足和生殖器黄褐色；翅烟色。头部眼桥小眼面 4 排。前额具 28–29 毛。唇基具 2 毛。下颚须基节 9–16 毛，具感觉窝；第 2 节具 13–14 毛；第 3 节具 11–14 毛。鞭节第 4 节长/宽=2.45–2.76。前胸背板前部具 12–14 毛，前胸前侧片具 8–13 毛。翅宽/长=0.38–0.39。r-m 具 2–4 毛，stM 无毛，M_1、M_2、Cu_1、Cu_2 无毛。c/w=0.51–0.52，R_1/R=0.80–0.94。前足胫节胫梳具 10–11 毛。前足胫距/胫端宽=1.18–1.38。前足腿节/跗节=1.44–1.64。跗节/胫节：前足 0.55–0.60，后足 0.51–0.54；后足胫节/胸=1.30–1.32。前足胫节具 8–9 腹侧毛，2–3 前侧毛，4–6 后侧毛。中足胫节无背毛。生殖基节长于生殖刺突长度，腹侧毛较密，中央区域具密毛。生殖刺突近顶端具短的背叶，背叶上具 3 根粗壮的刺，刺成排。生殖刺突顶端具密毛。阳基边缘宽大于长，两边中部弯曲。第 10 腹节两侧各具 1–2 毛。

分布：浙江（泰顺）。

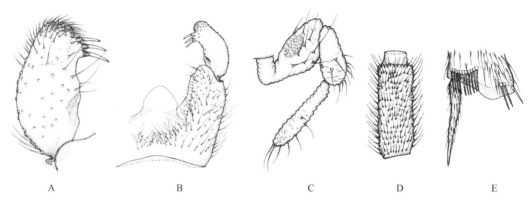

图 8-166　寡刺首眼蕈蚊 *Prosciara ternidigitata* Shi *et* Huang, 2013（引自 Shi *et al.*，2013）
A. 生殖刺突；B. 生殖基节；C. 下颚须；D. 鞭节第 4 节；E. 前足胫节端部

209. 伪轭眼蕈蚊属 *Pseudozygoneura* Steffan, 1969

Pseudozygoneura Steffan, 1969: 669–732. Type species: *Pseudozygoneura musicola* Steffan, 1969.

主要特征：触角鞭节形状多样，呈近圆柱形或近圆锥形，在该属的许多物种具鞭颈和毛延长，触角的刚毛着生处具明显的基板；前足胫节胫梳浓密无规则，后足胫节具一排背毛，在该属的许多种中，跗节腹侧中间具梳状毛；阳基边缘背中央隆起，产生指状结构，阳茎边缘显著增厚。

分布：世界广布，已知 42 种，中国记录 11 种，浙江分布 4 种。

分种检索表

1. 下颚须 1 节 ·· 六刺伪轭眼蕈蚊 *P. hexacantha*
- 下颚须 2 节或者 3 节 ·· 2
2. M 和 Cu 脉具毛，生殖刺突具 3 刺，在中间有三角形突出 ······ 三刺伪轭眼蕈蚊 *P. triacantha*

- M 和 Cu 脉无毛，生殖刺突具 4–5 刺，在中间无三角形突出 ································ 3
3. 下颚须 2 节，生殖刺突窄，近顶端具 2 对不明显的刺 ···················· **凯伪轭眼蕈蚊 *P. kirkspriggsi***
- 下颚须 3 节，生殖刺突肥大，近端部和近中部具 2 对明显的刺 ·············· **粗刺伪轭眼蕈蚊 *P. robustispina***

（809）六刺伪轭眼蕈蚊 *Pseudozygoneura hexacantha* Shi *et* Huang, 2015（图 8-167）

Pseudozygoneura hexacantha Shi *et* Huang, 2015: 79.

特征：雄虫翅长 1.34–2.63 mm。头部深褐色；触角、胸部、腹部和生殖器褐色；下颚须和足浅褐色；翅烟色。头部眼桥小眼面 3 排。前额具 7–8 毛。唇基具 1 毛。鞭节第 4 节无钉子状感觉窝，无刺状感觉窝，长度不超过近顶端的毛，鞭节第 4 节长/宽=1.37–2.00，鞭节第 4 节鞭颈长/宽=1.25–1.87。下颚须 1 节，具 10–13 毛。前胸背板前部具 4 毛，前胸前侧片具 9–12 毛。小盾板具 17–21 毛。翅宽/长=0.43–0.50。M、Cu 和 stM 脉无毛。r-m 具 0–1 毛。c/w=0.65–0.77，R_1/R=0.84–1.19。前足胫距/胫端宽=1.08–1.35。前足腿节/跗节=1.21–1.36。跗节/胫节：前足 0.53–0.58，后足 0.43–0.46；后足胫节/胸=1.43–1.67。后足胫节顶端具 12–14 根多刺的刚毛。跗节腹侧中部具胫梳。后足胫节无点状感觉窝。生殖基节短于生殖刺突，腹侧具稀疏毛，中央区域具稀疏毛。生殖刺突膨大，具密毛，具 6 根细刺。阳基边缘宽大于长，顶端具一个圆形指状结构。第 10 腹节两侧各具 1 毛。

分布：浙江（临安）、山西、陕西、湖北、福建。

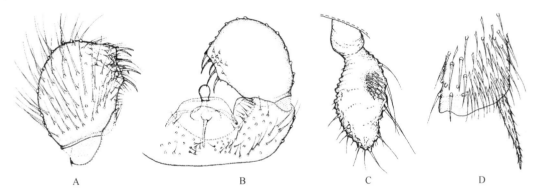

图 8-167　六刺伪轭眼蕈蚊 *Pseudozygoneura hexacantha* Shi *et* Huang, 2015（引自 Shi *et al*.，2013）
A. 生殖刺突；B. 生殖基节；C. 下颚须；D. 前足胫节端部

（810）凯伪轭眼蕈蚊 *Pseudozygoneura kirkspriggsi* Hippa, Vilkamaa *et* Heinakroon, 1998

Pseudozygoneura kirkspriggsi Hippa, Vilkamaa *et* Heinakroon, 1998: 210.

特征：雄虫触角鞭节近圆柱形。生殖刺突窄，近顶端具 4 刺，分成不明显的 2 对；阳基边缘顶端尖，具窄的背部隆起，不超过阳基边缘顶端。

分布：浙江（临安）、湖北；婆罗洲。

（811）粗刺伪轭眼蕈蚊 *Pseudozygoneura robustispina* Shi *et* Huang, 2015（图 8-168）

Pseudozygoneura robustispina Shi *et* Huang, 2015: 88.

特征：雄虫翅长 1.34–1.73 mm。头部深褐色；触角、胸部和生殖器褐色；下颚须和腹部浅褐色；足黄褐色；翅烟色。头部眼桥小眼面 3 排。前额具 8–9 毛。唇基具 1–3 毛。鞭节第 4 节无钉子状感觉窝（福建的标本具钉子状感觉窝），无刺状感觉窝，长度不超过近顶端的毛。鞭节第 4 节长/宽=1.42–1.58，鞭节第 4

节鞭颈长/宽=2.05–2.38。下颚须3节，基节具1–3毛。前胸背板前部具4–7毛，前胸前侧片具5–7毛。小盾板具16–21毛。翅宽/长=0.47–0.49。M、Cu和stM脉无毛。r-m具2–3毛。c/w=0.56–0.70，R_1/R=0.66–0.95。前足胫距/胫端宽=1.21–1.39。前足腿节/跗节=1.41–1.56。跗节/胫节：前足0.49–0.56，后足0.38–0.44；后足胫节/胸=1.29–1.43。后足胫节顶端具9–10根多刺的刚毛。跗节腹侧中部具胫梳。后足胫节无点状感觉窝。生殖基节短于生殖刺突，腹侧具稀疏毛，中央区域具稀疏毛。生殖刺突肥大，具较稀疏毛，具4粗刺，明显分为2对，相隔距离和刺的长度相近。阳基边缘长宽相近，顶端圆形指状结构没有延伸出阳基边缘。第10腹节两侧各具1毛。

分布：浙江（临安）、湖北、福建。

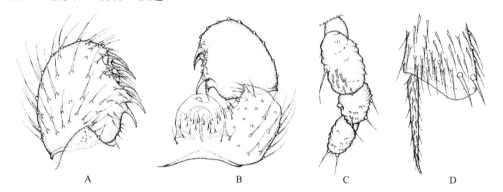

图 8-168 粗刺伪轭眼蕈蚊 *Pseudozygoneura robustispina* Shi *et* Huang, 2015（引自 Shi *et al.*, 2013）

A. 生殖刺突；B. 生殖基节；C. 下颚须；D. 前足胫节端部

（812）三刺伪轭眼蕈蚊 *Pseudozygoneura triacantha* Shi *et* Huang, 2015（图 8-169）

Pseudozygoneura triacantha Shi *et* Huang, 2015: 79.

特征：雄虫翅长2.44–2.81 mm（贵州的标本翅长1.85 mm）。头部深褐色；触角、胸部和生殖器褐色；下颚须和腹部浅褐色；足黄褐色；翅烟色。头部眼桥小眼面3排。前额具6–11毛。唇基具0–2毛。鞭节第4节无钉子状感觉窝，无刺状感觉窝，长度不超过近顶端的毛，鞭节第4节长/宽=1.59–2.33，鞭节第4节鞭颈长/宽=2.04–2.71。下颚须3节，基节具3–4毛。前胸背板前部具5–9毛，前胸前侧片具5–9毛。小盾板具17–37毛。翅宽/长=0.42–0.48。M和Cu脉具毛（贵州的标本M和Cu脉无毛）。stM具0–3毛。r-m具4–6毛。c/w=0.66–0.70，R_1/R=0.88–1.05。前足胫距/胫端宽=1.36–1.67。前足腿节/跗节=1.06–1.40。跗节/胫节：前足0.52–0.66，后足0.48–0.52；后足胫节/胸=1.28–1.54。后足胫节无点状感觉窝。生殖基节与生殖刺突长度相近，腹侧具稀疏毛，中央区域具稀疏毛。生殖刺突膨大，具较稀疏毛，生殖刺突具三角突起，具3细长刺。阳基边缘宽大于长，边缘中部轻微弯曲。第10腹节两侧各具1毛。

分布：浙江（临安）、湖南、福建、贵州、云南。

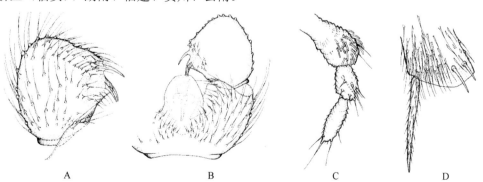

图 8-169 三刺伪轭眼蕈蚊 *Pseudozygoneura triacantha* Shi *et* Huang, 2015（引自 Shi *et al.*, 2013）

A. 生殖刺突；B. 生殖基节；C. 下颚须；D. 前足胫节端部

210. 粪眼蕈蚊属 *Scatopsciara* Edwards, 1927

Scatopsciara Edwards, 1927: 798 [as subgenus of *Sciara* Meigen] Type species: *Sciara quinquelineata* Macquart, 1834 (original designation) [=*Sciara vitripennis* Meigen, 1818].

Scalopsciara (*Scalopsciara*): Menzel *et* Mohrig, 1998: 370.

主要特征：一般特征同厉眼蕈蚊属，但胫梳呈一横排；与迟眼蕈蚊属（*Bradysia*）的区别为 3 对足的胫端距 1–1–1 或 1–2–1。胫 2 和（或）胫 3 的端距退化，胫刺弱；R₁ 短，接近 Rs。

分布：全北区、东洋区。世界已知 90 种，中国记录 7 种，浙江分布 2 种。

（813）短跗粪眼蕈蚊 *Scatopsciara brevitarsi* Yang, Zhang *et* Yang, 1998（图 8-170）

Scatopsciara brevitarsi Yang, Zhang *et* Yang, 1998: 305.

特征：雄虫体长 2.4 mm，褐色。触角鞭 4 长为宽的 2.5 倍，顶部的颈较短；眼桥小眼面 3 排。下颚须 3 节，基节极宽大，近方形，有感觉窝及毛 6 根；中节球形，很小，不及基节长和宽的各半，有毛 5 根；端节更小，呈卵形，有 7 根毛。翅长 2.1 mm，宽 0.8 mm，脉 C 伸达 Rs 至 M₁₊₂ 间距的 3/4，bM 比 r-m 稍长。足黄褐色，跗节褐色且较短，前足基节长 0.4 mm，腿节长 0.5 mm，胫节长 0.5 mm，跗节长 0.6 mm，中后足的跗节与胫节均等长或稍短；颈距均仅 1 个，且较短，前足胫梳 6 根一横列；爪小而有 2 细齿。尾器略圆，基节粗大，为端节长的 2.0 倍，基毛分开；生殖刺突外缘弧弯而内缘较直，顶端向内伸 1 根长刺。

分布：浙江（安吉）。

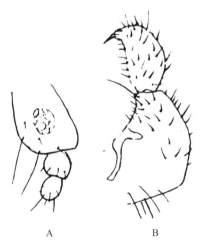

图 8-170　短跗粪眼蕈蚊 *Scatopsciara brevitarsi* Yang, Zhang *et* Yang, 1998（引自杨集昆等，1998）

A. 下颚须；B. ♂尾器

（814）浙粪眼蕈蚊 *Scatopsciara zheana* Yang, Zhang *et* Yang, 1995

Scatopsciara zheana Yang, Zhang *et* Yang, 1995: 451.

特征：雄虫体长 3.1 mm，淡褐色。头褐色，复眼具毛，眼桥小眼面 2 排；触角黄褐色，长 1.9 mm，鞭 4 长为宽的 2 倍；下颚须 3 节：基节球形，仅 1 根大毛，中节与基节相似，有毛 3 根，端节长，具 6 毛。胸淡褐色，3 对足的端距为 1–2–1；翅长 2.7 mm，宽 1.1 mm，淡灰色，脉极淡，M 柄几乎看不见，C 伸达

Rs 至 M_{1+2} 间距的 3/4 处。腹部淡黄褐色，尾器宽扁；基节粗大，基毛分开；生殖刺突短小，仅为基节的一半长，外缘弧弯而内缘直，顶端具岔开的粗刺 2 根。

　　分布：浙江（庆元）。

211. 眼蕈蚊属 *Sciara* Meigen, 1803

Sciara Meigen, 1803: 263. Type species: *Tipula thomae* Linnaeus, 1767 (monotypy) [in Meigen, 1803 as *Hirtea thomae* Fabricius;=*Tipula hemerobioides* Scopoli, 1763].

Lycoria Meigen, 1800: 17. Type species: *Tipula thomae* Linnaeus, 1767 [=*Tipula hemerobioides* Scopoli, 1763].

Molobrus Latreille, 1805: 288. Type species: *Tipula thomae* Linnaeus, 1767: 976 (monotypy).

Nowickia Kjellander, 1943: 54 [as subgenus of *Sciara* Meigen, 1803] [not *Nowickia* Wachtl, 1894. Diptera: Taehinidae]. Type species: *Sciara militaris* Nowickj, 1868 (original designation; monotypy).

Semisciara Kjellander, 1943: 55. Type species: *Semisciara agminis* Kjellander, 1943 (original designation; monotypy) [=*Sciara militaris* Nowckj, 1868].

Sciara: Rudzinski, 1993: 298.

　　主要特征：眼桥小眼面 3–4 排；触角鞭节长，鞭颈短，鞭毛长；下颚须 3 节，基节长，具感觉窝。前胸后背板具毛。胫距式 1–2–2；前足胫节具弧形胫梳；足胫节很少具刺，爪无齿。翅面常端部具大毛，翅脉 M 和 Cu 均具大毛；Sc 长，超过 Rs；stCu<M，R_5 具 2 排毛；尾器生殖突基节无基叶；生殖刺突基部窄。

　　分布：世界广布，已知 200 多种，中国记录 9 种，浙江分布 3 种。

分种检索表

1. 翅脉具毛或无，前胸背板后部具毛，生殖器基节背部弯曲明显 ·· 2
- 翅脉及前胸后背板光裸，生殖器基节背部弯曲不明显 ·······················**钩臂眼蕈蚊 *S. humeralis***
2. 生殖基节腹面具明显长毛，生殖刺突端部具长毛 ·····························**裸刺眼蕈蚊 *S. ruficauda***
- 生殖基节腹面无长毛，生殖刺突端部平滑，具刺 5–8 根 ·····················**鹤眼蕈蚊 *S. hemerobioides***

（815）鹤眼蕈蚊 *Sciara hemerobioides* (Scopoli, 1763)

Tipula hemerobioides Scopoli, 1763: 324.

Sciara hemerobioides: Menzel *et* Mohrig, 2000: 520.

　　特征：雄虫该种生殖刺突形式多样，但端部具刺且亚端部具嘴状突起这一特征十分稳定，生殖基节腹面无长毛，端部平滑，具刺 5–8 根。

　　分布：浙江（丽水）、台湾、云南、西藏；亚洲，欧洲，北非，澳大利亚。

（816）钩臂眼蕈蚊 *Sciara humeralis* Zetterstedt, 1851（图 8-171）

Sciara humeralis Zetterstedt, 1851: 3718.

Sciara armata Lengersdorf, 1927: 104.

Sciara analis var. *bezzii* Del Guercio, 1905: 288.

Sciara humeralis Menzel *et* Mohrig, 1991:13.

Sciara hamatilis Yang *et al.* 1993: 287.

特征：雄虫头部眼桥 2–3 排。触角刚毛细密，短于宽度；第 4 鞭节的长度/宽度为 4.12–4.26，颈部短，颈部长度/宽度为 0.78–1.06。下颚须明亮且 3 节；基节正常，具 3–5 短刚毛；第 2 节正常，具 8–9 刚毛；第 3 节与基节一样长，具 5–7 刚毛。胸部呈褐色。小盾片有 4 根长鬃。前胸前背板具 3–6 刚毛。前胸前侧片具 3–4 刚毛。翅膜透明，翅长 3.1–3.3 mm；bM、r-m 裸露；R₁/R=0.57–0.60；c/w=0.75–0.77；脉络微弱，有微弱的 stM；M 叉正常；裸露明亮，正常长度。前足腿节的长度/宽度为 4.98–5.12；胫节端部具长毛；马刺/前足胫节宽度为 1.57–1.69。外生殖器棕色和强烈骨化，外生殖器的长度/宽度为 0.67–0.70。生殖刺突宽而强壮，长度/宽度为 1.50–1.61；端部具并列 2 根臂状齿；内部具不规则排布长刺 2–5 根，刺的着生不对称，且无规律可循，个体间刺的排布和形状差异巨大，在有些个体上，这些长刺呈畸形。生殖刺突的腹侧观内侧角落具有长鬃毛。生殖基节宽而结实，具长而密的刚毛；生殖基节的腹侧观内侧边缘通常"U"形。阳基狭长，长度/宽度为 2.34–2.61。

分布：浙江（安吉、临安、开化、遂昌、庆元）、北京、湖北、江西、台湾、四川、贵州、云南；欧洲，美国。

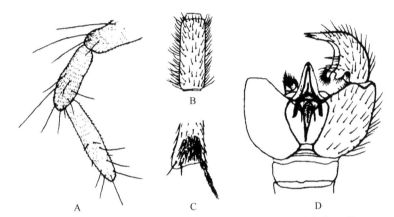

图 8-171　钩臂眼蕈蚊 *Sciara humeralis* Zetterstedt, 1851（引自杨集昆等，1993）
A. 下颚须；B. 鞭节第 4 节；C. 前足胫节端部；D. ♂尾器

（817）裸刺眼蕈蚊 *Sciara ruficauda* Meigen, 1818

Sciara ruficauda Meigen, 1818: 280.

特征：雄虫头部眼桥 2–3 排。触角刚毛细密，短于宽度；第 4 鞭节的长度/宽度为 4.20，颈部短，颈部长度/宽度为 0.72。下颚须明亮且 3 节；基节正常，具 6 根短刚毛；第 2 节正常，具 12 根刚毛；第 3 节与基节一样长，具 8 根刚毛。胸部褐色。小盾片有 2 根长鬃。前胸前背板具 3–6 刚毛。前胸前侧片具 3–4 刚毛。翅膜透明，翅长 2.9 mm；bM、r-m 裸露；R₁/R=0.67–0.80；c/w=0.72–0.75；脉络微弱，有微弱的 stM；M 叉正常；裸露明亮，正常长度。前足腿节的长度/宽度为 5.78；前足胫节端部具长毛，0 背侧，0 腹侧，2 前侧和 2 后侧刚毛；马刺/前足胫节宽度为 1.58。外生殖器棕色和强烈骨化，外生殖器的长/宽为 0.70。生殖刺突宽而强壮，生殖刺突长/宽为 1.43；此物种生殖刺突膨大，端部具长毛，生殖基节宽而结实，腹面具长而密的刚毛；生殖基节的腹侧观内侧边缘通常"U"形。阳基狭长，长/宽为 2.56。

分布：浙江（丽水）、湖北、福建、台湾、四川；法国。

212. 毛眼蕈蚊属 *Trichosia* Winnertz, 1867

Trichosia Winnertz, 1867: 173. Type species: *Trichosia splendens* Winnertz, 1867 (designation by Coquillett, 1910).

Leptosciara Frey, 1942: 22. Type species: *Sciara longiventris* Zetterstedt, 1851 (original designation).

Lestremioides Frey, 1942: 22. Type species: *Lestremioides borealis* Frey, 1942 (original designation; monotypy).

Trichosia: Menzel *et* Mohrig, 1991: 398.

主要特征：体型中到大型，眼桥小眼面 4–5 排。触角鞭节长，鞭颈短，第 4 鞭节长为宽的 1.5–4 倍。下颚须 2–3 节，基节长，感觉窝不明显。前胸后背板具毛或无，小盾片具 4 毛。胫距 1–2–2。前足胫节具胫梳，浓密无规则，足胫节具刺，后足胫节具明显刺列。爪无齿。翅面具密毛，翅脉 M 和 Cu 均具大毛；Sc 长，超过 Rs。$R_1 > R$，R_5 具 2 排毛；尾器生殖突基节无基叶。生殖刺突基部窄，结构较为简单。

分布：古北区、东洋区、澳洲区。世界已知 33 种，中国记录 6 种，浙江分布 5 种。

分种检索表

1. 复眼的眼桥宽大，小眼面 5–6 排 ·· 宽桥毛眼蕈蚊 *T. latissima*
- 小眼面 3–4 排 ··· 2
2. 前足胫梳呈弧形 ··· 3
- 前足胫梳中部的毛呈一横带 ··· 梯鞭毛眼蕈蚊 *T. trapezia*
3. 触角长 2 mm 左右，第 4 鞭节长为宽的 3 倍 ··· 4
- 触角长 2.6–4mm，第 4 鞭节长为宽的 4 倍 ·· 歪毛眼蕈蚊 *T. abliquicapilli*
4. 生殖刺突端部有 3 根极粗长的大刺并列 ·· 长鬃毛眼蕈蚊 *T. longisetosa*
- 生殖刺突长卵形，顶端密生毛及短刺 ·· 小毛眼蕈蚊 *T. pumila*

（818）歪毛眼蕈蚊 *Trichosia abliquicapilli* Yang *et* Zhang, 1995（图 8-172）

Trichosia abliquicapilli Yang *et* Zhang, 1995: 206.

Trichosia obliquicapilli: Yang *et al.*, 1995: 452.

特征：雄虫体长 3.5–4.4 mm，灰褐色。头部黑色，复眼桥的小眼面 3–4 排；触角褐色，长 2.6–4 mm，鞭 4 长为其宽的 4 倍，颈宽大于长；下颚须的基节有毛 7 根左右，中节有 8–12 根毛，端节狭长，有毛 8–10 根。胸部深褐，翅长 3–3.6 mm，宽 1.3–1.4 mm，淡烟褐色，脉褐色，M 柄较弱且少毛，C 伸达 Rs 至 M_{1+2} 间距的 3/4；足黄褐色，胫节以下灰褐色。腹部淡褐，尾器甚宽于前节，黄褐色；基节圆阔，生殖刺突稍短于基节，外缘弧弯，内缘较直，端部内侧密生黑毛丛。

分布：浙江（安吉、开化、庆元、龙泉、泰顺）、福建、贵州。

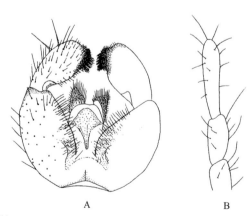

图 8-172　歪毛眼蕈蚊 *Trichosia abliquicapilli* Yang *et* Zhang, 1995（引自杨集昆等，1995a）

A. ♂尾器；B. 下颚须

（819）宽桥毛眼蕈蚊 *Trichosia latissima* **Yang, Zhang** *et* **Yang, 1995**

Trichosia latissima Yang, Zhang *et* Yang, 1995: 207.

特征：雄虫体长 4–4.5 mm，灰褐色。头部黑色，复眼的眼桥宽大，小眼面 5–6 排；触角褐色，长 3–3.2 mm，鞭 4 长为宽的 2.5 倍，毛短于其宽度。胸部黑褐色，翅长约 4.2 mm，宽约 1.8 mm，淡烟褐色，脉褐色，M 柄较弱，C 伸达 Rs 至 M_{1+2} 间距的 4/5；足黄褐色，胫节以下灰褐色，前足的胫梳密集呈扇形。腹部灰褐色，尾器褐色，基节略长于端节，基毛几连成片；生殖刺突卵圆形，端部内侧密生刺毛。

分布：浙江（开化）。

（820）长鬃毛眼蕈蚊 *Trichosia longisetosa* **Yang, Zhang** *et* **Yang, 1998**（图 8-173）

Trichosia longisetosa Yang, Zhang *et* Yang, 1998: 298.

特征：雄虫体长 2.9 mm，褐色。触角长 2.0 mm，鞭 4 长为宽的 3 倍；眼桥小眼面 3 排，下颚须 3 节，基节较粗，有毛 3 根，中节短，有 8 根毛，端节狭而端尖，有 7 根毛。翅长 2.5 mm，宽 1.0 mm，淡烟色透明，脉上有大毛，脉 bM 与 r-m 约等长，C 伸达 Rs 至 M_{1+2} 间距的 2/3。足黄褐，跗节褐色；前足基节长 0.5 mm，腿节长 0.7 mm，胫节长 0.9 mm，跗节长 1.0 mm，后足胫节多刺，前足胫梳扇形排列。尾器粗大，甚宽于末腹节，暗褐色；基节极粗壮，稍长于生殖刺突，侧缘圆突，基毛分开；生殖刺突端部亦粗壮而顶端向内锥突，内侧端部有 3 根极粗长的大刺并列，端节上的刚毛很长但稀疏如鬃。

分布：浙江（安吉）。

图 8-173　长鬃毛眼蕈蚊 *Trichosia longisetosa* Yang, Zhang *et* Yang, 1998（引自杨集昆等，1998）
♂尾器

（821）小毛眼蕈蚊 *Trichosia pumila* **Yang, Zhang** *et* **Yang, 1995**

Trichosia pumila Yang, Zhang *et* Yang, 1995: 452.

特征：雄虫体长 2.5 mm，褐色。头褐色，眼桥小眼面 4 排；触角褐色，长 2.0 mm，鞭 4 长为宽的 3 倍；下颚须色淡，基节有毛 4 根，中节 5 根毛，端节 6 根毛。翅长 2.0 mm，宽 1.4 mm，翅脉 C、R、R_1、Rs 上具大毛，C 伸达 Rs 至 M_{1+2} 间距的 1/2；足黄褐色，胫节与跗节褐色，胫距式 1–2–2，爪无齿，前足胫梳呈弧形，后足胫节具毛和刺，下半部具大刺。腹部褐色，尾器略深；基节粗壮，端节较短，长卵形，顶端密生毛及短刺。

分布：浙江（庆元）。

（822）梯鞭毛眼蕈蚊 *Trichosia trapezia* Yang, Zhang *et* Yang, 1993（图 8-174）

Trichosia trapezia Yang, Zhang *et* Yang, 1993: 286.

　　特征：雄虫体长约 4 mm，暗褐色。触角褐色，长 2.4 mm；下颚须基节粗大，可见 5 根毛。中节短小，有 8 根毛，端节狭长，具毛 8 根。翅长 3.6 mm，宽 1.4 mm，淡褐色，Sc 短，不到 Rs 基部，r-m 长于 bM，bM 为 bCu 的 2 倍长，M 叉基部尖。足黄褐色，胫节淡褐，跗节褐色；前足基节、腿节、胫节、跗节长为 0.6 mm、0.7 mm、1.2 mm、1.3 mm，胫梳中部的毛呈一横带。

　　分布：浙江（安吉、庆元）、贵州。

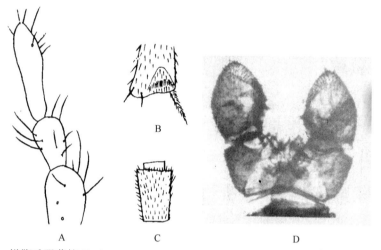

图 8-174　梯鞭毛眼蕈蚊 *Trichosia trapezia* Yang, Zhang *et* Yang, 1993（引自杨集昆等，1993）
A. 下颚须；B. 前足胫节端部；C.鞭节第 4 节；D.♂尾器

213. 轭眼蕈蚊属 *Zygoneura* Meigen, 1830

Zygoneura Meigen, 1830: 304. Type species: *Zygoneura sciarina* Meigen, 1830.

Zygoneura: Rudzinski, 1993: 302.

　　主要特征：体小到中型。体色较深，头部黑褐色，触角褐色。眼桥小眼面 3–5 排。触角 16 节，念珠状。第 4 鞭节长为宽的 2.8–3.5 倍。鞭毛长，为宽的 4.5 倍。鞭颈延长，为鞭节宽的 0.5–1.7 倍。下颚须 2–3 节，基节 2 毛，具不明显感觉窝；第 2 节较短；第 3 节长椭圆形。前胸背板后部光裸；前胸下前侧片延长呈梯形；中胸背板具毛；中背片具毛或无；小盾片常具 2 长刚毛。R_1、R_5 及平衡棒具毛。r-m、stM、CuA_1、CuA_2 光裸。M 叉不对称，M_1 基部呈钟状鼓起。前足胫节端部具胫梳，浓密成一横排或无规则。足的胫距式 1–2–2，胫距长于胫端宽。爪具齿。生殖突基节具基叶或毛簇。生殖刺突粗壮，具 2–5 刺。阳基形状多样，阳茎细长。

　　分布：古北区和东洋区。世界已知 17 种，中国记录 7 种，浙江分布 2 种。

（823）狭轭眼蕈蚊 *Zygoneura longa* Zhang *et* Wu, 2010（图 8-175）

Zygoneura (Pharetratula) longa Zhang *et* Wu, 2010: 43.

特征：雄虫体长 2.31 mm。翅长 1.38 mm。头部经 5% NaOH 处理呈淡黄色。胸部、腹部、生殖器黄褐色。下颚须和足黄色。翅烟色。眼具毛，眼桥小眼面 4 排。前额 8 毛。下颚须 3 节，基节 2 毛，具一不明显感觉窝；第 2 节具 4 毛；第 3 节具 4 毛。触角念珠状，第 4 鞭节长 0.11 mm，长/宽=2.73。鞭颈延长，0.06 mm。鞭节着生密毛，较长，鞭颈处环绕一圈明显延长长毛。前胸背板后部具 2 刚毛。中背片具 3 刚毛。小盾片无毛。足的胫距式 1–2–2，中后足胫距约等长。前足胫节具胫梳，浓密无规则。前足胫距/胫端宽=1.33；前足第 1 跗节/前足胫节=0.58；后足胫节/胸=1.13。爪具 2 齿。翅宽/长=0.41。r-m、M_1、M_2、CuA_1、CuA_2 无毛，R_1、R_5 具毛。stM 微弱，无毛。c/w=0.79。R_1/R=0.52。生殖突基节中部具 2 明显毛簇。生殖刺突长椭圆形，亚端部及亚基部具 2 大刺。阳基平滑，长大于宽，无阳基齿；阳茎细长。

分布：浙江（临安、泰顺）、福建。

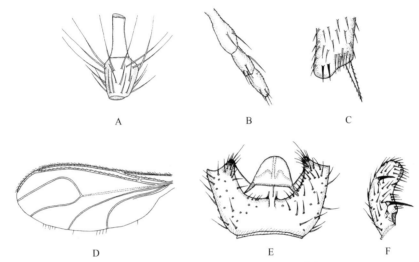

图 8-175　狭轭眼蕈蚊 *Zygoneura longa* Zhang *et* Wu, 2010（引自 Zhang *et al.*，2010）

A. 鞭节第 4 节；B. 下颚须；C. 前足胫节端部；D. 翅；E. ♂部分尾器；F. 生殖刺突

（824）萨轭眼蕈蚊 *Zygoneura sajanica* Mamaev, 1976（图 8-176）

Zygoneura sajanica Mamaev, 1976: 136.

特征：雄虫触角鞭节具长刚毛，几乎等长。生殖基节具 2 群弱刚毛。生殖刺突具 2 根亚端大毛。

分布：浙江（临安）、四川；俄罗斯。

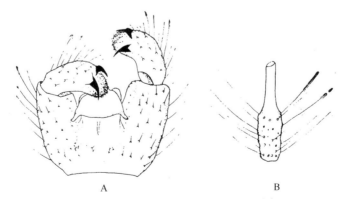

图 8-176　萨轭眼蕈蚊 *Zygoneura sajanica* Mamaev, 1976（引自 Zhang *et al.*，2010）

A. ♂尾器；B. 鞭节第 4 节

214. 待重新归属 Genus unplaced

（825）短手眼蕈蚊 *Manusciara breviuscula* Yang, Zhang *et* Yang, 1998（图 8-177）

Manusciara breviuscula Yang, Zhang *et* Yang, 1998: 298.

特征：雄虫体长 3.0 mm，黄褐色。头部黑色，眼桥小眼面 3 排；触角鞭 4 长为宽的 1.5 倍；下颚须 3 节，基节短，具毛 3 根，中节有 8 根毛，端节长为基节的 2.0 倍，有毛 9 根。翅长 2.2 mm，宽 8.0 mm；脉上均有大毛，C 伸达 Rs 至 M_{1+2} 间距的 2/3。足黄褐色，跗节较暗，胫距式 1–2–2；前足胫梳 7 根一横列，爪有齿。尾器宽于末腹节，基节宽大，基毛连成片；阳茎基突伸于第 10 背板外，端缘呈双叶且色淡；端节短于基节，顶部向内弯突，密生刚毛，内缘中部突伸一掌状突，有粗刺 4 根。

分布：浙江（安吉）。

图 8-177　短手眼蕈蚊 *Manusciara breviuscula* Yang, Zhang *et* Yang, 1998（引自杨集昆等，1998）
♂尾器

（826）圆尾齿眼蕈蚊 *Phorodonta cyclota* **Yang, Zhang *et* Yang, 1995**（图 8-178）

Phorodonta cyclota Yang, Zhang *et* Yang, 1995: 454.

特征：雄虫体长 3.4 mm，褐色。头部褐色，复眼黑色具毛，眼桥小眼面 4 排；触角褐色，长 2.2 mm，

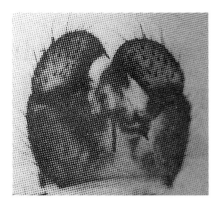

图 8-178　圆尾齿眼蕈蚊 *Phorodonta cyclota* Yang, Zhang *et* Yang, 1995（引自杨集昆等，1995a）
♂尾器

鞭 4 长为宽的 2.4 倍；下颚须淡黄褐色，基节最长，具毛 2 根，中节最短，具 4 根毛，端节有 5 根毛。胸部褐色，足黄褐色，胫节以下褐色，前足的胫梳呈弧形排列，刺较少，翅长 3.0 mm，宽 1.2 mm，灰色，脉淡褐，C 伸达 Rs 至 M_{1+2} 间距的 1/2，R_1 长，伸达 M 叉基部水平。腹部褐色，尾器与腹端的节约等宽，短而圆突；基节横阔，毛稀疏，基毛分开；端节短粗，顶端内弯具一粗刺。

　　分布：浙江（庆元）。

（827）奇刺齿眼蕈蚊 _Phorodonta mirispina_ Yang, Zhang _et_ Yang, 1998（图 8-179）

Phorodonta mirispina Yang, Zhang _et_ Yang, 1998: 299.

　　特征：雄虫体长 3.8 mm，褐色；触角长 2.8 mm，褐色，鞭 4 长为宽的 2 倍；下颚须 3 节，基节有 7 根毛，中节与基节约等长，有毛 6 根，端节较长，有 7 根毛。翅长 2.8 mm，宽 1.3 mm，脉 bM：r-m=1：2，C 伸达 Rs 至 M_{1+2} 间距的 3/4，R_1 稍超过 M 分叉点的水平。足褐色，前足基节长 0.6 mm，腿节与胫节均长 0.9 mm，跗节长 1.2 mm，胫梳呈扇形排列，爪无齿，后足胫节端半有明显的大刺。尾器极粗大，甚宽于末腹节，暗褐色密生长毛；基节短阔，基毛远离；生殖刺突粗壮，长于基节，略呈肾形，外缘弧弯，内缘背面凹洼并环生长刺，端节内缘基部有 2 根粗长而扭曲的大刺向尾器基节处倒伸。

　　分布：浙江（安吉、泰顺）。

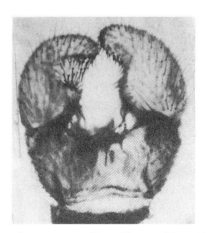

图 8-179　奇刺齿眼蕈蚊 _Phorodonta mirispina_ Yang, Zhang _et_ Yang, 1998（引自杨集昆等，1998）
♂尾器

（828）华鬃眼蕈蚊 _Trichosiopsis sinica_ Yang _et_ Zhang, 2003

Trichosiopsis sinica Yang _et_ Zhang, 2003: 117.

　　特征：雄虫体长 4.0 mm，深褐色，头部几乎全为复眼所占，黑褐色，具眼毛；触角鞭 4 长为宽的 2.5 倍，颈短于其宽；下颚须基节椭圆形，具感觉窝和 3 根毛，中节鞋底形，有毛 13 根，端节长棒形，有 8 根毛。胸部褐色，足褐色，前足基节长 0.4 mm，腿节长 1.5 mm，胫节长 2.0 mm，跗节长 3.2 mm，胫端距细长，为胫端宽的 1.5 倍，胫梳横列一长排，占胫端的 2/3 宽度，胫梳 16 根，较短小。爪有 3 齿。翅淡褐色，长 3.6 mm，宽 1.5 mm，脉均具大毛，R_1 长达 M 分叉点，C 伸达 Rs 至 M_{1+2} 间距的 1/2，bM：Cu=r：m。腹部褐色，背板色深且长毛；尾器深褐色，基节和端节约等长，基毛靠基部分开，向上则毛逐渐靠近；端节的基部宽，内侧有指状突，顶端窄、略向内弯突。

　　分布：浙江（龙泉）、福建。

参 考 文 献

安继尧. 1996. 中国蚋科名录. 中国媒介生物学及控制杂志, 7(6): 470-476.

陈斌, 李廷景, 何正波. 2010. 重庆市昆虫. 北京: 科学出版社: 1-322.

陈汉彬. 2016. 中国蚋科昆虫. 贵阳: 贵州科技出版社: 1-636.

陈汉彬, 安继尧. 2003. 中国黑蝇. 北京: 科学出版社: 1-48.

程铭. 2009. 中国长足摇蚊亚科系统学研究(双翅目: 摇蚊科). 天津: 南开大学博士学位论文.

董学书. 2010a. 云南蚊类志 上卷. 昆明: 云南科技出版社: 1-394.

董学书. 2010b. 云南蚊类志 下卷. 昆明: 云南科技出版社: 1-750.

杜晶. 2011. 世界苔摇蚊系统学研究(双翅目: 摇蚊科). 天津: 南开大学博士学位论文.

傅悦. 2010. 直突摇蚊亚科五属系统学研究(双翅目: 摇蚊科). 天津: 南开大学博士学位论文.

郭玉红. 2005. 中国长跗摇蚊族系统学研究(双翅目: 摇蚊科). 天津: 南开大学博士学位论文.

姜永伟. 2011. 中国摇蚊属系统学研究(双翅目: 摇蚊科). 天津: 南开大学硕士学位论文.

孔凡青. 2012. 东亚直突摇蚊亚科七属系统学研究(双翅目: 摇蚊科). 天津: 南开大学博士学位论文.

李涛. 2012. 中国大蚊属四亚属系统分类研究(双翅目: 大蚊科)及其重要害虫的风险分析研究. 北京: 中国农业大学硕士学位论文.

李杏. 2014. 东亚直突摇蚊亚科四属系统学研究(双翅目: 摇蚊科). 天津: 南开大学博士学位论文.

李彦. 2013. 中国大蚊属(双翅目: 大蚊科)系统分类研究. 北京: 中国农业大学博士学位论文.

李彦, 刘启飞, 李涛, 等. 2016. 大蚊科. 见: 杨定, 吴鸿, 张俊华, 等. 天目山动物志(第八卷). 杭州: 浙江大学出版社: 1-401.

李竹, 杨定. 2016. 毛蚊科. 见: 杨定, 吴鸿, 张俊华, 等. 天目山动物志(第八卷). 杭州: 浙江大学出版社: 1-401.

李竹, 杨定. 2017. 沼蝇科. 见: 杨定, 王孟卿, 董慧. 秦岭昆虫志(双翅目). 西安: 世界图书出版公司: 1-1262.

李竹, 杨集昆. 2001. 双翅目: 毛蚊科. 见: 吴鸿, 潘承文. 天目山昆虫. 北京: 科学出版社: 1-764.

林晓龙. 2015. 浙江省摇蚊科区系及生物地理学研究(双翅目: 摇蚊科). 天津: 南开大学博士学位论文.

刘启飞. 2011. 中国大蚊亚科系统分类研究(双翅目: 大蚊科). 北京: 中国农业大学博士学位论文.

刘涛. 2000. 中国斜瘿蚊族(Clinodiplosini)分类研究. 泰安: 山东农业大学硕士学位论文.

刘涛, 墨铁路. 2001. 瘿蚊科. 见: 吴鸿, 潘承文. 天目山昆虫. 北京: 科学出版社: 1-764.

刘星月, 刘启飞, 李彦, 等. 2009. 大蚊科. 见: 杨定. 河北动物志: 双翅目. 北京: 中国农业科学技术出版社: 1-863.

刘跃丹. 2006. 中印区心突摇蚊属群系统学研究(双翅目: 摇蚊科). 天津: 南开大学硕士学位论文.

陆宝麟, 李蓓思, 姬淑红, 等. 1997. 中国动物志. 昆虫纲. 第8卷. 双翅目: 蚊科(上卷). 北京: 科学出版社: 1-593.

陆宝麟, 徐锦江, 俞渊, 等. 1997. 中国动物志. 昆虫纲. 第9卷. 双翅目: 蚊科(下卷). 北京: 科学出版社: 1-126.

罗科, 杨集昆. 1988. 毛蚊属新种和新记录 (双翅目: 毛蚊科). 昆虫分类学报, 10(3-4): 167-176.

孟庆华. 1958. 库蚊—新种. 昆虫学报, 8: 351-354.

墨铁路, 刘涛. 2003. 中国齿铗瘿蚊属一新种记述(双翅目: 瘿蚊科). 昆虫分类学报, 25: 51-53.

墨铁路, 徐志宏. 1999. 中国瘿蚊科一新记录属及一新种(双翅目). 昆虫分类学报, 21: 36-38.

墨铁路, 许永玉. 2009. 浙江短角瘿蚊属一新种记述(双翅目: 瘿蚊科). 昆虫分类学报, 31: 292-295.

牛晓玲, 余晓霞, 吴鸿. 2010. 双翅目: 菌蚊科. 见: 徐华潮, 叶坛仙. 浙江凤阳山昆虫. 北京: 中国林业出版社: 239-246.

齐鑫. 2007. 中国多足摇蚊属复合体系统学研究(双翅目: 摇蚊科). 天津: 南开大学硕士学位论文.

齐鑫, 王新华. 2009. 浙江省乌岩岭国家级自然保护区摇蚊科昆虫初步调查名录. 四川动物, 29(3): 496-498.

瞿逢伊, 朱淮民. 2009. 我国伊蚊族蚊类记录的校订及新分类系统的建议(双翅目: 蚊科). 中国寄生虫学与寄生虫病杂志, 27(5): 436-447.

施达三. 1963. 柑桔花蕾蛆(Contarinia citri Barnes)的研究. 植物保护学报, 2(4): 379-385.

孙慧. 2010. 中国直突摇蚊亚科布摇蚊复合体及直突摇蚊复合体七属系统学研究(双翅目: 摇蚊科). 天津: 南开大学硕士学位论文.

王海波, 冷延家. 1991. 浙江省白蛉种类调查暨一新种: 钟氏司蛉. 广东寄生虫学会年报, 11(13): 105-108.

王新华. 1995. 双翅目: 摇蚊科. 见: 吴鸿. 华东百山祖昆虫. 北京: 中国林业出版社: 1-586.

王新华, 林晓龙, 齐鑫, 等. 2016. 摇蚊科. 116-202. 见: 吴鸿, 王义平, 杨星科, 等. 天目山动物志(第八卷). 杭州: 浙江大学出版社: 1-401.

王兆俊, 吴征鉴. 1956. 黑热病学. 北京: 人民卫生出版社: 433-609.

吴鸿. 1990. 浙江省菌蚊首记及一新种记述 (双翅目: 菌蚊科). 浙江林学院学报, 7(3): 246-248.

吴鸿. 1995. 华东百山祖昆虫. 北京: 中国林业出版社: 435-450.

吴鸿. 1998. 浙江龙王山真菌蚊属3新种 (双翅目: 菌蚊科). 浙江林学院学报, 15(2): 170-175.

吴鸿. 1999. 广西猫儿山滑菌蚊属二新种 (双翅目: 菌蚊科). 动物分类学报, 24(1): 92-95.

吴鸿, 何俊华, 杨集昆. 1998. 双翅目: 张翅菌蚊科 扁角菌蚊科 菌蚊科. 见: 吴鸿. 龙王山昆虫. 北京: 中国林业出版社: 257-297.

吴鸿, 牛晓玲. 2010. 双翅目: 张翅菌蚊科. 见: 徐华潮, 叶坛仙. 浙江凤阳山昆虫. 北京: 中国林业出版社: 239.

吴鸿, 徐华潮. 2002. 浙江龙王山滑菌蚊科三新种. 昆虫学报, 45: 67-69.

吴鸿, 杨集昆. 1992. 莫干山菌蚊及十新种记述 (双翅目: 菌蚊总科). 浙江林学院学报, 9(4): 424-438.

吴鸿, 杨集昆. 1993a. 贵州省菌蚊初步名录及一中国新记录种. 昆虫分类学报, 15(4): 333-334.

吴鸿, 杨集昆. 1993b. 双翅目: 菌蚊科. 见: 黄春梅. 龙栖山动物. 北京: 中国林业出版社: 644-655.

吴鸿, 杨集昆. 1993c. 中国新菌蚊属四新种 (双翅目: 菌蚊科). 动物分类学报, 18: 373-378.

吴鸿, 杨集昆. 1995. 中国巧菌蚊属研究 (双翅目: 菌蚊科). 浙江林学院学报, 12: 172-179.

吴鸿, 杨集昆. 1996. 福建真菌蚊亚科一新属新种 (双翅目: 菌蚊科). 昆虫学报, 39: 86-89.

吴鸿, 杨集昆. 1997. 河南白云山菌蚊四新种(双翅目: 菌蚊科). 昆虫分类学报, 19: 297-302.

吴鸿, 杨集昆. 1998. 浙江龙王山巧菌蚊属 3 新种 (双翅目: 菌蚊科). 华中农业大学学报, 17(3): 223-226.

吴鸿, 杨集昆. 2003. 菌蚊科, 扁角菌蚊科. 见: 黄邦侃. 福建昆虫志. 福州: 福建科学技术出版社: 146-176.

吴鸿, 杨集昆, 程日光, 等. 1995. 双翅目: 扁角菌蚊科、菌蚊科. 见: 朱廷安. 浙江古田山昆虫及大型真菌. 杭州: 浙江科学技术出版社: 191-204.

武婧阳. 2006. 中国寡脉摇蚊、寡角摇蚊和原寡角摇蚊亚科的系统学研究(双翅目: 摇蚊科). 天津: 南开大学硕士学位论文.

熊光华, 金长发, 管立人. 2016. 中国的白蛉. 北京: 科学出版社: 1-263.

许永玉, 墨铁路. 2009. 中国瘿蚊一新种记述(双翅目, 瘿蚊科). 动物分类学报, 34: 930-932.

闫春财. 2007. 中印区哈摇蚊属复合体系统学研究(双翅目: 摇蚊科). 天津: 南开大学博士学位论文.

杨定. 2003. 大蚊科. 见: 黄邦侃. 福建昆虫志(第八卷). 福州: 福建科学技术出版社.

杨定, 高彩霞, 杨俭文. 2006. 大蚊科. 见: 李子忠, 金道超. 梵净山景观昆虫. 贵阳: 贵州科技出版社.

杨定, 李竹, 刘启飞, 等. 2020. 中国生物物种名录 第二卷 动物 昆虫(V)双翅目(1)长角亚目. 北京: 科学出版社: 119-220.

杨定, 杨集昆. 1995. 双翅目: 大蚊科. 见: 吴鸿. 华东百山祖昆虫. 北京: 中国林业出版社.

杨定, 杨集昆. 1997. 双翅目: 大蚊科. 见: 杨星科. 长江三峡库区昆虫. 重庆: 重庆出版社.

杨定, 杨集昆. 2003. 双翅目: 细蚊科. 见: 黄邦侃. 福建昆虫志第八卷. 福州: 福建科学技术出版社.

杨定, 朱雅君, 廖银霞, 等. 2005. 大蚊科. 见: 杨茂发, 金道超. 贵州大沙河昆虫. 贵阳: 贵州人民出版社.

杨集昆. 1992. 莫干山细蚊二新种记述(双翅目: 细蚊科). 浙江农林大学学报, (4): 420-423.

杨集昆. 1995. 双翅目: 毛蚊科. 见: 吴鸿. 浙江古田山昆虫和大型真菌. 杭州: 浙江科学技术出版社: 1-327.

杨集昆. 1998. 奇瘿蚊新亚科新属新种记述(双翅目: 瘿蚊科). 武夷科学, 14: 9-15.

杨集昆, 陈红叶. 1995. 双翅目: 褶蚊科. 见: 朱廷安. 浙江古田山昆虫和大型真菌. 杭州: 浙江科学技术出版社: 180-182.

杨集昆, 陈红叶. 1998. 双翅目: 褶蚊科. 见: 吴鸿. 龙王山昆虫. 北京: 中国林业出版社: 240-241.

杨集昆, 陈君. 1995. 双翅目: 毛蚊科. 见: 吴鸿. 华东百山祖昆虫. 北京: 中国林业出版社: 1-586.

杨集昆, 罗科. 1989. 陕西省毛蚊的新种和新记录. 昆虫分类学报, 11(1-2): 141-156.

杨集昆, 吴鸿. 1988. 真菌蚊属梵净山五新种 (双翅目: 菌蚊科). 贵州科学 (梵净山昆虫考察专辑): 128-135.

杨集昆, 吴鸿. 1989a. 湖北省的菌蚊记三新种(双翅目: 菌蚊科). 湖北大学学报(自然科学版), 11(2): 61-64.

杨集昆, 吴鸿. 1989b. 长白山真菌蚊属三新种. 沈阳农业大学学报, 20(4): 439-442.

杨集昆, 吴鸿. 1993. 武夷山真菌蚊亚科种类及三新种记述 (双翅目: 菌蚊科). 武夷科学, 10(A): 35-40.

杨集昆, 杨定. 1992. 湖北省大蚊新记录属和科及 5 新种(双翅目: 大蚊科). 湖北大学学报(自然科学版), 14: 263-269.

杨集昆, 杨定. 1995a. 双翅目: 毫蚊科. 见: 朱廷安. 浙江古田山昆虫和大型真菌. 杭州: 浙江科学技术出版社: 175-179.

杨集昆, 杨定. 1995b. 双翅目: 细蚊科. 见: 吴鸿. 华东百山祖昆虫. 北京: 中国林业出版社: 424-425.

杨集昆, 杨定. 1995c. 双翅目: 细蚊科. 见: 朱廷安. 浙江古田山昆虫和大型真菌. 杭州: 浙江科学技术出版社: 183-184.

杨集昆, 杨定. 1998. 双翅目: 细蚊科. 见: 吴鸿. 龙王山昆虫. 北京: 中国林业出版社: 245-248.

杨集昆, 张学敏. 1985. 韭菜蛆的鉴定迟眼蕈蚊属二新种. 北京农业大学学报, 11(2): 153-157.

杨集昆, 张学敏. 1987a. 双翅目: 眼蕈蚊科. 西藏农业病虫及杂草, 2(8): 135-156.

杨集昆, 张学敏. 1987b. 为害蘑菇的厉眼蕈蚊六新种. 昆虫分类学报, 9(4): 253-263.

杨集昆, 张学敏. 1989. 陕西省眼蕈蚊科九新种 (双翅目: 长角亚目). 昆虫分类学报, 11(1-2): 131-139.

杨集昆, 张学敏. 1992. 莫干山眼蕈蚊科五新种. 浙江林学院学报, 9(4): 439-445.

杨集昆, 张学敏, 杨春清. 1993. 贵州省眼蕈蚊科的分类 (双翅目: 长角亚目). 昆虫分类学报, 15: 283-317.

杨集昆, 张学敏, 杨春清. 1994. 为害竹荪和木耳的眼蕈蚊二新种 (双翅目: 眼蕈蚊科). 华东昆虫学报, 3(2): 8-10.

杨集昆, 张学敏, 杨春清. 1995a. 双翅目: 眼蕈蚊科. 见: 吴鸿. 华东百山祖昆虫. 北京: 中国林业出版社: 451-472.

杨集昆, 张学敏, 杨春清, 等. 1995b. 双翅目: 眼蕈蚊科. 见: 朱廷安. 浙江古田山昆虫及大型真菌. 杭州: 浙江科学技术出版社: 205-226.

杨集昆, 张学敏, 杨春清. 1998. 双翅目: 眼蕈蚊科. 见: 吴鸿. 龙王山昆虫. 北京: 中国林业出版社: 298-308.

杨集昆, 张学敏, 杨春清. 2003. 眼蕈蚊科. 见: 黄邦侃. 福建昆虫志. 福州: 福建科学技术出版社: 115-135.

姚媛媛. 2013. 中国直突摇蚊亚科七属系统学研究(双翅目: 摇蚊科). 天津: 南开大学硕士学位论文.

于雪. 2011. 中国摇蚊亚科五属系统学研究(双翅目: 摇蚊科). 天津: 南开大学硕士学位论文.

余晓霞, 吴鸿. 2009. 中国菌蚊科一中国新记录属及一新记录种记述. 浙江林学院学报, 26(2): 220-222.

虞以新, 刘金华, 刘国平, 等. 2005. 中国蠓科昆虫. 北京: 军事医学科学出版社: 1-1684.

张瑞雷. 2005. 中国多足摇蚊属系统学研究(双翅目: 摇蚊科). 天津: 南开大学博士学位论文.

张苏炯, 吴鸿. 2010. 双翅目: 眼蕈蚊科. 见: 徐华潮, 叶坛仙. 浙江凤阳山昆虫. 北京: 中国林业出版社: 236-238.

张学敏, 杨集昆, 谭琪. 1994. 上海食用菌害虫研究. 华东昆虫学报, 3(1): 1-6.

章涛, 王敦清. 1991. 福建蚋一新种. 动物分类学报, 16(1): 109-113.

Agassiz L. 1846. Nomenclatoris Zoologici Index Universalis, etc. Soloduri [= Solothurn]: Jent and Gassmann: i-viii, 1-393.

Albu P. 1980. Fam. Chironomidae - Subfam. Chironominae. Fauna Republicii Socialista Romănia, Insecta, Diptera, 11: 1-320.

Alexander C P. 1912. New neotropical Tipulinae (Tipulidae, Dipt.). Annals of the Entomological Society of America, 5: 343-365.

Alexander C P. 1913. Report on a collection of Japanese crane-flies (Tipulidae): with a key to the species of *Ptychoptera* [part]. Canadian Entomologist, 45: 197-210.

Alexander C P. 1914. Report on a collection of Japanese crane-flies (Tipulidae, Diptera) [part]. Canadian Entomologist, 46: 157-164.

Alexander C P. 1918. New species of tipuline crane-flies from eastern Asia (Tipulidae, Diptera). Journal of the New York Entomological Society, 26: 66-75.

Alexander C P. 1919. Undescribed species of Japanese crane-flies (Tipulidae, Diptera). Annals of the Entomological Society of America, 12: 327-348.

Alexander C P. 1920a. Records and descriptions of Neotropical crane-flies (Tipulidae, Diptera). II. Journal of the New York Entomological Society, 28: 1-13.

Alexander C P. 1920b. New or little-known crane-flies from Formosa (Tipulidae, Diptera). Annals of the Entomological Society of America, 13: 249-270.

Alexander C P. 1921. Undescribed species of Japanese crane-flies (Tipulidae, Diptera). Part II. Annals of the Entomological Society of America, 14: 111-134.

Alexander C P. 1922a. Undescribed crane-flies in the Paris museum (Tipulidae, Diptera): Part III [part]. Bulletin du Museum National d'Histoire Naturelle. Paris, (1)27: 346-350.

Alexander C P. 1922b. Undescribed crane-flies in the Paris museum (Tipulidae, Diptera): Part III [part]. Bulletin du Museum National d'Histoire Naturelle. Paris, (1)27: 539-542.

Alexander C P. 1923. Undescribed crane-flies in the Paris national museum (Tipulidae, Diptera): Part IV. Asiatic species [part]. Bulletin du Museum National d'Histoire Naturelle. Paris, 28(1): 295-299.

Alexander C P. 1924. New or little-known crane flies from northern Japan (Tipulidae, Diptera). Philippine Journal of Science, 24: 531-611.

Alexander C P. 1925a. Undescribed species of Japanese crane-flies. Part V. Annals of the Entomological Society of America, 17: 431-448.

Alexander C P. 1925b. New or little-known crane-flies. Part I. Encyclopedie Entomologique, (B II): Diptera, 2: 87-93.

Alexander C P. 1925c. New or little-known Tipulidae (Diptera). XXVII. Palaearctic species. Annals and Magazine of Natural History, (9)15: 385-408.

Alexander C P. 1925d. Crane flies from the Maritime Province of Siberia. Proceedings of the United States National Museum, 68(4): 1-21.

Alexander C P. 1926. New or little-known Tipulidae from eastern Asia (Diptera). Part I. Philippine Journal of Science, 31: 363-383.

Alexander C P. 1928. New or little-known Tipulidae from eastern Asia (Diptera). III. Philippine Journal of Science, 36: 455-485.

Alexander C P. 1929a. New or little-known Tipulidae from eastern Asia (Diptera). V. Philippine Journal of Science, 40: 519-547.

Alexander C P. 1929b. New or little-known Tipulidae from the Philippines (Diptera). V. Philippine Journal of Science, 40: 239-273.

Alexander C P. 1929c. New or little-known Tipulidae from eastern Asia (Diptera). IV. Philippine Journal of Science, 40: 317-348.

Alexander C P. 1930. Records and descriptions of Trichoceridae from the Japanese Empire (Ord. Diptera). Konowia. Zeitschrift fur Systematische Insektenkunde, 9: 103-108.

Alexander C P. 1931. New or little-known Tipulidae from eastern Asia (Diptera). IX. Philippine Journal of Science, 44: 339-368.

Alexander C P. 1933. New or little-known Tipulidae from eastern Asia (Diptera). XV. Philippine Journal of Science, 52: 131-166.

Alexander C P. 1934a. New or little-known Tipulidae from eastern Asia (Diptera). XIX. Philippine Journal of Science, 54: 309-342.

Alexander C P. 1934b. New or little-known Tipulidae from eastern Asia (Diptera). XVI. Philippine Journal of Science, 52: 305-348.

Alexander C P. 1935a. New or little-known Tipulidae from eastern Asia (Diptera). XXV. Philippine Journal of Science, 57: 81-148.

Alexander C P. 1935b. New or little-known Tipulidae from eastern Asia (Diptera). XXVI. Philippine Journal of Science, 57: 195-225.

Alexander C P. 1936a. New or little-known Tipulidae from eastern Asia (Diptera). XXVIII. Philippine Journal of Science, 58: 385-426.

Alexander C P. 1936b. New or little-known Tipulidae from eastern Asia (Diptera). XXX. Philippine Journal of Science, 60: 165-204.

Alexander C P. 1937a. New or little-known Tipulidae from eastern China. Part II. Notes d'Entomologie Chinoise, 4: 65-88.

Alexander C P. 1937b. New or little-known Tipulidae from eastern China. Part I. Notes d'Entomologie Chinoise, 4: 1-28.

Alexander C P. 1937c. New species of Ptychopteridae (Diptera). Bulletin of the Brooklyn Entomological Society, 32: 140-143.

Alexander C P. 1938a. Studies on the Tipulidae of China (Diptera). II. New or little-known crane-flies from southeastern China. Lingnan Science Journal, 17: 337-356.

Alexander C P. 1938b. New or little-known Tipulidae from eastern Asia (Diptera). XXXVII. Philippine Journal of Science, 66: 221-259.

Alexander C P. 1938c. New or little-known Tipulidae from eastern Asia (Diptera). XXXVIII. Philippine Journal of Science, 66: 309-342.

Alexander C P. 1938d. New or little-known Tipulidae from eastern Asia (Diptera). XXXVI. Philippine Journal of Science, 66: 93-134.

Alexander C P. 1940a. Studies on the Tipulidae of China (Diptera). III. New or little-known crane-flies from Tien-mu-shan, Chekiang. Lingnan Science Journal, 19: 105-119.

Alexander C P. 1940b. New or little-known Tipulidae from eastern China. Part III. Notes d'Entomologie Chinoise, 8: 1-28.

Alexander C P. 1940c. Studies on the Tipulidae of China (Diptera). IV. New or little-known crane-flies from Tien-mu-shan, Chekiang (cont.). Lingnan Science Journal, 19: 121-132.

Alexander C P. 1941a. New or little-known Tipulidae from eastern Asia (Diptera). XLIII. Philippine Journal of Science, 73: 375-420.

Alexander C P. 1941b. New or little-known Tipulidae from eastern Asia (Diptera). XLIV. Philippine Journal of Science, 76: 27-66.

Alexander C P. 1949a. New or little-known Tipulidae (Diptera). LXXXIII. Oriental-Australasian species. Annals and Magazine of Natural History, (12)2: 178-205.

Alexander C P. 1949b. New or little-known Tipulidae (Diptera). LXXXV. Oriental-Australasian species. Annals and Magazine of Natural History, (12)2: 512-538.

Alexander C P. 1953. The Oriental Tipulidae in the collection of the Indian Museum. Part III. Records of the Indian Museum, 50: 321-357.

Alexander C P. 1954. Tipulidae from Shansi, North China (Diptera). Mushi, 27: 23-32.

Alexander C P. 1958. Records and descriptions of Japanese Tipulidae (Diptera). Part VI. The crane-flies of Honshu. II. Philippine Journal of Science, 86: 281-330.

Alexander C P. 1962. Beitrage zur Kenntnis der Insektenfauna Boliviens, XVII. Diptera II. The crane-flies (Tipulidae, Diptera). Veroffentlichungen der Zoologischen Staatssammlung Munchen, 7: 9-159.

Alexander C P. 1963. Classification and synonymy of the crane-flies described by Enrico Brunetti (Diptera: Families Ptychopteridae, Trichoceridae and Tipulidae). Records of the Indian Museum, 59: 19-34.

Alexander C P. 1964. New or little-known Tipulidae from eastern Asia (Diptera). LIII. Philippine Journal of Science, 93: 77-130.

Alexander C P. 1965. New subgenera and species of crane-flies from California (Diptera, Tipulidae). Pacific Insects, 7: 333-386.

Alexander C P. 1966. New or little-known Tipulidae from eastern Asia (Diptera). LVI. Philippine Journal of Science, 94: 235-286.

Alexander C P, Alexander M M. 1973. Family Trichoceridae. In: Delfinado M D, Hardy D E. A Catalog of the Diptera of the Oriental Region. Honolulu: The University Press of Hawaii.

Andersen T, Mendes H F. 2010. Order Diptera, family Chironomidae (with the exception of the tribe Tanytarsini). In: van Harten A. Arthropod fauna of the United Arab Emirates. Vol. 3. Dar Al Ummah, Abu Dhabi: 564-598.

Andersen T, Saether O A, Mendes H F. 2010. Neotropical Allocladius Kieffer, 1913 and Pseudosmittia Edwards, 1932 (Diptera: Chironomidae). Zootaxa, 2472(1): 1-77.

Andersen T, Wang X H. 1997. Dark winged Heleniella Gowin, 1943 from Thailand and China (Insecta, Diptera, Chironomidae, Orthocladiinae). Spixiana, 20: 151-160.

Antonova E B. 1977. Obzor vidov roda Phytosciara Frey (Diptera, Sciaridae) palear ktieskojfauny. Trudy Biol. Pochv. Inst. (N.F.), 46: 109-114.

Artemiev M M. 1974. Sandflies (Diptera: Psychodidae: Phlebotominae) of eastern Afghanistan. 2 Genus Sergentomyia subgenus Sergentomyia. Medskaya Parazitoid, 43: 328-334.

Ashe P, Cranston P S. 1990. Family Chironomidae. In: Soós Á, Papp L. 1990. Catalogue of Palaearctic Diptera Psychodidae-Chironomidae. Vol. 2. Amsterdam & Budapest: Elsevier Science Publishers & Akadémiai Kiadó: 113-355.

Ashe P, Murray D A. 1980. Nostococladius, a new subgenus of Cricotopus (Diptera: Chironomidae). In: Murray D A. 1980. Chironomidae. Ecology, systematics, cytology and physiology. Proc. 7th Int. Symp. Chironomidae, Dublin, August 1979: 105-111. Pergamon Pr., Oxf., N. Y., Toronto, Sydney, Frankf.

Ashe P, O'Connor J P. 2012. A World Catalogue of Chironomidae (Diptera). Part 2. Orthocladiinae. Dublin: Irish Biogeographical Society, National Museum of Ireland: 1-986.

Barendrecht G. 1938. The Dutch Fungivoridae in the collection of the Zoological Museum at Amsterdam. Tijdschriftvoor Entomologie, 81: 35-54.

Barnes H F. 1944. Two new gall midges from Mauritius. Bulletin of Entomological Research, 35: 211-213.

Bause E. 1913. Die Metamorphose der Gattung *Tanytarsus* und einiger verwandter Tendipedidenarten. Ein Beitragzur Systematik der Tendipediden. Archiv fur Hydrobiologie, Suppl, 2: 1-126.

Becher E. 1886. Die international Polarforschung 1882-1883. Die Oesterreichische Polarstation Jan Mayen ausgerüstetdurch seine Excellenz Graf Hans Wilczekgeleitetvom K. K. Corvetten-Capitän Emil Edlen von Wohlgemuth. F. Insecten von Jan Mayen. Gesammelt von Dr. F. Fischer, Arzt der österreichischen Expedition auf Jan Mayen. Beobachtungs-Ergebnisse Internationale Polarforschung, 3: 59-66.

Beck E C, Beck W M Jr. 1969. Chironomidae (Diptera) of Florida. III. The *Harnischia* complex (Chironominae). Bulletin of the Florida State Museum. Biological Sciences, 13(5): 277-313.

Becker T. 1907. Die Ergebnisse meiner dipterologischen Fruhjahrsreise nach Algier und Tunis 1906. Zeitschrift fur Systematische Hymenopterologie und Dipterologie, 7: 225-256.

Bergroth E E. 1913. A new genus of Tipulidae from Turkestan, with notes on other forms. Annals and Magazine of Natural History, (8)11: 575-584.

Bigot J M F. 1854. Essai dune classification generale et synoptique de lordre des insectes dipteres (3e memoire). Tribu de Tipulidii (mihi). Annales de la Societe Entomologique de France, (3)2: 447-482.

Bigot J M F. 1861. Dipteres de Sicile recueillis par M. E. Bellier de la Chavignerie et description de onze especes nouvelles. Annales de la Societe Entomologique de France, (3)8: 765-784.

Bigot J M F. 1862. Diptères nouveaux de la Corse découverts dans la partie montagneuse de cette île par M. E. Bellier de la Chavignerie. Annales de la Société Entomologique de France, 4 Série, 2: 109-114.

Bollow H. 1954. Die landwirtschafthich wichtigen Haannticken. Zeitschrift für Pflanzenkrankheiten Pflanzenpathologie und Pflanzenschutz, 5: 197-232.

Borkent A. 1984. The systematics and phylogeny of the *Stenochironomus* complex (*Xestochironomus*, *Harrisius*, and *Stenochironomus*) (Diptera: Chironomidae). Memoirs of the Entomological Society of Canada, 128: 1-269.

Bouché P F. 1847. Beiträge zur Kenntniss der Insekten-Larven. Stettiner Entomologische Zeitung, 8: 142-146.

Brulle A M. 1832. Memoire sur un genre nouveau de Dipteres, de la famille des Tipulaires. Annales de la Societe Entomologique de France, (1)1: 205-209.

Brulle A M. 1833. Sur le genre *Xiphura* forme aux depens de celui de *Ctenophora* de Meigen. Annales de la Societe Entomologique de France, (1)2: 398-402.

Brunetti E. 1911a. New Oriental Nematocera. Records of Indian Museum, 4(25): 259-316.

Brunetti E. 1911b. Revision of the Oriental Tipulidae with descriptions of new species. Record of the India Museum, 6: 231-314.

Brunetti E. 1912a. Diptera Nematocera (excluding Chironomidae and Culicidae). *In*: Shipley A E, Marshall G A. 1912. The Fauna of British India, Including Ceylon and Burma. Vol. 1. London: Taylor & Francis: 1-581.

Brunetti E. 1912b. New Oriental Diptera. Records of Indian Museum, 7(5): 445-513.

Borkent A, Dominiak P. 2020. Catalog of the biting midges of the world (Diptera: Ceratopogonidae). Zootaxa, 4787(1): 1-377.

Cao J, Xu H C, Zhou Z J, et al. 2008. First record of the genus *Orfelia* from China, with descriptions of three new species (Diptera: Keroplatidae). Entomological News, 119(3): 271-277.

Cao J, Zhou Z J, Xu H C, et al. 2007. First record of the genus *Xenoplatyura* Malloch, 1928 from China, with descriptions of the three new species (Diptera: Keroplatidae). Zootaxa, 1465: 31-38.

Cao J, Zhou Z J, Xu H C, et al. 2009. First record of the genus *Urytalpa* (Diptera: Keroplatidae) in China, with descriptions of a new species. Entomotaxonomia, 31(1): 50-53.

Caspers N. 1990. *Pseudosmittia duplicata* sp. nov. und *Pseudosmittia forcipata* (Goetghebuer, 1921) aus China (Diptera, Chironomidae). Entomofauna, 11: 217-225.

Chandler P J. 1991. New species and additions to the British list of the fungus gnats genera *Zygomyia* Winnertz and *Sceptonia* Winnertz (Diptera, Mycetophilidae). Br J Ent Nat Hist, 4: 143-155.

Chaudhuri P K, Ghosh M. 1981. A new genus of podonomine midge (Chironomidae) from Bhutan. Systematic Entomology, 6: 373-376.

Chaudhuri P K, Ghosh M. 1986. Two Indian species of *Kiefferulus* Goetghebuer (Diptera: Chironomidae). Systematic Entomology, 11: 277-292.

Chaudhuri P K, Sinharay D C. 1983. A study on Orthocladiinae (Diptera, Chironomidae) of India. The genus *Rheocricotopus* Thienemann and Harnisch. Entomologcia Basiliensia, 8: 398-407.

Chen M, Zhang Y, Lin X L, et al. 2015. First record of *Dicrotendipes inouei* Hashimoto, 1984 (Diptera: Chironomidae) from China. The Pan-Pacific Entomologist, 91(3): 274-277.

Chen T T, Hsu P K. 1955. *Phlebotomus* from Kwangtung Province, with description of a new variety. Acta Entomologica Sinica, 5(3): 295-306.

Cheng M, Wang X H. 2004. A review of the genus *Rheotanytarsus* Thienemann & Bause from China (Diptera: Chironomidae: Tanytarsini). Zootaxa, 650: 1-19.

Cheng M, Wang X H. 2005. *Denopelopia* Roback & Rutter from China with emendation of the generic diagnosis (Diptera: Chironomidae: Tanypodinae). Zootaxa, 1042: 55-63.

Cheng M, Wang X H. 2006. *Nilotanypus* Kieffer from China (Diptera: Chironomidae: Tanypodinae). Zootaxa, 1193: 49-53.

Cheng M, Wang X H. 2008. New species of *Clinotanypus* Kieffer, 1913 (Chironomidae: Tanypodinae) from China. Zootaxa, 1944: 53-65.

Coher E I. 1963. Asian *Macrocera* Meigen, 1803 (Diptera: Mycetophilidae): with some remarks on the status of the genus and related genera. Bulletin of the Brooklyn Entomological Society, 58: 23-36.

Coher E I. 1988. Further studies of Asian Macrocerinae (Diptera: Mycetophilidae): with the description of a new chiasmoneurine genus *Laneocera*. Journal of the New York Entomological Society, 96(1): 82-90.

Contini C. 1965. Dixidae della Sardegna. Nuovi reperti e descrizione di *Palaeodixa frizzii* n. gen., n. sp. Memorie della Societa Entomologica Italiana, 44: 95-108.

Coquillett D W. 1898. Report on a collection of Japanese Diptera, presented to the U. S. National Museum by the Imperial University of Tokyo. Proceedings of the United Stated National Museum, 21: 301-340.

Coquillett D W. 1902. New Diptera from North America. Proceedings of the United States National Museum, 25: 83-126.

Coquillett D W. 1910. The type-species of the North American genera of Diptera. Proceedings of the United States National Museum, 37: 499-647.

Costa A. 1857. Contribuzione alla fauna ditterologica italiana. Giambattista Victoriao Giornale di Scienze, 2: 438-460.

Cranston P S, Dillon M E, Pinder L C V, et al. 1989. The Adult Males of Chironominae (Diptera, Chironomidae) of the Holarctic Region-Keys and Diagnoses. *In*: Wiederholm T. Chironomidae of the Holarctic Region. Keys and Diagnoses. Part 3-Adult Males (Vol. 34, 353-502). Lund, Sweden: Entomologica Scandinavica, Supplement: 34.

Cranston P S, Krosch M N. 2015. DNA sequences and austral taxa indicate generic synonymy of *Paratrichocladius* Santos-Abreu with *Cricotopus* Wulp (Diptera: Chironomidae). Systematic Entomology, 40(4): 719-732.

Cranston P S, Oliver D R, Sæther O A. 1989. The adult males of Orthocladiinae (Diptera: Chironomidae) of the Holarctic region - Keys and diagnoses. *In*: Wiederholm T. Chironomidae of the Holarctic region. Part 3. Adult males. Entomological Scandinavica, Supplement, 34: 219-220.

Cranston P S, Tang H Q. 2018. *Skusella* Freeman (Diptera: Chironomidae): new species, immature stages from Africa, Asia and Australia, and expanded distributions. Zootaxa, 4450(1): 41-65.

Cranston P S. 1982. The metamorphosis of *Symposiocladius lignicola* (Kieffer) n. gen., n. comb. , a wood-mining Chironomidae (Diptera). Entomologica Scandinavica, 13: 419-429.

Cranston P S. 1999. Nearctic *Orthocladius* subgenus *Eudactylocladius* revised (Diptera: Chironomidae). *In*: Berg M B, Ferrington L C Jr, Hayford B L. A festschrift honoring Mary and Jim Sublette. Part 1: Taxonomy and systematics of Chironomidae. Journal of the Kansas Entomological Society, 71: 272-295.

Crosskey R W. 1988. An annotated checklist of world blackflies (Diptera: Simuliidae). Journal of Natural History, 22: 437-492.

Curtis J. 1825. British Entomology. London, 2: 51-98.

Curtis J. 1833. British Entomology. London, 10: pls. 434-481.

Dahl C. 1992. Family Trichoceridae (Petauristidae). *In*: Soós Á, Papp L. 1992. *Catalogue of Palaearctic Diptera*. Vol. 1.Amsterdam & Budapest: Elsevier Science Publishers & Akadémiai Kiadó: 31-37.

Dale J C. 1842. Descriptions, &c. of a few rare and undescribed species of British Diptera, principally from the collection of J. C. Dale, Esq. , M. A. , F. L. S. , &c. Annals and Magazine of Natural History, (1)8: 430-433.

De Geer C. 1776. Mémoires pour server a l'histoire des insects. *A* Stockholm, De l'imprimerie de Pierre Hesselberg, 6: 1-523, pls.

DelGuercio G. 1905. Contribuzione alla conoscenza delle metamorfosi della Sciara analis Egger, 2(1904): 280-305.

Dienske J W. 1987. An illustrated key to the genera and subgenera of the western Palaearctic Limoniidae (Insecta, Diptera) including a description of the external morphology. Stuttgarter Beitrage zur Naturkunde, (A)409: 1-52.

Duda O. 1930. Bibionidae. *In*: Lindner E. Die Fliegen der Paläearktischen Region, 2(1): 1-75.

Dufour L. 1839. Mémoire sur les métamorphoses de plusieurlarves fungivores de Diptères. Annales des Sciences Naturelles, (2) 12: 5-60.

Dyar H G, Shannon R C. 1924. The American Species of Urano-taenia (Diptera, Culicidae). Insecutor Inscitiae Menstruus, 12: 1-266.

Eaton A E. 1875. Breves dipterarum uniusque lepidopterarum Insulae Kerguelensi indigenarum diagnoses. Entomologist's Monthly

Magazine, 12: 58-61.

Edwards F W. 1916. New and little-known Tipulidae, chiefly from Formosa. Annals and Magazine of Natural History, (8)18: 245-269.

Edwards F W. 1921a. Seven new species of *Pselliophora* (Diptera, Tipulidae). Annals and Magazine of Natural History, (9)7: 373-378.

Edwards F W. 1921b. New and little-known Tipulidae, chiefly from Formosa. Part II. Annals and Magazine of Natural History, (9)8: 99-115.

Edwards F W. 1924a. British fungus gnats (Diptera: Mycetophilidae) with a revised generic classification of the family.Transactions of the Entomological Society of London, 1924: 505-670.

Edwards F W. 1924b. Notes on the types of Diptera Nematocera (Mycetophilidae and Tipulidae): described by Mr. E. Brunetti. Records of the Indian Museum, 26: 291-307.

Edwards F W. 1928a. A note on *Telmatogeton* Schin. and related genera (Diptera, Chironomidae). Konowia, 7: 234-237.

Edwards F W. 1928b. Diptera Nematocera from the Federated Malay States museums. Journal of the Federated Malay States Museums, 14: 1-139.

Edwards F W. 1929a. British non-biting midges (Diptera: Chironomidae). Transactions of the Royal Entomological Society of London, 77: 279-439.

Edwards F W. 1929b. Notes on the Ceroplatinae, with descriptions of new Australian species (Diptera, Mycetophilidae). Proceedings of the Linnean Society of New South Wales, 54(3): 162-175.

Edwards F W. 1931. Some suggestions on the classification of the genus *Tipula* (Diptera, Tipulidae). Annals and Magazine of Natural History, (10)8: 73-82.

Edwards F W. 1932. The Indian species of *Tipula* (Diptera, Tipulidae). Part II. Stylops, 1: 233-240.

Edwards F W. 1938a. British short-palped craneflies. Taxonomy of adults. Transactions of the Society for British Entomology, 5: 1-168.

Edwards F W. 1938b. On the British Lestremiinae, with notes on exotic species. 7. (Diptera, Cecidomyiidae). Proceedings of the Royal Entomological Society of London, 7: 253-265.

Ewards F W. 1941. Notes on British fungus-gnats (Dipt. , Mycetophilidae). Entomologist's Monthly Magazine, 78: 21-82.

Egger J. 1863. Dipterologische Beiträge. Verhandlungen der Zoologisch-Botanischen Gesellschaft in Wien, 13: 1101-1110.

Ekrem T. 2002. A review of selected South- and East Asian *Tanytarsus* v. d. Wulp (Diptera: Chironomidae). Hydrobiologia, 474: 1-39.

Enderlein G. 1911. Die phyletischen Beziehungen der Lycoriiden (Sciariden) zu den Fungivoriden (Mycetophiliden) und Itonididen (Cecidomyiiden) und ihre systematische Gliederung. Archiv für Naturgeschicte, 77(3 Supple): 116-201.

Enderlein G. 1912. Studien uber die Tipuliden, Limoniiden, Cylindrotomiden und Ptychopteriden. Zoologische Jahrbucher, Abteilung fur Systematik, Geographie und Biologie der Tiere, 32: 1-88.

Enderlein G. 1921. Dipterologische Studien XVII. Zoologischer Anzeiger, 52: 219-232.

Enderlein G. 1936. Notizen zur Klassifikation der Blepharoceriden (Dipt.). Mitteilungen der Deutschen Entomologischen Gesellschaft, 7: 42-43.

Enderlein G. 1938. Die Dipterenfauna der Juan-Fernandez-Inseln und der Oster-Insel. *In*: Skottsberg C. The Natural History of Juan Fernandez and Easter Islands, Vol. 3. Zoology, 60: 643-680.

Epler J H. 1988. Biosystematics of the genus *Dicrotendipes* Kieffer, 1913 (Diptera: Chironomidae: Chironominae) of the world. Memoirs of the American Entomological Society, 36: 1-214.

Esaki T. 1950. Diptera. *In*: Esaki T, *et al*. 1950. Iconographia Insectorum Japonicorum. 2nd Ed. Tokyo: Hokuryukan.

Evenhuis N L. 2006. Two new species of *Proceroplatus* Edwards (Diptera: Keroplatidae) from Fiji. *In*: Evenhuis N L, Bickel D J. Fiji Arthropods IV. Bishop Museum Occasional Papers, 86: 3-9.

Fabricius J C. 1794. Entomologia systematica emendata et aucta. Secundum clases, ordines, genera, species, adjectis synonimis, locis observationibus, descriptionibus. Hafniae [= Copenhagen], 4: i-viii, 1-472.

Fabricius J C. 1805. Systema antliatorum secundum ordines, genera, species adiectis synonymis, locis, observationibus, descriptionibus. Brunsvigae [= Brunswick]: 1-372, 30.

Fang Z G, Wu H. 2001. A new species of the genus *Brevicornu* from China (Diptera: Mycetophilidae). Acta Zootaxonomica Sinica, 26(2): 219-220.

Felt E P. 1907a. New species of Cecidomyiidae. Albany: New York State Education Department: 1-53.

Felt E P. 1907b. Appendix: New species of Cecidomyiidae. 97-165. In his 22ed report of the State entomologist on injurious and other insects of the State of New York 1906. New York State Museum Bulletin, 110: 39-186.

Felt E P. 1908. Appendix D. 286-422, 489-510. In his 23rd report of the State Entomologist on injurious and other insects of the State of New York 1907. Bulletin of the New York State Museum, 124: 5-541.

Felt E P. 1911. A generic synopsis of the Itonidae. Journal of the New York Entomological Society, 19: 31-62.

Ferrington L C Jr, Sæther O A. 2011. A revision of the genera *Pseudosmittia* Edwards, 1932, *Allocladius* Kieffer, 1913, and *Hydrosmittia* gen. n. (Diptera: Chironomidae, Orthocladiinae). Zootaxa, 2849: 1-314.

Fisher E. 1937. New North American fungus gnats (Mycetophilidae). Journal of the New York Entomological Society, 45: 387-400.

Fitch A. 1856. Report on the noxious, beneficial and other insects of the State of New York [II]. Trans N Y State Agric Soc, 15(1855): 409-559.

Fittkau E J. 1962. Die Tanypodinae (Diptera, Chironomidae). Die Tribus Anatopyniini, Macropelopini und Pentaneurini. Abhandlungen zur Larvalsystematik der Insekten, 6: 1-453.

Fittkau E J. 1963. Manoa, eine neue Gattung der Chironomidae (Diptera) aus Zentralamazonien. Chironomidenstudien IX. Archiv fur Hydrobiologie, 59: 373-390.

França C. 1919. Observation sur le genre *Phlebotomus*. Broteria, 17: 102-160.

França C, Parrot L. 1920. Introduction à l'étude systematique de Diptères de genre *Phlebotomus*. Bulletin de la Société de Pathologie Exotique, 13(8): 695-708.

França C, Parrot L. 1921. Essai de classification des *Phlébotomes*. Archivos des Instituts Pasteur de l'Afrique du Nord, 1: 279-284.

Freeman P. 1953. Chironomidae (Diptera) from Western Cape Province - I. Proceedings of the Royal Entomological Society of London, (B) 22: 127-135.

Freeman P. 1961. The Chironomidae (Diptera) of Australia. Australian Journal of Zoology, 9: 611-737.

Frey R. 1942. Entwurf einer neuen Klassifikation der Mücken-familie Sciaridae (Lycoriidae). Notulae Entomo Logicae, 22: 5-44.

Frey R. 1948. Entwurf einer neuen Klassifikation der Mücken-familie Sciaridae (Lycoriidae). II. Die nordeuropäschen Arten. Notulae Entomologicae, 27: 33-92.

Fries B F. 1830. Description of a new genus *Hydrobaenus* belonging to Tipulariae. Kungliga Svenska Vetenskapsakademiens Handlingar, 1829: 176-187.

Fu Y, Sæther O A, Wang X H. 2009. *Corynoneura* Winnertz from East Asia, with a systematic review of the genus (Diptera: Chironomidae: Orthocladiinae). Zootaxa, 2287: 1-44.

Fu Y, Sæther O A, Wang X H. 2010. *Thienemanniella* Kieffer from East Asia, with a systematic review of the genus (Diptera: Chironomidae: Orthocladiinae). Zootaxa, 2431: 1-42.

Fu Y, Wang X H. 2008. A new species of *Paratrichocladius* Santos Abreu (Diptera: Chironomidae) from China. Sichuan Journal of Zoology, 27: 728-730.

Fu Y, Wang X H. 2009. Four new species of *Nanocladius* Kieffer from Oriental China (Diptera: Chironomidae: Orthocladiinae). Zootaxa, 1985: 43-51.

Gagné R J, Harris M O. 1998. The distinction between *Dasineura* spp. (Diptera: Cecidomyiidae) from apple and pear. Proceedings of the Entomological Society of Washington, 100: 445-448.

Gagné R J, Jaschhof M. 2021. A Catalog of the Cecidomyiidae (Diptera) of the World. 5th ed. U. S. Department of Agriculture, Washington, DC: 1-813.

Garrett C B D. 1924. On Brirish Columbian Mycetophilidae (Diptera). Ins Insc Mens, 12: 60-67, 159-169.

Géhin J B. 1857. Notes pour Servir a l'Histoire des Insectes Nuisibles à l'Agriculture dans le Département de la Moselle. No. 2. Insectes qui Attaquent le Blé. Metz: 1-38.

Geoffroy E L. 1762. Histoire abrégée des Insectes qui se trouvent aux environs de Paris. Paris, 2: 1-690.

Gimmerthal B A. 1845. Erster Beitrag zu einer künftig zu bearbeitenden Dipterologie Russlands. Familie der Tipularien. Bulletin de la Societe Imperiale des Naturalistes de Moscou, 18(4): 287-331.

Gmelin J F. 1790. Caroli a Linne. Systema naturae per regna tria naturae secundum classes, ordines, genera, species, cum caracteribus, differentiis, synonymis, locis. Ed. 13, G.E. Beer, Lipsiae [= Leipzig], 1 (5): 2225-3020.

Goetghebuer M. 1921. Chironomides de Belgique et spécialement de la zone des Flandres. Memoires du Musee Royal d'Histoire Naturelle de Belgique, (8) 4: 1-210.

Goetghebuer M. 1922. Nouveaux matériaux pour l'étude de la faune de Chironomides de Belgique. Annales de Biologic Lacustre, 11: 38-62.

Goetghebuer M. 1927. Les *Cricotopus* de Belgique (Dipt. Chironomides). Bulletin et Annales de la Societe Royale d'Entomologie de Belgique, 67: 51-54.

Goetghebuer M. 1931. Ceratopogonidae et Chironomidae nouveaux d'Europe. Bulletin et Annales de la Societe Royale d'Entomologie de Belgique, 71: 211-218.

Goetghebuer M. 1932. Diptères. Chironomidae IV. (Orthocladiinae, Corynoneurinae, Clunioninae, Diamesinae). Faune de France, 23: 1-204.

Goetghebuer M. 1937. Quatre Chironomides nouveaux d'Allemagne. Archiv fur Hydrobiologie, 31: 508-510.

Goetghebuer M. 1939. Tendipedidae (Chironomidae). Subfamilie Diamesinae. A. Die Imagines. *In*: Lindner E. Die Fliegen der palaearktischen Region, 13d: 1-28.

Goetghebuer M, Lenz F. 1943. Tendipedidae (Chironomidae) Subfamilie Orthocladiinae. In: Lindner E. 1943. Die Fliegen der Palaearktischen Region. 13g. Stuttgart: Schweizerbart'sche Verlagsbuchhandlung: 65-112.

Gowin F. 1943. Orthocladiinen aus Lunzer Fliessgewässern. II. Archiv fur Hydrobiologie, 40: 114-122.

Grodhaus G. 1987. *Endochironomus* Kieffer, *Tribelos* Townes, *Synendotendipes*, n. gen, and *Endotribelos*, n. gen. (Diptera: Chironomidae) of the Nearctic Region. Journal of the Kansas Entomological Society, 60: 167-247.

Grover P. 1965. Studies of Indian gall midges XV: One new genus and one new species of Bifilini (Cecidomyiidae: Diptera). Marcellia, 32: 111-126.

Grover P, Bakhshi M. 1978. On the study of one new genus and thirty-one new species (Cecidomyiidae: Diptera) from India. Cecidologia Indica, 12-13: 5-267.

Grzegorzek A. 1875. Neue Pilzmücken aus der Sandezer Gegend. Verhandlungen der Zoologisch-Botanischen Gesellschaft in Wien, 25: 1-8.

Guerin-Meneville F E. 1831. Insectes. *In*: Duperrey L I. 1831. Voyage autour du monde, execute par ordre du Roi, sur la corvette de sa majeste La Coquille etc. Paris: Histoire Naturelle, Zoologie. Atlas: pls. 20-21.

Guo Y H, Wang X H. 2007. *Zavrelia bragremia* sp. nov. from China (Diptera, Chironomidae, Tanytarsini). Acta Zootaxonomica Sinica, 32: 318-320.

Haliday A H. 1833. Catalogue of Diptera occurring about Holywood in Downshire. The Entomological Magazine, 1: 147-180.

Harbach R E. 2018. Culicipedia: Species-group, genus-group and family-group names in Culicidae (Diptera). Wallingford, Oxfordshire, UK: CABI: 1-378.

Hardy D E. 1949. Studies in Oriental Bibionidae, Part I. Notes d'Entomologie Chinoise, 13(1): 1-10.

Hardy D E. 1953. Studies on Oriental Bibionidae: New species of *Plecia* and *Penthetria* and a revision of the *Plecia imposter* complex (Bibionidae: Diptera). Records of the Indian Museum, 50(1): 89-104.

Harris M. 1776-1780. An exposition of English insects with curious observations and remarks wherein each insect is particularly described, its parts and properties considered, the different sexes distinguished, and the natural history faithfully related. London, 3(1780): 73-99.

Harris K M. 1966. Gall midge genera of economic importance (Diptera, Cecidomyiidae). Part 1: Introduction and subfamily Cecidomyiinae; supertribe Cecidomyiidi. Transactions of the Royal Entomological Society of London, 118: 313-358.

Harris K M. 1975. The taxonomic status of the carob gall midge, *Asphondylia gennadii* (Marchal): comb. n. (Diptera, Cecidomyiidae): and of other *Asphondylia* species recorded from Cyprus. Bulletin of Entomological Research, 65: 377-380.

Harris K M, Gagné R J. 1982. Description of the African rice gall midge, *Orseolia oryzivora* sp. n., with comparative notes on the Asian rice gall midge, *O. oryzae* (Wood-Mason) (Diptera: Cecidomyiidae). Bulletin of Entomological Research, 72: 467-472.

Hasegawa H, Sasa M. 1987. Taxonomical notes on the chironomid midges of the tribe Chironomini collected from the Ryukyu Islands, Japan, with description of their immature stages. Japanese Journal of sanitary Zoology, 38: 275-295.

Hashimoto H. 1983. *Pentapedilum* (Diptera, Chironomidae) from Japan with description of a new species. Kontyû, 51: 17-24.

Hashimoto H. 1984. A halophilous chironomid, *Dicrotendipes inouei* n. sp. (Diptera: Chironomidae). Bulletin of the Faculty of Education, Shizuoka University, Natural Sciences Series, 35: 45-51.

Hendel F. 1908. Nouvelle classification des mouches a deux ailes (Diptera L.). Dapres un plan tout nouveau par J. G. Meigen, Paris, an VIII (1800 v. s.). Mit einem Kommentar. Verhandlungen der Kaiserlich-Koniglichen Zoologisch-Botanischen Gesellschaft in Wien, 58: 43-69.

Hippa H, Vilkamaa P. 1991. The genus *Prosciara* Frey (Diptera, Sciaridae). Ent Fenn, 25: 113-155.

Hippa H, Vilkamaa P. 1994. The genus *Camptochaeta* gen. n. (Diptera,Sciaridae). Acta Zool Fenn, 194: 1-85.

Hippa H, Vilkamaa P. 1996. Review of the genus *Prosciara* Frey (Diptera, Sciaridae) in the Indomalayan region. Acta Zool Fenn, 203: 1-57.

Hippa H, Vilkamaa P, Heinakroon A. 1998. The genus *Pseudozygoneura* Steffan (Diptera, Sciaridae). Acta Zool Fenn, 210: 1-86.

Hirvenoja M. 1973. Revision der Gattung Cricotopus van der Wulp und ihrer Verdandten (Diptera, Chironomidae). Annales Zoologici Fennici, 10: 1-363.

Hogue C L. 1973. Family Blephariceridae. *In*: Delfinado M D, Hardy D E. A catalog of the Diptera of the Oriental Rregion, 1. Honolulu: The University Press of Hawaii: 258-260.

Huang J H, Shi K, Li Z J, *et al.* 2015. Review of the genus *Pseudozygoneura* Steffan (Diptera, Sciaridae) from China. Entomological News, 125(2): 77-95.

Jaschhof M. 1998. Revision der "Lestremiinae" (Diptera, Cecidomyiidae) der Holarktis. Studia Dipterologica Supplement, 4(1998): 1-552.

Jiao K L, Wang H, Huang J H, *et al.* 2018. A new species of *Contarinia* (Diptera: Cecidomyiidae) damaging inflorescence of *Carya cathayensis* (Juglandaceae) in China. Zootaxa, 4442(1): 187-193.

Johannsen O A. 1905. Aquatic nematocerous Diptera. *In*: Needham I G, Morton K I, Johannsen O A. May flies and midges of New York. Bulletin of the New York State Museum (of Natural History), 86: 76-327.

Johannsen O A. 1907. Notes on the Chironomidae. *In*: Skinner H. Notes and news. Ent News, 18: 400-401.

Johannson O A. 1909. Diptera. Fam. Mycetophilidae. *In*: Wytsman P. Genera Insectorum, 93: 66.

Johannsen O A. 1912. The Mycetophilidae of North America, Part IV. Maine Agricultura. Experiment Station, 200: 57-146.

Johannsen O A. 1932. Chironominae of the Malayan subregion of the Dutch East Indies. Archiv fur Hydrobiologie Supplementband, 11: 503-552.

Johannsen O A. 1937. Aquatic Diptera. III. Chironomidae: Subfamilies Tanypodinae, Diamesinae and Orthocladiinae. Memoirs. Cornell University Agricultural Experiment Station, 205: 3-84.

Joseph A N T. 1974. The Brunetti types of Tipulidae (Diptera) in the collection of the Zoological Survey of India. Part III. *Tipula* Linnaeus. Oriental Insects, 8(3): 241-280.

Joseph A N T. 1976. The Brunetti types of Tipulidae (Diptera) in the collection of the Zoological Survey of India. Part VI. The genera *Helius*, *Antocha* and *Orimarga*. Oriental Insects, 10: 383-391.

Kong F Q, Wang X H. 2011. *Heterotrissocladius* Spärck from China (Diptera: Chironomidae). Zootaxa, 2733: 63-68.

Kang Z, Yang D. 2012. Species of *Philorus* Kellogg from China with description of a new species (Diptera: Blephariceridae). Zootaxa, 3311: 61-67.

Kang Z, Yang D. 2014. Species of *Blepharicera* Macquart from China with descriptions of two new species (Diptera: Blephariceridae). Zootaxa, 3866(3866): 421-434.

Kang Z, Yang D. 2015. New Record of *Horaia* (Diptera: Blephariceridae) in China with Descriptions of Two New Species. Florida Entomologist, 98(1): 118-121.

Kang Z, Yao G, Yang D. 2013. Five new species of *Ptychoptera* Meigen with a key to species from China (Diptera: Ptychopteridae). Zootaxa, 3682(4): 541-555.

Kieffer J J. 1894. M. L'abbé J J. Kieffer adresse aussi une note préliminaire sur le genre *Campylomyza* (Dipt.). Bulletin de la Société Entomologique de France, 1894: clxxv-clxxvi.

Kieffer J J. 1903. Description de trois genres nouveaux et de cinq espèces nouvelles de la famille (des). Sciaridae (Diptères). Annales de la Société Scientifique de Bruxelles, 27(3): 196-205.

Kieffer J J. 1904. Nouvelles cécidomyies xylophiles. Annales de la Société Scientifique de Bruxelles, 28: 367-409.

Kieffer J J. 1909. Diagnoses de nouveaux Chironomides dAllemagne. Bulletin Societe d'histoire naturelle de Metz, 26: 37-56.

Kieffer J J. 1910. Étude sur les chironomides des Indes Orientales, avec description de quelques nouvelles espèces d'Egypte. Memoirs of the Indian Museum, 2: 181-242.

Kieffer J J. 1912. Quelques nouveaux Tendipedides (Diptera) obtenus declosion (1re Note). Bulletin de la Société Entomologique de France, 31: 86-88.

Kieffer J J. 1913a. Glanures diptèrologiques. Bulletin de la Société d'Histoire Naturelle de Metz, 28: 45-55.

Kieffer J J. 1913b. Nouvelle éude sur les Chironomides de l'Indian Museum de Calcutta. Record of the Indian Museum, 9: 119-197.

Kieffer J J. 1915. Neue Chironomiden aus Mitteleuropa. Brotéria Série Zoológica, 13: 65-87.

Kieffer J J. 1916. Tendipedides (chironomides) de Formose. Annales Historico-Naturales Musei Nationalis Hungarici, 14: 81-121.

Kieffer J J. 1918. Chironomides d'Afrique et d'Asie Conservés au Muséum National Hongrois de Budapest. Annales Historico-Naturales Musei Nationalis Hungarici, 16: 31-136.

Kieffer J J. 1919a. Chironomides d'Europe conservés au Musée National Hongrois de Budapest. Annales Historico-Naturales Musei Nationalis Hungarici, 17: 1-160.

Kieffer J J. 1919b. Microdiptères d'Afrique. Bulletin de la Société D'histoire Naturella de L'Afrique Du Nord, 10(9): 191-206.

Kieffer J J. 1921. Synopse de la tribu des Chironomariae (Diptères). Annales de la Societe Scientifique de Bruxelles, 40: 269-276.

Kieffer J J. 1923. Chironomides de l'Afrique Équatoriale. (3e partie). Annales de la Societe Entomologique de France, 92: 149-204.

Kieffer J J, Cecconi G. 1906. Un nuovo dittero galligeno su foglie di Mangifera indica. Marcellia, 5: 135-136.

Kieffer J J, Massalongo C. 1902. *In*: Massalongo C. Di un nuovo genere di Ditteri galligeni. Marcellia, 1: 54-59.

Kiknadze J R, Wang X H, Istomina A G, et al. 2005. A new *Chironomus* species of the *plumosus sibling*-group (Diptera: Chironomidae) from China. Aquatic Insects, 27(3): 199-211.

Kim D S, Lee J E. 2002. Immature stages of *Tipula* (*Yamatotipula*) *latemarginata* (Diptera, Tipulidae) from Korea. Korean Journal of Systematic Zoology, 18: 213-218.

Kim D S, Lee J E. 2003. Immature stages of *Tipula nova* (Diptera: Tipulidae) from Korea. Korean Journal of Systematic Zoology, 19(2): 277-282.

Kim D S, Lee J E. 2005. Life cycle of *Tipula latemarginata* Alexander (Diptera: Tipulidae) in Korea. Korean Journal of Applied Entomology, 44: 109-114.

Kim D S, Lee J E. 2006. Life cycle of *Tipula nova* Alexander (Diptera: Tipulidae) under the rearing condition of room temperature.

Korean Journal of Applied Entomology, 45: 97-100.

Kirby W. 1798. History of *Tipula Tritici*, and *Ichneumon Tipulae*, with some observations upon other insects that attend the wheat, in a letter to Thomas Marsham, Esq. Sec. L. S. Transactions of the Linnean Society, 4: 230-239.

Kitakami S. 1931. On the Blepharoceridae of Formosa, with a note on *Apistomyia uenoi* (Kitakami). Memoirs of the College Sciences, Kyoto Imperial University, 16: 59-74.

Kitakami S. 1937. Supplementary notes on the Blepharoceridae of Japan. Memoirs of the College Sciences, Kyoto Imperial, 12: 115-136.

Kjellander E. 1943. Einige Beobachtungen über den Heerwurm in Schweden mit Beschreibung der ihn bildenden Mücke *Semisciara agminis* n. gen. n. sp. Opuscula Ent Lund, 8(1-2): 44-58.

Knight K L, Stone A. 1977. A Catalog of the Mosquitoes of the World (Diptera: Culicidae). 4. Maryland: Entomological Society of America: 1-611.

Kobayashi T, Kuranishi R. 1999. The second species in the subfamily Podonominae recorded from Japan, *Papaboreochlus okinawanus*, new species (Diptera: Chironomidae). Raffles Bulletin of Zoology, 47: 601-606.

Kobayashi T, Sasa M. 1991. Description of two new species of the chironomid midges collected from the Tama River, Tokyo (Diptera, Chironomidae). Eisei Dobutsu [= Jpn. J. Sanit. Zool.], 42: 71-75.

Komarova L A, Vilkamaa P. 2006. Review of sciarid species (Diptera, Sciaridae) of genus *Dolichosciara* Tuomikoski, 1960 of the south of the West Siberia. Eurasian Entomological Journal, 5(2): 163-164.

Kong F Q, Liu W, Wang X H. 2012. Two new record subgenera of *Orthocladius* (Diptera, Chironomidae) from China. Acta Zootaxonomica Sinica, 37(1): 181-184.

Kong F Q, Sæther O A, Wang X. 2012. A review of the subgenus *Eudactylocladius* (Diptera: Chironomidae) from China. Zootaxa, 3341: 46-53.

Kong F Q, Sæther O A, Wang X H. 2012. A review of the subgenera *Euorthocladius* and *Orthocladius* s. str. from China (Diptera: Chironomidae). Zootaxa, 3537: 76-88.

Kovalev O V. 1964. A review of the gall midges (Diptera, Itonididae) of the extreme south of the Soviet Far East. I. The supertribe Asphondylidi. Entomologicheskoe Obozrenie, 43: 418-446.

Kruseman G. 1933. Tendipedidae Neerlandicae. PARS I. Genus *Tendipes* cum generibus finitimis. Tijdschrift voor Entomologie, 76:119-216.

Lackschewitz P. 1964. New and little-known palaearctic crane-flies of the family Limoniidae (Diptera, Tipuloidea). Entomologicheskoe Obozrenie, 43: 710-733.

Lastovka P. 1972. Holarctic species of *Mycetophila ruticollis*-group (Diptera, Mycetophilidae). Acta Entomologica Bohemoslovaca, 69: 275-294.

Latreille P A. 1802. Histoire naturelle, generale et particuliere des crustaces et des insects. 3. Pari: Familles naturelles des genres: 1-467. F. Dufart, Paris.

Latreille P A. 1804. Tableau méthodique des Insectes: 129-200. In Société de Naturalistes *et* d'Agriculteurs, Nouveau dictionnaire d'histoire naturelle, appliquée aux arts, principalement à l'agriculture et à l'économie rurale et domestique. Tableaux méthodiques d'histoire naturelle. Deterville, Paris. 24 (3): 1-238

Latreille P A. 1805. Histoire naturelle, générale et particulière, des Crustacés et des Insectes. Hist Nat Crust Ins, 14: 1-432.

Latreille P A. 1809. Genera crustaceorum et insectorum secumdum ordinem naturalem in familias disposita, iconibus exemplisque plurimis explicata. Paris and Strasbourg, 4: 1-399.

Latreille P A. 1810. Considerations generales sur lordre naturel des animaux composant les classes des crustaces, des arachnides, et des insectes; avec un tableau methodique de leurs genres, disposes en familles. Paris, 444.

Lehmann J. 1972. Revision der europäischen Arten (Puppen und Imagines) der Gattung *Eukiefferiella* Thienemann. Beitrage zur Entomologie, 22: 347-405.

Leng Y J, Yin Z C. 1983. The Taxonomy of phlebotomine sandflies (Diptera: Psychodidae): of Sichuan Province, China, with descriptions of two species, *Phlebotomus* (*Adlerius*) *sichuanensis* sp. n, *Sergentomyia* (*Neophlebotomus*) *zhengjiani* sp. n. Annals of Tropical Medicine and Parasitology, 77(4): 421-431.

Lengersdorf F. 1926. Die Sciariden des Naturhistorischen Museums in Wien. Konowia, 5(2): 122-129.

Lengersdorf F. 1927. H. Sauter's Formosa-Ausbeute. Sciaridae (Dipt). Supplementa Entomologica, 16: 104-106.

Lengersdorf F. 1941. Dipterenfundeaus dem Gebiete der Grossglockner. Arbeiten über morphologische und taxonomische entomologieaus Berlin-Dahl, 8 (1): 65-72; 8 (3): 192-194.

Lenz F. 1941. Die Metamorphose der Chironomidengattung *Cryptochironomus*. Zoologischer Anzeiger, 133: 29-41.

Li X, Lin X L,Wang X H. 2014. *Nostocoladius*,a newly recorded subgenus of *Cricotopus* van der Wulp(Diptera: Chironomidae)from Oriental Region. Entomotaxonomia,36(3): 201-205.

Lin F J, Chen C S. 1999. The name list of Taiwan Diptera. The Taiwan Fauna, 1: 32-35.

Lin X L, Liu W B, Yao Y Y, *et al.* 2013a. *Paraboreochlus* Thienemann, a newly recorded genus of Podonominae (Diptera: Chironomidae) from the Oriental China. Entomotaxonomia, 35(1): 73-77.

Lin X L, Qi X, Wang X H. 2011. A new species and a newly recorded species of the genus *Paratendipes* Kieffer (Diptera: Chironomidae) from China. Entomotaxonomia, 33(4): 257-261.

Lin X L, Qi X, Wang X H. 2012. Two new species of *Bryophaenocladius* Thienemann, 1934 (Diptera, Chironomidae) from China. ZooKeys, 208: 51-60.

Lin X L, Qi X, Wang X H. 2013b. *Litocladius* Mendes, Andersen & Sæther 2004, a newly recorded genus of Orthocladiinae from Oriental China (Diptera: Chironomidae). Pan-Pacific Entomologist, 89(3): 143-146.

Lin X L, Qi X, Zhang R L, *et al.* 2013c. A new species of *Polypedilum* (*Uresipedilum*) Oyewo &Sæther, 1998 from Zhejiang Province of Oriental China (Diptera, Chironomidae). ZooKeys, 320: 43-49.

Lin X L, Qi X. 2021. *Dicrotendipes sinicus* Lin & Qi, sp. n. (Diptera: Chironomidae). Chironomus Journal of Chironomidae Research, 34: 21-32.

Lin X L, Wang X H. 2012. A newly recorded genus *Axarus* Roback, 1980 (Diptera, Chironomidae) from Oriental China. Euroasian Entomological Journal, 2: 41-43.

Lin X L, Wang X H. 2017. A redescription of *Zavrelia bragermia* Guo & Wang, 2007 (Diptera: Chironomidae). CHIRONOMUS Journal of Chironomidae Research, 30: 67-71.

Lin X L, Yao Y Y, Liu W B, *et al.* 2013d. A review of the genus *Compterosmittia* Sæther, 1981 (Diptera: Chironomidae) from China. Zootaxa, 3669: 129-138.

Linnaeus C. 1758. Systema naturae per regna tria naturae, secundum classes, ordines, genera, species, cum caracteribus, differentiis, synonymis, locis. 10th ed. Stockholm: 1-824.

Linnaeus C. 1760. Fauna Svecica sistens animalia Sveciae regni: Mammalia, Aves, Amphibia, Pisces, Insecta, Vermes. Distributa per classes & ordines, genera & species, cum differentiis specierum, synonymis auctorum, nominibus incolarum, locis natalium, descriptionibus insectorum. Editio altera, auctior. Salvii, Stockholmiae [= Stockholm]: [48] + 1-578.

Linnaeus C. 1767. Systema naturae per regna tria naturae. 12th ed. Holmiae [Stockholm], 1(2): 533-1327.

Lioy P. 1863. I ditteri distribuiti secondo un nuovo metodo di classificazione naturale. Atti del Reale Istituto Veneto di Scienze, Lettere ed Arti, (3)9: 187-236.

Liu W B, Lin X L, Wang X H. 2014. A review of *Rheocricotopus* (*Psilocricotopus*) *chalybeatus* species group from China, with the description of three new species (Diptera, Chironomidae). ZooKeys, 388: 17-34.

Loew H. 1850a. Dipterologische Beiträge. Vierter Theil. Öffentl. K. Friedrich-Wilhelms Gymnasium zu Posen, 1850: 1-40.

Loew H. 1850b. Ueber den Bernstein und die Bernsteinfauna. Programm der Könglichen Realschule zu Meseritz, 1850: 1-44.

Loew H. 1863. Diptera Americae septentrionalis indigena. Centuria quarta. Berliner Entomologische Zeitschrift, 7: 275-326.

Loew H. 1871. Beschreibungen europaischer Dipteren. Halle, 2: i-vii, 1-320.

Lundbeck W. 1898. Diptera groenlandica. Videnskabelige Meddelelser Naturhistorisk Forening, 5: 236-314.

Macquart J. 1826. Insectes Dipteres du nord de la France, Tipulaires. Recueil des Travaux de la Société dAmateurs des Sciences, de la Agriculture et des Arts a Lille, 1823-1824: 59-224.

Macquart J. 1834. Histoire naturelle des Insectes. Dipteres. Roret, Paris, 1: 1-578.

Macquart J. 1838. Diptères exotiques nouveaux ou peu connus. Memoires de la Societe (Royale) des Sciences, de l'Agriculture et des Arts a Lille, 1838(2): 9-225.

Macquart J. 1846. Dipteres exotiques nouveaux ou peu connus. Supplement. Memoires de la Societe Royale des Sciences, de lAgriculture et des Arts a Lille, 1844: 133-364.

Makarchenko E A. 1977. Nekotorye Diamesinae i Orthocladiinae (Diptera, Chironomidae) zapovednika "Kedrovaya pad". (Some Diamesinae and Orthocladiinae (Diptera, Chironomidae) from the Reserve "Kedrovaya pad".) - *In*: Presnovodnaya fauna zapovednika "Kedrovaya pad". Trudy Biol. -Pochv. Inst. Dal'nevost. Nauchn. Tsentra Akad. Nauk SSSR N. S. 45: 109-125.

Makarchenko E A. 1980. Two new species of *Parapotthastia* (Diptera, Chironomidae) from the South of the Soviet Far East. Zoologicheskii Zhurnal, 59: 466-470.

Makarchenko E A. 1987. New or little known chironomids of Podonominae and Diamesinae (Diptera, Chironomidae) from the USSR. *In*: Sæther O A. A conspectus of contemporary studies in Chironomidae (Diptera). Contributions from the IXth International Symposium on Chironomidae, Bergen, Norway, 1985. Entomologica scandinavica, 29 (Supplement): 205-209.

Makarchenko E A. 1993. Chironomids of the subfamily Diamesinae (Diptera, Chironomidae) from Japan. I. *Sasayusurika aenigmata* gen. et sp. nov. Bulletin of the National Science Museum, Tokyo, Series A, 19(3): 87-92.

Makarchenko E A, Wang X. 2017. *Pagastia tianmumontana* sp. n. - a new species of Chironomids (Diptera: Chironomidae: Diamesinae) from South China. Far Eastern Entomologist, 336: 13-15.

Malloch J R. 1915. Four new North American Diptera. Proceedings of the Biological Society of Washington, 28: 45-48.

Malloch J R. 1928. Notes on Australian Diptera. No. XVII. Proceedings of the Linnean Society of New South Wales, 53: 598-617.

Mamaev B M. 1966. New and little known Palaearctic gall midges of the tribe Porricondylini (Diptera, Cecidomyiidae). Acta Entomologica Bohemoslovaca, 63: 213-239.

Mamaev B M. 1976. Detritnicy podsemejstva Zygoneurinae (Diptera, Sciaridae) v faune Vostocnoj Sibiri i Dal'nogo Vostoka. Insekte des Fernen Ostens, 43: 135-139.

Mannheims B. 1951. 15. Tipulidae. In: Lindner E. Die Fliegen der palaearktischen Region, 3(5)1, Lief, 167: 1-64.

Mao M, Yang D. 2010. Species of the genus Metalimnobia Matsumura from China (Diptera, Limoniidae). Zootaxa, 2344: 1-16.

Marchal P. 1904. Diagnose d'une cécidomyie nouvelle vivant sur le caroubier [Dipt.]. Bulletin de la Société Entomologique de France, 1904: 272.

Matsumura S. 1916. Thousand insects of Japan. Additamenta 2. Tokyo: Keisei-sha: 185-474.

Matsumura S. 1931. 6000 Illustrated Insects of Japan-Empire. Tokyo: Toko Shoin: 1-1497.

McAlpine J F. 1981. Morphology and terminology: Adults. In: McAlpine J F, et al. Manual of Nearctic Diptera, 1: 9-63.

Meigen J W. 1800a. Nouvelle classification des mouches a deux ailes (Diptera L.) dapres un plan tout nouveau. Paris: 1-40.

Meigen J W. 1800b. Nouvelle classification des mouches à deux ailes (Diptera L.) d'après un plan tout nouveau. Par J. G. Meigen. "An VIII (1800 v. s.)". J J Fuchs, Paris: 40.

Meigen J W. 1803. Versuch einer neuen GattungEintheilung der europäischen zweiflügligen Insekten. Magazin für Insektenkunde, 2: 259-281.

Meigen J W. 1818. Systematische Beschreibung der bekannten europaischen zweiflügeligen Insekten. Aachen, 1: i-xxxvi, 1-333.

Meigen J W. 1830. Systematische Beschreibung der bekannten europäischen zweiflügeligen Insekten. 6: i-xi, 1-401.

Meijere J C H de. 1904. Neue und bekannte Sud-Asiatische Dipteren. Bijdragen tot de Dierkunde, 17-18: 83-118.

Men Q L. 2014a. First record of female Tipula (Formotipula) vindex Alexander with description of eggs, and redescription of male (Diptera: Tipulidae). Entomologica Americana, 120: 1-3.

Men Q L. 2014b. A new species in the genus Dictenidia Brulle (Diptera: Tipulidae) from China, with a key to species worldwide. Entomotaxonomia, 36(3): 187-195.

Men Q L. 2015. Report on crane flies of the genus Tipula (Diptera: Tipulidae: Tipulinae) from Anhui Province, China. Acta Entomologica Musei Nationalis Pragae, 55(2): 797-810.

Men Q L, Huang M. 2014. A new species of the genus Ctenophora Meigen (Tipulidae: Tipuloidea: Tipulidae) from China, with a key to the world species. Zootaxa, 3841(1): 592-600.

Men Q L, Xue G, Liu Y. 2015. A morphological study on reproductive system of Tipula (Yamatotipula) nova Walker (Diptera: Tipulidae). Zoological Systematics, 40: 328-338.

Mendes H F, Andersen T, Sæther O A. 2004. A review of Antillocladius Sæther, 1981; Compterosmittia Sæther, 1981 and Litocladius new genus (Chironomidae, Orthocladiinae). Zootaxa, 594: 1-82.

Menzel F. 1992. Beiträge zur Taxonomie und Faunistik der paläarktischen Trauermücken (Diptera, Sciaridae) Teil I. - Die Stroblschen Sciaridentypen des Naturhistorischen Museums des Benediktinerstifts Admont. Beiträge zur Entomologie, 42(2): 233-258.

Menzel F. 1993. Sciaridae. In: Menzel F, Bährmann R. Zweiflügler (Diptera) Ostdeutschlands. Kritische Liste ausgewählter Familien. Nova Suppl. Ent. Eberswalde-Finow, 5: 30-34.

Menzel F. 1994. Checklist der Trauermücken (Diptera, Sciaridae) Thüringens. In: Thüringer Entomologenverband V (LFA des Naturschutzbundes Deutschland e. V.) Check-Listen Thüringer Insekten, 2: 74-79.

Menzel F, Martens J. 1995. Die Sciaridae (Diptera, Nematocera) des Nepal-Himalaya. Teil I. Die blütenbesuchenden Trauermücken an Aronstabgewächsen der Gattung Arisaema (Araceae Juss.). Studia Dipterologica, 2(1): 97-129.

Menzel F, Mohrig W. 1991. Revision der durch Franz Lengersdorf bearbeiteten Sciaridae (Diptera, Nematocera) von Taiwan. Beiträge zur Entomologie, 41: 9-26.

Menzel F, Mohrig W. 1998. Contributions to taxonomy and faunistics of the Palaearctic sciarid flies (Diptera, Sciaridae). Part 6. New results from type study and their taxonomic and nomenclatural consequences. Studia Dipterologica, 5: 351-378.

Menzel F, Mohrig W. 2000. Revision der paläarktischen Trauermücken (Diptera: Sciaridae). Studia Dipterologica Supplement, 6: 1-761.

Menzel F, Mohrig W, Groth I. 1990. Beitraege zur Insektenfauna der DDR: Diptera-sciaridae. Beiträge zur Entomologie, 40: 301-400.

Mo T L, Zheng F Q. 2004. Description of a new species of the genus Epidiplosis Felt (Diptera, Cecidomyiidae) from Zhejiang, China. Acta Zootaxonomica Sinica, 29: 563-565.

Mohrig W. 1987. Sciaridae aus dem Nepal-Himalaya (Insecta: Diptera). Courier Forsch. Inst Senckenberg, 7(93): 481-490.

Mohrig W, Antonova E B. 1978. Neue palaearktische Sciariden (Diptera). Zoologische Jahrbiicher Abteilungfiir Systematik Okologie und Geographic der Tiere, 105: 537-547.

Mohrig W, Heller K, Hippa H, et al. 2013. Revision of the black fungus gnats (Diptera: Sciaridae) of North America. Studia dipterologica, 19: 141-286.

Mohrig W, Menzel F. 1994. Revision der paläarktischen Arten von Phytosciara Frey (Diptera: Sciaridae). Beiträge zur Entomologie, 44(1): 167-210.

Mohrig W, Menzel F, Kozánek M. 1992. Neue Trauermücken (Dipter,Sciaridae) aus nord-Korea und Japan. Dipterological Research, 3: 17-30.

Mohrig W, Röschmann F, Rulik B. 1999. New sciarid flies (Diptera, Sciaridae) from Nepal. Deutsche Entomologische Zeitschrift (Neue Folge), 46: 189-201.

Monzen K. 1955. Some Japanese gallmidges with the descriptions of known and new genera and species (II). Annual Report of the Gakugei Faculty of the Iwate University, 9: 34-46.

Naito M. 1919. On the mulberry black gall midge, Diplosis morivorella Niarto. Sangyô Shinpô, No. 310: 29-31.

Newman E. 1834. Attempted division of British insects into natural orders. Entomological Magazine, 2(4): 379-431.

Newstead R. 1914. Notes on Phlebotomus, with descriptions of new species. Part II. Bulletin Entomology Research, 5: 179-192.

Newstead R. 1916. On the genus Phlebotomus Part III. Phlebotomus major var. chinensis. Bulletin Entomology Research, 7(2): 191-192.

Newstead R. 1923. On a new species of Phlebotomus from Japan. Annals of Tropical Medicine and Parasitology, 17(4): 531-532.

Niitsuma H. 1985. A new species of the genus Nilothauma (Diptera, Chironomidae) from Japan. Kontyû, 53: 229-232.

Niitsuma H. 1996. Two new species of Polypedilum (Diptera, Chironomidae) from fontal streams in Japan. Species Diversity, 1: 99-105.

Niu X L, Wu H, Yu X X. 2008a. Four new species of Saigusaia Vockeroth, 1980 (Diptera: Mycetophilidae) from China. Zootaxa, 1741: 24-30.

Niu X L, Yu X X, Wu H. 2008b. Two new record species of the genus Boletina Staeger (Diptera: Mycetophilidae) from China. Entomotaxonomia, 30(2): 110-112.

Niwa S. 1910. Studies on Diplosis 4-fasciata. Tokyo Sanji Hôkoku, No. 39: 1-6.

Okada I. 1938. Die von Herrn K. Takeuchi aus Japan gesammelten Nematoceren. Tenthredo, 2(1): 33-43.

Oliver D R. 1959. Some Diamesini (Chironomidae) from the Nearctic and Palaearctic. Entomologisk Tidskrift, 80: 48-64.

Oosterbroek P. 1985. The Japanese species of Nephrotoma (Diptera, Tipulidae). Tijdschrift voor Entomologie, 127: 235-278.

Oosterbroek P. 2016. Catalogue of the Craneflies of the World, (Diptera, Tipuloidea: Pediciidae, Limoniidae, Cylindrotomidae, Tipulidae). Available from: http: //ccw. naturalis. nl/[2018-10-20].

Oosterbroek P, Bygebjerg R, Munk T. 2006. The west palaearctic species of Ctenophorinae (Diptera, Tipulidae); key, distribution and references. Entomologische Berichten, Amsterdam, 66: 138-149.

Oosterbroek P, Theowald Br. 1992. Family Tipulidae. In: Soós A, Papp L. Catalogue of Palaearctic Diptera. Vol.1. Amsterdam & Budapest: Elsevier Science Publishers & Akademiai Kiado: 56-178.

Osten Sacken C R. 1860. New genera and species of North American Tipulidae with short palpi, with an attempt at a new classification of the tribe. Proceedings of the Academy of Natural Sciences of Philadelphia, 1859: 197-254.

Osten Sacken C R. 1887. Studies on Tipulidae. Part 1. Review of the published genera of the Tipulidae longipalpi. Berliner Entomologische Zeitschrift, 30: 153-188.

Osten Sacken C R. 1888. Studies on Tipulidae. Part 2. Review of the published genera of the Tipulidae brevipalpi. Berliner Entomologische Zeitschrift, 31: 163-242.

Ostroverkhova G P. 1979. Fungus-gnats of Siberia (Diptera, Mycetophiloidea) of Siberia. Tomsk: Izdat, Tomsk University: 1-307.

Oyewo W A, Sæther O A. 1998. Revision of Afrotropical Polypedilum Kieffer subgen. Uresipedilum Sasa et Kikuchi, 1995 (Diptera: Chironomidae): with a review of the subgenus. Annales de Limnologie, 34: 315-362.

Pankratova V Y. 1970. Lichinki i kukolki komarov podsemeistva Orthocladiinae fauny SSSR (Diptera, Chironomidae = Tendipedidae). [Larvae and pupae of midges of the subfamily Orthocladinae (Diptera, Chironomidae = Tendipedidae) of the USSR fauna.]. Izvestiya Akademii Nauk Kazahskoi SSR: 1-344. [partial transl. In: F.B.A. Transl. (N.S.), 54: 1-8.]

Panzer G W F. 1810. Favnae Insectorvm Germanicae initia oder Devtschlands Insecten Heft, 109: 1-24. Felsecker, Nürnberg [= Nuremberg].

Patton W S, Hindle E. 1928. The North Chinese species of the genus Phlebotomus (Diptera: Psychodidae). Proceedings of the Royal Society, Series B, 102(720): 533-555.

Pettey F W. 1918. A revision of the genus Sciara of the family Mycetophilidae (Diptera). Annals of the Entomologcial Society of America, 11: 319-341.

Pierre C. 1924. Tipulidae nouveaux d'Algerie. Encyclopedie Entomologique, (B II), Diptera, 1: 9-12.

Pinder L C V. 1978. A key to adult males of the British Chironomidae (Diptera). Scientific Publications. Freshwater Biological Association of the British Empire Ambleside, 37: 1-169.

Puri I M. 1932. Studies on Indian Simuliidae. Part I. Simulium himalayense sp. n. ; Simulium gurneyae Senior White and Simulium nilgiricum sp. n. Indian Journal of Medical Resarch, 19: 883-898.

Qi X, Li Y F, Wang X H, *et al*. 2014b. A new species of *Microtendipes* (Diptera: Chironomidae) with a median volsella from Xishan Island. China. Florida Entomologist, 97: 871-876.

Qi X, Lin X L, Ekrem T, *et al*. 2019. A new surface gliding species of Chironomidae: An independent invasion of marine environments and its evolutionary implications. Zoologica Scripta, 48(1): 81-92.

Qi X, Lin X L, Liu Y D, *et al*. 2015. Two new species of *Stenochironomus* Kieffer (Diptera, Chironomidae) from Zhejiang, China. ZooKeys, 479: 109.

Qi X, Lin X L, Wang X H, *et al*. 2014a. A new species of *Nilothauma* Kieffer from China, with a key to known species of the genus (Diptera: Chironomidae). Zootaxa, 3869(5): 573-578.

Qi X, Lin X L, Wang X H. 2012a. Review of *Dicrotendipes* Kieffer from China (Diptera: Chironomidae). ZooKeys, 183: 23-36.

Qi X, Lin X L, Wang X H. 2012b. A new species of the genus *Microtendipes* Kieffer, 1915 (Diptera, Chironomidae) from Oriental China. ZooKeys, 212: 81-89.

Qi X, Liu Y D, Lin X L, *et al*. 2012c. Two new species of the genus *Eukiefferiella* Thienemann, 1926 (Diptera: Chironomidae) from China. Pakistan Journal of Zoology, 44(4): 1007-1011.

Qi X, Shi S D, Lin X L, *et al*. 2011. The genus *Stenochironomus* Kieffer (Diptera: Chironomidae) with three newly recorded species from China. Entomotaxonomia, 33(3): 220-330.

Qi X, Shi S D, Lin X L, *et al*. 2014c. A new species of *Microtendipes* Kieffer (Diptera: Chironomidae) from Gutian Mountain, Zhejiang. Entomotaxonomia, 36(4): 289-292.

Qi X, Shi S D, Wang X H. 2008. Two new species and new record of the genus *Stenochironomus* (Diptera, Chironomidae). Acta Zootaxonomica Sinica, 33(3): 526-531.

Qi X, Shi S D, Zhang R, *et al*. 2014d. *Polypedilum* (*Tripodura*) *cypellum* sp. nov. (Diptera: Chironomidae) from Xishan Island, Zhejiang Province. Entomotaxonomia, 36(2): 119-122.

Qi X, Shi S, Lin X, Wang X. 2013. First report of the genus *Endotribelos* Grodhaus, 1987 (Diptera: Chironomidae) from China, with description of a new species. Entomotaxonomia, 35: 284-289.

Qi X, Shi, S D, Wang X H. 2009. A review of *Paratendipes* Kieffer from China (Diptera: Chironomidae). Aquatic Insects, 31(1): 63-70.

Qi X, Tang H Q, Wang X H. 2016. Notes on *Nilothauma* Kieffer from Oriental China, with descriptions of three new species (Diptera, Chironomidae). ZooKeys, 574: 143-159.

Qi X, Wang X H, Andersen T, *et al*. 2017. A new species of *Manoa* Fittkau (Diptera: Chironomidae): with DNA barcodes from Xianju National Park, Oriental China. Zootaxa, 4231(3): 398-408.

Qi X, Wang X H. 2006. A review of *Microtendipes* Kieffer from China (Diptera: Chironomidae). Zootaxa, 1108: 37-51.

Ree H I, Kim H S. 1981. Studies on Chironomidae (Diptera) in Korea. 1. Taxonomic study on adults of Chironominae. Proceedings of College of Natural Sciences, Seoul National University, 6: 123-226.

Ren J, Lin X L, Wang X H. 2014. Review of genus *Pseudorthocladius* Goetghebuer,1943(Diptera,Chironomidae)from China. ZooKeys, 387: 51-72.

Riley C V. 1881. Insect enemies of the rice plant. American Naturalist, 15: 148-149.

Riley C V. 1886. Report of the Entomologist. Report of the Commissioner of Agriculture, 1885: 207-343.

Roback R R, Rutter R P. 1988. *Denopelopia atria*, a new genus and species of Pentaneurini (Diptera: Chironomidae: Tanypodinae) from Florida. Spixiana Supplement, 14: 117-127.

Rondani C. 1840. Sopra alcuni nuovi generi di insetti ditteri. Memoria seconda per servire alla ditterologia italiana. Parma: 1-27.

Rondani C. 1842. Nouveau Genre de Diptere Tipulaire sans ailes. Revue Zoologique de la Societe Cuvierienne, Paris, 5: 243.

Rondani C. 1847. Osservazioni sopra parecchie specie di esapodi afidicidi e sui loro nemici. Società Agraria e Accademia delle Scienze dell'istituto di Bologna, Nuovi Annali delle Scienze Naturali e Rendiconto, (2)8: 337-351, 432-448.

Rondani C. 1856. Dipterologiae Italicae Prodromus. Genera Italica ordinis dipterorum ordinatim disposita et distincta et in familias et stirpes aggregata. Parmae [= Parma], 1: 1-228.

Rondani C. 1860. Stirpis cecidomyarum. Genera revisa. Nota undecima, pro dipterologia italica. Atti della Società Italiana di Scienze Naturali, (1859-1860) 2: 286-294.

Rondani C. 1861. Dipterologiae Italicae Prodromus. Species italicae ordinis dipterorum in genera characteribus definita, ordinatim collectes, methodo analitica distinctae et novis vel minus cognitis descriptis, Pars tertia: Muscidae, Tachininarum complementum. Parmae [= Parma], 4: 1-174.

Rondani C, Berté S. 1840. Sopra una specie di insetto dittero. Memoira Prima per servire alla Ditterologia Italiana, 13: 10-16.

Rozkošný R. 1990. Family Dixidae. *In*: Soós A, Papp L. Catalogue of Palaearctic Diptera. Vol. 2. Amsterdam & Budapest: Elsevier Science Publishers & Akademiai Kiado: 66-71.

Rozkošný R. 1992. Family Ptychopteridae (Liriopeidae). *In*: Soós A, Papp L. Catalogue of Palaearctic Diptera. Vol. 1. Amsterdam & Budapest: Elsevier Science Publishers & Akademiai Kiado: 370-373.

Rübsaamen E H. 1892. Die Gallmücken des Königlichen Museums für Naturkunde zu Berlin. Berliner Entomologische Zeitschrift, 37: 319-411.

Rubtsov I A. 1956. Balckflies (family Simliidae) [Moshki (sem. Simuliidae)]. Fauna of the USSR Diptera, 6(6): 1859. New Series No. 64.

Rudzinski H G. 1989. Zur Schlüpfabundanz von Trauermücken auf unterschiedlichen Flächen einer abgedeckten Bauschuttdeponie (Diptera: Sciaridae). Mitt Int Ent Ver Frankfurt/Main, 14(1-2): 27-38.

Rudzinski H G. 1993. Mücken und Fliegen aus dem Schluifelder Moos, Ober-Bayern. Zweite Liste (Diptera: Nematocera: Sciaridae). Entomofauna, 14(16): 281-304.

Rudzinski H G. 1994a. Neue Mitteilungen zur Trauermücken fauna Österreichs (Diptera Nematocera: Sciaridae). Entomofauna, 15(24): 281-292.

Rudzinski H G. 1994b. Trauermückenfunde aus Nord-Mähren (Diptera: Sciaridae). Entomol Probl, 25(2): 11-23.

Rudzinski H G. 2004. Beiträge zur Trauermückenfauna Taiwans. Teil I: Gattung Scatopsciara Edwards, 1927 (Diptera Nematocera: Sciaridae). Entomofauna, 25: 21-40.

Rudzinski H G. 2005. Beiträge zur Trauermückenfauna Taiwans. Teil II: Gattungen Sciara, Schwenckfeldina, Trichosia, Leptosciarella, Baeosciara und Trichosillana gen. nov. (Diptera Nematocera: Sciaridae). Entomofauna, 26: 254-274.

Rudzinski H G. 2006. Beiträge zur Trauermücken fauna Taiwans. Teil IV: Gattungen *Lycoriella, Mohrigia, Chaetosciara, Scythropochroa* und *Pseudoaerumnosa* gen. nov. (Diptera Nematocera: Sciaridae). Entomofauna, 27(37): 449-476.

Rudzinski H G. 2008. Beiträge zur Trauermücken fauna Taiwans. Teil V: Gattungen *Dichopygina, Camptochaeta, Corynoptera* und *Keilbachia* (Diptera Nematocera: Sciaridae). Entomofauna, 29: 321-360.

Sabrosky C W. 1999. Family-group names in Diptera. Leiden: Backhuys: 576.

Sæther O A. 1969. Some Nearctic Podonominae, Diamesinae and Orthocladiinae (Diptera: Chironomidae). Bulletin of the Fishers Research Board of Canada, 170: 1-154.

Sæther O A. 1981. Orthocladiinae (Diptera: Chironomidae) from the British West Indies, with descriptions of *Antillocladius* n. gen. , *Lipurometriocnemus* n. gen. , *Compterosmittia* n. gen, *Diplosmittia* n. gen. Entomologica Scandinavica. Supplement, 16: 1-46.

Sæther O A. 1985. A review of the genus *Rheocricotopus* Thienemann & Harnisch, 1932, with the description of three new species (Diptera, Chironomidae). *In*: Fittkau E J. Beiträge zur Systematik der Chironomidae, Diptera. Spixiana Supplement, 11: 59-108.

Sæther O A. 1986. The imagines of *Mesosmittia* Brundin, 1956, with description of seven new species (Diptera, Chironomidae). *In*: Fittkau E J. Beiträge zur Systematik der Chironomidae, Diptera. Spixiana Supplement, 11: 37-54.

Sæther O A. 1989. Two new species of *Hydrobaenus* Fries from Massachusetts, U. S. A. , and Japan (Diptera: Chironomidae). Entomologica Scandinavica, 20: 55-63.

Sæther O A. 1990. A review of the genus *Limnophyes* Eaton from the Holarctic and Afrotropical regions (Diptera: Chironomidae, Orthocladiinae). Entomologica Scandinavica Supplement, 35: 135.

Sæther O A. 1995. *Metriocnemus* van der Wulp: Seven new species, revision of species, and new records (Diptera: Chironomidae). Annales de Limnologie, 31: 35-64.

Sæther O A. 2003. A review of *Orthocladius* subgen. *Symposiocladius* Cranston (Diptera: Chironomidae). Aquatic Insects, 25(4): 281-317.

Sæther O A. 2004. Three new species of *Orthocladius* subgenus *Eudactylocladius* (Diptera: Chironomidae) from Norway. Zootaxa, 508: 1-12.

Sæther O A. 2005. A new subgenus and new species of *Orthocladius* van der Wulp, with a phylogenetic evaluation of the validity of the subgenera of the genus (Diptera: Chironomidae). Zootaxa, 974: 1-56.

Sæther O A, Andersen T, Pinho L C, et al. 2010. The problems with *Polypedilum* Kieffer (Diptera: Chironomidae): with the description of *Probolum* subgen. n. Zootaxa, 2497: 1-36.

Sæther O A, Halvorsen G A. 1981. Diagnoses of *Tvetenia* Kieff. emend. , *Dratnalia* n. gen. , and *Eukiefferiella* Thien. emend. , with a phylogeny of the *Cardiocladius* group (Diptera: Chironomidae). Entomologica Scandinavica Supplement, 15: 269-285.

Sæther O A, Sublette J E. 1983. A review of the genera *Doithrix* n. gen. , *Georthocladius* Strenzke, *Parachaetocladius* Wülker and *Pseudorthocladius* Goetghebuer (Diptera: Chironomidae, Orthocladiinae). Entomologica Scandinavica Suppl, 20: 1-100.

Sæther O A, Sundal A. 1999. *Cerobregma*, a new subgenus of *Polypedilum* Kieffer, with a tentative phylogeny of subgenera and species groups within *Polypedilum* (Diptera: Chironomidae). Journal of the Kansas Entomological Society, 71: 315-382.

Sæther O A, Wang X H. 1995. Revision of the genus *Paraphaenocladius* Thienemann, 1924 of the world (Diptera: Chironomidae, Orthocladiinae). Entomologica Scandinavica Supplement, 48: 1-69.

Sæther O A, Wang X H. 2000. First record of the genus *Paratrissocladius* Zavřel from the Oriental Region (Diptera: Chironomidae). Tijdschrift voor Entomologie, 143: 291-294.

Saigusa T. 1968. The genus *Boletina* Staeger from Taiwan (Diptera, Mycetophilidae). Sieboldia, 4(1): 1-24.

Santos Abreu D E. 1923. Monografia de los Limonidos de las Islas Canarias. Memorias de la Real Academia de Ciencias y Artes de

Barcelona, 18: 35-164.

Sasa M. 1979. A morphological study of adults and immature stages of 20 Japanese species of the family Chironomidae (Diptera). Research Report from the National Institute for Environmental Studies, Japan, 7: 1-149.

Sasa M. 1981. Studies on Chironomid midges of the Tama River. Part 4. Chironomidae recorded at a winter survey. Research Report from the National Institute for Environmental Studies, 29: 79-148.

Sasa M. 1990. Studies on the chironomid midges (Diptera, Chironomidae) of the Nansei Islands, southern Japan. Journal of Experimental Medicine, 60: 111-165.

Sasa M. 1996. Seasonal distribution of the chironomid species collected with light traps at the side of two lakes in the Toyama City Family Park. Research Report from Toyama Prefectural Environmental Science Research Center, 1996: 15-112.

Sasa M, Kikuchi M. 1986. Notes on the chironomid midges of the subfamilies Chironominae and Othocladiinae collected by light traps in a rice paddy area in Tokushima (Diptera, Chironomidae). Eisei Dobutsu [= Jpn. J. Sanit. Zool.], 37: 17-39.

Sasa M, Kikuchi M. 1995. Chironomidae (Diptera) of Japan. Tokyo: University of Tokyo Press: 333.

Sasa M, Suzuki H. 2000. Studies on the chironomid species collected on Ishigaki and Iriomote Islands, Southwestern Japan. Tropical Medicine, 42: 1-37.

Sasakawa M. 1983. Two new species of Sciaridae (Diptera). Kontyü, Tokyo, 51(3): 319-321.

Sasakawa M. 1993. Fungus gnats associated with flowers of the genus *Arisaema* (Araceae) Part 1. Mycetophilidae (Diptera). Jpn J Ent, 61(4): 783-786.

Sasakawa M. 1994. Fungus gnats associated with flowers of the genus *Arisaema* (Araceae) Part 3. Sciaridae (Diptera). Japanese Journal of Entomology, 62: 667-681.

Sasakawa M. 2004. Diadocidiidae and Borboropsidae (Insecta: Diptera) of Japan, with descriptions of two new species. Spec Divers, 9: 207-214.

Sasakawa M, Akamatsu M. 1978. A new greenhouse pest, *Bradysia agrestis*, injurious to potted lily and cucumber. Paper Laboratory of Entomology, Faculty of Agriculture, Kyoto University, 162: 26-30.

Sasakawa M, Kimura T. 1974. Japanese Mycetophilidae (Diptera) VIII Genus *Boletina* Stager. Scientific Reports of the Kyoto Prefectural University, Agriculture, 26: 44-66.

Sato S, Ganaha T, Yukawa J, et al. 2009. A new species, *Rhopalomyia longicauda* (Diptera: Cecidomyiidae): inducing large galls on wild and cultivated *Chrysanthemum* (Asteraceae) in China and on Jeju Island, Korea. Applied Entomology and Zoology, 44: 61-72.

Savchenko E N. 1961. Crane-flies (Diptera, Tipulidae), Subfam. Tipulinae, Genus Tipula L. , 1. Fauna USSR, N. S. 79, Nasekomye Dvukrylye [*Diptera*], 2(3): 1-488 (in Russian).

Savchenko E N. 1964. Crane-flies (Diptera, Tipulidae), Subfam. Tipulinae, Genus *Tipula* L. , 2. Fauna USSR, N. S. 89, Nasekomye Dvukrylye [*Diptera*], 2(4): 1-503 (in Russian).

Savchenko E N. 1973. Crane-flies (Fam. Tipulidae), Subfam. Tipulinae and Flabelliferinae. Fauna USSR, N. S. 105, Nasekomye Dvukrylye [*Diptera*], 2(5): 1-282 (in Russian).

Savchenko E N. 1983. Crane-flies (Fam. Tipulidae), Introduction, Subfam. Dolichopezinae, subfam. Tipulinae (start). Fauna USSR, N. S. 127, Nasekomye Dvukrylye [*Diptera*], 2(1-2): 1-585 (in Russian).

Savchenko E N, Krivolutskaya G O. 1976. Limoniidae of the south Kuril Islands and south Sakhalin. Kiev: Akad Nauk Ukr SSR: 1-160.

Savchenko E N, Oosterbroek P, Stary J. 1992. Family Limoniidae. Catalogua of Palaearctic Diptera, 1: 183-369.

Schiner J R. 1863. Vorlaufiger Commentar zum dipterologischen Theile der Fauna austriaca. V [concl.]. Wiener Entomologische Monatschrift, 7: 217-226.

Schiner J R. 1866. Berichtüber die von der Weltumseglungsreise der k. Fregatte Novara mitgebrachten Diptera. Verhandlungen der Zoologisch-Botanischen Gesellschaft in Wien, 16 (Abh.): 927-934.

Scopoli J A. 1763. Entomologia carniolica exhibens insecta carnioliae indigena et distributa in ordines, genera, species, varietates, Methodo Linnaeana. Vindobonae[=Vienna]: 1-420.

Scopoli J A. 1786. Deliciae faunae et florae insubricae, 1: 85.

Seitner M. 1906. *Resseliella piceae*, die Tannensamen-Gallmücke. Verhandlungen der kaiserlich-königlichen zoologisch-botanischen Gesellschaft in Wien, 56: 174-186.

Senior-White R A. 1922. New Ceylon Diptera (Part). Spolia Zeylan, 12: 195-206.

Shao J, Kang Z. 2021. New species of the genus *Ptychoptera* Meigen, 1803 (Diptera, Ptychopteridae) from Zhejiang, China with an updated key to Chinese species. ZooKeys, 1070: 87-99.

Shaw F R. 1952. New Sciaridae from the Hawaiian Islands (Diptera). Proc Hawaii Ent Soc, 14(3): 491-496.

Shaw F R, Fisher E G. 1952. Guide to the insects of Connecticut. Part VI. The Diptera or true flies of Connecticut. Fifth fascicle: Midges and gnats. Family Fungivoridae (= Mycetophilidae). Bulletin-State Geological and Natural History Survey of Connecticut,

80: 177-231.

Shi K, Huang J, Komarova L A, *et al*. 2013. Review of the genus *Prosciara* Frey (Diptera, Sciaridae) from China. Zootaxa, 3640(3): 301-342.

Shi K, Huang J, Zhang S, *et al*. 2014, Taxonomy of the genus *Peyerimhoffia* Kieffer from Mainland China, with a description of four new species (Diptera: Sciaridae). ZooKeys, 382: 67-83.

Sinclair B J, Dorchin N. 2010. Isoptera, Embioptera, Neuroptera, Mecoptera, Raphidioptera and Diptera types in ZFMK. Bonn Zoological Bulletin, 58: 49-88.

Sinton J A. 1928. The synonym of the species of *Phlebotomus*. Indian Journal Medical Research, 16(2): 297-324.

Sinton J A. 1929. Notes on some Indian species of the genus *Phlebotomus* Part 24. *Phlebotomus barrandi* n. sp. Indian Journal of Medical Research, 16(3): 716-724.

Skuse F A A. 1888. Diptera of Australia. Part III. —The Mycetophilidae. Proceedings of the Linnean Society of New South Wales, (2)3: 1123-1222.

Skuse F A A. 1890. Diptera of Australia. Nematocera. Supplement I. Proceedings of the Linnean Society of New South Wales, (2)5: 373-412.

Spärck R, Thienemann A. 1924. *Metriocnemus ampullaceus* var. *austriacus*. Verhandlungen der Internationalen Vereinigung für Theoretische und Angewandte Limnologie, 2: 222-223.

Spärck R. 1923. Beiträge zur Kenntnis der Chironomidenmetamorphose I-IV. Entomologiske Meddelelser, 14(1): 49-109.

Staeger R C. 1840. Systematik fortegnelse over de i Danmark hidtil funde Diptera (Fortsat.). Naturhistorisk Tidsskrift, 3: 228-288.

Steffan W A. 1969. Insects of Micronesia (Diptera, Sciaridae. Honolulu, Hawaii. Bioshop. Museum, 12(7): 669-730.

Stone A. 1973. Family Dixidae. *In*: Delfinado M D, Hardy D E. A catalog of the Diptera of the Oriental Region, 1. Honolulu: The University Press of Hawaii: 262-263.

Stur E, Sæther O A. 2004. A new hairy-winged *Pseudorthocladius* (Diptera: Chironomidae) from Luxemburg. Aquatic Insects, 26 (2): 79-83.

Sublette J E. 1966. Type specimens of Chironomidae (Diptera) in the U S National Museum. Journal of the Kansas Entomological Society, 39: 580-607.

Sun B J, Lin X L, Wang X H, *et al*. 2019. New or little-known Diamesinae (Diptera: Chironomidae) from Oriental China. Zootaxa, 4571(4): 544-550.

Sunose T. 1983. Redescription of *Asphondylia morivorella* (Naito): comb. n. (Diptera: Cecidomyiidae): with notes on its bionomics. Applied Entomology and Zoology, 18: 22-29.

Takaoka H. 1977. Studies on blackflies of the Nansei Island, Japan IV. Japanese Journal of Sanitary Zoology, 28(2): 219-224.

Tang H Q, Niitsuma H. 2017. Review of the Japanese *Microtendipes* (Diptera: Chironomidae: Chironominae): with description of a new species. Zootaxa, 4320(3): 535-553.

Theodor O. 1958. Psychodidae: Phlebotominae. *In*: Lindner E. 1958. Die Fliegen der Palaearktischen Region, 3 (1): 1-55.

Thienemann A. 1926. Hydrobiologische Untersuchungen an den kalten Quellen und Bächen der Halbinsel Jasmund auf Rügen. Archiv fur Hydrobiologie, 17: 221-336.

Thienemann A. 1934. Chironomiden-Metamorphosen. VIII. *Phaenocladius*. Encyclopedic Entomologique, 7: 29-46.

Thienemann A. 1935. Chironomiden-Metamorphosen. X. "Orthocladius-Dactylocladius" (Dipt.). Stettiner Entomologische Zeitung, 96: 201-224.

Thienemann A. 1937. Arktische Chironomidenlarven und -puppen aus dem Zoologischen Museum, Oslo. Norsk Entomologisk Tidsskrift, 5: 1-7.

Thienemann A. 1939. Dritter Beitrag zur Kenntnis der Podonominae (Dipt. Chironomidae). (Chironomiden aus Lappland VI). Zoologischer Anzeiger, 128: 161-176.

Thienemann A, Kieffer J J. 1916. Schwedische Chironomiden. Arch Hydrobiol Planktonk, Suppl, 2: 483-554.

Tokunaga M. 1933. Chironomidae from Japan (Diptera) I. Clunioninae. Philippine Journal of Science, 51: 87-98.

Tokunaga M. 1936. Chironomidae from Japan (Diptera): VI. Diamesinae. Philippine Journal of Science, 59: 525-552.

Tokunaga M. 1937. Chironomidae from Japan, IX. Tanypodinae and Diamesinae. Philippine Journal of Science, 62: 21-65.

Tokunaga M. 1938. The fauna of Akkeshi Bay VI. A new species of *Clunio* (Diptera). Annotationes Zoologicae Japonenses, 17: 125-129.

Tonnoir A. 1919. Notes sur les Ptychopteridae. Annales de la Societe Entomologique de France, 59: 115-122.

Tonnoir A L. 1924. New Zealand Dixidae (Dipt.). Record of the Canterbury Museum. Christchurch, 2: 221-233, 311.

Tuomikoski R. 1960. Zur Kenntnis der Sciatiden (Diptera) Finnlands. Annales Zoologici Societatis, 21 (4): 1-164.

Tuomikoski R. 1966. Generic taxonomy of the Exechiini (Diptera, Mycetophilidae). Ann Ent Fenn, 32: 159-194.

Väisänen R. 1984. A monograph of the genus *Mycomya* Rondani in the Holarctic region (Diptera, Mycetophilidae). Annales Entomologici Fennici, 177: 1-346.

Vilkamaa P. 2000. Phylogeny of *Prosciara* Frey and related genera (Diptera: Sciaridae). Systematic Entomology, 25: 47-72.

Vilkamaa P, Hippa H. 2005. Phylogeny of *Peyerimhoffia* Kieffer, with the revision of species (Diptera: Sciaridae). Insect Systematics et Evolution, 35: 457-480.

Vilkamaa P, Menzel F, Hippa H. 2009. Review of the genus *Keilbachia* Mohrig (Diptera: Sciaridae): with the description of eleven new species. Zootaxa, 2272: 1-20.

Vimmer A. 1936. *Contarinia venturii* sp. n. Časopis Československe Společnosti Entomologicke, 33: 28.

Vockeroth J R. 1980. New genera and species of Mycetophilidae (Diptera) from the Holarctic region, with notes on other species. Canada Entomol, 112(6): 529-544.

Walker F. 1848. List of the specimens of dipterous insects in the collection of the British museum. London, 1: 1-229.

Walker F. 1856a. *Diptera*. Part 5. Insecta Saundersiana, or characters of undescribed insects in the collection of William Wilson Saunders, Esq. , F. R. S. , F. L. S. , etc. London, 1: 415-474.

Walker F. 1856b. Insecta Britannica. Diptera, 3: 1-352.

Wang X H. 1995. Two new and unusual species from Oriental China (Diptera: Chironomidae). Acta Scientiarum Naturalium Universitatis Nankaiensis, 28 (2): 48-53.

Wang X H. 2000. A revised checklist of Chironomids from China (Diptera). Late 20th Century Rarearch on Chimnomidae: an Anthology from the 13th International Symponium on Chironomidae. Aachen: Odwin Hoffrichter Shaker Veriag: 629-652.

Wang X H, Guo Y H. 2004. A review of the genus *Rheotanytarsus* Thienemann & Bause from China (Diptera: Chironomidae: Tanytarsini). Zootaxa, 650: 1-19.

Wang X H, Sæther O A. 2001. Two new species of the *orientalis* group of *Rheocricotopus* (*Psilocricotopus*) from China (Diptera: Chironomidae). Hydrobiologia, 444: 237-240.

Wang X H, Zheng L Y. 1989. Two new species of the genus *Rheocricotopus* from China (Diptera: Chironomidae). Entomotaxonomia, 11(4): 311-313.

Wang X H, Zheng L Y. 1990. Notes on genus *Paratrichocladius* from China (Diptera: Chironomidae). Acta Ecologica Sinica, 33(2): 243-246.

Wang X H, Zheng L Y. 1991. Notes on the genus *Rheocricotopus* from China (Diptera: Chironomidae). Acta Zootaxonomica Sinica, 16(1): 99-105.

Westwood J O. 1840. Order XIII. Diptera Aristotle (*Antliata* Fabricius. *Halteriptera* Clairv.). Synopsis of the genera of British insects. An introduction to the modern classification of insects. London, 2: 125-158.

Westwood J O. 1850. Dipteranonulla exotica descripta. Transactions of the Entomological Society of London, 1849 (5): 231-236.

Westwood J O. 1876. Notae Dipterologicae. No. 2. Descriptions of some new exotic species of Tipulidae. Transactions of the Entomological Society of London, 1876: 501-506.

Wiedemann C R W. 1828. Aussereuropaische zweiflugelige Insekten. Als Fortsetzung des Meigenschen Werks. Erster Theil Schulz, Hamm, 1: i-xxxii, 1-608.

Wiedemann C R W. 1830. Aussereuropaische zweiflugelige Insekten. *Als Fortsetzung des Meigenschen Werks*. Zweitter Theil. Schulz, Hamm: i-xii, 1-684.

Winnertz J. 1846. Beschreibung einiger neuer Gattungen aus der Ordnung der Zweiflüger. Stettiner Entomologische Zeitung, 7 (1): 11-20.

Winnertz J. 1863. Beitrag zu einer Monographie der Pilzmucken. Verhandlungen der Zoologisch-Botanischen Gesellschaft in Wien, 13: 637-964.

Winnertz J. 1867. Beitrag zu einer Monographie der Sciarinen [Monogr. Sciarinen]. Wien: 1-187.

Winnertz J. 1870. Die Gruppe der Lestreminae. Verhandlungen der Kaiserlich-Königlichen Zoologisch-Botanischen Gesellschaft in Wien, 20: 9-36.

Winnertz J. 1871. Vierzehn neue Arten der Gattung Sciara. Verh zool bot Ges Wien, 21: 847-860.

Wood-Mason J. 1889. *Cecidomyia oryzae*, Wood-Mason. *In*: Cotes E C. Entomology Notes. Indian Museum Notes, 1: 82-124.

Wu H. 1997a. A Study of the *Mycetophila ruficollis* group (Diptera: Mycetophilidae) from China. Entomotaxonomia, 19: 117-129.

Wu H. 1997b. The Chinese species of the *Mycetophila fungorum* (De Geer) group (Diptera: Mycetophilidae). Zoologische Verhandelingen Leiden, 71(15): 171-175.

Wu H. 1999. Two new species of the genus *Neoempheria* from Zhejiang Province, China. Acta Zootaxonomica Sinica, 24(4): 433-435.

Wu H, Shi K, Huang J H, *et al*. 2013. Review of the genus *Dolichosciara* Tuomikoski (Diptera, Sciaridae) from China. Zootaxa, 3745(3): 343-364.

Wu H, Xu H C, Wang Y P. 2001. Notes on fungus gnats of the subfamily Mycomyinae and their geographical distribution in China (Diptera: Mycetophilidae). Journal of Zhejiang Forestry College, 18 (4): 406-415.

Wu H, Xu H C, Yu X X. 2004. New species of the genus *Exechia* Winnertz from China (Diptera, Mycetophilidae). Acta

Zootaxonomica Sinica, 29(3): 553-556.

Wu H, Xu H C. 2003. Notes on Chinese species of *Rymosia* Winnertz (Diptera, Mycetophilidae), with description of four new species. Acta Zootaxonomica Sinica, 28(3): 538-541.

Wu H, Yang D. 1994. The Chinese *Mycomya* (Diptera: Mycetophilidae). Japanese Journal of Entomology, 61: 65-77.

Wu H, Zhang S J, Huang J. 2010. The genus *Ctenosciara* Tuomikoski in China, with descriptions of three new species (Diptera, Sciaridae). Zootaxa, 2560: 42-50.

Wu H, Zheng L Y. 2000. Study on *Cordyla* from China (Diptera: Mycetophilidae). Acta Zootaxonomica Sinica, 25(4): 446-448.

Wu H, Zheng L Y. 2001a. Five new species of the genus *Exechia* Winnertz from China. Acta Zootaxonomica Sinica, 26(1): 85-89.

Wu H, Zheng L Y. 2001b. Four new species of the genus *Exechiopsis* from China. Acta Zootaxonomica Sinica, 26(3): 374-377.

Wu H, Zheng L Y, Xu H C. 2001. Three new species of the genus *Mycomya* in China (Diptera: Mycetophilidae). Acta Zootaxonomica Sinica, 26(4): 569-572.

Wu H, Zheng L Y, Xu H C. 2003. First record of *Allodia* Winnertz (Diptera, Mycetophilidae) in China with description of seven new species. Acta Zootaxonomica Sinica, 28(2): 349-355.

Wu H, Zheng L Y, Xu H C. 2001c. Three new species of the genus *Mycomya* in China. Acta Zootaxonomica Sinica. 26(4): 569-572.

Wu H. 1995. The Chinese *Sciophila* Meigen (Diptera: Mycetophilidae). Entomotaxonomia, 17(Suppl): 73-82.

Wulp F M van der. 1874. Dipterologische aanteekeningen. Tijdschrift voor Entomologie, 17: 109-148.

Wulp F M van der. 1885. On exotic Diptera. Part 1 [concl.]. Notes from the Leyden Museum, 7: 1-15.

Xu H C, Cao J, Wu H, *et al.* 2017. Four new species of *Isoneuromyia* from China (Diptera: Keroplatidae). Zootaxa, 1423: 51-57.

Xu H C, Cao J, Zhou Z J, *et al.* 2007a. First record of the tribe Keroplatini from China, with descriptions of two new species (Diptera: Keroplatidae). Zootaxa, 1497: 35-40.

Xu H C, Cao J, Wu H, et al. 2007b. Four new species of *Isoneuromyia* from China (Diptera: Keroplatidae). Zootaxa, 1423: 51-57.

Xu H C, Wu H. 2002. Two new species of the genus *Azana* from China. Acta Zootaxonomica Sinica, 27(3): 621-623.

Xu H C, Wu H, Yu X X. 2003. New Chinese record of the genus *Docosia* with a description of a new species (Diptera, Mycetophilidae). Acta Zootaxonomica Sinica, 28(2): 343-348.

Xu J, Vilkamaa P, Shi K, *et al.* 2015. Review of the genus *Camptochaeta* Hippa, Vilkamaa (Diptera: Sciaridae) from China. Zoological Systematics, 40(3): 315-327.

Xu J, Shi K, Huang J H, *et al.* 2017. Review of the genus *Mohrigia* Menzel (Diptera, Sciaridae) from China. Zootaxa, 4300(1): 71-98.

Yamamoto M, Yamamoto N. 2012. A review of *Paratendipes* Kieffer (Diptera, Chironomidae) from the Yaeyama Islands, the Ryukyus, Japan. Euroasian Entomological Journal, 2: 45-54.

Yamamoto M. 2004. A catalog of Japanese Orthocladiinae (Diptera: Chironomidae). Makunagi/Acta Dipterologica, 21: 1-121.

Yan C C, Guo Q, Liu T, *et al.* 2016a. Review of the genus *Harnischia* Kieffer from China (Diptera, Chironomidae): with description of one new species. ZooKeys, 634: 79-99.

Yan C C, Jin Z, Wang X H. 2008. *Cladopelma* Kieffer from the Sino-Indian Region (Diptera: Chironomidae). Zootaxa, 1916(1): 44-56.

Yan C C, Jin Z, Wang X H. 2008. *Cladopelma* Kieffer from the Sino-Indian Region (Diptera: Chironomidae). Zootaxa, 1916: 44-56.

Yan C C, Tang H Q, Wang X H. 2005. *Demicryptochironomus* Lenz from China (Diptera: Chironomidae). Zootaxa, 910: 1-31.

Yan C C, Wang X H. 2006. *Microchironomus* Kieffer from China (Diptera: Chironomidae). Zootaxa, 1108: 53-68.

Yan C C, Zhao G, Liu T, *et al.* 2016b. A new record and two new species of *Cryptochironomus* Kieffer, 1918 from China (Diptera, Chironomidae). Zootaxa, 4208(5): 485-493.

Yan J S, Ye C J. 1977. Notes on the larvae of some chironomid midge and two new species from Baiyangdian Lake in Hopei Province. Acta Entomologica Sinica, 20: 183-198. [in Chinese]

Yang D, Young C W. 2007. Notes on crane fly species of *Prionota* van der Wulp from China (Diptera, Tipulidae). Annals of the Carnegie Museum, 76: 165-170.

Yang X, Shi K, Heller K, *et al.* 2019. Morphology and DNA barcodes of two species of *Bradysia* Winnertz from China (Diptera, Sciaridae): with the description of *Bradysia minorlobus* Yang, Shi, Huang sp. n. Zootaxa, 4612(1): 85-94.

Yao Y T, Wu C C. 1938. Notes on a species of *Phlebotomus* newly found in Tsingkiangpu, North Kiangsu, China. Chinese Medical Journal, 2: 527-537.

Yao Y T, Wu C C. 1941. Notes on the Chinese species of genus *Phlebotomus*, III. Sandflies in Nanning and Tienpao, Kwangsi. Chinese Medical Journal, 59: 67-76.

Ye L, Leng R X, Huang J H, *et al.* 2017. Review of three black fungus gnat species (Diptera: Sciaridae) from greenhouse in China. Three greenhouse sciarids from China. Journal of Asia-Pacific Entomology, 20: 179-184.

Young C W, Li Y, Chu W, *et al.* 2013. Review of *Acutipula* crane flies of Taiwan with description of new species and immature instars (Diptera: Tipulidae: Tipulinae: *Tipula*). Annals of the Carnegie Museum, 82(2): 115-148.

Yu X X, Wu H, Chen X X, et al. 2004. Two new species of the genus *Rondaniella* Johannsen (Diptera: Mycetophilidae) from China. Entomotaxonomia, 26(4): 288-292.

Yu X X, Wu H, Chen X X. 2008. Three new species of *Rondaniella* Johannsen (Diptera: Mycetophilidae) from China. Entomotaxonomia, 30(1): 45-49.

Yu X X, Wu H. 2009. Two new species of genus *Rondaniella* Johannsen (Diptera: Mycetophilidae) from China. Entomotaxonomia, 31(3): 221-224.

Yukawa J, Uechi N, Horikiri M, et al. 2003a. Description of the soybean pod gall midge, *Asphondylia yushimai* sp. n. (Diptera, Cecidomyiidae): a major pest of soybean and findings of host alternation. Bulletin of Entomological Research, 93: 73-86.

Yukawa J, Uechi N, Horikiri M, et al. 2003b. Addendum: Description of the soybean pod gall midge, *Asphondylia yushimai* sp. n. (Diptera, Cecidomyiidae): a major pest of soybean and findings of host alternation. Bulletin of Entomological Research, 93: 265.

Zaitsev A I. 1982a. Greenomyia and Neoclastobasis Fungus gnats (Diptera, Mycetophilidae) of USSR. Vestnik Zool, 1982(2): 25-32.

Zaitsev A I. 1982b. Holarctic fungus-gnats of the genus *Sciophila* Meigen. (Diptera, Mycetophilidae). Akad Nauk SSSR: 1-76.

Zavřel J. 1937. Eine neue Trissocladiusart. (Nový druh rodu Trissocladius Kieff.). (Imagobeschreibung von Goetghebuer M. , Gand.). Spisy Vydávané Přírodovědeckou Fakultou Masarykovy University, 239: 12.

Zetterstedt J W. 1838. Dipterologis Scandinaviae. Sect. 3: Diptera. Insecta Lapponica: 477-868.

Zetterstedt J W. 1850. Diptera Scandinaviae Disposita et Descripta, 9. Lundae [Lund]: 3367-3710.

Zetterstedt J W. 1851. Dipterasc and inaviae disposita et descripta [Dipt. Scand.], 10: 3711-4090.

Zetterstedt J W. 1852. Dipterasc and inaviae disposita et descripta. Lundae [= Lund], 11: I-XII+ 4091-4545.

Zhang R L, Gu J J, Qi X, et al. 2016. A new species of the genus *Stenochironomus* Kieffer (Diptera: Chironomidae) from Xianju National Park, Zhejiang Province, China. Entomotaxonomia, 38(4): 281-284.

Zhang R L, Song C, Qi X, et al. 2016. Taxonomic review on the subgenus *Tripodura* Townes (Diptera: Chironomidae: *Polypedilum*) from China with eleven new species and a supplementary world checklist. Zootaxa, 4136(1): 1-53.

Zhang R L, Wang X H. 2004. *Polypedilum* (*Uresipedilum*) Oyewo and Sæther from China (Diptera: Chironomidae). Zootaxa, 565: 1-38.

Zhang R L, Wang X H. 2005. Description of new species of *Polypedilum* (*Pentapedilum*) Kieffer from China (Diptera: Chironomidae: Chironomini). Studia Dipterologica, 12(1): 63-77.

Zhang R L, Zhu L M, Liu W B, et al. 2017. Two new species of the subgenus *Polypedilum* (s. str.) Kieffer, 1912 (Diptera: Chironomidae: *Polypedilum*) from China. Pan-Pacific Entomologist, 93(1): 7-13.

Zhang S J, Huang J H, Wu H, et al. 2010a. The genus *Keilbachia* Mohrig from Mainland China, with descriptions of two new species (Diptera, Sciaridae). ZooKeys, 52: 47-56.

Zhang S J, Wu H, Huang J H. 2010b. The genus *Zygoneura* Meigen in China, with descriptions of three new species (Diptera, Sciaridae). Zootaxa, 2368: 40-48.

Zhang X, Li Y, Yang D. 2014. A review of the genus *Rhipidia* Meigen from China, with description of seven new species (Diptera, Limoniidae). Zootaxa, 3764: 201-239.

Zhang X, Li Y, Yang D. 2015. A review of the genus *Elephantomyia* Osten Sacken from China, with descriptions of two new species (Diptera, Limoniidae). Zootaxa, 3919: 553-572.

Zhang X, Zhang Z, Yang D. 2016b. Five new species of *Geranomyia* Haliday, 1833 (Diptera, Limoniidae) from China. Zootaxa, 4154: 139-154.

Zwick P. 1990. Systematic notes on Holarctic Blephariceridae (Diptera). Bonner Zoologische Beitraege, 41: 231-257.

Zwick P. 1992. Families Blephariceridae. In: Soós Á, Papp L. Catalogue of Palaearctic Diptera. Vol. 1. Amsterdam & Budapest: Elsevier Science Publishers & Akademiai Kiado: 39-54.

中 名 索 引

学 名 索 引

图　　版

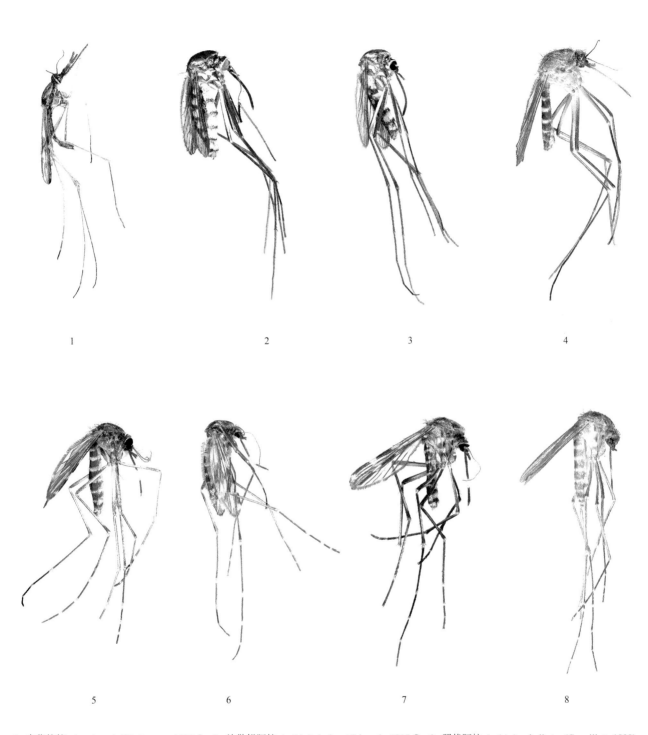

1　　　　　　　2　　　　　　　3　　　　　　　4

5　　　　　　　6　　　　　　　7　　　　　　　8

1. 中华按蚊 *An. sinensis* Wiedemann, 1828 ♀；2. 达勒姆阿蚊 *Ar. (Ar.) durhami* Edwards, 1917 ♀；3. 骚扰阿蚊 *Ar. (Ar.) subalbatus* (Coquillett, 1898) ♀；4. 淡色库蚊 *Cx. pipiens* Coquillett, 1898 ♀；5. 棕盾库蚊 *Cx. jacksoni* Edwards, 1934 ♀；6. 小拟态库蚊 *Cx. mimulus* Edwards, 1915 ♀；7. 类拟态库蚊 *Cx. murrelli* Lien, 1968 ♀；8. 白霜库蚊 *Cx. whitmorei* (Giles, 1904) ♀

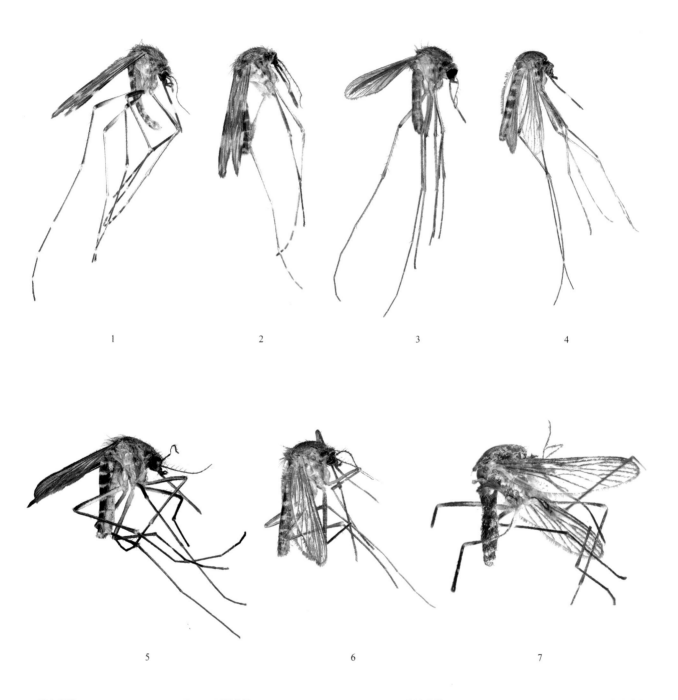

1. 拟态库蚊 *Cx. mimeticus* Noé, 1899 ♀；2. 天坪库蚊 *Cx. tianpingensis* Chen, 1981 ♀；3. 海滨库蚊 *Cx. sitiens* Wiedemann, 1828 ♀；4. 三带喙库蚊 *Cx. tritaeniorhynchus* Giles, 1901 ♀；5. 黄氏库蚊 *Cx. huangae* Meng, 1958 ♀；6. 致倦库蚊 *Cx. quinquefasciatus* Say, 1823 ♀；7. 黄线骚扰蚊 *Oc. crossi* (Lien, 1967) ♀

1   2   3   4

5   6   7   8

1. 二带喙库蚊 *Cx. bitaeniorhynchus* Giles, 1901 ♀；2. 薛氏库蚊 *Cx. shebbearei* Barraud, 1924 ♀；3. 褐尾路蚊 *Lt. fuscanus* (Wiedemann, 1853) ♀；4. 棘刺科蚊 *Co. (Co.) elsiae* (Barraud, 1923) ♂；5. 白纹覆蚊 *St. albopictus* (Skuse, 1894) ♂；6. 日本呼蚊 *Hl.japonica* (Theobald, 1901) ♀；7. 尖斑覆蚊 *St.craggi* Barraud, 1923 ♂；8. 中点覆蚊 *St. mediopunctata* Theobald, 1905 ♀